Die Streckwerke
er Spinnereimaschinen

Von

Dr.-Ing. Walther Wegener

o. Professor
Direktor des Institutes für Textiltechnik
der Rheinisch-Westfälischen Technischen Hochschule Aachen

701 Abbildungen
mit 916 Einzeldarstellungen

Springer-Verlag
Berlin Heidelberg GmbH 1965

ISBN 978-3-662-11540-4 ISBN 978-3-662-11539-8 (eBook)
DOI 10.1007/978-3-662-11539-8

Ursprünglich erschienen bei Springer-Verlag Berlin Heidelberg 1965
Softcover reprint of the hardcover 1st edition 1965

Library of Congress Catalog Card Number 65–13439

Titelnummer 1236

Vorwort zur ersten Auflage

Das vorliegende Handbuch entstand auf Anregung der Textilmaschinenindustrie und der Spinnereien. Es unterrichtet den Leser über die zur Zeit in den Spinnereien verwendeten Streckwerke. Die umfassende Behandlung dieser wichtigen Aggregate ist geeignet, sowohl dem Konstrukteur als auch dem Spinner Anregungen für eine Weiterentwicklung auf diesem Gebiete zu geben. Nach einem Überblick über die historische Entwicklung der Streckwerke wird der Darstellung der neuesten Streckwerke in Wort und Bild ein breiter Raum gewidmet. Oft war es notwendig, die auftretenden Probleme sowohl von der textiltechnologischen als auch von der textilmaschinentechnischen Seite her zu beleuchten und beide Aspekte miteinander zu verknüpfen.

Das erste Kapitel dieses Buches enthält theoretische Betrachtungen, die für das Verständnis der Streckwerksfunktion unerläßlich sind. In gedrängter Form werden hier die Theorie des Verzugsprozesses, die Ungleichmäßigkeit des idealen und des tatsächlichen Faserverbandes, die elektrostatische Aufladung des Faserverbandes und der Verlauf der falschen Verzugsdrehung behandelt. Die folgenden drei Kapitel beinhalten eine umfangreiche Zusammenstellung der Streckwerke für die Baumwoll-, für die Woll- sowie für die Flachs- und Jutespinnerei. Neben den Streckwerken der Feinspinnmaschinen werden auch die Streckwerke der Vorspinnerei-Maschinen beschrieben. Dem Trend zu Hoch- und Höchstverzügen in der Baumwoll- und Wollspinnerei wird durch eine umfassende Darstellung der entsprechenden Streckwerke Rechnung getragen. In diesem Zusammenhang sind auch die Probleme des flyerlosen Baumwollspinnverfahrens umrissen. Ausführlich werden die Entwicklungen auf dem Gebiet läuferlos arbeitender Spinnverfahren erläutert. Bei der Diskussion der Streckwerke in der Wollspinnerei wird sowohl auf die entsprechenden Aggregate der Kammgarnspinnerei einschließlich der Nadelstab-, der Nadelwalzen-, der Endstrecken- und der Kammgarnselfaktor-Streckwerke als auch auf die Streckwerke der Streichgarnspinnerei eingegangen. In einem weiteren Teil des Buches werden die Streckwerke des Kurzspinnverfahrens besprochen, wobei insbesondere die verschiedenen Verfahren und Entwicklungen für die Chemiefaserverarbeitung Berücksichtigung finden. Des weiteren behandelt der Verfasser die Regulierstrecken und beschreibt abschließend einzelne Maschinenelemente der Streckwerke. Eine umfangreiche Literaturübersicht, die sowohl die Patente als auch die maßgebenden Arbeiten auf dem anstehenden Gebiet enthält, gibt den Lesern Gelegenheit, sich über alle diesbezüglichen Probleme zu unterrichten.

Das vorliegende Buch vermittelt eine lückenlose Darstellung aller verwendeten Konstruktionen nicht nur der auf dem Kontinent benutzten Streckwerke, sondern darüber hinaus auch der Entwicklungen aus Übersee. 916 Einzeldarstellungen in 701 Abbildungen tragen wesentlich zum Verständnis der einzelnen Themen bei.

Die Bezeichnungen der Streckwerkswalzen erfolgte nach DIN 64050. Danach werden die Unterwalzen, vom Streckwerksausgang gesehen, mit römischen Ziffern bezeichnet. Die zu den Unterwalzen gehörenden Druckwalzen erhalten entsprechende arabische Ziffern. Andere wesentliche Streckwerksteile sind mit Buchstaben versehen, die in alphabetischer Reihenfolge in der Legende erklärt werden. Die bei den Patenten angeführten Jahreszahlen geben an, wann das Patent ausgegeben wurde und von welchem Zeitpunkt an die Erfindung patentiert ist.

Zum Schluß dankt der Verfasser seinem ehemaligen Schüler Herrn Dipl.-Ing. GERHARD EGBERS, wissenschaftlicher Assistent am Lehrstuhl für Textiltechnik der Rheinisch-Westfälischen Technischen Hochschule Aachen, für seinen unermüdlichen Einsatz, der zum Gelingen des Werkes beigetragen hat. Auch seinem ehemaligen Schüler Herrn Dipl.-Ing. GERD SCHÄFERS gilt sein Dank für die Mitarbeit.

Aachen, im Mai 1965

Walther Wegener

Inhaltsverzeichnis

1. Theoretische Betrachtungen

1.1 Einführung in den Verzugsprozeß

1.1.1 Die Herstellung von Bändern, Lunten und Garnen

Wenn das Fasermaterial, nachdem es aufgelöst, gereinigt und gemischt wurde, die Karde oder die Krempel passiert hat, liegt es in Form eines Bandes vor. Je nach der Art der Faser und der Art des Herstellungsprozesses durchläuft der Faserverband anschließend noch verschiedene Maschinen. Zu diesen Maschinen gehören die Strecken, die Vor- und die Feinspinnmaschinen. Auf der Strecke wird das Band vergleichmäßigt. Die Fasern werden parallelisiert und gestreckt. Durch das Strecken wird der Orientierungsgrad (Parallelisierungs- und Streckungsgrad) verbessert. Die Vorspinn- und die Spinnmaschinen verfeinern außerdem noch den Faserverband. Hierbei werden die Fasern über eine größere Länge verteilt. Der Quotient aus dem Gewicht je Längeneinheit des Bandes G_1 vor und G_2 nach dem Strecken heißt der Verzug.

$$V = \frac{G_1}{G_2} \tag{1}$$

Die Nummer ist der reziproke Wert des Gewichtes [g] je Längeneinheit [m]

$$\mathrm{Nm} = \frac{L}{G} \tag{2}$$

Die Feinheit des Faserverbandes wird mit tex bezeichnet. Die Feinheitsbezeichnung in tex gibt an, wieviel Gramm 1000 m des Faserverbandes wiegen.

Wird in einem Streckwerk mehrfach verzogen, so ist der Gesamtverzug gleich dem Produkt der Einzelverzüge.

$$V = V_1\, V_2\, V_3 \dots \tag{3}$$

Um den Faserverband zu vergleichmäßigen, wird vor dem Verzug dubliert. Werden D Bänder der Nummer Nm_1 einem Streckwerk vorgelegt, so ergibt sich der Verzug zu

$$V = \frac{\mathrm{Nm}_2}{\mathrm{Nm}_1} D \tag{4}$$

Nm_2 Nummer des verstreckten Bandes

Für das tex-System lautet die Gleichung:

$$V = \frac{\text{tex}_1}{\text{tex}_2} D \tag{5}$$

tex_1 Feinheit der Vorlage
tex_2 Feinheit des verzogenen Faserverbandes
D Dublierung

Wenn bei verschiedenen Streckvorgängen dubliert wird, ist die Gesamtdublierung gleich dem Produkt der Einzeldublierungen

$$D = D_1 D_2 D_3 \ldots \tag{6}$$

Um den Faserverband zu verziehen, wird eine Kraft benötigt. Ist sie relativ klein, so verlängert sich das Band nur, weil sich die Fasern strecken. Ein Gleiten der Fasern tritt noch nicht ein, da die Summe der Reibungskräfte größer als die Verzugskraft ist. Sobald diese jedoch größer als die Summe der Reibungskräfte wird, beginnen die Fasern zu gleiten. Der Faserverband wird länger. Gleichzeitig verringert sich sein Querschnitt. Das Strecken der Fasern ohne gegenseitige Verschiebung wird als Strecken erster Art, das Strecken, das eine Faserverschiebung zur Folge hat, wird als Strecken zweiter Art bezeichnet.

1.1.2 Das Schema des Streckwerkes

Eine eingehende Besprechung der Streckwerkskonstruktionen erfolgt in den nachfolgenden Kapiteln. Hier werden nur einige grundsätzliche Überlegungen zur Funktion des Streckwerkes angeführt. Walzenstreckwerke bestehen aus zwei oder mehr Walzenpaaren. Auf den positiv angetriebenen Unterwalzen liegen Oberwalzen, die entweder durch ihr Eigengewicht oder aber durch Zusatzkräfte (Gewichte, Federn, Magnete) an die Unterwalzen gepreßt werden (Abb. 1). Jedes Walzenpaar bildet eine unendliche Folge von linienförmig angreifenden Zangen, die sich ununterbrochen öffnen und schließen. Betrachtet man beispielsweise die beiden Punkte des Walzenpaars *III*/*3* der Abb. 1, die gerade die Klemmlinie bilden und die Zangen versinnbildlichen, so ist die Zange geschlossen. Sobald sich die Walzen drehen, öffnet sich die Zange. Sie erreicht ihre größte Maulweite, wenn die betrachteten Punkte gegenüber der Klemmlinie liegen. Dann schließt sich die Zange wieder. Sie ist ganz geschlossen, wenn die beiden betrachteten Punkte die Klemmlinie wieder erreicht haben. Für das nachfolgende Walzenpaar *II*/*2* gilt sinngemäß dasselbe. Befinden sich zwei Punkte des Walzenpaares *II*/*2* in der Klemm-

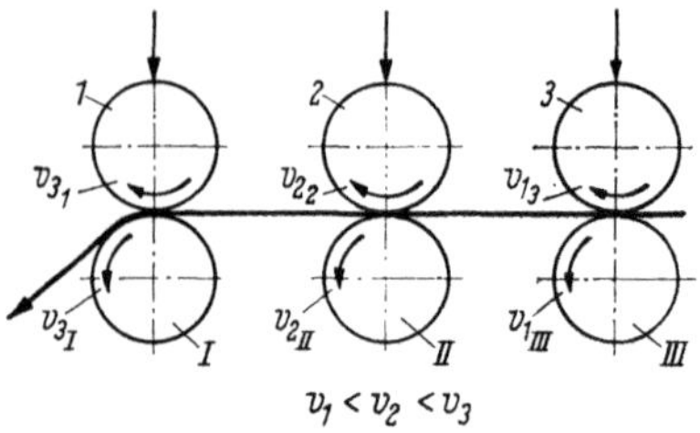

Abb. 1
Schema eines Dreiwalzen-Streckwerkes
v_1 Geschwindigkeit der Eingangswalzen; v_2 Geschwindigkeit der Mittelwalzen; v_3 Geschwindigkeit der Ausgangswalzen

linie, so ist diese Zange geschlossen. Sie kann nunmehr die von den Zangen der Walzen *III/3* freigegebenen Fasern herausziehen. So erfolgt ununterbrochen ein Erfassen und Freigeben von Fasern; demnach bilden aufeinanderfolgende Walzenpaare eines Streckwerkes theoretisch eine unendliche Anzahl von Zangen, deren Mäuler sich, den Gegebenheiten entsprechend, öffnen und schließen, wodurch der Verzug des Faserverbandes bewirkt wird. Der zu verziehende Faserverband wird von dem Eingangswalzenpaar *III/3* mit der Geschwindigkeit v_1 in das Streckwerk eingezogen. Das Mittelwalzenpaar erfaßt die Fasern mit einer Geschwindigkeit v_2, die größer als v_1 ist. Schließlich erlangen die Fasern, wenn sie vom Ausgangswalzenpaar ergriffen werden, die Geschwindigkeit v_3, die wiederum größer als v_2 ist. In den einzelnen Zonen zwischen den Walzenpaaren findet dadurch ein Verzug statt. Der Verzug in der Eingangszone ist in der Regel nur gering. Dabei wird der Faserverband gelockert, ohne daß die Fasern geschädigt werden.

Um den vorgegebenen Verzug tatsächlich zu erreichen, muß von den Walzenpaaren eine Klemmkraft aufgebracht werden. Sie muß den Verzugskräften, die zwischen den Walzen auftreten, entsprechen. Die Größe des Klemmvermögens ist in erster Linie von der Kraft, die auf die Oberwalze einwirkt, und von der Elastizität des Bezuges abhängig. Auch die Ausbreitung des Faserverbandes und die Riffelung der Unterwalzen haben einen gewissen Einfluß. Reicht die Belastung der Oberwalze für eine sichere Klemmung des Faserbandes nicht aus, so weicht die Umfangsgeschwindigkeit dieser Walze von der Umfangsgeschwindigkeit der zugehörigen Unterwalze ab. Zwischen zwei Walzenpaaren ist eine Verzugskraft wirksam, die das Eingangswalzenpaar zu beschleunigen und das Ausgangswalzenpaar zu verlangsamen sucht. So wird in der Regel die Geschwindigkeit v_{1_3} der Eingangsoberwalze *3* größer sein als die Geschwindigkeit $v_{1_{III}}$ der Unterwalze *III*. Die Oberwalze *2* kann gegenüber der Unterwalze *II* sowohl voreilen als auch zurückbleiben. Im allgemeinen wird aber die Geschwindigkeit v_{2_2} größer sein als die Geschwindigkeit $v_{2_{II}}$, da die Ausgangsoberwalze stets am höchsten belastet ist und die Verzugskraft im Hauptverzugsfeld die Verzugskraft im Vorverzugsfeld übersteigt.

De Barr [*1*] gibt an, daß unter extremen Bedingungen die Umfangsgeschwindigkeit der Oberwalze um 8 bis 10% von der Umfangsgeschwindigkeit der Unterwalze abweichen kann. Die Geschwindigkeit des Faserverbandes nähert sich der geringeren Geschwindigkeit. Auch ohne Faserverband besteht eine Differenz in der Geschwindigkeit der beiden Walzen eines Paares. Nach de Barr eilen lederbezogene Oberwalzen maximal 0,8% vor, während Oberwalzen mit synthetischem Bezug bis zu 2,8% langsamer sind als die Unterwalzen. Schwankungen in der Geschwindigkeit der Oberwalzen machen den Faserverband ungleichmäßiger.

1.1.3 Die Faserbewegung

1.1.3.1 Der ideale Verzug. Beim Strecken eines Faserverbandes bewegen sich die Fasern relativ zueinander. Wie müssen sich nun die Fasern bewegen, damit der Faserverband so gleichmäßig wie möglich wird? Bei einem idealen Verzug, der die geringste Ungleichmäßigkeit ergibt, muß sich während des Streckvorganges der Abstand zwischen zwei beliebigen Fasern im gleichen Verhältnis vergrößern, wie sich die Länge des Faserverbandes vergrößert. Wird der Abstand der Fasern vor dem Strecken mit l, nach dem Strecken mit l_1 bezeichnet, so ist

$$l_1 = V\, l \tag{7}$$

V Verzug

Der Abstand zweier Fasern ist nicht ohne weiteres klar zu definieren. Sind alle Fasern gleich lang, so ist der Abstand gleich der Entfernung zwischen zwei entsprechenden Faserpunkten. Der Abstand verschieden langer Fasern läßt sich dagegen auf mannigfaltige Art bestimmen, etwa zwischen den Spitzen, zwischen den Enden oder zwischen den Mitten der Fasern. Am gebräuchlichsten ist es, die Lage der Faser nach dem Abstand der Faserspitzen zu definieren.

1.1.3.2 Kontrollierte und schwimmende Fasern. Die Fasern im Streckfeld werden gewöhnlich in zwei Gruppen eingeteilt. Fasern, die ebenso lang wie oder länger als die Verzugsfeldlänge sind, werden als kontrollierte Fasern bezeichnet, weil sie beim Durchlauf durch das Streckwerk stets von einem Walzenpaar kontrolliert werden. Fasern, die beim Verlassen einer Klemmlinie nicht direkt von dem nächsten Walzenpaar ergriffen werden, sondern die eine kurze Zeit unkontrollierte Bewegungen ausführen können, werden als schwimmende Fasern bezeichnet. Ihre Menge hängt von der Faserlängenverteilung ab. Schwimmende Fasern haben einen großen Einfluß auf die durch den Verzug verursachte Ungleichmäßigkeit des Faserverbandes. In jedem Streckwerk sollten heute die schwimmenden Fasern so gut wie möglich kontrolliert werden.

1.2 Die Darstellung der Ungleichmäßigkeit eines Faserverbandes

In einem Faserverband ist die Anordnung der Fasern unvollkommen [*2*]. Von Querschnitt zu Querschnitt schwankt die Faseranzahl. Die Schwankungen der Faseranzahl können in Fehler und in die Ungleichmäßigkeit unterteilt werden. Unter Fehlern sind Noppen, Knoten, Andreher und Schnittigkeiten zu verstehen. Die Fehler treten im allgemeinen selten auf und stellen keine kontinuierliche Eigenschaft des Faserverbandes selbst dar. Die Ungleichmäßigkeit ist die kontinuierliche Querschnittsschwankung eines Faserverbandes, der keine der genannten Fehler enthält. Sie ist bei allen aus endlichen Fasern bestehenden Faserverbänden unvermeidbar.

1.2.1 Die Grundlagen der Darstellung

1.2.1.1 Merkmale für die Schwankungen im Faserverband. Als Merkmale für die Schwankungen im Faserverband, dessen Längserstreckung durch die laufende Größe x gemessen wird, werden

die Faseranzahl $n(x)$,
die Dicke $d(x)$ des Faserverbandes,
der Querschnitt $q(x)$ des Faserverbandes,
die Materialdichte [5] $y(x) = \frac{\Delta G(x)}{\Delta x}$

und andere Größen verwendet. Die Korrelation zwischen einigen Merkmalen ist von Wegener und Zahn [3] untersucht worden. Das am häufigsten benutzte Merkmal ist die Materialdichte.

1.2.1.2 Drei Kennfunktionen für die Ungleichmäßigkeit. Zur Charakterisierung der Ungleichmäßigkeit eines Faserverbandes lassen sich drei Kennfunktionen bilden, die nachfolgend für das Merkmal Materialdichte $y(x)$ angegeben werden [2].

1. Längenvariationsfunktion

Allgemein ist ein Variationskoeffizient erklärt als

$$V = \frac{\sigma}{\bar{\mu}} \cdot 100 \quad [\%] \tag{8}$$

wobei σ die Standardabweichung und $\bar{\mu}$ den Mittelwert bedeuten [4]. Der äußere Längenvariationskoeffizient $CB(L)$ gibt die Standardabweichung s der durchschnittlichen Materialdichte $\bar{y}$ von Faserverbandstücken der Länge L, bezogen auf den Gesamtmittelwert $\bar{\bar{y}}$, an [5, 6, 7, 8]:

$$CB(L) = \frac{s}{\bar{\bar{y}}} \cdot 100 \quad [\%] \tag{9}$$

Darin bedeuten

$$s = \sqrt{\frac{1}{2T} \int_{-T}^{+T} [\bar{y} - \bar{\bar{y}}]^2 \, dx}$$

$$\bar{\bar{y}} = \frac{1}{2T} \int_{-T}^{+T} \bar{y} \, dx \tag{10}$$

mit

$$\bar{y} = \frac{1}{L} \int_{x}^{x+L} y(x) \, dx$$

wenn die durchschnittliche Materialdichte $\bar{y}$ eines Stückes der Länge L, dessen Anfangspunkt an der Stelle x liegt, für die laufende Größe x bestimmt wird (kontinuierliche Probenahme). Der Bereich $2T$, den x

durchläuft, ist dabei im Interesse einer hohen statistischen Sicherheit entsprechend groß zu wählen. Andererseits bedeuten

$$s = \sqrt{\frac{1}{N-1} \sum_{i=1}^{N} [\bar{y}_i - \bar{\bar{y}}]^2}$$

$$\bar{\bar{y}} = \frac{1}{N} \sum_{i=1}^{N} \bar{y}_i \tag{11}$$

mit

$$\bar{y}_i = \frac{1}{L} \int_{x_i}^{x_i + L} y(x)\, dx$$

wenn die durchschnittliche Materialdichte $\bar{y}_i$ eines Stückes der Länge L, dessen Anfangspunkt an der Stelle x_i liegt, für einzelne, beliebig herausgegriffene Werte x_i bestimmt wird (es handelt sich dann um eine diskontinuierliche Probenahme). Dabei ist der Meßumfang N im Interesse einer hohen statistischen Sicherheit entsprechend groß zu wählen.

Die Abhängigkeit des Wertes $CB(L)$ von der Länge L wird mit Längenvariation, der Wert $CB(0)$ als totaler Längenvariationskoeffizient bezeichnet.

2. Autokorrelationsfunktion

Die Autokorrelationsfunktion $p(u)$ ist definiert als

$$p(u) = \frac{\lim\limits_{T\to\infty} \frac{1}{2T} \int_{-T}^{+T} [y(x) - \bar{\bar{y}}]\,[y(x+u) - \bar{\bar{y}}]\, dx}{\lim\limits_{T\to\infty} \frac{1}{2T} \int_{-T}^{+T} [y(x) - \bar{\bar{y}}]^2\, dx} = \frac{\sigma^2(u)}{\sigma^2(0)} \tag{12}$$

Anstelle der Integrale können analog den Erläuterungen unter Gl. (11) entsprechende Summenausdrücke eingesetzt werden.

Der Autokorrelationskoeffizient gibt an, wie stark der Zusammenhang zwischen Materialdichten $y(x)$ und $y(x+u)$ ist, die um den Betrag u auseinanderliegen. Die Autokorrelationsfunktion $p(u)$ ist derart normiert, daß sich stets $p(0) = 1$ ergibt.

3. Spektrumsfunktion

Die Spektrumsfunktion $s(1/\lambda)$ (vgl. Cox [*9*]) ist erklärt als Absolutbetrag des Vektors

$$s\left(\frac{1}{\lambda}\right) = \lim_{T\to\infty} \frac{1}{(2T)^{1/2}} \int_{-T}^{+T} [y(x) - \bar{\bar{y}}]\, e^{2\pi i x/\lambda}\, dx \tag{13}$$

und gibt die Größe der sinusförmigen Schwankungen in Abhängigkeit von der Wellenlänge λ an.

Das Quadrat der Amplitude c von Schwankungen im Wellenlängenbereich von der Breite $d(1/\lambda)$ ist durch die Beziehung

$$d(c^2) = 4 s^2 \left(\frac{1}{\lambda}\right) d\left(\frac{1}{\lambda}\right)$$

gegeben. Es muß daher bei einer Umrechnung von $s(1/\lambda)$ in $s(f(\lambda))$ der Wert

$$d(c^2) = 4 s^2 (f(\lambda))\, d(f(\lambda)) \tag{14}$$

konstant gehalten werden, wobei f eine beliebige Funktion von λ, z. B. $\ln \lambda$ oder $1/\lambda$ ist.

Die Gl. (14) bedeutet geometrisch, daß ein Flächenstück unter der Spektrumskurve $s^2(f(\lambda))$ von der Breite $d(f(\lambda))$ gleich einem Viertel des Quadrates $d(c^2)$ der Amplitude von Schwankungen in dem Bereich $d(f(\lambda))$ ist. Diese Schwankungen können ebenso durch die Amplitude $a_\lambda = \sqrt{d(c^2)}$ einer einzelnen sin-Schwingung von diskreter Wellenlänge λ dargestellt werden und umgekehrt. So ergibt eine sin-Schwingung von endlicher Amplitude und diskreter Wellenlänge λ im Spektrum eine Fläche, deren Breite gegen Null und deren Höhe gegen Unendlich geht, was als Linienspektrum bezeichnet wird.

Die Spektrumsfunktion $s^2(f(\lambda))$ entspricht dem Quadrat der Standardabweichung. Um für die anschauliche Darstellung zu erreichen, daß ein dünnerer Faserverband eine höher liegende Spektrumskurve ergibt, bildet man in analoger Weise wie beim Variationskoeffizienten die Funktion

$$S^2(f(\lambda)) = \frac{s^2(f(\lambda))}{\bar{\bar{y}}^2} \tag{15}$$

1.2.1.3 Beziehungen zwischen den drei Kennfunktionen. Zwischen den drei Kennfunktionen für die Ungleichmäßigkeit herrschen folgende Beziehungen [*2*, *9*, *10*]:

1. Autokorrelations- und Längenvariationsfunktion:

$$\begin{aligned} C\,B^2(L) &= C\,B^2(0) \cdot \frac{2}{L^2} \int_0^L (L-u)\, p(u)\, du \\ &= C\,B^2(0) \cdot \frac{2}{L^2} \int_0^L \int_0^u p(u)\, du\, du \end{aligned} \tag{16}$$

2. Spektrums- und Längenvariationsfunktion

$$C\,B^2(L) = \left(\frac{100}{\bar{\bar{y}}}\right)^2 \cdot 2 \int_0^\infty \left(\frac{\sin \frac{\pi L}{\lambda}}{\frac{\pi L}{\lambda}}\right)^2 s^2\left(\frac{1}{\lambda}\right) d\left(\frac{1}{\lambda}\right) \tag{17}$$

oder

$$C\,B^2(L) = 100^2 \cdot 2 \int_0^\infty \left(\frac{\sin \frac{\pi L}{\lambda}}{\frac{\pi L}{\lambda}} \right)^2 S^2\left(\frac{1}{\lambda}\right) d\left(\frac{1}{\lambda}\right). \tag{18}$$

Für ein Linienspektrum mit diskreten Wellenlängen λ und zugehörigen Amplituden $a_\lambda = \sqrt{\Delta(c_\lambda^2)}$ gilt

$$C\,B^2(L) = \left(\frac{100}{\bar{\bar{y}}}\right)^2 \sum \left(\frac{\sin \frac{\pi L}{\lambda}}{\frac{\pi L}{\lambda}} \right)^2 \frac{\Delta(c_\lambda^2)}{2}. \tag{19}$$

3. Spektrums- und Autokorrelationsfunktion:

$$p(u) = 2 \int_0^\infty F\left(\frac{1}{\lambda}\right) \cos 2\pi \frac{u}{\lambda}\, d\left(\frac{1}{\lambda}\right), \tag{20}$$

wobei $F(\mathbf{1}/\lambda)$ die normierte Spektrumsfunktion

$$F\left(\frac{1}{\lambda}\right) = \frac{s^2\left(\frac{1}{\lambda}\right)}{\int_0^\infty s^2\left(\frac{1}{\lambda}\right) d\left(\frac{1}{\lambda}\right)} \tag{21}$$

bedeutet.

In etwas anderer Formulierung werden diese Beziehungen sowie ihre Umkehrungen von Giesekus [*11*] angegeben.

Wegener und Hoth [*12*] entwickelten praktische Rechenverfahren für die Umrechnung der Spektrumsfunktion in die Längenvariationsfunktion und umgekehrt. Mit Hilfe eines Näherungsverfahrens läßt sich die Umrechnung ohne besondere Hilfsmittel in etwa einer viertel Stunde durchführen. Schon allein die Kenntnis der Zusammenhänge, auf denen das Näherungsverfahren beruht, ermöglicht ohne eine Rechnung die qualitative Vorhersage der einen Kennfunktion aus der anderen. Mit geringem Aufwand kann das Ergebnis des Näherungsverfahrens in etwa einer weiteren viertel Stunde verbessert werden. Eine genaue Umrechnung der einen Kennfunktion in die andere kann mit Hilfe von Tabellen erfolgen. Diese Umrechnung erfordert eine Rechenzeit von etwa einer Stunde. Die Ermittlung einer Längenvariationsfunktion aus einer Spektrumsfunktion nach den bislang üblichen Methoden nimmt bei achtstündiger Arbeit je Tag 4 Wochen in Anspruch [*13*]. Alle drei Verfahren beruhen auf leicht auszuführenden Rechnungen. Es werden eingehende Betrachtungen über die Genauigkeit der Rechenverfahren angestellt.

1.2.2 Der ideale Faserverband

1.2.2.1 Voraussetzungen. Der ideale Faserverband wird nach BRENY [*14*] durch die folgenden Voraussetzungen gekennzeichnet:

a) Die Fasern sind gerade und liegen parallel. Sie sind überall gleich dick.

b) Die Fasern sind zufällig verteilt. Die Häufigkeitsverteilung der Faseranzahl im Faserverbandsquerschnitt entspricht einer POISSON-Verteilung, d. h., die Streuung der Faseranzahl ist gleich der mittleren Faseranzahl.

c) Die Verteilung der Fasern ist unabhängig von der Verteilung der Faserlängen.

1.2.2.2 Autokorrelationsfunktion. Auf Grund der genannten Voraussetzungen haben SPENCER-SMITH und TODD [*15*] die Autokorrelationsfunktion berechnet:

$$p(u) = \frac{1}{\bar{l}} \int_{l=u}^{\infty} (l-u)\, dP(l) \tag{22}$$

Darin bedeutet $P(l)$ die Wahrscheinlichkeit, mit der eine Faser von kleinerer Länge als l vorkommt, während $\bar{l}$ gleich der durchschnittlichen Faserlänge ist. Die partielle Integration [*17*] von Gl. (22) ergibt nach Einsetzen von $P(l) = 1 - H(l)$

$$p(u) = \frac{1}{\bar{l}} \int_{l=u}^{\infty} \int_{l}^{\infty} h(l)\, dl\, dl = \frac{1}{\bar{l}} \int_{l=u}^{\infty} H(l)\, dl = H_F(u) \tag{23}$$

Darin bedeuten:

$h(l)$ die Einzelhäufigkeit der Faserlänge [*16*]

$H(l) = \int_{l}^{\infty} h(l)\, dl$ die Summenhäufigkeit mit der Bedingung $H(0) = 1$ sowie

$H_F(u) = 1/\bar{l} \int_{l=u}^{\infty} H(l)\, dl$ die Faserbartkurve mit der Bedingung $H_F(0) = 1$

Die Autokorrelationskurve eines idealen Faserverbandes ist also gleich der Faserbartkurve.

Für gleich lange Fasern (Länge $\bar{l}$) ergibt sich (Abb. 2):

$$p\left(\frac{u}{\bar{l}}\right) = 1 - \frac{u}{\bar{l}} \tag{24}$$

Ferner folgt für eine gleich häufige Verteilung von Faserlängen $0 < l \leqq l_{\max}$ (Abb. 3)

$$p\left(\frac{u}{\bar{l}}\right) = 1 - \frac{u}{\bar{l}} + \frac{1}{4}\left(\frac{u}{\bar{l}}\right)^2 \tag{25}$$

Die $p(u/\bar{l})$-Kurven dieser beiden Sonderfälle von Faserlängenverteilungen sind in der Abb. 4 dargestellt. Die allgemeine Kurve $p(u/\bar{l})$ ist gekennzeichnet durch eine Tangente mit dem Anstieg -1 an der

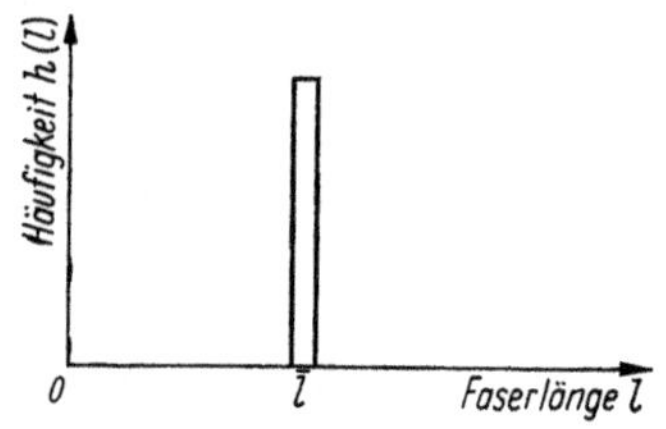

Abb. 2
Häufigkeitsverteilung für gleich lange Fasern

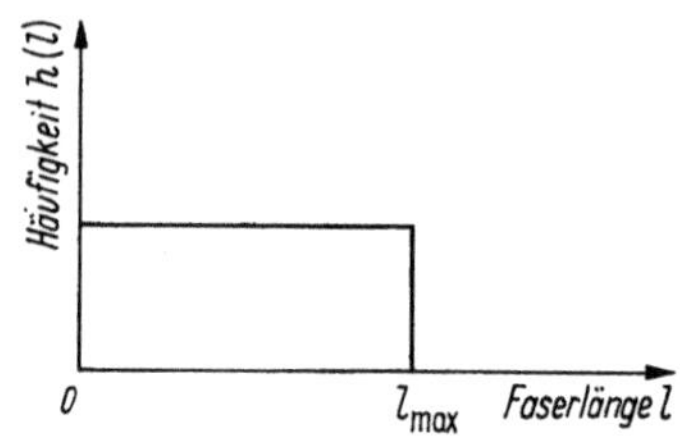

Abb. 3
Gleich häufige Verteilung von Fasern

Stelle $u/\bar{l} = 0$, durch einen monotonen Abfall für wachsendes $u/\bar{l}$ und durch den Wert $p(u/\bar{l}) = 0$ für Werte von u, die größer als die maximale Faserlänge sind.

1.2.2.3 Längenvariationsfunktion. Die Längenvariationsfunktion $CB^2(L)$ für einen idealen Faserverband ergibt sich, indem in die Gl. (16)

$$C\,B^2(L) = C\,B^2(0) \cdot \frac{2}{L^2} \int_0^L (L - u)\, p(u)\, du$$

die Autokorrelationsfunktion $p(u)$ des idealen Faserverbandes eingesetzt wird, wobei formal $l = u = L$ ist [*17*]:

$$\begin{aligned} C\,B^2(L) &= C\,B^2(0) \cdot \frac{2}{\bar{L}\,L^2} \int_0^L \int_0^L \int_L^\infty \int_L^\infty h(l)\, dL\, dL\, dL\, dL \\ &= C\,B^2(0) \cdot \frac{2}{\bar{L}\,L^2} \int_0^L \int_0^L \int_L^\infty H(L)\, dL\, dL\, dL \\ &= C\,B^2(0) \cdot \frac{2}{L^2} \int_0^L \int_0^L H_F(L)\, dL\, dL \qquad (26) \end{aligned}$$

Die Gl. (26) bedeutet, daß die Längenvariationsfunktion $CB^2(L)$ eines idealen Faserverbandes, abgesehen von einem Faktor, gleich dem vierfachen Integral der Häufigkeitsverteilung $h(l)$ bzw. dem dreifachen Integral der Summenhäufigkeit $H(L)$ bzw. dem zweifachen Integral der Faserbartkurve $H_F(L)$ ist.

Für gleich lange Fasern (Länge $\bar{l}$) berechnet Breny [14]

$$C\,B^2\left(\frac{L}{\bar{l}}\right) = \begin{cases} C\,B^2(0)\cdot\left[1 - \frac{1}{3}\frac{L}{\bar{l}}\right] \\ \text{für} \quad 0 < L \leqq \bar{l} \\ C\,B^2(0)\cdot\left[\frac{\bar{l}}{L} - \frac{1}{3}\left(\frac{\bar{l}}{L}\right)^2\right] \\ \text{für} \quad \bar{l} \leqq L \leqq \infty \end{cases} \tag{27}$$

Für eine gleich häufige Verteilung von Faserlängen $0 < l \leqq l_{\max}$ folgt:

$$C\,B^2\left(\frac{L}{\bar{l}}\right) = C\,B^2(0)\cdot\left[1 - \frac{1}{3}\frac{L}{\bar{l}} + \frac{1}{24}\left(\frac{L}{\bar{l}}\right)^2\right] \quad \text{für} \quad 0 < L \leqq l_{\max}$$

$$= C\,B^2(0)\cdot\left[\frac{4}{3}\frac{\bar{l}}{L} - \frac{2}{3}\left(\frac{\bar{l}}{L}\right)^2\right] \quad \text{für} \quad l_{\max} \leqq L \leqq \infty \tag{28}$$

Die $C\,B^2(L/\bar{l})$-Kurven dieser beiden Sonderfälle von Faserlängenverteilungen sind in der Abb. 5 dargestellt. Der Anstieg der allgemeinen Kurve

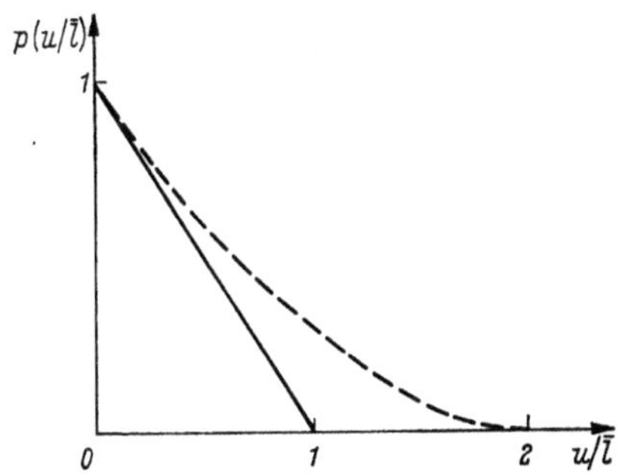

Abb. 4. Autokorrelationsfunktion eines idealen Faserverbandes [2]
——— gleich lange Fasern;
- - - - gleich häufige Faserlängen

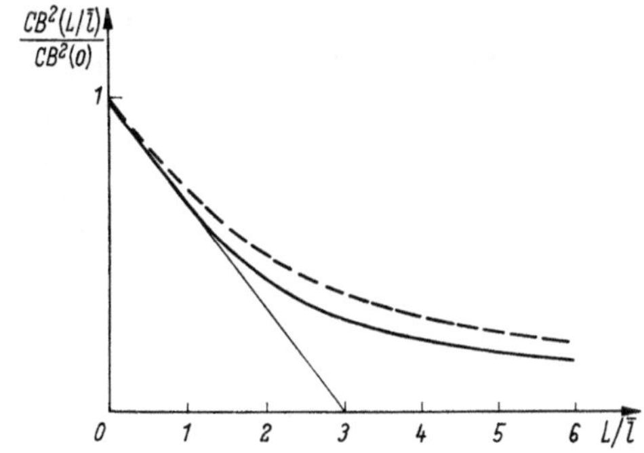

Abb. 5. Längenvariationskurve eines idealen Faserverbandes [2]
——— gleich lange Fasern;
- - - - gleich häufige Faserlängen

$C\,B^2(L/\bar{l})$ an der Stelle $L/\bar{l} = 0$ ist stets $-1/3$. Die Längenvariationskurve fällt mit wachsendem $L/\bar{l}$ monoton ab und nähert sich mit $L/\bar{l} \to \infty$ asymptotisch dem Wert 0.

Zur Prüfung verschiedener Berechnungsmethoden für die Längenvariationsfunktion nehmen Wegener und Hoth [17] eine Häufigkeitsverteilung an, die einerseits in etwa die Form einer tatsächlichen Häufigkeitsverteilung besitzt und die andererseits eine exakte formelmäßige Durchrechnung gestattet. Diese Bedingungen erfüllt die Häufigkeitsverteilung

$$h(L) = \frac{6\,L}{L_{\max}^2} - \frac{6\,L^2}{L_{\max}^3} \tag{29}$$

Die Häufigkeitsverteilung (29) ist in der Abb. 6 dargestellt. Sie bildet eine Parabel, die für die Faserlänge $L = 0$ und die maximale Faserlänge $L_{\max} = 100$ mm den Wert $h(0) = h(L_{\max}) = 0$ aufweist und an der Stelle $L_{\max}/2$ ein Maximum durchläuft. Sie ist ferner dadurch normiert, daß die Fläche unter der Kurve den Wert

$$\int_0^{L_{\max}} h(L)\, dL = 1$$

besitzt. Die exakte Berechnung der Längenvariationsfunktion auf Grund der Formel (26) führt auf die Gleichungen

$$\frac{C\,B^2(L)}{C\,B^2(0)} = 1 - \frac{2L}{3L_{\max}} + \frac{L^3}{5L_{\max}^3} - \frac{L^4}{15L_{\max}^4} \quad \text{für} \quad 0 \leqq L \leqq L_{\max}$$

$$\frac{C\,B^2(L)}{C\,B^2(0)} = \frac{3L_{\max}}{5L} - \frac{2L_{\max}^2}{15L^2} \quad \text{für} \quad L_{\max} \leqq L \leqq \infty \tag{30}$$

Nachfolgend werden drei weitere Berechnungsmethoden erläutert, die bei einer tatsächlich gemessenen Faserlängenverteilung Anwendung finden können. Dazu wird die Häufigkeitsverteilung $h(L)$ in Klassen

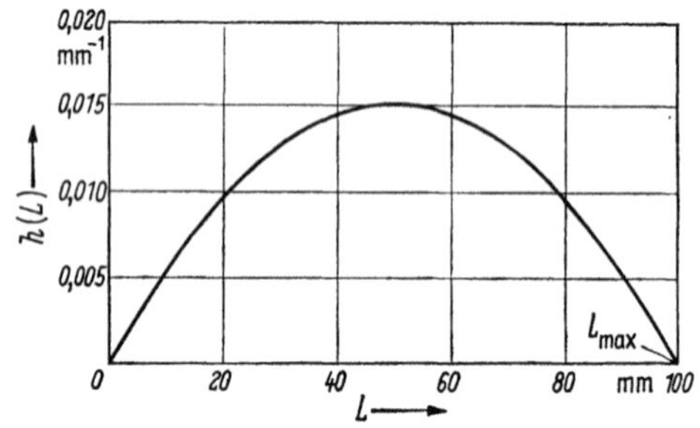

Abb. 6. Häufigkeitsverteilung $h(L) = \frac{6L}{L_{\max}^2} - \frac{6L^2}{L_{\max}^3}$ zur Prüfung verschiedener Berechnungsmethoden [17]

aufgeteilt. Die Klassenbreiten ΔL_i wurden zwecks Darstellung des allgemeinen Falles verschieden groß gewählt. Die Werte $h_i = p_i/\Delta L_i$ stellen wie bei der tatsächlichen Messung die durchschnittliche Häufigkeit in der Klasse mit der Nummer i und der Klassenmitte L_{im} dar. Sie sind in der Tab. 1 angegeben.

Die erste Berechnungsmethode fußt auf der Gleichung von Olerup [18]:

$$\frac{C\,B^2(L)}{C\,B^2(0)} = 1 - \frac{L}{3\bar{L}} \quad \text{für} \quad 0 \leqq L < \frac{\bar{L}_g}{2} \tag{31}$$

$$\frac{C\,B^2(L)}{C\,B^2(0)} = \frac{\bar{L}_g}{L} - \frac{\bar{L}_g^2}{L^2}\,\frac{1 + V_g}{3} \quad \text{für} \quad L_{\max} < L \leqq \infty$$

mit

$$\bar{L} = \frac{\sum_i p_i L_{im}}{\sum_i p_i} \qquad \bar{L}_g = \frac{\sum_i p_i L_{im}^2}{\sum_i p_i L_{im}}$$

$$V_g = \sqrt{\frac{\sum_i p_i L_{im}^3 \sum_i p_i L_{im}}{\left(\sum_i p_i L_{im}^2\right)^2} - 1}$$

Die Gl. (31) stellt eine Näherungsformel dar und ist im Bereich $\bar{L}_g/2 < L < L_{\max}$ nicht definiert.

Als zweite Berechnungsmethode schlagen WEGENER und HOTH [*17*] eine numerische Integration nach Gl. (26) vor. Das entsprechende Rechenschema ist in der Tab. 2 dargestellt. Die ersten fünf Spalten

Tabelle 1. *Ausgangswerte für die drei Berechnungsmethoden* [*17*]

i	$L_{i-1} \dots L_i$	L_{im}	ΔL_i	h_i	$p_i = h_i \cdot \Delta L_i$
1	0 ... 2	1	2	0,000592	0,001184
2	2 ... 4	3	2	0,001744	0,003488
3	4 ... 6	5	2	0,002848	0,005696
4	6 ... 8	7	2	0,003904	0,007808
5	8 ... 10	9	2	0,004912	0,009824
6	10 ... 15	12,5	5	0,006550	0,032750
7	15 ... 20	17,5	5	0,008650	0,043250
8	20 ... 25	22,5	5	0,010450	0,052250
9	25 ... 30	27,5	5	0,011950	0,059750
10	30 ... 35	32,5	5	0,013150	0,065750
11	35 ... 40	37,5	5	0,014050	0,070250
12	40 ... 45	42,5	5	0,014650	0,073250
13	45 ... 50	47,5	5	0,014950	0,074750
14	50 ... 60	55	10	0,014800	0,148000
15	60 ... 70	65	10	0,013600	0,136000
16	70 ... 80	75	10	0,011200	0,112000
17	80 ... 90	85	10	0,007600	0,076000
18	90 ... 100	95	10	0,002800	0,028000

Tabelle 2. *Rechenschema zur numerischen Integration* [*17*]

i	$L_{i-1} \dots L_i$	ΔL_i	h_i	$p_i = h_i \Delta L_i$	$a_i = \sum_i^\infty p_i$	$b_i = (a_i + a_{i+1}) \frac{\Delta L_i}{2}$	$c_i = \sum_i^\infty b_i$	$d_i = \frac{c_i}{c_1}$	$e_i = (d_i + d_{i+1}) \frac{\Delta L_i}{2}$	$f_i = \sum_1^i e_i$	$g_i = (f_{i-1} + f_i) \frac{\Delta L_i}{2}$, $f_0 = 0$	$k_i = \sum_1^i g_i$	$\frac{CB^2(L)}{CB^2(0)} = k_i \frac{2}{L_i^2}$, $L = L_i$

sind durch die Faserlängenverteilung vorgegeben. Die Tabelle kann am unteren Ende für größere Werte als $L_{\max}$ um beliebige Klassen $L_{i-1} \ldots L_i$ erweitert werden. Die Spalte a_i enthält die Summenhäufigkeit $H(L = L_{i-1})$; die Spalte d_i enthält die Faserbartkurve $H_F(L = L_{i-1})$. Ferner ergibt sich die durchschnittliche Faserlänge zu $\overline{L} = c_1$. Durch eine Verfeinerung der Klasseneinteilung oder der Integrationsregeln kann bei der numerischen Integration die Genauigkeit beliebig erhöht werden.

Als dritte Berechnungsmethode empfehlen WEGENER und HOTH [*17*, *19*] ein Verfahren, das sie als Überlagerungsmethode bezeichnen. Dem Verfahren liegt die Voraussetzung zugrunde, daß alle Fasern der jeweiligen Klasse i die gleiche Länge L_{im} besitzen. Für jede Klasse wird eine Teil-Längenvariationsfunktion berechnet. Die Überlagerung der einzelnen Teil-Längenvariationsfunktionen ergibt die gesuchte Längenvariationsfunktion. Auf Grund dieses Gedankengangs lassen sich aus der Gl. (26) folgende Beziehungen entwickeln:

$$\frac{C\,B^2(L)}{C\,B^2(0)} = \frac{1}{\overline{L}} \sum_i \left(L_{im} - \frac{L}{3}\right) p_i \quad \text{für} \quad 0 \leqq L \leqq L_{im}$$

$$\frac{C\,B^2(L)}{C\,B^2(0)} = \frac{1}{\overline{L}} \sum_i \left(\frac{L_{im}^2}{L} - \frac{L_{im}^3}{3L^2}\right) p_i \quad \text{für} \quad L_{im} \leqq L \leqq \infty \tag{32}$$

Die Ausdrücke

$$A_i(L) = L_{im} - \frac{L}{3} \quad \text{für} \quad 0 \leqq L \leqq L_{im}$$

$$A_i(L) = \frac{L_{im}^2}{L} - \frac{L_{im}^3}{3L^2} \quad \text{für} \quad L_{im} \leqq L \leqq \infty \tag{33}$$

sind unabhängig von der Faserlängenverteilung. Sie hängen nur von der zugrunde liegenden Klasseneinteilung ab. Es ist daher zweckmäßig, den Ausdruck $A_i(L)$ tabellarisch niederzulegen. Die Tab. 3 enthält das ent-

Tabelle 3. *Werte $A_i(L)$ zur Überlagerungsmethode* [*17*]

L_{im}	L									
	0	2	4	6	...	500	1000	2000	5000	10 000
1										
3										
5										
.										
.										
.										
75										
85										
95										

sprechende Schema $A_i(L)$ für das vorliegende Beispiel. Zur Berechnung der Längenvariationsfunktion entsteht somit die Gleichung

$$\frac{C\,B^2(L)}{C\,B^2(0)} = \frac{1}{\overline{L}} \sum_i A_i(L)\, p_i \tag{34}$$

Die Gl. (34) bedeutet: Die Faserlängenverteilung ist durch p_i und $\overline{L}$ vorgegeben. Es wird die Summe der Produkte $A_i(L)\,p_i$ gebildet und durch $\overline{L}$ dividiert. Dieser Rechengang kann z. B. auf einer elektrischen Rechenmaschine mit Speicherwerk ohne Zwischennotierung einer Zahl ausgeführt werden. Die Berechnung ist einfach und schnell durchzuführen. Ein weiterer Vorteil ist, daß die berechneten Längenvariationswerte unabhängig voneinander einzeln bestimmt werden können. Durch eine Verfeinerung der vorgegebenen Klasseneinteilung läßt sich bei der Überlagerungsmethode die Genauigkeit beliebig erhöhen.

In der Tab. 4 sind die Ergebnisse der verschiedenen Berechnungsmethoden nebeneinandergestellt. Den Vergleichsmaßstab bilden die

Tabelle 4. *Ergebnisse der verschiedenen Berechnungsmethoden* [*17*]

L	exakte Auswertung $\frac{C\,B^2(L)}{C\,B^2(0)}$	Gleichung Olerup Δ	numerische Integration Δ	Überlagerungsmethode Δ
0	1,000000	0	0	0
2	0,986669	0	−0,0065	0
4	0,973346	0	−0,0032	+0,0001
6	0,960042	0	−0,0021	+0,0001
8	0,946766	0	−0,0015	+0,0001
10	0,933526	−0,0001	−0,0011	+0,0003
15	0,900641	−0,0004	−0,0021	+0,0002
20	0,868160	−0,0012	−0,0019	+0,0003
25	0,836198	−0,0025	−0,0015	+0,0003
30	0,804860	−0,0044	−0,0012	+0,0004
35	0,774242	nicht berechenbar	0,0008	+0,0005
40	0,744426		−0,0005	+0,0005
45	0,715491		−0,0002	+0,0006
50	0,687500		0	+0,0007
60	0,634560		+0,0002	+0,0008
70	0,585926		+0,0005	+0,0008
80	0,541760		+0,0009	+0,0008
90	0,502060		+0,0012	+0,0008
100	0,466667	−0,0260	+0,0015	+0,0009
200	0,266667	−0,0059	+0,0016	+0,0007
500	0,114667	−0,0007	+0,0008	+0,0003
1000	0,058667	−0,0001	+0,0004	+0,0002
2000	0,029667	0	+0,0002	+0,0001
5000	0,011947	0	+0,0001	0
10000	0,005987	0	0	0

Werte $CB^2(L)/CB^2(0)$ der exakten Auswertung. Für die drei anderen Berechnungsmethoden sind die Abweichungen Δ gegenüber der exakten Auswertung angegeben. Danach weist die numerische Integration eine befriedigende Genauigkeit auf. Eine sehr hohe Genauigkeit besitzt die Überlagerungsmethode. Durch die einfache, schnelle und genaue Berechnung ist deshalb die Überlagerungsmethode zur Bestimmung der idealen Längenvariationsfunktion besonders geeignet.

Für den Totalen Längenvariationskoeffizienten $CB(0)$ gibt MARTINDALE [20] folgende Beziehung an:

$$CB(0) = 100 \sqrt{\frac{1}{n}(1 + 0{,}0004\, V_d^2)} \quad [\%] \tag{35}$$

Darin bedeuten:

$n = \dfrac{\text{tex}_{\text{Faserband}}}{\text{tex}_{\text{Faser}}}$ die durchschnittliche Faseranzahl im Querschnitt, wobei tex die Feinheit in g/m ist,

V_d den Variationskoeffizienten des Faserdurchmessers in %.

Die Gl. (35) für $CB(0)$ gilt unter der Voraussetzung, daß der Faserdurchmesser unabhängig von der Faserlänge ist. Der Variationskoeffizient des Faserdurchmessers kann für denselben Faserstoff als konstant angenommen werden. Die Formel für den Totalen Längenvariationskoeffizienten geht deshalb in die Gleichung über:

$$CB(0) = \frac{c}{\sqrt{n}} \tag{36}$$

Die nebenstehende Tabelle gibt die Werte der Konstanten c für einige Faserstoffe an.

Faserstoff		c
Zellwolle	[2]	102
Baumwolle	[21]	106
Wolle	[20]	112
Flachs	[161, 162]	106—108

Die Annahme einer POISSON-Verteilung für die Faseranzahl im idealen Faserverband ist, wie BRENY [10] ausführt, in Wirklichkeit nicht zutreffend. Nach einer POISSON-Verteilung könnten unendlich große und unendlich kleine Faseranzahlen auftreten. Durch die Art der Produktion ist jedoch die auftretende Faseranzahl von vornherein nach oben und unten beschränkt. Dieses berücksichtigt BRENY [10] im BERNOULLI-System. Es gelten folgende Beziehungen:

$$s_{\text{Bernoulli}} = s_{\text{Poisson}} \cdot f$$

$$CB(0)_{\text{Bernoulli}} = CB(0)_{\text{Poisson}} \cdot f$$

Der Faktor f beträgt bei der Baumwollvorbereitung etwa 0,45 und bei der Kammgarnverspinnung etwa 0,95. Autokorrelations- und Spektrumsfunktion bleiben unverändert.

MARTINDALE [20] geht bei seiner Gleichung von den Annahmen aus, daß der Faserdurchmesser unabhängig von der Faserlänge ist und die

Fasern untereinander nicht in Beziehung stehen. Verschiedentlich ist versucht worden, die Gleichung MARTINDALES [20] zu erweitern. So geben WEGENER und MEISTER [22] sowie BORNET [23] Gleichungen zur Berechnung der idealen Ungleichmäßigkeit eines Mischgarnes an. PEYER [24] erhält unter Berücksichtigung der Faserlängenverteilung

$$C\,B\,(0)_{\text{ideal}} = \frac{1}{\sqrt{n}}\,\sqrt{2 - K + 0{,}004\,V_d^2} \tag{37}$$

Hierin wird K als Faserlängenparameter bezeichnet. Sein Wert liegt für Baumwolle zwischen 0,5 und 0,8.

BRENY [25] versuchte, die Unzulänglichkeiten des MARTINDALE-Modells durch ein neues zu vermindern, bei dem die Fasern im Faserverband in Büscheln vorliegen. Innerhalb eines Büschels bilden die Faserspitzen eine POISSON-Verteilung. Bei diesem Modell sollen besonders die Reibungsverhältnisse zwischen den Fasern mit berücksichtigt werden. COX und INGHAM [26] beziehen in ihre Gleichung die Dublierung und die Ungleichmäßigkeit der Vorlage mit ein.

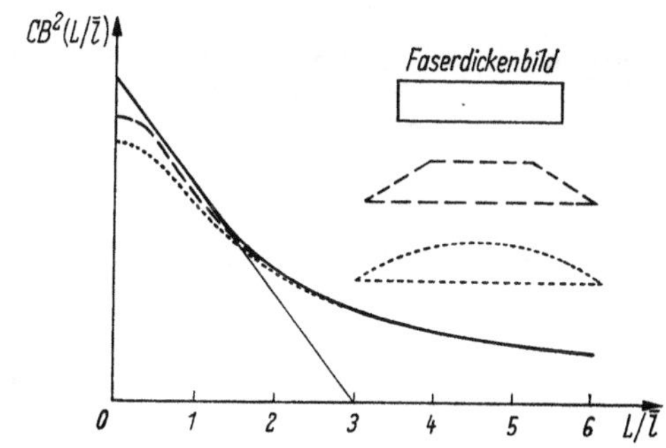

Abb. 7
Einfluß der Abplattung der Faserenden auf die $CB^2(L/\bar{l})$-Kurve eines idealen Faserverbandes [2]
.... parabelförmiger Faserdickenverlauf
– – – – abgeschrägte Faserenden;
——— keine Abplattung;

Weitere Sonderfälle für die Funktion $CB^2(L)$ eines idealen Faserverbandes behandelt PICARD [27]. Aus der Abb. 7 ist der von WEGENER und HOTH [2] aus den Formeln PICARDS [27] berechnete Einfluß der Abplattung der Faserenden auf die $CB^2(L)$-Kurve zu erkennen. Der Einfluß der Abplattung der Faserenden auf die Autokorrelationskurve ist von GIESEKUS [11] beschrieben worden.

1.2.2.4 Spektrumsfunktion. Die Spektrumsfunktion $S(\ln\lambda)$ für einen idealen Faserverband aus gleich langen Fasern (Länge $\bar{l}$) lautet (vgl. [2, 28, 209]):

$$S(\ln\lambda) = \sqrt{\frac{1}{\pi\,n}}\;\frac{\sin\dfrac{\pi\,\bar{l}}{\lambda}}{\sqrt{\dfrac{\pi\,\bar{l}}{\lambda}}} = C\,B\,(0)\sqrt{\frac{1}{\pi}}\;\frac{\sin\dfrac{\pi\,\bar{l}}{\lambda}}{\sqrt{\dfrac{\pi\,\bar{l}}{\lambda}}} \tag{38}$$

Die Funktion $S^2\left(\ln\frac{\lambda}{\bar{l}}\right)$ ist in der Abb. 8 für gleich lange Fasern ausgezogen und für eine gleich häufige Verteilung von Faserlängen

$0 < l \leqq l_{max}$ gestrichelt dargestellt worden. Die Werte wurden im ersten Fall mit Hilfe der Gl. (38), im zweiten Fall mit Hilfe der weiter unten stehenden Gl. (39) ermittelt.

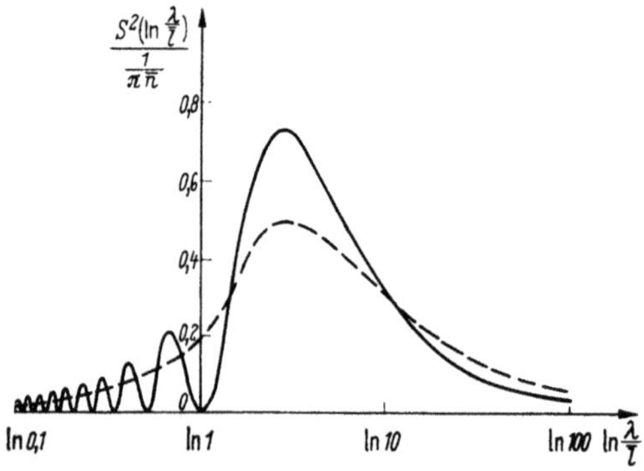

Abb. 8
Spektrumsfunktion für einen idealen Faserverband [2]
——— gleich lange Fasern;
-------- gleich häufige Faserlängen

Demnach besteht das Spektrum eines idealen Faserverbandes nicht aus diskreten Linien, die strenge sinus-Perioden anzeigen würden, sondern es ist ein kontinuierliches Spektrum. Das absolute Maximum der dargestellten Spektrumskurve für gleich lange Fasern liegt bei $\lambda/\bar{l} = 2{,}69$.

Für eine Häufigkeitsverteilung $h(l)$ von Faserlängen l ergibt sich, wenn $h(l)$ durch $\int_0^\infty h(l)\,dl = 1$ normiert ist, die Spektrumsfunktion $S^2(\ln\lambda)$ zu:

$$S^2(\ln\lambda) = C\,B^2(0)\,\frac{1}{\pi}\int_0^\infty h(l)\,\frac{l}{\bar{l}}\,\frac{\sin^2\frac{\pi l}{\lambda}}{\frac{\pi l}{\lambda}}\,dl \tag{39}$$

1.2.3 Der Einfluß bestimmter Ungleichmäßigkeiten auf die drei Kennfunktionen

Wegener und Hoth [2] untersuchten den Einfluß verschiedener Ungleichmäßigkeiten auf die drei Kennfunktionen. Bei jeder der drei Funktionen setzen sich die Anteile verschiedener Ungleichmäßigkeitseinflüsse additiv zur Gesamtkurve zusammen.

Schwankungen, die zwischen Faserverbänden vorliegen, die von verschiedenen Lieferstellen ablaufen, werden als Querstreuung bezeichnet. Diese erhöht die Längenvariationsfunktion um einen konstanten Betrag. Demnach geht die allgemeine Längenvariationskurve $CB^2(L/\bar{l})$ bei Einbeziehung der Querstreuung mit wachsendem $L/\bar{l}$ nicht mehr asymptotisch gegen Null, sondern gegen denjenigen Betrag, der der Querstreuung entspricht. Durch die Definitionsgleichung für CB^2 wird die Querstreuung [29, 30] berücksichtigt, wenn für $\bar{\bar{y}}$ der Gesamtdurchschnitt eingesetzt wird.

Auf die Autokorrelationsfunktion wirkt sich die Querstreuung wie folgt aus: Die Autokorrelationsfunktion enthält einen konstanten

Betrag $\sigma_z^2/\sigma_{\text{ges}}^2$, dem sie sich für $(u/\bar{l}) \to \infty$ asymptotisch nähert. Der Wert $p(0) = 1$ bleibt auf Grund der Normierung erhalten. Bei der Spektrumsfunktion S^2 äußert sich die Querstreuung in einer Spektrallinie an der Stelle $\lambda \to \infty$.

Zur Beurteilung eines Faserverbandes geben WEGENER und HOTH [*2*] der Längenvariationskurve den Vorzug, weil sie die Querstreuung direkt enthält. Diese müßte bei der Autokorrelations- und der Spektrumsfunktion zusätzlich ermittelt werden, was auf experimentellem Wege nicht ohne weiteres möglich ist. Sollen dagegen die Art und die Größe verschiedener Ungleichmäßigkeitseinflüsse beurteilt werden, ist es zu empfehlen, die Spektrumsfunktion mit heranzuziehen.

Bei der Berechnung der idealen Längenvariationskurve werden vereinfachende Voraussetzungen gemacht. Die tatsächliche Längenvariationskurve eines Garnes wird experimentell ermittelt. Die Variationskoeffizienten der tatsächlichen Längenvariationskurve sind größer als die entsprechenden Variationskoeffizienten der idealen Längenvariationskurve. Der Verlauf sowohl der idealen als auch der tatsächlichen Längenvariationskurve ist abhängig von der Faserfeinheit und von der Garnnummer. Wenn die Arbeitsweise eines Prozesses beurteilt werden soll oder wenn Garne aus verschiedenen Herstellungsprozessen miteinander verglichen werden sollen, so ist die Kenntnis der tatsächlichen Längenvariationskurve allein noch nicht ausreichend für eine Beurteilung. Eine kritische Betrachtung eines oder mehrerer Arbeitsprozesse wird erst durch einen Vergleich der tatsächlichen Längenvariationskurve mit der idealen Längenvariationskurve möglich. Je geringer der Unterschied zwischen der idealen und der tatsächlichen Längenvariationskurve eines Garnes ist, desto besser ist der Verzugsprozeß. Eine gute Beurteilung des Spinnprozesses ermöglicht der K-Wert. Dieser wurde erstmalig von HUBERTY [*169*] als das Verhältnis

$$K(0) = \frac{CB(0)_{\text{tats.}}}{CB(0)_{\text{ideal}}} > 1 \tag{40}$$

definiert und ging als HUBERTYscher Faktor in die Literatur ein. Je weniger der $K(0)$-Wert von 1 abweicht, um so besser ist der Fertigungsprozeß. MONFORT [*170*] mißt dem HUBERTYschen Faktor eine große Bedeutung für die Kontrolle in der Kammgarnspinnerei bei. Zur Ermittlung des HUBERTYschen K-Faktors muß der totale tatsächliche Längenvariationskoeffizient bekannt sein, der schwierig zu messen ist.

OLERUP [*18*] sowie WEGENER und HOTH [*17, 19*] entwickelten Gleichungen zur Berechnung der idealen Längenvariationskurve für beliebige Längen L. Wenn die tatsächliche und die ideale Längenvariationskurve eines Faserverbandes bekannt sind, ist es möglich, K-Werte für beliebige

Längen L zu ermitteln und einen Vergleich sowohl zwischen den Fertigungsstufen eines Prozesses als auch zwischen den einzelnen Prozessen selbst durchzuführen. So gestattet beispielsweise der Quotient $\frac{K_{\text{Ablieferung}}}{K_{\text{Vorlage}}}$ eine Beurteilung der Verarbeitungsgüte einzelner Fertigungsstufen. Allerdings ist die Ermittlung solcher Quotienten umständlich, wenn beiden K-Werten verschiedene Längen L zugrunde liegen. Einfacher ist es, nicht willkürliche, sondern nur einander entsprechende, korrespondierende Längen zu wählen [*29*]. $L_{\text{Ablieferung}}$ ist dann gleich $L_{\text{Vorlage}} \times$ Verzug und der Quotient wird zu

$$\frac{K(L)_{\text{Ablieferung}}}{K(L)_{\text{Vorlage}}} = \frac{C\,B(L)_{\text{Ablieferung}}}{C\,B(L)_{\text{Vorlage}}} \sqrt{\frac{D}{V}}\,. \tag{41}$$

Hierin bedeuten:

$CB(L)_{\text{Ablieferung}}$	längenabhängiger Variationskoeffizient der Ablieferung
$CB(L)_{\text{Vorlage}}$	längenabhängiger Variationskoeffizient der Vorlage
D	Dublierung
V	Verzug.

Die Verwendung dieser Gleichung bietet den Vorteil, daß an die Stelle der K-Werte die Längenvariationskoeffizienten selbst treten. Die Gleichung ist besonders dann bei der Untersuchung von Streckwerken vorteilhaft, wenn der Verzug verändert wird. Ihre allgemeine Bedeutung erhält sie allerdings erst durch die Verwendung einander entsprechender, korrespondierender Längen. So darf z. B. der Längenvariationswert für $L = 1$ cm eines Vorgarnes, das auf der Feinspinnmaschine einem 20-fachen Verzug unterworfen wurde, nur mit dem Längenvariationswert für $L = 20$ cm des fertigen Garnes verglichen werden.

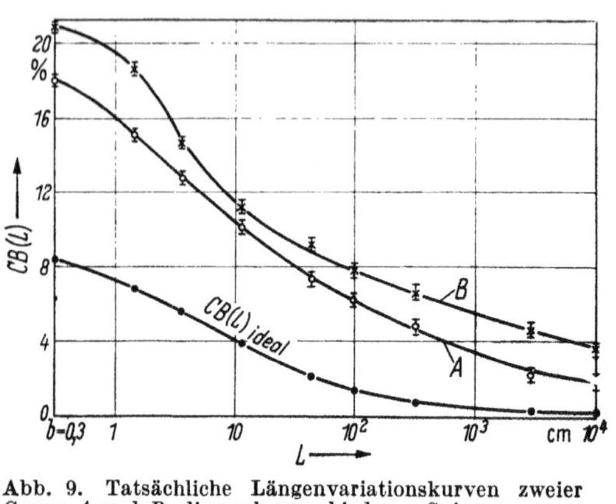

Abb. 9. Tatsächliche Längenvariationskurven zweier Garne A und B, die nach verschiedenen Spinnprozessen hergestellt wurden, sowie die zugehörige ideale Längenvariationskurve

In der Abb. 9 sind die tatsächlichen Längenvariationskurven zweier Garne, die aus der gleichen Baumwolle nach verschiedenen Spinnverfahren gefertigt wurden, und die zugehörige ideale Längenvariationskurve dargestellt. Das nach dem Spinnverfahren A hergestellte Garn ist im gesamten Längenvariationsbereich wesentlich gleichmäßiger als das nach dem Spinnverfahren B gefertigte.

Die Ermittlung einer Längenvariationskurve kann nach der Methode des Schneidens und Wiegens erfolgen. Hierbei wird das Garn in eine Vielzahl von Stücken der verschiedenen Längen L zerschnitten. Die einzelnen Garnstückchen werden gewogen. Das Verfahren ist sehr zeitraubend. Es wurden daher eine Reihe von Verfahren entwickelt, bei denen die Masse oder der Durchmesser des Faserverbandes kontinuierlich gemessen werden. MONFORT [*164*] z. B. gibt eine Übersicht über die Verfahren zur Ermittlung der Garnungleichmäßigkeit und erläutert die Möglichkeiten, die Verfahren in der Praxis anzuwenden. Der Faserverband kann mechanisch, optisch, pneumatisch, kapazitiv oder mit Hilfe von Radioisotopen abgetastet werden. Die Längenvariationskurve wird durch eine graphische Auswertung des aufgezeichneten Kurvenverlaufs oder durch eine kontinuierliche, elektrische Integration gewonnen. Die Diagrammauswertung ist sehr umständlich. Bei der elektrischen Integration muß das Garn so oft den Meßwertgeber durchlaufen, wie Punkte der Längenvariationskurve ermittelt werden sollen. Das Verfahren nimmt deswegen sehr viel Zeit in Anspruch. Vom Institut für Textiltechnik der Technischen Hochschule Aachen wurde daher in Zusammenarbeit mit der Firma Dr. Masing die Mehrfach-Summations- und Auswert-Anlage „Aachen" entwickelt, mit deren Hilfe bei nur zwei Durchläufen sieben Punkte der Längenvariationskurve ermittelt werden können [*31*, *32*]. Ein elektrischer Summationsvorgang ermöglicht die Wahl von 0,3 bis 1000 cm langen Abtastlängen L (Summationslängen) sowie deren Verteilung auf eine beliebig lange Prüfstreckenlänge l. Die einzelnen Meßwerte werden elektronisch gespeichert und klassiert. Die elektrische Integration erfolgt diskontinuierlich. Dieses Verfahren lehnt sich infolgedessen sehr eng an die Methode der statistischen Zufallsentnahme von Stichproben an.

Vielfach wird zur Beurteilung der Garnungleichmäßigkeit lediglich der sogenannte USTER-Wert herangezogen. Der USTER-Wert stellt einen einzelnen Punkt der Längenvariationskurve dar. Über den gesamten Verlauf der Längenvariationskurve kann auf Grund eines USTER-Wertes — unabhängig von der Genauigkeit des kapazitiven Meßverfahrens an sich — keine Aussage gemacht werden. Auch ein Vergleich des gemessenen USTER-Wertes mit Standardwerten kann nicht zu einem Urteil über das Aussehen des Gewebes, das aus dem geprüften Garn hergestellt wird, führen. Gewebeungleichmäßigkeiten, z. B. eine Bandigkeit oder ein Moiréeffekt, werden durch Schwankungen in der Garnmasse hervorgerufen, die mit Hilfe eines Längenvariationswertes nicht erfaßt werden können.

In den meisten Spinnereien ist jedoch ein USTER-Gleichmäßigkeitsprüfer oder ein ähnliches Gerät vorhanden. Es wird daher vorgeschlagen, neben dem USTER-Wert des Garnes noch den Längenvariationswert für eine größere Länge, z. B. für $L = 100$ m, und mit Hilfe eines Spektrographen das Garnspektrogramm zu ermitteln. Der Längenvariationswert des Garnes für eine größere Länge L kann z. B. direkt aus dem USTER-Wert des Streckenbandes oder aus dem der Flyerlunte ermittelt werden. Die der Streckenband- oder Lunten-Testlänge entsprechende Garnlänge L kann durch Multiplikation der Testlänge mit dem zur Garnherstellung notwendigen Gesamtverzug errechnet werden. So erhält man z. B. bei einer Testlänge $L = 200$ mm und einem Gesamtverzug von 200fach eine der Streckenbandlänge $L = 200$ mm entsprechende Garnlänge $L = 40$ m. Außerdem ist es ohne Schwierigkeiten möglich, den Längenvariationswert für $L = 100$ m aus den fast überall vorliegenden Werten der Nummernsortierung zu ermitteln. Wenn zwei Punkte der $CB(L)$-Kurve ($L = 80$ mm und z. B. $L = 100$ m) und das Spektrogramm des Garnes vorliegen, so kann, wie WEGENER und HOTH [*12*] nachgewiesen haben, zumindestens eine qualitative Aussage über den Verlauf der gesamten $CB(L)$-Kurve gemacht werden.

Ebenso wie die Dicke eines Garnes von Querschnitt zu Querschnitt schwankt, schwankt auch die Dicke des Gewebes von Punkt zu Punkt. Während beim Garn das Gewicht von Garnstücken einer bestimmten Länge L gemessen wird, kann bei einem Gewebe als entsprechendes Merkmal das Gewicht von quadratischen Gewebestücken ermittelt werden [*33*]. Der Variationskoeffizient zwischen den Gewebegewichten hängt von dem Flächeninhalt der Gewebestücke ab. Daher läßt sich eine Flächenvariationscharakteristik aufstellen. WEGENER und HOTH [*33*] entwickelten die Gleichungen für den Flächenvariationskoeffizienten. Für die Gewichte G_i (Gramm) von N quadratischen Gewebestücken des gleichen Flächeninhaltes F (cm^2), ergibt sich der Flächenvariationskoeffizient zu:

$$CB(F) = \frac{100}{\bar{G}} \sqrt{\frac{1}{N-1} \sum_{i=1}^{N} (G_i - \bar{G})^2} \quad [\%] \qquad (42)$$

In dieser Gleichung bedeuten:

G_i Gewicht eines quadratischen Gewebestückes mit dem Flächeninhalt F,

N Anzahl der Gewebestücke,

$\bar{G}$ durchschnittliches Gewicht der N Gewebestücke.

Bei einem Garn wird zwischen idealem und tatsächlichem Spinnprozeß unterschieden. Bei einem Gewebe muß nicht nur unterschieden werden zwischen idealem und tatsächlichem Webprozeß, sondern auch zwischen Garnen aus einem idealen und aus einem tatsächlichen Spinnprozeß. Es ergeben sich daher vier Möglichkeiten:

1. idealer Spinnprozeß, idealer Webprozeß: $CB(F)_{i,i}$,
2. tatsächlicher Spinnprozeß, idealer Webprozeß: $CB(F)_{t,i}$,

3. idealer Spinnprozeß, tatsächlicher Webprozeß: $CB(F)_{i,t}$,
4. tatsächlicher Spinnprozeß, tatsächlicher Webprozeß: $CB(F)_{t,t}$.

Zur Beurteilung eines Webprozesses mit Hilfe der Flächenvariationskurven werden im allgemeinen nur die Flächenvariationskoeffizienten $CB(F)_{i,i}$ und $CB(F)_{t,t}$ herangezogen.

Ein idealer Webprozeß soll durch die folgenden, wichtigsten Voraussetzungen gekennzeichnet werden:

1. gleichmäßiger Abstand der Fäden voneinander,
2. zufällige Verteilung von dicken und dünnen Garnstellen auf das Gewebe,
3. konstante Fadenspannung, konstante Einwebung und knotenloses Gewebe.

Mit diesen Voraussetzungen läßt sich für einen idealen Webprozeß, bei einem beliebigen Spinnprozeß, nachstehende Beziehung herleiten:

$$C\,B^2(F)_{-,\,i} = \frac{C\,B_1^2(L_1)\,z_1\left(\dfrac{e_1\,\mathrm{Nm}_2}{e_2\,\mathrm{Nm}_1}\right)^2 + C\,B_2^2(L_2)\,z_2}{\sqrt{F}\left(z_1\dfrac{e_1\,\mathrm{Nm}_2}{e_2\,\mathrm{Nm}_1} + z_2\right)^2} \tag{42a}$$

Hierin bedeuten:

$F = L_e^2$	Inhalt der quadratischen Gewebefläche von der Seitenlänge L_e
$CB(F)_{-,\,i}$	Variationskoeffizient von Gewebestücken des Flächeninhaltes F, beliebiger Spinnprozeß, idealer Webprozeß
$CB_1(L_1)$	Längenvariationscharakteristik des Garnes 1
$L_1 = e_1\sqrt{F}$	Der Fläche F zugeordnete Länge L_1 der Garnstücke für Garn 1
$e_1 = L_1/L_e$	Einwebung des Garnes 1
$z_1 = N_1/L_e$	Fadenanzahl/cm für Garn 1
Nm_1	metrische Nummer des Garnes 1
Index 2	(bezieht sich auf das Garn 2)

Wenn diese Flächenvariationscharakteristik für einen idealen Spinnprozeß gelten soll, so müssen weitere Voraussetzungen berücksichtigt werden. Beispielsweise ergibt sich für einen idealen Webprozeß und für ein aus einem idealen Spinnprozeß stammendes Garn, das aus gleich langen Fasern der Länge $\bar{l}$ besteht und für beide Fadensysteme verwendet wird, die folgende Formel:

$$C\,B^2(F)_{i,i} = \frac{C\,B^2(0)}{2z\sqrt{F}}\left[1 - \frac{1}{3}\,\frac{\sqrt{F}}{\bar{l}}\right] \quad \text{für} \quad 0 < \sqrt{F} \leqq \bar{l} \tag{42b}$$

$$C\,B^2(F)_{i,i} = \frac{C\,B^2(0)}{2z\sqrt{F}}\left[\frac{\bar{l}}{\sqrt{F}} - \frac{1}{3}\,\frac{\bar{l}^2}{F}\right] \quad \text{für} \quad \bar{l} \leqq \sqrt{F} < \infty \tag{42c}$$

Vorausgesetzt wird hierbei, daß

$$z_1 = z_2 = z$$

und

$$e_1 = e_2 = 1$$

sind.

In der Abb. 10 sind die tatsächlichen Flächenvariationskurven der Gewebe dargestellt, die aus den Garnen *A* bzw. *B* (Abb. 9) gewebt wurden. Ein Vergleich der beiden Flächenvariationskurven miteinander ergibt ein eindeutig besseres Ungleichmäßigkeitsverhalten des Gewebes *A* im Bereich kleiner Werte *F*.

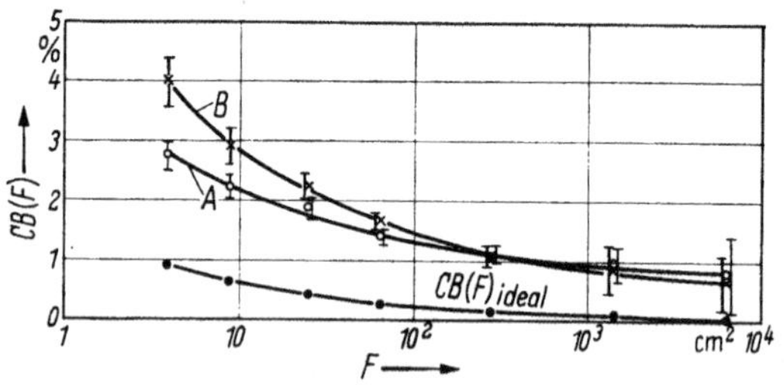

Abb. 10. Tatsächliche Flächenvariationskurven zweier Gewebe *A* und *B*, mit Schußgarnen aus den Spinnprozessen *A* bzw. *B*. Kette Perlon 20/1

Von den Geweben aus den Garnen *A* bzw. *B* (Abb. 10) wurden Fotos angefertigt (Abb. 11 und 12). Vergleicht man die Gewebebilder miteinander, so erscheint — vor allem im kleinflächigen Bereich — das Gewebe aus dem Garn *B* ungleichmäßiger als das Gewebe aus dem Garn *A*. Das Ergebnis der visuellen Betrachtung steht in Übereinstimmung mit dem Verlauf der $CB(L)$- und $CB(F)$-Charakteristik. Um die Gewebeungleichmäßigkeit im Kleinflächenbereich deutlich herauszustellen, sind Ausschnitte aus den Abb. 11a und 12a vergrößert in den Abb. 11b bzw. 12b wiedergegeben.

Zwischen der Längenvariationscharakteristik eines Garnes und der Flächenvariationscharakteristik eines Gewebes bestehen also enge Beziehungen. WEGENER und PEUKER [*34, 35, 36*] wiesen nach, daß es möglich ist, auf Grund des Garn-Längenvariationsverhaltens die Ungleichmäßigkeit der zu fertigenden Gewebe vorauszubestimmen. Allerdings wirkt sich, wie FUNDER und GRIESE [*183*] feststellten, die Garnungleichmäßigkeit nicht in vollem Umfang auf die Gewebeungleichmäßigkeit aus. Es findet infolge der Fadenkreuzung eine gewisse Vergleichmäßigung statt.

1.3 Die Ungleichmäßigkeit des Faserverbandes

1.3.1 Die Verzugswelle

Der Ausdruck „Verzugswelle" wird zum ersten Mal von BALLS [*37*] verwendet. Verzugswellen sind Querschnittsschwankungen eines Faserverbandes, die beim Verzug entstehen. Die Ursache bilden nach BALLS kurze Fasern, die in der Verzugszone schwimmen. Die Schwankungen sind nicht streng periodisch. Die Wellenlänge der Schwankungen streut

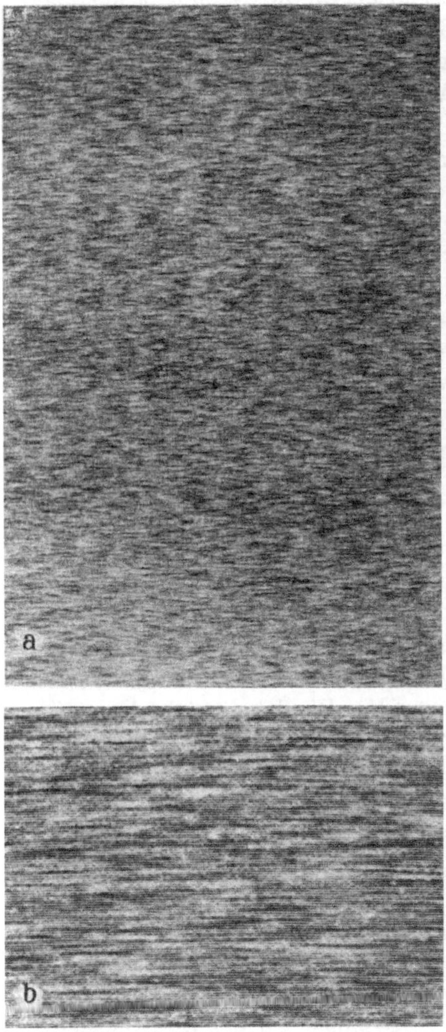

Abb. 11a u. b. Gewebe mit Schußgarn aus dem Spinnprozeß *A*. Kette Perlon 20/1.
a Gewebegröße 80 cm × 105 cm; b Ausschnitt aus der Figur a; Gewebegröße 12 cm × 16 cm

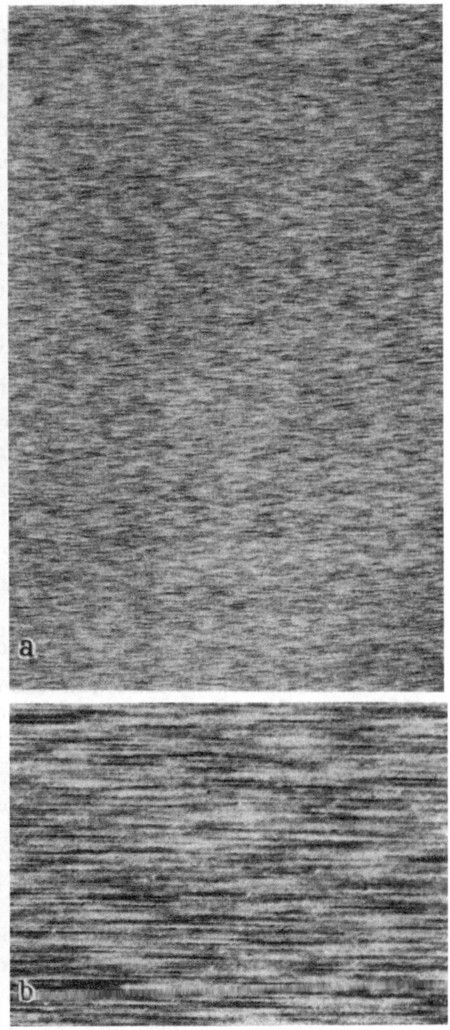

Abb. 12a u. b. Gewebe mit Schußgarn aus dem Spinnprozeß *B*. Kette Perlon 20/1.
a Gewebegröße 80 cm × 105 cm; b Ausschnitt aus der Figur a; Gewebegröße 12 cm × 16 cm

um einen mittleren Wert. Goodings [*38*] untersuchte den Walzenverzug in der Kammgarnspinnerei und entdeckte ebenfalls eine Verzugswelle. Goodings fand, daß deren Amplitude durch Dublieren kleiner wurde. Bei hohen Verzügen war die Verzugswelle ausgeprägter als bei niedrigen. Wurde eine größere Stapellänge gewählt, war die Verzugswellenlänge ebenfalls größer. Foster [*39*] griff die Verzugswellentheorie von Balls auf und gab in seinen Arbeiten eine Erklärung für die Garnungleichmäßigkeit. Er wies nach, daß sie einen wellenförmigen Charakter hat. Ursache für diese periodischen Masseschwankungen sind die schwimmenden Fasern, die sich bei einem idealen Verzug mit der Geschwindigkeit der Eingangswalzen bis zur vorderen Klemmlinie bewegen. Fasern, die von den Ausgangswalzen ergriffen werden, reißen schwimmende Fasern mit. Dadurch bildet sich im Garn eine dicke Stelle aus, während sich die Faseranzahl vor den Ausgangswalzen stärker verringert, als es dem Verzug entspricht. Eine dünne Stelle des Faserverbandes im Streckfeld vor den Ausgangswalzen hat zur Folge, daß sich die Mehrzahl der schwimmenden Fasern mit der Geschwindigkeit der Eingangswalzen bewegt und daß erneut eine dicke Faserbandstelle gebildet wird. Sobald deren Fasern die vordere Klemmlinie erreicht haben, beginnt der Prozeß von neuem. Nach theoretischen Erwägungen ergeben die schwimmenden Fasern eine reguläre Folge von dicken und dünnen Stellen im Garn. Versuche, die FOSTER durchführte, ließen jedoch erkennen, daß die schwimmenden Fasern keine Perioden im Garn verursachen.

Sind die Fasern im Vorlageband gut parallelisiert, so werden die Länge und die Amplitude der Verzugswelle reduziert. Die effektive Amplitude steigt nach FOSTER bei dünneren Garnen, sinkt jedoch bei gleicher Nummer, wenn die Fasern feiner sind. Die durchschnittliche Wellenlänge hängt z. B. bei Baumwolle von der Qualität ab und wächst bei größerem Verzug und größerer Verzugsfeldlänge [*21*]. Die Länge einer Verzugswelle beträgt bei Baumwolle 2″ bis 3″. MARTINDALE [*20*, *40*] fand beim Walzenverzug von Kammwollen eine Verzugswelle etwa der gleichen Art, wie FOSTER sie für Baumwolle nachwies. Die Wellenlänge und die Amplituden der Verzugswelle hängen nach MARTINDALE von rein zufälligen Störungen ab.

IKEDA, KINOSHITA und OKANO [*41*] sehen in den schwimmenden Fasern die Ursache für eine periodische Ungleichmäßigkeit des Garnes. Genannte geben eine Gleichung für die Wellenlänge der Schwankung an. Weiter empfehlen sie, das Stapeldiagramm eines Faserverbandes zu analysieren. Sie bestimmten die Faserlänge, bei der die Ungleichmäßigkeit des Garnes am geringsten ist und raten im Zusammenhang damit, die überlangen und die zu kurzen Fasern vor dem Spinnprozeß zu entfernen. Dabei geben sie die Grenzen für die brauchbaren Faserlängen an.

DAKIN [*42*, *43*], FOSTER [*42*, *43*, *44*] und LOCKE [*42*, *43*] sehen in dem Walzenschlupf die Ursache für Verzugswellen verschiedener Länge. Ein Walzenschlupf entsteht, wenn die Klemmung an den Walzenpaaren des Streckwerks nicht ausreicht, um die Fasern mit der Umfangsgeschwindigkeit der Unterwalzen zu bewegen. Ziehen die vorderen Walzen die Fasern durch das mittlere Walzenpaar, spricht man von einem vorwärts gerichteten Walzenschlupf (Oberwalzenumfangsgeschwindigkeit > Unterwalzenumfangsgeschwindigkeit). Wenn die Klemmung sowohl des Ausgangs- als auch des Mittelwalzenpaares unzureichend ist, hält das hintere Walzenpaar die Fasern fest, so daß die Umfangsgeschwindigkeit der davorliegenden Unterwalze größer ist als die der dazugehörigen Oberwalze. In diesem Fall ist der Walzenschlupf rückwärts gerichtet. Unter bestimmten Versuchsbedingungen ermittelten DAKIN, FOSTER und LOCKE bei der Verarbeitung von Baumwollbändern folgende Typen von Verzugswellen:

1. Eine Verzugswelle mit ziemlich hoher Amplitude und 7,5 bis 10 cm Länge. In diesem Fall wird die mittlere Druckwalze durch den Faserverband abgebremst, so daß sich ihre Umfangsgeschwindigkeit der Umfangsgeschwindigkeit der Eingangswalzen annähert. Die Belastung der mittleren Oberwalze ist zu niedrig.

2. Eine Verzugswelle von 37,5 cm Länge und sehr hoher Amplitude. Die mittlere Druckwalze bewegt sich abwechselnd mit der Umfangsgeschwindigkeit der Eingangs- bzw. der Mittelwalze.

3. Eine Verzugswelle in der Art des zweiten Typs, wenn die Klemmung der Eingangswalzen zu niedrig ist. Dies kommt relativ selten vor.

FOSTER mißt der Verzugswelle des zweiten Typs die größte Bedeutung bei. DAKIN, FOSTER und LOCKE erarbeiteten die theoretischen Grundlagen, um sowohl die Länge einer ,,Walzenschlupf-Verzugswelle" als auch das charakteristische Belastungsgewicht berechnen zu können, das notwendig ist, um einen Walzenschlupf mit Sicherheit zu verhindern. Bei der Berechnung der Verzugswelle gingen DAKIN, FOSTER und LOCKE [*42*] von folgenden Annahmen aus:

1. Die Trägheit der Oberwalze und die der Baumwolle sind vernachlässigbar gering.

2. Die Reibung zwischen den Walzen und den Fasern ist unabhängig von der Relativgeschwindigkeit.

Es ist also ein schneller Wechsel von einer Geschwindigkeit zur anderen möglich. Weiter sollen die Fasern die gleiche Länge L haben. Es wird eine vollkommene Faserkontrolle vorausgesetzt, so daß die Faser die Geschwindigkeit wechselt, wenn sie den nächsten Klemmpunkt erreicht. Unter diesen stark vereinfachten Bedingungen erhielten FOSTER und Mitarbeiter bei einem Dreiwalzen-Streckwerk folgende Gleichung für die Verzugswellenlänge, die aus dem Walzenschlupf des zweiten Typs resultiert:

$$\lambda = V_2 (V_1 + 1) h_2 + 2L + d \qquad (43)$$

Hierin bedeuten:

λ Wellenlänge der Verzugswelle
V_1 Verzug in der Vorverzugszone
V_2 Verzug in der Hauptverzugszone
h_2 Länge der Hauptverzugszone
$d = v_3 t_0 \approx 7{,}5$ cm
v_3 Umfangsgeschwindigkeit des Ausgangswalzenpaares
t_0 Verzögerungszeit zwischen zwei Wellenbergen (wird experimentell ermittelt)

Die Verzugswellenlänge wird mit steigendem Verzug und längerer Faser größer.

Zur Berechnung der charakteristischen Belastung, die den Walzenschlupf verhindert, machte FOSTER [*44*] zusätzliche Annahmen:

1. Die Verzugskraft ist proportional der Anzahl der erfaßten Fasern. Die Höhe der Verzugskraft ist abhängig von der Verzugsfeldlänge.

2. Die Walzenklemmung ist proportional der Walzenbelastung.

Die Gleichung für die charakteristische Belastung P lautet:

$$P = n\left(c_1 - \frac{c_2}{V_2 V_1^2}\right) \tag{44}$$

Hierin bedeuten:

n die Anzahl der Fasern des vorgelegten Bandes
V_1, V_2 Verzüge im Vor- bzw. Hauptverzugsfeld
c_1, c_2 Konstanten, die von der Verzugsfeldlänge abhängig sind und welche die Proportionalität zwischen der Klemmung und der Belastung ausdrücken

FOSTER [*44*] verglich die errechneten Werte für die Wellenlänge und für die charakteristische Belastung mit den Daten, die er experimentell ermittelt hatte. Trotz der vielen Annahmen stimmten die theoretischen Werte ziemlich gut mit den praktischen Ergebnissen überein.

LOCKE [*45*] betont, daß es zur Vermeidung des Schlupfes unbedingt notwendig ist, die richtige Belastung zu ermitteln. Da es nicht möglich ist, die Belastung beliebig zu erhöhen, muß versucht werden, die Reibung zwischen der Ober- und der Unterwalze zu vergrößern.

Eine andere Möglichkeit, den Walzenschlupf zu verringern, besteht darin, den Verzug bei einem Vierwalzen-Streckwerk auf die hintere und auf die vordere Zone aufzuteilen. In der mittleren Zone sollte kein oder nur ein ganz geringer Verzug stattfinden. Hierfür ist ein Drei-über-Vier-Streckwerk sehr gut geeignet, da die Verwendung von Druckwalzen mit großem Durchmesser möglich ist. In seiner Arbeit über die Faserkontrolle beim Verzug fußt VALOTA [*46*] auf den Untersuchungen von DAKIN [*42, 43*], FOSTER [*42, 43, 44*] und LOCKE [*42, 43*]. Er stellt an einem Vierwalzen-Streckwerk fest, daß an der Ausgangswalze kaum ein Walzenschlupf auftritt. Dagegen ist die Umfangsgeschwindigkeit der Druckwalze vor dem Ausgangswalzenpaar fast unabhängig von der Umfangsgeschwindigkeit der Unterwalze. Es findet ein unkontrollierbares

Gleiten statt. Die Eingangsdruckwalze wird gezogen, und die zweite Druckwalze in Richtung des Faserdurchlaufs wird gebremst. Die Länge der Verzugswelle, die durch diesen Walzenschlupf erzeugt wird, beträgt etwa 7,5 bis 10 cm. VALOTA schlägt ebenfalls vor, ein Drei-über-Vier-Streckwerk zu verwenden.

1.3.2 Die Faserbewegung

Es gibt zwei verschiedene Theorien über die Geschwindigkeit, mit der sich die Fasern im Verzugsfeld bewegen. Nach der ersten Theorie wird angenommen, daß sich die Fasern entweder mit der Umfangsgeschwindigkeit der Eingangs- oder mit der Umfangsgeschwindigkeit der Ausgangswalzen bewegen. Die Vertreter der zweiten Theorie halten jede Fasergeschwindigkeit zwischen den Umfangsgeschwindigkeiten der beiden Walzenpaare für möglich. Bei einem idealen Verzug ändert sich die Geschwindigkeit der Faser erst dann, wenn die Faserspitze den nächsten Klemmpunkt erreicht. Dies ist, ausreichende Orientierung der Fasern und genügende Klemmung der Walzen vorausgesetzt, bei all den Fasern der Fall, die mindestens die Länge der Klemmpunktentfernung haben. Alle Fasern, die kürzer als diese Strecke sind, können für eine kurze Zeit eine unkontrollierte Bewegung vollführen. In modernen Streckwerken sind Vorrichtungen zur Faserkontrolle vorhanden, so daß nur noch ein geringer Teil der Fasern als schwimmend bezeichnet werden kann.

GOODINGS [*38*] untersuchte die Faserbewegung beim Walzenverzug von Kammgarnen. Er fand, daß mit den älteren Streckwerken ein Hochverzug nicht möglich ist, da die Fasern oberhalb eines bestimmten Verzuges büschelweise bewegt werden und bereits eine Beschleunigung erfahren, bevor sie die vordere Klemmlinie erreicht haben. GRISHIN [*165*] mißt der Fasertrennung ebenfalls eine große Bedeutung bei. Er definiert einen Fasertrennungskoeffizienten φ, der ein Maß für die mittlere Anzahl der Fasern, die sich gemeinsam in einer Gruppe bewegen, ist. Jede Verzugsstufe verkleinert den Fasertrennungskoeffizienten. Daraus geht hervor, daß das Streckwerk nicht nur ein Mittel der Verfeinerung ist, sondern darüber hinaus eine wirksame Ergänzung der Karde darstellt. GOODINGS [*38*] stellte weiter fest, daß bei verschieden hohen Verzügen die Anzahl der Fasern, die sich mit der Umfangsgeschwindigkeit v_1 der Eingangswalzen bewegen, konstant bleibt. Nur die Anzahl der schnellen Fasern verändert sich. Die Reibung zwischen den schnell bewegten und den sie umgebenden langsam bewegten Fasern wird mit höherer Geschwindigkeit größer. Dies führt zu ungleichmäßigeren Garnen. Wird die Verzugsfeldlänge vergrößert, so verringert sich bei gleicher Stapellänge der mögliche Maximalverzug, und der Faserverband wird ungleichmäßiger.

Budnikow [47] geht von der Annahme aus, daß die schwimmende Faser auf ihrem Weg durch das Verzugsfeld gleichmäßig von der Umfangsgeschwindigkeit v_1 der Eingangswalzen auf die Umfangsgeschwindigkeit v_2 der Ausgangswalzen beschleunigt wird. Die Länge der Strecke, die die Faser durchschwimmt, wird mit d bezeichnet. Budnikow ersetzt die gleichförmig beschleunigte Bewegung der Fasern durch die Geschwindigkeiten v_1 bzw. v_2 und unterteilt d entsprechend in d_1 und d_2. d_1 ist die Strecke, welche die schwimmende Faser mit der Geschwindigkeit v_1 zurücklegt; d_2 ist der Weg, den sie mit der Geschwindigkeit v_2 durchmißt. Budnikow gibt für die Teilstrecken folgende Gleichungen an:

$$d_1 = \frac{d}{V+1} \qquad d_2 = \frac{d \cdot V}{V+1} \tag{45}$$

Es bedeuten:

V Verzug
$d = S - L$
S Verzugsfeldlänge
L Faserlänge

Die Zeiten, in denen die Teilstrecken durchlaufen werden, sollen einander gleich sein.

Budnikow und Mitarbeiter [47] vergleichen diese Hypothese über die Bewegung der schwimmenden Faser mit denen Sotikows [48] und Grishins [49]. Sotikows Hypothese stellt eine Weiterentwicklung der Arbeiten von Wassiljew [50] dar, der die Geschwindigkeit der schwimmenden Faser von der Anzahl der umgebenden Fasern mit der Geschwindigkeit v_1 oder v_2 abhängig macht. Sotikow [48] stellte experimentell an jeder Stelle im Verzugsfeld die Anzahl der schwimmenden Fasern und deren Geschwindigkeit fest. Er kam dabei zu dem Ergebnis, daß der Geschwindigkeits-Wechselpunkt M an einer Stelle näher bei den Ausgangs- als bei den Eingangswalzen liegt (Abb. 13). Wahrscheinlich wird eine schwimmende Faser dann ihre Geschwindigkeit wechseln, wenn die Fasermitte die Stelle M im Verzugsfeld passiert. Dies gilt nur für Fasern, die kleiner sind als $2R$ (R = Ab-

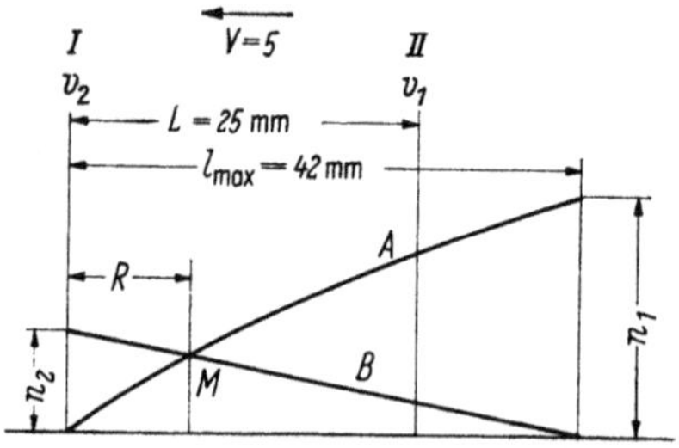

Abb. 13
Anzahl der Fasern, deren Geschwindigkeit v_1 bzw. v_2 beträgt (nach Budnikow [47])
n_1 Faseranzahl vor dem Verzug; n_2 Faseranzahl nach dem Verzug; M Punkt, an dem die Geschwindigkeit der schwimmenden Fasern wechselt; A Anzahl der Fasern mit der Geschwindigkeit v_1 der Eingangswalzen; B Anzahl der Fasern mit der Geschwindigkeit v_2 der Ausgangswalzen; R Entfernung des Punktes M von der vorderen Klemmlinie; V Verzug; L Verzugsfeldlänge; l_{max} maximale Faserlänge

stand des Punktes M von der Ausgangsklemmlinie). Längere Fasern wechseln ihre Geschwindigkeit dann, wenn die Faserspitzen den vorderen Klemmpunkt erreicht haben. Wird die Verzugsfeldlänge über die Stapellänge hinaus vergrößert, werden die Faserbewegungen unbestimmter. Das Garn wird ungleichmäßiger. Nach GRISHINS [*49*] Hypothese werden die schwimmenden Fasern während eines längeren Zeitanteils von den langsam bewegten Fasern beeinflußt. Die schwimmenden Fasern werden etwa in der Mitte des Verzugsfeldes die Geschwindigkeit wechseln, und die Abstände der Fasermitten werden sich etwa im Verhältnis des Verzugs vergrößern.

BUDNIKOW [*47*] vergleicht für bestimmte Größen seine Hypothese mit den Hypothesen von SOTIKOW [*48*] und GRISHIN [*49*] (Tabelle 5).

LIEBSCHER [*184*] untersuchte die Faserverteilung im Verzugsfeld zweier Streckwerke, die an Bastfaser-Strecken Verwendung finden. Er errechnete aus dem Verhältnis der gemessenen zu der theoretisch zu erwartenden Menge der schwimmenden Fasern einen Kennwert, den er

Tabelle 5

Urheber der Hypothese	Strecke, die die schwimmende Faser mit der Geschwindigkeit v_1 zurücklegt d_1	Strecke, die die schwimmende Faser mit der Geschwindigkeit v_2 zurücklegt d_2	Zeit zum Durchlaufen von d_1 t_1	Zeit zum Durchlaufen von d_2 t_2	Häufigste, wahrscheinlichste oder mittlere Geschwindigkeit	Zeit für das Durchlaufen der ganzen Strecke
SOTIKOW	$d_1 = d$	$d_2 = 0$	$t_1 = t$	$t_2 = 0$	v_1	$\frac{d}{v_1}$
GRISHIN	$d_1 = \frac{d}{2}$	$d_2 = \frac{d}{2}$	$t_1 = \frac{tV}{V+1}$	$t_2 = \frac{t}{V+1}$	$v = \frac{2v_1}{V+1}$	$\frac{d(V+1)}{v_1 \cdot 2V}$
BUDNIKOW	$d_1 = \frac{d}{V+1}$	$d_2 = \frac{d \cdot V}{V+1}$	$t_1 = \frac{t}{2}$	$t_2 = \frac{t}{2}$	$v = \frac{v_1 + v_2}{2} = \frac{v_1(V+1)}{2}$	$\frac{d}{v_1} \frac{2}{V+1}$
V Verzug						

als Rückhaltevermögen R bezeichnet. Mit Hilfe dieses Kennwertes soll die Wirksamkeit der faserführenden Aggregate eines Streckwerks beurteilt werden können.

In einer Arbeit über die Faserbewegung im Verzugsfeld untersuchte FOSTER [*51*] eingehend die Geschwindigkeit der schwimmenden Fasern. Er nimmt an, daß die Fasern nur zwei Geschwindigkeiten haben können, die Umfangsgeschwindigkeit der Eingangs- bzw. die der Ausgangswalzen. Die Geschwindigkeit wechselt in einem Punkt G im Verzugsfeld (Abb. 14). Bezugspunkt seiner Messungen ist der Mittelpunkt der Fasern, die alle gestreckt und von gleicher Länge sein sollen. Die Verzugsfeldlänge ist größer als die Faserlänge, so daß die Fasern eine kurze Zeit schwimmen.

Der Punkt G, auch Grenze der Geschwindigkeiten genannt, ist jedoch nicht im Verzugsfeld fixiert, sondern wandert. Ist w die Geschwindigkeit, mit der sich der Punkt G bewegt, so ist die Fasermittendichte m_2 nach dem Verzug gleich

$$m_2\left(t + \frac{S(t)}{v_2}\right) = m_1 \cdot \frac{v_1 - w(t)}{v_2 - w(t)} \tag{46}$$

Hierbei bedeuten:

m_1 Fasermittendichte der Vorlage
m_2 Fasermittendichte nach dem Verzug
S Entfernung des Punktes G von der vorderen Grenzlinie B_2
v_1 Umfangsgeschwindigkeit der Eingangswalzen
v_2 Umfangsgeschwindigkeit der Ausgangswalzen
t Zeit

Wandert der Punkt G nicht, so ist $w = 0$ und $m_2 = m_1(v_1/v_2)$. Es findet ein idealer Verzug statt. Wird in der Gl. (46) die Geschwindigkeit w des Punktes G größer als v_1, so wird m_2 negativ, d. h., das Band bricht. Entfernt sich der Punkt G von den Ausgangswalzen, ergibt sich für die Geschwindigkeit w ein negativer Wert. Die Anzahl der Fasermitten pro Längeneinheit, die den Ausgangswalzen zugeführt werden, ist dann größer als der Normalwert $m_1(v_1/v_2)$. Der Faserverband bekommt eine dicke Stelle. Bei einem positiven Wert für w wird das Band dünner als normal. Eine oszillierende Bewegung des Punktes G bewirkt demnach eine Folge von dicken und dünnen Stellen im Faserverband. Die Amplitude der Schwankung ist um so größer, je stärker der Verzug (v_2/v_1) ist. FOSTER stellt vier Hypothesen auf und gibt Gleichungen für die Geschwindigkeit des Punktes G, für die Anzahl der Fasern pro Längeneinheit und für die Entfernung des Punktes G von der vorderen Grenzlinie an.

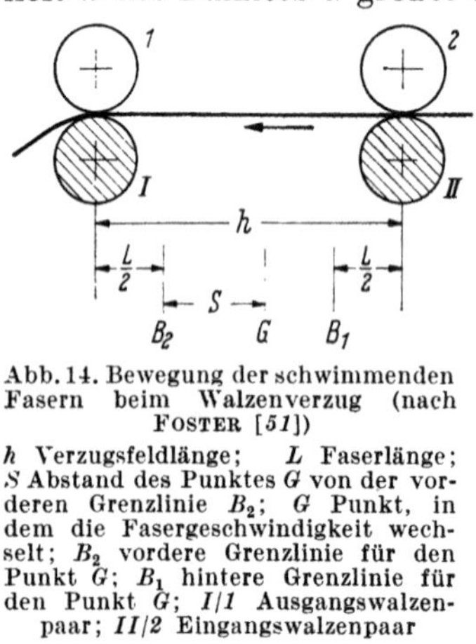

Abb. 14. Bewegung der schwimmenden Fasern beim Walzenverzug (nach FOSTER [51])
h Verzugsfeldlänge; L Faserlänge; S Abstand des Punktes G von der vorderen Grenzlinie B_2; G Punkt, in dem die Fasergeschwindigkeit wechselt; B_2 vordere Grenzlinie für den Punkt G; B_1 hintere Grenzlinie für den Punkt G; $I/1$ Ausgangswalzenpaar; $II/2$ Eingangswalzenpaar

TAYLOR untersuchte in mehreren Arbeiten [52, 53, 54] die Bewegung der schwimmenden Fasern bei der Herstellung von Kammgarnen. Er entwickelte zwei Techniken, um die Fasern beim Verzug beobachten zu können. Nach der ersten Methode aktivierte er einige kurze Fasern und fügte sie wieder dem zu verstreckenden Faserverband bei. Mit Hilfe von zwei GEIGER-MÜLLER-Zählrohren, die er vor den beiden Walzenpaaren des Streckwerks anbrachte, verfolgte er den Lauf der radioaktiven

Fasern. TAYLOR fand, daß viele schwimmende Fasern sich nicht nur mit den Umfangsgeschwindigkeiten der Eingangs- bzw. Ausgangswalzen bewegen, sondern vielmehr Zwischengeschwindigkeiten annehmen. Dabei sind Beschleunigungen und Verzögerungen möglich. Die Fasern können also in dem Verzugsfeldbereich, in dem sie schwimmen, mehrfach die Geschwindigkeit wechseln. Die Ausgangswalzengeschwindigkeit wird im allgemeinen jedoch erst kurz vor dem Klemmpunkt erreicht. Nach der zweiten Methode studierte TAYLOR die Faserbewegung mit Hilfe der Schnellphotographie. Er erhielt die gleichen Ergebnisse wie bei der Untersuchung mit radioaktiven Fasern. TAYLOR mißt der Geschwindigkeit, mit der der Verzug durchgeführt wird, große Bedeutung bei. Die Reibungskraft, die auf die schwimmende Faser einwirkt, ist von der Relativgeschwindigkeit der Fasern zueinander abhängig. Die Reibungskraft-Geschwindigkeitskurve steigt zunächst steil an, um anschließend flacher zu verlaufen. TAYLOR formuliert die Bedingungen für eine Fasergeschwindigkeit, die von den Umfangsgeschwindigkeiten der Walzenpaare abweicht. Die Vorwärtskraft P, die auf eine schwimmende Faser mit der Umfangsgeschwindigkeit der Eingangswalzen ausgeübt wird, ist

$$P = r\,F_w - (n - r)\,F_0 \tag{47}$$

Hierbei bedeuten:

- r Anzahl der Kontakte mit Fasern, die sich mit der Umfangsgeschwindigkeit der Ausgangswalzen bewegen
- n Gesamtanzahl der Faserkontakte
- F_0 statische Reibungskraft
- F_w durchschnittliche Reibungskraft in einem Kontaktpunkt, an dem die Relativgeschwindigkeit der Fasern zueinander gleich w ist

Die schwimmende Faser wird sich so lange mit der Umfangsgeschwindigkeit der Eingangswalzen bewegen, bis

$$\frac{r}{n - r} \leqq \frac{F_0}{F_w} - \frac{1}{\mu_w} \tag{48}$$

ist. μ_w ist der Quotient aus der Reibungskraft bei der Geschwindigkeit w und der statischen Reibungskraft. Er hat normalerweise den Wert 2,5. Wenn $\frac{r}{n - r} > \frac{1}{\mu_w}$ ist, wird die Faser beschleunigt.

Eingehend untersuchten McVITTIE und DE BARR [55] die Bewegung der Fasern im Verzugsfeld mit Hilfe von photographischen Aufnahmen. McVITTIE und DE BARR kamen zu dem Ergebnis, daß sich die kurzen Fasern in dem Bereich des Verzugsfeldes, in dem sie nicht von einer Klemmstelle erfaßt werden, mit einer Durchschnittsgeschwindigkeit bewegen, die von den Umfangsgeschwindigkeiten der Ausgangs- bzw. der Eingangswalzen abweicht. Dies ist in der Abb. 15 veranschaulicht.

Nach der Versuchsanordnung bewegt sich das Verzugssystem mit der Umfangsgeschwindigkeit der Eingangswalzen entgegen der Verzugsrichtung. Mittels eines Mikroskops wird die Bewegung einer markierten Faser verfolgt. Aus der Auslenkung des Mikroskops in Abhängigkeit von der Zeit läßt sich der Geschwindigkeitsverlauf ermitteln. Die Geschwindigkeit innerhalb des Bereichs $\overline{BC}$, in dem die Fasern nicht von einem Walzenpaar erfaßt werden, variiert. Jedoch sind die Abweichungen von der Durchschnittsgeschwindigkeit $\bar{v}$ bemerkenswert gering (Abb. 16). Nach DE BARR [*1*] ist die Zwischengeschwindigkeit abhängig von der Anzahl der Fasern mit der Umfangsgeschwindigkeit der Ausgangswalzen. Schwankt die Anzahl dieser Fasern, so führt dies zu einer Verzugswelle. Die Faserlänge und die Verzugshöhe sind für die Fasergeschwindigkeit fast ohne Bedeutung. Die Lage und Größe des Bereichs $\overline{BC}$ ändern sich von Faser zu Faser. Der Bereich ist jedoch immer eindeutig definiert. Bei einem Riemchenstreckwerk ist die Faserkontrolle besser als bei einem Walzenstreckwerk. Dies äußert sich darin, daß die schwimmenden Fasern sich länger mit der Umfangsgeschwindigkeit der Eingangswalzen als mit der Umfangsgeschwindigkeit der Ausgangswalzen bewegen. Die Verzugsgeschwindigkeit, mit der MCVITTIE und DE BARR arbeiteten, war sehr gering. Im Gegensatz zu TAYLOR [*54*] vermuten sie jedoch, daß die Faserreibung nicht wesentlich von der Fasergeschwindigkeit beeinflußt wird.

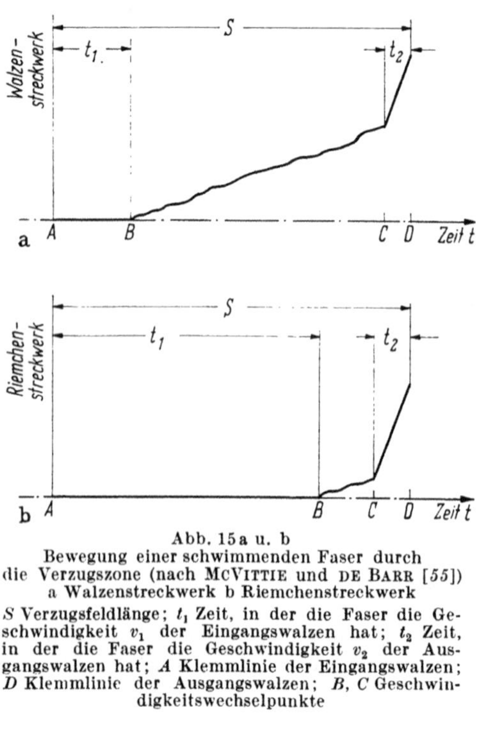

Abb. 15a u. b
Bewegung einer schwimmenden Faser durch die Verzugszone (nach MCVITTIE und DE BARR [*55*])
a Walzenstreckwerk b Riemchenstreckwerk
S Verzugsfeldlänge; t_1 Zeit, in der die Faser die Geschwindigkeit v_1 der Eingangswalzen hat; t_2 Zeit, in der die Faser die Geschwindigkeit v_2 der Ausgangswalzen hat; *A* Klemmlinie der Eingangswalzen; *D* Klemmlinie der Ausgangswalzen; *B*, *C* Geschwindigkeitswechselpunkte

ICHINO, KUROZAKI und Mitarbeiter [*56*] arbeiteten ebenfalls mit sehr niedriger Verzugsgeschwindigkeit. Sie stellten fest, daß die kurzen Fasern sich entweder mit der Umfangsgeschwindigkeit der Eingangs- oder mit der Umfangsgeschwindigkeit der Ausgangswalzen v_1 bzw. v_2 bewegen. Zwischengeschwindigkeiten traten selten auf. Die Verteilung des Geschwindigkeitswechselpunktes wurde experimentell ermittelt. Der Punkt liegt nicht im Verzugsfeld fest. Wenn die Verzugsfeldlänge vergrößert wird, verschiebt sich der Wechselpunkt in Richtung auf die Eingangswalzen. Die Position des Wechselpunktes streut dann stärker. Veränderungen des Verzuges und der Walzenumfangsgeschwindigkeit sind dagegen ohne Einfluß auf die Lage des Wechselpunktes. Der Mittelwert der Verteilung des Geschwindigkeitswechselpunktes war abhängig vom Zustand des Bandes. TAYLOR [*54*] vermutet, daß die Arbeiten von ICHINO und KUROZAKI [*56*] wegen der niedrigen Verzugsgeschwindigkeit zum Zwei-Geschwindigkeiten-Modell führten.

GOTO, ICHINO und KUROZAKI [*57*] verglichen die Arbeiten FOSTERS [*51*] und GRISHINS [*49*] über die Faserbewegung miteinander. Danach ergeben GRISHINS Untersuchungen, der eine Zwischengeschwindigkeit der schwimmenden Faser annimmt, den gleichen Wert wie FOSTERS, wenn eine bestimmte Verteilungsfunktion eingeführt wird.

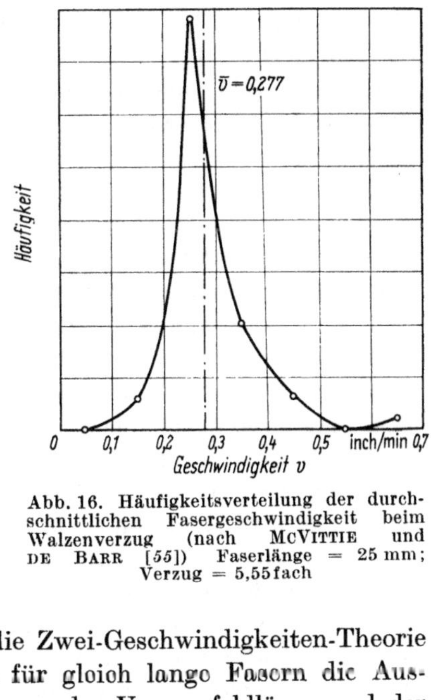

Abb. 16. Häufigkeitsverteilung der durchschnittlichen Fasergeschwindigkeit beim Walzenverzug (nach McVITTIE und DE BARR [*55*]) Faserlänge = 25 mm; Verzug = 5,55fach

BURNETT [*58*] nimmt bei der Betrachtung der Faserbewegung ebenfalls an, daß die Fasern entweder die Geschwindigkeit v_1 oder v_2 haben. Die Wahrscheinlichkeit für eine der beiden Geschwindigkeiten ist proportional zu der Anzahl der Kontakte, die die schwimmende Faser mit den sie umgebenden schnellen oder langsamen Fasern hat.

In ihrer „Basic Drafting Theory" vertreten MEDLEY, STELL und McCORMICK [*59*] die Ansicht, daß die Zwei-Geschwindigkeiten-Theorie nicht haltbar ist. Sie untersuchten für gleich lange Fasern die Auswirkung von Änderungen des Verzuges, der Verzugsfeldlänge und der Reibung auf die Faserbewegung. Ausgangspunkt der Rechnungen ist eine gegebene Faserverteilung im Verzugsfeld. Dann werden die Überlappungslängen von schnell und langsam bewegten Fasern mit jeder anderen Faser geschätzt. Eine bestimmte Anzahl von Faserkontakten je Längeneinheit wird vorausgesetzt. Jeder Kontakt soll von gleicher Intensität sein. Aus den Überlappungslängen ergibt sich dann die Anzahl der sich schneller oder langsamer bewegenden Kontakte. Ist die Verzugskraft je Längeneinheit bekannt, die bei einer bestimmten Geschwindigkeit zur Relativbewegung einer Faser notwendig ist, so läßt sich die Kraft berechnen, die auf die betrachtete Faser wirkt. Daraus ergibt sich die Wahrscheinlichkeit einer Beschleunigung oder Verzögerung einer Faser.

Medley, Stell und McCormick *[59]* untersuchten den Einfluß der Reibung, des Verzuges, der Verzugsfeldlänge und der Faserlänge auf die Faserendenverteilung in Verzugsfeld. Die Experimente, die zu diesen Berechnungen notwendig waren, führte Sharp *[60]* durch. Er aktivierte Kunstfasern von 100 mm Stapellänge mit Phosphor-32 und bestimmte mit Hilfe von Geiger-Müller-Zählrohren die mittlere Geschwindigkeit der Fasern im Verzugsfeld. Sharp fand, daß die Faserendenverteilung kaum durch die Fasergeschwindigkeit, d. h. durch dynamische Reibungseffekte beeinflußt wird. Bei sehr niedrigen Fasergeschwindigkeiten ist ein Einfluß allerdings nicht ausgeschlossen. Für 100 mm lange Kunstfasern beträgt die durchschnittliche mittlere Fasergeschwindigkeit das 1,22fache der Eingangsgeschwindigkeit.

Köb *[61]* versuchte, anhand eines zeichnerischen Verfahrens die inneren Zusammenhänge zwischen den Stapeldiagrammen, den Verzugsvorgängen in Streckwerken und der Faserverteilung in Bändern und Gespinsten darzustellen. Mit Hilfe einer „Theorie des Bandausschnittes" beschreibt Köb die verschiedenartigen Probleme.

In einer umfassenden Arbeit berichtet Kowner *[62]* über mathematische Methoden, die Faserbewegung beim Verzug zu untersuchen. Kowner beschreibt Verfahren, mit denen die Bewegung der Fasern im Verzugsfeld verfolgt und berechnet werden kann. Die Verteilung der Fasern und ihre Geschwindigkeit werden behandelt. Kowner löst eine Reihe von Fragen, die mit einer automatischen Regulierung des Verzugsprozesses zusammenhängen. Die Bewegung von Baumwollfasern beim Verzug untersuchte Sewostjjanow *[63]*. Dabei stellte er fest, daß die schwimmenden Fasern infolge ihrer geringen Masse fast augenblicklich ihre Geschwindigkeit von v_1 auf v_2 ändern können. Bei etwa 1 bis 6% der Fasern wechselt die Geschwindigkeit mehrfach. Bei der Berechnung der Faserendendichte im Verzugsfeld ging Sewostjjanow von seinen Experimenten aus. Eine Ungleichmäßigkeit in der Faserlängenverteilung sowie Veränderungen der Walzenbelastung und der Verzugsfeldlänge beeinflussen die Faserverteilung im Verzugsfeld. Die theoretischen und experimentellen Ergebnisse bildeten die Grundlage für einen Versuch, den Verzugsprozeß automatisch zu regulieren.

1.3.3 Die Verzugskraft

Die Verzugskraft wird von Faktoren technologischer und konstruktiver Art beeinflußt. Faktoren der ersten Art können z. B. sein: Faserstoff, Faserlängenverteilung, Mischungszustand, Schwankungen in der Gleichmäßigkeit der Fasermasse, Orientierungsgrad (Parallelisierungsgrad und Streckungsgrad), Schmälzen und Avivagen, Verzugshöhe, Verzugsgeschwindigkeit, Verzugsfeldlänge, Walzendruck, Dublierung, Drehung. Einflußfaktoren in konstruktiver Hinsicht sind

z. B.: Streckwerkssystem, Lagerung der Oberwalzen und der Unterwalzen, Oberwalzenbezüge und Riffelung der Unterwalzen sowie die Präzision der Ausführung. Es ist leicht einzusehen, daß durch die Messung der Verzugskraft viele Vorgänge während des Verzuges erfaßt werden können. Die Bestimmung hat für die Praxis große Bedeutung, da die einzelnen Einflüsse getrennt voneinander ermittelt werden können.

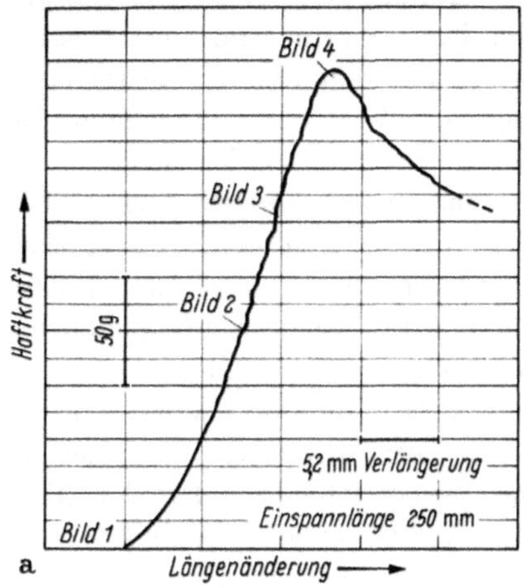

Verzugskraftmessungen lassen sich nach zwei verschiedenen Methoden durchführen:

1. statische Methode,
2. dynamische Methode.

Die statischen Verzugskraftmessungen beruhen auf der Ermittlung zusammengehöriger Werte der Haftkraft und der Verlängerung, die jeweils der Haftkraftverlängerungskurve entnommen werden können. Derartige Prüfungen lassen sich relativ einfach durchführen, indem das Faserband oder die Lunte zwischen zwei Klemmen eingespannt und gedehnt werden. Die dabei auftretenden Haftkräfte werden als Funktion der Verlängerung in Kurvenform aufgezeichnet. Diese Prüfung entspricht nicht den Verzugsbedingungen im Streckwerk. Trotzdem können damit aufschlußreiche Zusammenhänge geklärt werden.

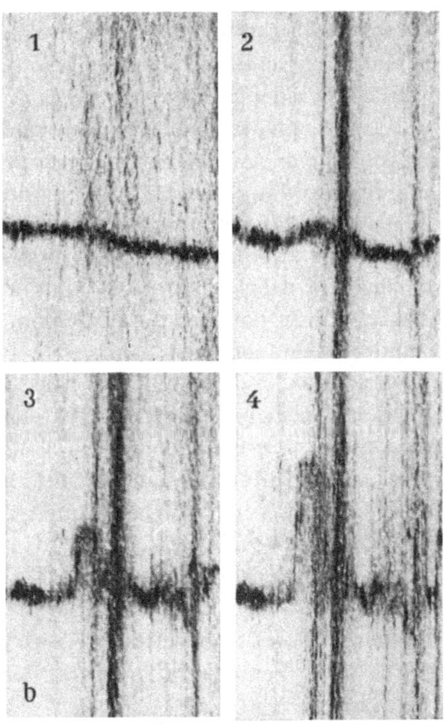

Abb. 17a u. b. Haftkraftverlängerungskurve (a) eines Perlonbandes Nm 0,15 und fotografische Darstellung (b) eines Bandausschnittes in verschiedenen Stadien der Belastung [*64*]

WEGENER und NEUHAUS [*64*] untersuchten die Haftkraftverlängerungskurve, deren erster Teil stark ansteigt (Abb. 17).

Nach dem Überfahren eines Maximums folgt ein bedeutend flacherer, abfallender Kurvenast. Sie wiesen nach, daß der erste Wendepunkt im ansteigenden Ast der Verzugscharakteristik den Beginn des Ausrichtens und Entkräuselns einzelner Fasern und Fasergruppen bedeutet. Der zweite Wendepunkt des ansteigenden Astes der Verzugscharakteristik zeigt in etwa an, daß einzelne Fasern oder Fasergruppen bereits zu gleiten beginnen. Die vielfach vertretene Ansicht, daß das Gleiten der Fasern erst eintritt, wenn die Maximalkraft erreicht ist, läßt sich nicht aufrechterhalten. Die statische Prüfung wird diskontinuierlich an verschiedenen Faserbandstücken vorgenommen. Die dynamische Verzugskraftmessung erfolgt kontinuierlich, während der Faserverband durch das Streckwerk läuft.

MARTINDALE [*65*] benutzt zur dynamischen Verzugskraftmessung ein Gerät, bei dem die Verzugskräfte die Ausgangswalze auslenken. Die proportional zu den Kräften auftretenden Auslenkungen werden optisch vergrößert und fotografisch aufgenommen. MARTINDALE untersuchte Baumwolle. Er fand, daß die Verzugskraftkurven den Massediagrammen des verzogenen Bandes glichen. Es zeigten sich wellenförmige Schwankungen der Verzugskraft, die den Verzugswellen in Wellenlänge und Amplitude ähnlich waren. Verzugskraft und Verzug waren einander umgekehrt proportional, wobei die Verzugskraft unabhängig von der Verzugsgeschwindigkeit war. Mit wachsender Verzugsfeldlänge wurde die Verzugskraft geringer. Aus Untersuchungen, die SIMPSON und DE LUCA [*166*] durchführten, geht hervor, daß die Wellenlänge der Verzugskraftschwankungen mit zunehmender Faserlänge, mit zunehmendem Walzenabstand und mit steigendem Verzug wächst. In Übereinstimmung mit MARTINDALE stellten SIMPSON und DE LUCA fest, daß sich die Wellenlängen der Verzugskraft und der Faserbanddicke entsprechen.

CAVANEY und FOSTER [*66*] führten die Arbeit von MARTINDALE [*65*] an dem gleichen Gerät fort. Sie stellten eine Gleichung auf, die die Verzugskraft in Abhängigkeit vom Verzug angibt. Bei niedrigen Verzugsgeschwindigkeiten fanden sie für Baumwolle eine Abhängigkeit der Verzugskraft von der Geschwindigkeit. Sonst wurden die Ergebnisse MARTINDALES [*65*] bestätigt.

TAYLOR [*67*] führte erstmalig Messungen an einem Nadelstabstreckwerk durch, wobei die Verzugskräfte aus den Auslenkungen der Ausgangswalze ermittelt wurden. WOOD [*68*] fand für Zellwolle eine Abhängigkeit der Verzugskraft P_V von der Geschwindigkeit v, die durch die Gleichung

$$1000 P_V = 3{,}2 + 0{,}198 \cdot v + 0{,}014 \cdot v^2 \quad (49)$$

wiedergegeben wird und vermutete einen noch größeren Einfluß der Geschwindigkeit bei Wolle und Baumwolle. TAYLOR [*67*] beobachtete jedoch nur einen Anstieg der Verzugskraft bei wachsender Geschwindigkeit bis zu einem Wert von $v = 12$ m/min. Darüber hinaus blieb die Verzugskraft konstant.

QUAAS und KOCH [*69*] untersuchten Baumwoll- und Zellwollbänder sowie Lunten mit einem Streckwerk unter Einbeziehung verschiedener Führungselemente und ermittelten dabei die Verzugskraft in Abhängigkeit vom Verzug und von der Streckfeldlänge. ISHIKAWA und SHIMUZU [*179*] ermittelten mit Hilfe des von ihnen entwickelten Verzugskraftmeßgerätes vor allem die kurzwelligen Verzugskraftschwankungen. Die Meßeinrichtung ist Bestandteil einer Regulierstrecke, mit der den Verzugskraftschwankungen entsprechende Masseschwankungen bis zu einer minimalen Wellenlänge von 15 bis 20 cm ausgeglichen werden können. Die von ISHIKAWA und SHIMUZU [*179*] bei den Versuchen an der Regulierstrecke eingestellte Liefergeschwindigkeit betrug allerdings nur 8 m/min. Heute sind jedoch an der Baumwollstrecke Liefergeschwindigkeiten von etwa 250 m/min üblich.

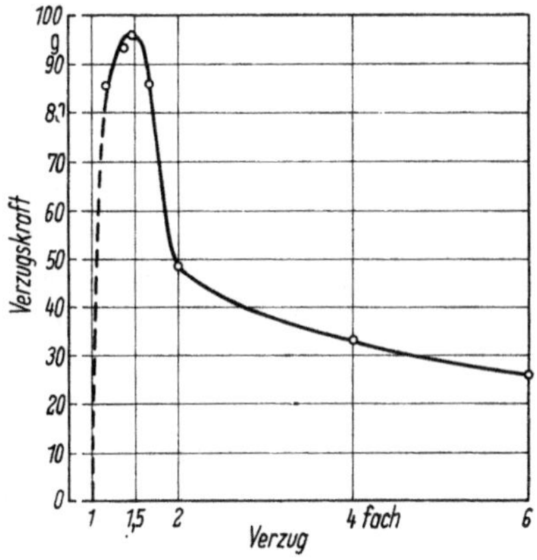

Abb. 18. Verzugskraft in Abhängigkeit vom Verzug (Cuprama Nm 0,15) [*71*]

Ein Ausgleich der kurzwelligen Masseschwankungen dürfte bei so hohen Liefergeschwindigkeiten nicht möglich sein, da die mechanischen Vorrichtungen zur Änderung der Ausgangswalzendrehzahl zu träge arbeiten.

Eingehend beschäftigten sich WEGENER und BECHLENBERG [*70, 71*] mit der Messung von Verzugskräften. Sie entwickelten ein Prüfgerät zur fortlaufenden Ermittlung von Verzugskräften und führten eine Reihe grundlegender Untersuchungen durch. Dabei ergab sich, daß mit wachsendem Verzug die Verzugskraft nach Überschreiten eines Maximums abfällt (Abb. 18). In manchen Fällen entspricht der abfallende Kurvenast der verzugsabhängigen Kraft oberhalb eines zweifachen Verzuges näherungsweise einer Hyperbel von der Form

$$P_V = C\, V^{-n} \tag{50}$$

Hierin bedeuten:

P_V Verzugskraft
C Konstante
V Verzug
n Konstante

Wird der Kurvenast der abfallenden Verzugskraft in einem doppellogarithmischen System über dem Verzug aufgetragen, so erhält man eine Gerade (Abb. 19). Der Tangens des Winkels, unter dem diese Gerade die Abszisse schneidet, ist der Richtungsfaktor n der Kurve. Nach Abb. 20 hat der Exponent n folgenden Wert:

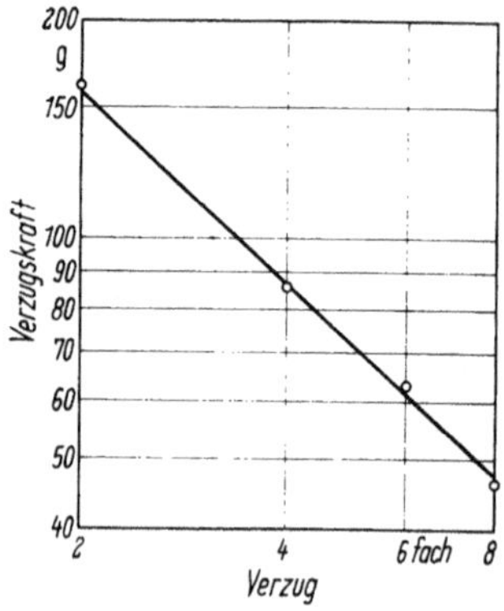

Abb. 19. Logarithmische Darstellung der Verzugskraft in Abhängigkeit vom Verzug (Wollkammzug Nm 0,15) [71]

$$n = -\frac{\lg P_{V_1} - \lg P_{V_2}}{\lg V_2 - \lg V_1} \tag{51}$$

Mit Hilfe des ermittelten Wertes für n läßt sich die Kurve für einen gegebenen Verzugsbereich berechnen bzw. für jede beliebig gewählte Zwischengröße der zugehörige Verzugskraftwert bestimmen. Dagegen sind die im doppellogarithmischen System dargestellten Verzugskraftkurven von Trevira-, Diolen- und Dralon-Streckenbändern (Bandgewicht: 5 g/m, Einzelfasertiter: 3 den) nach Wegener und Topf keine Geraden (Abb. 21). Alle Bänder wurden unter den gleichen Bedingungen aviviert. Die einzelnen Faserstoffe unterscheiden sich voneinander im Häufigkeitsstapel. Wegener und Topf fanden, daß die Kurven nach oben konvex gekrümmt sind und stellten fest, daß der auf das Maximum folgende Abfall um so größer ist, je mehr sich der Stapel einer Rechteckform nähert. Die Verzugscharakteristika der

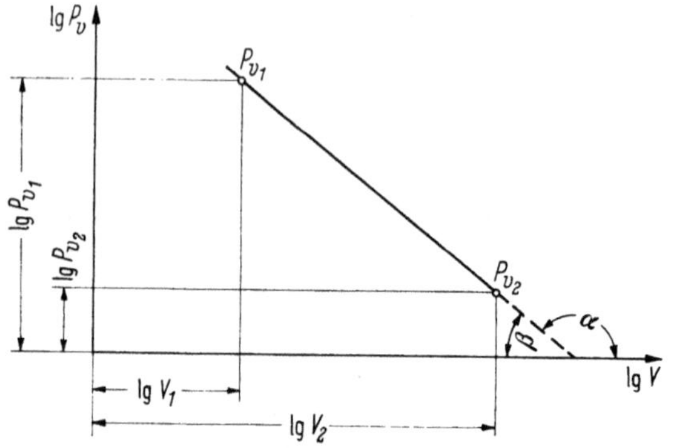

Abb. 20. Logarithmische Darstellung der Verzugskraft in Abhängigkeit vom Verzug für die Berechnung des Richtungsfaktors n [71]

Trevira-, Diolen- und Dralon-Streckenbänder haben einen einander ähnlichen Verlauf. Sie unterscheiden sich jedoch hinsichtlich ihrer Lage zueinander, was auf die Faserart, die unterschiedliche Stapellänge und auf die voneinander verschiedenen Stapeldiagramme zurückzuführen ist. Diesen Gegebenheiten entsprechend liegt die Kurve des Trevira-Streckenbandes am höchsten, die Kurve des Diolen-Streckenbandes am tiefsten; dazwischen befindet sich die Kurve des Dralon-Streckenbandes. Ähnliche Verhältnisse ergeben geschmälzte Streckenbänder.

In der Abb. 22 ist der Verlauf der mittleren Verzugskraft für einen Wollkammzug in Abhängigkeit von der Streckfeldlänge eingetragen. Mit wachsender Streckfeldlänge fällt die Verzugskraft stark ab. Bei gleichen Faserrohstoffen hängt die Höhe der Verzugskraft von der Menge der Fasern im Faserbandquerschnitt ab. In der Abb. 23 ist die Verzugskraft in Abhängigkeit vom Faserbandgewicht graphisch dargestellt. Die Kurve steigt an. Ein ähnliches Verhalten weist die Kurve auf, die die Abhängigkeit der Verzugskraft von der Faserbanddrehung wiedergibt (Abb. 24). Schon bei geringer Zunahme der Drehung steigt die Verzugskraft relativ stark an.

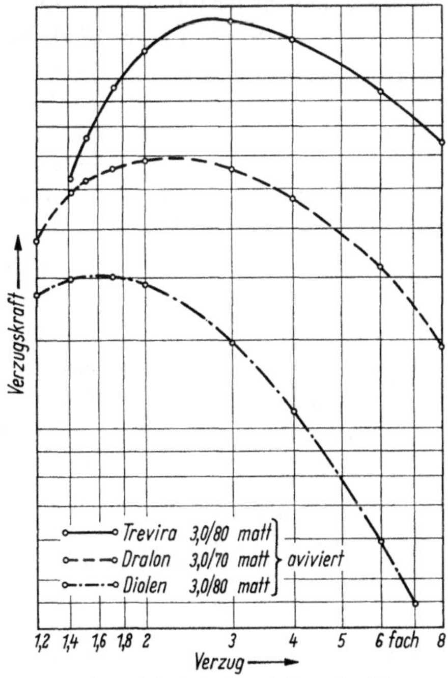

Abb. 21. Logarithmische Darstellung der Verzugskraft in Abhängigkeit vom Verzug (Kammzugbänder Nm 0,20 aus Trevira, Dralon und Diolen)

Zu ähnlichen Ergebnissen wie Wegener und Bechlenberg [*70*, *71*] kommen Lako und Bevoort [*72*] sowie Maag [*73*] und Valota [*74*]. Lako und Bevoort [*72*] entwickelten ebenfalls ein Verzugskraft-Meßgerät. Sie geben an, daß Faserbandverdichter einen hohen Einfluß auf das Niveau der Verzugskraft haben.

Mit den Verzugskräften, die beim Selfaktorspinnen auftreten, beschäftigten sich Angus und

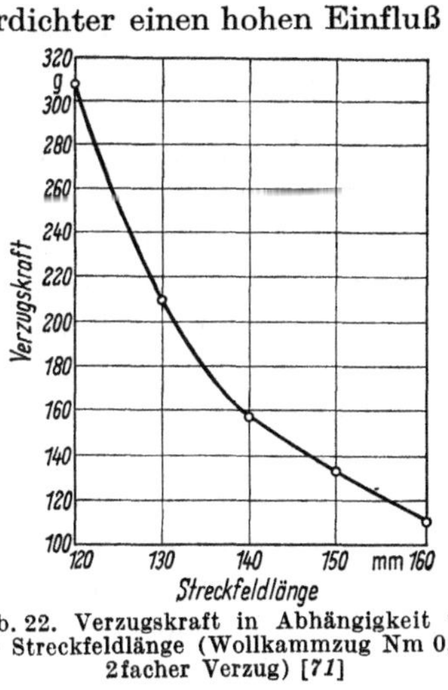

Abb. 22. Verzugskraft in Abhängigkeit von der Streckfeldlänge (Wollkammzug Nm 0,15; 2facher Verzug) [*71*]

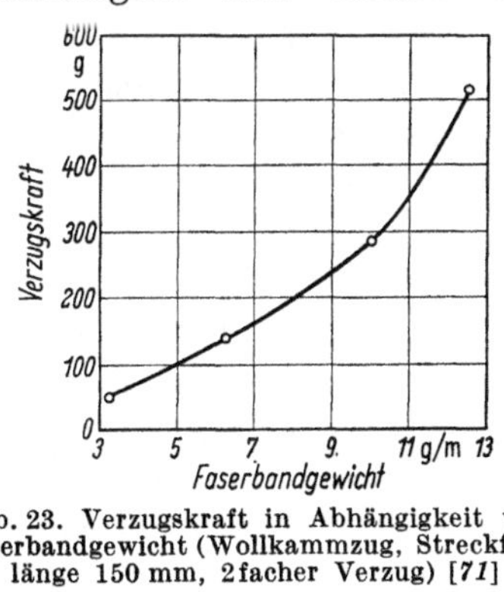

Abb. 23. Verzugskraft in Abhängigkeit vom Faserbandgewicht (Wollkammzug, Streckfeldlänge 150 mm, 2facher Verzug) [*71*]

Martindale [75] sowie McNair und Chamberlain [76]. Angus und Martindale [75] verarbeiteten die Vorgarne mit einer Selfaktorspindel und variierten die Geschwindigkeit und die Drehung. Die auftretenden Verzugskräfte wurden registriert. Die Genannten teilen den Verzugsvorgang anhand der gemessenen Kraftverlängerungskurve in zwei Phasen ein. In der ersten Phase steigt die Verzugskraft mit zunehmender Verlängerung an. Der Faserverband wird gleichmäßiger, da die langwelligen Schwankungen und die dicken Stellen geringer werden. Die Fasern werden parallelisiert und gedehnt. Angus und Martindale [75] vermuten, daß auf Grund der Faserbandstruktur zuerst eine Faserstreckung auftritt und dann ein Gleiten erfolgt. Bei diesem Effekt ist die Drehung sehr wichtig. In der zweiten Phase bleibt die Kraft unverändert. Der eigentliche Verzug findet statt. Das Gleiten der Fasern erfolgt nicht gleichmäßig innerhalb der ganzen Faserbandlänge, da die Drehung in die dünnen Stellen wandert.

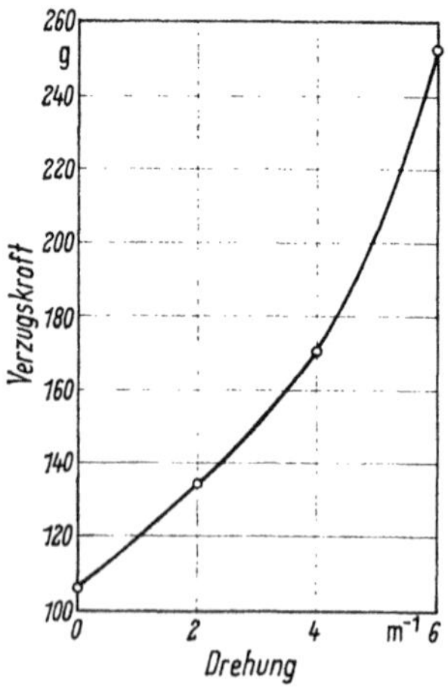

Abb. 24. Verzugskraft in Abhängigkeit von der Banddrehung (Cuprama Nm 0,15, Streckfeldlänge 130 mm, 2facher Verzug) [71]

McNair und Chamberlain [76] haben die Verzugskräfte beim Selfaktorspinnen in Abhängigkeit von der Nummer und von der Drehung gemessen.

Mit Hilfe eines speziellen Prüfgerätes ermittelte du Bois [77] die statischen Verzugskräfte, die notwendig sind, um ein Faserbüschel aus anderen herauszuziehen. Die Fasern wurden durch ein Gewicht G belastet. Für die Reibungskraft R erhielt du Bois folgendes Gesetz:

$$R = A_1 + A_2 N + A_3 N^2 \tag{52}$$

A_1, A_2 und A_3 sind Materialkonstanten. N ist die Normalkraft, die durch das Gewicht G bestimmt wird. Du Bois stellte fest, daß die Reibungskraft stark von den chemischen Eigenschaften der Fasern abhängig war. Innerhalb der Baumwolle schwankte der Wert von Qualität zu Qualität. Baumwolle, deren Form und Querschnitt durch die Einwirkung von 18%iger Natronlauge verändert wurden, besaß einen beträchtlich geringeren Reibungskoeffizienten als nicht behandelte.

Wie von Bobeth [167] durchgeführte Untersuchungen ergaben, kann die Haftfestigkeit von Streckenbändern, die aus Fasern mit einem geringen Haftvermögen bestehen — z. B. aus Baumwolle, aus Polyamidfasern oder aus Polyesterfasern — dadurch erhöht werden, daß dem Band Viskosefasern zugemischt werden und das auslaufende, fertige Streckenband einer bisher nicht gebräuchlichen starken Walzenpressung ausgesetzt wird. Die Viskosefasern werden an den Quetschstellen bleibend verformt. Sonst kommt es weder zu ernsthaften Faserschädigungen noch zu Verarbeitungsschwierigkeiten.

1.3.4 Die Orientierung der Fasern im Faserverband

Mit der Verfeinerung des Faserverbandes ist die Aufgabe des Verzuges noch nicht erfüllt. Die Fasern liegen nach dem Öffnungs- und Kardierungsprozeß vorwiegend in gekrümmter Form vor. Sie haben häufig an einem Ende oder an beiden Enden Haken. Beim Verzug sollen diese Fasern gestreckt und in eine parallele Lage zur Faserbandachse gebracht werden. Die streckende und die parallelisierende Wirkung des Verzuges stehen in enger Beziehung zueinander. Sie haben eine entsprechende Faserorientierung im Faserverband zur Folge. Der Orientierungsgrad der Fasern ist als Quotient aus der tatsächlichen Faserlänge parallel zur Faserbandachse und der gestreckten Länge der Faser definiert. In der Literatur wird der Orientierungsgrad auch als Streckungsgrad, als Parallelisierungsgrad, als relative Gestrecktheit, als relative Fasernutzlänge und als relative Faserausdehnung bezeichnet. Es sollte jedoch als Orientierungsgrad das Produkt aus dem Streckungsgrad und dem Parallelisierungsgrad verstanden werden. Hierbei ist der Streckungsgrad als das Verhältnis der ungestreckten zu der gestreckten Länge der Faser definiert. Unter dem Parallelisierungsgrad ist das Verhältnis der gestreckten, auf die Faserbandachse projizierten Faserlänge zu der gestreckten Faserlänge zu verstehen. Wegener und Peuker [*78*] beschreiben die verschiedenen Meßverfahren, nach denen der Orientierungsgrad bestimmt werden kann.

Martindale [*65*] weist im Jahre 1947 darauf hin, daß bei einem Kardenband die entgegengesetzt zur Laufrichtung zeigenden Enden der Fasern (Faserenden) durchschnittlich stärker gekrümmt sind als die in Laufrichtung weisenden Enden (Faserspitzen). Grundlegende Untersuchungen führten Morton [*79, 80, 81, 82*] und seine Mitarbeiter Summers [*79, 80*], Yen [*81*] und Nield [*82, 83*] durch. Sie unterteilen die vorkommenden Faserformen in fünf typische Gruppen. Diejenigen Fasern, deren Enden hakenförmig gekrümmt sind, werden heute allgemein als Hakenfasern bezeichnet. Im einzelnen wird zwischen folgenden Faserformen unterschieden:

1. Schlepphaken-Fasern; der Haken befindet sich am Faserende,
2. Leithaken-Fasern; der Haken befindet sich an der Faserspitze,
3. Doppelhaken-Fasern; sowohl die Faserspitze als auch das Faserende haben Haken,
4. Verwirrte Fasern,
5. Hakenfreie Fasern.

MORTON und seine Mitarbeiter ermittelten für Zellwoll- und für Baumwoll-Kardenbänder den prozentualen Anteil der fünf Faserformen. Nur etwa 25% aller Fasern sind hakenfrei. Bei über 60% der gesamten Fasern liegen Haken vor. Die Orientierung der Fasern ist nach der Kardierung relativ gering. Die Ergebnisse von TABATA, HAYAKAWA und TAKIZAWA [*84*] weichen hiervon ab. Sie stellten für ein Zellwoll-Kardenband einer Deckelkarde 46,4% hakenfreie Fasern fest. Diesem sehr großen Wert liegt eine Einteilung in zehn statt in fünf Fasergruppen zugrunde. In jedem Fall ist der Anteil der Hakenfasern so groß, daß z. B. beim Baumwoll-Spinnsystem eine direkte Verspinnung des Kardenbandes nicht in Frage kommt. Aus den Untersuchungen von WILHELM und WAGNER [*85*] sowie aus dem von BRACH [*86*] für die Kammgarnspinnerei erstellten Bericht ist zu erkennen, daß der Anteil der Hakenfasern auch nach dem Krempeln von Wolle sehr hoch ist.

Faserhaken entstehen vorzugsweise auf der Karde oder auf der Krempel. Über den Mechanismus der Hakenbildung haben bereits im Jahre 1949 MORTON und SUMMERS [*80*] Hypothesen aufgestellt. Nach ihrer Meinung ist am Tambour ein Teil der Fasern mit der Faserspitze in die Garnitur eingehakt, während der übrige Teil nur durch die Reibung mit den benachbarten Fasern festgehalten wird.

SCHMAUDER [*87*] weist darauf hin, daß die Fasern im Vlies weder parallel noch gestreckt sind, sondern hakenförmig vorliegen. Die Garniturspitzen greifen in das Knie der Faserhaken ein. SCHMAUDER empfiehlt daher, das Vlies quer zur üblichen Richtung abzuziehen. (Quervorlage im Dreikrempelassortiment der Streichgarnspinnerei.)

Nach KAUFMANN [*88*] werden von dem Abnehmer die Fasern übernommen, die am weitesten aus der Tambourgarnitur herausragen. Je nachdem, ob die Fasern am Anfang, in der Mitte oder am Ende erfaßt werden, kommt es zu einem verschieden starken Umbiegen und Auskämmen, d. h., es entstehen Schlepphaken in mannigfacher Gestalt.

KAMOGAWA, KANDA und IMAI [*89*] führen die Entstehung der Faserhaken auf den starken Anprall, dem die Fasern bei der Übertragung von dem Tambour auf den Abnehmer ausgesetzt sind, zurück. Sie stellen weiter fest, daß durch die abstreifende Wirkung des Hackers im Abnehmervlies noch zusätzlich Schlepphaken entstehen. Nach PERNER und PETZOLD [*90*] wird die auf dem Tambour erzielte gute Faserorientierung durch das Aufstauchen und Verdichten am Abnehmer wieder zunichte gemacht. HUNTER [*91*] schreibt dem Hacker ebenfalls eine hakenbildende Wirkung zu. Für die Richtigkeit dieser Vermutung sprechen die von GLASIONOVA und ROMANOVA [*92*] durchgeführten Hackerstudien. Aus allen Untersuchungen ergibt sich, daß bei Neukonstruktionen von Karden versucht werden sollte, die Vliesübertragung zu verbessern, um die relativ gute Orientierung der Fasern auf dem Tambour nicht zu zerstören. Auf den Streckenpassagen wird die Orientierung der Fasern des Faserverbandes verbessert. MARTINDALE [*65*] ermittelte, daß zum Verziehen eines Faserverbandes, in dem in erster Linie Schlepphaken-Fasern vorhanden sind (z. B. Kardenband), eine größere Verzugskraft notwendig ist als zum Verziehen eines Bandes, in dem die Leithaken-Fasern überwiegen. Beim Walzenverzug eines Bandes mit vornehmlich Leithaken-Fasern ist jedoch nicht gewährleistet, daß die Haken geradegerichtet werden. Es ist also im Hinblick auf die Faserorientierung nicht gleichgültig, ob die Laufrichtung eines Kardenbandes vor dem Walzenverzug umgekehrt wird oder nicht.

Die erste Streckenpassage verringert die Anzahl der Hakenfasern am stärksten [*79, 81*]. Die zweite Streckenpassage verbessert zwar auch noch den Orientierungsgrad des Faserverbandes, jedoch geht die Anzahl der umgebogenen Fasern nicht wesentlich zurück [*79, 81*]. Von großem Einfluß auf den Orientierungsgrad ist die Höhe des Verzuges. Für den Orientierungsgrad sind neben den Hakenfasern mit großer Wahrscheinlichkeit noch folgende Faktoren von Bedeutung:

die Anzahl der Streckfelder,

die Streckfeldweite,

die Druckwalzenbelastung,

die Kompaktheit des Faserverbandes im Streckfeld.

Über den Vorgang des Geraderichtens der Faserhaken bestehen recht unterschiedliche Meinungen. Im Jahre 1950 entwickelten MORTON und SUMMERS [*79*] Verzugsmodelle. Hiernach sollen genauso viel Schlepphaken- wie Leithaken-Fasern geradegerichtet werden. Genannte halten es jedoch für möglich, daß sich bei der Bewegung der kurzen Fasern bevorzugt die Leithaken geraderichten.

NIELD [*83*], TABATA, HAYAKAWA und TAKIZAWA [*84*] sowie WAKANKAR, BHADURI, RAMASWANY und GHOSH [*93*] bestätigen die Schlußfolgerungen von MORTON und SUMMERS. WILHELM und WAGNER [*94*] fanden im Jahre 1957, daß nur wenige Schlepphaken-Fasern geradegerichtet werden. Eine eindeutige bevorzugte Streckung einer der beiden Hakenarten war nicht feststellbar. GARDE, WAKANKAR und BHADURI [*95*], RAES [*96*], SIMPSON, DE LUCA, FIORI und LOUIS [*206*] sowie BRACH [*86*] vertreten dagegen auf Grund ihrer Meßergebnisse die Ansicht, daß bei allen Streckenpassagen die Schlepphaken leichter zu entfernen sind als die Leithaken. Demnach gebührt, wie es auch PERNER und PETZOLD [*90*] betonen, derjenigen Verzugsrichtung der Vorzug, bei welcher der Großteil der Faserhaken dem Streckfeld als Schlepphaken zugeführt wird.

MERCHANT [*97*] formuliert Gleichungen für die Kräfte, die die Schlepp- bzw. Leithaken entfernen. Er kommt zu folgenden Ergebnissen:

1. Durch einen Walzenverzug werden die Schlepphaken bevorzugt geradegerichtet. Hierüber liegen Versuche vor [*90, 95, 96*].

2. Bei einem Anstieg des Verzuges nimmt die Geraderichtung der Schlepphaken stärker zu als die Geraderichtung der Leithaken. Ghosh und Bhaduri [*98*] konnten dies durch Experimente nachweisen.

3. Zur Reduzierung der Schlepphaken-Fasern ist es günstig, den Gesamtverzug eines Streckwerks auf ein Streckfeld zu konzentrieren. Die Geraderichtung der Leithaken wird allerdings dadurch ungünstig beeinflußt. Niedrige Verzüge bewirken kaum eine Beseitigung der Hakenfasern.

4. Wird die Streckfeldweite verringert, so vergrößert sich der Unterschied zwischen den Kräften, die die Schlepp- bzw. Leithaken geraderichten. Es werden bevorzugt Schlepphaken-Fasern gestreckt. Diese Aussage steht im Gegensatz zu den Ansichten von Perner und Petzold [*90*] sowie Ghosh und Bhaduri [*98*], die keinen gesicherten Einfluß der Streckfeldweite auf die Beseitigung der Hakenfasern feststellen konnten.

5. Eine Verdichtung des Faserverbandes begünstigt das Entfernen der Haken.

Es steht fest, daß zur Erzielung einer möglichst großen Anzahl hakenfreier Fasern die Passagen so miteinander verbunden werden sollten, daß die von der Karde stammenden Faserhaken dem Verzug möglichst oft als Schlepphaken unterworfen werden. Auch der Ringspinnmaschine sollte der Faserverband in der Richtung vorgelegt werden, in welcher die Schlepphaken und nicht die Leithaken überwiegen. Findet nach jeder Passage eine Faserbandumkehr statt, so kommt vor allem beim flyerlosen Spinnverfahren nur eine ungerade Anzahl von Streckenpassagen in Betracht. Nach Simpson, De Luca, Fiori und Louis [*206*] ist die Anzahl der Fadenbrüche an der Ringspinnmaschine am geringsten, wenn die Bänder bzw. Lunten der ersten und der zweiten Strecke sowie der Ringspinnmaschine mit überwiegend Schlepphaken, dem Flyer jedoch mit überwiegend Leithaken vorgelegt werden. Bei einer derartigen Wahl der Verzugsrichtungen soll die Spinngeschwindigkeit um 20% gesteigert werden können.

Den Einfluß des Orientierungsgrades auf die Faserbewegung untersuchten Fujino und Itani [*99*]. Sie geben an, daß die Menge und die Verteilung der schwimmenden Fasern im Streckfeld meßbar von dem Orientierungsgrad beeinflußt werden. In einer weiteren Arbeit entwickelte Itani [*100*] Gleichungen für die Berechnung des Orientierungsgrades.

Barella und Sust [*168*] untersuchten an Baumwollbändern den Zusammenhang zwischen dem Parallelisierungsgrad und der Haftkraft des Bandes. Sie stellten fest, daß mit zunehmendem Parallelisierungsgrad der Fasern die zur Erzielung einer vorgegebenen Haftkraft erforderliche Drehung abnimmt.

Über die Bedeutung des Orientierungsgrades für die Garnungleichmäßigkeit und für die Garnfestigkeit berichteten eingehend WEGENER und PEUKER [*78*]. Werden die Faserbänder in der „richtigen" Richtung verzogen — d. h. mit einem überwiegenden Anteil an Schlepphaken-Fasern — so haben die daraus hergestellten Garne eine höhere Festigkeit als die Garne, deren Vorlagen in der „falschen" Richtung verzogen wurden. SIMPSON, DE LUCA, FIORI und LOUIS [*206*] geben an, daß es sich günstig auf die Gleichmäßigkeit von Bändern auswirkt, wenn beim Verzug die Mehrzahl der Hakenfasern als Schlepphaken vorliegt.

1.3.5 Der Einfluß der Dublierung und des Verzuges auf die Garnungleichmäßigkeit

In der modernen Spinnereitechnik setzt sich immer mehr die Erkenntnis durch, daß es auch ohne eine Vielzahl von Passagen möglich ist, gute Garne herzustellen. Bei älteren Baumwollspinnverfahren z. B. ist der Gesamtverzug vom Wickel bis zum Garn etwa 13000000fach bei einer Gesamtdublierung von 864fach. Bei modernen Kurzspinnverfahren lassen sich, den Gegebenheiten entsprechend, der Gesamtverzug und die Gesamtdublierung auf ein Fünfzigstel der klassischen Werte reduzieren. Ähnlich liegen die Verhältnisse in der Kammgarnspinnerei. Allerdings ist dort die Gesamtdublierung noch immer wesentlich höher.

Durch die Verwendung moderner Spinnmaschinen kann die Anzahl der Passagen erheblich reduziert werden. Zudem liegt der Gesamtverzug bei einem Streckvorgang heute wesentlich höher als früher. Dies läßt sich durch eine gute Faserführung erreichen. Allgemein ist zu bemerken, daß die Präzision der Maschinenausführung im Vergleich zu der vor dem zweiten Weltkriege erheblich besser geworden ist und beispielsweise der im Werkzeugmaschinenbau nicht mehr nachsteht.

Im folgenden wird besprochen, welche Bedeutung der Gesamtverzug und die Dublierung auf die Ungleichmäßigkeit des Faserverbandes haben.

Über den Einfluß, den die Dublierung auf die Garnungleichmäßigkeit hat, gehen die Ansichten auseinander. COX und INGHAM [*101*] vertreten die Meinung, daß die Ungleichmäßigkeit des Garnes innerhalb kurzer Garnstücke unabhängig von der Anzahl der Dublierungen ist. Die Anzahl der Dublierungen, die erforderlich ist, um den Anteil am Garn-Variationskoeffizienten, der durch die Masseschwankungen im Kardenband hervorgerufen wird, auf 0,2% zu reduzieren, läßt sich aus der Gleichung

$$D = 25 \cdot B_n^T(0) \qquad (53)$$

errechnen.

Hierin bedeuten:

$B_n^T(0)$ totaler quadratischer Variationskoeffizient des Merkmals Faserendendichte
D Anzahl der Dublierungen

Nach MARTINDALE [*20*] und BORNET [*102*] soll bei gleichem Gesamtverzug die Anzahl der Dublierungen ohne Einfluß auf die Ungleichmäßigkeit des Garnes sein. Im Gegensatz dazu stellten TOWNEND und CHOW [*103*] fest, daß bei gleichem Verzug mehr Dublierungen und mehr Passagen das bessere Garn ergeben. Vor allem wird die kurzwellige Schwankung geringer. Nach BORNET [*102*] soll sich beim Ringspinnen von gekämmter Baumwolle die Vorlage von zwei Lunten nicht auf die Ungleichmäßigkeit des Garnes auswirken. Dagegen ergibt bei kardierter Baumwolle die Vorlage von zwei Lunten ein gleichmäßigeres Garn. Dieser Effekt soll sich allerdings nur bei dickeren Garnen stärker bemerkbar machen. DE BARR [*1*] kommt zu dem Ergebnis, daß sich die Dublierung positiv auswirkt.

WEGENER und PEUKER [*104*] untersuchten eingehend mit Hilfe des Wurzelgesetzes die theoretisch zu erwartende Wirksamkeit von Dublierungen. Danach ist die Standardabweichung $s_{\bar{G}}$ der Metergewichte des verzogenen Bandes

$$s_{\bar{G}} = \frac{\sigma_G}{\sqrt{D}} \tag{54}$$

σ_G Standardabweichung des Metergewichtes der vorgelegten Faserbänder
D Anzahl der Dublierungen

In dieser Gleichung werden die idealen und maschinenbedingten Ungleichmäßigkeiten nicht berücksichtigt. Diese Betrachtungsweise kann auf die gesamte Vorspinnerei übertragen werden. Je höher die Gesamtdublierung ist, desto geringer ist die Ungleichmäßigkeit des verzogenen Bandes im Vergleich zur ursprünglichen Ungleichmäßigkeit σ_G der Kammzugbänder. Wie die Abb. 25 ausweist, verläuft die prozentuale Verbesserung

$$P_D = \left(1 - \frac{1}{\sqrt{D_{\text{ges}}}}\right) 100 \quad [\%] \tag{55}$$

degressiv. Die ersten Dublierungen sind wirksamer als die nachfolgenden. Bei einer Gesamtdublierung $D_{\text{ges}} = 100$ beträgt die Ungleichmäßigkeit des verzogenen Bandes nur noch 10% der Kammzugungleichmäßigkeit. Aus dieser Tatsache ist zu erkennen, welche Bedeutung der Gesamtdublierung zukommt. Durch den Verzug und durch die mechanischen Fehler des Streckwerks treten zusätzlich Ungleichmäßigkeiten auf, die schließlich größer werden können als der Gewinn an Gleichmäßigkeit. Auch bei idealen Verzugsbedingungen ist die vom Verzug und von der Dublierung abhängende und durch die Zufallsverteilung der Fasern bedingte ideale Ungleichmäßigkeit Q unvermeidbar. Beim praktischen Verzugsprozeß tritt ferner noch die durch mechanische Streckwerksmängel verursachte Ungleichmäßigkeit R auf. Für die Ungleichmäßigkeit eines Faserverbandes nach dem Verzug gilt:

$$Y_A = \sqrt{\frac{Y_E^2}{D} + Q^2 + R^2} \tag{56}$$

Hierin bedeuten:

Y_E Ungleichmäßigkeit des Faserverbandes vor dem Verzug
Y_A Ungleichmäßigkeit des Faserverbandes nach dem Verzug
D Dublierung

Wegener und Friebel [*105*] ermittelten für eine Doppelnadelstabstrecke den Einfluß des Verzuges und den Einfluß der Dublierung auf die Ungleichmäßigkeit von Faserbändern aus Zellwolle. Es wird nachgewiesen, daß es bestimmte Paarungen des Verzuges V und der Dublierung D gibt (hier $V = 5$ bis 6, $D = 5$ bis 6), die ein optimal gleichmäßiges Faserband ergeben. Wenn die Verzüge und die Dublierungen darüber hinausgehen, wird das Faserband unter Umständen wieder ungleichmäßiger.

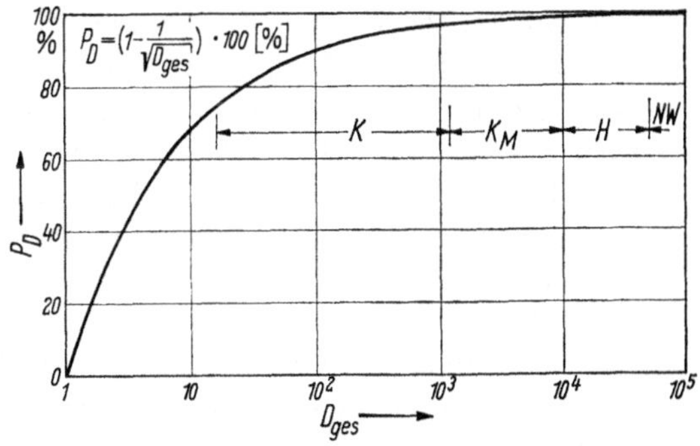

Abb. 25. Theoretische Auswirkung der Gesamtdublierung
K Kurzspinnsortiment, 3 bis 5 Passagen; K_M Kurzspinnsortiment bei Mischungen, 5 bis 7 Passagen; *H* Hechelstreckensortiment, 7 bis 9 Passagen; *NW* klassisches Nadelwalzensortiment, 9 bis 10 Passagen [*104*]

Die Dublierung und der Verzug wirken nicht nur parallelisierend und egalisierend, sondern auch mischend auf das Faserband. Für die Erzielung einer guten Durchmischung genügt es nicht, die Anzahl der Dublierungen zu erhöhen. Es ist dafür erforderlich, einen Mindest-Gesamtverzug V_{ges} anzuwenden. Eine brauchbare Richtlinie ergibt die Beziehung

$$V_{ges} = \bar{n}_K \tag{57}$$

$\bar{n}_K$ bedeutet die mittlere Faseranzahl z. B. im Querschnitt der dublierten Kammzugvorlage.

Der für eine innige Mischung erforderliche Mindest-Gesamtverzug hängt demnach von der mittleren Anzahl der im Kammzugquerschnitt vorhandenen Einzelfasern ab. Hieraus folgt, daß für ein gutes Mischen feinerer Fasern in der Vorspinnerei ein größerer Gesamtverzug und somit eine höhere Passagenanzahl notwendig sind als bei groben Fasern.

Bei der Verspinnung der Baumwolle können mit modernen Streckwerken bis zu 700fache Verzüge erreicht werden. Wie wirken sich nun in der Praxis derartige Höchstverzüge auf die Garnungleichmäßigkeit aus? Martindale [*20, 40*] gibt an, daß höhere Verzüge die Ungleichmäßigkeit des Garnes erhöhen. Hannah [*106*, *107*] wies nach, daß ein guter Verzug in der Hauptsache von einer genügenden Kontrolle der Fasern abhängt. Ist diese gewährleistet, können Garne, die auf Höchstverzugsstreckwerken hergestellt werden, besser sein als die nach konventionellen Verfahren gesponnenen Garne. Um Wolle mit Höchstverzügen verspinnen zu können, sollte das Streckwerk allerdings mit einer positiv angetriebenen Oberwalze im Hauptverzugsfeld ausgestattet sein (Hannah [*106*, *107*]). Wegener und Peuker [*108*, *189*] stellten fest, daß die nach den flyerlosen Spinnverfahren gefertigten Garne im kurzen und mittleren Längenbereich ungleichmäßiger waren als die Garne, die nach dem klassischen Verfahren gesponnen wurden. Bei diesen Garnen machte sich allerdings hinsichtlich der Periodenanfälligkeit der Einfluß des Flyers nachteilig bemerkbar. Die Ungleichmäßigkeiten, die der Flyer verursacht, erhöhen den Längenvariationskoeffizienten im Bereich mittlerer und großer Längen. Die Garne, die auf Fünfwalzen-Streckwerken gefertigt wurden, waren besser als die auf Vierwalzen-Streckwerken gesponnenen. Die Höchstverzüge auf der Ringspinnmaschine waren die Ursache dafür, daß die Garne, die direkt aus der Kanne gesponnen wurden, besonders häufig Perioden aufwiesen.

Neuere Untersuchungen von Wegener und Peuker [*109*] lassen jedoch erkennen, daß nach dem flyerlosen Spinnverfahren ebensogute Garne hergestellt werden können wie nach dem klassischen Spinnverfahren. Voraussetzung ist jedoch, daß das Faserband einen hohen Orientierungsgrad aufweist. Die Fasern müssen gestreckt sein und parallel zur Bandachse liegen. Wichtig ist ebenfalls die Art der Vorlage. Hier scheint die Wickelvorlage günstiger zu sein als eine Kannenvorlage.

Mit den Ungleichmäßigkeiten, die beim Verarbeiten von Baumwolle auf dem Flyer bzw. auf der Ringspinnmaschine entstehen, beschäftigten sich Caveney und Foster [*110*] sowie Anderson und Foster [*111*]. Sie versuchten, die Gesetze für das Anwachsen der Ungleichmäßigkeit beim Verzug zu finden. Der Variationskoeffizient V_L für die Flyerlunte läßt sich danach aus folgender Gleichung errechnen:

$$V_L^2 = 29{,}6 \cdot \frac{N_B}{D}(V-1) + \frac{V_B^2}{D} \tag{58}$$

Hierin bedeuten:

V_L Variationskoeffizient der Flyerlunte
N_B Nummer des Bandes
D Dublierung
V Verzug
V_B Variationskoeffizient des vorgelegten Bandes

Die entsprechende Gleichung für den Variationskoeffizienten V_G des Garnes ergibt sich zu

$$V_G^2 = 0{,}73 \cdot \left[13{,}0 \cdot \frac{N_L}{D}(V - 1{,}43) + \frac{V_L^2}{D}\right] \qquad (59)$$

N_L Nummer der Lunte

Aus dieser Gleichung ist zu ersehen, daß theoretisch das Garn gleichmäßiger sein kann als die Flyerlunte. Die Vergleichmäßigung kann nicht im Verzugsfeld selbst erfolgen, sondern muß zwischen der Ausgangswalze und dem Cop stattfinden. Foster und Mitarbeiter vermuten, daß die Drehung stärker in die dünnen Stellen des Garnes eingeht und die dickeren Stellen während des Aufwindens noch etwas verzogen werden. Sust und Barella [*171*] fanden für den Zusammenhang zwischen der Drehungsverteilung und dem Garndurchmesser die Beziehung

$$T\,D^{\alpha} = C. \qquad (60)$$

Hierin bedeuten:

T die Drehungen je Längeneinheit,
D der Garndurchmesser und
C eine Konstante.

Der Wert α kann zwischen 1,6 und 2,5 liegen.

Wegener und Ehrler [*172*] führten Untersuchungen an einem Standspinner durch. Sie bestimmten während verschiedener Phasen der Fadenbildung an definierten Stellen im Verzugsfeld den spezifischen Draht und das Faserverbandgewicht je Längeneinheit. Es zeigte sich, daß während der verschiedenen Phasen der Fadenbildung sowohl der spezifische Draht als auch das Faserverbandgewicht von der Verzugsart und von der Art der Drahterteilung abhängig sind.

In einer weiteren Arbeit untersuchten Wegener und Ehler [*173*] an Streichgarn-Krempeln die Gewichtsschwankungen des Vorgarnes in Abhängigkeit von der Florteiler-Riemchenbreite, von der Art der Florteilung, von der Materialmischung und von der Position der Vorgarnspule. Die Versuche ließen erkennen, daß alle genannten Einflußfaktoren die Größe der Gewichtsschwankungen mehr oder weniger stark beeinflussen.

König [*112*] behandelte in einer Reihe von Aufsätzen und in seiner Dissertation Verzugsprobleme. Er vertritt die Ansicht, daß die schwimmenden Fasern nur zu einem geringen Teil die Ursache für die Verzugsungleichmäßigkeit sind. Anderen Verzugsfehlern kommt eine wesentlich größere Bedeutung zu. Den größten Teil der Verzugsfehler erfaßt König mit der sogenannten Faserzugfunktion, die eine Streckwerksgröße ist. In dieser Funktion kommen die Form, die Abmessungen und die Einstellung aller Streckwerksorgane zum Ausdruck. Aus der Form der jeweiligen

Faserzugfunktion kann auf die Qualität des Verzugsprozesses geschlossen werden. Berechnungen zum Verzugsprozeß veröffentlichten ebenfalls MIHIRA [*113*], TABATA und ISHIKAWA [*114*] sowie FUJINO und KAWABATA [*115*].

NAWAZ und KHAN [*174*] untersuchten sechs Baumwoll-Verzugssysteme in der Vorbereitung und in der Spinnerei hinsichtlich ihres Einflusses auf die Masseschwankungen der Bänder, Lunten und Garne. Sie stellten fest, daß zwischen der Faserverband-Ungleichmäßigkeit und dem gewählten Verzugssystem, dem Drehungsfaktor und der Garnnummer ein Zusammenhang besteht. YAMAGUCHI [*116*] sowie YAMAGISHI [*117*] und Mitarbeiter vertreten in ihren Arbeiten die Ansicht, daß das Garn um so ungleichmäßiger wird, je höher der Verzug beim Spinnen ist. Wie KARM [*118*] bei seinen Versuchen ermittelte, erhöhen Verzüge über 10fach die Ungleichmäßigkeit. MCNAIR und CHAMBERLAIN [*76*] halten es für wahrscheinlich, daß die Verunreinigung der Vorgarne bei der Wolle Höchstverzüge nicht gestattet. Um ein möglichst gleichmäßiges Garn zu erhalten, schlägt NUTTER [*119*] vor, bei konventionellen Systemen den Gesamtverzug, der nach dem Strecken zur Herstellung des Garnes erforderlich ist, gleichmäßig auf den Flyer und auf die Ringspinnmaschine aufzuteilen. Für das abgekürzte Spinnverfahren empfiehlt NUTTER einen niedrigen Verzug auf dem Flyer und einen hohen auf der Ringspinnmaschine. Versuche, die BALASUBRAMANIAN [*175*] an einem Flyer durchführte, haben ergeben, daß der Verzug innerhalb eines großen Bereiches variiert werden kann, ohne daß die Ungleichmäßigkeit des Endproduktes merklich beeinflußt wird. Voraussetzung ist nur, daß die Teilverzüge in normalen Grenzen gehalten werden.

AUDIVERT und VIDIELLA [*176*] geben eine Gleichung an, aus der sie den Vorverzug beim Faserband-Spinnverfahren errechnen:

$$V_1 = K \sqrt{V_{\text{ges}}} \tag{61}$$

In dieser Gleichung bedeuten:

V_1 Vorverzug,
K Parameter,
V_{ges} Gesamtverzug.

Der Parameter K hängt von der Güte des Verzugsprozesses ab und ist ≤ 1. Für $K = 1$ ist nach dieser Gleichung der Vorverzug gleich dem Hauptverzug.

WEGENER und PEUKER [*120*] untersuchten die Ungleichmäßigkeit von Garnen, die auf der Ringspinnmaschine mit höherem Vorverzug gesponnen wurden. Der Vorverzug wurde aus den Gleichungen WASSILJEWS [*47, 50*]

$$V_1 = \frac{2\,V_{\text{ges}}}{V_{\text{ges}} + 1} \quad \text{und} \quad V_2 = \frac{V_{\text{ges}} + 1}{2}$$

ermittelt.

Hierin bedeuten:

V_1 Vorverzug
V_2 Hauptverzug
V_{ges} Gesamtverzug

Die so hergestellten Garne waren ungleichmäßiger als die mit einem Vorverzug von $V_1 = 1,1$ gesponnenen.

Für die Lockerung des gedrehten Vorgarnes wird normalerweise ein 1,1- bis 1,3facher Vorverzug vorgesehen. Um den Vorverzug erhöhen zu können, muß die hintere Streckfeldweite verringert werden. Dennoch wird allgemein der Verzugsbereich von 1,4- bis 2,0fach als kritisch angesehen. KIRSCHNER [*121*] gibt für Baumwolle einen kritischen Bereich bei 1,5- bis 1,8fachem Vorverzug an. Dies gilt auch, wenn das Streckfeld eng eingestellt ist. Für Chemiefasern fand KIRSCHNER keinen kritischen Vorverzugsbereich. NEWTON und BURLEY [*207*] untersuchten u. a. den Einfluß des Vorverzuges bei der Verspinnung von Baumwolle auf die Garnungleichmäßigkeit und auf die Anzahl der Fadenbrüche. Sie stellten fest, daß mit zunehmendem Vorverzug die Garnungleichmäßigkeit ebenfalls anstieg. Bis zu einem Vorverzug von 2,2fach nahm die Anzahl der Fadenbrüche je 1000 Spindelstunden ab. Wurde der Vorverzug weiter erhöht, nahmen die Fadenbrüche wieder zu. Ein Teil der Fadenbrüche bei Vorverzügen oberhalb 1,8fach war offensichtlich darauf zurückzuführen, daß der Faserverband mit dem Verdichter, der zwischen dem Riemchenpaar und den Ausgangswalzen angebracht war, außer Eingriff kam. Dieser Effekt machte sich bei hohen Gesamtverzügen besonders stark bemerkbar.

An der Strecke wird heute zumeist der Gesamtverzug auf das hintere und auf das vordere Streckfeld verteilt. Der Verzug in der mittleren Zone ist mit 1 bis 2% sehr niedrig. Damit wird eine gegenseitige Beeinflussung der Verzugskräfte unwahrscheinlich. Durch die Wahl moderner Drei-über-Vier- und Vier-über-Fünf-Streckwerke kann diesen Gegebenheiten weitgehend Rechnung getragen werden.

Am Flyer tritt außerhalb des Streckwerkes ein Verzug auf, der als Aufwindeverzug bezeichnet wird. Der Aufwindeverzug ist für die Aufwicklung der Lunte auf die Spule unumgänglich notwendig. Er muß möglichst konstant gehalten werden.

WEGENER und Mitarbeiter [*122*, *123*, *185*, *186*] haben erstmalig den Aufwindeverzug untersucht und im Zusammenhang damit den Einfluß der Flyerregulierung auf die Ungleichmäßigkeit der Vor- und Endgespinste, auf deren dynamometrische Eigenschaften und auf den Spulenaufbau geklärt. Sie entwickelten Methoden, mit denen es in der Praxis relativ schnell möglich ist, die Maschineneinstellung (Konusriemen-Anfangsstellung, Konuswechsel, Schaltradwechsel) für einen nahezu konstanten Aufwindeverzug über den gesamten Spulenaufbau zu finden. Dafür sind die Spulendrehzahl und der Aufwindeverzug in Abhängigkeit von der Anzahl der Schichten auf der Flyerspule zu ermitteln. Zur Bestimmung des Aufwindeverzuges wird zunächst die Drehzahlcharakteristik aus der Maschineneinstellung errechnet, bei der kein Aufwindeverzug eintritt, sofern die tatsächliche mit der angenommenen Durchmesseränderung übereinstimmt. Danach ist während des Flyerns

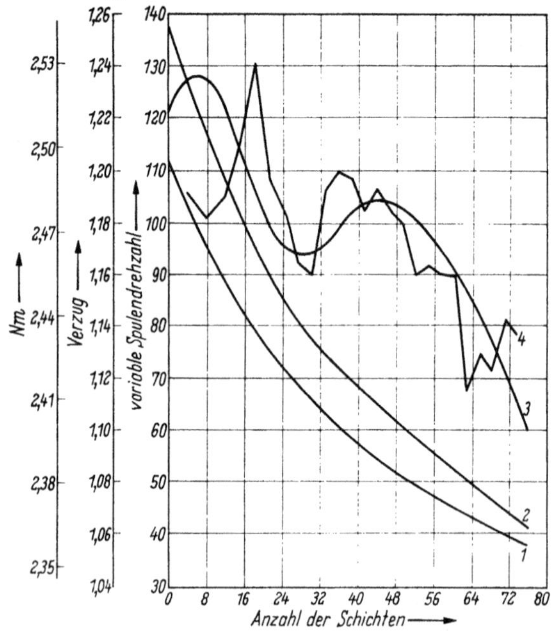

Abb. 26. Variable Spulendrehzahl, Verzug und metrische Nummer des Vorgarns in Abhängigkeit von der Anzahl der aufgewundenen Schichten [*185*]

Kurve *1*: aus dem Spulenaufbau errechnete Spulendrehzahl, Kurve *2*: experimentell ermittelte Drehzahl, Kurve *3*: Aufwindeverzug, Kurve *4*: experimentell ermittelte metrische Nummer des Vorgarns

mit Hilfe eines Drehzahlmessers die Drehzahlcharakteristik für die einzelnen Schichten experimentell zu ermitteln. Werden jeweils die zusammengehörigen Werte der Drehzahlcharakteristika durcheinander dividiert, so ergibt sich der Aufwindeverzug, der im Idealfall konstant ist. In der Abb. 26 sind die Drehzahlcharakteristika, der Aufwindeverzug und die metrische Nummer in Abhängigkeit von der Anzahl der Schichten graphisch dargestellt. Die Kurve *1* ist die aus dem Spulenaufbau errechnete Drehzahlcharakteristik, nach welcher bei Aufwindung ohne Aufwindeverzug gearbeitet werden müßte. Die Kurve *2* dagegen gibt die mit einem Drehzahlmesser gemessene, während des Flyerns durchfahrene Drehzahlcharakteristik wieder. Aus der Kurve *3* ist der aus den Kurven *1* und *2* errechnete Aufwindeverzug und aus der Kurve *4* der Verlauf der metrischen Nummer über die gesamte Luntenlänge der Spule ersichtlich. Vergleicht man die Kurven *3* und *4* miteinander, so ist zu erkennen, daß der Verlauf der mehr oder weniger schwankenden Nummer in der Tendenz mit der Kurve des Aufwindeverzuges übereinstimmt. Ein großer Aufwindeverzug ergibt an der betreffenden Stelle eine höhere Nummer und umgekehrt. Die langwelligen Schwankungen der Lunte waren also nicht schon im Streckenband vorhanden, sondern sind erst bei der Verarbeitung auf dem Flyer entstanden. Wie aus der Kurve *3* der Abb. 26 hervorgeht, stehen einander entsprechende Ordinatenwerte der beiden Drehzahlcharakteristika nicht in einem bestimmten konstanten Verhältnis zueinander. Soll der Aufwindeverzug konstant bleiben, so muß die Maschineneinstellung geändert werden. Die Riemenanfangsstellung auf den Konoiden (Konus), der Konuswechsel und der Schaltradwechsel sind so aufeinander abzustimmen, daß der Aufwindeverzug nahezu, wie an einem anderen Beispiel (Abb. 27) zu ersehen ist, parallel zu der Abszissenachse verläuft.

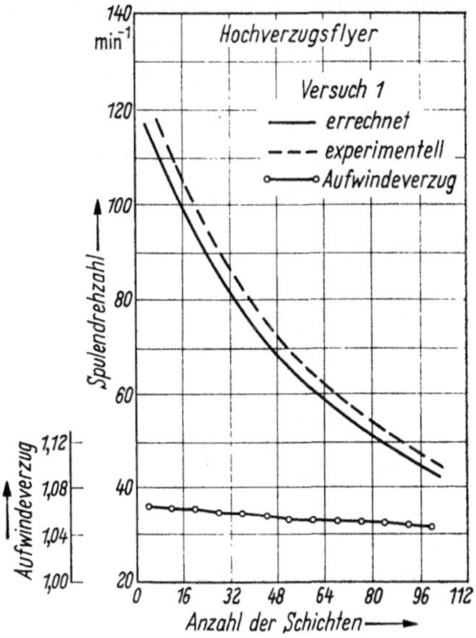

Abb. 27. Spulendrehzahl und Aufwindeverzug in Abhängigkeit von der Anzahl der aufgewundenen Schichten [*186*]

Umständlicher ist die Bestimmung des Aufwindeverzuges mit Hilfe der Nummernkontrolle der einzelnen Schichten der Spule. Sind die durch Schneiden und Wiegen erhaltenen Nummern der Lunte konstant, so ist, eine gleichmäßige Vorlage vorausgesetzt, auch der Aufwindeverzug konstant.

1.3.6 Der Einfluß der Vorgarndrehung auf die Ungleichmäßigkeit des Garnes

Der auf dem Flyer verfeinerte Faserverband erhält zugleich eine echte Drehung, die der Lunte eine gewisse Festigkeit gegenüber Zugbeanspruchung gibt. Einige Autoren sind der Ansicht, daß das Garn gleichmäßiger wird, wenn auf Grund der Vorgarndrehung eine Faser beim Verzug so lange zurückgehalten wird, bis die Ausgangswalzen sie ergreifen. Dagegen steht die weitverbreitete Meinung, daß der Vorverzug beim Spinnen dazu da sei, die Vorgarndrehung aufzulösen. Steigende Vorgarndrehung verringert nach Martindale [*40*] die Ungleichmäßigkeit eines Gespinstes. Er hält es jedoch für unmöglich, daß mit stärker vorgedrehten Lunten in der Praxis ein Verzug durchführbar ist. Wegener [*122, 123*] widerlegt diese Behauptung. Er weist nach, daß selbst mit einer Vorgarndrehung, die 40% über dem Normalwert liegt, noch Garne von guter Gleichmäßigkeit gesponnen werden können. Allerdings wird die Liefergeschwindigkeit des Flyers bei so hohen Vorgarndrehungen wesentlich geringer.

Mit dem AMBLER-Super-Draft-Streckwerk gelingt es, die Drehung im Faserverband relativ lange aufrechtzuerhalten. Um die Vorgarndrehung bis kurz vor die Ausgangswalzen aufrechterhalten zu können, sind in dem Hauptverzugsfeld ein Drehungsstabilisator und ein angetriebenes Nutenwalzenpaar untergebracht. Mit diesem Streckwerk wurden bei der Verspinnung von Wollunten ausgezeichnete Ergebnisse erzielt. HANNAH [*106*, *107*] untersuchte das Streckwerk eingehend und beschäftigte sich ausführlich mit der Drehung des Faserverbandes an jeder Stelle im Verzugsfeld. HANNAH fand hierfür folgende Beziehung

$$T(x) = \left(\frac{1}{V\,v(x)}\right)^a T_0 \qquad (62)$$

Hierin bedeuten:

$T(x)$ Drehung an der Stelle x im Verzugsfeld
V Verzug
$v(x)$ Geschwindigkeit der Fasern an der Stelle x
T_0 Eingangsdrehung
a Konstante

Der Wert für die Drehung war in der Nähe der Eingangswalzen größer als kurz vor den Ausgangswalzen. Er fiel jedoch bei steigendem Verzug ab. HANNAH entwickelte auch Formeln für die Spannung, die in der Lunte herrscht. Die Gesamtspannung S in jedem Punkte der Lunte ermittelte sie zu

$$S = \int_{s-l}^{s} \mu \frac{P(x)}{N(x)} N_1(x)\, N_2(x)\, dx \qquad (63)$$

Hierin bedeuten:

s Verzugsfeldlänge
l größte Faserlänge
μ Reibungskoeffizient der Faser
$N(x)$ Anzahl der Fasern im Querschnitt an der Stelle x
$N_1(x)$ Anzahl der Fasern, die von den Eingangswalzen gehalten werden, und die Anzahl der schwimmenden Fasern an der Stelle x
$N_2(x)$ Anzahl der Fasern an der Stelle x, die von den Ausgangswalzen gehalten werden
$P(x)$ der Durchschnittsdruck für kleine Drehungswinkel, der an der Stelle x auf die Fasern ausgeübt wird

In ihrem mathematischen Rahmenwerk formuliert HANNAH eine Gleichung für die Mindestdrehung, die ein Vorgarn haben muß, um die optimale Festigkeit zu erhalten. Die geringste Drehung ist dann notwendig, wenn alle Fasern gleich lang sind. Bei richtiger Einstellung des AMBLER-Streckwerks ergeben Faserbänder mit der Mindestdrehung das beste Garn. MERCHANT [*177*] gibt eine Ableitung der Relation zwischen der erforderlichen Vorgarndrehung und den Fasereigenschaften, wie beispielsweise der Faserlänge und der Faserfeinheit, an. Nach YAMAGUCHI [*116*] hat die Vorgarndrehung keinen Einfluß auf die Ungleichmäßigkeit des Garnes. DE BARR [*1*] hält die Drehung des Vorgarns sogar für ungeeignet, im Walzenstreckwerk günstig auf den Verzug einzuwirken.

1.3.7 Der Einfluß der Faserabmessungen auf die Ungleichmäßigkeit des Garnes

Die Materialeigenschaften einer Faser, z. B. ihre Feinheit, ihre Länge, ihre Kräuselung und ihre Festigkeit, sind nicht ohne Einfluß auf die Ungleichmäßigkeit des Garnes. Es gibt allerdings unterschiedliche Auffassungen darüber, welche Bedeutung die einzelnen Faktoren haben. In nachfolgendem wird der Einfluß der Faserfeinheit und -längenverteilung auf die Garnungleichmäßigkeit behandelt.

1.3.7.1 Der Einfluß der Faserfeinheit. In der Literatur wird allgemein dem Faserdurchmesser der größte Einfluß auf die Güte des Spinnprozesses beigemessen [*124, 125, 126, 127*]. So erklärt MARTINDALE [*128*], daß die Feinheit der Faser die Ungleichmäßigkeit des Gespinstes bestimmt. Je feiner die Faser ist, desto gleichmäßiger wird das Garn. BASTAWISY, ONIONS und TOWNEND [*129*], die eingehend den Einfluß der Eigenschaften der Wolle auf die Verspinnbarkeit untersuchten, vermuten, daß nicht nur die maximal ausspinnbare Nummer von dem Faserdurchmesser abhängt, sondern daß der Faserdurchmesser auch die Garnfestigkeit und die Dehnung beeinflußt. STANBURY und BYERLEY [*130*] untersuchten Streichgarne und fanden, daß die gerade noch ausspinnbaren Garne (Grenznummern) nahezu die gleiche Anzahl von Einzelfasern enthielten. Dies bedeutet, daß die Feinheit der Faser in einer direkten Beziehung zu den noch ausspinnbaren Garnen und deren Qualität steht. Dagegen vermuten BARKER [*131*] und BOSMANN [*132, 133*], daß weniger die Faserfeinheit als vielmehr die Ungleichmäßigkeit der Faser die Güte des Verzugsprozesses bestimmt. BALASUBRAMANIAN und IYENGAR [*134*] fanden bei der Verspinnung von Baumwolle keine Abhängigkeit der Garnungleichmäßigkeit von der Faserfeinheit.

WEGENER und MEISTER [*22, 135*] sowie WEGENER und PEUKER [*136*] untersuchten den Einfluß des Titers von Chemiefasern auf die Qualität des Garnes. WEGENER und MEISTER [*22, 135*] berechneten zunächst die ideale Längenvariationskurve $CB(L)_{\text{ideal}}$. Da die Gleichung MARTINDALES [*20*] nur für Faserbänder mit Fasern gleichen Titers gültig ist, wurden die $CB(0)_{M_{\text{ideal}}}$-Werte für Mischungen bestimmt:

$$CB^2(0)_{M_{\text{ideal}}} = 100^2 \text{Nm}_{\text{Garn}_\text{M}} \sum \frac{A_i\left(1 + 0{,}0004\, V_{d_i}^2\right)}{\text{Nm}_{\text{Faser}_i}} \tag{64}$$

Hierin bedeuten:

$\mathrm{Nm}_{\mathrm{Garn}_M}$ metrische Nummer des Mischgarns
V_{d_i} Variationskoeffizient des Faserdurchmessers der einzelnen Komponenten
$\mathrm{Nm}_{\mathrm{Faser}_i}$ metrische Nummer der Einzelfasern der Komponenten
A_i Gewichtsanteile der einzelnen Komponenten

Die Spinnversuche ergaben, daß Garne aus Fasern mit gestaffeltem Titer und gestaffelter Schnittlänge bzw. mit konstantem Titer und konstanter Schnittlänge ungleichmäßiger ausfallen als Garne mit konstantem Titer und gestaffelter Schnittlänge. Voraussetzung ist allerdings, daß den einzelnen Versuchen ein in etwa gleicher Durchschnittstiter und ein in etwa gleicher durchschnittlicher Schlankheitsgrad zugrunde liegen. Selbstverständlich können auch unter anderen Voraussetzungen Mischungen von Materialien gleicher Provenienz zusammengesetzt werden, beispielsweise derart, daß die Titer und die Faserlängen bei der Staffelung so aufeinander abgestimmt werden, daß alle Mischungen die gleiche ideale Längenvariationskurve erhalten. Unter diesen Voraussetzungen ergibt sich vielleicht eine andere Anordnung der tatsächlichen Längenvariationskurven der Garne, als sie WEGENER und MEISTER [*22*, *135*] fanden. Derartige akademische Untersuchungen sind zwar sehr interessant, haben aber keinen praktischen Sinn, da kaum anzunehmen ist, daß die Chemiefaserhersteller aus der Reihe fallende Titer und Faserlängen herstellen, selbst wenn dabei die Ungleichmäßigkeit der Garne verringert würde. HANNAH [*106*] fand bei ihren Versuchen ebenfalls eine Abhängigkeit der Spinnbedingungen von dem Faserdurchmesser.

MONFORT [*163*] untersuchte an verschiedenen Kammzügen die Häufigkeitsverteilung der Faserdurchmesser. Er kommt zu dem Ergebnis, daß die Häufigkeitsverteilung der Faserdurchmesser besser durch eine Gamma-Funktion als durch eine logarithmisch-normale Verteilung dargestellt werden kann. Die rechnerischen Ergebnisse stimmen mit den experimentell ermittelten Werten gut überein.

1.3.7.2 Der Einfluß der Faserlängenverteilung. Bei den theoretischen Betrachtungen über die Garnungleichmäßigkeit setzen die meisten Forscher eine gleiche Länge der einzelnen Fasern voraus. Dies entspricht in den seltensten Fällen den praktischen Gegebenheiten. MARTINDALE [*40*] führt dazu an, daß unterschiedliche Stapel- und Faserlängen zwar eine zusätzliche Ungleichmäßigkeit ergeben, der Vorteil eines gleichmäßigen, geschnittenen Stapels jedoch nicht sehr groß ist. GRISHIN [*165*] führt aus, daß bei einem idealen Verzugssystem die Faserlängenverteilung den Verzugsvorgang nicht beeinflußt. WEGENER und MEISTER [*22*, *135*] erhielten bei der Verspinnung von Fasern gestaffelter Stapellänge sogar ein besseres Garn als beim Verspinnen von gleich langen Fasern. Untersuchungen von SLYVAKOV [*178*] haben ebenfalls ergeben, daß aus Bändern mit Fasern unterschiedlicher Schnittlänge gleichmäßigere Garne gesponnen werden können als aus Bändern mit gleich langen Fasern. Bei Baumwolle ist eine Abhängigkeit der Garnungleichmäßigkeit von der mittleren Faserlänge vorhanden. Je geringer diese ist, desto ungleichmäßiger wird das Garn [*117*]. Eine stramme Korrelation besteht zwischen der Garnungleichmäßigkeit und dem Variationskoeffizienten der Faserlängenverteilung. Ein höherer Variationskoeffizient, den nach Foster [*39*] auch die Amplitude der Verzugs-

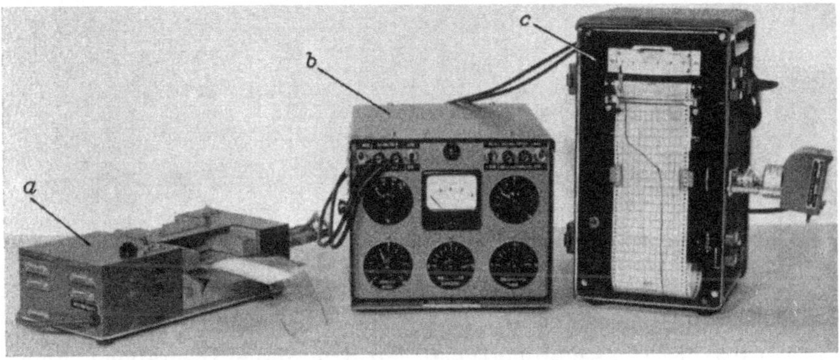

Abb. 28. Stapel-Diagraph nach Wegener und Haase-Dyerling [*181*]
a Abtastgerät; *b* Meßeinrichtung; *c* Diagrammschreiber

welle vergrößert, ergibt ein ungleichmäßigeres Garn [*134*]. Bei der Untersuchung von Kammgarnen stellte Grosberg [*137*] fest, daß die Garnungleichmäßigkeit, die über die theoretische Ungleichmäßigkeit hinausging, in enger Beziehung zu der mittleren Faserlänge stand. Er entwickelte eine Methode, nach der man die Ungleichmäßigkeit von Garnen aus der Faserlängenverteilung und einer Maschinenkonstante voraussagen kann.

Die Ermittlung der Faserlängenverteilung ist unter anderem eine wichtige Voraussetzung für die einwandfreie Verarbeitung eines Fasermaterials in der Spinnerei. Die Bestimmung der Faserlängenverteilung z. B. nach dem Prinzip der Einzelfaserlängenmessung ist im allgemeinen sehr zeitaufwendig. Wegener und Haase-Dyerling [*181*] entwickelten daher ein Schnellverfahren zur direkten Bestimmung der Summenhäufigkeitskurve einer Faserlängenverteilung. Das Meßgerät wird als „Stapel-Diagraph" bezeichnet. Es setzt sich aus einem Abtastgerät a, einer elektrischen Meßeinrichtung b und einem Diagrammschreiber c zusammen (Abb. 28).

Der Abtastkondensator besteht im wesentlichen aus zwei dicht übereinanderliegenden Elektrodenpaaren. Die Fasern werden in eine Folie gehüllt und von einem Walzenpaar zwischen den Elektrodenpaaren hindurchgezogen. Die Walzenachsen sind gegeneinander beweglich angeordnet. Es können somit Stapel unterschiedlicher Dicke abgetastet werden. Der Vorschub des Fasergutes erfolgt mit einer konstanten Geschwindigkeit von 1 mm/s.

Ein Hochfrequenzgenerator liefert eine Wechselspannung von konstanter Amplitude und Frequenz. Die Wechselspannung wird an eine Brückenschaltung angelegt. Mit Hilfe der Brückenschaltung läßt sich die Kapazität des Abtastkondensators, die von der Fasermasse im Kondensatorfeld abhängt, bestimmen und mittels des Hochfrequenzgenerators in eine Spannung umwandeln. Das Fasergut wird quer zur

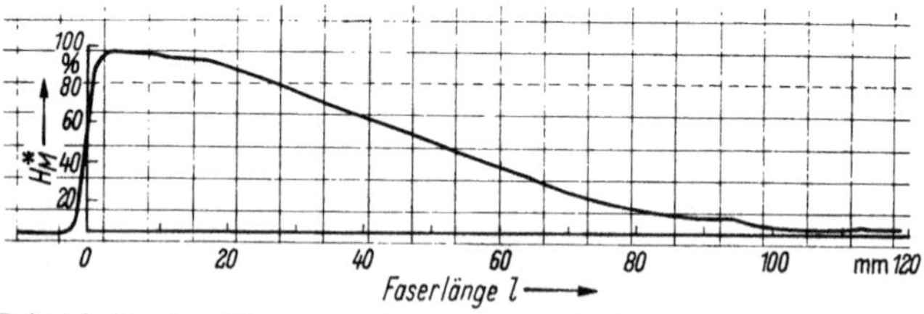

Abb. 29. Beispiel für das Diagramm eines endengeordneten Stapels, abgetastet im Stapel-Diagraphen. Wolle, rohweiß [*182*]

Faserrichtung abgetastet. Die dabei gemessene Spannung ist hinreichend genau der Fasermasse proportional. Mit dem Stapel-Diagraphen können sowohl endengeordnete Stapel als auch Faserbärte abgetastet werden. Endengeordnete Stapel können z. B. mit Hilfe des Kammstapelverfahrens hergestellt werden. Die Herstellung von Faserbärten erfordert wesentlich weniger Zeitaufwand als die Herstellung endengeordneter Stapel. Wegener und Hoth [*182*] unterscheiden zwischen einem positiven nnd einem negativen Faserbart. Unter einem positiven Faserbart wird eine Faseranordnung verstanden, die aus einem quer zur Faserrichtung eingespannten Band durch Auskämmen der losen Fasern und anschließendes Abschneiden an der Klemmlinie gewonnen wird. Zur Herstellung eines negativen Faserbartes wird auf das zu untersuchende Faserband eine Glasplatte gelegt und das Faserband längs der Platte quer zur Faserrichtung abgeschnitten. Darauf wird die Glasplatte zurückgeschoben, bis etwa 1/2 cm des Faserbandes unter der Glasplatte hervorragen. Sodann werden alle hervorstehenden Fasern aus dem Faserband herausgezogen. Das ausgefranste Faserbandende, das unter der Platte übrigbleibt, ist der negative Faserbart. Wegener und Hoth [*182*] verglichen die Ergebnisse der kapazitiven Abtastung mit der Einzelfaserlängenmessung und mit dem Kammstapelverfahren, um die Genauigkeit des kapazitiven Meßverfahrens beurteilen zu können. Der Vergleich mit dem Kammstapelverfahren wurde gewählt, weil dieses Verfahren in Europa sehr weit verbreitet ist.

In der Abb. 29 ist ein Diagramm für einen endengeordneten Woll-Stapel dargestellt, wie es vom Stapel-Diagraphen aufgezeichnet wurde.

Der Wert H_M^* bedeutet die prozentuale Summenhäufigkeit [*16*]. Ein Vergleich der Summenhäufigkeitskurven, die mit Hilfe der Einzelfaserlängenmessung bzw. des Stapel-Diagraphen ermittelt wurden,

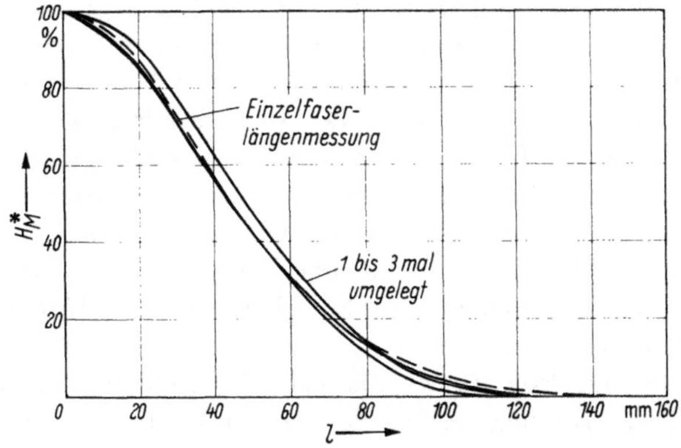

Abb. 30. Vergleich zwischen Diagraphen-Verfahren und Einzelfaserlängenmessung. Wolle, rohweiß, im Stapel-Diagraphen als endengeordneter Stapel abgetastet [*182*]. Einzelfaserlängenmessung: $\bar{l}$ = 49,8 mm, Stapel-Diagraph, 1 mal umgelegt: $\bar{l}$ = 51,8 mm; 2 mal umgelegt: $\bar{l}$ = 46,6 mm; 3 mal umgelegt: $\bar{l}$ = 48,6 mm

ergibt eine gute Übereinstimmung zwischen den beiden Meßverfahren (Abb. 30). Ein Vergleich des Kammstapelverfahrens mit der Einzelfaserlängenmessung läßt erkennen, daß die Kammstapelkurven im

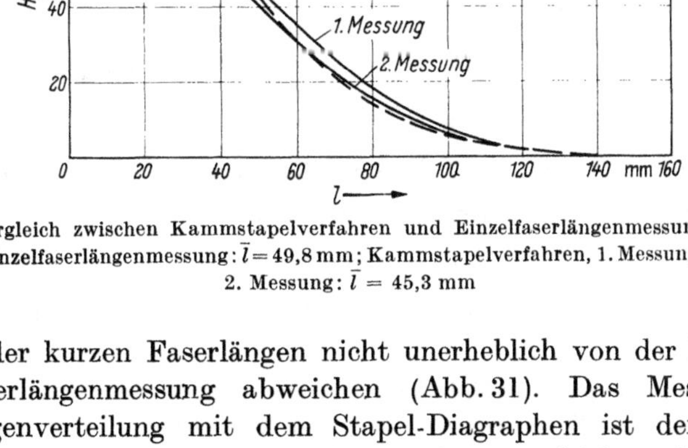

Abb. 31. Vergleich zwischen Kammstapelverfahren und Einzelfaserlängenmessung. Wolle rohweiß [*182*] Einzelfaserlängenmessung: $\bar{l}$ = 49,8 mm; Kammstapelverfahren, 1. Messung: $\bar{l}$ = 48,7 mm; 2. Messung: $\bar{l}$ = 45,3 mm

Bereich der kurzen Faserlängen nicht unerheblich von der Kurve der Einzelfaserlängenmessung abweichen (Abb. 31). Das Messen einer Faserlängenverteilung mit dem Stapel-Diagraphen ist dem Kammstapelverfahren an Genauigkeit also mindestens gleichwertig. Darüber hinaus bringt das Arbeiten mit dem Stapel-Diagraphen erheblichen

Zeitgewinn, zumal dann, wenn die Messung an einem Faserbart vorgenommen wird. Im Jahre 1962 veröffentlichte GRIGNET [*210*] ein Gerät, dessen Wirkungsweise im wesentlichen eine Kombination der von WEGENER und HAASE-DYERLING entwickelten kapazitiven Methode sowie der SCHLUMBERGER-Methode ist. GRIGNET [*210*] nennt sein Gerät Almeter. Im Zusammenhang damit sei auf Arbeiten von MONFORT [*211, 212*] hingewiesen, in denen das Almeter mit anderen Verfahren zur Bestimmung der Faserlängenverteilung verglichen wird.

Die Firma Wool Industry Research Association baut heute ebenfalls ein Prüfgerät zur Bestimmung der Faserlängenverteilung. Das Gerät wird als Fibre Diagram Machine bezeichnet und von der Firma Louis Newmark Ltd. gebaut. Der Faserbart wird mit Hilfe eines Meßkondensators abgetastet.

WEGENER und ROSEMANN [*138* bis *143*] stellten Gleichungen für die Häufigkeitsverteilung der Faserlängen von Wollkammzügen auf. Das Ausgangsmaterial für die Untersuchungen besteht aus zwölf gekämmten Kap-, Austral- und Montevideo-Wollen. Es ist so ausgewählt, daß alle vorkommenden Verhältnisse (Stapel, Feinheit) möglichst gleichmäßig erfaßt werden.

Ausgehend von dem Langfasergesetz (vgl. WEGENER und ROSEMANN [*138*]), führten die empirischen Untersuchungen [*138* bis *143*] schrittweise zu weiteren Gesetzmäßigkeiten. Es gelang schließlich, die Einzelhäufigkeit durch die Formel

$$h = \bar{\bar{C}}\, e^{-\bar{\bar{k}}^2 l^2} + \bar{C}\, e^{-\bar{k}^2 l^2} + C\, e^{-k^2 (l - l_0)^2} \tag{65}$$

zu erfassen [*139*] und ferner die Gesetze

$$1)\quad k = 2{,}50\, l_0^{-1}; \qquad 2)\quad \bar{k} = 1{,}45\, l_0^{-1} \tag{66}$$

$$3)\quad \bar{\bar{C}} \approx -\bar{C}, \text{ (entsprechend der Bedingung } h(0) = 0\text{)}$$

$$4)\quad \bar{C} \approx \frac{\dfrac{200}{\sqrt{\pi}} - \dfrac{l_0 C}{1{,}25}}{\dfrac{l_0}{1{,}45} - \dfrac{1}{\bar{\bar{k}}}} \quad \text{(als Normierungsbedingung)} \tag{67}$$

aufzustellen [*140, 141, 187*]. Dieses Gleichungssystem enthält die drei Konstanten l_0, C, $\bar{\bar{k}}$. Durch ein weiteres Gesetz

$$5)\quad \bar{\bar{k}} = 0{,}000645\, l_0 \tag{68}$$

konnten WEGENER, ROSEMANN und HOTH [*187*] die Anzahl der Konstanten auf zwei, nämlich l_0 und C, reduzieren. Aus den Abb. 32 bis 34 geht hervor, wie gut die Meßwerte eines kurzen, eines mittellangen und eines langen Wollkammzuges durch die berechneten Verteilungsfunktionen mit drei bzw. zwei Konstanten wiedergegeben werden können. Insbesondere ermöglicht es der Übergang auf zwei Konstanten, Netztafelnomogramme zu entwickeln, aus denen alle interessierenden Kennwerte der Verteilung unter Umgehung der Gleichungen mühelos abgelesen werden können [*188*]. Auf Grund der gewonnenen Erkenntnisse lassen sich schließlich Vereinfachungen für die Faserlängenmessung angeben [*188*], wodurch in erheblichem Maße Zeit und Kosten eingespart werden können.

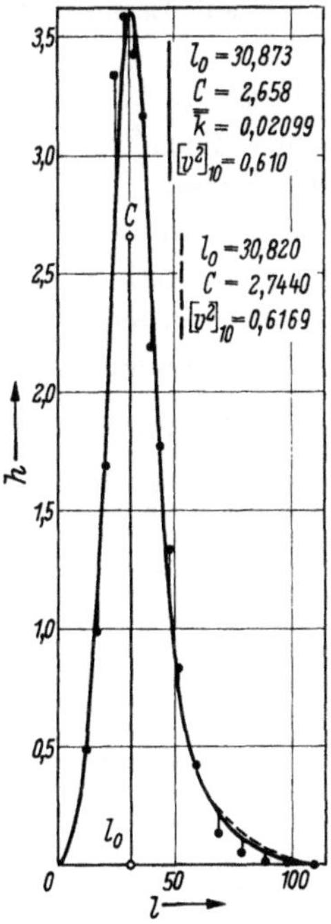

Abb. 32. Häufigkeitsverteilung der Faserlänge für einen Kammzug von kurzer Wolle: Provenienz Kap, Feinheit *A*, Material: Schweißwolle und Stücke
——— berechnete Kurve mit den drei Konstanten l_0, C, $\bar{\bar{k}}$
– – – – berechnete Kurve mit den zwei Konstanten l_0, C

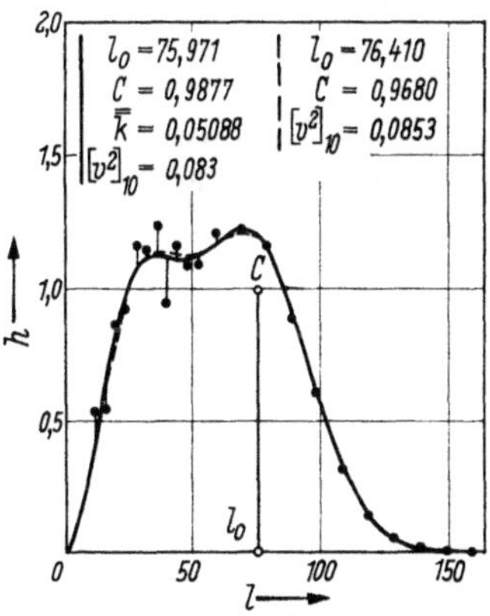

Abb. 33. Häufigkeitsverteilung der Faserlänge für einen Kammzug von mittellanger Wolle: Provenienz Kap, Feinheit *A*, Material: Schweißwolle und Vliese,
——— berechnete Kurve mit den drei Konstanten l_0, C, $\bar{\bar{k}}$
– – – – berechnete Kurve mit den zwei Konstanten l_0, C

MONFORT [*164*] beschreibt in seinem Buch über die wissenschaftlichen Gesichtspunkte bei der Verarbeitung der Wolle Faserlängenmessungen, die in verschiedenen Laboratorien und mit verschiedenen

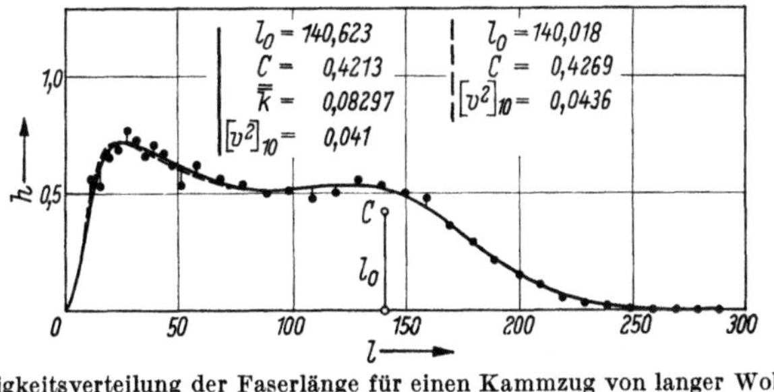

Abb. 34. Häufigkeitsverteilung der Faserlänge für einen Kammzug von langer Wolle: Provenienz Austral. Feinheit D II/E, Material: Schweißwolle, Stücke, und Vliese
——— berechnete Kurve mit den drei Konstanten l_0, C, $\bar{\bar{k}}$
– – – – berechnete Kurve mit den zwei Konstanten l_0, C

Meßverfahren an Wollen unterschiedlicher Provenienz durchgeführt wurden. Er stellte eine gute Übereinstimmung der Ergebnisse fest. Die Streuung zwischen den Ergebnissen der einzelnen Laboratorien war für alle Verfahren annähernd gleich.

Wegener und Grunwald[1] untersuchten im Jahre 1963 die Häufigkeitsverteilung der Faserlängen von 40 Rohbaumwollen (Baumwolle nach der Egrenierung) aus allen wesentlichen Anbaugebieten der Erde. Bei einzelnen Provenienzen wurden die Baumwollints (an den Samen abgetrennte Baumwollfasern) hinzugezogen. Als Meßverfahren diente die Einzelfaserlängenmessung. Von jeder Baumwolle wurden 3000 Baumwollfasern repräsentativ entnommen. In der Abb. 35 sind die gewichtsmäßigen Häufigkeitsverteilungen einer kurzen Rohbaumwolle $\left(\text{indisch Bengal, } \frac{11}{16}''\right)$, in der Abb. 36a und b einer mittellangen Rohbaumwolle $\left(\text{Memphis/Orleans/Texas, } 1'' \text{ bis } 1\frac{1}{32}''\right)$ und in der Abb. 37 einer langen Rohbaumwolle $\left(\text{Peru Pima, } 1\frac{9}{16}''\right)$ graphisch dargestellt. Alle 40 untersuchten Proben haben die typische, in den Abb. 35 bis 37 wiedergegebene Form der Häufigkeitsverteilung. Es handelt sich um eine rechts-asymmetrische Verteilungsform, d. h., der häufigste Wert tritt stets rechts vom mittleren Wert auf.

Es ist bekannt, daß eine unsymmetrische Häufigkeitsverteilung, bei welcher der häufigste Wert links vom mittleren Wert liegt, durch eine in die logarithmische Form transformierte Normalverteilung angepaßt werden kann. Es lag daher nahe, für die gemessenen Häufigkeitsverteilungen ein ähnliches Gesetz mit einer Rechts-Asymmetrie aufzustellen. Alle gemessenen gewichtsmäßigen Häufigkeitsverteilungen lassen sich durch das einheitliche Gesetz

$$g = k_0 + \frac{k_1}{c\sqrt{2\pi}} \frac{\beta}{1-\beta l} e^{-\frac{1}{2}\left[\frac{\ln(1-\beta l)+\ln b}{c}\right]^2} \tag{69}$$

mit den Nebenbedingungen

$$g(0) = 0 \quad (69\text{a}) \qquad g'(T) = 0 \quad (69\text{c})$$

$$g(\lambda T) = 0 \quad (69\text{b}) \qquad \int_0^{\lambda T} g\,dl = 100 \quad (69\text{d})$$

wiedergegeben.

Hierin bedeuten:

g die Einzelhäufigkeit
l die Faserlänge
T die häufigste Faserlänge
λT die maximale Faserlänge
k_0, β, b, k_1, T, λ, c Konstanten.

[1] unveröffentlichtes Manuskript

Mit den vier Nebenbedingungen wird durch das Gesetz (69) eine Verteilungsfunktion definiert, von deren sieben Konstanten die ersten vier durch die vier Nebenbedingungen bestimmt sind, so daß nur noch über die drei Parameter T, λ, c frei verfügt werden kann. T ist der Wert, für den die Einzelhäufigkeit ein Maximum erreicht. λ ergibt sich aus dem Verhältnis der maximalen Faserlänge zur häufigsten Faserlänge. Der Parameter c hängt mit der Streuung der Verteilung zusammen.

Die drei freien Parameter können durch drei beliebige Bedingungen bestimmt werden. So kann z. B. gefordert werden, daß die drei ersten Momente des Gesetzes (69) mit den entsprechenden Momenten der gemessenen Einzelhäufigkeit übereinstimmen. Ebenso lassen sich andere Kenngrößen, z. B. der häufigste Wert $g(T)$, verwenden. Besonders einfache und geeignete Kenngrößen sind die Summenhäufigkeiten 25%, 50%, 75% bzw. 95%.

Aus dem Gesetz (69) und den vier Nebenbedingungen (69a bis 69d) folgt

$$\beta = \frac{2-\lambda}{T} \quad \text{mit} \quad 1 < \lambda < 2 \tag{70}$$

$$\ln b = -c^2 - \ln(\lambda - 1) \tag{71}$$

$$k_0 = \frac{1}{\lambda T - \frac{c}{\beta}\sqrt{2\pi}\, e^{\frac{1}{2}\left(\frac{\ln b}{c}\right)^2} \bar{G}(x)} \tag{72}$$

$$k_1 = \frac{1 - k_0 \lambda T}{\bar{G}(x)} \tag{73}$$

Auf Grund dieser vier Gleichungen können die Konstanten β, b, k_0, k_1 im Gesetz (69) und in den folgenden Gleichungen durch die drei Parameter T, λ, c ausgedrückt werden. Die Größe $\bar{G}(x)$ bedeutet die Fläche unter der Verteilungskurve.

Es ist

$$\bar{G}(x) = \frac{1}{\sqrt{2\pi}} \int\limits_{x_1(l=0)}^{x_0(\lambda T)} e^{-\frac{1}{2}x^2}\, dx \tag{74}$$

mit

$$x_0 = \frac{\ln b}{c} = -c - \frac{\ln(\lambda - 1)}{c}$$

$$x_1 = x_0 + 2\,\frac{\ln(\lambda - 1)}{c}.$$

Werden das Integral

$$\frac{1}{\sqrt{2\pi}} \int\limits_{(x_1 - nc)}^{(x_0 - nc)} e^{-x^2}\, dx = \bar{G}(x - nc), \qquad n = 0, 1, 2 \ldots$$

und der Ausdruck

$$(\lambda - 1)\, e^{\frac{3}{2} c^2} = d$$

gesetzt, so ergibt sich — wenn für die Bedingungsgleichungen die ersten drei Momente verwendet werden — das Gleichungssystem

$$\bar{l} = k_0 \frac{(\lambda T)^2}{2} + \frac{k_1}{\beta} [\bar{G}(x) - d\bar{G}(x-c)] \tag{75}$$

$$\bar{l}^2 = \frac{1}{1+v^2} \left\{ k_0 \frac{(\lambda T)^3}{3} + \frac{k_1}{\beta^2} [\bar{G}(x) - 2d\bar{G}(x-c) + d^2 e^{c^2} \bar{G}(x-2c)] \right\} \tag{76}$$

$$\bar{l}^3 = \frac{1}{1 + 3v^2 + \frac{\mu^3}{\bar{l}^3}} \left\{ k_0 \frac{(\lambda T)^4}{4} + \right.$$

$$\left. + \frac{k_1}{\beta^3} [\bar{G}(x) - 3d\bar{G}(x-c) + 3d^2 e^{c^2} \bar{G}(x-2c) - d^3 e^{3c^2} \bar{G}(x-3c)] \right\}. \tag{77}$$

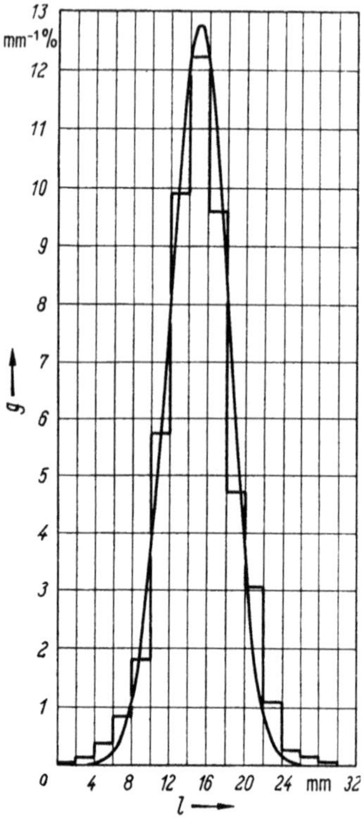

Abb. 35
Häufigkeitsverteilung der Faserlänge für eine kurze Rohbaumwolle. Staffelbild: Häufigkeitsverteilung, ermittelt durch Einzelfaserlängenmessung. Kurve: Häufigkeitsverteilung errechnet mit Hilfe des von WEGENER und GRUNWALD aufgestellten Gesetzes. Indisch Bengal, 11/16″, Rohbaumwolle

Die Werte

$$\bar{l} = \frac{1}{N} \sum_i l_i \tag{78}$$

$$v^2 = \frac{s^2}{\bar{l}^2} \quad \text{mit} \quad s^2 = \frac{1}{N-1} \sum_i (l_i - \bar{l})^2 \tag{79}$$

$$\text{und} \quad \mu^3 = \frac{1}{N-1} \sum_i (l_i - \bar{l})^3 \tag{80}$$

werden aus der gemessenen Häufigkeitsverteilung übernommen. Die Auflösung dieses nichtlinearen Gleichungssystems nach den zu bestimmenden Parametern T, λ, c wurde im Rechenzentrum der T. H. Aachen nach einem Iterationsverfahren durchgeführt. Es ist grundsätzlich möglich, das Gleichungssystem durch eine Tabelle zu ersetzen. Aus der Tabelle können für drei gemessene Kenngrößen die Parameter T, λ, c und damit die zugehörige Verteilungsfunktion entnommen werden. Die Übereinstimmung der gemessenen Häufigkeitsverteilungen mit dem aufgestellten Gesetz (69) geht für eine kurze, eine mittellange und eine lange Rohbaumwolle sowie für einen Baumwollint aus den Abb. 35 bis 37 hervor. Durch den Vergleich der mittellangen Rohbaumwolle mit dem zugehörigen Baumwollint ist ferner der Einfluß der Egrenierung auf die Faserlängenverteilung zu erkennen. Wählt man statt drei zwei Konstanten, so lassen sich auch für die Baumwolle Nomogramme zeichnen. Ebenso wie hier können auch entsprechende Überlegungen an der anzahlmäßigen Häufigkeitsverteilung angestellt werden.

Bona [*144*] beschäftigte sich mit der gesetzmäßigen Erfassung der Faserlängenverteilung der Wolle von Kammzügen und von Krempel-

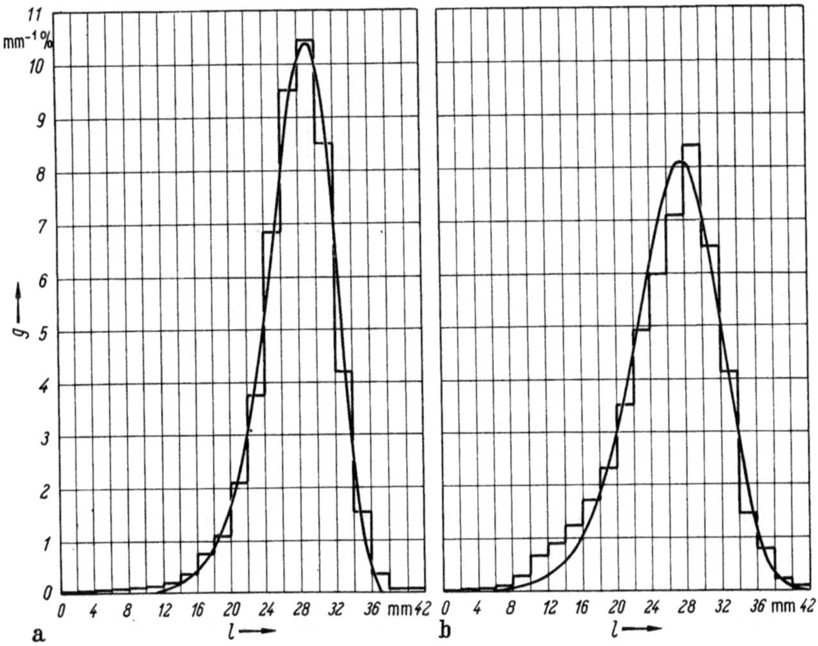

Abb. 36a u. b. Häufigkeitsverteilung der Faserlänge für eine mittellange Rohbaumwolle sowie für einen Baumwollint. Staffelbild: Häufigkeitsverteilung, ermittelt durch Einzelfaserlängenmessung. Kurve: Häufigkeitsverteilung, errechnet mit Hilfe des von Wegener und Grunwald aufgestellten Gesetzes
a Memphis/Orleans/Texas, 1″ bis 1 1/32″, Baumwollint; b Memphis/Orleans/Texas, 1″ bis 1 1/32″, Rohbaumwolle

band. Er versuchte, die mit Hilfe des W. I. R. A.-Gerätes gefundenen Längenverteilungen der Fasern aus einem Krempel- und aus einem Kammzugband durch eine für beide Fälle gültige Gamma-Funktion anzunähern. Mit Hilfe der aufgestellten Gleichungen sollen sich auf einfache Weise die idealen Längenvariationskurven errechnen lassen. Die Abweichungen der theoretischen Werte von den gemessenen sind so groß, daß diese Methode praktisch keine Anwendung finden kann. Ein weiterer Nachteil ist, daß Bona nur Fasern gleichartiger Wollqualitäten untersuchte und damit keine Allgemeingültigkeit nachwies.

Bastawisy und Mitarbeiter [*129*] sowie Hannah [*106*] geben für die Verarbeitung von Kammzügen an, daß Faserbänder mit längeren Fasern zu feineren Garnen versponnen werden können. Eine Abhängig-

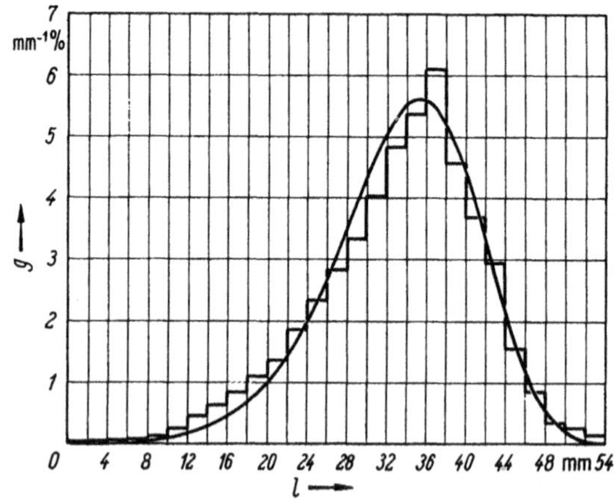

Abb. 37. Häufigkeitsverteilung der Faserlänge für eine lange Rohbaumwolle. Staffelbild: Häufigkeitsverteilung, ermittelt durch Einzelfaserlängenmessung. Kurve: Häufigkeitsverteilung, errechnet mit Hilfe des von Wegener und Grunwald aufgestellten Gesetzes. Peru Pima, 1 9/16″, Rohbaumwolle

keit der Faseranzahl im Querschnitt von der Stapellänge fand Galceran-Escobet [*145*], der nach dem französischen System hergestellte Garne aus Merinowolle untersuchte.

1.3.8 Der Einfluß der Walzenbelastung, der Unterwalzenriffelung und der Verzugsfeldlänge auf die Garnungleichmäßigkeit

Moderne Streckwerke benötigen wegen der hohen Verzüge eine hohe Belastung der Oberwalzen. Die ursprüngliche Belastung durch das Eigengewicht oder durch zusätzliche Gewichte wurde in vielen Fällen durch eine Federbelastung ersetzt. Vereinzelt werden die Walzen pneumatisch oder magnetisch belastet. Damit die Fasern gut geführt werden, wird die Verzugsfeldlänge so gering gehalten, daß gerade keine Fasern zerrissen werden. Die erforderlichen hohen Klemmkräfte können nur durch eine gute Lagerung und durch verbiegungsfeste Unterwalzen aufgefangen werden. Selbstverständlich verringert sich auch der Faserschlupf bei einer höheren Belastung. Watanabe [*146*], der den Einfluß des Faserschlupfes auf den tatsächlichen Verzug untersuchte, weist darauf hin, daß der tatsächliche Verzug sinkt, wenn die Walzenbelastung reduziert wird. Simon [*147*] fand, daß durch eine Erhöhung des Belastungsdrucks das Garn nicht verbessert wird. Simon führte die Untersuchungen auf dem Rieter-Streckwerk R 2 R durch, das pneumatisch belastet wird.

Lünenschloss und Helli [*180*] untersuchten u. a. den Einfluß der Walzenbelastung und der Härte des Druckwalzenbezuges auf die Garnungleichmäßigkeit. Sie stellten fest, daß bei der Verspinnung mit zu niedrigen Belastungsdrücken ungleichmäßige Garne erhalten werden, die eine geringe Festigkeit sowie viele Dickstellen aufweisen. Im Bereich geringer Belastungsdrücke, wie sie etwa an Baumwollstreckwerken üblich sind, wirken sich weiche Druckwalzenbezüge positiv auf die Garnqualität aus.

Valota [*46*] studierte den Einfluß der Riffelform auf die Garnungleichmäßigkeit. Er stellte fest, daß die Spitzen der Riffel schmaler und der Neigungswinkel der Flanken größer sein sollten, als es gemeinhin üblich ist. Als andere Möglichkeit, die Klemmwirkung zu erhöhen, schlägt Valota vor, die Riffelspitzen aufzurauhen. Dakin, Foster und Locke [*43*] geben an, daß für V-förmig geriffelte Walzen nur die Hälfte der Belastung benötigt wird, die sonst bei normaler Riffelung erforderlich wäre. Haschke [*148*] hält V-förmige und trapezartige Riffel bei den Unterwalzen der Baumwollstreckwerke für unbrauchbar. Er vermutet, daß der eigentliche Grund für die Ungleichmäßigkeit des Garnes in den von ihm beobachteten Schwingungen liegt, welche die Fasern senkrecht zur Verzugsebene ausführen. Ursache dieser Schwingungen, durch die der Faserverband einmal gewölbt und dann wieder gestreckt wird, ist eine turbulente Luftströmung. Sie wird von den Riffeln der Unterwalzen erzeugt. Die Unterwalzen schaufeln die Luft zur Klemmlinie. Damit dort kein Rückstau entsteht, sollten die Riffelkanäle breiter sein als die Riffelrücken. Am günstigsten sind nach Haschke tiefe, sich nach unten erweiternde Riffel. Haschke berechnete die Scherkräfte, die durch die Luftströmung entstehen. Die dynamische Belastung P_{dyn} des Faserverbandes ergibt sich aus der Gleichung

$$P_{\text{dyn}} = \frac{\Sigma G}{g} \frac{4}{L} \left(\frac{\pi v_D}{Z}\right)^2 \tag{81}$$

Hierin bedeuten:

ΣG Summe der Gewichte aller geradlinig bewegten Teile des Faserverbandes
g Erdbeschleunigung
L Lückenweite zwischen den Riffeln
v_D Durchlaufgeschwindigkeit des Faserverbandes
Z Anzahl der Riffel

Haschke empfiehlt, nach Möglichkeit schon an den Strecken für eine gute Entlüftung des Faserverbandes zu sorgen.

Ogawa, Matsumoto und Miyamoto [*149*] fanden bei ihren Untersuchungen, daß die Schwankungen der relativen Luftfeuchtigkeit und der Temperatur beim Spinnprozeß die Garnungleichmäßigkeit erhöhten. Es war aber möglich, diese Einflüsse durch eine richtige Einstellung der Verzugsfeldlänge und der Walzenbelastung weitgehend auszugleichen. Die Genannten empfehlen, sich bei der Bestimmung der

Verzugsfeldlänge nicht nur nach der Stapellänge zu richten, sondern auch die Temperatur und die relative Luftfeuchtigkeit des Spinnsaals zu berücksichtigen. Wegener und Schubert [*150*] fanden, daß die Ungleichmäßigkeit und die dynamometrischen Eigenschaften der Garne sich in Abhängigkeit von der während des Spinnens herrschenden relativen Luftfeuchtigkeit und der Raumtemperatur nur unwesentlich ändern. Das bezüglich der Laufverhältnisse optimale Klima kann demnach ohne Qualitätsminderung verwirklicht werden.

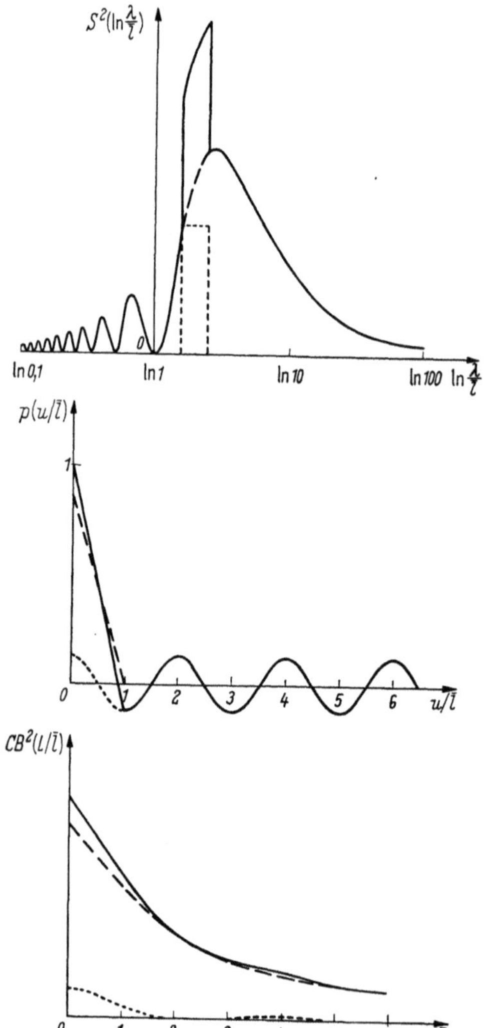

Abb. 38. Auswirkung einer periodischen Störung auf die Kennfunktionen $S^2(\ln \lambda/\bar{l})$, $p(u/\bar{l})$ und $CB^2(L/\bar{l})$ [2]
——— Faserverband mit periodischer Störung
– – – – Anteil der ideal verteilten Fasern
············ Anteil der periodischen Störung

Allgemein gilt, daß ein Garn ungleichmäßiger wird, wenn die Verzugsfeldlänge größer als die mittlere Faserlänge plus einem Zuschlag von wenigen Millimetern gewählt wird. Nutter [*151*] weist nach, daß es notwendig ist, sich bei der Bestimmung der Verzugsfeldlänge auf die wirkliche gestreckte Länge der Faser zu beziehen.

1.3.9 Der Einfluß mechanischer Streckwerksfehler auf die Garnungleichmäßigkeit

Zu den wichtigsten Fehlern, mit denen ein Streckwerk behaftet sein kann, zählen unrund laufende Walzen, schadhafte Zahnräder und ausgelaufene Lagerstellen. Ein Garn, das auf einem solchermaßen defekten Streckwerk hergestellt wird, hat periodische Masseschwankungen. Wegener und Hoth [*2*] zeigten die Auswirkung einer derartigen periodischen Störung auf die drei

Kennfunktionen (Abb. 38). Im Spektrum ergibt der Anteil der periodischen Störung eine schmale Spitze von großer Höhe. Er wurde jedoch in der Abb. 38 aus Anschauungsgründen als breitere Spitze von darstellbarer Höhe, die den gleichen Flächeninhalt haben soll, eingezeichnet. Der Anteil der periodischen Störung an der Autokorrelationsfunktion ist eine cos-Schwingung der Gestalt $\cos 2\pi(u/\lambda)$, während der Anteil der periodischen Störung an der Längenvariationsfunktion eine gedämpfte $\sin^2$-Schwingung der Gestalt $\frac{\sin^2 \frac{\pi L}{\lambda}}{\left(\frac{\pi L}{\lambda}\right)^2}$ ergibt.

Foster und Tyson [*152*] untersuchten den Einfluß, den unrund laufende Druckwalzen auf die Ungleichmäßigkeit von Lunten und Garnen ausüben. Durch die Exzentrizität der Walze wird der Klemmpunkt des Walzenpaares periodisch verlagert. Die Geschwindigkeit v, mit der sich der Klemmpunkt hin- und herbewegt, wird durch folgende Gleichung wiedergegeben:

$$v = \alpha v_2 \frac{e}{2r} \cos w t \tag{82}$$

wobei

$$\alpha = \frac{2r_1}{r + r_1}$$

ist.

Hierin bedeuten:

- e Exzentrizität der Druckwalze
- r Radius der Druckwalze
- r_1 Radius der Unterwalze
- v_2 Umfangsgeschwindigkeit der Druckwalze
- $\omega = v_2/r$ Winkelgeschwindigkeit der Druckwalze
- t Zeit

Die Entfernung x des Klemmpunktes von seiner mittleren Stellung beträgt

$$x = \frac{r_1}{r + r_1} e \sin \omega t \tag{83}$$

Die periodische Klemmpunktverschiebung hat eine periodische Schwankung der Faserendendichte zur Folge. Foster und Tyson [*152*] geben für die Amplitude A dieser Schwankung folgende Gleichung an:

$$A = (V - 1) \frac{\alpha e}{2r} 100 \quad [\%] \tag{84}$$

V Verzug

Diesen Berechnungen liegt allerdings die Annahme zugrunde, daß die Fasern sich mit der Umfangsgeschwindigkeit der Eingangswalzen bewegen, bis sie den vorderen Klemmpunkt erreicht haben. Ähnliche Untersuchungen führte Rosemann [*153, 154*] durch. Er bezeichnete die Perioden im Garn, die durch Unregelmäßigkeiten der Walzen entstanden, als Zylinderwellen. Die Wellenlänge einer Periode entsprach dem Walzenumfang. Bei der Berechnung der Zylinderwellenamplitude wurden eine Reihe von einschränkenden Voraussetzungen gemacht. Die Amplitude A der Faserendendichte-Schwankung läßt sich aus der Formel

$$A = \frac{V\,c}{r}\left(1 - \frac{a}{V\,c}\right) \tag{85}$$

berechnen.

Hierin bedeuten:

V Verzug
a Exzentrizität der Unterwalze
b Exzentrizität der Druckwalze
$c = \frac{a+b}{2}$
r Radius der Walzen (r für Druck- und Unterwalze gleich groß)

Für die relative Faserendendichte-Schwankung Y, die durch die Exzentrizität der Walzen hervorgerufen wird, erhielt ROSEMANN [*153, 154*] die Gleichung

$$Y = \frac{a}{2r}(V - 2)\,100 + \frac{b}{2r}\,V \cdot 100 \quad [\%] \tag{86}$$

Der erste Ausdruck der rechten Seite gibt den Unterwalzen-, der zweite den Druckwalzenanteil wieder.

Die Faserendenverteilung ist theoretischer Natur und kann praktisch nicht ermittelt werden. Günstiger ist es, mit der Faseranzahlverteilung im Querschnitt des Faserverbandes zu arbeiten. Der Übergang zu diesem Wert erfolgt durch Multiplikation der Faserendenamplitude mit einem Faktor f:

$$f = 2 \cdot \frac{r}{L} \sin\left(\frac{L}{2r}\,\frac{180°}{\pi}\right) \tag{87}$$

Hierin bedeuten:

L Faserlänge
r Radius der Walzen

Aus der Gleichung ist leicht zu ersehen, daß der Faktor f Null wird, wenn die Faserlänge gleich dem Walzenumfang ist. In diesem Fall wird der Faserverband — trotz schlagender Walzen — periodenfrei sein. Der Faktor f gilt allerdings nur dann, wenn alle Fasern die gleiche Länge L haben. Durch einen weiteren Faktor f_1 berücksichtigte ROSEMANN [*153, 154*] die Faserlängenverteilung. Die Berechnungen stimmten im Bereich größerer Verzüge in etwa mit den Versuchsergebnissen überein.

CATLING [*155*] ermittelte den Einfluß von Unterwalzenschwingungen auf die Garnungleichmäßigkeit. Eine zu große Lagerreibung oder schadhafte Zahnräder haben zur Folge, daß sich die Walzen nicht gleichmäßig bewegen. Ihre Umfangsgeschwindigkeit wechselt ständig. CATLING gibt für den Fall einer zu großen Lagerreibung folgende Gleichungen für die Bewegung eines Punktes an, der sich auf dem Walzenumfang befindet:

$$x = v\,t - r \sin \omega\, t \tag{88}$$

$$\dot{x} = v - \omega\, r \cos \omega\, t \tag{89}$$

Hierin bedeuten:

x Verschiebung des Punktes in der Bewegungsrichtung
$\dot{x}$ Geschwindigkeit des Punktes
r Radius der Walze
v mittlere Umfangsgeschwindigkeit der Walze
ω Winkelgeschwindigkeit der Walze
t Zeit

Catling betrachtete die Fälle, bei denen die Eingangs-, die Mittel- und die Ausgangswalzen schwingen, und berechnete die Anzahl der Faserspitzen je Längeneinheit. Dabei machte auch er vereinfachende Annahmen über die Faserlänge, die -orientierung und die -geschwindigkeit. In einer weiteren Arbeit [*156*] untersuchte er den Einfluß verschiedener Schmiermittel und Lagermaterialien auf die Laufruhe der Unterwalzen. Danach verhindern nur schwere Fette Schwingungen der Unterwalzen. Mineralöle verschlechtern die Laufverhältnisse. Bronze- und Eisengleitlager sowie Lager aus Teflon sind nach Catling für die Lagerung der Unterwalzen am besten geeignet. Dies steht im Gegensatz zu einer Untersuchung Lockes [*45*], der empfiehlt, Kugellager anstelle von Gleitlagern zu verwenden. Peyer [*24*] untersuchte periodische Fehler am Streckwerk, um die Toleranzen zu ermitteln, die bei der Herstellung von Streckwerken eingehalten werden müssen. Für den Bau neuer Streckwerke sollten sich hieraus Hinweise ergeben hinsichtlich der Zunahme der Verarbeitungsgenauigkeit bei Anwendung von Höchstverzügen. Aus den Berechnungen und den Experimenten ermittelte Peyer folgendes:

1. Schwankt die Umfangsgeschwindigkeit der Unterwalze, so ist die Größe der direkten Auswirkung auf die Ungleichmäßigkeit des Faserverbandes unabhängig von dem durchschnittlichen Verzug.

2. Periodische Klemmpunktwanderungen erhöhen die Garnungleichmäßigkeit. Diese Auswirkung ist proportional zur Amplitude der Klemmpunktwanderung und proportional zum durchschnittlichen Verzug.

3. Fehlerhaft arbeitende Zahnräder machen sich dann sehr nachteilig bemerkbar, wenn sie zusätzlich Schwingungen der Streckwerksorgane anregen.

Karm [*118*] beschäftigte sich mit dem Einfluß beim Stillstand nicht entlasteter Streckwerke auf die Ungleichmäßigkeit des Faserverbandes. Die hohe Belastung, der die Druckwalzen auch während des Stillstandes ausgesetzt sind, deformiert die Druckwalzenbezüge. Dies führt zu starken

Perioden im Garn. Karm stellte fest, daß im vorliegenden Fall die Auswirkung der Druckwalzenverformung erst nach dreistündiger Laufzeit verschwunden war.

Auch Martindale [*20*, *40*], de Barr [*1*], Valota [*157*] und Tsukomo [*158*] sowie Wilhelm und Schön [*159*] beschäftigten sich mit dem Einfluß von Fehlern der Streckwerksorgane auf den Verzugsprozeß.

An dieser Stelle sei auf eine Arbeit von Reumuth und Neukirchner [*190*] hingewiesen, in welcher die Ergebnisse von Untersuchungen des Spinndreiecks mitgeteilt werden. Unter einem Spinndreieck wird die Ausbreitung des Faserverbandes längs der Klemmlinie der Ausgangswalzen und längs der Faserbandachse bis zu dem Punkt, der von der Drehung noch erreicht wird, verstanden. Das Spinndreieck entsteht infolge der Reibung zwischen dem austretenden Faserverband und den Ausgangswalzen. Die Form des Spinndreiecks ist von der Streckwerksneigung, dem Umschlingungswinkel des Faserverbandes um die Ausgangswalze, der Einstellung der Druckwalze und der Drehung des Vorgarnes abhängig. So ergibt sich beispielsweise bei einem hart gedrehten Vorgarn, dessen Drehung im Streckwerk nicht aufgelöst wird, ein relativ kleines, oft kaum sichtbares Spinndreieck. Das ungedrehte Vorgarn dagegen verläßt die Lieferwalzen sehr ausgebreitet, so daß ein relativ großes Spinndreieck entsteht.

1.3.10 Der Einfluß der elektrostatischen Aufladung auf die Ungleichmäßigkeit eines Faserverbandes

Abgesehen von mechanischen Störeinflüssen, die durch die Konstruktion, durch die Ausführung, durch den Verschleiß und durch eine unsachgemäße Behandlung der Streckwerke entstehen können, treten bei dem Verzug noch Störeinflüsse anderer Art auf, von denen vor allem die elektrostatische Aufladung die Verarbeitung und die Qualität des Faserverbandes maßgebend beeinflussen kann.

Besonders während der letzten Jahre haben die Laufschwierigkeiten, die durch die elektrostatische Aufladung des Spinnmaterials bedingt sind, zugenommen. Dies ist einmal auf die Verarbeitung von Fasern aus Kunststoffen und ihrer Mischung mit natürlichen Fasern, zum anderen auf die zunehmenden Liefergeschwindigkeiten zurückzuführen. Die elektrostatischen Aufladungen verursachen Wickel, die Fadenbrüche zur Folge haben.

Die Ursache der elektrostatischen Aufladung ist die Reibung der einzelnen Fasern aneinander und die Reibung der Fasern an den Maschinenelementen, vornehmlich an den Streckwerkswalzen und den Führungselementen. Die entstehende elektrostatische Aufladung hängt von der Dielektrizitätskonstanten und von dem Widerstand (bzw. seinem reziproken Wert, dem Leitwert) der am Verzugsvorgang beteiligten Materialien ab. Die Dielektrizitätskonstante ist für die Höhe des primären Aufladungseffektes maßgebend. Je weiter zwei sich während des Verzuges berührende Materialien (z. B. Fasern und Druckwalzenbezüge) in der elektrostatischen Spannungsreihe voneinander entfernt sind, desto größer ist die Aufladung. Nebenstehend wird eine elektrostatische Spannungsreihe wiedergegeben.

+
Glasseide
Perlon
Nylon
Wolle
Naturseide
Viskosekunstseide
Baumwolle
Papier
Stahl

Gummi
Azetatseide
Orlon
Polythenfasern
—

Die Veränderung des Leitwertes und damit die Ableitung der während des Verzuges entstehenden elektrostatischen Aufladung kann auf verschiedene Weise erfolgen.

Üblicherweise werden die Fasern aviviert oder geschmälzt. Die Höhe der elektrostatischen Aufladung wird dann experimentell bestimmt. Über diese Probleme berichten Schwenkhagen [*191*], Israël und Meinhold [*192*], Sprenkmann [*193*, *194*], Wegener [*195*, *203*], Wegener und Röhrig [*196*], Wegener und Topf [*199*] sowie Wegener und Quambusch [*202*].

Über die Hydrophobie oder Hydrophilie von Avivagen veröffentlichten Wegener und Röhrig [*196*]. Sie bestimmten die Netzaktivität wässeriger Lösungen nach der Untersinkmethode von Gewebescheiben und die Grenzflächenspannung. Bei dem Spinnprozeß wurden die Spinneigenschaften des avivierten Fasergutes nach der Anzahl der Fadenbrüche beurteilt. Eine Reihe von subjektiven Beobachtungen, wie die über Faserflug, Griff der avivierten Flocke, Wasserlöslichkeit der Avivage, Trübungsgrad der wässerigen Lösung u. a., ergänzte diese Untersuchungen. Für die Verspinnung von Zellwollfasern nach dem Kammgarn-Spinnverfahren erwiesen sich in der vorliegenden Untersuchung die hydrophilen Avivagen gegenüber den hydrophoben als vorteilhafter.

In einer Studie zur Frage der Umpolavivierung von Wolle haben Wegener und Tänzler [*197*] die elektrostatische Aufladung eines Kardenvlieses untersucht. Die Wolle wurde auf den pH-Wert 3 angesäuert. Die so behandelten Fasern haben eine positive Aufladung. Wurden die Fasern zusätzlich mit 0,1% Duron-Avivage versehen, so luden sie sich negativ auf. Es erfolgte also eine Umpolung.

Wegener und Sprenkmann [*198*] untersuchten den Einfluß wässeriger Flotten mit verschiedenen pH-Werten auf das verzugsabhängige elektrostatische Verhalten von Wollfaserbändern. Wird nun für die unterschiedlich vorbehandelten Faserbänder aus Wolle gleicher Provenienz die elektrostatische Aufladung in Abhängigkeit von dem

Verzug und von der relativen Luftfeuchtigkeit ermittelt, so ergibt ein höherer Verzug auch eine höhere elektrostatische Aufladung. Die elektrostatische Aufladung nimmt mit zunehmender relativer Luftfeuchtigkeit ab. Für die untersuchten Wollfaserbänder verschiedener Vorbehandlung liegen die Werte der elektrostatischen Aufladung, unter Verwendung eines zweifachen Verzuges,

bei 35% rel. Luftfeuchtigkeit zwischen 20000 V/m und 70000 V/m
bei 65% rel. Luftfeuchtigkeit zwischen 500 V/m und 48000 V/m
bei 97% rel. Luftfeuchtigkeit zwischen 0 V/m und 9000 V/m.

Des weiteren wurde festgestellt, daß dem isoelektrischen Punkt der Wolle eine große Bedeutung bei der elektrostatischen Aufladungsneigung beizumessen ist. Unterhalb des isoelektrischen Punktes neigen die Faserbänder aus Wolle wenig zur Aufladung, oberhalb des isoelektrischen Punktes dagegen sehr. Inwieweit der kationische Charakter der Wollsubstanz hieran beteiligt ist, bzw. beim Überschreiten des isoelektrischen Punktes der anionische Charakter, ist noch nicht geklärt. Die ermittelte elektrostatische Aufladung hängt in erster Linie von dem Widerstand R bzw. dem Leitwert $G = 1/R$ ab.

Wegener und Sprenkmann [*200*] haben das unterschiedliche elektrostatische Verhalten rohweißer Fasern während der Verarbeitung bei verschiedenen Klimabedingungen und mit verschiedenen Avivagen beschrieben. Es wurden überraschende Zusammenhänge zwischen der elektrostatischen Aufladung avivierter Fasern und ihrer Feuchtigkeitsaufnahme ermittelt. Erstmalig wurde der Einfluß der Avivagelösungskonzentration C[%] im Faserbereich auf die elektrostatische Aufladung $|E|$ [$\mathrm{kVm^{-1}}$] der Faser untersucht und nachgewiesen. Für die Betriebspraxis der kontinentalen Kammgarnspinnerei wurden Folgerungen gezogen, die zu einer Aufstellung von Rezeptempfehlungen für die Bereiche der Färberei und der Spinnerei führten. Die aufzubringende Avivagemenge ist von wesentlicher Bedeutung für die Wirksamkeit der Avivage.

Wie Wegener und Kesting [*201*] feststellen konnten, hängt der primäre Aufladungseffekt an Faserbändern aus Baumwolle im wesentlichen von der Wahl des Materials der Druckrollerbezüge ab. Für die diesbezüglichen Untersuchungen wurden die Druckwalzen des Streckwerks einer Howard-&-Bullough-Strecke mit Bezügen aus Mipolam, Leder, Gummi (Contex) oder Niwitex ausgestattet. Es bestand die Möglichkeit, verschiedene Druckwalzenkombinationen zu wählen. Die Bestimmung der elektrostatischen Aufladung des Faserbandes erfolgte mit Hilfe eines Feldstärkemeßgerätes. Die Aufladung des Faserbandes wurde fortlaufend registriert. In der Abb. 39 ist die Materialaufladung in Abhängigkeit von den verwendeten Druckwalzenkombinationen graphisch dargestellt. Die auf der Abszisse für die einzelnen Säulen angegebenen Buchstaben beziehen sich auf die Reihenfolge der Druckwalzenanordnung vom Eingangs- bis zum Ausgangswalzenpaar. So bedeutet z. B. die Bezeichnung MLLM, daß die Eingangsdruckwalze einen Mipolam-, die Mitteldruckwalzen einen Leder- und die Ausgangsdruckwalze einen Mipolambezug haben. Während des Verstreckens der Baumwolle treten sowohl positive als auch negative Aufladungen des Faserbandes auf. Aus den Versuchsergebnissen war kein dominierender Einfluß der Raumluftaufladung und der Materialfeuchtigkeit auf die Höhe der Materialaufladung zu erkennen. Die Materialaufladung wird in erster Linie durch die verwendeten Walzenkombinationen

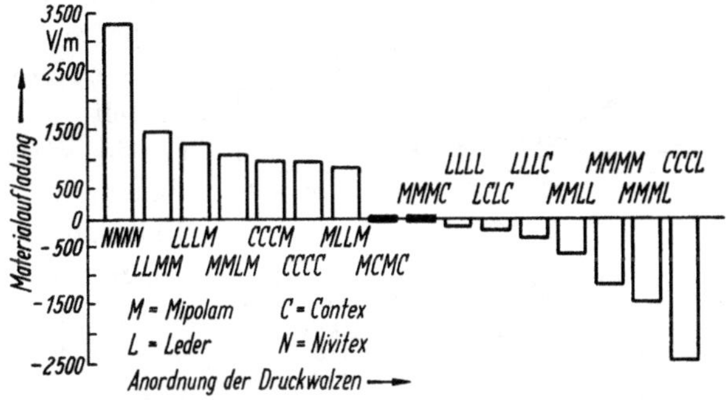

Abb. 39. Materialaufladung bei Kombinationen verschiedener Druckwalzenbezüge [*201*]

beeinflußt. Demnach hat der Spinner es in der Hand, durch Zusammenstellung von Druckwalzen mit Bezügen verschiedener Provenienz die Materialaufladung so zu gestalten, daß keine Laufschwierigkeiten auftreten. Mit zunehmender Faserbandgeschwindigkeit steigt die Materialaufladung an.

Wegener und Hoth [*204*] stellten grundlegende Untersuchungen über die Raumluftaufladung und über die Auswirkung der Raumluftaufladung bei der Verarbeitung von Faserverbänden an. In Versuchen über die Grundlagen der Raumluftaufladung wurden die Häufigkeitsverteilung und die Anzahl der Ionen, getrennt nach positiven und negativen Vorzeichen, festgestellt, (s. a. [*208*]). Die Messungen erfolgten mit dem Ionenzählgerät nach Israël. Die Ursachen der Raumluftionisierung wurden gesondert untersucht. Darauf aufbauend, wurde die Häufigkeitsverteilung der Ionen bei verschiedenen Klimabedingungen gemessen. Ein Vergleich der Gesamtionenanzahlen, die mit dem Ionenzählgerät und mit der Feldmühle gemessen wurden, deutet auf das Vorhandensein von großen, geladenen Teilchen und auf den Voltaeffekt in der Feldmühle hin. Die Leitfähigkeit der Luft, die bei der Verwendung von Spannungsgittern entsteht, wird angegeben. Wegener und Hoth [*204*] wiesen erstmalig nach, daß bei den üblichen Klimaanlagen das Vorzeichen und die Höhe der Raumluftaufladung keinen Einfluß auf die elektrostatische Aufladung des zu verarbeitenden Spinnmaterials haben, da es nicht gelingt, die in der Luft sich befindenden Ionen schnell genug an die Verarbeitungsstelle, z. B. das Streckwerk, heranzubringen. An drei unterschiedlichen Versuchsmaterialien wurden umfangreiche Spinnversuche durchgeführt, um die Abhängigkeit der Fadenbruchdichte von der relativen Luftfeuchtigkeit festzustellen. WEGENER und HOTH [*204*] unterbreiten Vorschläge, wie die Neigung zur Wickelbildung durch Änderung des elektrischen Feldes an der Ablaufstelle der Walzenpaare herabgesetzt werden kann. Die ermittelte Fadenbruchanzahl wurde auf die Fadenbruchanzahl je 1000 Spindelstunden, die die Bezeichnung Fadenbruchdichte D hat, umgerechnet. Es wurden zwei Fadenbrucharten unterschieden: Fadenbrüche durch Wickelbildung, die vorwiegend auf der Durchzugswalze vor der Ausgangswalze auftrat, und Fadenbrüche, bei denen der Faden unterhalb der Ausgangswalze reißt.

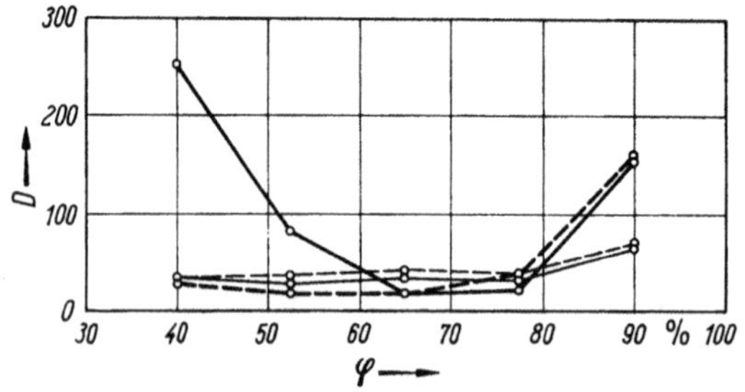

Abb. 40
Fadenbruchdichte D in Abhängigkeit von der relativen Luftfeuchtigkeit φ. Versuchsmaterial, 100% Wolle, rohweiß [*204*]
—— Wickelbildung, ohne elektrische Sprühstäbe
– – – – Wickelbildung, mit elektrischen Sprühstäben
—— Reißen unterhalb der Ausgangswalze, ohne elektrische Sprühstäbe
- - - - Reißen unterhalb der Ausgangswalze, mit elektrischen Sprühstäben

Die Entstehung der Wickel kann wie folgt erläutert werden: Der Faserverband habe infolge des Verzuges und infolge des Klemmdruckes nach dem Durchlauf durch ein Walzenpaar eine positive Aufladung. Zwischen dem Faserverband und der Druckwalze bildet sich ein elektrisches Feld aus. Eine Faser, die am Rand des Faserverbandes liegt und ebenso wie der Faserverband positive Ladungen trägt, wird auf Grund des elektrischen Feldes vom Faserverband in Richtung auf die Druckwalze abgestoßen. Die Faser spreizt sich vom Faserverband ab. Sie kann an der Druckwalze haften bleiben und aus dem Faserverband herausgerissen werden. Andere Fasern folgen, und bald wickelt der gesamte Faserverband um die Druckwalze.

Die Ausspinnung des Versuchsmaterials 1 erfolgte bei einer Raumtemperatur von $t = 22$ °C. Die Spindeldrehzahl betrug $n = 7600$ min^{-1}. Die Fadenbruchdichten D sind in der Abb. 40 dargestellt. Die Fadenbrüche durch Wickelbildung weisen ein Minimum bei einer relativen Luftfeuchtigkeit von etwa 70% auf. Der Anstieg bei hohen relativen Luftfeuchtigkeiten ist auf ein Kleben der Fasern infolge des hohen Wassergehaltes zurückzuführen. Der Anstieg bei niedrigen relativen Luftfeuchtigkeiten wird durch die elektrostatische Aufladung der Fasern bewirkt. Bei dem Einsatz von elektrischen Sprühstäben ist kein Ansteigen der Fadenbruchdichte im Bereich niedriger relativer Luftfeuchtigkeiten zu beobachten. Diese Tatsache beweist, daß eine vollständige Entladung stattfindet. Sie läßt die Wirksamkeit von elektrischen Sprühstäben zur Erzielung günstiger Spinnbedingungen bei niedrigen relativen Luftfeuchtigkeiten erkennen. Die Fadenbrüche, bei denen der Faden unterhalb der Ausgangswalze reißt, sind nahezu konstant und sehr niedrig. Sie werden durch die elektrostatische Aufladung oder durch die Verwendung elektrischer Sprühstäbe nicht beeinflußt. Die Spinnversuche mit dem Versuchsmaterial 1 wurden in einem klimatisierten Raum durchgeführt. Die Klimatisierung erfolgte einmal nach dem Taupunktprinzip, zum anderen nach dem Übersättigungsprinzip. Ein Vergleich der entsprechenden Fadenbruchdichten ergibt keinen Unterschied.

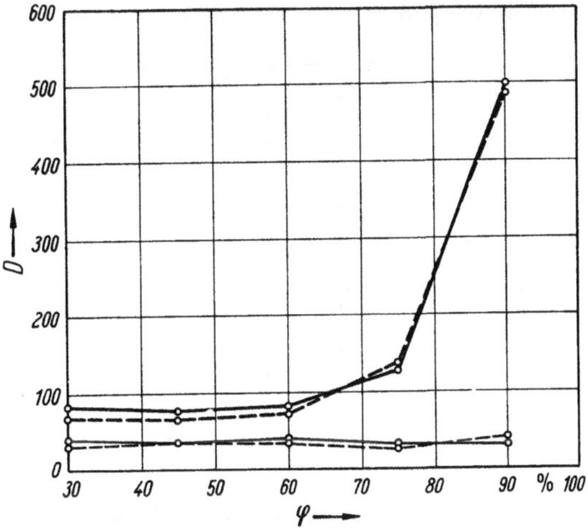

Abb. 41. Fadenbruchdichte D in Abhängigkeit von der relativen Luftfeuchtigkeit φ. Versuchsmaterial 2: 47% Wolle und 53% Diolen [204]

——— Wickelbildung, ohne elektrische Sprühstäbe
- - - - Wickelbildung, mit elektrischen Sprühstäben
——— Reißen unterhalb der Ausgangswalze, ohne elektrische Sprühstäbe
- - - - Reißen unterhalb der Ausgangswalze, mit elektrischen Sprühstäben

Die Spinnversuche mit dem Versuchsmaterial 2 erfolgten bei einer Raumtemperatur von $t = 23\,°C$ und einer Spindeldrehzahl von $n = 8000\ \text{min}^{-1}$. Die ermittelten Fadenbruchdichten D sind in der Abb. 41 in Abhängigkeit von der relativen Luftfeuchtigkeit dargestellt. Die Fadenbruchdichte D steigt ohne Verwendung von elektrischen Sprühstäben im Bereich niedriger relativer Luftfeuchtigkeiten nicht an. Dieses Verhalten ist darauf zurückzuführen, daß sich auf dem Versuchsmaterial 2 eine antistatische Schmälze befindet. Deshalb kann auch durch den Einsatz von elektrischen Sprühstäben keine weitere Verbesserung erzielt werden.

Die Ausspinnung des Versuchsmaterials 3 erfolgte bei einer Spindeldrehzahl von $n = 7600\ \text{min}^{-1}$ und bei verschiedenen relativen Luftfeuchtigkeiten und Raumtemperaturen. Die Höhe der Fadenbruchdichte wurde hauptsächlich durch die relative Luftfeuchtigkeit, weniger durch den Wassergehalt der Luft und durch die Raumtemperatur, bestimmt. Die Fadenbruchdichte D infolge des Reißens unterhalb der Ausgangswalze wies bei allen Klimazuständen ($\varphi < 90\%$) keine großen Unterschiede auf. In der Abb. 42 sind die Fadenbruchdichten D für die Raumtemperatur $t = 25\,°C$ in Abhängigkeit von der relativen Luftfeuchtigkeit wiedergegeben. Die bisherigen Ergebnisse werden

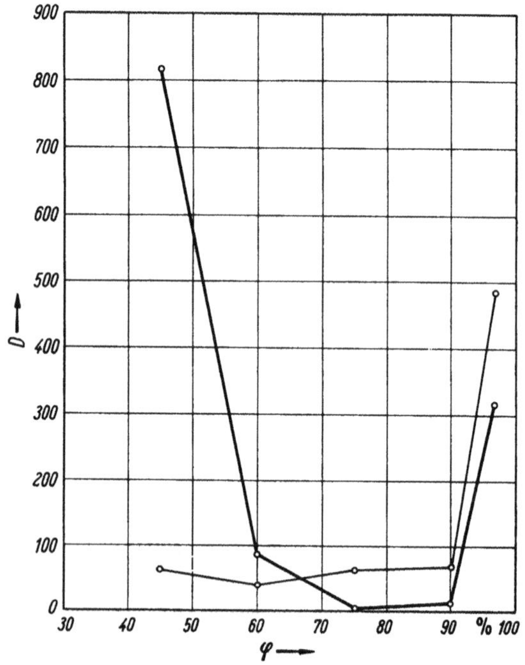

Abb. 42. Fadenbruchdichte D in Abhängigkeit von der relativen Luftfeuchtigkeit. Versuchsmaterial 3: 100% Wolle, rohweiß [204]

——— Wickelbildung, ohne elektrische Sprühstäbe

——— Reißen unterhalb der Ausgangswalze, ohne elektrische Sprühstäbe

bestätigt. Jedoch steigt auch die Fadenbruchdichte D infolge Reißens unterhalb der Ausgangswalze bei relativen Luftfeuchtigkeiten von $\varphi > 90\%$ außerordentlich steil an. Diese Zunahme der Fadenbruchdichte wird durch ein erhöhtes Fadengewicht und durch eine erhöhte Fadenreibung am Ringläufer bewirkt.

Die bekannten Verfahren zur Herabsetzung der elektrostatisch bedingten Wickelbildung beruhen auf einer Verminderung der elektrostatischen Aufladung. Dabei werden zwei Wege beschritten: die Entstehung von elektrostatischer Aufladung zu vermeiden oder die elektrostatische Aufladung abzuleiten. Die Entstehung von elektrostatischer Aufladung läßt sich über die Dielektrizitätskonstanten der sich berührenden Stoffe beeinflussen. Schmälzen und Avivagen sowie verschiedene Druckwalzenbezüge werden eingesetzt. Für die Ableitung der elektrostatischen Aufladung ist zunächst die Leitfähigkeit des Faserverbandes entscheidend. Sie kann durch eine hohe relative Luftfeuchtigkeit sowie durch Schmälzen und Avivagen erhöht werden. Eine andere Möglichkeit zur Ableitung der elektrostatischen Aufladung bietet die Anordnung von geerdeten Leitern in der Nähe des Faserverbandes. Eine Ableitung der elektrostatischen Aufladung kann ferner durch ionisierte Luft herbeigeführt werden.

Die Erläuterung über die Entstehung der Wickel läßt erkennen, daß die Wickelbildung durch die elektrostatische Aufladung und durch

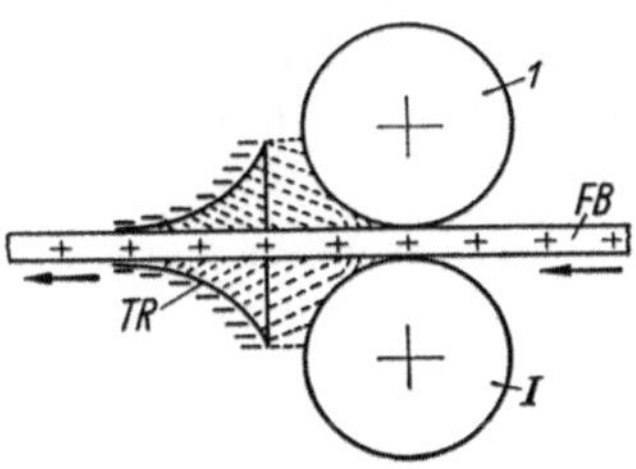

Abb. 43. Herabsetzung der Wickelbildung durch Änderung des elektrischen Feldes an der Ablaufstelle der Walzen. Erstes Ausführungsbeispiel [*204*]

FB Faserband; *TR* Trichter

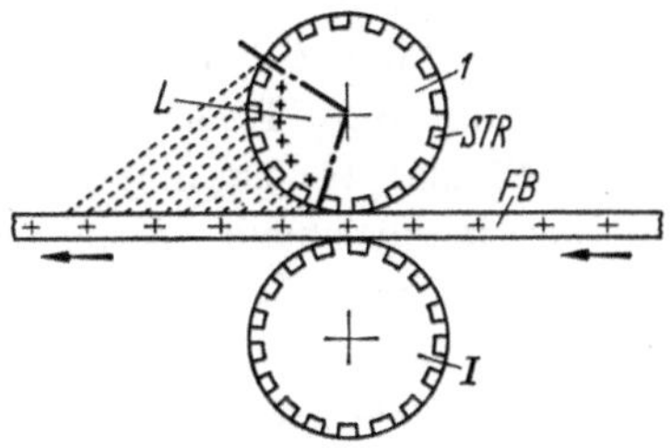

Abb. 44. Herabsetzung der Wickelbildung durch Änderung des elektrischen Feldes an der Ablaufstelle der Walzen. Zweites Ausführungsbeispiel [*204*]

FB Faserband; *STR* elektrisch leitende Streifen; *L* Begrenzungslinie

das elektrische Feld an der Ablaufstelle des Walzenpaares bestimmt wird. Dementsprechend kann die Herabsetzung der Wickelbildung nicht nur durch die Verminderung der elektrostatischen Aufladung, sondern auch durch eine Veränderung des elektrischen Feldes an der Ablaufstelle des Walzenpaares erfolgen. Hierzu kann beispielsweise an der Ablaufstelle der Walzen *I*/1 ein Trichter *TR*, dessen Form und Lage aus der Abb. 43 hervorgehen, verwendet werden. An den Trichter *TR* wird eine negative Gleichspannung angelegt. Es bildet sich annähernd der gestrichelt dargestellte Feldlinienverlauf aus. Positiv aufgeladene, abgespreizte Fasern werden nicht mehr an die Walzen *I*/1 gezogen, sondern entsprechend der Feldlinienrichtung zum Trichter *TR* hin abgestoßen und durch den Zug des Faserbandes *FB* mitgenommen.

Zur Verminderung der Wickelbildung kann ferner beispielsweise eine Walze mit einer Oberfläche aus elektrisch leitenden Streifen *STR*, die sich parallel zur Walzenachse erstrecken, verwendet werden (Abb. 44). Während der Rotation der Walze werden die Streifen *STR*, die sich in der Abb. 44 rechts der strichpunktierten Linie *L* befinden, durch eine kollektorähnliche Schaltung mit einer hohen, positiven Gleichspannung aufgeladen. Es bildet sich bei genügend hoher Spannung in etwa der gestrichelt dargestellte Feldlinienverlauf aus. Positiv aufgeladene, abgespreizte Fasern werden nicht mehr an die Walze gezogen, sondern entsprechend der Feldlinienrichtung zum Faserband *FB* hin abgestoßen. Dabei ist jedoch zu beachten, daß die hohe Gleichspannung durch einen großen Vorwiderstand betriebssicher begrenzt werden muß. Der Spannungsunterschied zwischen dem Trichter *TR* und dem Faserband *FB* (Abb. 43) kann am Austrittsende des Trichters *TR* zu Laufschwierigkeiten des Faserbandes führen. Deshalb ist es zweckmäßig, das Austrittsende des Trichters von dem übrigen Trichterteil zu isolieren und mit einer positiven Spannung aufzuladen oder zu erden. Das Erreichen des Feldlinienverlaufes gemäß Abb. 44 kann durch positiv aufgeladene Abschirmteile unterstützt werden. Der Sektor, der durch die strichpunktierte Linie *L* (Abb. 44) begrenzt ist, läßt sich den Betriebsbedingungen anpassen. Eine Kombination der beiden Ausführungsbeispiele (Abb. 43 und 44) ist möglich.

Das beschriebene Verfahren, durch ein besonders geschaffenes elektrisches Feld das Haften der Fasern an der Druckwalze zu vermeiden, bringt folgende Vorteile: Die Fasern werden schon kurz hinter der Ablaufstelle der Walzen von der Druckwalze abgestoßen. Besonders stark ist die Wirkung bei einzelnen abgespreizten Fasern, die bisher bevorzugt zur Wickelbildung beitrugen. Ferner lassen sich die elektrischen Kräfte, die die Faser von der Druckwalze abstoßen, durch eine Änderung der angelegten Gleichspannung regeln, so daß das beschriebene Verfahren den Betriebsbedingungen angepaßt werden kann [*204*].

BALJASOW [*205*] beschreibt die Entstehung und die nachteilige Auswirkung der elektrostatischen Aufladung beim Verzugsprozeß. Er führt aus, daß die Verdichtung des Faserverbandes im Streckwerk eine wesentliche Aufgabe ist. Die bisher üblichen mechanischen Verdichter weisen eine Reihe von Nachteilen auf. BALJASOW schlägt deshalb vor, elektrische Bauelemente zum Verdichten des Faserverbandes heranzuziehen. Es handelt sich um zu beiden Seiten des Faserverbandes angebrachte geladene Körper bzw. um Dauer- oder Elektromagneten. Bei diesen Verfahren kann die eigene elektrostatische Aufladung oder eine zusätzliche Aufladung des Faserverbandes zur Verdichtung benutzt werden. Eine Reihe von Versuchen wurde zur Stützung der Überlegungen durchgeführt.

LÜNENSCHLOSS und SCHNAIDT [213] untersuchten bei der Verspinnung von Baumwolle den Einfluß des Raumklimas auf die Laufeigenschaften von Kunststoffbezügen. Sie stellten fest, daß die Wickelbildung an den Druckwalzen mit steigender relativer Luftfeuchtigkeit zunimmt, obwohl die elektrostatische Aufladung des Faserverbandes abnimmt. LÜNENSCHLOSS und SCHNAIDT [*213*] vermuten, daß die Verschlechterung des Laufverhaltens eine Folge erhöhter Adhäsion zwischen den Fasern und der Druckwalze ist. Vor allem in der ersten Zeit nach dem Reinigen und dem Schleifen der Druckwalzenbezüge ist mit erheblichen Laufschwierigkeiten zu rechnen. Auf den Unterwalzen bilden sich bei steigender relativer Luftfeuchtigkeit weniger Wickel. Für die Wickelbildung auf den Unterwalzen ist folglich in erster Linie die elektrostatische Aufladung des Faserverbandes verantwortlich. Lünenschloss und Schnaidt [*213*] empfehlen, für die Druckwalzen der Baumwollstreckwerke antistatische Bezüge zu wählen und bei niedriger relativer Luftfeuchtigkeit und hoher Raumlufttemperatur zu spinnen. Bei der Verarbeitung von Zellwolle und Polyesterfasern herrschen die gleichen Verhältnisse wie bei der Verarbeitung von Baumwolle [*214*]. Mit Hilfe von Ionisationsstäben kann die Neigung zur Wickelbildung reduziert werden [*204, 215*].

1.4 Der Verlauf der falschen Verzugsdrehung

Auf der Streichgarn-Ringspinnmaschine werden dem Vorgarn mit Hilfe von Drehröhrchen oder Drehköpfen falsche Verzugsdrehungen erteilt. Sie sollen während des Verzuges eine Vergleichmäßigung des Vorgarnes bewirken. Budnikow [*47*] entwickelte Gleichungen für den Verlauf der falschen Verzugsdrehungen. Auf Grund eingehender Überlegungen kommen Wegener und Hoth [*160*] zu anderen Ergebnissen als Budnikow [*47*].

Wegener und Hoth [*160*] definieren:

Eine falsche Verzugsdrehung kann eine vollständige oder eine unvollständige Verzugsdrehung sein. Eine falsche Verzugsdrehung wird dann als vollständig bezeichnet, wenn sie auf der ganzen Verzugsstrecke, also zwischen den Klemmlinien des Eingangs- und des Ausgangswalzenpaares, vorhanden ist und sich erst hinter der Klemmlinie des Ausgangswalzenpaares auflöst. Die vollständige falsche Verzugsdrehung ist spinntechnisch günstig, weil der Verzug und die Verzugsdrehung gleichzeitig auf der ganzen Länge der Verzugsstrecke und ohne eine Beeinträchtigung des Spinnvorganges erteilt werden. Vollständige falsche Verzugsdrehungen werden durch eine Doppelrotation des Ausgangswalzenpaares (Drehkopf) erzeugt. Eine falsche Verzugsdrehung wird dann als unvollständig bezeichnet, wenn sie nicht auf der ganzen Verzugsstrecke, sondern nur auf der ersten Teilstrecke vorhanden ist. Die unvollständige falsche Verzugsdrehung wird in der zweiten Teilstrecke des Verzugsfeldes aufgelöst, so daß das Vorgarn dort ohne Drehung ist. Eine Ausnahme bilden die Einlaufvorgänge, bei denen die falsche Drehung in der ersten Teilstrecke aufgebaut wird. Da die Summe der falschen Drehungen stets Null ist, tritt als Folge der Einlaufvorgänge im Spindelfeld eine Drehung auf, die als bleibende Drehung bezeichnet werden soll. Sie verbleibt in den ersten Garnmetern. Unvollständige falsche Verzugsdrehungen werden z. B. durch ein Drehröhrchen erzeugt, das zwischen dem Eingangs- und dem Ausgangswalzenpaar angebracht wird.

Die Bezeichnungen der Größen, die zur Ableitung der allgemeinen Gleichungen für die unvollständige falsche Verzugsdrehung verwendet werden, gehen aus der Abb. 45 hervor. Die Ableitung beruht auf den folgenden Voraussetzungen:

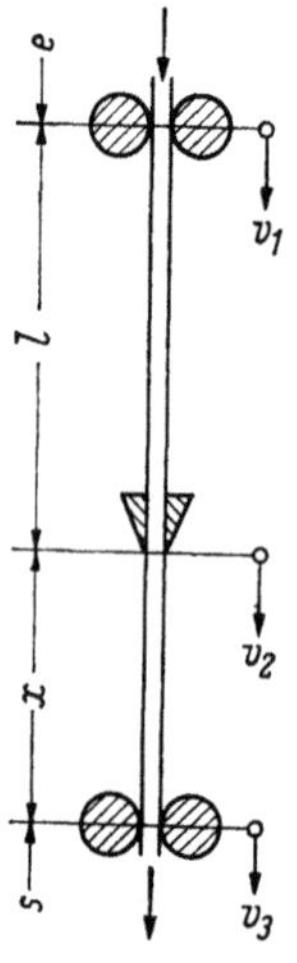

Abb. 45
Die schematische Darstellung des Drehröhrchen-Streckwerks [160]
e Teilstrecke vor den Eingangswalzen; l, x Teilstrecken im Verzugsfeld; s Teilstrecke hinter den Ausgangswalzen; v_1 Umfangsgeschwindigkeit der Eingangswalzen; v_2 Faserbandgeschwindigkeit am Ausgang des Drehröhrchens; v_3 Umfangsgeschwindigkeit der Ausgangswalzen

1. Es liegt ein vollkommen gleichmäßiges Vorgarn vor, so daß sich die Verzugsdrehungen stets in idealer Weise gleichmäßig innerhalb der Teilstrecken l und x verteilen.

2. Die Mitnahme des Vorgarnes oder die effektive Drehröhrchen-Drehzahl n ist konstant.

Unter diesen Voraussetzungen entwickelten WEGENER und HOTH [*160*] folgende Gleichung für die zeitabhängige spezifische Verzugsdrehung T'_{vl} in der Teilstrecke l:

$$T'_{vl} = \frac{n}{v_2} - \left(\frac{n}{v_2} - T'_{vl,0}\right) e^{-\frac{v_2}{l} t} \tag{90}$$

Die Gl. (90) bedeutet: Zu einem beliebigen Zeitpunkt, an dem $t = 0$ ist, sei in der Teilstrecke l die spezifische Drehung $T'_{vl,0}$ vorhanden. Mit wachsender Zeit t nähert sich die spezifische Drehung nach einer e-Funktion einem Grenzwert $T'_{vl} = n/v_2$. Der Annäherungsvorgang erfolgt mit einer Zeitkonstanten $t_K = l/v_2$. Die Zeitkonstante ist der Zeitabschnitt, in dem sich der Ausgangswert $T'_{vl,0}$ dem Grenzwert n/v_2 um den Betrag $\left(\frac{n}{v_2} - T'_{vl,0}\right) e^{-1}$ angenähert hat. Sie ist ferner der Zeitabschnitt, in dem ein Vorgarnpunkt mit der Geschwindigkeit v_2 die Teilstrecke l durchläuft.

Für die Teilstrecke x gilt folgende Gleichung:

$$T'_{vx} = T'_{vx,0}\, e^{-\frac{v_3}{x} t} - \frac{\frac{n}{v_2} - T'_{vl,0}}{\frac{v_3}{v_2} - \frac{x}{l}} \left[e^{-\frac{v_2}{l} t} - e^{-\frac{v_3}{x} t}\right] \tag{91}$$

Aus der Gl. (91) ist folgendes zu entnehmen: Zu einem beliebigen Zeitpunkt, an dem $t = 0$ ist, seien in der Teilstrecke x die spezifische Drehung $T'_{vx,0}$ und in der Teilstrecke l die spezifische Drehung $T'_{vl,0}$ vorhanden. Mit wachsender Zeit t nähert sich die spezifische Verzugsdrehung dem Grenzwert $T'_{vx} = 0$. Da in der Gl. (91) mehrere e-Funktionen mit entsprechenden Zeitkonstanten auftreten, kann der Übergang der spezifischen Drehung von $T'_{vx,0}$ nach $T'_{vx} = 0$ auf verschiedene Weise erfolgen.

Während des Einlaufvorganges fließen die Verzugsdrehungen durch das Ausgangswalzenpaar ab. Daher ist die spezifische Drehung T'_s sofort hinter dem Ausgangswalzenpaar ebenso groß wie die spezifische Drehung T'_{vx} vor dem Ausgangswalzenpaar. Die Spindeldrehungen überlagern sich der spezifischen Drehung T'_s.

Die gesamte Anzahl T_s der Drehungen während der Einlaufzeit ($t = 0$ bis $t \to \infty$) bestimmten Wegener und Hoth [*160*] zu

$$T_s = +x\,T'_{vx,0} + l\,T'_{vl,0} - l\,\frac{n}{v_2} \quad (92)$$

Die Gl. (92) bedeutet: Die Anzahl $x\,T'_{vx,0}$ der Drehungen, die zu der Zeit $t = 0$ in der Teilstrecke x vorhanden waren, erscheint nach der Einlaufzeit in der gleichen Höhe und mit dem gleichen Vorzeichen im Spindelfeld bzw. im Garn. Ferner ist mit der Zunahme $l(n/v_2 - T'_{vl,0})$ der Anzahl der Drehungen in der Teilstrecke l während der Einlaufzeit das Auftreten einer gleich großen Anzahl von Drehungen entgegengesetzten Vorzeichens in der Spindelstrecke bzw. im Garn verbunden.

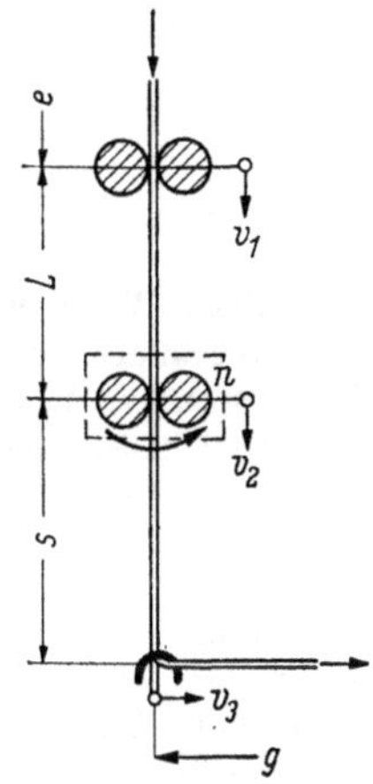

Abb. 46. Schematische Darstellung des Drehkopf-Streckwerks [*46*]
e Teilstrecke vor den Eingangswalzen; *L* Verzugsfeldlänge; *s* Teilstrecke zwischen Drehkopf und Ringläufer; v_1 Umfangsgeschwindigkeit der Eingangswalzen; v_2 Umfangsgeschwindigkeit der Ausgangswalzen; *n* Drehzahl des Drehkopfes; v_3 Geschwindigkeit des Faserbandes an der Stelle *g*

Wegener und Hoth [*160*] erläutern die Gleichungen für die Mittellage und für die betriebsübliche Lage des Drehröhrchens an einigen Sonderfällen. Bei den Untersuchungen stellte sich u. a. heraus, daß der Verlauf der Verzugsdrehung eine Funktion der durchgelaufenen Garnlänge $d = v\,t$ ist und daß die Zeit t nur eine Hilfsgröße darstellt. Durch die Verwendung der durchgelaufenen Garnlänge als unabhängige Veränderliche gelten die entwickelten Gleichungen für jede beliebige und zeitlich veränderliche Liefergeschwindigkeit v. Es ergibt sich ferner, daß die spezifische Verzugsdrehung mehr Bedeutung für den Verzugsvorgang besitzt als die Anzahl der Verzugsdrehungen. Bei der Betrachtung der vollständigen falschen Verzugsdrehung stellen Wegener und Hoth [*160*] die Analogie zwischen dem Drehröhrchen-Streckwerk und dem Drehkopf-Streckwerk heraus. Das Drehröhrchen entspricht in seiner Wirkungsweise dem Drehkopf, wobei das Ausgangswalzenpaar durch den feststehend angenommenen Ringläufer ersetzt wird (Abb. 46). Durch eine

Substitution der entsprechenden vergleichbaren Strecken entstehen aus den Gleichungen für den Verlauf der unvollständigen falschen Verzugsdrehung die Gleichungen für den Verlauf der vollständigen falschen Verzugsdrehung. Eine experimentelle Nachprüfung ergab eine gute Übereinstimmung zwischen den gemessenen Verzugsdrehungen und den entwickelten Gleichungen.

Literatur zu Kap. 1

[1] DE BARR, A. E.: Principles of Roller Drafting. Textile Manufacturer 86 (1960) 223.
[2] WEGENER, W., u. E. G. HOTH: Die Darstellung der Ungleichmäßigkeit eines Faserverbandes. Melliand Textilber. 41 (1960) 10.
[3] WEGENER, W., u. W. ZAHN: Untersuchungen von gesponnenen Garnen auf ihre Gleichmäßigkeit nach verschiedenen Meßmethoden. Forschungsbericht des Landes Nordrhein-Westfalen, Nr. 302, Köln und Opladen: Westdeutscher Verlag 1956.
[4] DIN 53804: Prüfung von Textilien, Auswertung der Meßergebnisse.
[5] WEGENER, W., u. W. ROSEMANN: Die statistische und geometrisch-analytische Definition der Längenvariationskurve. Melliand Textilber. 38 (1957) 1340.
[6] WEGENER, W., u. W. ROSEMANN: Das Verhalten der Längenvariationskurve für kleinere Integrationslängen. Melliand Textilber. 39 (1958) 368.
[7] WEGENER, W., u. W. ROSEMANN: Beispiele für Längenvariationskurven bei einfachen Materialdichten. Melliand Textilber. 39 (1958) 844.
[8] WEGENER, W., u. W. ROSEMANN: Berechnung der Längenvariationskurven mit Hilfe der Fourier-Reihen. Melliand Textilber. 40 (1959) 242, 371.
[9] COX, D. R.: Theory of Drafting of Wool Slivers. Proc. roy. Soc., Lond. A. 197 (1949) 28–51.
[10] BRENY, H.: Variance and Autocorrelation of Thickness in Random Slivers. Intern. Wool Secr., Sect. A., Vol. 3, 433–450.
[11] GIESEKUS, H.: Die statistische Analyse der Garn- und Fadenungleichmäßigkeit. Faserforsch. u. Textiltechn. 10 (1959) 275, 338, 359, 420, 598.
[12] WEGENER, W., u. E. G. HOTH: Umrechnungen zwischen der Spektrumsfunktion und der Längenvariationsfunktion. Melliand Textilber. 45 (1964) 611, 735, 863.
[13] Ein Vergleich des Aussagevermögens von Spektrogramm und Längenvariationscharakteristik. USTER-Anleitung 136173 D.
[14] BRENY, H.: The Calculation of the Variance-Length Curve from the Length Distribution of Fibres. J. Text. Inst. 44 (1953) P 1, P 10.
[15] SPENCER-SMITH, J. L., u. H. A. C. TODD: A Time Series Met with in Textile Research. Supp. J. Roy. Stat. Soc. 7 (1941) 131.
[16] WEGENER, W., u. E. G. HOTH: Theoretische Betrachtungen über die Faserlängenverteilung. Melliand Textilber. 36 (1955) 1219.
[17] WEGENER, W., u. E. G. HOTH: Die Berechnung der idealen Längenvariationsfunktion. Melliand Textilber. 43 (1962) 1260.
[18] OLERUP, H.: Calculation of the Variance-Length Curve for an Ideal Sliver. J. Text. Inst. 43 (1952) P 290.
[19] WEGENER, W., u. E. G. HOTH: Die Überlagerungsmethode zur Bestimmung der idealen Längenvariationsfunktion. Melliand Textilber. 44 (1963) 237.

[20] MARTINDALE, J. G.: A New Method of Measuring the Irregularity of Yarns with Some Observations on the Origin of Irregularities in Worsted Slivers and Yarns. J. Text. Inst. 36 (1945) T 35.
[21] FOSTER, G. A. R.: The Causes of the Irregularity of Cotton Yarns. J. Text. Inst. 41 (1950) P 357.
[22] WEGENER, W., u. H. MEISTER: Einfluß des Stapels und des Titers von Chemiefasern auf die Ungleichmäßigkeit der Streckenbänder und Garne. Reyon, Zellwolle und andere Chemiefasern 8 (1958) 432, 502, 587, 662.
[23] BORNET, G. M.: Calculation of the Ideal Unevenness of Blended Strands. J. Text. Inst. 51 (1960) P 326.
[24] PEYER, B.: Untersuchung periodischer Streckwerksfehler. Mitteilungen aus dem Institut für Textilmaschinenbau und Textilindustrie an der ETH Zürich, Nr. 7.
[25] BRENY, H.: Modèles poissonniens en grappes pour les faisceaux de fibres. Ann. sci. text. Belges 1962, No. 2, 124.
[26] COX, D. R., u. J. INGHAM: Some Causes of Irregularitiy in Worsted Drawing and Spinning. J. Text. Inst. 41 (1950) P 376.
[27] PICARD, H. C.: The Irregularity of Slivers. I: J. Text. Inst. 42 (1951) T 503; II: 43 (1952) T 251; III: 44 (1953) T 307.
[28] Mathematische Formeln für die Idealspektren. USTER-Anleitung 133819.
[29] WEGENER, W., u. W. ZAHN: Die Längenvariations-Charakteristik in der Spinnerei. Melliand Textilber. 36 (1955) 686, 776.
[30] WEGENER, W., u. H. PEUKER: Die $CB(L)$-Längenvariation. Textil-Praxis 12 (1957) 980.
[31] WEGENER, W., u. H. PEUKER: Methoden und Geräte zur Ermittlung von Punkten der Längenvariationskurve $CB(L)$. Textil-Praxis 12 (1957) 1183.
[32] WEGENER, W., u. H. PEUKER: Die Ermittlung von Punkten der $CB(L)$-Kurve nach dem diskontinuierlichen Summations- und Auswertverfahren. Textil-Praxis 13 (1958) 133.
[33] WEGENER, W., u. E. G. HOTH: Die $CB(F)$-Flächenvariation. Textil-Praxis 13 (1958) 485.
[34] WEGENER, W., u. H. PEUKER: Beziehung zwischen dem Warenbild, der $CB(L)$- und der $CB(F)$-Charakteristik. Textil-Praxis 13 (1958) 261, 365.
[35] WEGENER, W., u. H. PEUKER: Garn- und Gewebeungleichmäßigkeit. Z. ges. Textilind. 63 (1961) 438, 546, 637, 712.
[36] WEGENER, W., u. H. PEUKER: Die Beziehung zwischen der Garnungleichmäßigkeit und dem Warenbild textiler Flächengebilde. Forschungsbericht des Landes Nordrhein-Westfalen, Nr. 1002. Köln und Opladen: Westdeutscher Verlag 1961.
[37] BALLS, W. L.: Studies of Quality in Cotton. London 1928, Ch. VIII.
[38] GOODINGS, A. C.: Roller Drafting in the Worsted Industry. J. Text. Inst. 22 (1931) T 1.
[39] FOSTER, G. A. R.: The Investigation of Periodicities in the Products of Cotton Spinning. J. Text. Inst. 36 (1945) T 229.
[40] MARTINDALE, J. G.: A Review of the Causes of Yarn Irregularity. J. Text. Inst. 41 (1950) P 340.
[41] IKEDA, A., R. KINOSHITA u. J. OKANO: Staple Diagram and Roller Drafting. J. Text. Mach. Soc. Japan 3 (1957) No. 1, 22.
[42] DAKIN, G., G. A. R. FOSTER u. J. LOCKE: Irregularities in Cotton and Rayon-Staple Slivers Caused by Roller Slip at the Drawframe. J. Text. Inst. 43 (1952) T 545.

[43] DAKIN, G., G. A. R. FOSTER u. J. LOCKE: Roller Slip and the Irregularity of Cotton and Rayon-Staple Drawframe Slivers. Part I: Practical and Experimental. J. Text. Inst. 44 (1953) T 544.
[44] FOSTER, G. A. R.: Roller Slip and the Irregularity of Cotton and Rayon-Staple Drawframe Slivers. Part II: The Nature of Roller Slip and the Theory of Draft Distribution. J. Text. Inst. 44 (1953) T 570.
[45] LOCKE, J.: Common Causes of Irregularity at the Draw Frame. Text. Recorder 76 (1958) Nr. 900, 58.
[46] VALOTA, A.: Le controle des fibres au laminage. L'Industrie Textile 862 (1958) 661, 863 (1958) 755.
[47] BUDNIKOW, W. I., I. W. BUDNIKOW, W. E. SOTIKOW, N. J. KANARSKI u. A. P. RAKOW: Grundlagen des Spinnens. Bd. II. Berlin: VEB Verlag Technik 1955, S. 13ff.
[48] SOTIKOW, W. E.: Die Theorie des Verzuges. NITI 1933.
[49] GRISHIN, P. F.: A Theory of Drafting and its Practical Applications. J. Text. Inst. 45 (1954) T 167.
[50] WASSILJEW, N. A.: Fragen der Theorie des Spinnvorgangs. Gislegprom 1932.
[51] FOSTER, G. A. R.: Fibre Motion in Roller Drafting. J. Text. Inst. 42 (1951) T 335.
[52] TAYLOR, D. S.: Some Observations on the Movement of Fibres during Drafting. J. Text. Inst. 45 (1954) T 310.
[53] TAYLOR, D. S.: The Motion of Floating Fibres during Drafting of Worsted Slivers. J. Text. Inst. 46 (1955) T 284.
[54] TAYLOR, D. S.: The Velocity of Floating Fibres during Drafting of Worsted Slivers. J. Text. Inst. 50 (1959) T 233.
[55] McVITTIE, J., u. A. E. DE BARR: Fibre Motion in Roller and Apron Drafting. J. Text. Inst. 51 (1960) T 147.
[56] ICHINO, S., S. KUROSAKI, G. TSUCHIKAWA u. S. KOZAKAI: Fiber Motion in the Roller Draft Field. J. Text. Mach. Soc. Japan 2, No. 1 (1956) 44.
[57] GOTO, H., S. ICHINO u. S. KUROZAKI: Fibre Motion in Roller Drafting. J. Text. Inst. 48 (1957) T 389.
[58] BURNETT, D.: A Theory of Roller Drafting. J. Text. Inst. 50 (1959) T 297.
[59] MEDLEY, D. G., J. E. STELL u. P. A. McCORMICK: Basic Drafting Theory. J. Text. Inst. 53 (1962) T 105.
[60] SHARP, J. B.: Fibre Speeds and Fibre-End Densities in the Drafting of Constant-Staple-Length Fibre. J. Text. Inst. 53 (1962) T 174.
[61] KÖB, H.: Die Faserverteilung in Bändern und Bandausschnitten. Textil-Praxis 5 (1950) 214.
[62] KOWNER, S. S.: Mathematische Untersuchungsmethoden der Faserbewegung im Verzugsprozeß. Gosudarstwennoje nautschnotechnitscheskoje isdatelstwo literaturny polegkoi promyschlennosti, Moskau 1957.
[63] SEWOSTJJANOW, A. G.: Bedingungen des Verzugsprozesses. Technologija Tekstiljnoi Promyschlennosti 1959, H. 1, 79; H. 2, 52.
[64] WEGENER, W., u. G. NEUHAUS: Die Bedeutung der Wendepunkte im ansteigenden Ast der Verzugscharakteristik. Reyon, Zellwolle und andere Chemiefasern 8 (1958) 188.
[65] MARTINDALE, J. G.: An Instrument for the Measurement of the Forces Operating between Fibres during Drafting. J. Text. Inst. 38 (1947) T 151.
[66] CAVANEY, B., u. G. A. R. FOSTER: Some Observations on the Drafting Forces of Cotton and Rayon-Staple Slivers. J. Text. Inst. 45 (1954) T 390.
[67] TAYLOR, D. S.: The Measurement of Fibre Friction and its Application to Drafting Force and Fibre Control Calculations. J. Text. Inst. 46 (1955) P 59.

[68] WOOD, C.: Dynamic Friction of Viscose Fibres. J. Text. Inst. 43 (1952) T 338.
[69] QUAAS, K., u. F. KOCH: 1. Folge. Chemiefaser-Verspinnung: Ergebnisse aus Forschungs- und Entwicklungsarbeiten über Verzugs- und Klemmkräfte an Streckwerken. Technische Mitteilungen Zellwolle-Lehrspinnerei GmbH, Denkendorf ZL 522-115, Jan. 1954. — 2. Folge. Chemiefaser-Verspinnung: Ergebnisse aus Forschungs- und Entwicklungsarbeiten über Eingangsdruckwalzen von Streckwerken. Technische Mitteilungen Zellwolle-Lehrspinnerei GmbH, Denkendorf, ZL 522-118, Juli 1954.
[70] WEGENER, W., u. H. BECHLENBERG: Prüfgerät zur fortlaufenden Ermittlung von Verzugskräften. Textil-Praxis 15 (1960) 693.
[71] WEGENER, W., u. H. BECHLENBERG: Die Verzugskraftmessung — ihre Anwendung und Auswertung. Reyon, Zellwolle und andere Chemiefasern 5 (1955) 14, 78, 142.
[72] LAKO, IR. J., u. C. BEVOORT: Das Messen der Verzugskräfte von Faserbändern. Reyon Revue 5 (1956) 174.
[73] MAAG, F.: Die beim Verstrecken von Flyerlunte auftretenden Kräfte. Melliand Textilber. 38 (1957) 738.
[74] VALOTA, A.: L'avant étirage en filature. L'Industrie Textile 866 (1959) 93.
[75] ANGUS, J., u. J. G. MARTINDALE: Spindle Drafting of Woolen Slubbings. Text. Res. J. 26 (1956) 698.
[76] McNAIR, W. D., u. N. H. CHAMBERLAIN: Some Factors Affecting Yarn Formation in Woolen Mule Spinning. J. Text. Inst. 48 (1957) T 423; 49 (1958) T 105, T 119.
[77] DU BOIS, W. F.: Frictional Measurements on Fibrous Materials. Text. Res. J. 29 (1959) 451.
[78] WEGENER, W., u. H. PEUKER: Das Faserband-Spinnverfahren. Teil IV: Einfluß von ein, zwei oder drei Streckenpassagen auf die Garn- und Gewebeungleichmäßigkeit. Z. ges. Textilind. 65 (1963) 592, 690.
[79] MORTON, W. E., u. R. J. SUMMERS: Fibre Arrangement in Fibro Drawframe Slivers. J. Text. Inst. 41 (1950) T 349.
[80] MORTON, W. E., u. R. J. SUMMERS: Fibre Arrangement in Card Slivers. J. Text. Inst. 40 (1949) P 106.
[81] MORTON, W. E., u. K. C. YEN: Fibre Arrangement in Cotton Slivers and Laps. J. Text. Inst. 43 (1952) T 463.
[82] MORTON, W. E., u. R. NIELD: The Effect of Lap Preparation on Waste Extraction at the Cotton Comber. J. Text. Inst. 44 (1953) T 317.
[83] NIELD, R.: Fibre Arrangement in Fibro Drawframe Slivers. J. Text. Inst. 44 (1953) T 479.
[84] TABATA, M., K. HAYAKAWA u. T. TAKIZAWA: The Shape and Parallelisation of Fibers in Slivers and their Directional Properties. J. Text. Mach. Soc. Japan 6 (1960) No. 1, 5.
[85] WILHELM, A., u. H. WAGNER: Faserorientierung in Wollbändern. Textil-Praxis 10 (1955) 993.
[86] BRACH, J.: Examen de quelques méthodes rapides de mesure du parallélisme des fibres de laine. Application à l'avant-peignage de laine. Ann. sci. textiles Belges 1963, Nr. 2, 40.
[87] SCHMAUDER, K.: Spinnereitechnologie und -praxis bei Zellwollen. Faserforsch. u. Textiltechn. 1 (1950) 20.
[88] KAUFMANN, D.: Untersuchungen an der Wanderdeckelkarde. Dissertation TH Stuttgart 1957 — Die Wirkungsweise des Abnehmers an der Baumwollkarde. Textil-Praxis 12 (1957) 1077; 13 (1958) 149.

[89] Kamogawa, H., E. Kanda u. H. Imai: A Study on Card by Means of High Speed Motion Pictures. J. Text. Mach. Soc. Japan 8 (1962) No. 4, 19.

[90] Perner, H., u. S. Petzold: Der Einfluß verschiedener Streckwerksparameter auf die Faserparallelisierung in der Baumwollspinnerei. Faserforsch. u. Textiltechn. 13 (1962) 178.

[91] Hunter: Cotton Research Clin. 92 (1953).

[92] Glasionova, T. H., u. A. M. Romanova: Eine Untersuchung des Vorgangs der Florabnahme durch den Hacker auf der Karde. Tekstil. promys. 57 (1960) H. 3.

[93] Wakankar, V. A., S. N. Bhaduri, B. R. Ramaswamy u. G. C. Ghosh: Some Studies on the Formation of Hooks in Carding. Text. Res. J. 31 (1961) 931.

[94] Wilhelm, A., u. H. Wagner: Theory der Faserhäkchen in Verbindung mit den Verzugs- und Auskämmprozessen bei Baumwolle. Textil-Praxis 12 (1957) 223.

[95] Garde, A. R., V. A. Wakankar u. S. N. Bhaduri: Fiber Configuration in Sliver and Roving and its Effect on Yarn Quality. Text. Res. J. 31 (1961) 1026.

[96] Raes, G.: Die Faserlage und ihr Einfluß auf die Festigkeitseigenschaften und die Gleichmäßigkeit von Baumwollgarnen. Melliand Textilber. 43 (1962) 918.

[97] Merchant, V. B.: Theoretical Aspects of Hook Removal at Drafting Operations. Text. Res. J. 31 (1961) 925.

[98] Ghosh, G. C., u. S. N. Bhaduri: Dependence of Hook Removal of Drawing on Some Drafting Parameters. Text. Res. J. 32 (1962) 864.

[99] Fujino, K., u. W. Itani: Effects of Orientation on Fiber Motions in Drafting Zone. J. Text. Mach. Soc. Japan 6 (1960) No. 2, 1.

[100] Itani, W.: Fiber Orientation. J. Text. Mach. Soc. Japan 5 (1959) No. 1, 10.

[101] Cox, D. R., u. J. Ingham: Some Causes of Irregularity in Worsted Drawing and Spinning. J. Text. Inst. 41 (1950) P 376.

[102] Bornet, G. M.: Rating of Cotton-System and Worsted-System Yarns for Unevenness, Based on Yarn Surveys Contented by the Ontario Research Foundation. Textile Quality Control Papers 9 (1962) 31.

[103] Townend, P. P., u. T. S. Chow: A Study of the Irregularities of French Drawn Rovings and Yarns. J. Text. Inst. 41 (1950) P 403.

[104] Wegener, W., u. H. Peuker: Einfluß verschiedener Endstrecken bei verkürzten Kammgarn-Spinnverfahren auf die Ungleichmäßigkeit und auf die dynamometrischen Eigenschaften von Mischgespinsten aus Wolle und kunstgeschaffenen Fasern. Forschungsbericht des Landes Nordrhein-Westfalen, Nr. 1314. Köln und Opladen: Westdeutscher Verlag 1964.

[105] Wegener, W., u. W. Friebel: Gleichmäßigkeit des Streckenbandes in Abhängigkeit von Verzug und Dublierung. Textil-Praxis 6 (1951) 398, 471.

[106] Hannah, M.: The Theory of High Drafting. J. Text. Inst. 41 (1950) T 57.

[107] Audivert, R., M. Hannah, W. J. Onions u. P. P. Townend: Some Effects of Spinning Conditions on the Irregularity of Yarn Spun on the Ambler Superdraft System. J. Text. Inst. 49 (1958) T 1.

[108] Wegener, W., u. H. Peuker: Einfluß des Dreizylinderspinnverfahrens und des Faserbandspinnverfahrens auf die Ungleichmäßigkeit der Baumwollgarne und -gewebe. Z. ges. Textilind. 61 (1959) 962, 996.

[109] Wegener, W., u. H. Peuker: Das Faserband-Spinnverfahren. Z. ges. Textilind. 64 (1962) 1050; 65 (1963) 6, 81, 163, 253, 347, 428, 508, 592, 690, 815, 896, 1017; 66 (1964) 99, 179, 254, 368, 464.

[110] CAVANEY, B., u. G. A. R. FOSTER: The Irregularity of Materials Drafted on Cotton Spinning Machinery and its Dependence on Draft, Doubling and Roller Setting. Part I. J. Text. Inst. 46 (1955) T 529.
[111] ANDERSON, S. L., u. G. A. R. FOSTER: The Irregularity of Materials Drafted on Cotton Spinning Machinery and its Dependence on Draft, Doubling and Roller Setting. Part II. J. Text. Inst. 46 (1955) T 551.
[112] KÖNIG, O.: Ein Beitrag zur Theorie des Hochverzugs. Textil-Praxis 10 (1955) 344 — Über Verzugsfehler und Maßnahmen, durch die sie sich beeinflussen lassen. Textil-Praxis 12 (1957) 1082 — Theoretische und experimentelle Untersuchungen über die Ursachen periodischer Verzugsfehler der Walzenstreckwerke und ihre Auswirkung auf die dem Verzug unterworfenen Faserbänder. Dissertation 1957. TH Stuttgart.
[113] MIHIRA, K.: Some Theoretical Considerations on the Irregularity of Drafting. J. Text. Mach. Soc. Japan 2 (1956) No. 1, 1.
[114] TABATA, M., u. S. ISHIKAWA: A Study on the Automatic Control of the Thickness of Sliver. J. Text. Mach. Soc. Japan 3 (1957) No. 1, 32.
[115] FUJINO, K., u. S. KAWABATA: Theoretical Analysis on the Spectral Density of Random Slivers. J. Text. Mach. Soc. Japan 5 (1959) 1.
[116] YAMAGUCHI, M.: Study on the Evenness of Yarns Spun on Ring Spinning Frame. J. Text. Mach. Soc. Japan 2 (1956) No. 1, 20.
[117] YAMAGISHI, T., E. KOYAMA u. H. KUROE: A Theoretical Approach to the Unstationary Roller Draft. J. Text. Mach. Soc. Japan 2 (1956) No. 2, 38.
[118] KARM, R.: Dissertation, ETH Zürich. 1959. Ref.: Textil-Praxis 16 (1961) 109.
[119] NUTTER, W.: Optimum Conditions in Ring Spinning. Textile Recorder 78 (1961) Nr. 936, 60; Nr. 937, 46.
[120] WEGENER, W., u. H. PEUKER: Einfluß verschiedener Vorbereitungs- und Flyerprozesse auf die Ungleichmäßigkeit der Baumwollgarne und -gewebe. Melliand Textilber. 40 (1959) 17, 126.
[121] KIRSCHNER, E.: Die optimalen Vorfeldbedingungen an der Ringspinnmaschine bei der Chemiefaserverarbeitung. Textil-Praxis 14 (1959) 122.
[122] WEGENER, W.: Einfluß der höheren Vorgarndrehung geflyerter Lunten auf die Ungleichmäßigkeit und die dynamometrischen Eigenschaften des fertigen Garnes. Forschungsbericht des Landes Nordrhein-Westfalen, Nr. 896. Köln und Opladen: Westdeutscher Verlag 1960.
[123] WEGENER, W.: Einfluß der Flyereinstellung auf den Spulenaufbau. Melliand Textilber. 41 (1960) 1184, 1317.
[124] VON BERGEN, W., u. J. H. WAKELIN: Properties of Apparel Wools. Text. Res. J. 22 (1952) 124.
[125] McLEAN, H.: Wool Rec. 90 (1956) 316.
[126] GEUS, L. H. D.: Merino Breeder J. 14 (1952) No. 1, 22.
[127] GROVER, E. B., u. D. S. HAMBY: Text. Ind. J. 117 (1953) No. 8, 114.
[128] MARTINDALE, J. G.: Wool Research 6, 62.
[129] BASTAWISY, A. D., W. J. ONIONS u. P. P. TOWNEND: Some Relationships between the Properties of Fibres and their Behaviour in Spinning Using the Ambler Superdraft Method. J. Text. Inst. 52 (1961) T 1.
[130] STANBURY u. BYERLEY: Wool Research 6, 225.
[131] BARKER, S. G.: Wool Quality (H. M. Stationery Office 1931).
[132] BOSMAN, V.: Biological Studies on South African Merino Wool Production. J. Text. Inst. 28 (1937) P 270.
[133] BOSMAN, V.: Biological Studies on South African Merino Wool Production. J. Text. Inst. 28 (1937) P 321.

[134] Balasubramanian, N., u. R. L. N. Iyengar: A Study of the Relationship of Yarn Irregularity with Fibre Properties and its Effect on Yarn Strength. Indian Text. J. (1961) 561.

[135] Wegener, W., u. H. Meister: Einfluß des Stapels auf die Ungleichmäßigkeit und dynamometrischen Eigenschaften werksavivierter und nachbehandelter Streckenbänder und Garne aus Chemiefasern. Reyon, Zellwolle und andere Chemiefasern 7 (1957) 700, 772.

[136] Wegener, W., u. H. Peuker: Einfluß des Stapels und Titers von Chemiefasern auf die Ungleichmäßigkeit des Garnes und auf die des Warenbildes. Reyon, Zellwolle und andere Chemiefasern 8 (1958) 735.

[137] Grosberg, P.: The Medium- and Long-Term Variations of a Yarn. J. Text. Inst. 46 (1955) T 301 — Correlation between Mean Fibre Length and Yarn Irregularity. J. Text. Inst. 47 (1956) T 179 — The Short-Term Irregularity of Roller-Drafted Yarns and Slivers. J. Text. Inst. 49 (1958) T 493.

[138] Wegener, W., u. W. Rosemann: Die Verteilung der Langfasern bei der gekämmten Wolle. Melliand Textilber. 40 (1959) 1139.

[139] Wegener, W., u. W. Rosemann: Die allgemeine Faserlängenverteilung bei der gekämmten Wolle. Melliand Textilber. 40 (1959) 1257.

[140] Wegener, W., u. W. Rosemann: Zwei Gesetze zur Faserlängenverteilung von gekämmter, langfaseriger Wolle. Melliand Textilber. 40 (1959) 1381.

[141] Wegener, W., u. W. Rosemann: Die Durchführung der quadratischen Ausgleichung bei der Faserlängenverteilung von gekämmter, langfaseriger Wolle. Melliand Textilber. 41 (1960) 668.

[142] Wegener, W., u. W. Rosemann: Der Ansatz eines dritten Gesetzes zur Faserlängenverteilung von gekämmter Wolle. Melliand Textilber. 42 (1961) 383.

[143] Wegener, W., u. W. Rosemann: Der Gesamtausgleich für die Faserlängenverteilung von gekämmter Wolle. Melliand Textilber. 43 (1962) 811.

[144] Bona, M.: La distribution de longeur des fibres de laine. Ann. sci. text. Belges 99 (1962) No. 2—6.

[145] Galceran-Escobet, V.: Influence de la finesse et de la longueur de la fibre de laine sur le numéro du fil. Bull. Inst. Textile de France 30 (1952) 213.

[146] Watanabe, S.: Slipping of Fibers in a Sliver when Passing through the Rollers of Spinning Frame. J. Text. Mach. Soc. Japan 2 (1956) No. 2, 36.

[147] Simon, E.: Einfluß des Belastungsdruckes bei der Ringspinnmaschine auf die Gleichmäßigkeit der Gespinste. Melliand Textilber. 42 (1961) 27.

[148] Haschke, A. J.: Eine Studie über die Streckwerke der Baumwollspinnerei. Deutsche Textiltechnik 7 (1957) 633; 8 (1958) 437, 580.

[149] Ogawa, T., N. Matsumoto u. Y. Miyamoto: A Study on Sliver Strength and Draft Efficiency. J. Text. Mach. Soc. Japan 1 (1955) No. 2, 47.

[150] Wegener, W., u. G. Schubert: Einfluß verschiedener relativer Luftfeuchtigkeiten und Temperaturen auf die Laufverhältnisse, auf die Gleichmäßigkeit und auf die dynamometrischen Eigenschaften der gefertigten Garne. Forschungsbericht des Landes Nordrhein-Westfalen, Nr. 1283. Köln und Opladen: Westdeutscher Verlag 1963.

[151] Nutter, M. W.: Die Anordnung der Fasern im Kardenband und ihr Einfluß auf die späteren Operationen. Bull. Inst. Textile de France 91 (1960) 45.

[152] Foster, G. A. R., u. A. Tyson: The Amplitudes of Periodic Variations Caused by Eccentric Top Drafting Rollers and their Effect on Yarn Strength. J. Text. Inst. 47 (1956) T 385.

[153] Institut für textile Meßtechnik M.-Gladbach e. V.: Theoretische Betrachtungen über den Einfluß schlagender Zylinder und Druckrollen. 3. Bericht der Reihe: Untersuchungen der Verzugsvorgänge an den Streckwerken verschiedener Spinnerei-Maschinen. Forschungsbericht des Landes Nordrhein-Westfalen, Nr. 238. Köln und Opladen: Westdeutscher Verlag 1956.

[154] Institut für textile Meßtechnik M.-Gladbach e. V.: Ermittlung des Einflusses verschiedener Streckwerkseinstellungen und der verwendeten Konstruktionsteile auf die Verzugsvorgänge. 4. Bericht der Reihe: Untersuchungen der Verzugsvorgänge an den Streckwerken verschiedener Spinnereimaschinen. Forschungsbericht des Landes Nordrhein-Westfalen, Nr. 918. Köln und Opladen: Westdeutscher Verlag 1960.

[155] Catling, H.: The Effect of Roller Vibration and Yarn Regularity. J. Text. Inst. 49 (1958) T 279.

[156] Catling, H.: Stick-Slip Friction as a Cause of Torsional Vibration in Textile Drafting Rollers. Proc. Inst. mech. Eng. 174 (1960) 575.

[157] Valota, A.: Die aktuelle Situation des Problems der Gleichmäßigkeit in der Baumwollspinnerei. L'Industrie Textile 894 (1961) 633.

[158] Tsukomo, Z.: Eccentricity and Shaking of Draft Rolls and Their Bearings on Yarn Unevenness. J. Text. Mach. Soc. Japan 7 (1961) No. 2, 12.

[159] Wilhelm, A., u. R. Schön: Verzugsstudien. Textil-Praxis 12 (1957) 867, 971.

[160] Wegener, W., u. E. G. Hoth: Der Verlauf der falschen Verzugsdrehung. Melliand Textilber. 44 (1963) 1312.

[161] Zilahi, M.: Verbesserung der Grenzungleichmäßigkeit durch Steigerung der Teilbarkeit der Hanffasern. Vortrag gehalten auf der XIV. Ungarischen Textiltechnischen Konferenz. Budapest 1964.

[162] Zilahi, M.: The Correct Determination of the Irregularity of Random Products. Acta Techn. Hung. 42 (1963).

[163] Monfort, F.: Ajustement des histogrammes de diamètre des peignés par une distribution gamma. Ann. Scient. Text. Belges (1964) No. 2,7.

[164] Monfort, F.: Aspects scientifiques de l'industrie lainière. Paris: Dunod 1960.

[165] Grishin, P. F.: Ungleichmäßigkeit und Verzugsverfahren — Der ideale Verzug. Textil-Praxis 19 (1964) 787.

[166] Simpson, J., und L. B. De Luca: The Effect of Testing Conditions on Fiber Drag. Part I: Dynamic Method. Text. Res. Journ. 33 (1963) 62.

[167] Bobeth, W.: Zur Nutzanwendung hoher Drücke in der Spinnerei. Deutsche Textiltechnik 14 (1964) 118.

[168] Barella, A., und A. Sust: Cohesion Phenomena in Cotton Rovings and Yarns. Part III: Influence of Fiber Characteristics on the Cohesion of Non-twisted Slivers. Textile Research Journ. 34 (1964) 283

[169] Huberty, A.: Première études des paramètres caracterisant la régularité des fils, mèches et rubans lois fondamentales, IWTO, Techn. Comm. Proc. 1, 55 Paris 1947

[170] — Testing in the Worsted Mill. Part. II. Wool Sci. Rev. No. 13 (1954) 19.

[171] Sust, A. und A. Barella: Twist, Diameter, and Unevenness of Yarns — a New Approach. J. Text. Inst. 55, T 1 (1964).

[172] Wegener, W., und P. Ehrler: Gewicht und spezifischer Draht eines Faserverbandes während der Fadenbildung auf einem Standspinner. Z. ges. Textilind. 66 (1964) 50, 109.

[173] Wegener, W., und P. Ehrler: Eine Analyse der Vorgarnschwankungen an Streichgarn-Krempelassortimenten. Forschungsber. des Landes Nordrhein-Westfalen, Nr. 1335, Westdeutscher Verlag Köln und Opladen, 1964.

[174] NAWAZ, S. M., und A. J. KHAN: Studies in the Spinning Quality of Cotton. Textile Inst. Ind. 1 (1963), H. 12, 12.

[175] BALASUBRAMANIAN, N.: Influence of Draft Distribution on Irregularity. Indian Text. J. 74 (1964), Nr. 880, 166.

[176] AUDIVERT, R., und J. E. VIDIELLA: Draft Allocation and Tensor Setting in a Sliver-to-yarn Drafting System for Cotton. Text. Res. Journ. 34 (1964) 265

[177] MERCHANT, V. B.: The Fundamentals of Roving Twist. J. Text. Inst. 54 (1963) T 58

[178] SLYVAKOV, V. E.: Das Zerschneiden der Kunstfaserkabel in Fasern konstanter und variabler Länge. Tekstil. Prom. 23 (1963) No. 10, 55 (russisch).

[179] ISHIKAWA, S., und J. SHIMUZU: Automatic Control of Short Term Sliver Irregularities by the Detection of Drafting Force. J. Text. Mach. Soc. Japan 8 (1962) No. 3, 41.

[180] LÜNENSCHLOSS, J., und J. G. HELLI: Einfluß der Zylinderbelastung an der Ringspinnmaschine bei unterschiedlicher Härte des Zylinderbezuges, variierter Vorgarndrehung, Vorgarndublierung und Verzugshöhe auf den Ausfall der Garne aus verschiedenen Faserstoffen. Textil-Praxis 19 (1964) 903, 993.

[181] WEGENER, W., und E. HAASE-DYERLING: Der Stapel-Diagraph. Melliand Textilber. 36 (1955) 1097.

[182] WEGENER, W., und E. G. HOTH: Vergleich von Stapeldiagrammen konventioneller Methoden mit dem Stapelbild des Diagraphen. Melliand Textilber. 37 (1956) 141.

[183] FUNDER, A, und H. GRIESE: Zusammenhänge zwischen Garnungleichmäßigkeit und Gewebeausfall bei Leinen. Forschungsber. des Landes Nordrhein-Westfalen Nr. 1401. Westdeutscher Verlag Köln und Opladen, 1964.

[184] LIEBSCHER, U.: Über die Faserverteilung im Bastfaser-Streckwerk. Faserforschung und Textiltechnik 15 (1964) 412.

[185] WEGENER, W., und H.-E. BRAUNE: Die Flyerregulierung und ihre Auswirkung auf das Vorgespinst. Melliand Textilber. 36 (1955) 982.

[186] WEGENER, W., und R. PEUKER: Einfluß der Flyerregulierung auf die Gleichmäßigkeit des Vor- und des Endgespinstes. Melliand Textilber. 37 (1956) 1133.

[187] WEGENER, W., W. ROSEMANN und E. G. HOTH: Der Nullpunktausgleich für die Faserlängenverteilung von gekämmter Wolle. Melliand Textilber. 46 (1965).

[188] WEGENER, W., und E. G. HOTH: unveröffentlichtes Manuskript.

[189] WEGENER, W., und H. PEUKER: Vergleich der Ungleichmäßigkeit von Baumwoll- und Zellwollgarnen, die nach dem Dreizylinder- und nach dem Faserband-Spinnverfahren hergestellt wurden. Forschungsber. des Landes Nordrhein-Westfalen Nr. 1402, Westdeutscher Verlag Köln und Opladen, 1964.

[190] REUMUTH, H., u. A. NEUKIRCHNER: Normale und hochfrequenz-kinematographische Analyse des Spinnvorganges. Z. ges. Textilind. 65, (1963) 435.

[191] SCHWENKHAGEN, H. F.: Elektrostatische Aufladung und ihre Beseitigung. Melliand Textilber. 34 (1953) 1182.

[192] ISRAËL, H., u. H. MEINHOLD: Zylindermühle zur Ladungsmessung an bewegten Objekten, z. B. Textilfäden, während des Arbeitsprozesses. Textil-Praxis 10 (1955) 8.

[193] SPRENKMANN, W.: Wirkungsweise und Abstimmung antistatischer Präparationen. Melliand Textilber. 36 (1955) 174.

[194] SPRENKMANN, W.: Schmälzen und Avivieren unter Berücksichtigung der Faserarten und Spinnprozesse. Z. ges. Textilind. 63 (1961) 163.

[*195*] WEGENER, W.: Grundlegende Untersuchungen zur Frage der Spinnavivierung von Rohbaumwolle. Forschungsbericht des Landes Nordrhein-Westfalen, Nr. 818. Köln und Opladen: Westdeutscher Verlag, 1959.

[*196*] WEGENER, W., u. W. RÖHRIG: Hydrophobie oder Hydrophilie von Avivagen. Textil-Praxis 18 (1963) 551.

[*197*] WEGENER, W., u. W. TÄNZLER: Studien zur Frage der Umpolavivierung von Wolle. Z. ges. Textilind. 60 (1958) 1050.

[*198*] WEGENER, W., u. W. SPRENKMANN: Der Einfluß wässeriger Flotten von verschiedenen pH-Werten auf das elektrostatische Verhalten von Wollfaserbändern und auf die Verzugscharakteristik. Melliand Textilber. 37 (1956) 520.

[*199*] WEGENER, W., u. W. TOPF: Dielektrizitätskonstante und Wirksamkeit antistatischer Avivagen. Textil-Praxis 18 (1963) 327, 417.

[*200*] WEGENER, W., u. W. SPRENKMANN: Betrachtungen über das unterschiedliche elektrostatische Verhalten avivierter Fasern und daraus gezogene Folgerungen für die kontinentale Kammgarnspinnerei. Textil-Praxis 19 (1964) 47, 163, 241.

[*201*] WEGENER, W., u. A. KESTING: Raumklima und elektrostatische Aufladung in Baumwollspinnereien. Melliand Textilber. 36 (1955) 873.

[*202*] WEGENER, W., u. D. QUAMBUSCH: Zusammenhang zwischen dem Raumklima und der elektrostatischen Aufladung des Spinnmaterials. Forschungsbericht des Landes Nordrhein-Westfalen, Nr. 897. Köln und Opladen: Westdeutscher Verlag 1960.

[*203*] WEGENER, W.: Betrachtungen über das Raumklima und die elektrostatische Aufladung in Spinnereien. Schweizer Archiv 28 (1962) 138.

[*204*] WEGENER, W., u. E. G. HOTH: Die Auswirkung des Raumklimas auf das Spinngut. Melliand Textilber. 42 (1961) 1238, 1344 und daselbst 43 (1962) 9, 224, 341, 445.

[*205*] BALJASOW, F. D.: Die Verwendung statischer Elektrizität und des elektromagnetischen Feldes beim Faserverzug. Textil-Praxis 19 (1964) 1091.

[*206*] SIMPSON, J., DE LUCA, L. B., FIORI, L. A., und G. L. LOUIS: Fiber hooks. Their effect on yarn properties and end breakage in spinning. Textile Industries 128 (1964) Heft 3, 78.

[*207*] NEWTON, F. E., und S. T. BURLEY: Fresh look at break drafts. Textile World 114 (1964) No. 3, 43.

[*208*] WEGENER, W., und E. FICHTNER: Vergleich zweier Meßverfahren zur Bestimmung von Luftionen. Z. ges. Textilind. 66, (1964), 994.

[*209*] WEGENER, W., u. E. G. HOTH: Die Berechnung der idealen Spektrumsfunktion. Z. ges. Textilind. 67 (1965).

[*210*] GRIGNET, J.: L'Almotor, un nouvel appareil électronique pour la mesure de longueur des fibres de laine. Ann. Sci. Text. Belg. 1962, No. 3, 70.

[*211*] MONFORT, F.: Information expérimentale relative au fonctionnement de l'appareil A. L. Meter. Ann. Sci. Text. Belg. 1964, No. 1, 35.

[*212*] MONFORT, F.: Examen des résultats de l'expérience F. L. I. Interlaboratoire Longueur 1964. Ann. Sci. Text. Belg. 1964, No. 3, 35.

[*213*] LÜNENSCHLOSS, J., und K. SCHNAIDT: Die Laufeigenschaften von Kunststoffbezügen in Abhängigkeit vom Raumklima und den Eigenschaften der Bezüge. Melliand Textilber. 43 (1962) 674, 807, 1029.

[*214*] LÜNENSCHLOSS, J., und K. SCHNAIDT: Die Laufeigenschaften von Kunststoffbezügen in Abhängigkeit vom Raumklima und Fasermaterial bei einigen Chemiefasern. Melliand Textber. 44 (1963), 1070.

[*215*] LÜNENSCHLOSS, J., und K. SCHNAIDT: Die Untersuchung des Zusammenhangs zwischen elektrostatischer Aufladung und der Wickelneigung an den Zylindern der Ringspinnmaschine. Melliand Textilber. 44 (1963) 1185.

2. Die Baumwoll-Streckwerke

2.1 Die ersten Ansätze in der Entwicklung der Streckwerke

Bereits im 14. Jahrhundert sind in Italien Spinnapparate bekannt [1]. Sie unterscheiden sich insofern von den im Mittelalter gebräuchlichen Vorrichtungen, als sie eine industrielle Fertigung erlaubt hätten. Als Beweis hierfür dürften zwei Skizzen LEONARDO DA VINCIS gelten, die für damalige Verhältnisse sehr vollkommene Maschinen darstellen. Zu einer wesentlichen Umgestaltung der Handspinnerei haben diese Maschinen jedoch nicht geführt. Es blieb England vorbehalten, den Grundstein für den Ausbau der Spinnerei zu legen. Der Deutsche LEWIS (LOUIS) PAUL kannte die aus Italien nach Deutschland gekommenen Spinnapparate und konstruierte im Jahre 1738 in England einen „Continuespinner", der auch „Watermachine" genannt wurde (Abb. 47).

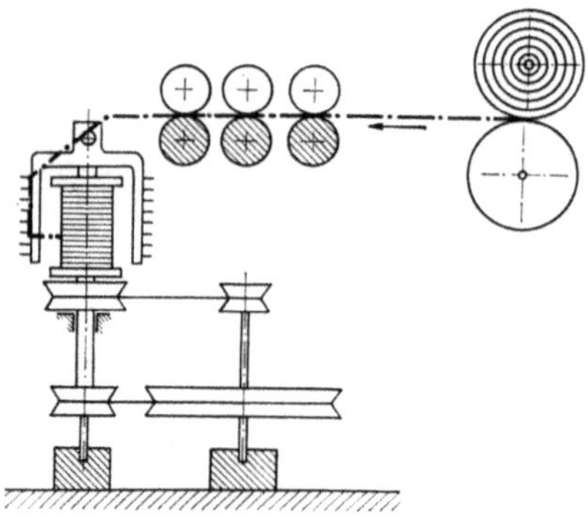

Abb. 47. Schema der ersten Spinnmaschine nach L. PAUL [2]

Diese Maschine enthielt als Grundelemente Walzenpaare, wobei jedes Walzenpaar mit größerer Umfangsgeschwindigkeit als das vorhergehende lief, sowie eine Spindel zum Drahtgeben und zum gleichzeitigen Aufwinden. Damit ist LEWIS PAUL als Vater der Spinnmaschine und des Streckwerks anzusehen [3].

Bereits im Jahre 1742 waren in Birmingham Spinnmaschinen mit 250 Spindeln nach dem System von LEWIS PAUL in Betrieb. Die Maschinen wurden von zwei Eseln getrieben und von zehn Mädchen bedient. Diese Versuche nahmen jedoch keinen gedeihlichen Fortgang. Die Spinnmühle mußte schon im Jahre 1743 wieder geschlossen werden. Auch eine später in größerem Maßstab in Northampton erbaute Spinnerei konnte nicht fortbestehen.

Die nächsten beiden entwickelten Spinnmaschinen besaßen kein Streckwerk als Verzugseinheit. Zunächst baute JAMES HARGREAVES, ein erfinderischer Weber aus Standhill bei Blackburn, im Jahre 1760 eine Maschine mit acht Spindeln, die er nach seiner Tochter Jenny „Spinning-Jenny" nannte. Seine Erfindung hatte das Handspinnrad mit flügelloser Spindel zum Vorbild. Die Maschine wurde bald so weit vervollkommnet, daß ein Mädchen 80 bis 120 Spindeln bedienen konnte.

Das Streckwerk wurde durch eine fahrbare Presse ersetzt, die das Material an die Spindeln heranführte. Die Wirkungsweise dieser Maschine ist aus der Abb. 48 gut zu ersehen.

Die HARGREAVESsche „Jenny" wurde im Jahre 1772 von COUIAH WOOD geändert. WOOD lagerte die Spindeln in einem Wagen. Feststehende Walzen lieferten das Garn. Diese Maschine nannte WOOD „Billy" (Abb. 49).

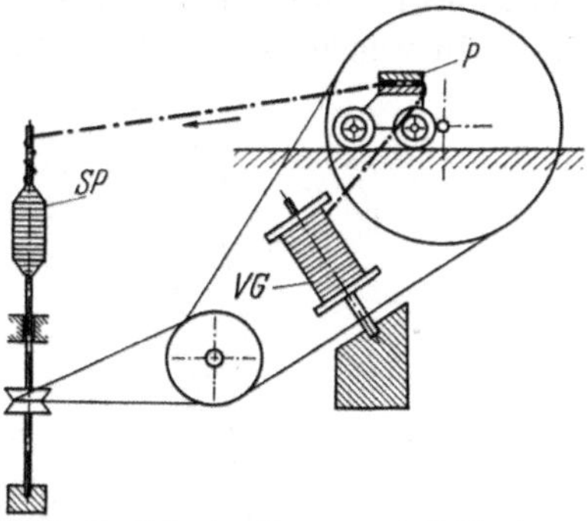

Abb. 48. Spinning-Jenny nach J. HARGREAVES (1765) [2]
P Presse; *SP* Spindel; *VG* Vorgarn

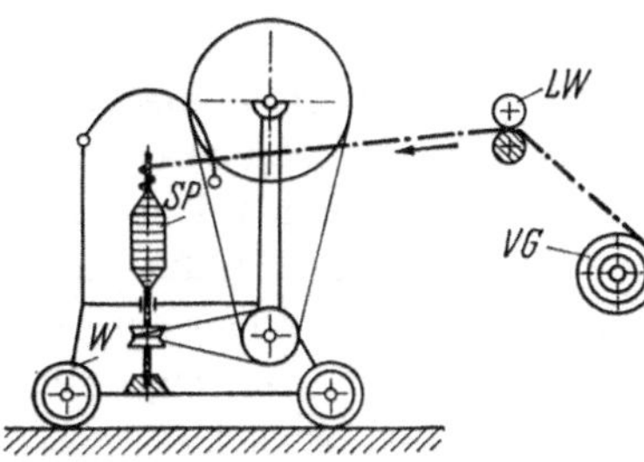

Abb. 49
Billy-Maschine nach C. WOOD (1772) [2]
LW Lieferwalzen; *SP* Spindel; *VG* Vorgarn; W Wagen

In den Jahren 1767/69 entwickelte RICHARD ARKWRIGHT eine Spinnmaschine, die er sich im Jahre 1769 patentieren ließ (Abb. 50). Er verband dabei die von PAUL erfundenen Walzenpaare mit der früher in Deutschland benutzten Flügelspindel des JÜRGENSschen Spinnrades. Damit kam er auf den Grundgedanken von PAUL zurück, dessen Maschine er nur in unwesentlichen Teilen änderte, im großen und ganzen aber viel roher und unrationeller baute. Trotzdem hatte seine Konstruktion einen wesentlich größeren Erfolg als die von PAUL, was in erster Linie auf sein rücksichtsloses Geschäftsgebaren zurückzuführen war. Während ARKWRIGHT jede Patentverletzung verfolgte, erhob PAUL nie Einspruch.

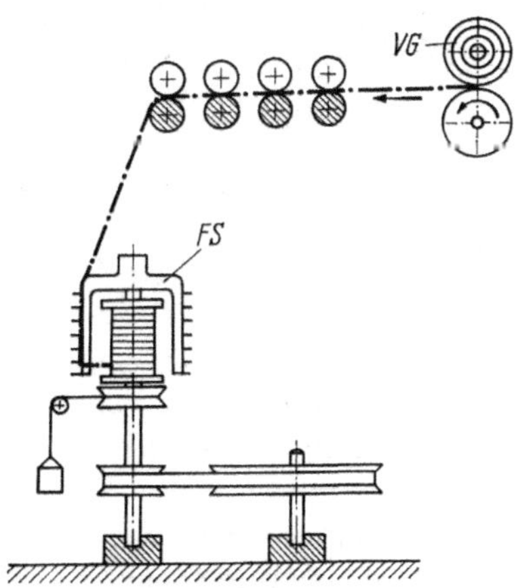

Abb. 50. Spinnmaschine nach R. ARKWRIGHT (1769) [2]
FS Flügelspindel; *VG* Vorgarn

Es ist SAMUEL CROMPTON zu verdanken, daß sich die Erfindung PAULS endgültig durchsetzen konnte. CROMPTON schuf im Jahre 1775 eine neue Konstruktion, in der die (ursprünglich PAULschen) Walzenpaare der ARKWRIGHTschen Water-Maschine mit dem Spindelwagen der Billy-Maschine verbunden wurden (Abb. 51). CROMPTON nannte sie Mule-Jenny oder auch Mulemaschine (von Mule: Maultier).

Fast ein ganzes Jahrhundert verrichtete das PAULsche Streckwerk seine Dienste. Selbst nach dem ersten Weltkrieg war das einfache Dreiwalzen-Streckwerk noch in den Baumwollspinnereien anzutreffen, um dann in relativ kurzer Zeit durch andere Konstruktionen ersetzt zu

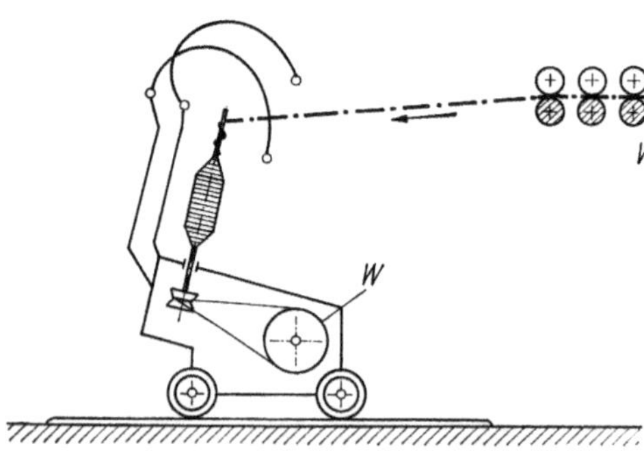

Abb. 51. Mule-Jenny nach S. CROMPTON (1779) [2]
VG Vorgarn; *W* Wagen

werden. Welch große Bedeutung dieses Streckwerk einst für die klassische Baumwollspinnerei hatte, geht heute noch aus der Bezeichnung „Dreizylinderspinnerei" hervor.

In der zweiten Hälfte des 19. Jahrhunderts setzte eine Entwicklung ein, mit der vor allem eine Verbesserung der Garngleichmäßigkeit angestrebt wurde. Im Zuge dieser Entwicklung schuf der Amerikaner JIM FULLER im Jahre 1868 das erste Durchzugs-Streckwerk (Abb. 52). Aus der amerikanischen Patentschrift geht eindeutig hervor, daß dieses Streckwerk nicht für höhere Verzüge vorgesehen war. Die Faserführung sollte verbessert werden, damit das Garn gleichmäßiger ausfiel.

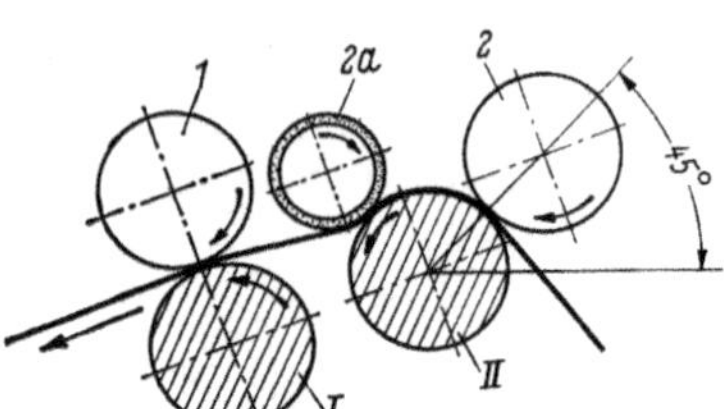

Abb. 52. Durchzugs-Streckwerk nach J. FULLER (1868) [4]

Das Streckwerk besteht aus zwei Unter- und aus drei Oberwalzen, von denen die Walze *2a* als Durchzugswalze dient. Die Anordnung entspricht etwa dem heutigen Zweiwalzen-Streckwerk. Nach FULLERS Angaben wog die Durchzugswalze *2a* (Holz mit Eisenkern) 42 bis 88 g bei einem Durchmesser von 16 mm; der Abstand des Durchzugspunktes vom Ausgangswalzenklemmpunkt betrug 21 bis 22 mm.

Vorrichtungen dieser Art können auch einer Erhöhung des Verzuges zugute kommen. Das wurde jedoch erst später erkannt und erstmalig 1902 von JOHANNSEN ausgesprochen.

Nachdem 1828 von JENKS und unabhängig davon 1849 von VIMENT-SYKES die Ringspinnmaschine erfunden war und für die Praxis Bedeutung erlangte, wurde ständig versucht, das Streckwerk zu verbessern. Die englische Maschinenfabrik „Lord Brothers Todmorden" brachte im Jahre 1906 ein Streckwerk heraus, durch das die Fadenbruchzahl stark reduziert werden konnte. Die Streckfeldebene dieser Konstruktion war gebrochen. Die Eingangs- und die Mittelwalze lagen in einer horizontalen Ebene, während die Ausgangswalze tiefer angeordnet war. Dadurch wies das Hauptverzugsfeld eine Neigung auf. Der Draht gelangte näher an die Klemmlinie der Ausgangswalzen. Die Fadenbruchzahl sank, da das Spinndreieck kleiner wurde.

Revolutionierend wirkte die Erfindung des JANNINKschen Durchzugs-Streckwerks im Jahre 1910. JANNINK zeigte, daß ein gleichmäßiges Garn auch bei höheren Verzügen hergestellt werden kann, wenn das Vorgarn schwach gedreht ist. Das JANNINK-Streckwerk arbeitete ohne Vorverzug. Dieser Mangel wurde bald durch den Bau von Vierwalzen-Streckwerken behoben.

2.2 Das Streckwerk von Jannink und seine Weiterentwicklungen

Im Jahre 1912 meldeten RICHARDS und HINDS ein Streckwerk zum Patent an (DRP 282693 von 1915), das ebenfalls der Verzugserhöhung hätte dienen können (Abb. 53). Dieser Erfindung liegt die Idee zugrunde, den Abstand zwischen den Klemmpunkten der Ausgangswalzen und der Mittelwalzen zu verringern, derart, daß die Streckfeldweite kleiner als die mittlere Länge der Fasern ist. Die Oberwalze *2* ist als leichte, hohle Durchzugswalze ausgebildet, damit keine Fasern zerrissen werden. Sie wird von den Fasern bewegt. Dieser Konstruktion war noch kein außergewöhnlicher Erfolg beschieden, weil RICHARDS und HINDS den Verzug nicht erhöhten. JANNINKS Verdienst ist es, die in dieser Anordnung des Streckwerks liegenden Möglichkeiten einer Verzugserhöhung klar erkannt zu haben.

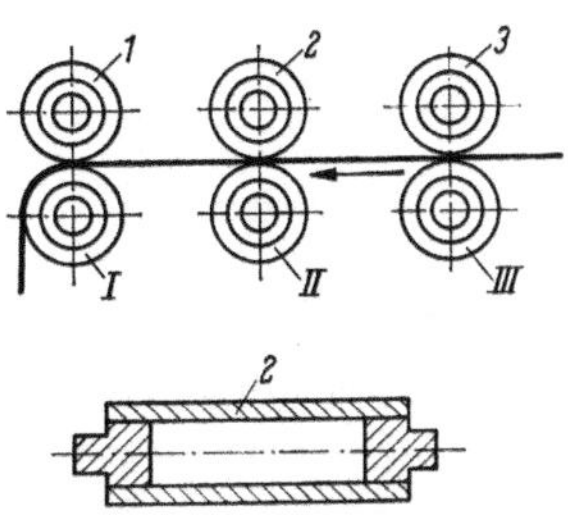

Abb. 53. Durchzugs-Streckwerk nach A. J. RICHARDS und P. J. HINDS – DRP 282693 von 1915, patent. vom 25. 6. 1912 an

Unabhängig von JANNINK schufen die Italiener CESONI und LIRUSSI fast zur gleichen Zeit ein Streckwerk nach dem Durchzugsprinzip (DRP 360070 von 1922). Die Abb. 54 stellt den Vorschlag der beiden Italiener dar. Dieses Patent ist mit dem Hauptpatent von JANNINK identisch. Beide Entwicklungen erfolgten jedoch unabhängig voneinander. Da CESONI und LIRUSSI ihre Erfindung bereits 1914 in Italien anmeldeten, erhoben sie einen Anspruch auf Priorität. Die Italiener versuchten, zwei beim Durchzugs-Streckwerk auftretende Probleme zu lösen. Das Anheben der Durchzugswalze durch den Faserverband vermieden sie, indem sie das Walzenpaar *II/2* höher anordneten. Gleichzeitig schlugen sie für die dünne Unterwalze *II* einen Einzelantrieb vor, der an jeder Stanzenteilung über die Ausgangswalze erfolgen sollte. Dadurch mußte allerdings eine stärkere Belastung der Ausgangswalze in Kauf genommen werden. Als sehr nachteilig erwies sich, daß dicke Stellen im Vorgarn praktisch nicht verzogen wurden, während dünne Stellen zu Fadenbrüchen führten.

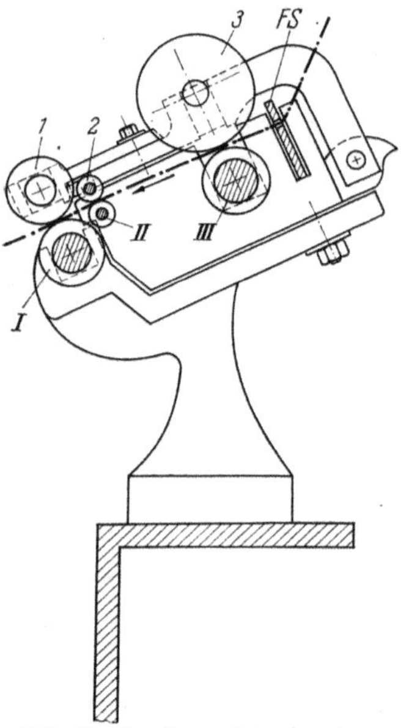

Abb. 54. Durchzugs-Streckwerk nach F. CESONI und A. LIRUSSI – DRP 360070 von 1922, patent. vom 9. 5. 1920 an
FS Führungsschiene

Das Streckwerk von JANNINK [DRP 292351 von 1916 (Abb. 55)] wurde in Deutschland viel verwendet. Es war einfach und konnte durch geringfügige Änderungen aus dem gebräuchlichen Dreiwalzen-Streckwerk hergestellt werden. In der Patentschrift weist JANNINK darauf hin, daß bei der Anwendung des Durchzugs höhere Verzüge erzielbar sind. Für seine Konstruktion gibt er dabei einen 10- bis 50fachen Verzug an. Die Klemmwirkung des Walzenpaares *III/3* wird durch Eigenbelastung erzeugt; für das Walzenpaar *I/1* erfolgt sie durch Gewichtsbelastung. JANNINK gibt in der Patentschrift verschiedene Ausführungsformen für das Mittelwalzenpaar an. Er hält jedoch die Anordnung nach der Abb. 55c für die beste Lösung. Die Unterwalze *II* hat einen kleinen Durchmesser (12 bis 16 mm), damit der Abstand des Durchzugspunktes von den Ausgangswalzen klein gehalten werden kann. Sie ist mit einer Durchzugswalze von 60 bis 100 g Gewicht belastet. Durch diese Anordnung war es JANNINK möglich, die schwimmenden Fasern teilweise unter Kontrolle zu bringen. Da das zu verziehende Fasermaterial nur am Eingangs- und am Ausgangswalzenpaar geklemmt wurde, arbeitete das Streckwerk lediglich mit einem

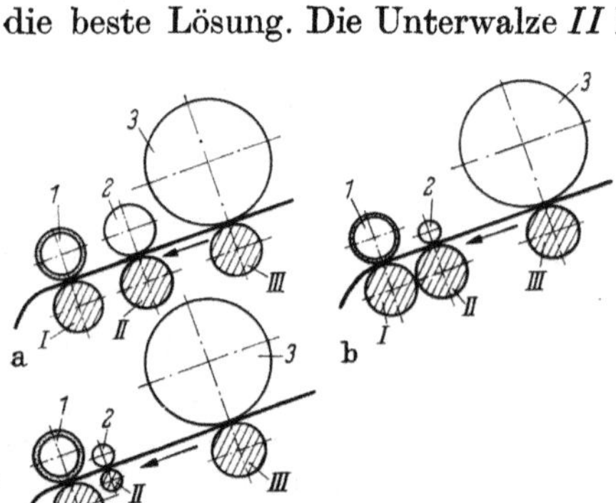

Abb. 55a–c
Durchzugs-Streckwerke nach J. F. JANNINK – DRP 292351 von 1916, patent. vom 30. 3. 1915 an
a–c Verschiedene Ausführungsformen der Walzen *II/2*

Verzugsfeld. Der Vorverzug entfiel. Dadurch entstanden Nachteile. Die Andreher des Vorgarns wurden nicht mehr einwandfrei verzogen. Die Flyerlunte mußte sehr schwach gedreht werden, weil sonst ein schnittiges Garn entstand. Wenig gedrehte Vorgarne ergaben andererseits sowohl am Flyer als auch an der Ringspinnmaschine Luntenbrüche. Ein weiterer Nachteil war die schwache Ausbildung der Unterwalze *II*. Da Ringspinnmaschinen in der Regel 12 bis 16 m lang sind, war eine derart dünne Walze den auftretenden Torsionsspannungen nicht gewachsen. Hinzu kommt noch, daß die leichte Durchzugswalze von dem Faserverband einen zusätzlichen Drehungsimpuls erhielt [5]. Hierdurch wurde das Gespinst ungleichmäßig. Bei neuen Maschinen wurde das Streckwerk zumeist mit gebrochener Streckfeldebene ausgeführt, so daß der Faserverband die Durchzugswalze nicht anheben konnte. Da außerdem die Lunte länger auf der Unterwalze auflag, ließ sich die Faserführung verbessern.

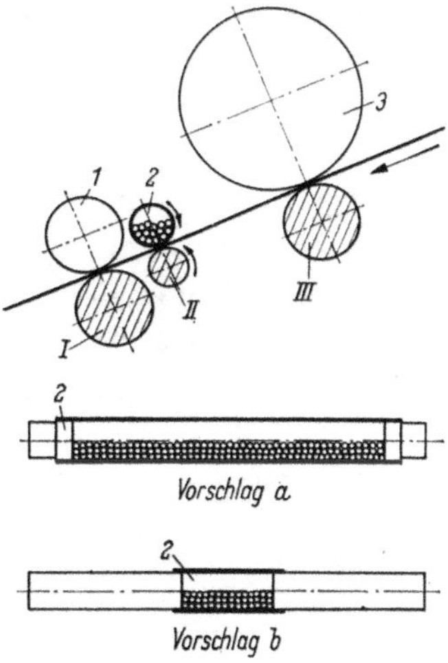

Abb. 56. Durchzugs-Streckwerk nach O. Reinhardt – DRP 303860 von 1919, patent. vom 8. 9. 1917 an
Die Durchzugswalze 2 ist mit Schrot gefüllt

Trotz der Mängel, die das Jannink-Streckwerk aufwies, erfreute sich diese Konstruktion rasch großer Beliebtheit. Man war nicht bereit, das Durchzugs-Streckwerk sogleich wieder aufzugeben. Vielmehr wurden im Laufe der Zeit zahlreiche Verbesserungen vorgeschlagen, durch die vor allem dem zusätzlichen Drehungsimpuls der Durchzugswalze entgegengewirkt werden sollte.

Ein erster Vorschlag, den Lauf der Durchzugswalze zu vergleichmäßigen, stammt von Reinhardt (DRP 303860 von 1919; Abb. 56). Reinhardt verwendet eine schrotgefüllte Hohlwalze. Die Schrotkugeln bewirken eine Verlagerung des Schwerpunktes unter die Mittellinie der Walze. Dreht sich die Walze *2*, muß die Schrotfüllung mit gehoben werden und erzeugt durch ihr Gewicht ein Drehmoment, das dem Drehimpuls entgegenwirkt. Die Durchzugswalze von Reinhardt wird auch als „Beharrungswalze“ bezeichnet.

Erwähnenswert ist auch die Anordnung nach Lohr (DRP 372625 von 1923; Abb. 57). Lohr schlägt vor, die der normalen Drehung überlagerte oszillierende Bewegung der Durchzugswalze mit Hilfe einer Wirbelstrombremse zu dämpfen. Er ordnet seitlich von der Durchzugswalze eine elektrische Wirbelstrombremse an, deren Magnete *M* auf eine Bremsscheibe *BS* wirken, die mit der Walze verbunden ist. Die verschiedenen erforderlichen Bremsmomente lassen sich durch eine radiale Verstellung der Magnete erzeugen. Allerdings ist eine derartige Anlage kostspielig und gegen Verflusung sehr empfindlich. Aus diesen Gründen wurde die Wirbelstrombremse nicht in den Spinnereien verwendet.

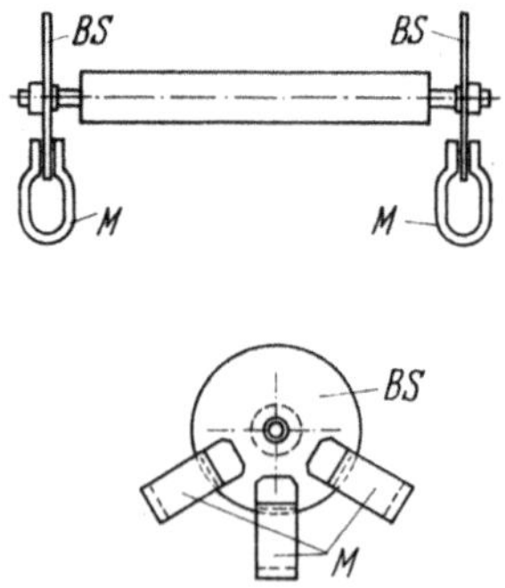

Abb. 57. Wirbelstrombremse für Durchzugswalze nach C. A. LOHR und Deutsche Werke AG. – DRP 372625 von 1923, patent. vom 20. 8. 1922 an

BS Bremsscheibe; *M* Magnet

Abb. 58
Riffelzahnung für die Durchzugswalze nach O. JOHANNSEN – DRP 372823 von 1923, patent. vom 5. 8. 1922 an

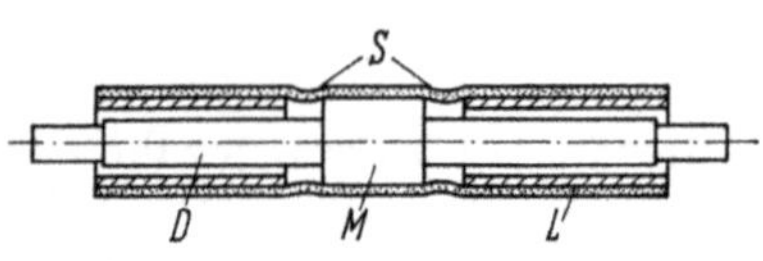

Abb. 59. C. S. L.-Durchzugswalze mit Federung nach R. COTTAM, T. SEFTON und J. E. LEES – DRP 394904 von 1924, patent. vom 21. 1. 1923 an

D Dorn; *L* Lederhülse; *M* Mittelstück; *S* Falte im Leder

JOHANNSEN versieht die Durchzugswalze des JANNINK-Streckwerks seitlich mit Zähnen, die formschlüssig in die Riffelung der Unterwalze eingreifen (DRP 372823 von 1923; Abb. 58). Dadurch kommt der Drehungsimpuls nicht zur Auswirkung. Die Garne fallen glatter und gleichmäßiger aus. Als weitere Vorteile gibt JOHANNSEN an:

1. Das Gewicht der Durchzugswalze kann kleiner sein als das Gewicht von glatten Walzen. Die Fasern werden geschont.

2. Die Walze braucht für verschiedene Einstellungen und Verzugsgrößen nicht ausgewechselt zu werden.

3. Die seitlichen Führungszapfen können im Durchmesser fast so stark wie die Walzen gehalten werden, da die größere Zapfenreibung bei der sicheren Mitnahme keine Rolle spielt. Die großen Zapfen wickeln weniger. Sie können durch dieselbe Putzwalze, welche die Walzenoberfläche rein hält, geputzt werden.

Eine Verwendung der Oberwalze mit seitlicher Verzahnung ist auf die Streckwerke beschränkt, deren Unterwalzen keine Differentialriffelung besitzen. Vielfach haben die Unterwalzen jedoch eine Differentialriffelung, weil hierdurch die Leder- bzw. Kunststoffbezüge der Druckwalzen und die Riemchen geschont werden.

Die Firma Platt Bros. Sales Ltd. hat sich ebenfalls bemüht, die Schwierigkeiten zu beseitigen, die durch den Drehimpuls auftraten. Sie brachte den sogenannten „flexible covering roller", System C. S. L., heraus (DRP 394904 von 1924; Abb. 59). C, S und L sind die Anfangsbuchstaben der Erfindernamen COTTAM, SEFTON und LEES. Bei dem „flexible covering roller" wird eine Lederhülse *L* in der Mitte von dem verstärkten Mittelstück *M* des Dornes *D* gehalten. Die Lederhülse bildet an den Stellen *S* eine nachgiebige, lose Falte. Überträgt das durchlaufende Fasermaterial einen Drehimpuls auf die Hülsen, so wird dieser durch die Lederfalte aufgefangen und gedämpft. Die Arbeitsweise der Walze soll zufriedenstellend gewesen sein.

PRIEBSCH ersetzt die Durchzugswalze durch eine Kugel *KU*, die in einer Eindrehung der Mittelwalze II gelagert ist (DRP 315826 von 1919; Abb. 60). Das Gewicht der Kugel *KU* wird den Verzugsbedingungen angepaßt.

In dem deutschen Patent 319273 schlägt BRÜGGEMANN u. a. vor, die Mitteldruckwalze durch eine Mulde *MU* zu ersetzen (Abb. 61). Die Mittel-

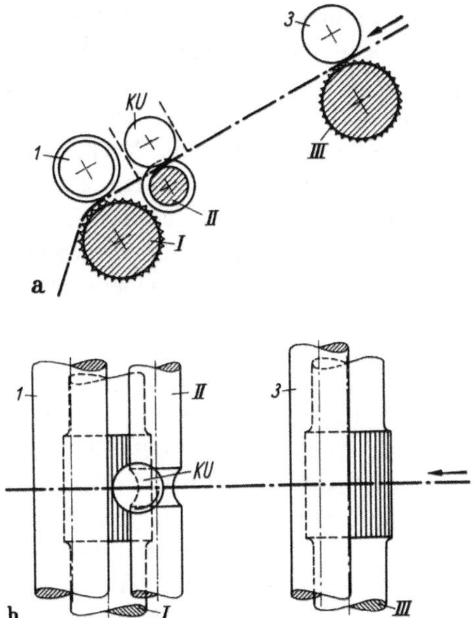

Abb. 60 a u. b. Durchzugs-Streckwerk nach R. PRIEBSCH – DRP 315826 von 1919, patent. vom 7. 10. 1916 an
a Seitenansicht; *b* Draufsicht; *KU* Kugel

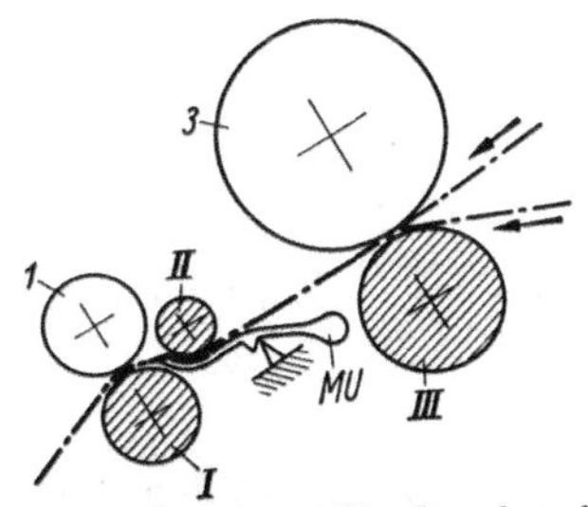

Abb. 61. Durchzugs-Streckwerk nach H. BRÜGGEMANN – DRP 319273 von 1920, patent. vom 25. 8. 1916 an
MU Mulde

walze II ist höher gelegt, so daß die Mulde *MU* unterhalb der Mittelwalze II angebracht werden kann. Das Streckwerk entstand zu Beginn des ersten Weltkrieges. BRÜGGEMANN beabsichtigte, auf dem Streckwerk den langen Fasern kurze Abfallfasern beizumischen. Die Mulde *MU* soll die kurzen Fasern führen.

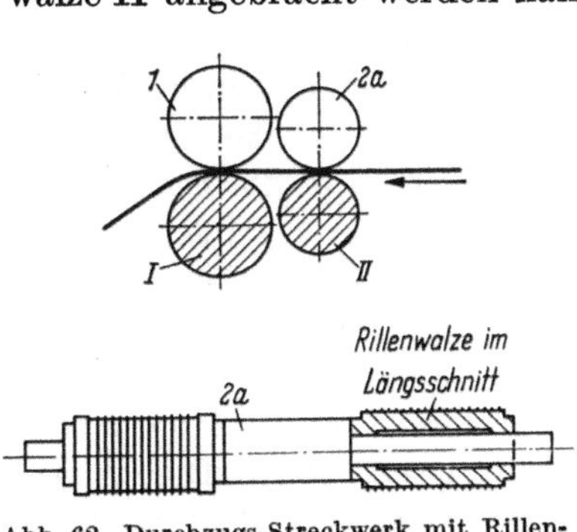

Abb. 62. Durchzugs-Streckwerk mit Rillenwalze der Firma Gebr. Mühlen & Cie. – DRP 305017 von 1919, patent. vom 21. 7. 1916 an

Eine andere Durchzugswalze, die nicht der Aufhebung des Drehimpulses, sondern vielmehr einer Verbesserung des Verzugsvorganges dienen soll, stammt von der Firma Gebr. Mühlen & Cie. (DRP 305017 von 1919; Abb. 62). Die Walze ist auf ihrem Umfang mit Rillen versehen, in die sich das Fasermaterial während des Verzuges einlegt. Die Kontrolle der Fasern wird dadurch verbessert. Im Zusammenhang mit dieser Rillenwalze ist das Streckwerk der Firma Krupp zu erwähnen, die sich auch mit dem Bau von Spinnereimaschinen befaßte. WERNING entwickelte das Streckwerk für die Ringspinnmaschine (DRP 415670 von 1925; Abb. 63). Er legte das Walzenpaar *II*/*2* tiefer. Die Fasern werden dadurch in die Rillen der Durchzugswalze *2* eingezogen. Als Nachteil ist das Anheben der Oberwalze zu vermerken. Da WERNING für das Streckwerk keine hohen Verzüge vorgesehen hatte, konnte er die Oberwalze *2* schwerer machen als normal und damit dem durch die Fasern hervorgerufenen Zug entgegenwirken.

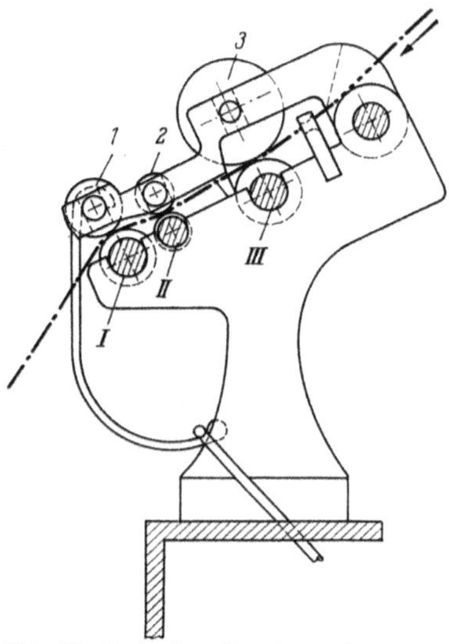

Abb. 63. Dreiwalzen-Durchzugs-Streckwerk mit tiefer liegendem Durchzugswalzenpaar der Firma Friedrich Krupp AG. – DRP 415670 von 1925, patent. vom 23. 11. 1921 an

In drei weiteren Patenten (DRP 472897; DRP 474843; DRP 540126; Abb. 64) gibt v. TRÜMBACH Verbesserungen für die Rillenwalze an. Interessant sind dabei die Ausführungen nach den Abb. 64b und d. v. TRÜMBACH ersetzt die mit Rillen versehene Brücke nach der Abb. 64a durch die zwei Durchzugswalzen *2a* und *2b*. Diese Anordnung ermöglicht es, die Belastung der Durchzugswalzen auf eine einfache Art zu erhöhen.

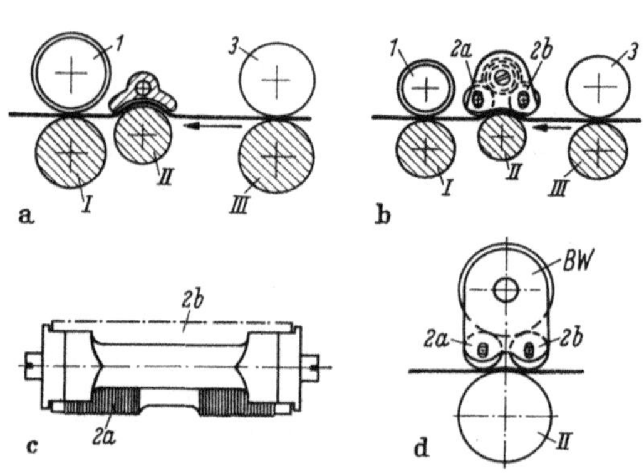

Abb. 64a–d. Durchzugs-Streckwerke mit Doppelrillenbrücke nach J. v. TRÜMBACH
a Rillenbrücke nach DRP 472897 von 1929, patent. vom 2. 2. 1928 an; b u. c Brücke mit zwei Rillenwalzen nach DRP 474843 von 1929, patent. vom 24. 8. 1928 an; d Mittelwalzen des Doppelroller-Streckwerkes nach DRP 540126 von 1931, patent. vom 28. 1. 1931 an
BW Belastungswalze

JANNINK selbst verbesserte sein Streckwerk noch einmal im Jahre 1919 (DRP 352830; Abb. 65), indem er die Durchzugswalze mit einer zusätzlichen Walze belastet und auf diese Weise einige wesentliche Vorteile erzielt. Die im Hauptpatent geschützte Durchzugswalze *2a* ist dünner als bei der älteren Konstruktion. Der Abstand bis zum Durchzugspunkt wird dadurch sehr gering. Der Gewichtsverlust wird durch die direkt aufliegende Oberwalze *2b* ausgeglichen, die je nach den spinntechnischen Erfordernissen durch eine schwerere bzw. durch eine leichtere Oberwalze ausgewechselt werden kann. Diese Anordnung wirkt zusätzlich dem auf die kleine Durchzugswalze ausgeübten Drehimpuls entgegen. Die Durchzugswalze *2a* ist gegenüber der Unterwalze in Richtung auf die Ausgangswalzen verschoben.

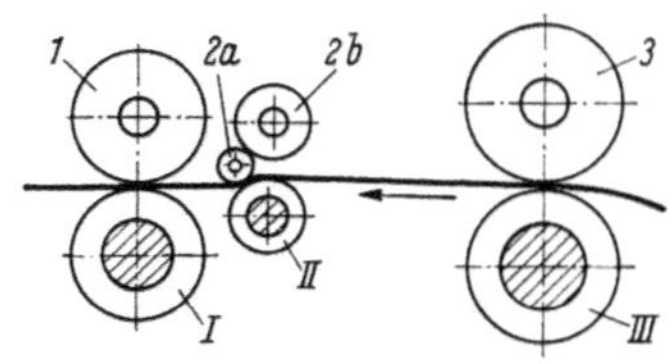

Abb. 65. Walzen-Streckwerk nach J. F. JANNINK — DRP 352830 von 1922, patent. vom 12. 4. 1919 an

Das JANNINK-Patent DRP 311660, das im Jahre 1916 angemeldet wurde, liefert das erste in der Literatur auffindbare Beispiel für die Verwendung eines Verdichters (Abb. 66). Zwischen den Mittel- und Ausgangswalzen befindet sich eine Gabel *G*, die das Faserband verdichtet. Dadurch soll das gesponnene Garn gleichmäßiger und glatter ausfallen.

So gute Dienste das Streckwerk von JANNINK auch geleistet hat, es konnte auf die Dauer den steigenden Anforderungen nicht mehr gerecht werden. Der größte Nachteil war das Fehlen eines Vorverzuges. Vom JANNINK-Streckwerk ausgehend, treten in der Folgezeit zwei neue Entwicklungsrichtungen auf. Das Ergebnis der einen Richtung ist der Bau von Doppelroller-Streckwerken; eine zweite Entwicklungsrichtung wurde durch TOENNIESSEN eingeleitet, der das JANNINK-Streckwerk zum Vierwalzen-Durchzugs-Streckwerk erweiterte.

a

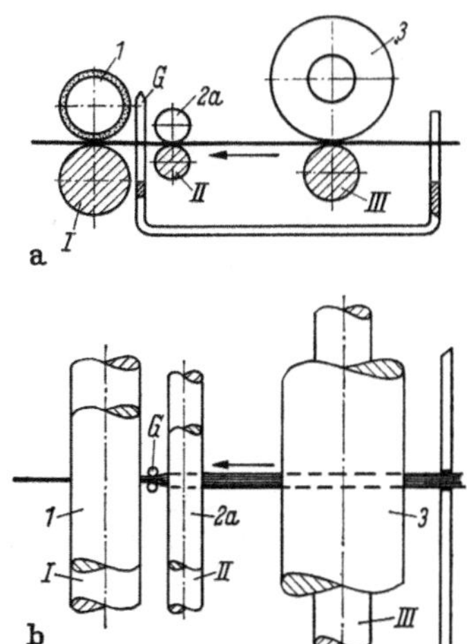

b

Abb. 66 a u. b. Durchzugs-Streckwerk nach J. F. JANNINK mit Verdichtergabel — DRP 311660 von 1919, patent. vom 25. 11. 1916 an
a Seitenansicht; b Draufsicht
G Verdichtergabel

2.3 Die Riemchen-Streckwerke

2.3.1 Die geschichtliche Entwicklung der Riemchen-Streckwerke

Die Entwicklung der Riemchen-Streckwerke begann um das Jahr 1885. Im Jahre 1887 erhielten RICHARD SEHRKE und ADOLF WALSER aus Berlin vom Kaiserlichen Patentamt das deutsche Patent 40465, in dem sie die Verwendung eines Lederriemchens als Hilfsmittel beim Verzug anregten (Abb. 67) [*6*]. Das Vorgarn wird unter leichtem Druck durch die Walze *BW* auf das Laufleder *L* gedrückt und von diesem den Ausgangswalzen *I*/*1* zugeführt.

Die Verzugsfeldlänge zwischen den Ausgangswalzen und dem Lederband mit der Walze *BW* ist kleiner als die Stapellänge des zu verarbeitenden Materials. Die Walze *BW* arbeitet als Durchzugswalze. Durch Drehen der Stange *ST* kann die Verzugsfeldlänge dem jeweils zu verarbeitenden Material angepaßt werden. Der Klemmdruck der Walze *BW* wird durch das Gewicht *G* erzeugt. Das Laufleder *L* führt das Fasergut nahe an das Ausgangswalzenpaar heran.

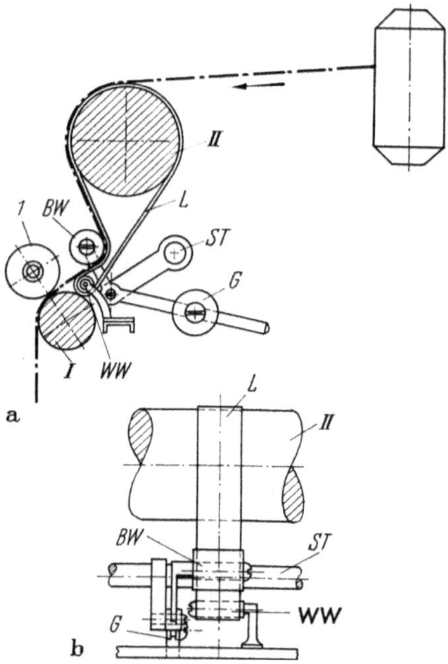

Abb. 67a u. b. Einriemchen-Streckwerk nach R. SEHRKE und A. WALSER – DP 40465 von 1887, patent. vom 19. 2. 1887 an
a Seitenansicht; b Riemchenführung, Draufsicht
BW Belastungswalze; *G* Gewicht; *L* Laufleder; *ST* Stange; *WW* Wendewalze

Welche Bedeutung das Riemchen für den Streckwerkbau erlangen sollte, werden die Erfinder kaum geahnt haben. Doch bringen sie die Erkenntnis über die besondere Eignung eines Riemchens als Führungsmittel in ihrer Patentschrift klar zum Ausdruck, indem sie schreiben:

„Der egale Verzug der Fasern wird noch dadurch unterstützt, daß das Gespinst, nachdem es zwischen dem Laufleder und der Walze *BW* hervortritt, von ersterem noch auf dem halben Wege bis zum Druckpunkte der Walzen *I*/*1* getragen wird, wodurch das der Faser eigene Auseinanderspringen bei der Verstreckung unmöglich gemacht wird."

Von einer nennenswerten Verbreitung des Streckwerks von SEHRKE und WALSER ist nichts bekannt. Die ungenügende Qualität der Lederriemchen dürfte wohl der größte Hemmschuh für die Verwirklichung ihrer Idee gewesen sein. Aus dem gleichen Grund scheiterten auch die Versuche von MEYER und PAILLAC kurz nach der Jahrhundertwende. Es ist vor allem der unermüdlichen Arbeit CASABLANCAS zu verdanken, der sich durch diese Schwierigkeiten nicht abschrecken ließ, daß sich die Riemchen-Streckwerke dennoch durchsetzten und heute allgemein verwendet werden. Er suchte in mannigfachen Variationen durch geeignete Spannvorrichtungen die Dehnbarkeit der Riemchen auszugleichen. Daher erscheinen seine ersten Entwürfe kompliziert. Im Laufe der Zeit hat CASABLANCAS aber seine Idee bis zur letzten Klarheit herausgearbeitet. Dies war nur dadurch möglich, daß auch das Material für die Riemchen verbessert wurde.

In der Folgezeit sind sehr viele Riemchen-Streckwerke konstruiert worden. Betrachtet man das Streckwerk von SEHRKE und WALSER als den Ursprung der Riemchen-Streckwerke, so ist dieses Streckwerk der Ausgangspunkt für drei Entwicklungsrichtungen:

1. CASABLANCAS,
2. MEYER-PAILLAC,
3. VANNI.

Bei dem Streckwerk von VANNI ist, wie später gezeigt wird, zusätzlich der Einfluß der Doppelroller-Streckwerke spürbar. Eine Abart des CASABLANCAS-Streckwerks ist die Konstruktion von LE BLAN-ROTH. Als Beweis dafür kann das CASABLANCAS-Patent DRP 296882 von 1917, patent. vom 23. 7. 1915 an, gelten. Auch JOHANNSEN [4] hat in seinem Handbuch der Baumwollspinnerei auf diese Ähnlichkeit hingewiesen. Eine direkte Weiterentwicklung des Streckwerks von MEYER und PAILLAC ist das Kepa-Streckwerk. Dies wird durch das Patent DBP 918077 von 1954 nach H. RENTMEISTER und P. KRAUSS, Firma Zinser Textilmaschinen GmbH, patent. vom 3. 10. 1951 an, besonders deutlich. Aus dem VANNI-Streckwerk wurden die Streckwerke der Firma Maschinenfabrik H. Weller, ehem. Firma Pfenningsberg, und der Firma Platt Bros. Sales Ltd. entwickelt. Das Streckwerk von SHAW, der sich in der Konstruktion eng an LE BLAN-ROTH anlehnt, läßt mit seiner Flächenführung auch den Einfluß von MEYER-PAILLAC erkennen.

2.3.2 Die Entwicklung des Casablancas-Streckwerks

Nachdem bereits im Jahre 1868 von FULLER und im Jahre 1903 von MEYER und PAILLAC die Möglichkeiten des Durchzugs erkannt und ausgesprochen wurden, setzten kurz nach der Jahrhundertwende eifrige Bestrebungen ein, die vorhandenen Möglichkeiten zu verwirklichen. So entwickelte JANNINK in Deutschland sein Durchzugs-Streckwerk mit der typischen leichten Durchzugswalze, während die Italiener CESONI und LIRUSSI davon ein Streckwerk nach dem gleichen Prinzip bauten. Diese Konstruktionen ließen sich leicht durch den Umbau der damals üblichen Dreiwalzen-Klemmstreckwerke in die Ringspinnmaschinen einfügen und erfreuten sich anfangs allgemeiner Beliebtheit. Daher ist es zu erklären, daß CASABLANCAS mit seinem zunächst komplizierten, jedoch wesentlich entwicklungsfähigeren Riemchen-Streckwerk in Deutschland nur schwer Fuß fassen konnte. CASABLANCAS hat aber das Verdienst, die Überlegenheit des Riemchen-Streckwerks erkannt und ihm damit Geltung verschafft zu haben. Mit großer Beharrlichkeit gelangte er über viele Zwischenstufen zu einem Streckwerk, das unter den bekannten Streckwerkstypen größte Verbreitung fand. Bereits der erste, im deutschen Patent DRP 263375 niedergelegte Entwurf zeigt die wesentlichen Merkmale des heute gebräuchlichen Zweiriemchen-Streckwerks (Abb. 68). Das Walzenpaar *II*/*2* treibt die Riemchen an, die über eine gekrümmte Leitplatte *LP* bzw. über ein System von Führungsrollen geleitet werden. Die Wendeschienen sind in ihren Abmessungen sehr klein gehalten, um das Fasergut mög-

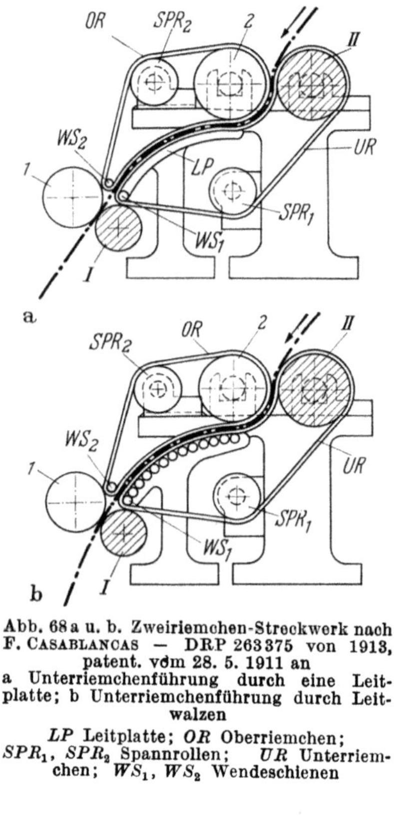

Abb. 68a u. b. Zweiriemchen-Streckwerk nach F. Casablancas — DRP 263375 von 1913, patent. vom 28. 5. 1911 an
a Unterriemchenführung durch eine Leitplatte; b Unterriemchenführung durch Leitwalzen
LP Leitplatte; *OR* Oberriemchen; SPR_1, SPR_2 Spannrollen; *UR* Unterriemchen; WS_1, WS_2 Wendeschienen

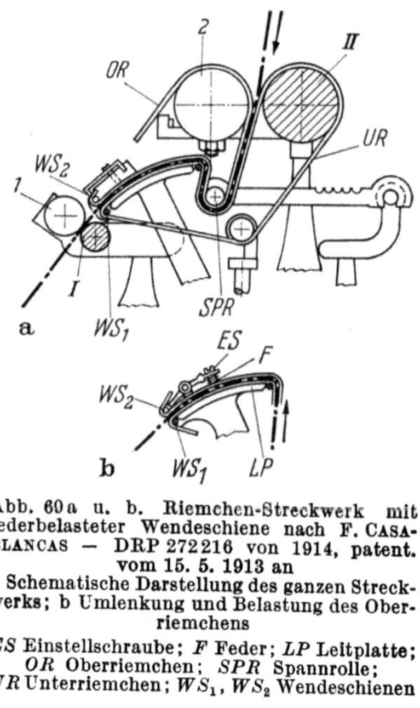

Abb. 69a u. b. Riemchen-Streckwerk mit federbelasteter Wendeschiene nach F. Casablancas — DRP 272216 von 1914, patent. vom 15. 5. 1913 an
a Schematische Darstellung des ganzen Streckwerks; b Umlenkung und Belastung des Oberriemchens
ES Einstellschraube; *F* Feder; *LP* Leitplatte; *OR* Oberriemchen; *SPR* Spannrolle; *UR* Unterriemchen; WS_1, WS_2 Wendeschienen

lichst nahe an die Lieferwalzen heranzubringen. Die Riemchenspannung läßt sich durch das Einsetzen einer anderen Leitplatte ändern und durch das Verstellen der Spannrollen SPR_1 und SPR_2 regeln. Das Streckwerk ist für die Verspinnung jeglichen Fasermaterials gedacht.

Im Zusatzpatent DRP 272216 gibt Casablancas eine Belastungsvorrichtung für die Wendeschiene WS_2 an (Abb. 69). Eine Feder *F*, deren Spannung durch die Einstellschraube *ES* reguliert werden kann, drückt das Oberriemchen auf das Unterriemchen. Gleichzeitig veränderte Casablancas die Führung der Laufriemchen. Die Riemchen werden mit Hilfe eines Gewichtes und der Spannrolle *SPR* dauernd nachgespannt. Die Lebensdauer der Riemchen wird jedoch durch die ständige Wechselbiegung stark herabgesetzt.

In der Abb. 70 ist das erste Streckwerk, das CASABLANCAS der Öffentlichkeit vorstellte, im Schema veranschaulicht. CASABLANCAS hatte es im Jahre 1912 in Spanien auf einer kleinen Ringspinnmaschine montiert. Das Verzugssystem besteht aus einer Zone mit zwei Riemchen, die mit Hilfe des Gewichtes *G* gespannt werden. Das Gewicht *G* belastet die Oberwalze *2*, die ihrerseits die lose Walze *II* auf die Walze W_1 drückt. Die Walzen W_1 und W_2 treiben das Riemchen *UR* an. Der Faserverband wird von der Oberwalze *2* sowie von dem Riemchen *OR* gegen die Platte *P* gepreßt und danach von den beiden Riemchen erfaßt. Diese werden durch verschiedene Führungsstangen umgelenkt, so daß das Streckfeld mehrfach gebrochen ist. Die Riemchen führen die Fasern bis dicht an den Ausgangsklemmpunkt. Auf diesem CASABLANCAS-Streckwerk sollen bis zu 80fache Verzüge erzielt worden sein.

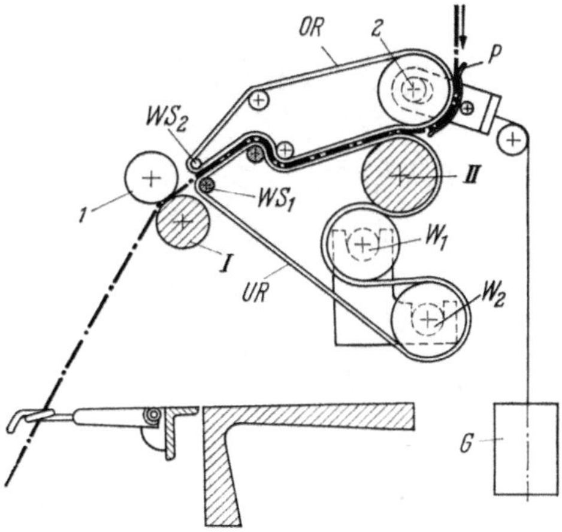

Abb. 70. CASABLANCAS-Riemchen-Streckwerk aus dem Jahre 1912

G Gewicht; *OR* Oberriemchen; *P* Platte; *UR* Unterriemchen; W_1, W_2 Antriebswalzen für das Unterriemchen; WS_1, WS_2 Wendeschienen

Mit dem deutschen Patent DRP 278993 beabsichtigte CASABLANCAS, die schlechte Zugänglichkeit seines Streckwerks zu beheben. Er ersetzte daher das Oberriemchen durch eine ruhende Führungsplatte *FP* (Abb. 71). Die Platte war auswechselbar und wurde der jeweiligen Stapellänge der Fasern angepaßt. Es zeigte sich jedoch, daß sich das Material besonders bei der Verarbeitung eines starken Vorgarns unter der Platte staute, so daß die Anordnung praktisch nicht verwendbar war. CASABLANCAS greift daher im deut-

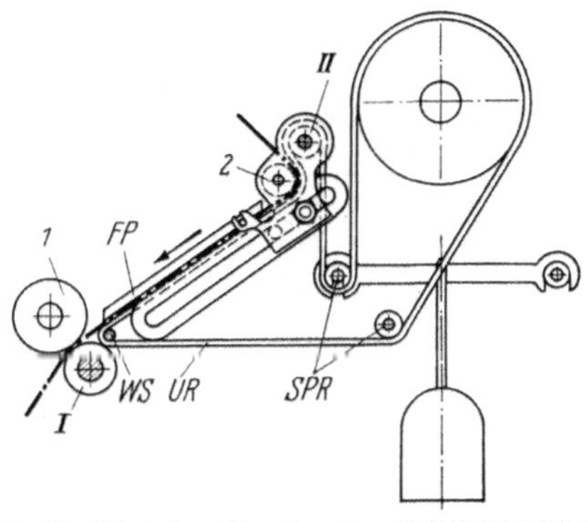

Abb. 71. Riemchen-Streckwerk mit Führungsplatte nach F. CASABLANCAS — DRP 278993 von 1914, patent. vom 15. 5. 1913 an

FP Führungsplatte; *SPR* Spannrolle; *UR* Unterriemchen; *WS* Wendeschiene

schen Patent DRP 294956 auf seine Grundkonstruktion zurück. Er vereinfacht die Riemchenführung, die auch für die modernen Riemchen-Streckwerke richtungsgebend ist (Abb. 72). Neben der Verein-

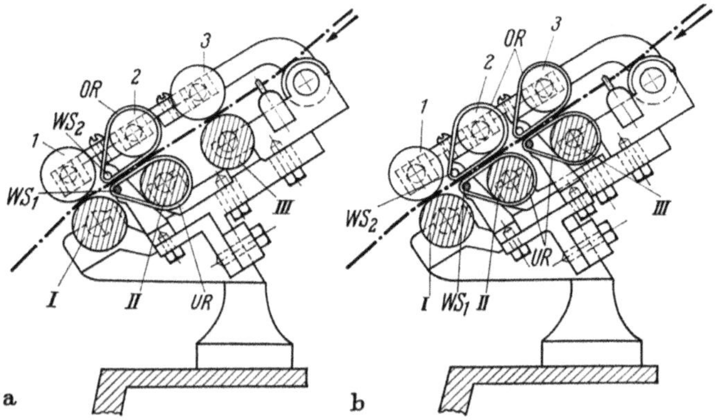

Abb. 72a u. b. Zweiriemchen-Streckwerk nach F. Casablancas mit Vorverzugszone — DRP 294956 von 1916, patent. vom 2. 3. 1914 an
a Ausführung mit einem Riemchenpaar; b Ausführung mit zwei Riemchenpaaren
OR Oberriemchen; *UR* Unterriemchen; WS_1, WS_2 Wendeschienen

fachung weist das Streckwerk erstmalig ein Vorverzugsfeld auf, das durch ein Walzenpaar mit oder ohne Riemchenpaar gebildet wird. Diese Konstruktion hatte, wie die von Jannink, den Vorteil, daß sie leicht aus dem seinerzeit üblichen Walzen-Klemmstreckwerk hergestellt werden konnte. Dennoch konnte sich das Streckwerk zu Anfang nur im Heimatlande Casablancas, in Spanien, ausbreiten. Dort waren allerdings bereits im Jahre 1924 fast sämtliche Spinnereien mit diesem Streckwerk ausgerüstet.

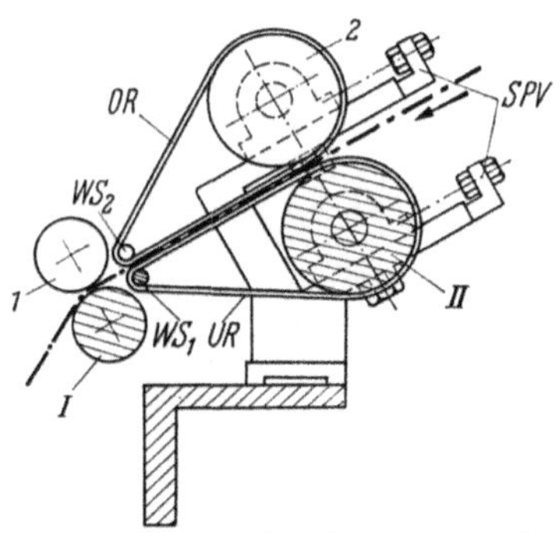

Abb. 73. Zweiriemchen-Streckwerk mit zwei Gummiriemchen und einer Verstellvorrichtung für die Riemchenwalzen nach F. Casablancas — DRP 295011 von 1916, patent. vom 2. 9. 1914 an
OR Oberriemchen; *SPV* Spannvorrichtung; *UR* Unterriemchen; WS_1, WS_2 Wendeschienen

In seinem Patent DRP 295011 kommt zum Ausdruck, daß die Riemchen der schwächste Teil des Streckwerks waren (Abb. 73). Casablancas schlägt vor, die Riemchen aus einem elastischen Material, z. B. Gummi, herzustellen. Dem Casablancas-Streckwerk ist erst mit der Einführung von derartigen Riemchen, die nicht so schnell unbrauchbar wurden, der endgültige Erfolg beschieden gewesen. Im Jahre 1915 waren jedoch noch keine geeigneten Riemchen entwickelt, die den Erfordernissen des Streckwerkbaus entsprachen. So kam Casablancas zu anderen

Konstruktionen, die der mangelhaften Beschaffenheit der Riemchen Rechnung tragen. Er greift in seinem Patent DRP 296882 auf eine ältere Ausführung (DRP 278993 von 1914, patent. vom 15. 5. 1913 an) zurück und ersetzt dabei die auf dem Vorgespinst ruhende Platte durch eine Reihe von Führungswalzen (Abb. 74a), deren Anzahl sich nach der Stapellänge der Fasern richtet. Unterschiede in der Riemchenspannung, die durch Veränderung des Walzenabstandes beim Übergang auf ein Material anderer

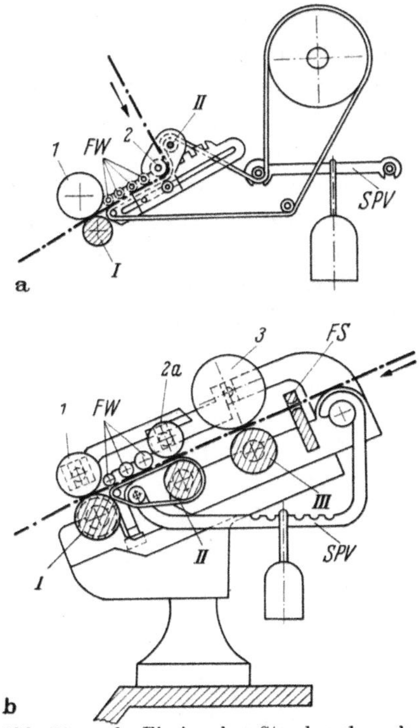

Abb. 74a u. b. Einriemchen-Streckwerk nach F. Casablancas. Das Oberriemchen ist durch Führungswalzen ersetzt – DRP 296882 von 1917, patent. vom 23. 7. 1915 an
a langes Unterriemchen; b kurzes Unterriemchen
FS Führungsschiene, *FW* Führungswalzen; *SPV* Spannvorrichtung

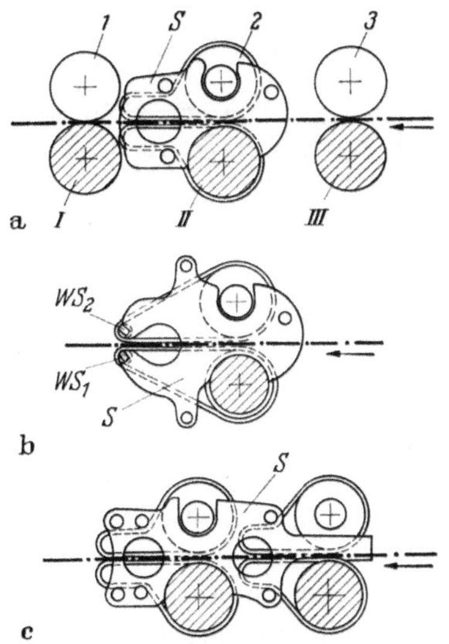

Abb. 75a–c. Käfige für das Riemchen-Streckwerk nach F. Casablancas – DRP 300870 von 1917, patent. vom 7. 1. 1917 an
a–c Verschiedene Ausführungsformen des Käfigs
S Seitenteile des Käfigs; WS_1, WS_2 Wendeschienen

Stapellänge oder auch durch Ermüdung des Riemchens entstehen, werden durch eine Spannvorrichtung *SPV* ausgeglichen. In der Abb. 74b wird eine vereinfachte Anordnung für das Unterriemchen angeführt. Auffallend an dieser Konstruktion ist, daß sie den Gedanken des Patentes von Le Blan-Roth bereits in sich birgt. Denn sowohl das selbstspannende Unterriemchen als auch die oberen Führungs- und Durchzugswalzen sind als charakteristische Merkmale vorhanden.

Eine wesentliche Verbesserung bringt Casablancas mit seinem Patent DRP 300870 aus dem Jahre 1917. Er gibt den Riemchen eine Käfigführung, die ein seitliches Verlaufen der Riemchen verhindert (Abb. 75). Die Seitenteile *S* des Käfigs werden durch die Wendeschienen WS_1 und WS_2 zusammengehalten. Aus der Vielzahl der Möglichkeiten, welche die Patentschrift angibt, sind hier drei Beispiele angeführt.

In die Entwicklungsreihe des CASABLANCAS-Streckwerks gehört eine Konstruktion von FORCH (DRP 302313; Abb. 76). Neu ist die Führung der Riemchen, deren Trume sich zu dem jeweils folgenden Walzenpaar hin voneinander entfernen. Die Riemchen üben einen stetig abnehmenden Druck auf den Faserverband aus. Hierdurch soll den einzelnen Fasern während des Verzugsvorganges Bewegungsfreiheit gelassen werden. Es wird jedoch nicht beachtet, daß die Fasern keine sichere Führung haben. Die Führungsstäbe FST_1 und FST_2 verhindern, daß die Riemchen seitlich verlaufen und der Faserverband genitschelt wird.

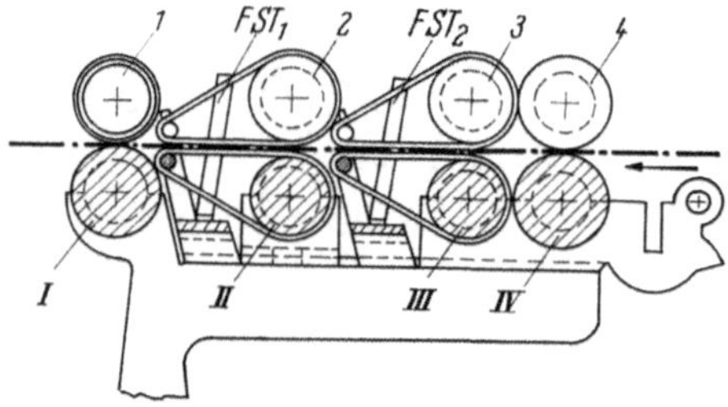

Abb. 76. Zweiriemchen-Streckwerk nach H. FORCH – DRP 302313 von 1917, patent. vom 3. 7. 1914 an
FST_1, FST_2 Führungsstäbe

In einem Patent aus dem Jahre 1922 (DRP 352764) versucht CASABLANCAS, ohne das untere Führungsriemchen auszukommen und die Schwierigkeiten, die ihm die Gestaltung einer einwandfreien Riemchenführung bereitete, zu reduzieren. Es hatte sich nämlich herausgestellt, daß sich das Oberriemchen wölbte und die Fasern nicht mehr auf die Platte gedrückt wurden. Das Riemchen wurde von der Antriebswalze über die Platte *FP* geschoben und wich infolge der Reibung aus seiner geraden Richtung ab. Aus diesem Grunde

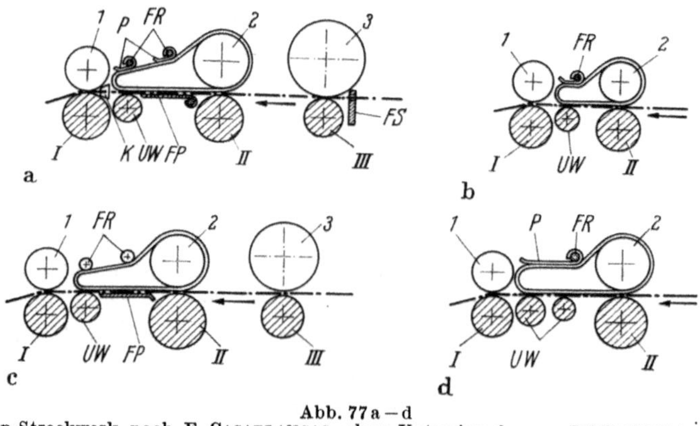

Abb. 77a–d
Riemchen-Streckwerk nach F. CASABLANCAS ohne Unterriemchen – DRP 352764 von 1922, patent. vom 27. 3. 1921 an
a–d Verschiedene Ausführungsformen des Streckwerks
FP Führungsplatte; *FR* Führungsrollen; *FS* Führungsschiene; *K* Verdichter; *P* Platten; *UW* schneller umlaufende Unterwalzen

wurde das Riemchen an seiner unteren Umkehrstelle auf eine schneller umlaufende Unterwalze *UW* aufgelegt, die es dauernd anspannte (Abb. 77). Durch die Führungsrolle *FR* mit ihrer Platte *P* wird das Riemchen an die Unterwalze *UW* gedrückt. Der anspannende Effekt wird verstärkt.

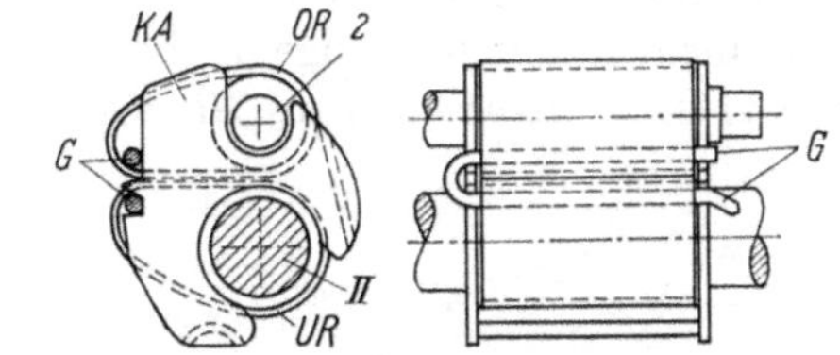

Abb. 78. Käfige für Riemchen-Streckwerke mit auswechselbaren Gabeln anstelle festmontierter Wendeschienen nach F. CASABLANCAS [7] – DRP 493663 von 1930 der Firmen Sächsische Textilmaschinenfabrik vorm. R. Hartmann AG. und Vereinigte Textilwerke Wagner und Moras AG., patent. vom 30. 12. 1928 an *G* Gabel; *KA* Käfig; *OR* Oberriemchen; *UR* Unterriemchen

Eine wesentliche Verbesserung erreicht CASABLANCAS dagegen mit seinem Patent DRP 493663 aus dem Jahre 1930 (Abb. 78; Schweiz. Pat. 136884 von 1929, spanische Priorität von 1928). Er ersetzt die im Inneren der Riemchentrume liegenden Wendeschienen durch eine Gabel *G*. Dadurch wird erstmalig das Unterriemchen des CASABLANCAS-Streckwerkes zugänglich, wenn damit auch eine relativ komplizierte Handhabung verbunden ist. Außerdem können einfache Gabeln mit unterschiedlichen Maulweiten genommen werden, wenn die Riemchenpressung zu ändern ist. Wenn die Druckwalze 2 abgehoben werden soll, muß die Gabel *G* mit entfernt werden.

Die Firma Sächsische Textilmaschinenfabrik vormals R. Hartmann AG. entwickelte ein Zweiriemchen-Durchzugs-Streckwerk, das in der Abb. 79 im Schema veranschaulicht ist (DRP 525806 von 1931). Die Mittelwalzen des Dreiwalzen-Streckwerkes sind

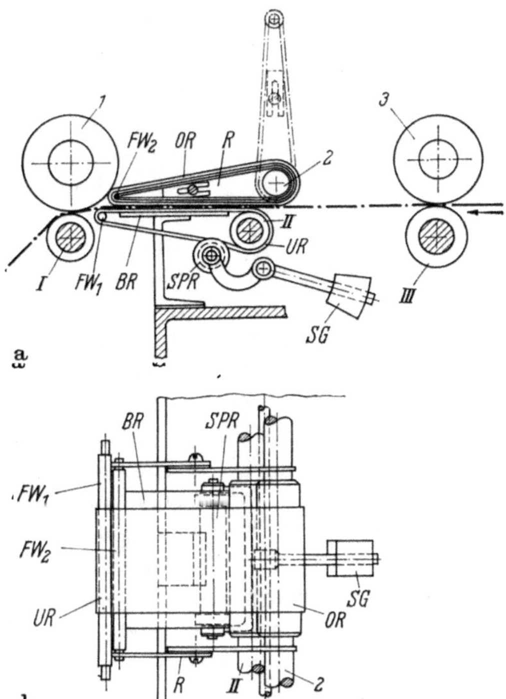

Abb. 79a u. b. Zweiriemchen-Streckwerk der Firma Sächsische Textilmaschinenfabrik vorm. R. Hartmann AG. – DRP 525806 von 1931, patent. vom 21. 2. 1930 an
a Seitenansicht des Streckwerks; b Riemchen mit den Führungs- und den Spannvorrichtungen
BR Brücke; FW_1; FW_2 Führungswalzen; *OR* Oberriemchen; *R* Rahmen; *SG* Spanngewicht; *SPR* Spannrolle; *UR* Unterriemchen

mit Riemchen versehen. Eine schwach gekrümmte Brücke *BR* stützt das Unterriemchen *UR*, das von der gewichtsbelasteten Spannrolle *SPR* gespannt wird. Die Führungswalzen FW_1 und FW_2, die die Riemchen umlenken, sind gegeneinander versetzt. Die obere Führungswalze FW_2 ist in einem Rahmen *R* angebracht, der um die Druckwalze *2* schwenkbar ist. Das Oberriemchen *OR* kann zusammen mit der Führungs-

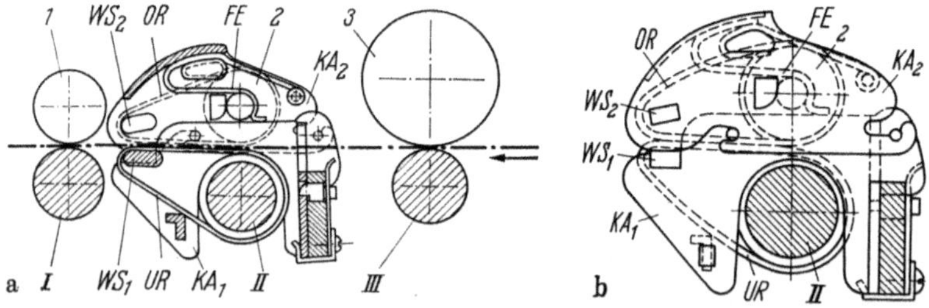

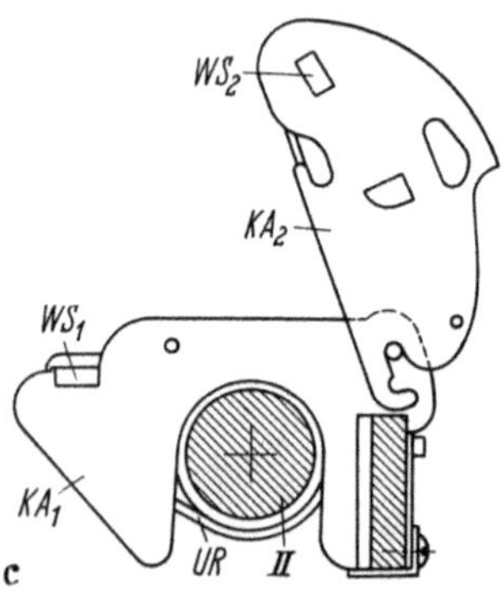

Abb. 80a—c. Zweiriemchen-Streckwerk nach K. HONDA — USP 2100139 vom 12. 1. 1935 a Schnitt durch das Streckwerk; b Mittelwalzenpaar mit den Riemchenkäfigen; c angehobener Oberriemchenkäfig

FE Belastungsfeder; KA_1; KA_2 Käfigteile; *OR* Oberriemchen; *UR* Unterriemchen; WS_1, WS_2 Wendeschienen

walze FW_2 nach oben geklappt werden, wenn die Riemchen gereinigt werden sollen. Jede Rahmenseite ist zweiteilig. Die Verbindung der Einzelteile erfolgt durch eine Schraube. Das vordere Rahmenteil ist mit einem Führungsschlitz versehen, so daß das Oberriemchen *OR* nachgespannt werden kann. Die Riemchen werden seitlich nicht geführt. Sie sollen kraftschlüssig miteinander verbunden sein. Es liegen keine Vorrichtungen oder Ansätze zur Führung des Oberriemchens (Oberriemchenkäfig) vor. Der Rahmen fällt beim Herausnehmen als loses Stück an. Über Festhaltemittel, die den Abstand zwischen den Umlenkmitteln für das Oberriemchen und für das Unterriemchen in der Betriebslage sichern, sagt das deutsche Patent 525806 nichts aus.

HONDA versuchte ebenfalls, das Zweiriemchen-Streckwerk leichter zugängig zu machen (USP 2100139 von 1937; Abb. 80). Nach HONDA ist, bedingt durch die Illingsanordnung der Streckwerke in Japan, der Oberriemchenkäfig in erster Linie Oberwalzenhalter und in zweiter Linie zusammen mit der Feder *FE* das Belastungsorgan für die Erzeugung des Klemmdruckes. Erst in dritter Linie werden die beiden Riemchen in einem zweiteiligen Käfig KA_1 und KA_2 geführt. Das Unterteil des Käfigs ist starr an der Maschine befestigt. Mit Hilfe von Zapfen und Führungsschlitzen werden die beiden Käfigteile miteinander verbunden. Die Druckwalze *2* ist elastisch im Oberkäfig gelagert. Sie wird durch eine Feder *FE* belastet. Die Riemchen werden von den Wendeschienen WS_1 und WS_2 umgelenkt, die in Aussparungen des oberen und des unteren Käfigteils gehalten werden. Nachteilig wirkt sich aus, daß nach seiner Entriegelung der Oberriemchenkäfig nicht sicher gelagert, sondern nur lose eingehängt ist. Bei der Freilegung des Unterriemchens fällt der Oberriemchenkäfig als loses Teil an. Die schwierige Entriegelung (Niederpressen des hinteren Oberriemchenkäfig-Endes, horizontale Verschiebung nach hinten und Hochschwenken) ist umständlich und für die Spinnerin mit Kraftaufwand verbunden. Außerdem wird dabei der Verzugsvorgang unterbrochen. Da die Streckwerke ausnahmslos schräg angeordnet sind, fällt der Käfig nach der Entriegelung nach unten heraus. Die Spinnerin muß ihn bei der Behebung von Störungen mit einer Hand festhalten oder irgendwohin ablegen.

Im folgenden werden drei Streckwerke beschrieben, die unter dem Einfluß der Konstruktionen CASABLANCAS' entwickelt wurden. Sie sind vornehmlich für die Verarbeitung mittellanger bis langer Faserstoffe gedacht. Zunächst sei das CORNIBERT-Streckwerk der Firma Filatura di Tolegno in Tolegno (Diella), Italien, aus dem Jahre 1929 erwähnt (Abb. 81), das dem CASABLANCAS-Streckwerk nach dem deutschen Patent DRP 296882 (Abb. 74b) ähnlich ist. Das Streckwerk ist für die Verarbeitung insbesondere von Kammwollen, Seidenabfällen, Zellwolle und Ramie geeignet. Da alle Mittelwalzenpaare im Durchzug arbeiten, besitzt das gesamte Streckwerk nur ein Verzugsfeld.

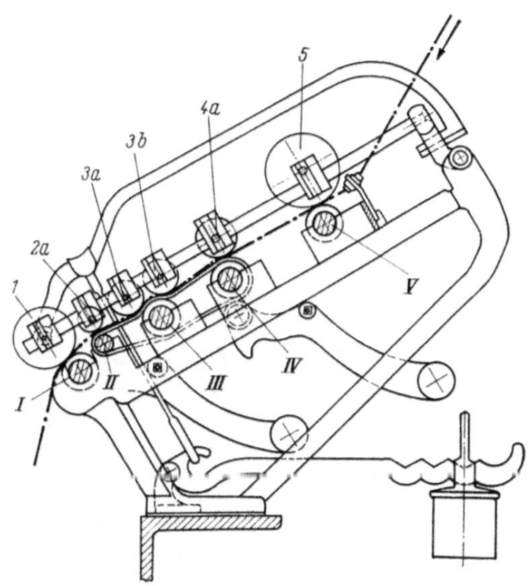

Abb. 81. Einriemchen-Streckwerk für langstapelige Fasern von der Firma Filatura di Tolegno – DRP 556019 von 1932, patent. vom 6. 4. 1929 an

Neu ist, daß die Laufband-Führungswalze *III* mit zwei Durchzugswalzen belastet wird. Dies gewährleistet eine sehr gute Führung der Fasern.

Die zweite Konstruktion stammt von GEGAUFF (DRP 600481 von 1934; Abb. 82a). Das Oberriemchen ist durch eine Reihe von Walzen ersetzt worden. Das Unterriemchen hat eine sichere Führung erhalten.

Durch die Lagerung der Führungswalze *II* auf zwei Antriebswalzen *IIa* und *IIb* wird der Umschlingungswinkel für das Führungsriemchen vergrößert. Eine Feder *FE* preßt die Führungswalze auf die Antriebswalzen. Dies garantiert eine sichere Mitnahme des Riemchens (Abb. 82b).

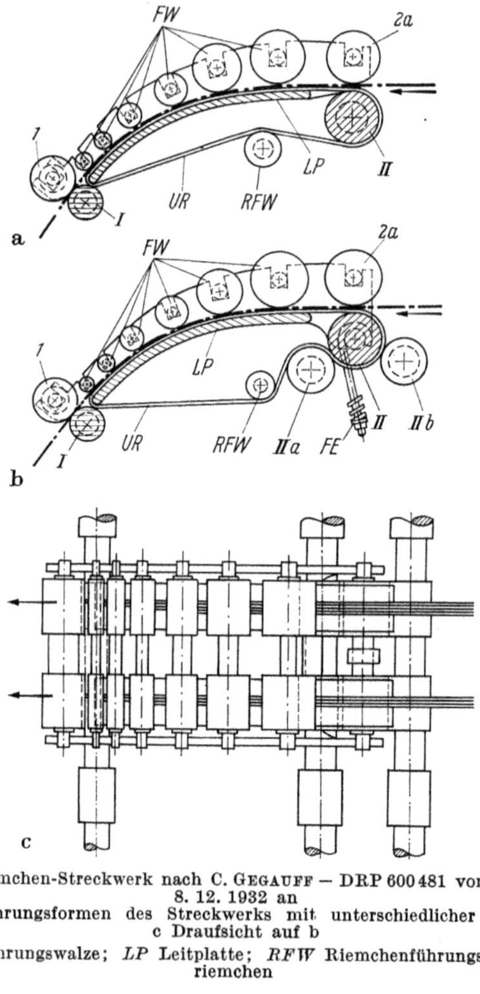

Abb. 82a—c. Einriemchen-Streckwerk nach C. Gegauff — DRP 600481 von 1934, patent. vom 8. 12. 1932 an
a u. b Zwei Ausführungsformen des Streckwerks mit unterschiedlicher Riemchenführung; c Draufsicht auf b
FE Feder; *FW* Führungswalze; *LP* Leitplatte; *RFW* Riemchenführungswalze; *UR* Unterriemchen

Das dritte Streckwerk wurde von Ansorg entworfen (DRP 635233; Abb. 83). Es ist, wie die Konstruktion der Firma Filatura di Tolegno, eine Weiterentwicklung des Patentes DRP 296882 von Casablancas (Abb. 74). Das Riemchen wird auf dem frei tragenden, oberen Trum mit zwei Ringnuten-Durchzugwalzen *RDW* (Kammwalze) belegt, die das Material sehr schonend führen sollen. Ändert man den Abstand der Unterwalzen *II* und *IV*, so hängt das Riemchen mehr oder weniger stark durch und bildet mit den belastenden Oberwalzen eine Flächenführung.

In der Folgezeit befassen sich neben CASABLANCAS, der inzwischen in Manchester eine Fabrik gegründet hat, verschiedene Firmen mit der Weiterentwicklung seines Streckwerkes. So bringt im Jahre 1935 die Firma Sächsische Textilmaschinenfabrik vorm. R. Hartmann AG. ein Streckwerk heraus, das vor allem den kurzen Fasern eine sichere Führung verleiht (DRP 638797 von 1936; Abb. 84). Durch eine buckel- oder winkelförmige Ausbildung der Gabel wird das Hauptverzugsfeld gebrochen. Damit sollen auch die kürzeren, schwimmenden Fasern unter Kontrolle gelangen.

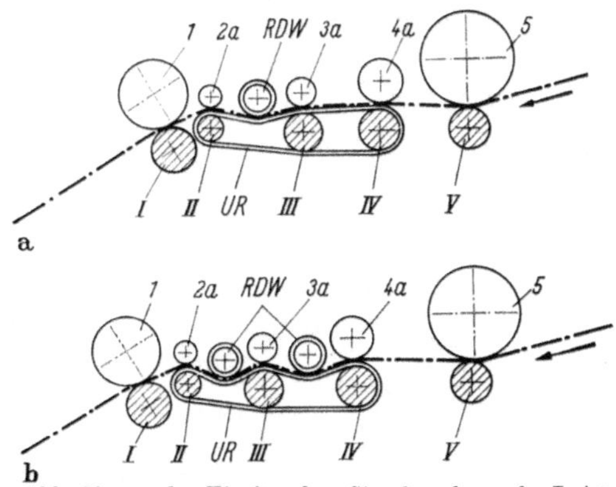

Abb. 83a u. b. Einriemchen-Streckwerk nach J. ANSORG — DRP 635233 von 1936, patent. vom 6. 7. 1933 an
a Streckwerk mit einer Ringwalze; b Streckwerk mit zwei Ringwalzen

RDW Ringnuten-Durchzugswalze; *UR* Unterriemchen

Ebenso macht sich SCHLIPP die Brechung des Verzugsfeldes zunutze (DRP 698777; Abb. 85). Dieses Streckwerk ist in seinen Abmessungen vornehmlich auf die Verspinnung von Zellwolle abgestimmt. Der große Klemmpunktabstand bedingt naturgemäß lange Riemchen. Dadurch geht die Haftung zwischen den beiden zusammenarbeitenden Riem-

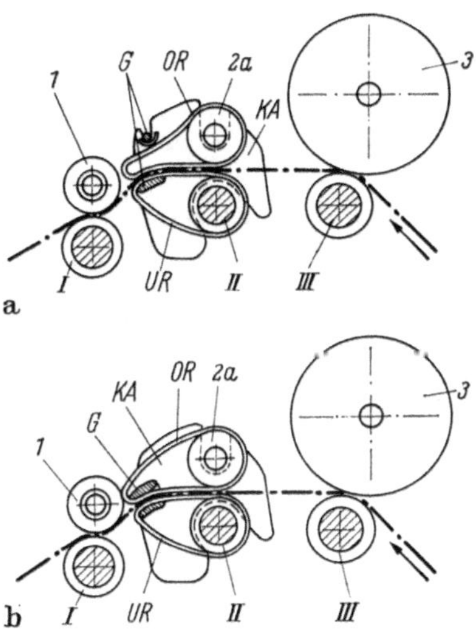

Abb. 84a u. b. Zweiriemchen-Streckwerk der Firma Sächsische Textilmaschinenfabrik vorm. R. Hartmann AG. [8] — DRP 638797 von 1936, patent. vom 31. 10. 1935 an
a Die Gabel liegt auf dem Oberriemchen; b die Gabel befindet sich zwischen den Trumen des Oberriemchens

G Gabel; *KA* Käfig; *OR* Oberriemchen; *UR* Unterriemchen

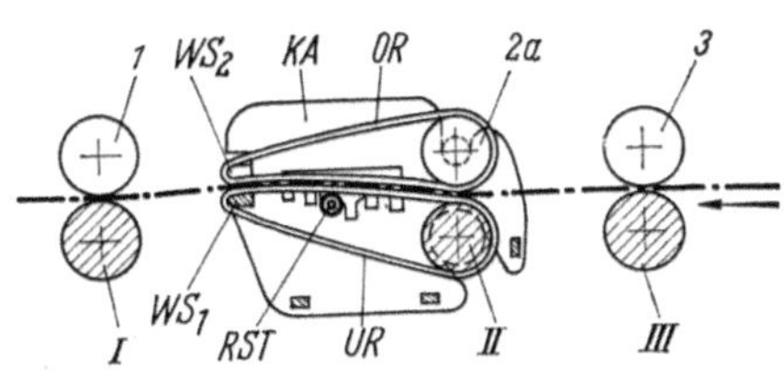

Abb. 85. Zweiriemchen-Streckwerk nach L. SCHLIPP — DRP 698777 von 1940, patent. vom 23. 10. 1937 an

KA Käfig; *OR* Oberriemchen; *RST* Rundstab; *UR* Unterriemchen; WS_1, WS_2 Wendeschienen

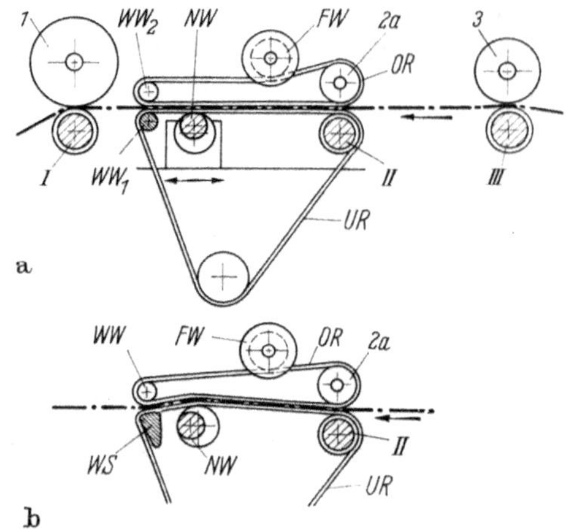

Abb. 86a u. b. Zweiriemchen-Streckwerk der Firma Deutscher Spinnereimaschinenbau Ingolstadt — DRP 930918 von 1955, patent. vom 7. 10. 1953 an
a Untere Stellung der Nockenwelle; b Mittelstellung der Nockenwelle
FW Führungswalze; *NW* Nockenwelle; *OR* Oberriemchen; *UR* Unterriemchen; *WS* Wendeschiene; WW_1, WW_2, *WW* Wendewalzen

chentrumen zurück. Die Riemchen hängen leicht durch. Um diesen Mißstand zu beseitigen und um weiterhin das häufig notwendige Verstellen der Streckwerklänge beim Übergang auf eine Partie mit anderer Stapellänge zu umgehen, werden die beiden Riemchen von unten her durch einen Rundstab *RST* gestützt. Das Streckwerk kann den jeweiligen spinntechnischen Erfordernissen angepaßt werden, indem der Rundstab in eine entsprechende Raste des Käfigs gelegt wird.

Die Firma Deutscher Spinnereimaschinenbau Ingolstadt greift diesen Gedanken auf (DRP 930918 von 1955; Abb. 86) und erzielt denselben Effekt durch den Einbau einer in der Höhe und in der Längsrichtung verstellbaren Nockenwelle *NW*.

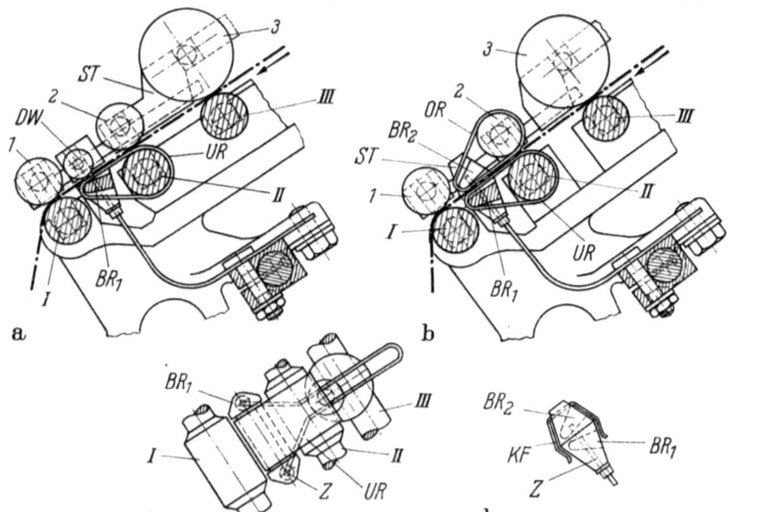

Abb. 87a—d. Zweiriemchen-Streckwerk der Firma Deutscher Spinnereimaschinenbau Ingolstadt — DRP 662625 von 1938, patent. vom 12. 3. 1937 an
a Einriemchen-Streckwerk; b Zweiriemchen-Streckwerk; c Draufsicht auf die Unterwalzen mit dem Riemchen; d Riemchenbrücken
BR_1, BR_2 Brücken; *DW* Durchzugswalze; *KF* Klemmfeder; *OR* Oberriemchen; *ST* Steg; *UR* Unterriemchen; *Z* Zentrierstift

Das Dreiwalzen-Streckwerk nach dem deutschen Patent 662625 der Firma Deutscher Spinnereimaschinenbau Ingolstadt kann wahlweise als Ein- oder Zweiriemchen-Streckwerk verwendet werden (Abb. 87). Die Zapfen der Druckwalzen und der Durchzugswalze *DW* lagern in den Führungsschlitzen der seitlichen Stege *ST*. Eine Brücke BR_1 lenkt das Unterriemchen *UR* um. Sie kann zusammen mit der Halterung verschoben werden, um das Riemchen nachzuspannen. Wenn statt der Durchzugswalze *DW* ein Oberriemchen *OR* verwendet werden soll, wird eine zweite Brücke BR_2, die dem Oberriemchen als Wendeschiene dient, auf die Zentrierstifte *Z* geschoben. Dadurch wird die Lage der Wendeschienen zueinander fixiert. Eine Klemmfeder *KF* stellt eine kraftschlüssige Verbindung zwischen den Wendeschienen her. Ein Freilegen des Unterriemchens zur Beseitigung von Störungen ist bei laufender Maschine nicht möglich.

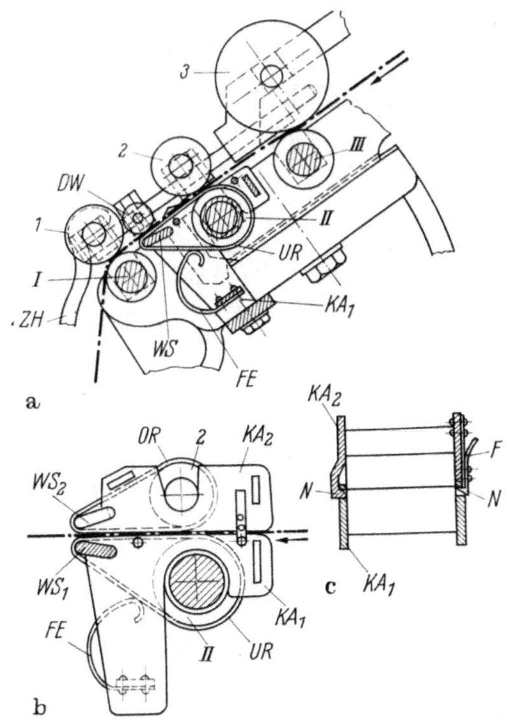

Abb. 88a–c. Zweiriemchen-Streckwerk der Firma Deutscher Spinnereimaschinenbau Ingolstadt — DRP 721046 von 1942, patentiert vom 12. 11. 1937 an
a Seitenansicht des Einriemchen-Streckwerks; b Seitenansicht des Riemchenkäfigs beim Zweiriemchen-Streckwerk; c Querschnitt des Riemchenkäfigs
DW Durchzugswalze; *F* Haltefeder; *FE* Spannfeder; KA_1, KA_2 Käfige; *N* Nase; *OR* Oberriemchen; *UR* Unterriemchen; *WS*, WS_1, WS_2 Wendeschienen; *ZH* Zughaken

Das deutsche Patent DRP 721046 der gleichen Firma stellt eine Weiterentwicklung des oben angeführten Streckwerks dar (Abb. 88). Die Wendeschienen sind in Nuten der Käfige KA_1 und KA_2 gelagert. An dem unteren Käfig ist eine Feder *FE* angebracht, die das Unterriemchen *UR* spannt. Die Verriegelung der beiden Käfige erfolgt mit Hilfe der Nase *N* und der Feder *F*, die in entsprechende Löcher des unteren Käfigs eingreifen.

Das Zweiriemchen-Streckwerk von Louie ist ebenfalls mit Vorrichtungen ausgestattet, welche die Wendeschienen des Ober- und des Unterriemchens miteinander verbinden (BP 542997 von 1940; Abb. 89). Die Wendeschiene für das Unterriemchen ist als Walze ausgebildet.

Diese Walze läuft in U-förmig gestalteten Haltern *H*, deren Zapfen in Schlitzen eines Steges lagern. Eine Feder *FE* drückt die obere Wendeschiene *WS* mit dem Oberriemchen *OR* auf das Unterriemchen *UR*. Die Druckwalzen werden durch zwei Sättel belastet. Die Belastung wird über einen Zughaken *ZH* sowie den Hebel *HE* aufgebracht und von einer Schraubenfeder *SF* erzeugt, die in einer Kapsel *KS* gelagert ist. Wenn der Hebel *HE* angehoben wird, bis das untere Ende die Linie *x* —·—·— *x* schneidet, ist das Streckwerk entlastet und bedingt zugängig. Bleche verhindern, daß die Riemchen seitlich verlaufen.

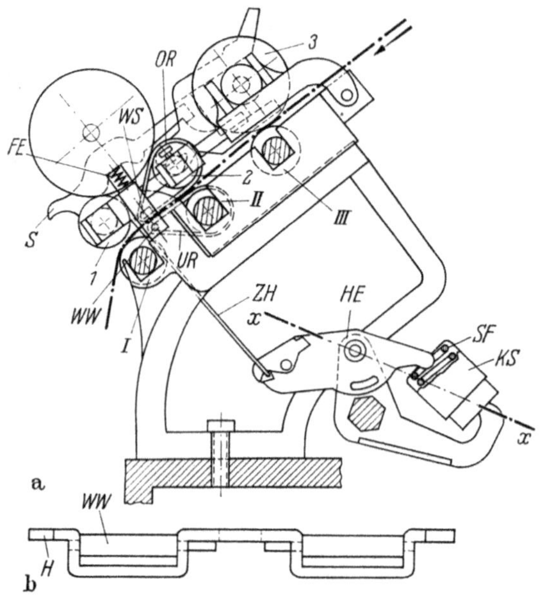

Abb. 89 a u. b. Zweiriemchen-Streckwerk nach B. L. LOUIE — BP 542997 vom 1. 7. 1940
a Seitenansicht des Streckwerks; b Wendewalze mit Halterungsschiene
FE Feder; *H* Halter für Wendewalze; *HE* Hebel; *KS* Kapsel; *OR* Oberriemchen; *S* Drucksattel; *SF* Schraubenfeder; *UR* Unterriemchen; *WS* Wendeschiene; *WW* Wendewalze; *ZH* Zughaken

Die Firma Sächsische Textilmaschinenfabrik vorm. R. Hartmann AG. gibt in ihrem deutschen Patent DRP 668321 einen von CASABLANCAS entwickelten Käfig für ein Riemchenpaar an, der mit einer speziellen Gabel *G* ausgestattet ist (Abb. 90). Die Käfigwände *KW* sind mit Nuten *NU* versehen, die die Gabel *G* exakt führen.

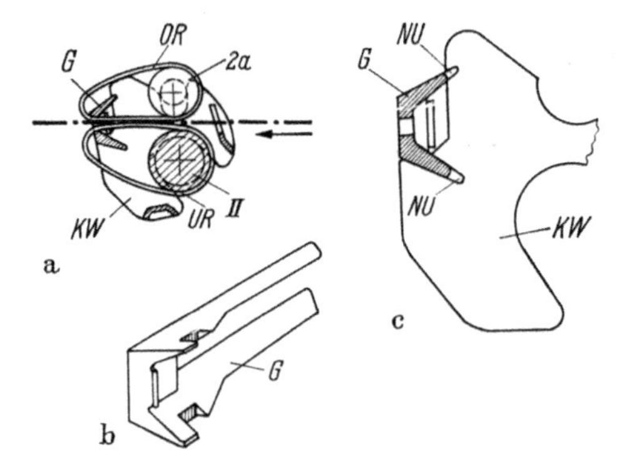

Abb. 90 a—c. Käfig für ein Riemchenpaar nach F. CASABLANCAS — DRP 668321 von 1938 der Firma Sächsische Textilmaschinenfabrik vorm. R. Hartmann AG., patent. vom 15. 12. 1936 an
a—c Ausführung und Anbringung der Gabel
G Gabel; *KW* Käfigwand; *NU* Nut; *OR* Oberriemchen; *UR* Unterriemchen

In der Abb. 91 ist ein Zweiriemchenkäfig nach HONDA im Schema veranschaulicht

(DRP 689708 von 1940). An den Käfigwänden sind Federn *FE* angebracht, mit denen die Oberwalzen *2* und *3* belastet werden. Die bei-

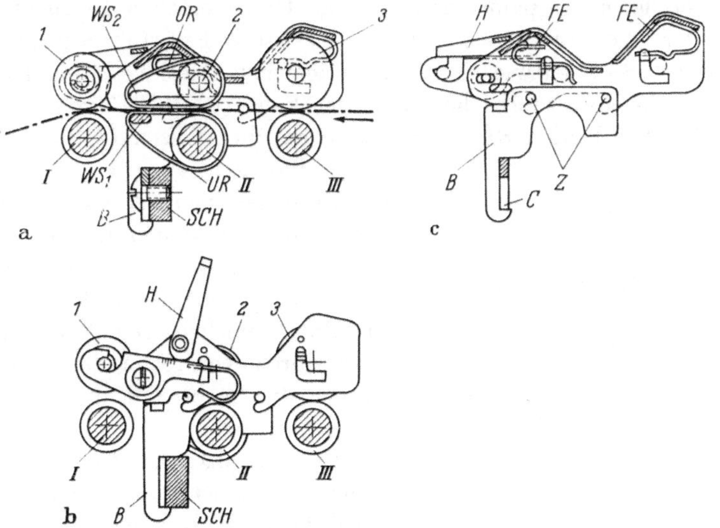

Abb. 91a–d. Zweiriemchen-Streckwerk nach K. HONDA – DRP 689708 von 1940, patent. vom 4. 3. 1937 an
a Streckwerk mit dem Käfig; b Streckwerk mit dem Käfig im entlasteten Zustand; c Käfig; d Seitenwände des Käfigs
B Seitenteil; *C* Aussparung; *FE* Feder; *H* Hebel; *OR* Oberriemchen; *SCH* Schiene; *SL* Schlitz; *UR* Unterriemchen; WS_1, WS_2 Wendeschienen; *Z* Zapfen

den Seitenteile *B* besitzen je eine Aussparung *C*, in die eine Schiene *SCH* eingepaßt wird. An den Seitenteilen *B* befinden sich zwei Zapfen *Z*. Diese fassen in die Schlitze *SL* der Käfigwände und halten den Käfig mit den Oberwalzen fest. Mit Hilfe des Hebels *H* ist es möglich, die Oberwalze *1* zu entlasten.

Für die Firma Spinnfaser AG. wurde ein Zweiriemchen-Streckwerk entwickelt, das den Bedürfnissen der Zellwollspinnerei entsprach (DRP 718112; Abb. 92). Die beiden Riemchen werden durch einen Käfig zusammengehalten. Das Unterriemchen *UR* läuft über eine breite Wendeschiene *WS*, während das Oberriemchen *OR* vorn über eine frei

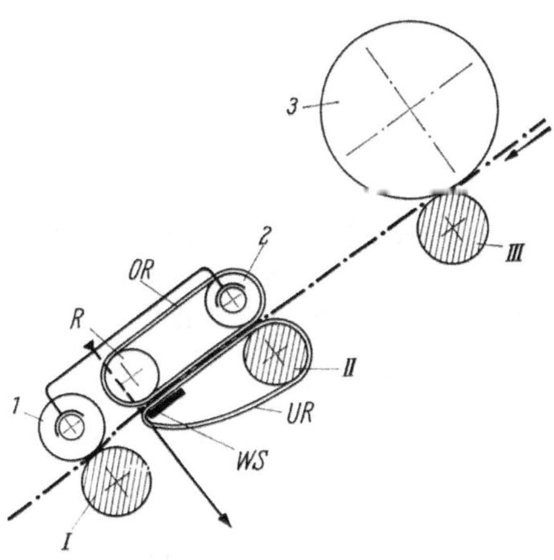

Abb. 92. Zweiriemchen-Streckwerk nach L. SCHLIPP und M. BÖTTLE – DRP 718112 von 1942 der Firma Spinnfaser AG., patent. vom 25. 1. 1939 an
OR Oberriemchen; *R* „Schlipp-Walze"; *UR* Unterriemchen; *WS* Wendeschiene

laufende Rolle *R*, nach dem Erfinder als „SCHLIPP-Walze" bezeichnet, geführt wird. Durch das Eigengewicht der Rolle *R* wird das Oberriemchen leicht gespannt und auf das Unterriemchen gedrückt. Mit Hilfe der „SCHLIPP-Walze" ist eine elastische Faserführung möglich.

TOENNIESSEN entwickelte ein Zweiriemchen-Streckwerk, bei dem die mittlere Druckwalze abgehoben werden kann (DRP 724708 von 1943; Abb. 93). Die beiden Riemchen laufen um die Walzen *II* bzw. *2* und um die Wendeschienen WS_1 und WS_2. Das Unterriemchen *UR* wird von einer Spannrolle *SPR* gespannt. Die Spannfeder *SPF* drückt die obere Wendeschiene WS_2 über den Haken *HA* auf das Unterriemchen. Der Anpreßdruck kann durch Verdrehen der Achse *A*, an der die Feder *SPF* befestigt ist, variiert werden.

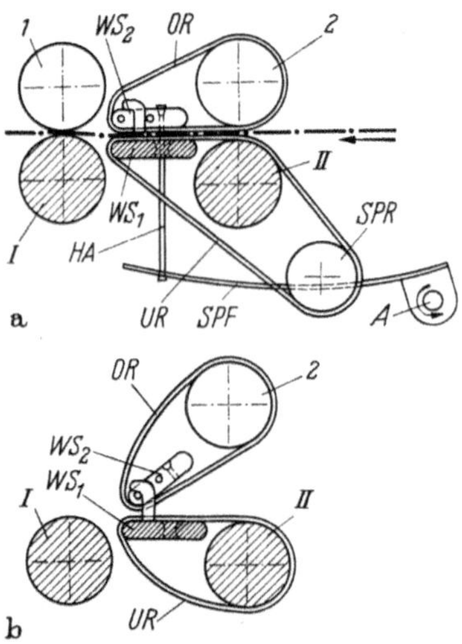

Abb. 93 a u. b. Zweiriemchen-Streckwerk nach E. TOENNIESSEN — DRP 724708 von 1943, patent. vom 22. 3. 1939 an a Mittelwalze mit dem Oberriemchen im belasteten Zustand; b Mittelwalze mit dem Oberriemchen unbelastet

A Achse; *HA* Haken; *OR* Oberriemchen; *SPF* Spannfeder; *SPR* Spannrolle; *UR* Unterriemchen; WS_1, WS_2 Wendeschienen

Das CASABLANCAS-Streckwerk der Firma Sächsische Textilmaschinenfabrik vorm. R. Hartmann AG., Baujahr 1943 (DRP 741449), hat gegenüber früheren Modellen dieser Firma eine größere Eingangsdruckwalze *3* (Abb. 94) [*9*, *10*]. Diese Maßnahme gestattet eine Erhöhung des Vorverzugs, da wegen des größeren Walzengewichtes die Fasern gut geklemmt werden. Um die erhöhte Lagerreibung zu verringern, ist die Eingangsdruckwalze um 18° nach hinten verlegt. Die Anordnung des Belastungshakens bedeutet einen wesentlichen Vorteil. Der Haken wurde bei den älteren Streckwerksausführungen vor der Ausgangswalze angeordnet, wodurch das Säubern der Walzen und das Anlegen gebrochener Fäden schwierig war. Die Firma Sächsische Textilmaschinenfabrik vorm. R. Hartmann AG. verlegt den Belastungshaken in das Innere des Streckwerks zwischen die Ausgangs- und Mittelwalzen. Dadurch wird die Bedienung vereinfacht.

Um das Auswechseln der Belastungssättel zu umgehen, entwickelte die Firma Sächsische Textilmaschinenfabrik vorm. R. Hartmann AG. einen Spezialdrucksattel [*6*, *9*, *10*, *11*]. Dieser Drucksattel konnte für verschiedene Streckfeldweiten verwendet werden. Der Teil des Sattels, der die Riemchenwalze belastet und an dem der Zughaken angreift, ist verstellbar. Die korrekte Einstellung des Drucksattels wird durch eine Skala erleichtert, die am Sattel angebracht ist. Als die Verspinnung der Zellwolle aufgenommen wurde, mußte das Unterriemchen unter-

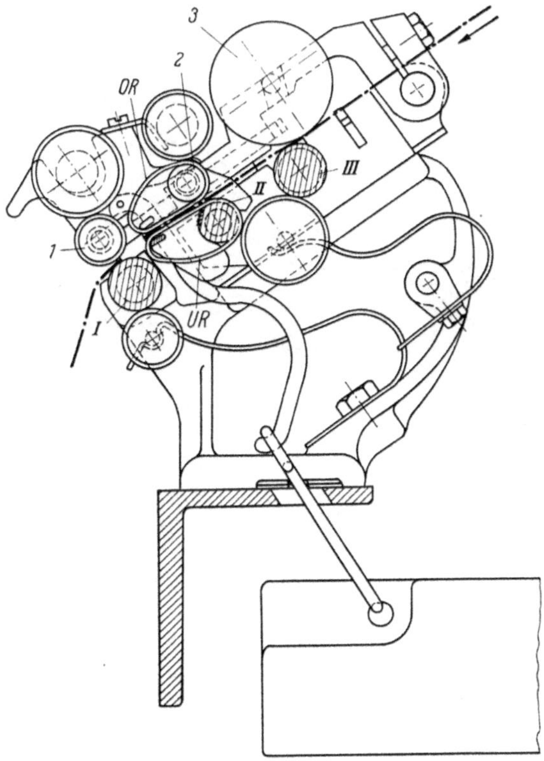

Abb. 94. CASABLANCAS-Streckwerk (nach H. KLUFTINGER) der Firma Sächsische Textilmaschinenfabrik vorm. R. Hartmann AG., Modell A – DRP 741449 von 1943, patent. vom 25. 6. 1941 an
OR Oberriemchen; *UR* Unterriemchen

stützt werden. Das längere Riemchen staute sich vor den gabelförmigen Wendeschienen und bog sich nach oben oder unten durch. Die Anpassung des Streckwerkes an das jeweils zu verarbeitende Fasermaterial wird in erster Linie durch das Einsetzen von gabelförmigen Wendeschienen *WS* mit unterschiedlichen Maulweiten erzielt. An den Käfigwänden sind zusätzlich Führungsleisten *FL* angebracht, die das Unterriemchen stützen (Abb. 95). Die Führungsleisten bilden eine Brücke, die nach dem Erfinder VEIT „V-Brücke" genannt wird. Die Leisten *FL* verhin-

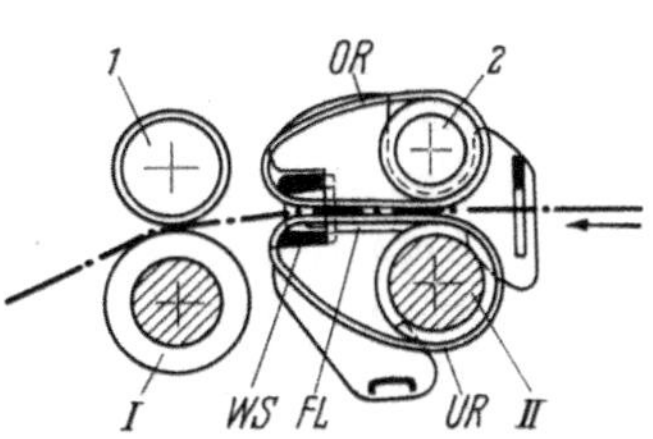

Abb. 95. „V-Brücke" für Zweiriemchenkäfig nach W. VEIT – DRP 672760 von 1939, patent. vom 9. 7. 1937 an *FL* Führungsleiste; *OR* Oberriemchen; *UR* Unterriemchen; *WS* Wendeschiene in Gabelform

dern das Durchbiegen des Unterriemchens, das jedoch in der Mitte seine Bewegungsfreiheit behält. Das elastische Spiel zwischen dem Ober- und dem Unterriemchen bleibt erhalten. Die Langstapel-

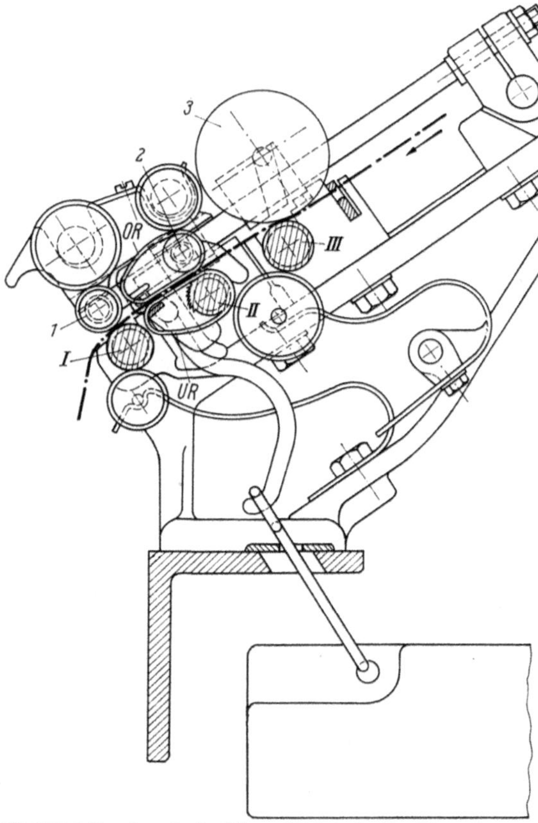

Abb. 96. CASABLANCAS-Streckwerk der Firma Sächsische Textilmaschinenfabrik vorm. R. Hartmann AG., Modell B 1
OR Oberriemchen; *UR* Unterriemchen

modelle des CASABLANCAS-Streckwerks waren auf die V-Brücke unbedingt angewiesen, aber auch bei den Kurzstapelmodellen hat sich die Brücke bewährt.

Für das Modell A, die Standardausführung des Streckwerkes, ist der gemeinsame Lagerschlitten für die Walzen *II* und *III* kennzeichnend (Abb. 94). Die Länge des Vorverzugsfeldes läßt sich nicht variieren. Damit ist das Streckwerk für die Verarbeitung bestimmter Materialien festgelegt. Es kann für Baumwolle aller Provenienzen, für Flockenbast und für Zellwolle bis 40 mm Stapellänge angewendet werden. Sehr zweckmäßig ist die getrennte Unterwalzenlagerung. Bei einer Verschiebung des Eingangs- und des Mittelwalzenpaares braucht die Ausgangsdruckwalze nicht verstellt zu werden. Die Streckfeldweite des Vorverzugsfeldes beträgt etwa 40 bis 50 mm.

Die Verhältnisse während der Jahre 1939 bis 1945 zwangen zu häufigen Umstellungen, da Materialien sehr unterschiedlicher Stapellänge verarbeitet werden mußten. Aus diesem Grunde wurde das Modell B

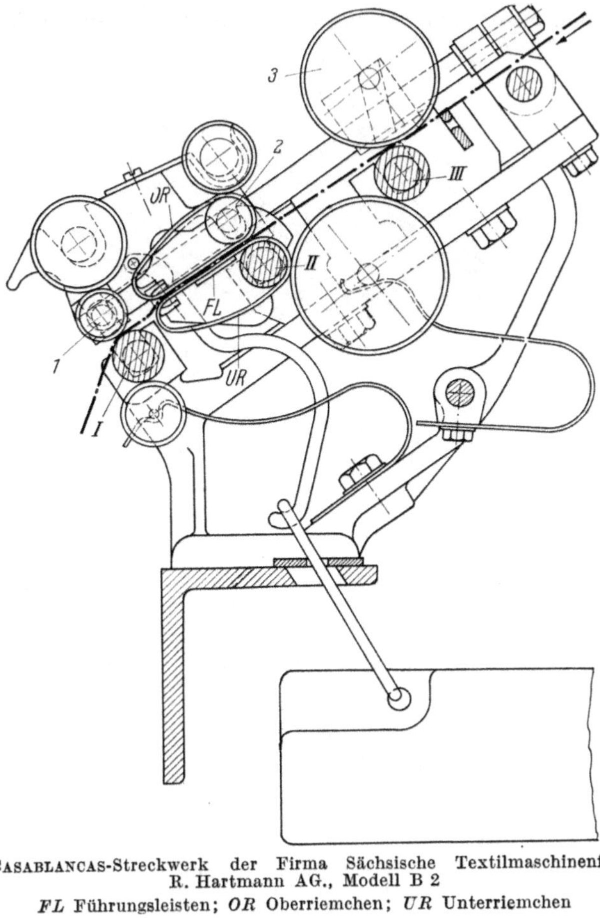

Abb. 97. CASABLANCAS-Streckwerk der Firma Sächsische Textilmaschinenfabrik vorm. R. Hartmann AG., Modell B 2
FL Führungsleisten; *OR* Oberriemchen; *UR* Unterriemchen

konstruiert, das sowohl die Verarbeitung von Baumwolle als auch von Zellwolle zuläßt. Die Streckfeldweiten sind entsprechend einstellbar. Im Gegensatz zum Modell A ist hier der Lagerschlitten für die Walzen *II* und *III* geteilt.

Das Modell B 1 ist ebenso wie das Modell A für die Verarbeitung von Materialien mit einer Stapellänge bis zu 40 mm bestimmt (Abb. 96), während sich das Modell B 2 zur Verspinnung von Langfaserzellwollen eignet (Abb. 97). Dieses Langstapelmodell läßt sich durch Austausch

1. des normalen Käfigs gegen einen Langstapelkäfig,
2. der Putzwalze gegen eine solche größeren Durchmessers und
3. des Belastungssattels

herstellen. Das Auswechseln der Putzwalze erfolgt, weil diese bei einer zu großen Streckfeldweite in das Vorverzugsfeld eindringen würde und eventuell das Faserband berühren und damit beschädigen könnte.

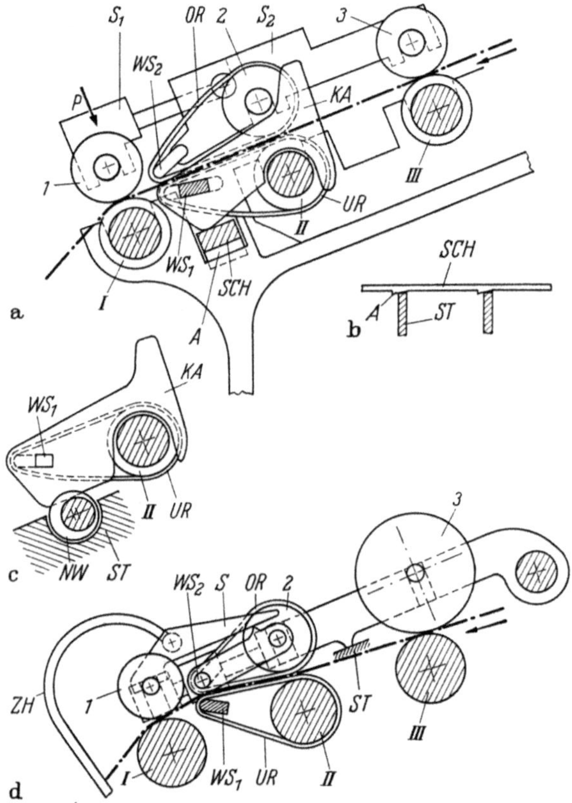

Abb. 98a—d. Zweiriemchen-Streckwerk der Firma Maschinenfabrik Rieter AG. — DBP 864970 von 1953, patent, vom 2. 10. 1948 an

a Seitenansicht des Streckwerks; b Keilschiene für den Käfig; c Nutenwalze für den Käfig; d Streckwerk mit veränderter Belastungsvorrichtung

A keilförmiger Ansatz; *KA* Käfig; *NW* exzentrische Welle; *OR* Oberriemchen; *P* Belastungsrichtung; *S*, S_1, S_2 Drucksättel; *SCH* Schiene; *ST* Stanze; *UR* Unterriemchen; WS_1, WS_2 Wendeschienen; *ZH* Zughaken

Einen für das Zweiriemchen-System bedeutenden Fortschritt brachte das F. A. K.-System der Firma F. A. Kümpers [*60*]. Beide Riemchen des F. A. K.-Systems werden ständig gespannt. Das F. A. K.-System ergibt einen ruhigen und gleichmäßigen Lauf der Riemchen. Dadurch ist die Anzahl der Fadenbrüche relativ gering [*60*]. Das F. A. K.-System ist gut zugängig.

Die wesentliche Neuerung des Streckwerks nach dem deutschen Patent DBP 864970 (Abb. 98) der Firma Maschinenfabrik Rieter AG. besteht darin, daß die beiden Wendeschienen WS_1 und WS_2 unabhängig voneinander gelagert sind und ihr gegenseitiger Abstand variierbar ist. Die Wendeschienen sind mit dem Käfig *KA* bzw. mit dem Drucksattel S_2 fest verbunden (Abb. 98a). Der Käfig *KA* stützt sich auf einer Schiene *SCH* ab, die keilförmige Ansätze *A* besitzt (Abb. 98b). Wenn die Schiene *SCH* seitlich verschoben wird, wird sie von der Stanze *ST* angehoben. Hierdurch werden gleichzeitig der Käfig *KA*, der auf der Mittel-

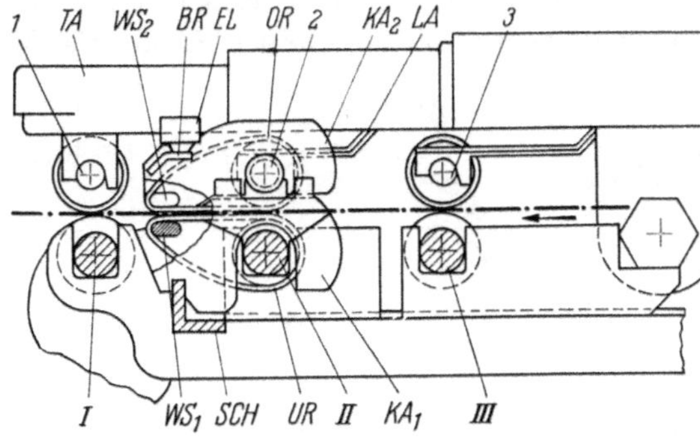

Abb. 99. CASABLANCAS-Streckwerk nach O. v. GROSSMANN – DBP 929471 von 1955 der Firma Deutscher Spinnereimaschinenbau Ingolstadt, patent. vom 23. 12. 1950 an

BR Brücke; *EL* elastisches Element; KA_1, KA_2 Käfige; *LA* Lenkarm; *OR* Oberriemchen; *SCH* Schiene; *TA* Tragarm; *UR* Unterriemchen; WS_1, WS_2 Wendeschienen

walze *II* drehbar gelagert ist, und die Wendeschiene WS_1 mit gehoben. Eine weitere Lösung zur Abstandsänderung ist in der Abb. 98c angegeben. Der Käfig *KA* lagert auf einer exzentrisch abgedrehten Welle *NW*. Eine Verdrehung der Welle schiebt den Käfig nach oben. In der Abb. 98d ist eine andere Lösung für die Belastung der Druckwalzen und der Wendeschiene WS_2 zu erkennen.

v. GROSSMANN entwickelte 1950 ein Zweiriemchen-Streckwerk mit einer neuartigen Belastungseinrichtung (DBP 929471 von 1955, indisches Patent 45934 von 1951; Abb. 99). Der Oberriemchenkäfig kann beim Entlasten des Streckwerks mit abgehoben werden, ohne daß sich beim erneuten Belasten Einstellschwierigkeiten ergeben. Das Dreiwalzen-Streckwerk besitzt in der Hauptverzugszone zwei Käfige KA_1 und KA_2. Der Unterriemchenkäfig KA_1 wird von der Schiene *SCH* und der Walze *II* gehalten. Der Oberriemchenkäfig KA_2 sitzt auf der Druckwalze *2*, die ihrerseits im Lenkarm *LA* hängt. Wird der Tragarm *TA* abgehoben, so wird gleichzeitig der Käfig KA_2 mit entfernt. Die beiden Riemchen werden um die zugehörigen Walzen und um je eine Wendeschiene geführt. Die Wendeschiene des oberen Käfigs KA_2 ist auswechselbar. Die beiden Seitenwände sind durch eine Brücke *BR* verbunden, auf die ein elastisches

Element *EL* aus Gummi oder eine Feder wirkt. Beim Belasten drückt dieser Gummipuffer die obere Wendeschine auf die untere. Dadurch bilden die Wendeschienen eine zusätzliche Klemmstelle. Die Benutzung einer gemeinsamen Wendegabel für zwei Riemchen bringt einige Unbequemlichkeiten in der Bedienung mit sich.

Quaas entwickelte sowohl für das untere als auch für das obere Riemchen einen Käfig (DBP 807372; Abb. 100). Die Wendeschienen bestehen teilweise nur aus kurzen Stäben *ST*, die unlösbar mit der Käfigwand verbunden sind. Die Riemchen werden nicht auf der ganzen Breite geführt. Bei den Streckwerken mit langen Unterriemchen stützt sich der Oberriemchenkäfig *KA* auf den Stäben *ST* ab. Das Unterriem-

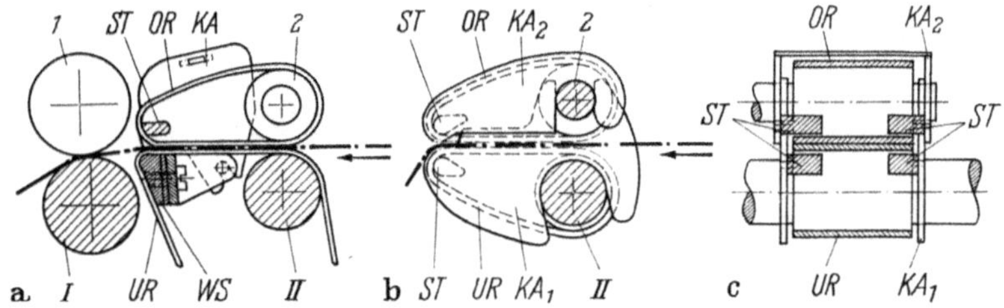

Abb. 100a–c. Riemchenkäfig für Zweiriemchen-Streckwerke nach K. Quaas – DBP 807372 von 1951 der Firma Zellwolle-Lehrspinnerei GmbH Denkendorf, patent. vom 21. 10. 1948 an
a u. c Schnitte durch das Streckwerk; b Seitenansicht des Käfigs
KA, KA_1, KA_2 Käfige; *OR* Oberriemchen; *ST* Stäbe; *UR* Unterriemchen; *WS* Wendeschiene

chen läuft über die durchgehende Wendeschiene *WS* und wird von einer Spannrolle gespannt. Die kurzen Oberriemchen werden dagegen von einem Käfig gehalten und geführt. In diesem Fall wird der untere Käfig auf die Unterwalze gesteckt. Die Achse der Oberwalze ist in den Aussparungen der Käfigwände gelagert.

Das Zweiriemchen-Streckwerk von Quaas nach dem deutschen Patent DBP 906913 hat den Vorteil, daß der Riemchenkäfig zur Beseitigung von Störungen ohne weiteres hochgeklappt werden kann (Abb. 101a). An der Wendeschiene WS_1 ist für das Unterriemchen *UR* eine Kupplungsfeder *KF* angebracht, die hinter den Ansatz der Wendeschiene WS_2 für das Oberriemchen faßt und den Käfig *KA* in seiner Lage arretiert. In Ruhestellung (Abb. 101b) stützt sich der Käfig *KA* mit den Enden der Wendeschiene WS_2 auf dem dachförmigen Ansatz *A* der Kupplungsfeder *KF* ab. Die Spinnerin hat dadurch beide Hände zum Hantieren frei. Der Käfig *KA* kann um die Mittelwalze *II* oder um die Druckwalze *2* drehbar gelagert sein (Abb. 101a und c). In der Abb. 101c wird eine Streckwerkskonstruktion mit einem Kupplungshaken *HA* angegeben. Wenn der Käfig *KA* außer Eingriff gebracht wird, stützt sich der Haken auf der Wendeschiene WS_1 ab. Die Wendeschiene WS_2 kann durchgehend sein oder nur aus zwei kurzen Zapfen bestehen wie bei der vorhergehenden Konstruktion. Anstelle des Kupplungshakens *HA* kann auch eine Klemmfeder *FE* verwendet werden, die an der Wendeschiene WS_1 befestigt ist und hinter eine Spitze *SP* des Käfigs greift (Abb. 101d).

In dem Patent DBP 922145 von 1955 verzichtet QUAAS auf die unterbrochene Wendeschiene (Abb. 102). Dieser neuen Konstruktion liegt

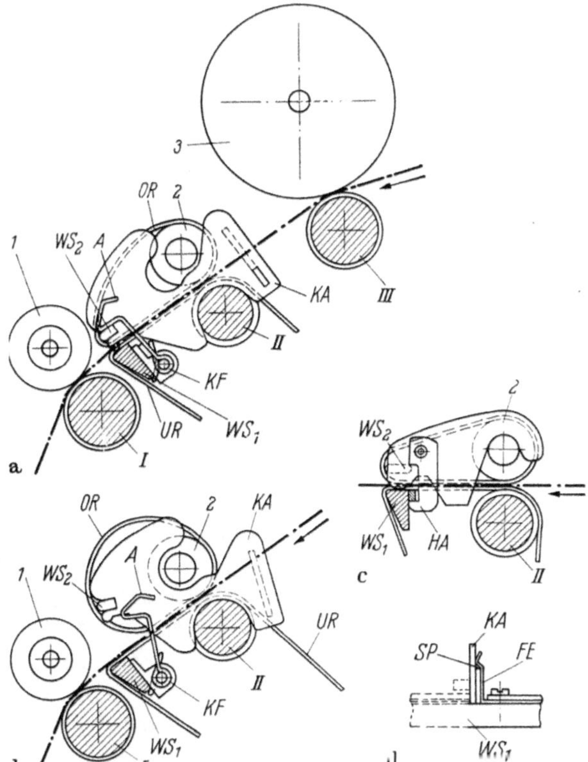

Abb. 101a–d. Zweiriemchen-Streckwerk nach K. QUAAS – DBP 906913 von 1954 der Firma Zellwolle-Lehrspinnerei GmbH Denkendorf, patent. vom 2. 10. 1948 an (s. a. DBP 976918 von 1964 nach H. Stahlecker, patent. vom 2. 10. 1948 an)

a Seitenansicht des Streckwerks; b Käfig im entlasteten Zustand; c Käfig mit Kupplungshaken; d Käfig mit Klemmfeder

A dachförmiger Ansatz; *FE* Klemmfeder; *HA* Kupplungshaken; *KA* Käfig; *KF* Kupplungsfeder; *OR* Oberriemchen; *SP* Spitze; *UR* Unterriemchen; WS_1, WS_2 Wendeschienen

gleichfalls der Gedanke zugrunde, den Käfig für das Oberriemchen mit Hilfe eines Kupplungshakens *HA* zu arretieren. Der Haken faßt hinter einen Steg *ST* der ortsfesten Wendeschiene WS_1 für das Unterriemchen. Die Verbindung ist leicht zu lösen. Von Vorteil ist, daß das Oberriemchen mit dem Käfig um die Achse der Druckwalze *2* gedreht und in eine Ruhestellung gebracht werden kann (Abb. 102b).

Die Firma Whitin Machine Works Ltd. entwickelte einen Oberriemchenkäfig für ein Zweiriemchen-Streckwerk (DBP 1001164 von 1957, Abb. 103). Die Seitenplatten des Käfigs *KA* sind durch die Wende-

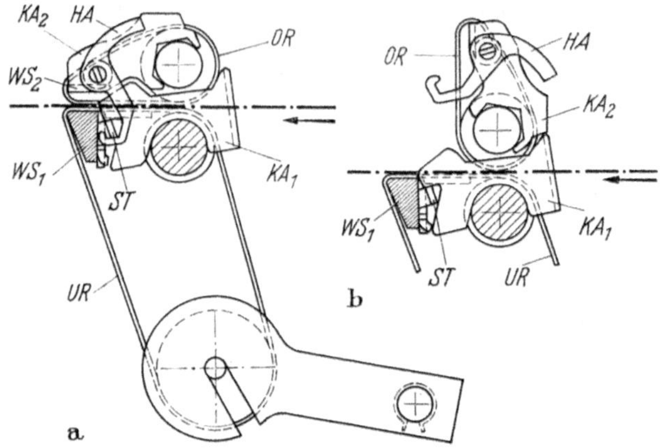

Abb. 102a u. b. Zweiriemchen-Streckwerk nach K. QUAAS – DBP 922145 von 1955 der Firma Zellwolle-Lehrspinnerei GmbH Denkendorf, patent. vom 10. 4. 1949 an
a Käfig im belasteten Zustand; b Käfig im unbelasteten Zustand

HA Kupplungshaken; KA_1, KA_2 Käfige; *OR* Oberriemchen; *ST* Steg; *UR* Unterriemchen; WS_1, WS_2 Wendeschienen

schiene WS_2 verbunden. Jede Seitenplatte besitzt zwei federnde, greiferförmige Verlängerungen, die über die Wendeschiene WS_1 für das Unterriemchen geschoben werden. Durch das federnde Überschnappen der Greiferteile ist der Käfig *KA* mit der Wendeschiene WS_1 fest verbunden.

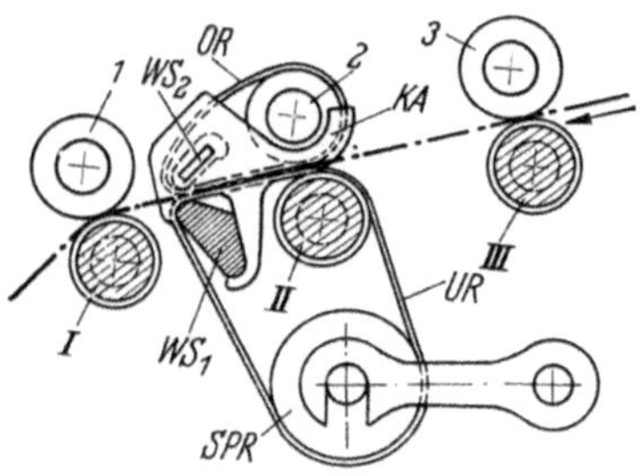

Abb. 103. Zweiriemchen-Streckwerk der Firma Whitin Machine Works Ltd. – DBP 1001164 von 1957, patent. vom 29. 3. 1954 an

KA Käfig; *OR* Oberriemchen; *SPR* Spannrolle; *UR* Unterriemchen; WS_1, WS_2 Wendeschienen

Die Firma Schiess AG. schlägt in einem Patent vor, zwischen den beiden Ausgangswalzen eine dünne Walze *W* anzubringen (Abb. 104a). Dadurch wird es möglich, die beiden Riemchen sehr nah an den vorderen Klemmpunkt heranzuführen. Die Fasern werden gut kontrolliert. Allerdings dürfte eine derartige Anordnung mechanische Schwierigkeiten bereiten. Noch komplizierter wird die Hauptverzugszone nach dem Vorschlag der Abb. 104b. Hier werden anstelle einer Walze drei im Durchmesser abgestufte Walzen verwendet. Um die Ober- und die Unterwalzen läuft je ein Riemchen. Die Wendeschienen für die Riemchen der Mittelwalzen werden durch je zwei Walzen ersetzt.

Ein Streckwerk, das sich die Firma T. M. M. (Research) Ltd. im Jahre 1953 patentieren ließ, ist in der Abb. 105 dargestellt. Die Fasern werden

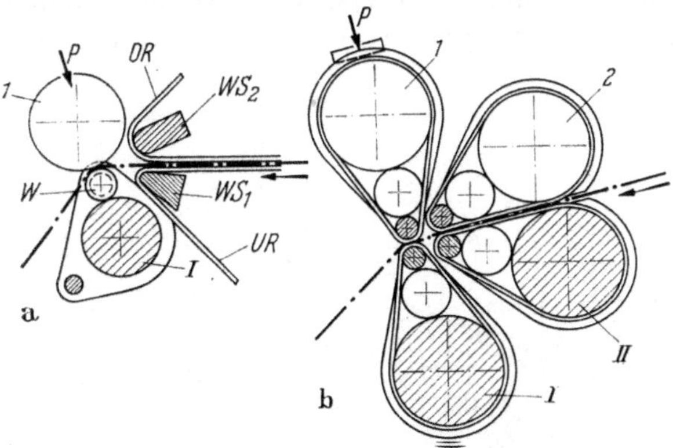

Abb. 104 a u. b. Zweiriemchen-Streckwerk der Firma Schiess AG. — BP 729253 vom 23. 1. 1953
a Zweiriemchen-Ausführung; b Vierriemchen-Ausführung
OR Oberriemchen; *P* Belastungsrichtung; *UR* Unterriemchen; *W* Zwischenwalze; WS_1, WS_2 Wendeschienen

von einem langen Unterriemchen *UR* bis kurz an die Ausgangswalzen herangeführt. Das untere Riemchen arbeitet mit einem Oberriemchen zu-

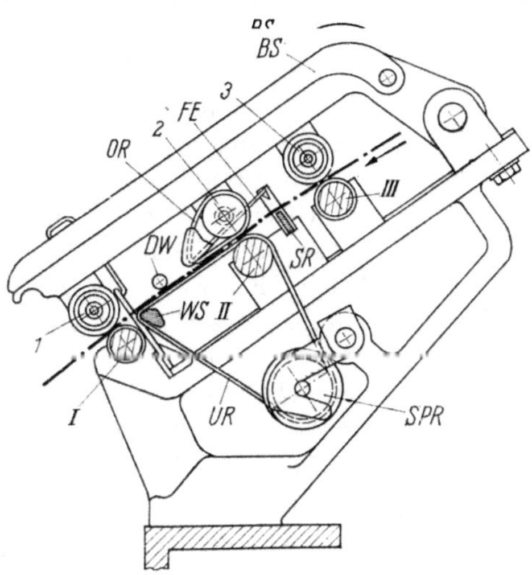

Abb. 105
Zweiriemchen-Streckwerk der Firma T. M. M. (Research) Ltd. — BP 737400 vom 10. 11. 1953
BS Belastungssattel; *DW* Durchzugswalze; *FE* Feder; *OR* Oberriemchen; *SPR* Spannrolle; *SR* Schraube; *UR* Unterriemchen; *WS* Wendeschiene

sammen, das mit Hilfe der Schraube *SR* und der Feder *FE* auf das Unterriemchen gedrückt wird. Es kann eine Durchzugswalze *DW* auf das Unterriemchen aufgebracht werden.

Für höhere Verzüge ist das Vierwalzen-Streckwerk nach der Abb. 106 geeignet (BP 745615 von 1954). Die Unterwalze *II* und die Oberwalzen *2* und *3* sind mit je einem Riemchen versehen. Damit die Fasern über eine größere Umfangslänge geführt werden können, sind die Druck-

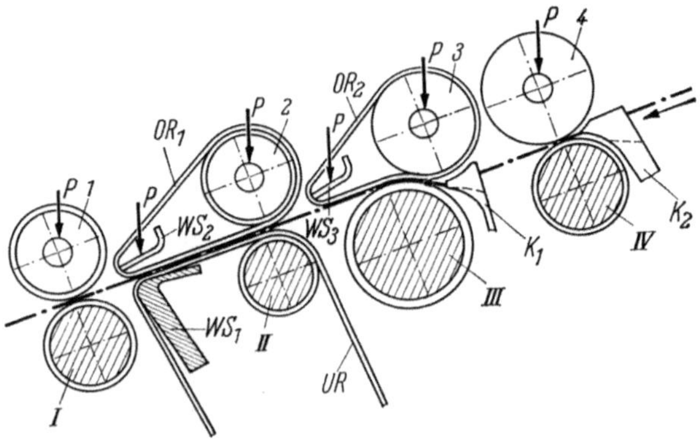

Abb. 106
Vierwalzen-Streckwerk der Firma T. M. M. (Research) Ltd. — BP 745615 vom 21. 12. 1954
K_1, K_2 Verdichter; OR_1, OR_2 Oberriemchen; P Belastungsrichtung; UR Unterriemchen; WS_1 bis WS_3 Wendeschienen

walzen *2* und *3* etwas nach hinten versetzt. Der Durchmesser der Walze *III* ist größer als normal. Alle Oberwalzen und die Wendeschienen der Oberriemchen werden durch Federn belastet. Vor den Walzenpaaren *IV/4* und *III/3* sind Verdichter angebracht.

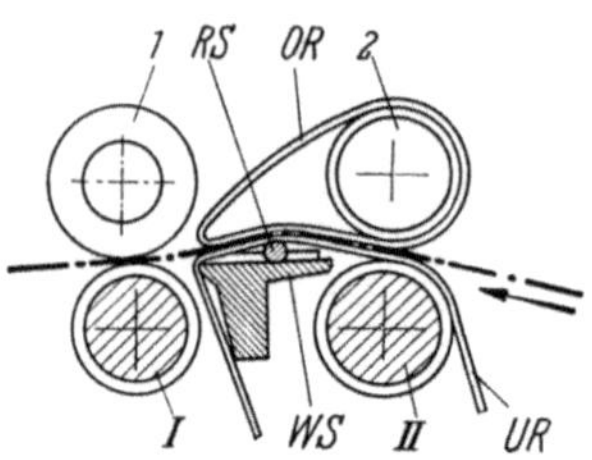

Abb. 107. Zweiriemchen-Streckwerk der Firma T. M. M. (Research) Ltd. — BP 851927 vom 17. 4. 1959
OR Oberriemchen; *RS* Rundstab; *UR* Unterriemchen; *WS* Wendeschiene

Mit ihrem Patent BP 851927 von 1959 beabsichtigt die Firma T.M.M. (Research) Ltd., ihr Zweiriemchen-Streckwerk der unterschiedlichen Faserlänge anzupassen (Abb. 107). Hierbei ist auf der Wendeschiene *WS* für das Unterriemchen *UR* ein Rundstab *RS* angebracht, der sich in der Verzugsrichtung verschieben läßt. Die Stellung des Stabes *RS* bestimmt die freie Weglänge der Fasern bis zum Klemmpunkt. Durch das abgeknickte Verzugsfeld wird gleichzeitig die Faserführung verbessert.

Das Streckwerk von Aymerich ist speziell für die Verspinnung von kurzen Fasern gedacht (BP 835365 von 1958; Abb. 108). Bei diesem Zweiriemchen-Streckwerk ist das Walzenpaar *II/2* um die Achse *A* schwenkbar angeordnet, so daß der Abstand der Verzugseinheit von dem Ausgangswalzenpaar verändert werden kann. Die Oberwalze *2* liegt nicht auf der Unterwalze *II*, sondern auf dem Unterriemchen *UR* auf. Das Oberriemchen *OR* reicht bis dicht an den Klemmpunkt der Ausgangswalzen heran. Es schlingt sich um die Wendeschiene WS_1 des Unterriemchens *UR*. Das Oberriemchen *OR* berührt die Ausgangswalze *I*. Dieser Berührungspunkt wurde geschaffen, damit die Fasern von der Ausgangswalze *I* dem vorderen Klemmpunkt zugeführt werden. Die mehrfache Knickung des Verzugsfeldes soll die Faserführung verbessern.

TOENNIESSEN entwickelte ein Zweiriemchen-Streckwerk, das zwischen den Trumen des Oberriemchens eine Andrückplatte *AP* besitzt (DBP 1137362 von 1963, Abb. 109). Die Andrückplatte *AP* preßt das Oberriemchen *OR* gegen das Unterriemchen *UR*. Der Anpreßdruck wird von einer Feder *FE* erzeugt, die an der Wendeschiene WS_2 befestigt ist. Die Andrückplatte *AP* hat mehrere Bohrungen. Sie kann in Faserlaufrichtung verschoben werden und wird von dem Stift *ST* gehalten. Die Feder *FE* kann so ausgebildet sein, daß sie die Funktion der Andrückplatte mit übernimmt.

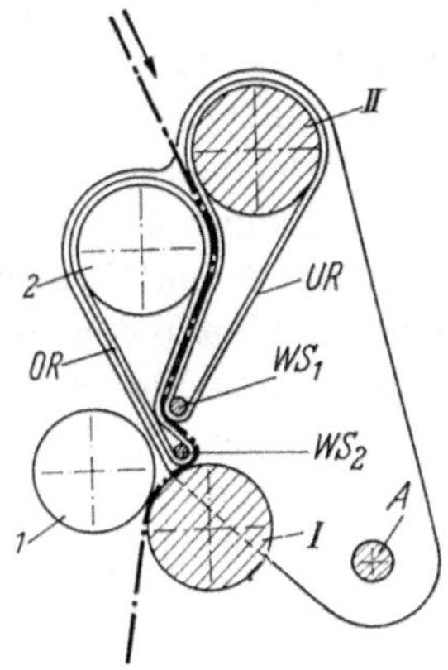

Abb. 108. Zweiriemchen-Streckwerk nach J. C. AYMERICH – BP 835365 vom 23. 4. 1958

A Achse; *OR* Oberriemchen; *UR* Unterriemchen; WS_1, WS_2 Wendeschienen

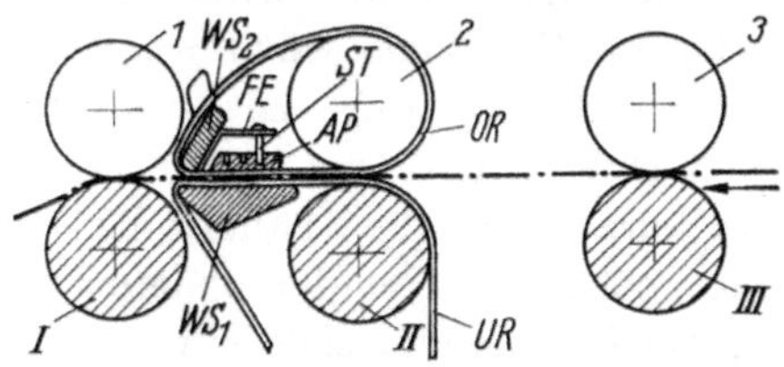

Abb. 109. Zweiriemchen-Streckwerk nach E. TOENNIESSEN – DBP 1137362 von 1963, patent. vom 3. 3. 1960 an

AP Andrückplatte; *FE* Feder; *OR* Oberriemchen; *ST* Stift; *UR* Unterriemchen; WS_1, WS_2 Wendeschienen

Bei der Konstruktion nach dem deutschen Patent DBP 1144160 von 1963, patent. vom 15. 7. 1960 an, werden die beiden Stifte der Andrückplatte, die nur über die Breite des Riemchens reicht, in Löchern der Wendeschiene für das Oberriemchen gehalten. Der Anpreßdruck wird von einer Blatt- oder Schraubenfeder erzeugt. Die Andrückplatte kann an ihrer Vorderkante mit einem Tastrand versehen sein, mit dem sie die Riemchen in eine Abstufung der Wendeschiene für das Unterriemchen drückt. Als Belastungsfeder der Andrückplatte kann auch eine nach oben gewölbte flache Blattfeder verwendet werden. Die Blattfeder erstreckt sich quer zur Faserlaufrichtung über die Andrückplatte und hat an den Enden Einschnitte, die die Führungsstifte aufnehmen (DBP 1149281 von 1963, patent. vom 14. 7. 1961 an).

Die Andrückplatte mit den Führungsstiften kann aus Kunststoff bestehen, blattartig dünn ausgebildet sein und schräg nach unten abgewinkelte Längskanten besitzen, die das Oberriemchen nur linienhaft berühren (DBP 1162733 von 1964, patent. vom 25. 4. 1963 an).

Die Casablancas High Draft Co. Ltd. stellt Streckwerke für viele Verwendungszwecke her. Hierbei wurden das „X-System" für Stapellängen bis zu 45 mm, das „L-System" für Langstapel bis zu 90 mm und das „N-System" für Höchstverzüge entwickelt. Die Buchstaben „C" und „T" werden ebenfalls zur Bezeichnung der Streckwerke verwendet. Sie geben an, ob es sich um ein Streckwerk mit einer Sattelbelastung oder mit einem Belastungsarm handelt. Das Casablancas-Streckwerk, Typ A 500, ist in seinem Aufbau auf die Verhältnisse des indischen Marktes zugeschnitten [*12*]. Da in Indien einheimische Baumwollen mit annähernd gleichen Stapellängen verarbeitet werden, ist eine Verstellbarkeit der Streckfeldweiten überflüssig. Die Walzen sind fest in den Stanzen gelagert. Das Verzugsfeld ist geknickt. Während das Vorverzugsfeld waagerecht verläuft, hat das Hauptverzugsfeld eine Neigung von 45°. Diese Anordnung kommt den Anforderungen bei der Verspinnung der kurzen indischen Baumwolle sehr entgegen. Die Firma Casablancas fügt, ebenso wie bei den anderen Systemen, auch hier einen Verdichter in das Hauptverzugsfeld ein.

Bei dem Casablancas-Dreiwalzen-Hochleistungs-Streckwerk, System N, ist bereits die Eingangsdruckwalze *3* mit einem Riemchen versehen (Abb. 110). Von unten her finden die durchlaufenden Fasern durch eine glatte Metallschiene *MS* Widerhalt. Diese Anordnung erlaubt es der Firma, den üblichen Vorverzug auf zwei- bis dreifach zu erhöhen. Das Hauptverzugsfeld ist mit dem bekannten Casablancas-Riemchenpaar und mit einem Verdichter ausgestattet. Mit dem Streckwerk lassen sich Fasern bis zu einer Stapellänge von 44 mm verarbeiten. Es ist dabei nicht nötig, die Streckfeldweiten für die verschiedenen Faserlängen zu verändern. Mit derselben Einstellung können Garne verschiedener Nummern gesponnen und alle erreichbaren Verzüge angewendet werden. Der Gesamtverzug wird von der Firma mit 60- bis 100fach angegeben.

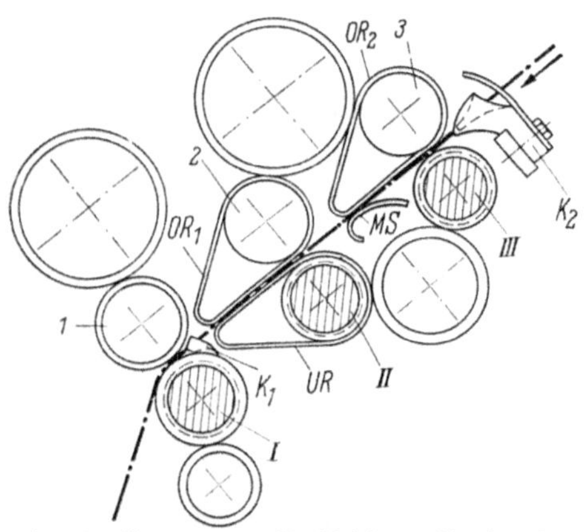

Abb. 110. Casablancas-Hochleistungs-Streckwerk, System N [*13*]
K_1, K_2 Verdichter; *MS* Metallschiene; OR_1, OR_2 Oberriemchen; *UR* Unterriemchen

Das CASABLANCAS-Dreiwalzen-Streckwerk, System S. 3., eignet sich für die Verspinnung langer wie auch kurzer Fasern (Abb. 111) [*12*, *14*]. Durch das Auswechseln von drei unterschiedlich geformten Brücken im Unterkäfig wird das Streckwerk den jeweiligen spinntechnischen Erfor-

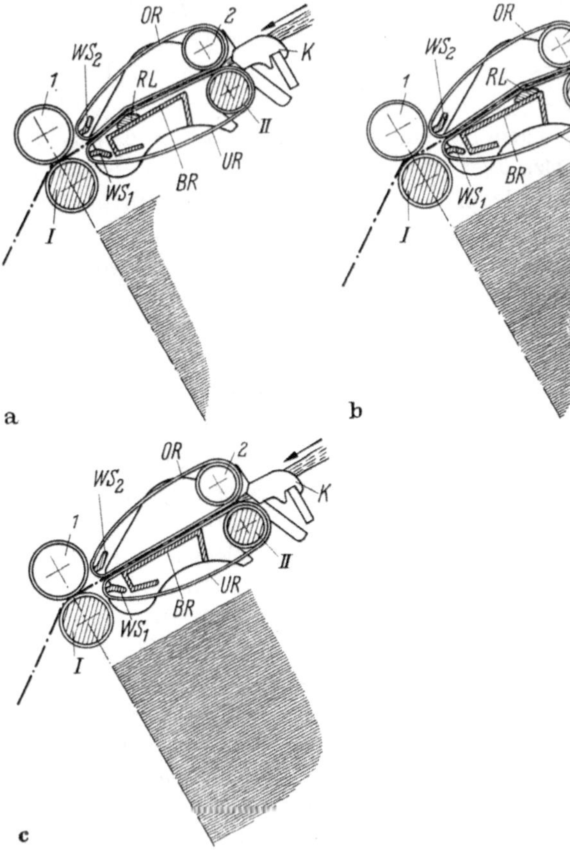

Abb. 111a–c. CASABLANCAS S. 3. – Verzugssystem
a Einstellung für die Verspinnung kurzer Fasern; b Einstellung für die Verspinnung mittellanger Fasern; c Einstellung für die Verspinnung langer Fasern
BR Brücke; *K* Verdichter; *OR* Oberriemchen; *RL* „Flexion“-Riegel; *UR* Unterriemchen; WS_1, WS_2 Wendeschienen

dernissen angepaßt. Bei der Verspinnung von Langfasern ist die Oberfläche der Brücke eben ausgeführt. Bei der Verarbeitung mittellanger Fasern wird das Verzugsfeld im hinteren Drittel durch eine buckelförmige Ausbildung der Brücke gebrochen. Bei der Verspinnung kurzer Fasern ist das Verzugsfeld im vorderen Drittel abgeknickt. Durch das Einsetzen dieser verschieden geformten Brückenbleche können drei sogenannte Rückhalteabstände von etwa 40, 60 und 80 mm eingestellt werden, ohne daß eine Verstellung des Mittelwalzenpaares oder ein Auswechseln der Käfige und des Riemchens notwendig ist. Zwischen dem Riemchenpaar und den Ausgangswalzen ist in der Regel ein hier nicht eingezeichneter Verdichter angebracht. Er liegt auf dem Unterriemchen auf und wird durch eine Schiene gehalten. Der Verdichter ist aus leichtem Kunststoff gefertigt, so daß selbst die geringen Kräfte des traversierenden Faserbändchens genügen, um ihn zu bewegen.

Das CASABLANCAS-GX 2-System verdient in der Reihe der CASABLANCAS-Streckwerke besondere Beachtung (Abb. 112 und 113) [*15*, *16*]. Der Tragarm ist schmal und flach. Auf diese Weise ist es möglich, die Putzwalze über eine volle Systemlänge (von Stanze zu Stanze) zu führen. Die Endzapfen der Putzwalzen ruhen in unabhängig vom Arm einstellbaren Lagern. Torsionsfedern belasten die Druckwalzen. Für je zwei nebeneinanderliegende Oberwalzen sind zwei Federn vorgesehen. Die Belastungsdrücke sollen dadurch nicht mehr als 1,2% vom Sollwert abweichen. Die Druckwalzen sind mit hochwertigen Kugellagern ausgerüstet, die nur selten geschmiert werden müssen. Die Schmierung der Unterwalzen erfolgt durch ölgetränkte Filzpolster, die die Hälse der Walzen bedecken. Dadurch sind die Lager zugleich gegen Flug und Staub geschützt. Das Verzugsfeld wird von den Riemchen in einem Bogen durchlaufen. Durch Auswechseln der Platte *PL* kann die Form des Bogens auf die verschiedenen Fasermaterialien abgestimmt werden. Es stehen zwei Platten zur Verfügung. Die eine eignet sich zum Verspinnen von Fasern bis zu 45 mm Stapellänge; die andere ist für die Verarbeitung von besonders langen Fasern und besonders großen Fasermassen entwickelt worden. Weiter läßt sich das Streckwerk durch Versetzen der Platte *PL* innerhalb des Verzugsfeldes veränderten Bedingungen anpassen. Der Rückhalteabstand wird verändert. Werden Fasern bis zu 80 mm Stapellänge versponnen, so erhält die mittlere Druckwalze *2* eine normale Mantelhülse vom Typ „S“. Für längere Fasern findet ein besonderer Typ „L“ Verwendung, bei welchem keine Klemmwirkung auf das Material ausgeübt wird. Das Streckwerk arbeitet in diesem Fall im Durchzug, also ohne Vorverzug. Das GX 2-Streckwerk wird in zwei Ausführungen mit einer Verzugsfeldneigung von 45 bzw. 30° geliefert. Es sind bis zu 70fache Verzüge möglich.

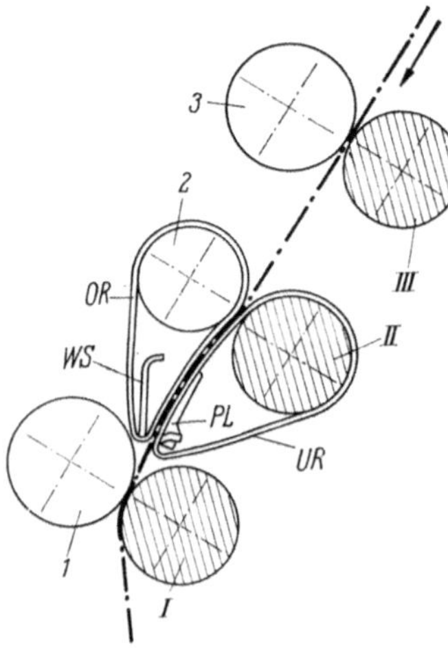

Abb. 112. CASABLANCAS-Zweiriemchen-Streckwerk nach J. NOGUERA – DBP 1075025 von 1960 der Firma Casablancas High Draft Company, patent. vom 2. 5. 1958 an
OR Oberriemchen; *PL* Platte; *UR* Unterriemchen; *WS* Wendeschiene

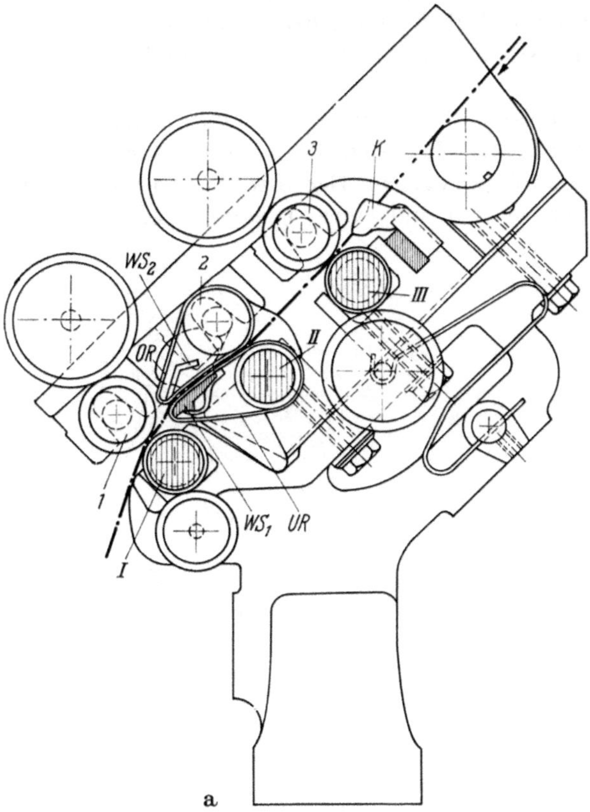

a

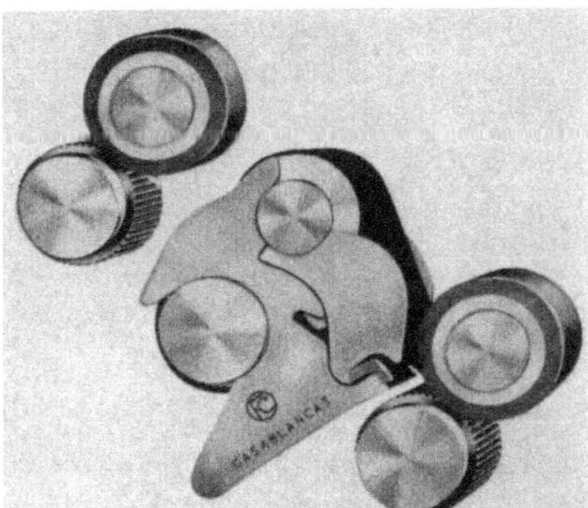

b

Abb. 113a u. b. CASABLANCAS-GX 2-System
a Schemazeichnung des Streckwerkes; b photographische Darstellung der Streckwerksteile
K Verdichter; *OR* Oberriemchen; *UR* Unterriemchen; WS_1, WS_2 Wendeschienen

Die Zweiriemchen-Streckwerke der PK-Reihe, die von der Firma SKF Kugellagerfabriken GmbH hergestellt werden, eignen sich für die Verarbeitung von Fasern jeglichen Materials und sind in den Spinnereien sehr beliebt.

Die Grundlage dieses Streckwerks bildet das SKF-Pendelträger-Streckwerk PK 211 — E 1 (Abb. 114), ein Standardstreckwerk der deutschen Baumwollspinnereien. Das PK 211-Streckwerk ist mit einem kurzen Oberriemchen und einem langen Unterriemchen ausgestattet.

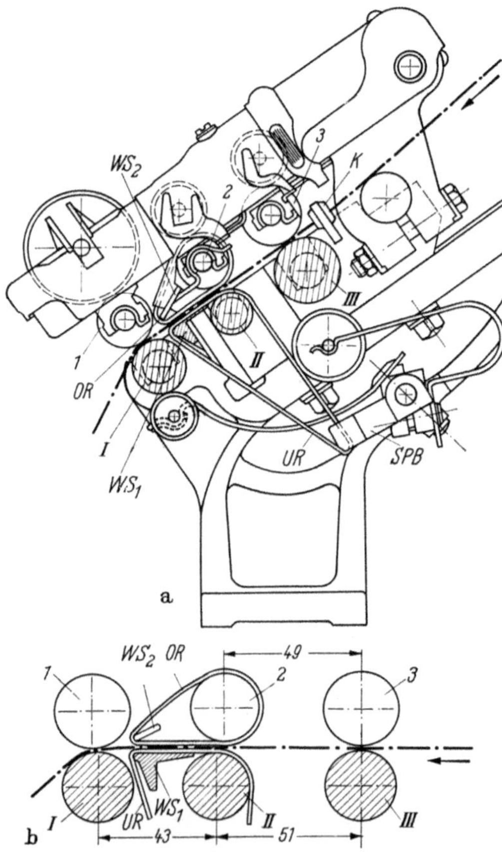

Abb. 114a u. b
Zweiriemchen-Streckwerk der Firma SKF Kugellagerfabriken GmbH, System PK 211 — E 1
a Gesamtansicht des Streckwerkes; b schematische Darstellung des Streckwerkes
K Verdichter; *OR* Oberriemchen; *SPB* Spannbügel; *UR* Unterriemchen; WS_1, WS_2 Wendeschienen

Eine Feder drückt die Wendeschiene WS_2 mit dem Oberriemchen auf das Unterriemchen. Die Ausgangsdruckwalze *1* ist etwas nach vorn versetzt, um das Spinndreieck zu verkleinern. Die Druckwalzen werden durch Schraubenfedern belastet. Sie sind in Lenkarmen pendelnd aufgehängt. Das Unterriemchen wird von einem Spannbügel *SPB* gespannt. Die Wendeschiene WS_1 und der Spannbügel *SPB* besitzen seitliche Führungsleisten, die ein Verlaufen der Riemchen verhindern.

Die Ausführung mit langem Oberriemchenkäfig (Abb. 115) wurde vornehmlich für die Baumwoll- und Kammgarnspinnereien entwickelt, die

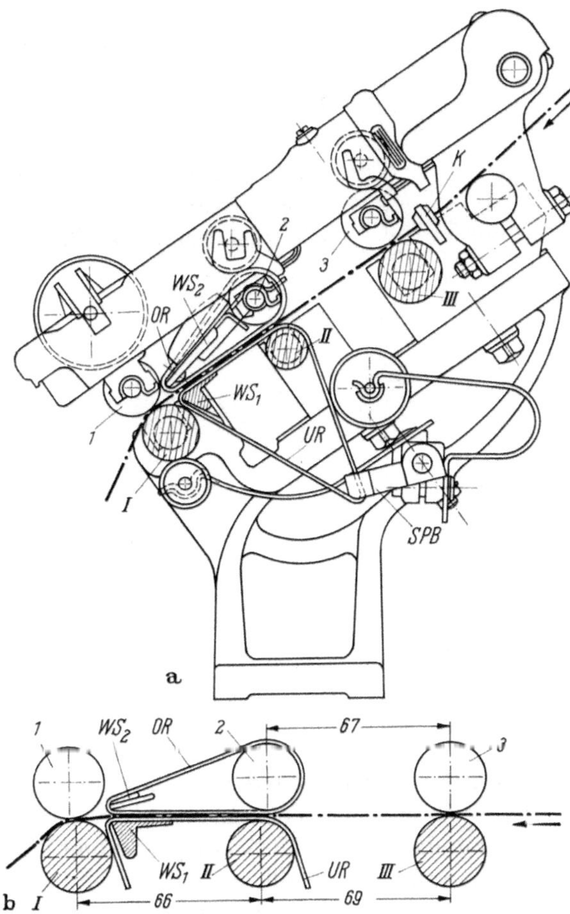

Abb. 115a u. b. Zweiriemchen-Streckwerk der Firma SKF-Kugellagerfabriken GmbH mit langem Oberriemchenkäfig
a Gesamtansicht des Streckwerkes; b schematische Darstellung des Streckwerkes
K Verdichter; *OR* Oberriemchen; *SPB* Spannbügel; *UR* Unterriemchen; WS_1, WS_2 Wendeschienen

ihren Mischungen synthetische Fasern mit größeren Stapellängen zusetzen [*17*]. Optimale Verhältnisse herrschen bei der Verarbeitung von 80 bis 130 mm langen Fasern.

Bei der Sonderausführung mit langem Oberriemchen (Abb. 115) ist die Belastung der Oberwalzen höher als bei dem PK 211—E 1-Streckwerk. Die langen Riemchen gewährleisten auch dann eine sichere Führung des Fasergutes, wenn langstapelige Fasern verarbeitet werden.

Im Zusatzpatent DBP 1118666 der Firma SKF Kugellagerfabriken GmbH ist eine Möglichkeit angegeben, wie auf einfache Weise das Zweiriemchen-Streckwerk verschiedenen Betriebsbedingungen angepaßt werden kann. Es wird vorgeschlagen, eine Unterriemchenbrücke *BR* mitsamt der Wendeschiene *WS* in Faserlaufrichtung verschiebbar zu gestalten (Abb. 116). Die Riemchenbrücke *BR* ist im Bereich

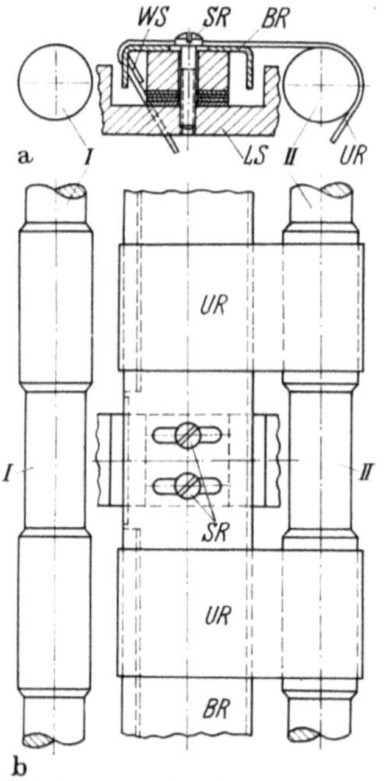

Abb. 116a u. b. Zweiriemchen-Streckwerk mit verstellbarer Unterriemchenbrücke der Firma SKF Kugellagerfabriken GmbH — DBP 1118666 von 1962, patent. vom 20. 10. 1960 an
a Seitenansicht; b Draufsicht
BR Brücke; *LS* Lagerständer; *SR* Stellschraube; *UR* Unterriemchen; *WS* Wendeschiene

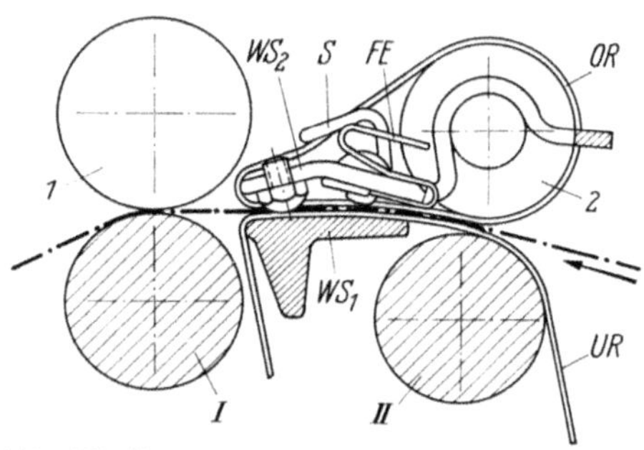

Abb. 117. Spannvorrichtung für Oberriemchen der Firma SKF Kugellagerfabriken GmbH — DBP 1115160 von 1961, patent. vom 15. 11. 1957 an
FE Belastungsfeder für die Wendeschiene des Oberriemchens; *OR* Oberriemchen; *S* Spannbügel; *UR* Unterriemchen; WS_1, WS_2 Wendeschienen

ihrer Befestigungsstelle am Lagerständer *LS* mit Schlitzen versehen, deren Größe und Richtung dem Verstellbereich der Brücke *BR* entsprechen. Der Lagerständer *LS* hat Markierungen, damit die Brücke *BR* parallel zu den Unterwalzen eingestellt werden kann.

In der Abb. 117 ist eine Spannvorrichtung für das Oberriemchen eines SKF-Streckwerkes wiedergegeben (DBP 1115160 von 1961). Das federnde Spannglied *S* ist als Bügel ausgebildet, der mit seinem Steg von oben her auf das nicht faserführende Trum des Oberriemchens *OR* drückt. Die beiden Schenkel des Bügels führen das Oberriemchen seitlich. Sie sind mit der Wendeschiene WS_2 verbunden.

Eine abweichende Ausführung des PK-Riemchen-Streckwerkes ist in der Abb. 118 dargestellt. Die beiden Riemchen laufen um die Walzen *II*,

III bzw. *2*, *3*. Das Streckwerk besitzt daher nur eine Verzugszone. Die Druckwalze *2* liegt in der Mitte zwischen den Walzen *II* und *III* auf den Riemchen auf und wird von einem Käfig gehalten. Dieses Streckwerk ist vornehmlich für die Verarbeitung von Langfasern gedacht.

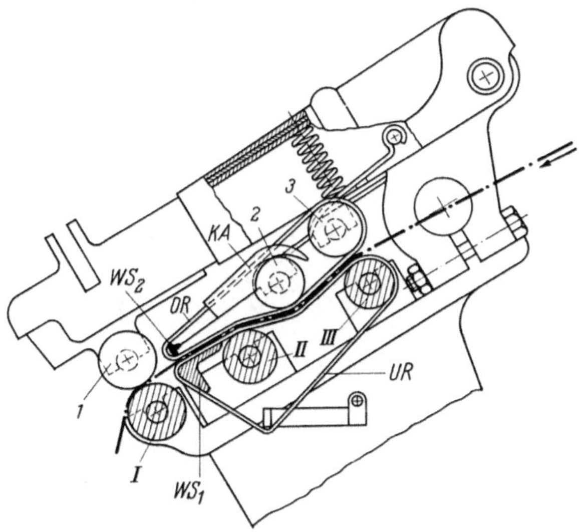

Abb. 118. Zweiriemchen-Streckwerk für Langfasern der Firma SKF Kugellagerfabriken GmbH – BP 847300 vom 17. 3. 1958

KA Käfig; *OR* Oberriemchen; *UR* Unterriemchen; WS_1, WS_2 Wendeschienen

Im deutschen Patent DBP 968509 von 1958 gibt die Firma Zinser Textilmaschinen GmbH einen Spannbügel für das Unterriemchen *UR* an (Abb. 119). Dieser Spannbügel wird heute von verschiedenen Firmen in Lizenz gebaut. Er besteht aus einem Federgehäuse *FH* mit dem daran befestigten Bügel *B* und der Feder *FE*. Die Feder *FE* wird auf die Stange *ST* geschoben, in deren Nut *N* das eine Federende gehalten wird. Das freie Ende der Feder *FE* greift an den Bügel *B* an, der das Riemchen *UR* spannt. Der

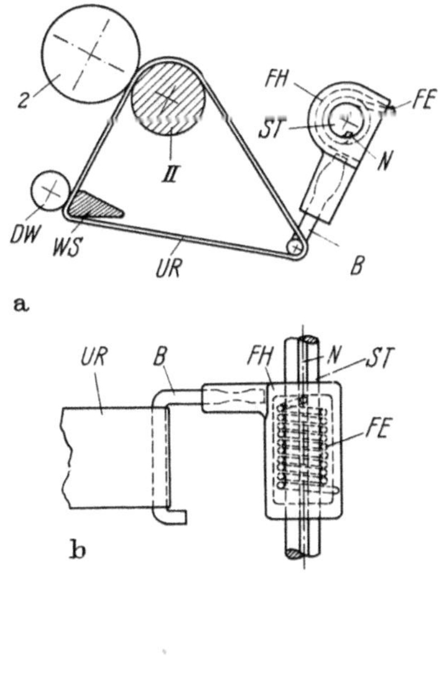

Abb. 119a u. b. Federspannbügel der Firma Zinser Textilmaschinen GmbH – DBP 968509 von 1958, patent. vom 16. 3. 1952 an
a Seitenansicht; b Draufsicht

B Bügel; *DW* Durchzugswalze; *FE* Feder; *FH* Federgehäuse; *N* Nut; *ST* Stange; *UR* Unterriemchen; *WS* Wendeschiene

Spannbügel hat gegenüber Spannwalzen den Vorteil, daß das Unterriemchen auch bei einem stark geneigten Streckwerk einwandfrei gespannt wird. Er ist leicht zu reinigen. Die Riemchenspannung kann durch ein Verdrehen der Stange *ST* auf die Laufverhältnisse eingestellt werden.

Die Meinungen, ob die Riemchen durch Spannbügel oder Spannrollen gespannt werden sollen, gehen auseinander. Stahlecker [57] gibt

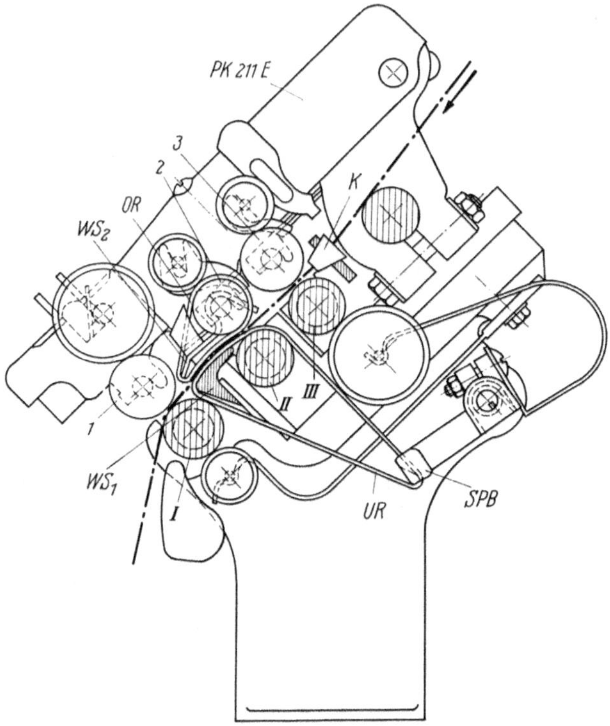

Abb. 120. Zweiriemchen-Streckwerk der Firma Zinser Textilmaschinen GmbH
K Verdichter; *OR* Oberriemchen; *SPB* Spannbügel; *UR* Unterriemchen; WS_1, WS_2 Wendeschienen

der Spannrolle eindeutig den Vorzug. Er führt als Vorteile der Spannrolle an, daß die Antriebskräfte zur Bewegung der Spannrolle gegenüber denen zur Bewegung des Riemchens auf dem Spannbügel sehr gering sind. Damit sinkt der Riemchenverschleiß. Außerdem sollen die mit Hilfe einer Spannrolle gespannten Riemchen ruhiger laufen als die mittels eines Spannbügels gespannten. Rubisch, Langer und Dausch [58] vertreten dagegen auf Grund ihrer Untersuchungen die Ansicht, daß der Spannbügel der Spannrolle überlegen ist. Der Spannbügel soll vor allem in der Querrichtung das Riemchen besser führen als die Spannrolle und zu dieser Führung nur 1/3 der Kraft benötigen, die bei der

Spannrolle erforderlich ist. Auch verzogene und lappige Riemchen sollen auf dem Spannbügel noch einwandfrei ablaufen. Zudem ist der Spannbügel gegen Verflugung unempfindlicher als die Spannrolle.

In der Abb. 120 ist ein Hochverzugs-Streckwerk der Firma Zinser Textilmaschinen GmbH dargestellt, das mit einem der Abb. 119 entsprechenden Spannbügel ausgestattet ist. Das Dreiwalzen-Streckwerk mit zwei Verzugszonen ist für die Verarbeitung von Baumwolle sowie

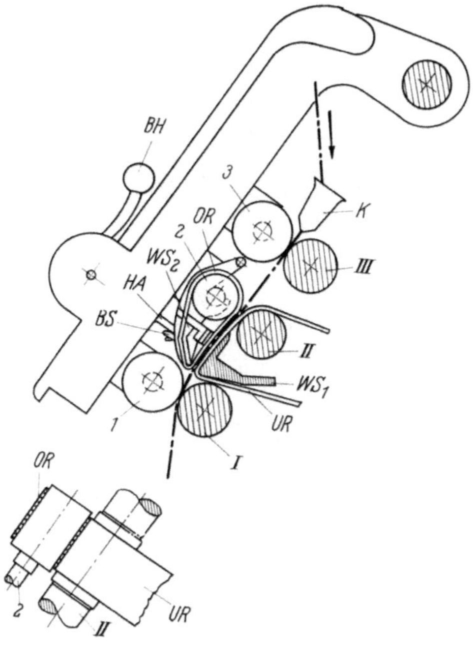

Abb. 121. Hochverzugs-Streckwerk der Firma Carniti für Fasern bis 40 mm Stapellänge
BH Belastungshebel; *BS* Befestigungsschiene; *HA* Befestigungshaken; *K* Verdichter; *OR* Oberriemchen; *UR* Unterriemchen; WS_1, WS_2 Wendeschienen

von Zellwolle bis zu einer maximalen Stapellänge von 60 mm geeignet. Im Hauptverzugsfeld werden die Fasern von zwei Riemchen geführt. Das Streckwerk gestattet bis zu 40fache Verzüge. Für die Belastung der Oberwalzen wird ein PK 211 E-Pendelarm der Firma SKF Kugellagerfabriken GmbH verwendet.

In der Abb. 121 ist ein Hochverzugs-Streckwerk der Firma Carniti dargestellt. Auf dem Streckwerk können Fasern bis zu 40 mm Stapellänge versponnen werden. Der Verzug beträgt maximal 66fach. Das Streckwerk ist mit einem Riemchenpaar ausgerüstet. Vor den Eingangswalzen *III*/*3* ist ein Verdichter *K* angebracht, der hin- und herbewegt wird. Die Belastung der Druckwalzen erfolgt über Federn und wird mit Hilfe des Hebels *BH* aufgebracht. Durch den Haken *HA*, dessen

Nase in eine Öffnung der Schiene *BS* greift, wird der Belastungsarm verriegelt.

Wenn die glatte Mitteldruckwalze gegen eine Druckwalze, die mit einer Aussparung versehen ist, ausgetauscht wird, können auf dem Streckwerk Fasern bis zu 80 mm Stapellänge verarbeitet werden (Abb. 122).

Das Streckwerk von ROBERTS ist ein reines CASABLANCAS-Streckwerk (Abb. 123). Seine Besonderheit liegt darin, daß es sich durch gering-

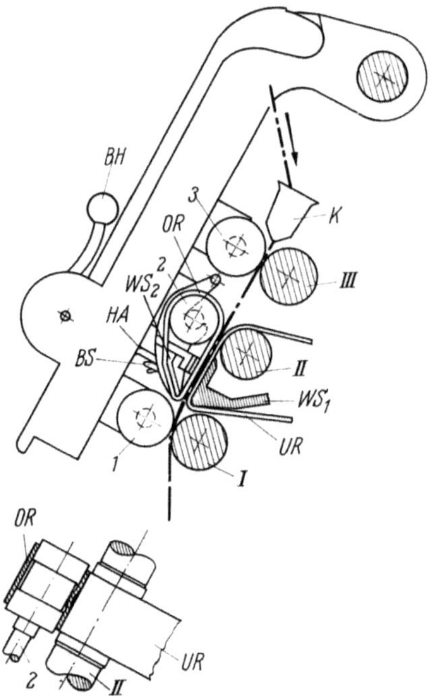

Abb. 122. Hochverzugs-Streckwerk der Firma Carniti für Fasern bis 80 mm Stapellänge
BH Belastungshebel; *BS* Befestigungsschiene; *HA* Befestigungshaken; *K* Verdichter; *OR* Oberriemchen; *UR* Unterriemchen; WS_1, WS_2 Wendeschienen

fügige Änderungen aus einem Dreiwalzen-Klemmstreckwerk entwickeln läßt. Es ist aber selbst in seinem Ursprungsland Amerika nur wenig verbreitet. Die Belastung der Druckwalzen erfolgt über einen Drucksattel. Die Auflager des Sattels sind aus Pockholz (Lignostone). Eine Schmierung der Lagerstellen soll nicht erforderlich sein. Statt der heute allgemein üblichen Losroller werden Festwalzen verwendet. Auch die Lager der Chapeaux-Stangen, in denen die Zapfen der Druckwalzen laufen, sind aus Lignostone.

Unter der Voraussetzung, daß diese Lagerung betriebssicher arbeitet, ergeben sich gegenüber geschmierten Lagern folgende Vorteile:

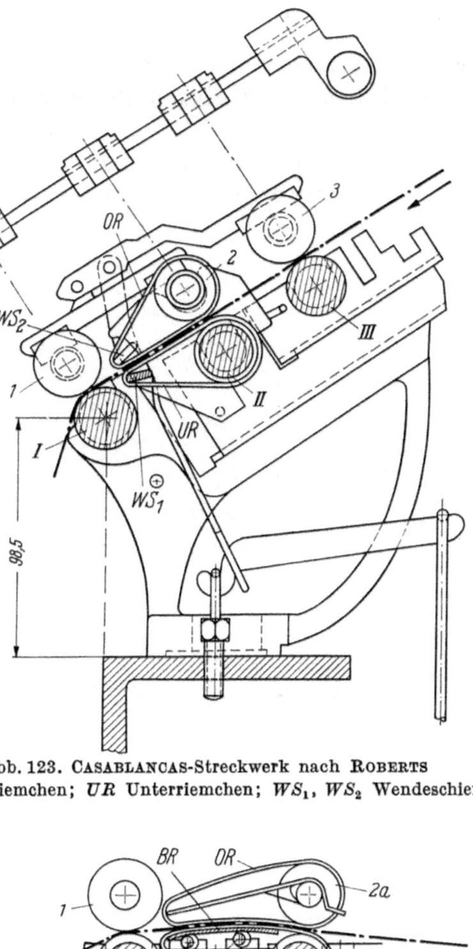

Abb. 123. CASABLANCAS-Streckwerk nach ROBERTS
OR Oberriemchen; *UR* Unterriemchen; WS_1, WS_2 Wendeschienen

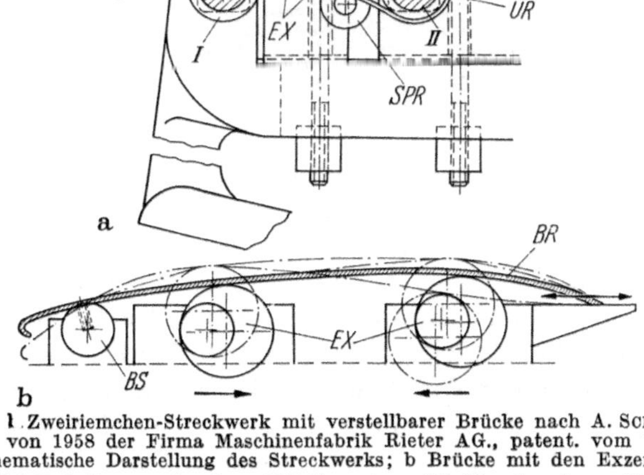

Abb. 124a u. b Zweiriemchen-Streckwerk mit verstellbarer Brücke nach A. SCHILTKNECHT – DBP 1033563 von 1958 der Firma Maschinenfabrik Rieter AG., patent. vom 7. 12. 1956 an
a Schematische Darstellung des Streckwerks; b Brücke mit den Exzentern
BR Brücke; *BS* Befestigungsschraube; *EX* Exzenter; *OR* Oberriemchen; *SPR* Spannrolle; *UR* Unterriemchen

Das Garn wird nicht durch Schmiermittel verunreinigt; die Wartung kann reduziert werden, und der Flugansatz an den Lagerstellen läßt sich verringern.

Der Durchmesser der Walzen *I*, *II* und *III* beträgt je 1″. Die Belastung der Walzen ist höher als normal. Auf dem ROBERTS-Streckwerk

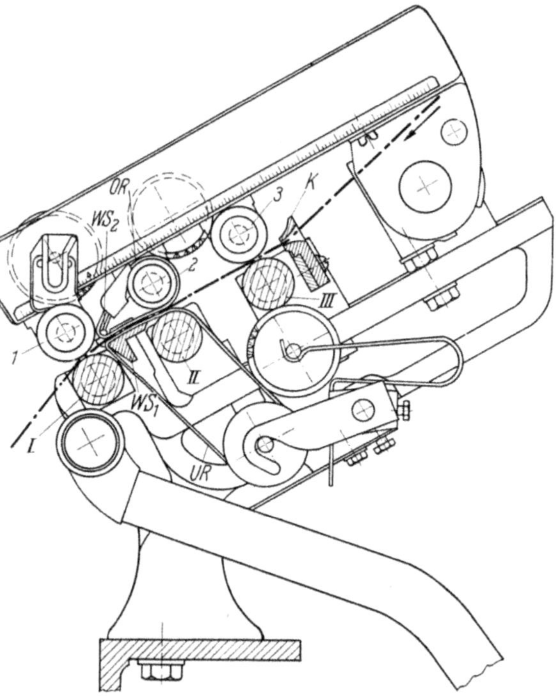

a

Abb. 125a
Zweiriemchen-Streckwerk der Firma Société Alsacienne de Constructions Mécaniques (SACM)
a Zweiriemchen-Streckwerk für die Verarbeitung von Baumwolle

K Verdichter; *OR* Oberriemchen; *UR* Unterriemchen; WS_1, WS_2 Wendeschienen

kann Baumwolle bis zu einer Stapellänge von 40 mm versponnen werden. Der Verzug ist maximal 30fach.

Das CASABLANCAS-Streckwerk, das die Firma Maschinenfabrik Rieter AG. im Jahre 1956 zum Patent anmeldete (DBP 1033563), bietet ein Optimum an Einstellmöglichkeiten. Die Riemchen werden, wie das in der Abb. 124 dargestellt ist, durch eine Brücke *BR* gehalten. Die Brücke kann durch das Drehen zweier Exzenter *EX* in ihrer Lage verändert werden. Die gekrümmte Brücke ist aus elastischem Material gefertigt und paßt sich daher den jeweiligen Exzenterstellungen sehr gut an.

Die Firma Société Alsacienne de Constructions Mécaniques (SACM) hat zwei Riemchen-Streckwerke für Ringspinnmaschinen entwickelt. Die Streckwerke sind mit einem kurzen Ober- und einem langen Unterriemchen ausgeführt. Die Konstruktion nach der Abb. 125a ist für die

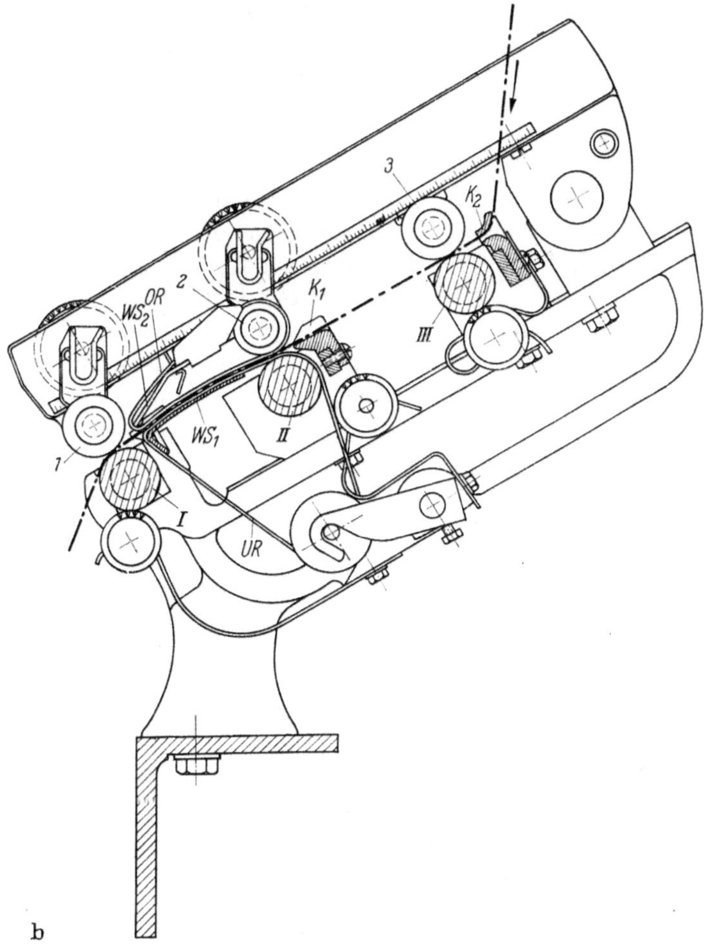

b

Abb. 125b
Zweiriemchen-Streckwerk der Firma Société Alsacienne de Constructions Mécaniques (SACM)
b Zweiriemchen-Streckwerk für die Verspinnung von Langfasern bis 80 mm Stapellänge
K_1, K_2 Verdichter; *OR* Oberriemchen; *UR* Unterriemchen; WS_1, WS_2 Wendeschienen

Verspinnung von Baumwolle gedacht, während auf dem Streckwerk gemäß Abb. 125b Fasern bis zu 80 mm Stapellänge verarbeitet werden können. Bei dieser Ausführung ist zusätzlich ein Verdichter in dem Verzugsfeld angebracht.

2.3.3 Das Le Blan-Roth-Streckwerk

Das Le Blan-Roth-Streckwerk, das irrtümlich oft zu den Flächendurchzugs-Streckwerken gezählt wird, gehört zu den gebräuchlichsten Konstruktionen, die heute im Spinnmaschinenbau verwendet werden (Abb. 126). Seinem Aufbau nach ist es — einschließlich eines hier nicht eingezeichneten Eingangswalzenpaares — ein Vierwalzen-Streckwerk. Es besitzt ein Vorverzugs- und ein Hauptverzugsfeld. Charakteristisch für diesen Streckwerkstypus ist das Hauptverzugsfeld, das mit einem Unterriemchen und mit einer Durchzugswalze ausgestattet ist. Die zur Durchzugswalze gehörende Unterwalze wird durch die Wendeschiene *WS* ersetzt, über die das Riemchen *UR* läuft. Angetrieben wird das Riemchen durch die Unterwalze *II*. Auf der Wendeschiene liegt die Durchzugswalze *2a*. Der Abstand der Durchzugsstelle (Wendeschiene/Durchzugswalze) von den Ausgangswalzen beträgt etwa 18 mm. Die

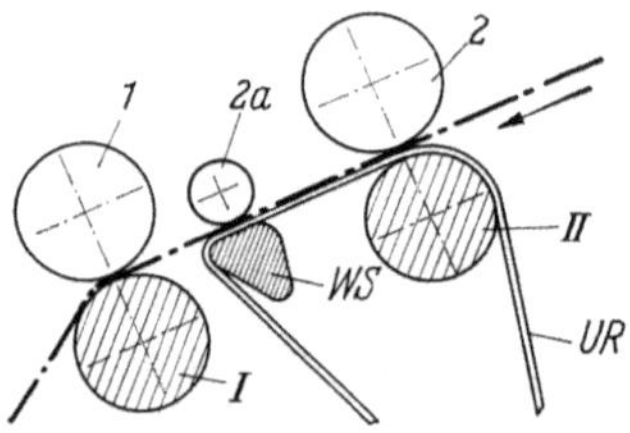

Abb. 126. Le Blan-Roth-System
UR Unterriemchen; *WS* Wendeschiene

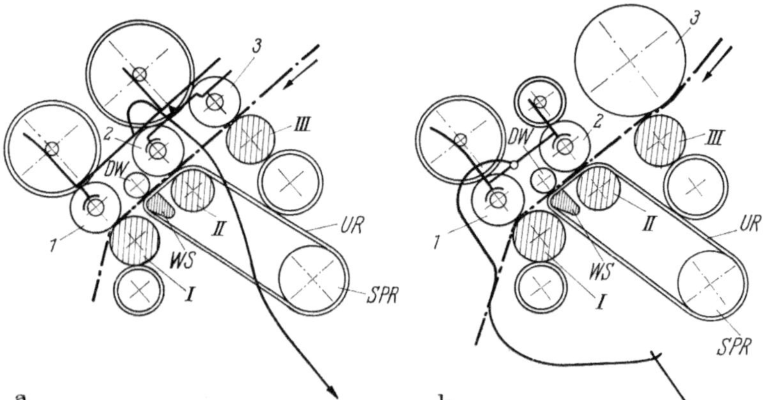

Abb. 127 a u. b. Le Blan-Roth-Streckwerk der Firma Maschinenfabrik Rieter AG.
a Zughaken innerhalb des Streckwerks; b Zughaken vor dem Streckwerk
DW Durchzugswalze; *SPR* Spannrolle; *UR* Unterriemchen; *WS* Wendeschiene

Fasern werden jedoch vom Riemchen *UR* noch näher an die Ausgangswalzen geführt. Dadurch wird der gesponnene Faden glatter. Die Flugbildung wird entsprechend geringer. Dies hat zur Folge, daß weniger Fadenbrüche auftreten.

In der Abb. 127 sind zwei Le Blan-Roth-Streckwerke der Firma Maschinenfabrik Rieter AG. dargestellt. Die Konstruktion b ist wesentlich einfacher gehalten als die Ausführung a.

Im Patent DRP 489810 von 1929 (Abb. 128) verbessern Le Blan-Roth ihr erstes Streckwerk. Der Vorteil der neuen Konstruktion besteht darin, daß die Druckwalze *2* das Riemchen muldenartig nach unten ausbiegt. Dadurch wird eine intensive Faserkontrolle erreicht. Die Druckwalze *2* läßt sich bei feststehender Unterwalze so verstellen, daß die Verzugsfeldlänge für ein bestimmtes Fasermaterial optimal ist.

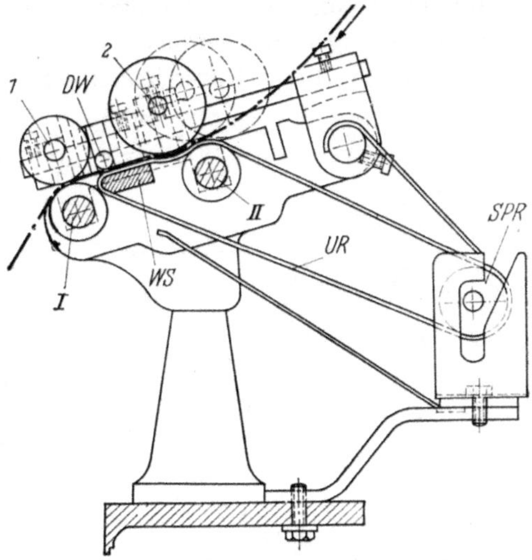

Abb. 128. Einriemchen-Streckwerk der Firma Le Blan & Cie. und M. A. Roth — DRP 489810 von 1929, patent. vom 7. 10. 1925 an

DW Durchzugswalze; *SPR* Spannrolle; *UR* Unterriemchen; *WS* Wendeschiene

Toenniessen erreichte durch eine neue Riemchenführung eine sichere Mitnahme des Riemchens (DRP 700601 von 1940; Abb. 129). Die Putzwalze *PW* lenkt das Unterriemchen *UR* aus und verbessert so die Mitnahme des Unterriemchens durch die Walze *II*. Die Durchzugswalze *DW* gewährleistet eine gute Faserführung.

Bei dem Streckwerk, das Toenniessen 1943 zum Patent anmeldete (DRP 712853 von 1943; Abb. 130), ist die Erkenntnis, daß in einem Verdichterfeld nicht verzogen werden soll, erstmalig zum Tragen gekommen. Darum fügt Toenniessen dem Verzugsfeld mit Unterriemchenführung und Gleitkufe ein Verdichterfeld, in dem nicht verzogen wird, hinzu. Nach Ansicht des Erfinders darf dem Verdichterfeld darüber hinaus

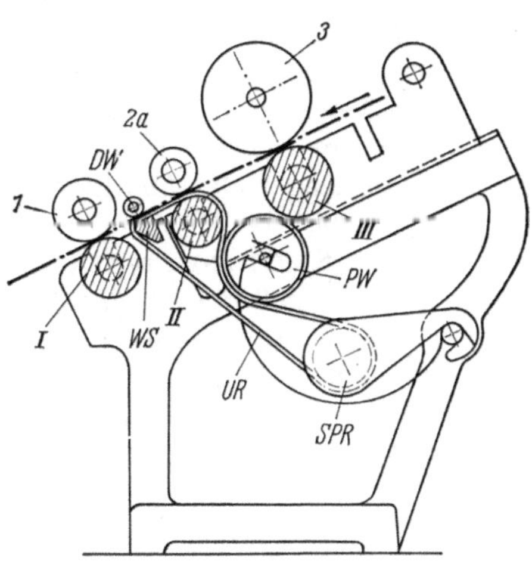

Abb. 129. Einriemchen-Streckwerk mit verbesserter Riemchenführung nach E. Toenniessen — DRP 700601 von 1940, patent. vom 5. 9. 1935 an

DW Durchzugswalze; *PW* Putzwalze; *SPR* Spannrolle; *UR* Unterriemchen; *WS* Wendeschiene

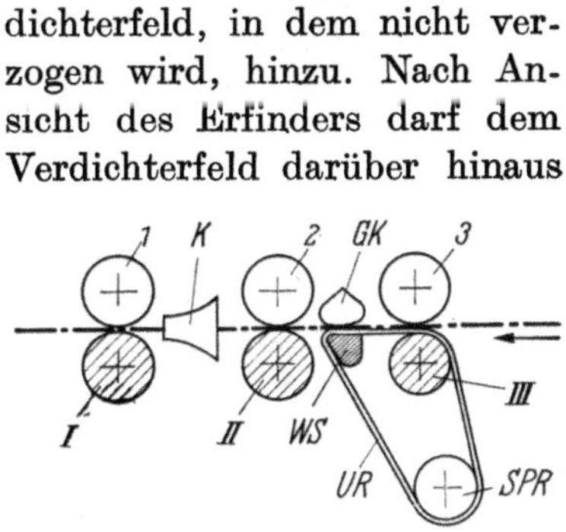

Abb. 130. Einriemchen-Streckwerk mit Verdichter nach E. Toenniessen — DRP 712853 von 1943, patent. vom 19. 2. 1938 an

GK Gleitkufe; *K* Verdichter; *SPR* Spannrolle; *UR* Unterriemchen; *WS* Wendeschiene nur ein Verzugsfeld mit sehr guter Faserführung vorgeschaltet sein, z. B. mit Riemchenführung und Gleitkufe wie in dem vorliegenden Falle, nicht dagegen ein Verzugsfeld, bei dem das Material einzig durch eine Durchzugswalze geführt wird.

Auch bei dem Unterriemchen-Streckwerk nach dem deutschen Patent DRP 718830 von 1942 ersetzt TOENNIESSEN die Durchzugswalze durch eine Kufe *KU* (Abb. 131). Das Verdichterfeld entfällt jedoch. Die Kufe *KU* liegt oberhalb der Wendeschiene *WS* auf dem Unterriemchen *UR* auf. Sie kann sich zwar, dem Faserdruck folgend, auf und ab bewegen, ist jedoch undrehbar gelagert. Die seitlichen Führungsstege der Kufe *KU* sind mit Griffen versehen, die über die Haltearme hinausragen. Die Kufe *KU* kann dadurch mühelos aus dem Streckwerk entfernt werden.

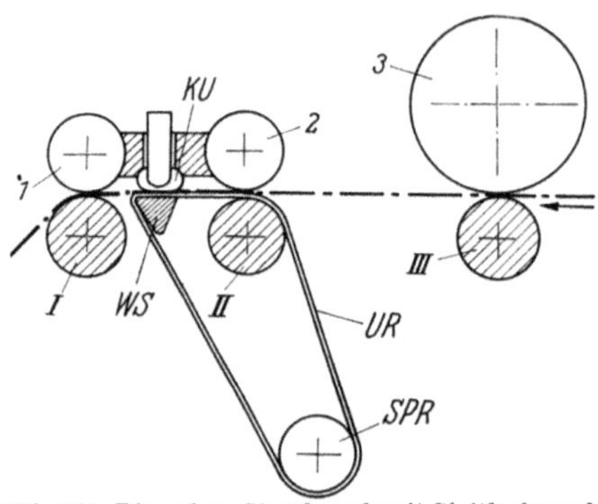

Abb. 131. Riemchen-Streckwerk mit Gleitkufe nach E. TOENNIESSEN – DRP 718830 von 1942, patent. vom 17. 9. 1937 an

KU Gleitkufe; *SPR* Spannrolle; *UR* Unterriemchen; *WS* Wendeschiene

KLUFTINGER erreicht mit seinem Streckwerk (DRP 715839 von 1942; Abb. 132) eine elastische Führung der Fasern. Das Streckwerk ist insbesondere für die Verarbeitung von Materialien mit stark schwankender Stapellänge oder für die Verspinnung von Mischungen gedacht. KLUFTINGER vertritt die Ansicht, daß die um das Jahr 1940 bekannten Streckwerke dicke Stellen, wie sie z. B. bei Andrehern auftreten, nicht aufzulösen vermögen. Soll dies dennoch erreicht werden, wird der Walzenklemmdruck zu hoch. Er befürwortet daher, die Fasern unter Flächendruck zu führen und baut in das Hauptverzugsfeld einen Steg *ST*

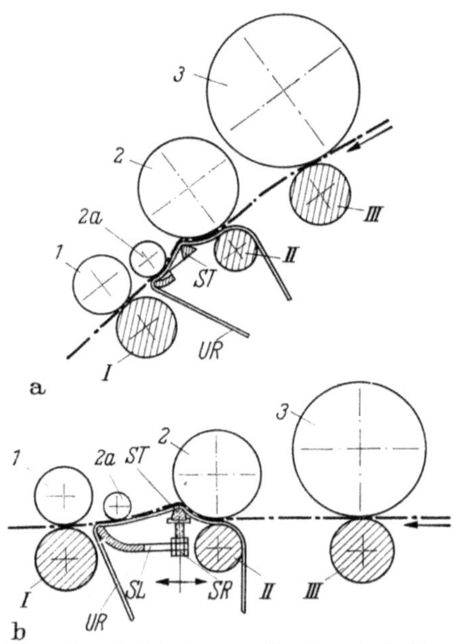

Abb. 132a u. b. Einriemchen-Streckwerk mit Steg nach H. KLUFTINGER – DRP 715839 von 1942, patent. vom 30. 6. 1939 an

a Ausführung mit festem Steg; b Ausführung mit verstellbarem Steg

SL Schlitz; *SR* Stellschraube; *ST* Steg; *UR* Unterriemchen

mit mannigfaltigen Einstellungsmöglichkeiten ein (Abb. 132b). Durch Verstellen der Schraube *SR* im Schlitz *SL* kann die Länge der Mulde, auf der die Durchzugswalze *2a* läuft, verändert werden. Eine Muldenführung, die durch ein Verlagern der Druckwalze *2* gegenüber der Mittelwalze *II* zu erreichen ist, lehnt KLUFTINGER ab, da sich dadurch der Klemmdruck und die Verzugsfeldlänge ändern. Das in dem Patent beschriebene Streckwerk ist schwierig einzustellen.

In dem deutschen Patent DBP 889572 gibt KLUFTINGER Möglichkeiten an, Baumwoll-Streckwerke in Langfaser-Streckwerke umzubauen (Abb. 133). Er ordnet oberhalb des Streckwerkes eine Führungswalze *FW* an, um die der Faserverband läuft. Die Führungswalze *FW* liegt auf der Druckwalze *3* auf. Sie wird von seitlichen Schienen *SCH* gehalten. Der Winkel der Schienen zu der Streckfeldebene kann geändert werden. Dadurch ändert sich gleichfalls die Verzugsfeldlänge.

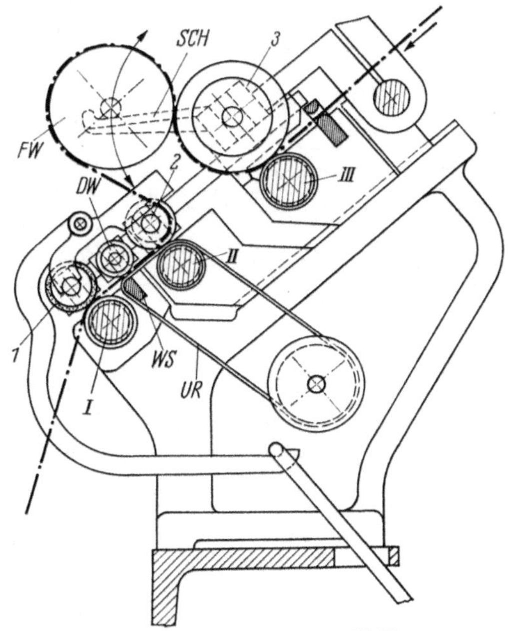

Abb. 133. Langfaser-Streckwerk nach H. KLUFTINGER — DBP 889572 von 1953, patent. vom 10. 10. 1941 an
DW Durchzugswalze; *FW* Führungswalze; *SCH* Schiene; *UR* Unterriemchen; *WS* Wendeschiene

Die Mitteldruckwalze *2* ist mit einer Rille versehen, in die sich der Faserverband einlegt. Das Streckwerk besitzt folglich nur ein Verzugsfeld.

Bei einer anderen Konstruktion lagert KLUFTINGER die Führungswalze auf der Mitteldruckwalze *2* (DBP 898418 von 1953, patent. vom 19. 2. 1942 an). Diese Führungswalze hat einen geringeren Durchmesser als die Führungswalze der ersten Konstruktion. Die Eingangsdruckwalze ist gegenüber der Eingangswalze etwas in Richtung auf die Mittelwalze verlagert. Hierdurch entsteht eine zusätzliche Zugkraft im Faserverband, der um die Führungswalze herumgeführt wird. Die entsprechende Komponente dieser Zugkraft soll die Führungswalze gegen die Mitteldruckwalze pressen.

An dem Streckwerk von ROOSEN ist ebenfalls die elastische Faserführung bemerkenswert (DRP 840076 von 1952; Abb. 134). Das Unterriemchen *UR* wird von der Walze *II* angetrieben und läuft über die

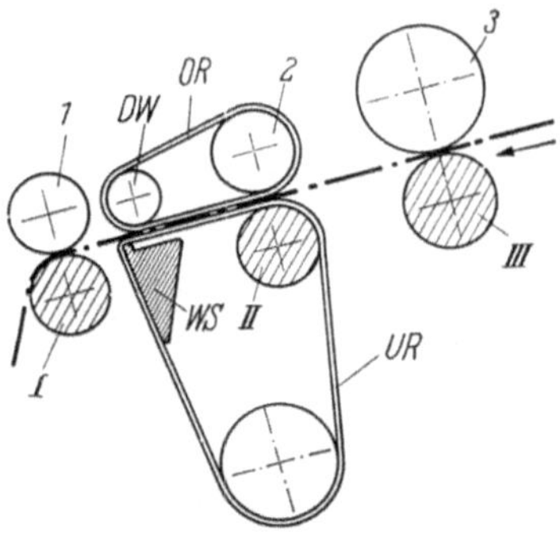

Abb. 134. Zweiriemchen-Streckwerk nach H. ROOSEN — DRP 840076 von 1952 der Firma F. A. Kümpers, patent. vom 11.12.1942 an

DW Durchzugswalze; *OR* Oberriemchen; *UR* Unterriemchen; *WS* Wendeschiene

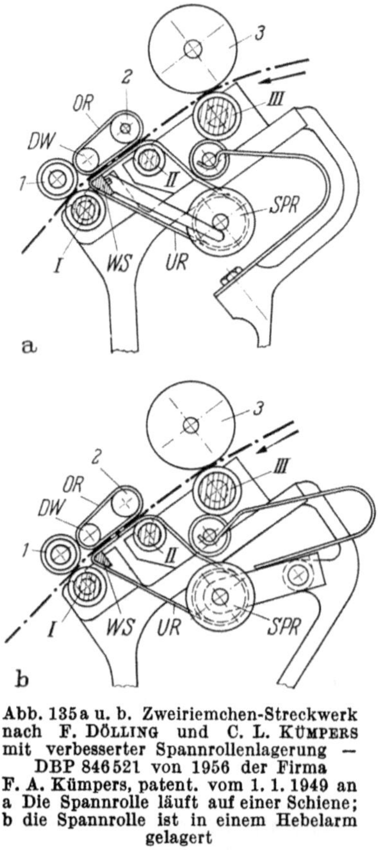

Abb. 135a u. b. Zweiriemchen-Streckwerk nach F. DÖLLING und C. L. KÜMPERS mit verbesserter Spannrollenlagerung — DBP 846521 von 1956 der Firma F. A. Kümpers, patent. vom 1.1.1949 an
a Die Spannrolle läuft auf einer Schiene;
b die Spannrolle ist in einem Hebelarm gelagert

DW Durchzugswalze; *OR* Oberriemchen; *SPR* Spannrolle; *UR* Unterriemchen; *WS* Wendeschiene

Wendeschiene *WS*. Auf dem Unterriemchen liegt ein Oberriemchen elastisch auf. Die Durchzugswalze *DW* spannt das Oberriemchen, bildet jedoch mit der Wendeschiene *WS* keine direkte Klemmstelle. Die Fasern werden unter gleichmäßigem, leichtem Druck durch die Verzugszone geführt. Das Streckwerk ist sehr betriebssicher und einfach im Aufbau.

DÖLLING und KÜMPERS verbessern in ihrem Patent DBP 846521 von 1956 (Abb. 135) die Lagerung der Spannrolle *SPR*. Sonst gleicht das Streckwerk im wesentlichen bekannten Konstruktionen. Die Erfindung trägt dazu bei, die Konstruktion des Streckwerks einfach und sauber zu gestalten. Die Spannrollenlagerung nach der Abb. 135b gleicht dem Vorschlag von TOENNIESSEN (Abb. 129).

Die Firma Zinser Textilmaschinen GmbH entwickelte eine spezielle Lagerung für die Ausgangswalze *I*, damit das LE BLAN-ROTH-Streckwerk bei der Verspinnung von Fasern unterschiedlicher Länge stets optimal eingestellt werden kann (DBP 883722 von 1953; Abb. 136). Das Streckwerk wird, wenn z. B. Baumwolle versponnen werden soll, mit einer dünneren Ausgangswalze *I* versehen als bei der Verarbeitung von Zellwolle. Der Abstand der Wendeschiene *WS* und der Durchzugswalze *DW* von der Ausgangswalze *I* ist ebenfalls vom zu verarbeitenden Material abhängig. Um das Streckwerk den unterschiedlichen Bedingungen anpassen zu können, ist die Ausgangswalze *I* in einem besonderen Lagerkörper LK_1 gelagert, der in eine entsprechende Aussparung der Stanze *ST* eingefügt wird. Die Form des Lagerkörpers LK_1 richtet sich nach dem

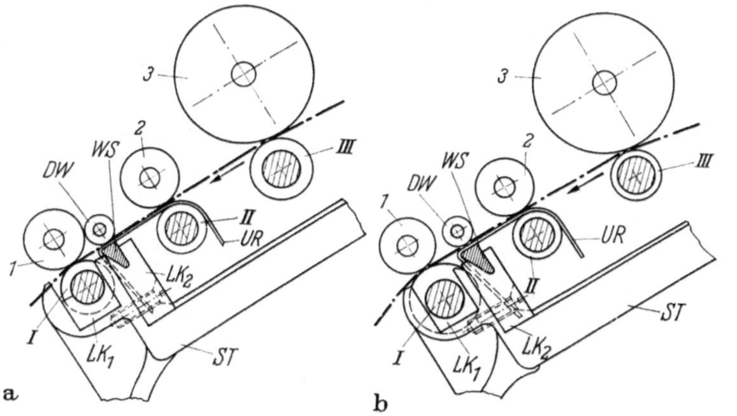

Abb. 136a u. b. LE BLAN-ROTH-Streckwerk der Firma Zinser Textilmaschinen GmbH – DBP 883722 von 1953, patent. vom 12. 5. 1940 an
a Lager der Ausgangswalze und der Wendeschiene für die Verspinnung von Baumwolle; b Lager für die Verspinnung von Zellwolle
DW Durchzugswalze; LK_1, LK_2 Lagerkörper; *ST* Stanze; *UR* Unterriemchen; *WS* Wendeschiene

Durchmesser der Ausgangswalze *I*. Die Wendeschiene *WS* ist ebenfalls in einem auswechselbaren Lagerkörper LK_2 gelagert.

Nach dem Zusatzpatent DBP 893770 von 1953, patent. vom 8. 7. 1941 an, der gleichen Firma ist das Streckwerk derart konstruiert, daß die Eingangs- und die Ausgangswalze, die unterschiedliche Durchmesser haben, einschließlich der Lagerkörper gegeneinander ausgetauscht werden können.

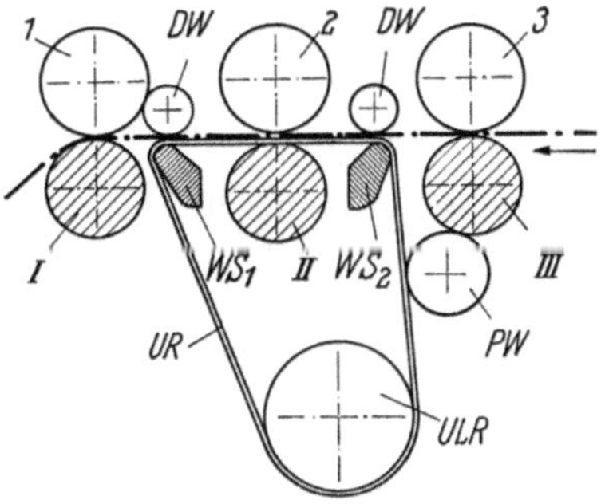

Abb. 137. Sowjetisches Dreiwalzen-Baumwoll-Streckwerk mit Unterriemchen
DW Durchzugswalze; *PW* Putzwalze; *ULR* Umlenkrolle; *UR* Unterriemchen; WS_1, WS_2 Wendeschienen

Das Dreiwalzen-Streckwerk einer sowjetischen Spinnmaschine ist in der Abb. 137 dargestellt. Diese Konstruktion ist mit einem Unterriemchen *UR* ausgerüstet, das in beide Verzugsfelder hineinreicht. Zwei Wendeschienen WS_1 und WS_2, auf denen je eine Durchzugswalze *DW* ruht, lenken das Riemchen um. Der Antrieb des Riemchens erfolgt durch die Walze *II*. Die Umlenkrolle *ULR* spannt das Riemchen. Neu ist, daß die Fasern in zwei Verzugszonen vom gleichen Riemchen geführt werden. Die Putzwalze *PW* reinigt gleichzeitig die Walze *III* und das Unterriemchen. Das Gewicht der Durchzugswalzen beträgt 80 g. Mit dem Streckwerk sollen gleichmäßige Garne hergestellt werden können.

Gewisse Ähnlichkeit mit einem Flächendurchzugs-Streckwerk weist eine Konstruktion der Firma Saco-Lowell Shops auf. Das Streckwerk ist in der Abb. 138 dargestellt. Im Hauptverzugsfeld ist eine Schiene *SCH* angebracht, die das Unterriemchen zusätzlich abstützt. Die Oberwalze *2* liegt auf der Schiene *SCH*

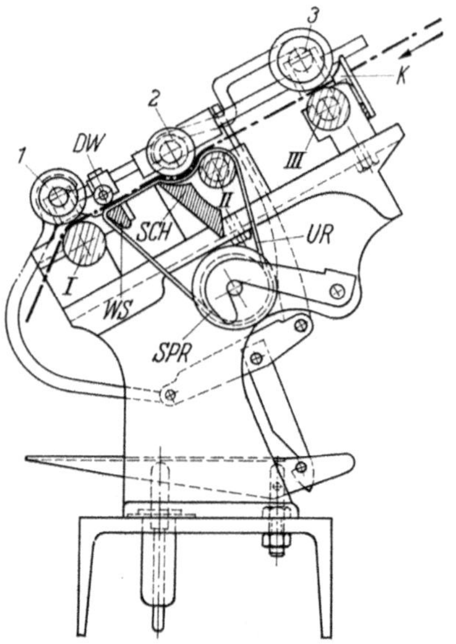

Abb. 138. LE BLAN-ROTH-Streckwerk der Firma Saco-Lowell Shops – BP 740946 vom 14. 10. 1953

DW Durchzugswalze; *K* Verdichter; *SCH* Stützschiene; *SPR* Spannrolle; *UR* Unterriemchen; *WS* Wendeschiene

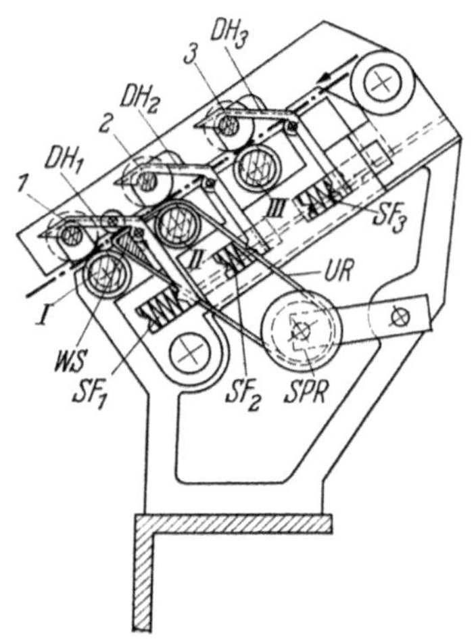

Abb. 139. LE BLAN-ROTH-Streckwerk nach O. STEINMETZ und W. ULBRICHT – DWP 11981 von 1956, patent. vom 6. 7. 1954 an

DH_1 bis DH_3 Doppelhebel; SF_1 bis SF_3 Schraubenfedern; *SPR* Spannrolle; *UR* Unterriemchen; *WS* Wendeschiene

und der Unterwalze *II* auf und formt das Unterriemchen in diesem Abschnitt zu einer Mulde. Auf der Wendeschiene *WS* lagert eine leichte Durchzugswalze.

Ein typisches LE BLAN-ROTH-Streckwerk stellt das Patent DWP 11981 dar (Abb. 139). Von besonderem Interesse ist die Art der Belastung der Oberwalzen. Doppelhebel umfassen mit einem Arm die Achsen der Druckwalzen. Auf das andere Hebelende drückt eine Schraubenfeder.

Ein weiteres LE BLAN-ROTH-Streckwerk der Firma Maschinenfabrik Rieter AG. ist in der Abb. 140 wiedergegeben. Die Belastung der Oberwalzen, die bei dem in der Abb. 140 dargestellten Streckwerk durch Federn ausgeübt wird, kann auch pneumatisch erfolgen.

Das Unterriemchen-Streckwerk nach dem deutschen Patent 1122885 von 1962 der Firma Maschinenfabrik Rieter AG., patent. vom 21. 11. 1959 an, ist dadurch gekennzeichnet, daß die Wendeschiene für das Unterriemchen in einem verstellbaren Schlitten gelagert ist. Zwischen der Wendeschiene und der Mittelwalze ist eine Brücke angeordnet, die das Riemchen stützen soll. Diese Brücke ist genauso ausgebildet wie die Wendeschiene. Die Wendeschiene und die Brücke lassen sich daher gegeneinander austauschen. Bei der Verspinnung von kurzem Fasermaterial kann die Halterung für die Wendeschiene entfernt werden. Der Schlitten für die Mittelwalze kann sodann bis an das Lager der

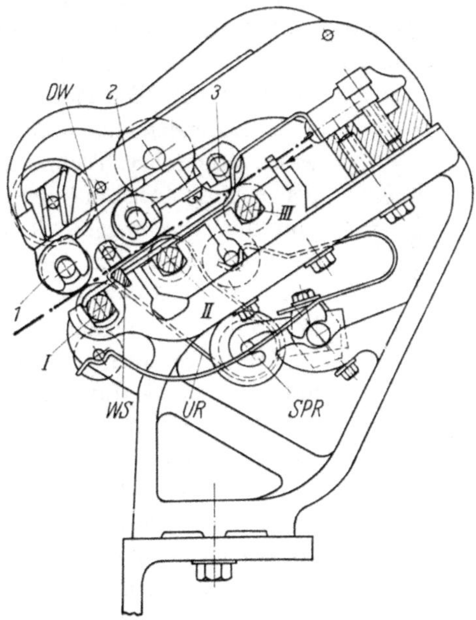

Abb. 140. Le Blan-Roth-Streckwerk der Firma Maschinenfabrik Rieter AG. *DW* Durchzugswalze; *SPR* Spannrolle; *UR* Unterriemchen; *WS* Wendeschiene

Ausgangswalze herangeschoben werden. Die Brücke, die in der Ausführung der Halterung für die Wendeschiene gleicht, übernimmt die Funktion der Wendeschiene.

2.3.4 Die Entwicklung der Flächendurchzugs-Streckwerke

Die Flächendurchzugs-Streckwerke unterscheiden sich dadurch von den Walzendurchzugs-Streckwerken, daß die Durchzugsstelle nicht von zwei Walzen, sondern von einer Walze und einem Riemchen gebildet wird, wobei die Walze und das Riemchen eine Mulde bilden, in der die Fasern geführt werden. Das Kepa-Streckwerk und das Streckwerk der Firma Maschinenfabrik H. Weller, ehem. Firma Pfenningsberg, sind zwei bedeutende Entwicklungen auf dem Gebiet der Flächendurchzugs-Streckwerke. Vom äußeren Bild her ähneln sich diese Streckwerke. Auch die Arbeitsweise ist etwa gleich. Sie sind jedoch aus zwei verschiedenen Streckwerken entwickelt worden.

2.3.4.1 Die Entwicklung des Kepa-Streckwerks. Das Kepa-Streckwerk geht offensichtlich auf ein von MEYER und PAILLAC im Jahre 1903 angemeldetes Streckwerk zurück (Abb. 141) [*4, 13, 18*]. Für dieses Streckwerk ist die vergrößerte Mittelwalze *2a*, deren Durchmesser den Stapellängen der zu verarbeitenden Materialien angepaßt wird, charakteristisch. Das Lederriemchen *UR* wird über die Wendeschiene *WS* und die Unterwalze *II* geführt und durch eine Spannrolle *SPR* gestrafft. Es umspannt bei seinem Lauf die Oberwalze *2a* etwa auf einem Drittel des Umfangs. Die Fasern werden zwischen dem Lederriemchen *UR* und der Druckwalze *2a* geführt. Technologisch gesehen ist der geringe Abstand der Ausgangswalzen von der Durchzugsstelle am wichtigsten. Es ist bei diesem Streckwerk möglich, selbst Faserbänder aus sehr kurzen Fasern kontrolliert zu verziehen.

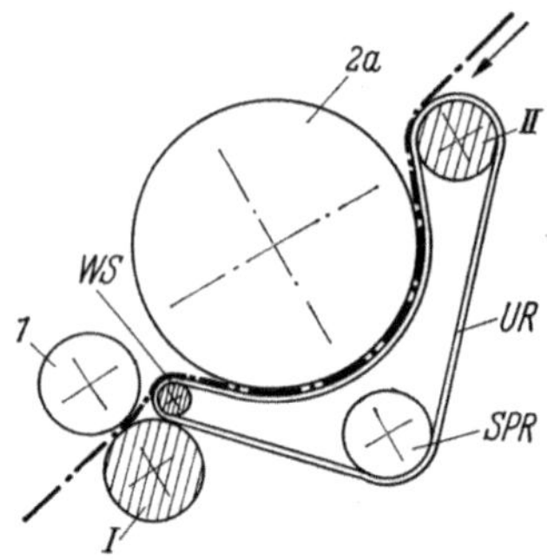

Abb. 141. Streckwerk nach MEYER und PAILLAC
SPR Spannrolle; *UR* Riemchen; *WS* Wendeschiene

Das Streckwerk von MEYER und PAILLAC hat sich nicht durchsetzen können. Wie MEYER in einem Aufsatz berichtet, ließen sich zwar hohe Verzüge mit seinem Streckwerk erzielen, doch liefen die Riemchen nicht einwandfrei. Die Qualität der Riemchen war damals noch nicht ausreichend. Eine Aufnahme des Streckwerks von MEYER und PAILLAC in die Produktion war deswegen unmöglich. Nach 1950 wurde das Streckwerk versuchsweise mit Riemchen von guter Qualität ausgerüstet, sonst aber nur unerheblich abgeändert. Es wurden gute Spinnergebnisse erzielt. Von 1903, dem Jahr der Anmeldung des Patentes von MEYER und PAILLAC, bis in die Zeit nach dem zweiten Weltkrieg wurden keine Versuche durchgeführt, das Streckwerk von MEYER und PAILLAC zu verbessern. Erst das Aufkommen der Riemchen aus Kunststoff belebte die Weiterentwicklung der Flächendurchzugs-Streckwerke.

Nach 1945 entwickelten zunächst KERN und PAUEN ein Flächendurchzugs-Streckwerk, das nach deren Namen heute als „KEPA"-Streckwerk bezeichnet wird [*13, 19* bis *28*]. Den unmittelbaren Anlaß zu dieser Entwicklung gaben offenbar die nach dem französischen Kammgarnverfahren arbeitenden Spinner.

Das Kepa-Streckwerk der Firma Zinser Textilmaschinen GmbH, Modell 3 STR, wird auch als „Haftwalzen-Streckwerk" bezeichnet. Schon der Name dieser Konstruktion weist auf ein Verzugselement hin, das zusammen mit dem zugehörigen Oberriemchen die Arbeitsweise des Streckwerkes bedingt (Abb. 142). Die Mittelwalze *II* ist mit einer Gummimuffe überzogen, deren Oberfläche leinen- oder strickstrumpfartig geprägt ist. Sie wird von einem dünnen Gummiriemchen *GR* umschlungen, das durch die Oberwalze *2* und eine Wendeschiene *WS* geführt wird. Die Haftwalze *II* und das Gummiriemchen *GR* bilden eine gute Führungsfläche. Unkontrollierte Bewegungen der Fasern werden weitgehend vermieden. Die Wendeschiene *WS* und das Gummiriemchen *GR* reichen bis dicht an die Klemmlinie der Ausgangswalzen heran. Das mit dem Kepa-Streckwerk hergestellte Garn zeichnet sich bei einer einwandfreien Einstellung des Streckwerks und der richtigen Wahl des Vorverzugs durch eine besonders gute Gleichmäßigkeit aus. Leider ist die Streckwerkseinstellung umständlich und zeitraubend. Sie erfordert einen versierten Fachmann. Deshalb konnte sich das Streckwerk nicht so gut durchsetzen, wie ursprünglich anzunehmen war. Nach Angaben der Herstellerfirma liegt je nach Fasermaterial der Gesamtverzug zwischen 15- bis 50fach. Auf dem Streckwerk können Fasern bis zu 60 mm Stapellänge versponnen werden.

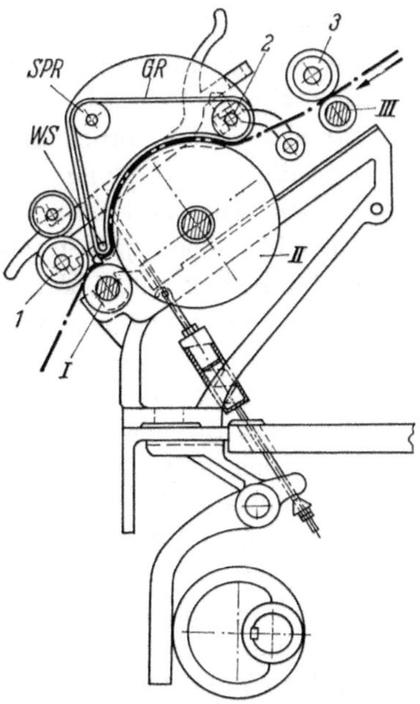

Abb. 142. Das Kepa-Streckwerk 3 STR der Firma Zinser Textilmaschinen GmbH
GR Gummiriemchen; *SPR* Spannrolle; *WS* Wendeschiene

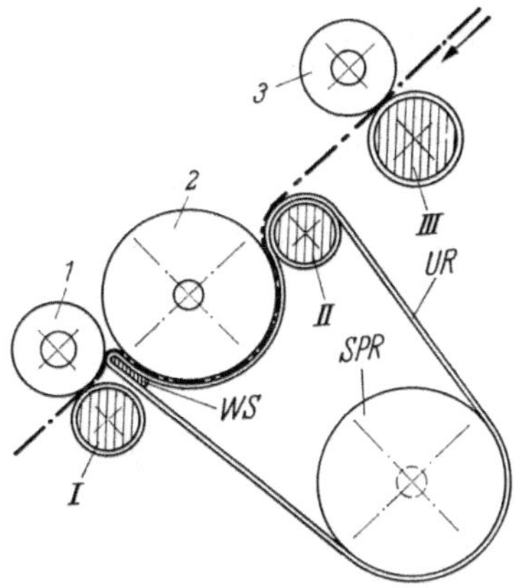

Abb. 143. Flächendurchzugs-Streckwerk nach H. Rentmeister und P. Krauss — DBP 918077 von 1954 der Firma Zinser Textilmaschinen GmbH, patent. vom 3. 10. 1951 an
SPR Spannrolle; *UR* Unterriemchen; *WS* Wendeschiene

Im Jahre 1954 entwickelten Rentmeister und Krauss ein Flächendurchzugs-Streckwerk, das von der Firma Zinser Textilmaschinen GmbH zum Patent angemeldet wurde (DBP 918077; Abb. 143). Das Unterriemchen *UR* wird über die Unterwalze *II*, die Wendeschiene *WS* und die Spannrolle *SPR* geführt. Die in einem Pendelträger gelagerte große Druckwalze *2* liegt auf dem Unterriemchen auf. Zusammen mit dem Unterriemchen bildet sie eine gute Flächenführung. Mit Hilfe der Wendeschiene *WS* wird das Unterriemchen nahe an die Ausgangsdruckwalze *1* herangebracht. Die Walze *1* verleiht den Fasern von der Wendeschiene *WS* bis zum vorderen Klemmpunkt eine zusätzliche Führung. Das Streckwerk ist vornehmlich für die Verarbeitung von Streichgarnen bestimmt. Die Erfinder geben jedoch an, daß auf ihm auch Baumwoll- und Kammgarn-Vorgarne versponnen werden können. Bei der Verarbeitung von Streich- und Abfallgarnen fällt das hintere Walzenpaar *III*/*3* fort. Für Baumwolle ist der Maximalverzug 60fach.

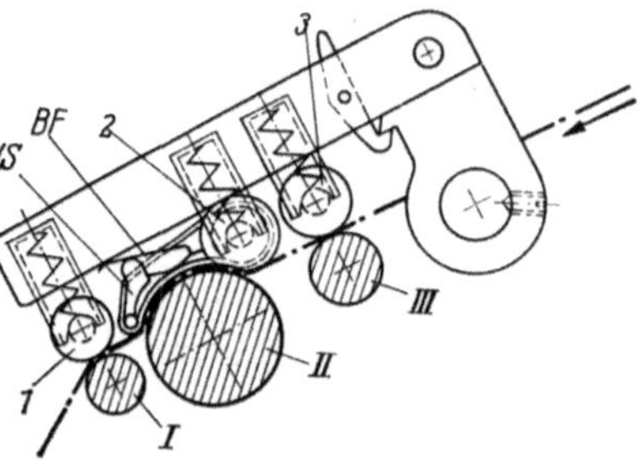

Abb. 144. Flächendurchzugs-Streckwerk nach P. Krauss, K. Hohloch, R. Kern und M. Berg – DBP 943397 von 1956 der Firma Zinser Textilmaschinen GmbH, patent. vom 11. 9. 1952 an
BF Blattfeder; *WS* Wendeschiene

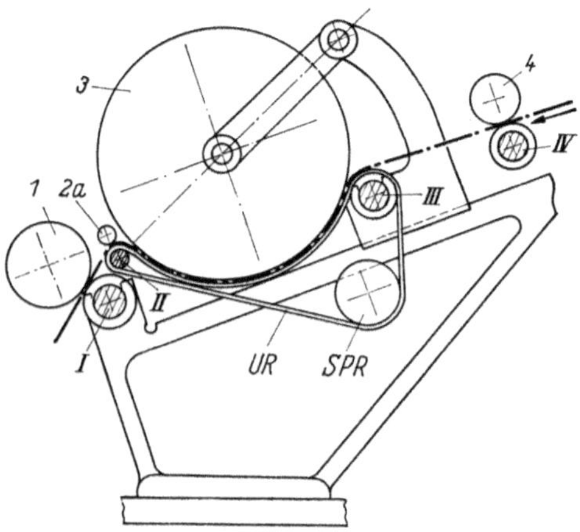

Abb. 145. Flächendurchzugs-Streckwerk der Firma Deutscher Spinnereimaschinenbau Ingolstadt – DBP 953685 von 1956, patent. vom 29. 1. 1953 an
SPR Spannrolle; *UR* Unterriemchen

Bei einem anderen Flächendurchzugs-Streckwerk (DBP 943397; Abb. 144) sind sämtliche Trag- und Belastungselemente in einem Belastungsarm gelagert. Der entscheidende Vorzug dieser Konstruktion liegt in der leichten Bedienbarkeit. Durch Aufklappen des Belastungsarms wird das Streckfeld freigelegt. Das Streckwerk kann dann gut gereinigt werden. Je zwei nebeneinanderliegende Druckwalzen *2* sind in der Mitte am Belastungsarm befestigt und tragen den Riemchenkäfig, der mit seinen Armen auf dem Achshals der Druckwalzen ruht. Während die Druckwalzen durch Schraubenfedern belastet werden, die im Belastungsarm sitzen, erhält die Wendeschiene *WS* ihren Anpreßdruck durch eine Blattfeder *BF*. Diese Blattfeder ist in der Mitte des Käfigs befestigt und stützt sich nach oben gegen den Belastungsarm ab.

Auch die Firma Deutscher Spinnereimaschinenbau Ingolstadt stellt ein Flächendurchzugs-Streckwerk her, das eine Verbesserung für Streck-

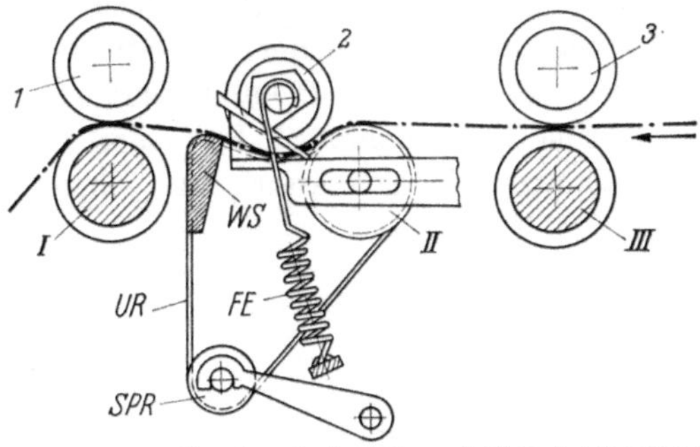

Abb. 146. Flächendurchzugs-Streckwerk der Firma Collins & Aikmann Corporation – BP 739268 vom 13. 8. 1952
FE Feder; *SPR* Spannrolle; *UR* Unterriemchen; *WS* Wendeschiene

werke mit Haftwalzen großen Durchmessers bringen soll (DBP 953685; Abb. 145). Bei dieser Konstruktion wird die sonst gebräuchliche Umlenknadel des Riemchens durch eine angetriebene Walze *II* ersetzt. Die Walze *II* hat die Aufgabe, das Riemchen unter Spannung zu halten und zu verhindern, daß es bei seinem Lauf entlang der Haftwalze Falten wirft. Sie soll über ein feinstufig regelbares Vorgelege angetrieben werden und damit die Einhaltung einer bestimmten Riemchenspannung erlauben. Fraglich an diesem Patent ist, ob die dünne Walze *II* die in ihr auftretende hohe Torsionsspannung über eine längere Zeitdauer aushält.

Die Firma Collins & Aikmann Corporation ließ sich im Jahre 1952 ein Streckwerk patentieren, das ebenfalls mit Flächendurchzug arbeitet (BP 739268; Abb. 146). Die Wendeschiene *WS* und die Walze *II* haben eine Vertiefung, in die das Unterriemchen *UR* eingelassen ist. Die Druckwalze *2* liegt auf dem Unterriemchen auf und bildet eine muldenartige Durchzugsstelle. Der Anpreßdruck wird von der Feder *FE* erzeugt.

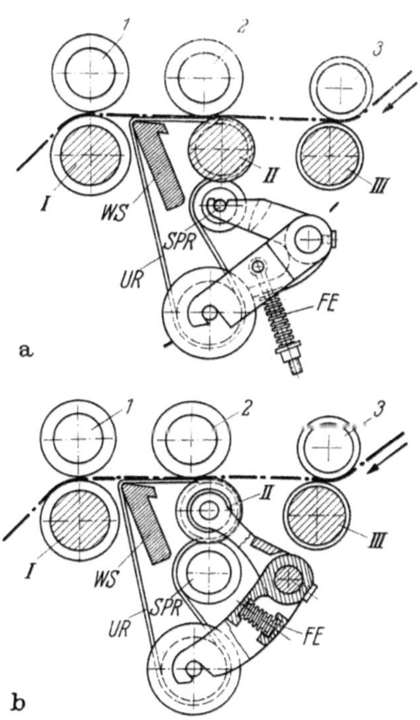

Abb. 147 a u. b. Streckwerk der Firma T. M. M. (Research) Ltd. – BP 734978 vom 4. 5. 1954
a u. b Unterschiedliche Spannvorrichtungen für das Riemchen
FE Spannfeder; *SPR* Spannrolle; *UR* Unterriemchen; *WS* Wendeschiene

Das Streckwerk der Firma T. M. M. (Research) Ltd. (BP 734978 von 1954; Abb. 147) ist in der Ausführung ähnlich, nur daß die Druckwalze *2* nicht so weit nach vorn verlagert wurde.

2.3.4.2 Die Entwicklung des Oberriemchen-Streckwerks der Maschinenfabrik H. Weller, ehem. Firma Pfenningsberg. Der Ursprung des Streckwerks der Firma Maschinenfabrik H. Weller, ehem. Firma Pfenningsberg, ist im Doppelroller-Streckwerk zu suchen. Betrachtet man

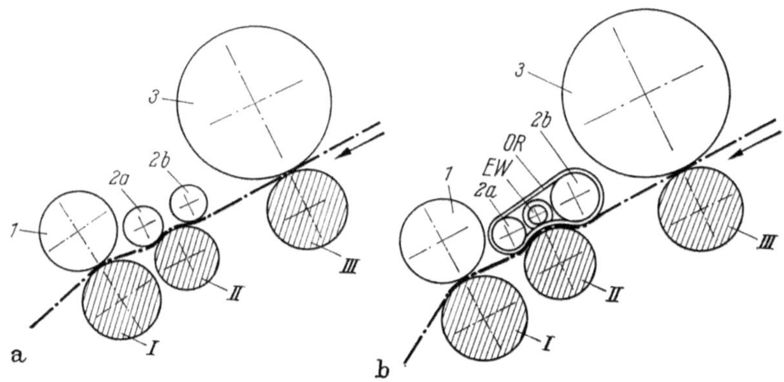

Abb. 148a u. b. Doppelroller-Streckwerke
a Doppelroller-Streckwerk; b Doppelroller-Streckwerk mit Oberriemchen nach Vanni
EW Eisenwalze; *OR* Oberriemchen

die Abb. 148, so ist festzustellen, daß der Schritt vom Streckwerk a zum Streckwerk b nicht groß ist. Von der Konstruktion b, einem Streckwerk von Vanni, aber läßt sich die Entwicklung bis zum Streckwerk der Maschinenfabrik H. Weller, ehem. Firma Pfenningsberg, anhand der vorliegenden Literatur lückenlos aufzeigen.

Vanni greift bei seinem Patent DRP 404393 von 1924 (Abb. 149) auf ein Doppelroller-Streckwerk zurück [*4*, *13*, *31*, *32*]. Er selbst schreibt: „Bekannt sind Streckwerke von Spinnmaschinen, welche einen am Streckwalzenumfang anliegenden, durch zwei Riemenwalzen gespannten Führungsriemen für die Fasern haben. Die eine Riemenwalze ist frei beweglich und spannt bekannterweise durch ihr Gewicht den Riemen.“ Nach der Beschreibung führt Vanni aus, wie er die Arbeitsweise dieses Streckwerks durch Einbau einer dritten Walze verbessern will. Das Riemchen *OR* wird über die beiden Oberwalzen *2a* und *2b* geführt. Während die Oberwalze *2b* fest im Kappsteg der Maschine gelagert ist, läuft die vordere Walze *2a* frei zwischen den Riemchentrumen und spannt das Riemchen. Nach dem Patent-Vorschlag soll eine dritte Eisenwalze *EW* durch ihre Ränder das seitliche Verlaufen des Riemchens unterbinden. Diese Walze läuft wahlweise zwischen den Riemchentrumen oder auf dem Riemchen. Im letzteren Fall wirkt sie zusätzlich als Spannwalze. Die Walze ist mit Filz überzogen und hält die Lauffläche des Riemchens sauber. Der Durchmesser der Mittelwalze *II* ist gegen-

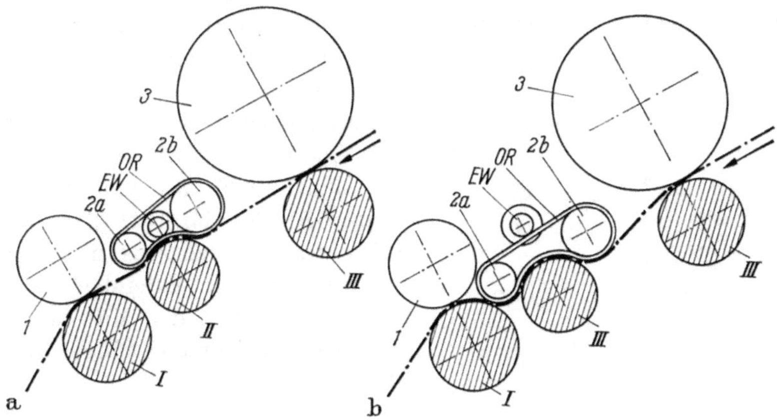

Abb. 149a u. b. Streckwerk nach P. G. Vanni – DRP 404393 von 1924, patent. vom 5. 3. 1922 an
a Eisenwalze zwischen den Riemchentrumen; b Eisenwalze liegt auf dem Riemchen auf
EW Eisenwalze; *OR* Oberriemchen

über dem Durchmesser einer bei Klemm-Streckwerken gebräuchlichen Mittelwalze relativ klein. Der Verzug beträgt 16fach.

Das Streckwerk von Aeberli (DRP 500050 von 1930, Abb. 150) gleicht im wesentlichen dem Streck-

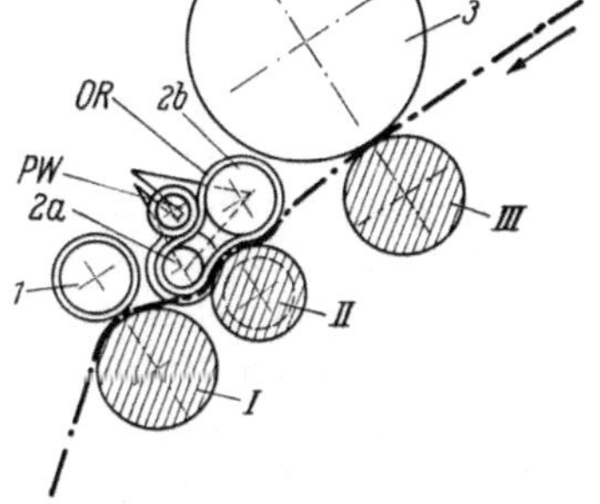

Abb. 150. Flächendurchzugs-Streckwerk nach A. Aeberli – DRP 500050 von 1930, patent. vom 3. 4. 1928 an
OR Oberriemchen; *PW* Putzwalze

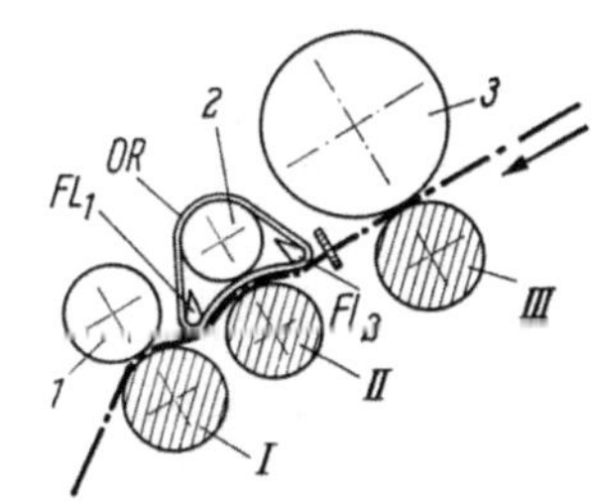

Abb. 151. Flächendurchzugs-Streckwerk nach F. Hoffmann – DRP 521181 von 1931, patent. vom 8. 1. 1928 an
FL_1, FL_2 Führungsleisten; *OR* Oberriemchen

werk von Vanni. Die Neuerung besteht darin, daß die beiden Durchzugswalzen *2a* und *2b* einschließlich der Putzwalze *PW* nach oben geklappt werden können. Dadurch ist das Streckwerk leichter zu reinigen. Die Putzwalze *PW* reinigt und spannt zugleich das Oberriemchen *OR*.

Das Streckwerk von Hoffmann (DRP 521181 von 1931; Abb. 151) weist eine gewisse Ähnlichkeit mit der ersten Ausführung (Abb. 149a) des VANNI-Streckwerks auf, bei der die dritte Walze zwischen den Riemchentrumen läuft. HOFFMANN ersetzt die beiden Walzen *2a* und *2b* des VANNI-Streckwerks durch starre Führungsleisten FL_1 und FL_2, die das gekrümmte Durchzugsfeld erhalten, darüber hinaus aber noch eine bedingte Führung des Fasermaterials bis an die Ausgangswalzen heran ermöglichen.

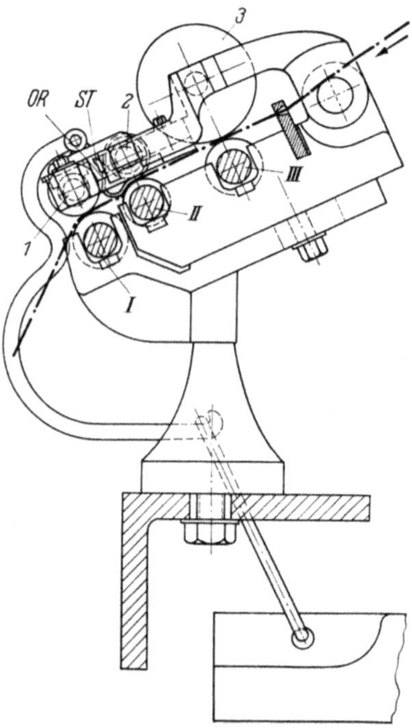

Abb. 152. Flächendurchzugs-Streckwerk nach J. PILZ – DRP 540243 von 1931, patent. vom 5. 3. 1928 an
OR Oberriemchen; *ST* Steg

Eine weitere Variante bringt PILZ im Jahre 1929 mit seinem Patent DRP 540243 (Abb. 152) [*29*]. Gegenüber VANNI und HOFFMANN trifft er insofern eine Vereinfachung, als er nur eine mit der Mittelwalze *II* zusammen arbeitende Oberwalze beibehält.

Nach dem Vorschlag von PILZ wird die Druckwalze *2* von einem Riemchen umschlungen, das von einem Steg *ST* mit geringem Druck auf die Unterwalze *II* gedrückt wird. Die Streckfeldweiten sollen so gering gehalten werden können, wie sie bei Walzendurchzugs-Streckwerken üblich sind. Nach den Angaben von PILZ nimmt der von dem Riemchen auf das Fasergut ausgeübte Druck, von der Klemmlinie *II/2* ausgehend, stetig ab. Seitenbleche verhüten, daß das Riemchen verläuft. Das Streckwerk von PILZ weist bereits eine gewisse Ähnlichkeit mit dem Streckwerk der Firma Maschinenfabrik H. Weller, ehem. Firma Pfenningsberg, auf.

Die Maschinenfabrik H. Weller, ehem. Firma Pfenningsberg, brachte im Jahre 1953 ein Streckwerk heraus, bei dem der äußerlich angreifende Steg des PILZschen Streckwerkes entfällt. Statt dessen wird eine Wendeschiene zwischen die Riemchentrume gelegt. Durch das Patent DBP 961692 von 1957 wurde die Arbeitsweise dieses Streckwerkteiles verbessert [*30*]. Die Verzugsanordnung ist unter der Bezeichnung „System Pfenningsberg" allgemein bekanntgeworden. Wenn man zwei oder mehrere dieser Verzugseinheiten aneinanderreiht, können sehr hohe Verzüge erreicht werden. Die von Pfenningsberg gewählte Riemchenanordnung gestattet im Vergleich zu den bekannten Ein- oder Zweiriemchen-Streckwerken eine wesentlich engere Einstellung der Walzen.

Hierdurch werden die schwimmenden Fasern besser kontrolliert. In der Abb. 153 ist das Flächendurchzugs-Streckwerk der Firma Maschinenfabrik H. Weller, ehem. Firma Pfenningsberg, im Schema dargestellt. Um die Druckwalze *2* und um die Wendeschiene *WS* läuft ein Oberriemchen *OR*, das auf der Unterwalze *II* aufliegt. Diese Walze bildet zusammen mit dem Riemchen ein gekrümmtes Durchzugsfeld. Eine solche Riemchenführung ist an sich bekannt. Neu ist die Arbeitsweise der Wendeschiene. Der Teil der Wendeschiene, der sich in die Aussparung des Haltesattels legt, ist abgerundet. Die Aussparung ist dagegen trapez- oder polygonzugartig geformt, so daß sich bei jeder beliebigen Stellung der Wendeschiene eine klemmfreie Lagerung ergibt. Die Wendeschiene wird durch zwei Federn belastet, die beim Durchlauf des Fasermaterials folgende Wirkungen ausüben:

Die Kraft der einen Feder steht senkrecht zur Streckfeldebene und wirkt vornehmlich auf die Menge der Fasern. Die durch eine zweite Feder ausgeübte Kraft ist geringer. Sie steht unter einem bestimmten Winkel zur Faserführung und wirkt ausgleichend auf den Durchlauf der Fasern mit unterschiedlichen Längen. Die Wendeschiene kann sich nicht nur heben, sondern nach Überwindung des schwachen zweiten Federdrucks auch so drehen, daß sich selbsttätig eine Vergrößerung der Klemmlinienentfernung einstellt. Damit wird eine automatische Anpassung an die verschiedenen Verzugsverhältnisse erreicht. Gegenüber anderen Streckwerken hat das Flächendurchzugs-Streckwerk der Firma Maschinenfabrik H. Weller, ehem. Firma Pfenningsberg, den Vorteil, daß es bei der Verarbeitung verschiedener Faserarten, Fasermengen und Faserlängen nicht mit äußerster Präzision

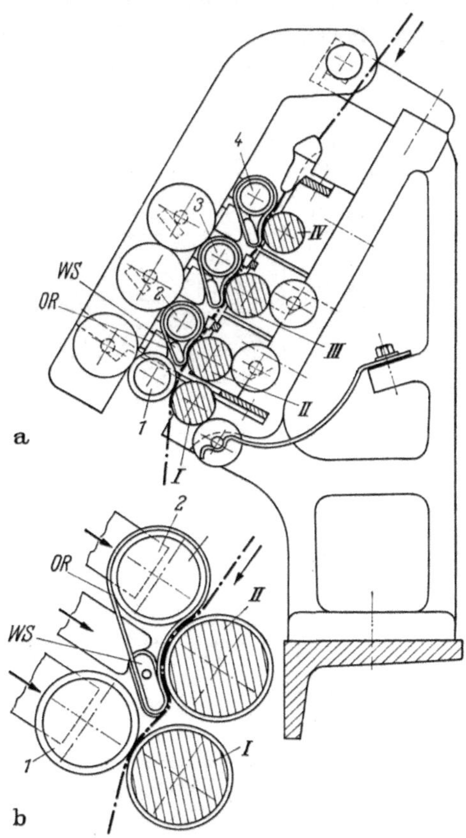

Abb. 153a u. b. Flächendurchzugs-Streckwerk nach J. PFENNINGSBERG — DDP 901092 von 1957, patent. vom 13. 11. 1953 an
a Seitenansicht des Streckwerks; b schematische Darstellung der Riemchenführung
OR Oberriemchen; *WS* Wendeschiene

eingestellt zu werden braucht, da es sich in einem großen Bereich selbsttätig einregelt.

Das Streckwerk der Firma Platt Bros. (Sales) Ltd. (Abb. 154) weist eine gewisse Ähnlichkeit mit dem Flächendurchzugs-Streckwerk der Firma Maschinenfabrik H. Weller, ehem. Firma Pfenningsberg, auf. Die Wendeschiene des Oberriemchens wurde durch eine Spannrolle *SPR*

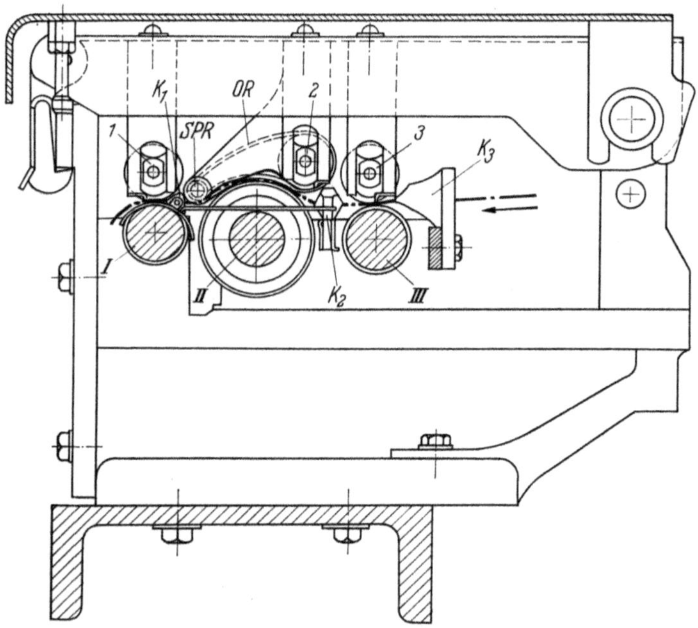

Abb. 154. Flächendurchzugs-Streckwerk der Firma Platt Bros. (Sales) Ltd. K_1 bis K_3 Verdichter; *OR* Oberriemchen; *SPR* Spannrolle

ersetzt. Auf dem Streckwerk lassen sich ebenfalls Fasern unterschiedlicher Stapellängen bei nur wenigen Einstellungen verarbeiten. Die Verzüge liegen zwischen 5- und 50fach. Das kurze Oberriemchen *OR* umschlingt die Unterwalze *II*, die einen großen Durchmesser besitzt, auf einem Viertel des Umfangs. Es wird von der Druckwalze *2* angetrieben und von der Spannrolle *SPR* ständig gespannt. Die Fasern werden gut geführt. Der Verdichter K_2 im Vorverzugsfeld soll die Flugbildung herabsetzen.

2.4 Sonderkonstruktionen

Es gibt eine Anzahl von Streckwerken, die sich nicht so ohne weiteres einer der Hauptgruppen zuordnen lassen. Zu den Konstruktionen dieser Art gehört das Streckwerk von Kirschner (DRP 66896 von 1892; Abb. 155). Kirschner bringt eine gekrümmte Schiene *SCH*, auf der eine Durchzugswalze *DW* liegt, in das Verzugsfeld. Er möchte die Fasern in ihrem Lauf hemmen, damit der Verzug nicht büschelweise vor sich geht. Der Grad der Hemmung kann reguliert werden, indem die Schiene *SCH* in vertikaler Richtung verstellt wird. Kirschner hat damals wohl noch nicht erkannt, daß diese Anordnung auch zur Führung der Fasern dienen kann.

Perrin reichte im Jahre 1904 ein Streckwerk zum Patent ein, bei dem eine Nadelwalze *NW* in das Verzugsfeld eingebaut ist (DRP 195271; Abb. 156). Die Fasern werden durch die Walze *3a*

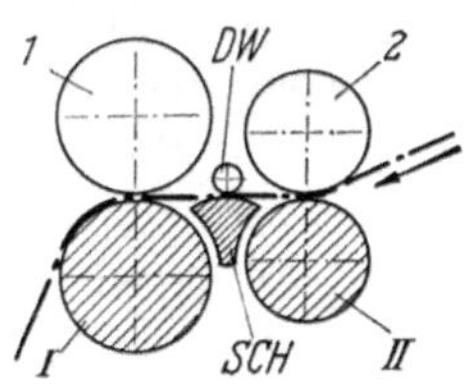

Abb. 155
Streckwerk nach C. Kirschner – DRP 66896 von 1892, patent. vom 31. 3. 1892 an
DW Durchzugswalze; *SCH* Schiene

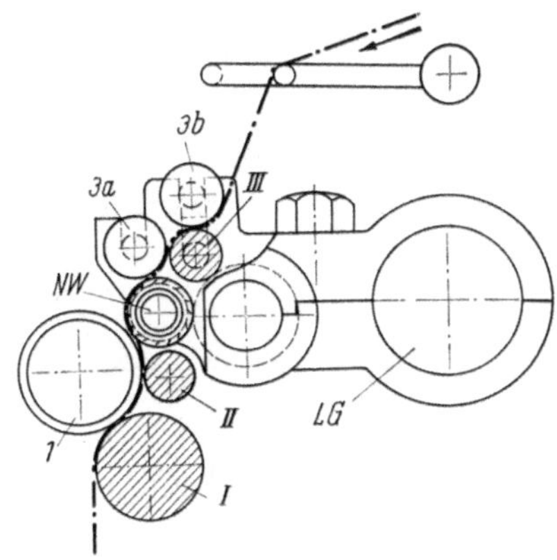

Abb. 156
Streckwerk nach J. Perrin – DRP 195271 von 1908, patent. vom 4. 9. 1904 an
LG Lagersystem; *NW* Nadelwalze

derart geführt, daß sie sich in die kurzen Nadeln der Nadelwalze einlegen. Zwischen den Eingangswalzen und der Nadelwalze findet kein Verzug statt. Die Walzen *II*/*I*/*1* ziehen die Fasern aus den Nadeln heraus. Die Nadelwalze besitzt einen geringen Durchmesser und wird deshalb kopf- oder gruppenweise angetrieben. Schwenkt man das Lagersystem *LG*, so ändert sich die Verzugsfeldlänge.

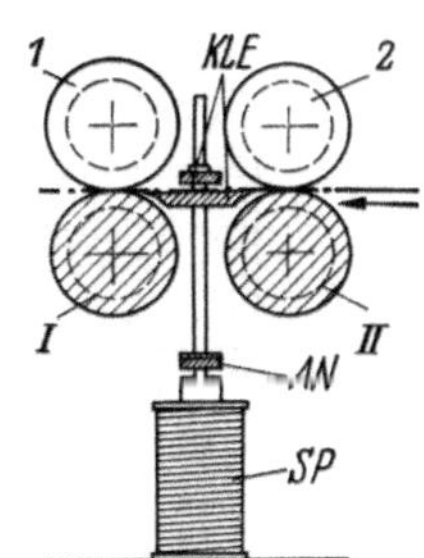

Abb. 157. Streckwerk nach W. Schevelin – DRP 275374 von 1914, patent. vom 2. 5. 1912 an
AN Anker; *KLE* Klemme; *SP* Spule

Bei einem Streckwerk von Schevelin wird das Vorgarn nicht zwischen zwei Walzenpaaren, sondern zwischen einer Klemme *KLE* und den Ausgangswalzen *I*/*1* verzogen (DRP 275374 von 1914, Abb. 157). Die Walzen *II*/*2* dienen als Zuführwalzen. Die Klemme *KLE* wird periodisch geöffnet und geschlossen, so daß der Verzug ebenfalls periodisch erfolgt. Die Bewegung der oberen Klemmbacke kann magnetisch oder mechanisch mit Hilfe eines Exzenters erfolgen.

Ein anderer Vorschlag von Schevelin, kurze Fasern zu verspinnen, besteht darin, die Unterwalzen des Streckwerks mit elastischen Bezügen zu versehen und auf dem Umfang der Unterwalzen mehrere Druckwalzen kleinen Durchmessers zu lagern (DRP 276837 von 1914,

Abb. 158). Die Walzen *W*, die gegeneinander austauschbar sind, werden von Federn gegen die Unterwalzen gepreßt. Ihr Abstand voneinander soll geringer sein als die mittlere Faserlänge. Die Zapfen der Walzen *W* sind in Schlitzen seitlicher Führungsbleche gelagert. Der Faserverband kann entweder wechselseitig oberhalb bzw. unterhalb der Walzen *I* und *II* geführt werden oder aber nur oberhalb der Walzen *I* und *II*.

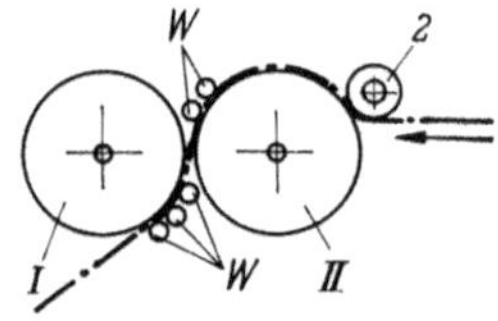

Abb. 158. Streckwerk nach W. Schevelin – DRP 276837 von 1914, patent. vom 2. 5. 1912 an
W Druckwalzen

Einen vollkommen neuen, wenn auch sehr komplizierten Weg, das Faserband zu verziehen, beschreitet Wey in seinem Patent DRP 324255 von 1921 (Abb. 159). Bei dieser Konstruktion sind die Mittel- und die Eingangswalzen durch drei ineinandergreifende, kegelförmige Förderschrauben *FS* ersetzt, die mit ihren Spitzen bis nahe an die Ausgangswalzen reichen. Die Schrauben sollen eine so gute Führung bilden, daß die Fasern nicht schwimmen. In der Praxis hat sich diese Konstruktion wegen des komplizierten Aufbaus nicht bewährt.

a

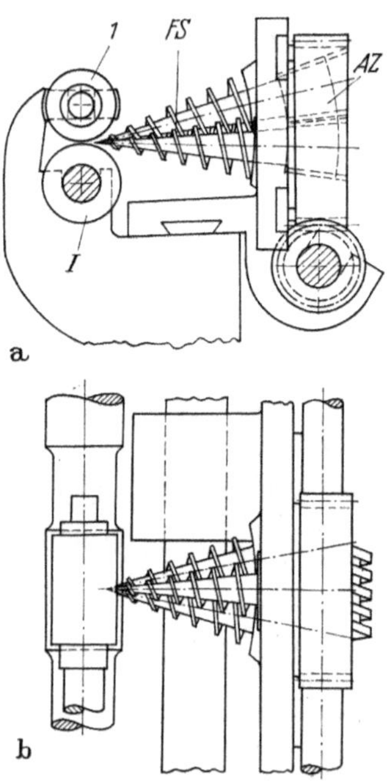

b

Abb. 159a u. b. Streckwerk mit Förderschrauben nach A. Wey – DRP 324255 von 1921, patent. vom 29. 7. 1917 an
a Seitenansicht; b Draufsicht
AZ Innenverzahntes Antriebszahnrad; *FS* Förderschrauben

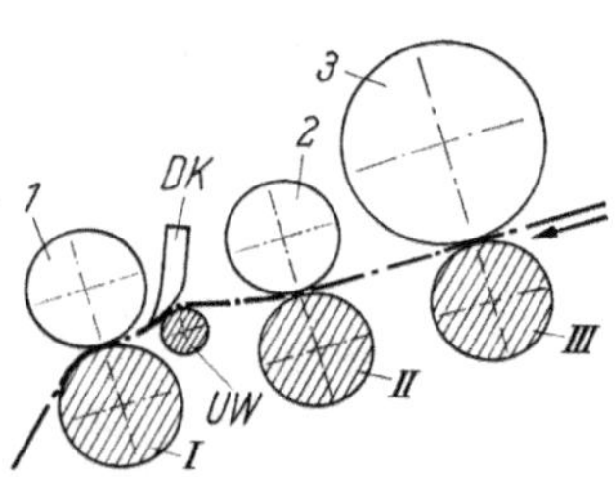

Abb. 160. Hochverzugs-Streckwerk nach E. Waibel und H. Kupper – DRP 335945 von 1921, patent. vom 1. 11. 1916 an
DK Druckkörper; *UW* Unterwalze

In ihrem Patent DRP 335945 von 1921 beschreiben Waibel und Kupper ein Streckwerk, mit dem sich besonders kurze Fasern gut verspinnen lassen sollen (Abb. 160). Unmittelbar vor den Ausgangswalzen *I*/*1* ist eine kleine Unterwalze *UW* angebracht, auf der ein Druckkörper *DK* ruht. Dieser hat eine nach vorn gebogene Spitze, die tangential an der Unterwalze *UW* anliegt. Die Fasern werden bis dicht an den Klemmpunkt der Ausgangswalzen geführt. Der Druckkörper *DK* liegt in einer schrägen Führung, so daß er keine Bewegungen in der Streckfeldebene vollführen kann. Im Jahre 1921 verbessern die Erfinder ihre Konstruktion, indem sie zwischen der Unterwalze *UW* und dem Walzen-

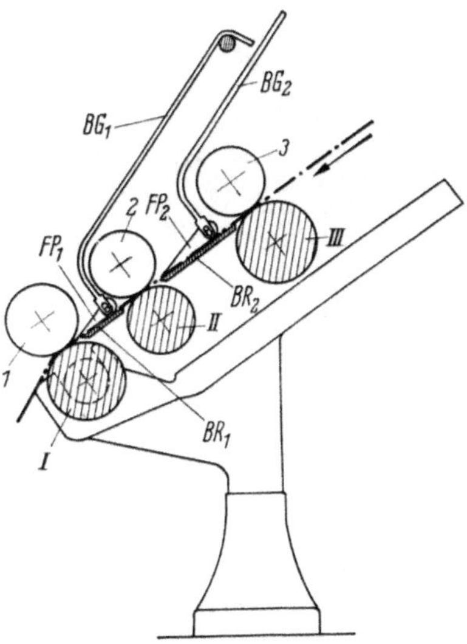

Abb. 161. Streckwerk nach J. Jenny – DRP 306091 von 1918, patent. vom 25. 5. 1917 an

BG_1, BG_2 Haltebügel; BR_1, BR_2 Gleitbrücken; FP_1, FP_2 Führungsplatten

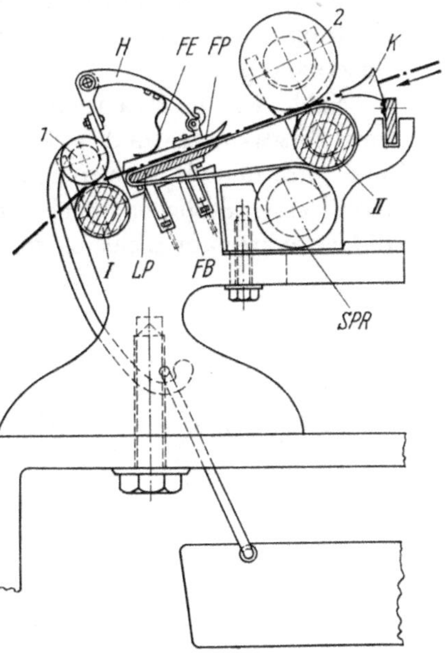

Abb. 162. Streckwerk nach J. P. Huchshorn – DRP 362211 von 1922, patent. vom 24. 12. 1920 an

FB Führungsband; *FE* Feder; *FP* Führungsplatte; *H* Hebel; *K* Verdichter; *LP* Leitplatte; *SPR* Spannrolle

paar *II*/*2* zusätzlich eine kleine Walze anbringen, die sperrzahnähnlich geriffelt ist. Die Walze erfaßt die Fasern sehr sicher und führt sie der Unterwalze *UW* zu.

Jenny beschreibt ein Dreiwalzen-Streckwerk, bei dem in den Verzugszonen Gleitbrücken BR_1 bzw. BR_2 angebracht sind, auf denen Führungsplatten, sogenannte Beschwerungszungen, ruhen (DRP 306091 von 1918, Abb. 161). Jede Führungsplatte wird von einem Bügel gehalten. Zum Streckwerksausgang hin verjüngen sich die Führungsplatten.

Das Streckwerk von Huchshorn (DRP 362211 von 1922; Abb. 162) ist in der Verzugszone mit einem Führungsband *FB* und einer Führungsplatte *FP* ausgerüstet. Das Führungsband *FB* ist für 5 bis 12 Ablieferungen vorgesehen und läuft über die Leitplatte *LP* und über die Walze *II*. Von der Spannrolle *SPR* wird das Führungsband, das auch als Muffe bezeichnet wird, gespannt und angetrieben. Die Führungsplatte *FP* ist an zwei Hebeln *H* aufgehängt. Eine Feder *FE* drückt die Führungsplatte *FP* auf das Führungsband. Die Führungsplatte *FP* kann leicht nach oben geklappt werden. Sie ist zu den Ausgangswalzen hin dicker als an der Fasereintrittsstelle. Dadurch nimmt in der Laufrichtung der Druck auf das Faserband zu.

Nach einem Patentvorschlag von RAMMENSEE und v. HOFER sind in der Hauptverzugszone zwei Reihen Stäbchen angebracht, die in senkrechter Richtung gegeneinander verstellt werden können (DRP 322282 von 1920, Abb. 163). Der Faserverband wird wechselweise über oder unter den Stäbchen hergeführt. Die Stäbchen haben einen runden Querschnitt und sind drehbar gelagert. Sie haben eine Umfangsgeschwindigkeit, die kleiner als die Umfangsgeschwindigkeit der Ausgangswalze *I* ist.

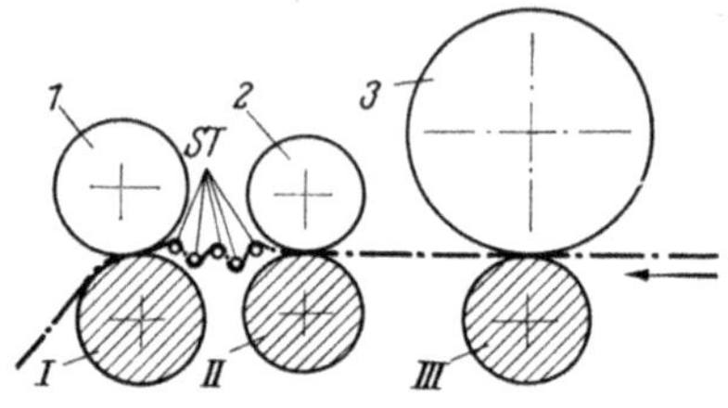

Abb. 163. Streckwerk nach H. RAMMENSEE und X. v. HOFER – DRP 322282 von 1920, patent. vom 1. 4. 1919 an

ST Stäbe

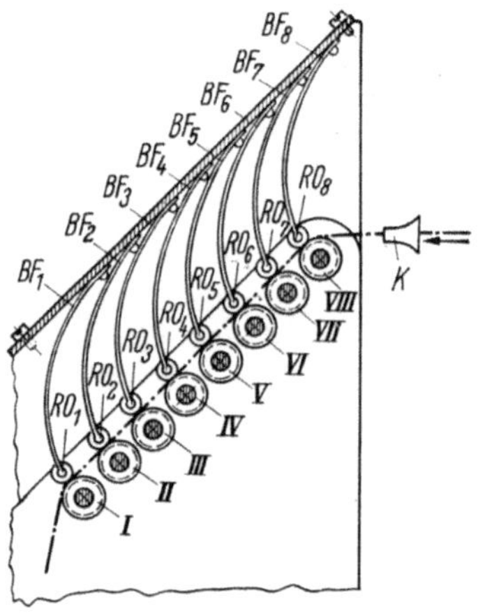

Abb. 164. Streckwerk nach CH. WEYMANNS – DRP 364801 von 1922, patent. vom 31. 12. 1921 an

BF_1 bis BF_8 Blattfedern; *K* Verdichter; RO_1 bis RO_8 Rollen

Die Unterwalzen eines Streckwerks, das WEYMANNS konstruierte, sind auf dem Umfang mit Rillen versehen, in die schmale Rollen eingreifen (DRP 364801 von 1922, Abb. 164). Die Rollen werden von Blattfedern auf die Unterwalzen gedrückt. Die Breite der Rollen sowie die Breite der Rillen nehmen in Bandlaufrichtung ab. WEYMANNS sieht insgesamt 8 Unterwalzen für sein Streckwerk vor.

Im Jahre 1917 entwickelte die Firma Sächsische Textilmaschinenfabrik vorm. R. Hartmann AG. ein Vierwalzen-Klemmstreckwerk, das der Ausgangspunkt für viele moderne Streckwerke an den Baumwoll-Strecken ist (DRP 374770; Abb. 165). Die Druckwalzen *3* und *4* sind so einstellbar, daß sie gleichzeitig zwei Unterwalzen berühren. Dadurch vergrößert sich die Anzahl der Klemmpunkte. Je nach der Anordnung der

Druckwalzen *2*, *3* und *4* schwankt die Anzahl der Verzugsfelder des Streckwerks zwischen 1 und 3. Die Druckwalzen laufen ruhig, und der Faserschlupf wird gegenüber normalen Klemm-Streckwerken stark reduziert. Der Faserverband umschlingt die Walzen bogenartig. Die Fasern werden schonend und gut geführt.

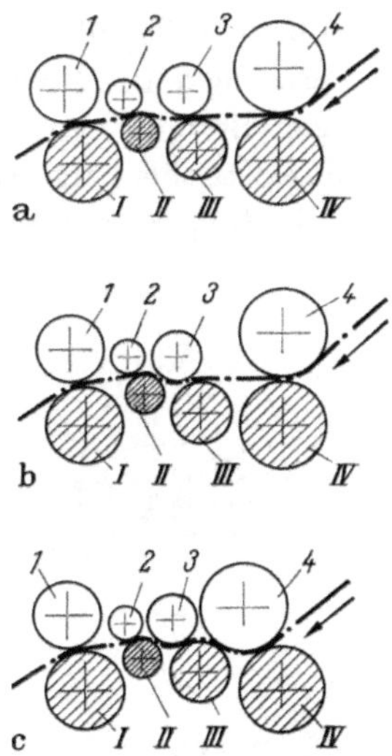

Abb. 165a–c. Vierwalzen-Klemmstreckwerk der Firma Sächsische Textilmaschinenfabrik vorm. R. Hartmann AG. – DRP 374770 von 1923, patent. vom 12. 6. 1917 an
a Walzenanordnung ergibt drei Verzugsfelder; b Walzenanordnung ergibt zwei Verzugsfelder; c Walzenanordnung ergibt ein Verzugsfeld

Krienelke entwickelte ein Streckwerk, bei dem die Mittelwalze mit einer auswechselbaren Hülse versehen ist (DRP 428738 von 1926, patent. vom 5. 12. 1924 an). Die Hülse ist mit Leder bezogen. Als Mitteldruckwalze wird eine geriffelte Stahlwalze verwendet. Zur besseren Faserführung werden die Fasern von einem Führungsblech, das oberhalb der Mittelwalze angeordnet ist, gegen die Mittelwalze gedrückt. Das Streckwerk soll den unterschiedlichen Verzugsbedingungen, die bei der Verarbeitung verschieden langer Fasern entstehen, dadurch angepaßt werden können, daß die Hülsen der Mittelwalze ausgewechselt werden.

In dem Patent DRP 477259 von 1929 schlägt Pflimlin eine Durchzugswalze *DRW* vor, die mit einem nachgiebigen Belag aus Schaumgummi versehen ist (Abb. 166a). Bei dem dargestellten Streckwerk ist diese Walze als Durchzugswalze eingesetzt. Pflimlin beabsichtigt, mit Hilfe dieser Walze die Verzugsfeldlänge zwischen den Ausgangs- und den Mittelwalzen zu verringern. Die Durchzugswalze *DRW* drückt sich unter der Belastung derart zusam-

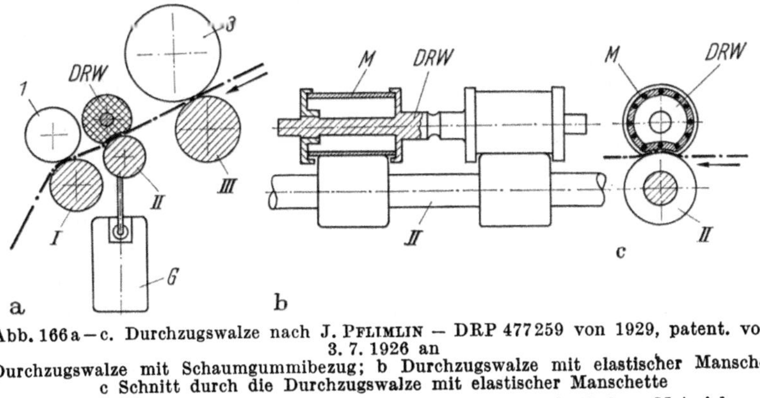

Abb. 166a–c. Durchzugswalze nach J. Pflimlin – DRP 477259 von 1929, patent. vom 3. 7. 1926 an
a Durchzugswalze mit Schaumgummibezug; b Durchzugswalze mit elastischer Manschette; c Schnitt durch die Durchzugswalze mit elastischer Manschette
DRW Durchzugswalze; *G* Gewicht; *M* Manschette aus elastischem Material

men, daß sie die Walze *II* auf einem verhältnismäßig großen Teil des Umfangs umschließt. Der Druck auf die Fasern soll geringer als bei den Oberwalzen mit normalen Bezügen sein, da sich die Belastung auf eine größere Auflagefläche verteilt. Pflimlin gibt an, daß mit Hilfe dieser Durchzugswalze *DRW* hohe Verzüge zu erzielen sind. Anstelle des elastischen Bezuges kann die Durchzugswalze auch mit einer Manschette *M* aus elastischem Material, z. B. Federstahlblech oder Gummi mit Längsversteifungen, versehen sein (Abb. 166b und c).

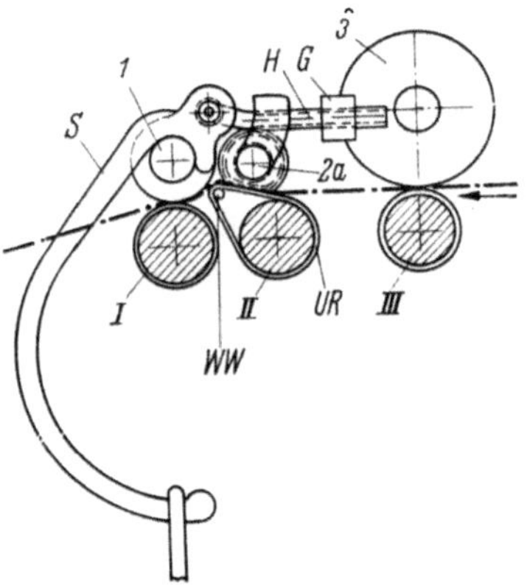

Abb. 167. Durchzugs-Streckwerk nach W. A. Judin — DRP 543406 von 1932, patent. vom 14. 6. 1930 an
G Gewicht; *H* Belastungshebel; *S* Belastungssattel; *UR* Unterriemchen; *WW* Wendewalze

Die erste mit Luft gefüllte Durchzugswalze wurde von Judin entwickelt (DRP 543406 von 1932, Abb. 167). Zusammen mit einem Unterriemchen *UR* gibt diese Durchzugswalze *2a* den Fasern eine ausgezeichnete Führung. Sie liegt nicht auf der Mittelwalze *II*, sondern auf dem Unterriemchen *UR* auf. Die Belastung der Durchzugswalze *2a* erfolgt durch ein Gewicht *G*. Das Gewicht *G* ist auf dem Hebel *H*, der an dem Belastungssattel für die Ausgangsdruckwalze angelenkt ist, verschiebbar. Das Unterriemchen *UR* wird von einer Wendewalze *WW* gespannt. Die Wendewalze ist in einem nicht eingezeichneten Käfig gelagert, der um die Mittelwalze *II* drehbar ist und sich auf der Ausgangsdruckwalze abstützt. Die Durchzugswalze wird mittelbar von der zugehörigen Unterwalze durch Reibung mitgenommen. Ihre Umfangsgeschwindigkeit wird jedoch auch durch die Verzugskräfte beeinflußt. Eine Erhöhung des Gewichtes der Durchzugswalze — zur Erhöhung des Trägheitsmomentes — ist nur in gewissen Grenzen möglich. Die Firma Tannwalder Baumwollspinnfabrik schlägt daher im deutschen Patent 474586 vor, die Durchzugswalze zu belasten. Die Belastung der Durchzugswalze erfolgt jedoch außermittig. Dadurch soll sich die Durchzugswalze schräg stellen, so daß die Durchzugswirkung erhalten bleibt (DRP 474586 von 1929, patent. vom 17. 5. 1928 an). Um eine sichere Mitnahme der Durchzugswalze durch die zugehörige Unterwalze zu gewährleisten, können beide Walzen seitlich mit Rillen oder mit einer Verzahnung versehen sein. Unklar ist jedoch, wie eine sichere Faserführung erreicht werden soll.

Hochsteger ersetzt die Durchzugswalze durch eine Blattfeder *FE* (DRP 673263 von 1939, Abb. 168). Die Blattfeder *FE* ist in der Richtung des Faserdurchlaufs bogenförmig gekrümmt. Die Zapfen des Steges *ST*, an dem die Blattfeder *FE* befestigt ist, lagern in den Führungsnuten des Walzenhalters. Das vordere Ende der Blattfeder *FE* kann kammartig ausgebildet oder mit einer kleinen Walze versehen sein (DRP 674084 von 1939, patent. vom 20. 1. 1937 an).

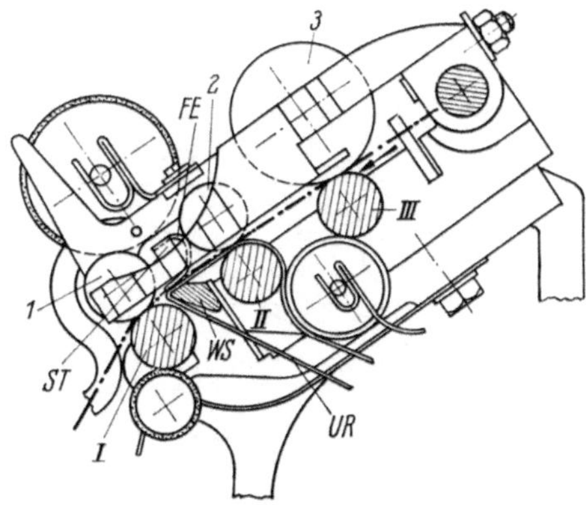

Abb. 168. Einriemchen-Streckwerk nach J. Hochsteger – DRP 673263 von 1939 der Firma Baumwollspinnerei am Stadtbach, patent. vom 17. 11. 1936 an

FE Blattfeder; *ST* Steg; *UR* Unterriemchen; *WS* Wendeschiene

Im Jahre 1938 greift Balmes Solanas die Idee von Perrin auf, eine Nadelwalze *NW* in das Streckwerk einzufügen (DRP 707511; Abb. 169). Die Nadelwalze kann an beliebiger Stelle (in der vorliegenden Zeichnung vertritt sie die Funktion der Eingangswalze) verwendet werden. Sie greift mit ihren Nadelreihen in die Riffelung der Unterwalze ein. Ein Antriebsritzel *AR* sichert die Nadeln vor Beschädigungen und legt mit seinem Durchmesser zugleich den Abstand von der Unterwalze fest. Die zu einem Käfig vereinigten Nadelleisten *NL* legen sich während des Verzugsgangs

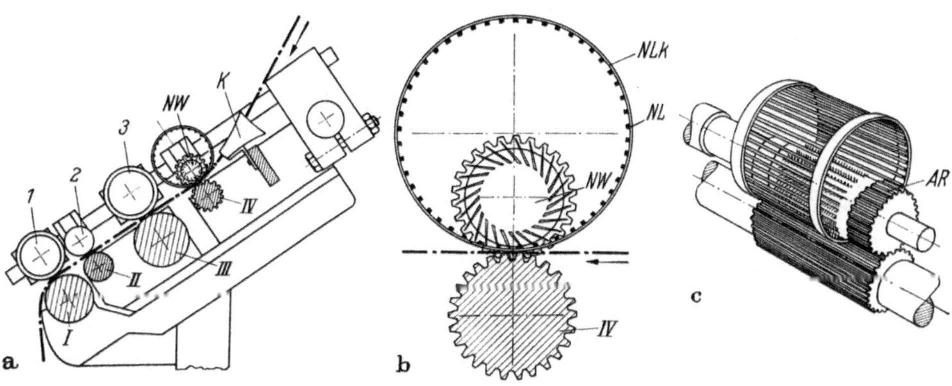

Abb. 169a–c. Nadelwalzen-Streckwerk nach R. Balmes Solanas – DRP 707511 von 1941, patent. vom 17. 2. 1938 an

a Seitenansicht des Streckwerks; b Nadelwalze mit dem Käfig; c perspektivische Darstellung der Nadelwalze mit dem Käfig

AR Antriebsritzel; *K* Verdichter; *NL* Nadelleiste; *NLK* Nadelleistenkäfig; *NW* Nadelwalze

zwischen die Nadelreihen und heben bei ihrem Weiterlauf in die Nadeln eingedrungene Unreinigkeiten hinaus. Die Nadelwalze soll die Fasern während des Durchlaufs durch das Streckwerk parallelisieren.

Eine andere Konstruktion von Balmes Solanas, das sogenannte Mehrfach-Streckwerk, besteht aus vier Unterwalzen und fünf Druckwalzen (Abb. 170) [*33*]. Dieses Streckwerk arbeitet ohne Riemchen. Zwischen einem hinteren und einem vorderen Streckfeld ist gleichsam als Brücke eine Kontrollwalze *KW* angeordnet, die auf den beiden Walzen *II* und *III* aufliegt. Unterhalb der Kontrollwalze *KW* befindet sich ein Verdichter K_2, der die Fasern, die aus dem hinteren Streckfeld auslaufen, zusammenfaßt.

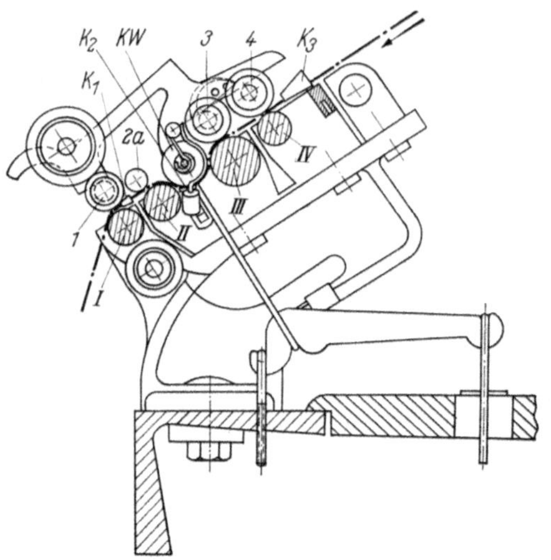

Abb. 170
Mehrfach-Streckwerk nach R. Balmes Solanas
K_1 bis K_3 Verdichter; *KW* Kontrollwalze

Die Oberwalze *2a*, die auf der Walze *II* aufliegt, ist als leichte Durchzugswalze ausgebildet. Zwischen der Durchzugswalze und den Ausgangswalzen ist ein weiterer, sehr leichter Verdichter K_1 eingesetzt, der von dem Faserverband getragen wird. Im hinteren Streckfeld wird 2- bis 4,5fach, im vorderen Streckfeld bis zu 25fach verzogen. Im Kontrollfeld herrscht lediglich ein 1,07facher Anspannverzug. Das Garn hat selbst bei hohen Verzügen noch eine ausreichende Festigkeit, doch ist die Gleichmäßigkeit etwas geringer als bei normalen Hochverzugs-Streckwerken.

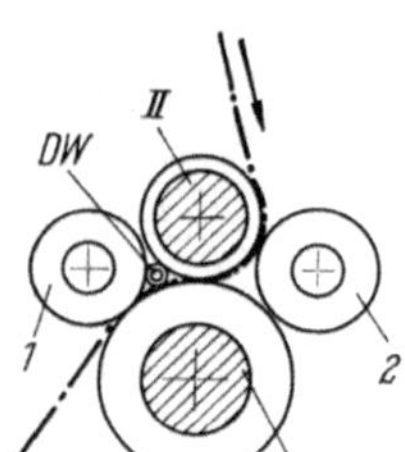

Abb. 171. Streckwerk der Firma Estirajes Balmes S. A. — DBP 1059810 von 1959, patent. vom 23. 5. 1956 an
DW Durchzugswalze

Kennzeichnend für eine weitere Konstruktion der Firma Estirajes Balmes S. A. ist die Anordnung der Eingangswalze *II* und der Ausgangswalze *I* (DBP 1059810 von 1959, Abb. 171). Die beiden Unterwalzen haben einen festen Abstand voneinander und liegen fast senkrecht übereinander. Die beiden Druckwalzen *1* und *2* liegen zu beiden Seiten der Unterwalzen. Der Faserverband muß beim Durchlaufen des Streckwerks einen S-förmigen Weg ausführen. Bei der Verarbeitung von längeren Fasern kann das Walzenpaar *II*/*2* um die Achse der Ausgangswalze *I* geschwenkt werden, so daß die Verzugsfeldlänge größer wird. Um die Faserführung zu verbessern, kann eine kleine Durchzugswalze *DW* in das Verzugsfeld gebracht werden.

Fiedler ersetzt die sonst üblichen Unterriemchen aus Leder oder aus Kunststoff durch ein Nadelband *NB* (DBP 913143 von 1954,

Abb. 172). Das Nadelband *NB* soll in seiner Funktion der Wirkung von Nadelwalzen oder Nadelstabfeldern ähnlich sein. Auf dem Nadelband läuft eine Durchzugswalze *DW*, die einen Bezug aus Kunststoff hat und teilweise mit einer Flüssigkeit gefüllt ist. Auf Streckwerken,

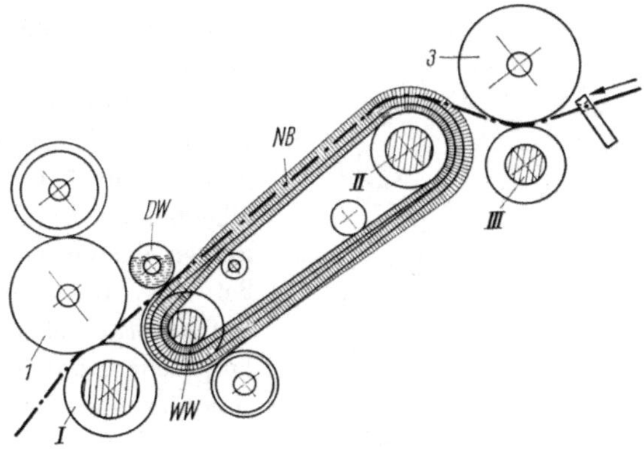

Abb. 172. Nadelband-Streckwerk nach H. Fiedler — DBP 913143 von 1954, patent. vom 28. 6. 1951 an

DW Durchzugswalze; *NB* Nadelband; *WW* Umlenkwalze

die mit einem Nadelband ausgestattet sind, sollen höhere Verzüge angewendet werden können als auf Streckwerken mit den üblichen Unterriemchen.

Reynolds entwickelte ein Streckwerk, bei dem die Ausgangsdruckwalze von einem Riemchen umschlungen ist, das in die Hauptverzugszone hineinreicht (USP 2716779 von 1950; Abb. 173). Das Riemchen wird in einem Käfig geführt. Die Druckwalze *2* ist zum Streckwerksausgang hin versetzt.

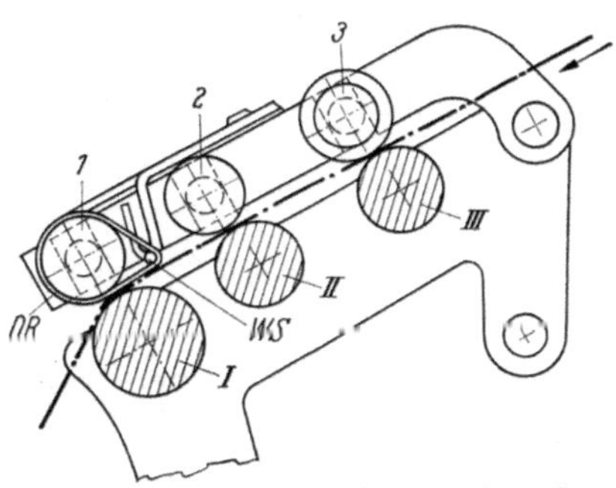

Abb. 173. Dreiwalzen-Streckwerk nach W. G. Reynolds — USP 2716779 vom 16. 11. 1950

OR Oberriemchen; *WS* Wendeschiene

Das Zweiriemchen-Streckwerk der Firma VEB Spinnereimaschinenbau ist dadurch gekennzeichnet, daß die beiden Riemchen des Hauptverzugsfeldes mit unterschiedlichen Umfangsgeschwindigkeiten arbeiten (DBP 1121510 von 1962; Abb. 174). Das Oberriemchen umschlingt die Ausgangsdruckwalze und wird in dem Hauptverzugsfeld von der Schiene *SCH* geführt. Das Unterriemchen wird von der Walze *II* angetrieben und von der Wendeschiene *WS* umgelenkt. Der Konstruktion liegt der Gedanke zugrunde, mit Hilfe der unterschiedlichen Riemchengeschwindigkeiten die Fasern gut zu parallelisieren.

Ein von Bäsler, Schäfer und Weber entwickeltes Zweiriemchen-Streckwerk ist ebenfalls dadurch gekennzeichnet, daß die beiden einander zugeordneten Riemchen unabhängig voneinander und mit unterschiedlicher Umfangsgeschwindigkeit angetrieben werden (DWP 24197 von 1962, patent. vom 7. 6. 1960 an). Im allgemeinen ist die Geschwindigkeit des Oberriemchens größer als die Geschwindigkeit des Unterriemchens. Weiter ist vorgesehen, daß von zwei aufeinanderfolgenden, unterschiedliche Umfangsgeschwindigkeiten aufweisenden Walzenpaaren das Oberriemchen um die Oberwalze des einen, das Unterriemchen um die Unterwalze des anderen Walzenpaares gelegt ist. Das Oberriemchen umschlingt dabei vorzugsweise die Oberwalze des Walzenpaares mit der höheren Umfangsgeschwindigkeit.

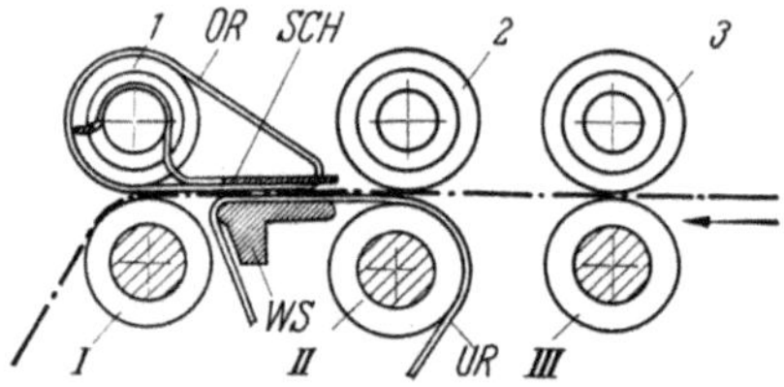

Abb. 174. Zweiriemchen-Streckwerk der Firma VEB Spinnereimaschinenbau — DBP 1121510 von 1962, patent. vom 22. 6. 1960 an

OR Oberriemchen; *SCH* Führungsschiene; *UR* Unterriemchen; *WS* Wendeschiene

Ein anderes Streckwerk der Firma VEB Spinnereimaschinenbau, das sich in der Arbeitsweise von den üblichen Konstruktionen sehr unterscheidet, ist in der Abb. 175 im Schema dargestellt (DBP 1012547 von 1957). Die drei Druckwalzen sind mit einem Riemchen versehen. Die Riemchen reichen jeweils in das vorhergehende Verzugsfeld hinein. Die Unterwalzen sind durch Gleitplatten ersetzt, die auf einem gemeinsamen Arm befestigt sind und über Belastungssättel gegen die Oberwalzen gedrückt werden.

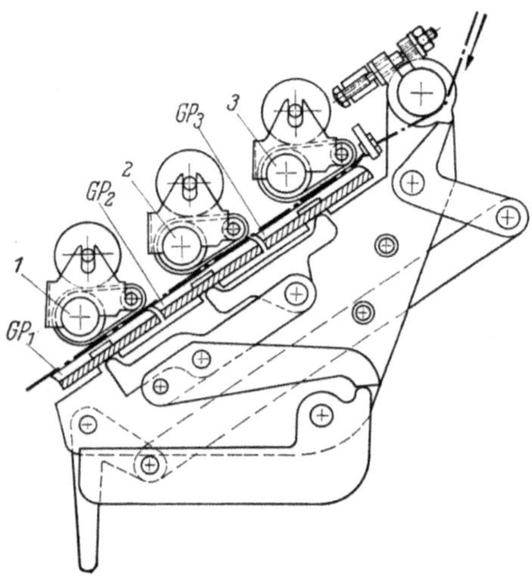

Abb. 175. Baumwoll-Streckwerk nach E. Schäfer und A. Schüssler — DBP 1012547 von 1957 der Firma VEB Spinnereimaschinenbau, patent. vom 28. 6. 1955 an

GP_1 bis GP_3 Gleitplatten

Das in der Abb. 176a gezeigte Vierwalzen-Streckwerk der Firma Manufacture Alsacienne de Broches soll die Verarbeitung von langen und kurzen Fasern gestatten, ohne daß die Abstände der Unterwalzen verändert werden müssen (DBP 1131569 von 1962). Es werden zwei verschiedene Typen von Druckwalzen verwendet. Zwei Walzen entsprechend der Abb. 176b bilden zusammen mit den Unterwalzen ein

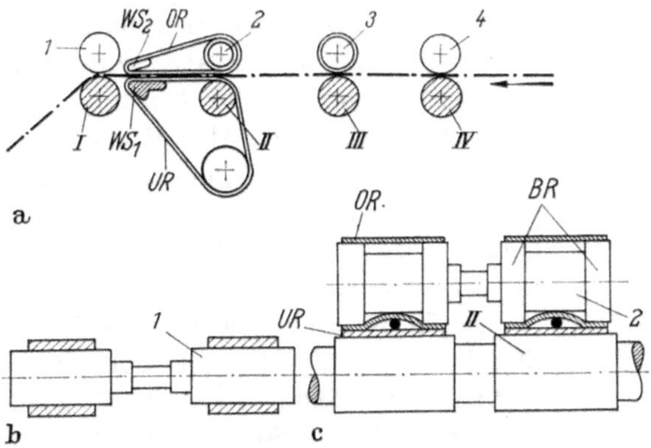

Abb. 176a–c. Streckwerk der Firma Manufacture Alsacienne de Broches – DBP 1131569 von 1962, patent. vom 1. 4. 1960 an
a Seitenansicht des Streckwerks; b Druckwalze; c Durchzugswalze
BR Brücke; *OR* Oberriemchen; *UR* Unterriemchen; WS_1, WS_2 Wendeschienen

Streckfeld, während die beiden anderen Druckwalzen als Durchzugswalzen ausgebildet sind (Abb. 176c). Bei den Durchzugswalzen bilden zwei Ringe eine Brücke *BR*, über die das Oberriemchen *OR* läuft und unter der die Fasern durchgezogen werden. Das Streckwerk ist mit einem Riemchenpaar ausgestattet. Wenn die beiden klemmenden Druckwalzen am Eingang und am Ausgang des Streckwerks angeordnet sind, ist die Streckfeldweite durch den Abstand der Walzen *I* und *IV* gegeben. Ein Austausch der Druckwalze *4* gegen die Oberwalzen *3* oder *2* verringert die Streckfeldweite entsprechend. Die Durchzugswalzen dienen dann nur der Faserführung.

Abb. 177a u. b. Streckwerk nach K. Eberle – Schweiz. Pat. 359634 von 1962, patent. vom 21. 4. 1958 an
a Seitenansicht des Streckwerks; b Darstellung der Flankenwinkel
α, β Flankenwinkel

Das Streckwerk von Eberle ist durch die Art der Unterwalzenriffelung gekennzeichnet (Abb. 177). Die Flankenwinkel der Riffelkanäle sind unterschiedlich. Der Winkel α ist größer als der Anstellwinkel β. Durch die Anstellung soll eine bessere Klemmwirkung als bei den Walzen mit symmetrisch ausgebildeten Riffelkanälen erzielt werden. Bei der Walze *II* ist der Winkel α kleiner als der Winkel β.

Nach einem Vorschlag von KÖNIG hat die Ausgangsoberwalze *1* einen sehr kleinen Durchmesser (DBP 1071547 von 1960, Abb. 178). Sie wird von zwei Führungsorganen gehalten, von denen eines als Platte ausgebildet ist. Die Achse der Druckwalze *W*, die als zweites Führungsorgan dient, ist gegenüber der Achse der Ausgangsoberwalze *1* versetzt. Da die Walzen *1* und *W* nur durch Reibung mitgenommen werden, an der Führungsplatte *FP* jedoch eine zusätzliche Reibung entsteht, ist eine schlupffreie Mitnahme der Walze *1* nicht zu erwarten.

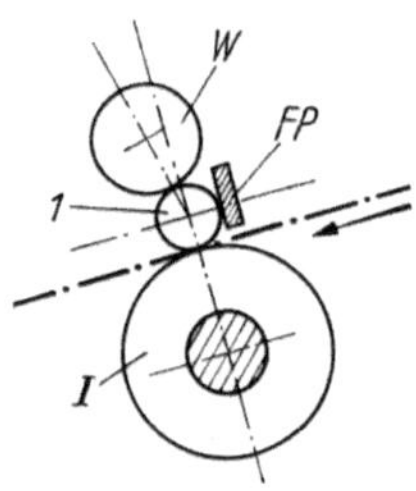

Abb. 178
Oberwalzenanordnung nach O. KÖNIG – DBP 1071547 von 1960, patent. vom 22. 8. 1955 an
FP Führungsplatte; *W* Druckwalze

Das in der Abb. 179 dargestellte Zweiriemchen-Streckwerk wurde ebenfalls von KÖNIG entwickelt (Schweiz. Pat. 360327 von 1962, siehe auch von O. KÖNIG DBP 1080911 von 1960, patent. vom 31. 8. 1956 an, und DBP 1083719 von 1960, patent. vom 20. 10. 1956 an). Der Patentanspruch bezieht sich auf die Ausgangsdruckwalze *1*. Auf der Achse *A* ist ein Käfig *KA* fest angebracht,

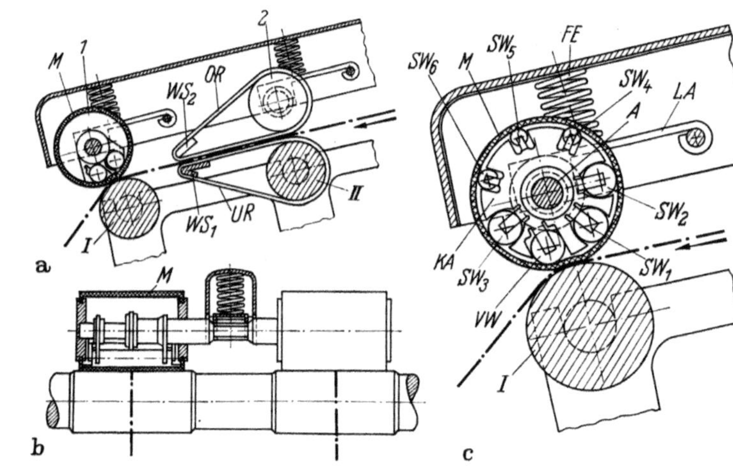

Abb. 179a–c
Streckwerk nach O. KÖNIG – Schweiz. Pat. 360327 von 1962, patent. vom 22. 8. 1957 an
a Seitenansicht des Streckwerks; b Vorderansicht der Ausgangsdruckwalze; c Schnitt durch die Ausgangsdruckwalze
A Achse der Druckwalze; *FE* Belastungsfeder; *KA* Käfig; *LA* Lenkarm; *M* Mantel; *OR* Oberriemchen; SW_1 bis SW_6 Stützwalzen; *UR* Unterriemchen; *VW* Verzugswalze; WS_1, WS_2 Wendeschienen

der Aussparungen zur Führung einer sogenannten Verzugswalze *VW* und mehrerer Stützwalzen SW_1 bis SW_6 besitzt. Um diese Walzen läuft ein elastischer Mantel *M*, der mit der Ausgangswalze eine breite Berührungsfläche bildet. Die drei unteren Stützwalzen SW_1 bis SW_3 haben den gleichen Durchmesser wie die Verzugswalze *VW*, während die drei oberen Stützwalzen dünner sind. Die Stützwalze SW_1 und die Verzugswalze VW sind radial verstellbar. Laut Patentanspruch können die Stützwalzen SW entweder keine oder begrenzte Pendelbewegungen ausführen.

Die Aufgabe des Vorverzuges besteht u. a. darin, die Drehung des Vorgarnes teilweise aufzulösen, d. h. den gedrehten Faserverband aufzulockern. Der Vorverzug soll möglichst niedrig gehalten werden, wobei dennoch eine sichere Auflösung gewährleistet sein muß. STEIN

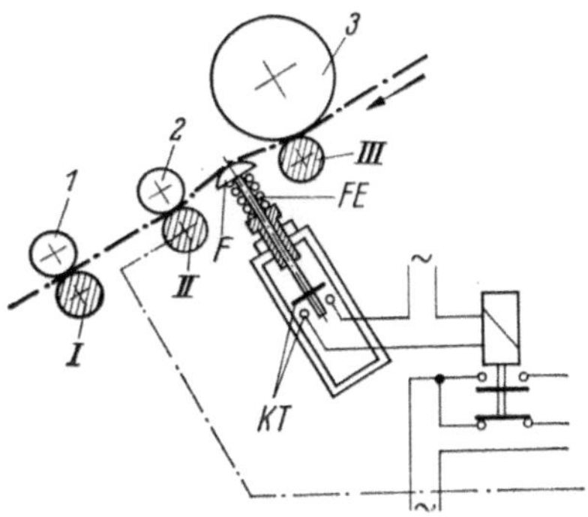

Abb. 180
Vorrichtung zur Veränderung des Vorverzuges nach H. STEIN – DBP 945822 von 1956, patent. vom 28. 10. 1944 an

F Fühler; *FE* Feder; *KT* Schaltkontakt

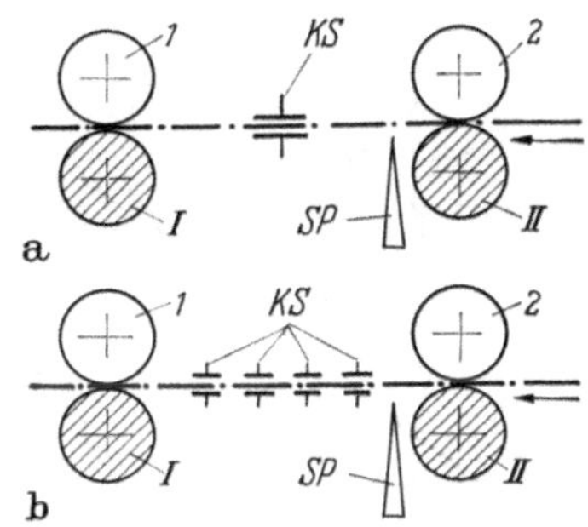

Abb. 181a u. b
Streckwerk mit Kondensatorfeld nach E. HAASE-DEYERLING – DBP 1025305 von 1958, patent. vom 22. 7. 1954 an
a Streckwerk mit einem Kondensator;
b Streckwerk mit mehreren Kondensatoren

KS Kondensator; *SP* Ionen-Sprühspitze

stimmt diesen möglichst geringen Vorverzug auf die Verzugskraft im Vorverzugsfeld ab, die er mit Hilfe eines Fühlers F ermittelt (DBP 945822 von 1956, Abb. 180). Der Fühler F wird von einer Feder FE vorgespannt. Bei einer vorgegebenen Auslenkung des Fühlers F nach unten wird ein Kontakt KT geschaltet. Hierdurch wird ein Stellmotor eingeschaltet, der über ein Stellgetriebe eine Drehzahländerung der Mittelwalze II bewirkt. Die Umfangsgeschwindigkeiten der Eingangs- und der Ausgangswalze sind unveränderlich. Eine Regulierung des Gesamtverzuges, und damit der Faserbandmasse, ist nicht vorgesehen.

Einen neuartigen Weg, das Faserband zu führen, gibt HAASE-DEYERLING in seinem deutschen Patent DBP 1025305 von 1958 an (Abb. 181). HAASE-DEYERLING läßt rasch wechselnde Kräfte auf das im Streckfeld befindliche Fasergut wirken. Im Gegensatz zu anderen Vorrichtungen, die das Material an einem Punkte des Streckfeldes mechanisch erschüttern, wird hier das Fasergut in den Feldbereich eines mit Wechselspannung gespeisten Kondensatorsystems KS gebracht. Ein Effekt wird allerdings nur dann erzielt, wenn das Fasermaterial elektrostatisch aufgeladen ist. Die Fasern laden sich bereits durch die Reibung an den Eingangswalzen elektrostatisch auf. Um jedoch optimale Verhältnisse zu erzielen, wird dem Kondensatorsystem eine Ionen-Sprühspitze *SP* vorgeschaltet. Wenn das Fasermaterial das Kondensatorfeld passiert, werden die Einzelfasern in Schwingungen ver-

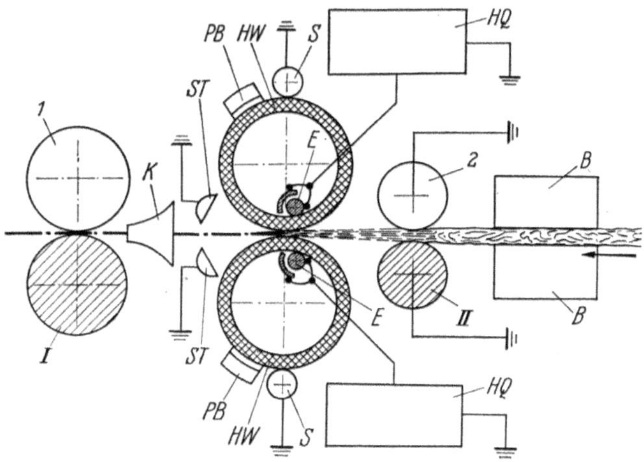

Abb. 182. Streckwerk nach J. C. Busby Jr. – USP 2641025 vom 29. 10. 1947 der U. S.-Navy
B Befeuchtungseinrichtung; *E* Elektrode; *HQ* Hochspannungsquelle; *HW* Hartgummiwalze; *K* Verdichter; *PB* Putzbrett; *S* Entladungsstab; *ST* Sprühstab

setzt. Dadurch soll die gegenseitige Haftung vermindert und die Verzugsarbeit erleichtert werden. Die einander folgenden Wechselfelder werden gegenphasig gespeist.

Die Frequenz der benutzten Wechselspannung ist nach oben nicht begrenzt. Es gibt allerdings für jedes Material eine unter anderem von der Masse des Faserverbandes und seiner mechanischen Spannung abhängige optimale Frequenz.

Das in der Abb. 182 im Schema veranschaulichte Streckwerk wurde von Busby entwickelt (USP 2641025 von 1947). Mit Hilfe dieser Verzugsanordnung soll es möglich sein, selbst die kürzesten Baumwollfasern kontrolliert zu verziehen. Gleichzeitig soll die Vorlage gröber sein können als bei den üblichen Spinnverfahren. Zwischen den beiden Walzenpaaren *I/1* und *II/2* des Streckwerkes befinden sich die hohlen Hartgummiwalzen *HW*. In den Hartgummiwalzen *HW* sind zwei Elektroden *E* angebracht, die unter Hochspannung stehen. Zwischen diesen Elektroden und den Eingangswalzen bildet sich ein elektrostatisches Feld aus. Die Oberfläche der Hartgummiwalzen *HW* wird positiv aufgeladen, die Oberfläche der Eingangswalzen, die die Ladung auf die Fasern übertragen, negativ. Sobald die Eingangswalzen eine Faser freigeben, wird diese im elektrostatischen Feld ausgerichtet und in Richtung auf die Hartgummiwalzen beschleunigt. Sprühstäbe *ST* beseitigen die elektrostatische Aufladung der Fasern, die von dem Verdichter *K* zusammengefaßt und den Ausgangswalzen zugeführt werden. Die geerdeten Stäbe *S* entladen die Hartgummiwalzen *HW*, um eine Wickelbildung zu verhindern. Vor dem Einlauf in das Streckwerk wird der Faserverband befeuchtet. Dadurch wird die Leitfähigkeit erhöht.

Wegener und Hoth [*34*] schlagen zwei Methoden vor, die es gestatten, die Wickelbildung infolge elektrostatischer Aufladung zu verhindern. Nach dem ersten Verfahren erhält ein Trichter, der hinter den Ausgangswalzen angebracht ist, eine der elektrostatischen Aufladung des Faserverbandes entgegengerichtete Gleichspannung. Die Fasern werden in diesem Fall nicht mehr von den Ausgangswalzen, sondern vom Trichter angezogen. Hier werden die Fasern durch den Zug des Faserverbandes mitgenommen. Nach der zweiten Methode haben die Walzen eine Oberfläche aus elektrisch leitenden Streifen, die sich parallel zur Walzenachse erstrecken. Während der Rotation der Walzen werden die Streifen mit einer hohen Gleichspannung aufgeladen, die das gleiche Vorzeichen wie die elektrostatische Aufladung des Faserverbandes haben soll. Wenn die Gleichspannung genügend groß ist, werden die aufgeladenen, abgespreizten Fasern zum Faserverband hin abgestoßen.

Seit 1950 werden Anstrengungen gemacht, das konventionelle Streckwerk durch neuartige Vorrichtungen der Lunten- oder Garnbildung zu ersetzen. Einen ersten Versuch, von den herkömmlichen Streckwerken abweichend Garn herzustellen, machte Hutchins allerdings schon um das Jahr 1900.

Im Jahre 1904 meldete er ein Luftspinnverfahren zum Patent an (DRP 166763 von 1905; Abb. 183a und c). Die Fasern werden mit Hilfe dreier Walzenpaare einem Stutzen *ST* zugeführt. Dieser Stutzen *ST* mündet tangential in den Zylinder *Z*, der den Saugkopf *SK* umgibt. Der Saugkopf *SK* wird über einen Wirtel *WI* angetrieben. Die röhrchenartige Verlängerung des Saugkopfes ist in dem Hülsenlager *HL* des Hohlbalkens *HB* gelagert (Abb. 183b). Der Saugkopf *SK* ist als Doppelzylinder ausgebildet. Seine äußere Wandung besitzt mehrere Bohrungen. Weitere Bohrungen befinden sich im Boden des Saugkopfes *SK* und entsprechend dazu im oberen Teil des Röhrchenlagers. Der innere Zylinder des Saugkopfes *SK* ist mit einer Gazescheibe *GZ*, in deren Mitte sich eine kleine Öffnung befindet, abgedeckt. Unterhalb der Gazescheibe *GZ* ist ein Federpaar FE_1 angebracht, das in der Mitte einen geringen Schlitz frei läßt. Im Inneren des Saugkopfes *SK* ist ein feststehendes Röhrchen *R* angeordnet, dessen Kopf ebenfalls mit einem Paar dicht genäherter Federn FE_2 versehen ist. Der Zylinder *Z* ist durch einen

Deckel *DK* verschlossen. Die angesaugte Luft strömt durch den Stutzen *ST* in den Zylinder, steigt schraubenförmig hoch in den Raum zwischen dem Deckel *DK* und der Gazescheibe *GZ* und wird über die Bohrungen in den Hohlbalken *HB* abgesaugt. Die zugeführten Fasern folgen dem Luftstrom. Da ebenfalls durch die Bohrungen der äußeren

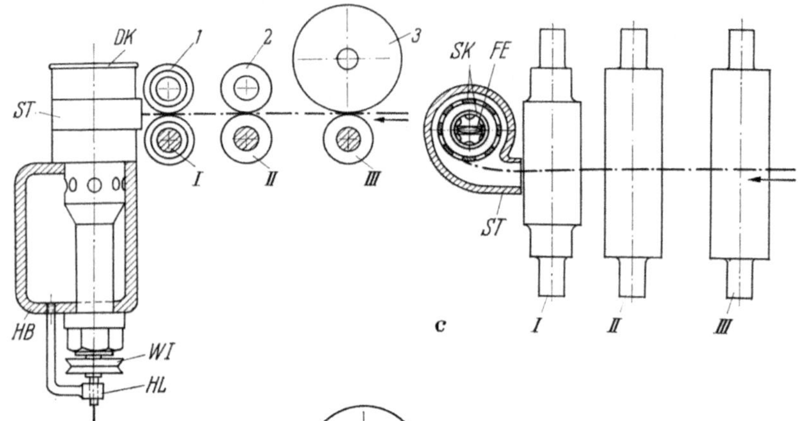

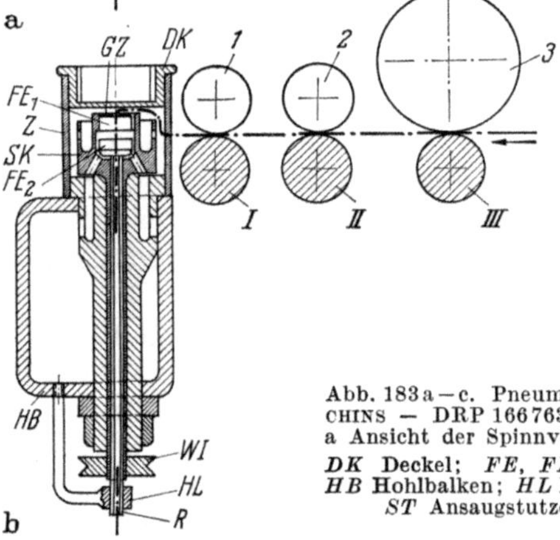

Abb. 183a—c. Pneumatische Spinnvorrichtung nach F. HUTCHINS — DRP 166763 von 1905, patent. vom 10. 1. 1904 an
a Ansicht der Spinnvorrichtung; b Längsschnitt; c Draufsicht
DK Deckel; *FE*, FE_1, FE_2 Federpaare; *GZ* Gazescheibe; *HB* Hohlbalken; *HL* Hülsenlager; *R* Röhrchen; *SK* Saugkopf; *ST* Ansaugstutzen; *WI* Antriebswirtel; *Z* Zylinder

Saugkopfwand Luft entweicht, werden die Fasern gegen den Saugkopf *SK* gedrückt und durch die Öffnung der Gazescheibe *GZ* in das Saugkopfinnere gesaugt. Wenn durch das Röhrchen *R* eine Nadel geführt wird, schlingen sich die Fasern um die Nadel. Wird diese nach unten abgezogen, setzt eine Garnbildung ein. Die Federn verdichten dabei das Garn und geben diesem eine Nachdrehung.

In der Abb. 184 ist eine Spinnvorrichtung im Schema dargestellt, die GROSS im Jahre 1926 vorstellte. Ein Gebläse *G* saugt die Fasern an der Karde aus der Garnitur des Abnehmers heraus und bläst sie in einen birnenförmigen Hohlkörper *HK*. Dieser Hohlkörper rotiert mit hoher Geschwindigkeit. Die Fasern werden infolge der Zentrifugalkraft gegen die Wand des Hohlkörpers geschleudert. Eine Kugel *K*, die sich im Inneren des rotierenden Körpers befindet, unterstützt diesen Vorgang. Der Hohlkörper ist am unteren Ende offen. Die Ausgangswalzen *W* ziehen die Fasern ab und führen sie einer Spulvorrichtung zu. Vor den Ausgangswalzen ist ein Drehröhrchen *DR* angebracht, das dem Faden

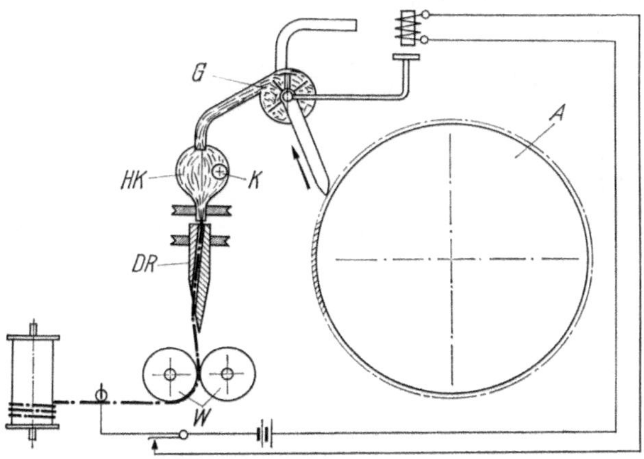

Abb. 184. Spinnvorrichtung nach W. GROSS (1926)
A Abnehmer der Karde; *DR* Drehröhrchen; *G* Gebläse; *HK* Hohlkörper; *K* Kugel; *W* Ausgangswalzen

eine Drehung erteilt. Hohlkörper *HK* und Drehröhrchen *DR* haben die gleiche Drehzahl, jedoch eine entgegengesetzte Drehrichtung. Unklar ist, wie das Anspinnen erfolgt.

Ein anderer Vorschlag stammt von MAYO (USP 2451504 von 1945; Abb. 185). Die Baumwolle wird in eine Kammer KA_1 eingebracht, aus der sie mit Hilfe von Preßluft durch das Rohr *R* in ein zweites Kammersystem geblasen wird. In diese Kammern KA_2 und KA_3 wird tangential Luft eingeblasen, welche die Fasern in eine Drehbewegung versetzen und sie spiralig dem Ausgang zuführen soll. Die Öffnung verdichtet die Fasern und formt sie zu einem Band, das aufgespult wird. Die Fasermenge, die den Kammern KA_2 und KA_3 zugeführt wird, läßt sich durch Klappen regulieren.

In seinem US-Patent 2557433 gibt HONIG ein Spinnverfahren an, bei dem sowohl die Zentrifugalkraft als auch eine elektrostatische Aufladung der Fasern für den Spinnprozeß nutzbar gemacht werden (Abb. 186). Die Lunte wird von den Riemchen *R* und den Walzen *W* einer Zentrifuge *Z* zugeführt. Die Riemchen erteilen den Fasern eine elektrostatische Aufladung. Die Zentrifuge *Z* ist ebenfalls elektrostatisch aufgeladen. Die Ladungen der Fasern und die Ladung der Zentrifuge besitzen gleiches Vorzeichen. Infolge der Zentrifugalkraft werden die Fasern innerhalb der Zentrifuge nach außen geschleudert, auf Grund der elektrischen Abstoßung jedoch von der Zentrifugenwand wieder zur Achsenmitte zurückgestoßen. Auf diese Weise sollen die Fasern gut aufgelöst werden. Die Zentrifuge besitzt unten eine Öffnung, durch die die

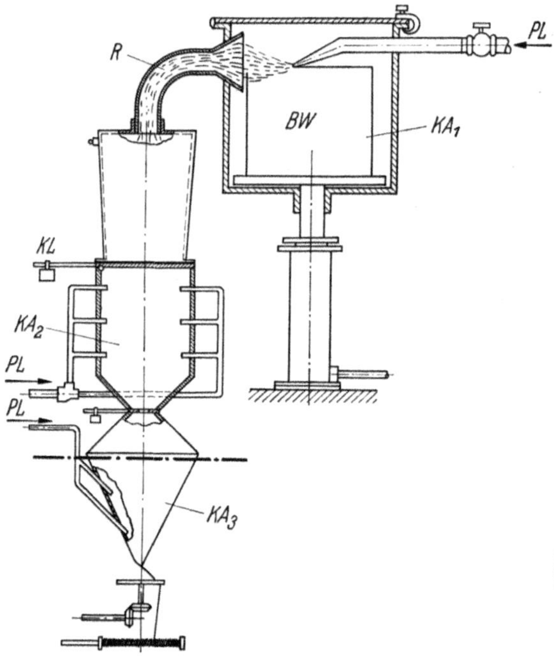

Abb. 185. Spinnvorrichtung nach M. S. Mayo – USP 2451504 vom 23. 7. 1945
BW Baumwollfasern; KA_1 bis KA_3 Kammern; *KL* Klappe; *PL* Preßluft; *R* Rohr

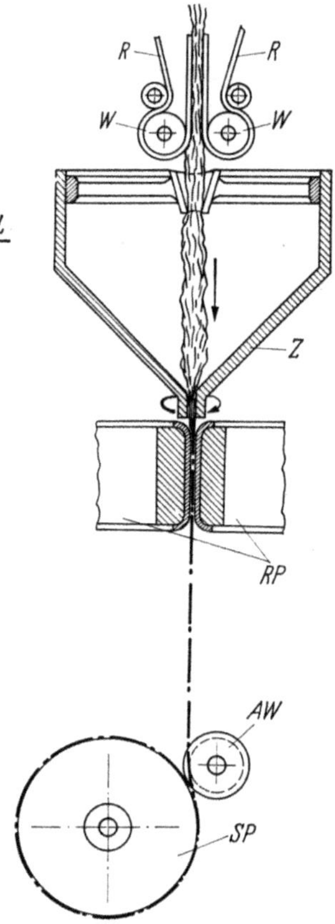

Abb. 186. Spinnvorrichtung nach F. Honig – USP 2557433 vom 17. 4. 1948
AW Antriebswalze; *R* Riemchen; *RP* Riemchenpaar; *SP* Spule; *W* Walze; *Z* Zentrifuge

Fasern von der Walze *AW*, die tangential die Spule *SP* antreibt, abgezogen werden. Ein umlaufendes Riemchenpaar *RP* gibt dem Faden die erforderliche Drehung.

Eine Spinnvorrichtung, wie Meimberg sie im BP 695136 vorschlägt, ist in der Abb. 187a im Schema veranschaulicht. Auf einer Scheibe *S*, die mit einer Drehzahl entsprechend der gewünschten Drehung des Garnes rotiert, sind drei Transporttrommeln TT_1 bis TT_3 angebracht. Diese Trommeln und die Führungstrommeln *FT* bewegen sich relativ zur

Scheibe S. Die Drehrichtungen sind gleich. Um die Trommeln läuft ein Nadelband NB, das aus der vorgelegten Lunte Fasern herauszupft. Die Lunte wird von den Walzen W kontinuierlich der Zupfstelle zugeführt. Die Fasern werden mit der Relativgeschwindigkeit des Nadelbandes einem in der Scheibenachse liegenden Führungsrohr FR zugeleitet und senkrecht zur Scheibenebene abgezogen. Durch die Drehbewegung der Scheibe S erhält der Faserverband seine Drehung.

Einen Alternativvorschlag stellt die Vorrichtung in der Abb. 187 b dar. Auf der Scheibe S sind zwei Trommeln T_1 und T_2 angebracht. Die

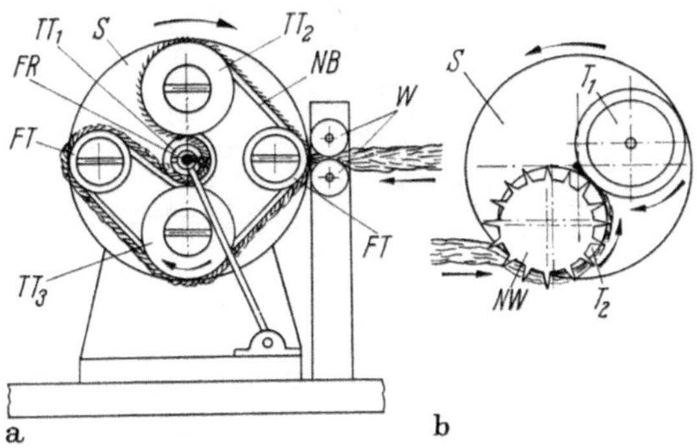

Abb. 187a u. b. Spinnvorrichtung nach J. MEIMBERG – BP 695136 vom 20. 11. 1950
a Vorrichtung mit einem Nadelband; b Vorrichtung mit einer Nadelwalze

FR Führungsrohr; FT Führungstrommeln; NB Nadelband; NW Nadelwalze; S Scheibe; T_1, T_2 Trommeln; TT_1 bis TT_3 Transporttrommeln; W Walze

Trommel T_1 ist mit einem Bezug aus Gummi versehen. Sie berührt die Trommel T_2, deren Mantel perforiert ist. In der Trommel T_2 ist exzentrisch eine Nadelwalze NW gelagert, deren Nadeln durch die Löcher des perforierten Mantels stechen und bei jeder Umdrehung der Scheibe S Fasern aus dem Vorlageband herausreißen. Die Fasern werden von den beiden Trommeln zur Achsenmitte befördert und einer Abzugsvorrichtung zugeführt. Bei hohen Drehzahlen werden die Fasern infolge der Zentrifugalkraft aus den Nadeln herausgeschleudert.

MEIMBERG verbesserte seine Spinnvorrichtung (DBP 1000267; Abb. 188). Auch bei der neuen Konstruktion werden die Fasern aus einem stetig zugeführten Faserband ausgekämmt und zu einem neuen Faserverband verdichtet. Auf einer Hohlachse HA eines ortsfesten Gehäuses G dreht sich ein Tragkörper TK, der von dem Schneckengetriebe S_1 bewegt wird. In dem Tragkörper TK ist ein Drehröhrchen DR gelagert, das mit einem Ende in einen Hohlzylinder HZ hineinragt. An dem anderen Ende des Drehröhrchens DR ist ein Kegelrad K_1 befestigt, das auf dem Gegenrad K_2 abläuft. Wenn der Tragkörper TK gedreht wird, bewegt sich gleichzeitig das Drehröhrchen DR im entgegengesetzten Drehsinn. Ein Riemchenpaar, das von den Walzenpaaren W_1

und W_2 geführt wird, bringt die Lunte durch die Öffnung *Ö* in den Hohlraum des Gehäuses *G*. Der Hohlzylinder *HZ*, der von dem Schneckentrieb S_2 über die Zahntrommel *ZT* angetrieben wird, ist innen auf seinem Umfang mit Nadeln versehen. Die Rolle *RO* drückt den Hohlzylinder *HZ*, der außen einen Zahnkranz besitzt, gegen die Zähne der

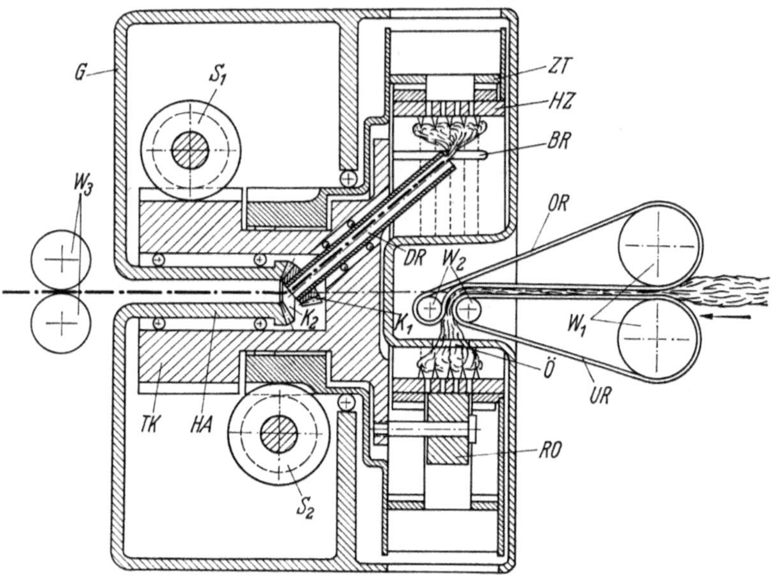

Abb. 188. Spinnvorrichtung nach J. MEIMBERG – DBP 1000267 von 1957, patent. vom 12. 7. 1955 an

BR Brücke; *DR* Drehröhrchen; *G* Gehäuse; *HA* Hohlachse; *HZ* Hohlzylinder; K_1, K_2 Kegelräder; *Ö* Eintrittsöffnung; *OR* Oberriemchen; *RO* Anpreßrolle; S_1, S_2 Schneckengetriebe; *TK* Tragkörper; *UR* Unterriemchen; W_1 bis W_3 Walzenpaare; *ZT* Zahntrommel

Zahntrommel *ZT*. Zwischen den Nadeln des Zylinders sind Bohrungen angebracht. Die Nadeln zupfen kontinuierlich Fasern aus dem Vorgarn heraus. Infolge der Zentrifugalkraft legen sich diese Fasern in die Nadeln ein. Der Vorgang wird noch dadurch unterstützt, daß die Zahntrommel *ZT* als Ventilator ausgebildet ist und Luft aus dem Hohlzylinder *HZ* heraussaugt. Eine weitere Möglichkeit, die Rückhaltekraft zu vergrößern, besteht darin, den Hohlzylinder *HZ* teilweise aus elektrostatisch aufladbarem Kunststoff herzustellen. Eine Brücke *BR*, die mit dem Drehröhrchen *DR* verbunden ist, hebt die Fasern aus den Nadeln. Die Umfangsgeschwindigkeit des Drehröhrchens ist etwas größer oder etwas geringer als die Umfangsgeschwindigkeit des Hohlzylinders. Dadurch werden kontinuierlich Fasern aus den Nadeln entnommen. Die Fasern werden von dem Walzenpaar W_3 abgezogen. Hierbei erhält der Faserverband von dem Drehröhrchen *DR* eine Drehung. Der Faden wird angesponnen, indem man mit Hilfe eines Drahtes die ersten Fasern aus dem Hohlzylinder herausholt. Anstelle der Zuführriemchen kann auch eine Nadelwalze eingesetzt werden [*35*].

Im französischen Patent 1295871 von 1962 gibt die Firma Spinnbau GmbH ebenfalls eine Kämmspinnvorrichtung an (Abb. 189). Der Faden erhält seine Drehung nicht durch ein zusätzliches Drehröhrchen,

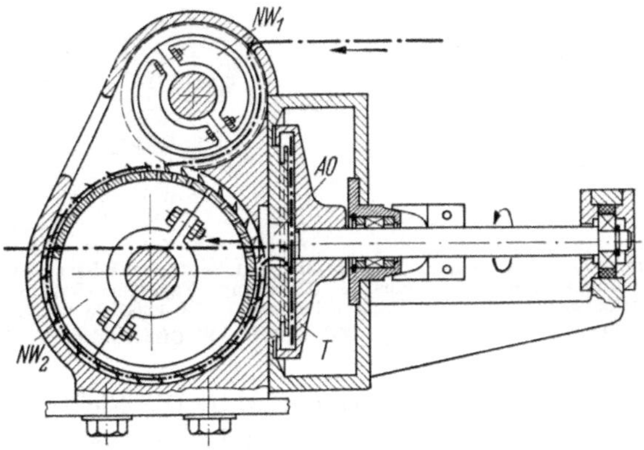

Abb. 189. Kämmspinnvorrichtung der Firma Spinnbau GmbH – FP 1295871 von 1962, patent. vom 25. 7. 1961 an

AO Abzugsöffnung; NW_1, NW_2 Nadelwalzen; *T* Nadeltrommel

sondern von der Nadeltrommel *T* selbst. Die Nadelwalze NW_1 zupft die Fasern aus dem vorgelegten Band und führt sie der Nadelwalze NW_2 zu. Die Nadelwalze NW_2 ist am Umfang perforiert. Die Abzugsöffnung *AO* liegt in der Tangentialebene der Nadeltrommel *T*.

Eine Spinnvorrichtung von Oglesby und Thomas ist in der Abb. 190 im Schema veranschaulicht (USP 2711626 von 1951). Die Fasern werden mittels Preßluft in eine Kammer *KA* geblasen. In dieser Kammer ist senkrecht zur Luftbewegung ein elektrostatisches Feld aufgebaut, das ausreichend stark sein soll, um die Fasern zwischen den beiden Polen zu parallelisieren. Die Fasern werden in Bandform aus der Kammer *KA* abgezogen, gedreht und aufgespult.

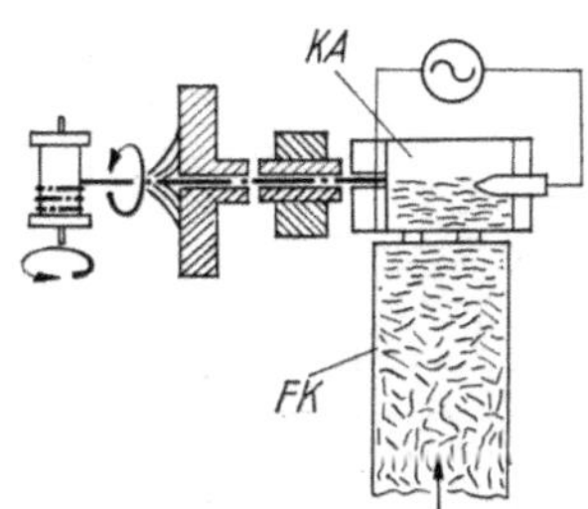

Abb. 190. Spinnvorrichtung nach S. Oglesby jr. und A. L. Thomas – USP 2711626 des Southern Research Institut Alabama vom 24. 10. 1951

FK Faserkammer; *KA* elektrostatisch aufgeladene Kammer

Laux und Schmitke entwickelten ebenfalls eine Vorrichtung zum Parallelisieren von Fasern mit Hilfe eines elektrostatischen Feldes (DWP 21337 von 1961, patent. vom 6. 11. 1958 an). Die Elektroden sind streckwerkartig hintereinander angeordnet. Ihre Breite verringert sich in Laufrichtung des Fasergutes. Die Drahtgebung kann durch ein Drehröhrchen oder durch eine Ringspinnvorrichtung erfolgen.

Auch bei der Spinnvorrichtung nach dem französischen Patent FP 1309135 von 1963 wird versucht, die Fasern in einem elektrostatischen Feld zu parallelisieren (Abb. 191). Die Fasern werden mit Hilfe einer kleinen Öffnerwalze *OW* aus der Vorlage herausgezupft. Sie werden pneumatisch dem elektrostatischen Feld zugeführt, das zwischen

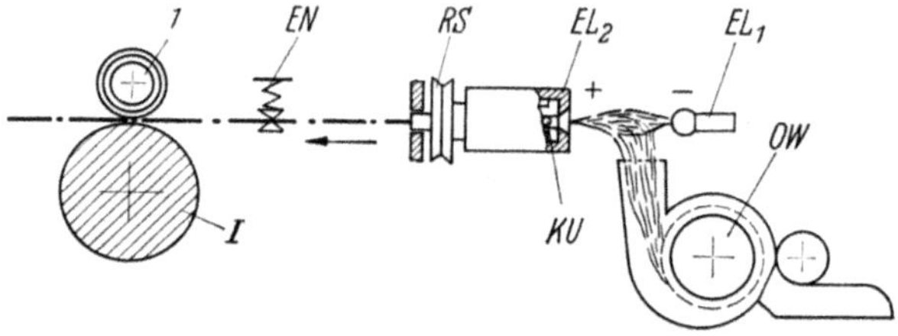

Abb. 191. Spinnvorrichtung nach einem Vorschlag des Zentralen Wissenschaftlichen Instituts für die Baumwollverarbeitende Industrie (Centralny Naoutchno-Issledovatelsky Institut Hloptzschatobumashoi Promychlennosti) – FP 1309135 von 1963

EL_1, EL_2 Elektroden; *EN* Entladung; *KU* Kugel; *OW* Öffnerwalze; *RS* Riemenscheibe

den Elektroden EL_1 und EL_2 erzeugt wird. Die Elektrode EL_2 ist als Drehröhrchen gestaltet. Der sich bildende Faserverband wird durch einen Kanal im Drehröhrcheninneren abgezogen. Die Kugel *KU* gewährleistet eine sichere Mitnahme des Faserverbandes.

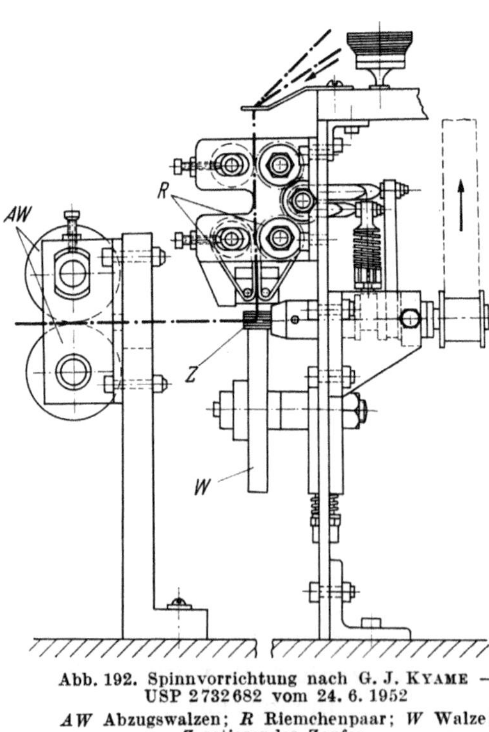

Abb. 192. Spinnvorrichtung nach G. J. Kyame – USP 2732682 vom 24. 6. 1952

***AW* Abzugswalzen; *R* Riemchenpaar; *W* Walze; *Z* rotierender Zapfen**

Kyame entwickelte eine Spinnvorrichtung, die in der Abb. 192 wiedergegeben ist (USP 2732682 von 1952). Das Vorgarn wird von einem Riemchenpaar *R* einem rotierenden Zapfen *Z* zugeführt. Dieser Zapfen ist mit einer schraubenförmigen Bohrung versehen, die seitlich ihren Anfang nimmt und in kleiner werdenden Windungen an der Stirnseite des Zapfens in der Rotationsachse endet. Der Zapfen *Z* steht mit einer Walze *W* in Eingriff. Das Vorgarn wird in die schraubenförmige Bohrung eingeführt. Bei jeder Zapfendrehung wird ein

Faserbüschel aus dem Vorgarn herausgerissen. Die einzelnen Büschel verbinden sich wieder in der Bohrung, aus der sie von den Abzugswalzen *AW* abgezogen werden. Verbindendes Element ist die Garndrehung, die sich bis zu dem Ende des Faserbüschels fortpflanzt. Der Faserverband erhält seine Drehung von dem rotierenden Zapfen *Z*. Die Drehzahl des Zapfens soll 10000 U/min betragen.

Nach einem Vorschlag von WILLIAMS werden von einer Nadelwalze *NW* aus einem Vorgarn, das von den Walzen *W* geliefert wird, Fasern herausgerissen (USP 2808697 von 1955; Abb. 193). Die Fasern werden in eine Spinnkammer *SK* gesaugt. Die Spinnkammer rotiert mit einer Drehzahl, die der gewünschten Drehung im gesponnenen Faden entspricht. Am Boden der Spinnkammer *SK*, die sich in der Vakuumkammer *VK* befindet, sind kleine Bohrungen angebracht, durch die die Luft abgesaugt werden kann. Der Faserverband wird von der Spulvorrichtung *SP* aus der Spinnkammer *SK* abgezogen und aufgewickelt.

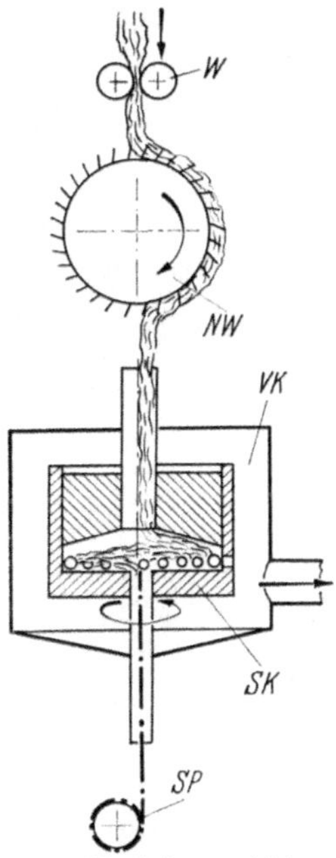

Abb. 193. Spinnvorrichtung nach H. B. WILLIAMS – USP 2808697 vom 14. 4. 1955
NW Nadelwalze; *SK* Spinnkammer; *SP* Spulvorrichtung; *VK* Vakuumkammer; *W* Lieferwalzen

Im französischen Patent 1329989 von 1963 wird eine Spinnvorrichtung beschrieben, die aus einer Speiseeinrichtung, einem zweiteiligen Zuführrohr, einer Spinndose und den Abzugswalzen besteht (Abb. 194). Das eine Teilstück des Zuführrohres ist fest mit der Speisevorrichtung verbunden, das andere ist drehbar und mündet in die Spinndose. In dem drehbaren Teilstück ZR_2 sind exzentrisch Kanäle angeordnet, durch die die zugeführten Fasern abgesaugt werden. Die Fasern gelangen von der Verteilerfläche *VF* in die sich ebenfalls drehende Spinndose *SD*. Die Spinndose *SD* verjüngt sich zu den Walzen *AW* hin, die das sich an der Dosenwand bildende Faserband abziehen.

Die Firma Société Alsacienne de Constructions Mécaniques (SACM) beschreibt im französischen Patent 1349155 eine Spinnvorrichtung, die sehr einfach aufgebaut ist (Abb. 195). Die von den Speisewalzen *SW* freigegebenen Fasern werden durch ein feststehendes Rohr R_1 in die rotierende Spinnkammer *SK* gesaugt und gegen die Kammerwand geschleudert. Der sich an der Kammerwand bildende Faserfilm wird vom frei herumfliegenden Garnende erfaßt und zur fortlaufenden Garnbildung verwendet. Das Garn wird von den Walzen *AW* durch das

Rohr R_2 abgezogen. In der Spinnkammer prallen zwei Luftströme aufeinander. Auf diese Weise sollen zwei Zonen gebildet werden, die der Faserverteilung bzw. der Garnbildung dienen.

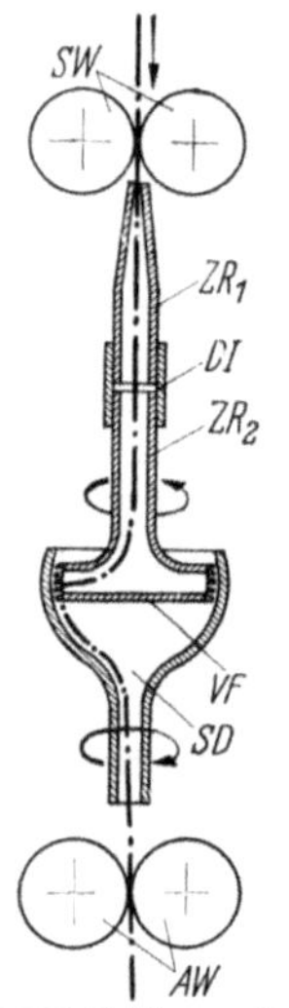

Abb. 194. Spinnvorrichtung der Firma Výzkumný ústav bavlnařský Ústí nad Orlici – FP 1329989 von 1963, patent. vom 27. 7. 1962 an

AW Abzugswalzen; *DI* Dichtung; *SD* Spinndose; *SW* Speisewalzen; *VF* Verteilerfläche; ZR_1, ZR_2 Zuführrohre;

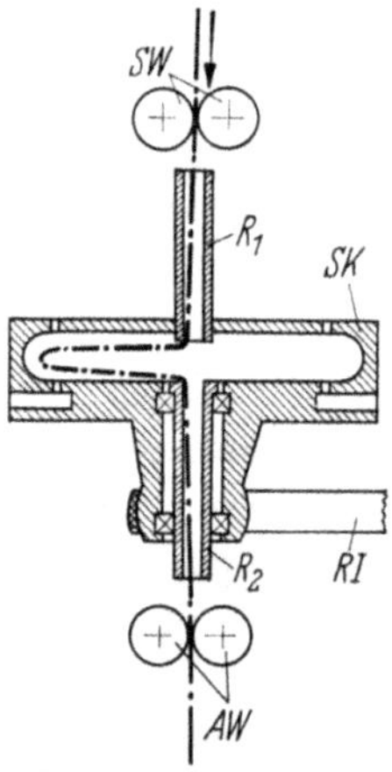

Abb. 195. Spinnvorrichtung der Firma Société Alsacienne de Constructions Mécaniques (SACM) – FP 1349155 von 1963, patent. vom 25. 5. 1962 an

AW Abzugswalzen; R_1, R_2 Rohre; *RI* Antriebsriemen; *SK* Spinnkammer; *SW* Speisewalzen;

Nach einem anderen Prinzip arbeitet die Spinnvorrichtung von Strang (Abb. 196) [*35*]. Bei dieser Anordnung schwimmen die Fasern in einer Flüssigkeit, die durch ein dünnes Rohr des Behälters *B* abgelassen wird. Die rotierende Spinnkammer *SK* versetzt die Flüssigkeit in eine Rotation. Die Fasern werden von der Flüssigkeit mitgerissen und an die Wand der Spinnkammer geschleudert. Gleichzeitig erhalten die sich zu einem Verband zusammenschließenden Fasern eine Drehung. Die Spinnkammer ist zum Ausgang hin perforiert. Die Flüssigkeit entweicht durch die Löcher der Perforation. Das so vorgetrocknete Garn kann auf die übliche Art und Weise aufgewunden werden.

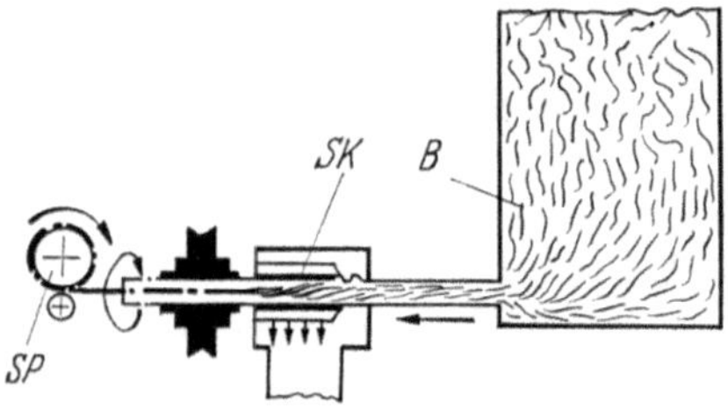

Abb. 196
Spinnvorrichtung nach P. M. Strang – USP 2700866 vom 24. 7. 1953

B Flüssigkeitsbehälter mit Fasern; *SK* rotierende Spinnkammer; *SP* Spulvorrichtung

Eine Spinnvorrichtung von Keller dient zum Herstellen von groben, schwach gedrehten Faserbändern (USP 2698972 vom 19. 8. 1952). Gut geöffnete Fasern werden in zwei mit einer Flüssigkeit gefüllte Behälter gegeben. Die Flüssigkeiten mit den Fasern werden durch zwei Kanäle, die sich zu einem engen Rohr vereinigen, abgelassen und auf ein perforiertes Riemchen geführt. Das Riemchen formt die Fasern zu einem Faserband, das anschließend eine schwache Drehung erhält.

Nach einem Patentvorschlag der Firma T. M. M. (Research) Ltd. werden die Fasern kontinuierlich durch eine Düse auf ein endloses Förderband *FB* gespült, das perforiert ist (BP 936628 von 1961, Abb. 197). Die Speisung erfolgt aus einem Vorratsbehälter, in dem die Fasern in einer Flüssigkeit schwimmen. Die Düse des Vorratsbehälters steht in einem bestimmten Winkel zu dem Förderband. Das Faserband wird nicht vom Förderband weitertransportiert, sondern unmittelbar an der Lieferstelle mit Hilfe eines Walzenpaares abgezogen. Die Bewegungsrichtung des Förderbandes und die Richtung, in der das Faserband abgezogen wird, stehen senkrecht zueinander. Durch die Friktion mit dem umlaufenden Förderband erhält das Faserband eine Drehung. Unter dem Förderband kann unterhalb der Faseraustrittsöffnung ein Saugkanal angebracht werden, der die Flüssigkeit absaugt.

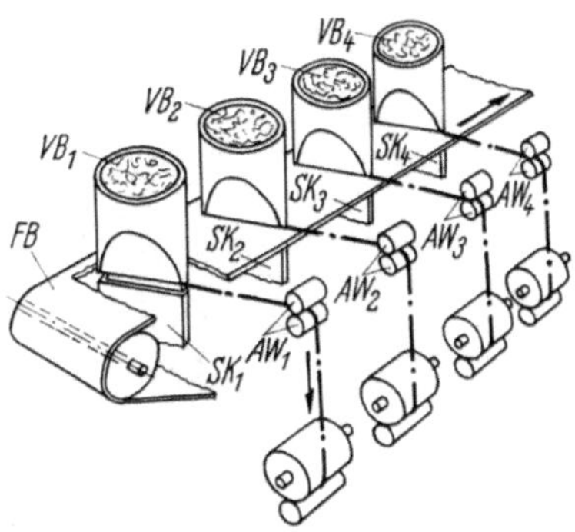

Abb. 197
Spinnvorrichtung der Firma T. M. M. (Research) Ltd. – BP 936628 vom 6. 9. 1961
AW_1 bis AW_4 Lieferwalzen; *FB* Förderband; SK_1 bis SK_4 Saugkanäle; VB_1 bis VB_4 Vorratsbehälter

Götzfried konstruierte eine pneumatische Spinnvorrichtung (DBP 1062153 von 1959; Abb. 198). Das Band wird durch einen Verdichter *K* von der Walze W_1, die gegen die Platte *PL* gepreßt wird, der Reißwalze ***RW*** zugeführt. Die Reißwalze arbeitet mit dem dicken Riemchen ***R*** zusammen, das von den Walzen W_2 und W_3 geführt wird. Die aus dem Band gerissenen Fasern werden durch eine Düse abgesaugt und durch das Rohr *RO* über den Verteiler *V* zu den sechs Spinndüsen *SD* geführt. Die Fasern treten tangential zum Düsenquerschnitt in die Düsen *SD* ein. Das Walzenpaar W_4/W_5 zieht den Faserverband ab, der anschließend aufgespult wird. Die Drehung erhält der Faserverband durch einen Luftwirbel, der in den Spinndüsen erzeugt wird. Der Luftwiderstand entsteht dadurch, daß die Luft an der Austrittsöffnung *A* des Fadens tangential zum Faden angesaugt wird. Die Spinndüse *SD* selbst ist perforiert. Die eintretende Luft wird entgegen der Fadenrichtung abgesaugt. Dabei nimmt die Luftgeschwindigkeit zum Absaugstutzen *ST* hin ab.

Mit dem deutschen Patent DBP 1115163 verbessert Götzfried sein Spinnverfahren erheblich (Abb. 199a). Bei dem älteren Verfahren gingen viele Fasern verloren. Die Fasern werden von einer Förderwalze *FW*, die auf der polierten Platte *PL* läuft, einer Zupfeinheit zugeführt. Die Zupfwalze *ZW* dieser Einheit ist mit einer Schrägverzahnung versehen. Sie arbeitet mit einem elastischen Förderband *FB*

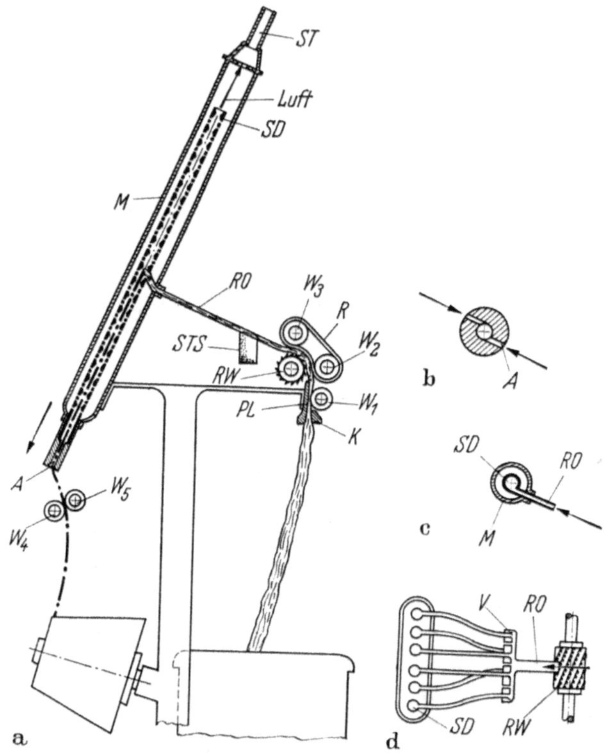

Abb. 198a–d. Pneumatische Spinnvorrichtung nach K. GÖTZFRIED – DBP 1062153 von 1959, patent. vom 29. 1. 1957 an

a Gesamtansicht der Spinnvorrichtung; b Querschnitt des Austrittsstutzens; c Querschnitt der Spinndüse; d Reißwalze und Faserzuführung

A Austrittsöffnung des Fadens; *K* Verdichter; *M* Mantel; *PL* Platte; *R* Riemchen; *RO* Zuführrohr; *RW* Reißwalze; *SD* Spinndüse; *ST* Absaugstutzen; *STS* Staubsammler; *V* Verteiler; W_1 bis W_5 Walzen

zusammen, das um die Walzen W_1 und W_2 geführt wird. Die herausgezupften Fasern werden von einem Saugrohr *FS* angesaugt. Das Saugrohr *FS* verbreitert sich etwas in der Saugrichtung und mündet in den Spinnkonus *SK* (Abb. 199b). Über ein Streckrohr *SR* ist der Spinnkonus *SK* mit einer Drallkammer *DR* verbunden. Die Drallkammer *DR* ist diskusförmig ausgebildet. In sie münden tangential mehrere Kanäle *KA*, durch die Druckluft zugeführt wird und die von einem Drehschieber *DS* verschlossen werden können (Abb. 199c). Die Drallkammer *DR* besitzt eine Austrittsöffnung, durch die das Garn abgezogen wird. Sie ist von einer Druckkammer *DK* umgeben. Der Luftstrom und die Garnabzugsbewegung sind gegenläufig. Das Streckrohr *SR* und der Spinnkonus sind ummantelt. Der Mantel *M* dient gleichzeitig als Absaugrohr. Es genügt, mit einem Unterdruck von 70 bis 100 mm Wassersäule zu arbeiten, wie er an Fadenabsauganlagen benötigt wird.

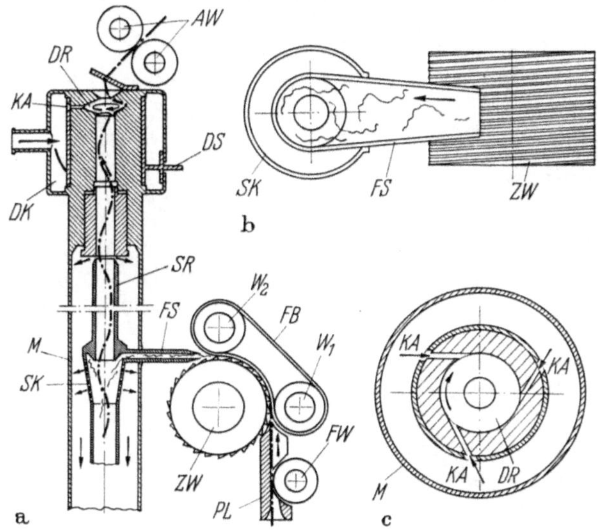

Abb. 199a–c. Pneumatische Spinnvorrichtung nach K. Götzfried – DBP 1115163 von 1961, patent. vom 30. 12. 1957 an
a Schematische Darstellung der Spinnvorrichtung; b Fadenansaugrohr; c Schnitt durch die Drallkammer
AW Ausgangswalzen; *DK* Druckkammer; *DR* Drallkammer; *DS* Drehschieber; *FB* Förderband; *FS* Fadenansaugrohr; *FW* Förderwalze; *KA* Druckkanal; *M* Mantel; *PL* Platte; *SK* Spinnkonus; *SR* Streckrohr; W_1, W_2 Riemchenwalzen; *ZW* Zupfwalze

Der Faden erhält seine Drehung in der Drallkammer *DR*. Das freie Fadenende rotiert im Spinnkonus *SK*. Die zugeführten Fasern umschlingen das Fadenende. Sie werden dabei gleichzeitig gestreckt. Der Faserverlust soll etwa 5% betragen. Zum Anspinnen des Fadens werden die Druckkanäle *KA* kurzzeitig geschlossen. In die Austrittsöffnung wird ein Fadenende hineingehalten, das vom Luftstrom sogleich in den Spinnkonus gesaugt wird.

Bei der Vorrichtung nach dem deutschen Patent DBP 1115163 fliegen die Fasern frei auf das rotierende Fadenende zu. In einem weiteren Patent versucht Götzfried, eine bessere Streckung der Fasern zu erzielen. Er ordnet die Faserzufuhr so an, daß das Fadenende die Faserenden erfaßt und die Fasern aus dem Faserband herauszieht (DAS 1130339 von 1962; Abb. 200). Die Fasern werden von einem Riemchen *R* bis nahe an die Ansaugöffnung geführt. Auf dem Riemchen *R* lagert eine Kufe *KU*, die die Fasern schlupffähig zurückhält. Das Streckrohr *SR* ist am unteren Ende perforiert. Hierdurch wird die Drallgebung unterstützt. Unterhalb der Ansaugöffnung ist das Absaugrohr *AR* abgeknickt. Die Fasern sollen auf diese Weise besser parallelisiert werden.

Pavek [*36*] beschreibt ein Verfahren für das Garnspinnen im Luftstrom, dessen Prinzip in der Abb. 201 im Schema dargestellt ist (siehe

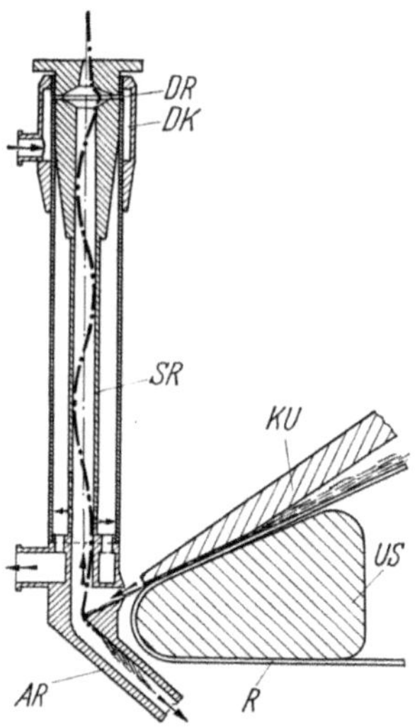

Abb. 200. Pneumatische Spinnvorrichtung nach K. Götzfried — DAS 1130339 von 1962

AR Absaugrohr; *DK* Druckkammer; *DR* Drallkammer; *KU* Kufe; *R* Riemchen; *SR* Streckrohr; *US* Umlenkschiene

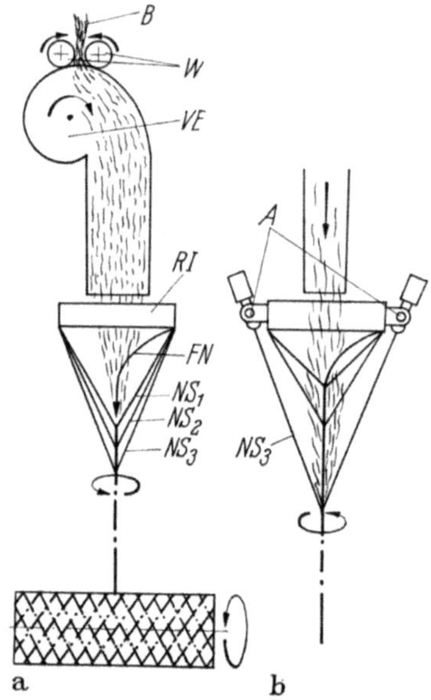

Abb. 201 a u. b. Vorrichtung zum Garnspinnen im Luftstrom nach M. Pavek [*36*]
a Gesamtansicht der Spinnvorrichtung; b Nadelsysteme

A Achsen; *B* Faserband; *FN* Führungsnadel; NS_1 bis NS_3 Nadelsysteme; *RI* Ring; *VE* Ventilator; *W* Zuführwalzen

DBP 1142535 von 1963). Die Vorrichtung besteht aus einem rotierenden Ring *RI*, auf dessen Umfang drei Nadelsysteme NS_1 bis NS_3 befestigt sind. In der Mitte der Nadelsysteme befindet sich die Führungsnadel *FN*. Die Nadelsysteme sind kegelförmig angeordnet. Sie haben eine unterschiedliche Nadellänge und verschiedene Neigungswinkel. Die Nadelsysteme NS_1 und NS_2 sind fest an der Innenwand des Ringes *RI* montiert. Einige Nadeln des äußeren Systems NS_3 sind dagegen als Doppelhebel ausgebildet, die sich um die Achsen *A* drehen können und deren Spitzen infolge der Zentrifugalkraft gegen die Führungsnadel *FN* gepreßt werden.

Die Fasern werden von einem Walzenpaar *W* dem Speiseschacht zugeführt. Ein Ventilator bläst sie in die Nadelsysteme. Zwischen den Nadelsystemen bildet sich ein Faserballon aus, dessen unterer Teil von dem letzten Nadelsystem NS_3 verzogen wird. Bei dem Übergang von einem Nadelsystem zum anderen sollen die Fasern mehr und mehr parallelisiert werden. Das Spinnsystem ist für die Herstellung von Lunten und von Garnen gedacht.

Ein weiteres Luftspinnverfahren beschreiben URANO und Mitarbeiter [*61*].

2.5 Die Entwicklung der flyerlosen Spinnverfahren

2.5.1 Die Gründe für die Einführung flyerloser Spinnverfahren

Bei jedem Verzugsprozeß, dem die Faserbänder unterworfen sind, nehmen der Streckungs- und der Parallelisierungsgrad der Fasern zu. Infolge der Parallelisierung, verbunden mit zunehmender Verfeinerung des Bandes, wird schließlich die Haftreibung der Fasern so weit herabgesetzt, daß die Festigkeit des Faserverbandes für eine Weiterverarbeitung nicht mehr ausreicht. An diesem Punkt des Produktionsablaufes wird der Flyer eingesetzt. Seine Aufgaben bestehen darin, die von den Strecken gelieferten Bänder zu verfeinern, durch Drehung zu festigen, in Vorgarn umzuwandeln und dieses so auf Spulen aufzuwinden daß es sich auf der Spinnmaschine leicht abziehen läßt.

Eine zu hohe Vorgarndrehung erschwert die Verzugsarbeit beim Spinnen (höhere Belastung der Druckwalzen, engere Einstellung des Vorverzugsfeldes). Mit steigender Vorgarndrehung geht die Liefergeschwindigkeit des Flyers zurück. Die Lunte wird daher nur schwach gedreht und ist gegen Fehlverzüge sehr empfindlich. Die Anfälligkeit der Flyerlunte verlangt einen präzisen Abgleich der Spulen- und der Flügelumlaufgeschwindigkeit. Diese Aufgabe übernimmt ein feinstufig regelbarer Mechanismus, der aus dem Flyerdifferentialgetriebe, aus dem Konoidenpaar und aus der Steuerung des Spulenwagens besteht. Von großer Bedeutung ist die richtige Wahl des Schaltrad- und Konuswechsels sowie der Konusriemenanfangsstellung. Der Flyer besitzt zahlreiche Fehlerquellen, die die Gleichmäßigkeit und die Festigkeitseigenschaften des zu spinnenden Garnes beeinträchtigen. Er hat einen hohen Kraftbedarf. Außerdem muß beim Bruch einer Lunte der ganze Flyer stillgesetzt werden.

Es ist aus technologischen Gründen und auch aus Gründen der Rationalisierung erstrebenswert, den Flyer aus dem Spinnprozeß auszuschalten.

2.5.2 Die Probleme bei der Einführung eines flyerlosen Spinnverfahrens

Bei der Einführung des flyerlosen Spinnverfahrens treten einige Probleme auf, die schwierig zu lösen sind. Zunächst bedarf es eines Streckwerks, bei dem hohe Verzüge angewendet werden können. Dabei soll das Garn in der Gleichmäßigkeit den Gespinsten entsprechen, die mit den üblichen Verzügen und Dublierungen hergestellt werden. Außerdem ist eine geeignete Methode der Bandvorlage anzuwenden. Bei den bekannten Verfahren wird die Lösung dieses Problems auf drei verschiedenen Wegen versucht. Am häufigsten wird das von der Strecke gelieferte Band direkt der Ringspinnmaschine vorgelegt. Hierfür muß der Zusammenhalt des Streckenbandes so groß sein, daß bei der Entnahme aus der Kanne keine Fehlverzüge auftreten. Das Band darf also nicht zu fein verstreckt sein. Der auf der Ringspinnmaschine notwendige Verzug ist dadurch sehr hoch.

Einer zweiten Entwicklungsrichtung liegt folgender Gedanke zugrunde: Das Streckenband wird über seine Haftgrenze hinaus verfeinert, durch Falschdraht verfestigt, in Form von Kreuzwickeln aufgespult und so der Ringspinnmaschine vorgelegt. Wegen der größeren Feinheit der Vorlage können nach diesem Verfahren extrem hohe Verzüge auf der Ringspinnmaschine umgangen werden.

Eine dritte Möglichkeit stellt das Decordisator-Spinnverfahren „System Frenzel“ dar. Das Streckenband wird bis zur Feinheit eines Flyervorgarns verstreckt und dann so weit gedreht, bis das Band nicht mehr gestreckt werden kann. Auf der Ringspinnmaschine wird das Band wieder aufgedreht. Nach diesem Verfahren ist es ebenfalls möglich, auf der Ringspinnmaschine mit gebräuchlichen Verzügen zu arbeiten.

2.5.3 Die Epochen in der Entwicklung der flyerlosen Spinnverfahren

Ein Rückblick auf die Geschichte der flyerlosen Spinnverfahren läßt drei deutlich voneinander abgegrenzte Epochen erkennen, den Flyer aus dem Spinnverfahren auszuschalten.

Die erste Epoche

Die ersten Versuche wurden im 19. Jahrhundert vorgenommen. Zwar waren zu dieser Zeit die technischen Voraussetzungen für eine derartige Verkürzung des Spinnverfahrens nicht gegeben, doch sind bereits schon damals die Grenzen des technisch Möglichen teilweise erkannt worden. Ein aus dieser Zeit stammendes Kannenspinnverfahren hat eine erstaunliche Reife und weist bereits große Ähnlichkeit mit einigen modernen Verfahren auf.

Die zweite Epoche

Zu größeren Hoffnungen berechtigten die Entwicklungen von flyerlosen Spinnverfahren um das Jahr 1920, deren Linie hauptsächlich von Casablancas bestimmt wurde. Damals wurde in einigen Betrieben erstmalig vom Streckenband gesponnen. Doch auch diese Verfahren erlangten nicht die endgültige betriebliche Reife und wurden in der Folgezeit nicht weiter angewendet.

Die dritte Epoche

Erst in der Zeit nach dem zweiten Weltkrieg wurden einige flyerlose Spinnverfahren entwickelt, die in der Praxis Anwendung finden. Dies gilt besonders für die Fertigung grober bis mittlerer Garne.

2.5.4 Die Entwicklung der Streckwerke für das flyerlose Spinnverfahren

2.5.4.1 Die Verfahren der ersten Epoche. Day dürfte als erster versucht haben, direkt vom Streckenband zu spinnen. Er erhielt im Jahre 1836 ein Patent auf ein Verfahren, das sich auf das Spinnen vom Streckenband bezog. Leider gibt es heute darüber keine Unterlagen mehr.

Ein zweiter Vorschlag ist dagegen genau bekannt. Im Jahre 1884 meldete Thomas Abbot, der Besitzer der Abbot Spinning Comp. in Boston-Massachusetts, ein flyerloses Spinnverfahren zum Patent an. Es ist kaum anzunehmen, daß seine Zeitgenossen dem Gedanken, direkt vom Streckenband zu spinnen, Bedeutung beigemessen haben. Zur Zeit Abbots wurden auf den damals üblichen Klemmstreckwerken 6- bis 8fache Verzüge angewendet. Da im Streckwerkbau keinerlei spezielle faserführende Elemente bekannt waren, konnte man an eine Erhöhung der Verzüge je Verzugsfeld nicht denken. Um die für sein Verfahren notwendigen extrem hohen Verzüge dennoch zu erreichen, blieb Abbot nur die eine Möglichkeit, so viele Walzenpaare hintereinander anzuordnen, bis sich aus dem Produkt der relativ kleinen Einzelverzüge ein Gesamtverzug von etwa 120fach ergab. Mit dieser Anordnung legte Abbot den Grundstein zur Entwicklung der Stufenstreckwerke. Sehr aufschlußreich ist beim Abbotschen Verfahren auch die Art der Bandvorlage. So schlug Abbot zunächst vor, das aus der Karde kommende Vlies zu teilen, durch Nitscheln zu verfestigen und dann der Spinnmaschine vorzulegen. Es war jedoch schwierig, das Baumwollvlies zu teilen. Das erzeugte Garn war sehr rauh. Einer zweiten Lösung lag der Gedanke zugrunde, statt mehrerer Flyer nur einen Flyer mit einer größeren Anzahl von Walzenpaaren zu verwenden. Damit hat Abbot auf das Einflyersystem hingewiesen, das etwa seit dem Jahre 1950 allgemein eingeführt wurde. Schließlich macht er einen dritten Vorschlag. Hierzu schreibt Abbot in der Patentschrift: „Offensichtlich wäre es ein großer Vorteil, keine Maschinen zu gebrauchen, um das Band in Vorgarn umzuwandeln und das Band in ungedrehtem Zustand zu halten, bis es den letzten Draht erhält, wenn es in Garn umgewandelt wird. Dieses Ergebnis wird durch meine Erfindung ausgeführt. Dies führe ich so aus, daß ich gewöhnliches Band von der Karde nehme und diese Bänder in der gewöhnlichen Weise strecke und dubliere. Die so gestreckten Bänder haben praktisch keinen Draht bis auf den, der von den

Kannen herrührt. Ich nehme tatsächlich so ein Band, wie es gewöhnlich dem Grobflyer vorgelegt wird, und verwandle es direkt auf einer einzigen Maschine in fertiges Garn. Auf dieser Maschine wird das Band gestreckt, verdichtet und direkt in Garn versponnen, und ich finde, daß ich mit meinem Vorgang ein stärkeres Garn herstelle, als auf den Mulemaschinen auf gewöhnliche Art gesponnen wird."

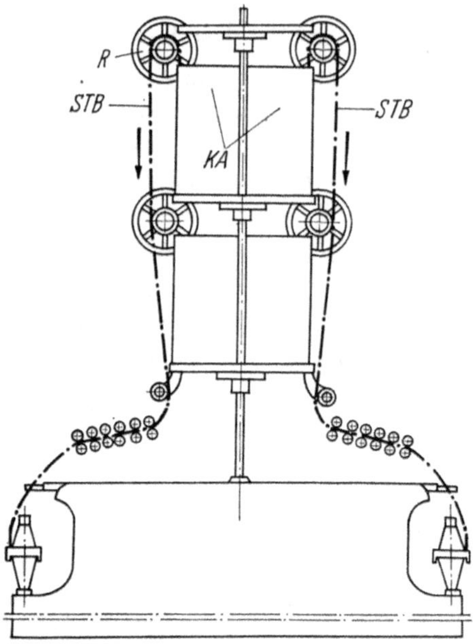

Abb. 202. Ringspinnmaschine mit Bandvorlage nach T. ABBOT
KA Kannen; *R* Rolle; *STB* Streckenband

In den Abb. 202 und 203 sind die Bandvorlage und die Streckwerke der ABBOTschen Konstruktion dargestellt [*37*]. Im Aufbau gleicht die Spinnmaschine von ABBOT modernen Kannenspinnmaschinen, z. B. der Maschine der Firma Maschinenfabrik H. Weller, ehem. Firma Pfenningsberg, Modell RSK. Kleine, mit Streckenbändern gefüllte Kannen *KA* werden im Gatter der Spinnmaschine anstelle der Flyerspulen aufgestellt. Über Rollen *R* wird das Streckenband aus den Kannen herausgehoben und dem Streckwerk zugeführt.

Das Sechswalzen-Streckwerk arbeitet mit relativ kleinen Teilverzügen. Wird angenommen, daß für die einzelnen Verzugszonen Verzüge von 1,2 – 2,5 – 2,5 – 4,0 – 4,0 vorgesehen sind, so erreicht das Streckwerk einen für die damalige Zeit beachtlichen 120fachen Gesamtverzug, der sich nach Ansicht v. GROSSMANNS [*37*] durch Erhöhung der Einzelverzüge bis auf etwa 200fach hätte steigern lassen können. Das Streckwerk ist als reines Walzen-Klemmstreckwerk ausgebildet.

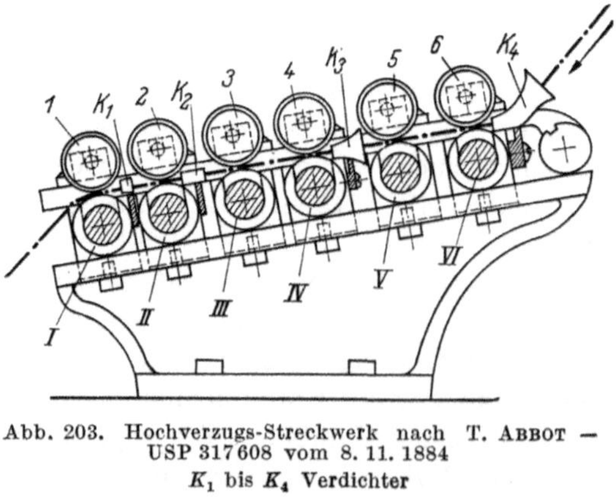

Abb. 203. Hochverzugs-Streckwerk nach T. ABBOT – USP 317608 vom 8. 11. 1884
K_1 bis K_4 Verdichter

Es entbehrt spezieller faserführender Organe. Der Erfinder hat jedoch vier Verdichter vorgesehen, die das Material wieder zusammenführen sollen.

2.5.4.2 Die Verfahren der zweiten Epoche. Es ist bezeichnend, daß die ersten Ansätze zur Verkürzung des Spinnverfahrens in Amerika zu finden sind. In Europa stand der Idee — außer den technischen Schwierigkeiten — eine in der Spinnerei allgemein verbreitete Ansicht entgegen. Man glaubte, daß eine gute Garngleichmäßigkeit nur durch eine hohe Dublierung zu erreichen sei. Aus diesem Grunde wurde lange Zeit nicht auf die Flyerpassagen verzichtet. Erst die stürmische Entwicklung der Durchzugs-Streckwerke nach 1910 brachte eine Wende. Wissenschaftliche Untersuchungen wurden durchgeführt. Man stellte fest, daß durch Dublieren und wiederholtes Strecken zwar eine gute Gleichmäßigkeit innerhalb großer Längen sowie eine gute Parallelisierung der Fasern erzielt werden, daß aber die Ungleichmäßigkeit für kurze Garnlängen stark ansteigt. Auch über die Wirkung des Vorverzuges gelangte man zu neuen Ansichten. Es ergab sich, daß bei zweifachen Vorverzügen noch gute Garne hergestellt werden konnten. Diese Erkenntnisse bahnten dem Hochverzug und damit dem flyerlosen Spinnverfahren den Weg. So erhielt die Entwicklung des flyerlosen Spinnverfahrens um das Jahr 1920 einen neuen Aufschwung. In erster Linie war es CASABLANCAS, der mit seinen Ideen die Entwicklung der flyerlosen Spinnverfahren bestimmte. Im Jahre 1924 erhielt er ein Patent auf ein Verbund-Streckwerk (DRP 396620; Abb. 204). Bei dieser Konstruktion werden zwei Streckwerke, von denen jedes für sich selbständig arbeiten könnte, zu einem einzigen, dem sogenannten Verbundstreckwerk, zusammengefaßt [*30*, *37*]. Das erste Streckwerk ist ein gewöhnliches Dreiwalzen-Streckwerk, das die Verzugsarbeit einer Flyerpassage übernimmt. Ihm schließt sich ein Hochverzugs-Streckwerk an, das mit CASABLANCAS-Doppelriemchen oder mit Durchzugswalzen arbeitet. Dazwischen ist als drittes Element ein Drehröhrchen eingefügt. Neben der Kombination dieser drei Elemente enthält das Patent einen weiteren interessanten Grundgedanken, über den CASABLANCAS in der Patentschrift im Zusammenhang mit dem Drehröhrchen folgendes ausführt: „Allerdings ist es hierzu notwendig, daß die Umfangsgeschwindigkeit der Zuführungsriemen *OR*, *UR* die der Streckwalzen *III*/*3* um so viel übertrifft, daß die Lunte zwischen beiden gespannt bleibt. Doch wird in den meisten Fällen ein besserer Erfolg erzielt werden, wenn die Geschwindigkeit der Zuführungsteile merklich größer ist, als die der Streckwalzen *III*/*3*, so daß zwischen diesen Walzen und den Zuführungsriemen *OR*, *UR* ein gewisser Verzug der Lunte stattfindet und während dieses Verzugs der Draht erteilt wird. Dieser Verzug mit gleichzeitigem Draht trägt bedeutend zur besseren Gleichrichtung der Fasern und zur gleichmäßigen Gestaltung des Fadens bei, weil der Draht sich an den Luntenstellen von kleinerem Durchmesser anhäuft und daher den Widerstand dieser Teile gegen den Verzug vergrößert, so daß der Verzug vorzugsweise an den dickeren Luntenteilen stattfindet, welche dadurch dünner werden, bis sie den anderen gleich sind."

Bei befriedigender Arbeitsweise müßte nach den Ausführungen CASABLANCAS' auf dem Verbund-Streckwerk ein dem Mulegarn eben-

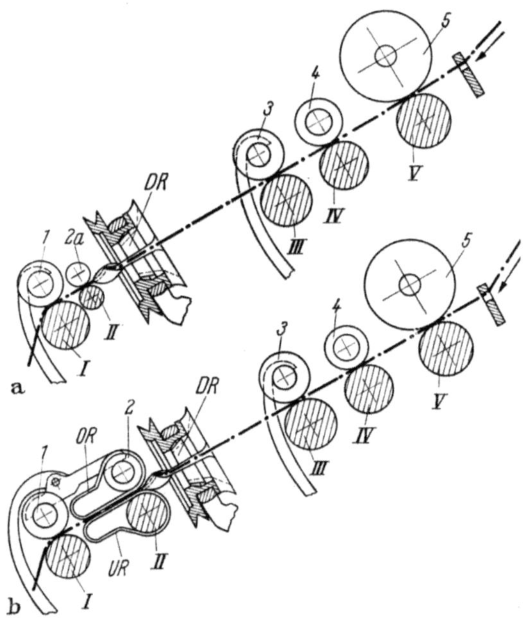

Abb. 204a u. b. Verbund-Streckwerk nach F. CASABLANCAS – DRP 396620 von 1924, patent. vom 19. 8. 1922 an
a Ausführung mit einer Durchzugswalze; b Ausführung mit einem Riemchenpaar
DR Drehröhrchen; *OR* Oberriemchen; *UR* Unterriemchen

bürtiges Gespinst hergestellt werden können. Allerdings gilt das Gesagte vornehmlich für die Ausführung mit einem Riemchenpaar (Abb. 204b), während für das Streckwerk mit der Durchzugswalze *2a* noch eine kritische Einschränkung zu machen ist (Abb. 204a). CASABLANCAS hat nämlich bei dieser Ausführungsform dem Walzenpaar *II*/*2a* zwei sich widersprechende Aufgaben zugedacht. Einmal soll das Fasermaterial geklemmt werden, damit zwischen den Walzenpaaren *I*/*1* und *II*/*2a* sowie *II*/*2a* und *III*/*3* verzogen werden kann. Zum anderen ist die Oberwalze *2a* so leicht gehalten, daß sie als Durchzugswalze wirkt. Sie kann also die Fasern nur kontrollieren.

Das CASABLANCAS-Streckwerk, das zunächst nur für die Verarbeitung der Grobflyerlunte vorgesehen war, diente der Firma R. Hartmann AG. in Chemnitz als Vorbild für weitere Entwicklungen, die auf die Verspinnung von Streckenband abzielten. Im Jahre 1926 hörte man zuerst von dieser neuen Maschine, die dann in den folgenden Jahren weiterentwickelt wurde und bei ihrem Erscheinen im Jahre 1929 zu heftigen Diskussionen Anlaß gab.

Für die mit dem Hochverzugs-Streckwerk ausgerüstete Ringspinnmaschine konstruierte die Firma R. Hartmann AG. eine Bandwickelmaschine [*37*, *38*]. Diese entnimmt die Streckenbänder aus den vorgelegten Kannen, verzieht sie und erteilt ihnen durch ein Drehröhrchen falschen Draht. Die verstreckten Bänder werden zu Kreuzspulen aufgewickelt und danach im Gatter der Ringspinnmaschine aufgesteckt. Die Länge der Spulen beträgt etwa 350 mm, ihr Gewicht 2 kg. Das Verbund-Streckwerk besteht aus einem Dreiwalzen-Klemmstreckwerk und einer Zweiwalzenzone, die mit einem Riemchenpaar versehen ist (Abb. 205). Zwischen diesen beiden Teilstreckwerken ist ein Drehröhrchen *DR* angebracht. Die beiden Streckwerke sind 135 mm voneinander entfernt. Das Drehröhrchen *DR* liegt unmittelbar vor den Riemchen des vorderen Verzugsfeldes, so daß der Drehfinger *DF* dicht an die Riemchen heranreicht. Der Antrieb des Röhrchens erfolgt mit Hilfe eines Schneckentriebes. Die Druckwalzen *1* und *2* des zweiten Streckfeldes sind durch einen gemeinsamen Sattel mittels Zughaken belastet. Die Länge des gesamten Streckfeldes vom Klemmpunkt der Ausgangswalzen bis zum Verdichter *K* vor den Walzen *V*/*5* beträgt etwa 260 mm. JOHANNSEN stellte auf dem Streckwerk Garne einer Baumwolle der Klasse „strict

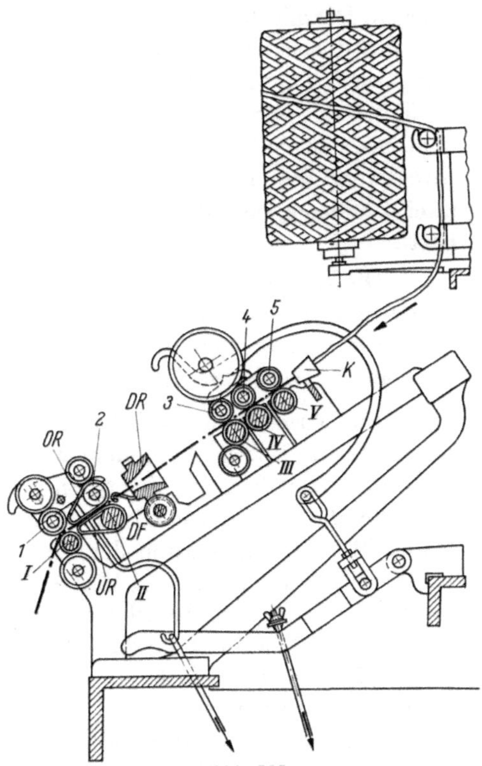

Abb. 205
Verbund-Streckwerk der Firma R. Hartmann AG. *DF* Drehfinger; *DR* Drehröhrchen; *K* Verdichter; *OR* Oberriemchen; *UR* Unterriemchen

middling“ her. Bei 135fachem Verzug erhielt er Garne von guter Gleichmäßigkeit. Nach Angaben der Firma R. Hartmann AG. haben die Verzüge

für gekämmte ägyptische Baumwolle bei 280- bis 350fach,
für gekämmte Sakellaridis von 38 mm Stapellänge bei 350- bis 400fach
und für ostindische Provenienzen bei 50- bis 100fach

gelegen. Die mit dem Verbund-Streckwerk erzielten hohen Verzüge ließen sich nur durch eine erhebliche Herabsetzung der Liefergeschwindigkeit auf etwa 0,5 m/min erreichen.

Trotz der erfreulichen Anfangserfolge ist das Verbund-Streckwerk, dem man in Spinnerkreisen den bezeichnenden Namen „Mammut“-Streckwerk gegeben hatte, nicht weiterentwickelt worden. Es waren zwei Probleme, mit denen die Firma R. Hartmann AG. zu kämpfen hatte:

1. Die Walzen des hinteren Streckwerks liefen wegen ihrer geringen Umdrehungen sehr unruhig.
2. Die Bänder konnten nicht ohne versteckte Fehlverzüge von den Wickeln abgezogen werden.

Wegen wirtschaftlicher Schwierigkeiten konnte die Firma R. Hartmann AG. die Entwicklung nicht weiter fortführen. Sie ging schließlich dazu über, der Maschine Flyergarn gröberer Nummern vorzulegen und verfolgte damit die von Casablancas gegebenen Anregungen nicht weiter. Mit der Liquidation der Firma zu Anfang der dreißiger Jahre war dann das Schicksal des Verbund-Streckwerks endgültig besiegelt. Die Firma Sächsische Textilmaschinenfabrik vorm. R. Hartmann AG. hat bei ihrer Neugründung das Verbund-Streckwerk und das Kannenspinnverfahren nicht mehr in ihr Produktions- und Entwicklungsprogramm aufgenommen.

Ein weiteres Verbund-Streckwerk, das Ähnlichkeit mit den Streckwerken von der Firma R. Hartmann AG. und von Casablancas hat, wurde von Gminder im Jahre 1928 zum Patent angemeldet (Abb. 206). Dieses Verbund-Streckwerk besteht aus zwei gleichartigen Teilstreckwerken, zwischen denen ein Drehröhrchen *DR* angebracht ist. Jedes System arbeitet im Durchzug. Ein Durchzugswalzenpaar besteht aus einer Riffelwalze und einer Igelwalze. Für die Verarbeitung längerer Fasern, z. B. Bastfasern, wird eine Anordnung nach der Abb. 206b vorgeschlagen. Offenbar sollten mit dieser Konstruktion die neuen Erkenntnisse über den Hochverzug für die Bastfaserverspinnung nutzbar gemacht werden.

Auf einen Vorläufer des Hartmann’schen Verfahrens, den Inter-Roving-Frame der Firma Hetherington & Sons, soll hier nicht näher eingegangen werden, da dieses englische Verfahren offenbar nicht zu irgendeiner Bedeutung gelangte. Nach dem Verfahren der Firma

Hetherington & Sons werden die Streckwerke eines Mittel- und eines Feinflyers zu einer Maschineneinheit zusammengefaßt.

Interessanter ist dagegen ein Vorschlag von FERRAND aus dem Jahre 1926 (Abb. 207) [*32, 39*]. Das Streckwerk von FERRAND verarbeitet eine Grobflyerlunte zu einem Fertiggarn, macht also zwei Flyerpassagen

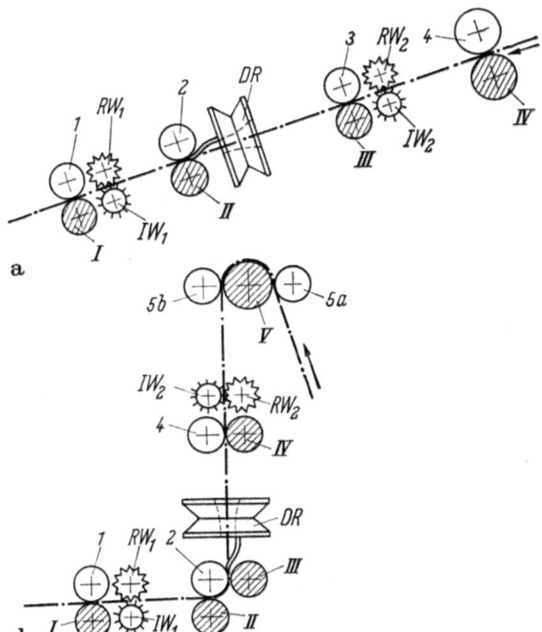

Abb. 206a u. b.
Verbund-Streckwerk nach E. GMINDER — DRP 489911 von 1929, patent. vom 1. 2. 1928 an
a Unterwalzen in einer Ebene angeordnet; b Streckwerk um 90° abgeknickt
DR Drehröhrchen; IW_1, IW_2 Igelwalzen; RW_1, RW_2 Riffelwalzen

überflüssig. Die Lunte wird zunächst von drei lotrecht übereinander angeordneten Walzenpaaren, welche die Verzugsarbeit des Flyers übernehmen, verzogen. Die Oberwalzen großen Durchmessers erhalten ihre Belastung durch das Eigengewicht. Bei dem Durchlauf durch das erste Teilstreckwerk umschließt das Fasermaterial die Walzen auf ungefähr einem Drittel des Umfangs. Dadurch sollen die Fasern während des Verzuges gleichmäßig gleiten. Zugleich wird dabei das Vorgarn völlig aufgedreht, so daß die Fasern dem zweiten Teilstreckwerk parallelisiert vorliegen. Dieser Vorgang wird nicht genau erklärt. Das zweite Teilstreckwerk ist als reines Dreiwalzen-Klemmstreckwerk ausgebildet. Der zu erreichende Gesamtverzug wird mit 20- bis 36fach angegeben. Das Streckwerk wurde von der Firma Universal Ring Spindel Co., Manchester, hergestellt. Wenn auch als Vorlage eine Grobflyerlunte vorgesehen war, so ist die Konstruktion doch schon so vollkommen, daß auch ohne weiteres eine direkte Verarbeitung des Streckenbandes möglich gewesen wäre. Das Streckwerk hätte leicht, eine befriedigende Arbeitsweise vorausgesetzt, in die vorhandenen Spinnmaschinen eingebaut werden können.

Ähnlich wie FERRAND versuchte auch NIGRIN, durch Umbau der vorhandenen Maschinen zu einer Verkürzung des Spinnprozesses zu

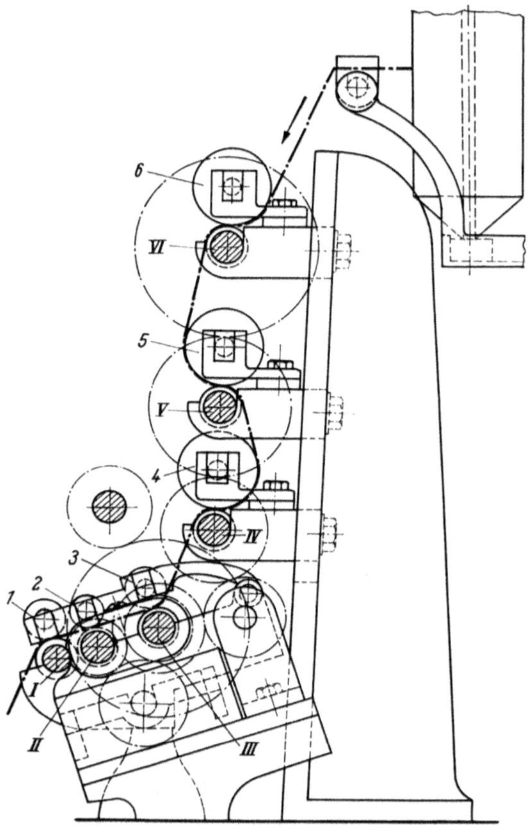

Abb. 207. Verbund-Streckwerk nach FERRAND

kommen [*40*]. NIGRIN und HORSAK beabsichtigten, mit ihrem deutschen Patent DRP 461417 eine Spinnmaschine zu schaffen, die den Arbeitsprozeß erheblich verkürzt. Die Dublierung wird beibehalten (Abb. 208). Über dem schräg gelagerten Vierwalzen-Durchzugsstreckwerk sind horizontal oder vertikal zwei Dreiwalzen-Streckwerke angeordnet. Die Faserbänder werden den Dreiwalzen-Streckwerken vorgelegt und 5fach verzogen. Der Verdichter K_2 faßt die beiden Faserbänder zusammen,

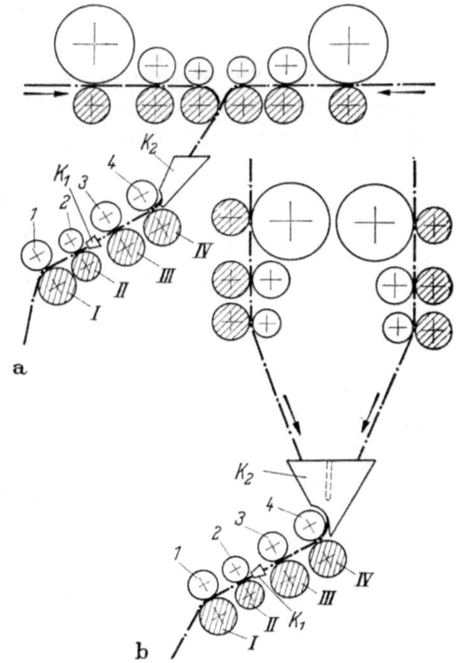

Abb. 208 a u. b. Verbund-Streckwerk nach R. NIGRIN und R. HORSAK – DRP 461417 von 1928, patent. vom 23. 12. 1926 an
a Die Eingangs-Streckwerke sind waagerecht angeordnet; **b** die Eingangs-Streckwerke sind senkrecht angeordnet
K_1, K_2 Verdichter

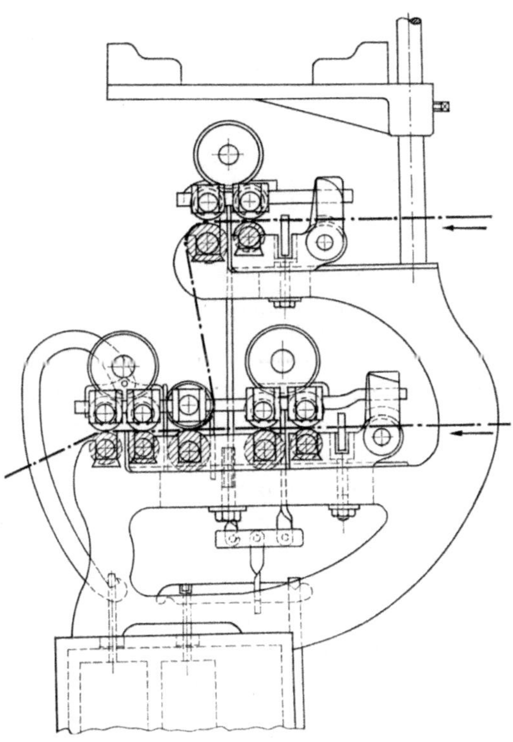

Abb. 209. Dublier-Streckwerk nach R. NIGRIN – DRP 510780 von 1930, patent. vom 2. 7. 1927 an

die dann auf dem Vierwalzen-Durchzugsstreckwerk verzogen werden. Die Walze *2* arbeitet im Durchzug. Vor ihr ist ein Verdichter K_1 angebracht. Der Verzug auf dem Durchzugs-Streckwerk liegt zwischen 20- und 25fach.

In dem deutschen Patent DRP 510780 beläßt NIGRIN den Grobflyer an seiner Stelle und versieht diesen nur mit einem Dublier-Streckwerk. Auch hier möchte NIGRIN seinem System die vergleichmäßigende Wirkung der Dublierung erhalten (Abb. 209). Nach den Aussagen NIGRINS ersetzt dieses Dublier-Streckwerk die Arbeit des Mittel- und des Feinflyers vollkommen, so daß die Grobflyerlunte auf der Feinspinnmaschine mit einem Hochverzugs-Streckwerk versponnen werden kann.

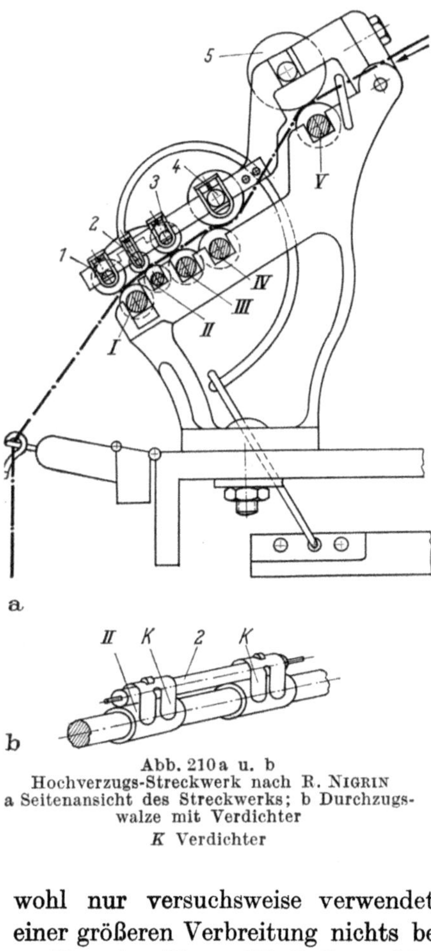

Abb. 210 a u. b
Hochverzugs-Streckwerk nach R. NIGRIN
a Seitenansicht des Streckwerks; b Durchzugswalze mit Verdichter
K Verdichter

Dieses Streckwerk läßt sich durch den Umbau vorhandener Streckwerke herstellen (Abb. 210). Es ist ein Fünfwalzen-Streckwerk. Das Fasermaterial wird durch einen lose auf der Oberwalze *2* liegenden Verdichter *K*, auf den sich der Inhalt des Patentes bezieht, zusammengefaßt. Das System NIGRIN dürfte, wie das von FERRAND, wohl nur versuchsweise verwendet worden sein. Jedenfalls ist von einer größeren Verbreitung nichts bekannt.

Von der Firma W. G. Reynolds wurde ein Höchstverzugs-Streckwerk entwickelt, bei dem in drei Verzugsfeldern Walzenpaare, die der Verdichtung des Faserverbandes dienen, angeordnet sind (DRP 562137 von 1932, Abb. 211). Die Nutenwalzen haben jeweils die gleiche Umfangsgeschwindigkeit wie die — in Faserbandlaufrichtung gesehen — vorhergehende Unterwalze.

Nach einer anderen Konstruktion von W. G. Reynolds (DRP 675231 von 1939, patent. vom 7. 5. 1935 an), die ebenfalls für den direkten Verzug von Streckenband vorgesehen ist, sind die Walzen jedes zweiten Walzenpaares mit Nuten bzw. Ringen versehen. Diese Walzen sind tiefer als die übrigen Walzen angeordnet, so daß eine mehrfach gebrochene Streckfeldebene entsteht.

Die vielseitigen Bemühungen der zweiten Epoche, das Spinnverfahren zu verkürzen, waren nicht von Erfolg gekrönt. Trotzdem sind die geleisteten Vorarbeiten für die Entwicklung der flyerlosen Spinnverfahren nach dem zweiten Weltkrieg von unschätzbarem Wert.

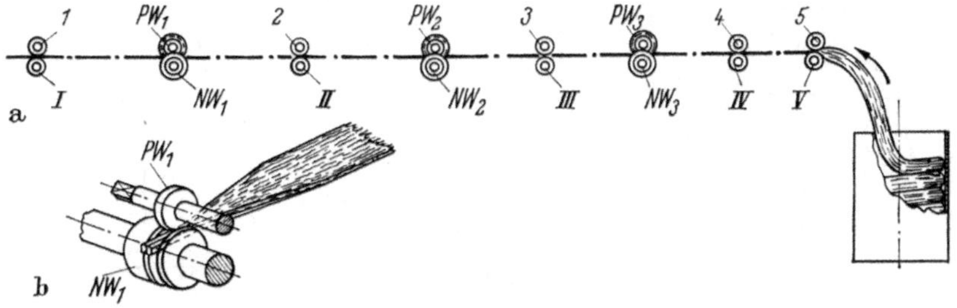

Abb. 211. Höchstverzugs-Streckwerk der Firma William G. Reynolds — DRP 562137 von 1932, patent. vom 24. 8. 1929 an
a Seitenansicht des Streckwerks; b Nutenwalze und Preßwalze
NW_1 bis NW_3 Nutenwalzen; PW_1 bis PW_3 Preßwalzen

2.5.4.3 Die Verfahren der dritten Epoche. Der Krieg von 1939 bis 1945 hemmte die Weiterentwicklung des flyerlosen Spinnverfahrens. Erst als die Verhältnisse nach 1945 wieder normal wurden, begann die Konstruktion neuer Hochverzugs-Streckwerke. Die technischen Voraussetzungen waren wesentlich günstiger als vor dem Krieg. Die modernen Riemchen-Streckwerke gestatteten noch höhere Verzüge als zuvor. Trotzdem konnten die Streckwerkskonstruktionen einfacher gestaltet werden. Eine besondere Vereinfachung brachten die neuen Belastungsträger mit sich. Sie machten die Seitenführungen überflüssig. Damit waren die Streckwerke leichter sauber zu halten. Die bei hohen Verzügen unerläßlichen Verdichter konnten in jeder beliebigen Form aus Kunststoffen hergestellt werden. Die Lederbezüge der Druckwalzen wurden durch Kunststoff ersetzt. Die Druckwalzen konnten sehr genau geschliffen werden. Die gut klimatisierten Fabrikräume begünstigten die einwandfreie Arbeit der Streckwerke. Fadenabsaugvorrichtungen und Oberbläser sorgten für eine in weiten Grenzen selbsttätige Sauberhaltung der Streckwerke. Bedingt durch diese Gegebenheiten, konnten erneute Bestrebungen, den Spinnprozeß zu verkürzen, nicht ausbleiben.

Besonderes Aufsehen erregte zunächst die Nastrofil-Spinnmaschine der Firma Soc. Italiana Ernesto Breda, Mailand [*13*]. Das Patent, das dieser Maschine zugrunde liegt, datiert aus dem Jahr 1956 (DBP 938832; Abb. 212a). Die Maschine selbst wurde in den Jahren 1947/48 entwickelt und kam im Jahre 1949 auf den Markt. Das „Nastrofil-Streckwerk“ wurde mit sechs, sieben und acht Walzenpaaren geliefert

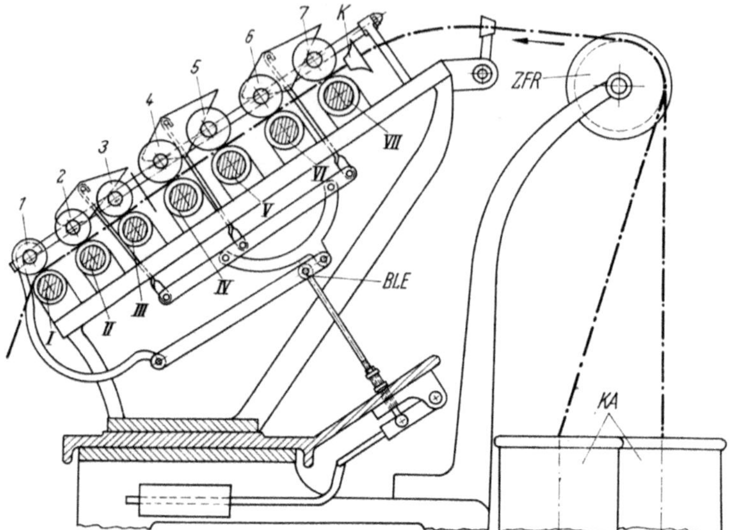

a

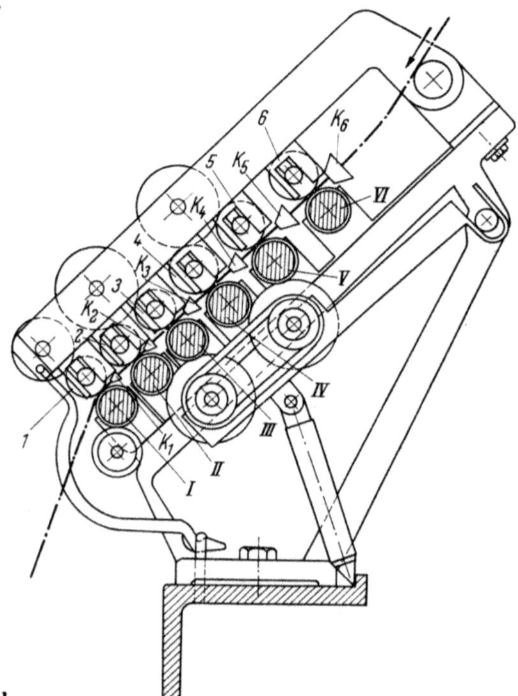

b

Abb. 212a u. b
Hochverzugs-Streckwerk der Firma Soc. Italiana Ernesto Breda – DBP 938832 von 1956 nach M. QUARENGHI, patent. vom 28. 12. 1948 an
a Streckwerk nach der Patentschrift; b praktische Ausführung
BLE Belastungseinrichtung; *K*, K_1 bis K_6 Verdichter; *KA* Kannen; *ZFR* Zuführrolle

(Abb. 212b). Die Einzelverzüge sind sehr gering gehalten. Dadurch soll der Verzugsvorgang sehr intensiv und gleichmäßig sein. Besondere Verdichtungselemente halten in jedem Streckfeld das Material zusammen. Dem Streckwerk werden Streckenbänder vorgelegt. Es sind keine Vorverzüge zur Auflösung einer Drehung nötig. Das Fasermaterial wird nicht, wie bei anderen Streckwerken, hin- und herbewegt, um so die durch diese Bewegung bedingten Ungleichmäßigkeiten zu vermeiden. Das Streckwerk ist für die Verarbeitung von Baumwolle mit einer Stapellänge von 7/8″ bis 5/8″ geeignet. Die Nastrofil-Spinnmaschine selbst wurde sowohl einseitig (800 mm breit) als auch doppelseitig (1350 mm breit) ausgeführt, wobei die Spinnkannen auf einem 540 mm hohen Podest standen. Die Spindelbank und die Ringbank waren beweglich. Von der Herstellerfirma wird der Verzug

mit 120- bis 150fach für amerikanische Baumwolle (22 bis 24 mm Stapellänge) und

mit 200- bis 250fach für Mako-gekämmt (32 bis 34 mm Stapellänge)

angeben. An sich bot die Grundkonstruktion der Nastrofil-Spinnmaschine nichts Neues. Auf dem Streckwerk wird, wie bei der Konstruktion von Abbot, stufenweise verzogen. Das Nastrofil-Streckwerk hat auch in Deutschland keine große Verwendung gefunden. In Frankreich sollen jedoch zeitweise 200 Spinnmaschinen dieses Typs in Betrieb gewesen sein.

Gautier [*41*] hält es für möglich, Kardenband direkt zu verspinnen, wenn eine sehr gut arbeitende Schlagmaschine vorhanden ist. Er gibt für dieses Verfahren folgenden Weg an: Das von der Karde gelieferte Band wird nicht in eine Spinnkanne abgelegt, sondern zunächst durch ein Walzenpaar stark verdichtet. Dabei ist die untere Walze mit einer Nut, die obere mit einem Ring versehen, der in der Nut läuft. Der Klemmdruck wird durch das Eigengewicht der Oberwalze und durch eine zusätzliche Gewichtsbelastung erzeugt. Das auf diese Weise zusammengepreßte Kardenband gelangt durch einen Führungstrichter auf eine tangential angetriebene Spule, auf der es in Kreuzwindungen aufgewickelt wird. Diese Wickel werden dann der mit einem Hochverzugs-Streckwerk ausgerüsteten Ringspinnmaschine vorgelegt. Gautier schlägt hierfür ein Vierwalzen-Streckwerk vor, bei dem zwischen dem zweiten und dem dritten Walzenpaar ein Verdichter eingebaut ist. Die vordere Verzugszone sollte mit einem Riemchenpaar ausgestattet sein.

In Deutschland finden die Konstruktionen der Firma Maschinenfabrik H. Weller, ehem. Firma Pfenningsberg, Verwendung. Im Jahre 1952 war erstmalig auf der Technischen Messe in Hannover eine Kannenspinnmaschine, Modell ES, zu sehen, die mit zwei verschiedenen Streckwerken geliefert werden konnte. Das Streckenband wird von unten her durch Öffnungen in der Decke nach oben geführt und durch die Mitte der Ringspinnmaschine zum Streckwerk geleitet. Da für eine Bandtrommel kein Platz vorhanden ist, treibt ein endloser Riemen tangential die Spindeln an. Als Vorlage dienen Streckenkannen, die nach einem Vorschlag von Pross in einem Stockwerk unterhalb oder oberhalb des

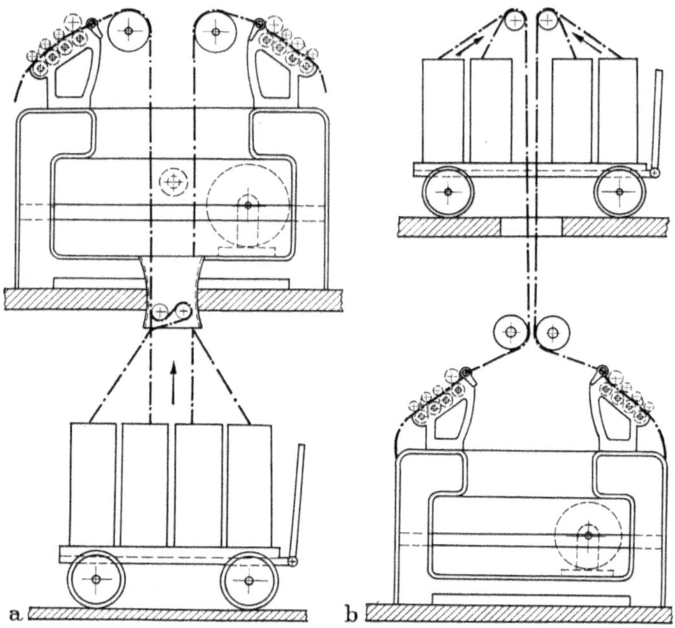

Abb. 213a u. b
Kannenspinnmaschine nach B. Pross — DBP 882068 von 1953, patent. vom 6. 2. 1951 an
a Kannen werden in einem Stockwerk unterhalb der Spinnmaschinen aufgestellt; b Kannen werden in einem Stockwerk oberhalb der Spinnmaschinen aufgestellt

Spinnmaschinensaales aufgestellt werden (Abb. 213) [*37*, *42*]. Allerdings ist diese Anordnung nur dann möglich, wenn es die räumlichen Verhältnisse gestatten.

In dem Jahr 1953 brachte die Firma Maschinenfabrik H. Weller, ehem. Firma Pfenningsberg, ein neues Streckwerk heraus, das für extrem hohe Verzüge vorgesehen war (Abb. 214). Diese Konstruktion wurde eingehend im Kapitel „Flächendurchzugs-Streckwerke" behandelt (Abb. 153).

Die Bandvorlage nach dem Vorschlag von Pross bereitete einige Schwierigkeiten. Durch den etwa 3 m langen Weg waren Fehlverzüge des Bandes nicht zu vermeiden. Daher suchte die Maschinenfabrik H. Weller, ehem. Firma Pfenningsberg, nach neuen Lösungen. Es wurde eine einseitige Spinnmaschine, Modell KS, konstruiert. Die Kannenspinnmaschinen, Modell KS, gibt es als Rechts- und als Linksmaschinen (Abb. 215). Sie werden im Spinnsaal so aufgestellt, daß für

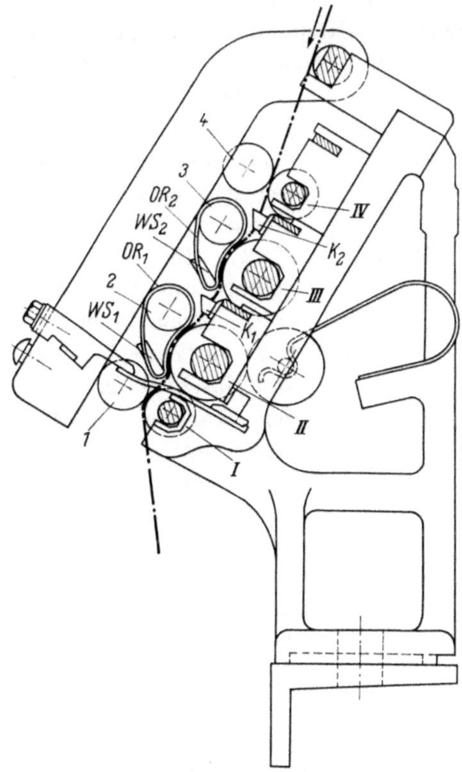

Abb. 214
Höchstverzugs-Streckwerk der Firma Maschinenfabrik H. Weller, ehem. Firma Pfenningsberg
K_1, K_2 Verdichter; OR_1, OR_2 Oberriemchen; WS_1, WS_2 Wendeschienen

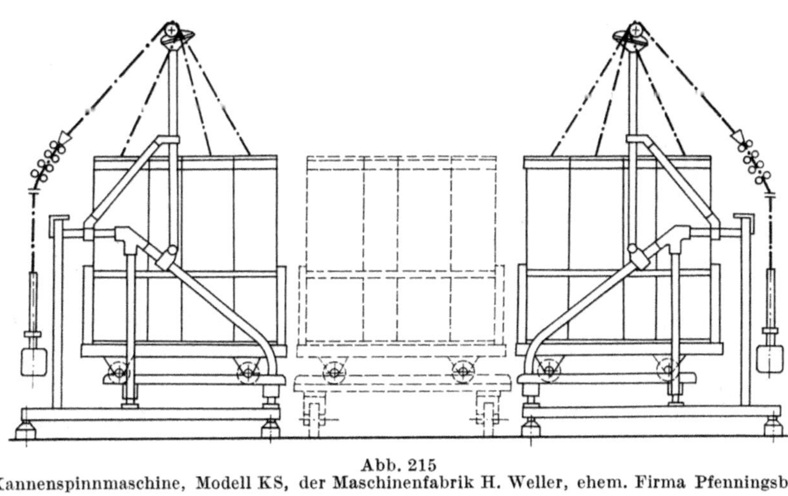

Abb. 215
Kannenspinnmaschine, Modell KS, der Maschinenfabrik H. Weller, ehem. Firma Pfenningsberg

die Beschickungswagen ein Gang frei bleibt. Mit einem Beschickungswagen werden jeweils 14 Kannen, die ein Spindelfeld der Maschine versorgen, vorgelegt. Wenn beispielsweise ein Garn der metrischen Nummer Nm 34 hergestellt werden soll und ein Doppelband Nm 0,2 vorgelegt wird, reicht der Vorrat einer Kanne bei einer täglichen Arbeitszeit von 8 Stunden für einen Monat.

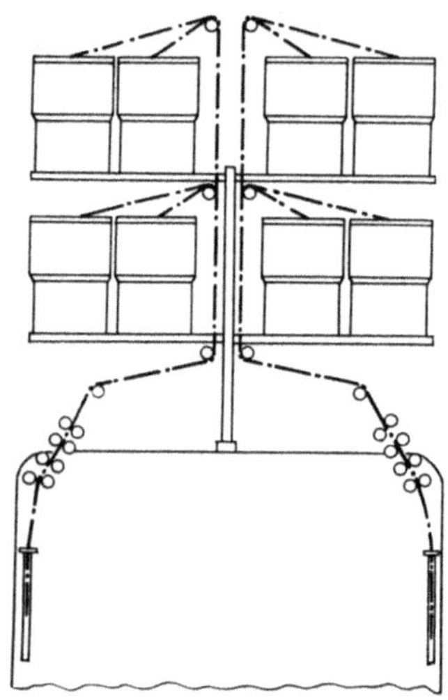

Abb. 216. Kannenspinnmaschine RSK der Maschinenfabrik H. Weller, ehem. Firma Pfenningsberg

Mit der Kannenspinnmaschine RSK kommt die Maschinenfabrik H. Weller, ehem. Firma Pfenningsberg, der konventionellen Vorlage schon näher (Abb. 216). Die Maschine hat ein Spezialgatter, auf dem Kannen von 9″ oder 12″ Durchmesser mit einer Höhe von 300 mm Platz finden. Das Streckenband wird von der Maschinenmitte her zugeführt. Hierdurch wird die Verstaubung des Streckwerks verringert. Die kleinen Spezialkannen sind mit einem Sehschlitz versehen, so daß die Füllung beobachtet werden kann. Da die Kannen bis zur halben Höhe im Durchmesser abgesetzt sind, lassen sie sich ineinanderstapeln. Auf diese Weise wird bei der Lagerung leerer Kannen Platz gespart. Wegen der auf 300 mm reduzierten Kannen-

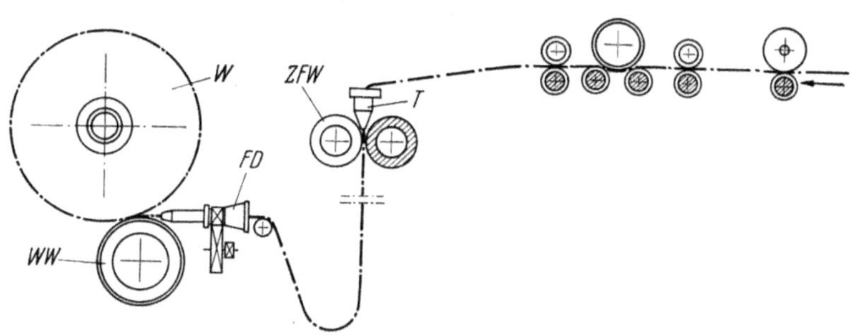

Abb. 217. Wickelstrecke der Maschinenfabrik H. Weller, ehem. Firma Pfenningsberg
FD Falschdrahteinrichtung; *T* Trichter; *W* Wickel; *WW* Wickelwalze; *ZFW* Zuführwalze

höhe müssen die Drehteller an der Strecke entweder höher gesetzt oder mit einem Untersatz versehen werden. Der Kanneninhalt je Spindel beträgt 1,2 kg.

Seit dem Jahre 1958 benutzt die Maschinenfabrik H. Weller, ehem. Firma Pfenningsberg, Vorgarnwickel mit einem Gewicht bis zu 4 kg. Diese Wickel werden auf der in der Abb. 217 dargestellten Wickelstrecke gefertigt und dann im Gatter der Spinnmaschine aufgehängt. Die Bänder werden auf der Wickelstrecke wie üblich dubliert und verzogen. Dann läuft das Band über eine Leitplatte und durch den Trichter *T*. Von den Zuführwalzen wird es der Wickelwalze *WW* vorgelegt. Das Drehrohr *FD*, dessen Drehrichtung sich in kurzen Zeitintervallen ändert, erteilt dem Band einen falschen Draht. Gleichzeitig führt das sich hin- und herbewegende Drehrohr die Lunte beim Aufwickeln.

Mit großer Intensität wurde auch in Japan an der Entwicklung des flyerlosen Spinnverfahrens, das auch als Faserband-Spinnverfahren bezeichnet wird, gearbeitet. Das flyerlose Spinnverfahren findet u. a. auch in Japan Anwendung. So ist es nicht verwunderlich, daß viele japanische Konstruktionen auf dem Markt sind. Besondere Erfolge hat unter den japanischen Herstellern die OM Spinning Machine Mfg Co. Ltd. zu verzeichnen, deren Maschinen vom Typ OM-S in Japan gut eingeführt sind (Abb. 218) [*13*, *43* bis *48*]. Mit dem OM-S-Super-Hochverzugs-Streckwerk lassen sich Verzüge bis zu 700fach erzielen, so daß alle gebräuchlichen Garnnummern vom Streckenband gesponnen werden können. An die Stelle

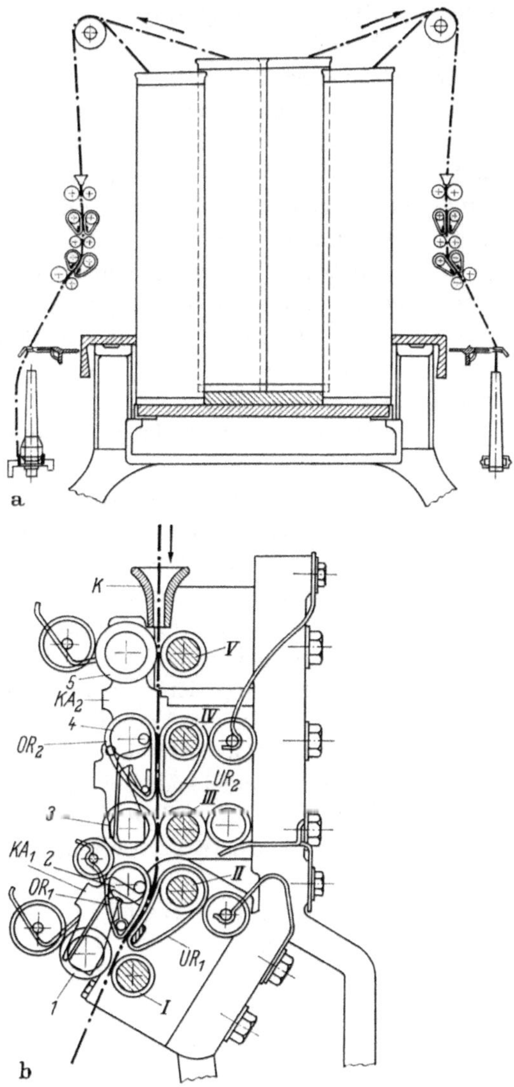

Abb. 218a u. b. Faserband-Spinnmaschine der Firma OM Spinning Machine Mfg. Co. Ltd.
a Ansicht der Ringspinnmaschine; b OM-S-Super-Hochverzugs-Streckwerk

K Verdichter; KA_1, KA_2 Käfige; OR_1, OR_2 Oberriemchen; UR_1, UR_2 Unterriemchen

des Spulengatters treten als Vorlage Streckenkannen, die in ihren Abmessungen je nach der Spindelteilung im Durchmesser auf 5″ bis 6,5″ und in der Höhe auf 24″ bis 26″ reduziert sind. Damit die Maschine trotz der Kannenvorlage nicht zu breit wird, ist das Vorverzugsfeld des Streckwerks senkrecht angeordnet. Die Walzenpaare *II/2* und *IV/4* sind mit Riemchen ausgerüstet. Die Belastung der Oberriemchen erfolgt durch Federn.

Das OM-S-System soll folgende Vorteile haben:

1. Es werden sämtliche Flyerpassagen ausgeschaltet.

2. Die Qualität des Garnes wird hinsichtlich der Gleichmäßigkeit und Festigkeit verbessert, was in bezug auf die Gleichmäßigkeit für kurze Garnlängen nicht zutreffen dürfte. Die Fehler, die vom Flyer herrühren, werden vermieden.

3. Es entsteht weniger Flug und sonstiger Abfall als beim klassischen Spinnverfahren, da das Fasermaterial eine sehr gute Führung im Streckwerk erhält. Hier ist jedoch einzuwenden, daß mit höheren Verzügen auch der Flug steigt, so daß sich in diesem Punkte wohl die Vor- und die Nachteile aufheben.

4. Der Mischung können kürzere Baumwollen als sonst üblich beigegeben werden.

5. Die Produktionskosten ermäßigen sich

durch den Wegfall der Arbeitskräfte an den Flyern,

durch die herabgesetzten Investitionskosten für Maschinen, Kraftanlagen und Fabrikbauten sowie

durch das Einsparen der für die Flyer nötigen Ersatzteile.

Auch diese angegebenen Vorteile sind mit Vorsicht aufzunehmen.

Für die Verspinnung der Flyerlunte wird das im Aufbau und in seinen Eigenschaften gleiche OM-K-Streckwerk verwendet (Abb. 219). Im Gegensatz zum OM-S-Streckwerk hat das OM-K-Streckwerk eine ungebrochene Streckfeldebene. Bei dem OM-K-Streckwerk verläuft die Streckfeldebene unter einem Winkel von 45°. Jede Spindel hat, wie bei sehr vielen japanischen Streckwerken, separate Belastungs- und Führungselemente.

Die Firma Nittoh Iron Works Ltd. stellt ein Dreiriemchen-Streckwerk, Modell A-2, her (Abb. 220). Mit diesem Streckwerk soll ein bis zu 120facher Verzug erreicht werden. Somit kann das Streckenband direkt zu fertigem Garn versponnen werden. Die Druckwalzen *1* und *2* werden durch einen Käfig gehalten und belastet. Dieser dient zugleich einem Casablancas-Riemchenpaar als Führung. Die Vorverzugszone ist mit einem Unterriemchen UR_2 versehen. Dadurch kann der Vorverzug erhöht werden. Auf dem Unterriemchen UR_2 ist eine Durchzugswalze DW gelagert. Die Eingangsdruckwalze erhält ihre Belastung durch das Eigengewicht. Vor den Eingangswalzen ist ein Verdichter K angebracht. Zum

Spannen des Oberriemchens *OR* verwendet die Firma Nittoh Iron Works Ltd. eine U-förmig gebogene Feder *FE*, auf der eine kleine, in einer Nylonführung gelagerte Wendewalze *WW* läuft. Diese führt das Riemchen bis dicht an das Ausgangswalzenpaar und drückt es gleichzeitig fest auf die gewölbte Wendeschiene WS_1. Die Enden der Feder *FE* sind zu Ösen gebogen, die die Zapfen der Druckwalze *2* umschließen.

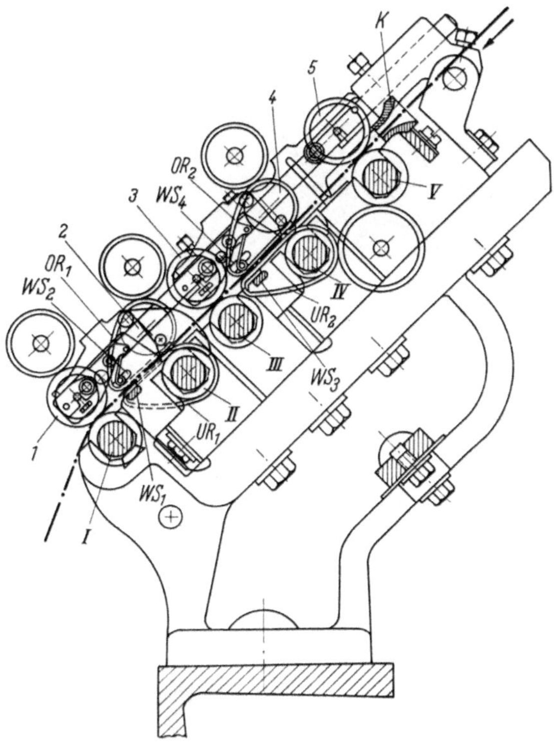

Abb. 219. OM-K-Streckwerk der Firma OM-Spinning Machine Co. Mfg. Ltd.
K Verdichter; OR_1, OR_2 Oberriemchen; UR_1, UR_2 Unterriemchen; WS_1 bis WS_4 Wendeschienen

Wegen der eingeschalteten faserführenden Elemente — Durchzugswalze und Unterriemchen — kann der Vorverzug erhöht werden. Nach diesem sogenannten Reiterschen System soll ein 10- bis 15facher Vorverzug möglich sein. Bei dem vorliegenden A-2-Streckwerk ist ein 2- bis 6facher Vorverzug möglich.

Ein Zweiriemchen-Hochverzugs-Streckwerk der Firma Nippon Grinder Mfg. Co. Ltd. ist in der Abb. 221 schematisch dargestellt. Das Mittelwalzenpaar *II/2* ist mit zwei kurzen Riemchen ausgestattet. Die Wendeschiene *WS* für das Unterriemchen *UR* besitzt einen Wulst. Im Gegensatz zu den sonst glatten Riemchenbrücken, die einen gleichmäßigen Riemchendruck auf die Fasern über die gesamte Führungsfläche erzeugen, werden die Fasern bei diesem Streckwerk in der Riemchenmitte stärker als im übrigen Riemchenbereich zurückgehalten. Die Druck-

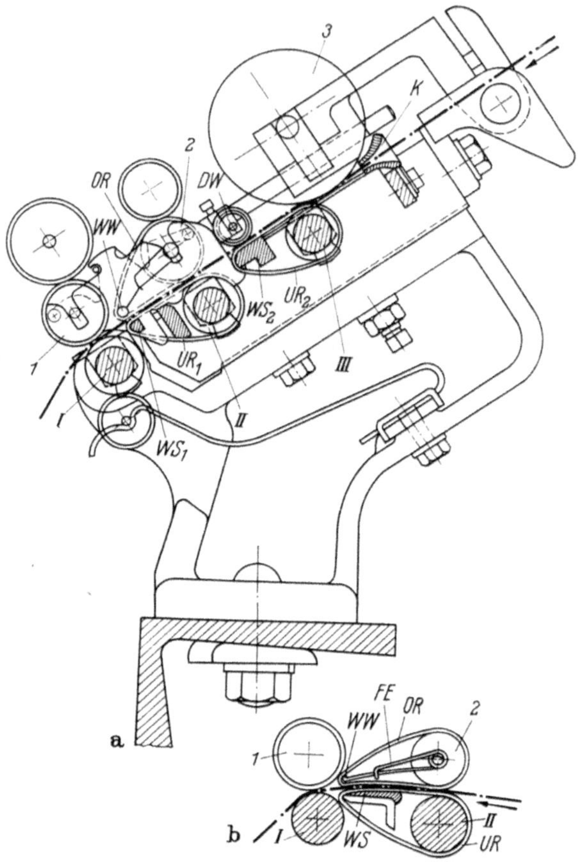

Abb. 220a u. b. A-2-Hochverzugs-Streckwerk der Firma Nittoh Iron Works Ltd. [*43*]
a Seitenansicht des Streckwerks; b Riemchenführung

DW Durchzugswalze; *FE* Riemchenspannfeder; *K* Verdichter; *OR* Oberriemchen; *UR*, UR_1, UR_2 Unterriemchen; *WS*, WS_1, WS_2 Wendeschienen; *WW* Wendewalze

walze *2* und das Oberriemchen ***OR*** lagern in einem abnehmbaren Käfig. In dem Käfig ist auch die Belastungsfeder *BF* für die Druckwalze *2* untergebracht. Die Eingangs- und die Ausgangsdruckwalze werden ebenfalls durch Federn belastet.

Die Firma Ishikawa Susakusho Co. Ltd. stellt ein Vierwalzen-Streckwerk her (Abb. 222). Sämtliche Druckwalzen dieses Streckwerks sind in Käfigen gelagert und werden durch Federn belastet. Das Hauptverzugsfeld ist mit einem Casablancas-Riemchenpaar ausgerüstet. Der

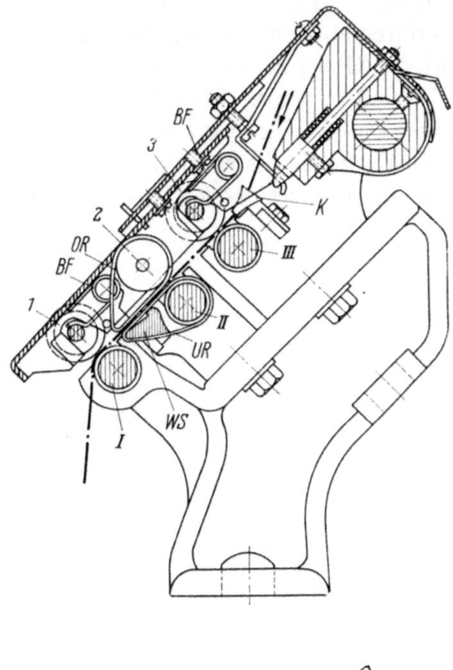

Abb. 221. A. A. A.-Hochverzugs-Streckwerk der Firma Nippon Grinder Mfg. Co.

BF Belastungsfeder; *K* Verdichter; *OR* Oberriemchen; *UR* Unterriemchen; *WS* Wendeschiene

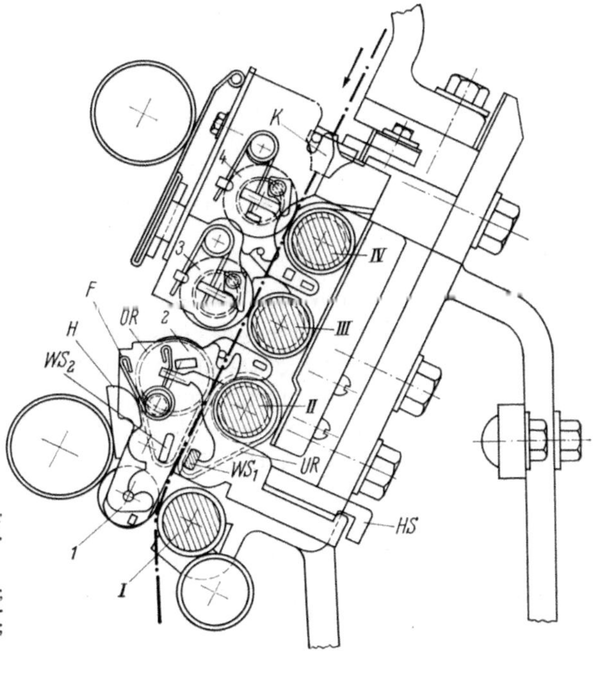

Abb. 222. SH-3-Streckwerk der Firma Ishikawa Susakusho Co. Ltd. [43]

F Belastungsfeder; *H* Belastungshebel; *HS* Halteschiene; *K* Verdichter; *OR* Oberriemchen; *UR* Unterriemchen; WS_1, WS_2 Wendeschienen

zugehörige Käfig ist an der Halteschiene *HS* befestigt. Die Druckwalze *2* wird durch eine Schraubenfeder belastet. Auf die Ausgangsdruckwalze *1* wirkt der Hebel *H*, gegen den die Feder *F* drückt. Die Druckwalzen *3* und *4* sind in einem Doppelkäfig gelagert. Jede Spindel hat separate Käfige. Das Streckwerk gestattet 20- bis 200fache Verzüge.

Die Firma Ishikawa Susakusho Co. Ltd. baut auch ein Dreiwalzen-Casablancas-Streckwerk (Abb. 223). Die Druckwalze *2* wird bei dieser

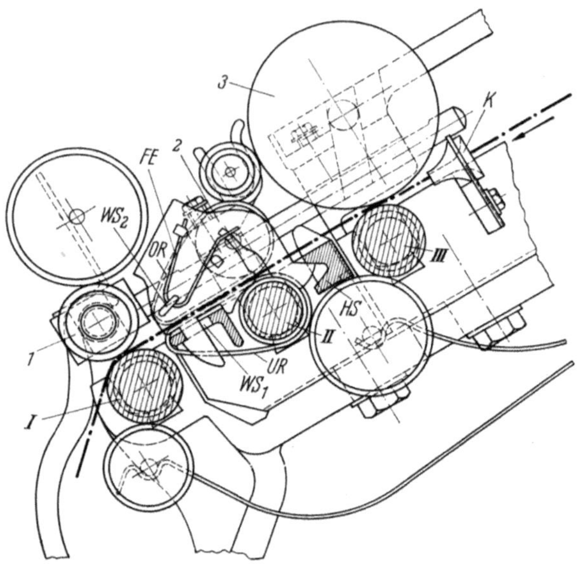

Abb. 223. TN-C-Streckwerk der Firma Ishikawa Susakusho Co. Ltd.
FE V-Feder; *HS* Halteschiene für den Käfig; *K* Verdichter; *OR* Oberriemchen; *UR* Unterriemchen; WS_1, WS_2 Wendeschienen

Konstruktion durch eine V-förmige Feder *FE* belastet, während die Oberwalze *3* durch ihr eigenes Gewicht die erforderliche Belastung ausübt. Das Streckwerk gestattet nur mittlere Verzüge.

Die Firma Howa Machinery Ltd. stellt ein Streckwerk, Typ NH-B, her, das dem TN-C-Streckwerk der Firma Ishikawa Susakusho Co. stark ähnelt [*43*]. Die NH-B-Konstruktion ist ein reines Casablancas-Zweiriemchen-Streckwerk. Interessant ist die Ausführung des Käfigs (Abb. 224a), der in einen Ober- und in einen Unterkäfig zerfällt. Der untere Käfig ist fest mit einer Schiene *SCH* verbunden, wird also nicht von der Mittelwalze getragen. Der obere Käfig wird von dem unteren gehalten und ist mit diesem — offenbar durch einen Schnappverschluß — derart verbunden, daß ein leichtes Aufbringen und Entfernen des Oberkäfigs möglich ist. Die Druckwalze *2* wird durch eine Feder belastet.

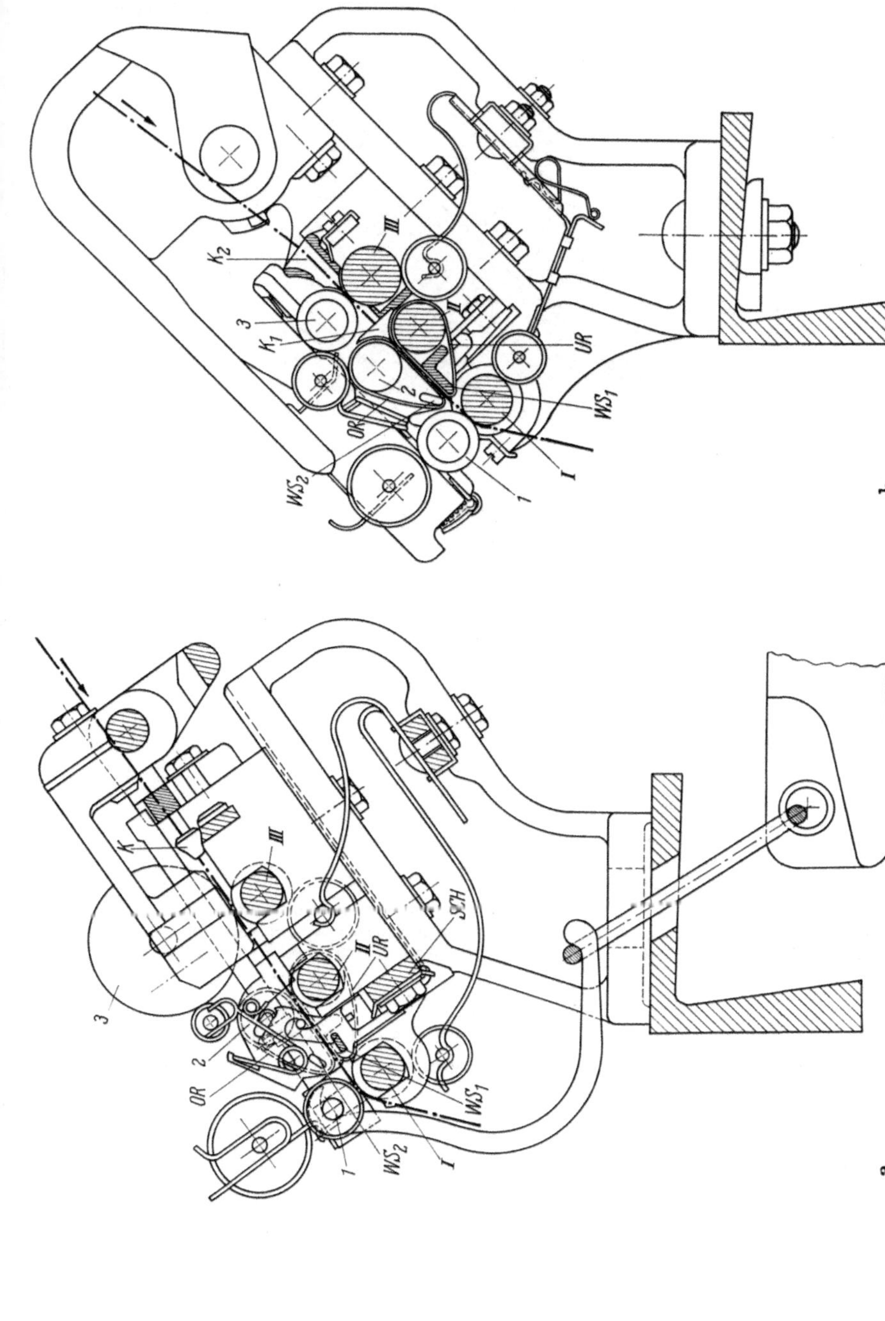

Abb. 224 a u. b. NH-B-Hochverzugs-Streckwerk der Firma Howa Machinery Ltd.
a Alte Ausführung; b moderne Ausführung

K, K_1, K_2 Verdichter; *OR* Oberriemchen; *SCH* Halteschiene; *UR* Unterriemchen; WS_1, WS_2 Wendeschienen

Die Druckwalze *3* erhält die Belastung durch das Eigengewicht, während an der Ausgangsdruckwalze *1* ein Gewicht hängt. Der maximale Verzug ist 34fach. Die Firma Howa Machinery Ltd. verbesserte diese Streck-

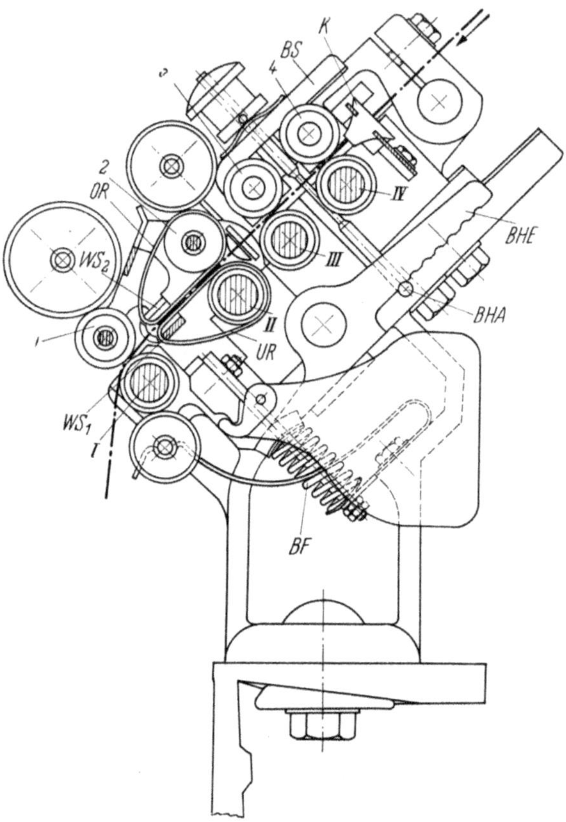

Abb. 225. Jα-Streckwerk der Firma Toyoda Automatic Loom Works Ltd.
BF Belastungsfeder; *BHA* Belastungshaken; *BHE* Belastungshebel; *BS* Belastungsschalter; *K* Verdichter; *OR* Oberriemchen; *UR* Unterriemchen; WS_1, WS_2 Wendeschienen

werks-Ausführung (Abb. 224b). Die Druckwalzen werden von einem Belastungsarm gehalten. Mit dem neuen Streckwerk läßt sich ein 100facher Verzug erzielen.

Die Firma Toyoda Automatic Loom Works Ltd. stellt ein Vierwalzen-Streckwerk mit Doppelriemchen, Typ Jα, her, für das sie eine Vielzahl von Käfigtypen entwickelt hat (Abb. 225) [*43*]. Das Streckwerk wird zur Verarbeitung von Baumwolle und von Kunstfasern in zwei Ausführungen geliefert. Die Neigung der Streckfeldebene beträgt 45° oder 60°. Die Belastung der Druckwalzen erfolgt über Sättel, an denen ein Gewicht hängt. Nach Angaben der Firma beträgt der Verzug bei dem Jα-Streckwerk bis zu 136fach.

Entsprechend der allgemeinen Tendenz, Super-Streckwerke zu bauen, entwickelte die Firma Toyoda Automatic Loom Works Ltd. ein Fünfwalzen-Streckwerk für die Verarbeitung von Baumwolle. Das Streckwerk besitzt zwei verschiedene Käfigtypen. Die Druckwalze *2* läuft in einem BB-Käfig, während die anderen Mittel-Druckwalzen in einem CC-Käfig gelagert sind (Abb. 226a und b). Die Belastung der Druckwalzen erfolgt mit Hilfe von Schraubenfedern *BF*. Alle Käfige erstrecken sich nur über eine Spindel und bieten eine Vielzahl von Einstellmöglichkeiten. Daneben wurden die Käfigtypen SB und RB entwickelt, die Clipfedern *CF* als Belastungselemente statt Schraubenfedern haben (Abb. 226c und d). Da die Käfige zweiteilig sind, kann die Druckwalze unabhängig vom Unterkäfig herausgenommen werden. Dies ist vor allem bei der Reinigung des Streckwerks von Bedeutung.

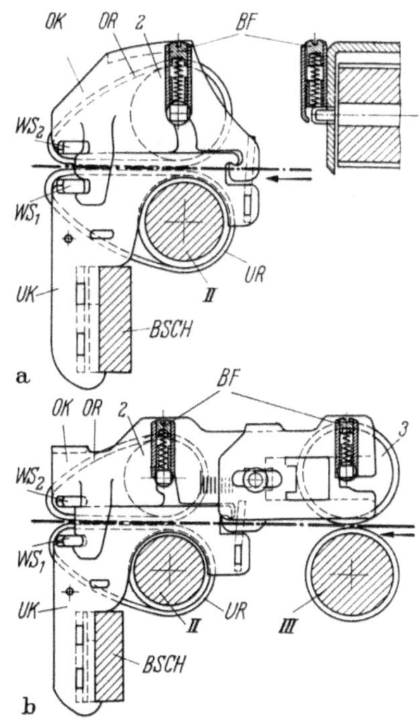

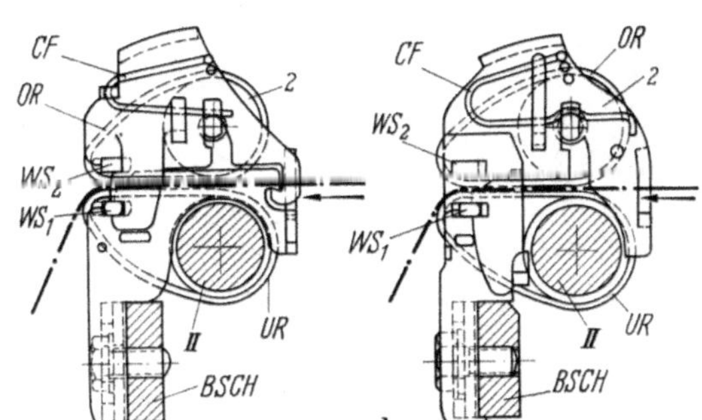

Abb. 226a–d. Käfige der Firma Toyoda Automatic Loom Works Ltd.
a BB-Käfig; b CC-Käfig; c SB-Käfig; d RB-Käfig

BF Schraubenfeder mit Einstellschraube; *BSCH* Befestigungsschiene; *CF* Clipfeder; *OK* Oberriemchenkäfig; *OR* Oberriemchen; *UK* Unterriemchenkäfig; *UR* Unterriemchen; WS_1, WS_2 Wendeschienen

Für die Verarbeitung von langen Fasern wurden die LCA- und LCB-Käfige entwickelt (Abb. 227a und b). Auch hier sind die Ober-

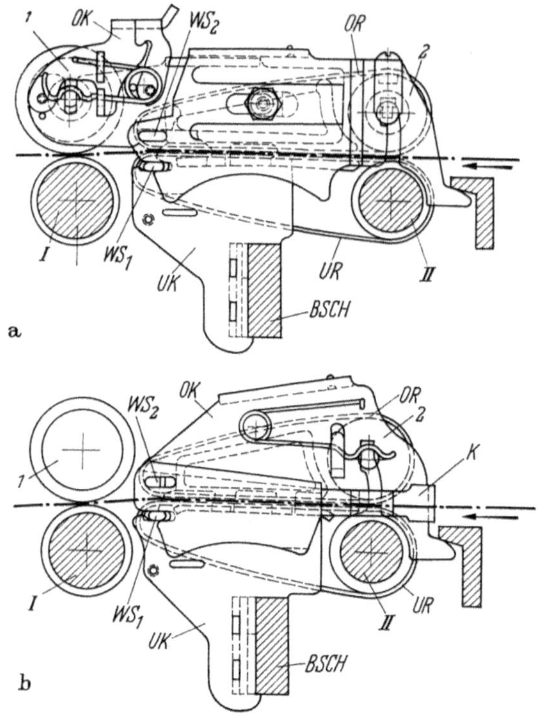

Abb. 227a u. b. Käfige für die Verarbeitung von Langfasern. Firma Toyoda Automatic Loom Works Ltd.
a LCA-Käfig; b LCB-Käfig

BSCH Befestigungsschiene; *K* Verdichter; *OK* Oberriemchenkäfig; *OR* Oberriemchen; *UK* Unterriemchenkäfig; *UR* Unterriemchen; WS_1, WS_2 Wendeschienen

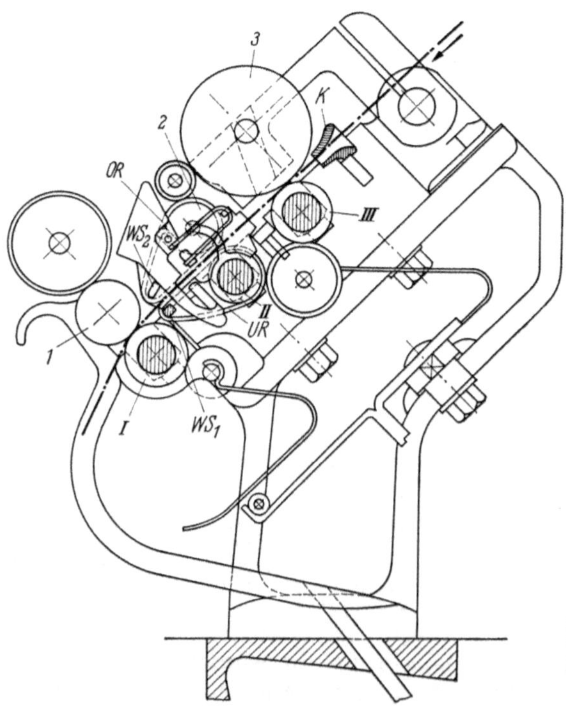

Abb. 228. Dreiwalzen-Streckwerk der Firma Osaka Kiko Co.
K Verdichter; *OR* Oberriemchen; *UR* Unterriemchen; WS_1, WS_2 Wendeschienen

und die Unterriemchenkäfige voneinander getrennt. Ein einziges Streckwerk läßt sich also für verschiedene Prozesse einsetzen, indem der Abstand der Walzen geändert und die Käfige ausgetauscht werden.

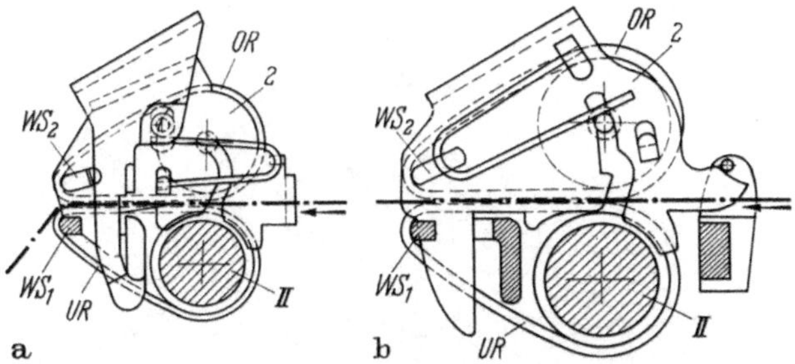

Abb. 229 a u. b. Käfige der Firma Osaka Kiko Co.
a TN-A-Käfig; b TN-C-Käfig
OR Oberriemchen; *UR* Unterriemchen; WS_1, WS_2 Wendeschienen

Das Produktionsprogramm der Firma Osaka Kiko Co. umfaßt Drei- und Vierwalzen-Streckwerke, die ebenfalls durch den Einbau verschiedener Käfige verändert werden können [*43*].

In der Abb. 228 ist ein Dreiwalzen-Streckwerk dargestellt, das mit einem TN-A- oder mit einem TN-C-Käfig (Abb. 229 a und b) ausgerüstet werden kann. Die Käfige gleichen in der Konstruktion denen der Firma Toyoda Automatic Loom Works Ltd.

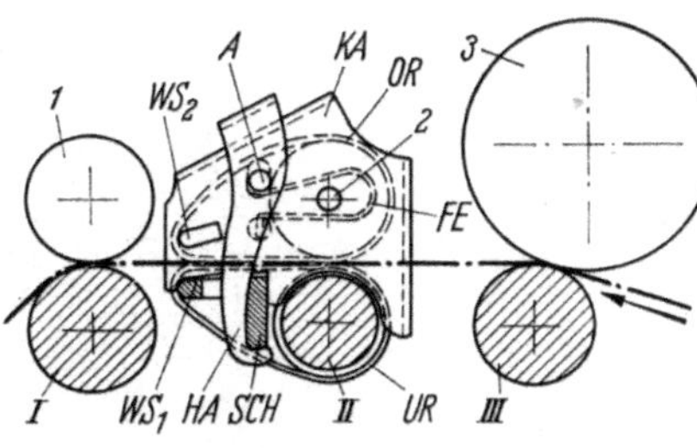

Abb. 230. Streckwerk nach T. NAKAMURA. Jap. Gebrauchsmuster 12822 von 1936
A Achse; *FE* Feder; *HA* Verriegelungshaken; *KA* Käfig; *OR* Oberriemchen; *SCH* Halteschiene; *UR* Unterriemchen; WS_1, WS_2 Wendeschienen

Diese Konstruktionen sind Weiterentwicklungen des japanischen Gebrauchsmusters 12822 von 1936. Dies von NAKAMURA entwickelte Streckwerk ist in der Abb. 230 dargestellt. Bedingt durch die in Japan verwendete Illings-Anordnung ist der Oberriemchenkäfig aller dieser Streckwerke in erster Linie Oberwalzenhalter und in zweiter Linie zusammen mit einer Feder das Belastungsorgan zur Erzeugung des Klemmdruckes. Erst in dritter Linie ist es die Aufgabe des Oberriemchenkäfigs, das Oberriemchen zu führen. Da die Streckwerke in Japan relativ steil angeordnet sind, fällt der Käfig nach seiner Entriegelung infolge seines Eigengewichtes herunter (Abb. 230). Die Spinnerin muß ihn daher bei der Behebung von Störungen in der Hand behalten bzw. ihn irgendwohin ablegen.

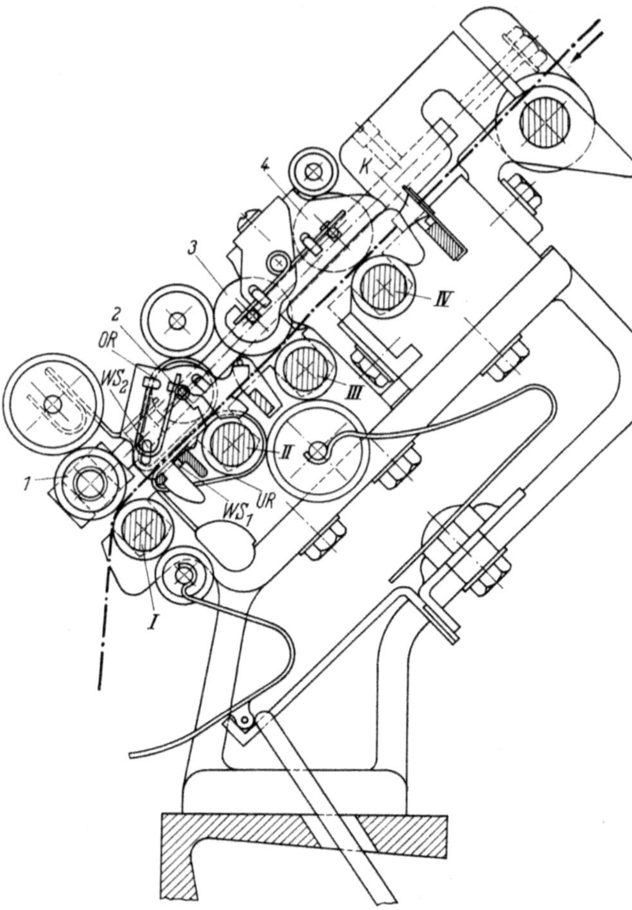

Abb. 231. Vierwalzen-Streckwerk der Firma Osaka Kiko Co.
K Verdichter; *OR* Oberriemchen; *UR* Unterriemchen; WS_1, WS_2 Wendeschienen

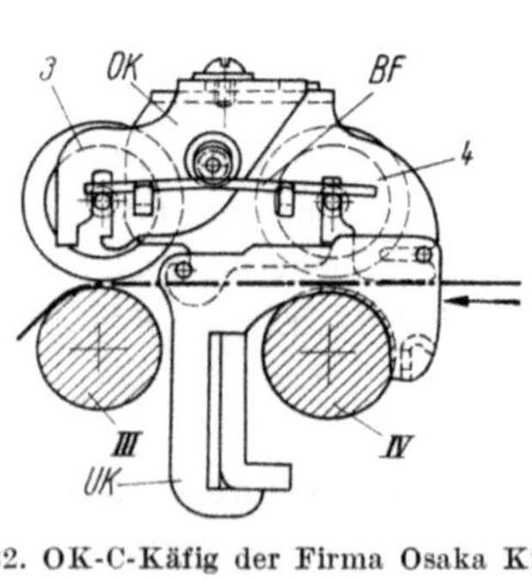

Abb. 232. OK-C-Käfig der Firma Osaka Kiko Co.
BF Belastungsfeder; *OK* Oberriemchenkäfig; *UK* Unterriemchenkäfig

Das Vierwalzen-Streckwerk (Abb. 231) der Firma Osaka Kiko Co. ist in der vorderen Verzugszone mit einem TN-C-Käfig ausgerüstet. Die Druckwalzen *3* und *4* sind in einem OK-C-Käfig gelagert (Abb. 232). Sie werden durch die Feder *BF* belastet. Die Käfige sind sehr leicht anzubringen und zu entfernen.

Das Verbund-Streckwerk von Povel und Schomakers gleicht etwa dem japanischen OM-S-Streckwerk. Es besteht aus einem senkrecht angeordneten Dreiwalzen-Klemmstreckwerk und einem geneigten Streck-

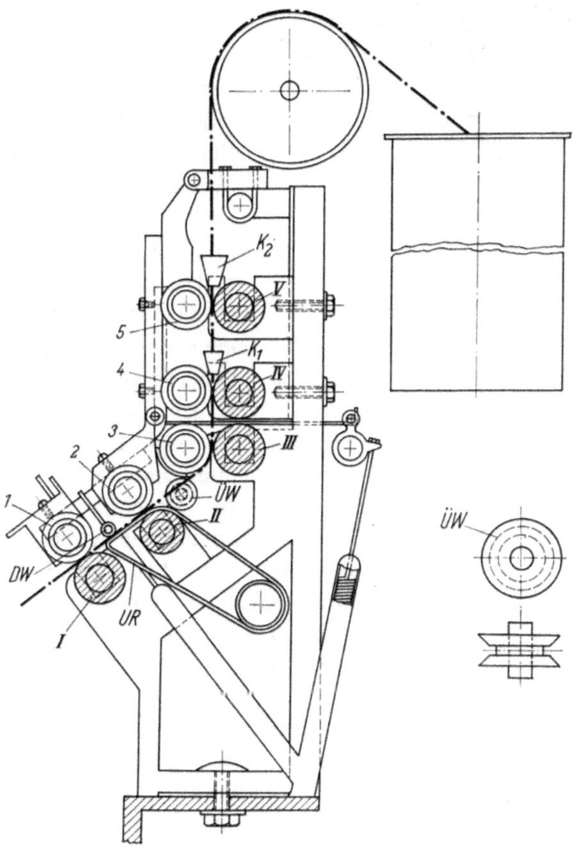

Abb. 233. Hochverzugs-Streckwerk nach T. Povel und H. Schomakers – DBP 930919 von 1955 der Firma L. Povel u. Co., patent. vom 22. 2. 1952 an
DW Durchzugswalze; K_1, K_2 Verdichter; *ÜW* Übertragungswalze; *UR* Unterriemchen

werk mit einer Le Blan-Roth-Riemchenanordnung (Abb. 233). Zwischen den beiden Einzelstreckwerken befindet sich eine Übertragungswalze *ÜW*. Vor den beiden Walzenpaaren *IV*/*4* und *V*/*5* sind Verdichter *K* angebracht. Die Belastung des Streckwerks erfolgt über zwei Zugfedern.

Das Material wird direkt aus Kannen entnommen, die anstelle des Gatters auf der Spinnmaschine Platz finden.

In der Abb. 234 ist ein weiteres japanisches Hochverzugs-Streckwerk dargestellt. Die Druckwalzen *2a* und *2b* arbeiten mit der Mittelwalze *II* zusammen, die einen großen Durchmesser besitzt. Die Walzen *II* und *2a* sind mit Riemchen versehen, die die Fasern im Hauptverzugsfeld führen. Die Druckwalzen werden durch ein Gewicht belastet. Vor dem Walzenpaar *III*/*3* ist ein Verdichter *K* angeordnet.

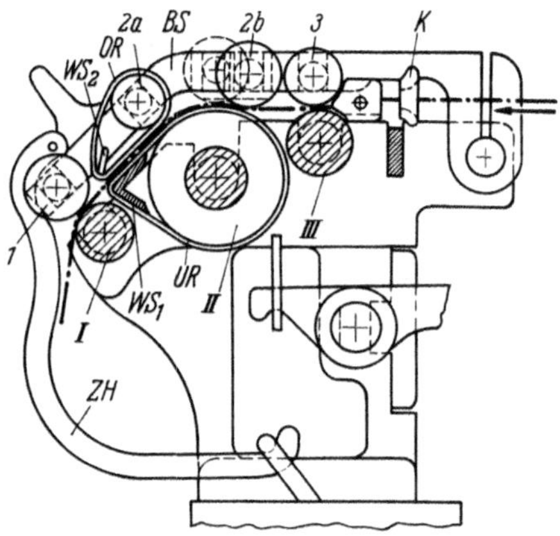

Abb. 234
Hochverzugs-Streckwerk nach S. NODA – USP 2955329 der Firma Howa Kogyo Kabushiki-Kaisha vom 20. 6. 1956

BS Belastungssattel; *K* Verdichter; *OR* Oberriemchen; *UR* Unterriemchen; WS_1, WS_2 Wendeschienen; *ZH* Zughaken

Zwei weitere Wegbereiter für das flyerlose Spinnverfahren sind die Firmen Saco-Lowell Shops und Whitin Machine Works. Beide Firmen empfehlen in erster Linie die Herstellung von Garnen niedriger metrischer Nummern.

Der GWALTNEY-Ringspinnmaschine [*20*, *46*, *49*] der Firma Saco-Lowell Shops werden Streckenkannen vorgelegt, die in zwei Reihen hinter- oder übereinander zu beiden Seiten der Maschine Aufstellung finden (Abb. 235a). Die beiden Streckenbänder einer Kanne werden über einen Rahmen geleitet und dann von oben her dem Streckwerk zugeführt. Der Rahmen überspannt einen Bedienungsgang, in dem ein von der Firma Parks Cramer Co. in Zusammenarbeit mit der Firma Saco-Lowell Shops entwickelter Wanderreiniger umläuft. Die Maschine ist mit einem Dreiwalzen- oder mit einem Vierwalzen-Streckwerk ausgerüstet, das in der Hauptverzugszone mit einem Duo-Roth-System arbeitet (Abb. 235b). Im Gegensatz zu anderen bekannten flyerlosen Spinnverfahren ist dieses Verfahren für die Verspinnung gröberer Garne im Bereich von Nm 6 bis 15 bestimmt. Auf dem Streckwerk kann maximal 100fach verzogen werden.

Das von der Firma Whitin Machine Works für die Monarch-Spinnmaschine hergestellte Streckwerk, Modell „M", ist in der Abb. 236 im Schema veranschaulicht [*37*, *49*]. Auf diesem Streckwerk werden vorzugsweise Garne bis zur metrischen Nummer Nm 14 gesponnen. Die als Vorlage dienenden Streckenkannen sind zu beiden Seiten der Maschine aufgestellt und lassen einen Gang zur Bedienung frei. Die Bänder werden über ein Gestell, das den Bedienungsgang überdacht, der Spinn-

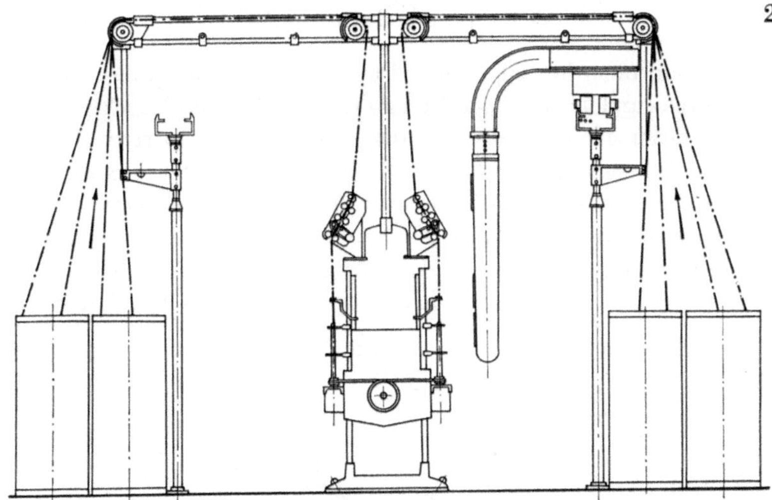

a

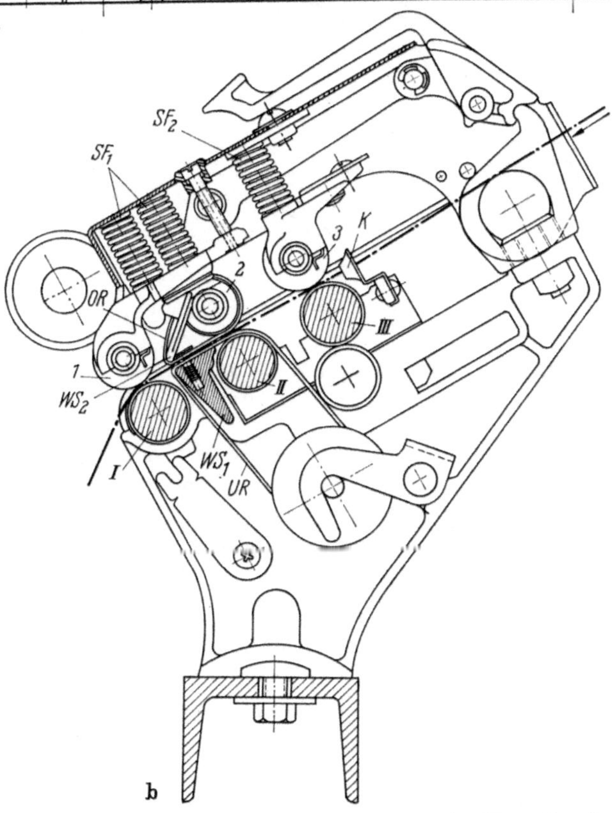

b

Abb. 235a u. b. GWALTNEY-Ringspinnmaschine der Firma Saco-Lowell Shops
a Ansicht der Spinnmaschine; b Zweiriemchen-Streckwerk
K Verdichter; *OR* Oberriemchen; SF_1, SF_2 Belastungsfedern; *UR* Unterriemchen; WS_1, WS_2 Wendeschienen

maschine von oben her zugeführt. Das Garn wird auf große Scheibenspulen aufgewunden, die etwa 1,6 kg Garn fassen. Die Maschine ist mit einem Zweiriemchen-Streckwerk ausgerüstet. Das Oberriemchen *OR* wird formschlüssig angetrieben. Das Streckwerk gestattet maximal einen 60fachen Verzug. Es ist für die Verspinnung sämtlicher Fasertypen geeignet, jedoch soll die Stapellänge der Fasern 230 mm nicht überschreiten.

Die Firma Tweedales & Smalley bringt eine „R. F. N.“-Ringspinnmaschine auf den Markt, die sich besonders für das flyerlose Spinn-

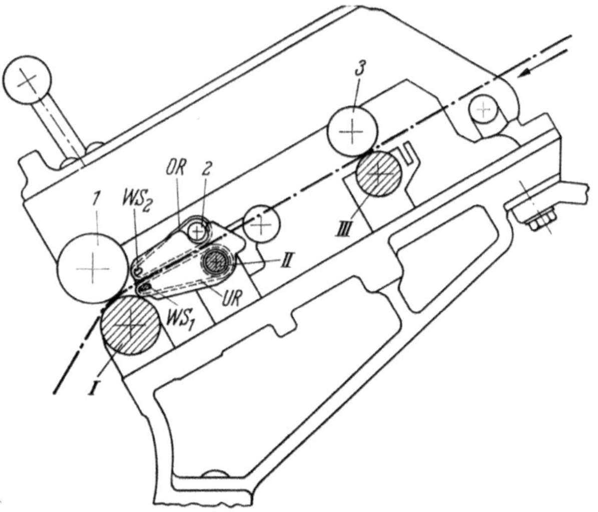

Abb. 236. Whitin Model „M“ Spinning Drafting System
OR Oberriemchen; *UR* Unterriemchen; WS_1, WS_2 Wendeschienen

verfahren eignen soll. Das Kardenband wird auf der sogenannten A. K. P.-12-Strecke verzogen, mit einem Falschdraht versehen und auf Kreuzspulen aufgewickelt. Diese Spulen werden im Gatter der Spinnmaschine horizontal gelagert. Sie berühren tangential Holzrollen, die von der Eingangsunterwalze angetrieben werden. Ein Fehlverzug der Bänder wird hierdurch vermieden. Das Zweizonen-Streckwerk der Ringspinnmaschine besteht aus zwei Zweiriemchen-Streckwerken, die durch eine Verdichterzone verbunden sind (Abb. 237). Für die Herstellung eines Garnes Nm 34 beträgt die Drehzahl der Spindeln 9000 U/min. Maximal ist ein 300facher Verzug möglich.

Zwei weitere Lösungen für das flyerlose Spinnverfahren stammen von der Firma Zinser Textilmaschinen GmbH und von der Firma Deutscher Spinnereimaschinenbau Ingolstadt. Die Firma Zinser Textilmaschinen GmbH stellte ihre Kannenspinnmaschine [*50*] zum ersten Mal im Jahre 1955 vor (Abb. 238a). Die Maschine, deren Speisung aus normalen Streckenkannen erfolgt, ist einseitig gebaut.

Das Fünfwalzen-Streckwerk ist aus zwei Verzugseinheiten zusammengesetzt, zwischen denen sich ein Luntenführer befindet (Abb. 238b) [*51*]. Die Verzugseinheit am Streckwerkseingang besteht aus drei Walzenpaaren. Der Verzug auf dieser Einheit entspricht den bei Flyern üblichen

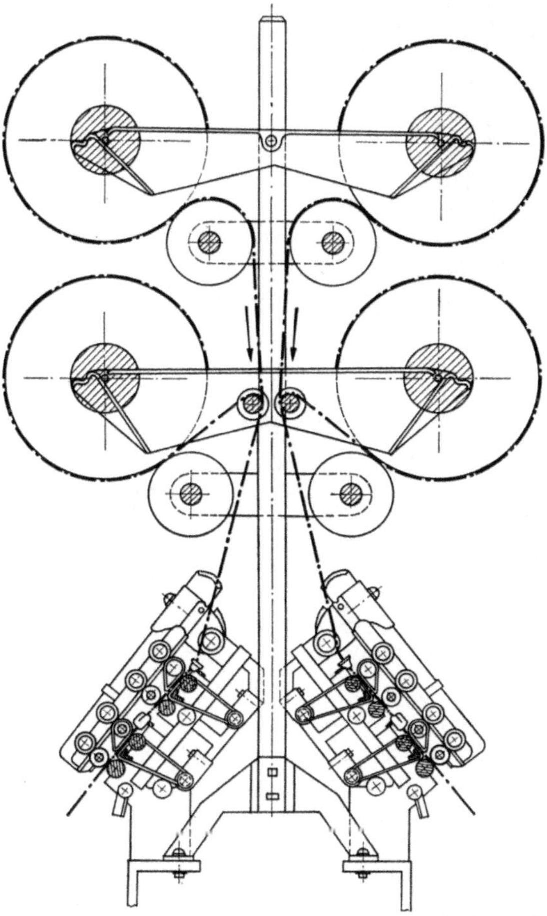

Abb. 237. Vierwalzen-Streckwerk der Firma Tweedales & Smalley

Verzügen. Maximal kann ein 9facher Verzug erreicht werden. In der Verdichterzone wird lediglich 1,055fach verzogen. Das vordere Streckwerk ist mit einer Kepa-Verzugseinheit ausgestattet. Auf diesem Streckwerk ist maximal ein 25facher Verzug möglich, so daß der höchstanwendbare Gesamtverzug für das Streckwerk 225fach beträgt.

Die Firma Zinser Textilmaschinen GmbH bietet für ihre Kannenspinnmaschine heute ein Fünfwalzen- und ein Vierwalzen-Streckwerk

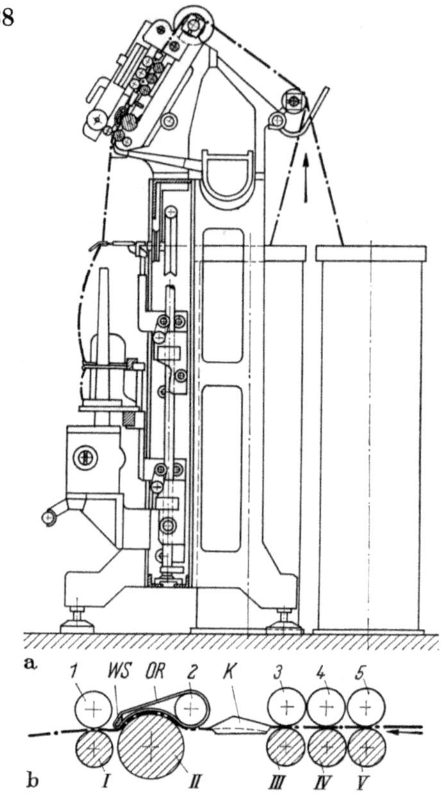

Abb. 238 a u. b
Kannenspinnmaschine der Firma Zinser Textilmaschinenfabrik GmbH
a Ansicht der Kannenspinnmaschine; b Hochverzugs-Streckwerk

K Verdichter; *OR* Oberriemchen; *WS* Wendeschiene

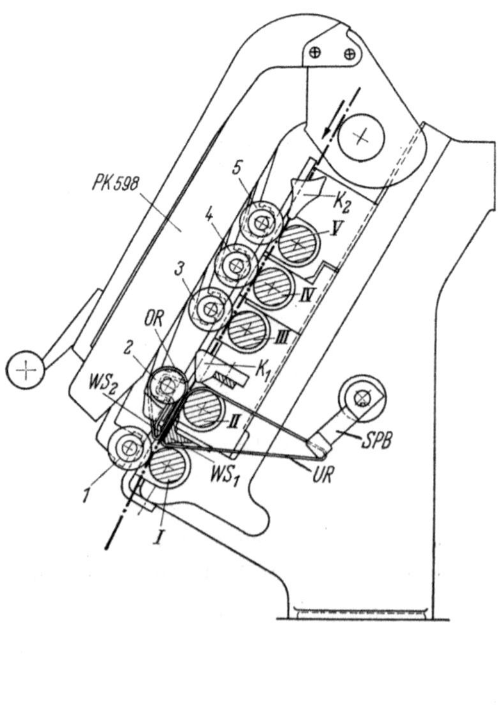

Abb. 239
Fünfwalzen-Streckwerk der Firma Zinser Textilmaschinen GmbH

K_1, K_2 Verdichter; *OR* Oberriemchen; *SPB* Spannbügel; *UR* Unterriemchen; WS_1, WS_2 Wendeschienen

ohne Kepa-Verzugseinheit an. In der Abb. 239 ist das Fünfwalzen-Streckwerk dargestellt. Es hat in der vorderen Verzugszone ein Riemchenpaar. Vor den Riemchen und vor den Eingangswalzen sind Verdichter K_1 und K_2 angebracht. Die Druckwalzen sind in einem PK 598-Pendelträger gelagert. Auf dem Streckwerk kann maximal 300fach verzogen werden. Die Einstellung des Fünfwalzen-Streckwerkes ist komplizierter als die

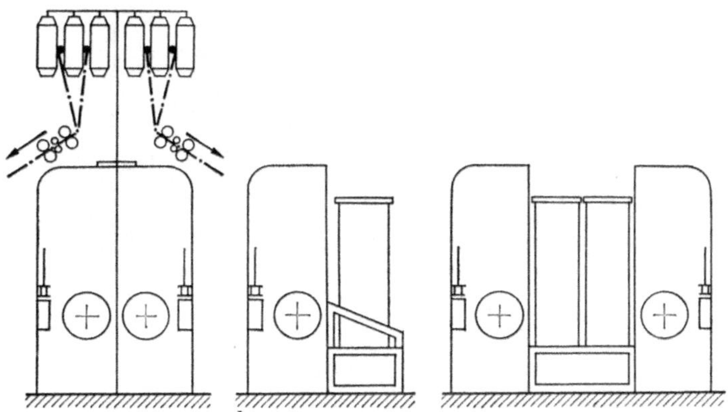

a b c

Abb. 240a—c. Höchstverzugs-Ringspinnmaschine der Firma Deutscher Spinnereimaschinenbau Ingolstadt — DBP 887015 von 1953, patent. vom 8. 3. 1950 an
a Zweiseitige Spinnmaschine mit Spulengatter; b einseitige Kannenspinnmaschine; c zweiseitige Kannenspinnmaschine

Einstellung des Vierwalzen-Streckwerks, dem das Walzenpaar *V*/*5* fehlt. Außerdem ist ein Fünfwalzen-Streckwerk teurer als ein Vierwalzen-Streckwerk. Daher werden heute mehr Vierwalzen-Streckwerke verwendet, auf denen ein 200facher Verzug möglich ist. Das Vierwalzen-Streckwerk hat einen PK 597-Pendelträger. Die Unterwalzen sind in Egberingk-Nadellagern gelagert. Diese Lager können herausgenommen werden, ohne daß die einzelnen Unterwalzenstücke auseinandergeschraubt zu werden brauchen.

Die Höchstverzugs-Ringspinnmaschine der Firma Deutscher Spinnereimaschinenbau Ingolstadt ist nach dem Baukastenprinzip aufgebaut [*37*]. Die verschiedenen Aufstellungsmöglichkeiten sind in der Abb. 240 im Schema veranschaulicht (DBP 887015 von 1953). Die Antriebs-, Zwischen- und Endgestelle sind in halber Breite ausgeführt. Die Firma Deutscher Spinnereimaschinenbau Ingolstadt gibt folgende Kombinationen an:

a) Aufhängung der Spulen im Gatter,

b) Einseitige Maschine mit großen Kannen,

c) Doppelseitige Maschine mit kleinen Kannen.

Die gleiche Firma entwickelte für das flyerlose Spinnverfahren Ende des Jahres 1961 ein Vier-über-Fünf-Streckwerk (Abb. 241). Das Eingangs-Streckwerk besteht aus einer Zwei-über-Drei-Anordnung. Auf den Walzen *IV* und *V* ist eine Druckwalze großen Durchmessers gelagert. Vor diesem Streckwerksteil ist ein Verdichter K_2 angebracht.

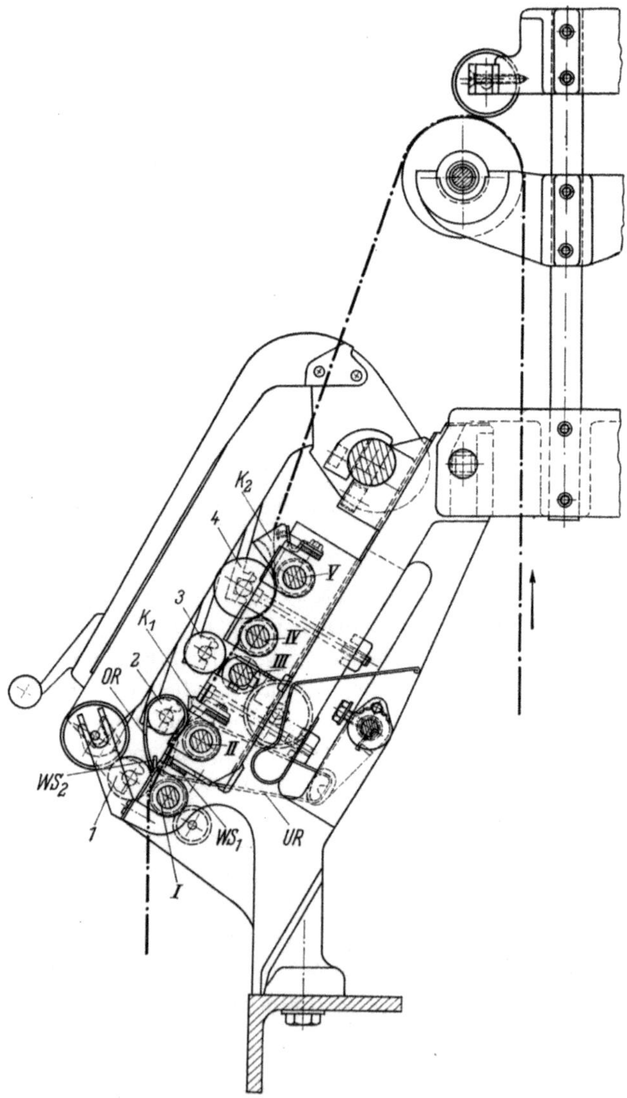

Abb. 241. Vier-über-Fünf-Verbund-Streckwerk für Höchstverzüge von der Firma Deutscher Spinnereimaschinenbau Ingolstadt

K_1, K_2 Verdichter; *OR* Oberriemchen; *UR* Unterriemchen; WS_1, WS_2 Wendeschienen

Die Hauptverzugszone ist mit einem Riemchenpaar ausgestattet. Zwischen den beiden Verzugszonen ist eine Verdichterzone angeordnet. Die Druckwalzen sind in einem SKF-Pendelträger PK 587 gelagert und werden durch Federn belastet. Das Streckwerk ermöglicht einen 150- bis 250fachen Verzug.

Im Jahre 1937 unterbreitete CASABLANCAS den Vorschlag, kurze Streckenkannen zu benutzen, einen Teil der verkürzten Kannen auf

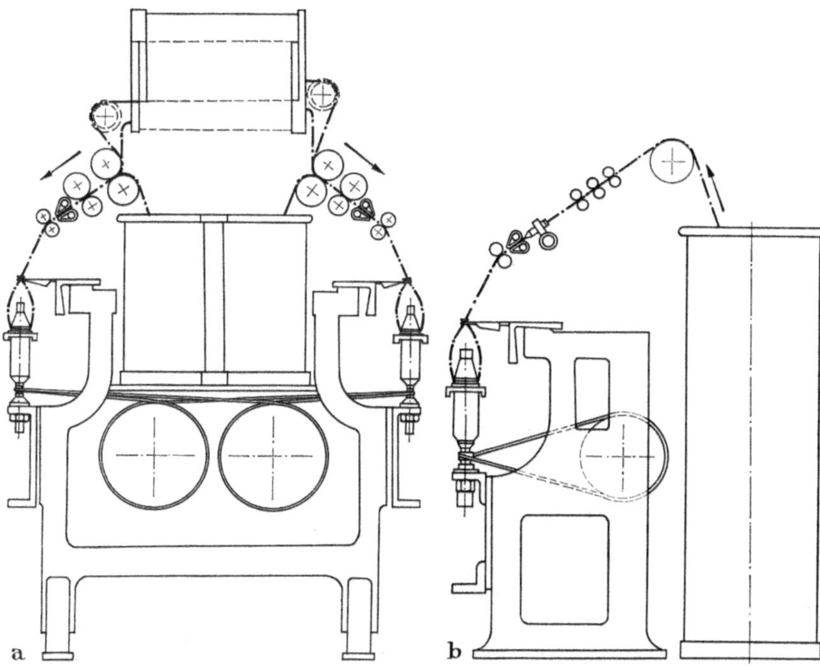

Abb. 242a u. b
Kannenspinnmaschine nach CASABLANCAS — FP 834769 von 1938, patent. vom 1. 8. 1000 an
a zweiseitige Kannenspinnmaschine; b einseitige Kannenspinnmaschine

dem Gattertisch aufzustellen und die anderen Kannen horizontal darüber zu legen (FP 834769; Abb. 242) [*37*]. Diese Anordnung ist verschiedentlich aufgegriffen worden, hat aber nicht vollen Anklang gefunden, da die Spinnmaschine erheblich verbreitert werden müßte. Bei der Anordnung nach der Abb. 242b stellt CASABLANCAS normale Streckenkannen hinter die einseitig ausgeführte Spinnmaschine und erreicht damit eine gewisse Entlastung der Bedienung. Allerdings steigt der Platzbedarf für die Maschine erheblich an. Trotzdem hat die Firma Zinser Textilmaschinen GmbH diesen Vorschlag aufgegriffen. Als Verzugselement schlägt CASABLANCAS eines seiner Hochverzugs-Streckwerke vor.

Nach einem Patentvorschlag von ROONEY, ebenfalls aus dem Jahre 1937 (USP 2223875; Abb. 243), werden die Kannen über der Maschine aufgestellt [37]. Dabei ist das hierzu benutzte Gestell so niedrig gehalten, daß es auch in Spinnsälen normaler Höhe Platz finden kann. ROONEY empfiehlt für das flyerlose Spinnverfahren ein Sechswalzen-

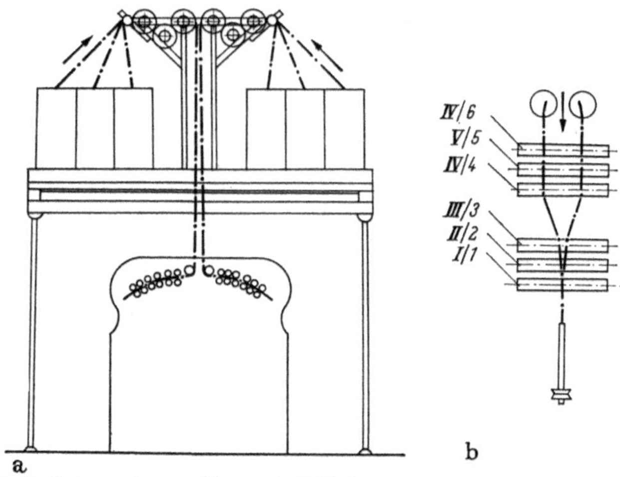

Abb. 243a u. b. Kannenspinnmaschine nach E. H. ROONEY – USP 2223875 vom 19. 10. 1937
a Ansicht der Kannenspinnmaschine; b Bandführung

Streckwerk, dem zwei Streckenbänder je Spinnstelle vorgelegt werden. Zwischen den Walzenpaaren *III/3* und *IV/4* faßt ein hier nicht eingezeichneter Verdichter die vorverzogenen Bänder zusammen.

Auf den Kopf gestellt ist die Kannenspinnmaschine nach dem Vorschlag eines britischen Patentes (BP 723470 von 1953; Abb. 244) [37]. Die Kannen stehen unter der Maschine, deren Spinnelemente im umgekehrten Sinne angeordnet sind. Das Streckenband wird den Kannen *KA* entnommen und dem Verbund-Streckwerk zugeführt. Das gesponnene Garn wird auf die hängenden Spindeln *SP* aufgewunden. Auf diesem Fünfwalzen-Streckwerk wird dubliert. Die vordere Verzugszone ist mit einem Riemchenpaar ausgestattet.

Ein Streckwerk, das ebenfalls zum Spinnen mit hängender Spindel vorgesehen ist, wurde von der Firma Deutscher Spinnereimaschinenbau Ingolstadt entwickelt (DBP 1006322 von 1957, Abb. 245). Die Ausgangswalze des Fünfwalzen-Streckwerks ist mit einem elastischen Bezug versehen, während die Ausgangsdruckwalze als stählerne Riffelwalze ausgebildet ist. Das Streckwerk ist mit einem Riemchenpaar und mit mehreren Verdichtern ausgestattet.

Die Firma Württembergische Spindelfabrik Süssen GmbH entwickelte ein Höchstverzugs-Streckwerk für den Verzug von Faser-

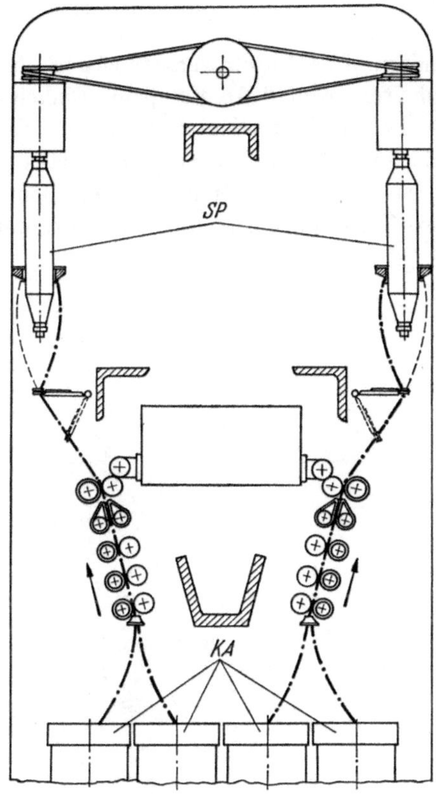

Abb. 244. Kannenspinnmaschine der Firma T. M. M. (Research) Ltd. — BP 723470 vom 24. 8. 1953

KA Kannen; *SP* Spindel

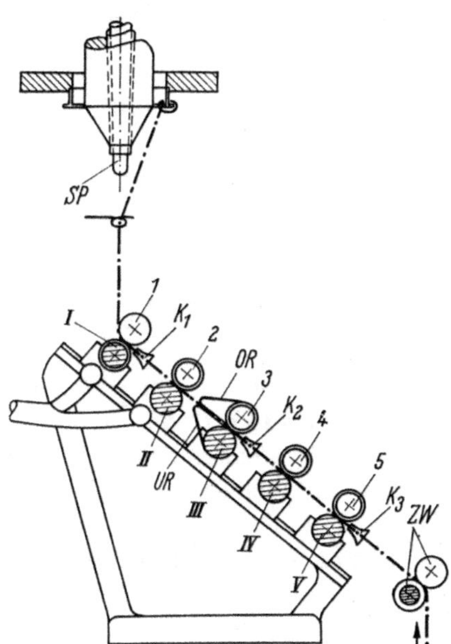

Abb. 245. Höchstverzugs-Streckwerk zum Spinnen mit hängender Spindel, Firma Deutscher Spinnereimaschinenbau Ingolstadt — DBP 1006322 von 1957, patent. vom 18. 7. 1955 an

K_1 bis K_3 Verdichter; *OR* Oberriemchen; *SP* Spindel; *UR* Unterriemchen; *ZW* Zuführwalzen

bändern. Das Vierwalzen-Streckwerk besteht aus zwei Zweiriemchen-Einheiten (Abb. 246). Vor jeder Einheit ist ein Verdichter angebracht. Die langen Unterriemchen laufen über leicht gekrümmte Wendeschienen *WS*. Ein UT-Tragarm belastet die Oberwalzen.

Die Firma Württembergische Spindelfabrik Süssen GmbH gibt zwei Konstruktionen für das Distanzstück *DZS* des Oberriemchen-

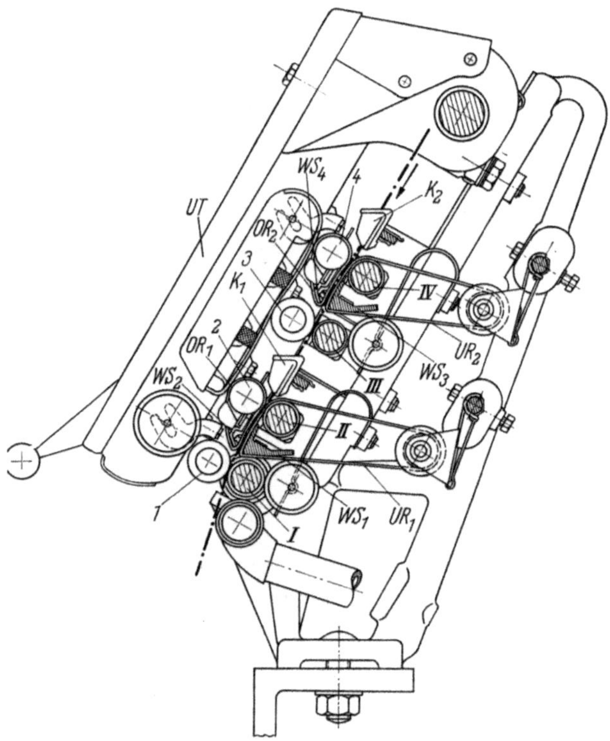

Abb. 246
Vierwalzen-Streckwerk der Firma Württembergische Spindelfabrik Süssen GmbH
K_1, K_2 Verdichter; OR_1, OR_2 Oberriemchen; UR_1, UR_2 Unterriemchen; *UT* Belastungsarm; WS_1 bis WS_4 Wendeschienen

käfigs an, das sich an der Wendeschiene WS_1 des Unterriemchens abstützt (DBP 1140112 von 1963). Das in der Abb. 247 dargestellte Distanzstück ist so ausgebildet, daß die Reibung zwischen dem Distanzstück und der Wendeschiene WS_1 möglichst gering ist.

Die andere Konstruktion der Firma Württembergische Spindelfabrik Süssen GmbH ist dadurch gekennzeichnet, daß das Distanzstück Nasen oder Nuten aufweist, die im Zusammenwirken mit entsprechenden Gegenstücken seitliche Bewegungen des Oberriemchenkäfigs verhindern (DBP 1159829 von 1963, patent. vom 12. 4. 1961 an).

In der Abb. 248 ist ein Hochverzugs-Streckwerk dargestellt, das in der Sowjetunion hergestellt wird. Das Vierwalzen-Streckwerk besitzt in der vorderen Verzugszone ein Unterriemchen *UR*. Die Druckwalze *2* ist zum Streckwerksausgang hin verlagert. Zusammen mit dem Riemchen bildet sie eine gute Flächenführung. Das Faserband wird aus den Kannen *KA*, die in der Maschinenmitte aufgestellt sind, abgezogen und von dem Verdichter *K* zusammengefaßt. Der Streckwerkseingang ist um 15° gegen die Senkrechte geneigt. Die Eingangswalze *IV* hat einen größeren Durchmesser als die übrigen Unterwalzen. Das vordere Verzugsfeld ist abgeknickt

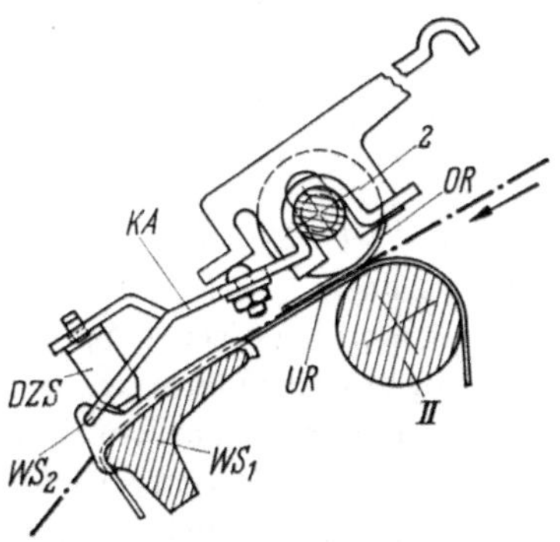

Abb. 247. Distanzstück für den Oberriemchenkäfig eines Zweiriemchen-Streckwerkes der Firma Württembergische Spindelfabrik Süssen GmbH – DBP 1140112 von 1963, patent. vom 12. 4. 1961 an

DZS **Distanzstück;** ***KA*** **Käfig;** ***OR*** **Oberriemchen;** ***UR*** **Unterriemchen;** WS_1, WS_2 **Wendeschienen**

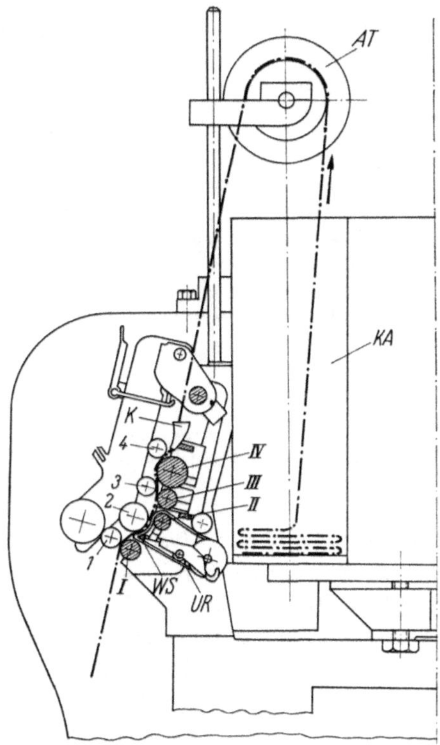

Abb. 248. Sowjetisches Hochverzugs-Streckwerk

AT **Absaugtrommel,** ***K*** **Verdichter;** ***KA*** **Kanne;** ***UR*** **Unterriemchen;** ***WS*** **Wendeschiene**

und bildet einen Winkel von 45° mit der Horizontalen. Interessant ist die Aufteilung des Verzuges. Das Streckwerk wird deshalb als Verbund-Streckwerk bezeichnet. Für ein Garn der Nummer Nm 34 beträgt der Verzug in der hinteren Zone 7,3fach bei einem 105fachen Gesamtverzug. In der mittleren Zone herrscht lediglich ein 1,5facher Verzug. Für die vordere Verzugszone wird ein 9,2facher Verzug gewählt. Mit dem Streckwerk sollen Garne guter Gleichmäßigkeit und Festigkeit hergestellt werden können.

2.5.4.4 Das Decordisator-Spinnverfahren nach Frenzel. Im Jahre 1957 veröffentlichte FRENZEL die Idee zu einem neuen Spinnverfahren, das

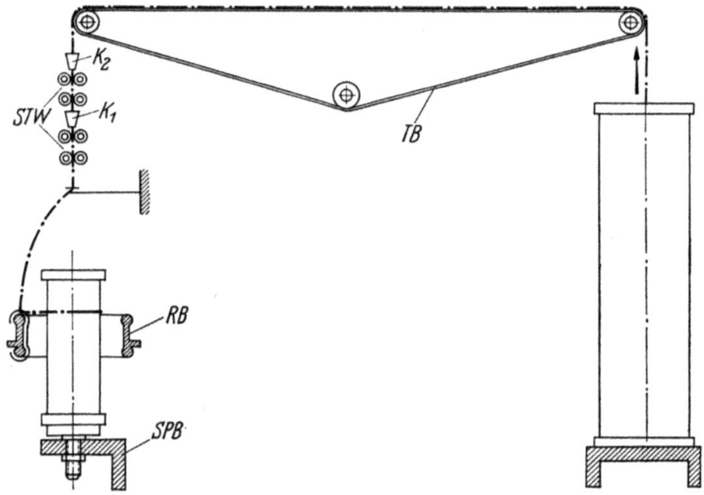

Abb. 249. Vorgarntwister nach FRENZEL
K_1, K_2 Verdichter; *RB* feststehende Ringbank; *SPB* bewegliche Spindelbank; *STW* Zweizonen-Streckwerk; *TB* Transportband

er als Decordisator-System bezeichnete [*52, 53, 54*]. Die Arbeitsweise dieses Verfahrens beruht auf folgender Überlegung:

Das Streckenband wird nicht — wie es bei dem klassischen Spinnverfahren der Fall ist — zu einem verzugsfähigen Vorgarn mit schwacher Drehung verarbeitet. Es erhält vielmehr auf dem zu diesem Verfahren entwickelten Vorgarntwister so viel Drehung, daß es sich nicht mehr verziehen läßt. Auf der Feinspinnmaschine wird das hartgedrehte Vorgarn durch den sogenannten Decordisator wieder völlig aufgedreht und im ungedrehten Zustand als Band mit parallel liegenden Fasern dem Eingangswalzenpaar der Feinspinnmaschine zugeführt. Die Funktion des Flyers übernimmt hier der Vorgarntwister (Abb. 249). Dieser Maschine wird normales Streckenband vorgelegt. Um Fehlverzüge bei der Entnahme des Streckenbandes zu vermeiden, werden die Kannen auf ein Podest gestellt. Sie stehen dicht unter der Umlenkrolle eines endlosen Transportbandes *TB*. Dieses führt das Streckenband einem senkrecht angeordneten Zweizonen-Hochverzugs-Streckwerk zu. Die Geschwindigkeiten der Eingangswalzen

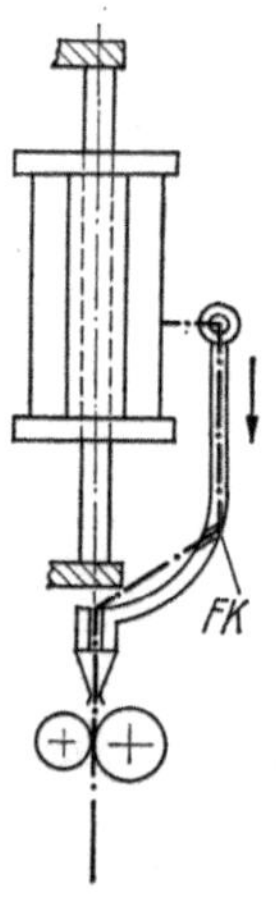

Abb. 250
Aufdrehapparat „Decordisator“ nach FRENZEL
FK umlaufende Fadenklemme

und des Transportbandes sind gleich. Das Material wird im Ringspinnverfahren so hart gedreht, daß es sich nicht mehr verziehen läßt. Schließlich wird es auf eine große Scheibenspule aufgewunden. Um die Höhe des Fadenballons während des Spinnens konstant zu halten, steht die Ringbank *RB*, während sich die Spindelbank *SPB* auf- und abbewegt. Die Spindeln laufen mit 2200 bis 3000 U/min.

Das auf dem Twister hergestellte Vorgarn kann auf der Ringspinnmaschine wegen der hohen Drehung nicht ohne weiteres versponnen werden. Aus diesem Grund wird die Lunte vor dem Eintritt in das Eingangswalzenpaar des Streckwerkes durch eine entgegengesetzt zur Vorgarndrehung umlaufende Fadenklemme so lange wieder aufgedreht, bis alle Fasern im Band parallel liegen. Der hierzu entwickelte Aufdrehapparat, der Decordisator, ist in der Abb. 250 schematisch dargestellt. Die vollständige Verzugseinrichtung der Ringspinnmaschine ist in der Abb. 251 veranschaulicht.

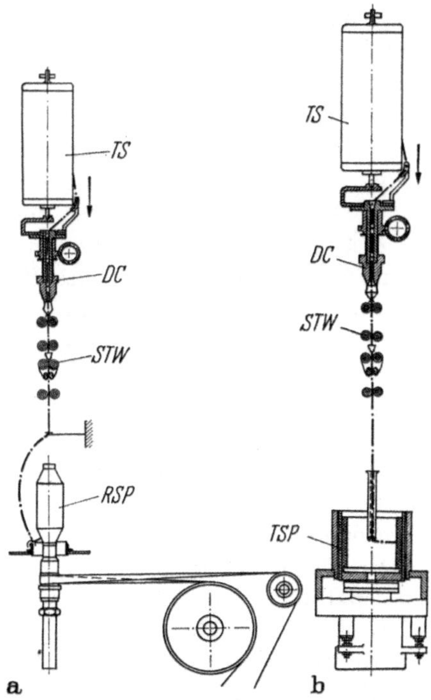

Abb. 251 a u. b
Decordisator-Spinnmaschine von FRENZEL
a Ringspinnmaschine; b Zentrifugenspinnmaschine
DC Decordisator; *RSP* Ringspindel; *STW* Zweizonen-Streckwerk mit Verdichter und Doppelriemchen; *TS* Twist-Spule; *TSP* Topfspindel

Nach dem Decordisator passiert das Material ein Zweizonen-Hochverzugs-Streckwerk, dessen Hauptverzugsfeld mit einem Riemchenpaar bestückt ist. Die Streckfeldebene verläuft auch hier, wie beim Vorgarntwister, in vertikaler Richtung, so daß die Twistlunte ungebrochen zugeführt wird. Das Garn kann je nach Wahl mit einer Ringspindel oder mit einer Topfspindel gesponnen werden. Der Gesamtverzug auf der Decordisator-Spinnmaschine wird für ein Garn der Nummer Nm 34 mit 20fach angegeben. Der Spinnbereich geht bis zur Nummer Nm 60. Die Topfspindel erreicht eine Tourenzahl von 20000 U/min.

2.5.5 Die Beurteilung des flyerlosen Spinnverfahrens

Auf den folgenden Seiten werden die Vor- und Nachteile der verschiedenen Bandvorlagen besprochen. Dann folgt ein Überblick über die Maßnahmen zur Einführung des flyerlosen Spinnverfahrens. Anschließend wird auf die Qualität der erzeugten Garne und auf die Wirtschaftlichkeit des Verfahrens hingewiesen.

2.5.5.1 Die verschiedenen Formen der Bandvorlage

2.5.5.1.1 Die Flyerspule. Das Fassungsvermögen der Flyerspule beträgt nicht mehr als 2,2 kg (bei einer Spindelteilung von 170 bis 260 mm). Hierfür ist ein Hub von 360 mm erforderlich. Die Vorzüge der Flyerspule sind:

a) Die Hülse ist billig in der Anschaffung.

b) Die Spulen sind bequem auf Vorrat zu halten.

c) Der Transport der Spulen ist einfach.

d) Die Spulen sind gut auf dem Gatterbrett zu lagern.

e) Die leichte Drehung der Flyerlunte verhindert einen Fehlverzug beim Abwickeln und wirkt sich flugmindernd aus.

2.5.5.1.2 Der Kreuzwickel. Einige Firmen haben vorgeschlagen, Kreuzwickel als Vorlage für die Ringspinnmaschinen zu verwenden. Es sind die Firmen:

Sächsische Maschinenfabrik vorm. R. Hartmann AG.,
Maschinenfabrik H. Weller, ehem. Firma Pfenningsberg,
Deutscher Spinnereimaschinenbau Ingolstadt (DRP 522454 von 1931, patent. vom 25. 11. 1928 an) und
Tweedales & Smalley Ltd.

Die Länge der Spulen beträgt etwa 350 mm, ihr Fassungsvermögen maximal 4 bis 5 kg Faserband. Bei dem System der Maschinenfabrik H. Weller, ehem. Firma Pfenningsberg, wird ein geteiltes Streckenband auf die Spule gewunden.

Die bei Kreuzwickeln übliche Falschdrahtgebung ist an sich ein Nachteil, weil nach einer gewissen rechtsgedrehten Länge eine ungedrehte Stelle folgt, ehe die entgegengesetzte Drehung aufgebracht wird. Wenn diese Stelle auch sehr kurz gehalten werden kann, so ist sie durch Fehlverzüge doch besonders gefährdet. Außerdem laufen die schweren Spulen im Gatter ungleichmäßig. Daraus ergeben sich zwei weitere Fehler: Wenn die Spulen voreilen, rutschen die Lagen der Streckenbänder häufig ab; wenn die Spulen zurückbleiben, entstehen leicht Fehlverzüge.

Die Kreuzwickel sind sehr empfindlich gegen Beschädigungen. Der Transport ist daher schwierig. Die Wickel sind auch schlecht lagerungsfähig. Wegen des relativ geringen Fassungsvermögens müssen die Wickel an der Strecke öfter gewechselt werden als beispielsweise Kannen. Es entsteht eine Verteuerung des Spinnprozesses entweder durch den herabgesetzten Wirkungsgrad der Strecke oder, wenn man die Strecke unverändert belassen will, durch die notwendige Einschaltung einer besonderen Bandwickelmaschine in den Spinnprozeß. Bei einer Vorlage von Wickeln können jedoch gleichmäßigere Garne hergestellt werden als bei einer Vorlage des Bandes in Kannen. Das Wickelband ist dichter und glatter als das Kannenband. Es wird beim Abziehen nicht aufgerauht.

2.5.5.1.3 In Kannen abgelegtes Streckenband. In Kannen abgelegtes Streckenband nimmt mindestens 3- bis 5mal so viel Raum im Gatter ein wie die Flyerlunte. Wegen der geringen Haftfestigkeit der ungedrehten Streckenbänder können diese nur bis zur Nummer Nm 0,3 bei der Ablage als Einfachband und bis zur Nummer Nm 0,6 bei einer Bandteilung verstreckt werden. Es ergeben sich daher bei der Herstellung eines Garnes sehr hohe Verzüge:

Nm 34: Verzüge von 114- bzw. 57fach,
Nm 120: Verzüge von 400- bzw. 200fach.

Die Kannenspinnmaschinen sind je nach der Konstruktion des Streckwerks 40 bis 120% teurer als die üblichen Ringspinnmaschinen. Es ergeben sich konstruktive Schwierigkeiten, wenn die Spindelteilung klein gehalten werden soll. Außerdem ist das Gatter unübersichtlich. Die Bedienung wird erschwert. Da die Bänder einen relativ langen Weg bis zum Streckwerk zurücklegen müssen, sind Fehlverzüge nur schwer zu vermeiden.

Kleine Spinnkannen

Kleine Spinnkannen verwenden die Firmen Abbot, Maschinenfabrik H. Weller, ehem. Firma Pfenningsberg, und die Firma OM-Spinning Machine Co. Ltd. Die Kannen sind etwa 300 mm hoch und fassen etwa 1,2 kg Faserband. Im Vergleich zu den Flyerhülsen sind die Kannen, die aus Blech gefertigt werden, teurer in der Anschaffung. Sie sind sehr stoßempfindlich und nehmen, wenn sie leer sind, viel Platz zum Lagern ein. Außerdem erhöhen sie die Transportkosten. Die Verwendung der kleinen Kannen verteuert den Spinnprozeß.

1. Es muß an der Strecke dreimal so häufig gewechselt werden wie bei normal großen Kannen (verminderter Wirkungsgrad).

2. Wird ein Kannenrevolver eingebaut, erhöhen sich die Investitionskosten.

Die kleinen Kannen vereinfachen allerdings die Konstruktion der Spinnmaschine. Werden auf der Kannenspinnmaschine nur grobe Garne hergestellt — das ist heute meist der Fall —, so müssen die kleinen Kannen häufig ausgetauscht werden.

Normal große Streckenkannen

Viele Firmen verwenden Streckenkannen von normaler Größe. Das Material kann in klimatisierten Räumen lange Zeit lagern, ohne sich zu verändern. Es läuft auch nach langem Liegen gut ab. Die Kannen sind in der Regel 900 mm hoch und haben einen Durchmesser von 12″. Sie fassen etwa 7 kg Band. Von Nachteil sind die erhöhten Raumkosten, die durch die größeren Maschinen bedingt sind. Der Bandvorrat, der für eine 400spindelige Maschine etwa 2800 kg Streckenband betragen kann, erhöht die Durchlaufzeit einer Partie durch die Spinnerei. Die Kannenspinnmaschine ist nur für große Partien geeignet, da bei der Verarbeitung kleiner Partien die Disposition sehr schwierig wird. Auf der anderen Seite braucht man die Kannen nur selten auszuwechseln. Soll ein Garn der Nummer Nm 34 gesponnen werden, reicht der Vorrat einer Kanne für 350 Stunden Spinnzeit.

2.5.5.2 Technische Voraussetzungen im Vorwerk der Spinnerei. Wesentlich höhere Anforderungen als das klassische Spinnverfahren stellt das flyerlose Spinnverfahren an das Vorwerk. Oberster Grundsatz ist: größtmögliche Gleichmäßigkeit des Streckenbandes. Beim Spinnen nach dem klassischen Verfahren werden die im Vorwerk hervorgerufenen Ungleichmäßigkeiten des Wickels oder Bandes durch häufiges Dublieren wenigstens teilweise eliminiert. Den Ausschlag für die Qualität des gesponnenen Garnes geben die in der Flyerei hervorgerufenen Fehler. Das Garn ist „flyergeprägt“. Beim flyerlosen Spinnverfahren dagegen wirken sich nur die im Vorwerk — und natürlich auf der Ringspinnmaschine — entstandenen Fehler auf die Eigenschaft des Garnes aus, weshalb dieses Garn als „vorwerkgeprägt“ bezeichnet werden kann. Da die im Streckenband vorhandenen Fehler nicht mehr ausgemerzt werden können, muß bei der Einführung eines flyerlosen Spinnverfahrens das Streckenband besonders gleichmäßig sein. Die Fasern müssen gestreckt sein und parallel zur Bandachse liegen.

Man erreicht dies

1. durch ein sorgfältiges Zusammenstellen der Mischung,
2. durch eine möglichst gleichmäßige Auflösung des Materials,
3. durch eine gleichmäßige Kardenvorlage und
4. durch die richtige Wahl der Verzugsrichtung.

Die zulässigen Gewichtsschwankungen innerhalb eines Wickels sollten kleiner als 1,5% sein, die Abweichungen der Wickelgewichte untereinander kleiner als 1%.

2.5.5.3 Die Qualität der auf Höchstverzugs-Streckwerken gesponnenen Garne. Die Festigkeitswerte der Garne, die nach dem flyerlosen Spinnverfahren hergestellt werden, liegen oftmals höher als die Werte der nach dem konventionellen Verfahren gesponnenen Garne (3 bis 6%). Für mittlere und größere Längen erhält man bei dem flyerlosen Spinnverfahren eine genauso gute Garngleichmäßigkeit wie beim klassischen Spinnsystem. Dagegen wird die Gleichmäßigkeit für kurze Längen in der Regel schlechter. Bei einer guten Vorbereitung, bei einer geeigneten

Vorlage, durch die Wahl des richtigen Streckwerkes und durch eine geeignete Verzugsaufteilung ist es jedoch möglich, nach dem flyerlosen Spinnverfahren ein ebenso gleichmäßiges Garn herzustellen wie nach dem klassischen Spinnverfahren.

Die Wirtschaftlichkeit

Den Ausschlag für die Einführung eines Verfahrens gibt die Wirtschaftlichkeit. Sie ist im wesentlichen von folgenden Faktoren abhängig:

1. Von der Anzahl der am Spinnprozeß beteiligten Maschinen.
2. Von der Arbeitszeit, in der 1 kg eines Garnes hergestellt werden kann.
3. Von dem Energiebedarf.
4. Von dem zur Aufstellung der Maschinen notwendigen Platz- (Raum-) Bedarf.
5. Von den Anlagekosten.
6. Von der Durchlaufzeit des Spinngutes.

Die Meinungen über die Wirtschaftlichkeit des flyerlosen Spinnverfahrens gehen auseinander. Tatsache ist jedoch, daß sich das flyerlose Spinnverfahren in Deutschland bislang nicht durchsetzen konnte [55].

2.6 Die Streckwerke in der Baumwollvorspinnerei

Die bisher für die Verarbeitung von Baumwolle angeführten Streckwerke werden fast ausschließlich für Spinnmaschinen verwendet. Für die Strecken und Flyer wurden spezielle Streckwerke entwickelt, die sich nur in einigen Fällen wesentlich von den bislang angeführten Streckwerken unterscheiden.

2.6.1 Die Streckwerke der Strecken

Bis vor wenigen Jahren wurden an den Strecken fast ausschließlich Vierwalzen-Streckwerke verwendet (Abb. 252). Auf den vier geriffelten Unterwalzen ruhten vier Druckwalzen, die mit Kunststoff bezogen waren. Der Gesamtverzug entsprach etwa der Dublierung. Der Verzug wurde von den Eingangs- zu den Ausgangswalzen hin vergrößert. Die Streckfeldweiten nahmen in Richtung des Faserflusses ab.

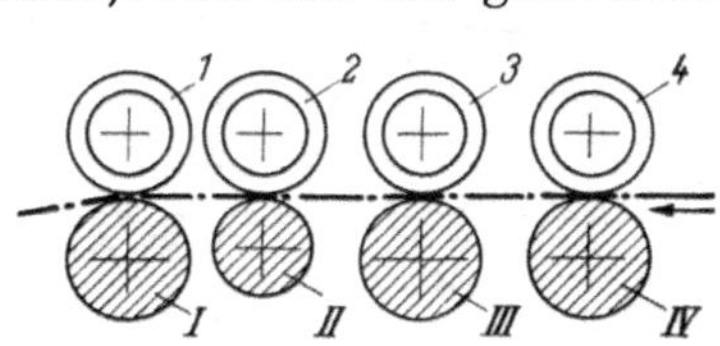

Abb. 252
Vier-über-Vier-Streckwerk für Strecken

In neuerer Zeit wurde die Verzugsaufteilung wesentlich verändert. Versuche des Shirley-Instituts ergaben, daß das verzogene Band gleichmäßiger ist, wenn im Mittelfeld nur ein Anspannverzug gewählt wird. Der Verzug im Eingangsfeld beträgt etwa 1,5- bis 2fach. Aus dieser Erkenntnis heraus wurde das sogenannte Drei-über-Vier-Streckwerk entwickelt, das in der Abb. 253 veranschaulicht ist. Der Abstand der Walzen *II* und *III* ist nicht verstellbar. So können nur noch die Streckfelder am Eingang und am Ausgang der Stapellänge des zu verarbeitenden Materials angepaßt werden. Die kleineren Mittelwalzen liegen höher als die äußeren Walzen. Dadurch werden die Fasern besser von den Unterwalzen geführt.

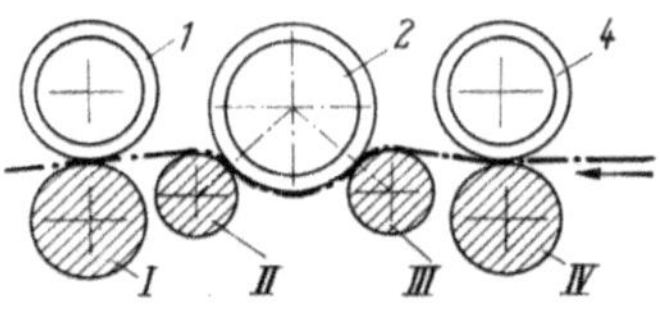

Abb. 253. Drei-über-Vier-Streckwerk für Strecken

Ein von den üblichen Konstruktionen abweichendes Streckwerk entwickelte die Firma T. M. M. (Research) Ltd. (BP 818093 von 1957; Abb. 254). Es ist senkrecht angeordnet und besitzt drei Walzenpaare. Die Belastung der Druckwalzen erfolgt über Federn. Vor dem Ausgangswalzenpaar *I*/*1* ist ein Verdichter *K* angebracht.

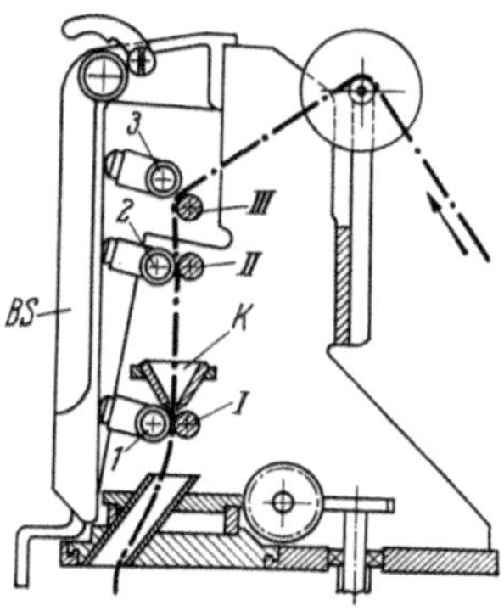

Abb. 254. Streckwerk für Baumwollstrecken der Firma T. M. M. (Research) Ltd. — BP 818093 vom 8. 8. 1957

BS Belastungssattel; *K* Verdichter

Die Firma Saco-Lowell Shops verwendet an ihrer „Versa-Matic“-Strecke das in der Abb. 255 dargestellte Streckwerk. Während beim Drei-über-Vier-Streckwerk die Druckwalze *2* auf beiden Mittelwalzen aufliegt, berührt bei diesem Streckwerk die Druckwalze *3* die Walze *II* nicht.

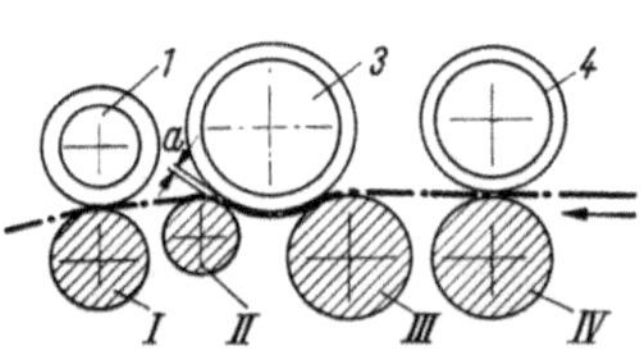

Abb. 255. Drei-über-Vier-Streckwerk nach SHAW (Saco-Lowell Shops)
a Abstand der Walzen *II*/*3*

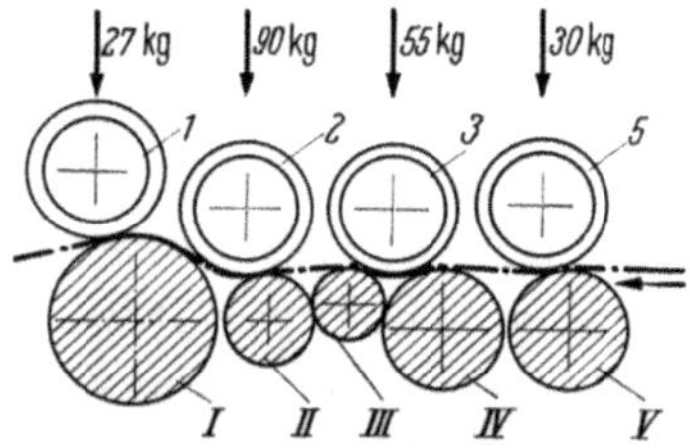

Abb. 256. Vier-über-Fünf-Streckwerk für Strecken der Firma Whitin Machine Works — BP 751817 vom 4. 6. 1954

Der Abstand *a* der beiden Walzen voneinander beträgt jedoch nur Bruchteile eines Millimeters. Durch die Reibung an der Walze *II* sollen die Fasern besonders gut geführt werden.

Die Firma Whitin Machine Works stattet ihre Schnelläuferstrecke „Even-Draft“ mit einem Vier-über-Fünf-Streckwerk aus (Abb. 256).

Bei diesem Streckwerk ist nur im Eingangs- und im Mittelfeld ein Verzug möglich. Die beiden Walzenpaare *I/1* und *II/2* bilden eine feste, unverrückbare Einheit, ebenso die Walzen *III/IV/3*. Das Streckwerk soll für die Verarbeitung aller Fasertypen geeignet sein. Die maximale Liefergeschwindigkeit wird mit 240 m/min angegeben.

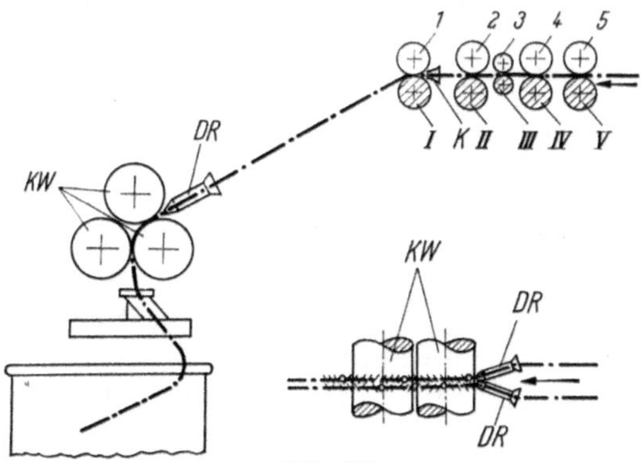

Abb. 257
Streckwerk für Baumwollstrecken der Firma Deutscher Spinnereimaschinenbau Ingolstadt – DBP 1023376 von 1958, patent. vom 14. 5. 1952 an
DR Drehröhrchen; *K* Verdichter; *KW* Kalanderwalzen

Die Firma Deutscher Spinnereimaschinenbau Ingolstadt beschreibt in ihrem Patent DBP 1023376 von 1958 (Abb. 257) ein Fünfwalzen-Streckwerk, dem ein Drehröhrchen *DR* nachgeschaltet ist. Der erteilte schwache Falschdraht festigt und glättet das Band. Garne der Nummer Nm 140 sollen auf diese Weise mit einer Strecken- und mit einer Flyerpassage gefertigt werden können [*56*]. Je zwei verzogene Faserbänder werden zusammengefaßt, von drei Kalanderwalzen *KW* verdichtet und in

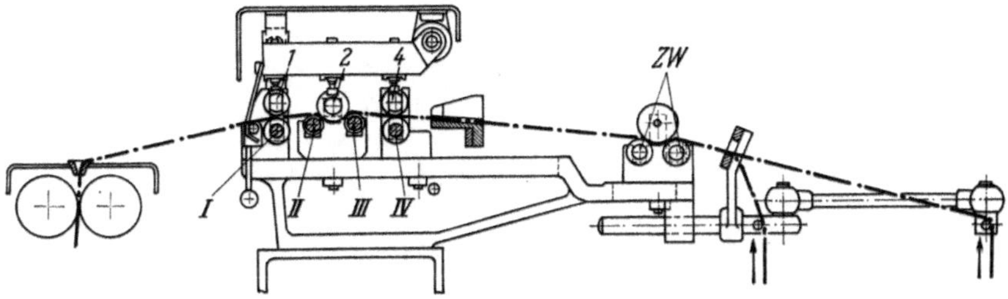

Abb. 258. Drei-über-Vier-Streckwerk für die Schnelläuferstrecke SBS 1 der Firma Spintex Spinnerei-Maschinenbau
ZW Zuführwalzen

die Kanne abgelegt. Der Durchmesser der Walzen *III* und *3* ist geringer als der Durchmesser der übrigen Walzen. Den Ausgangswalzen ist ein Verdichter *K* vorgelagert. In der Praxis wurde die Strecke, die auch DSI-KRUSE-Strecke genannt wird, mit einem Vier-über-Fünf-Streckwerk ausgestattet.

Neben einigen anderen Firmen (Platt Bros. (Sales) Ltd., Maschinenfabrik Rieter AG.) baut auch die Firma Spintex Spinnerei-Maschinenbau ein Drei-über-Vier-Streckwerk (Abb. 258). Die Zuführwalzen *ZW* legen das Faserband dem Streckwerk vor. Es können Fasern bis zu einer Stapellänge von 60 mm verarbeitet werden. Die maximale Liefergeschwindigkeit beträgt 120 m/min.

Die Firma Howa Machinery stattet ihre Schnelläuferstrecke wahlweise mit einem Fünf-über-Fünf- oder Vier-über-Fünf-Streckwerk aus.

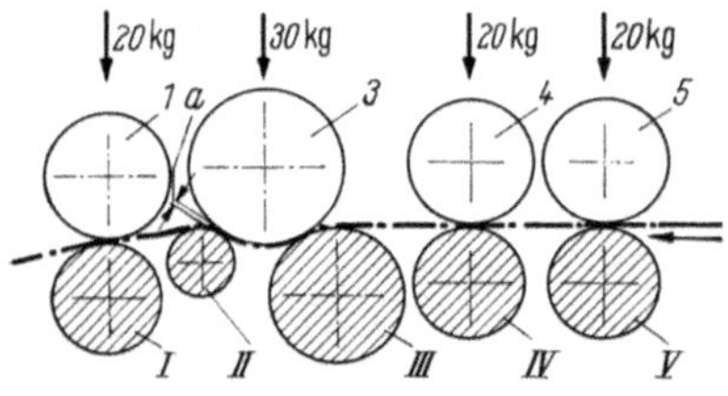

Abb. 259. Vier-über-Fünf-Streckwerk der Firma Howa Machinery

a = 0 mm für Baumwolle mit einer Stapellänge unter 25 mm; *a* = 0,2 mm für Baumwolle mit einer Stapellänge über 25 mm; *a* = 0,8 mm für Baumwolle mit einer Stapellänge über 40 mm

Die Konstruktion des Vier-über-Fünf-Streckwerkes (Abb. 259) gleicht dem Shaw-Streckwerk der Firma Saco-Lowell Shops.

Die Firma Marzoli & C. stellt ebenfalls ein Vier-über-Fünf-Streckwerk her, das in der Abb. 260 im Schema veranschaulicht ist. Die Walzen *III* und *IV* bilden mit der Druckwalze *3* eine Einheit. Der Verzug kann auf drei Zonen verteilt werden. Die Belastung der Druckwalzen erfolgt durch Federn.

Mit dem Streckwerk ER-33 der Firma Société Alsacienne de Constructions Mécaniques (SACM) läßt sich eine maximale Liefergeschwindigkeit von 250 m/min erreichen (Abb. 261). Es können Fasern bis zu einer Stapellänge von 80 mm Länge verarbeitet werden. Das Streckwerk hat vier Unter- und vier Druckwalzen, die zusammen zwei Verzugszonen bilden. Die Druckwalze *2* bildet mit den Walzen *II* und *III* eine Einheit. Charakteristisch ist die Unterwalze *I*, die einen großen Durchmesser besitzt und auf der die Druckwalzen *1a* und *1b* laufen. Der Vorverzug liegt zwischen 1- und 2fach, der Hauptverzug zwischen 8- und 4fach. Die Belastung der Druckwalzen erfolgt durch Federn, die in einem Belastungsträger gelagert sind. Die Bänder werden von den

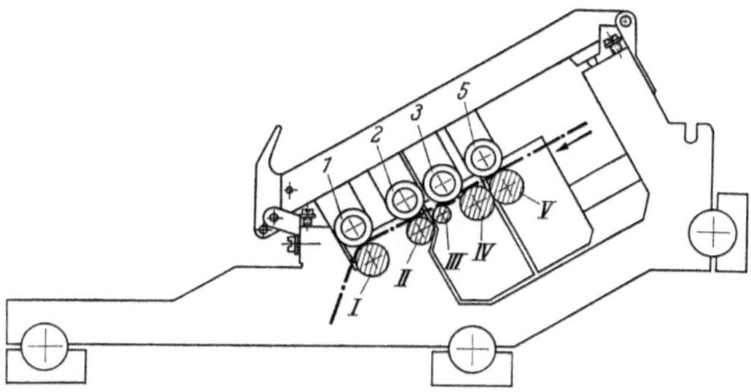

Abb. 260. Vier-über-Fünf-Streckwerk der Firma Marzoli & C.

Zuführwalzen *V*/*5* den Kannen entnommen und dem Streckwerk vorgelegt.

Ein Drei-über-Fünf-Streckwerk, ein sogenanntes Polar-Streckwerk, verwendet die Firma Maschinenfabrik Rieter AG. bei ihrer Hoch-

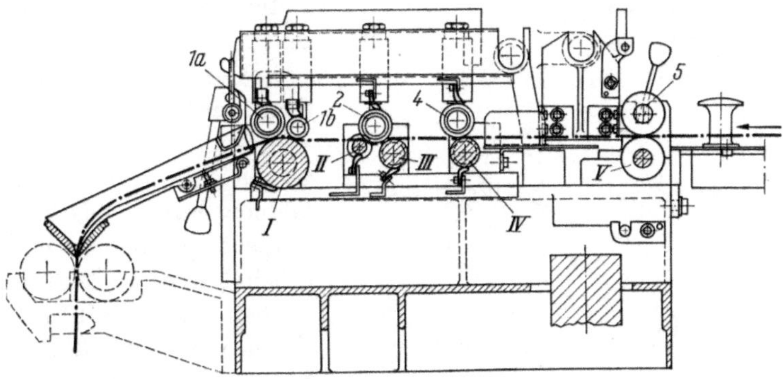

Abb. 261. Vier-über-Vier-Streckwerk ER-33 der Firma Société Alsacienne de Constructions Mécaniques (SACM)

leistungs-Strecke DO/2 (Abb. 262). Die Druckwalzen *1* und *3* arbeiten mit den Unterwalzen *I* und *II* bzw. *III* und *IV* zusammen. Die Stanzen der Walzengruppen *III*/*IV*/*3* und *V*/*5* sind auf einem kreisförmig ausgebildeten Ständer gelagert und können um den Mittelpunkt des Ständers geschwenkt werden. Der Abstand dieser Gruppen voneinander und von den Ausgangswalzen kann leicht variiert werden. Die Druckwalzen werden pneumatisch belastet.

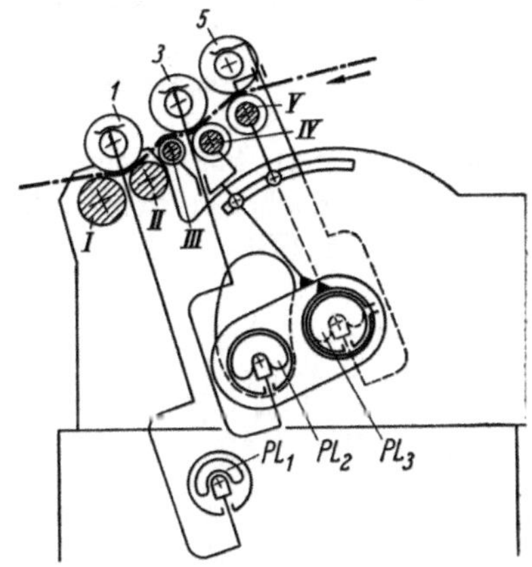

Abb. 262. Polar-Streckwerk der Hochleistungsstrecke der Firma Maschinenfabrik Rieter AG. – DBP 1116583 von 1961, patent. vom 31. 1. 1959 an PL_1 bis PL_3 Preßluftschläuche

Die Firma Platt Bros. (Sales) Ltd. entwickelte eine Hochleistungsstrecke, die mit einer „Druckstangen-Streckvorrichtung" ausgerüstet ist (Abb. 263). Die Ausgangswalze des Dreiwalzen-Streckwerks hat einen großen Durchmesser. Sie ist mit einer schraubenförmigen Riffelung versehen. Mit der mittleren Druckwalze ist eine feststehende, über die ganze Streckwerksbreite reichende Druckstange *DS* verbunden. Die Druckstange lenkt das Faserband je nach der Stellung der Druckwalze *2* mehr oder weniger stark aus. Auf dem Streckwerk können Baumwollbänder mit Fasern unterschiedlicher Stapellängen verzogen werden, ohne daß der Abstand der Walzen *I* und *II* verändert zu werden braucht. Es werden lediglich die Druckwalzen *1* und *2* auf den entsprechenden Unterwalzen verlagert. Dadurch verändern sich gleichzeitig die Verzugsfeldlänge und der Rückhalteabstand zwischen der Druckstange und dem vorderen Klemmpunkt. Die Belastung der Druckwalzen erfolgt über Federn. Es können Fasern bis zu einer Stapellänge von 63,5 mm verarbeitet werden. Die Verzüge reichen von 4- bis 10fach. Die Firma Platt Bros. (Sales) Ltd. hat zwei Streckentypen, deren maximale Liefergeschwindigkeiten 250 bzw. 450 m/min betragen, mit diesem Streckwerk ausgestattet.

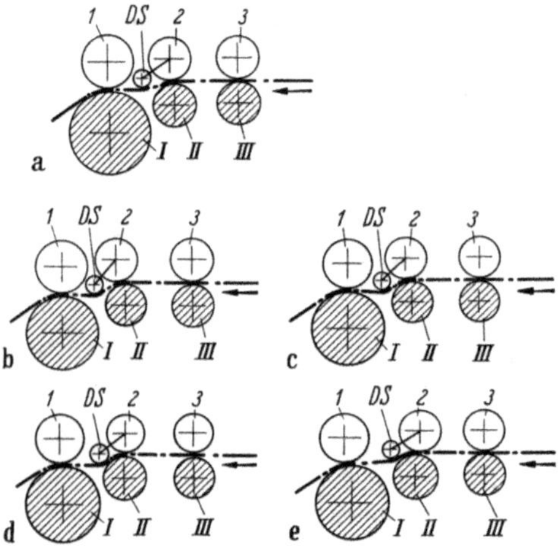

Abb. 263 a–e
Druckstangen-Streckwerk der Firma Platt Bros. (Sales) Ltd. In a–e sind die Stellungen der Druckstange *DS* sowie der Druckwalzen *1* und *2* für verschiedene Baumwollstapellängen angegeben
a Normale Arbeitsstellung; b Stapellänge 19 bis 25,4 mm; c Stapellänge 25,4 bis 31,8 mm; d Stapellänge 31,8 bis 38,1 mm; e Stapellänge 38,1 bis 44,5 mm
DS Druckstange

Die Firma S. O. M. Andreani & Co. stattet ihr Streckwerk in der vorderen Verzugszone mit einem Riemchenpaar aus (Abb. 264). Auf diesem Streckwerk sollen Fasern bis zu 90 mm Stapellänge verarbeitet werden können. Die Riemchen werden mit Hilfe von Walzen WW_1 und WW_2 umgelenkt und durch Spannrollen SPR_1 und SPR_2 gespannt. Die maximale Liefergeschwindigkeit der Strecke beträgt 300 m/min.

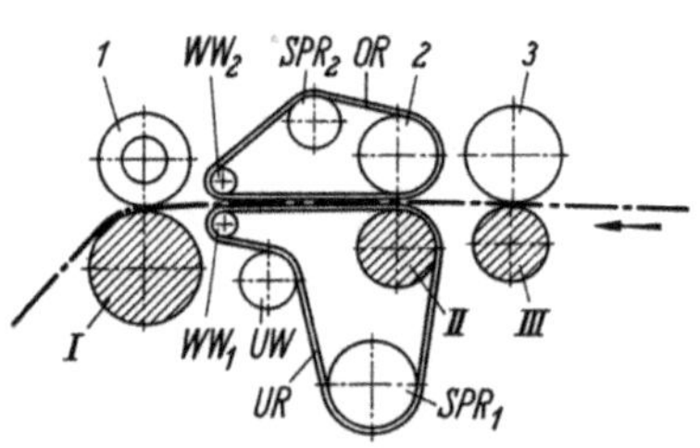

Abb. 264. Zweiriemchen-Streckwerk für Hochleistungsstrecken der Firma S. O. M. Andreani & Co.
OR Oberriemchen; SPR_1, SPR_2 Spannrollen; *UR* Unterriemchen; *UW* Umlenkwalze; WW_1, WW_2 Wendewalzen

Zweiriemchen-Streckwerke sind jedoch dort umstritten, wo große Fasermassen geführt werden müssen, z. B. an der Strecke oder am Flyer [*59*]. Wenn zwischen den beiden Riemchen ein dickes Faserband liegt, haben die Riemchen keinen direkten Kontakt miteinander. Der Antrieb des Oberriemchens erfolgt in diesem Fall über das Faserband.

2.6.2 Die Streckwerke der Flyer

Seit einigen Jahren werden in den Spinnereien fast ausschließlich Hochverzugsflyer eingesetzt. Mit dem Fortfall der Flyerstufen ergab sich gleichzeitig die Notwendigkeit, leistungsfähige Hochverzugs-Streckwerke für den Flyer zu entwickeln. In der Abb. 265 ist ein derartiges Hochverzugs-Streckwerk, ein Drei-über-Vier-Streckwerk der Firma Deutscher Spinnereimaschinenbau Ingolstadt, dargestellt. Das Mittelwalzentrio gewährleistet eine gute Klemmung der Fasern. Zur besseren Faserführung kann eine leichte Führungswalze *2a* zusätzlich auf die Walze *II* gelegt werden. Die Walzen *II* und *III* liegen etwas höher als die Eingangs- und die Ausgangswalze.

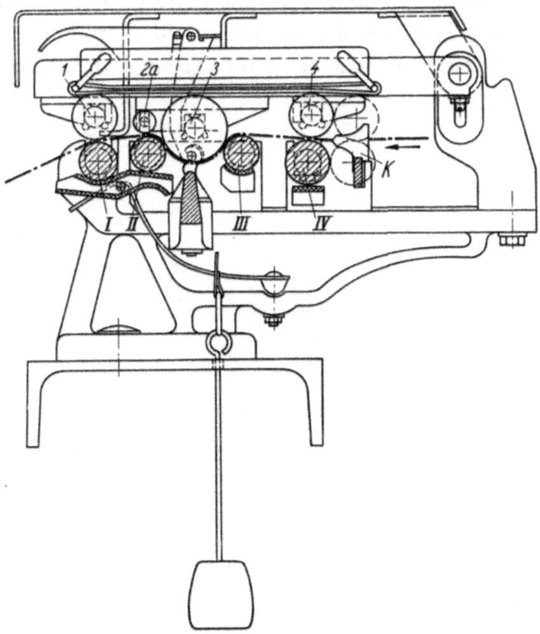

Abb. 265. Drei-über-Vier-Streckwerk für Flyer der Firma Deutscher Spinnereimaschinenbau Ingolstadt
K Verdichter

Die Firma Saco-Lowell Shops entwickelte im Jahre 1950 ein Vier-über-Fünf-Streckwerk für Baumwollflyer (BP 785137 von 1955; Abb. 266). Die Druckwalze *2* hat einen großen Durchmesser und ist auf den Unterwalzen *II* und *III* gelagert. Die Walze *II* ist sehr dünn. Die Belastung des Streckwerks erfolgt über Federn. Ein anderes Streck-

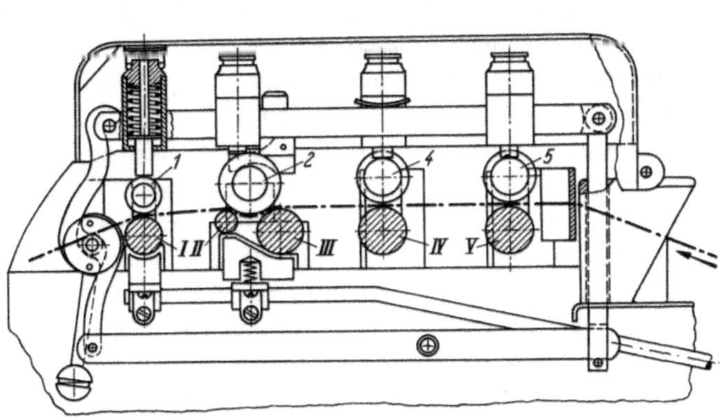

Abb. 266
Vier-über-Fünf-Streckwerk für Flyer der Firma Saco-Lowell Shops — BP 785137 vom 14. 6. 1955

werk der Firma Saco-Lowell Shops aus dem gleichen Jahre ist mit einem langen Unterriemchen ausgerüstet und besonders für die Verarbeitung synthetischer Fasern bis zu einer Stapellänge von 230 mm geeignet (Abb. 267). Das Unterriemchen *UR* läuft um die Walzen *II* und *IIa*, um die Spannrolle *SPR* und um die Wendeschiene *WS*. Die Fasern werden bis nahe an den Klemmpunkt der Ausgangswalzen

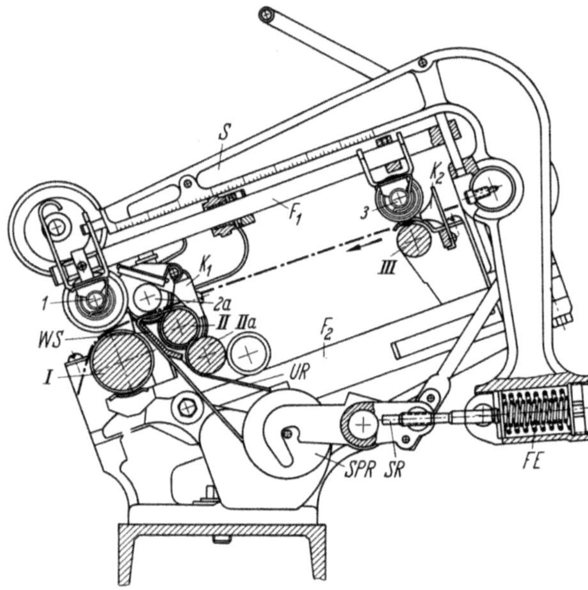

Abb. 267. Streckwerk für Flyer der Firma Saco-Lowell Shops — BP 740082 vom 6. 6. 1952
F_1, F_2 Führungen; *FE* Feder; K_1, K_2 Verdichter; *S* Sattel; *SR* Stellschraube; *SPR* Spannrolle; *UR* Unterriemchen; *WS* Wendeschiene

geführt. Die Durchzugswalze *2a* liegt zwischen der Walze *II* und der Wendeschiene *WS* auf dem Unterriemchen auf, das von der Spannrolle *SPR* gespannt wird. Die Druckwalzen *1* und *3* werden über den Sattel *S* durch eine Feder *FE* belastet. Mit Hilfe der Stellschraube *SR* kann der Belastungsdruck verändert werden. Die Eingangswalzen sind auf den Führungen F_1 bzw. F_2 verschiebbar. Vor den Eingangswalzen und vor der Verzugseinheit *II/2a* sind die Verdichter K_2 bzw. K_1 angebracht. Auf dem Streckwerk können auch Mischungen aus Wolle und Chemiefasern verarbeitet werden. Eine Ausführung des gleichen Streckwerks für die Bearbeitung von Baumwolle ist in der Abb. 268 dargestellt.

Im britischen Patent BP 727697 der Firma Hilaturas Ibericas S.A. ist ein Vier-über-Fünf-Streckwerk beschrieben, das auch Verwendung auf der Ringspinnmaschine finden kann (Abb. 269). Um Raum für die

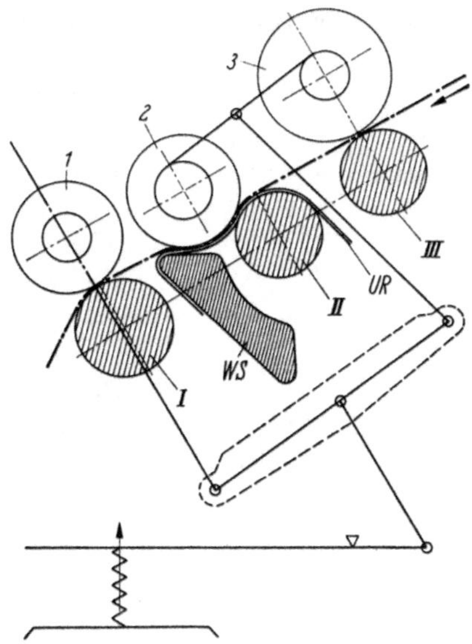

Abb. 268. Einriemchen-Streckwerk für Flyer nach SHAW (Saco-Lowell Shops)
UR Unterriemchen; *WS* Wendeschiene

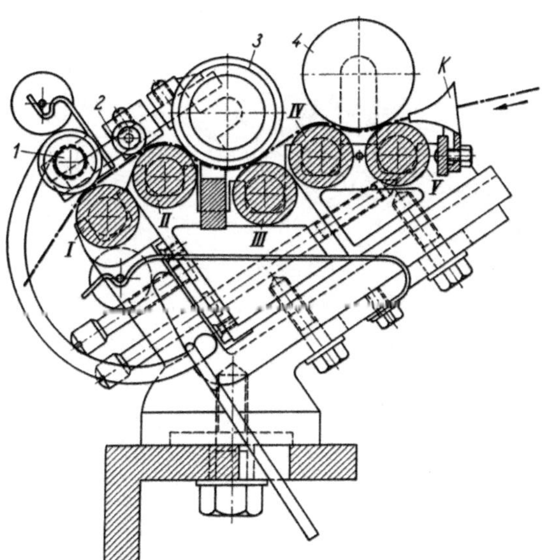

Abb. 269. Vier-über-Fünf-Streckwerk für Flyer der Firma Hilaturas Ibericas S. A. — BP 727697 vom 19. 12. 1952
K Verdichter

großen Druckwalzen *3* und *4* zu gewinnen, ist die Streckfeldebene mehrfach gebrochen. Die Fasern werden gut geführt. Die Walzen *II*, *III*, *2* und *3* sowie *IV*, *V* und *4* bilden jeweils eine Einheit, so daß nur zwei Verzugsfelder vorhanden sind.

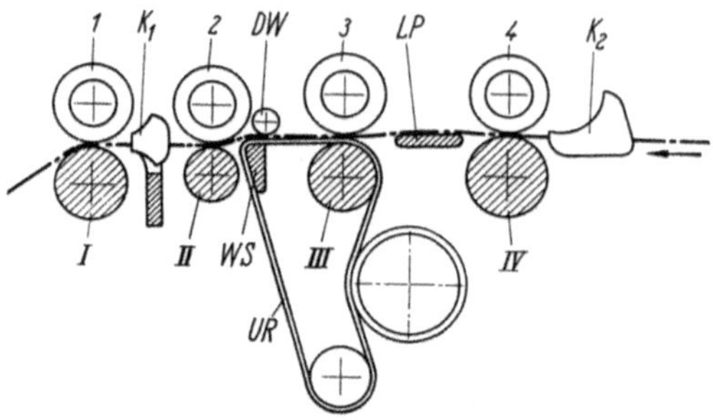

Abb. 270. Streckwerk für Flyer nach Toenniessen
DW Durchzugswalze; K_1, K_2 Verdichter; *LP* Leitplatte; *UR* Unterriemchen; *WS* Wendeschiene

Toenniessen [*14*] entwickelte ein Riemchen-Streckwerk für Flyer, das in der Abb. 270 dargestellt ist und auf dem bis zu 10fache Verzüge möglich sind. Im Vorverzugsfeld des Vierwalzen-Streckwerks befindet sich eine Leitplatte *LP*. Das mittlere Streckfeld ist mit einer Le Blan-Roth-Verzugsanordnung versehen. Im Hauptverzugsfeld ist ein Verdichter K_1 angebracht.

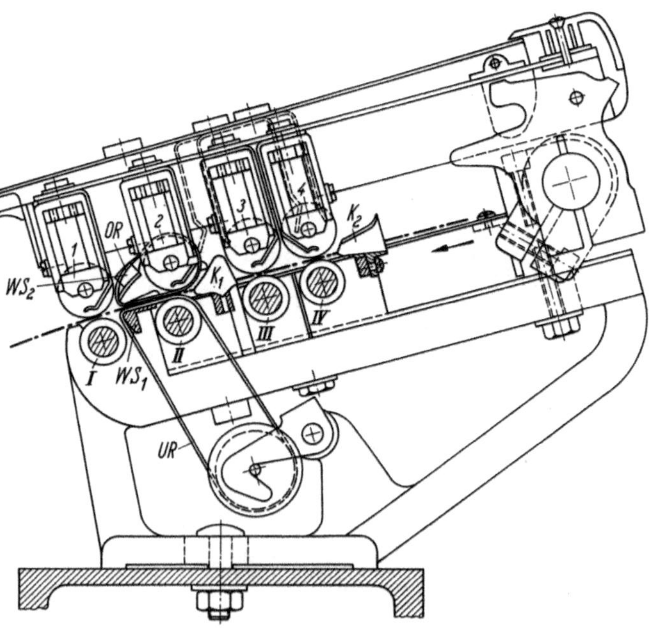

Abb. 271. Zweiriemchen-Streckwerk für Flyer der Firma Maschinenfabrik Rieter AG. [*19*]
K_1, K_2 Verdichter; *OR* Oberriemchen; *UR* Unterriemchen; WS_1, WS_2 Wendeschienen

Die Firma Maschinenfabrik Rieter AG. baut ein Zweiriemchen-Streckwerk, wie es in der Abb. 271 wiedergegeben ist. Vor den Walzenpaaren *II*/*2* und *IV*/*4* sind Verdichter K_1 bzw. K_2 angebracht. Federn belasten die Druckwalzen. Der günstigste Verzug liegt zwischen 12- und 30fach. Bei der Einstellung des Streckwerks ist sorgfältig darauf zu achten, daß das Hauptverzugsfeld nur 2 bis 3 mm länger als die Stapellänge der zu verarbeitenden Fasern ist.

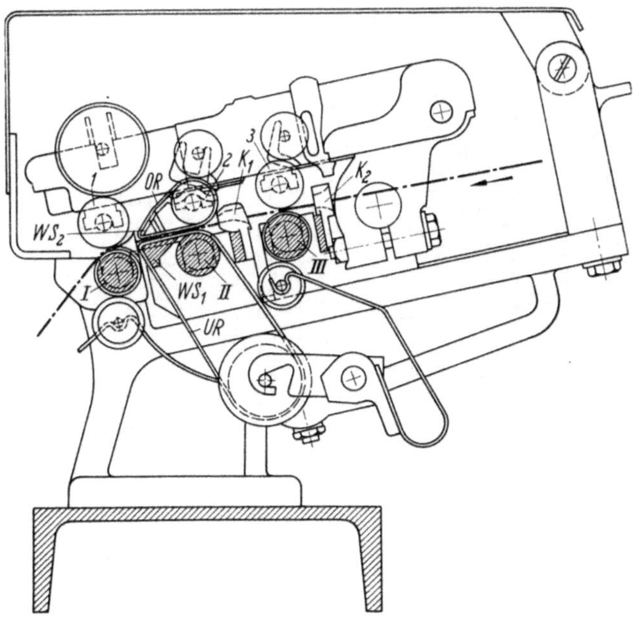

Abb. 272

Zweiriemchen-Streckwerk für Flyer der Firma Deutscher Spinnereimaschinenbau Ingolstadt
K_1, K_2 Verdichter; *OR* Oberriemchen; *UR* Unterriemchen; WS_1, WS_2 Wendeschienen

Ein Streckfeld weniger hat das Zweiriemchen-Streckwerk der Firma Deutscher Spinnereimaschinenbau Ingolstadt (Abb. 272). Es ermöglicht einen 14fachen Gesamtverzug.

Bei dem Vierwalzen-Zweiriemchen-Streckwerk der gleichen Firma kann der mögliche Verzug auf 20fach gesteigert werden (Abb. 273). Die Belastung wird von einem SKF-Pendelträger aufgebracht. Die Firma Deutscher Spinnereimaschinenbau Ingolstadt stellt außerdem ein Zweizonen-Streckwerk für Flyer her (Abb. 274). Sowohl die mittlere Zone, die eigentliche Verdichterzone, als auch das vordere Verzugsfeld haben einen Verdichter. Die Belastung wird entweder — wie es in der Abb. 274 dargestellt ist — durch einen Gleichdrucksattel *GS* (Gewichtsbelastung) oder durch einen SKF-Pendelträger PK 500 aufgebracht.

Das RFL-62-Streckwerk für Flyer der Firma Spintex Spinnereimaschinenbau (Abb. 275) gleicht im Aufbau dem Zweiriemchen-Streckwerk der Firma Deutscher Spinnereimaschinenbau Ingolstadt. Mit dem

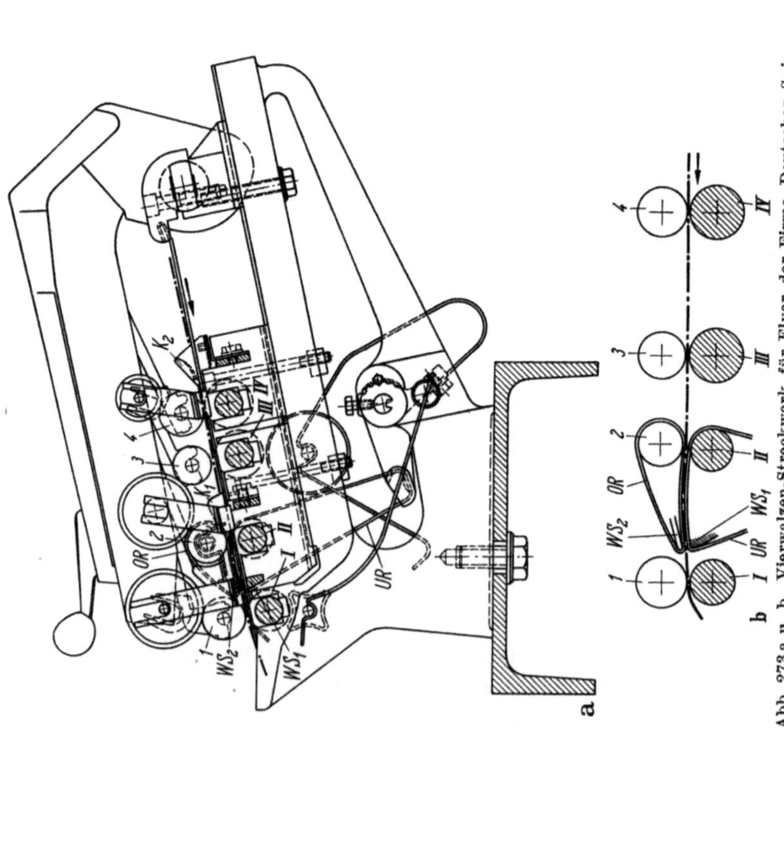

Abb. 273 a u. b. Vierwalzen-Streckwerk für Flyer der Firma Deutscher Spinnereimaschinenbau Ingolstadt
a Kurzstapelausführung; b Langstapelausführung
K_1, K_2 Verdichter; *OR* Oberriemchen; *UR* Unterriemchen; WS_1, WS_2 Wendeschienen

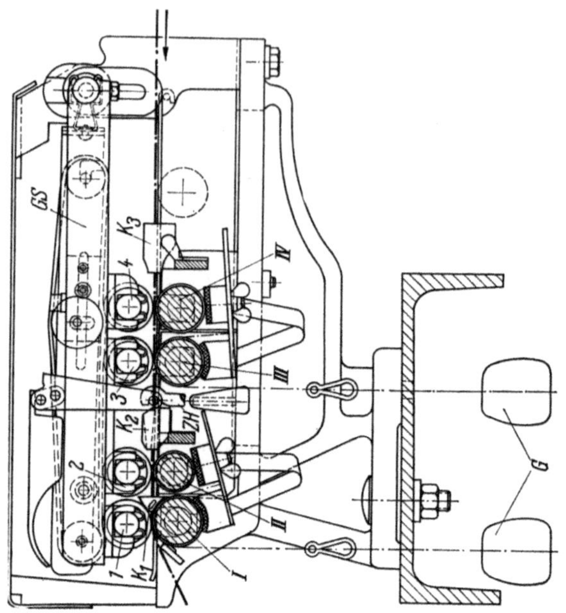

Abb. 274. Zweizonen-Streckwerk für Flyer der Firma Deutscher Spinnereimaschinenbau Ingolstadt
G Gewichte; *GS* Gleichdrucksattel; K_1 bis K_3 Verdichter; *ZH* Zughaken

RFL-62-Streckwerk lassen sich bis zu 17fache Verzüge durchführen. Die Firma Spintex Spinnereimaschinenbau gibt an, daß Verzüge unter 8fach die Gleichmäßigkeit der Lunten verschlechtern.

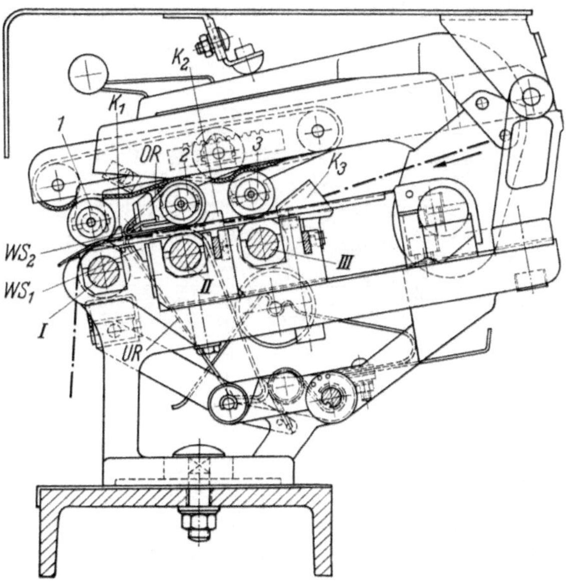

Abb. 275. RFL-62-Streckwerk für Flyer der Firma Spintex Spinnereimaschinenbau
K_1 bis K_3 Verdichter; *OR* Oberriemchen; *UR* Unterriemchen; WS_1, WS_2 Wendeschienen

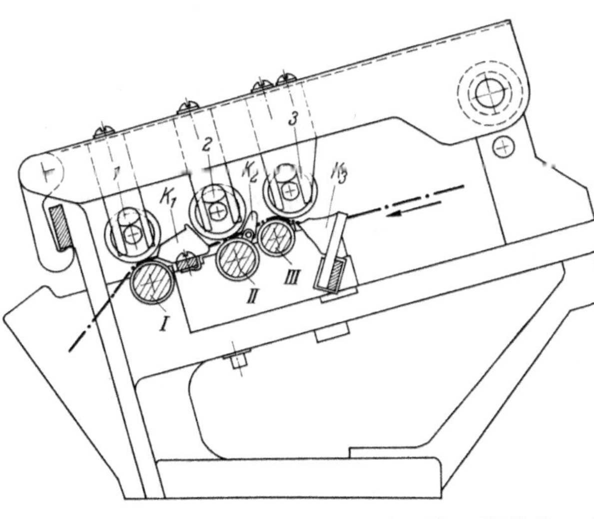

Abb. 276. Dreiwalzen-Klemmstreckwerk für Flyer der Firma Platt Bros. (Sales) Ltd.
K_1 bis K_3 Verdichter

Das Streckwerk für Flyer der Firma Platt Bros. (Sales) Ltd. hat eine gebrochene Streckfeldebene (Abb. 276). Die Eingangswalze *III* liegt höher als die beiden anderen Unterwalzen. Die Druckwalze *3* ist zusätzlich beträchtlich aus der Mitte verschoben, so daß sich die Fasern gut an den Umfang der Walze *III* anlegen können. Dadurch wird das

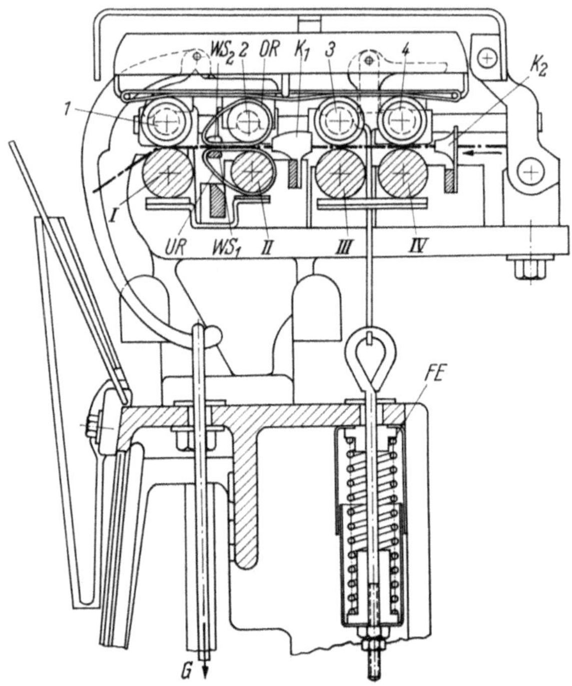

Abb. 277. Vierwalzen-Streckwerk für Flyer der Firma Howa Machinery
FE Belastungsfeder; *G* Belastungsgewicht; K_1, K_2 Verdichter; *OR* Oberriemchen; *UR* Unterriemchen; WS_1, WS_2 Wendeschienen

Faserrückhaltevermögen der Eingangswalzen verbessert. Sowohl vor den Eingangswalzen als auch im Vor- und im Hauptverzugsfeld sind Verdichter angebracht (Abb. 276).

Das Vierwalzen-Streckwerk für Flyer der Firma Howa Machinery (Abb. 277) ist dem Zweiriemchen-Streckwerk der Firma Maschinenfabrik Rieter AG. (Abb. 271) ähnlich.

Die Firma Casablancas entwickelte ein Fünfwalzen-Streckwerk, Modell U3 (Abb. 278a), das zwei Verzugszonen hat. Die Hauptverzugszone ist mit einem Riemchenpaar ausgestattet und besteht aus drei Walzenpaaren. Die Druckwalzen *2* und *3* sowie die Walzen *II* und *III* werden von je einem Riemchen umschlungen. Diese Walzen besitzen die gleiche Umfangsgeschwindigkeit. Die Belastung der Druckwalzen erfolgt über Sättel, auf die eine Feder wirkt. Die Druckwalzen *2* und *3* sind in einem Käfig, der gleichzeitig die Riemchen *OR* und *UR* führt, ge-

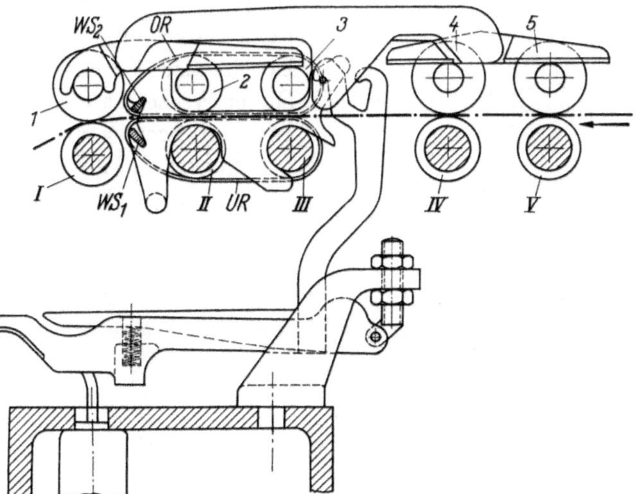

a

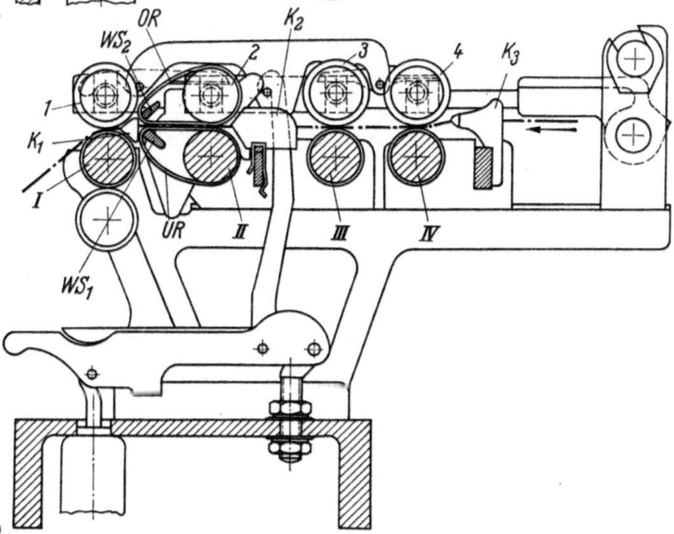

b

Abb. 278a u. b. U-3-Streckwerk für Flyer der Firma Casablancas
a Fünfwalzen-Streckwerk; b Vierwalzen-Streckwerk
K_1 bis K_3 Verdichter; *OR* Oberriemchen; *UR* Unterriemchen; WS_1, WS_2 Wendeschienen

lagert. Das Streckwerk wird auch in einer Vierwalzen-Ausführung geliefert (Abb. 278b), die ebenfalls zwei Verzugszonen hat. Die Vorverzugszone besteht aus zwei Walzenpaaren mit einem vorgelagerten Verdichter. Die Hauptverzugszone besitzt ein Riemchenpaar und einen

Verdichter K_1. Auch zwischen den Verzugszonen befindet sich ein Verdichter (K_2). Die Belastung der Druckwalzen erfolgt über Sättel.

Die Firma Société Alsacienne de Constructions Mécaniques (SACM) entwickelte ein Streckwerk für Flyer, das eine große mittlere Druckwalze *3* hat (Abb. 279.) Dieser Walze ist eine Druckwalze mit sehr geringem Durchmesser vorgelagert. Dadurch wird die Länge des Hauptverzugsfeldes klein. Die Druckwalze *3* liegt auf den Unterwalzen *II* und *III* auf.

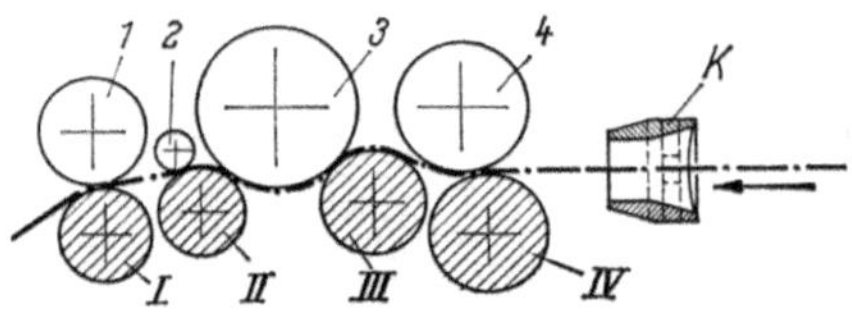

Abb. 279
Baumwoll-Streckwerk für Flyer der Firma Société Alsacienne de Constructions Mécaniques
K Verdichter

Die Druckwalze *4* ist zum Streckwerksausgang hin verschoben, so daß die Fasern im Vorverzugsfeld von der Walze *III* gut geführt

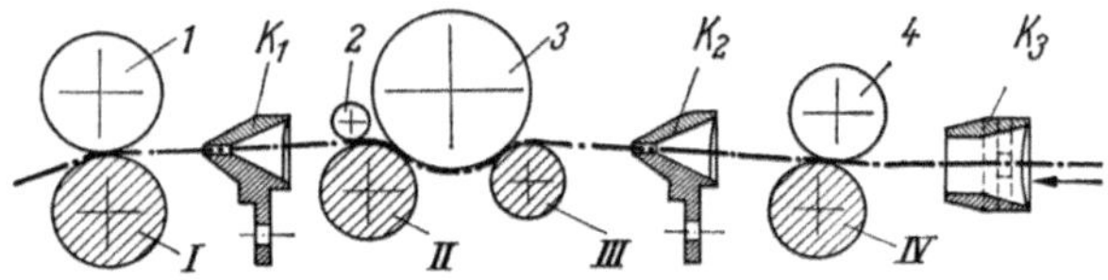

Abb. 280. Streckwerk für Flyer der Firma Société Alsacienne de Constructions Mécaniques, Ausführung für synthetische Fasern
K_1 bis K_3 Verdichter

werden. Für die Verarbeitung von synthetischen Fasern wurde das Streckwerk etwas verändert (Abb. 280). Die Walzenpaare sind weiter

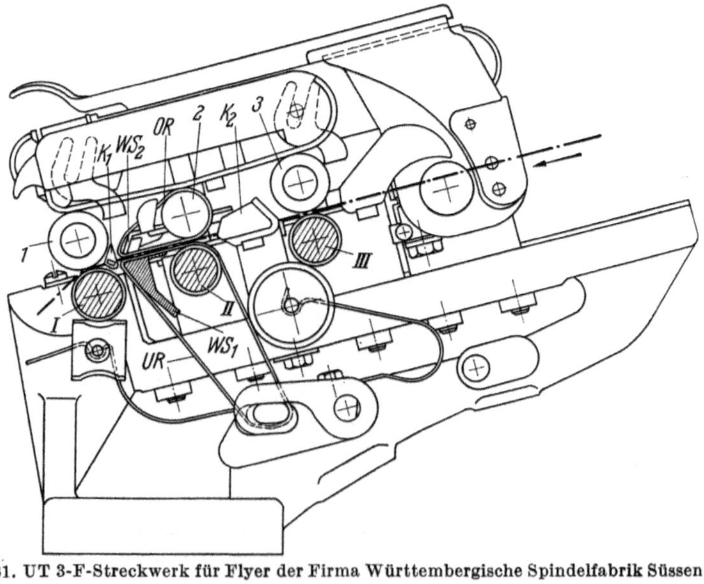

Abb. 281. UT 3-F-Streckwerk für Flyer der Firma Württembergische Spindelfabrik Süssen GmbH
K_1, K_2 Verdichter; *OR* Oberriemchen; *UR* Unterriemchen; WS_1, WS_2 Wendeschienen

voneinander entfernt. In jedem Verzugsfeld befindet sich ein Verdichter. Die Eingangsdruckwalze *4* ist entgegengesetzt zur Bandlaufrichtung versetzt.

Das UT 3-F-Streckwerk für Flyer der Firma Württembergische Spindelfabrik Süssen GmbH gestattet einen 20fachen Verzug. Es ist als Dreiwalzen-Zweiriemchen-Streckwerk ausgebildet (Abb. 281). Vor jedem Walzenpaar ist ein Verdichter angebracht. In der Hauptverzugszone werden die Fasern von einem Riemchenpaar geführt. Die Belastung der Druckwalzen erfolgt durch einen UT-Träger. Die Gesamtbelastung, die die Blattfeder des UT-Trägers aufbringt, beträgt 40 kg.

Literatur zu Kap. 2

[*1*] Brüggemann, H.: Theorie und Praxis der rationellen Spinnerei. T. 2: Allgemeines über Faservarbeitung und eingehendes Studium des zur Spinnerei nötigen Streckens der Fasermassen. Stuttgart: Arnold Bergsträsser Verlagshandlung 1898.

[*2*] Budnikow, I. W., N. J. Kanarski u. A. P. Rakow: Grundlagen des Spinnens. Bd. I. Berlin: VEB Verlag Technik 1955.

[*3*] Hassler, F.: Vom Spinnen und Weben. Deutsches Museum, Abhandlungen und Berichte 20 (1952) H. 3. München: R. Oldenburg. — Düsseldorf: Deutscher Ingenieur-Verlag.

[*4*] Johannsen, O.: Handbuch der Baumwollspinnerei. Bd. 1. Leipzig: Bernh. Friedr. Voigt 1948.

[*5*] Johannsen, O.: Das neue Durchzugsstreckwerk von Jannink. Leipziger Mschr. Textilind. 31 (1916) H. 8.

[*6*] Leimenstoll, R.: Einriemchen- oder Doppelriemchenstreckwerk. Melliand Textilber. 25 (1944) 40.

[*7*] Neue Erfindungen. Melliand Textilber. 20 (1939) 525.

[*8*] Neue Erfindungen. Melliand Textilber. 18 (1937) 393.

[*9*] Reinhardt, O.: Die Mittel der Faserführung bei den Hochverzugs-Streckwerken der Baumwollspinnerei. Melliand Textilber. 23 (1942) 581.

[*10*] Reinhardt, O.: Die Riemchen-Streckwerke der Baumwoll-Ringspinnmaschine. Melliand Textilber. 24 (1943) 8.

[*11*] Neue Erfindungen. Melliand Textilber. 20 (1939) 769.

[*12*] Interessantes für den Baumwollspinner auf der Textilmaschinenausstellung Manchester 1949. Textil-Praxis 4 (1949) 591.

[*13*] Simon, E.: Durch den Hochverzug zu rationelleren Arbeitsverfahren in der Baumwollspinnerei. Faserforsch. u. Textiltechn. 5 (1954) 475.

[*14*] Frenzel, W., u. K. Bettermann: Die Verkürzung der Faserverarbeitung in der Baumwollspinnerei. Faserforsch. u. Textiltechn. 7 (1952) 270.

[*15*] Casablancas GX 2-Streckwerk mit Oberarm-Belastung. Melliand Textilber. 39 (1958) 1069.

[*16*] Das neue Casablancas-System GX 2 für Ringspinnmaschinen. Textile Manufacturer 84 (1958) 304.

[*17*] Neuerungen an Spinnmaschinen. Melliand Textilber. 39 (1958) 134.

[*18*] Meyer, A.: Elsässisches Textilblatt 1914, H. 1.

[*19*] Johannsen, O., u. F. Walz: Handbuch der Baumwollspinnerei. Bd. 5 Berlin: Bernh. Friedr. Voigt 1956.

[20] Gegenwärtige Entwicklungstendenzen in Spinnereien. Textil- u. Faserstofftechnik 4 (1954) 136.
[21] WEGENER, W.: Das Kepa-Kurzspinnverfahren. Melliand Textilber. 34 (1953) 409, 501.
[22] WEGENER, W.: Das Kepa-Verfahren in der Baumwollfein- und Baumwollabfallspinnerei. Melliand Textilber. 36 (1955) 11, 129.
[23] KLINGER, S.: Untersuchungen am Kepa-Streckwerk. Melliand Textilber. 36 (1955) 132.
[24] WALZ, F.: Die neuere Entwicklung der Streckwerke. Textil-Praxis 8 (1953) 208.
[25] WEGENER, W.: Was muß der Spinner bei der Herstellung von Mischgespinsten beachten? Textil-Praxis 8 (1953) 283.
[26] OESER, W.: Ein neues Streckwerk für Abfall-Ringspinnmaschinen. Textil-Praxis 8 (1953) 1019.
[27] REINHARDT, O.: Das „Kepa"-Streckwerk in der Baumwollspinnerei. Textil-Praxis 10 (1955) 340.
[28] MUTSCHLER, H.: Praktische Erfahrungen mit Kepa-Streckwerken. Textil-Praxis 11 (1956) 228.
[29] ENGELMANN, J.: Hochverzugsstreckwerke. Leipziger Mschr. Textilind. 46 (1931) 83, 117.
[30] REINHARDT, O.: Das Kannenspinnverfahren. Melliand Textilber. 35 (1954) 971.
[31] LINDENMEYER, W.: Hochverzug in der Baumwollverarbeitung vom Rohstoff bis zum veredelten Gewebe. München und Berlin: R. Oldenburg 1929.
[32] Die Frage der Hochverzugs-Systeme. Leipziger Mschr. Textilind. 42 (1927) 9, 66.
[33] SCHLIEN, K.: Das Balmes-Hochverzugsstreckwerk. Textil-Praxis 6 (1951) 103.
[34] WEGENER, W., u. E. G. HOTH: Die Auswirkung des Raumklimas auf das Spinngut. Melliand Textilber. 42 (1961) 1238, 1344; 43 (1962) 9, 224, 341, 445.
[35] —: Textil (Prag) 17 (1962), 87.
[36] Garnspinnen im Luftstrom. Z. ges. Textilind. 64 (1962) 473.
[37] GROSSMANN, O., VON: Der Stand des Kannenspinnverfahrens. VDI-Ber. 22 (1957) 27.
[38] JOHANNSEN, O.: Das Verbundstreckwerk für Hochverzug der Sächsischen Maschinenfabrik vorm. R. Hartmann AG. in Chemnitz. Leipziger Mschr. Textilind. 44 (1929) 99.
[39] Das Hochverzugs-Streckwerk System Ferrand. Leipziger Mschr. Textilind. 41 (1926) 332.
[40] Verfahren zum Verspinnen von Grobflyerlunten auf der Feinspinnmaschine, System Nigrin. Leipziger Mschr. Textilind. 46 (1931) 4.
[41] MARTIN, H.: Tendances vers la Filature directe du Ruban de Carde. L'Industrie Textile 249 (Mai 1952).
[42] TESCHLER, F.: Kurzspinnverfahren in den Drei- und Vierzylinder-Spinnereien. Textil- und Faserstofftechnik 6 (1956) 195.
[43] OGAWA, T.: Drafting Devices of Japanese High-Draft Spinning Frames. J. Text. Mach. Soc. Japan 2 (1956) No. 2, 1.
[44] SIMON, E.: Erfahrungen mit dem Kurzspinnverfahren im Ausland. Melliand Textilber. 38 (1957) 125.
[45] PORSCHE, G.: Neuerungen in der Spinnerei. Melliand Textilber. 38 (1957) 493.
[46] FAHRBACH, R.: Neuausführungen an Ringspinnmaschinen. Textil-Praxis 7 (1952) 873.
[47] Zeitschriften-Referat: Spi (3658). Textil-Praxis 11 (1956) 1149.

[*48*] RUDNICK, E. S.: Super High Draft Spinning: Sliver to Yarn. Text. Res. J. 26 (1956) 489.

[*49*] SAXL, V.: Die Textilmaschinenausstellung in Greenville 1956. Textil-Praxis 12 (1957) 129.

[*50*] REINHARDT, O.: Spinnerei- und Zwirnmaschinen auf der 2. Internationalen Textil-Ausstellung in Brüssel 1955. 2. Teil. Baumwoll- und Zellwoll-Spinnereimaschinen und -Zwirnmaschinen. Textil-Praxis 10 (1955) 884.

[*51*] STEIN, H.: Vergleich des Bandspinnens von Baumwolle und Chemiefasern (ohne Flyerpassage) mit dem klassischen Baumwollspinnverfahren. Forschungsberichte des Landes Nordrhein-Westfalen, Nr. 1166. Köln und Opladen: Westdeutscher Verlag 1963.

[*52*] FRENZEL, W.: Flyerloses Spinnen. Deutsche Textiltechnik 7 (1957) 17.

[*53*] FRENZEL, W.: Flyerloses Spinnen. Reyon, Zellwolle und andere Chemiefasern 7 (1957) 173.

[*54*] FRENZEL, W.: Flyerloses Spinnen. Faserforsch. u. Textiltechn. 8 (1957) 1.

[*55*] WEGENER, W., u. H. PEUKER: Das Faserband-Spinnverfahren. Z. ges. Textilind. 64 (1962) 1050; 65 (1963) 6, 81, 163, 253, 347, 428, 508, 592, 690, 815, 896, 1017; 66 (1964) 99, 179, 254, 368, 464, s. a. WEGENER, W. und H. PEUKER: Verkürzte Baumwollspinnverfahren. Verlag Z. ges. Textilind. 1965.

[*56*] QUAAS, K.: Neuere technische Entwicklung auf dem Gebiet der Streckwerke in der Vor- und Feinspinnerei. Melliand Textilber. 44 (1963) 132, 229, 344.

[*57*] STAHLECKER, W.: Untersuchungen an Spanneinrichtungen für die Unterriemchen von Streckwerken. Textil-Praxis 19 (1964) 1002.

[*58*] RUBISCH, H., H. P. LANGER u. E. DAUSCH: Spannbügel oder Spannrolle zur Spannung der Unterriemchen in einem Streckwerk. Melliand Textilber. 44 (1963) 933.

[*59*] QUAAS, K.: Wegbereiter der Automation in der Baumwoll- und Kammgarn-Spinnerei. Melliand Textilber. 45 (1964) 1073.

[*60*] QUAAS, K.: Neues Zweiriemchen-Streckwerk für Baumwolle und Zellwolle. Mitteilungen der Zellwolle-Lehrspinnerei GmbH ZL 522—108 (1951).

[*61*] URANO, S., M. HORIUCHI, T. SAMATA und S. HAMABATA: Spinning Equipment Using Air-Flow. J. Text. Mach. Soc. Japan 10 (1964), 152.

3. Die Streckwerke in der Wollspinnerei

3.1 Aufgaben und prinzipieller Aufbau der Streckwerke in der Kammgarnspinnerei

Die größte technische Reife wiesen zunächst die Spinnmaschinen für die Verarbeitung der Baumwolle auf. Die Entwicklung von Maschinen für die Kammgarnindustrie erfolgte erst einige Jahrzehnte später. Das erste Streckwerk wurde, wie bereits erwähnt, im Jahre 1738 von LEWIS PAUL gebaut. 1769 erhielt RICHARD ARKWRIGHT ein Patent auf die „Watermaschine“. In dieser Maschine war das Walzen-Streckwerk von PAUL eingebaut. Bis zum Jahre 1810 hatte sich die Kenntnis von den englischen Maschinen bis zur Schweiz verbreitet. Von dort sind aus dieser Zeit die Maschinen von HESS bekannt, die er in Zusammenarbeit mit ESCHER konstruiert hatte [*1*]. Sein System bestand aus zwei Passagen. Die erste Maschine (Abb. 282) weist eine große Ähnlichkeit mit den entsprechenden Maschinen aus der baumwollverarbeitenden Industrie auf. Sie gleicht im Prinzip der von ARKWRIGHT im Jahre 1780 erfundenen Laternenbank. Als Bandvorlage dienten sogenannte „Locken", welche die ebenfalls von HESS gebaute Walzenkrempel lieferte. Die Locken wurden in die als Vasen bezeichneten Töpfe gelegt. Das Streck-

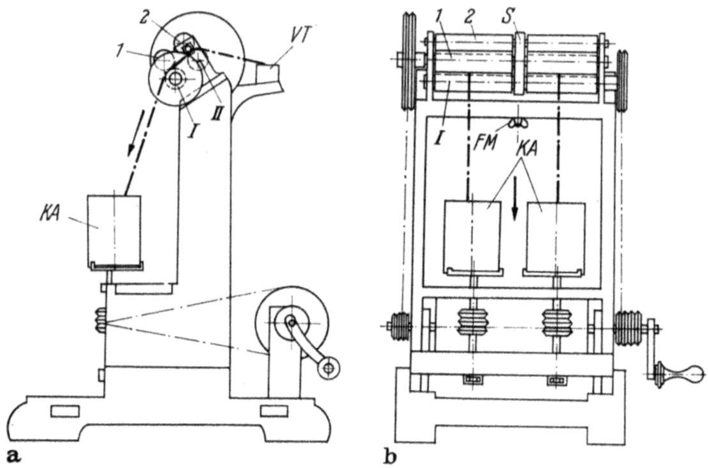

Abb. 282a u. b. Strecke von HESS
a Seitenansicht; b Vorderansicht
FM Flügelmutter; *KA* Kannen; *S* Stahlband; *VT* Vorlagetopf (Vasen)

werk bestand aus zwei Paar Stahlwalzen. Das Band wurde 3- bis 4fach verstreckt. Auf dem Wege in die sich drehenden Kannen *KA* erhielten die Bänder eine leichte Drehung.

Die auf die erste Passage folgende Maschine arbeitete nach dem gleichen Prinzip wie die Kannenstrecke und wurde als Spindelstrecke (drawing box) bezeichnet (Abb. 283). Auf ihr wurden die Bänder weiter verfeinert. Das geschah mittels eines Zweiwalzen-Streckwerks, dessen Unterwalzen aus Stahl gefertigt waren. Die Oberwalzen bestanden aus Hartholz und waren mit Pergament überzogen. Sie wurden mit Hilfe eines durch Flügelmuttern spannbaren Stahlbandes *S* gegen die Unterwalzen gepreßt. Die Faserbänder erhielten echten Draht.

An dem prinzipiellen Aufbau der Maschinen hat sich bis auf den heutigen Tag nicht viel geändert. Die Fortschritte in der Entwicklung bestehen in erster Linie in der Verbesserung der Maschinenelemente, in dem Einfügen weiterer Passagen in das Sortiment und in der Einführung von Regulierstrecken. Im Laufe der Jahre wurden sechs unterschiedliche Systeme der Kammgarnverspinnung entwickelt [*15*]. Es sind dies:

1. das Englische oder Bradford-System (Open or Cone Drawing),
2. das Französische oder Kontinentale System,
3. das Deutsch-Französische oder kombinierte Kontinentalsystem,

4. das Englische Kontinentalsystem (Anglo-Continental-System),
5. das Neue (Englische) Kontinentalsystem (New Continental System) und
6. das Amerikanische System.

Die Einteilung entspricht dem Stand von 1961. Beim Französischen System wird das Vorgarn durch Nitschelung (Frottierung) und oft noch zusätzlich durch einen Falschdraht erteilenden Drehtrichter verfestigt.

Das typische Merkmal des Englischen oder Bradford-Systems gegenüber dem Französischen oder dem Kontinentalen System ist die Festigung der Faserbänder durch einen echten, mittels Flügel erzeugten Draht. Um bessere Laufeigenschaften zu erreichen, werden die Kammzüge stark geölt. Die Streckwerke des Bradford-Systems eignen sich besonders für die Verarbeitung langer und schlichter Wollen. Im allgemeinen werden nach dem Bradford-System Garne der Nummern Nm 2 bis 48 (500 bis 20 tex) ausgesponnen.

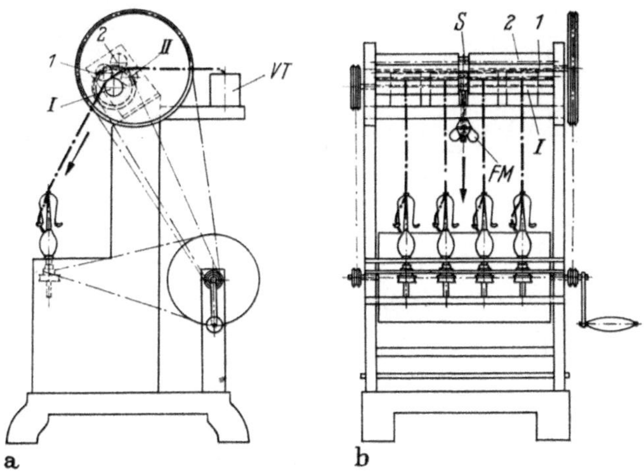

Abb. 283a u. b. Spindelstrecke von Hess
a Seitenansicht; b Vorderansicht
S Stahlband; *FM* Flügelmutter; *VT* Vorlagetopf

Karmasch [2] gibt in seinem Werk „Handbuch der mechanischen Technologie" (1857) das folgende englische Vorbereitungssystem aus dem Jahre 1841 an:

1. eine Anlegemaschine (sliver box),
2. drei Streckmaschinen (drawing heads),
3. ein Fertigstuhl (finishing box),
4. eine Vorspinnmaschine (roving head) (Abb. 284).

Alle Maschinen dieses Systems waren mit Zweiwalzen-Streckwerken und mit Flügelspindeln versehen. Interessant ist an diesem Sortiment, daß die sliver box mit einer „Stachelwalze", einer Nadelwalze zur Führung des Fasergutes, ausgerüstet war. Es ist dies einer der wenigen Versuche, die dem Französischen System eigentümliche Nadelwalze auf das englische Vorbereitungssystem zu übertragen. Im Jahre 1857 be-

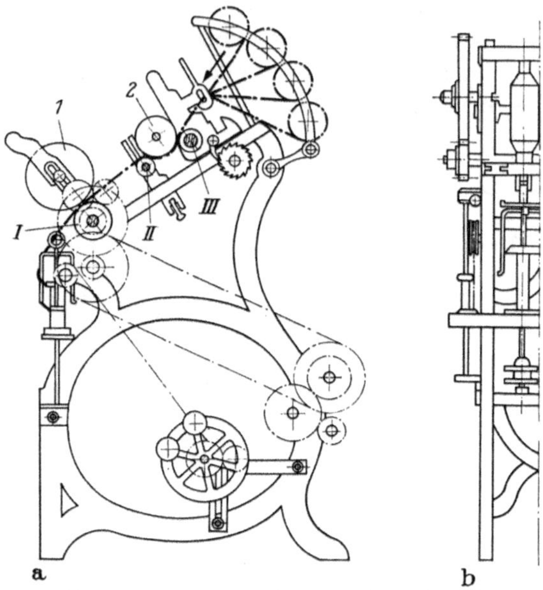

Abb. 284 a u. b. Roving head aus dem Jahre 1841
a Seitenansicht; b Vorderansicht einer Spindel

schrieb JAMES ein Sortiment, bei dem die Nadelwalze schon durch Nadelstäbe ersetzt worden war [*1*]. Das Sortiment enthielt folgende Maschinen:

1. drei Passagen Nadelstabstrecken (gill boxes),
2. eine Zweispindelstrecke mit Nadelstabführung,
3. eine Strecke mit vier Spindeln,
4. zwei Strecken mit acht Spindeln.

3.2 Die Entwicklung der Nadelstab-Streckwerke

Die angeführte Nadelstabstrecke wurde um das Jahr 1834 von FAIRBAIRNS erfunden. Als Anregung diente ihm die von dem Franzosen DE GIRARD im Jahre 1810 für die Flachsverarbeitung entwickelte und angeblich durch dessen Mitarbeiter nach England verkaufte Nadelstabkette [*1*] (Abb. 285). Die Fasern wurden von den Gliedern einer Kette geführt, die mit Nadeln bestückt waren. FAIRBAIRNS ersetzte die Kette durch Spindelschrauben, in deren Gängen die Nadelstäbe kontinuierlich fortbewegt werden konnten. Die Maschine erhielt die Bezeichnung

Gill Box oder offene Gill (Abb. 286). Die Arbeitsweise der Gill Box soll anhand der Abb. 287, in der eine moderne Nadelstabführung schematisch dargestellt ist, besprochen werden. Die Fasern werden zwischen den Eingangswalzen *II*/*2* und den Ausgangswalzen *I*/*1* in dem Nadelstab-

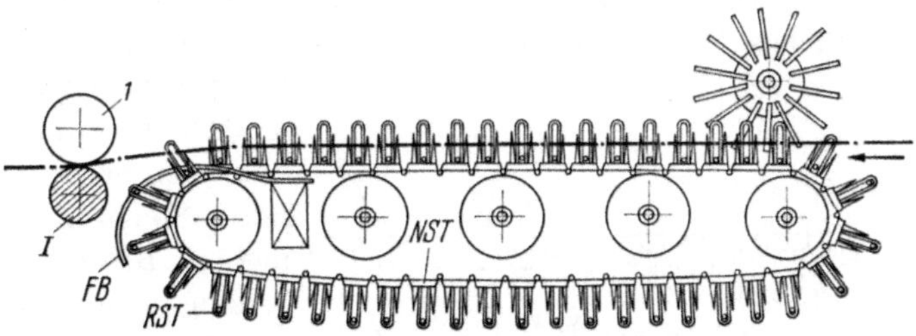

Abb. 285. Nadelstabkette nach PH. DE GIRARD (1810)
FB Führungsbahn; *NST* Nadelstab; *RST* Reinigungsstab

feld geführt. Die Nadeln der Nadelstäbe *NST* stechen in das Faserband ein. Die Anzahl der Nadelstäbe je Feld und die Benadelungsdichte

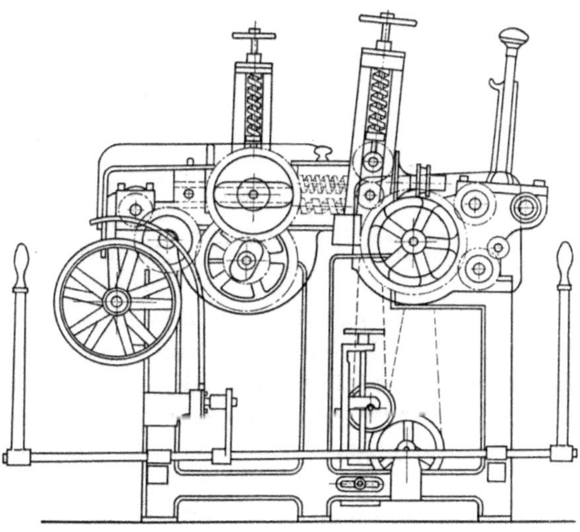

Abb. 286. Gill Box (etwa um das Jahr 1840)

hängen von der Verarbeitungsstufe ab. Mit zunehmender Verfeinerung des Bandes nehmen die Anzahl der Nadelstäbe zu und der Durchmesser der Nadeln ab. Die einzelnen Nadelstäbe werden durch die Gillschrauben *GS* fortbewegt und gleiten an ihren Enden über den Tisch T_2. Ist ein Nadelstab auf seinem Weg bis dicht an die Ausgangswalze *I* herangekommen, so wird er durch einen am Ende der Gillschrauben *GS* angebrachten Hammer *HA* abgeschlagen. Während des Fallens gleitet der

Stab an einer federnden Schiene entlang. Dadurch wird er sicher geführt. Gleichzeitig dämpft die Schiene die Wirkung des Schlages. Sobald der Nadelstab auf dem unteren Tisch T_1 angekommen ist, wird er von einem zweiten Gillschraubenpaar zurückgeführt, um wieder in das Verzugsfeld eingeschlagen zu werden. Jeder Nadelstab durchläuft die Form eines Rechtecks. Die oberen Gillschrauben werden eingängig, die unteren dagegen mehrgängig ausgeführt. Die unteren Gillschrauben haben eine größere Steigung als die oberen. Bedingt dadurch werden die Nadelstäbe auf ihrem Rückweg schneller befördert. Die Ein- und Ausgangswalzen sind geriffelt. Ihre Belastung erfolgt durch Federn. Um die Walze *I* läuft ein Lederband *L*, durch das die Fasern eine schonende und sichere Klemmung erhalten. Außerdem verhindert es, daß sich das Faserband um die Ausgangswalze wickelt. Bei einer Nadelstabstrecke des Englischen Systems umschlingt das Leder die Ausgangsdruckwalze. Die Bewegung der Nadelstäbe ist sehr gleichmäßig. Da die Nadelstäbe senkrecht nach unten abgeschlagen werden, wird eine Faserführung bis dicht an die Ausgangswalzen ermöglicht. Jedoch hat die Verwendung von Nadelstäben auch Nachteile. Die von dem Ausgangswalzenpaar erfaßten langen Fasern reißen kurze, im Nadelfeld schwimmende Fasern mit. Diese schieben sich an den Nadelreihen zusammen und können zu periodischen Ungleichmäßigkeiten im Faserband führen [*13*].

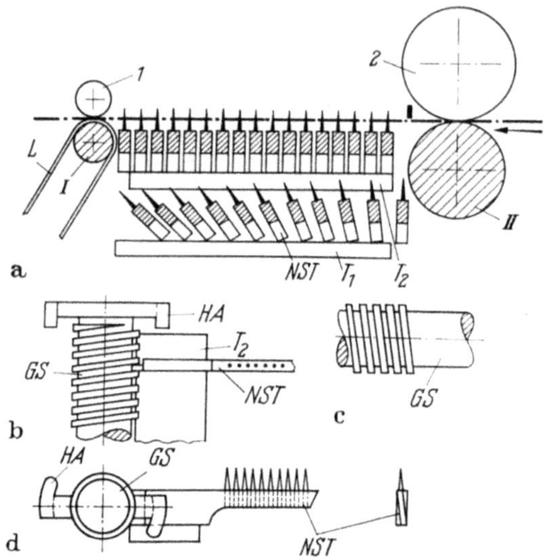

Abb. 287a–d. Offenes Nadelstabfeld
a Schnitt durch eine Nadelstabstrecke; b–d Spindel mit Schlagdaumen und Nadelstab
GS Gillschraube; *HA* Hammer (Schlagdaumen); *L* Laufleder; *NST* Nadelstab; T_1, T_2 Tische

Die Firma Hanseatische Motoren-Gesellschaft versucht diesen Nachteil dadurch zu beheben, daß sie die Stäbe schräg zur Bewegungsrichtung stellt. Auf diese Weise gelangen die Anhäufungen der schwimmenden Fasern kontinuierlich nach den Ausgangswalzen und werden in dem verstreckten Band gleichmäßig verteilt. Die Perioden, die durch den endlichen Abstand der Nadelstäbe entstehen, fallen fort.

Die Beanspruchung sowohl der Nadelstäbe als auch der Schlagdaumen (Hämmer) beim Ein- und beim Abschlagen der Nadelstäbe ist relativ groß. In den letzten Jahren wurde die Form der Schlagdaumen günstiger als früher gestaltet. Die Daumen werden aus hochwertigem Material hergestellt. Dadurch gelang es, die Nadelstab-Schlagzahl auf 1500 Schläge/min zu steigern. Das entspricht einer Geschwindigkeit der Nadelstäbe von 10 bis 14 m/min. Die Nadelstabgeschwindigkeit bestimmt die Liefergeschwindigkeit, die sich aus dem Produkt Verzug × Nadelstabgeschwindigkeit ergibt. Für eine Erhöhung der Schlagzahl ist es wichtig, die Masse der einzelnen Nadelstäbe so gering wie möglich zu halten. Um den Stoß beim Auftreffen der Nadelstäbe auf die Gleitschienen zu vermindern, werden Leder- oder Gummipuffer und auch Schraubenfedern an den Gleitschienen angeordnet. Die Firma Deutscher Spinnereimaschinenbau Ingolstadt ersetzt seit dem Jahre 1957 diese federnden Mittel durch Bremsdaumen, welche die Stäbe über die gesamte senkrechte Weglänge formschlüssig und stoßfrei führen.

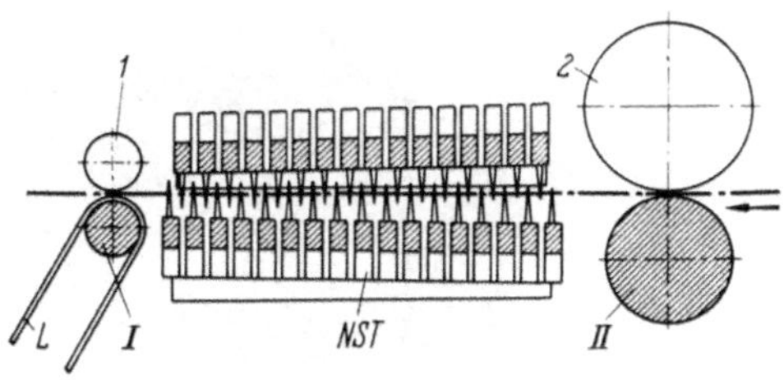

Abb. 288. Doppelnadelstabfeld (Intersecting)
L Laufleder; *NST* Nadelstab

Mittelfeine bis feine Crossbredwollen werden auf Strecken mit einem Doppelnadelstabfeld verarbeitet. Eine Strecke mit einem Doppelnadelstabfeld wird Intersecting Gill Box oder auch Intersecting genannt (Abb. 288).

Die Erfinder der Doppelnadelstabstrecke sind Greenwood und Warburton (1851). Das einfache Nadelstabfeld arbeitet mit einem zweiten, oberen Feld zusammen. Der Mechanismus des oberen Feldes entspricht dem des unteren. Vorteilhaft wirkt sich beim Doppelnadelstabfeld die gleichmäßige Faserführung und -streckung infolge der doppelten Nadelzahl aus. Es werden auch die Fasern erfaßt, die beim einfachen Nadelstabfeld über die Nadelspitzen hinweggleiten. Die Doppelnadelstab-Streckwerke sind die klassischen Streckwerke der Kammgarnspinnerei. Mit ihrer Hilfe können größere Fasermengen (200 bis 250 g/m und mehr) vergleichmäßigt und parallelisiert werden. Die Nadelstab-Streckwerke mit nur einem Nadelfeld eignen sich besonders für die Verarbeitung dünner, bereits parallelisierter Bänder. Wegen der nicht so guten Führung gegenüber dem Doppelnadelstabfeld sind die im einfachen Nadelfeld anwendbaren Verzüge geringer als die Verzüge auf der Doppelnadelstabstrecke. Sie sollen im allgemeinen 10fach nicht überschreiten. Die Nadelstabgeschwindigkeit liegt bei 5 m/min. Daraus ergibt sich eine maximale Liefergeschwindigkeit von 50 m/min.

Als erste grundlegende Verbesserung der Doppelnadelstabstrecken gelten die um das Jahr 1930 konstruierte aufklappbare Ausführung eines Intersectings der Firma N. Schlumberger & Cie. und die Vorrichtung der Firma F. Bernhardt zum Emporschrauben des oberen Teiles.

Abb. 289. Aufklappbares Doppelnadelstab-Streckwerk der Firma N. Schlumberger & Cie.

Beide Verbesserungen bezwecken einen leichteren Zugang zum Nadelfeld. In der Abb. 289 ist das geöffnete Doppelnadelstab-Streckwerk der Firma N. Schlumberger & Cie. dargestellt.

Die Abb. 290 enthält das Streckwerk einer Doppelnadelstabstrecke aus dem Jahre 1930. Das Faserband wird von dem Walzenpaar *IV/4* in die Strecke eingezogen. Dem Nadelstabfeld ist das Durchzugswalzen-

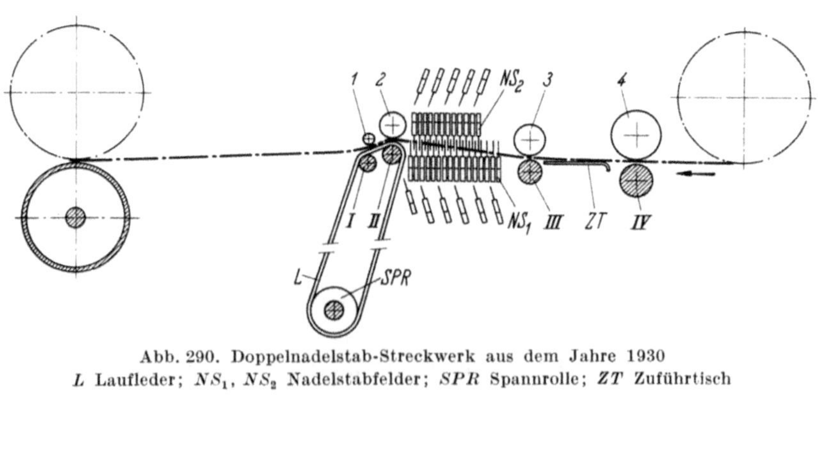

Abb. 290. Doppelnadelstab-Streckwerk aus dem Jahre 1930
L Laufleder; NS_1, NS_2 Nadelstabfelder; *SPR* Spannrolle; *ZT* Zuführtisch

paar *III*/*3* vorgelagert. Zwischen diesen Walzen und den Eingangswalzen wird das Faserband von dem Zuführtisch *ZT* getragen. Die Nadelstäbe des unteren und die Nadelstäbe des oberen Feldes stehen auf Lücke. Das untere Nadelstabfeld NS_1 besitzt mehr Stäbe als das

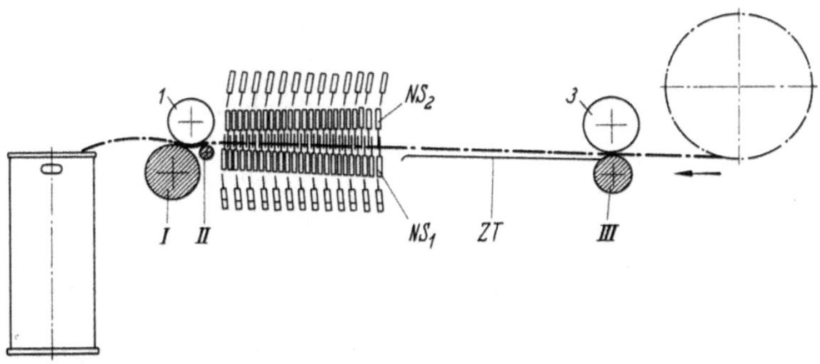

Abb. 291. Streckwerk des Pin-Drafters der Firma Warner-Swasey Co. (1950) NS_1, NS_2 Nadelstabfelder; *ZT* Zuführtisch

obere Nadelstabfeld NS_2. Die beiden Walzen *I* und *II* sind mit einem langen Laufleder *L* versehen. Mit Ausnahme der Ausgangswalzen *I*/*1*

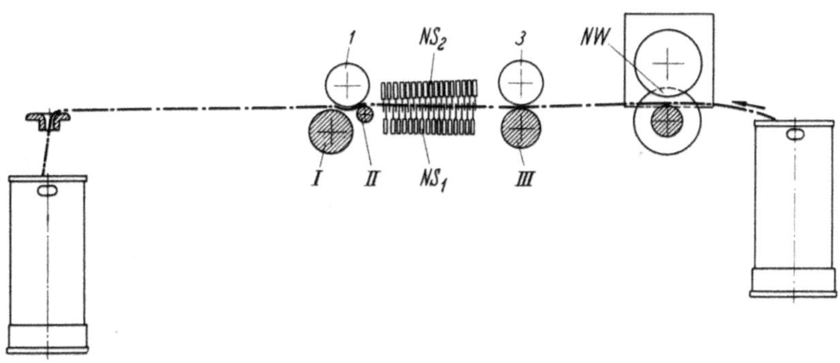

Abb. 292. Streckwerk des Raper-Autolevellers der Firma Prince-Smith & Stells (1955) NS_1, NS_2 Nadelstabfelder; *NW* Nutenwalzenpaar

sind alle Walzen geriffelt. Die Belastung der Druckwalzen erfolgt mechanisch. Mit dem Streckwerk kann ein 5facher Verzug erreicht werden.

Der Pin-Drafter der Firma Warner-Swasey Co. aus dem Jahre 1950 bedeutet eine Weiterentwicklung der Doppelnadelstabstrecken (Abb. 291). Das bislang übliche mittlere Walzenpaar wurde durch eine Verlängerung des Zuführtisches *ZT* ersetzt. Weiter vergrößerte die Firma Warner-Swasey Co. die Anzahl der Nadelstäbe in dem unteren und in dem oberen Nadelstabfeld. Das Ausgangswalzenpaar und das Laufleder werden durch eine Dreiwalzengruppe ersetzt. Auf zwei Unterwalzen von

25 mm Durchmesser und von 75 mm Durchmesser lagert eine kräftige Druckwalze, die mit einem Kunststoffbezug versehen ist. Die Belastung der Druckwalze erfolgt hydraulisch. Der maximale Verzug beträgt 10fach. Diese Anordnung und diese Belastungsart sind heute oft in der Kammgarnspinnerei anzutreffen.

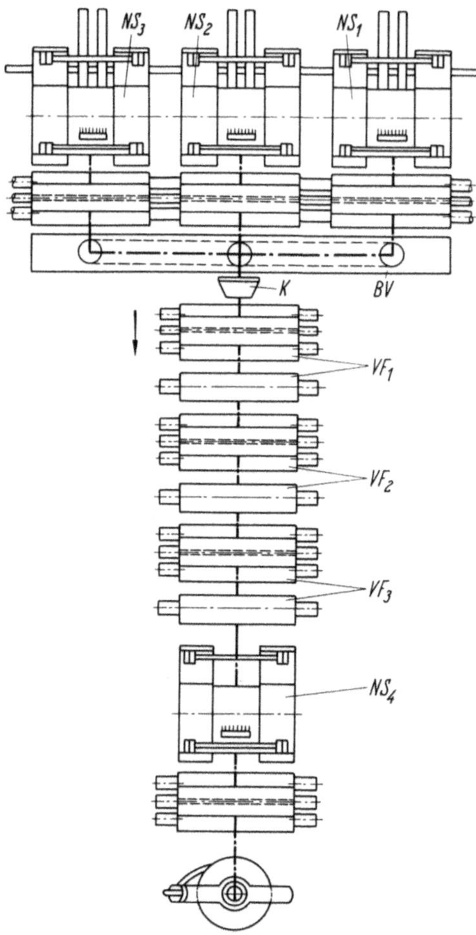

Abb. 293. Nadelstabstrecke nach R. C. BERKER – USP 2728112 vom 22. 4. 1947

BV Bandvereiniger; *K* Verdichter; NS_1 bis NS_4 Nadelstabfelder; VF_1 bis VF_3 Verzugsfelder

Die Ausführung des Raper-Autolevellers der Firma Prince-Smith & Stells bedeutete einen weiteren Fortschritt in der Entwicklung der Doppelnadelstabstrecken (Abb. 292). Das Faserband wird vor dem Eintritt in das Verzugsfeld von einem Nutenwalzenpaar *NW* abgetastet. Die Dickenschwankungen werden mechanisch einer Steuervorrichtung mitgeteilt, welche die Drehzahl proportional zur Dickenschwankung des Faserbandes verändert. Die Steuereinrichtung des Raper-Autolevellers und die anderer Doppelnadelstabstrecken werden eingehend im Kap. 6, Regulierstrecken, beschrieben.

BERKER schlägt im USP 2728112 vor, drei Nadelstabstrecken zu einer Gruppe zusammenzufassen und die verzogenen Bänder einem Hechelflyer vorzulegen (Abb. 293). Dem Hechelfeld des Flyers sind drei Verzugsfelder vorgeschaltet, die jeweils aus drei Unterwalzen und zwei Druckwalzen bestehen.

Nach einem Patent von KURZE werden die Nadelstabfelder von Exzentern bewegt (DWP 1344 von 1952; Abb. 294). Direkt unterhalb und oberhalb des Faserbandes sind Rostplatten RP_1 bzw. RP_2 angebracht, durch welche die Nadeln durchstechen. Vom Exzentertrieb *EX* werden je ein Nadelfeld und die dazugehörige Rostplatte abwechselnd gleichförmig vorwärts bzw. rückwärts bewegt. Die Nadeln eines Feldes stechen gleichzeitig in das Faserband ein. Bei der Rückwärtsbewegung werden sie außer Eingriff gebracht. Die beiden Nadelstabfelder NS_1 und NS_2 bewegen sich gegenläufig.

Ein Doppelnadelstab-Streckwerk, bei dem die Nadelstäbe nicht in der Bandlaufrichtung bewegt werden, konstruierten SCHÜSSLER, SCHÄFER

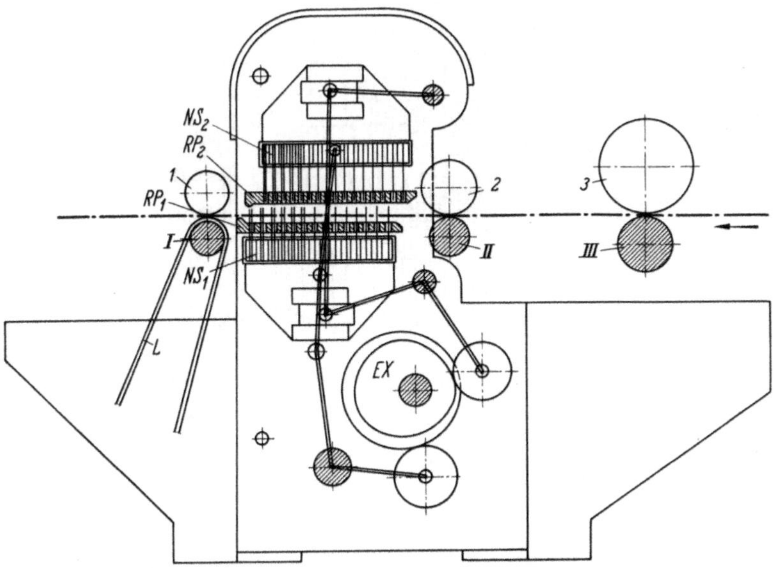

Abb. 294
Doppelnadelstabstrecke nach K. KURZE – DWP 1344 von 1952, patent. vom 7. 10. 1949 an
EX Exzentertrieb; *L* Laufleder; NS_1, NS_2 Nadelstabfelder; RP_1, RP_2 Rostplatten

und LACHMANN (DWP 12987 von 1957; Abb. 295). Zwei Nockenwellen NW_1 und NW_2 bewegen die Nadelstäbe *NST* auf und ab. Die Nocken sind so angeordnet, daß die Begrenzungslinien der Nadelspitzen wellenförmig verlaufen. Die sich jeweils gegenüberstehenden Stäbe der beiden Felder bewegen sich gegenläufig.

Im Jahre 1958 entwickelte die Firma VEB Spinnereimaschinenbau eine andere Fortbewegungsmethode für Nadelstäbe, die besonders für Hechelstrecken von Vorteil sein soll. Bei diesem Streckwerk (Abb. 296) werden die Nadelstäbe *NST* nicht durch Gillschrauben bewegt. Sie bilden vielmehr eine über die Länge des Streckfeldes reichende und gegenüber dem Fasergut feststehende Reihe. Aus dieser werden jeweils sechs bzw. acht Stäbe durch schloßartige Teile S_1 und S_2 am Eingangswalzenpaar *II*/*2* herausgehoben, so daß sie in das Fasermaterial einstechen können. Durch die Fortbewegung der schloßartigen Teile in

Richtung nach den Ausgangswalzen *I/1* werden nacheinander auch die übrigen Nadelstäbe in Form einer Welle gehoben und danach wieder außer Eingriff gebracht. Bei Doppelnadelstabstrecken sind die Nadel-

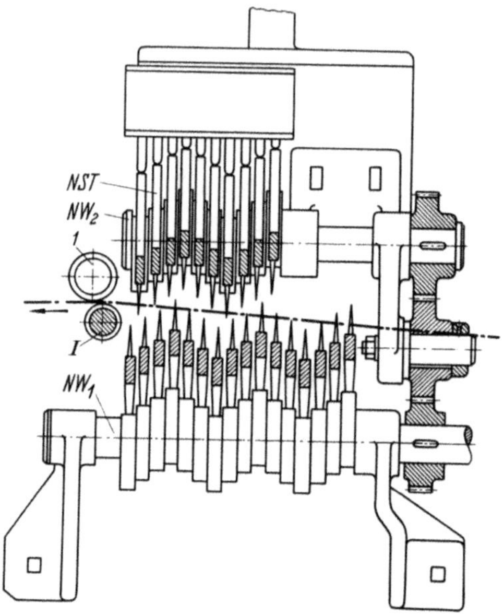

Abb. 295. Doppelnadelstabfeld nach A. SCHÜSSLER, E. SCHÄFER und A. LACHMANN DWP 12987 von 1957, patent. vom 15. 10. 1954 an
NST Nadelstab; NW_1, NW_2 Nockenwellen

stabwellen der beiden Nadelstabreihen in der Längsrichtung des Streckwerks zueinander versetzt. Die Nadelstäbe sollen hauptsächlich die

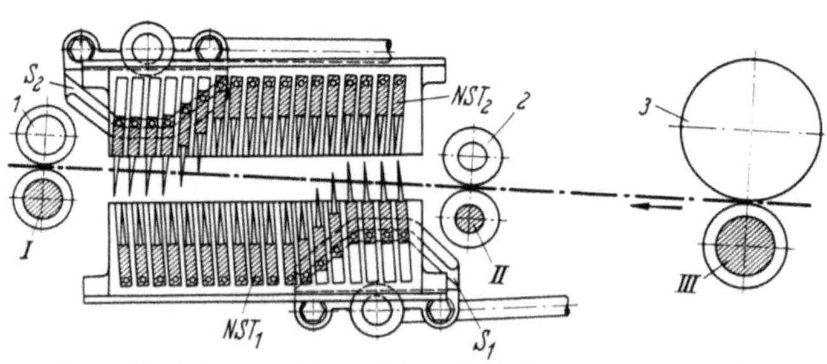

Abb. 296. Nadelstabfeld der Firma VEB Spinnereimaschinenbau
NST_1, NST_2 Nadelstäbe; S_1, S_2 schloßartige Teile

Fasern parallelisieren, während die Ein- und die Ausgangswalzen den Transport des Faserbandes besorgen. Vorteilhaft an dieser Nadelstabführung ist die einfache Bauweise. Die Anzahl der Stabhebungen und -senkungen pro Minute ist hier höher als bei den Strecken mit Gillschrauben.

SAUVAGE entwickelte die in der Abb. 297 gezeigte Nadelstabführung (DBP 1118071 von 1962). Die Führungsbahn liegt am Streckwerksausgang unterhalb der Mittellinie der Rücktransportspindeln *TS*. Dadurch gelangt ein Nadelstab *NST* schneller aus dem Wirkungsbereich des danach abgeschlagenen Stabes. Auf diese Weise kann die Schlagzahl erhöht werden, ohne daß eine Gefahr besteht, die Nadeln zu beschädigen. Eine Nockenwelle bringt die Nadelstäbe wieder in Eingriff mit der Rücktransportspindel. Das Tragteil *T* des Nadelbettes ist an jeder Seite mit einem elastisch abgefederten Andrückklotz *KL* versehen, der um die Achse *A* schwenkbar ist. Die Andrückklötze drücken die auf- bzw. absteigenden Nadelstäbe gegen die Vertikalführung.

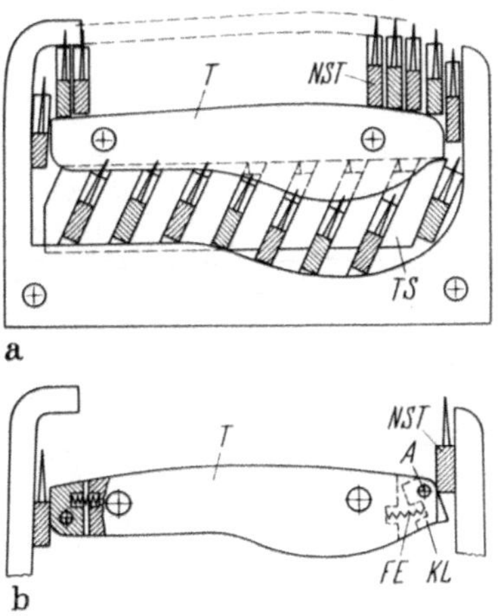

Abb. 297a u. b. Nadelstabführung nach J. M. J. SAUVAGE – DBP 1118071 von 1962, patent. vom 4. 12. 1956 an
a Nadelstabführung; b Wirkungsweise des Andrückklotzes *KL*
A Achse; *FE* Andrückfeder; *KL* Andrückklotz; *NST* Nadelstab; *T* Tragteil; *TS* Rücktransportspindel

In der Abb. 298 ist die Doppelnadelstabstrecke der Firma F. Bernhardt dargestellt. Zwischen dem Eingangswalzenpaar *III*/*3* und dem Doppelnadelstabfeld ist ein Durchzugswalzenpaar *II*/*2* angebracht. Die Nadelstäbe werden von dreigängigen Spindeln bewegt, die 7,6- bzw. 8-mm-Teilung haben. Die

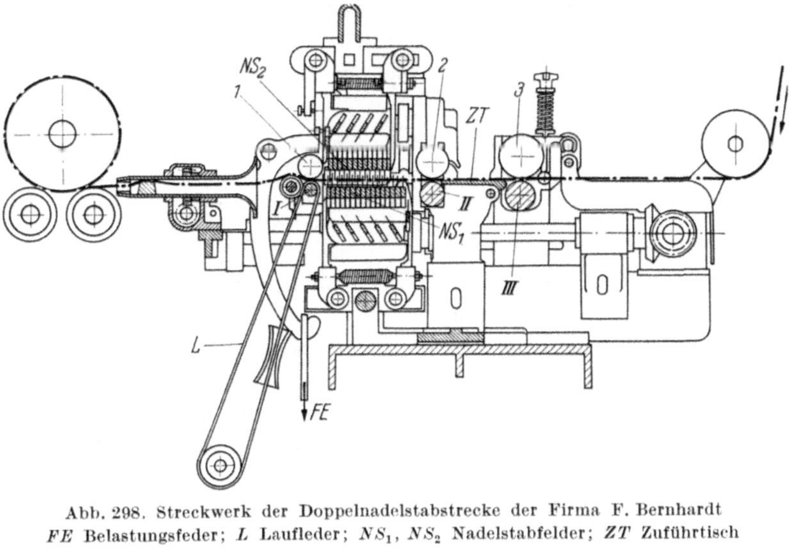

Abb. 298. Streckwerk der Doppelnadelstabstrecke der Firma F. Bernhardt
FE Belastungsfeder; *L* Laufleder; NS_1, NS_2 Nadelstabfelder; *ZT* Zuführtisch

Nadelstabschlagzahl beträgt 1500 Schläge/min. Das ergibt eine Nadelstabgeschwindigkeit von 12 m/min. Das Ausgangswalzenpaar *I/1* mit dem Laufleder *L* wird mechanisch belastet. Wahlweise wird ein Drei-

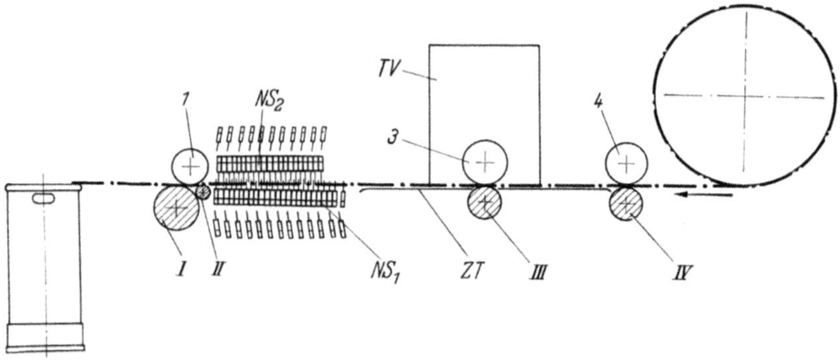

Abb. 299. Streckwerk der Doppelnadelstabstrecke der Firma Sant'Andrea Novara (1959)
NS_1, NS_2 Nadelstabfelder; *TV* Tastvorrichtung; *ZT* Zuführtisch

walzenabzug mit hydraulischer Belastung geliefert. Der Verzug ist maximal 16fach.

Im Jahre 1959 brachte die Firma Sant'Andrea Novara eine Doppelnadelstabstrecke mit Steuereinrichtung auf den Markt (Abb. 299). Die

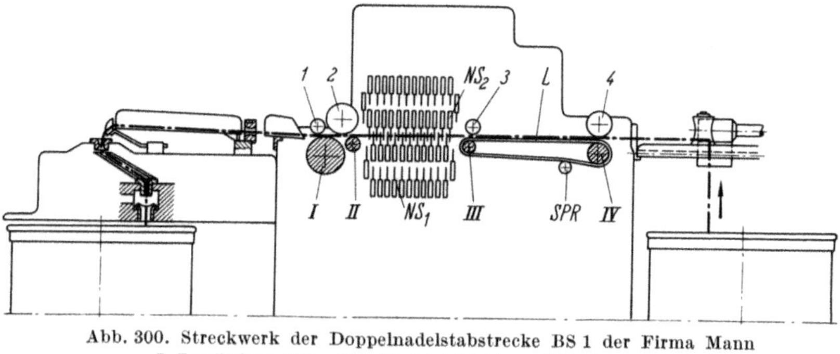

Abb. 300. Streckwerk der Doppelnadelstabstrecke BS 1 der Firma Mann
L Laufleder; NS_1, NS_2 Nadelstabfelder; *SPR* Spannrolle

Tastvorrichtung *TV* wurde in das Verzugsfeld gelegt. Die Regulierstrecke gestattet einen 10fachen Verzug.

Die Doppelnadelstabstrecke der Firma Mann hat anstelle des Zuführtisches ein Laufleder *L* (Abb. 300). Dieses führt das Faserband bis an die Nadelstabfelder heran. Das Laufleder *L* umschließt die Unterwalzen *III* und *IV*. Es wird von der Spannrolle *SPR* gespannt. Im Gegensatz zu den bisher besprochenen Streckwerken besteht der Abzug aus vier Walzen. Vor der üblichen Druckwalze *2* ist noch eine zusätzliche Walze kleineren Durchmessers gelagert. Die Nadelstabschlagzahl wird mit 1400 Schlägen/min angegeben. Das Streckwerk ermöglicht maximal einen 16fachen Verzug. Die Belastung der Oberwalzen erfolgt durch Gewichte.

In der Abb. 301 ist das Streckwerk eines Hochleistungs-Intersectings Typ 55 W der Firma Hanseatische Motoren-Gesellschaft mbH dargestellt [*3*]. Bei dieser Doppelnadelstabstrecke fallen die Gillschrauben fort. Die Nadelstäbe *NST* werden nach dem System „Etrich" durch Ketten bewegt, die aus einzelnen Lamellen zusammengesetzt sind und

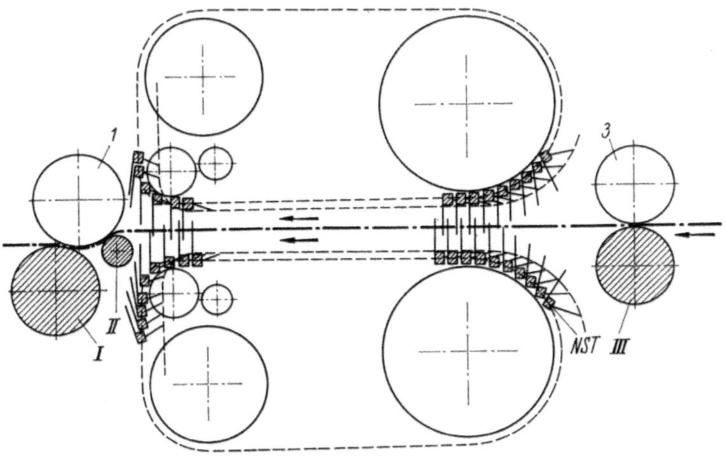

Abb. 301. Streckwerk des Hochleistungs-Intersectings Typ 55 W der Firma Hanseatische Motoren-Gesellschaft mbH
NST Nadelstab

durch Zahnräder angetrieben sind. Die Nadelstäbe ruhen in den Haltetaschen der Kette. Sie werden bei ihrem Umlauf derart in Kurvenbahnen geführt, daß die Nadeln senkrecht aus dem Faserband austreten. Gegenüber den Gill Boxes entfällt jedoch das ruckartige Ein- und Abschlagen der Nadelstäbe, so daß ein ruhiger und kontinuierlicher Lauf gewährleistet ist. Dadurch ist eine maximale Liefergeschwindigkeit von 140 m/min möglich. Der angegebene Wirkungsgrad von $\eta = 80\%$ ist ebenfalls bemerkenswert. Das obere und das untere Nadelfeld haben die gleiche Nadelstabzahl und die gleiche wirksame Breite von 300 mm. Das gemeinsame Nadelfeld ist 280 mm lang.

Die einfachen Nadelstab-Streckwerke (Abb. 302) aus dem Jahre 1930 sind ähnlich aufgebaut wie die Doppelnadelstab-Streckwerke aus der gleichen Zeit (vgl. Abb. 290). Da die Faserführung im einfachen Nadelstabfeld nicht so gut ist wie im Doppelnadelstabfeld, kann auf dem gezeigten Nadelstab-Streckwerk nur ein 5facher Verzug erreicht werden.

Bis zum Jahre 1950 wurden an der Nadelstabstrecke nur geringfügige Verbesserungen vorgenommen (Abb. 303). Die geriffelten Oberwalzen mußten Druckwalzen mit synthetischen Bezügen weichen. Die Abmessungen der Nadelstäbe wurden verkleinert. Die Abzugsanordnung

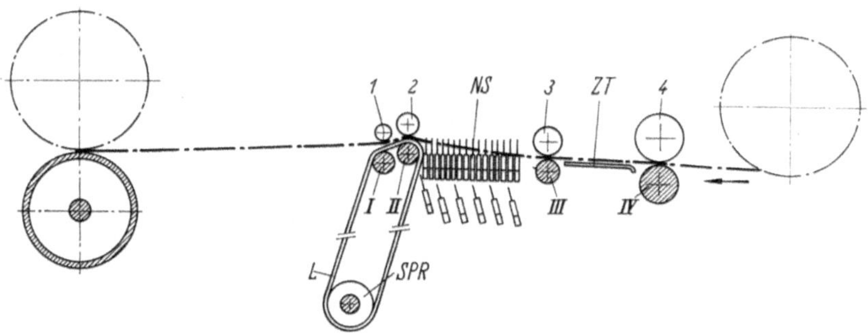

Abb. 302. Nadelstab-Streckwerk aus dem Jahre 1930
L Laufleder; *NS* Nadelstabfeld; *SPR* Spannrolle; *ZT* Zuführtisch

bestand nur noch aus zwei Walzen, und das Laufleder entfiel. Dafür war die Druckwalze *1* größer dimensioniert als bei den vorhergehenden Nadelstabstrecken.

Die Hechelstrecke der Firma F. Bernhardt arbeitet mit einer Nadelstabgeschwindigkeit von 5 m/min. Der maximale Verzug beträgt 10fach (Abb. 304).

Die Firma Whitin Machine Works entwickelte eine Nadelstabstrecke, den „Roto-Drafter", der mit einer Nadelstabwalze arbeitet (BP 741292

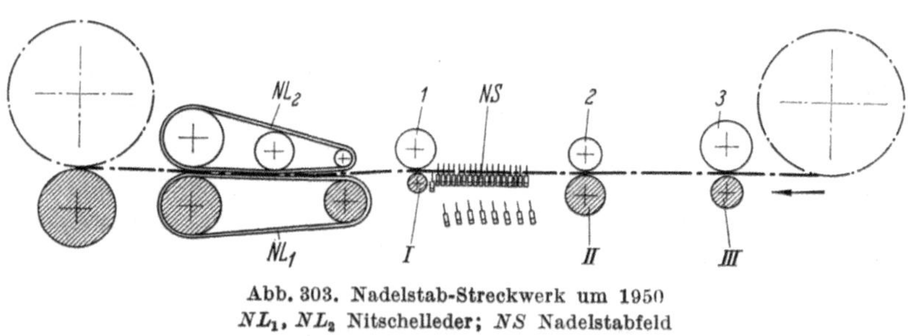

Abb. 303. Nadelstab-Streckwerk um 1950
NL_1, NL_2 Nitschelleder; *NS* Nadelstabfeld

und BP 787105; Abb. 305). Das Verzugsfeld ist kürzer als bei den schon besprochenen Doppelnadelstab-Streckwerken. In der Ausgangswalzenanordnung gleicht die Strecke den anderen Konstruktionen. Die Nadelstäbe gleiten in der Nadelstabführung *NF*. Sie werden in der Höhe des vorderen Klemmpunktes gekippt, damit die Nadelstabwalze *NSW* möglichst nahe an die Lieferwalzen *III*/*3* herangebracht werden kann.

Bei einer Anzahl von Strecken, vor allem des Neuen Bradford-Systems und des Amerikanischen Systems, werden die Nadelstäbe durch andere Führungsorgane ersetzt. So entwickelte z. B. die Firma Whitin Machine Works für die Verspinnung von kurzen gekämmten

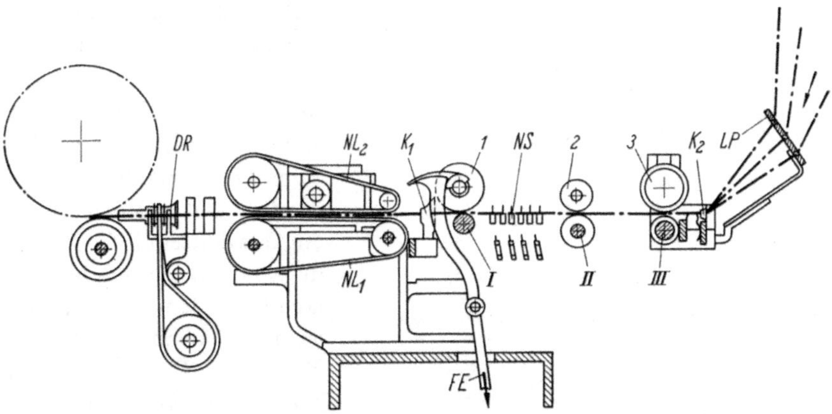

Abb. 304. Streckwerk einer Hechelstrecke der Firma F. Bernhardt
DR Drehrohr; *FE* Belastungsfeder; K_1, K_2 Verdichter; *LP* Lochplatte; NL_1, NL_2 Nitschelleder; *NS* Nadelstabfeld

Wollfasern und von Mischungen aus Kammwollen mit Chemiefasern das „Rolo-Drafter-Streckwerk" (Abb. 306), das im Aufbau dem Streck-

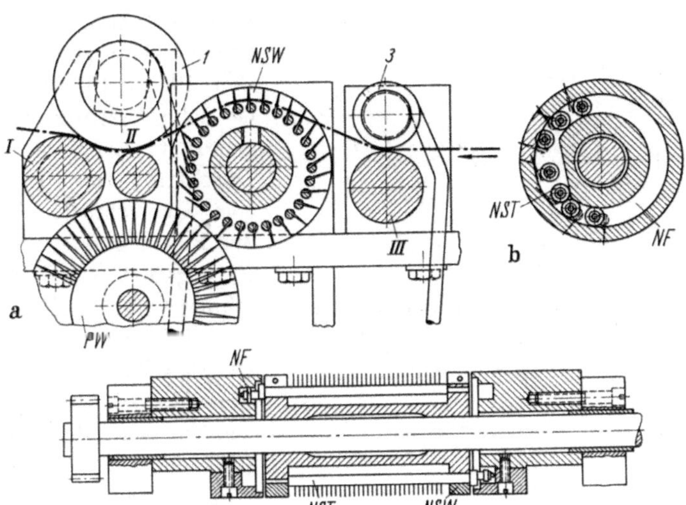

Abb. 305a–c. Streckwerk des Roto-Drafter der Firma Whitin Machine Works — BP 741292 vom 18. 7. 1952 und BP 787105 vom 23. 11. 1955
a Seitenansicht des Streckwerks; b Nadelstabführung-Querschnitt; c Nadelstabführung-Längsschnitt
NF Nadelstabführung; *NST* Nadelstab; *NSW* Nadelstabwalze; *PW* Putzwalze

werk für Baumwollstrecken entspricht. Das Roto- und das Rolo-Streckwerk erlauben einen 6- bis 8fachen Verzug.

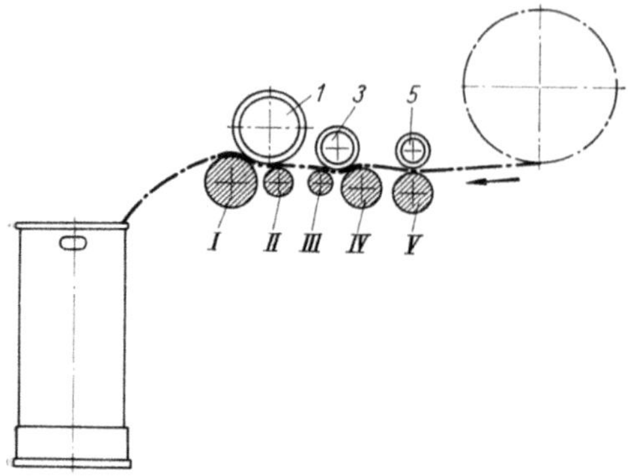

Abb. 306. Streckwerk des Rolo-Drafters der Firma Whitin Machine Works

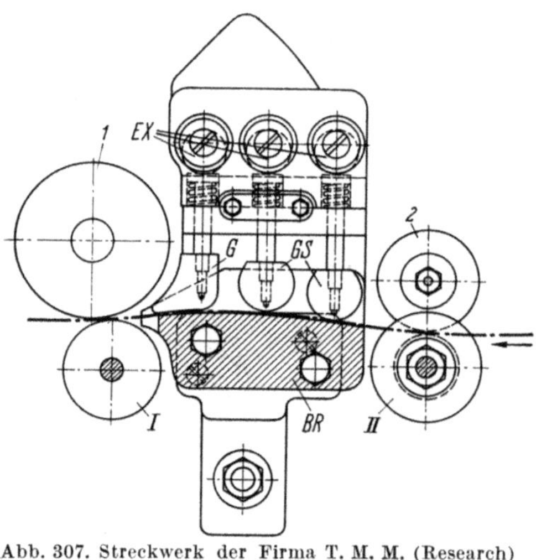

Abb. 307. Streckwerk der Firma T. M. M. (Research) Ltd., und G. F. Raper — BP 854836 vom 13. 1. 1959
BR Brücke; *EX* Exzenter; *G* Gleitschuh; *GS* Gleitschienen

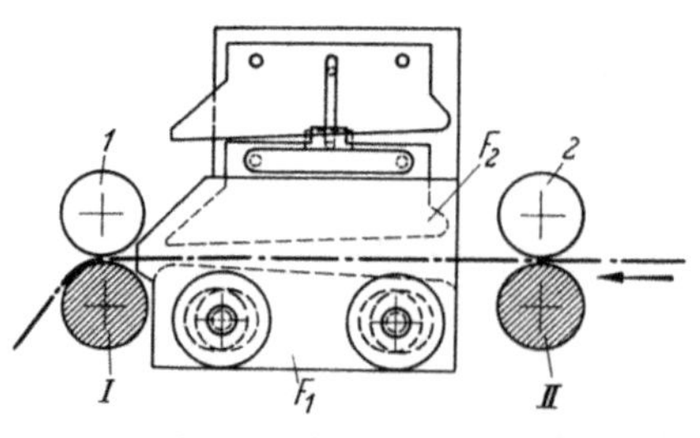

Abb. 308. Faserbandverdichter nach G. F. Raper — DBP 1104408 von 1961, patent. vom 7. 10. 1953 an
F_1, F_2 Führungsflächen

Bei dem Streckwerk nach dem britischen Patent BP 854836 (Abb. 307) der Firma T. M. M., Ltd., (Research) übernehmen Gleitplatten die Faserführung. Der obere Teil der Verzugseinheit besteht aus zwei runden Gleitschienen *GS* und einem Gleitschuh *G*. Federn drücken die pendelnd gelagerten Elemente auf die leicht gekrümmte Brücke *BR*. Der Belastungsdruck kann über Exzenterschrauben *EX* variiert werden. Dieses Streckwerk wird an den Strecken des Neuen Bradford-Systems eingesetzt.

Der Faserbandverdichter nach der Abb. 308 ist ähnlich aufgebaut (DBP 1104408 von 1961). Der Verdichter ist nahe Ausgangswalze angeordnet. Er besitzt einen Durchlaß von rechteckigem Querschnitt, der von den Führungsflächen F_1 und F_2 begrenzt ist. Der Querschnitt des Faserkanals nimmt in Faserlaufrichtung ab. Das Faserband wird in dem Kanal, dessen Querschnitt verändert werden kann, zusammengepreßt.

In der Abb. 309 ist das Streckwerk der KBD 4-Strecke der Firma Prince-Smith & Stells wiedergegeben. Mit Hilfe dieses Streckwerks können sowohl trockene als auch geölte Kammzugbänder verarbeitet werden. Die Strecke ist mit einer Steuereinrichtung versehen. Die Meßwalzen *V*/*5* dienen gleichzeitig als Eingangswalzen. Die Fasern werden im Verzugsfeld von einem Durchzugswalzenpaar *IV*/*4* und von einer

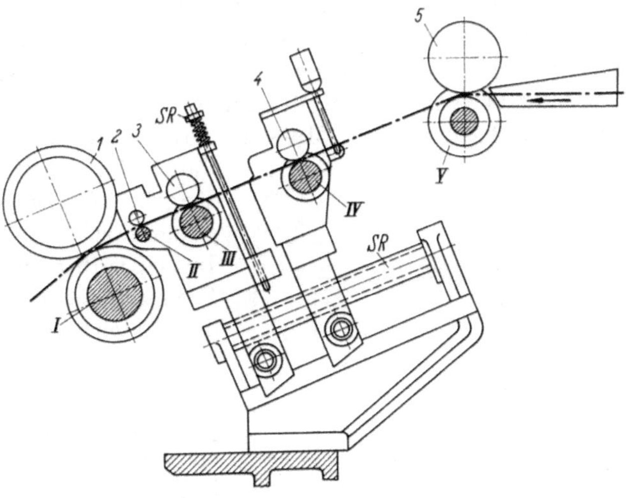

Abb. 309. Streckwerk der KBD 4-Strecke der Firma Prince-Smith & Stells
SR Schraubenspindeln

Ambler-Verzugseinheit geführt. Beide Führungselemente sind mittels einer Schraubenspindel *SR* in Bandlaufrichtung verstellbar. Die Ambler-Verzugseinheit besteht aus den zwei Walzenpaaren *II*/*2* und *III*/*3*. Auf der Strecke kann ein 12facher Verzug erzielt werden. Materialschwankungen bis zu ± 25 % werden ausgeglichen. Die maximale Liefergeschwindigkeit der Strecke, die als zweite Passage eingesetzt wird, beträgt 50 m/min.

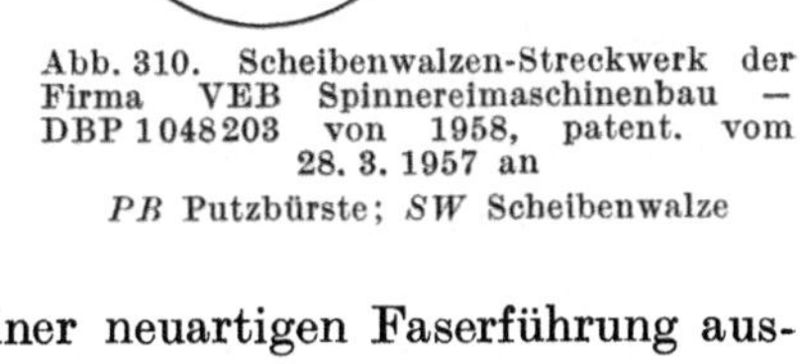

Abb. 310. Scheibenwalzen-Streckwerk der Firma VEB Spinnereimaschinenbau – DBP 1048203 von 1958, patent. vom 28. 3. 1957 an
PB Putzbürste; *SW* Scheibenwalze

Die Firma VEB Spinnereimaschinenbau entwickelte ein Dreiwalzen-Streckwerk für Strecken, das mit einer neuartigen Faserführung ausgestattet ist. Zwischen der Ausgangswalze *I* und der Mittelwalze *II* ist eine Scheibenwalze *SW* angebracht (Abb. 310). Die Scheiben dieser Walze *SW* haben nur einen geringen Abstand voneinander. Sie sollen das Faserband durchdringen und die Einzelfasern geraderichten. Die Putzbürste *PB* säubert die Scheiben.

3.3 Die Entwicklung der Nadelwalzen-Streckwerke

Die englischen Spinnmaschinen konnten sich in Frankreich nicht durchsetzen. An ihrer Stelle wurden die Spinnmaschinen des Französischen Systems entwickelt, das sich von Frankreich aus über den ganzen Kontinent verbreitete. Als Förderer von Ideen und Erfindungen erwies sich der Fabrikant TERNAUX. Der Konstrukteur und Leiter der Ternauxschen Betriebe, MAYSSEMER oder MESSMER, erhielt im Jahre 1810 ein Patent für Maschinen zur Vergleichmäßigung handgekämmter Wollbänder [1]. Im Jahre 1815 erwarb der Pariser Mechaniker DOBO das Patent von MAYSSEMER. Er erweiterte und verbesserte es. So konnte er sich schon im Jahre 1816 ein Sortiment patentieren lassen, das eine stufenweise Umwandlung der Kammwollbänder zu Vorgarn erlaubte. Dieser Erfindung wegen gilt DOBO als der eigentliche Begründer des französisch-kontinentalen Vorbereitungssystems. Als wesentliche Änderung ersetzte er die echte Drahtbildung der englischen Flyer durch das Frottieren (filage en doux). DOBO bezeichnete die neuen Endstrecken als „Machine à rouler“ [2] (Abb. 311). Die verzogenen Bänder liefen durch zwei mit Tuch bespannte Platten, von denen die untere Platte *PU* fest mit dem Gestell *G* verbunden war. Eine Kurbel *KU* bewegte die obere Platte *PO* schnell hin und her. Auf diese Weise erhielten die Bänder einen Nitscheldraht. Das Streckwerk der Maschine bestand aus drei Walzenpaaren. DOBO setzte die „Machine à rouler“ in der letzten Passage vor dem Feinspinnen ein. Davor lagen ungefähr zehn Streckpassagen mit Dreiwalzen-Streckwerken.

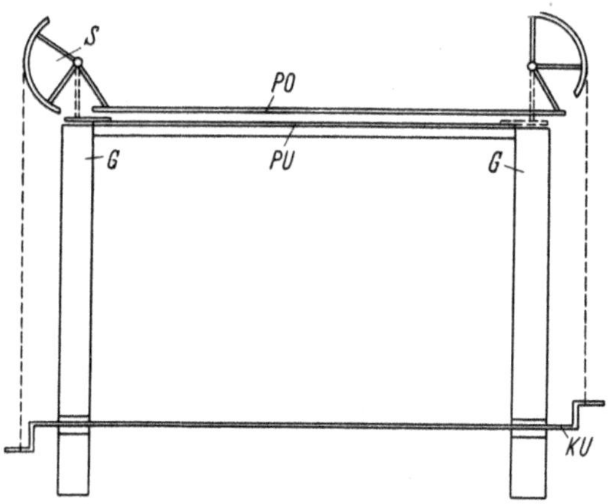

Abb. 311. Machine à rouler von DOBO (1816)
G Gestell; *KU* Kurbel; *PO* obere Platte; *PU* untere Platte; *S* Sektor

Bemerkenswert ist die Zopfbildung, die sogenannte „Tortillonage“, die nach der vierten Passage erfolgte. Die starke Kräuselung der Merinowollen sollte hierdurch zum Teil beseitigt werden, um die Weiterverarbeitung zu erleichtern. Die Bänder wurden zu Zöpfen geflochten und nach zehn bis zwölf Tagen wieder aufgedreht. Später fand man heraus, daß die Wolle sich schneller entkräuselt, wenn sie gedämpft wird. Lisseusen, Dampfplättmaschinen, wurden zu diesem Zweck etwa seit dem Jahr 1840 gebaut.

Nachteilig wirkte sich bei DOBOS Maschinen aus, daß die Fasern während des Streckvorganges nicht geführt wurden. Diesen Übelstand versuchte CHAUVELOT aus Dijon zu beheben. Er entwickelte eine Strecke, bei der das Faserband mit Hilfe eines Lederbandes *L* zwischen den Walzenpaaren *III*/*3* und *II*/*2* geführt wurde (Abbildung 312).

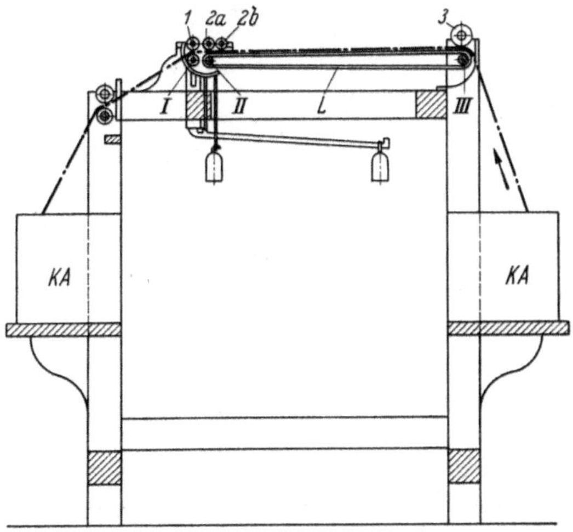

Abb. 312. Strecke von CHAUVELOT
KA Kannen; *L* Lederband

Einen anderen Weg beschritten DEVIÉVILLE und DÉCLANLIEUX, die TERNAUX ebenfalls unterstützte. Sie versuchten, die Nadelstabkette von DE GIRARD der Verarbeitung von gekämmter Wolle anzupassen. Die von ihnen entworfene Strecke arbeitete wahlweise mit nur einem unteren oder mit einem oberen und mit einem unteren Nadelstabfeld (Abb. 313). Erstaunlich ist die Art, in der das Abstreifen der Wolle aus den Nadeln *N* durch die Enden der Nadelstäbe *NST* gelöst wurde. Da sich die Maschine jedoch besser für längere Wollen eignete und außerdem die Herstellung der Ketten zu teuer war, wurde die Nadelstabkette nur vorübergehend in das Französische System eingefügt.

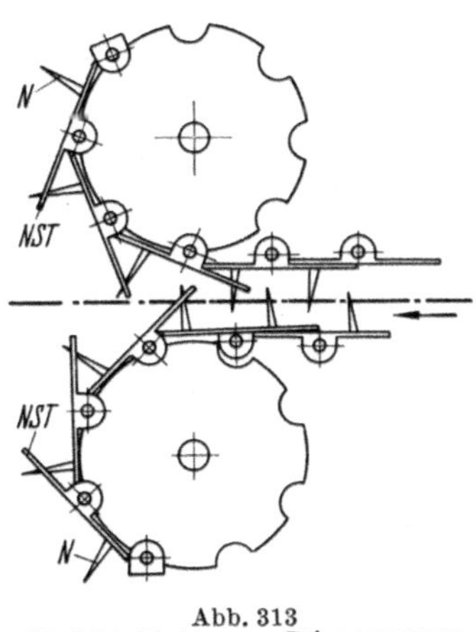

Abb. 313
Nadelstabkette von DÉCLANLIEUX
N Nadel; *NST* Nadelstab

Den bis dahin größten Erfolg mit einer Neukonstruktion hatte im Jahre 1821 der Pariser Mechaniker LAURENT. Er verwendete erstmals anstelle eines Lederbandes oder einer Nadelstabkette eine Nadelstabwalze *NSW* (peigne circulaire) zur Faserführung (Abb. 314). Zwischen den Eingangswalzen *II*/*2* und den Ausgangswalzen *I*/*1* ist eine mit Nadelstäben *NST* bestückte Nadelstabwalze *NSW* angebracht. Sie führt die Faserbänder und richtet die Fasern aus. Am

Streckwerksausgang drückt der Hebel *H* die Stäbe *NST*, die in den Schlitzen der Ringscheiben RS_1 und RS_2 gleiten, nach außen, so daß die

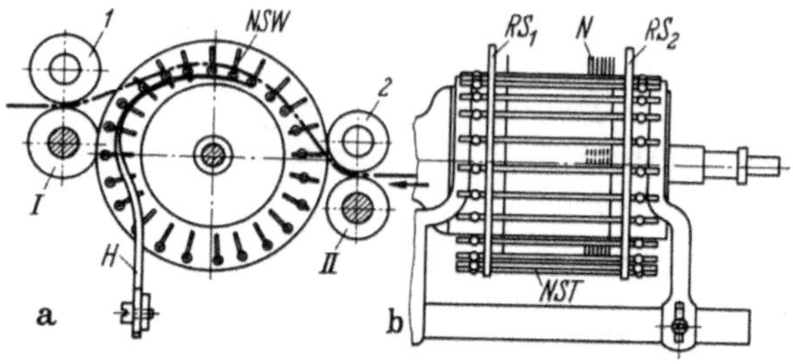

Abb. 314. Nadelstabwalze von LAURENT (1821)
a Seitenansicht; b Vorderansicht
H Hebel; *N* Nadeln; *NST* Nadelstab; *NSW* Nadelstabwalze; RS_1, RS_2 Ringscheiben

Vorderwalzen die Wolle leicht fassen können. Die Nadelstabwalze von LAURENT wurde noch bis in die Mitte des vorigen Jahrhunderts gebaut [*2*].

Auch DOBO erkannte den Wert der LAURENTschen Walze und ließ sich im Jahre 1824 eine Nadelwalze patentieren. Er gab ihr den Namen

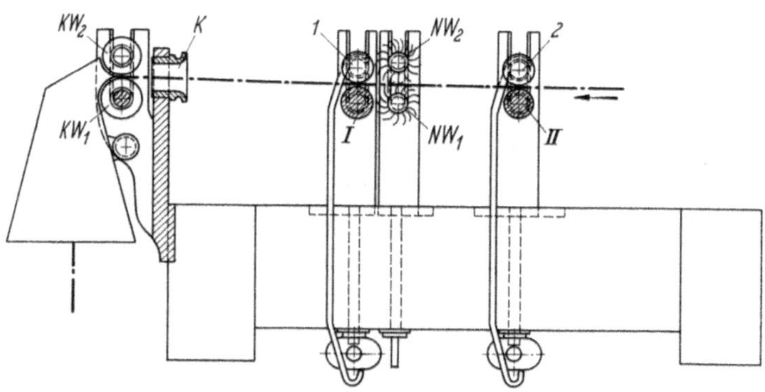

Abb. 315. Streckwerk von DOBO (1824)
K Verdichter; KW_1, KW_2 Kalanderwalzen; NW_1, NW_2 Nadelwalzen

„Echinos" (Stachelwalze). Sein Streckwerk hat zwei Nadelwalzen NW_1 und NW_2 (Abb. 315). Die Nadelwalzen, deren Nadeln schon unter einem bestimmten Winkel zu dem Faserband stehen, sind unmittelbar vor den Ausgangswalzen *I*/*1* angebracht. Vor den Kalanderwalzen KW_1 und KW_2 ist ein Verdichter *K* angeordnet, der die Fasern vor der Ablage in die Kannen zusammenfaßt.

Um das Jahr 1836 entwickelte der deutsche Mechaniker FLINTZ eine Nadelwalze, wie sie im Prinzip heute noch an den Strecken des Französischen Systems verwendet wird. In der Abb. 316 ist die nur leicht geänderte Ausführung der Nadelwalze aus dem Jahre 1860 im Schema veranschaulicht.

Auch die Frottiereinrichtungen erhielten schon in der Mitte des vorigen Jahrhunderts ihre endgültige Gestalt. Sie bestehen aus zwei übereinanderliegenden, bewegten endlosen Lederbändern, Lederhosen oder Nitschel genannt. In der Mitte des oberen Bandes ist eine Walze angebracht, welche die Lederbänder gegeneinander drückt. Eine Frottiervorrichtung dieser Art wurde bereits im Jahre 1837 in einer Patentschrift der Firma Villeminot-Huard, Reims, erwähnt [*1*].

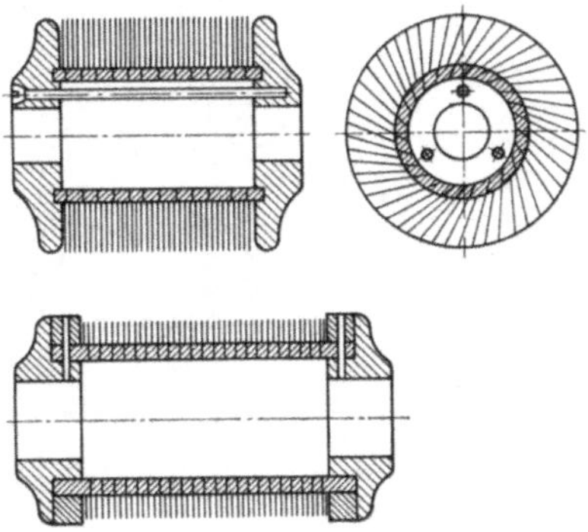

Abb. 316. Nadelwalze von FLINTZ (1860)

Die später entwickelten Strecken des Französischen Systems sind im allgemeinen mit Nadelwalzen und einer Frottiereinrichtung ausgerüstet. Die verschiedenen Konstruktionen weichen nur wenig voneinander ab. Beispielsweise gab es seit den Anfängen der Kammgarnindustrie bis etwa zum Jahr 1860 den „Défeutreur". Anfangs wurde

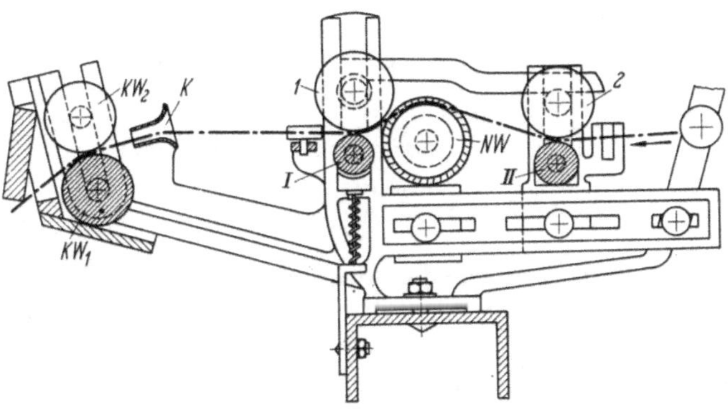

Abb. 317. Défeutreur
K Verdichter; KW_1, KW_2 Kalanderwalzen; *NW* Nadelwalze

das Streckwerk des „Défeutreur" ohne, später mit einer Nadelwalze gebaut (Abb. 317), in den dreißiger Jahren des vorigen Jahrhunderts auch mit einem Nadelwalzenpaar. Die Nadelwalze *NW* hatte vornehmlich die Aufgabe, die Wollbänder zu entwirren. Der Verdichter *K* formte die Faserbänder rund und festigte sie. Er ersetzte die Frottiervorrichtung.

Die „Réunisseuse" ist eine andere Ausführungsform der Nadelwalzenstrecke (1847). Bei ihr erfolgte die Dublierung der Faserbänder erst zwischen den Ausgangswalzen und den Kalanderwalzen. Ein Verdichter verdichtete das Faservlies. Bei der „Etirage" (Abb. 318) dagegen werden die Faserbänder schon beim Einlaufen in das Streckwerk

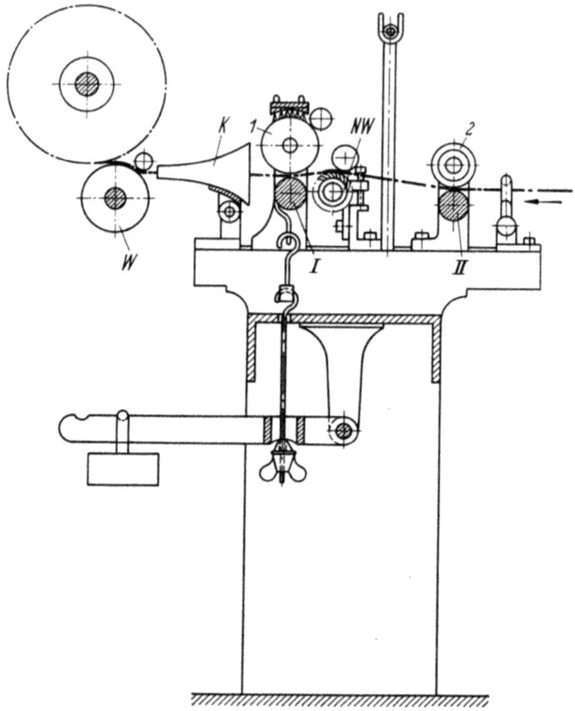

Abb. 318. Étirage
K Verdichter; *NW* Nadelwalze; *W* Aufwickelvorrichtung

zusammengeführt. Zwischen den Ausgangswalzen *I*/*1* und der Aufwickelvorrichtung *W* ist jedoch auch hier noch statt der Lederhosen ein Verdichter *K* angebracht.

Als „Bobinoir" werden diejenigen Nadelwalzenstrecken bezeichnet, deren Streckwerke mit einem Frottierapparat ausgerüstet sind. Bei den älteren Maschinen — die Abb. 319 stellt einen Bobinoir aus dem Jahre 1860 dar — ist die Ausgangswalze *1* mit einem Tuch und mit drei Pergamentblättern bezogen [*1*].

Eine lebhafte Entwicklung nahm die Kammgarnspinnerei nach dem Französischen System um das Jahr 1850 durch die Erfindung einer geeigneten Kämmaschine. Die bis dahin handgekämmten Züge konnten nun maschinell gefertigt werden.

In diese Zeit fällt auch die Einführung der Nadelstabstrecke aus dem Bradford-System in die ersten Passagen des Französischen Systems.

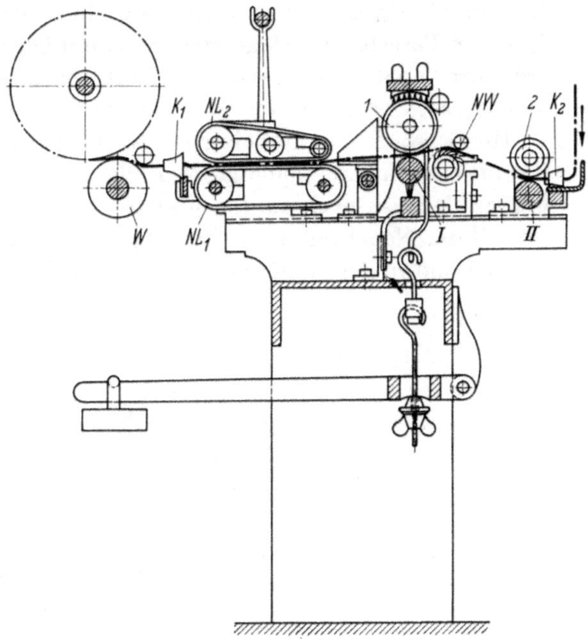

Abb. 319. Bobinoir (1860)
K_1, K_2 Verdichter;
NL_1, NL_2 Nitschelleder;
NW Nadelwalze; W Aufwickelvorrichtung

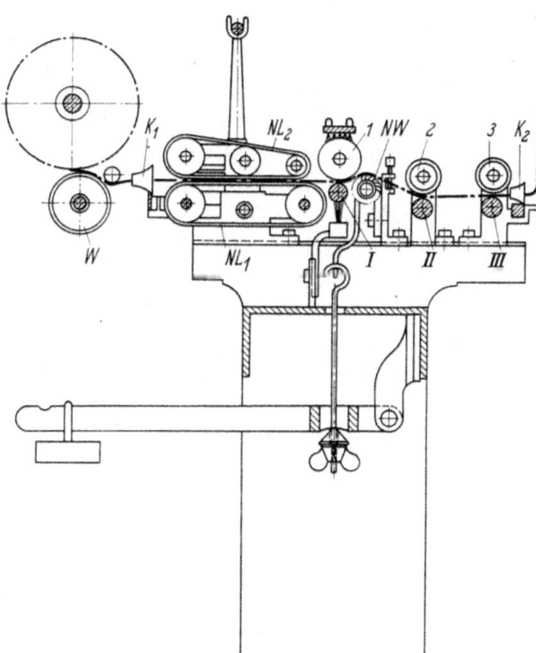

Abb. 320. Bobinoir ordinaire
K_1, K_2 Verdichter; NL_1, NL_2 Nitschelleder; NW Nadelwalze

Die Nadelwalzenstrecken wurden für die Bearbeitung der schon verfeinerten Faserbänder eingesetzt. So stand beispielsweise der „Bobinoir ordinaire" an der vierten Stelle im Vorbereitungssystem. Das Streckwerk dieser Maschine ist in der Abb. 320 im Schema dargestellt.

Heute spielt die Nadelwalzenstrecke in den ersten Passagen der Kammgarnspinnerei keine große Rolle mehr. Nadelwalzen-Streckwerke werden dagegen noch an den Endstrecken (Finisseure) verwendet. Der Vorteil der Nadelwalzenstrecken liegt in der einfachen Bauart der Maschinen und in der stoßfreien Arbeitsweise der Nadelwalzen. Das Faser-

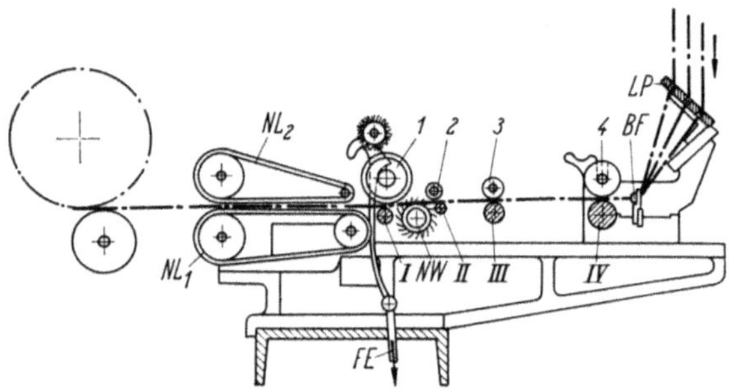

Abb. 321. Nadelwalzen-Streckwerk der Firma Deutscher Spinnereimaschinenbau Ingolstadt
BF Bandführer; *FE* Belastungsgewicht mit Dämpfungsfeder; *LP* Lochplatte; NL_1, NL_2 Nitschelleder; *NW* Nadelwalze

band legt sich gut und voll in die Nadeln ein und läuft ruhig durch das Verzugsfeld. Bei höheren Liefergeschwindigkeiten (etwa ab 25 m/min) können an der Nadelwalze jedoch Wickelbildungen auftreten.

Ein modernes Nadelwalzen-Streckwerk der Firma Deutscher Spinnereimaschinenbau Ingolstadt ist in der Abb. 321 dargestellt. Das Faserband wird vom Spulengestell über eine Lochplatte *LP* und durch den hinteren Bandführer *BF* in das Streckwerk geführt. Wenn das Faserband eingelegt werden soll, können die Eingangsdruckwalzen durch eine Abhebevorrichtung angehoben werden. Zwischen der Eingangswalze und der Nadelwalze befinden sich zwei Durchzugswalzenpaare. Das Walzenpaar *III*/*3* ist in Bandlaufrichtung verstellbar. Die Einstellung hängt von der Stapellänge der Fasern ab. Die Walzen *II*/*2* und die Nadelwalze *NW* bilden eine Einheit. Der Abstand zwischen dieser Einheit und den Ausgangswalzen kann verändert werden. Zwischen den Durchzugswalzen und den Eingangswalzen wird das Faserband nur leicht gespannt. Die Druckwalze *1* ist mit einem Bezug aus Filz und Pergament oder aus Kunststoff, dem heute meist der Vorzug gegeben wird, versehen. Die Belastung erfolgt durch Gewichte. Der Verzug ist 4,5fach. Die Liefergeschwindigkeit beträgt 20 bis 24 m/min.

Im Normblatt DIN TEX 4103 sind die Abmessungen der Nadelwalzen (Abb. 322) festgelegt. Die Nadeldichte nimmt mit jeder Passage zu, während sich die Arbeitsbreite *b* und der Durchmesser *d* der Walze verringern. Dagegen ist die Anzahl der Nadeln nicht genormt. Sie richtet sich nach dem zu verstreckenden Material (bis zu 50 Nadeln je cm²).

Das Nadelwalzen-Streckwerk der Firma Collins & Aikman Corp. ist mit zwei Nadelwalzen NW_1 und NW_2 ausgestattet, die vor den Walzen *I* bzw. *II* angebracht sind (BP 724536; Abb. 323). In beiden Nadelwalzenfeldern findet ein Verzug statt. Die Umfangsgeschwindigkeit der Nadelwalzen ist etwas geringer als die der in Bandlaufrichtung folgenden Walzen. Die Benadelung der Walze NW_1 ist dichter und feiner als die Benadelung der Walze NW_2.

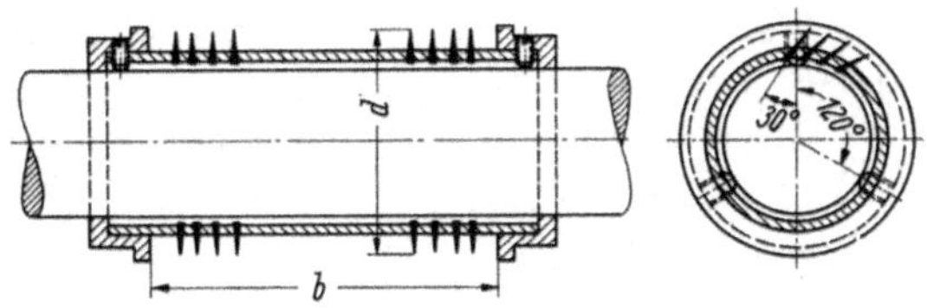

Abb. 322. Nadelwalze
b Arbeitsbreite; *d* Durchmesser

In dem Patent BP 754608 der Firma „Cardpen" Societa Italiana ist ein Nadelwalzen-Streckwerk für den Ausgang der Krempel an-

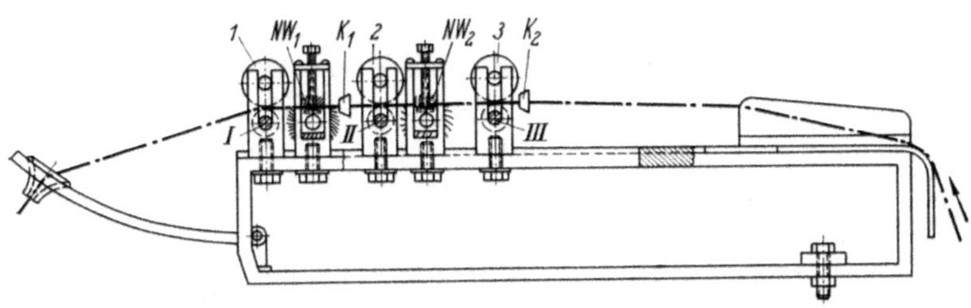

Abb. 323
Nadelwalzen-Streckwerk der Firma Collins & Aikman Corp. – BP 724536 vom 9. 1. 1953
K_1, K_2 Verdichter; NW_1, NW_2 Nadelwalzen

gegeben (DBP 1022502 von 1958; Abb. 324). Der Krempelflor wird im Verdichter *K* zusammengefaßt und dem Streckwerk zugeführt. Dieses besteht aus zwei Walzenpaaren, zwischen denen sich eine Nadelwalze *NW* befindet. Der Verzug soll etwa 1,3- bis 1,7fach betragen. Die Belastung wird durch eine Schraubenfeder *SF*, die auf den Sattel *S* drückt, erzeugt. Wenn der Schutzdeckel des Streckwerks abgehoben wird, ist das Streckwerk entlastet. Die Bandführungsrolle *FR* soll die elektrostatische Aufladung des Faserbandes verringern. Diese Verzugseinrichtung läßt sich auch am Ausgang von Baumwollkarden verwenden.

Ein Streckwerk mit mehreren Nadelwalzen konstruierte Holdsworth (USP 2728954; Abb. 325). Zwischen zwei Walzenpaaren sind die drei Nadelwalzen NW_1, NW_2, NW_3 angebracht. Diese bestehen aus geriffelten Walzen, deren Riffelrücken an jeweils einer Flanke mit Nadeln besetzt sind. Die Nadeln der mittleren Walze NW_2 sind in der Bandlaufrichtung geneigt. Dadurch soll das Hinüberwechseln der Fasern von einer Nadelwalze zur anderen erleichtert werden.

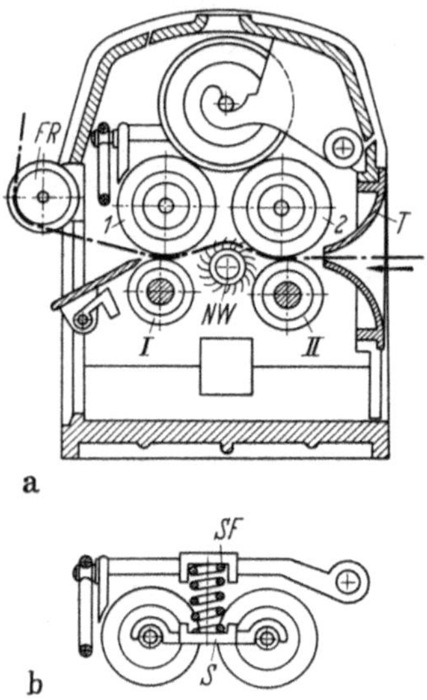

Abb. 324a u. b. Nadelwalzen-Streckwerk für den Ausgang der Krempel der Firma „Cardpen" Societa Italiana – BP 754608 vom 27. 7. 1954, DBP 1022502 von 1958, patent. vom 25. 9. 1954 an
a Schematische Darstellung des Nadelwalzen-Streckwerks; b Belastungseinrichtung für die Druckwalzen
FR Bandführungsrolle; *NW* Nadelwalze; *S* Sattel; *SF* Schraubenfeder; *T* Trichter

Die Firma F. Bernhardt liefert eine Nadelwalzenstrecke für die letzten Passagen der Kammgarnvorspinnerei. Das Streckwerk (Abb. 326) gleicht im Aufbau dem der Firma Deutscher Spinnereimaschinenbau Ingolstadt. Der Bandführer *BF* hinter dem Nitschelwerk wird auch als Drehtrichter geliefert. Das Streckwerk hat einen maximalen Verzug von 5fach. Die Liefergeschwindigkeit soll 25 m/min nicht übersteigen. Normalerweise wird 3fach dubliert. Die Ausgangsdruckwalze ist gewichtsbelastet.

Auch im Anglo-Continental-System werden Nadelwalzenstrecken eingesetzt. Bei den Streckwerken dieser Maschinen liegen die Nadelwalzen jedoch oberhalb des Faserbandes. Da die ölgekämmten Wollbänder die normalen Nadelwalzen sehr schnell verschmutzen und verstopfen würden, sind zwischen den Nadelreihen besondere Reinigungsstäbe *RS* angebracht (Abb. 327). Ein Stabende läuft in einer Führung *F*, welche die Stäbe erst dann aus den Nadeln *N* heraustreten läßt, wenn das Faserband die Nadelwalze passiert hat. Eine Feder *FE* schleudert die Stäbe wieder bis auf den Nadelgrund zurück. Die Firma T. M. M. (Research) Ltd. entwickelte ein derartiges Nadelwalzen-Streckwerk für das Anglo-Continental-System (BP 735135; Abb. 328). Das Faserband wird vom

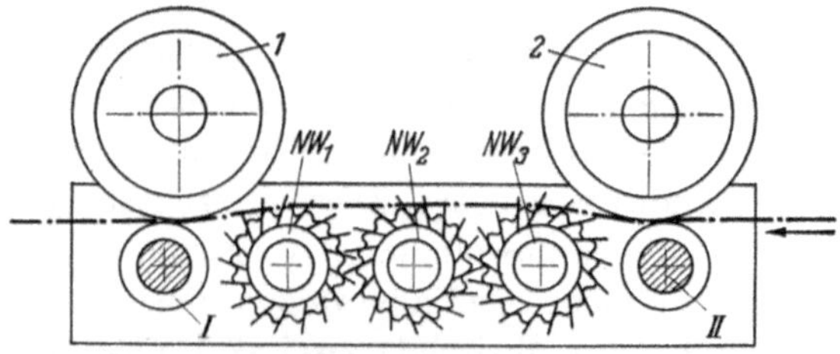

Abb. 325. Nadelwalzen-Streckwerk nach W. Holdsworth – USP 2728954 der Firma Holdsworth Manufacturing Co. vom 3. 2. 1953
NW_1 bis NW_3 Nadelwalzen

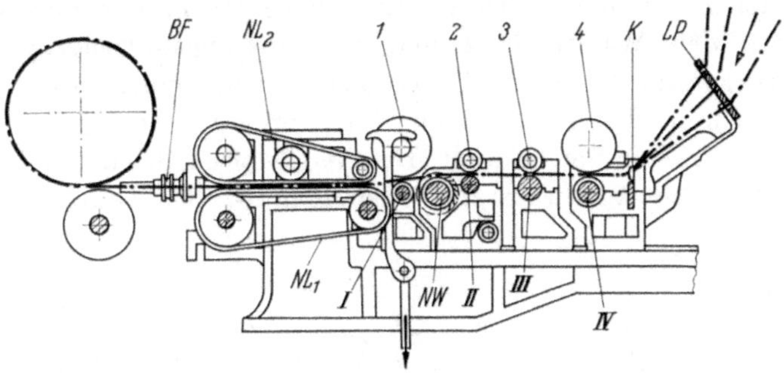

Abb. 326. Nadelwalzen-Streckwerk der Firma F. Bernhardt
BF Bandführer; *K* Verdichter; *LP* Lochplatte; NL_1, NL_2 Nitschelleder; *NW* Nadelwalze

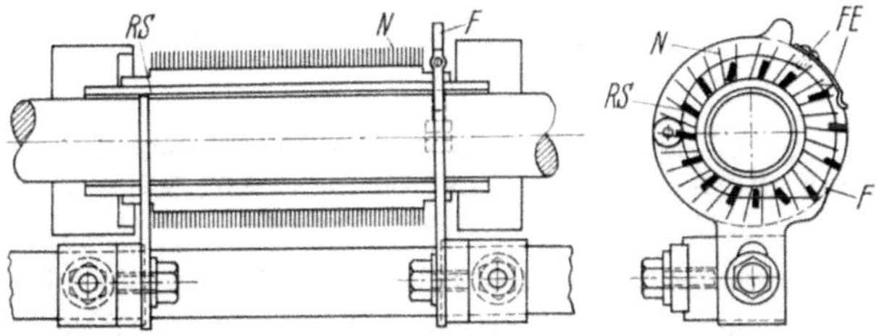

Abb. 327. Nadelwalze mit Reinigungsstäben (Prince-Smith & Stells Ltd.)
F Führung für die Reinigungsstäbe; *FE* Feder; *N* Nadeln; *RS* Reinigungsstab

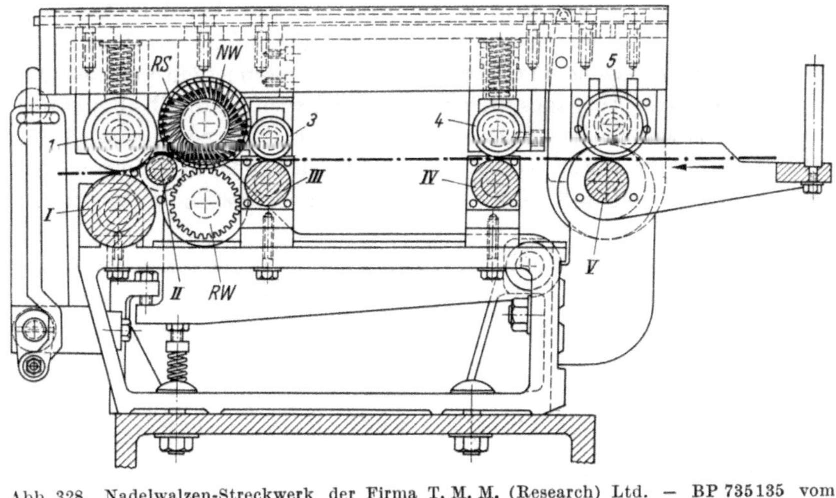

Abb. 328. Nadelwalzen-Streckwerk der Firma T. M. M. (Research) Ltd. – BP 735135 vom 17. 2. 1954
NW Nadelwalze; *RS* Reinigungsstab; *RW* Riffelwalze

Walzenpaar *V/5* in das Streckwerk hineingezogen. Der Verzug findet zwischen den Walzen *IV/4* und der Ausgangswalzengruppe statt. Die Druckwalze *1* und die Unterwalze *I* haben einen großen Durchmesser. Die Walze *II* ist dünn. Die Abzugsanordnung ist von den Nadelstabstrecken her bekannt. Der Nadelwalze *NW*, deren Nadeln in die Nuten der Riffelwalze *RW* eingreifen, ist das Durchzugswalzen-

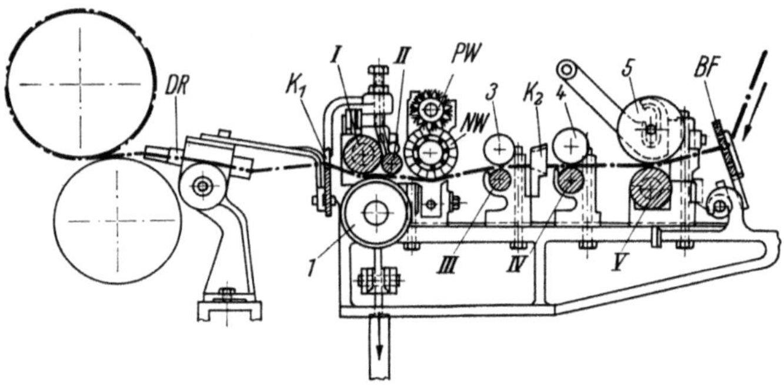

Abb. 329. Nadelwalzen-Streckwerk der Firma Prince-Smith & Stells Ltd.
BF Bandführer; *DR* Drehröhrchen; K_1, K_2 Verdichter; *NW* Nadelwalze; *PW* Putzwalze

paar *III/3* vorgelagert. Alle Druckwalzen sind mit Kork oder Kunststoff bezogen. Die Belastung der Nadelwalze sowie der Druckwalzen *1* und *4* erfolgt durch Federn.

Das Nadelwalzen-Streckwerk der Firma Prince-Smith & Stells Ltd. ist in der Abb. 329 dargestellt. Dem Streckwerk werden zwei Faserbänder vorgelegt, die von dem Bandführer *BF* zusammengefaßt werden. Der Verzug findet zwischen dem Walzenpaar *V/5* und den drei Ausgangswalzen statt. Vor der Nadelwalze *NW* befinden sich zwei Durchzugswalzenpaare. Zwischen den Durchzugswalzenpaaren ist ein Verdichter K_2 angebracht. Die Ausgangswalzen *I* und *II* liegen oberhalb der Druckwalze *1*, die von unten gegen die Walzen *I* und *II* gepreßt wird. Die Belastung kann durch Hebel, Gewichte oder Federn erfolgen. Alle Druckwalzen sind mit Kork überzogen. Der maximale Verzug ist 4,5fach.

Eine weitere Eigentümlichkeit der Nadelwalzenstrecken im Anglo-Continental-System besteht darin, daß der Falschdraht nicht durch ein Nitschelwerk, sondern durch ein Drehröhrchen *DR* erteilt wird. Die Nitschelleder würden zu schnell verschmutzen.

3.4 Die Entwicklung der Endstrecken-Streckwerke

Das Faserband, das auf den Doppelnadelstab- oder auf den Nadelwalzenstrecken vergleichmäßigt und verfeinert wurde, durchläuft die Endstrecken, bevor es auf der Feinspinnmaschine zu Garn versponnen wird. Die Endstrecken können als Flyer oder als Nitschelstrecken, allgemein Finisseure oder Feinfrotteure genannt, ausgebildet sein. Die Flyer geben der Lunte einen echten Draht. Dies hat den Vorteil, daß das Band weniger anfällig gegen Fehlverzüge ist. Es fehlen die Umkehrstellen in der Luntendrehung, die bei den genitschelten Lunten auftreten. Die Drehung der Lunte wirkt vergleichmäßigend auf die Faserbewegung während des Verzuges im Streckwerk der Feinspinnmaschine.

Auf dem Flyer können nicht nur Kammwollen verarbeitet werden, sondern alle Langfasern. Die Flyer werden vor allem im Deutsch-Französischen, im Englischen und im Amerikanischen System [*14*] eingesetzt, die Finisseure im Französischen System. Die Flyer des Englischen Systems sind im allgemeinen keine Differentialflyer. Da die Lunte ursprünglich die Spule nachschleppte und leicht Fadenbrüche zwischen dem Preßfinger und der Auflaufstelle an der Spule auftraten, waren die kurzen, vorzugsweise nach dem Französischen System versponnenen, stark gekräuselten Merinowollen für die Verarbeitung auf dem Flyer nicht geeignet.

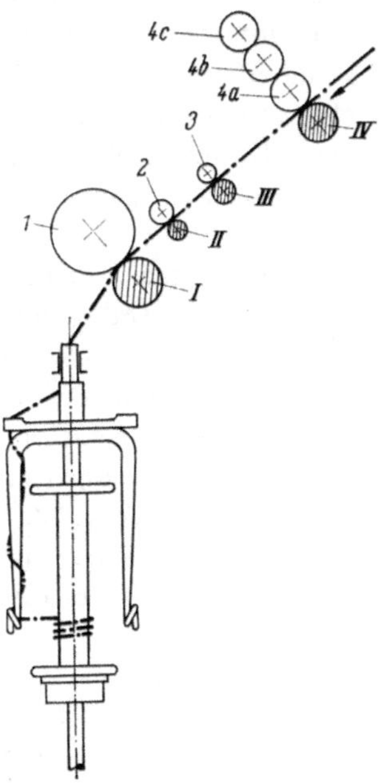

Abb. 330. Streckwerk einer Spindelstrecke

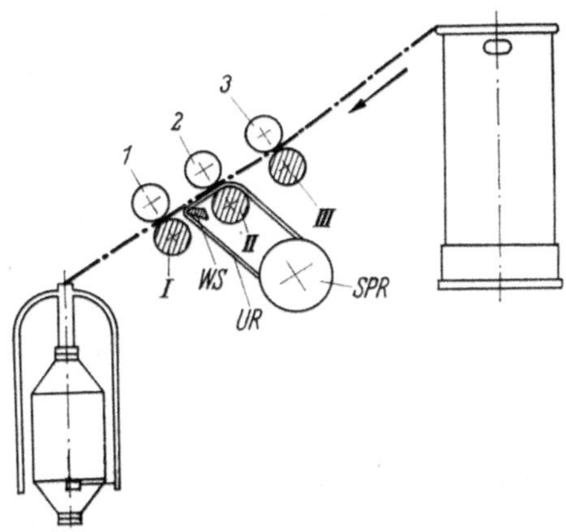

Abb. 331. Streckwerk für Kammgarnflyer (System Shaw) der Firma Saco-Lowell Shops (1950)
SPR Spannrolle; *UR* Unterriemchen; *WS* Wendeschiene

Ein Flyer-Streckwerk, wie es an einer Spindelstrecke des Englischen Systems verwendet wurde, ist in der Abb. 330 dargestellt. Es handelt sich hierbei um ein reines Walzendurchzugs-Streckwerk. Der Streckwerkseingang besteht aus vier aufeinandergepreßten Walzen *IV*, *4a*, *4b*, *4c*. Zwischen den Eingangs- und den Ausgangswalzen sind zwei Durchzugswalzenpaare angeordnet. Die Oberwalzen *2* und *3* sind aus Holz.

Im Jahre 1950 stattete die Firma Saco-Lowell Shops ihren Kammgarnflyer mit einem Unterriemchen-Streckwerk (System Shaw) aus (Abb. 331). Diese Konstruktion erlaubte einen wesentlich höheren Verzug (bis 18fach). Die mittlere Druckwalze *2* ist gegenüber der Walze *II* etwas nach vorn verlagert. Das Unterriemchen *UR* gibt beim Verzug elastisch nach.

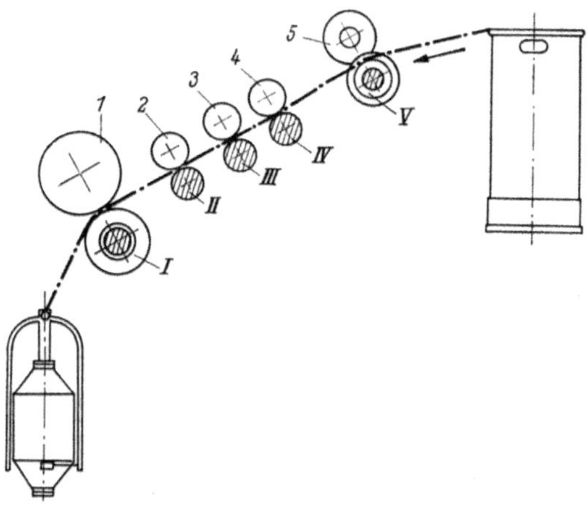

Abb. 332. Streckwerk des Cone Reducers der Firma Prince-Smith & Stells Ltd. (1955)

Die Firma Prince-Smith & Stells Ltd. stellte noch im Jahre 1955 für ihren Cone Reducer ein Fünfwalzen-Streckwerk mit drei Durchzugswalzenpaaren her (Abb. 332). Der Cone Reducer ist für das Neue Bradford-System vorgesehen und im Gegensatz zur Open-Drawing-Machine als Differentialflyer ausgebildet.

Im gleichen Jahr brachte die Firma Saco-Lowell Shops eine verbesserte Ausführung des Shaw-Streckwerks auf den Markt (Abb. 333). Die Druckwalze *2* liegt bei dieser neuen Konstruktion zwischen der Wendeschiene *WS* und der Walze *II* auf dem Unterriemchen *UR* auf. Zusätzlich ist das Hauptverzugsfeld mit einer kleinen Durchzugswalze *DW* ausgerüstet. Das Verzugsfeld wurde im Vergleich zur ersten Ausführung des Shaw-Streckwerks verlängert. Der maximale Verzug wird mit 20fach angegeben.

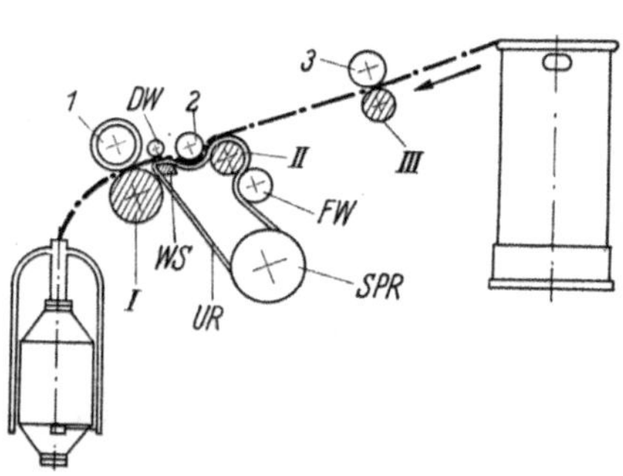

Abb. 333. Shaw-Streckwerk der Firma Saco-Lowell Shops aus dem Jahre 1955

DW Durchzugswalze; *FW* Führungswalze; *SPR* Spannrolle; *UR* Unterriemchen; *WS* Wendeschiene

Ebenfalls im Jahre 1955 setzte die Firma Whitin Machine Works für den Flyer des Amerikanischen Systems ein Zweiriemchen-Streckwerk ein (Abb. 334). Die relativ kurzen Riemchen führen die Fasern bis dicht an den vorderen Klemmpunkt.

Der heutige Kammgarnflyer der Firma Société Alsacienne de Constructions Mécaniques (SACM) ist mit einem Zweiriemchen-Streckwerk ausgerüstet, das in der Abb. 335 dargestellt ist. Das Faserband wird von den Eingangswalzen *III/3* über das Rohr *R* und durch den Verdichter *K* in das Streckwerk hineingezogen. Im Verzugsfeld befindet sich eine Verzugseinheit mit einem Riemchenpaar. Die Riemchen umschlingen die Walzen *II/2*, die von einer Feder *FE* gegeneinandergepreßt werden. Beide Walzen — wie auch die Druckwalzen *1* und *3* — sind mit Kunststoff überzogen. Das Unterriemchen *UR* wird durch eine Brücke abgestützt. Im Innern des Oberriemchentrums lagern sechs Durchzugswalzen, deren Zapfen in den Kerben zweier Schienen laufen. Die Spannrolle SPR_1 spannt das Unterriemchen und drückt es zugleich gegen die Antriebswalze *AW*. Eine zusätzliche Spannung erhält das Unterriemchen von der Spannrolle SPR_2, deren Zapfen in den Stell-

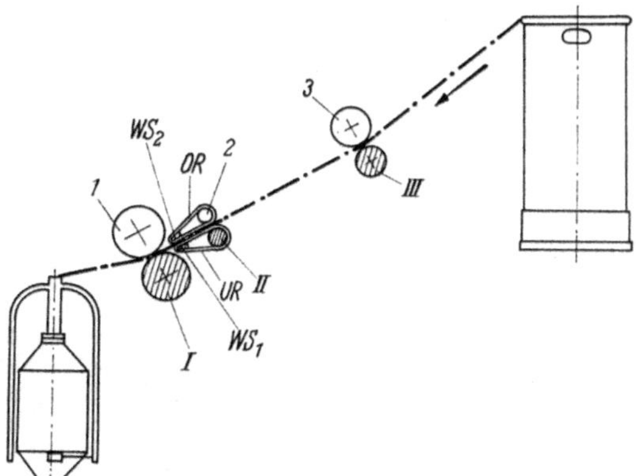

Abb. 334. Zweiriemchen-Streckwerk des Whitin-Kammgarnflyers (1955)
OR Oberriemchen; *UR* Unterriemchen; WS_1, WS_2 Wendeschienen

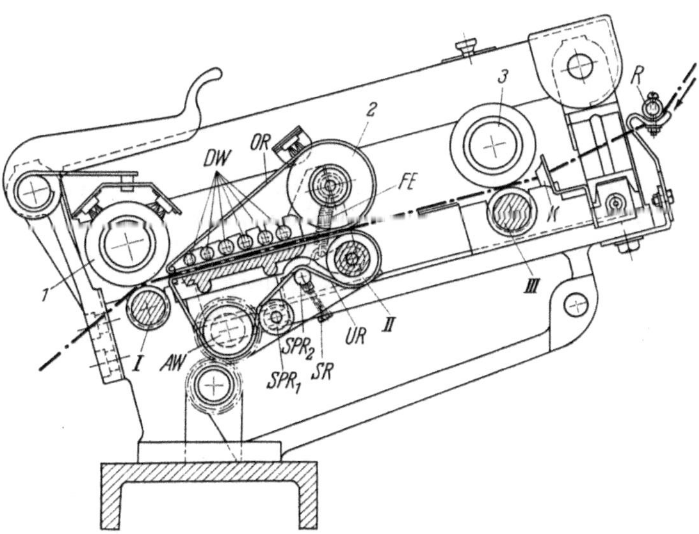

Abb. 335. Streckwerk der Firma Société Alsacienne de Constructions Mécaniques (SACM)
AW Antriebswalze; *DW* Durchzugswalze; *FE* Feder; *K* Verdichter; *OR* Oberriemchen; *R* Rohr; SPR_1, SPR_2 Spannrollen; *SR* Stellschraube; *UR* Unterriemchen

schrauben *SR* lagern. Bei einer 2fachen Dublierung können Kammgarnvorgarne maximal 14fach verzogen werden. Die Liefergeschwindigkeit beträgt 35 m/min.

In der Abb. 336 ist das Flyer-Streckwerk L. 9B. der Firma Carniti dargestellt. Es besitzt in der Verzugszone ein Riemchenpaar. Zwischen den Ausgangswalzen *I*/*1* und den Riemchen *OR* und *UR* ist ein Verdichter K_1 angebracht. Vor den Mittelwalzen ist ebenfalls ein Ver-

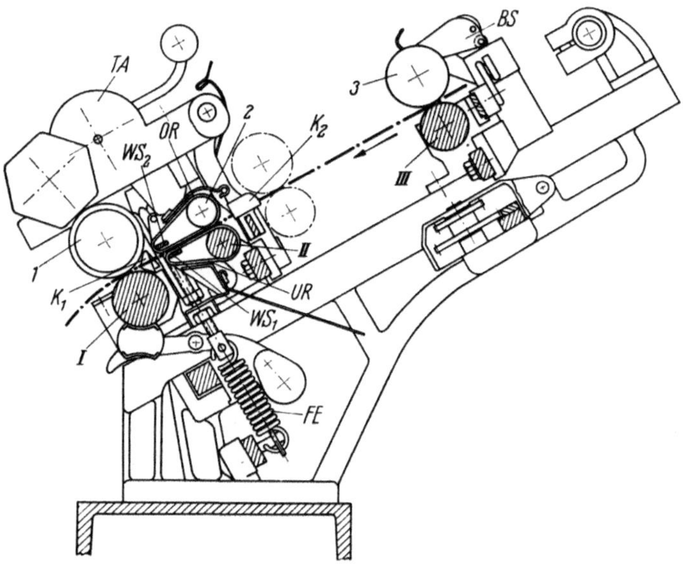

Abb. 336. Flyer-Streckwerk L. 9 B. der Firma Carniti
BS Belastungssattel; *FE* Belastungsfeder; K_1, K_2 Verdichter; *OR* Oberriemchen; *TA* Tragarm; *UR* Unterriemchen; WS_1, WS_2 Wendeschienen

dichter angeordnet. Die Belastung der Druckwalzen erfolgt über Federn. Eine zusätzliche Feder *FE* drückt das Oberriemchen *OR* auf das Unterriemchen *UR*. Die Druckwalze *2* wird über ein Zahnradpaar von der Walze *II* positiv angetrieben. Der Abstand der Eingangswalzen von den Mittelwalzen kann für die ganze Maschinenseite zentral verstellt werden.

Im Jahre 1950 brachte die Firma Collins & Aikman Corporation ein Streckwerk auf den Markt, das nach dem Erfinder Bird als „Bird-System“ bezeichnet wird (Abb. 337). Auf diesem Streckwerk sollen Fasern mit einer Stapellänge von 1″ bis 9″ verarbeitet werden können. Das Streckwerk wird am Flyer und an der Spinnmaschine eingesetzt. Es werden in erster Linie Kammgarne hergestellt, wobei die Vorbereitung des Faserverbandes nach dem Baumwollsystem erfolgt. Charakteristisch für das „Bird-System“ ist die Nadelwalze *NW*, die vor den Ausgangswalzen angeordnet ist und mit einem Unterriemchen zusammenarbeitet. Die Nadelwalze wird angetrieben. In der Abb. 337 a—c sind Streckwerksausführungen dargestellt, die am Flyer Verwendung finden. Mit Hilfe der Konstruktion gemäß Abb. 337a können Langfasern mit einer mittleren Stapellänge von 150 bis 220 mm verzogen werden. Die Nadelwalze liegt auf dem Unterriemchen auf, ohne das Riemchen durchzubiegen. Eine Spannrolle *SPR* spannt das Riemchen durch ihr Eigengewicht. Zwischen der Nadelwalze und den Eingangswalzen wird das Riemchen von zwei Stützwalzen *SW* getragen, über denen sich Durchzugswalzen *DW* befinden. Bei dem Streckwerk, das die Abb. 337b veranschaulicht, wird die Nadelwalze auf das Riemchen gedrückt, so daß an der Wendeschiene *WS* eine Mulde entsteht. Das Riemchen wird von einer dicken Stützwalze *SW* gestützt und durch ein Gewicht *G* gespannt. Vor den Riemchenwalzen ist ein zusätzliches Walzenpaar *III*/*3* angeordnet. Auf dem Streckwerk können Langfasern verzogen werden, denen Fasern einer mittleren Stapellänge von etwa 100 mm beigemengt sind. Das Streckwerk nach der Abb. 337c dient dem Verzug von Langfasern mit einem Anteil an Kurzfasern. Wendeschiene *WS*, Stützwalze *SW* und Nadelwalze *NW* bilden mit dem Riemchen *UR* eine tiefe Mulde, in der die kurzen Fasern gut kontrolliert werden. Die Durchzugswalzen entfallen.

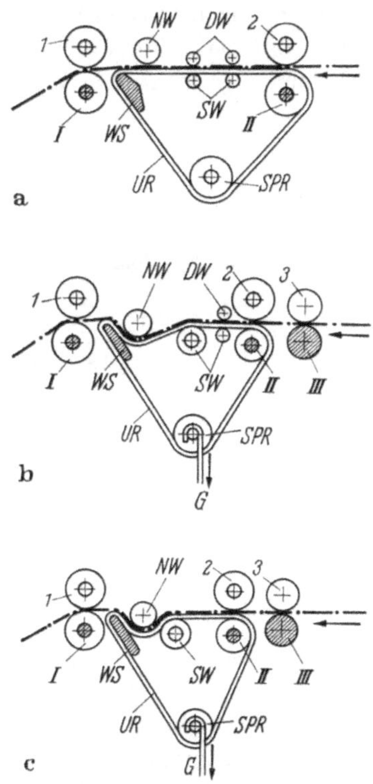

Abb. 337a—c. Bird-Streckwerk der Firma Collins & Aikman Corporation (1950)
a Streckwerk für Langfasern mit einer mittleren Stapellänge von 150 bis 220 mm; b Streckwerk für Langfasern mit einem Anteil mittellanger Fasern; c Streckwerk für Langfasern mit einem Anteil kurzer Fasern
DW Durchzugswalzen; *G* Riemchenspanngewicht; *NW* Nadelwalze; *SPR* Spannrolle; *SW* Stützwalze; *UR* Unterriemchen; *WS* Wendeschiene

Die Firma Deutscher Spinnereimaschinenbau Ingolstadt stellt für ihren Kammgarnflyer ein Unterriemchen-Streckwerk her (Abb. 338). Die Eingangsoberwalze wird von einem hochklappbaren Belastungsarm gehalten. Auf dem Unterriemchen sind die Ballonwalzen *2* und *3* gelagert, deren Luftpolster bei Druckeinwirkung nachgeben. Das führt zu einer elastischen Klemmung des Faserverbandes zwischen den Ballonwalzen *2* und *3* und dem Unterriemchen *UR*, ohne daß der Durchzug der Fasern behindert wird. Die Faserführung und die Faserrückhaltung sind sehr gut. Die Ballonwalzen und die Ausgangsdruckwalze werden gemeinsam in dem hochklappbaren Führungsarm gehalten. Die Druckwalzen am Ein- und am Ausgang des Streckwerks erhalten ihre Belastung durch Federkraft, die für die Eingangsdruckwalze *4* von 4 bis 40 kg und für die Ausgangsdruckwalze *1* von 1 bis 60 kg stufenlos einstellbar ist. Die Ballonwalzen werden von zwei Federn mit konstantem Druck belastet. Der optimale Verzug bei diesem Streckwerk liegt zwischen 12- und 16fach, der maximale Verzug beträgt 28fach. Die Lage des Eingangs-

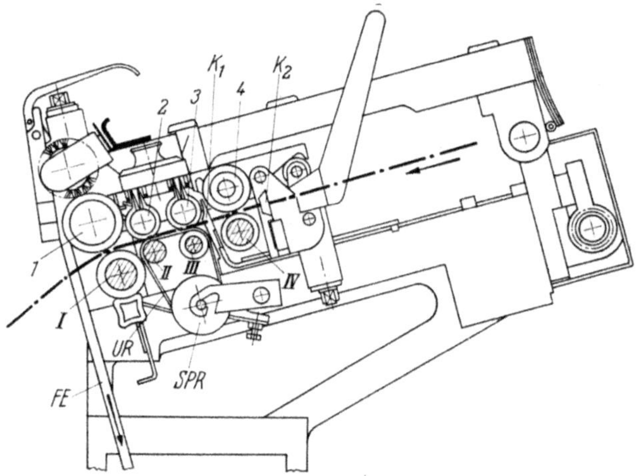

Abb. 338. Streckwerk für den Kammgarnflyer KG 5 der Firma Deutscher Spinnereimaschinenbau Ingolstadt
FE Belastungsfeder; K_1, K_2 Verdichter; *SPR* Spannrolle; *UR* Unterriemchen

walzenpaares kann mit Hilfe eines Handrades und einer Schraubspindel stufenlos zentral verstellt werden. Es läßt sich jede Streckfeldweite zwischen 110 und 250 mm einstellen. Das Streckwerk ist leicht zu bedienen und sauberzuhalten.

Beim klassischen Französischen System wurden in den Endpassagen der Vorspinnerei Nadelwalzen-Finisseure eingesetzt, deren Leistung infolge der geringen Liefergeschwindigkeit Grenzen gesetzt sind. Bei Liefergeschwindigkeiten über 25 m/min können an der Nadelwalze Wickelbildungen auftreten. Dies war unter anderem der Grund dafür, daß die Firma Sächsische Maschinenfabrik vorm. R. Hartmann AG. bereits im Jahre 1926 eine Hechelstrecke mit einem einfachen Nadelstabfeld baute (Abb. 339). Die Faserkontrolle ist beim Nadelstabfeld wesentlich günstiger als bei einer Nadelwalze, da der Abstand zwischen dem Nadelstabfeld und dem Ausgangswalzenpaar sehr gering gehalten werden kann. Zudem werden die Fasern fast über die gesamte Verzugsfeldlänge geführt. Bei einer 3- bis 4fachen Dublierung und einem maximal 9fachen Verzug beträgt die Liefergeschwindigkeit der Hartmann-Hechelstrecke 30 m/min.

Der BBB-Flyer der Firma Société Alsacienne de Constructions Mécaniques (SACM) ist mit einem einfachen Nadelstabfeld versehen, dem ein Durchzugswalzenpaar vorgelagert ist (Abb. 340). Die Verzugsfeldlänge ist bis zu 450 mm einstellbar. Die Druckwalze *1* erhält ihre

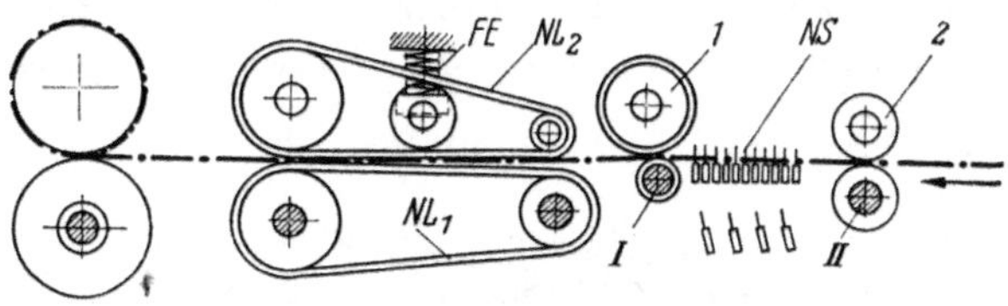

Abb. 339. Streckwerk einer Hechelstrecke der Firma Sächsische Maschinenfabrik vorm. R. Hartmann AG. (1926)
FE Feder; NL_1, NL_2 Nitschelleder; *NS* Nadelstabfeld

Belastung durch ein Gewicht. Das Nadelstabfeld besitzt 30 Nadelstäbe, die mit einer Reihe oder mit zwei Reihen Nadeln versehen sind. Das

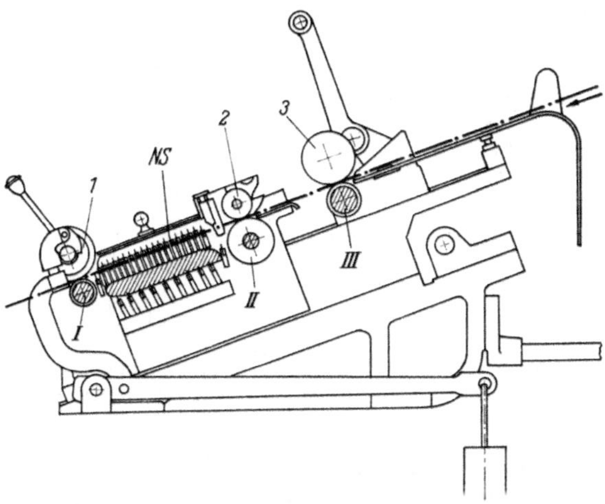

Abb. 340. BBB-Nadelstab-Streckwerk des Kammgarnflyers der Firma Société Alsacienne de Constructions Mécaniques (SACM)
NS Nadelstabfeld

Streckwerk gestattet einen 10fachen Verzug bei einer 2fachen Dublierung. Die Liefergeschwindigkeit beträgt maximal 38 m/min. Es werden 750 Nadelstabschläge in der Minute erreicht.

Die Nadelstab-Streckwerke für den Kammgarnfinisseur der Firma N. Schlumberger & Cie. (Abb. 341) und für den Kammgarnflyer der Firma Deutscher Spinnereimaschinenbau Ingolstadt (Abb. 342) gleichen im Prinzip dem Streckwerk des BBB-Flyers.

Die Nadelwalzen-Streckwerke der Flyer unterscheiden sich nur wenig von denen der Strecken. In der Abb. 343 ist ein Nadelwalzen-Streckwerk für Flyer der Firma Maschinenfabrik Rieter AG. dargestellt. Die Konstruktionen der anderen Firmen sind diesem ähnlich. Das Faserband wird von den drei Walzen *V*, *VI*, *5* in das Streckwerk hineingezogen. Zwei Walzenpaare, die im Durchzug arbeiten, sind der Nadelwalze *NW* vorgelagert. Diese sitzt dicht vor der Abzugsanordnung, die aus einer dünnen und einer dicken Unterwalze *II* bzw. *I* sowie einer groß dimensio-

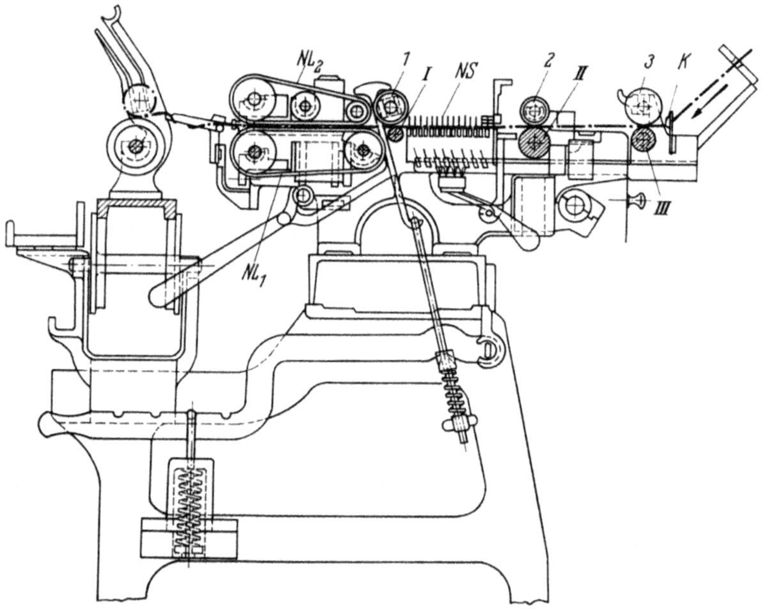

Abb. 341
Nadelstab-Streckwerk des Kammgarn-Finisseurs F. N. G. 2 der Firma N. Schlumberger & Cie.
K Verdichter; NL_1, NL_2 Nitschelleder; *NS* Nadelstabfeld

nierten Druckwalze *1* besteht. Eine kleine Hohlwalze *HW* liegt auf den Bordringen der Nadelwalze *NW* auf. Sie drückt die Fasern in das Nadelfeld hinein. Die Nadelwalze hat etwa die gleiche Umfangsgeschwindigkeit wie die Eingangswalzen. Die Eingangs- und die Ausgangsdruckwalze werden über den Hebel *GH* durch Gewichte belastet. Alle Oberwalzen lagern in einem gemeinsamen Führungsarm. Mit Hilfe des Entlastungsexzenters *EX* kann das Streckwerk entlastet werden. Bei 2facher Dublierung ist auf dem Streckwerk maximal ein 6facher Verzug möglich.

Die Bestrebungen, die Anzahl der Passagen des Französischen Systems zu verringern, konnten durch die Einführung von Schnellläuferstrecken und von Regulierstrecken verwirklicht werden. An den Finisseuren wurden die Nadelwalzen-Streckwerke durch Hochverzugs-Streckwerke ersetzt. Das Streckwerk System Stellite-Peuto kann als

Abb. 342
Nadelstab-Streckwerk des Kammgarnflyers HG 5 der Firma Deutscher Spinnereimaschinenbau Ingolstadt

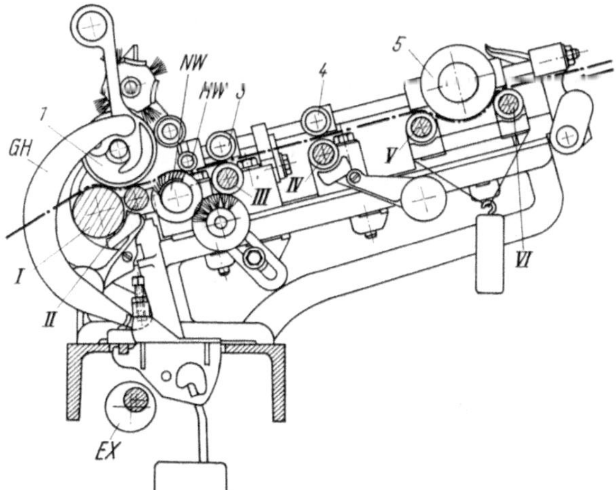

Abb. 343
Nadelwalzen-Streckwei für Flyer der Fir Rieter AG.
EX Entlastungsexzent *GH* Gewichtshebel; *HW* Hohlwalze; *NW* Nadelwalze

eine Übergangslösung angesehen werden (Abb. 344). Der Nadelwalze *NW* ist ein Unterriemchen *UR* vorgeschaltet, das von der Walze *III* gestützt wird. Oberhalb des Riemchens *UR* sind zwei Durchzugswalzen *2* und *3* angebracht. Der Mittelpunkt der Druckwalze *1* ist, um die Faserführung zu verbessern, gegenüber der Walze *I* zum Riemchen hin verschoben.

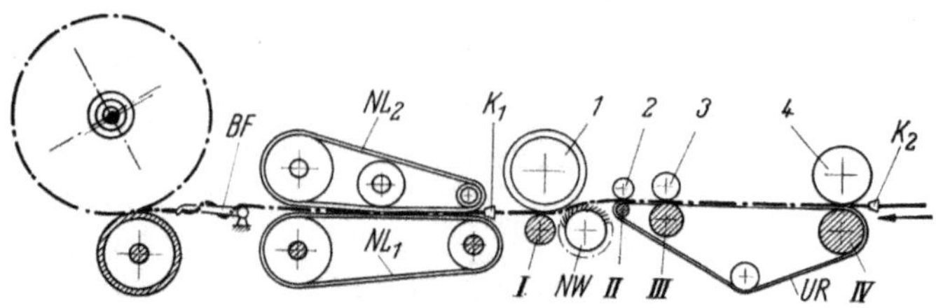

Abb. 344. Nadelwalzen-Streckwerk, System Stellite-Peuto
BF Bandführer; K_1, K_2 Verdichter; NL_1, NL_2 Nitschelleder; *NW* Nadelwalze; *UR* Unterriemchen

Den ersten Versuch, die Nadelwalzenfinisseure durch einen Hochverzugsfinisseur zu ersetzen, machten im Jahr 1952 Kern und Pauen mit ihrem Kepa-Streckwerk (Abb. 345). Das faserführende Element ist

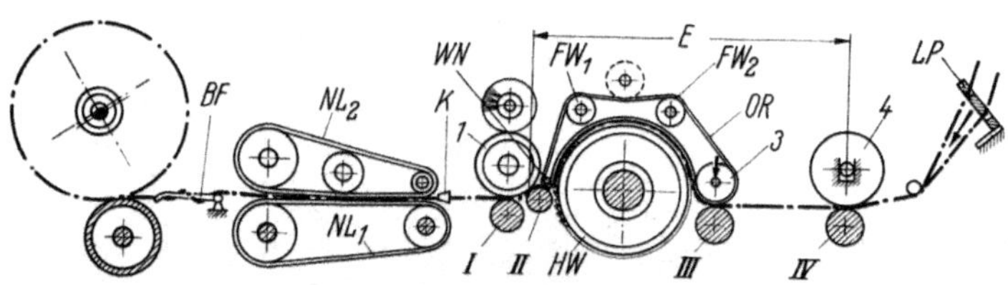

Abb. 345. Kepa-Kammgarn-Streckwerk für Feinfinisseure
BF Bandführer; *E* Verzugsfeldlänge; FW_1, FW_2 Führungswalzen; *HW* Haftwalze; *K* Verdichter; *LP* Lochplatte; NL_1, NL_2 Nitschelleder; *OR* Oberriemchen; *WN* Wendenadel

die große Haftwalze *HW*, die fast zur Hälfte von einem Riemchen umschlungen wird. Der geringe Durchmesser der Wendenadel *WN* und die Dreiwalzen-Abzugsanordnung gestatten es, die freie Weglänge der Fasern sehr gering zu halten. Der Verzug konnte mit Hilfe dieses Streckwerks auf 24fach gesteigert werden [*4*].

In den USA gab es zur gleichen Zeit das Shaw-Streckwerk mit einem elastisch nach unten nachgebenden Riemchen. Die Firma Sant'Andrea Novara stellte dieses Streckwerk in Lizenz her (Abb. 346). Das Unterriemchen *UR* läuft auf einer Art Brücke der Unterwalze *III*. Dadurch kann es dem nach unten gerichteten Druck nachgeben. Eine dem Shaw-Streckwerk ähnliche Konstruktion nach einem Patent von Schleifer (Firma Sant'Andrea Novara) ist in der Abb. 347 dargestellt (BP 791116). Das Shaw-System war bei den europäischen Verhältnissen nicht für alle Fasern geeignet. Deshalb brachte die Firma Sant'Andrea Novara im Jahr 1955 ein neues Streckwerk, Mod. SSF, auf den Markt (Abb. 348). Das Unterriemchen wurde durch drei Durchzugswalzenpaare ersetzt. Eine nach außen gewölbte Manschette *M* aus Kunststoff (von der Firma Sampre) umgibt die Durchzugswalzen. Die Manschetten werden in verschiedenen Stärken geliefert, damit, den Gegebenheiten entsprechend, bei jedem Material die erforderliche Kontrolle ausgeübt

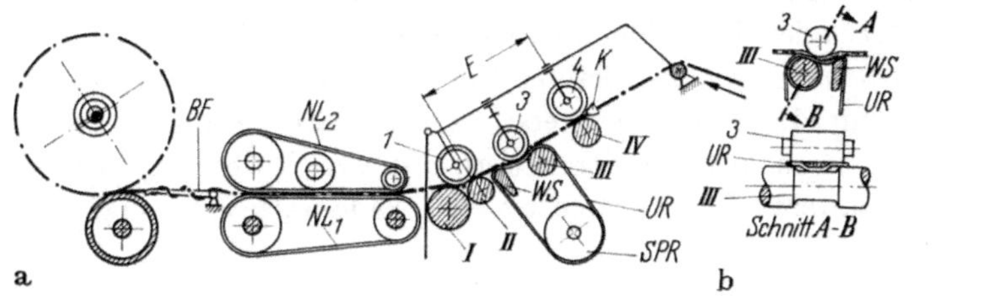

Abb. 346a u. b. OSA-Streckwerk System Shaw der Firma Sant'Andrea Novara
a Schematische Darstellung des OSA-Streckwerks; b Riemchenführung im Bereich des Walzenpaars *III*/*3*

BF Bandführer; *E* Verzugsfeldlänge; *K* Verdichter; NL_1, NL_2 Nitschelleder; *SPR* Spannrolle; *UR* Unterriemchen; *WS* Wendeschiene

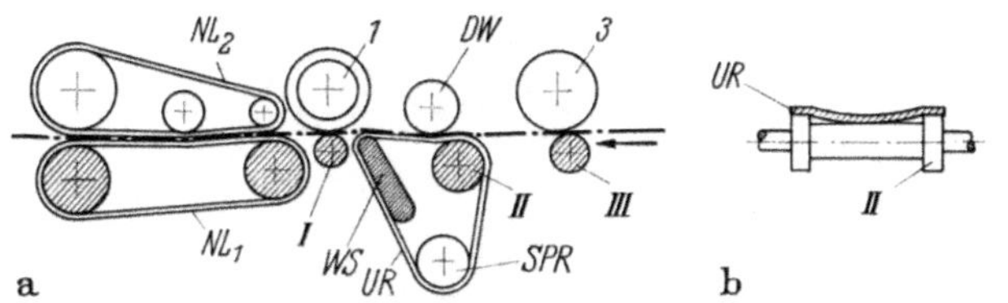

Abb. 347a u. b
Streckwerk für Hochverzugs-Finisseur nach C. Schleifer — BP 791116 vom 6. 7. 1954
a Seitenansicht; b Führung des Riemchens durch die Walze *II*

DW Durchzugswalze; NL_1, NL_2 Nitschelleder; *SPR* Spannrolle; *UR* Unterriemchen; *WS* Wendeschiene

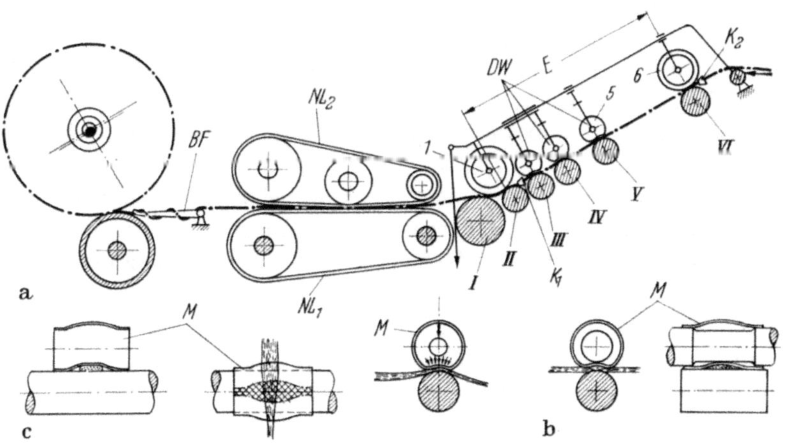

Abb. 348a–c. SSF-Streckwerk der Firma Sant'Andrea Novara mit Sampre-Manschetten
a Schematische Darstellung des SSF-Streckwerks; b u. c Führung des Faserbandes durch die Durchzugswalzen

BF Bandführer; *DW* Durchzugswalzen; *E* Verzugsfeldlänge; K_1, K_2 Verdichter; *M* Manschette; NL_1, NL_2 Nitschelleder

werden kann. Die Sampre-Manschette ist dadurch gekennzeichnet, daß der Wölbungsteil der tonnenförmigen Muffe aus Gummi oder aus Kunststoff abstandslos an den seitlichen Banden der Walze anliegt oder in die Bande übergeht (DBP 1034524 von 1958 der Firma Sampre S. A. Meccanica Precisione, patent. vom 27. 4. 1953 an).

Konstruktiv wurden bei der Entwicklung von Hochverzugs-Streckwerken für die Finisseure verschiedene Wege gegangen. So baut die Firma F. Bernhardt ein Streckwerk mit zwei Verzugszonen (Abb. 349). In der hinteren Verzugszone ist eine Nadelwalze *NW* angebracht, der

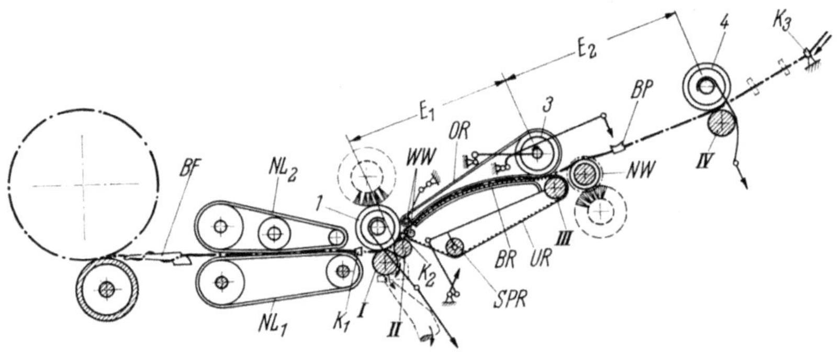

Abb. 349. Streckwerk mit zwei Verzugszonen der Firma F. Bernhardt
BF Bandführer; *BP* Bandführungsplatte; *BR* Brücke; E_1, E_2 Verzugsfeldlängen; K_1 bis K_3 Verdichter; NL_1, NL_2 Nitschelleder; *NW* Nadelwalze; *OR* Oberriemchen; *SPR* Spannrolle; *UR* Unterriemchen; *WW* Wendewalzen

eine Bandführungsplatte *BP* vorgelagert ist. In dieser Zone wird das Faserband aufgelöst und etwa 1,5fach verzogen. Die eigentliche Verzugsarbeit wird in der Hauptverzugszone, die mit einem Riemchenpaar ausgestattet ist, geleistet. Das Unterriemchen *UR* ist innen verzahnt. Es wird von der Unterwalze *III* angetrieben und läuft sehr ruhig. Die gewölbte Brücke *BR* bewirkt eine gleichmäßige und sichere Haftung des Faserbandes. Der Abzug besteht aus einer Dreiwalzengruppe. Auf zwei geriffelten Unterwalzen sitzt eine kugelgelagerte Druckwalze. Über ein Handrad können die federbelasteten Walzen gemeinsam entlastet werden. Die Dublierung ist 2fach. Der Verzug beträgt maximal 60fach. Die Liefergeschwindigkeit wird mit 30 bis 60 m/min angegeben.

Die Firma Mann behält bei ihrem Hochverzugsfinisseur das Nadelstabfeld *NS* bei (Abb. 350). Dem Eingangswalzenpaar sind ein Unterriemchen und eine Durchzugswalze nachgeschaltet, so daß die Fasern unter elastischer Führung zum Nadelstabfeld gelangen. Mit dem Nadelfeldkopf lassen sich infolge seiner präzisen Ausführung und seiner entsprechend gestalteten Transportspindeln bis zu 1800 Nadelstabschläge je Minute erreichen. Auf das Verzugsfeld folgt ein Drehröhrchen *DR*, das dem Band Falschdraht erteilt. Das Nitschelwerk ist fast senkrecht angeordnet. Kennzeichnend für diese Konstruktion ist die feststehende Spulenlagerung. Die Kreuzwindung wird durch ein Hin- und Hergehen des Führungsorgans erzeugt, dem die Lunte durch einen biegsamen Kunststoffschlauch *KS* schonend zugeführt wird. Die Liefergeschwindigkeit beträgt maximal 75 m/min. Es ist ein 18facher Verzug möglich.

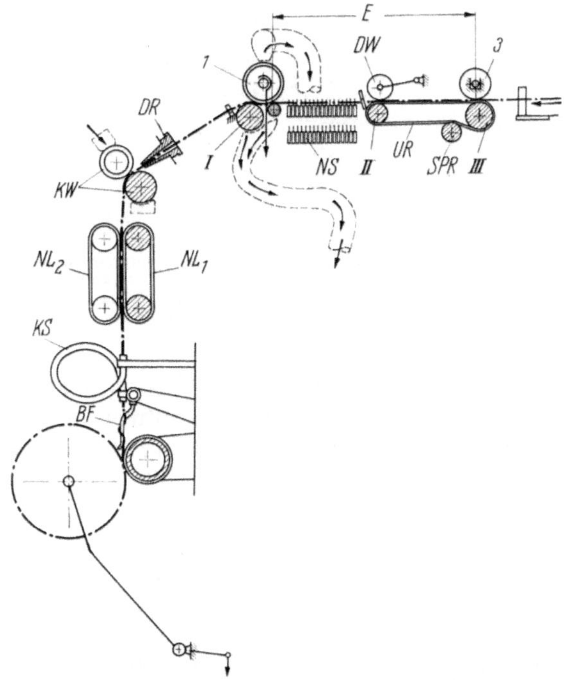

Abb. 350. BF-Streckwerk der Firma Mann

BF Bandführer; *DR* Drehröhrchen; *DW* Durchzugswalze; *E* Verzugsfeldlänge; *KS* Kunststoffschlauch; *KW* Kalanderwalzen; NL_1, NL_2 Nitschelleder; *NS* Nadelstabfeld; *SPR* Spannrolle; *UR* Unterriemchen

Die Firma Deutscher Spinnereimaschinenbau Ingolstadt übernahm die Durchzugswalzen *DW* der Firma Sampre für ihr KSD-Streckwerk (Abb. 351). Die Fasern werden im Verzugsfeld von einem Unterriemchen *UR* geführt, das die Unterwalzen *III* und *IV* umschlingt. Auf diesen Walzen laufen zwei luftgepolsterte Sampre-Durchzugswalzen, deren Vor- und Rückhang gegenüber den Riemchenwalzen in einem kleinen Bereich gemeinsam verstellt werden kann. Vor dem Eingangswalzenpaar *V/5*, vor dem Unterriemchen *UR*, vor dem Walzenpaar *II/1* sowie vor dem Nitschelwerk sind Verdichter angebracht. Der Verzug beträgt maximal 28fach. Die Liefergeschwindigkeit soll 70 m/min nicht überschreiten.

Das FM-Streckwerk der Firma N. Schlumberger & Cie. besitzt am Ein- und am Ausgang eine Dreiwalzengruppe (Abb. 352). Zwei Unterwalzen arbeiten jeweils mit einer gummiüberzogenen Druckwalze zusammen, die pendelnd geführt wird. In der Verzugszone befindet sich

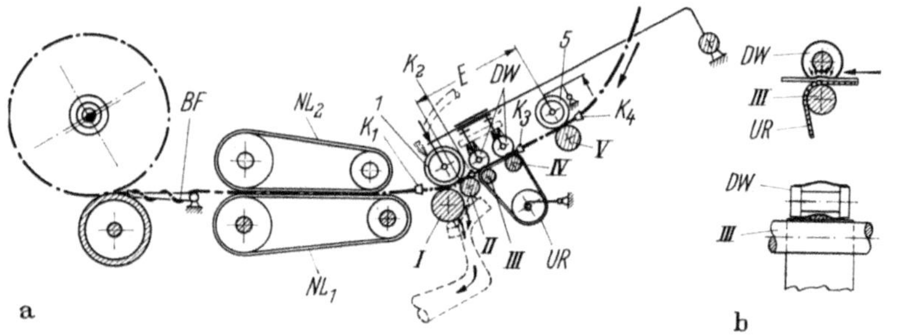

Abb. 351a u. b. KSD-Streckwerk der Firma Deutscher Spinnereimaschinenbau Ingolstadt a Schematische Darstellung des KSD-Streckwerks; b Sampre-Durchzugswalze
BF Bandführer; *DW* Sampre-Durchzugswalzen; *E* Verzugsfeldlänge; K_1 bis K_4 Verdichter; NL_1, NL_2 Nitschelleder; *UR* Unterriemchen

ein Riemchenpaar, das von den Walzen *V* bzw. *5* angetrieben wird. Das Unterriemchen *UR* wird über eine geschliffene Brücke *BR* geleitet, vor der und hinter der zwei Führungswalzen *III* bzw. *IV* angeordnet

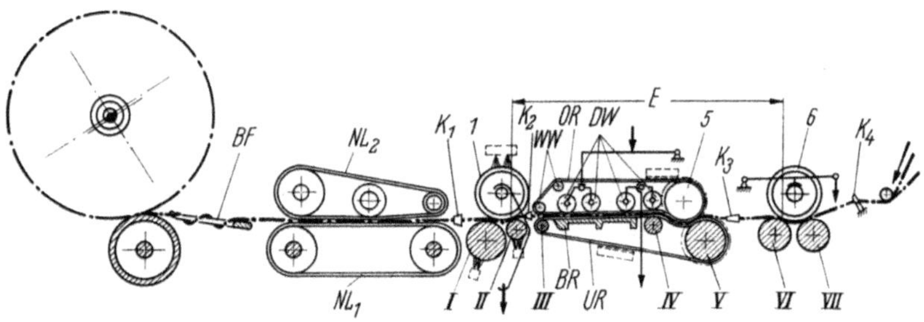

Abb. 352. FM-Streckwerk der Firma N. Schlumberger & Cie.
BF Bandführer; *BR* Brücke; *DW* Durchzugswalzen; *E* Verzugsfeldlänge; K_1 bis K_4 Verdichter; NL_1, NL_2 Nitschelleder; *OR* Oberriemchen; *UR* Unterriemchen; *WW* Wendewalzen

sind. Das Oberriemchen *OR* wird von vier Durchzugswalzen *DW* auf das Unterriemchen *UR* gepreßt. Die Belastung der beiden hinteren Durchzugswalzen erfolgt durch Federn, die der vorderen durch ein Gewicht, das verstellbar angeordnet ist. Die Druckwalzen werden ebenfalls durch Federn belastet. Das Oberriemchen wird von einem Käfig, der leicht abzunehmen ist, gehalten und geführt. Vor den Eingangswalzen, vor den Riemchen, vor den Ausgangswalzen und vor dem Nitschelwerk sind Verdichter angebracht. Infolge der vielen Einstellungsmöglichkeiten kann das Streckwerk auf jedes Fasermaterial abgestimmt werden. Die Firma N. Schlumberger & Cie. gibt für das

Streckwerk einen 30fachen Maximalverzug und eine Höchstgeschwindigkeit von 60 m/min an.

Das Streckwerk des Hochverzugsfinisseurs der Firma Société Alsacienne de Constructions Mécaniques (SACM) (Abb. 353) gleicht der

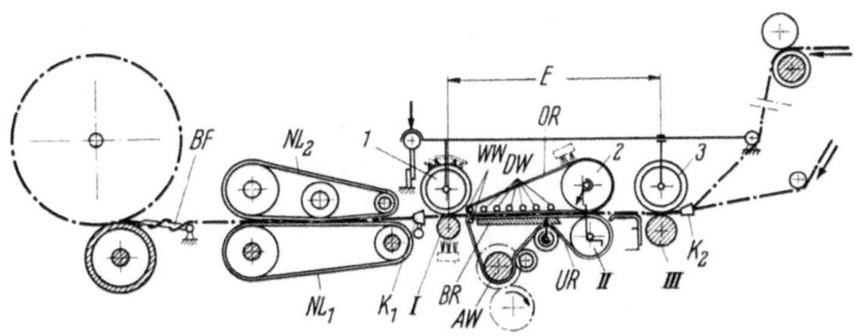

Abb. 353
BLM-FT-Streckwerk der Firma Société Alsacienne de Construction Mécaniques (SACM)
AW Antriebswalze; *BF* Bandführer; *BR* Brücke; *DW* Durchzugswalzen; *E* Verzugsfeldlänge; K_1, K_2 Verdichter; NL_1, NL_2 Nitschelleder; *OR* Oberriemchen; *UR* Unterriemchen; *WW* Wendewalzen

bereits besprochenen Konstruktion (Abb. 335) für den Flyer dieser Firma. Es werden maximal ein 30facher Verzug und eine Liefergeschwindigkeit von 40 m/min erreicht.

Die Firma Sant'Andrea Novara ersetzte im Jahre 1959 die bis dahin verwendeten Sampre-Manschetten durch die zylindrischen Besch-

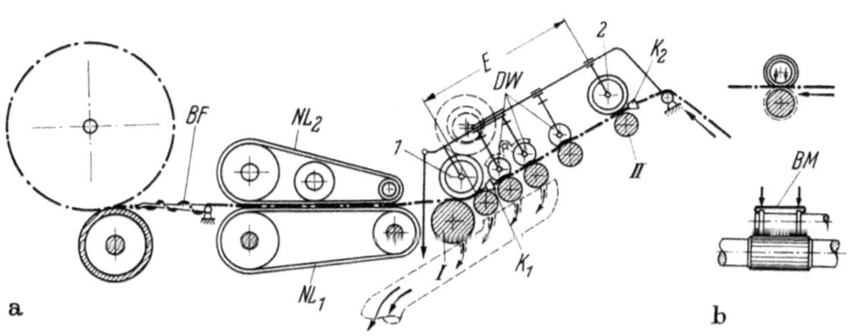

Abb. 354a u. b. SS-Streckwerk der Firma Sant'Andrea Novara
a Schematische Darstellung des Streckwerks; b Durchzugswalze mit Besch-Manschette
BF Bandführer; *BM* Besch-Manschette; *DW* Durchzugswalzen; *E* Verzugsfeldlänge; K_1, K_2 Verdichter; NL_1, NL_2 Nitschelleder; (Besch = Bettolo-Schleifer)

Manschetten *BM* (Abb. 354). Sie gab als Grund dafür an, daß die Rückhaltekräfte bei der Sampre-Manschette von der Ballonmitte zu den Seiten hin abnahmen. Das Band mußte durch den Fadenführer immer genau in der Mitte gehalten werden. Außerdem sei ein einwandfreier Verzug von Bändern, die schwerer als 8 g/m waren, nicht möglich gewesen. Diese Nachteile sollen bei der Besch-Manschette nicht auftreten. Die obere Grenze für den Verzug liegt bei 30fach. Die Liefergeschwindigkeit beträgt maximal 60 m/min.

Die Hochverzugs-Nitschelstrecke RN 2 der Firma Spima Spinnereimaschinenbau wird wahlweise mit einem Zweiriemchen- oder mit einem Nadelstab-Streckwerk geliefert. In der Abb. 355 ist das Zweiriemchen-Streckwerk dargestellt. Charakteristisch für dieses Streckwerk sind die

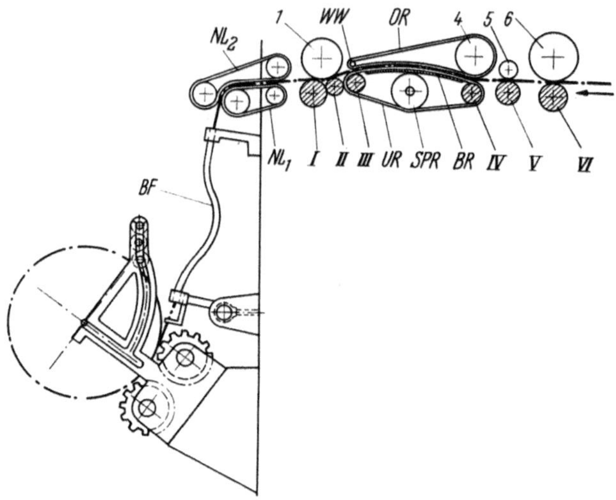

Abb. 355. Hochverzugs-Streckwerk der RN 2-Strecke der Firma Spima Spinnereimaschinenbau
BF Bandführer; *BR* Brücke; NL_1, NL_2 Nitschelleder; *OR* Oberriemchen; *SPR* Spannrolle; *UR* Unterriemchen; *WW* Wendewalze

Riemchenanordnung und das Durchzugswalzenpaar. Das Unterriemchen *UR* läuft um die Walzen *III* und *IV*. Es wird von der gekrümmten Brücke *BR* gestützt und von der Spannrolle *SPR* gespannt. Der maximale Verzug ist 30fach, und die Liefergeschwindigkeit kann bis zu 90 m/min stufenlos eingestellt werden.

Bei dem Nadelstab-Streckwerk (Abb. 356) werden die beiden Riemchen durch ein Nadelstabfeld ersetzt. Auf diesem Streckwerk ist nur ein 13facher Verzug möglich. Die Liefergeschwindigkeit beträgt bis zu 70 m/min.

Die Schnelläufer-Feinstrecke der Firma Éts. La Duranitre S. A. weicht in der Konstruktion von den üblichen Feinstrecken ab (Abb. 357). Zwischen den Eingangs- und den Ausgangswalzen ist eine Nadelwalze *NW* von 100 mm Durchmesser angebracht. Die Walzenpaare *I*/*1* und *II*/*2* sind in der Höhe verstellbar, um die Tiefe, mit der die Fasern in die Nadeln eindringen, variieren zu können. Das verzogene Band erhält den Falschdraht nicht durch ein Nitschelwerk. Vielmehr durchläuft es ein Drehröhrchen *DR*, in dem es so weit verdichtet und gefestigt wird, daß es ohne Schwierigkeiten wieder von der Spule abgezogen werden kann. Die Drehrichtung des Röhrchens *DR* wechselt nicht. Wenn das Band auf Spulen aufgewickelt wird, beträgt die Lieferung bis zu 60 m/min. Bei

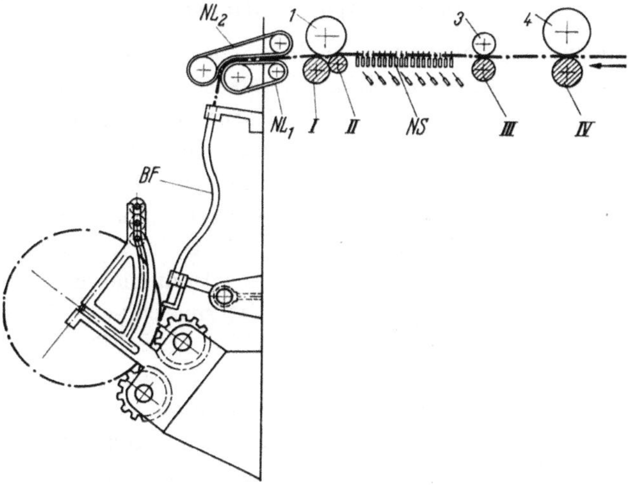

Abb. 356. Nadelstab-Streckwerk der RN 2-Strecke der Firma Spima Spinnereimaschinenbau
BF Bandführer; NL_1, NL_2 Nitschelleder; *NS* Nadelstabfeld

einer Ablieferung in Kannen kann eine Geschwindigkeit von 100 m/min erzielt werden. Der kleinste Abstand zwischen der Klemmlinie der Eingangswalze und den Nadeln der Nadelwalze *NW* beträgt 22 mm.

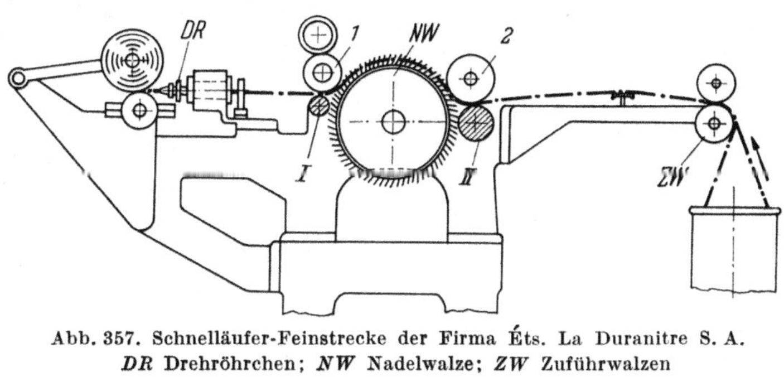

Abb. 357. Schnelläufer-Feinstrecke der Firma Éts. La Duranitre S. A.
DR Drehröhrchen; *NW* Nadelwalze; *ZW* Zuführwalzen

Auf den Finisseuren können sehr leicht Fehlverzüge entstehen. Insbesondere kann es vor, in und hinter dem Nitschelwerk zu Fehlverzügen kommen [*4*]. Es gibt eine Reihe von Einstellmöglichkeiten, um die Geschwindigkeiten der einzelnen Teile des Streckwerks aufeinander abzustimmen. Durch den Einsatz stufenloser Regelaggregate läßt sich die Anzahl der Fehlerquellen wesentlich verringern.

3.5 Die Streckwerke der Feinspinnmaschinen in der Kammgarnspinnerei

3.5.1 Die geschichtliche Entwicklung der Streckwerke an Flügelspinnmaschinen

Als Feinspinnmaschinen werden heute in der Kammgarnindustrie die Flügelspinnmaschine, die Ringspinnmaschine und für sehr feine Garne der Selfaktor verwendet. In den angelsächsischen Ländern kommt noch die Glockenspinnmaschine hinzu.

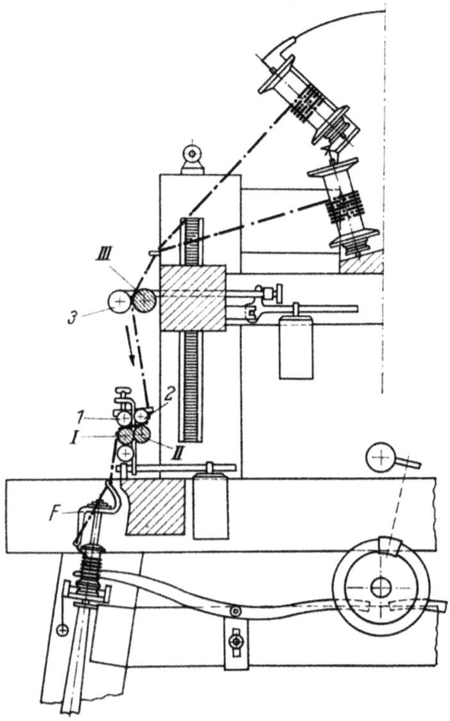

Abb. 358
Streckwerk der „Continu" (Mayssemer, 1810)
F Flügel

Ihren Ursprung hat die Flügelspinnmaschine in der Watermaschine Arkwrights (1769). Die Flügelspindel war schon vor der Konstruktion der Watermaschine bekannt. Das Verdienst Arkwrights ist es, daß seine Maschine erstmalig mit Erfolg in der Praxis eingesetzt werden konnte.

Durch die Abb. 358 wird das Streckwerk einer Flügelspinnmaschine von Mayssemer aus dem Jahre 1810, der „Continu", veranschaulicht [*1*]. Die drei Walzenpaare *I*/*1*, *II*/*2* und *III*/*3* sind eigenartig angeordnet. Der Faserverband läuft zwischen dem zweiten und dem dritten Walzenpaar nahezu senkrecht und zwischen den beiden vorderen Walzenpaaren waagerecht. Ebenso ungewöhnlich ist die Gestalt des Flügels *F*, dessen freier Arm nach oben gebogen ist. Später verwendete man anstelle des Dreiwalzen-Streckwerks ein Vierwalzen-Streckwerk. Dobo z. B. erhielt im Jahre 1824 ein Patent auf ein derartig erweitertes Streckwerk [*1*].

Ein Streckwerk, dessen Walzenpaare nicht mehr zum Teil senkrecht, sondern nur waagerecht hintereinander angeordnet waren und das schon modernen Vorstellungen nahekommt, ist in der Abb. 359 dargestellt. Es gehört zu einer Flügelspinnmaschine der Firma N. Schlumberger & Cie. aus dem Jahre 1868 [*1*]. Die Eingangsdruckwalze *4* und die Ausgangsdruckwalze *1* haben Sattelbelastung. Zwischen den Eingangs- und den Ausgangswalzen sind zwei Führungswalzenpaare *II/2* und *III/3* angeordnet. Diese Walzenpaare arbeiten im Durchzug und haben die Aufgabe, die Fasern zu führen.

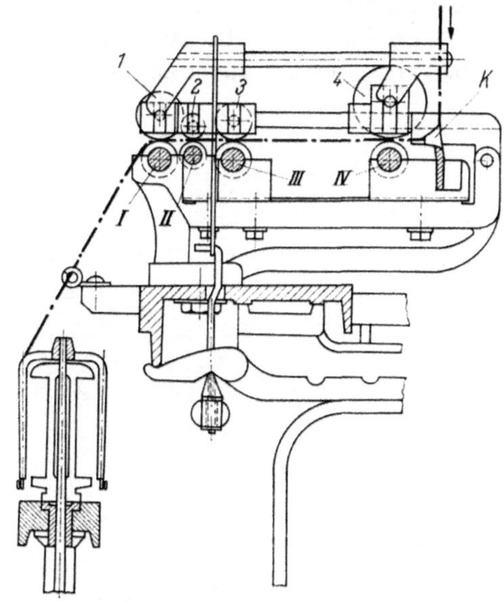

Abb. 359. Streckwerk einer Flügelspinnmaschine (1868) der Firma N. Schlumberger & Cie. *K* Verdichter

In den folgenden Jahrzehnten hatten die konstruktiven Entwicklungen vor allem das Ziel, die Spindeltourenzahl, die im Vergleich zu der der Ringspinnmaschine gering war, zu erhöhen. Die Streckwerke wurden dagegen nur wenig verbessert.

In der Abb. 360 ist das Streckwerk der „Primus"-Flügelspinnmaschine der Firma Prince-Smith & Stells Ltd. dargestellt [*1*]. Es wurde in den zwanziger Jahren dieses Jahrhunderts entwickelt und besitzt fünf Walzenpaare, von denen die drei mittleren wiederum im Durchzug arbeiten. Die Ausgangsdruckwalze *1* ist federbelastet.

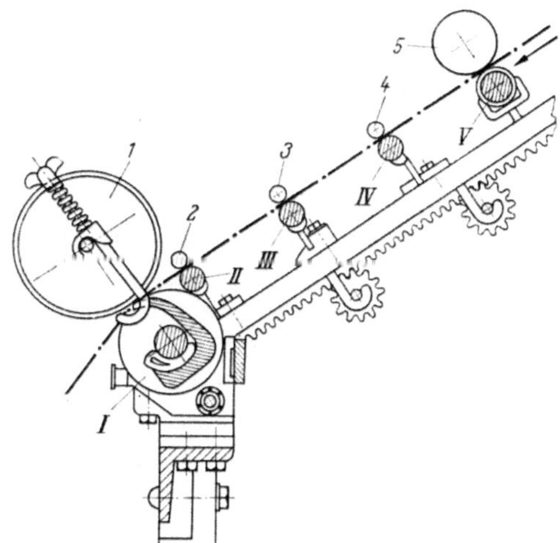

Abb. 360. Streckwerk der „Primus"-Flügelspinnmaschine, Firma Prince-Smith & Stells Ltd.

3.5.2 Die Entwicklung der Streckwerke an den Kammgarn-Ringspinnmaschinen

Die Ringspinnmaschine wurde von dem Amerikaner John Thorp 1828 erfunden und war anfangs für die Baumwollspinnerei bestimmt. Sie hatte allerdings noch nicht den Läufer (Traveller), der erst 20 Jahre später verwendet wurde. Das Arbeiten mit Ring und Läufer ermöglichte gegenüber den Flügelspinnmaschinen höhere Spindeldrehzahlen und damit eine größere Produktion bei geringerem Energiebedarf. Der prinzipielle Aufbau der Streckwerke blieb der gleiche wie bei den Flügelspinnmaschinen. Er veränderte sich bis zum Jahre 1930 nicht. Zu dieser Zeit bestanden die Streckwerke aus vier bis fünf Walzenpaaren, von denen die

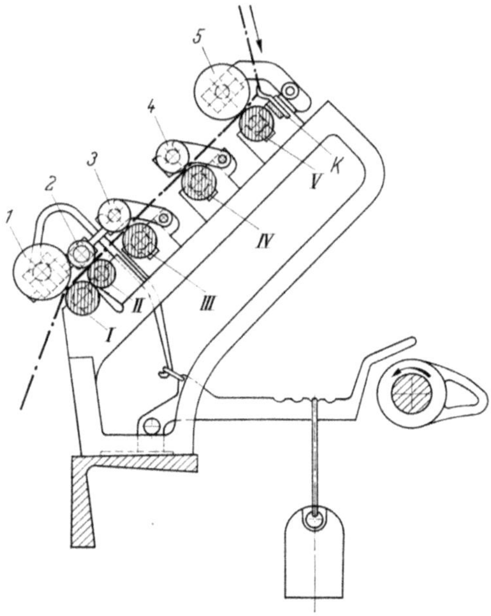

Abb. 361. Streckwerk einer Ringspinnmaschine der Firma Platt Bros. (Sales) Ltd. (1930)
K Verdichter

Mittelwalzen im allgemeinen im Durchzug arbeiteten. Ein solches Streckwerk, das um das Jahr 1930 von der Firma Platt Bros. (Sales) Ltd. konstruiert wurde, enthält die Abb. 361.

Die Durchzugs-Streckwerke hatten den Nachteil, daß sie die kurzen Fasern nur ungenügend führten. Beim Versuch, den Verzug zu erhöhen, traten größere Ungleichmäßigkeiten im Garn auf. Um diese Mängel abzustellen, entwickelte die Firma Sächsische Textilmaschinenfabrik vorm. R. Hartmann AG. im Jahre 1930 ein Streckwerk, bei dem zur Faserführung ein Riemchen verwendet wurde. Dem Streckwerk lag die Erfindung des Betriebsleiters der Firma Filatura di Tollegno, Cornibert, zugrunde. Das sogenannte Hartmann-Cornibert-Streckwerk oder Tollegno-Streckwerk wurde im Jahre 1932 patentiert (DRP 556019).

Infolge der verbesserten Faserführung bei dem Hartmann-Cornibert-Streckwerk konnten je nach Material 12- bis 20fache Verzüge erreicht werden. In der Abb. 362 ist dieses Streckwerk dargestellt. Das Unterriemchen *UR* läuft um die Unterwalzen *II*, *III* und *IV*. Auf dem Riemchen liegen vier Durchzugswalzen. Die gute Faserführung hat eine Verringerung der Garnungleichmäßigkeit zur Folge. Das Streckwerk ist schon, wie fast alle nachfolgenden Konstruktionen, um 45° geneigt. Der

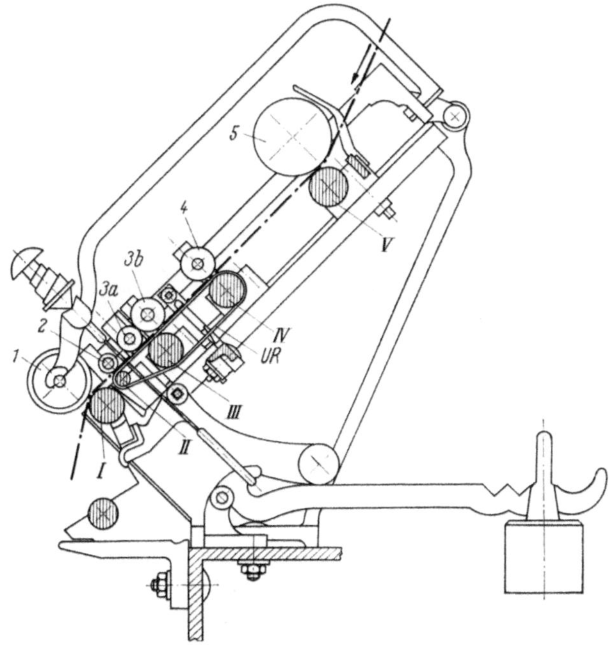

Abb. 362. Einriemchen-Streckwerk der Firma Filatura di Tollegno – DRP 556019 von 1932, patent. vom 6. 4. 1929 an [s. a. Melliand Textilber. 29 (1948) 334]
UR Unterriemchen

austretende, verstreckte Faserverband soll die Ausgangswalze nur wenig umschlingen, damit die vom Läufer erteilte Drehung möglichst weit an die Klemmlinie der Ausgangswalzen herangebracht werden kann.

3.5.3 Die Hochverzugs-Streckwerke an den Feinspinnmaschinen

In den Jahren von 1930 bis 1950 war kein nennenswerter Fortschritt in der Entwicklung der Kammgarn-Streckwerke zu verzeichnen. In der Abb. 363 ist das Konstruktionsprinzip eines Streckwerks der Firma Saco-Lowell Shops aus den Jahren zwischen 1930 und 1950 veranschaulicht. Das Verzugsfeld ist mit einem Unterriemchen versehen, das von drei Walzen angetrieben, gestützt und geführt wird. Vier Durchzugswalzen führen die Fasern auf dem Riemchen. Ein derartiges Streckwerk gestattet einen 10fachen Verzug. Seit dem Jahre 1950 baute die Firma Saco-Lowell Shops dann das Shaw-Streckwerk, mit dem bereits 20fache

Verzüge zu erreichen waren. Die Walze *2* arbeitet mit einem nach unten elastisch nachgebenden Unterriemchen *UR* zusammen (Abb. 364).

Aus dem gleichen Jahr stammt ein Patentvorschlag der Firma Officine Meccaniche Cigardi Sp. A. (O. M. C. S. A.) für ein Hochverzugs-

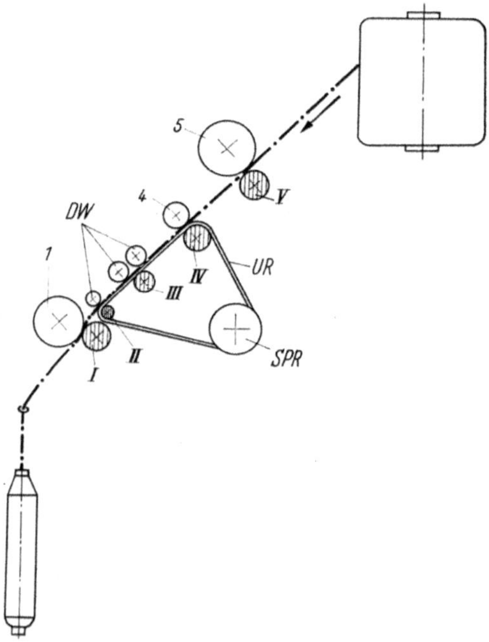

Abb. 363. Streckwerk für Kammgarnspinnmaschinen der Firma Saco-Lowell Shops (1930 bis 1950)
DW Durchzugswalzen; *SPR* Spannrolle; *UR* Unterriemchen

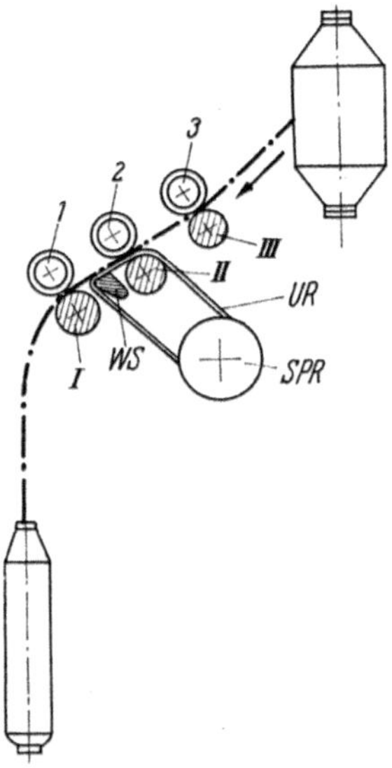

Abb. 364. Shaw-Streckwerk der Firma Saco-Lowell Shops für Kammgarnspinnmaschinen (1950)
SPR Spannrolle; *UR* Unterriemchen; *WS* Wendeschiene

Streckwerk (BP 681459, Abb. 365). Das Streckwerk besitzt zwei Verzugszonen. Die Vorverzugszone ist mit einer Nadelwalze *NW* versehen, der ein Durchzugswalzenpaar *VI/6a* vorgelagert ist. Die Hauptverzugszone ist mit einem Unterriemchen *UR* ausgestattet. Das Riemchen *UR* wird von den Unterwalzen *II*, *III* und *IV* gestützt und geführt. Oberhalb dieser Walzen laufen auf dem Riemchen *UR* drei Durchzugswalzen, deren Durchmesser zum Ausgang des Streckwerks hin abnehmen. Die Druckwalzen *1* und *5* werden von einem Sattel *S* belastet, auf den über eine Hebelanordnung eine Feder *FE* wirkt.

Der Hauptunterschied zwischen den bis zum Jahre 1950 üblichen Streckwerken und den Hochverzugs-Streckwerken besteht in der Anordnung der Führungsorgane und in dem Lauf des Unterriemchens. Das Unterriemchen wird im Gegensatz zu den früheren Konstruktionen, bei denen es von Unterwalzen getragen wurde, heute meistens durch eine geschliffene Brücke gestützt. Ausnahmen vom prinzipiellen Aufbau her bilden nur das „Kepa"- und das „AMBLER-Superdraft"-Streckwerk sowie einige Sonderkonstruktionen, die aus der Patentliteratur bekannt wurden.

Nach einem Patent von SANDELIN aus dem Jahre 1952 wird die Verzugszone mit einem Riemchenpaar ausgestattet, dem ein Verdichter *K* vorgeschaltet ist (USP 2813307; Abb. 366). Die Walze *AW* treibt das Unterriemchen *UR* an, das von der Brücke *BR* gestützt wird. Das Unterriemchen *UR* ist auf der ganzen Länge in der Mitte perforiert. Auch die Brücke *BR* hat eine Perforierung. Das Oberriemchen *OR*, zwischen dessen Trumen eine Führungswalze *DW* gelagert ist, wird gegen das Unterriemchen *UR* gedrückt. Die im Faserverband eingeschlossene Luft kann durch die Perforierung des Unterriemchens entweichen. Der Verdichter *K* hat die Aufgabe, das Band zusammenzufassen und über die Perforierung zu führen.

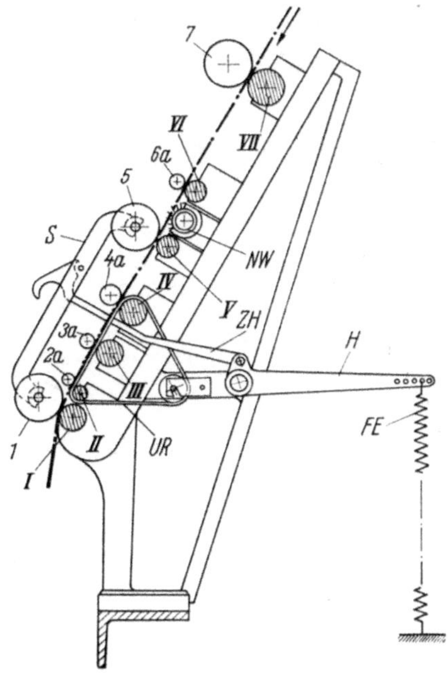

Abb. 365. Streckwerk der Firma Officine Meccaniche Cigardi Sp. A. (O. M. C. S. A.) – BP 681459 vom 22. 5. 1950

FE Belastungsfeder; *H* Hebel; *NW* Nadelwalze; *S* Belastungssattel; *UR* Unterriemchen; *ZH* Zughaken

Im Jahre 1955 änderte die Firma Saco-Lowell Shops ihr Shaw-Streckwerk geringfügig (Abb. 367). Die Oberwalze *2* liegt bei dieser

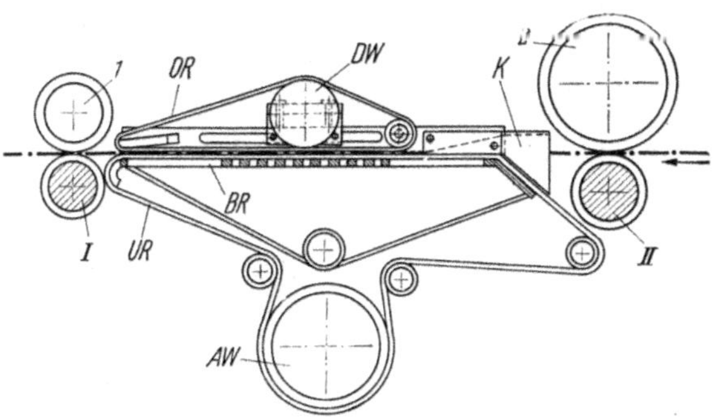

Abb. 366. Streckwerk nach O. E. SANDELIN der Firma Warner & Swasey Co. – USP 2813307 vom 16. 5. 1952

AW Antriebswalze; *BR* Brücke; *DW* Führungswalze; *K* Verdichter; *OR* Oberriemchen; *UR* Unterriemchen

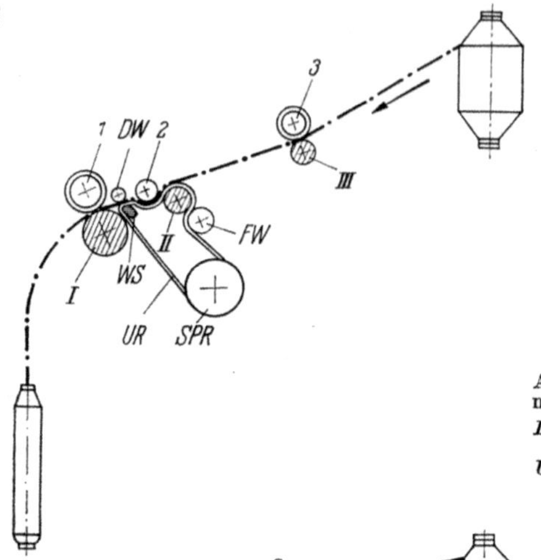

Abb. 367. Streckwerk für Spinnmaschinen der Firma Saco-Lowell Shops (1955)
DW Durchzugswalze; *FW* Riemchenführungswalze; *SPR* Spannrolle; *UR* Unterriemchen; *WS* Wendeschiene

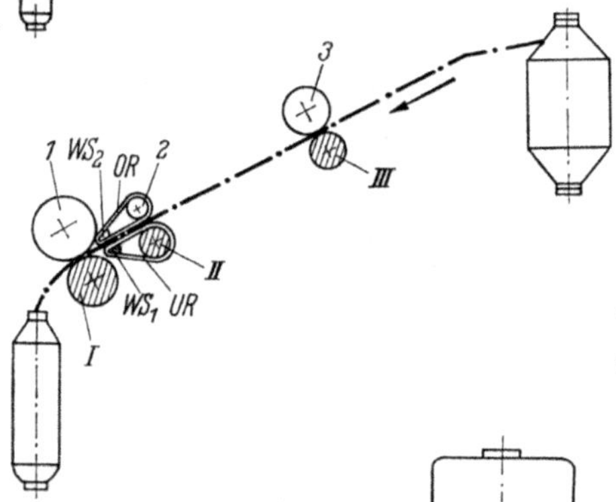

Abb. 368. Streckwerk der Firma Whitin Machine Works (1955)
OR Oberriemchen; *UR* Unterriemchen; WS_1, WS_2 Wendeschienen

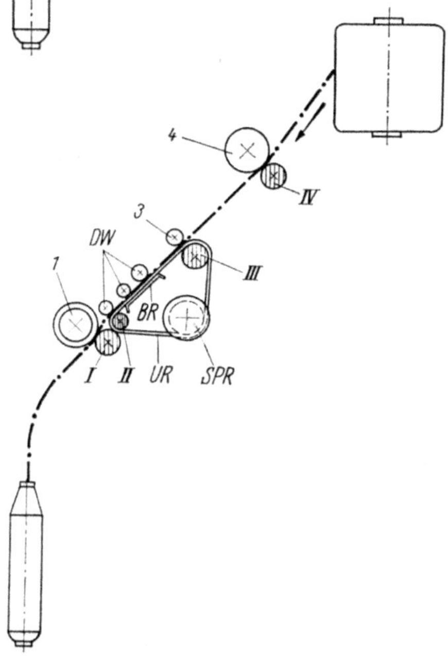

Abb. 369. Streckwerk der Firma Sant'Andrea Novara (1955)
BR Brücke; *DW* Durchzugswalzen; *SPR* Spannrolle; *UR* Unterriemchen

Konstruktion nicht mehr auf der Walze *II* auf. Eine zusätzliche Durchzugswalze *DW* verbessert die Faserführung. Um eine gleichmäßige Bewegung des Unterriemchens *UR* zu erhalten, wird das Riemchen von einer Riemchenführungswalze *FW* gegen die Walze *II* gepreßt.

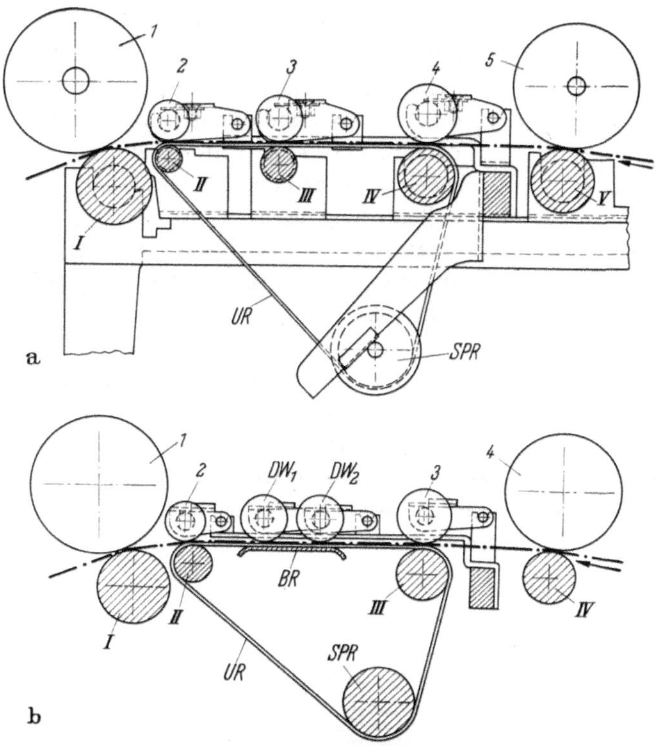

Abb. 370a u. b. Streckwerk nach K. Quaas – DBP 952424 von 1956 der Firma Forschungsgesellschaft für Chemiefaserverarbeitung G.m.b.H., patent. vom 15. 3. 1953 an
a Riemchenführung durch Walzen; b Riemchenführung durch Walzen und Brücke *BR* Brücke; DW_1, DW_2 Durchzugswalzen; *SPR* Spannrolle, *UR* Unterriemchen

Etwa zur gleichen Zeit stattete die Firma Whitin Machine Works ihr Streckwerk für Kammgarn-Ringspinnmaschinen mit einem Riemchenpaar aus (Abb. 368). Der Verzug konnte auf 20fach gesteigert werden.

Die Firma Sant'Andrea Novara ersetzte im Jahre 1955 die mittlere Riemchenwalze durch eine Brücke *BR* (Abb. 369). Die Durchzugswalzen wurden beibehalten. Das verbesserte Streckwerk gestattete einen 10fachen Verzug.

Quaas gibt für seine Streckwerkskonstruktion zwei Ausführungsformen an (DBP 952424 von 1956, Abb. 370). Nach dem ersten Vorschlag (a) wird das Unterriemchen von drei Walzen geführt und gestützt, auf denen Durchzugswalzen laufen. Nach dem zweiten Vorschlag (b) wird die mittlere Walze durch eine Brücke *BR* ersetzt, auf der zwei Durchzugswalzen DW_1 und DW_2 lagern.

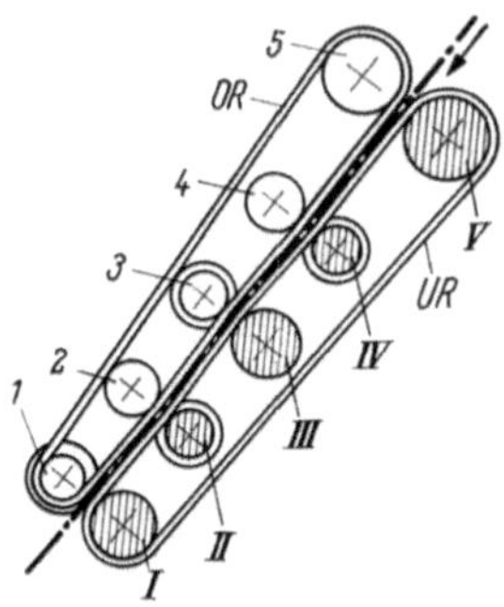

Abb. 371. Doppelriemchen-Streckwerk der Firma Schiess AG. – DBP 1065761 von 1959, patent. vom 11. 8. 1956 an

OR Oberriemchen; *UR* Unterriemchen

Die Firma Schiess AG. konstruierte ein Streckwerk für Langstapelfasern, dessen Verzugsorgan aus zwei Riemchen besteht (DBP 1065761 von 1959; Abb. 371). Innerhalb der Riemchen sind mehrere Führungswalzenpaare angebracht. Abwechselnd sind eine Druck- und eine Unterwalze mit einer Aussparung versehen, so daß das Verzugsfeld wellenförmig verläuft.

Reiter entwickelte ein Zweiriemchen-Streckwerk für lange Fasern (DBP 1001931 von 1957; Abb. 372). Das Unterriemchen *UR* läuft über eine gekrümmte Brücke *BR*. Es wird von der Spannrolle *SPR* gespannt. Das Oberriemchen *OR* wird von den Walzen *4*, *W* und *WW* geführt. Die Walze *W* übt einen elastischen Druck auf das Oberriemchen aus. Mit Hilfe der Stellschraube *ST*, der Feder *FE* und der Walze *W* können die Spannung des Oberriemchens und damit die Flächenpressung verändert werden. Die Wendewalze *WW*

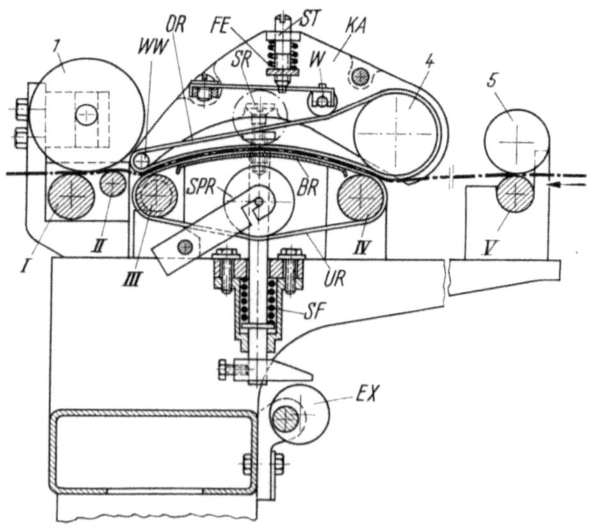

Abb. 372. Doppelriemchen-Streckwerk nach M. Reiter – DBP 1001931 von 1957, patent. vom 23. 6. 1954 an

BR Brücke; *EX* Exzenter; *FE* Feder; *KA* Käfig; *OR* Oberriemchen; *SF* Schraubenfeder; *SPR* Spannrolle; *SR* Schraube; *ST* Stellschraube; *UR* Unterriemchen; *W* Walze; *WW* Wendewalze

und die Druckwalze *4* lagern in dem Käfig *KA* und werden von der Schraubenfeder *SF* auf die Walzen *III* und *IV* gepreßt. Der Belastungsdruck verändert sich, wenn die Schraube *SR* verstellt wird. Mit Hilfe des Exzenters *EX* kann das Streckwerk entlastet werden.

Den Anfang mit den echten Hochverzugs-Streckwerken für Kammgarn-Ringspinnmaschinen machten Kern und Pauen mit ihrem „Kepa"-Streckwerk [*6*], das schon im Jahre 1952 in die Baumwollspinnerei eingeführt wurde (Abb. 373). Für diese Konstruktion ist die große Haftwalze *HW* mit einem Durchmesser von 150 mm charakteristisch. Sie ist mit einem griffigen Kunststoff bezogen. Die Haftwalze *HW* wird zu einem Drittel von dem Oberriemchen *OR* umschlungen. Die Fasern werden bis auf etwa 23 mm an die Klemmlinie der Ausgangswalzen herangeführt. Der aufklappbare Laufkäfig trägt einen Verdichter *K*, der das Faserband vor dem vorderen Klemmpunkt noch einmal zusammenfaßt. Das Streckwerk wird je nach Wunsch mit Gewichts- oder mit Federbelastung geliefert.

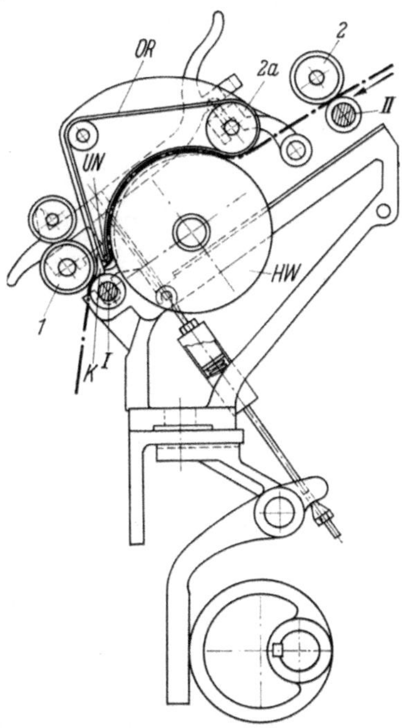

Abb. 373
„Kepa"-Hochverzugs-Streckwerk
HW Haftwalze; *K* Verdichter; *OR* Oberriemchen; *UN* Wendenadel

Der eigentliche Durchbruch zum Hochverzug gelang jedoch erst der Firma Prince-Smith & Stells Ltd. im Jahre 1955 mit ihrem Ambler-Super-Draft-Streckwerk (Abb. 374). Die Führungsaggregate dieses Streckwerks weichen stark von den bislang aufgezeigten ab. Die Ringspinnmaschine mit diesem Streckwerk wird im Neuen Bradford-System im Anschluß an den Open Drawing Finisher eingesetzt. Das in der Abb. 374 gezeigte Ambler-Super-Draft-Streckwerk ist speziell für dieses System konstruiert. Das Führungsaggregat hat hauptsächlich die Aufgabe, den Vorgarndraht zu fixieren. Die auf dem Flyer erteilte Drehung ist im englischen Vorbereitungssystem das faserführende Element. Alle am Verzug unmittelbar beteiligten Elemente des Ambler-Super-Draft-Streckwerks sind daher primär nicht zur Faserführung, sondern zur Erhaltung des Drahtes bestimmt. Die Eingangswalze *III* ist mit einer Nut versehen, in welche die Druckwalze *3* eingreift. Das Faserband wird zu einem Rechteck zusammengepreßt. Zwischen den

Eingangs- und Ausgangswalzen ist das Führungsaggregat angebracht, das aus vier Teilen besteht: Drehungsstabilisator *S*, Bandführer *BF*, Walzen *II*/*2* und Trichter *K*. Der Drehungsstabilisator *S*, ein Metallstück von 25 mm Länge, hat eine Kehlung. Das Vorgarn läuft über den Grund der Kehlung und wird dem Bandführer *BF* zugeleitet, der es zusammenfaßt. Hieran schließt sich das Walzenpaar *II*/*2* an. Die untere Walze besitzt eine 1,9 mm breite Nut, in die ein entsprechend erhöhter Teil der Oberwalze eingreift (Abb. 374c). Die Walze *II* wird

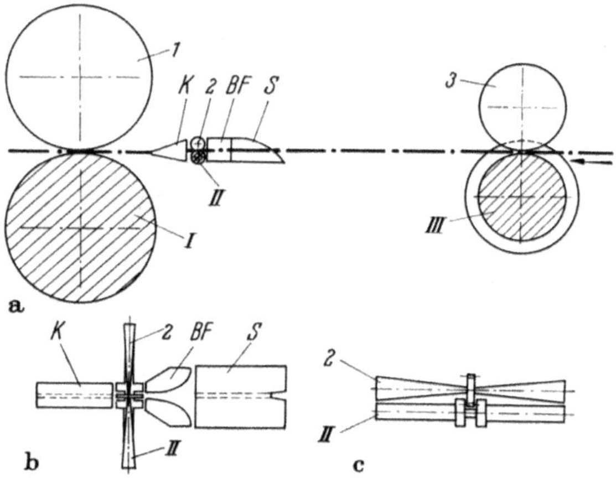

Abb. 374a–c. AMBLER-Super-Draft-Streckwerk der Firma Prince-Smith & Stells Ltd. a Schematische Darstellung des AMBLER-Super-Draft-Streckwerks; b Führungsaggregate; c Führungswalzenpaar

BF Bandführer; *K* Verdichter; *S* Drehungsstabilisator

angetrieben. Ihre Umfangsgeschwindigkeit ist 10% höher als die der Eingangswalzen. Auf das Walzenpaar *II*/*2* folgt der Verdichter *K*. Er ist 19 mm lang und besteht aus einem rechteckigen Kanal, der sich zum Ausgang hin leicht verengt und dort eine Höhe von ungefähr 2,5 mm hat. Dadurch kann der Verdichter bis dicht an den Klemmpunkt des Ausgangswalzenpaares herangebracht werden. Der Abstand des Verdichters von den Ausgangswalzen hängt von der Verzugshöhe und von der Stapellänge der Fasern ab. Er beeinflußt die Gleichmäßigkeit des zu spinnenden Garnes und ist deshalb auf einer Skala bis auf 0,25 mm genau einstellbar. Selbst bei sehr hohen Verzügen kann auf dem AMBLER-Super-Draft-Streckwerk noch ein gleichmäßiges Garn hergestellt werden.

Bei der neuen Ausführung des AMBLER-Super-Draft-Streckwerks ist der Verdichter *K* fest mit dem Führungsaggregat verbunden (Abb. 375). Der Abstand des Führungsaggregates und der Eingangswalzen von den Ausgangswalzen kann mit Hilfe einer Schraubenspindel *SR* verändert werden. Damit auf dem Streckwerk auch Lunten mit schwacher Drehung

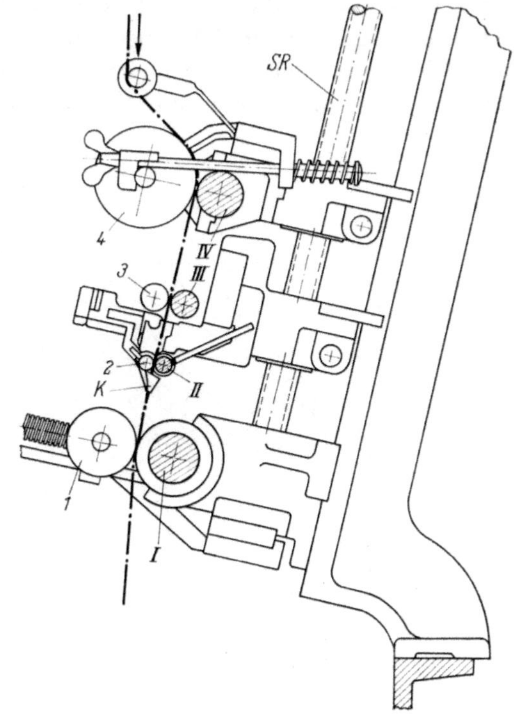

Abb. 375. AMBLER-Super-Draft-Streckwerk der Firma Prince-Smith & Stells Ltd.

K Verdichter; *SR* Schraubenspindel

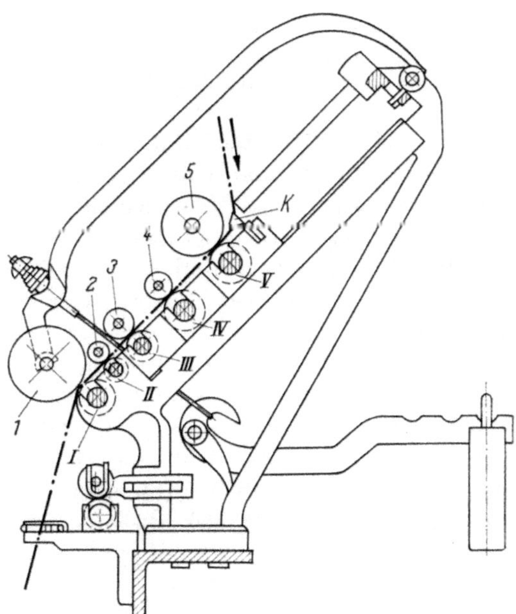

Abb. 376. Hochverzugs-Streckwerk der Firma Deutscher Spinnereimaschinenbau Ingolstadt

K Verdichter

verarbeitet werden können, ist zwischen den Eingangswalzen und dem Führungsaggregat ein Führungswalzenpaar *III/3* angeordnet.

Die Firma Deutscher Spinnereimaschinenbau Ingolstadt liefert ihr Hochverzugs-Streckwerk sowohl ohne (Abb. 376) als auch mit Riemchen-

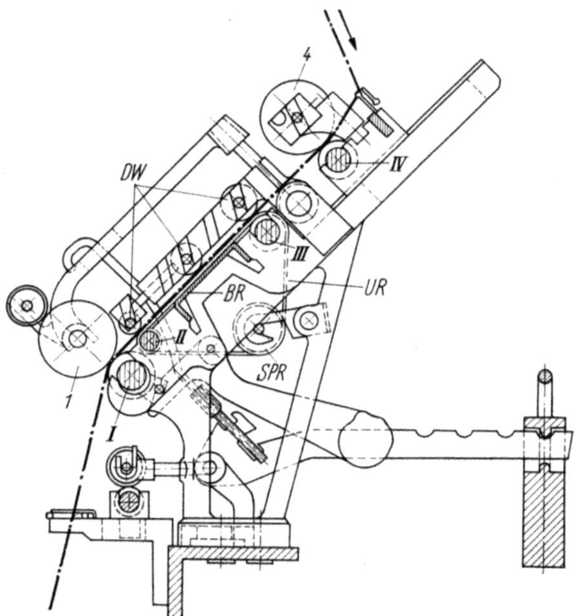

Abb. 377. Hochverzugs-Streckwerk der Firma Deutscher Spinnereimaschinenbau Ingolstadt
BR Brücke; *DW* Durchzugswalzen; *SPR* Spannrolle; *UR* Unterriemchen

führung (Abb. 377). Das Unterriemchen *UR* umschlingt die Unterwalzen *II* und *III* und wird durch die Spannrolle *SPR* gespannt. Die Brücke *BR* stützt das Unterriemchen *UR*, auf dem drei Durchzugswalzen *DW* liegen. Die maximale Streckfeldweite beträgt 300 mm. Die leichten Durchzugswalzen *DW* lagern seitlich in Stanzen und können — wie bei allen ähnlichen Streckwerkskonstruktionen — leicht in der Laufrichtung des Materials versetzt werden. So lassen sich ohne Schwierigkeiten verschiedene Bedingungen berücksichtigen.

Bei dem Streckwerk der Perfect-Ringspinnmaschine (Firma Spinnbau GmbH) wird als Unterriemchen ein Breitband *UR* aus synthetischem Gummi verwendet, das über sechs Spinnstellen reicht und eine gute Faserkontrolle ermöglicht (Abb. 378a). Eine Brücke *BR* stützt das Band *UR*. Um eine bessere Mitnahme des Gummibandes zu gewährleisten, ist die Walze *III* mit Gummi überzogen. Das Streckwerk kann für genitschelte und geflyerte Vorgarne eingesetzt werden. Es muß jedoch die Belastung der Eingangsdruckwalze auf das Vorgarn abgestimmt werden. Für genitschelte Vorgarne reicht das Eigengewicht der Walze aus, während für gedrehte Vorgarne die Belastung durch Federdruck erfolgt. Der Verzug beträgt 8- bis 27fach. Das Faserband wird auf dem griffigen Gummiband mittels Durchzugswalzen kontrolliert,

a

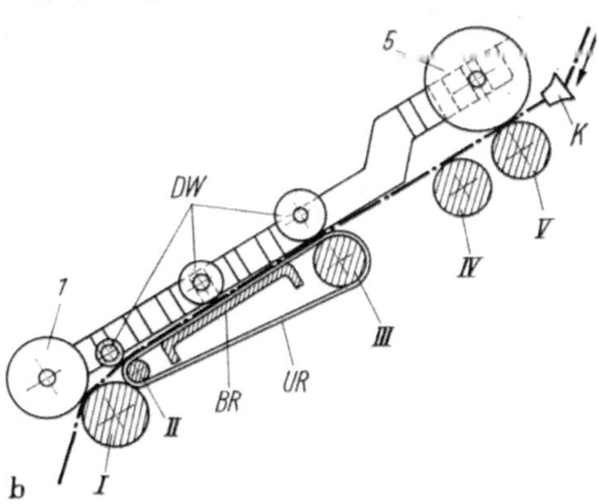

b

Abb. 378a u. b. Streckwerk der Perfect-Ringspinnmaschine der Firma Spinnbau GmbH
a Photographische Darstellung des Streckwerks; b schematische Darstellung des Streckwerks
BR Brücke; *DW* Durchzugswalzen; *K* Verdichter; *UR* Breitband

deren Anzahl, Abstand und Gewicht entsprechend der Stapellänge und dem Verzug verändert werden können. Auf Wunsch kann das Streckwerk zusätzlich noch mit einem Oberriemchen *OR*, das in einem Käfig geführt wird, versehen werden (Abb. 379). Die Druckwalze *3*

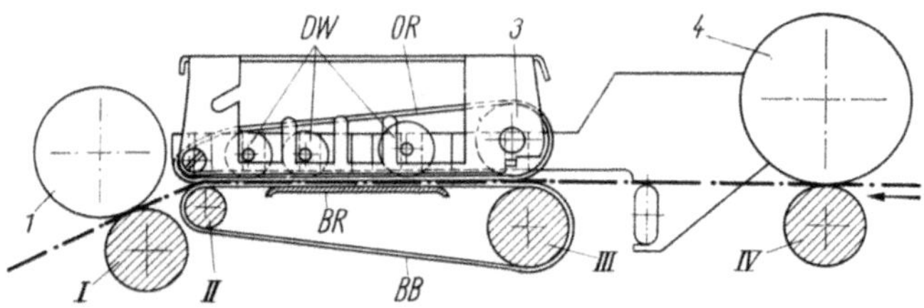

Abb. 379. Zweiriemchen-Streckwerk der Perfect-Ringspinnmaschine der Firma Spinnbau GmbH
BB Breitband; *BR* Brücke; *DW* Durchzugswalzen; *OR* Oberriemchen

ist an der Faserlauffläche im Durchmesser etwas abgesetzt, damit das Gummiband nach oben elastisch nachgeben kann.

Neubert entwickelte eine Spannvorrichtung für das Oberriemchen eines Zweiriemchen-Streckwerks (DBP 1167234 von 1964 der Firma Spinnbau GmbH, patent. vom 8. 4. 1960 an). Eine Spannrolle wird von zwei Hebeln, die auf der Wendewalze für das Oberriemchen bzw. auf der Mitteldruckwalze gelagert sind, gehalten. Eine Feder drückt die Spannrolle gegen das Oberriemchen. Sie stützt sich gegen den Sattel, der die Mitteldruckwalze hält, ab. Der Sattel ist um die Wendewalze für das Oberriemchen drehbar gelagert und hat verschiedene, nach unten gerichtete Rasten, in welche die Achse der Mitteldruckwalze gelegt werden kann. Die Zapfen der Wendewalze werden seitlich in Chapeauxstangen geführt.

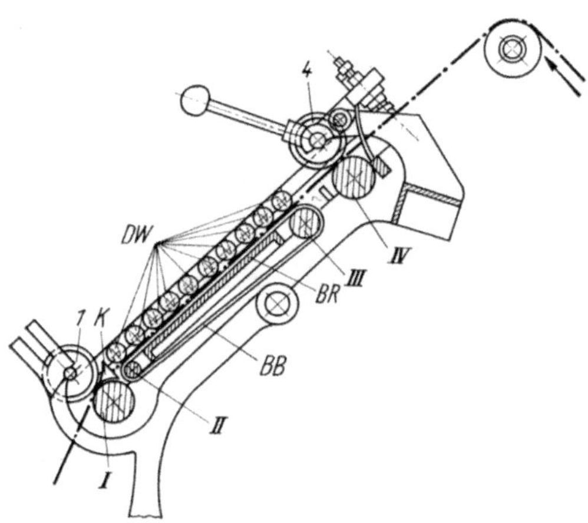

Abb. 380. Streckwerk der Perfect-Grobkammgarn-Ringspinnmaschine der Firma Spinnbau GmbH
BB Breitband; *BR* Brücke; *DW* Durchzugswalzen; *K* Verdichter

Speziell für die Produktion gröberer Kammgarne baut die Firma Spinnbau GmbH die Perfect-Grobkammgarn-Ringspinnmaschine, Typ RSKG. Je nach der Spindelteilung liegt der ausspinnbare Garnnummernbereich zwischen Nm 32 und Nm 3 (31 und 330 tex). Das Streckwerk dieser Maschine (Abb. 380) besitzt ebenfalls ein über sechs Spinnstellen reichendes Breitband *BB*, das von der Brücke *BR* gestützt wird. Die einlaufende Lunte wird auf dem griffigen Breitband mit Hilfe mehrerer glanzverchromter Durchzugswalzen *DW* geführt. Die Belastung der Ein- und der Ausgangsoberwalzen erfolgt über eine Feder

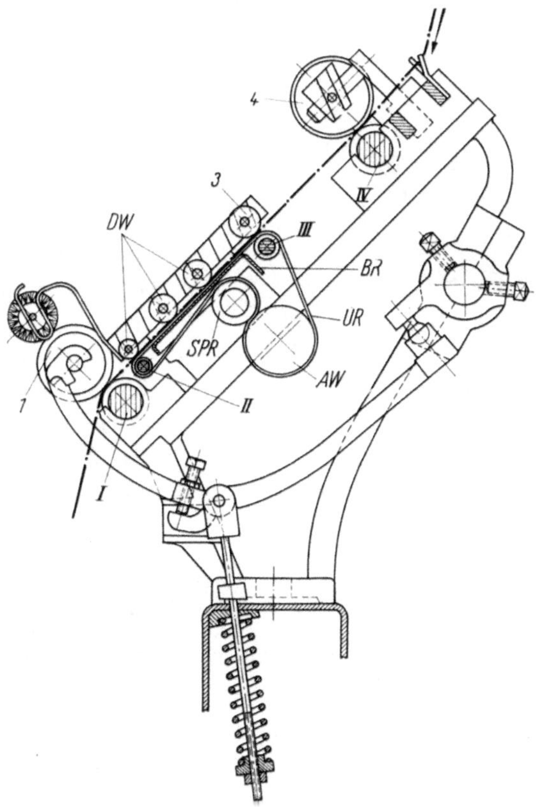

Abb. 381. Streckwerk der Firma Société Alsacienne de Constructions Mécaniques (SACM) *AW* Antriebswalze; *BR* Brücke; *DW* Durchzugswalzen; *SPR* Spannrolle; *UR* Unterriemchen

bzw. über ein Gewicht. Die Streckfeldweite beträgt 320 mm. Sie ist der Verarbeitung langer Wollen angepaßt. Es ist ein 6- bis 48facher Verzug möglich.

In der Abb. 381 ist das Einriemchen-Streckwerk für die Kammgarn-Ringspinnmaschine der Firma Société Alsacienne de Constructions Mécaniques (SACM) dargestellt. Die Fasern werden in bekannter Weise von einem Unterriemchen *UR* und von Durchzugswalzen *DW* geführt. Neu ist, daß das Unterriemchen *UR* von einer zusätzlichen Walze *AW* angetrieben wird.

In der neuen Ausführung ist das Streckwerk mit einem Riemchenpaar versehen (Abb. 382). Jede Druckwalze des Vierwalzen-Streckwerkes wird einzeln von einem Belastungsblock gehalten. Vor den Eingangswalzen und vor den Riemchen sind die Verdichter K_2 bzw. K_1 angebracht. Das Unterriemchen wird über die Brücke *BR* geführt. Das Streckwerk ist sehr einfach zu belasten und zu entlasten. Die Hakenspitze *HS* faßt hinter die Nase *N*, und der Tragarm wird mit Hilfe des Hebels *H* gegen die Unterwalzen gepreßt.

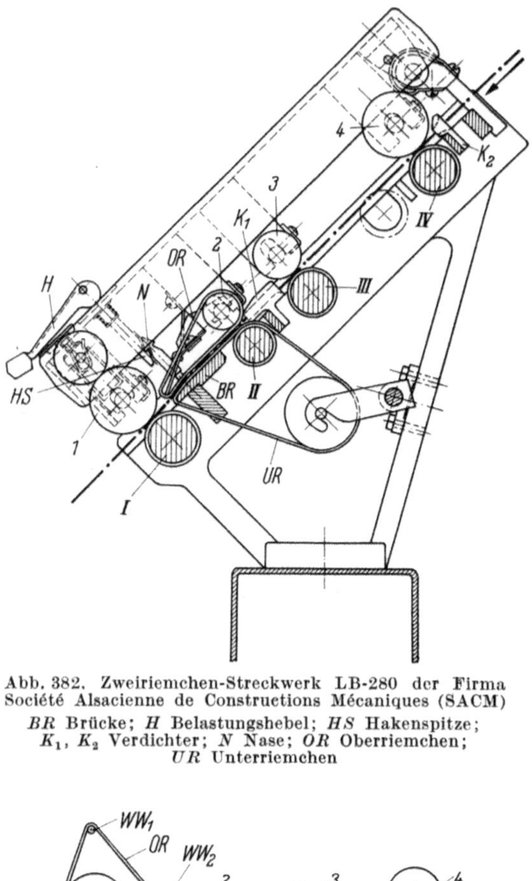

Abb. 382. Zweiriemchen-Streckwerk LB-280 der Firma Société Alsacienne de Constructions Mécaniques (SACM)
BR Brücke; *H* Belastungshebel; *HS* Hakenspitze; K_1, K_2 Verdichter; *N* Nase; *OR* Oberriemchen; *UR* Unterriemchen

In der Abb. 383 ist das Riemchen-Streckwerk mit dem Kollektoraufsatz (Kollektor-Streckwerk) nach SCHMAUDER veranschaulicht (DWP 36055). Dieses Durchzugs-Streckwerk besitzt als Besonderheit ein Oberriemchen *OR*, das um die Ausgangsdruckwalze *1* läuft. Zwei Walzen WW_1 und WW_2 führen das Riemchen. Die Druckwalze *1* ist weit nach vorn gelegt, um die Fasern nach Möglichkeit bis an den Punkt zu führen, an dem der Faden die Drehung erhält. Die Walzen *2* und *3* arbeiten im Durchzug.

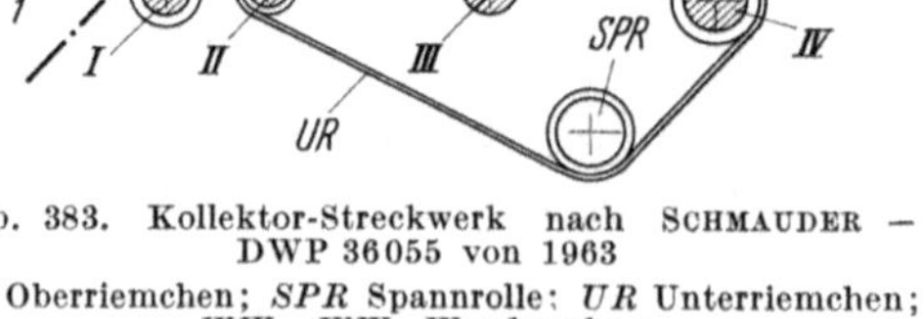

Abb. 383. Kollektor-Streckwerk nach SCHMAUDER — DWP 36055 von 1963
OR Oberriemchen; *SPR* Spannrolle; *UR* Unterriemchen; WW_1, WW_2 Wendewalzen

Das Unterriemchen *UR* läuft um die Walzen *II*, *III* und *IV*. Es wird von der Spannrolle *SPR* gespannt. Mit Hilfe dieser einfachen Streckwerkskonstruktionen sollen die Fadenbrüche um 50% vermindert werden können [5].

Im Neuen Bradford-System wird im Anschluß an den Cone-Reducer die Megaflex-Ringspinnmaschine mit dem Versatex-Hochverzugs-Streckwerk eingesetzt. Dieses Streckwerk eignet sich besonders zum Ausspinnen der vom Differentialflyer nur leicht gedrehten Vorgarne. Das

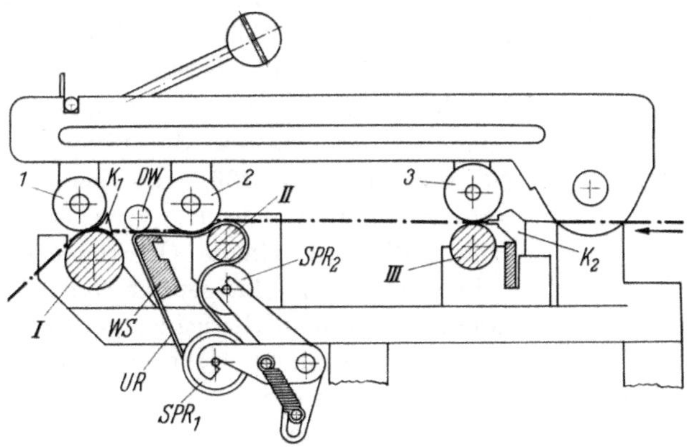

Abb. 384. Versatex-Hochverzugs-Streckwerk der Firma Prince-Smith & Stells Ltd. Gesamtverzug = 10- bis 20fach; Vorverzug = 1,2- bis 1,6fach

DW Durchzugswalze; K_1, K_2 Verdichter; SPR_1, SPR_2 Spannrollen; *UR* Unterriemchen; *WS* Wendeschiene

Versatex-Streckwerk entspricht in seinem äußeren Aufbau dem Streckwerk von LE BLAN-ROTH, unterscheidet sich von diesem jedoch in der Wirkungsweise des Führungsaggregates (Abb. 384). Beim Versatex-Streckwerk ist die Unterwalze *II* mit einer Ringnut versehen, in die das Unterriemchen *UR* eingebettet ist (Abb. 385). Die dazugehörige Oberwalze *2* hat eine größere Breite als diese Nut und liegt daher auf dem erhabenen Teil der Unterwalze *II* auf. Das Unterriemchen *UR* und die Walze *2* bilden eine Durchzugsstelle. Durch Verstellung der Walze *2* kann die Wirksamkeit des Durchzugs verändert werden. Je weiter die Walze *2* vorgerückt wird, desto tiefer drückt sie das Unterriemchen *UR* durch, und um so größer wird auch der Widerstand gegen den Durchzug der Fasern. Der Verzugskontrolle dienen weiterhin die Durchzugswalze *DW* sowie die Verdichter K_1 und K_2 (Abb. 384). Der Verdichter K_1 faßt die Fasern, die sich vorzugsweise bei hohen Verzügen vom Faserband abspreizen, vor den Ausgangswalzen zusammen. Die Anzahl der Fadenbrüche soll hierdurch herabgesetzt werden. Das Unterriemchen *UR* wird von den Spannrollen SPR_1 und SPR_2 gespannt. Die Streckfeldweite beträgt 119 bis 229 mm. Der Gesamtverzug ist

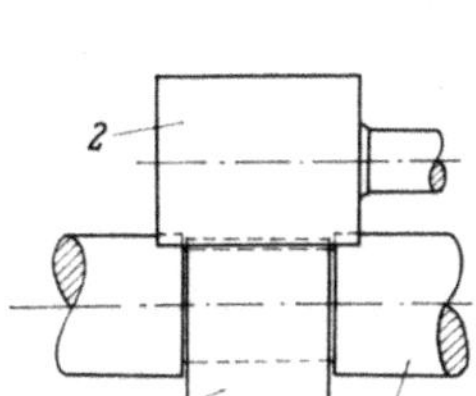

Abb. 385. Riemchenführung beim Versatex-Hochverzugs-Streckwerk der Firma Prince-Smith & Stells Ltd.
UR Unterriemchen

10- bis 20fach. Die Umfangsgeschwindigkeit der Walze *II* ist 20 bis 60% höher als die Umfangsgeschwindigkeit der Walze *III*.

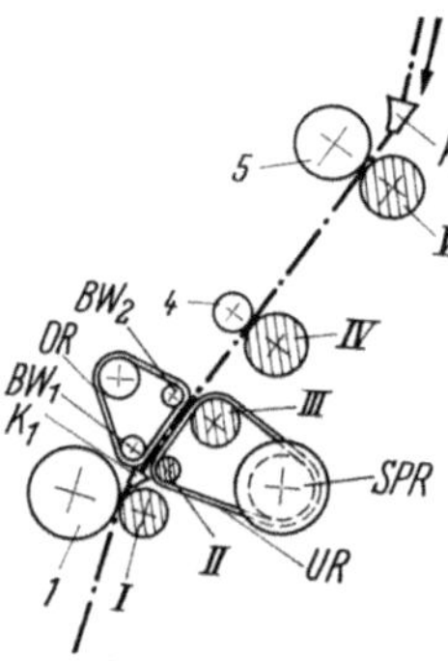

Abb. 386. FD-Streckwerk der Firma Sant'Andrea Novara (1961)
BW_1, BW_2 Besch-Walzen; K_1, K_2 Verdichter; *OR* Oberriemchen; *SPR* Spannrolle; *UR* Unterriemchen

Die Firma Sant'Andrea Novara verbesserte im Jahre 1961 ihre aus den Jahren 1956 und 1959 stammende Streckwerkskonstruktion. Während im Jahre 1959 die Brücke durch ein Unterriemchen ausgetauscht wurde und die Durchzugswalzen mit Besch-Manschetten versehen wurden, stattete die Firma Sant'Andrea Novara im Jahre 1961 die beiden vorderen, mit Besch-Manschetten versehenen Walzen BW_1, BW_2 mit einem Oberriemchen *OR* aus (Abb. 386). Die luftgepolsterten Walzen zusammen mit den Riemchen geben den Fasern eine ausgezeichnete Führung. Vor den Ausgangswalzen wurde zusätzlich ein Verdichter K_1 angebracht. Die Druckwalzen werden von einem Pendelträger geführt und durch Federn belastet.

Eine Erhöhung der Verzüge gelang der Firma Spima Spinnereimaschinenbau mit Hilfe des in der Abb. 387 dargestellten Streckwerks, das sowohl als Einriemchen- als auch als Zweiriemchen-Streckwerk geliefert wird. Für das Einriemchen-Streckwerk beträgt der maximale Verzug 25fach. Bei dem Zweiriemchen-Streckwerk läßt sich der Verzug auf 40fach steigern. Die beiden Walzen *DW*, die auf der leicht gewölbten Brücke *BR* laufen, sind als Durchzugswalzen ausgebildet. Das Zweiriemchen-Streckwerk besitzt statt der Durchzugswalzen *DW* ein Oberriemchen. Das Spima-Hochverzugs-Streckwerk ist ein sattelbelastetes Pendel-Streckwerk. Die Aus-

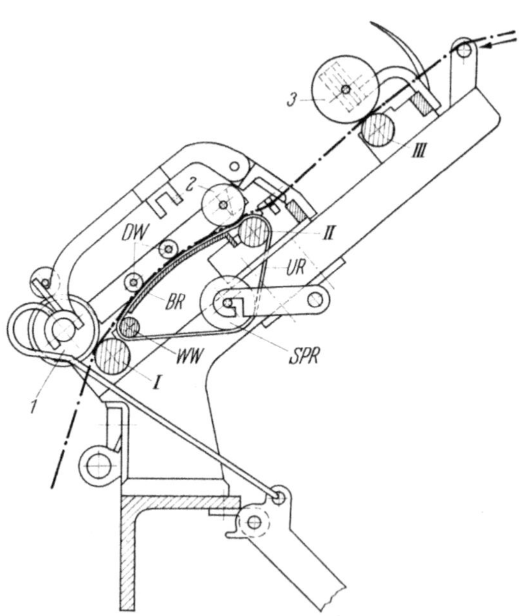

Abb. 387. Einriemchen-Streckwerk der Firma Spima Spinnereimaschinenbau
BR Brücke; *DW* Durchzugswalzen; *SPR* Spannrolle; *UR* Unterriemchen; *WW* Wendewalze

gangsdruckwalze *1* wird entweder durch Gewichte oder durch Federn belastet.

Bei dem Kammgarn-Streckwerk KS 169/3 D (Abb. 388) der Firma Zinser Textilmaschinen GmbH wird die Ausgangsdruckwalze über einen entsprechenden Belastungssattel *S* durch eine Feder belastet, die in eine Kapsel eingebaut ist. Die Streckfeldweite beträgt maximal 260 mm. Im Verzugsfeld ist ein Unterriemchen *UR* angebracht, das von den

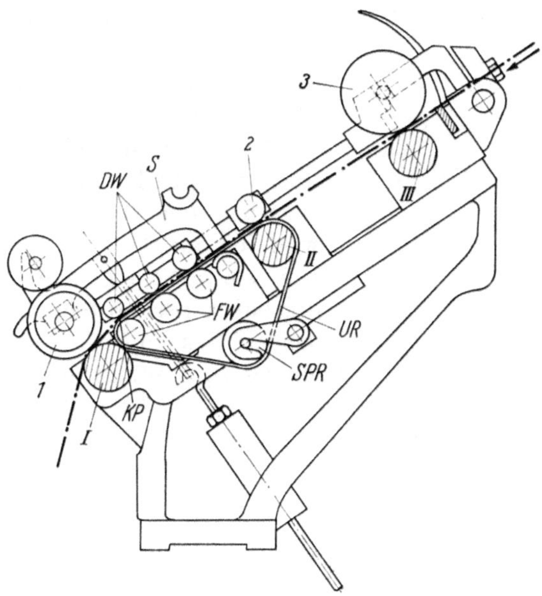

Abb. 388. Kammgarn-Streckwerk KSD 169/3 D der Firma Zinser Textilmaschinen GmbH
DW Durchzugswalzen; *FW* Führungswalzen; *KP* Durchzugspunkt; *S* Belastungssattel; *SPR* Spannrolle; *UR* Unterriemchen

Walzen *FW* geführt und von der Walze *II* angetrieben wird. Auf dem Riemchen lagern Durchzugswalzen *DW*. Damit sich die Fasern gut an das Riemchen anlegen können, liegt der Durchzugspunkt *KP* höher als der Klemmpunkt des Walzenpaares *I*/*1*. Die Belastung der Druckwalze *3* wird durch deren Eigengewicht erzeugt. Die Spannrolle *SPR* führt und spannt das Riemchen. Mit dem unter 35° geneigten Streckwerk lassen sich bis 14fache Verzüge erreichen.

In der Abb. 389 ist ein Streckwerk sowjetischer Bauart dargestellt. Es ist für maximal 30fache Verzüge gebaut. Die Wollfasern werden über den halben Umfang der Eingangswalze *III* geführt, auf dem die Walzen *3a*, *3b* und *3c* laufen. Das Verzugsfeld ist mit einem Unterriemchen *UR* ausgestattet, das von der Mittelwalze *II* angetrieben und um die Wendewalze *WW* sowie um die Spannrolle *SPR* geführt wird.

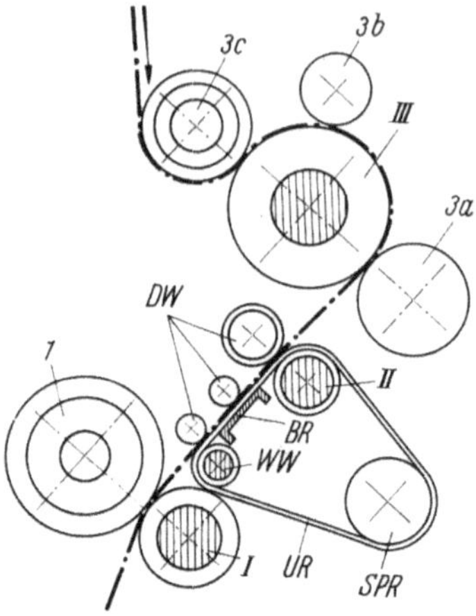

Abb. 389. Kammgarn-Streckwerk sowjetischer Bauart
BR Brücke; *DW* Durchzugswalzen; *SPR* Spannrolle; *UR* Unterriemchen; *WW* Wendewalze

Zwischen der Mittelwalze *II* und der Wendewalze *WW* ist eine Brücke *BR* angebracht. Auf dem Unterriemchen *UR* lagern drei Durchzugswalzen *DW*.

Zweiriemchen-Streckwerke ermöglichen relativ hohe Verzüge. Ein typisches Zweiriemchen-Streckwerk, eine Konstruktion der Firma Zinser Textilmaschinen GmbH, wird im Schema durch die Abb. 390 veranschaulicht. Das Unterriemchen *UR* wird über die Mittelwalze *II* und die Wendewalze *WW* geführt. Die Spannrolle *SPR* spannt das über die Brücke *BR* laufende Unterriemchen *UR*. Das Oberriemchen *OR* wird von der Druckwalze *2* angetrieben. Um einen Schlupf der Druckwalze *2* gegenüber der Mittelwalze *II* zu vermeiden, ist die Achse der Druckwalze *2* verzahnt. Diese Verzahnung R_1 greift in eine entsprechende Verzahnung R_2 der Mittelwalze *II* ein (Abb. 391). Die Eingangs- und die Ausgangsdruckwalze *3* bzw. *1* sind mit Federn belastet.

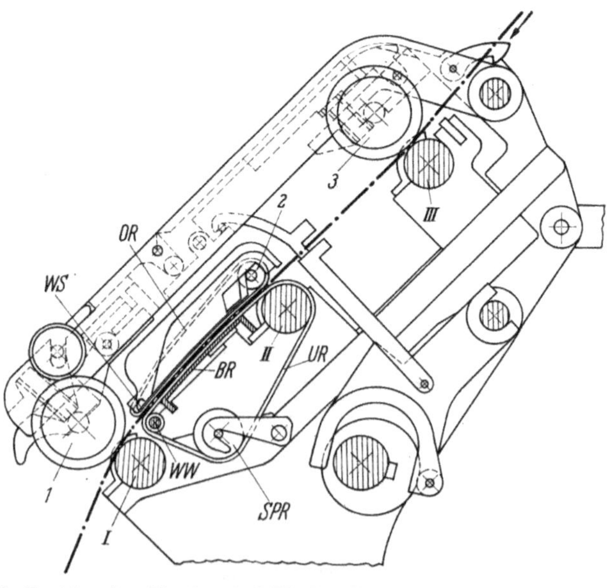

Abb. 390. Zweiriemchen-Streckwerk 3 KS der Firma Zinser Textilmaschinen GmbH
BR Brücke; *OR* Oberriemchen; *SPR* Spannrolle; *UR* Unterriemchen; *WS* Wendeschiene; *WW* Wendewalze

Das in der Abb. 392 dargestellte Streckwerk ist mit einem Käfig für je zwei Oberriemchen ausgestattet, der die Riemchen gleichzeitig führen und spannen soll. Der Käfig *KA* liegt mit den seitlichen Wangen *WA* auf dem Zapfen der Druckwalze *2* auf, die über zwei Spinn-

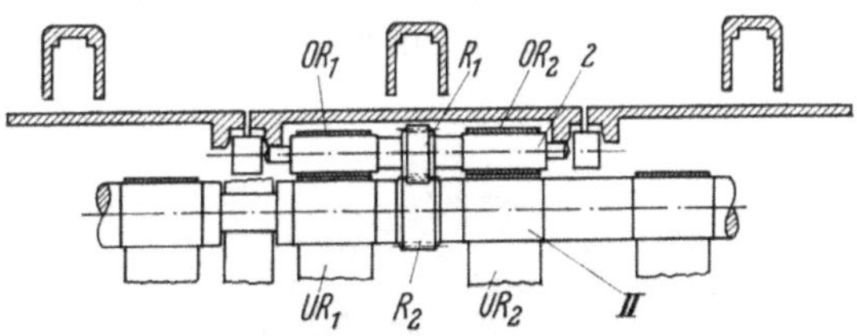

Abb. 391. Walzenpaar *II/2* des Zweiriemchen-Streckwerks 3 KS der Firma Zinser Textilmaschinen GmbH

OR_1, OR_2 Oberriemchen; R_1 Verzahnung der Oberwalze *2*; R_2 Verzahnung der Unterwalze *II*; UR_1, UR_2 Unterriemchen

stellen reicht. Die Druckwalze *2* wird von den nach oben abgeknickten Stegen *SG* der Unterriemchenbrücke *BR* geführt. Da die Streckwerke etwa 30° bis 60° gegenüber der Waagerechten geneigt sind, spannt die zur Streckfeldebene parallele Komponente des Käfiggewichtes das Oberriemchen *OR*.

Bei dem Permaset-Streckwerk der Roberts-Kammgarn-Ringspinnmaschine aus dem Jahre 1959 [7] wird das Faserband nur auf einer kurzen Teilstrecke vor den Ausgangswalzen von den Riemchen geführt (Abb. 393). Auf diesem Streckwerk können Fasern mit einer Länge von 35 bis 200 mm versponnen werden. Durch die Bezeichnung „Permaset“ (Dauerstellung) soll darauf hingewiesen werden, daß die Abstände der Walzenpaare nicht verändert zu werden brauchen, wenn ein anderes Material zur Verarbeitung kommt. Das Streckwerk besteht aus vier Walzenpaaren. Die Fasern werden am Eingang und am Ausgang geklemmt. Die Ausgangswalzen sind mit der Even-Grip-Riffelung versehen, wodurch ein gleichmäßiger Verzug entstehen soll. Die mittleren Oberwalzen haben einen flexiblen, tonnenförmigen Bezug. Die Riemchen bilden eine Durchzugsstelle. Dies wird durch den konkav ge-

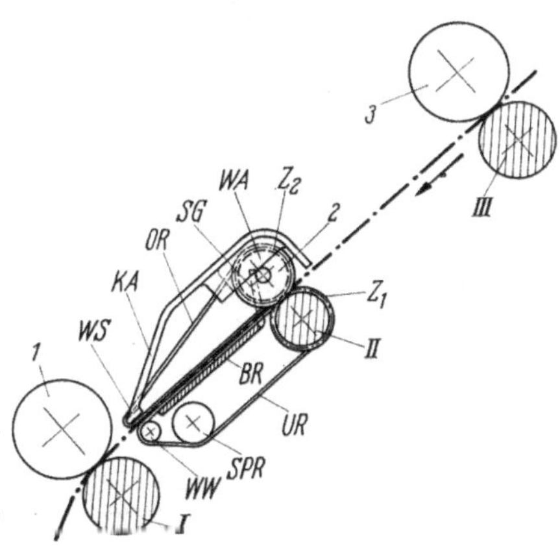

Abb. 392. Zweiriemchen-Streckwerk der Firma Zinser Textilmaschinen GmbH — DBP 1058886 von 1959, patent. vom 28. 3. 1956 an

BR Brücke; *KA* Oberriemchenkäfig; *OR* Oberriemchen; *SG* Steg; *SPR* Spannrolle; *UR* Unterriemchen; *WA* Wange; *WS* Wendeschiene; *WW* Wendewalze; Z_1, Z_2 Zahnkränze

formten Walzenmantel der Riemchenwalze ermöglicht. Die Riemchenwalze ist nicht im Belastungsarm, sondern in einem Käfig gelagert. Bei der Herstellung von Kammgarnen ist ein 24facher Verzug möglich.

Das in der Abb. 394 wiedergegebene Langfaser-Streckwerk der Firma J. Mackie & Sons Ltd. ist in der Hauptverzugszone mit einem

Abb. 393. „Permaset"-Streckwerk der Firma Roberts, Company, Sanford

Riemchenpaar ausgestattet (FP 1286464 von 1962). Die Riemchen werden in einem Käfig geführt. Das Unterriemchen *UR* wird von der Leitplatte LP_1 abgestützt. Die Leitplatte LP_1 ist am Käfig befestigt und liegt auf der Wendewalze W_1 auf.

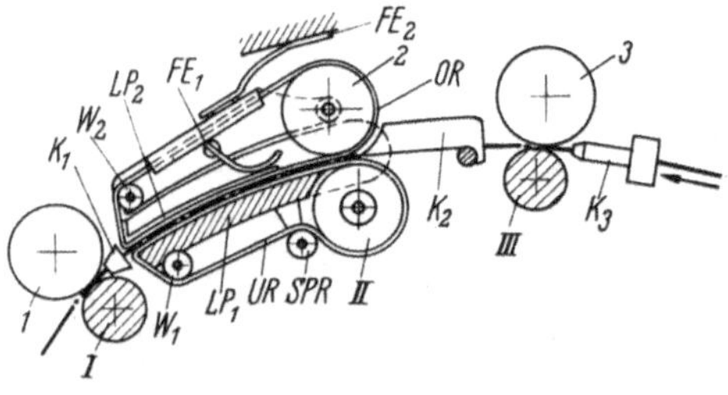

Abb. 394. Langfaser-Streckwerk der Firma J. Mackie & Sons Ltd. – FP 1286464 von 1962, patent. vom 19. 4. 1961 an (s. a. DAS 1166060 von 1964, patent. vom 29. 6. 1961 an)
FE_1, FE_2 Federn; K_1 bis K_3 Verdichter; LP_1, LP_2 Leitplatten; *OR* Oberriemchen; *SPR* Spannrolle; *UR* Unterriemchen; W_1, W_2 Wendewalzen

Das Oberriemchen *OR* wird mit Hilfe der Leitplatte LP_2 umgelenkt und gegen das Unterriemchen gepreßt. Der Anpreßdruck wird von der Feder FE_1 erzeugt. Vor den Walzenpaaren sind Verdichter angeordnet.

Die Firma Carniti entwickelte ein Zweiriemchen-Streckwerk, dessen Konstruktion aus der Abb. 395 hervorgeht. Die Ausgangswalzen *I*/*1* bilden mit den Mittelwalzen *II*/*2* und den Riemchen ein Verzugsaggregat. Die Eingangswalzen *III*/*3* besitzen einen eigenen Belastungssattel S_2. Ihr Abstand von den Ausgangswalzen kann von einer zentralen Stelle aus verändert werden. Das Unterriemchen *UR* wird über eine nach oben gekrümmte Brücke *BR* und um die angetriebene Wendewalze *WW* geführt. Eine Feder FE_1 drückt das Oberriemchen *OR* auf das Unterriemchen *UR*. Die Belastung der Druckwalzen *1* und *2* erfolgt durch die Feder FE_2. Der Zughaken *ZH* ist mit einem Sechskantkopf versehen, der mit dem Entlastungshebel *EH* in Eingriff gebracht wird. Die Belastungshöhe kann für alle Spinnstellen gemeinsam eingestellt werden. Wenn Fasern über 100 mm Stapellänge versponnen werden sollen, wird die Druckwalze *2* mit einer Aussparung versehen. In diesem Fall ist nur eine Verzugszone vorhanden.

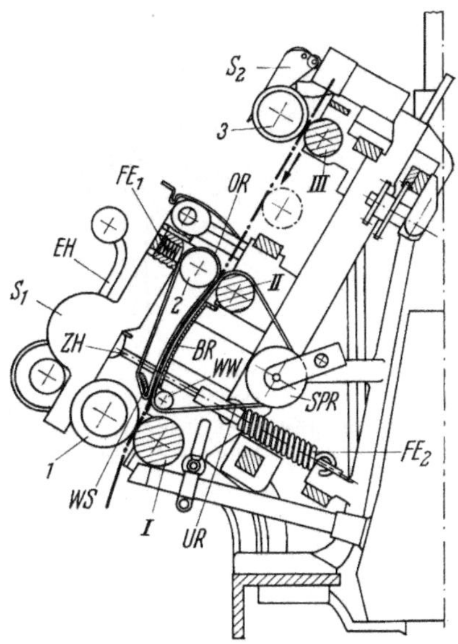

Abb. 395. C 20-Streckwerk der Firma Carniti
BR Brücke; *EH* Entlastungshebel; FE_1 Feder für den Oberriemchenkäfig; FE_2 Belastungsfeder; *OR* Oberriemchen; S_1, S_2 Belastungssättel; *SPR* Spannrolle; *UR* Unterriemchen; *WS* Wendeschiene; *WW* Wendewalze; *ZH* Zughaken

Das Hochverzugs-Streckwerk C 25 der Firma Carniti besitzt zwei Verzugszonen, von denen jede mit zwei Riemchen ausgestattet ist (Abb. 396). Die kurzen Riemchen der Vorverzugszone sind dicht vor dem Mittelwalzenpaar angeordnet. Die vordere Verzugszone gleicht der vorderen Verzugszone des C 20-Streckwerkes. Die Druckwalzen werden von einem Belastungsarm gehalten. Die Belastung erfolgt durch eine Feder *FE*. Das Streckwerk soll einen 150fachen Verzug ermöglichen.

Während auf dem C 25-Streckwerk der Firma Carniti direkt aus dem Streckenband Garne bis zur Nummer Nm 20 versponnen werden können, gestattet das C 26-Streckwerk der gleichen Firma nur die direkte Herstellung von Garnen bis zur Nummer Nm 10 (Abb. 397). Das hintere Riemchenpaar entfällt. Zwischen den Walzen *II* und *III* ist ebenfalls ein Verdichter K_1 angeordnet. Die Druckwalzen *1*, *2* und *3* haben einen gemeinsamen Belastungssattel S_1.

Die Firma N. Schlumberger & Cie. liefert für ihre Kammgarn-Ringspinnmaschine zwei verschiedene Streckwerke. Das Streckwerk nach der Abb. 398 (Modell CF 22-L) ist mit einem Breitband *BB* aus Gummi ausgestattet, auf dem Durchzugswalzen *DW* lagern. Das Breitband *BB* gleitet über die Brücke *BR*. Die gummibezogene Walze *AW* treibt es an, und die Umlenkwalzen WW_1 und WW_2 führen es. Die Durchmesser

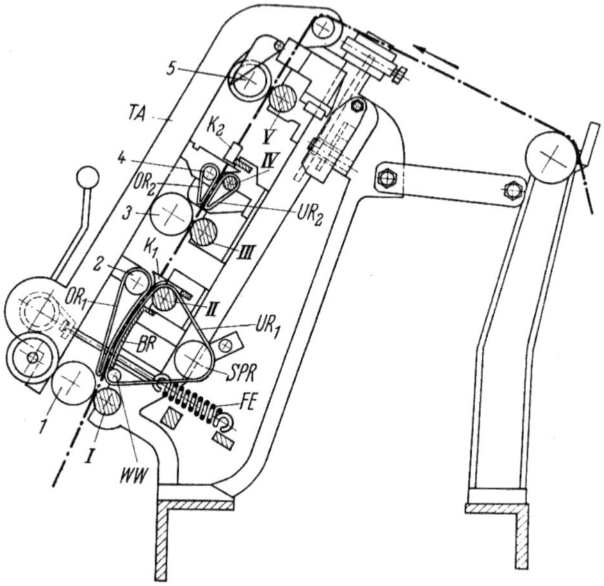

Abb. 396. C 25-Hochverzugs-Streckwerk der Firma Carniti
BR Brücke; *FE* Belastungsfeder; K_1, K_2 Verdichter; OR_1, OR_2 Oberriemchen; *SPR* Spannrolle; *TA* Tragarm; UR_1, UR_2 Unterriemchen; *WW* Wendewalze

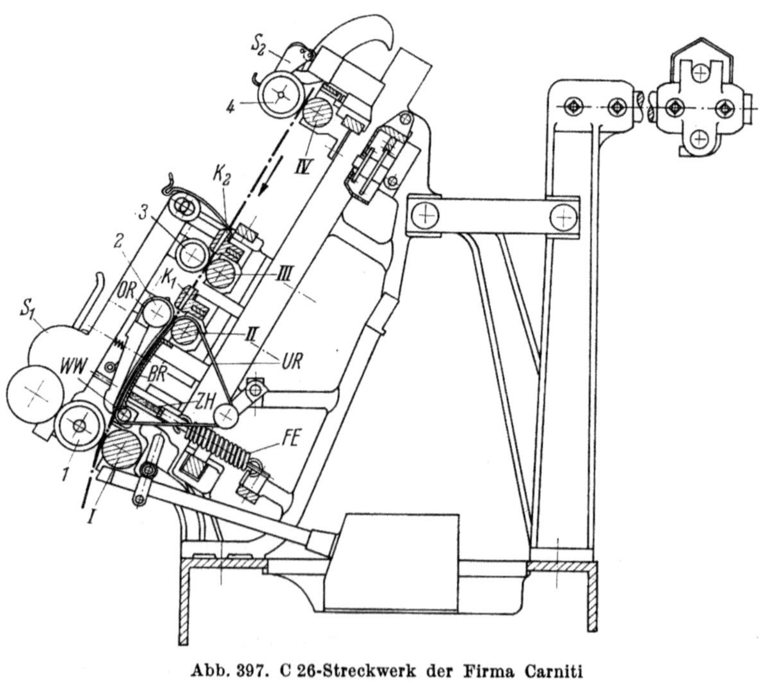

Abb. 397. C 26-Streckwerk der Firma Carniti
BR Brücke; *FE* Belastungsfeder; K_1, K_2 Verdichter; *OR* Oberriemchen; S_1, S_2 Belastungssättel; *UR* Unterriemchen; *WW* Wendewalze; *ZH* Zughaken

der Durchzugswalzen *DW* nehmen in der Bandlaufrichtung ab. Die Ausgangsdruckwalze *1* wird pneumatisch belastet (System Rieter). Der

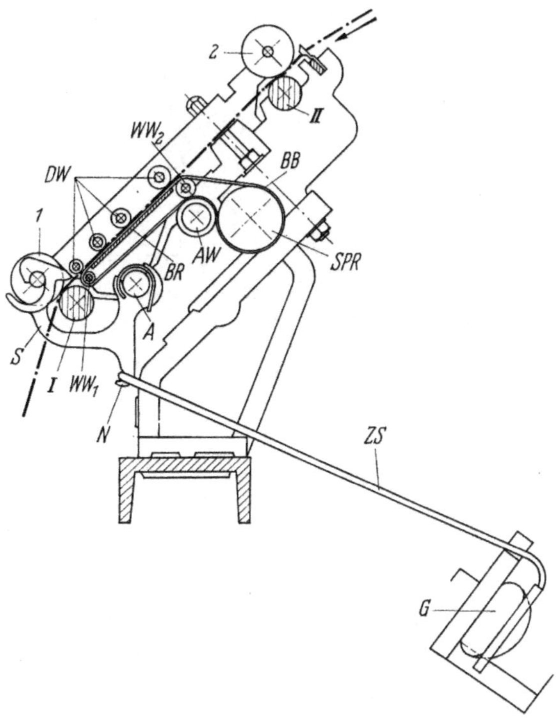

Abb. 398. CF 22-L-Streckwerk der Firma N. Schlumberger & Cie.
A Achse; *AW* Antriebswalze; *BB* Breitband; *BR* Brücke; *DW* Durchzugswalzen; *G* Gummischlauch; *N* Nase des Belastungssattels; *S* Belastungssattel; *SPR* Spannrolle; WW_1, WW_2 Wendewalzen; *ZS* Zugstange

Belastungssattel *S* dreht sich um die Achse *A*. Die Nase *N* ist mit der Zugstange *ZS* verbunden. Der Gummischlauch *G* überträgt den Druck auf die Zugstange *ZS*.

Das CF 23-Streckwerk ist mit breiten Riemchen ausgestattet (Abb. 399). Die Unterriemchenführung und die Belastungsanordnung der Ausgangsdruckwalze werden wie bei dem CF 22-L-Modell gebaut. Die Lunte wird über eine Führungsstange *FS* und durch den Bandführer *BF* in das Streckwerk eingezogen. Die Belastung der Eingangsdruckwalze erfolgt durch eine Feder *FE*. Das Oberriemchen ist in einem Käfig *KA* gelagert. Die vordere Durchzugswalze wurde durch eine Wendeschiene *WS* ersetzt. Vor dem Käfig *KA* ist eine Durchzugswalze DW_4 angebracht. Gegenüber dem Einriemchen-Streckwerk mit einem 14fachen Verzug für Wolle konnte der Verzug bei dem

CF 23-Modell verdoppelt werden. Die Streckfeldweite von 270 mm ist unveränderlich.

Das Kammgarn-Streckwerk der Firma Maschinenfabrik Rieter AG. ist mit einem Unterriemchen versehen, das zusammen mit den Durch-

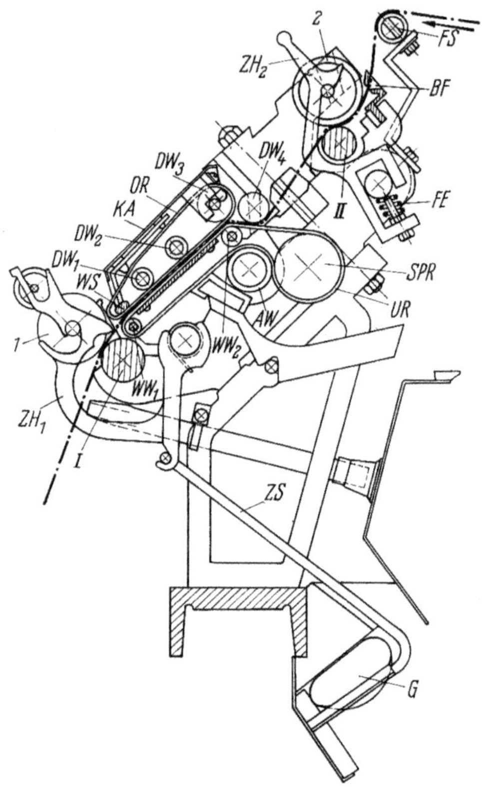

Abb. 399. CF 23-Streckwerk der Firma N. Schlumberger & Cie.
AW Antriebswalze; *BF* Bandführer; DW_1 bis DW_4 Durchzugswalzen; *FE* Feder; *FS* Führungsstange; *G* Gummischlauch; *KA* Käfig; *OR* Oberriemchen; *SPR* Spannrolle; *UR* Unterriemchen; *WS* Wendeschiene; WW_1, WW_2 Wendewalzen; ZH_1, ZH_2 Zughaken; *ZS* Zugstange

zugswalzen die Fasern führt (Abb. 400). Das Riemchen läuft über eine Brücke *BR* und wird von der Spannrolle *SPR* gespannt. Das Streckwerk kann wahlweise mit einer Streckfeldweite von 250 mm oder von 300 mm geliefert werden. Die Druckwalzen besitzen Bezüge aus Kunststoff. Die Ausgangsdruckwalze *1* wird über einen Zughaken durch ein Gewicht belastet. Die Belastung der Druckwalze *4* kann durch Eigengewicht oder durch eine Feder erfolgen.

Aus der Abb. 401 geht die Konstruktion des Zweiriemchen-Streckwerks der Firma Maschinenfabrik Rieter AG. hervor. In der Vorverzugszone des Streckwerks ist ein Verdichter *K* angebracht. In der

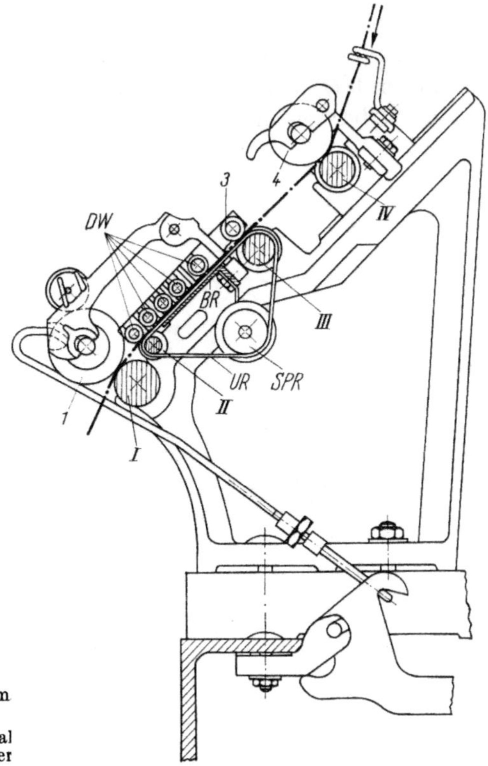

Abb. 400. Streckwerk der Firm Maschinenfabrik Rieter AG.

BR Brücke; *DW* Durchzugswalzen; *SPR* Spannrolle; *UR* Unterriemchen

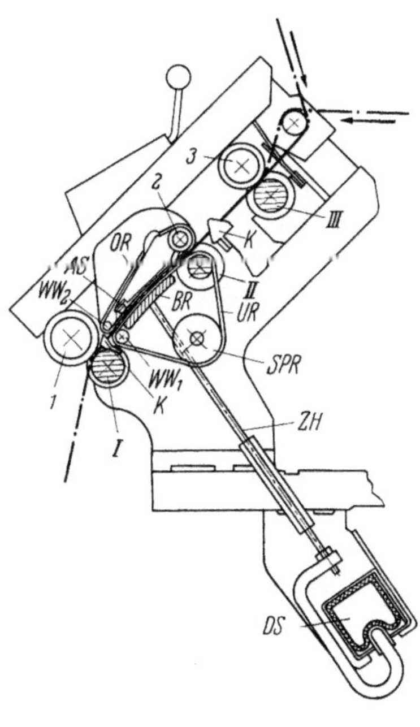

Abb. 401. Zweiriemchen-Streckwerk für die Kammgarn-Ringspinnmaschine H 2 der Firma Maschinenfabrik Rieter AG.

AS Anpreßschiene; *BR* Brücke; *DS* Druckschlauch; *K* Verdichter; *OR* Oberriemchen; *SPR* Spannrolle; *UR* Unterriemchen; WW_1, WW_2 Wendewalzen; *ZH* Zughaken

Hauptverzugszone werden die Fasern von zwei Riemchen geführt. Das Unterriemchen *UR* wird von einer Brücke *BR* gestützt. Zwischen den Trumen des Oberriemchens *OR* ist eine schmale Schiene *AS* angeordnet, welche die beiden Riemchen gegeneinander drückt und so eine verbesserte Faserführung schafft. Die Belastung der Druckwalzen erfolgt pneumatisch.

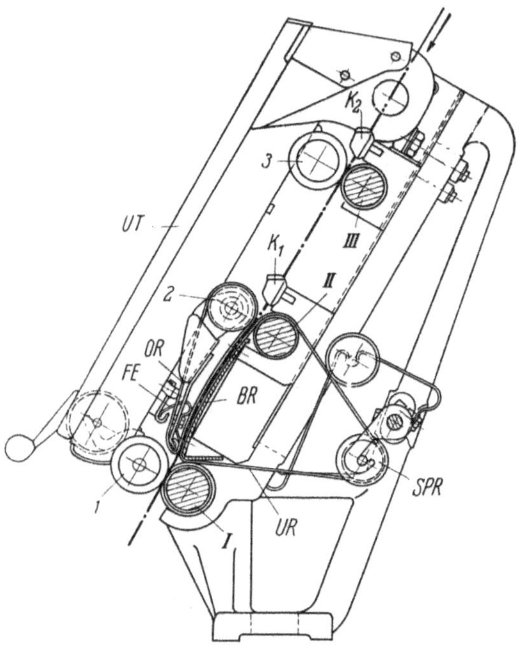

Abb. 402. UTS 3-E 1540 U-Streckwerk der Firma Württembergische Spindelfabrik Süssen GmbH

BR Brücke; *FE* Feder; K_1, K_2 Verdichter; *OR* Oberriemchen; *SPR* Spannrolle; *UR* Unterriemchen; *UT* Belastungsträger

Die Firma Württembergische Spindelfabrik Süssen GmbH liefert ein Kammgarn-Zweiriemchen-Streckwerk, das maximal einen 58fachen Verzug gestattet (Abb. 402). Die Lunte wird durch einen Verdichter K_2 in das Streckwerk eingezogen und vor den Riemchenwalzen *II*/*2* erneut verdichtet. Das Unterriemchen *UR* gleitet über eine gebogene Brücke *BR*. Ein Käfig hält und führt das Oberriemchen *OR*, das von einer Feder *FE* auf das untere Riemchen gedrückt wird. Die Druckwalzen sind in einem UT-Belastungsträger aufgehängt und mit Kunststoff bezogen.

Das Zweiriemchen-Streckwerk der Firma SKF Kugellagerfabriken GmbH besitzt ebenfalls zwei Verzugszonen (Abb. 403). In der Vorverzugszone herrscht ein 1,1facher Anspannverzug. Vor den Riemchenwalzen *II*/*2* ist ein Verdichter K_2 angeordnet. Die Druckwalzen sind mit Kunststoff bezogen. Der Durchmesser der Riemchendruckwalze ist an der Faserlaufstelle abgesetzt (Abb. 403b). Das Oberriemchen kann daher bei einem größeren Faserdruck elastisch nachgeben. Eine Feder *FE* drückt das obere Riemchen auf das untere Riemchen, das über eine leicht gekrümmte Brücke *BR* gleitet. Die Maulweite am Riemchenausgang ist mit Hilfe der Schraube *SR*, die auf der Brücke *BR* aufliegt, einstellbar. Vor den Ausgangswalzen ist ein weiterer Verdichter K_1 angebracht. Die Druckwalzen sind in einem SKF-Pendelträger der Reihe PK 500 oder PK 600 aufgehängt. Ihre Belastung erfolgt durch Spiral-

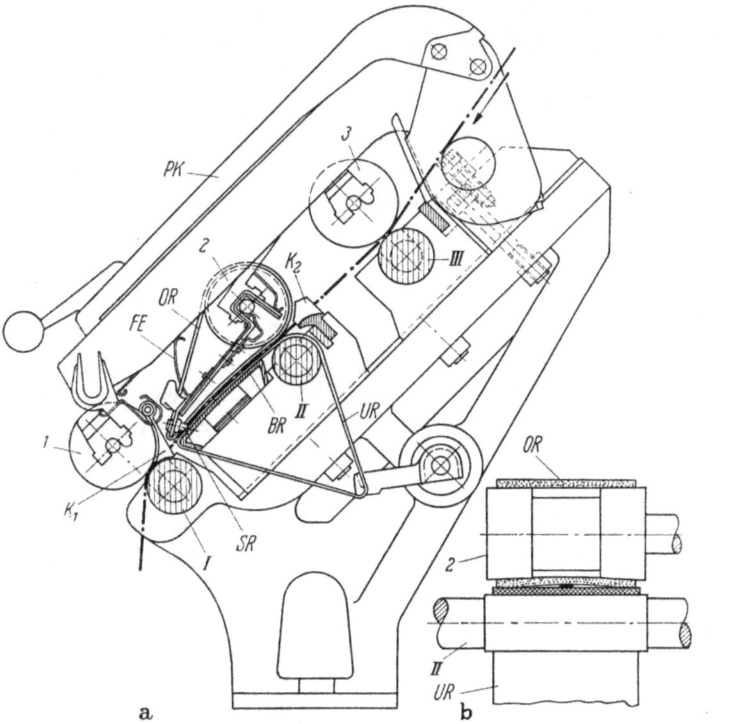

Abb. 403 a u. b. Zweiriemchen-Kammgarn-Streckwerk der Firma SKF Kugellagerfabriken
a Schematische Darstellung des Streckwerks; b Riemchenwalzen

BR Brücke; *FE* Feder; K_1, K_2 Verdichter; *OR* Oberriemchen; *PK* Pendelträger; *SR* Stellschrauben; *UR* Unterriemchen

federn. Mittels Schrauben ist der gewünschte Belastungsdruck auf einfache Weise einzustellen. Für die Verspinnung von reiner Wolle wird ein 25facher Verzug empfohlen. Gröbere Vorgarne als Nummer Nm 1,0 (1 Ktex) sollen diesem Streckwerk nicht vorgelegt werden.

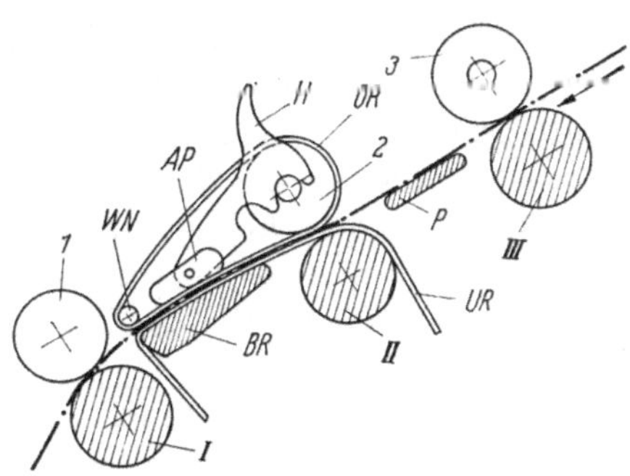

Abb. 404. Zweiriemchen-Streckwerk nach E. Toenniessen — DBP 1112433 von 1961, patent. vom 23. 6. 1959 an

AP Andrückplatte; *BR* Brücke; *H* Halterung für die Andrückplatte; *OR* Oberriemchen; *P* Leitplatte; *UR* Unterriemchen; *WN* Wendenadel

Toenniessen entwickelte ein Zweiriemchen-Streckwerk — vornehmlich für Langfasern, das eine Verarbeitung von Fasern unterschiedlicher Stapellängen gestatten soll (DBP 1112433 von 1961; Abb. 404). Das Unterriemchen *UR* läuft über eine breite Brücke *BR*. Das Oberriemchen *OR* wird von der Wendenadel *WN* umgelenkt. Zwischen den Trumen des Oberriemchens ist eine Andrückplatte *AP* angeordnet, die die Riemchen aneinanderdrückt. Sie ist mit dem Hebel *H* gelenkig verbunden. Mit Hilfe verschiedener Aussparungen in dem Hebel *H* kann der Abstand der Andrückplatte *AP* von den Mittelwalzen verändert werden. Er richtet sich nach der größten Länge der im Vorgarn vorhandenen Fasern. Der Abstand der Ausgangswalzen von den Mittelwalzen wird nicht verändert. In der Vorverzugszone wird das Vorgarn von einer Leitplatte *P* gestützt.

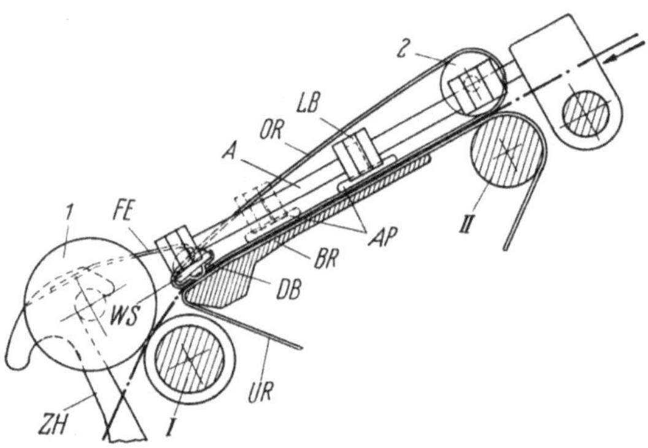

Abb. 405. Zweiriemchen-Streckwerk nach E. TOENNIESSEN — DBP 1131126 von 1962, patent. vom 2. 9. 1959 an
A seitlicher Führungsarm; *AP* Andrückplatten; *BR* Brücke; *DB* Distanzblech; *FE* Feder; *LB* Lagerblock; *OR* Oberriemchen; *UR* Unterriemchen; *WS* Wendeschiene; *ZH* Zughaken

Mit dem deutschen Patent DBP 1131126 verbessert TOENNIESSEN sein Langfaser-Streckwerk (Abb. 405). Vor den Ausgangswalzen ist ein Riemchenpaar angebracht, das die Fasern führt. Das Unterriemchen *UR* wird von der Walze *II* angetrieben. Es läuft über eine Brücke *BR*, die fast die ganze Strecke zwischen den Walzen *I* und *II* überbrückt. Der Antrieb der Druckwalze *2* kann durch Friktion oder durch eine Verzahnung mit der Walze *II* erfolgen. Das Oberriemchen *OR* wird von der Wendeschiene *WS* umgelenkt. Durch das Distanzblech *DB* wird der Abstand der Wendeschiene *WS*, die durch eine Feder *FE* belastet ist, von der Brücke *BR* bestimmt. Damit das Streckwerk den unterschiedlichen Stapellängen der Vorlage angepaßt werden kann, ist innerhalb des Oberriemchens *OR* eine Andrückplatte *AP* angeordnet. Diese Platte läßt sich auf dem Arm *A* verschieben. Sie drückt die beiden Riemchen, die von der Brücke *BR* gestützt werden, gegeneinander und bestimmt den Rückhalteabstand zwischen den Riemchen und den Ausgangswalzen. Die Belastung der Ausgangsdruckwalze erfolgt über den Zughaken *ZH*. Die Schlitze der seitlichen Lagerblöcke *LB*, in denen die Andrückplatte *AP* geführt wird, bilden mit der Faserlaufrichtung einen rechten Winkel. Das Streckwerk kann mit einer Vorverzugszone ausgerüstet werden.

In der Abb. 406 ist ein Langfaser-Streckwerk der Firma Maschinenfabrik H. Weller, ehem. Firma Pfenningsberg, im Schema dargestellt (DBP 1118072 von 1962). Die Vorverzugszone ist als Flächendurchzugs-Streckwerk ausgebildet. Die großdimensionierte Eingangswalze *III* wird auf etwa einem Fünftel des Umfanges von dem Oberriemchen OR_2 umschlungen. Das Faserband wird zwischen dem Oberriemchen OR_2 und der Walze *III* gut geführt. Die Hauptverzugszone ist mit einem Riemchenpaar versehen. Das Unterriemchen *UR* wird von der Mittelwalze *II* angetrieben und von der ortsfesten Wendeschiene WS_1 umgelenkt. Zwischen diesen beiden Streckwerkselementen wird das Unterriemchen *UR* von einer Brücke *BR* abgestützt. Auf der Brücke *BR*, zwischen den Trumen des Oberriemchens OR_1, sind zwei Druckwalzen *DW* angeordnet. Sie sind mit einem elastischen Überzug versehen und können in Faserlaufrichtung verschoben werden. Sämtliche Druckwalzen sowie die Wendeschienen WS_2 und WS_3 werden durch Federn belastet. Alle Streckwerksteile oberhalb der Streckfeldebene sind in einem hochschwenkbaren Belastungssattel *S* untergebracht.

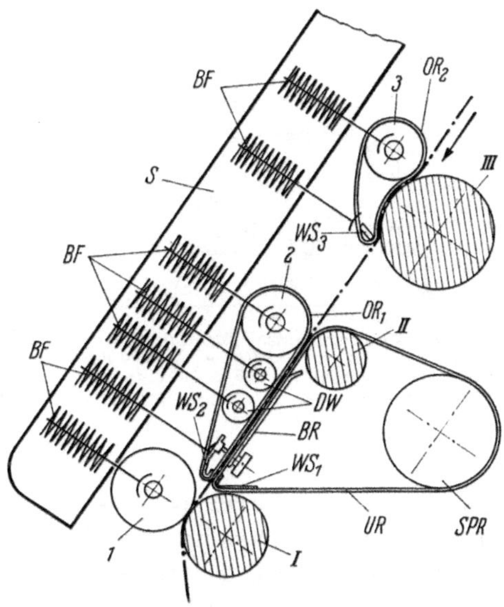

Abb. 406. Langfaser-Streckwerk der Firma Maschinenfabrik H. Weller, ehem. Firma Pfenningsberg — DBP 1118072 von 1962, patent. vom 28. 6. 1955 an

BF Belastungsfedern; *BR* Brücke; *DW* Druckwalzen; OR_1, OR_2 Oberriemchen; *S* Belastungssattel; *SPR* Spannrolle; *UR* Unterriemchen; WS_1 bis WS_3 Wendeschienen

Das bereits besprochene „Bird"-Streckwerk der Firma Collins & Aikman (Abb. 337) läßt sich auch an Feinspinnmaschinen verwenden (Abb. 407). Anstelle der sonst üblichen Nadelwalze wird die Durchzugswalze DW_1 eingebaut.

In seinem französischen Patent FP 1290505 gibt Fusaroli eine Durchzugswalze an (Abb. 408), deren Walzenkern *KE* mit einem Kunststoffschlauch *M* überzogen ist. Unter der Faserlauffläche ist die Durchzugswalze mit einer Aussparung versehen. Hierdurch entsteht ein Luftpolster, das eine elastische Faserführung gewährleistet. Die Manschette *M* ist tonnenförmig ausgebildet. Ihre Wandstärke nimmt von der Mitte nach den Seiten hin zu.

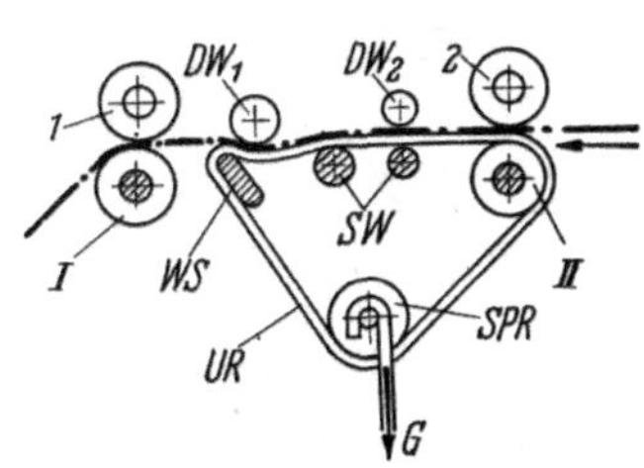

Abb. 407. „Bird"-Streckwerk der Firma Collins & Aikman

DW_1, DW_2 Durchzugswalzen; *G* Spanngewicht; *SPR* Spannrolle; *SW* Stützwalzen; *UR* Unterriemchen; *WS* Wendeschiene

Hierdurch sollen auch die außen liegenden Fasern des Bandes unter Kontrolle gebracht werden.

Die Firma Pirelli S. A. entwickelte eine Druckwalze, die in der Abb. 409 dargestellt ist (DBP 1132840 von 1962). Auf die Achse *A* der

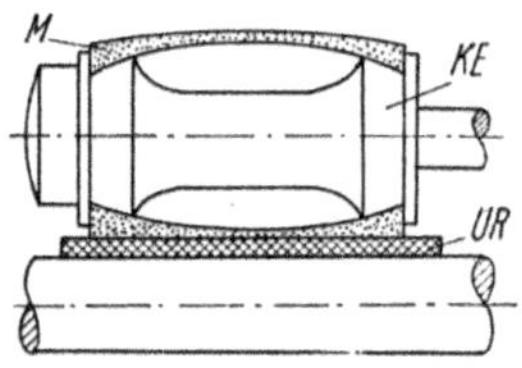

Abb. 408. Durchzugswalze für Kammgarn-Streckwerke nach G. FUSAROLI – FP 1290505 von 1962, patent. vom 5. 5. 1961 an

KE Walzenkern; *M* Manschette; *UR* Unterriemchen

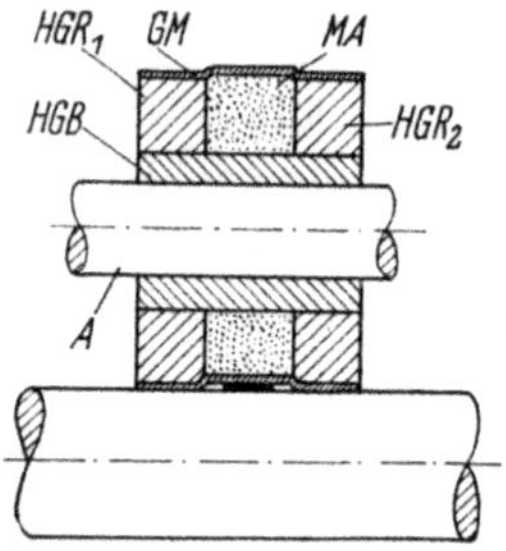

Abb. 409. Druckwalze der Firma Pirelli S. A. – DBP 1132840 von 1962, patent. vom 6. 9. 1960 an

A Achse; *GM* Mantel aus antistatischem Gummi; *HGB* Hartgummibuchse; HGR_1, HGR_2 Hartgummiringe; *MA* Füllmasse

Druckwalze wird zunächst eine Hartgummibuchse *HGB* aufgezogen, über die zwei Hartgummiringe HGR_1 und HGR_2 geschoben werden. Der Raum zwischen den Hartgummiringen wird mit einer sehr nachgiebigen, porösen Masse, deren Außendurchmesser größer als der Außendurchmesser der Hartgummiringe ist, gefüllt. Danach wird die Lauffläche der Druckwalze mit einer dünnwandigen elastischen und abriebfesten Schicht von antistatischem Gummi abgedeckt. Die Druckwalze soll eine gute Faserführung gewährleisten und elektrostatische Aufladungen weitgehend verhindern.

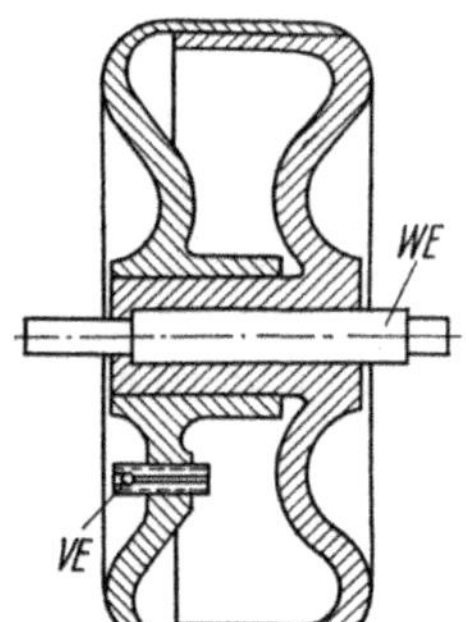

Abb. 410. Druckwalze nach G. Rabek – DAS 1140113 von 1962, patent. vom 22. 5. 1958 an

VE Ventil; *WE* Welle

Nach einem Vorschlag von Rabek besteht die Druckwalze aus zwei Teilen, die sich schachtelartig ineinander und übereinander schieben (DAS 1140113 von 1962, Abb. 410). Die beiden Teile, die einen Hohlraum bilden, werden mittels Gewinde miteinander verschraubt. Zum Abdichten des Hohlraums wird ein Bindemittel zwischen die Berührungsflächen gebracht. Über ein Ventil *VE* kann der Hohlraum der Druckwalze mit einem Druckmittel gefüllt werden. Die Lauffläche der Druckwalze ist aus einem antistatischen Material hergestellt.

Ebenfalls der Verringerung der elektrostatischen Aufladung soll eine Druckwalze der Firma Phoenix Gummiwerke AG. dienen (DBP 1064398 von 1960, Abb. 411). Der Bezug ist mit geschmeidigen Vorsprüngen versehen, die etwa tangential von der Walzenoberfläche abstehen und unter dem Walzendruck einen kreisbogenförmigen Umriß annehmen. Die Vorsprünge sind so angeordnet, daß sie sich nicht überlappen, beim Anliegen an der Walzenoberfläche jedoch nur kleine Spalten offenlassen. Sie sind in Nuten des Walzenkörpers eingelassen und durch Einlagen von dem Walzenkörper elektrisch isoliert. Da die Vorsprünge nur geringfügig gedehnt werden, soll eine elektrostatische Aufladung weitgehend vermieden werden können.

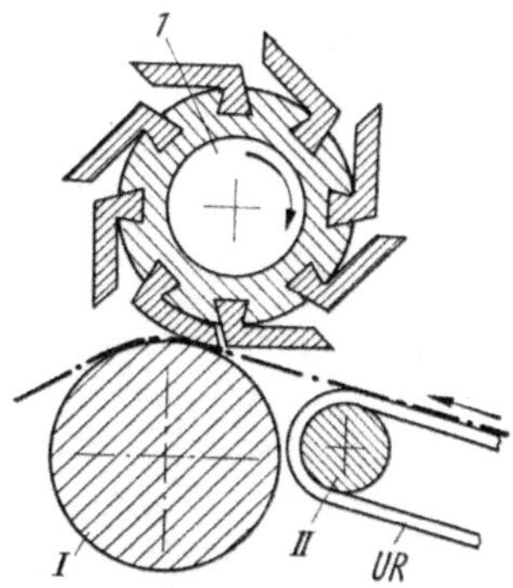

Abb. 411. Druckwalze der Firma Phoenix Gummiwerke AG. — DBP 1064398 von 1960, patent. vom 21. 10. 1955 an
UR Unterriemchen

Einen komplizierten Aufbau besitzt das Streckwerk von GUIMBRETIERE, POLLET und SOREZ (BP 814253). Es besteht aus drei Einheiten (Abb. 412a). Die erste ist mit einem Unterriemchen ausgestattet, das von den Walzen *III*, *V* und der Wendewalze *WW* geführt wird. Zwischen den Walzen *III* und *V* ist ein Durchzugswalzenpaar *DW*/*IV* angebracht. Eine Feder *FE* belastet die Eingangsdruckwalze *5*. Auf das Unterriemchen folgen ein Walzenpaar *II*/*2* und eine Zupfeinheit. Diese besteht aus einem dicken, elastischen Gummiband *GB*, aus der Leitplatte *LP* und aus der Zupfwalze *ZW*. Auf der Walze *ZW*

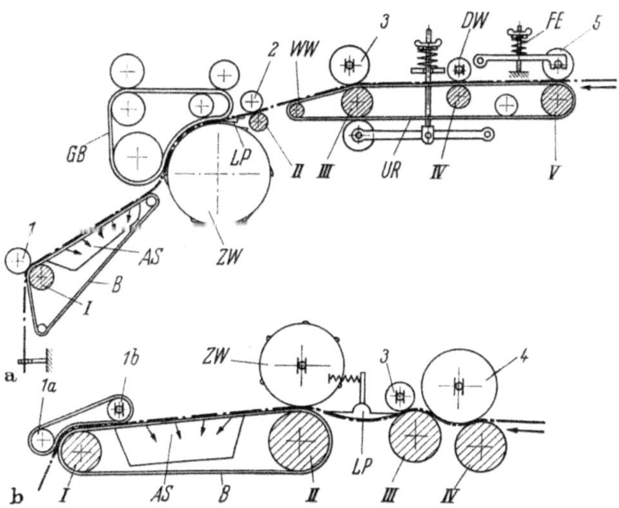

Abb. 412a u. b. Streckwerk nach L. F. GUIMBRETIERE, A. G. POLLET und E. J. SOREZ — BP 814253 vom 20. 12. 1955
a Ausführung mit Unterriemchen und Gummiband; b Ausführung mit Führungsplatte
AS Absaugstutzen; *B* perforiertes Band; *DW* Durchzugswalzen; *FE* Feder; *GB* Gummiband; *LP* Leitplatte; *UR* Unterriemchen; *WW* Wendewalze; *ZW* Zupfwalze

sind Querstäbe angebracht, so daß in Zusammenarbeit mit dem Gummiband stets neue Klemmstellen entstehen, die Büschel aus dem Faserband herausziehen. Die Büschel werden über ein perforiertes Band, durch das Luft gesaugt wird, den Ausgangswalzen zugeführt. Das Riemchen der Vorverzugseinheit kann durch eine Nadelwalze oder durch eine leicht gekrümmte Leitplatte *LP*, die auf dem Faserband aufliegt, ersetzt werden (Abb. 412b). Anstelle des Gummibandes *GB* kann eine gummierte Walze *II* eingebaut werden. Die Zupfwalze *ZW* liegt dann oben, und das perforierte Band *B* läuft um die Walze *II*.

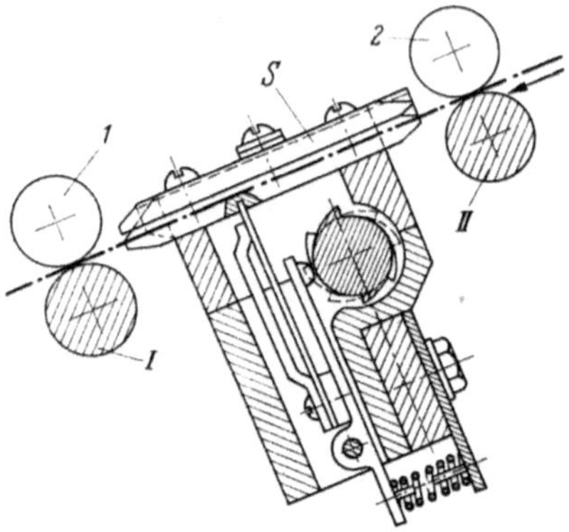

Abb. 413. Luntenverdichter nach T. KAWABATA — DBP 1067712 von 1959, patent. vom 24. 7. 1957 an, von K. K. J. SEISAKUSHO
S Schieber

SEISAKUSHO erhielt ein Patent auf einen Luntenverdichter für Streckwerke an Feinspinnmaschinen, der in der Abb. 413 dargestellt ist. Der Luntenverdichter hat gegeneinander bewegliche, in einem Gehäuse parallel geführte Schieber *S*. Die Schieber bilden einen Kanal, durch den das Faserband geführt wird. Der untere Schieber wird formschlüssig verhältnismäßig langsam

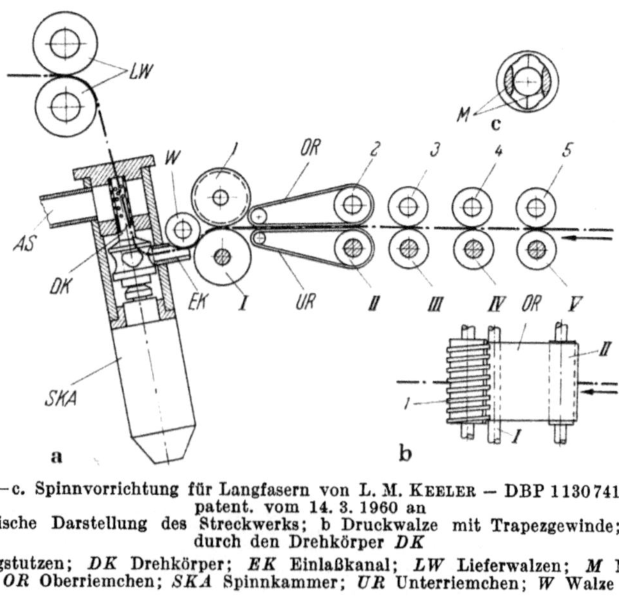

Abb. 414a—c. Spinnvorrichtung für Langfasern von L. M. KEELER — DBP 1130741 von 1962, patent. vom 14. 3. 1960 an
a Schematische Darstellung des Streckwerks; b Druckwalze mit Trapezgewinde; c Schnitt durch den Drehkörper *DK*
AS Absaugstutzen; *DK* Drehkörper; *EK* Einlaßkanal; *LW* Lieferwalzen; *M* Mitnehmer; *OR* Oberriemchen; *SKA* Spinnkammer; *UR* Unterriemchen; *W* Walze

vorwärts und kraftschlüssig schnell zurückbewegt. Infolge der Reibung soll der Schieber die Fasern mit nach vorn nehmen, während beim Zurückschnellen infolge ihrer Trägheit keine Fasern mitgerissen werden sollen.

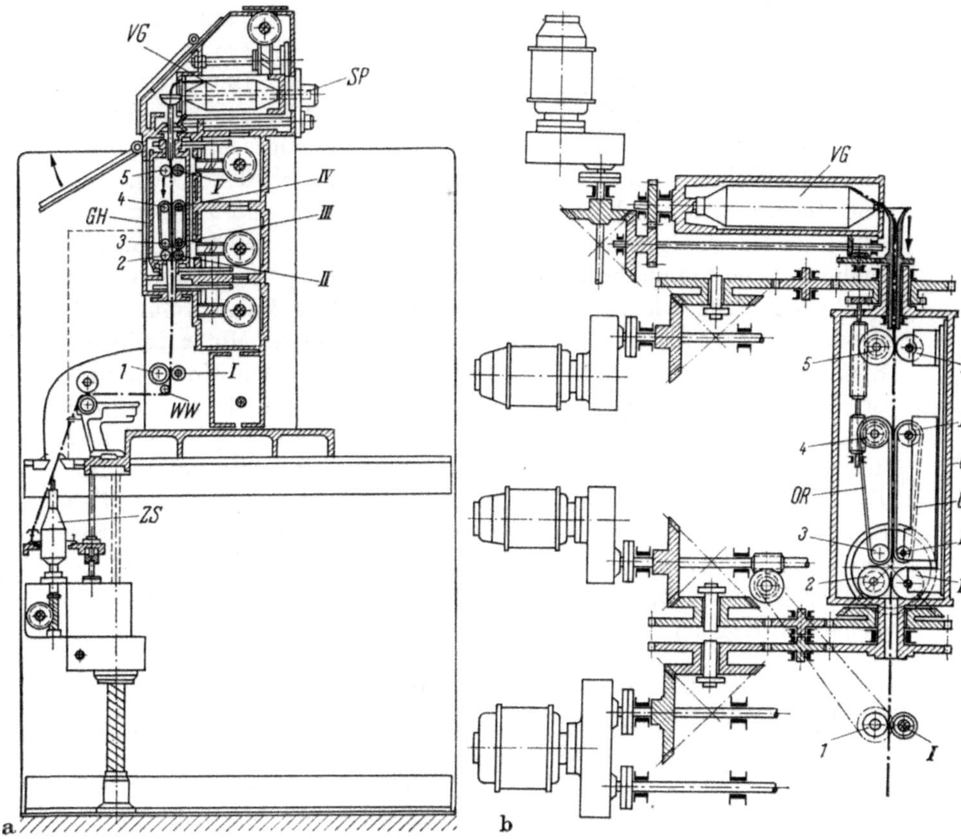

Abb. 415a u. b. Spinn-Zwirn-Maschine nach C. BLUMSCHEIN und A. HAASE – DWP 22126 von 1961, patent. vom 23. 6. 1958 an
a Schematische Darstellung der Spinn-Zwirn-Maschine; b Streckwerk der Spinn-Zwirn-Maschine
GH Streckwerksgehäuse; *OR* Oberriemchen; *SP* Vorgarnspindel; *UR* Unterriemchen; *VG* Vorgarnspule; *WW* Wendewalze; *ZS* Zwirnspindel

Eine Spinnvorrichtung besonderer Art entwickelte KEELER (DBP 1130741 von 1962; Abb. 414). Er kombiniert ein normales Fünfwalzen-Streckwerk mit einer pneumatisch arbeitenden Spinnkammer. Die Oberfläche der Ausgangsdruckwalze des vorgelagerten Zweiriemchen-Streckwerks ist mit einem Trapezgewinde versehen. Von einer zusätzlichen Walze *W* wird das verzogene Faserband bis an den Einlaßkanal *EK* der Spinnkammer *SKA* geführt. Die Spinnkammer *SKA* steht unter einem Unterdruck, so daß die Fasern aus der Lunte herausgezogen und in den Drehkörper *DK* der Spinnkammer eingesaugt werden. Exzentrisch angeordnete Mitnehmer *M* des Drehkörpers sollen die Faserspitzen zur Drehachse lenken. Die Austrittsöffnung des Drehkörpers *DK* ist etwas weiter von dem Klemmpunkt der Lieferwalzen *LW* entfernt, als es der größten zu verspinnenden Faserlänge entspricht. Die Spinnvorrichtung soll sich vorzugsweise für die Verspinnung langer Fasern eignen.

Das Streckwerk einer Spinn-Zwirn-Maschine von BLUMSCHEIN ist in der Abb. 415 dargestellt. Die Arbeitsweise dieser Maschine beruht auf dem Decordisator-Prinzip, d. h., es wird der Spinnmaschine ein stark gedrehtes Vorgarn vorgelegt. Die Vorgarndrehung wird vor dem Eintritt in das Streckwerk aufgelöst. Das Streckwerk selbst rotiert und erteilt so dem verzogenen Faserband die erforderliche Drehung. Im Anschluß an den Spinnprozeß werden die Garne von je zwei Spinnstellen direkt verzwirnt. Die auf dem Twister hergestellten Vorgarnspulen *VG* werden auf die Spindel *SP* aufgesteckt. Ein regelbarer Motor dreht die Spule *VG* und ein weiterer das Gehäuse *GH* mit dem Hochverzugs-Streckwerk. Die Drehzahl der Vorgarnspule *VG* ist so bemessen, daß durch die Differenz zwischen den Drehzahlen des Gehäuses *GH* und der Spule *VG* die in der Lunte vorhandene Drehung aufgehoben wird. Dem Streckwerk liegt also ein Band mit parallelen Fasern vor. Das Streckwerk selbst ist mit einem Riemchenpaar ausgestattet. Angaben über Liefergeschwindigkeit und Verzug wurden bislang noch nicht gemacht. Die Spinn-Zwirn-Maschine soll eine etwa 50%ige Kapazitätssteigerung ergeben [*8*].

3.5.4 Die Streckwerke der Kammgarn-Selfaktoren

Für das Ausspinnen von Garnen über Nm 100 (10 tex) wird den Gegebenheiten entsprechend in der Kammgarnspinnerei vielfach der Selfaktor verwendet. Er dient besonders der Herstellung weicher Garne. Der Selfaktor arbeitet im Gegensatz zu den bisher beschriebenen Maschinen diskontinuierlich. Die Verfeinerung des Vorgarnes erfolgt bei Streichgarnselfaktoren durch den Wagenverzug bei gleichzeitiger Drahterteilung [*9*]. In der Kammgarnspinnerei dagegen besitzt der Selfaktor ein Walzen-Streckwerk (Abb. 416), das aus vier oder

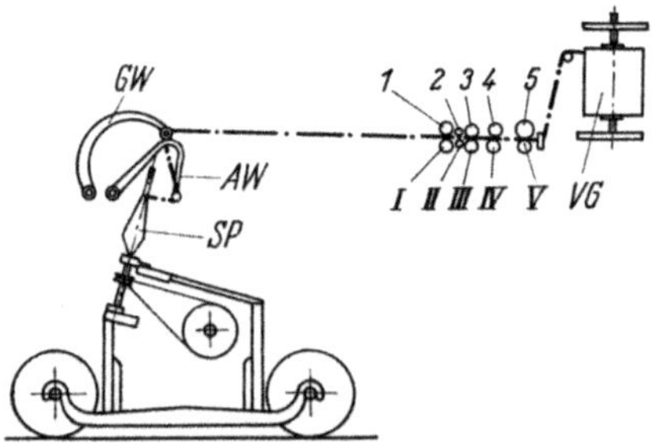

Abb. 416. Walzen-Streckwerk am Selfaktor
AW Aufwinder; *GW* Gegenwinder; *SP* Spindel; *VG* Vorgarnspule

fünf Walzenpaaren besteht. Die Ein- und Ausgangswalzenpaare *V*/*5* und *I*/*1* bilden Klemmstellen. Die Mittelwalzenpaare arbeiten im Durchzug. Im Streckwerk wird das Vorgarn 9- bis 12fach verzogen. Ähnlich wie bei den Streckwerken der Ringspinnmaschinen lassen sich durch den Einbau von Riemchen auch höhere Verzüge erreichen. Die Liefergeschwindigkeit des Selfaktors beträgt 10 bis 12 m/min.

3.6 Die Streckwerke der Streichgarnspinnerei

Seit Jahrzehnten ist man bemüht, auch in der Streichgarnspinnerei die Ringspinnmaschine zu verwenden. Das wurde durch die Erfindung von Streckwerken mit Drehröhrchen möglich, mit denen auch Vorgarn aus sehr unterschiedlichem Fasermaterial verzogen werden kann. Die Streckwerke bestehen aus zwei Walzenpaaren, zwischen denen sich in unmittelbarer Nähe der Ausgangswalzen ein schnell umlaufendes Drehröhrchen befindet, das dem Vorgarn einen Falschdraht erteilt. Der erste Vorschlag, das Streichgarn auf einer Ringspinnmaschine herzustellen, stammt von Pasquay (USA-Patent aus dem Jahre 1849). Aber erst zehn Jahre später gelang es Viemont, diese Anregung mit Hilfe eines Drehröhrchens zu verwirklichen.

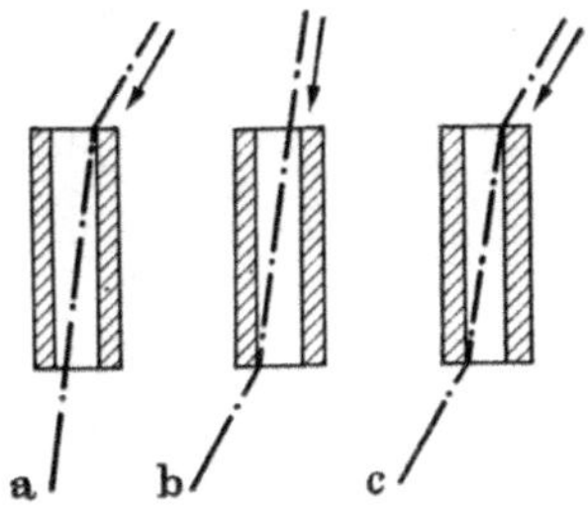

Abb. 417 a–c. Drehröhrchen mit Knickkante
a Knickkante oben; b Knickkante unten; c Knickkante oben und unten

Es werden je nach Art der Drahterteilung drei Arten von Drehröhrchen unterschieden:

1. Drehröhrchen, bei denen die Drehung durch eine Knickkante erteilt wird.
2. Drehröhrchen, die die Drehung durch einen Mitnehmer (Drehfinger) übermitteln, den der Faserverband umschlingt.
3. Drehröhrchen, bei denen die Drehungserteilung durch Klemmung erfolgt.

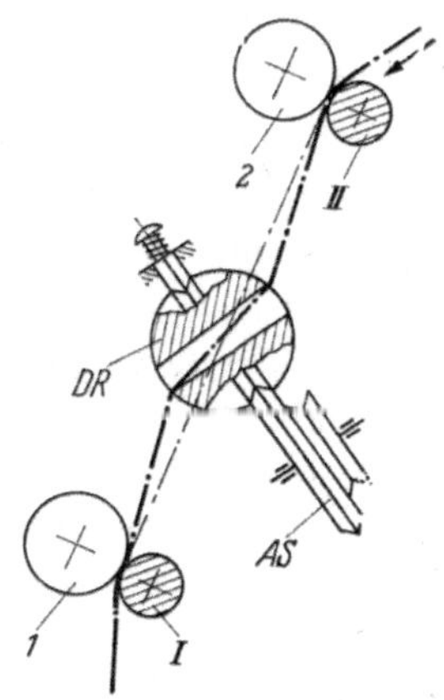

Abb. 418. Drehröhrchen mit Knickkante nach A. Sabsay und M. Misroch – DRP 430026 von 1926, patent. vom 15. 1. 1924 an
AS Antriebsscheibe; *DR* kugelförmig geformtes Drehröhrchen

Das Drehröhrchen besteht in seiner einfachsten Form aus einem glatten Rohr, das schräg zur Laufrichtung des Faserverbandes steht. Der Faserverband wird an der oberen, an der unteren oder an der oberen und an der unteren Kante abgeknickt (Abb. 417). Er erhält dabei eine Drehung, die wesentlich von dem Knickwinkel abhängig ist.

In der Abb. 418 ist ein Drehröhrchen *DR* dargestellt, wie es von Sabsay und Misroch vorgeschlagen wurde (DRP 430026). Das Drehröhrchen *DR* ist als Kugel ausgebildet. Es besitzt eine Rille, in welche die Antriebsscheibe *AS* eingreift.

Das Vorgarn wird von einem einfachen Drehröhrchen mit Knickkante jedoch nur unvollkommen mitgenommen. So versuchte schon HOUGET im Jahre 1902, die Mitnahme des Vorgarnes durch Rillen oder durch im Rohrinnern aufgesetzte Stäbchen *ST* zu verbessern (DRP 148323 von 1903; Abb. 419). Das Drehröhrchen ist unten trichterförmig erweitert. Am oberen Ende des Drehröhrchens sind zwei Haken *HA* an-

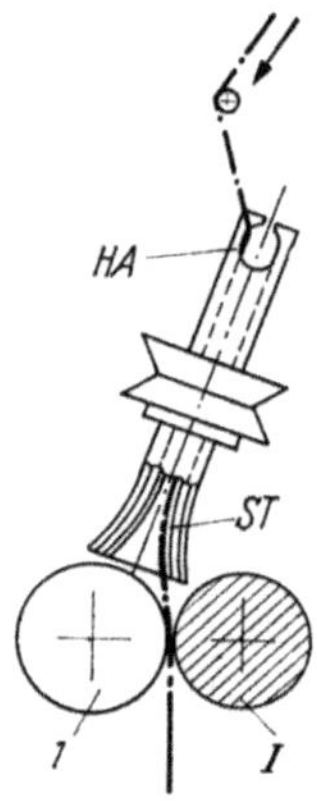

Abb. 419. Drehröhrchen mit im Rohrinneren aufgesetzten Stäbchen nach F. HOUGET — DRP 148323 von 1903, patent. vom 2. 11. 1902 an

HA Haken; *ST* aufgesetzte Stäbchen

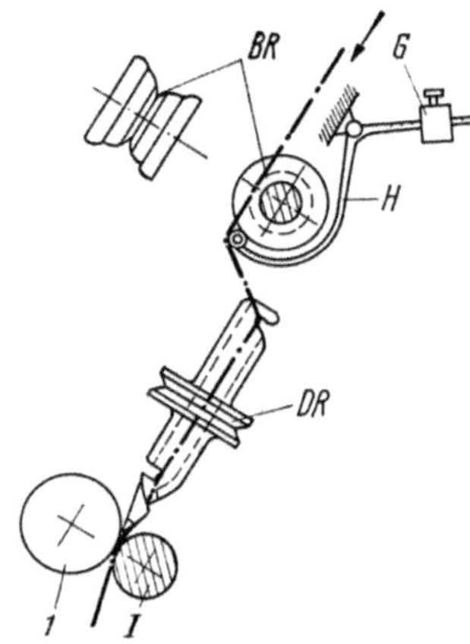

Abb. 420. Drehröhrchen mit Ringnut und Bremsrinne der Firma C. Martin

BR Bremsrinne; *DR* Drehröhrchen; *G* Gewicht; *H* Hebel

gebracht, über die das Vorgarn ständig überspringt. Dadurch wird der Faserverband wie bei der Selfaktorspindel in eine Vibration versetzt, die den Verzugsvorgang unterstützt.

HILDEN lagert bei seinem Drehröhrchen-Streckwerk die Ausgangsdruckwalze auf der Ausgangswalze und der Mittelwalze. Zwischen dem Drehröhrchen und der Ausgangswalze ist eine Druckwalze angeordnet, die auf der Mittelwalze läuft. Diese Druckwalze soll die Führung des ungedreht vorliegenden Faserverbandes verbessern (DRP 250259 von 1912, patent. vom 27. 9. 1911 an). Sie wird von einem Federbügel gehalten, der auf die Ausgangsdruckwalze geschoben wird.

Bei dem in der Abb. 420 dargestellten Drehröhrchen wird die Drehung dem Faserverband durch die Reibung an der Röhrchenspitze übermittelt. Die Spitze ist als Schraubengangnut ausgebildet. Bemerkenswert ist an diesem Drehröhrchen eine Spannungsausgleichsvorrichtung. Sie beruht darauf, daß sich bei konstanter Drehungserteilung eine dickere Vorgarnstelle mehr verkürzt als eine dünnere. Bei einem mittleren Durchmesser des Vorgarnes bzw. einer mittleren Fadenzugkraft hält der Hebel H, der durch das Gewicht G belastet wird, das Vorgarn über eine Bremsrinne BR. Bei einer dickeren Stelle erhöht sich die Fadenzugkraft. Der Hebel schwingt nach rechts, und das Fasergut gelangt in den Wirkungsbereich der keilförmigen Bremsrinne BR. Das dicke Vorgarnstück erhält nun weniger Verzugsdrehungen und wird dadurch mehr verzogen. Dicke Stellen, die kürzer als das Verzugsfeld sind, können mit dieser Vorrichtung jedoch nicht vergleichmäßigt werden.

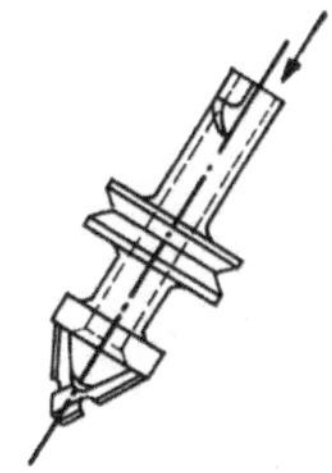

Abb. 421. Drehröhrchen mit Bügel der Firma C. Martin

Das Drehröhrchen der Abb. 421 besitzt vorn einen Bügel mit Nut, durch den die Reibung und damit die Drahterteilung erfolgt. Bei dem Drehröhrchen in der Abb. 422 übernimmt diese Funktion bereits ein Drehfinger. Die drei zuletzt beschriebenen Ausführungen wurden von der Firma C. Martin entwickelt und um die Jahrhundertwende verwendet [*10*].

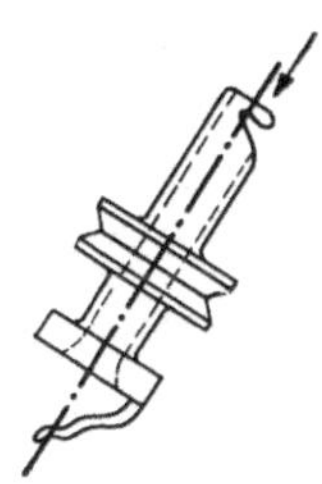

Abb. 422. Drehröhrchen mit Drehfinger der Firma C. Martin

Schon damals wurden die beim Selfaktor auftretenden Schwingungen des Faserverbandes, die den Verzug fördern sollten, auf der Ringspinnmaschine nachgeahmt. Dazu diente eine „Vibrationseinrichtung" in Form einer Nocke, die den Faserverband bei jeder Umdrehung erschütterte. Diese Drehröhrchen sind durch verbesserte Konstruktionen ersetzt worden. Das Prinzip der in der Abb. 421 gezeigten Bügelkonstruktion verwenden zur Zeit die Firmen Duesberg-Bosson und Spinnbau GmbH. Das Drehröhrchen der Abb. 422 kann als Vorläufer des Drehröhrchens der Firma E. Geßner angesehen werden. Sie baute im Jahre 1926 eine Ausführung entsprechend der Abb. 423 in das Streckwerk ihrer Ringspinnmaschine ein. Die Luft, die aus dem Rohr R in das Drehröhrchen strömt, soll das Einfädeln nach Bandbrüchen erleichtern. Heute werden derartige Drehfinger von den Firmen MaK Maschinenbau Kiel GmbH, Spinnbau GmbH, Textima (vorm. Geßner) und Befama (vorm. Josephy), Bielsko, hergestellt [*10*].

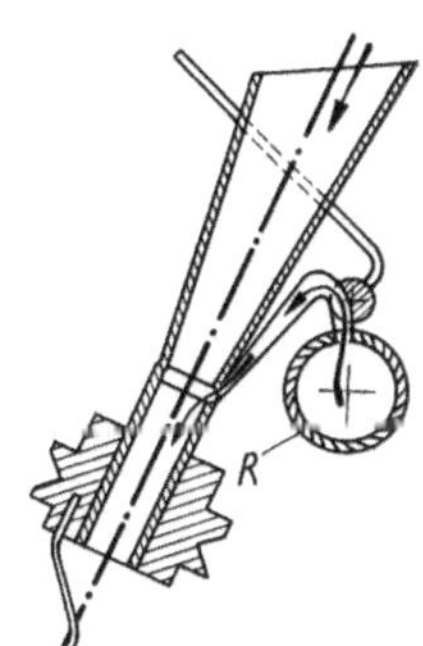

Abb. 423. Drehröhrchen der Firma E. Geßner
R Rohr

Die in der Abb. 424 gezeigte Bügelkonstruktion mit Spinnspitze wird von den Firmen Duesberg-Bosson, Houget und Spinnbau GmbH verwendet. Bei allen Ausführungen dieser Art erfaßt der äußere, zumeist exzentrisch gelagerte Teil des Mitnehmers den Faserverband. Die entstehenden Umschlingungen gleiten zur zentrisch stehenden Spinnspitze ab. Das Drehröhrchen ist am oberen Ende mit Vibrationskerben *VK* versehen, die das Vorgarn in Schwingungen versetzen.

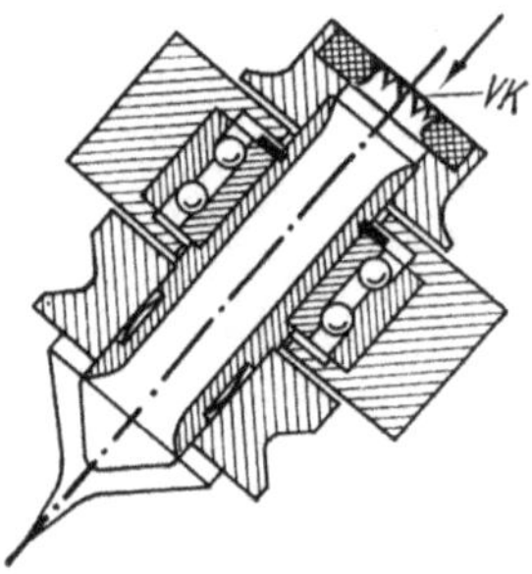

Abb. 424
Drehröhrchen mit Mitnehmer
VK Vibrationskerbe

In der Abb. 425 ist ein Drehröhrchen der ehemaligen Firma Josephys Erben dargestellt. Der kegelförmige Mitnehmer läuft sehr spitz zu. Hierdurch kann das Röhrchen nahe an die Klemmlinie des Ausgangswalzenpaares herangeführt werden. Infolge eines Ausschliffes, der ungefähr bis zur halben Spitzenlänge reicht, endet die Bohrung einseitig. Der Kanal des Drehröhrchens liegt exzentrisch zur Faserbandachse. Dadurch wird eine bessere Drillung des um die Spitze geschlungenen Faserverbandes erreicht.

Bei den älteren Drehröhrchen mit einer Spinnspitze oder mit einem Drehfinger traten beim Anlauf der Maschine Schwierigkeiten auf, weil die Spinnspitze mit dem Faserverband außer Eingriff kam. Dieser Mangel sollte durch eine Blattfeder behoben werden, die an der Spitze anliegt. Dieses Hilfsaggregat hat sich aber nicht bewährt. Das Material springt nicht ab, wenn die Spitze bis auf wenige Millimeter an die Ausgangswalzen herangebracht wird. Außerdem muß die Spitze genau zentrisch zum Klemmpunkt stehen.

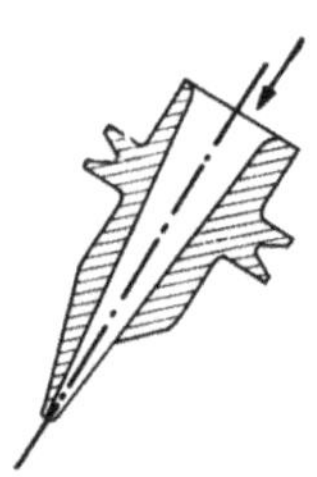

Abb. 425
Drehröhrchen der Firma Josephys Erben

Die Drehröhrchen mit einer Mitnehmerspitze oder mit einem Mitnehmerbügel sind zwar einfach in der Konstruktion, geben jedoch für eine schlupffreie Mitnahme des Faserverbandes keine ausreichende Gewähr [*10*]. Eine intensivere Drehungserteilung ist mit Drehröhrchenarten möglich, die mit Klemmorganen ausgestattet sind. Sie verdichten das Material mehr und sind daher besser für die Verarbeitung von Wolle geeignet als Drehröhrchen mit Mitnehmerspitze [*10*].

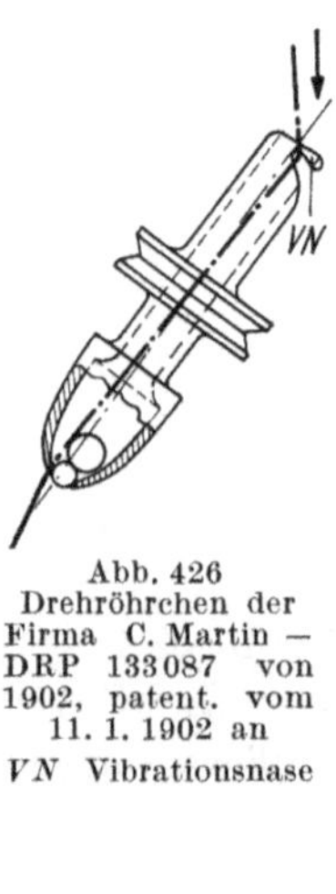

Abb. 426
Drehröhrchen der Firma C. Martin – DRP 133087 von 1902, patent. vom 11. 1. 1902 an
VN Vibrationsnase

In der Abb. 426 ist ein Drehröhrchen der Firma C. Martin wiedergegeben (DRP 133087 von 1902). Im Hohlraum der Drehröhrchenspitze sind bis zu drei Kugeln angebracht, die bei der Rotation das Vorgarn gegen die Drehröhrchenwand drücken. Der Faserverband wird mitgenommen und erhält eine Drehung. Beim Stillstand der Maschine verschließen die Kugeln die Austrittsöffnung des Drehröhrchens. Der Faden kann folglich nur bei laufender Maschine eingefädelt werden.

BEER behebt diesen Nachteil durch eine Konstruktion, die in der Abb. 427 dargestellt ist (DRP 427398 von 1926). Auch er verwendet eine Kugel, die infolge der Fliehkraft gegen die Innenwand des Drehröhrchens geschleudert wird und dabei das Vorgarn klemmt. Wenn die Maschine steht, läuft die Kugel jedoch auf einer schiefen Ebene in die gestrichelt dargestellte Ausgangsposition zurück und gibt die Austrittsöffnung des Drehröhrchens zum Einfädeln frei.

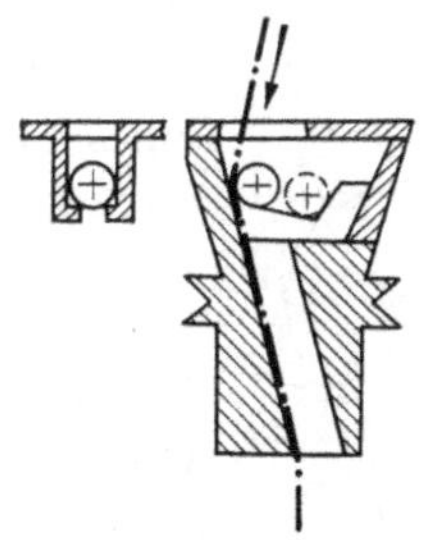

Abb. 427. Drehröhrchen nach W. L. BEER – DRP 427398 von 1926, patent. vom 27. 6. 1924 an

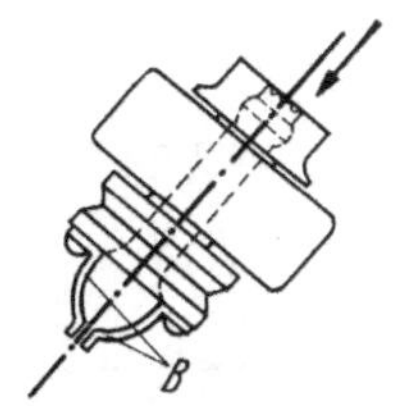

Abb. 428. Drehröhrchen mit Klemmbügel der Firma Duesberg-Bosson
B Klemmbügel

Die Firma Duesberg-Bosson stellt unter anderem das in der Abb. 428 dargestellte Drehröhrchen her. Die beiden Klemmbügel *B* des Drehröhrchens sind verstellbar. Sie lassen sich mit einer Lehre dem jeweiligen Durchmesser des Faserbandes anpassen.

Für ihre Magnum-Ringspinnmaschine entwickelte die Firma Duesberg-Bosson das in der Abb. 429 dargestellte Drehröhrchen-Streckwerk. Das Drehröhrchen *DR* besitzt einen als Bügel ausgebildeten Mitnehmer. Die Ausgangsdruckwalze *1* läuft auf zwei Stahlwalzen. Im hinteren Teil des Verzugsfeldes wird das Faserband von einer Führungsstange *FS* umgelenkt.

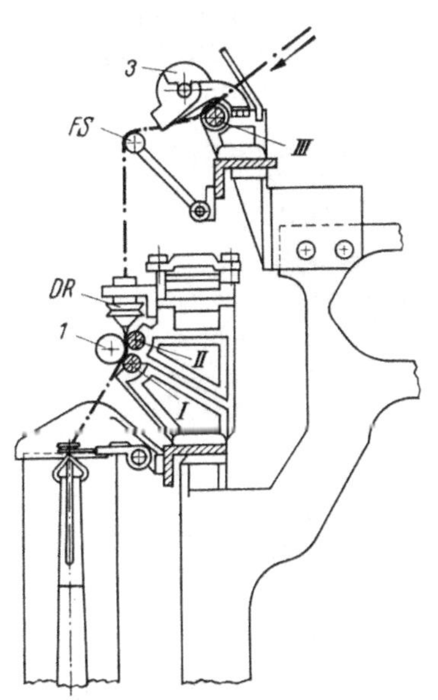

Abb. 429. Drehröhrchen-Streckwerk der Firma Duesberg-Bosson
DR Drehröhrchen; *FS* Führungsstange

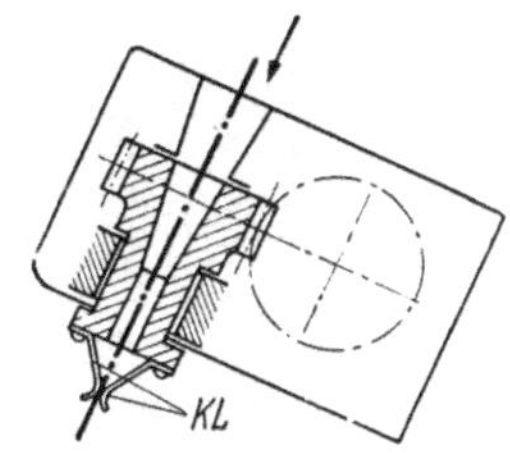

Abb. 430. Drehröhrchen mit Klemmbacken der Firma Spinnbau GmbH
KL Klemmbacke

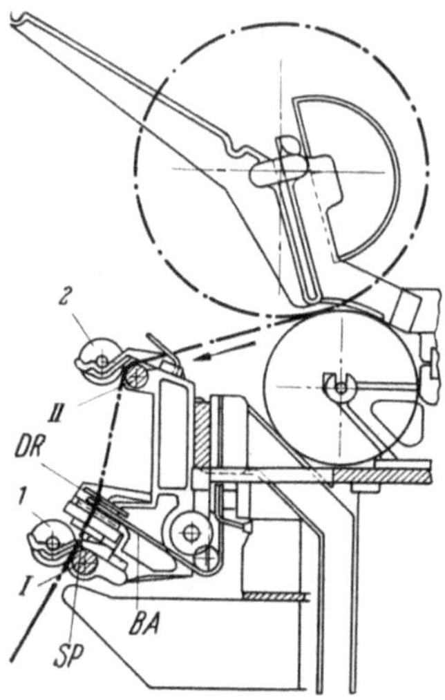

Abb. 431. Drehröhrchen-Streckwerk mit Spinnspitze der Firma Spinnbau GmbH

BA Bandantrieb; *DR* Drehröhrchen; *SP* Spinnspitze

Anstelle der Klemmbügel (Abb. 428) können auch zwei federnde Klemmbacken *KL* verwendet werden, wie das bei einer Drehröhrchenkonstruktion der Firma Spinnbau GmbH der Fall ist (Abb. 430). Die praktische Ausführung eines Streckwerkes mit einem derartigen Drehröhrchen ist in der Abb. 431 veranschaulicht. Um die Verzugswirkung zu steigern, wird das Vorgarn von einer Kerbe in Schwingungen versetzt. Je zwei Drehröhrchen werden über eine elastische Schnur angetrieben. Oberhalb des Drehröhrchens ist ein Rohr angeordnet, durch das Luft eingeblasen wird. Die Spinnspitzen werden auf diesem Wege mit Luft bespült und gereinigt. Außerdem wird das Einfädeln des Vorgarnes erleichtert. Die Druckwalzen sind mit Gummi bezogen und belasten durch ihr eigenes Gewicht. Der Verzug ist feinstufig bis zu 100% einstellbar. Normalerweise liegt der Verzug bei der Verarbeitung von Streich-

Abb. 432. Drehröhrchen-Streckwerk der Firma Spinnbau GmbH

garnpartien zwischen 20 und 35%. Das Streckwerk wird auch mit einem Drehröhrchen geliefert, dessen Spinnspitze aus drei Einzelbügeln besteht (Abb. 432).

Eine Anordnung, bei der das Drehröhrchen durch Schraubenräder angetrieben wird, ist in der Abb. 433 dargestellt. Anstelle der Klemmbügel wird ein Drehfinger *DF* verwendet. Eine Nadelwalze *NW* ersetzt das Eingangswalzenpaar. Mit diesem Streckwerk sollen höhere Verzüge als üblich und ein besonders gleichmäßiges Garn erzielt werden können.

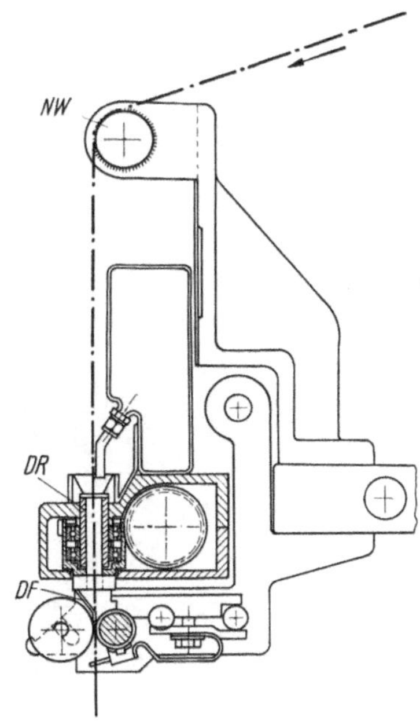

Abb. 433. Drehröhrchen-Streckwerk mit Drehfinger der Firma Spinnbau GmbH
DF Drehfinger; *DR* Drehröhrchen; *NW* Nadelwalze

Kennzeichnend für das Drehröhrchen der Firma Maschinenfabrik Rieter AG. ist ein Nadeltrichter *N* (Abb. 434). Die kegelförmigen oder abgeflachten Nadeln umschließen den Faserverband und gewähren eine gute Drahtgebung. Die innere Hülse des Röhrchens steht fest. Heute werden von mehreren Firmen ähnlich gestaltete Drehröhrchen gebaut. In neuerer Zeit wird für grobe Garne ein Nadeltrichter empfohlen, der aus drei geschliffenen Nadeln besteht. Zwei Nadeln sind starr angebracht. Die dritte Nadel ist beweglich angeordnet. Sie wird durch einen Federring an den Faserverband gedrückt. Aus der Abb. 435 ist ersichtlich, wie nahe die Nadelspitzen an die vordere Klemmlinie heranreichen. Die Brustplatte *BP* gewährleistet eine sichere Vorgarnführung.

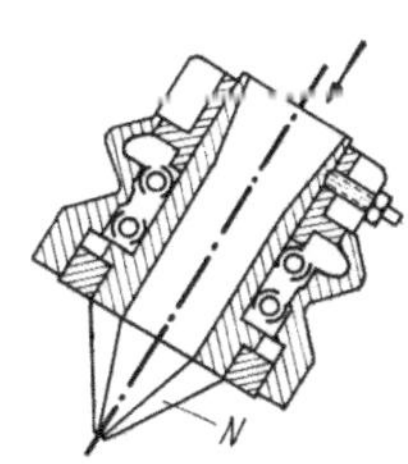

Abb. 434. Drehröhrchen mit Nadeltrichter der Firma Maschinenfabrik Rieter AG.
N Nadeltrichter

Nach dem britischen Patent BP 830616 der Firma T. M. M. (Research) Ltd., ist der Falschdrahtzone ein Verzugsfeld mit Unterriemchen *UR* vorgelagert (Abb. 436). Auf dem Unterriemchen ist eine Durchzugswalze großen Durchmessers gelagert. Das Drehröhrchen *DR* ist mit einer Klemmzange ausgerüstet, bei der die bewegliche Zangenhälfte infolge der Fliehkraft gegen die starre gepreßt wird.

Ähnlich aufgebaut ist eine Klemmzange, wie sie von den Firmen Duesberg-Bosson, Whitin sowie Davis & Furber verwendet wird (Abb. 437). Auch hier ist eine Zangenhälfte fest, während die andere

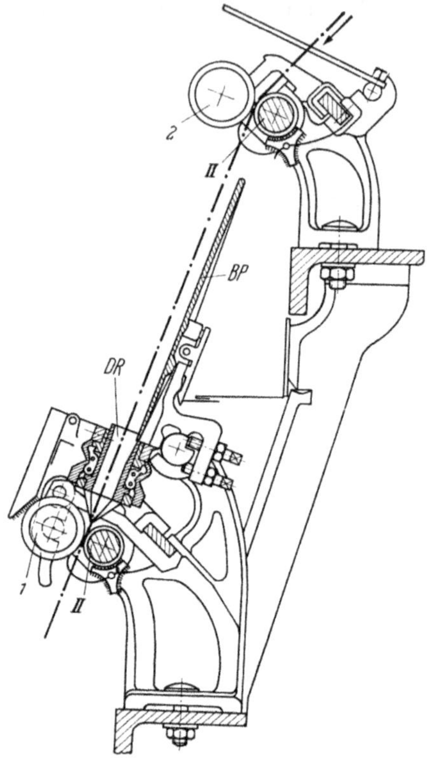

Abb. 435. Drehröhrchen-Streckwerk der Firma Maschinenfabrik Rieter AG. *BP* Brustplatte; *DR* Drehröhrchen

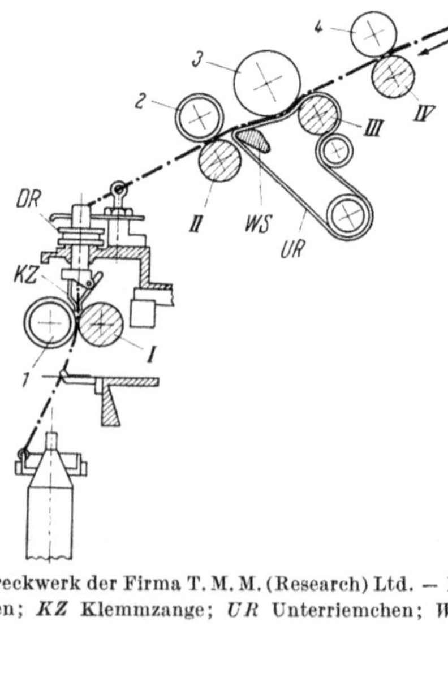

Abb. 436. Streichgarn-Streckwerk der Firma T. M. M. (Research) Ltd. – BP 830616 vom 18. 7. 1957 *DR* Drehröhrchen; *KZ* Klemmzange; *UR* Unterriemchen; *WS* Wendeschiene

durch eine Feder (Preßfinger) oder durch Ausnutzung der Fliehkraft (Zentrifugalzange) belastet wird.

Nachfolgend werden einige Vorrichtungen zur Erteilung eines Falschdrahtes aufgeführt, die in der Konstruktion von den bisher beschrie-

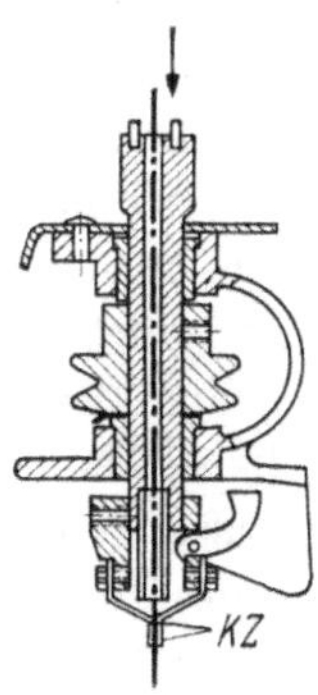

Abb. 437. Drehröhrchen mit Klemmzange (Duesberg-Bosson)
KZ Klemmzange

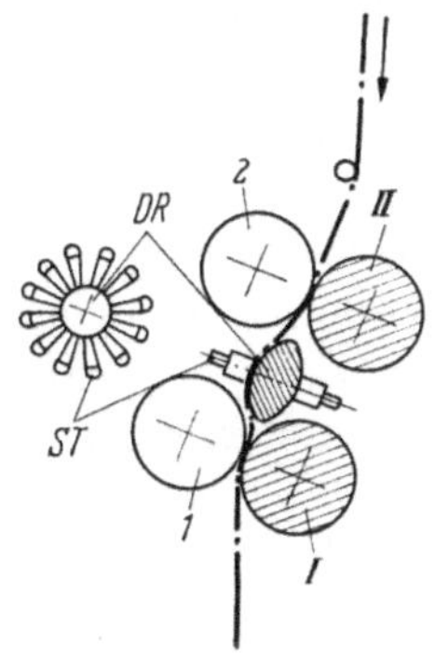

Abb. 438. Streckwerk mit Sternrädchen nach W. Lüpke – DRP 19871 von 1882, patent. vom 15. 2. 1882 an
DR Drehkörper; *ST* Stäbe

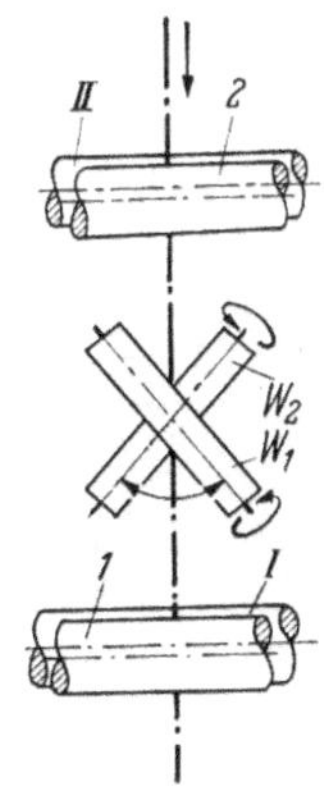

Abb. 439. Streckwerk mit zwei gekreuzten Walzen nach H. Lenk – DRP 46213 von 1889, patent. vom 16. 3. 1888 an
W_1, W_2 Walzen zur Erzeugung einer Verzugsdrehung

benen abweichen. Bereits im Jahre 1882 erhielt Lüpke ein Patent auf einen Drehkörper zur Erteilung der Verzugsdrehung, bei dem das Faserband an der Oberfläche entlangläuft. Der Drehkörper ist konisch oder doppelkonisch ausgebildet und sternförmig mit Stäben *ST* versehen, die ein Abgleiten des Vorgarns verhindern sollen (DRP 19871 von 1882; Abb. 438). Nach einem Vorschlag von Lenk aus dem Jahre 1888 soll die Verzugsdrehung durch zwei gekreuzte Walzen oder durch zwei gekreuzte Riemen erzeugt werden (DRP 46213 von 1889; Abb. 439). Die Höhe der Verzugsdrehung soll durch eine Änderung des Kreuzungswinkels der Walzen zu variieren sein.

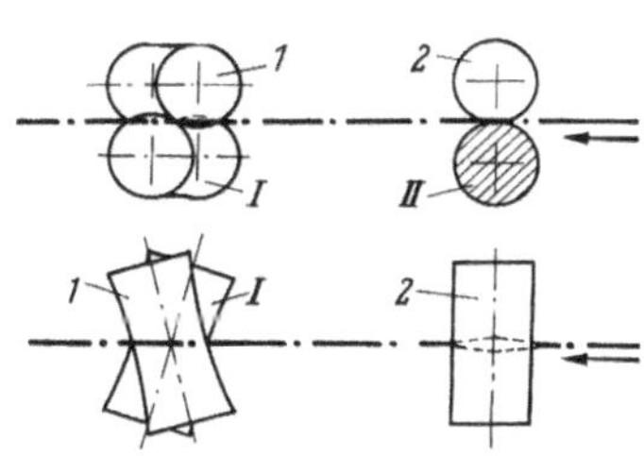

Abb. 440. Streckwerk der Firma Maschinenfabrik Rieter AG. und nach L. Rehm – DRP 502216 von 1930, patent. vom 20. 12. 1928 an

In dem deutschen Patent 502216 ist ein Streckwerk beschrieben, dessen Ausgangsdruckwalzen als Hyperboloide bzw. hyperboloidähnliche Körper ausgebildet sind (Abb. 440). Die gekreuzten Ausgangswalzen erteilen dem Faserverband eine Drehung, deren Größe vom Kreuzungswinkel der Ausgangswalzen abhängig ist.

Eine ebenfalls von den üblichen Drehröhrchen-Streckwerken abweichende Konstruktion stellt das „CECCHI“-Streckwerk der Firma

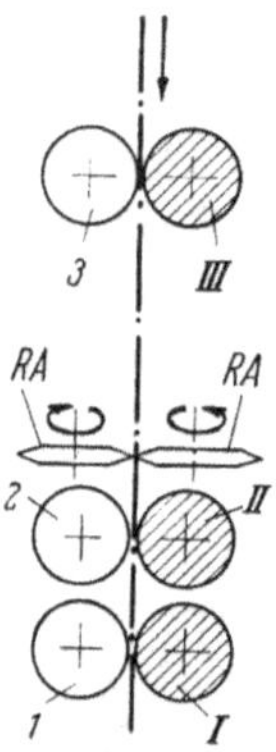

Abb. 441
„CECCHI"-Streckwerk der Firma Officine Meccaniche Cigardi Sp. A. O. M. C. S. A.
RA Gummirädchen

Officine Meccaniche Cigardi Sp. A. O. M. C. S. A. dar (Abb. 441). Der Falschdraht wird mit Hilfe von zwei Gummirädchen *RA* erzeugt, die senkrecht zur Faserachse stehen und 200 bis 800 U/min ausführen. Das Streckwerk ist sehr einfach und übersichtlich gebaut. Daher kann das Vorgarn leicht angelegt werden. Der Streckwerksausgang besteht aus zwei Walzenpaaren. Die Druckwalzen werden von einem Tragarm gehalten und durch Federn belastet. Die Gummirädchen *RA* sind einige Zehntel Millimeter voneinander entfernt. Zwischen den Gummirädchen und dem Vorgarn herrscht nur eine geringe Reibung. Wenn im Vorgarn eine dicke Stelle erscheint, so wird sich das Vorgarn automatisch von der engsten Stelle zwischen den Gummirädchen *RA* entfernen. Nachteilig ist bei dieser Konstruktion, daß eine relativ große Zone entsteht, in der das Vorgarn keine Verzugsdrehung besitzt.

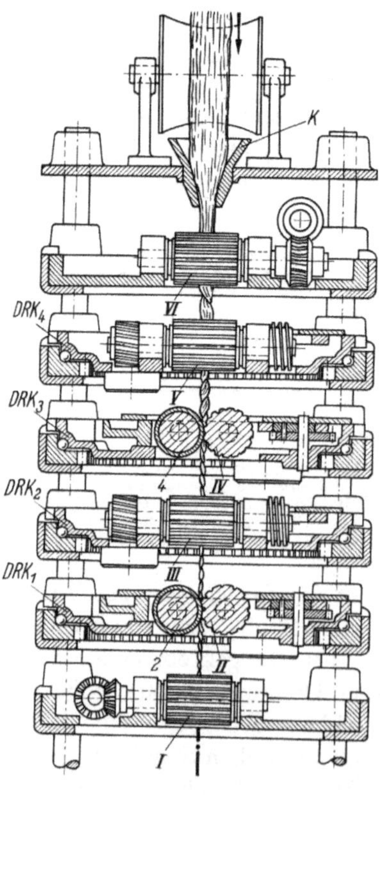

Abb. 442. Drehkopf-Streckwerk nach T. HARRIS – DRP 637106 von 1936, patent. vom 6. 8. 1933 an
DRK_1 bis DRK_4 Drehköpfe; *K* Verdichter

Die Bemühungen, die mit den Drehröhrchen verbundenen Nachteile (unkontrollierbarer Schlupf, wenig gedrehte Stellen im Faserband) zu beheben, führten schon vor etwa 90 Jahren zu der Konstruktion von Drehstreckwerken. Die Klemmlinie des Ausgangswalzenpaares ist gleichzeitig der Drehpunkt für die Erteilung der Verzugsdrehung.

Das Streckwerk von HARRIS weist vier Drehköpfe DRK_1 bis DRK_4 auf, deren Drehrichtung von Drehkopf zu Drehkopf wechselt (DRP 637106 von 1936, Abb. 442). Die Anzahl der Umdrehungen der einzelnen Drehköpfe wächst mit zunehmender Verfeinerung des Faserverbandes. Das Eingangs- und das Ausgangswalzenpaar vollführen keine Umdrehung um die Faserbandachse. Die einzelnen

Drehköpfe sind sehr schmal gehalten, damit die Klemmpunktentfernungen nicht zu groß werden. Mit Hilfe eines Kurbeltriebes, der zusätzlich in die Drehköpfe eingebaut ist, werden die Druckwalzen in axialer Richtung hin- und herbewegt, um die Abnutzung der Bezüge an den Laufstellen zu verringern. Die Belastung der Druckwalzen erfolgt durch Federn.

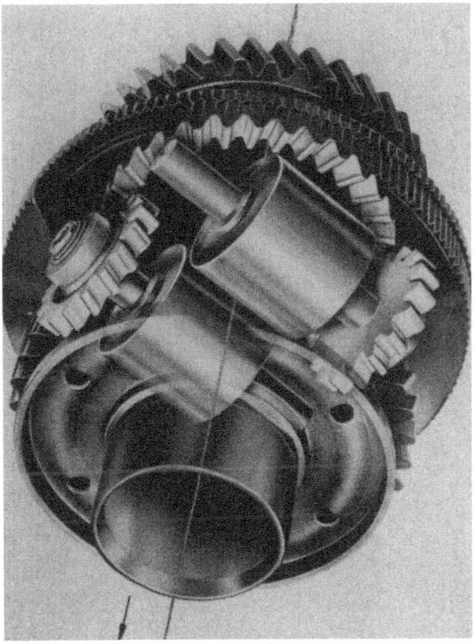

Abb. 443. Drehstreckwerk der Firma Spinnbau GmbH

Die Firma Spinnbau GmbH begann im Jahre 1951 mit der serienmäßigen Produktion von Streichgarn-Ringspinnmaschinen, die mit einem von Hadwich entwickelten Drehstreckwerk ausgerüstet wurden. Den Kern des Drehstreckwerkes bildet ein Walzenpaar (Ausgangswalzen), das mit Hilfe eines Differentials eine Doppelrotation durchführt (Abb. 443). Diese Walzen drehen sich einmal gegeneinander, wodurch die Liefergeschwindigkeit erzeugt wird, und zum anderen mit dem ganzen Gehäuse um sich selbst, wodurch dem Vorgarn im Verzugsfeld eine Drehung erteilt wird. Der Antrieb des Drehstreckwerkes erfolgt durch Schraubenräder. Das Eingangswalzenpaar kann durch eine Nadelwalze ersetzt werden.

Eine andere Lösung, im Verzugsfeld eine Drehung zu erzeugen, gibt Lüpke im deutschen Patent DRP 35949 von 1886 an (Abb. 444). Das Ausgangswalzenpaar des Zweiwalzen-Streckwerkes weist eine ungewöhnliche Form auf. An die Ausgangswalze *I* ist auf der einen Seite ein Kegelstumpf *KS* angesetzt. Der angesetzte Kegel *KE* der Ausgangsdruckwalze *1* ist der Form des genannten Kegelstumpfes *KS* angepaßt. Das Vorgarn wird vom Faden-

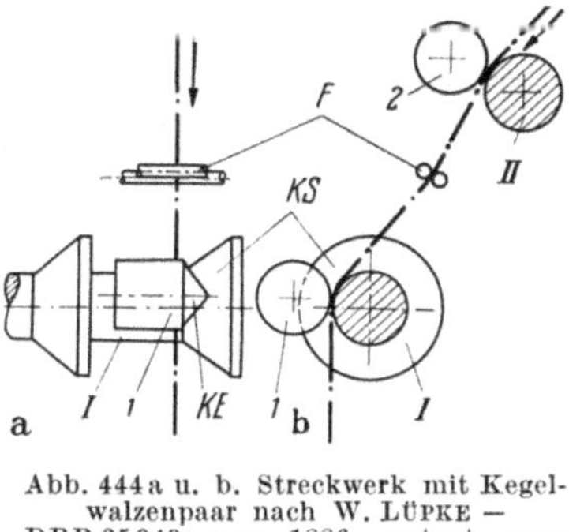

Abb. 444a u. b. Streckwerk mit Kegelwalzenpaar nach W. Lüpke — DRP 35949 von 1886, patent. vom 23. 9. 1885 an
a Draufsicht; b Seitenansicht
F Fadenführer; *KE* Kegel der Ausgangsdruckwalze; *KS* Kegelstumpf der Ausgangswalze

führer im Verzugsfeld geführt und auf den Kegelstumpf *KS* derart geleitet, daß es an der Mantelfläche abrollt. Die Anzahl der dabei entstehenden Drehungen ist zufällig. Durch die Stellung des Fadenführers *F* kann sie in gewissen Grenzen variiert werden. Andererseits behindert der Fadenführer *F* den Verzug. Die große Reibung der Mantelflächen, welche durch die unterschiedlichen Umfangsgeschwindigkeiten bedingt ist, erschwert ein einwandfreies Arbeiten des Streckwerks.

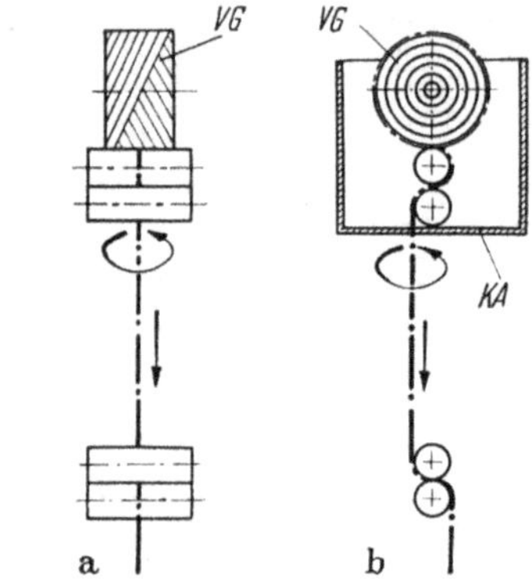

Abb. 445a u. b. Streckwerk mit rotierender Vorgarnspule und rotierendem Eingangswalzenpaar nach C. EBERLE — DRP 486816 von 1929, patent. vom 1. 12. 1927 an
a Draufsicht; b Seitenansicht
KA Käfig; *VG* Vorgarnspule

Mit dem Falschdrahtverfahren und mit den Drehstreckwerken werden dem Vorgarn im Verzugsfeld Drehungen erteilt, die im Spindelfeld nicht mehr vorhanden sind. Es gibt jedoch in der Streichgarnspinnerei eine Reihe von Verfahren, bei denen sich die Drehung, die das Vorgarn zur besseren Durchführung des Verzuges erhält, ins Fertiggarn fortpflanzt. Die Drehung kann vor den Ausgangswalzen oder hinter ihnen erzeugt werden.

Es sind zwei Systeme bekannt, bei denen das Vorgarn die Verzugsdrehung vor den Ausgangswalzen erhält. Nach einem Patent von EBERLE ist die Vorgarnscheibe *VG* zusammen mit den Eingangswalzen in einem rotierenden Käfig untergebracht (DRP 486816 von 1929; Abb. 445). Da die Vorgarnspule in aufrechter Stellung rotiert, ist wegen der Fliehkräfte die zulässige Drehzahl relativ niedrig. Das Streckwerk ist außerdem sehr umständlich zu bedienen. RAUTENSTENGEL schlägt vor, die Vorgarnspule *VG* in eine Dose *KA* zu legen und diese Dose um die eigene Achse rotieren zu lassen [*10*, *11*] (Abb. 446). Das Vorgarn wird über Kopf abgezogen. Auch bei diesem Verfahren ist wegen der hohen Fliehkräfte und der geringen Vorgarnfestigkeit nur eine Liefergeschwindigkeit von etwa 5 m/min zu erreichen. Da in jeder Dose *KA*

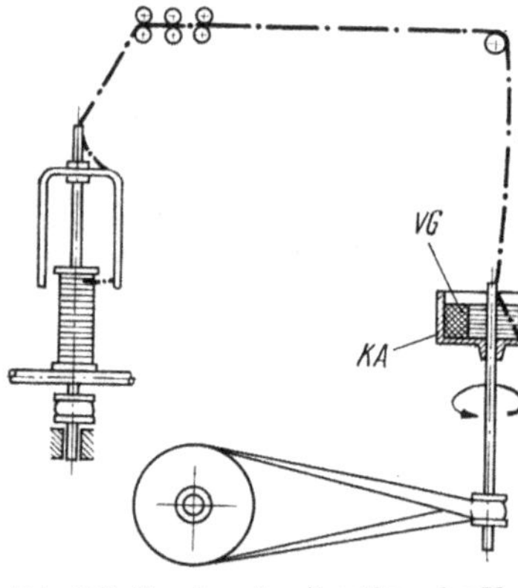

Abb. 446. Streckwerk mit rotierender Vorgarnspule nach K. RAUTENSTENGEL (1949)
KA Dose für das Vorgarn; *VG* Vorgarnspule

mehrere Garnscheiben untergebracht sind, können die Garne beim Abzug leicht beschädigt werden.

Bei den übrigen Verfahren wird als Verzugsdrehung ein Teil der im Spindelfeld vorhandenen Garndrehungen verwendet. Die Garndrehungen gelangen durch die Klemmlinie des Ausgangswalzenpaares in das Verzugsfeld. Das ist jedoch nur möglich, wenn der Klemmdruck der Ausgangswalzen vorübergehend aufgehoben wird. Verzug und Drehung werden dann abwechselnd in stets gleichbleibenden Intervallen erteilt.

Bisher wurden folgende Methoden, Drehung aus dem Spindelfeld in das Verzugsfeld gelangen zu lassen, vorgeschlagen [*12*]:

1. Abheben der Ausgangsdruckwalze.
2. Ausgangsdruckwalze mit Abflachungen.
3. Zwei Ausgangswalzenpaare mit abgeflachten Druckwalzen.
4. Ausgangsdruckwalze mit konischer Ringnut.

Derartige Streckwerke sind sehr einfach in der Konstruktion. Es bestehen jedoch hinsichtlich ihrer Anwendung schwerwiegende spinntechnische Bedenken, da die Anzahl der Drehungen, die in das Verzugsfeld gelangen, nur ungenügend kontrolliert werden kann.

Bei den Streckwerken des ersten Typs wird die Ausgangsdruckwalze in konstanten Zeitabständen von der unteren Ausgangswalze abgehoben und wieder auf diese aufgesetzt. Hierbei gelangt die Garndrehung aus dem Spindelfeld in das Verzugsfeld. Während des Abhebens geht aber nicht nur die Klemmwirkung verloren, sondern auch der Antrieb für die Druckwalze, die an Umfangsgeschwindigkeit verliert. Beim Wiederaufsetzen nimmt die Ausgangswalze die Druckwalze ruckartig mit. Das kann eine Stauchung des Vorgarnes und damit einen Fehlverzug zur Folge haben. Die Gleichmäßigkeit des Garnes wird verschlechtert.

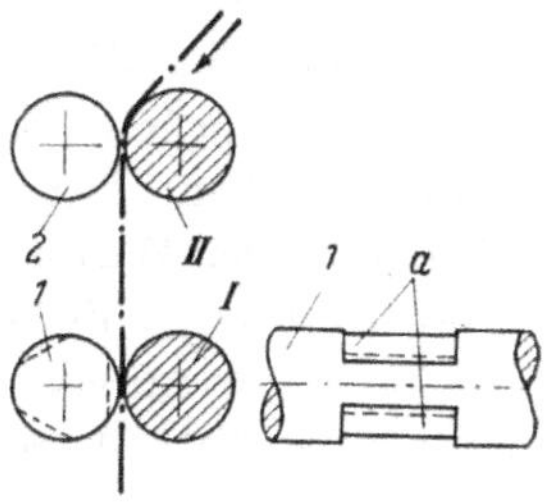

Abb. 447. Streckwerk mit abgeflachter Ausgangsdruckwalze nach T. A. Boyd und J. & T. Boyd Ltd. — DRP 137422 von 1902, patent. vom 13. 2. 1902 an
a Bereich der Abflachung

Boyd entwickelte ein Streckwerk mit einer Ausgangsdruckwalze, die im Bereich *a* am Umfang abgeflacht ist (DRP 137422 von 1902). In der Abb. 447 ist eine Druckwalze mit drei Abflachungen dargestellt. Bei einer Umdrehung der Druckwalze wird das Vorgarn dreimal geklemmt bzw. vom Klemmdruck befreit, so daß es dreimal einer Verdrehung bzw. einem Verzug ausgesetzt ist. Nach einem weiteren Vorschlag von Boyd hat das Streckwerk zwei Ausgangswalzenpaare. Die beiden Ausgangsdruckwalzen *1* und *2* sind mit je zwei Abflachungen versehen (Abb. 448). Die Abflachungen der Walze *1* sind um 90° gegenüber den Abflachungen der Walze *2* versetzt. Die Umfangsgeschwindigkeiten der Walzen *1* und *2* sind gleich groß. Der Verzug erfolgt abwechselnd zwischen den Eingangswalzen *III/3* und den Ausgangswalzen *II/2* bzw. zwischen den Eingangswalzen *III/3* und den Ausgangswalzen *I/1*. Anstelle der Druckwalzen *1* und *2* können auch die Walzen *I* und *II* abgeflacht sein, wie es von der Firma Maschinenfabrik Rieter AG. vorgeschlagen wurde (DRP 848617 von 1948).

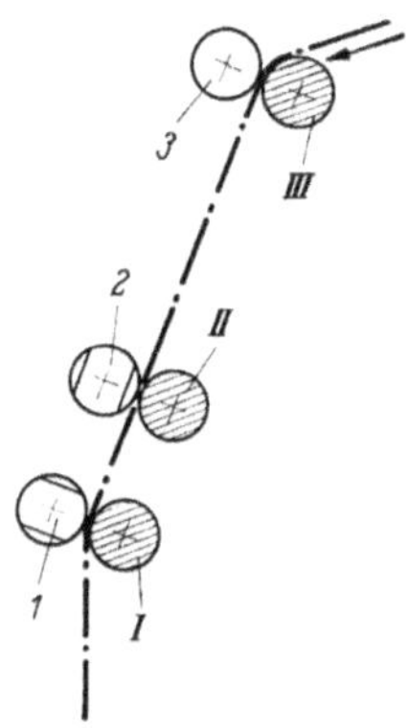

Abb. 448. Streckwerk mit zwei abgeflachten Ausgangsdruckwalzen nach T. A. Boyd

Die Firma Sächsische Maschinenfabrik vorm. R. Hartmann AG. entwickelte ein Streckwerk, bei dem die abgeflachte Ausgangsdruckwalze durch eine Druckwalze mit konischer Ringnut ersetzt ist (DRP 212863 von 1909; Abb. 449). Das Vorgarn wird von einem Fadenführer ständig hin- und herbewegt. Es gelangt dabei abwechselnd in den Bereich der konischen Ringnut und in den Bereich, in dem es geklemmt wird.

Deru bringt zwischen den Ausgangswalzen und der Spindel eine Hilfsklemme *HK* an (DRP 205737 von 1908; Abb. 450). Die Ausgangsdruckwalze kann von der Unterwalze abgehoben werden. Wenn die Klemmung der Ausgangswalzen aufgehoben wird, schließt sich die Hilfsklemme *HK*. Die Drehung, die im Garn zwischen den Ausgangswalzen und der Hilfsklemme vorhanden ist, geht teilweise auf das Vorgarn über. Das Streckwerk gleicht in der Wirkungsweise der Konstruktion von Boyd (Abb. 449).

Althof beschreibt ein Streichgarn-Streckwerk, dessen Besonder-

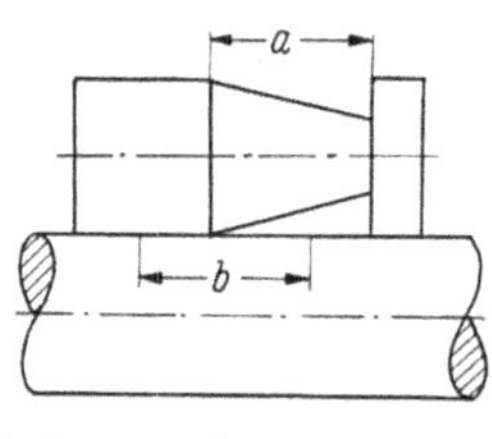

Abb. 449. Ausgangsdruckwalze mit konischer Ringnut. Streckwerk der Firma Sächsische Maschinenfabrik vorm. R. Hartmann AG. – DRP 212863 von 1909, patent. vom 25. 8. 1908 an
a Bereich der konischen Ringnut; *b* Bereich der Ausgangswalzen, in dem das Vorgarn bewegt wird

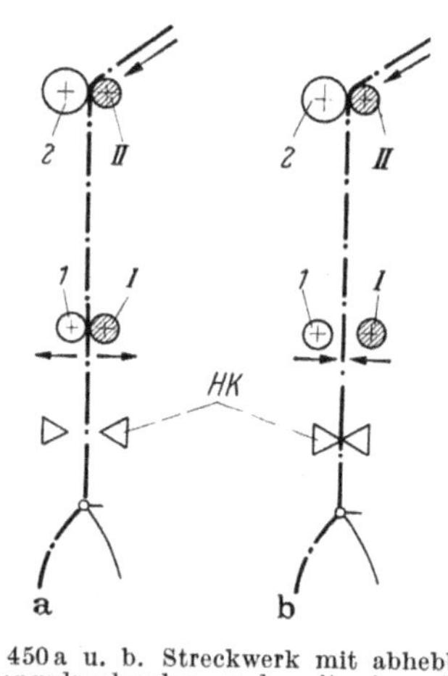

Abb. 450a u. b. Streckwerk mit abhebbarer Ausgangsdruckwalze und mit einer Hilfsklemme nach A. Deru – DRP 205737 von 1908, patent. vom 16. 1. 1908 an, der Firma Sächs. Maschinenfabrik vorm. R. Hartmann AG.
a Hilfsklemme geöffnet; b Ausgangsdruckwalzen abgehoben
HK Hilfsklemme

heit darin besteht, daß dem Vorgarn während des Einlaufes in das Streckwerk die für das Fertiggarn benötigten Drehungen erteilt werden.

Die Drehungen werden mit Hilfe einer Doppeldrahtspindel erzeugt (DBP 1140497 von 1963, Abb. 451). Innerhalb des Streckfeldes wird das Vorgarn mit Hilfe einer Falschdrahtvorrichtung *DR* bis zur Verzugsfähigkeit aufgedreht und verzogen. Die von der rotierenden Hohlspindel *HS* herrührenden Drehungen erstrecken sich bis an die Fadenaustrittsöffnung des Vorgarnbehälters *VG* und festigen das Vorgarn beim Austritt aus dem Vorgarnbehälter *VG*. Das Hineinlaufen der Drehungen in den vorgelegten Vorgarnwickel *WI* soll durch die Sperrvorrichtung *SPV* verhindert werden. Der Vorgarnbehälter *VG* wird magnetisch in der Ruhelage gehalten.

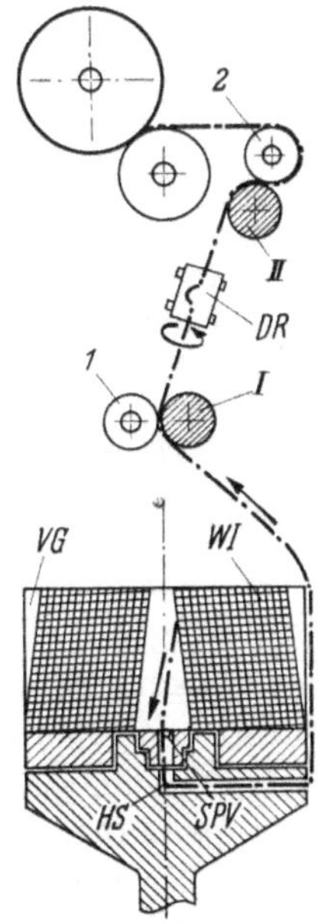

Abb. 451. Streichgarn-Streckwerk nach L. ALTHOF — DBP 1140497 von 1963, patent. vom 14. 5. 1960 an
DR Drehröhrchen; *HS* Hohlspindel; *SPV* Sperrvorrichtung; *VG* Vorgarnbehälter; *WI* Vorgarnwickel

Neben den beschriebenen Konstruktionen werden in der Streichgarnspinnerei Zwei- oder Dreiwalzen-Streckwerke verwendet, die für die Faserführung mit Riemchen oder Nadelwalzen ausgestattet sind. Konstruktiv sind keine großen Unterschiede zwischen ihnen und den entsprechenden Baumwoll-Streckwerken vorhanden. Sehr minderwertige Fasermaterialien, die nur zu Grobgarnen verarbeitet werden können, werden auch auf einfachen Zweiwalzen-Streckwerken ohne zusätzliche faserführende Organe versponnen.

Literatur zu Kap. 3

[1] JOHANNSEN, O.: Geschichte der Textilindustrie. Leipzig: Vogt-Verlag 1930.
[2] KARMASCH: Handbuch der Mechanischen Technologie.
[3] BASLER, E.: Die HMG-Intersecting. Spinner und Weber — Textilveredlung 77 (1959) 380.
[4] WEGENER, W., u. H. PEUKER: Hochverzugs-Finisseure des Französischen Kammgarn-Kurzspinnverfahrens. Z. ges. Textilind. 64 (1962) 853, 592.
[5] SCHMAUDER, K., u. K. MIECK: Das Kollektor-Streckwerk, seine Entwicklung und Erprobung. Deutsche Textiltechnik 9 (1959) 121.
[6] WALZ, F.: Die neuere Entwicklung der Streckwerke. Textil-Praxis 8 (1953) 208.
[7] WEBER, R.: Kammgarn-Spinnmaschinen mit Permaset-Streckwerk. Melliand Textilber. 41 (1960) 1313.
[8] Die Spinn-Zwirn-Maschine in der Kammgarnspinnerei. Deutsche Textiltechnik 12 (1962) 103.
[9] BUDNIKOW, W. J., J. W. BUDNIKOW, W. E. SOTIKOW, N. J. KANARSKI u. A. P. RAKOW: Grundlagen des Spinnens II. Berlin: VEB-Verlag Technik 1955.

[10] WEGENER, W., u. H. PEUKER: Die optimale Gestaltung des Selfaktor-Drehverzuges und des Ringspinnmaschinen-Falschdrahtverzuges in der Streichgarnspinnerei. Z. ges. Textilind. 63 (1961) 922, 1028; 64 (1962) 22, 98, 167.

[11] RAUTENSTENGEL, K.: Die Ringspinnmaschine in der Streichgarn- und Vigogne-Spinnerei. Textil-Praxis 5 (1950) 416.

[12] HADWICH, F.: Verzugsdrehungen an der Streichgarn-Ringspinnmaschine (unveröffentlichtes Manuskript).

[13] The Scientist Looks at the Wool Industry. Drawing Part II. Wool Sci. Rev. No. 13, 3 (1954).

[14] The American System of Worsted Spinning. Wool Sci. Rev. No. 7, 3 (1951).

[15] WEGENER, W., und H. PEUKER: Kontinentale (Französische) und Englische (Bradford) Spinnsysteme. Z. ges. Textilind. 67 (1965) 10, 80, 161. s. a. Forschungsberichte des Landes Nordrhein-Westfalen Nr. 1546, 1965.

4. Die Streckwerke für die Verarbeitung von Flachs und Jute

Im Vergleich mit der Baumwolle und der Wolle ist es erst relativ spät gelungen, den Flachs maschinell zu bearbeiten. Materialbedingte Schwierigkeiten dürften der Hemmschuh für die Entwicklung von flachsverarbeitenden Maschinen gewesen sein. Die ersten Versuche, den Flachs auf den Spinnmaschinen von ARKWRIGHT zu verarbeiten, schlugen fehl. Im Jahre 1787 ließen sich dann der englische Optiker JOHN KENDREW und der Uhrmacher THOMAS PORTHAUS aus Darlington eine Flachsspinnmaschine patentieren. Die beiden Erfinder setzten diese Maschine, wenn auch mit mäßigem Erfolg, in den von ihnen errichteten Fabriken ein. In der folgenden Zeit hat es an zahlreichen Bemühungen, den Flachs maschinell zu verarbeiten, nicht gefehlt. So waren in England AYTON, ROBINSON und BROWN, in Frankreich CHRISTIAN, DURAND, ROGERO und zahlreiche andere in dieser Richtung tätig. Sie alle kamen über anfängliche Erfolge nicht hinaus [1].

Einen plötzlichen Aufschwung erlebte die Flachsindustrie erst auf Grund eines Aufrufs von Napoleon I. Er beabsichtigte, den heimischen Flachs rationell verarbeiten zu lassen, damit Frankreich von der Einfuhr der billigen englischen Baumwollgewebe unabhängig werden sollte. Das am 12. Mai 1810 im „Moniteur“ erschienene Dekret hatte folgenden Wortlaut:

„Da ich ein besonderes Interesse an dem Fortschritt der Industrie unseres Landes habe, deren Rohstoff der Flachs bildet, und da das einzige Hindernis für die Verbilligung und Wertsteigerung dieses Rohstoffs das Fehlen einer maschinellen Vorrichtung zum Spinnen ist, wie man sie für Baumwolle besitzt, dekretiere ich:

Eine Million Franken sollen dem Erfinder der besten Maschine für Flachs verliehen werden, welcher Nation er auch angehören möge.“

Dieses Dekret regte den genialen PHILIPPE DE GIRARD an, der bereits auf vielen anderen Gebieten tätig war, die Lösung dieses Problems zu versuchen. Es ist der wissenschaftlichen Methodik, mit der de Girard zu Werke ging, zuzuschreiben, daß er bereits am 18. Juli 1810, also zwei Monate nach Erscheinen des Erlasses, ein Patent auf eine Flachsspinnmaschine sowie auf eine Nadelstabkette erhielt.

Der Patentspruch hatte folgenden Wortlaut: „Ausziehen und Parallelstellen der einzelnen Flachsfasern durch wiederholtes maschinelles Behandeln mit einer Reihe von Kämmen und Teilen der Flachsfaser durch Auflösen der inkrustrierenden Substanz der einzelnen Faserteilchen mit heißem Wasser." Mit seinen Erfindungen ist de Girard zum eigentlichen Begründer der Flachsindustrie geworden.

Der Geburtsort der Jute-Industrie ist die schottische Stadt Dundee. Nach vielen Vorversuchen in den zwanziger Jahren des 19. Jahrhunderts gelang es dem Kaufmann Thomas Neish im Jahre 1833, Jute auf Flachskarden zu verarbeiten. Neish wird daher vielfach auch als der Begründer der Jute-Industrie angesehen. Nach Ansicht von Wolff [2] gebührt dieses Verdienst jedoch einem Spinner aus Dundee mit dem Namen Taws, dem es in demselben Jahre gelang, reines Jutegarn zu spinnen. Durch den Unternehmungsgeist der Dundeer Kaufleute entwickelte sich die Jute-Industrie in der folgenden Zeit in Schottland, vornehmlich aber in Dundee, zu hoher Blüte. Schottland konnte diese Vormachtstellung bis gegen das Ende des 19. Jahrhunderts behaupten. Dann nahm die Jute-Industrie auf dem europäischen Kontinent ihren Aufschwung. Etwa zur gleichen Zeit dehnte sich auch die Jute-Industrie Indiens so weit aus, daß sie Schottland bald um ein vielfaches überflügelte. Dennoch nimmt Dundee nach wie vor eine führende Stellung in der Jute-Industrie ein.

4.1 Die Streckwerke der Strecken

4.1.1 Die Streckwerke der Hanf- und Flachsstrecken

Die mechanische Bearbeitung des gerösteten Flachses beginnt mit dem Brechen. Hierbei wird der Bastfaserschlauch freigelegt. Das Stengelholz wird zerbrochen und größtenteils entfernt. Danach folgt das Schwingen des Flachses. Der Bastschlauch wird aufgelöst. Die den Fasern anhaftenden Schäbeteilchen werden entfernt. Den Abschluß der Aufbereitung bildet das Hecheln, bei dem der Flachs in einen spinnfähigen Zustand überführt wird. Die Fasern erhalten eine parallele Lage. Die kurzen Fasern werden aussortiert und finden als Flachswerg Verwendung. Der Hechelflachs und das Flachswerg unterscheiden sich voneinander durch die Länge, durch die Feinheit und durch die Reinheit der Fasern sowie durch den Orientierungsgrad des Zwischenproduktes. Diese Unterschiede lassen ein Verspinnen nach einem einheitlichen Verfahren nicht zu.

Von den Hechelmaschinen gelangen die Fasern nach den Anlegemaschinen (Spreader). Das Streckwerk eines Spreaders der Firma Stephen Cotton & Co. ist in der Abb. 452 dargestellt. Das Lederband *LB* führt den Flachs den glatten Stahlwalzen *III*/*3* zu. Zwischen den Walzenpaaren *III*/*3* und *II*/*2* befindet sich ein durch Schraubenantrieb bewegtes Nadelstabfeld *NS*. Es liegt etwas schräg, damit die Differenz zwischen der Anlegehöhe und der Kannenhöhe ausgeglichen wird. Außerdem ist dadurch das Nadelstabfeld gut zu übersehen. An das Nadelstabfeld

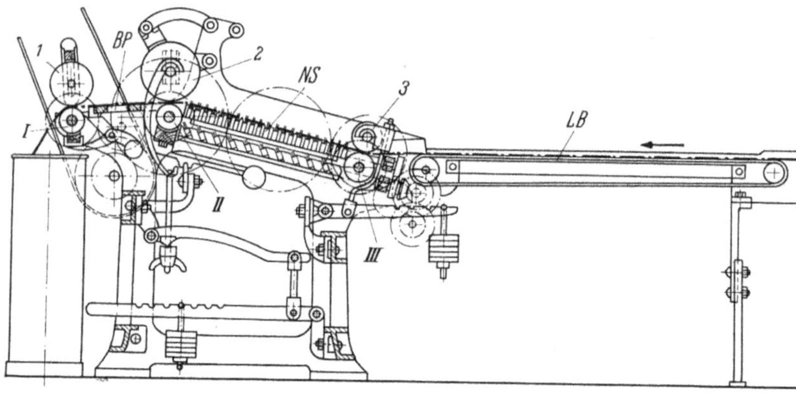

Abb. 452. Anlegemaschine (Spreader) für Flachs der Firma Stephen Cotton & Co., Belfast
BP Bandplatte; *LB* Lederband; *NS* Nadelstabfeld

schließt sich das Walzenpaar *II*/*2* an. Die dicke Druckwalze *2*, die aus Holz besteht und gelegentlich auch mit Leder überzogen ist, wird über ein Hebelsystem mit schweren Gewichten belastet. Die einzeln verzogenen Faserbänder werden mit Hilfe der Bandplatte *BP* vereinigt und den Ausgangswalzen *I*/*1* zugeführt, von wo sie in eine Kanne gelangen. Der Verzug auf dem Spreader beträgt etwa 24- bis 33fach.

Auf den Flachsstrecken wird das vom Spreader abgelieferte Band verfeinert und vergleichmäßigt. Das Streckwerk einer solchen Strecke ist in der Abb. 453 dargestellt. Das Faserband wird über den Zuführtisch *ZFT* den Eingangswalzen zugeleitet. Die Nadelstäbe des Nadelstabfeldes *NS* laufen in doppelgängigen Schrauben. Die Ausgangsdruckwalze *2* besteht aus Holz. Sie wird durch ein Gewicht über ein Hebelsystem belastet. Die Bandplatte *BP* vereinigt mehrere, einzeln verzogene Bänder, die von dem Walzenpaar *I*/*1* in eine Kanne abgelegt werden. Der Verzug ist 10- bis 20fach.

Die Nadelstäbe des Nadelstabfeldes können auch durch Ketten geführt werden. Die Firma O. Schimmel stellte eine solche Strecke her, deren Streckwerk in der Abb. 454 veranschaulicht ist. An den Enden der Nadelstäbe sind Zapfen angebracht, die in den Gliedern einer endlosen Kette *KE* gelagert sind. Zwei Kettenräder *KR* treiben die Kette an und führen sie. Das Faserband läuft über den Zuführtisch *ZFT* und um die Walzen *IV*, *3* und *III*. Die Nadelstäbe führen die Fasern

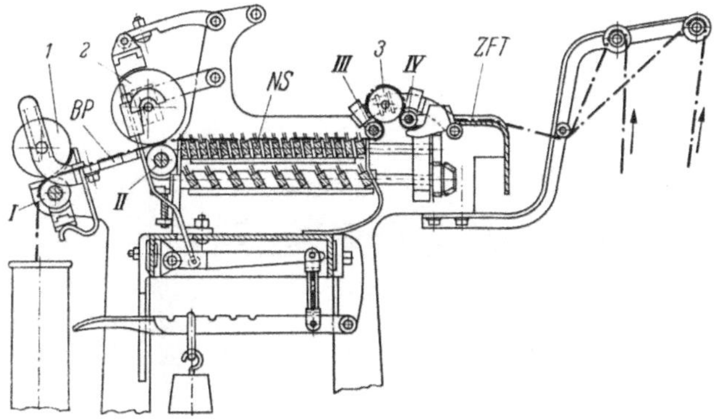

Abb. 453. Streckwerk einer Flachsstrecke
BP Bandplatte; *NS* Nadelstabfeld; *ZFT* Zuführtisch

bis nach dem Walzenpaar *II*/*2*. Die dicke hölzerne Druckwalze *2* ist gewichtsbelastet. Mit Hilfe einer Führungsleiste wird erreicht, daß die Nadelstäbe senkrecht aus dem Faserband ausstechen. Der Verzug im

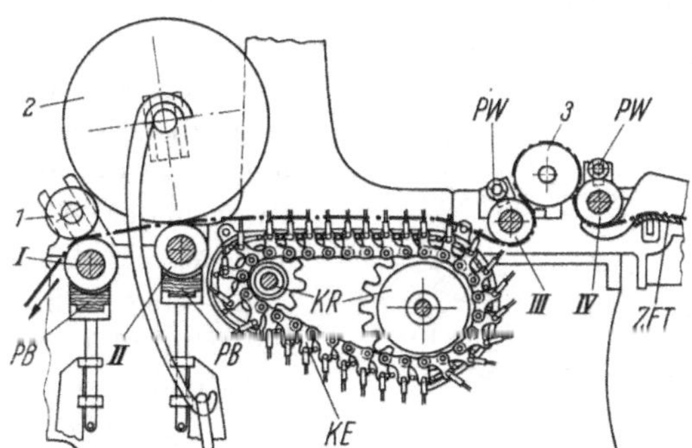

Abb. 454. Streckwerk einer Kettenstabstrecke für die Verarbeitung von Flachs der Firma O. Schimmel
KE Kette; *KR* Kettenrad; *PB* Putzbrett; *PW* Putzwalze; *ZFT* Zuführtisch

Nadelfeld ist 12- bis 18fach. Die Unterwalzen werden von Putzwalzen *PW* oder von Putzbrettern *PB* saubergehalten. Da der Durchmesser der Walze *II* relativ gering ist, wird die freie Weglänge der Fasern zwischen dem Nadelstabfeld und der Walze *II* klein. Um einen Faserschlupf zu verhindern, ist am Streckwerksausgang noch das Walzenpaar *I*/*1* angebracht. Das verstreckte Faserband wird von nicht eingezeichneten Kalanderwalzen in eine Kanne abgelegt. Mehrere Einzelbänder werden dabei zu einem Band zusammengefaßt.

Das in der Abb. 455 dargestellte Streckwerk einer Kettenstabstrecke unterscheidet sich von dem vorstehend beschriebenen lediglich durch die

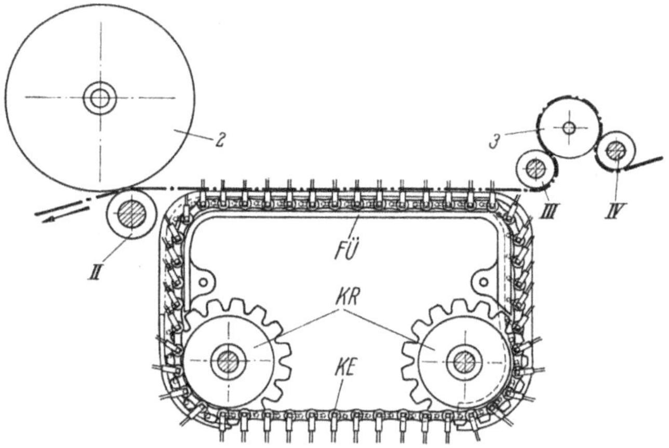

Abb. 455
Streckwerk einer Kettenstabstrecke für die Verarbeitung von Flachs der Firma J. Mackie
FÜ Führung; *KE* Kette; *KR* Kettenräder

Nadelstabführung. Die Kette läuft hier in einer fast rechteckig gestalteten Führung *FÜ*. Auf den Kettenstrecken sind die Liefergeschwindigkeiten höher als auf den Strecken mit Schraubenführung, jedoch entstehen etwas ungleichmäßigere Faserbänder, da die Nadelstäbe nicht so schnell einschlagen.

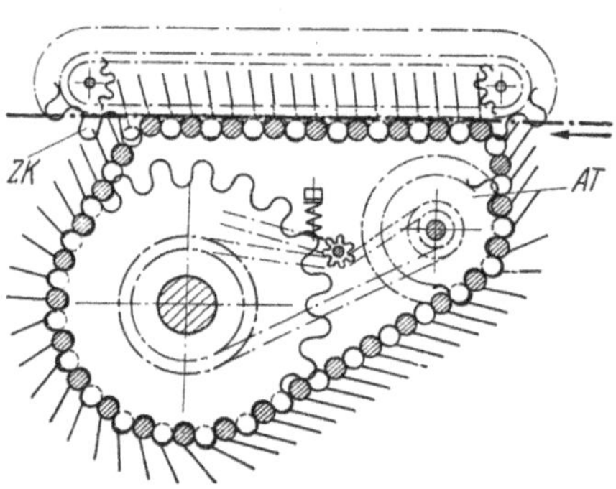

Abb. 456. Schubstab-Streckwerk der Firma Doagh Flax Spinning Co. Ltd. – BP 747826 vom 14. 10. 1953
AT Antriebsrad; *ZK* Zahnkette

In der Abb. 456 ist die Nadelstabführung einer Schubstabstrecke der Firma Doagh Flax Spinning Co. veranschaulicht (BP 747826). Die Nadelstäbe gleiten in einer Bahn. Sie liegen aneinander und werden von dem Antriebsrad *AT* geschoben. Die Nadelstabenden und die Führung, in der sie gleiten, sind so angeordnet, daß die Nadeln senkrecht ein- und austreten. Eine Zahnkette *ZK* gibt den Stäben eine zusätzliche Führung. Mit den Schubstabstrecken können höhere Liefergeschwindigkeiten als mit den üblichen Gillstrecken erzielt werden. Da die Stäbe nicht so exakt geführt werden, ist jedoch die Ungleichmäßigkeit der verstreckten Bänder größer.

CASANOVAS schlägt in seinem Patent BP 779551 vor, in der Flachsvorspinnerei eine Strecke mit zwei hintereinander geschalteten Nadel-

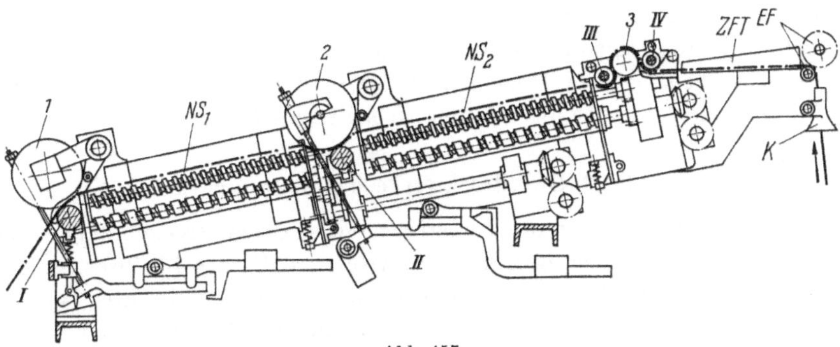

Abb. 457
Streckwerk einer Nadelstabstrecke nach J. G. CASANOVAS — BP 779551 vom 29. 4. 1954
EF Einführwalzen; *K* Verdichter; NS_1, NS_2 Nadelstabfelder; *ZFT* Zuführtisch

stabfeldern zu verwenden (Abb. 457). Das Faserband wird in der üblichen Weise in das Streckfeld eingezogen. Bei einem durchschnittlich 15fachen Verzug je Nadelstabfeld wäre ein 225facher Gesamtverzug auf dieser Maschine möglich. Das verzogene Faserband wird auf Spulen aufgewunden.

In der Abb. 458 ist die Schubstabeinrichtung der Firma Gardella veranschaulicht [3]. Die Nadelstäbe *NST* laufen mit ihren seitlichen Zapfen *Z* in einer Führungsbahn *FB*. Am Streckwerkseingang werden sie von einem Hammerrad HR_1 in das Faserband eingeschlagen. Die Stäbe *NST* werden durch Schub auf der waagerechten Bahn bewegt. Hierzu greifen die Schubräder *SR* in die Führungsnut des Nadelstabzapfens *Z* und schieben den Stab zum Streckwerksausgang. Dort werden die Stäbe *NST* von einem zweiten Hammerrad HR_2 senkrecht nach unten abgeschlagen. Im Tiefpunkt der

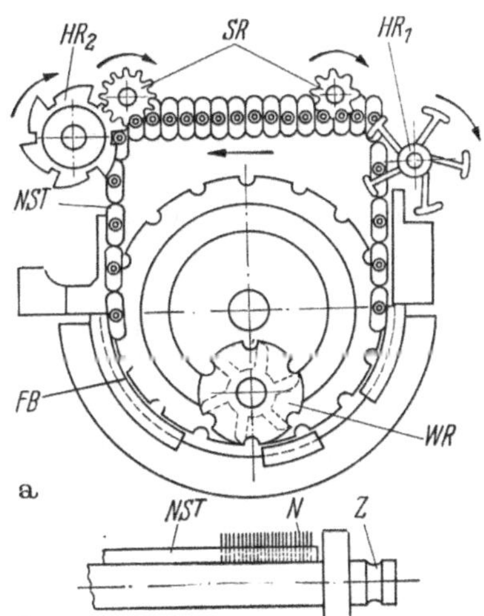

Abb. 458a u. b. Nadelstabführung der Schubstabstrecke D/Lino der Firma Gardella für die Verarbeitung von Flachs a Schematische Darstellung der Nadelstabbewegung; b Nadelstab

FB Führungsbahn; HR_1, HR_2 Hammerräder; *N* Nadeln; *NST* Nadelstab; *SR* Schubräder; *WR* Wenderad; *Z* Zapfen mit Nut

Führungsbahn *FB* dreht das Wenderad *WR* die Nadelstäbe *NST* um 180°. Gleichzeitig werden die Nadeln *N* von einer hier nicht eingezeichneten Spiralbürste gereinigt. Die Liefergeschwindigkeit der Schubstabstrecke beträgt maximal 90 m/min.

Das beim Hecheln anfallende Flachswerg wird auf einer Schüttelmaschine gereinigt und anschließend einer Wergkarde vorgelegt. Die auf die Karde folgenden Maschinen gleichen im wesentlichen denen für die Verarbeitung von Hechelflachs. Die Verzugsfeldlänge ist bei den Wergstrecken kleiner als bei den Hechelflachsstrecken.

4.1.2 Die Streckwerke der Jutestrecken

Im Aufbau gleichen die Jutestrecken den Flachsstrecken. Allerdings ist die Festigkeit der Jute nicht so groß wie die des Flachses, so daß die Druckwalzen der Jutestrecken etwas dünner und leichter sind als die der Flachs-Streckwerke. Wegen der längeren technischen Faser ist die Streckfeldweite größer als bei den Flachsstrecken. In der Abb. 459

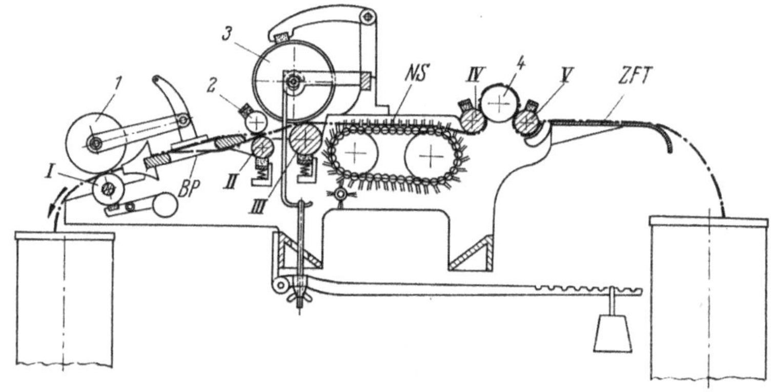

Abb. 459. Streckwerk einer Schubstabstrecke für die Verarbeitung von Jutefasern
BP Bandplatte; *NS* Nadelstabfeld; *ZFT* Zuführtisch

ist das Streckwerk einer Jutestrecke dargestellt. Das Band läuft über den Zuführtisch *ZFT* und wird von den Eingangswalzen *V, 4, IV* dem Nadelstabfeld zugeführt. Die Nadelstäbe gleiten in einer Schubbahn. Das Streckwerk besitzt zwei Walzenpaare am Ausgang des Verzugsfeldes. Mit Hilfe der Bandplatte *BP* werden zwei bis vier einzeln verzogene Faserbänder zu einem Faserband zusammengefaßt. Der Verzug ist 4- bis 8fach. In den Abb. 460 bis 464 sind Streckwerke von Jute-Schubstabstrecken verschiedener Firmen dargestellt.

Das Streckwerk einer Kettenstabstrecke für Jute ist in der Abb. 465 wiedergegeben. Sieht man von der Konstruktion des Nadelstabfeldes ab, gleicht auch diese Strecke den bislang angeführten.

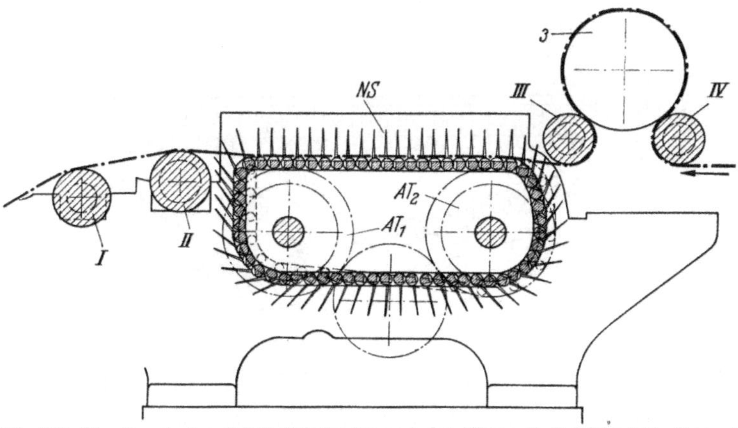

Abb. 460. Streckwerk der Schubstabstrecke von der Firma C. O. Liebscher, Chemnitz
AT_1, AT_2 Antriebsräder; *NS* Nadelstabfeld

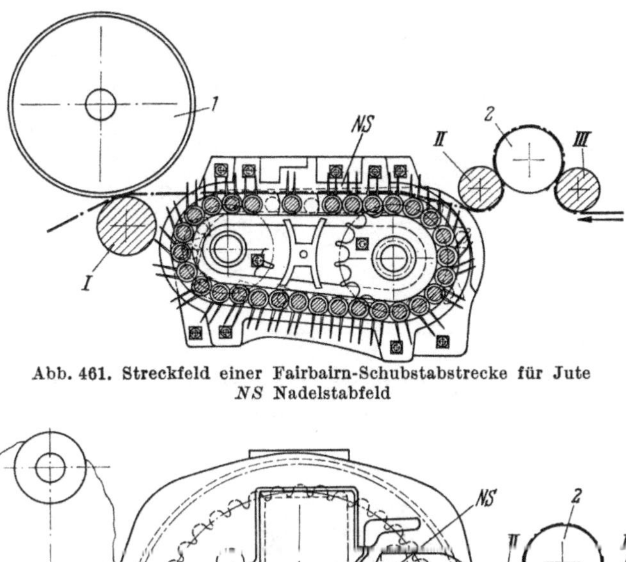

Abb. 461. Streckfeld einer Fairbairn-Schubstabstrecke für Jute
NS Nadelstabfeld

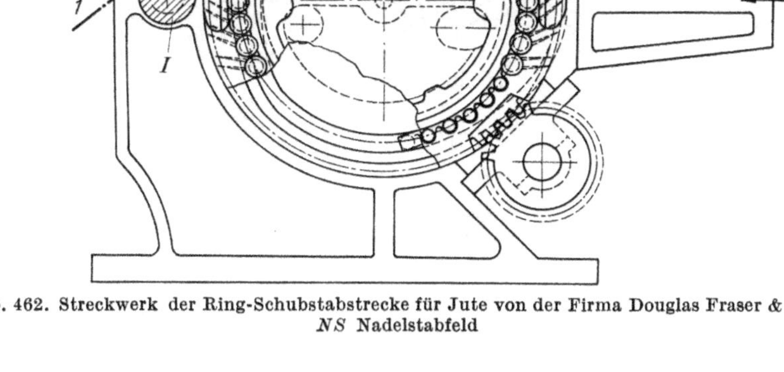

Abb. 462. Streckwerk der Ring-Schubstabstrecke für Jute von der Firma Douglas Fraser & Sons
NS Nadelstabfeld

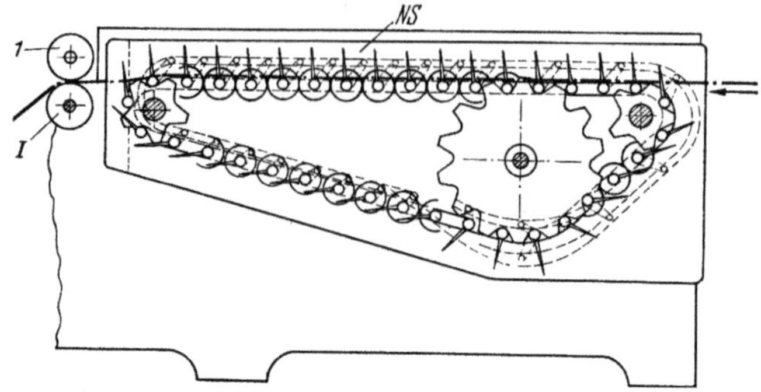

Abb. 463. Streckwerk der Schubstabstrecke von der Firma Mackie & Sons — BP 740425 vom 30. 8. 1954
NS Nadelstabfeld

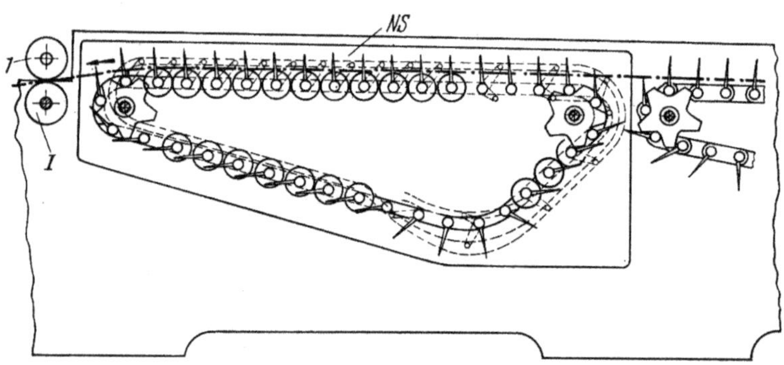

Abb. 464. Streckwerk der Schubstabstrecke von der Firma Mackie & Sons — BP 740432 vom 18. 10. 1954
NS Nadelstabfeld

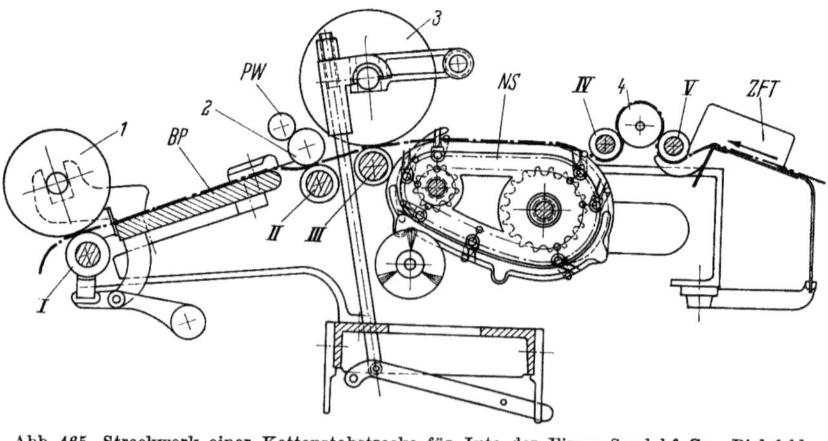

Abb. 465. Streckwerk einer Kettenstabstrecke für Jute der Firma Seydel & Co., Bielefeld
***BP* Bandplatte; *NS* Nadelstabfeld; *PW* Putzwalze; *ZFT* Zuführtisch**

Die Firma Seydel stattete ihre Jutestrecke auf Wunsch auch mit einem Schrauben-Streckwerk aus (Abb. 466). Die Nadelstäbe *NST* be-

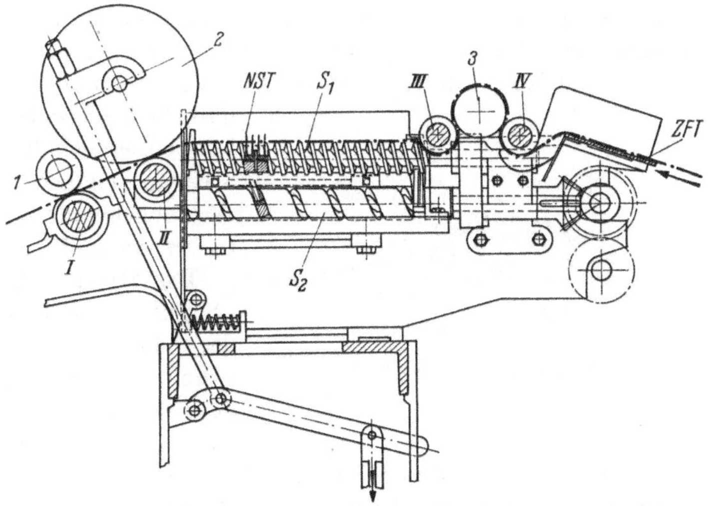

Abb. 466. Schrauben-Streckwerk für Jutestrecken der Firma Seydel
NST Nadelstab; S_1, S_2 Schraubenspindeln; *ZFT* Zuführtisch

schreiben bei einem Umlauf genau die Form eines Rechtecks. Die Schraubenspindel S_2, welche die Nadelstäbe zurückführt, besitzt eine

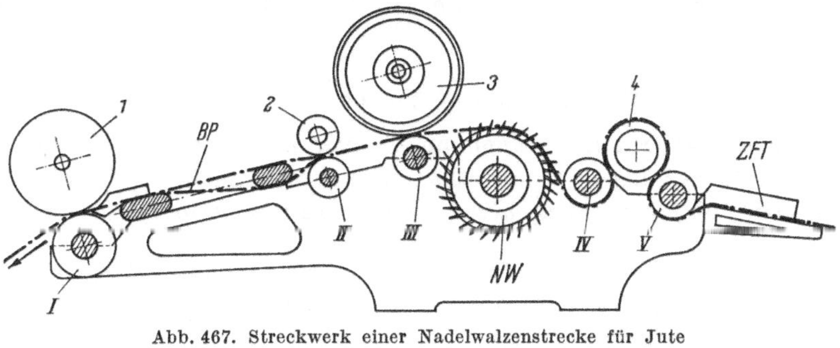

Abb. 467. Streckwerk einer Nadelwalzenstrecke für Jute
BP Bandplatte; *NW* Nadelwalze; *ZFT* Zuführtisch

wesentlich größere Steigung als die Schraubenspindel S_1. Sonst gleicht der Aufbau des Streckwerks den schon besprochenen Konstruktionen.

Für die Herstellung von Garnen aus grober, kurzer und stark verunreinigter Jute werden Nadelwalzenstrecken verwendet. An die Stelle der Nadelstäbe tritt eine Nadelwalze *NW*, in welche die Nadeln unter einem bestimmten Winkel eingesetzt sind (Abb. 467). Dadurch läßt sich das Streckfeld wesentlich kürzer ausführen. Die Eingangswalzen sind ziemlich tief angesetzt, damit die Fasern sich gut in die Nadeln einlegen. Nachteilig wirkt sich aus, daß die Nadeln nicht senkrecht wie bei den Nadelstäben der Gillstrecken aus dem Band austreten. Es besteht die Gefahr, daß einige Fasern von der Nadelwalze nach unten mitgerissen werden. Außerdem ist die Umfangsgeschwindigkeit zwischen dem Nadelbett und der Nadelspitze unterschiedlich. Von Vorteil ist andererseits, daß die Nadelwalzen mit hohen Geschwindigkeiten arbeiten, einfach in der Wartung und preisgünstig in der Anschaffung sind.

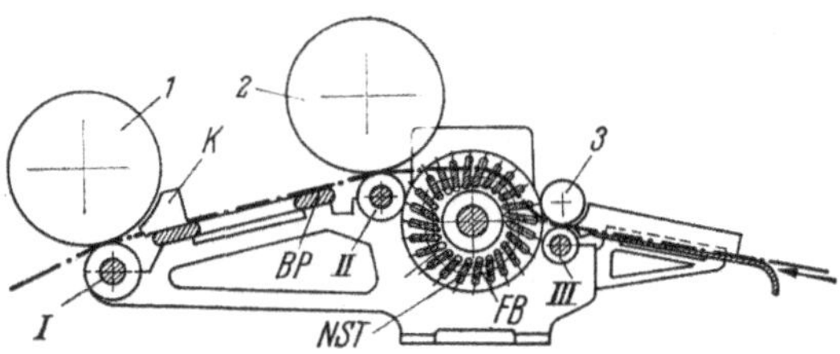

Abb. 468. Streckwerk einer Scheibenwalzenstrecke für Jute der Firma Fairbairn Lawson Combe Barbour Ltd. *BP* Bandplatte; *FB* Führungsbahn; *K* Verdichter; *NST* Nadelstab

Das Streckwerk einer Scheibenwalzenstrecke der Firma Fairbairn (Abb. 468) wird für ähnliche Aufgaben eingesetzt wie die Nadelwalzenstrecke. Bei dieser Konstruktion kommen Nadelstäbe *NST* zur Verwendung, deren Enden in einer kreisförmigen Scheibe sitzen. Die Stäbe werden in der Führungsbahn *FB* derart geführt, daß sie allmählich in das Band einstechen und kurz vor den Mittelwalzen *II*/*2* die Fasern freigeben. Das Scheibenwalzen-Streckwerk hat nur ein Walzenpaar am Ausgang des Verzugsfeldes. Mit einer Scheibenwalzenstrecke kann die gleiche Liefergeschwindigkeit wie mit einer Schubstabstrecke erzielt werden.

4.2 Die Streckwerke der Vorspinnmaschinen

Die Streckwerke der Vorspinnmaschinen unterscheiden sich nur unwesentlich von denen der Strecken. Die Streckfeldlängen der Flachs- und der Jutevorspinnmaschinen sind allerdings geringer als die der

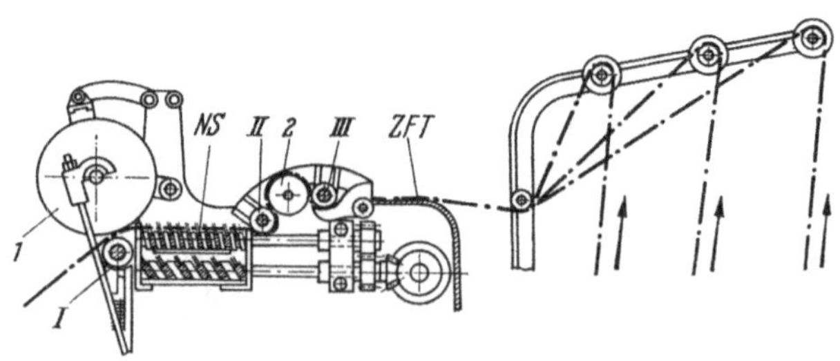

Abb. 469. Streckwerk einer Vorspinnmaschine für Flachs *NS* Nadelstabfeld; *ZFT* Zuführtisch

entsprechenden Strecken. Auch sind die Nadelstäbe dichter benadelt. In den Abb. 469 bzw. 470 sind die Streckwerke einer Vorspinnmaschine für Flachs bzw. für Jute dargestellt. Als Führungsorgane für die Nadelstäbe dienen fast ausschließlich Schrauben. Ein Doppeln der Lunten nach dem Verziehen findet auf der Vorspinnmaschine nicht statt. Die Lieferung beträgt etwa 25 m/min. Der Verzug ist 5- bis 10fach.

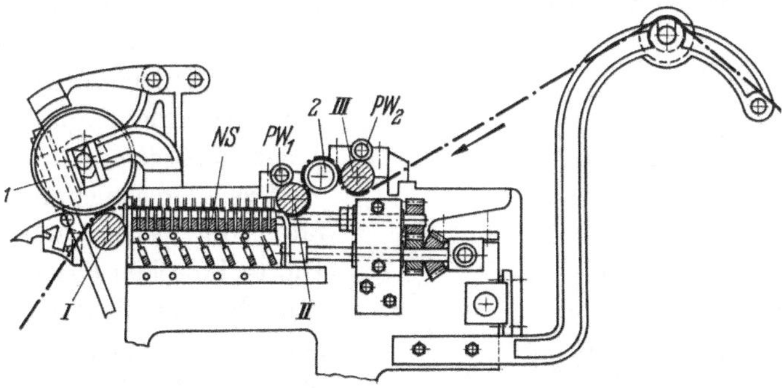

Abb. 470. Streckwerk einer Vorspinnmaschine für Jute
NS Nadelstabfeld; PW_1, PW_2 Putzwalzen

4.3 Die Streckwerke der Feinspinnmaschinen

4.3.1 Die Streckwerke für die Flachsspinnmaschinen

Das Feinspinnen des Flachses kann nach drei verschiedenen Methoden erfolgen:

1. nach dem Halbnaßspinnen,
2. nach dem Naßspinnen und
3. nach dem Trockenspinnen.

Das Halbnaßspinnen dient der Erzeugung mittelfeiner Flachsgarne. Das Vorgarn wird beim Spinnen mit kaltem Wasser benetzt. Die Fasern werden dadurch geschmeidig. Das Garn ist nicht so rauh wie das trocken gesponnene. Das Netzen der Fasern erfolgt auf verschiedene Art und Weise:

1. Das Vorgarn wird vor dem Eintritt in das Streckwerk durch einen Wassertrog geführt.
2. Das Wasser wird auf die Druckwalzen geträufelt.
3. Die Druckwalzen laufen in Wassertrögen.

Eine andere Möglichkeit besteht noch darin, den schon verstreckten Faserverband mit Hilfe einer Messingrolle, die teilweise in ein Wasserbad hineinragt, zu benetzen. Die Halbnaßspinnmaschinen können auch zum Trockenspinnen verwendet werden.

Bei dem Naßspinnen läuft das Vorgarn vor dem Einlauf in das Streckwerk durch heißes Wasser. Der Pflanzenleim (Pektin), der die Elementarfasern zusammenhält, wird weich und löst sich teilweise. Es werden daher nicht nur die „technischen Fasern", sondern teilweise auch die Elementarfasern innerhalb der einzelnen „technischen Fasern" verzogen. Dies trägt wesentlich zur Erhöhung der Gleichmäßigkeit des fertigen Gespinstes bei. Die Elementarfasern haben eine Länge bis zu 50 mm. Die Streckfeldweite des Streckwerkes einer Naßspinnmaschine beträgt demnach etwa 100 mm. Auf der Naßspinnmaschine lassen sich sehr feine, glatte Flachsgarne herstellen.

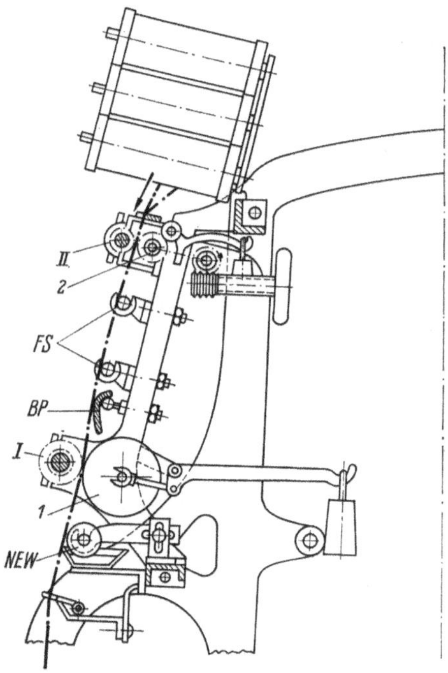

Abb. 471. Streckwerk einer Halbnaßspinnmaschine für Flachs
BP Brustplatte; *FS* Führungsstangen; *NEW* Netzwalze

Das Trockenspinnen wird für grobe Garne angewendet. Die technischen Fasern werden beim Verzug nicht weiter aufgeteilt. Die Garne sind nicht sehr gleichmäßig. Sie haben einen weichen Griff und ein rauhes, wolliges Aussehen. Die Streckfeldweite eines Trockenspinn-Streckwerkes beträgt 350 bis 500 mm. Führungsstangen und Brustplatten stützen die Fasern während des Verzuges.

Die Streckwerke der Flachsspinnmaschinen älterer Bauart bestehen meist aus zwei Walzenpaaren, von denen die Eingangswalzen und die Ausgangswalze stark geriffelt sind. Die Ausgangsdruckwalze ist aus Holz hergestellt. Die Belastung der Druckwalzen erfolgt mit Hilfe von Gewichten. In der Abb. 471 ist das Streckwerk einer Halbnaßspinnmaschine dargestellt. Zwischen den Walzenpaaren *I/1* und *II/2* befinden sich zwei Führungsstangen *FS* und die Brustplatte *BP*. Die Riffelungen der Walzen *II/2* greifen ineinander, so daß eine gute Klemmung gewährleistet ist. Vor dem Aufwinden wird das Garn von der Netzwalze *NEW* mit Wasser benetzt. Auf dem Streckwerk ist ein 9- bis 15facher Verzug zu erzielen.

Das Streckwerk der Naßspinnmaschine besteht im wesentlichen aus zwei Walzenpaaren (Abb. 472 und 473). Die Walzen sind stark geriffelt, ihre Riffel greifen ineinander. Der Vorgarnfaden wird über die Leitstangen *LS* in den Wassertrog *WT* eingezogen (Abb. 472). Das heiße Wasser erweicht den Pflanzenleim, so daß die Elementarfasern teilweise gegeneinander verschiebbar sind. Auf der Naßspinnmaschine kann maximal 8fach verzogen werden. Die Belastung der Ausgangsdruckwalze ist bei der Naßverspinnung von Hanf höher als bei der Naß-

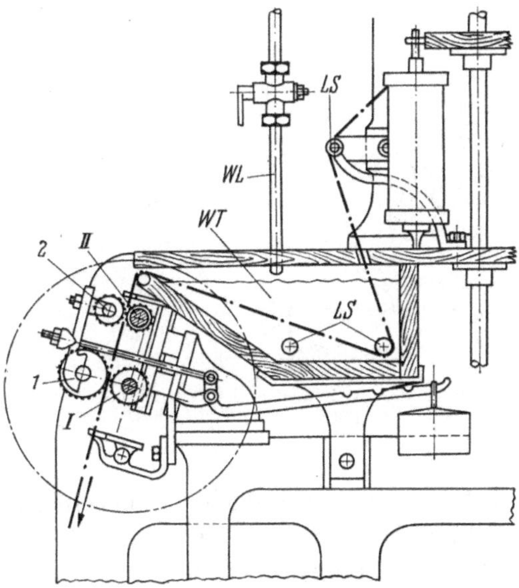

Abb. 472. Streckwerk einer Naßspinnmaschine für Flachs
LS Leitstangen; *WL* Wasserleitung; *WT* Wassertrog

verspinnung von Flachs (Abb. 474a). Während bei dem Hanf-Streckwerk die Belastung der Ausgangsdruckwalze mehr als viermal so hoch

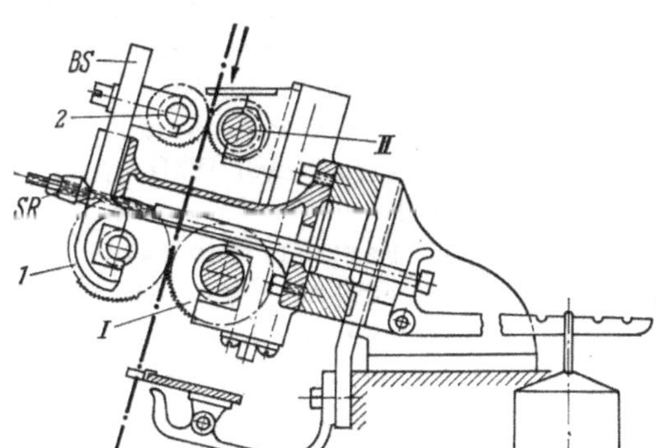

Abb. 473. Streckwerk einer Naßspinnmaschine für Flachs
BS Belastungssattel; *SR* Stellschraube

ist wie die Belastung der Eingangsdruckwalze, ist bei dem Flachs-Streckwerk der Druck auf die Ausgangsdruckwalze nur 50% höher als der Druck auf die Eingangsdruckwalze [6]. Bei der Naßverspinnung von Hanf beträgt nach dem Beispiel in der Abb. 474b die Streckfeldweite 160 mm gegenüber 75 mm bei der Naßverspinnung von Flachs

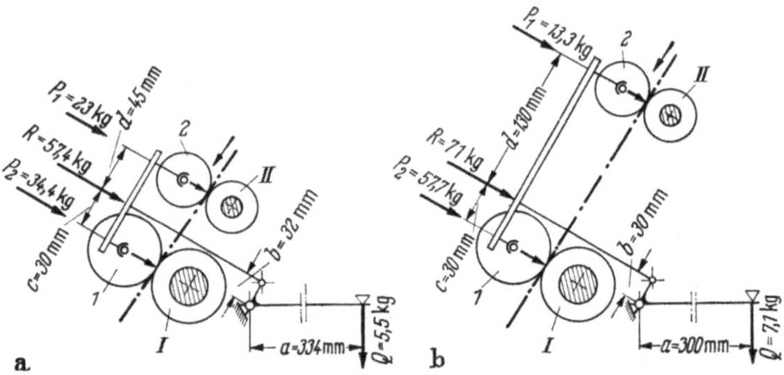

Abb. 474a u. b.. Einstellung des Streckwerkes beim Verspinnen von Flachs und Hanf [6]
a Druckwalzenbelastung beim Naßspinnen von Flachs; b Druckwalzenbelastung beim Naßspinnen von Hanf

(Abb. 474a). Die Hanffasern, vor allem die dickeren, lösen sich trotz der Wasserbehandlung kaum auf. Daher wird auch die Belastung der Eingangswalzen niedrig gehalten, um ein Zerreißen der technischen Fasern zu vermeiden. Hanffasern lassen sich im Gegensatz zu den Flachsfasern nur zu groben Garnen (etwa Nm 5 bis Nm 10) verspinnen [*6*].

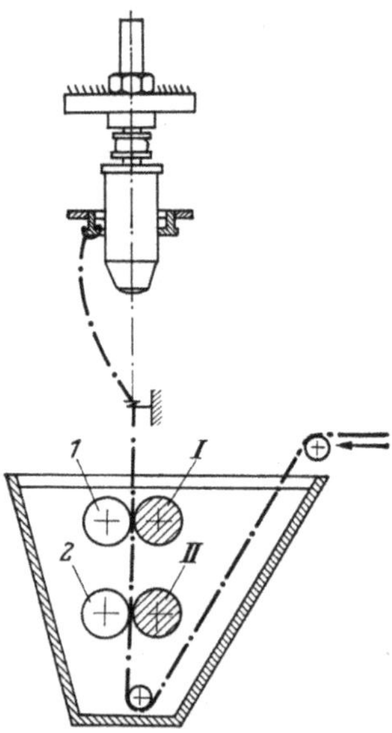

Abb. 475. Streckwerk einer Naßspinnmaschine mit hängender Spindel nach W. Frenzel und G. Wünsch – DWP 9066 von 1955, patent. vom 21. 8. 1952 an

Eine neuartige Konstruktion ist das Naßstreckwerk von Frenzel und Wünsch (Abb. 475). Bei diesem Streckwerk wird mit einer hängenden Spule gearbeitet. Das Faserband läuft von unten nach oben. Das Streckwerk hat zwei Walzenpaare, die im Wasser laufen.

Frenzel entwickelte ein weiteres Naßstreckwerk, das als Gleit-Streckwerk bezeichnet wird (Abb. 476). Die beiden Unterwalzen eines normalen Klemm-Streckwerkes sind durch ein Streckbett *SB* ersetzt, das gegen die Oberwalzen gedrückt wird. Das Vorgarn wird, nachdem es einen Wassertrog *WT* passiert hat, in das Streckwerk eingezogen. Das Streckbett ist leicht gekrümmt und besitzt eine Öffnung *OF*, durch die das abgequetschte Wasser ablaufen kann. Mit Hilfe des Leitblechs *LB* kann die Faserreibung verändert werden. Die Belastung ist gegenüber den üblichen Streckwerken um 40% niedriger. Mit dem Streckwerk kann ein 7,5facher Verzug erzielt werden.

In dem französischen Patent 1335776 beschreibt die Firma James Mackie & Sons Ltd. ein Zweiwalzen-Streckwerk für Naßspinnmaschinen,

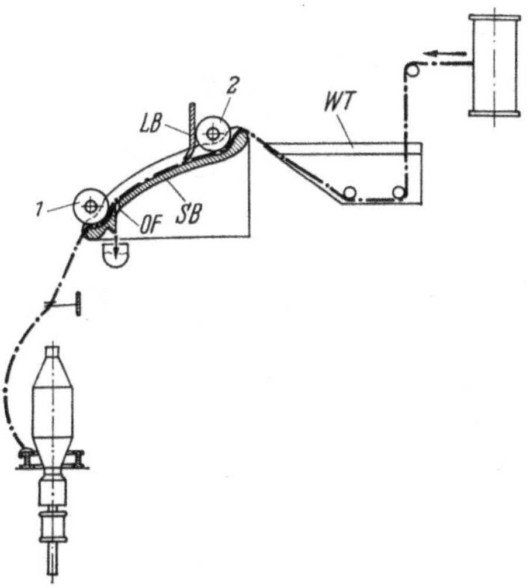

Abb. 476. Gleit-Streckwerk einer Naßspinnmaschine nach W. Frenzel — DWP 8837 von 1955, patent. vom 27. 3. 1952 an

LB Leitblech; *OF* Öffnung; *SB* Streckbett; *WT* Wassertrog

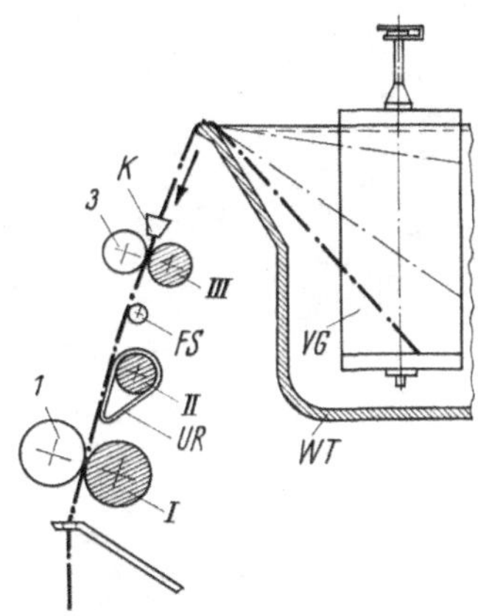

Abb. 477. Streckwerk einer Naßspinnmaschine der Firma J. Mackie & Sons Ltd. — FP 1335776 von 1963, patent. vom 8. 10. 1962 an

FS Führungsstange; *K* Verdichter; *UR* Unterriemchen; *VG* Vorgarnspule; *WT* Wassertrog

das in der Verzugszone mit einer Führungsstange *FS* und mit einem kurzen Unterriemchen *UR* ausgestattet ist (Abb. 477). Vor den Eingangswalzen befindet sich ein Verdichter *K*. Die Vorgarnspulen *VG* sind in dem Wassertrog *WT* gelagert.

In der Tschechoslowakei wurde ein Hochverzugs-Streckwerk für eine Naßspinnmaschine entwickelt, bei welchem mit einer gebrochenen Streckfeldebene gearbeitet wird (Abb. 478a u. b) [*4*]. Es besitzt zwei Verzugszonen. Die Vorverzugszone verläuft horizontal, während die Hauptverzugszone um etwa 90° nach unten abgeknickt ist. Dadurch ist es möglich, zwei Druckwalzen *2a* und *2b* auf der Mittelwalze *II* laufen zu lassen. Die Fasern werden gut geklemmt. Die Belastung der vier Druckwalzen erfolgt pneumatisch (Abb. 478b). Ein Kolben *KO* drückt gegen die Lagerschalen des Lenkarmes *LA*. Die Druckwalzen sind in einem dreiteiligen Gehäuse gelagert. Das tragende Mittelstück *M* ist fest montiert; die beiden Seitenteile S_1 und S_2 lassen sich verstellen. Das ganze Gehäuse ist durch den Zapfen *Z* mit der Konsole *KS* verbunden. Wenn die Verriegelung *VRG* gelöst wird, läßt es sich von der

Maschine abnehmen. Auf dem Streckwerk sollen 100fache Verzüge möglich sein. Im Bereich 15- bis 25facher Verzüge kann kein einwand-

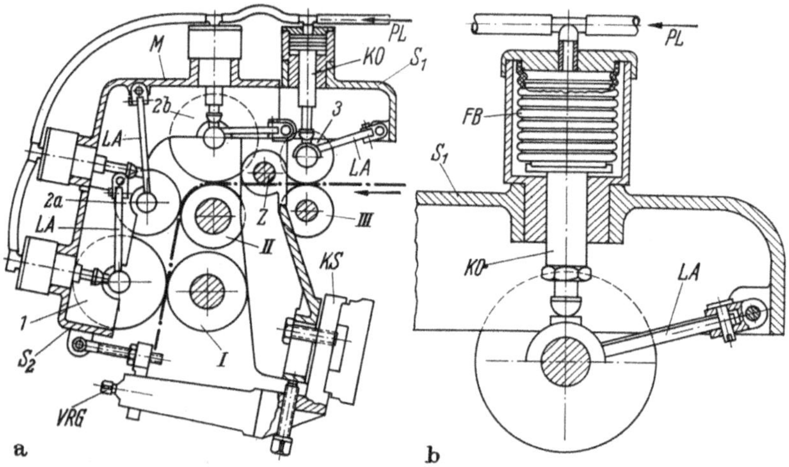

Abb. 478a u. b
Tschechisches Hochverzugs-Streckwerk für die Naßverspinnung von Langflachs [4]
a Schematische Darstellung des Streckwerks; b Belastung der Druckwalzen
FB Faltenbalg; *KO* Kolben; *KS* Konsole; *LA* Lenkarm; *M* Mittelstück; *PL* Preßluft; S_1, S_2 Seitenteile; *VRG* Verriegelung; *Z* Befestigungszapfen

freies Garn gesponnen werden. Wichtig ist, daß der Langflachs vor dem Verzug genügend Wasser aufnehmen kann.

In der Abb. 479 ist das Streckwerk einer Hechelspinnmaschine dargestellt. Der Aufbau des Streckwerks gleicht dem der Flachsvorspinn-

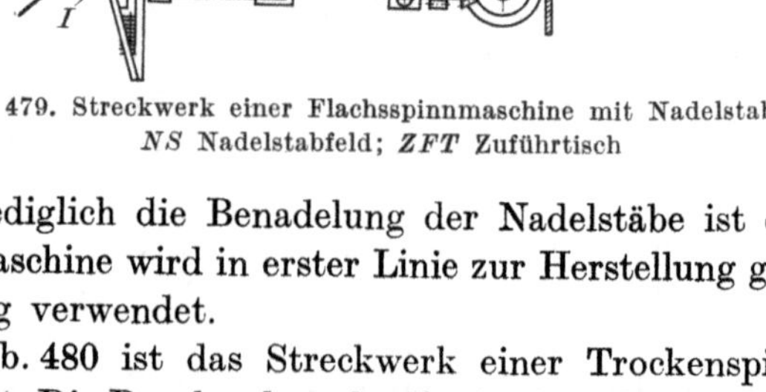

Abb. 479. Streckwerk einer Flachsspinnmaschine mit Nadelstabfeld
NS Nadelstabfeld; *ZFT* Zuführtisch

maschinen. Lediglich die Benadelung der Nadelstäbe ist dichter. Die Hechelspinnmaschine wird in erster Linie zur Herstellung grober Garne aus Abfallwerg verwendet.

In der Abb. 480 ist das Streckwerk einer Trockenspinnmaschine veranschaulicht. Die Druckwalzen des Zweiwalzen-Streckwerkes werden durch Gewichte belastet. Zwischen den Walzenpaaren befinden sich eine Brustplatte *BP* und ein Führungsstab *FS*. Die Stellung der Brustplatte *BP* bestimmt die Länge der Zone, in der sich das Vorgarn aufdrehen kann. Der Führungsstab *FS* ist horizontal verschiebbar und

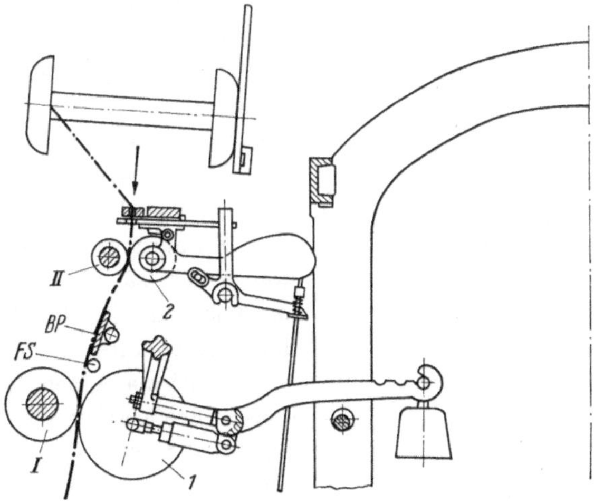

Abb. 480. Streckwerk einer Flachs-Trockenspinnmaschine der Firma Fairbairn Lawson Combe Barbour Ltd.
BP Brustplatte; *FS* Führungsstab

beeinflußt die Verzugsarbeit des Streckwerkes, dessen richtige Einstellung vom Material abhängig ist und große Erfahrung erfordert.

In einem Patent der Firma Fairbairn Lawson Combe Barbour Ltd. wird vorgeschlagen, einen spiralig gewundenen Draht *D* zur Faser-

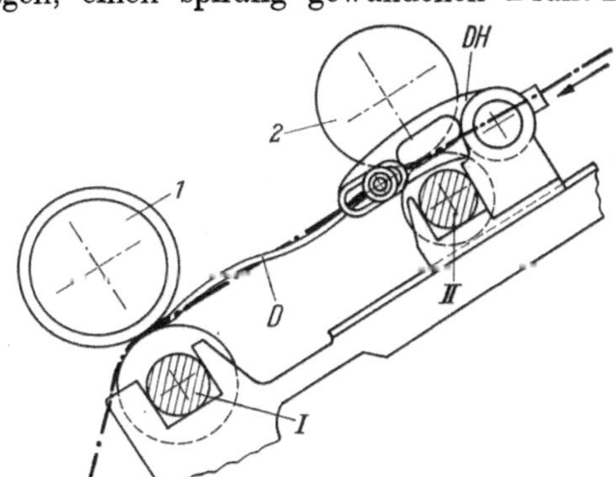

Abb. 481. Streckwerk für eine Flachs-Feinspinnmaschine der Firma Fairbairn Lawson Combe Barbour Ltd. – BP 729768 vom 19. 8. 1953
D Draht; *DH* Halterung für den Draht

führung zu verwenden (BP 729768; Abb. 481). Der innere Durchmesser der Spirale ist etwas geringer als der Durchmesser des Faserbandes. Die Stellung des Drahtes im Verzugsfeld kann verändert werden.

Bei einem weiteren Vorschlag der gleichen Firma ist vorgesehen, das Verzugsfeld mit einem Unterriemchen *UR* auszustatten (BP 740859; Abb. 482). Das Riemchen wird von der Walze *II* und der Wendeschiene *WS* geführt. In einem Lager *LGA*, das an der Führung für die Walze *II* befestigt ist, liegt eine kunststoffbezogene Walze *W*. Sie läuft zwischen den Riemchentrumen. Zusammen mit der Walze *DW* kontrolliert sie die Fasern im Verzugsfeld zurück. Die Walze *W* gibt dabei nach unten nach.

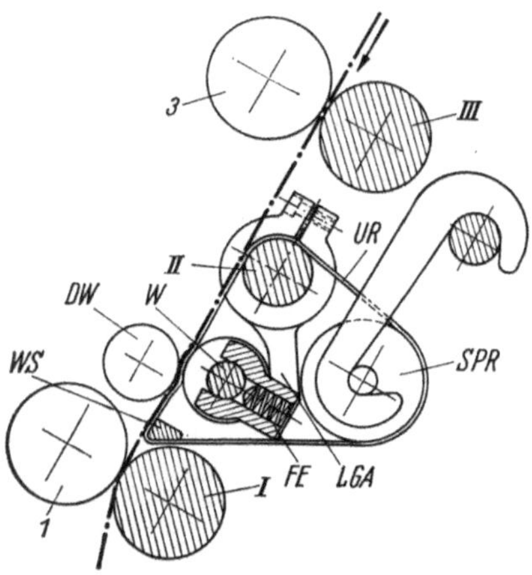

Abb. 482. Einriemchen-Streckwerk der Firma Fairbairn Lawson Combe Barbour Ltd. – BP 740859 vom 24. 8. 1954
DW Walze; *FE* Feder; *LGA* Lagerarm; *SPR* Spannrolle; *UR* Unterriemchen; *W* Walze mit nachgiebigem Bezug; *WS* Wendeschiene

Die Firma Linen Industry Research Association entwickelte ein Bastfaser-Streckwerk, bei dem die Eingangsdruckwalze *2* mit einem dicken nachgiebigen Bezug versehen ist (BP 774183; Abb. 483). Damit das Faserband möglichst lange an der Druckwalze *2* anliegt, wird es über eine Rolle *RO* geleitet. Die Stellung dieser Rolle kann verändert werden. Mehrere Faserbänder lassen sich durch die Dublierplatte *DP* zusammenfassen und mit dem

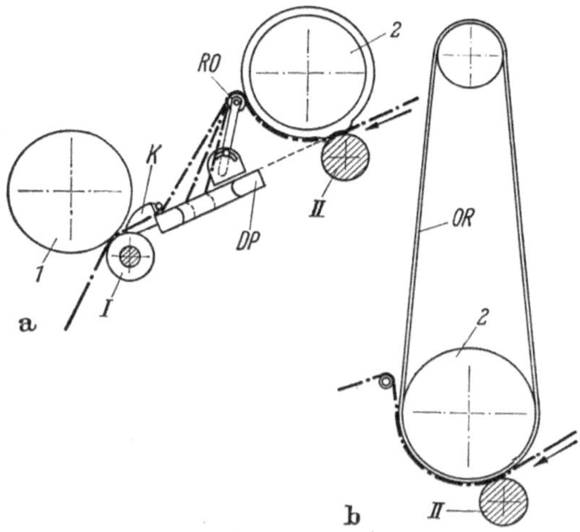

Abb. 483a u. b
Streckwerk der Firma Linen Industry Research Association – BP 774183 vom 17. 2. 1955
a Die Druckwalze *2* ist mit einem nachgiebigen Material bezogen; b um die Druckwalze *2* läuft ein Riemchen
DP Dublierplatte; *K* Verdichter; *RO* Führungsrolle; *OR* Oberriemchen

Verdichter *K* verdichten. Dieser ist vor den Ausgangswalzen angebracht. Anstelle des nachgiebigen Überzuges kann die Druckwalze *2* auch mit einem langen Oberriemchen *OR* ausgestattet sein.

Ein anderes Streckwerk der Firma Linen Industry Research Association ist mit einer Vorrichtung versehen, mit der im Verzugsfeld die Verzugsfeldlänge proportional zur Fasermasse verändert werden kann (USP 2905976; Abb. 484). Vor den Ausgangswalzen wird die Faserbanddichte von einem pneumatischen Meßkopf *MK* abgetastet. Eine dichtere Stelle im Faserband hat zur Folge, daß der Druck in der Preßluftleitung *PL* ansteigt. Dadurch dehnt sich der Faltenbalg *FB*, auf dessen Stirnseite die Brücke *BR* angebracht ist. Eine Verschiebung der Brücke bewirkt eine Verlängerung des Verzugsfeldes. Beim Durchlauf einer dünneren Stelle fällt der Druck ab. Die Feder *FE* drückt den Faltenbalg zusammen, und die Verzugsfeldlänge wird kleiner.

Ein Hochverzugs-Streckwerk für Bastfasern geben A. GARDELLA und C. GARDELLA in ihrem Patent DBP 945739 von 1956 an (Abb. 485). Vier

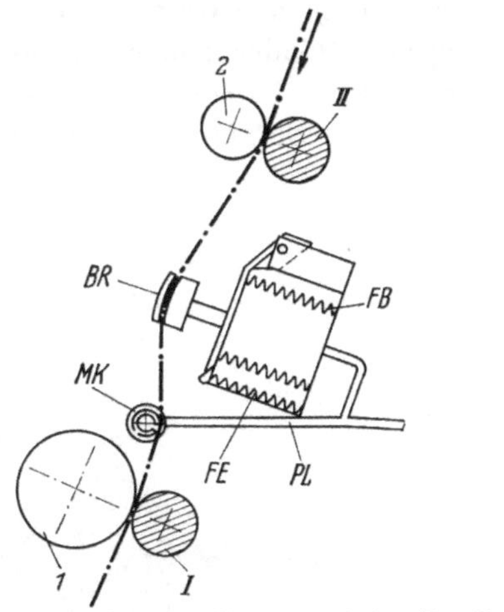

Abb. 484. Streckwerk mit pneumatischer Regulierung der Streckfeldweite nach J. A. MATTHEW und J. L. SPENCER-SMITH — USP 2905976 der Firma Linen Industrie Research Association of the Research Institut Lambeg vom 14. 5. 1956

BR Brücke; *FB* Faltenbalg; *FE* Feder; *MK* pneumatischer Meßkopf; *PL* Preßluftleitung

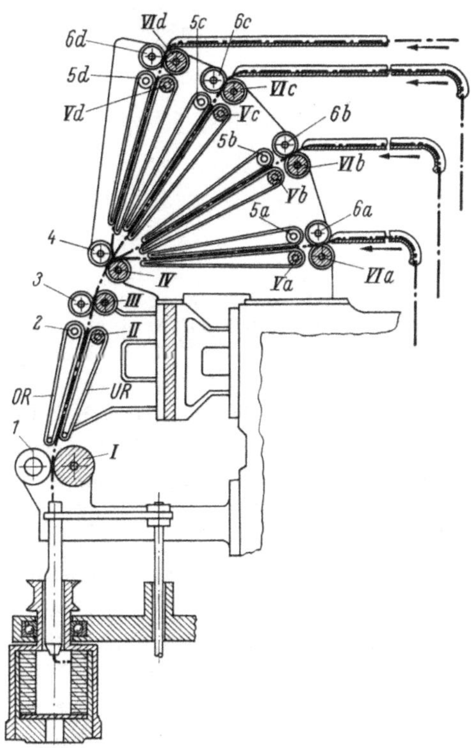

Abb. 485. Hochverzugs-Streckwerk nach A. GARDELLA und C. GARDELLA — DBP 945739 von 1956, patent. vom 12. 1. 1954 an

OR Oberriemchen; *UR* Unterriemchen

fächerartig angeordnete Vorverzugs-Streckwerke führen die verzogenen Bänder einem Sammelstreckwerk zu. Die vier Vorverzugs-Streckwerke haben ein gemeinsames Ausgangswalzenpaar *IV*/*4*. Hier erfolgt die Dublierung. Jedes Streckwerk ist mit einem Riemchenpaar

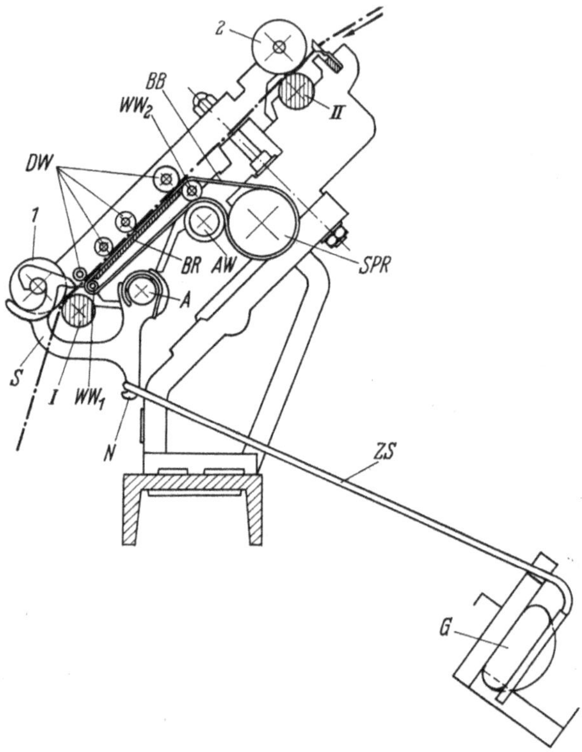

Abb. 486. Hochverzugs-Streckwerk der Firma N. Schlumberger & Cie.
A Achse für den Sattel; *AW* Antriebswalze; *BB* Breitband; *BR* Brücke; *DW* Durchzugswalzen; *G* Belastungsschlauch; *N* Nase des Sattels; *S* Sattel; *SPR* Spannrolle; WW_1, WW_2 Wendewalzen; *ZS* Zugstange

ausgerüstet. Die langen Riemchen führen die Fasern bis nahe an den vorderen Klemmpunkt. Die Vorverzugs-Streckwerke können auch zu zweit nebeneinander angeordnet sein.

Die für die Kammgarnverspinnung konstruierten Riemchen-Streckwerke der Firmen N. Schlumberger & Cie. und Carniti finden ebenfalls an Bastfaser-Spinnmaschinen Verwendung (Abb. 486 und 487).

Ginsburg entwickelte ein Hochverzugs-Streckwerk für eine Werg-Naßspinnmaschine (Abb. 488). Dieses Dreiwalzen-Streckwerk besitzt zwischen der Eingangs- und der Mittelwalze einen Führungsstab *FS*, der sowohl horizontal als auch vertikal verstellt werden kann. Dadurch lassen sich die Reibungsverhältnisse im Streckwerk verändern. Die

Druckwalze *3* wird durch eine Feder belastet, während die Druckwalzen *1* und *2* eine pneumatische Belastungseinrichtung haben. Mit dem Streckwerk ist ein 30facher Verzug möglich.

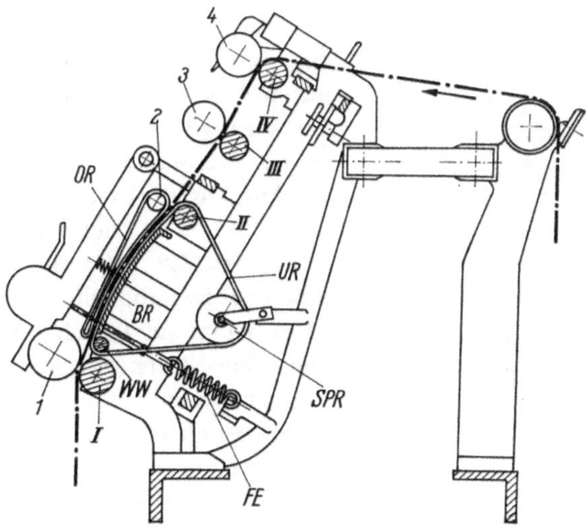

Abb. 487. Hochverzugs-Streckwerk der Firma Carniti
BR Brücke; *FE* Belastungsfeder; *OR* Oberriemchen; *SPR* Spannrolle; *UR* Unterriemchen; *WW* Wendewalze

In der Abb. 489 ist das Streckwerk der Perfect-Flachsspinnmaschine dargestellt. Die Verzugszone des Zweiwalzen-Streckwerks ist mit einem

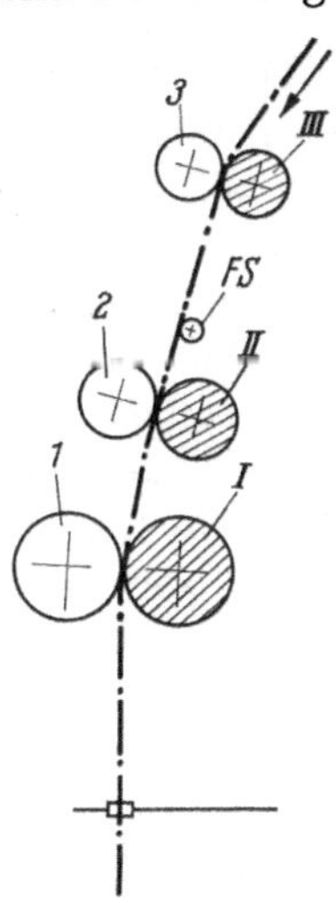

Abb. 488
Hochverzugs-Streckwerk für die Verarbeitung von Flachswerg von GINSBURG
FS Führungsstab

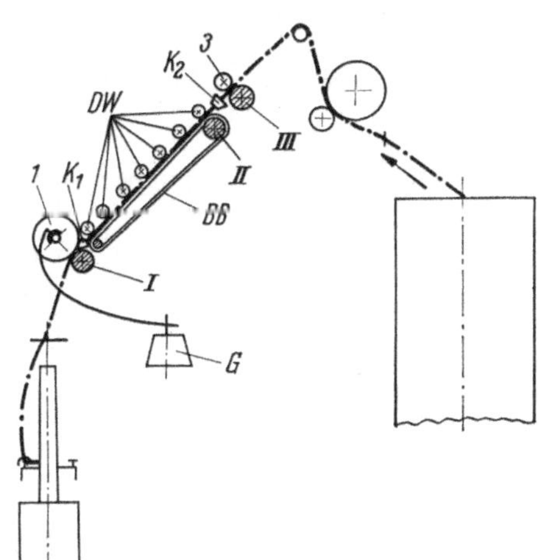

Abb. 489
Streckwerk der Perfect-Flachsspinnmaschine
BB Breitband; *DW* Durchzugswalze; *G* Gewicht; K_1, K_2 Verdichter

Breitband *BB* aus Gummi ausgestattet. Von dem Breitband und den Durchzugswalzen *DW* werden die Fasern gut geführt. Die Durchzugswalzen sind in seitlich angebrachten Stanzen gelagert. Eine große Anzahl von Lagerschlitzen in den Stanzen macht es möglich, den Ort der Durchzugswalzen zu verändern, so daß den unterschiedlichen Spinnbedingungen verschiedener Partien Rechnung getragen werden kann. Die Belastung der Ausgangsdruckwalzen erfolgt durch Gewichte. Die normale Streckfeldweite beträgt 500 mm. Bei einer Liefergeschwindigkeit von 20 m/min ist maximal ein 48facher Verzug möglich. Das Streckwerk für die Flachswergverspinnung ist ebenfalls mit einem Unterriemchen versehen. Die Streckfeldweite ist auf 260 mm begrenzt.

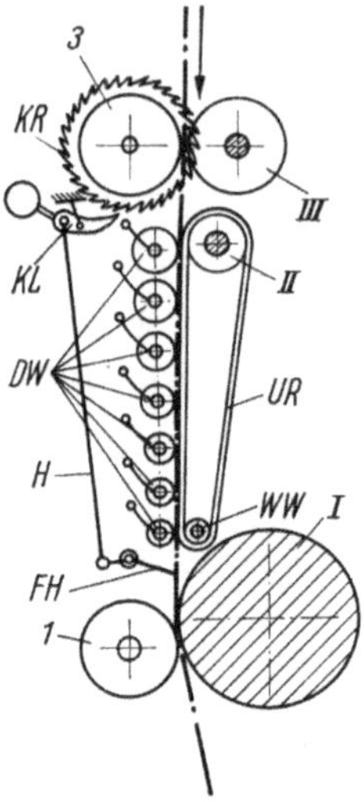

Abb. 490. Streckwerk der Firma Gardella für die Verarbeitung von Flachs und Jute

DW Durchzugswalzen; *FH* Fühlhebel; *H* Hebel; *KL* Klinke; *KR* Klinkenrad; *UR* Unterriemchen; *WW* Wendewalze

In der Abb. 490 ist ein Hochverzugs-Streckwerk für die Zentrifugenspinnmaschine der Firma Gardella dargestellt [*3*]. Es kann für Flachs und für Jute verwendet werden. Das Streckwerk hat ein Unterriemchen *UR*, auf dem sieben Durchzugswalzen *DW* lagern. Die Durchmesser der Durchzugswalzen *DW* nehmen in der Bandlaufrichtung ab. Die geriffelten Eingangswalzen *III*/*3* sind aus Stahl. Dagegen haben die Ausgangswalzen keine Riffelung. Die Druckwalze *1* ist mit Kunststoff bezogen. Zwischen der Wendewalze *WW* und den Ausgangswalzen *I*/*1* ist ein Fühlhebel *FH* angeordnet. Wenn das Faserband reißt, drückt der Fühlhebel *FH* über

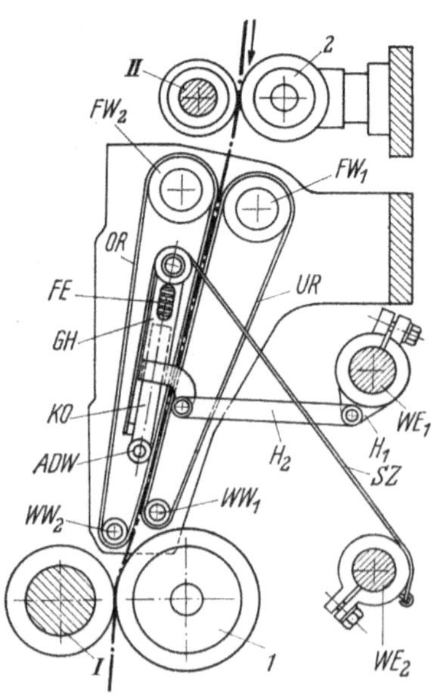

Abb. 491. Zweiriemchen-Streckwerk nach A. Gardella und C. Gardella — DBP 1040949 von 1959, patent. vom 19. 3. 1956 an

ADW Andrückwalze; *FE* Feder; FW_1, FW_2 Führungswalzen; *GH* Gehäuse; H_1, H_2 Hebel; *KO* Kolben; *OR* Oberriemchen; *SZ* Seilzug; *UR* Unterriemchen; WE_1, WE_2 Wellen; WW_1, WW_2 Wendewalzen

den Hebel *H* die Klinke *KL* gegen das Klinkenrad *KR*. Hierdurch wird eine Trennung der Eingangsdruckwalze *3* von der Eingangswalze *III* bewirkt. Der Antrieb der Unterriemchenwalze *II* wird ebenfalls unterbrochen. Die Streckfeldweite beträgt 356 mm. Mit dem Streckwerk sollen bis zu 40fache Verzüge erreicht werden.

Bei einer weiteren Konstruktion sind die Durchzugswalzen durch ein Oberriemchen *OR* ersetzt (DBP 1040949 von 1959, Abb. 491). Charakteristisch für dieses Zweiriemchen-Streckwerk ist die Andrückwalze *ADW*, die die Riemchen gegeneinander preßt und die in Richtung des Faserdurchlaufes verschoben werden kann. Der Anpreßdruck wird durch Verdrehen der Welle WE_1 geändert. Auf der Welle WE_1 ist der Hebel H_1 aufgeschraubt, der über den Hebel H_2 mit dem teleskopartig ausgebildeten Belastungshebel verbunden ist. Dieser Hebel besteht aus einem Gehäuse *GH* und dem Kolben *KO*, gegen den eine Feder *FE* drückt. Die Andrückwalze *ADW* ist am unteren Ende des Kolbens *KO* gelagert. Über einen Seilzug *SZ* kann die Stellung des Kolbens *KO* in dem Gehäuse *GH* geändert werden. Die Feder *FE* wirkt der Seilzugkraft entgegen.

4.3.2 Die Streckwerke für die Jutespinnmaschinen

Das Feinspinnen der Jute erfolgt auf Trockenspinnmaschinen. Während früher nur Flügelspinnmaschinen benutzt wurden, werden heute in zunehmendem Maße Ringspinnmaschinen verwendet. Das Streckwerk einer Jutespinnmaschine ist in der Abb. 492 dargestellt. Die Streckfeldweite beträgt 250 bis 270 mm. Zur Führung der Fasern sind in der Verzugszone eine Brustplatte *BP* und ein Verdichter *K* angebracht. Mit dem Streckwerk ist ein 5- bis 10facher Verzug möglich.

In der Abb. 493 ist das Streckwerk der Schneider-Mackie-Spinnmaschine dargestellt. Die Walzen des Streckwerks sind ge-

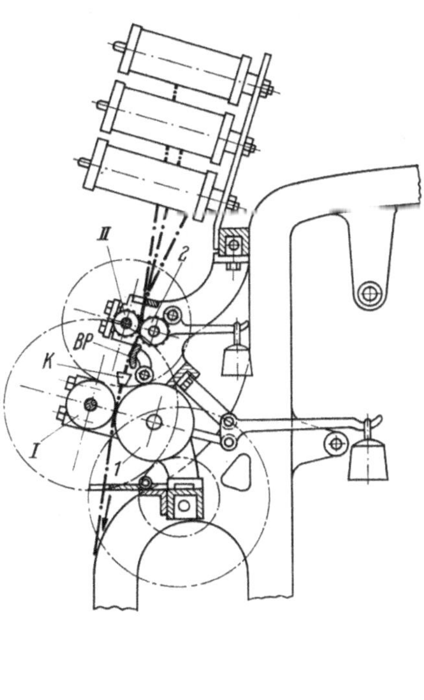

Abb. 492
Streckwerk einer Feinspinnmaschine für Jute
BP Brustplatte; *K* Verdichter

riffelt. Die Brustplatte *BP*, deren Neigung verändert werden kann, ist horizontal verschiebbar. Der Verdichter *K*, der fast bis an den Klemmpunkt der Ausgangswalzen *I*/*1* heranreicht, kann mit Hilfe der Stell-

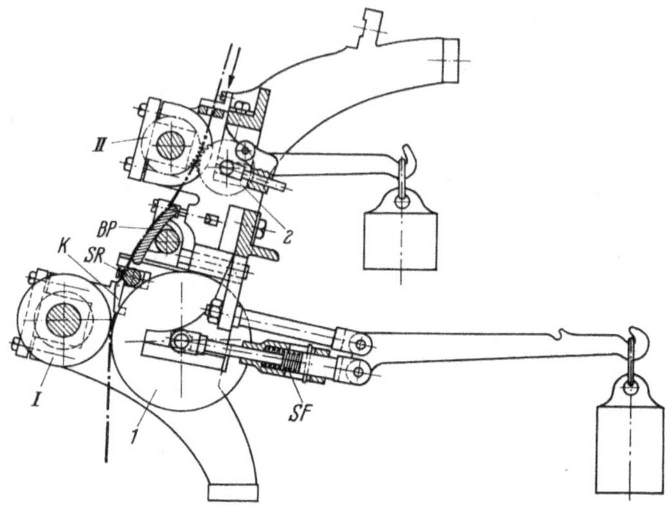

Abb. 493. Streckwerk der SCHNEIDER-MACKIE-Jutespinnmaschine
BP Brustplatte; *K* Verdichter; *SF* Schraubenfeder; *SR* Stellschraube

schraube *SR* der jeweiligen Lage der Brustplatte *BP* angepaßt werden. Die Belastung der Druckwalzen erfolgt durch Gewichte. Eine Schraubenfeder *SF* wirkt dem Gewicht der Ausgangsdruckwalze entgegen und gestaltet so deren Belastung elastisch.

Die Streckwerke der Seydel-Spinnmaschine und der Jutespinnmaschine der Firma Sächsische Maschinenfabrik sind ähnlich aufgebaut (Abb. 494 und 495). Allerdings entfällt die Schraubenfeder am Ausgang des Streckwerkes.

Aus der Abb. 496 geht die Konstruktion eines englischen Streckwerks für die Verarbeitung von Jute hervor. Zwischen den beiden Walzenpaaren *I*/*1* und *III*/*3* sind die Brustplatte *BP*, die Verdichter K_1

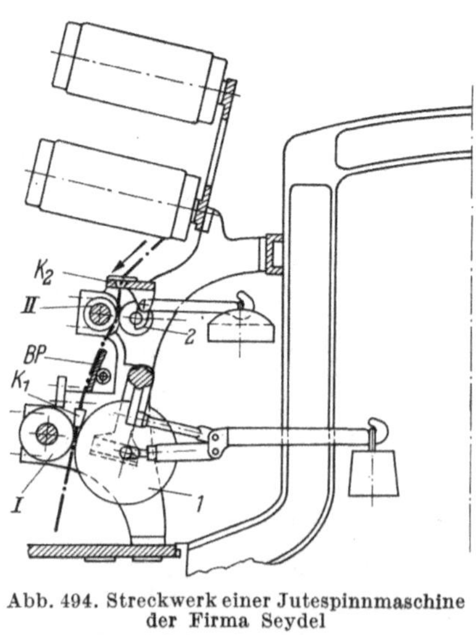

Abb. 494. Streckwerk einer Jutespinnmaschine der Firma Seydel
BP Brustplatte; K_1, K_2 Verdichter

und K_2 und das Walzenpaar *II*/*2* zur Faserführung angebracht. Das Faserband bewegt sich nicht geradlinig durch das Streckfeld, sondern legt sich

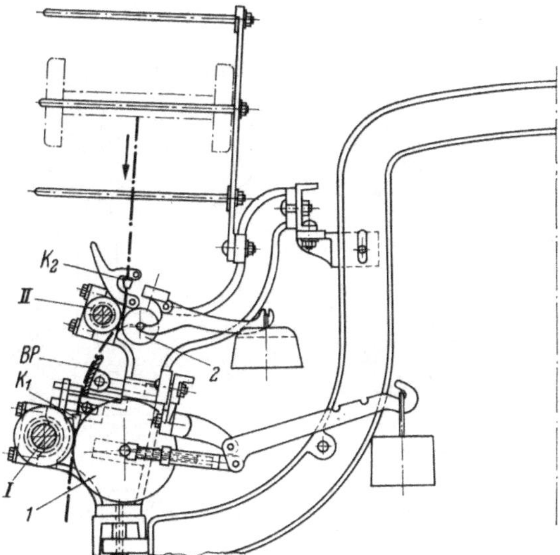

Abb. 495. Streckwerk einer Jutespinnmaschine der Firma Sächsische Maschinenfabrik
BP Brustplatte; K_1, K_2 Verdichter

bogenförmig um die Brustplatte *BP*. Die Unterwalze *II* hat eine Riffelung, in welche die Zähne der lose aufliegenden Oberwalze *2* eingreifen (Abb. 496b). Diese ist an der Laufstelle des Faserbandes abgedreht.

Das amerikanische LUDLOW-Streckwerk ist ähnlich konstruiert (Abb. 497). Zwischen dem Eingangs- und dem Ausgangswalzenpaar sind eine Brustplatte *BP*, ein Mittelwalzenpaar *II*/*2* und ein Verdichter *K* angebracht. Die einzelnen Organe des Streckwerks sind nicht verstellbar. Die Oberwalze *2* liegt lose auf der Mittelwalze *II* auf.

Bei dem Jute-Streckwerk der Firma James Mackie & Sons Ltd. beträgt die Streckfeldweite nur etwa die Hälfte der mittleren Faserlänge (DBP 887166 von 1953, Abb. 498). Um ein Reißen der Fasern

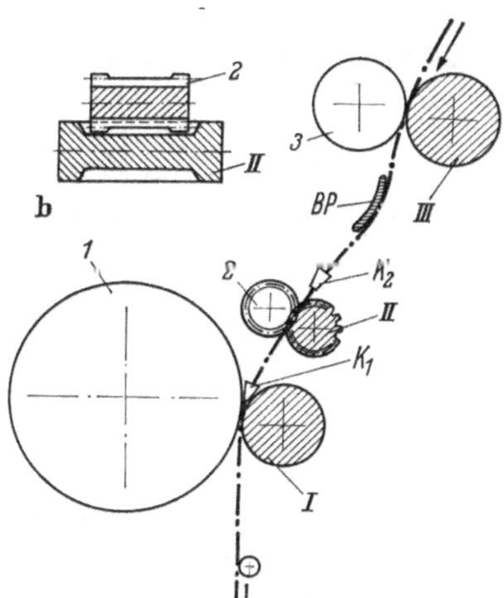

Abb. 496a u. b. Englisches Jute-Hochverzugs-Streckwerk
a Schematische Darstellung des Streckwerks; b Stellung der Mittelwalzen zueinander
BP Brustplatte; K_1, K_2 Verdichter

zu vermeiden, wird der Faserverband durch die Walze *II* nach oben ausgelenkt. Auf der Walze *II* läuft eine Durchzugswalze *2a*. Vor den

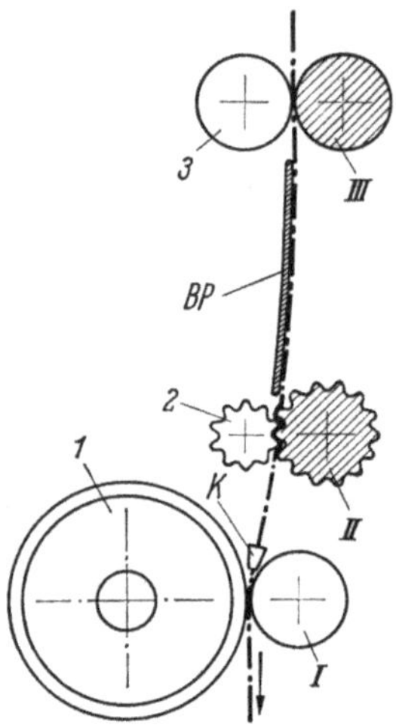

Abb. 497. LUDLOW-Streckwerk für die Verarbeitung von Jute
BP Brustplatte; *K* Verdichter

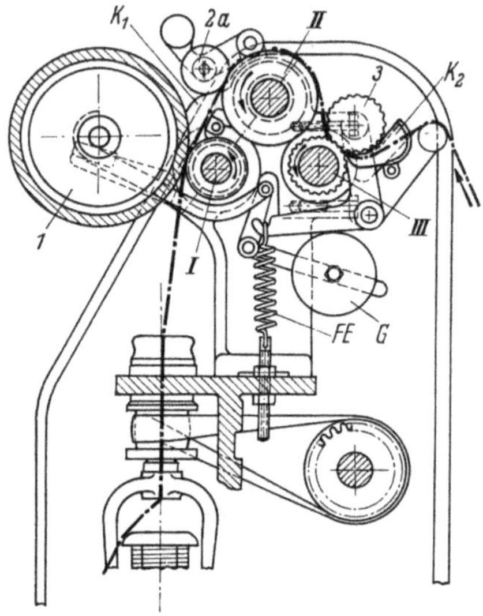

Abb. 498. Hochverzugs-Streckwerk der irma James Mackie & Sons Ltd. — DBP 887166 von 1953, patent. vom 1. 10. 1950 an
FE Feder; *G* Belastungsgewicht; K_1, K_2 Verdichter

Eingangs- und vor den Ausgangswalzen sind Verdichter angebracht. Das Streckwerk hat zwei Vorteile. Einmal wird durch die gedrungene Bauweise des Streckwerkes die Höhe der Spinnmaschine begrenzt und die Länge des Faserbandzuführweges gering gehalten, zum anderen ist infolge der guten Faserführung eine Erhöhung des Verzuges möglich. Auf dem Streckwerk sollen Streckenbänder direkt zu Garnen verzogen werden. Die Belastung der Eingangsdruckwalze erfolgt durch eine Feder *FE*. Die Ausgangsdruckwalze wird durch ein Gewicht *G* belastet.

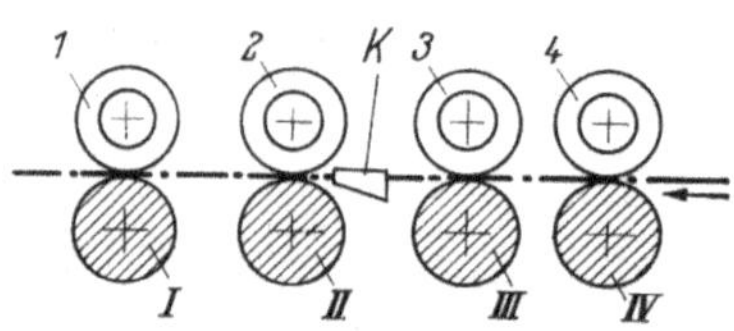

Abb. 499
Sowjetisches Faserband-Streckwerk [5]
K Verdichter

In der Abb. 499 ist ein Faserband-Streckwerk dargestellt, wie es an einer sowjetischen Jutespinnmaschine verwendet wurde. Das Streckwerk besitzt vier Walzenpaare. Zwischen den Mittelwalzenpaaren ist ein Verdichter *K* angeordnet. In der mittleren Zone findet nur ein 1,03facher Verzug statt. Der Gesamtverzug ist 6fach. Die Belastung der Ein- und der Ausgangsdruckwalze ist größer als die Belastung der mittleren Druckwalzen. Auf Grund eingehender Versuche wurde das Streckwerk abgeändert [5] (Abb. 500). Die Druckwalzen *3* und *2* sind mit einem nachgiebigen Bezug versehen und gegenüber den Mittelwalzen zum Streckwerkseingang bzw. -ausgang hin verschoben. Von unten her drückt jeweils eine Führungswalze FW_1 bzw. FW_2 das Material gegen die Druckwalzen *2* bzw. *3*. Der Anpreßdruck wird von einer Feder erzeugt. Die mittlere Streckwerkszone ist wiederum als Verdichterzone ausgebildet.

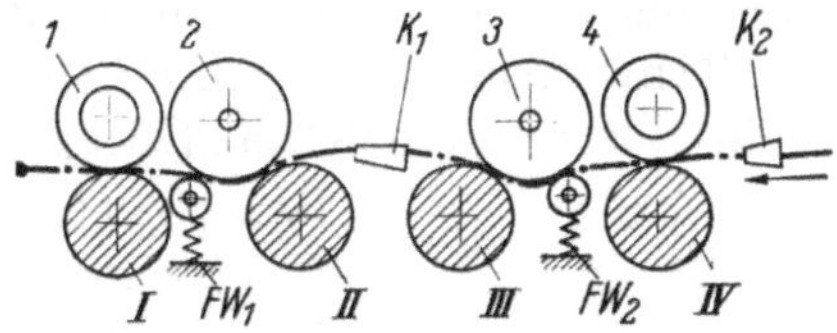

Abb. 500. Sowjetisches Faserband-Streckwerk, verbesserte Ausführung [5]

FW_1, FW_2 Führungswalzen; K_1, K_2 Verdichter

In der Abb. 501 ist ein anderes sowjetisches Jutestreckwerk im Schema veranschaulicht. Die Mittelwalze *II* des Vier-über-Drei-Streckwerks ist dünner als die Eingangs- oder die Ausgangswalze. Auf der Mittelwalze lagern die Druckwalzen *2b* und *2a*, die mit der Mittelwalze und dem Unterriemchen *UR* eine Flächenführung bilden. Das Unterriemchen *UR* wird von zwei Wendeschienen WS_1 und WS_2 umgelenkt und von einer Spannrolle *SPR* gespannt. Selbst bei einer hohen Liefergeschwindigkeit soll die Anzahl der Fadenbrüche gering sein.

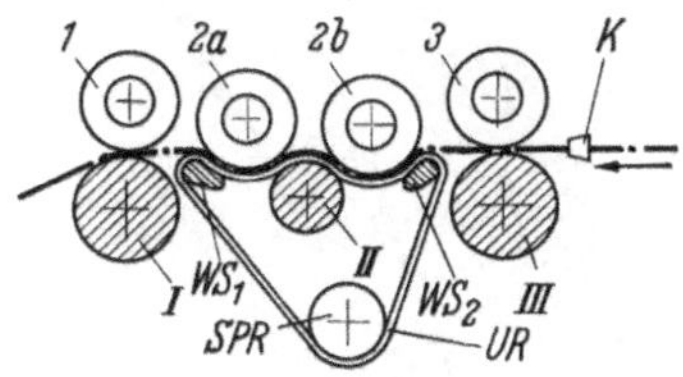

Abb. 501. Sowjetisches Streckwerk für eine Jutespinnmaschine [5]

K Verdichter; *SPR* Spannrolle; *UR* Unterriemchen; WS_1, WS_2 Wendeschienen

Die Firma Heidenreich & Harbeck stellt ein Hochverzugs-Streckwerk für die Verarbeitung von Jute her (DBP 892572 von 1953; Abb. 502). Es ist mit einem Riemchenpaar versehen. Die Riemchen sind zwischen den Eingangs- und den Ausgangswalzen angeordnet und werden von den Walzen *II* und *III* bzw. *2* und *3* geführt. Die Justierplatte *JP* preßt die beiden Riemchen gegeneinander.

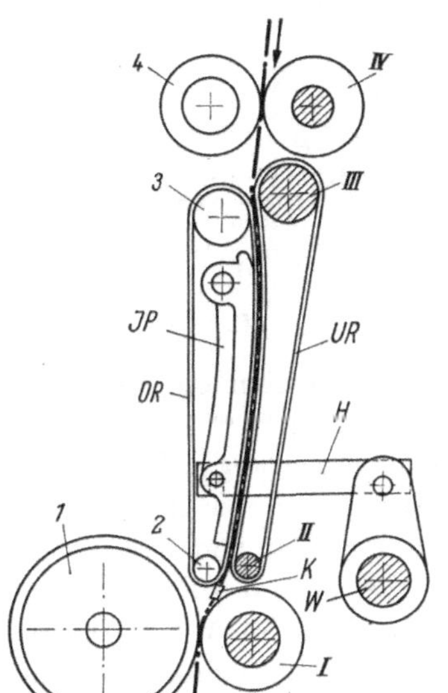

Abb. 502. Zweiriemchen-Hochverzugs-Streckwerk der Firma Heidenreich & Harbeck DBP 892572 von 1953, patent. vom 10. 4. 1952 an

H Hebel; *JP* Justierplatte; *K* Verdichter; *OR* Oberriemchen; *UR* Unterriemchen; *W* durchgehende Welle zum Verstellen der Justierplatte *JP*

Der Anpreßdruck läßt sich mit Hilfe des Hebels *H* verändern. Mittels der Welle *W* können alle Justierplatten gleichzeitig verstellt werden. Vor den Ausgangswalzen *I/1* faßt ein Verdichter *K* das Faserband zusammen.

BADE versuchte im Jahre 1956 die Riemchenführung zu verbessern, indem er mehrere Klemmfedern *KF* nebeneinander anordnete (DBP 953863 von 1956; Abb. 503). Die Federn drücken auf die Riemchenführungswalze *II*. Die freie Federlänge der Federn *KF* läßt sich durch die Stellung des Schiebers *SB* bestimmen. Mit Hilfe dieser Anordnung sollen die Fasern auch dann gut geführt werden, wenn die Anzahl der Fasern quer zur Bewegungsrichtung schwankt. Die Justierplatte *JP* dient ebenfalls der Faserführung. Sie ist um die Achse *A* drehbar und über die Schraube *SR* mit dem Rahmen *R* verbunden. Mit Hilfe des Lenkhebels *LH* kann der Rahmen *R* verstellt werden.

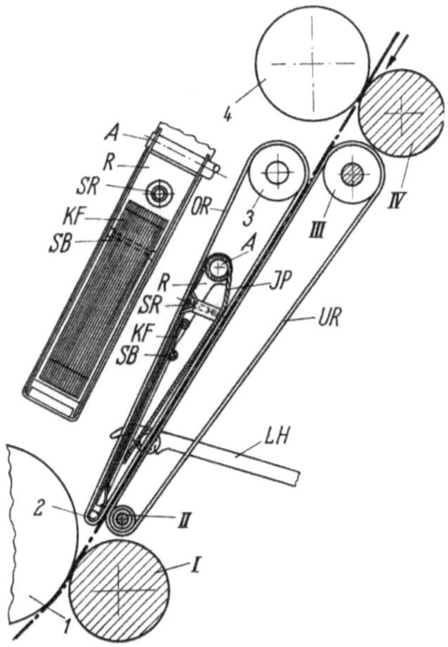

Abb. 503. Zweiriemchen-Streckwerk für die Verarbeitung von Jute nach H. BADE – DBP 953863 von 1956, patent. vom 10. 1. 1953 an

A Achse; *JP* Justierplatte; *KF* Klemmfeder; *LH* Lenkhebel; *OR* Oberriemchen; *R* Rahmen; *SB* Schieber; *SR* Schraube; *UR* Unterriemchen

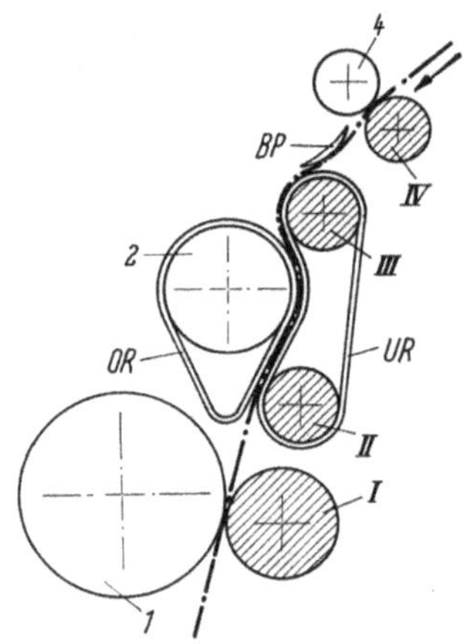

Abb. 504. Zweiriemchen-Streckwerk der „FalaSpin“-Flügelspinnmaschine der Firma Fairbairn Lawson Text. Mach. Co. Ltd.

BP Brustplatte; *OR* Oberriemchen; *UR* Unterriemchen

In der Abb. 504 ist das Zweiriemchen-Streckwerk der „FalaSpin“-Flügelspinnmaschine der Firma Fairbairn Lawson Text. Mach. Co. Ltd. dargestellt. Mit Hilfe dieses Streckwerks können hohe Verzüge erreicht werden. Die Fasern werden auf einer gekrümmten Bahn durch das Streckwerk geleitet und von einem Riemchenpaar sowie von der Brustplatte *BP* geführt. Das Unterriemchen *UR* läuft um die Walzen *II* und *III*. Die Druckwalze *2* ist zwischen den Walzen *II* und *III* angeordnet und mit einem kurzen Riemchen *OR* versehen.

Literatur zu Kap. 4

[1] NONNENMACHER, E.: Die Jute. Berlin: Springer 1930.
[2] WOLFF, R.: Die Jute, ihre Industrie und volkswirtschaftliche Bedeutung. Berlin 1913.
[3] FEISTAUER, H., u. R. HUSCHKA: Neue Maschinen für die Bastfaserspinnerei. Mitt. Bastfaserind. 6 (1963) 73.
[4] Textil (Prag) 15 (1960) 412.
[5] NEMZER, G. M.: Über die Verringerung der Ungleichmäßigkeit von Lunten und von Garnen. Techn. Tekstilnoj Prom. 1961, H. 2, 66 (russ.).
[6] ZILAHI, M.: Verbesserung der Grenzungleichmäßigkeit durch Steigerung der Teilbarkeit der Hanffasern. Vortrag, gehalten auf der XIV. Ungarischen Textiltechnischen Konferenz, Budapest 1964.

5. Die Streckwerke für die Kurzspinnverfahren

5.1 Die Grundlagen der Kurzspinnverfahren

Elementarfäden werden in endloser Form hergestellt. Um daraus Garne mit Stapelfasern spinnen zu können, müssen die Elementarfäden in Fasern mit entsprechender Stapellänge geschnitten werden. Die Verarbeitung des geschnittenen Fasermaterials kann nach den bekannten klassischen Spinnverfahren erfolgen. Je nach Feinheit und Länge der Fasern läßt sich das Baumwoll-, Kammgarn- oder Streichgarnverfahren anwenden. Andererseits kann die bereits vorhandene Parallellage der Elementarfäden ausgenutzt werden und nach dem Schneiden oder Zerreißen durch die Verwendung besonderer Maschinen erhalten bleiben. Darüber hinaus kann das Kämmen, das zur Erzielung hochwertiger Garne notwendig ist, entfallen, wenn durch die Verwendung geeigneter Maschinen keine kurzen Fasern entstehen. Derartige Arbeitsmethoden, die auf die Chemieseiden zugeschnitten sind, werden als Kurzspinnverfahren bezeichnet. Die Chemiefaserhersteller bezeichnen die Vorlage als Kabel; unter Spinnband (Faserband) wird im allgemeinen das fertige, verspinnbare Konverterband verstanden. Die Kurzspinnverfahren lassen sich in zwei Gruppen einteilen: die Spinnbandverfahren und die Direktspinnverfahren [*16*].

Der Vorteil der Kurzspinnverfahren liegt hauptsächlich in der einfachen Herstellung der Garne [*1, 2, 3*]. Es werden jedoch an das Kabel, das nach der Zerteilung im Kurzspinnverfahren verarbeitet werden soll, höhere Qualitätsansprüche [*1, 4*] als sonst gestellt. Dadurch entstehen höhere Kosten. Kurzspinnverfahren gewinnen häufig große Bedeutung in Kammgarnspinnereien, die keine Kämmerei besitzen [*2*]. Ein Konverter z. B. ermöglicht die Herstellung von Spinnbändern mit besonderem Stapel, die zu Mischungen verwendet werden können.

Weitere Vorteile der Kurzspinnverfahren sind die erzielbare hohe Garngleichmäßigkeit [*3*, *5*, *6*] sowie besondere Festigkeits-Dehnungs-Eigenschaften und besondere Schrumpfeffekte [*1*, *5*, *8*].

Die Bestrebungen, das Kabel in endliche Faserlängen aufzuteilen, ohne dabei die Parallellage der Elementarfasern zu ändern, sind für die weiterverarbeitende Textilindustrie von großem Interesse. Die Verfahren der Spinnbandherstellung und die des Direktspinnens — unter weitgehender Ausschaltung der Maschinen der klassischen Spinnerei — finden bisher nur deswegen wenig Verwendung, weil in den meisten Spinnereien Erfahrungen mit den Konvertern und mit dem Direktspinnen fehlen. In der Praxis ist es üblich, die durch das Schneiden oder Reißen gestörte Parallellage der einzelnen Fasern durch die anschließende Verwendung von zwei bis drei Streckpassagen zu beheben und das Spinnband in dieser Form der eigentlichen Spinnerei zu liefern. Die verschiedenen Chemiefaserwerke beschäftigen sich laufend mit den Problemen der Erzeugung der Spinnbänder aus Kabeln unter Verwendung beispielsweise des Rieter-Konverters oder des Pacific-Konverters, der Seydel-Reißmaschine bzw. des Turbostaplers, so daß hier Erfahrungen in ausreichendem Maße vorliegen.

Der Weiterverarbeiter nimmt im allgemeinen an, daß das von dem Chemiefaserhersteller erzeugte Kabel ohne weiteres versponnen werden kann und berücksichtigt dabei nicht, daß das Kabel zunächst nach seiner Fertigstellung noch durch verschiedene, nachgeschaltete Veredlungsstufen geschleust werden muß. Diese Veredlungsstufen verursachen erhebliche Kosten. Außerdem lassen sich die Kabel im allgemeinen nicht so gut nachbehandeln, wie es bei den geschnittenen, flockigen Fasern möglich ist. Es kommt im wesentlichen darauf an, daß die Elementarfäden des Kabels völlig offen und verklebungsfrei nebeneinander liegen. Das Kabel darf keine Drehung haben und soll keine Einschlüsse enthalten.

Die Präparation des Kabels ist auf das Verfahren abzustimmen. Weiter darf die Eigenfeuchtigkeit der Elementarfäden nicht zu hoch sein, damit ein Verkleben der Faserenden beim Zerschneiden vermieden wird [*9*]. Um eine gute Haftfähigkeit der Faser in den nachfolgenden Arbeitsgängen zu gewährleisten, sollte nach dem Zerteilen eine permanente Kräuselung von vier bis sechs Wellen je Zentimeter vorhanden sein [*9*]. Diese Forderungen gelten in erhöhtem Maße für die Kabel, die für das Direktspinnen vorgesehen sind. Diesbezügliche Ansprüche werden um so höher, je feiner der Gesamttiter des Kabels ist.

Das geschnittene oder gerissene Kabel für das Direktspinnen unterscheidet sich von dem Konverterkabel lediglich durch den kleineren Gesamttiter; abgesehen davon sind beide Arten in vielen Fällen unmittelbar miteinander vergleichbar. Direktgesponnene Garne werden bislang nur für Sonderforderungen verwendet. So läßt sich beispielsweise das Meryl-Garn direkt bis zur metrischen Nummer Nm 200 (5 tex) und sogar darüber ausspinnen. Das hergestellte Garn soll bedeutend gleichmäßiger sein als die bislang nach den üblichen klassischen Verfahren hergestellten Gespinste; es hat allerdings den Nachteil eines sehr geringen Volumens und kommt damit dem Endlosgarn erheblich näher als den nach den klassischen Verfahren gesponnenen Garnen. Die Direktgarne haben einen großen Schrumpf, wenn die Elementarfäden — verfahrensbedingt — überstreckt werden und dadurch einen hohen Prozentsatz an Dehnung verlieren. Die Folge davon ist, daß sie bei einer Naßbehandlung stärker schrumpfen als normal gesponnene Garne. Diese Tatsache ergibt Schwierigkeiten, wenn direkt gesponnene Garne in Verbindung mit anderen Garnen Verwendung finden, wobei unterstellt wird, daß ein Schrumpfen — den Gegebenheiten entsprechend — auch für besondere Effekte vorteilhaft sein kann. Es ist jedoch zu erwarten, daß auch das Direktspinnverfahren im Laufe der Zeit weiterentwickelt wird und sich einen Platz — besonders für die Herstellung feiner Garne — sichert. Vor allem bereitet noch die Herstellung kurzstapeliger Fasern, die nach dem Baumwoll-Spinnverfahren verarbeitet werden, erhebliche Schwierigkeiten. Das Reißen scheidet aus konstruktiven Gründen aus. Bei Verwendung von Schneidkonvertern ist es jedoch möglich, Fasern von 40 bis 60 mm Länge herzustellen [*9*]. Nach Überwindung der noch bestehenden Schwierigkeiten ist zu vermuten, daß sich die höheren Kosten für die Herstellung der Kabel durch die niedrigen Investitions- und Verarbeitungskosten in der Spinnerei aufheben. Im Direktspinnverfahren werden unmittelbar sehr feine und relativ gleichmäßige Garne ohne jegliche Vorbereitung und bei relativ niedrigen Maschinenkosten hergestellt werden können.

5.2 Die Spinnbandverfahren

Nach dem Spinnbandverfahren werden Faserbänder gefertigt, die in der weiteren Verarbeitung verstreckt oder gekämmt werden können. Das Faserband wird aus dem Kabel durch Zerreißen oder Zerschneiden gewonnen. Beim Reißverfahren hat das vorgelegte Kabel ein Gewicht von 4 bis 33 g/m (4 bis 34 ktex) (die tex-Werte sind Rundwerte entsprechend DIN 60905), bei den Schneidverfahren kann es ein Gewicht von 200 g/m (200 ktex) erreichen.

5.2.1 Das Zerreißen des Kabels

Das Kabel kann mit oder ohne Lokalisierung der Bruchstelle gerissen werden. Das Reißen ohne Lokalisierung der Bruchstelle wird bei dem I. G.-Reißverfahren auf der Halle-Seydel-Maschine angewendet.

Dem Verfahren, das das älteste Kurzspinnverfahren darstellt [*5*], liegt ein deutsches Patent aus dem Jahre 1933 zugrunde. Aus der Abb. 505 geht der schematische Aufbau der Halle-Seydel-Maschine hervor. Das Kabel wird mit einem Gewicht von 4 bis 30 g/m (4 bis 30 ktex) und einem Einzeltiter von 1,2 bis 6 den (130 bis 680 mtex) vorgelegt [*1*, *6*, *7*]. Es durchläuft zunächst vier, oder bei neueren Maschinen [*7*] sechs Vorstreckköpfe *VS*. Diese haben die Aufgabe, das Material so vorzudehnen, daß es parallel liegt und nahezu die Reißdehnung erreicht. Die Umfangsgeschwindigkeit der einzelnen Walzen eines Vorstreckkopfes ist konstant. Sie wächst jedoch von Vorstreckkopf zu Vorstreck-

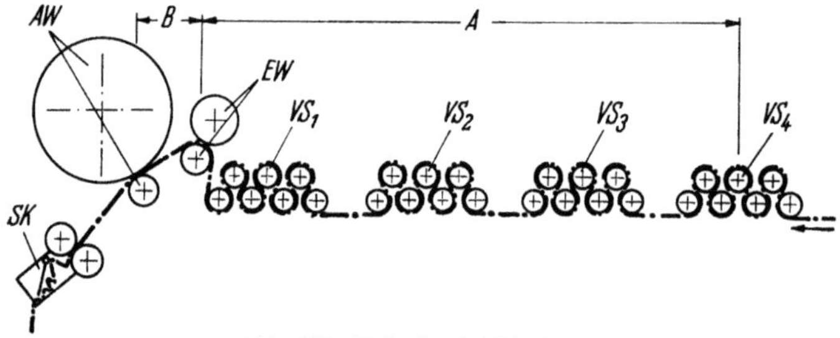

Abb. 505. Halle-Seydel-Maschine
A Streckzone; *AW* Ausgangswalzen; *B* Reißzone; *EW* Eingangswalzen; *SK* Stauchkammer; VS_1 bis VS_4 Vorstreckköpfe

kopf. Die Umfangsgeschwindigkeit der Vorstreckwalzen liegt bei Kabeln aus synthetischen Fäden höher als bei Kabeln aus Viskoseseide. Die Reißzone ist 90 bis 300 mm lang. Die stählernen Unterwalzen sind geriffelt, die Oberwalzen haben eine Lauffläche aus Leder oder Gummi. Am Ausgang der Maschine ist eine Stauchkammer *SK* zur Kräuselung angebracht. Die Kräuselung erhöht die Haftung der einzelnen Fasern aneinander. Auf der Halle-Seydel-Maschine können Viskose- sowie Polyester- und Polyacrylnitril-Kabel verarbeitet werden [*1*]. Regenerierte Zellulose ermöglicht bei einer Kabelvorlage von 22,2 g/m (22 ktex) eine Liefergeschwindigkeit von 60 m/min und eine Liefermenge von 94 kg/h, während synthetische Fasern bei einer Kabelvorlage von 12 g/m (12 ktex) eine Liefergeschwindigkeit von 40 m/min und eine Liefermenge von 28 kg/h ergeben. Der Wirkungsgrad der Halle-Seydel-Maschine beträgt im allgemeinen 85% [7]. Im Vergleich zu entsprechenden Baumwoll- oder Kammgarnbändern weisen die hergestellten Faserbänder eine gute Gleichmäßigkeit auf. Fasern von 1,4 den (160 mtex) können beispielsweise nach zwei oder drei Passagen auf einer Hochleistungsstrecke und einer Kammgarnflyerpassage auf einer Kammgarn-Ringspinnmaschine zu einem Garn mit der metrischen Nummer Nm 140 (7,2 tex) versponnen werden. Für gröbere Garne sind weniger Passagen erforderlich [7]. Wenn zwischen den Vorspannköpfen VS_1 bis VS_4 eine Heißverstreckung eingebaut wird, lassen sich besondere Schrumpfeffekte erzielen.

Die Firma La Duranitre S. A. entwickelte eine Reißmaschine, die in der Abb. 506 im Schema veranschaulicht ist. Das Kabel wird über einen Rechen und die Einzugswalzen *EW* geführt. Das Reißen findet vornehmlich zwischen den Walzengruppen RW_1 und RW_2 statt. Jede Reißwalzengruppe besteht aus einer Druckwalze von 120 mm Durchmesser und zwei geriffelten Stahlwalzen von 65 mm Durchmesser. Der

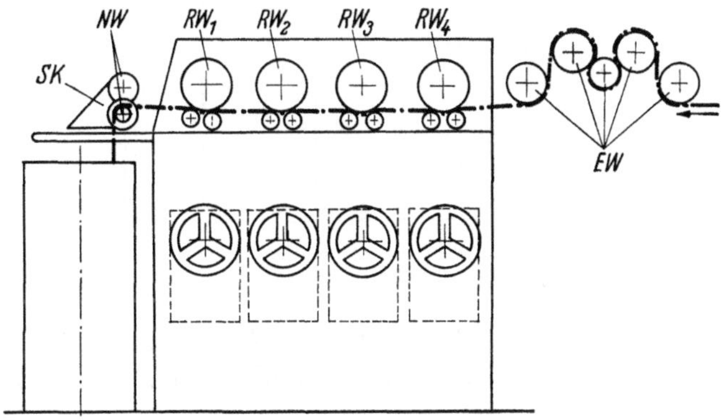

Abb. 506. Reißmaschine der Firma La Duranitre S. A.
EW Eingangswalzen; *NW* Nutenwalzenpaar; RW_1 bis RW_4 Reißwalzen; *SK* Stauchkammer

Abstand der Reißwalzengruppen voneinander sowie deren Geschwindigkeiten können mit Hilfe von P. I. V.-Getrieben stufenlos verändert werden. Die Belastung der Druckwalzen erfolgt hydraulisch. Das zerrissene Faserband wird am Ausgang der Reißmaschine von einem Nutenwalzenpaar *NW* verdichtet. Es erhält anschließend in der Stauchkammer *SK* eine Kräuselung. Auf Wunsch kann eine Heizvorrichtung in die Reißmaschine eingebaut werden. Bei einer Liefergeschwindigkeit bis zu 80 m/min beträgt die stündliche Produktion etwa 65 kg.

Das Faserband durchläuft im Anschluß an den Reißvorgang eine sogenannte Nachbrechstrecke (Abb. 507). Sie gestattet einen 8- bis 12fachen Verzug und hat eine maximale Liefergeschwindigkeit von 120 m/min. Der Verzug findet zwischen zwei Walzengruppen statt. Die Eingangsgruppe besteht aus den fünf Walzen *III*, *3a*, *3b*, *IV*, *4*, die Ausgangsgruppe aus den vier Walzen *I*, *1*, *II*, *2*.

Das Perlok-Verfahren arbeitet nach der Methode des Zerreißens mit Lokalisierung der Bruchstelle. Es ist bereits seit dem Jahre 1930 bekannt, jedoch erst im Jahre 1940 durch LOHRKE (USA-Patent) in Verbindung mit der Firma Garth Mfg. Co. wirtschaftlich anwendbar geworden [*10*]. Für das Perlok-Verfahren ist der Perlok-Tow-Stapler, der in der Abb. 508 dargestellt ist, entwickelt worden. Er ist in eine Streckzone *A* und in eine Reißzone *B* aufgeteilt. Die beiden Vorstreckköpfe VS_1 und VS_2 bestehen aus je vier Walzen, die übereinander angeordnet

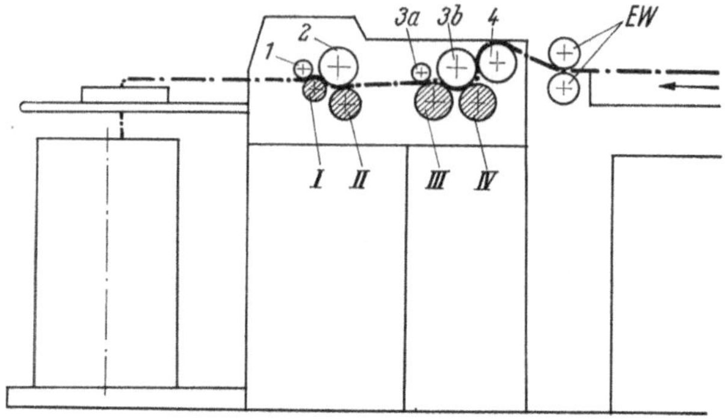

Abb. 507. Nachbrechstrecke der Firma La Duranitre S. A.
EW Eingangswalzen

sind. Der Perlok-Tow-Stapler besitzt im Gegensatz zur Halle-Seydel-Maschine in der Reißzone Brechwalzen *BW*. Die Faserlängenverteilung

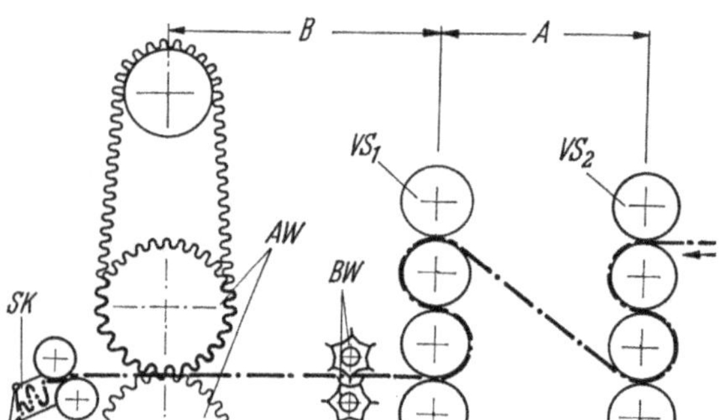

Abb. 508. Perlok-Tow-Stapler der Firma Garth Mfg. Co.
A Streckzone; *AW* Ausgangswalze; *B* Reißzone; *BW* Brechwalze; *SK* Stauchkammer; VS_1, VS_2 Vorstreckköpfe

und die mittlere Stapellänge werden durch den Abstand der Brechwalzen voneinander und von den Ausgangswalzen *AW* bestimmt.

Der Turbo-Stapler der Firma Turbo Machine Co., der in der Abb. 509 wiedergegeben ist, stellt eine Weiterentwicklung des Perlok-Verfahrens (Abb. 508) dar. Er unterscheidet sich vom Perlok-Tow-Stapler hauptsächlich durch die bessere Bandführung, für die eine große Anzahl von Walzen vorgesehen ist. Der Turbo-Stapler enthält ferner die Heizplatten *HP* in der Streckzone. Dadurch wird es möglich, hochschrumpfende Garne herzustellen. Am Auslauf sowohl des Perlok-Tow-Staplers als auch des Turbo-Staplers ist jeweils eine Stauchkammer *SK* zur

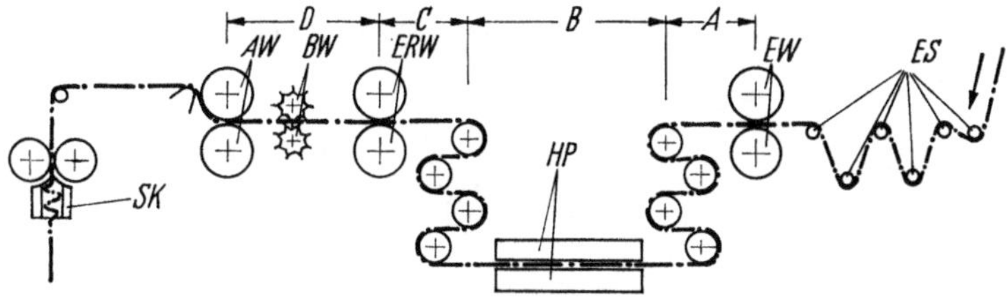

Abb. 509. Turbo-Stapler der Firma Turbo Machine Co.
A Einlauffeld vor der Streckzone *B*; *AW* Ausgangswalze; *B* Streckzone; *BW* Brechwalze; *C* Auslauffeld hinter der Streckzone *B*; *D* Reißzone; *ERW* Eingangsreißwalze; *ES* Einlaufstab; *EW* Eingangswalze; *HP* Heizplatte; *SK* Stauchkammer

Kräuselung angebracht, um die Haftung der Fasern aneinander zu erhöhen. Auf dem Turbo-Stapler werden vor allem Polyacrylnitrilfasern verarbeitet.

Das Kurzspinnverfahren nach dem Patentvorschlag von Virgil weicht von dem Turbo-Stapler-Verfahren nur wenig ab (Abb. 510).

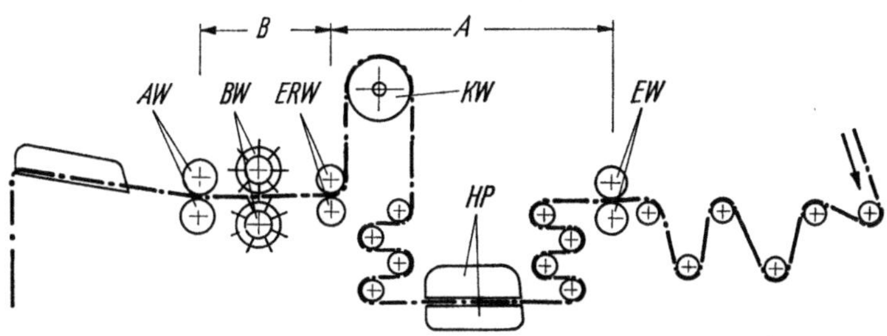

Abb. 510. Kurzspinnverfahren nach R. Virgil — USP 2976578 der Firma Templon Spinning Mills vom 29. 1. 1958
A Streckzone; *AW* Ausgangswalze; *B* Reißzone; *BW* Brechwalze; *ERW* Eingangsreißwalze; *EW* Eingangswalze; *HP* Heizplatten; *KW* Kühlwalze

Zwischen den Heizplatten *HP* und den Eingangsreißwalzen *ERW* ist zusätzlich eine Kühlwalze *KW* angebracht worden.

Mihira entwickelte ein zweistufiges Kurzspinnverfahren [*11*]. In der ersten Stufe wird das Kabel einer lokalen Heißbehandlung unterworfen (Abb. 511). Es durchläuft eine Zweiwalzenzone, deren Ausgangsoberwalze als Heizwalze *HW* ausgebildet und mit Heizspiralen *HS* versehen ist. Die Heiztemperatur liegt je nach dem Material zwischen 130 und 160 °C. Das Kabel verliert an den erhitzten Stellen einen Teil seiner Reißfestigkeit. Dies erleichtert einmal den Reißvorgang der zweiten Stufe und ergibt zum anderen eine bestimmte Stapellänge. Die zweite

Stufe besteht aus einer Reißzone *A*, der zwei Verzugszonen und eine Stauchkammer *SK* folgen. Der Verzug in der Reißzone *A* beträgt etwa 8fach, in der darauf folgenden Zone *B* etwa 3fach. In der Zone *C* herrscht lediglich ein 1,1facher Verzug. Die Reißwalzen sind geriffelt. Die zugehörigen Druckwalzen sind mit einem synthetischen Bezug versehen.

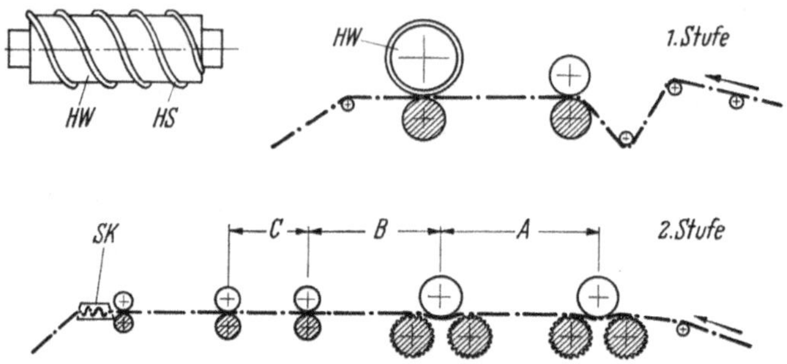

Abb. 511. Kurzspinnverfahren nach K. Mihira [*11*]
A Reißzone; *B*, *C* Verzugszonen; *HS* Heizspirale; *HW* Heizwalze; *SK* Stauchkammer

Das Zerreißen des Kabels schafft eine besondere Faserlängenverteilung. Wenn nach der Methode des Zerreißens ohne Bruchlokalisierung gearbeitet wird, kann das Kabel an jeder beliebigen Stelle in der Reißzone reißen. Theoretisch wird jede Faserlänge von der Faserlänge Null bis zur Reißzonenlänge gleich häufig vorkommen. Das Stapeldiagramm hat dann die Form eines Dreiecks. Praktisch entstehen jedoch mehr kurze als lange Fasern [*1*]. Die entsprechenden Stapeldiagramme sind in der Abb. 512 dargestellt. Bei der Methode des Zerreißens mit Bruchlokalisierung, bei der in der Reißzone Brechwalzen angeordnet sind, reißt das Kabel vorwiegend an den scharfen Kanten der Brechwalzen. Dabei entsteht eine mittlere Stapellänge, die etwa dem Abstand der Brechwalzen von den Ausgangswalzen entspricht. Das sich ergebende Stapeldiagramm bildet den Übergang zu dem Stapeldiagramm, das beim Schneiden des Kabels entsteht [*1*].

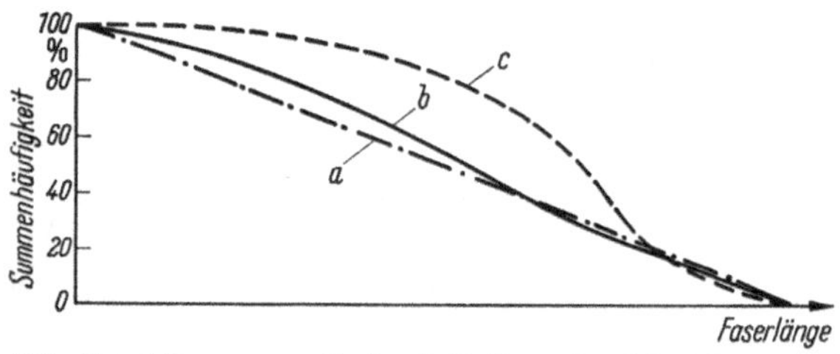

Abb. 512. Stapeldiagramme, die durch Reißen oder Schneiden entstehen
a Theoretischer Verlauf beim Reißvorgang; *b* Stapeldiagramm beim Reißen mit Lokalisierung der Bruchstelle; *c* Stapeldiagramm beim Schneiden

Durch das Zerreißen des Kabels ändern sich auch die Festigkeits- und Dehnungseigenschaften der Elementarfäden und der Garne, wie aus der Abb. 513 hervorgeht. Das Material wird elastischer (härter). Die Festigkeit nimmt zu, und die Dehnung sinkt. Die Garne schrumpfen [*1*].

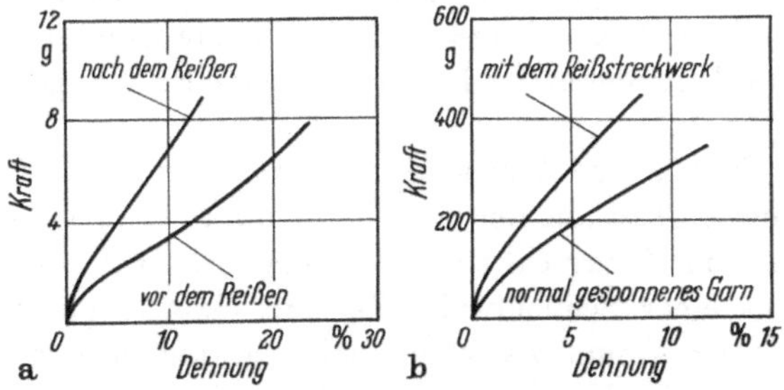

Abb. 513a u. b. Kraft-Dehnungs-Diagramme
a der Einzelfasern; b der Garne

5.2.2 Das Zerschneiden des Kabels

Das Zerteilen des Kabels zwischen einer schraubenförmigen Schneidwalze und einer Gegenwalze stellt einen Abquetschvorgang [*6*] dar, der jedoch als Zerschneiden bezeichnet wird. Infolge der Schraubenform der Schneidwalze wird das Kabel schräg zu seiner Laufrichtung geteilt. Der Schrägschnitt [*2*] ermöglicht es, das Faserband gleichmäßig zu verziehen. Die Maschinen, die nach dem Schneidprinzip arbeiten, werden als Konverter bezeichnet.

Die Firma Phrix AG. entwickelte im Jahre 1937 einen Konverter, der in der Abb. 514 schematisch dargestellt ist (DRP 730044 von 1943).

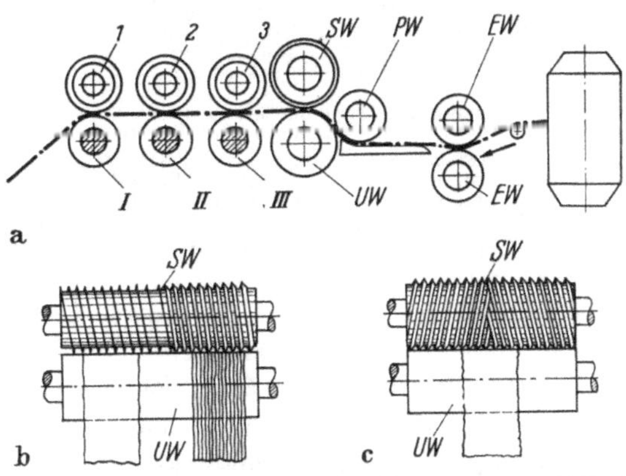

Abb. 514a–c. Phrix-Konverter nach R. Kern – DRP 730044 von 1943 der Firma Phrix-Werke AG., patent. vom 31. 12. 1937 an
a Seitenansicht; b Schneidwalze mit gleichlaufenden Schneiden; c Schneidwalze mit gegenläufigen Schneiden
EW Eingangswalze; *PW* Preßwalze; *SW* Schneidwalze; *UW* Unterwalze

Die Eingangswalzen *EW* führen das Kabel über einen Tisch dem Schneidwerk zu. Auf einer glatten Unterwalze *UW* läuft eine Schneidwalze *SW*, deren Messer schraubenförmig gewunden sind. Die Schneiden können auch von der Mitte aus gegenläufig sein. Vor der Schneidwalze *SW* ist eine Walze *PW* angebracht, die das Kabel auf die Unterwalze *UW* pressen soll. Dem Schneidwerk folgt ein Dreiwalzen-Streckwerk. Der Abstand zwischen diesen beiden Konverterteilen ist geringer als die Faserlänge.

Von der Firma The Warner & Swasey Co. wird der Pacific-Konverter, dessen Aufbau aus der Abb. 515 hervorgeht, hergestellt. Hinter einer Anzahl von Vorstreckköpfen VS_1 bis VS_3 ist die Schneidvorrichtung, die aus einer Schneidwalze *SW* mit einer Gegenwalze besteht, angeordnet. Der Raum zwischen den schraubenförmig gewundenen Schneiden der Schneidwalze ist mit Gummi ausgefüllt. Es folgen in der Laufrichtung zwei Brechwalzenpaare BW_2 und BW_1. Ihre Aufgabe besteht darin, die Fasern voneinander zu lösen. Dies führt zu einer Verbesserung der Verzugsbedingungen. Anschließend durchlaufen die

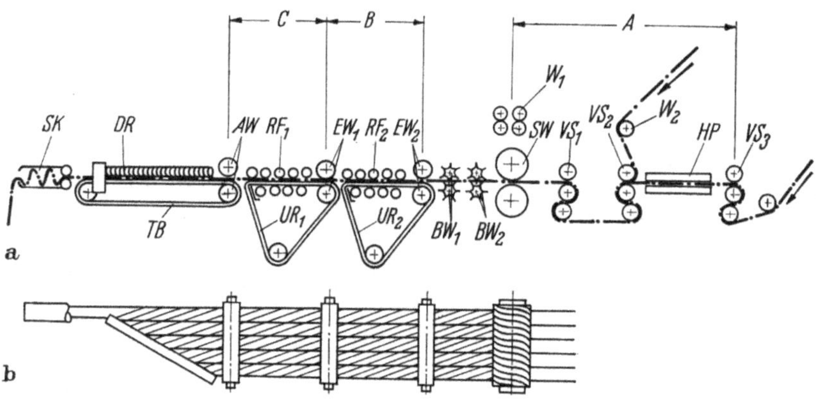

Abb. 515a u. b. Pacific-Konverter der Firma The Warner & Swasey Co.
a Schematische Darstellung des Konverters; b Schneidvorrichtung und Diagonalrolle
A Streckzone; *AW* Ausgangswalze; *B*, *C* Verzugszonen; BW_1, BW_2 Brechwalzen; *DR* Diagonalrolle; EW_1, EW_2 Eingangswalzen; *HP* Heizplatte; RF_1, RF_2 Riffelwalzen; *SK* Stauchkammer; *SW* Schneidwalze mit Gegenwalze; *TB* Transportband; UR_1, UR_2 Unterriemchen; VS_1 bis VS_3 Vorstreckköpfe; W_1 Walzenpaare für die Beimischung von Stapelfasern; W_2 Führungswalze für die Beimischung von nicht heiß-verstrecktem Material

Fasern zwei Verzugszonen, die jeweils mit einem Unterriemchen UR_2 bzw. UR_1 versehen sind. Über den Fasern befinden sich in den Verzugszonen kleine Riffelwalzen RF_2 und RF_1. Sie besitzen eine höhere Umfangsgeschwindigkeit als die Unterriemchen. Dadurch verschieben sich die Schnittstellen, und die Gleichmäßigkeit des Spinnbandes wird erhöht. Es können 20fache Verzüge erreicht werden. Nach dem Verzug wird das Faservlies mit Hilfe einer Diagonalrolle *DR* zu einem Band geformt. Am Ausgang des Konverters ist eine Stauchkammer *SK* zur

Kräuselung angebracht. Dem Faserband können Stapelfasern beigemischt werden. Zwischen den beiden Vorstreckköpfen VS_2 und VS_3 läßt sich eine Heizplatte *HP* einfügen. Ein besonderer Mechanismus gestattet es, zwei verschiedene Stapellängen zu erzeugen [*4*]. Auf dem

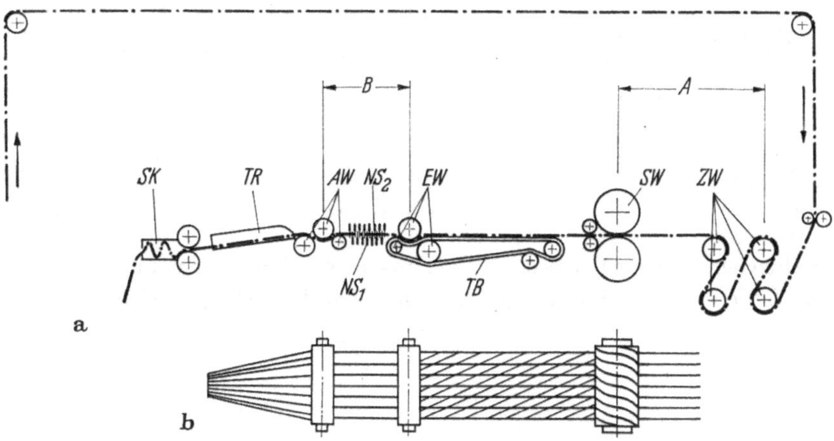

Abb. 516a u. b. Rieter-Konverter
a Seitenansicht; b Schneidwalze

A Streckzone; *AW* Ausgangswalzen der Verzugszone *B*; *B* Verzugszone; *EW* Eingangswalzen der Verzugszone *B*; NS_1, NS_2 Nadelstabfelder; *SK* Stauchkammer; *SW* Schneidwalze mit Gegenwalze; *TB* Transportband; *TR* Trichter; *ZW* Zuführwalzen

Pacific-Konverter können Fasern von 3 bis 6 den (340 bis 680 mtex) verarbeitet werden. Der Konverter liefert etwa 60 kg/h bzw. wenn andere Fasern beigemischt werden, etwa 90 kg/h [*5*].

Seit dem Jahre 1956 stellt die Firma Maschinenfabrik Rieter AG. den Rieter-Konverter her (Abb. 516). Die Kabel lagern am Auslauf der Maschine in Behältern und werden über die Maschine hinweg den Zuführwalzen *ZW* zugeleitet. Hierdurch soll Platz gespart und die Kontrolle erleichtert werden. Das Kabel wird von der schraubenförmigen Schneidwalze *SW* zerteilt, die im Aufbau der Schneidwalze des Pacific-Konverters gleicht. Die Fasern gelangen über ein Transportband in eine Doppelnadelstabstrecke. Der Verzug kann zwischen 5,5- und 16fach eingestellt werden. Den Abschluß der Maschine bildet eine Stauchkammer *SK* zum Kräuseln der Fasern. Der Rieter-Konverter ist einfacher aufgebaut als entsprechende andere Maschinen. Von der Herstellerfirma werden folgende Produktionsangaben [7] gemacht: Vorlage bis 222 g/m (222 ktex), Faserband 10 bis 20 g/m (10 bis 20 ktex), Liefergeschwindigkeit 20 bis 90 m/min, Liefermenge 30 bis 60 kg/h.

Der Greenfield-Konverter ist nicht so bekannt wie der Pacific- und der Rieter-Konverter. Die Firma Courtaulds Ltd. hat ihn im Jahre

1938 herausgebracht [4]. Sein Aufbau ist in der Abb. 517 dargestellt. Das Kabel wird über mehrere Einlaufstäbe *ES* der Schneidvorrichtung zugeführt, die aus einer schraubenförmigen Schneidwalze *SW* und einer

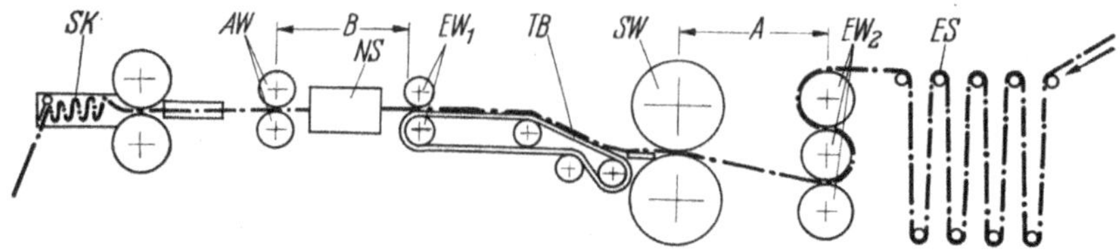

Abb. 517. GREENFIELD-Konverter der Firma Courtaulds Ltd.
A Streckzone; *AW* Ausgangswalzen der Verzugszone *B*; *B* Verzugszone; *ES* Einlaufstab; EW_1, EW_2 Eingangswalzen; *NS* Doppelnadelstabfeld; *SK* Stauchkammer; *SW* Schneidwalze; *TB* Transportband

stählernen Gegenwalze besteht. Die Fasern werden von einem Transportband *TB* einer Hochleistungs-Doppelnadelstabstrecke der Firma Prince-

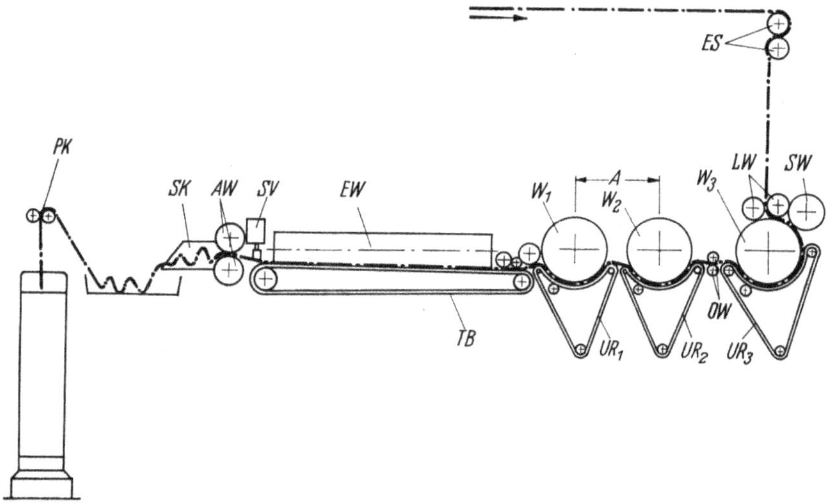

Abb. 518. Vycesa-Konverter der Firma VUTT Liberec [15]
A Verzugszone; *AW* Ausgangswalze; *ES* Einlaufstäbe; *EW* Einrollwalze; *LW* Lieferwalzen; *OW* Öffnerwalzen; *PK* Preßkopf; *SK* Stauchkammer; *SV* Schmälzvorrichtung; *SW* Schneidwalze; *TB* Transportband; UR_1 bis UR_3 Unterriemchen; W_1 bis W_3 Stahlwalzen

Smith & Stells Ltd. zugeführt. Am Konverterausgang ist eine Stauchkammer *SK* angebracht.

In der Abb. 518 wird das Schema des Vycesa-Konverters der tschechischen Firma VUTT Liberec gezeigt. Das Kabel wird über die Einlaufstäbe *ES*, die mit einer Knotenabstellvorrichtung versehen sind, von den Lieferwalzen *LW* in den Konverter eingezogen. Die Lieferwalzen lagern auf einer großdimensionierten Stahlwalze W_3, die gleichzeitig als Gegenwalze für die schraubenförmige Schneidwalze *SW* dient. Die

Fasern des zerschnittenen Kabels werden von einem Unterriemchen UR_3, das die Walze W_3 auf der unteren Hälfte umschlingt, dem Öffnerwalzenpaar OW zugeführt. Daran schließt sich eine Verzugszone A an. Sie besteht aus zwei Walzen großen Durchmessers W_2 und W_1, die mit Unterriemchen UR_2 bzw. UR_1 ausgestattet sind. Über ein Transportband TB gelangt das verstreckte Faserband nach den Ausgangswalzen AW. Eine Einrollwalze EW formt dabei die ausgebreiteten Fasern zu einem Band. Vor den Ausgangswalzen AW ist eine Schmälzvorrichtung SV angebracht. Am Auslauf des Konverters erhalten die Fasern in der Stauchkammer SK eine Kräuselung.

Von der Firma Tematex wird ein Konverter hergestellt, der speziell zur Herstellung von Stapelfasern für Hochbauschgarne gedacht ist

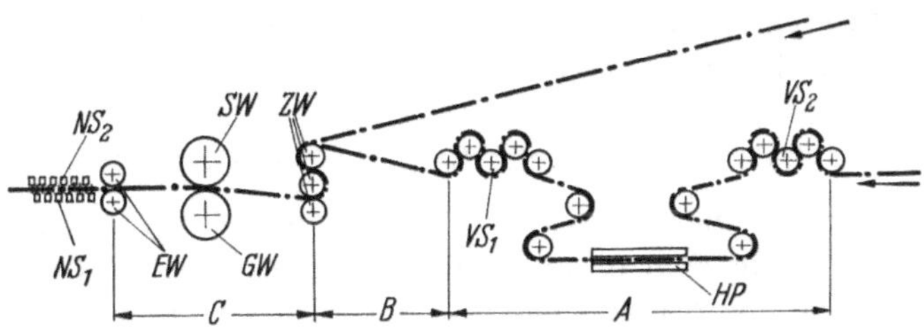

Abb. 519. Tematex Tow-Transformer

A Streckzone; *B* Mischzone; *C* Schneidzone; *EW* Eingangswalzen für die Doppelnadelstabstrecke; *GW* Gegenwalze; *HP* Heizplatten; NS_1, NS_2 Nadelstabfelder; *SW* Schneidwalze; VS_1, VS_2 Vorstreckköpfe; *ZW* Zuführwalzen

(Abb. 519). 40% der Elementarfäden werden über ein Einlaufgestell dem Vorstreckkopf VS_2 zugeführt. Zwischen den Vorstreckköpfen VS_2 und VS_1 werden die Fäden mit Hilfe der Heizplatten HP erhitzt und um etwa 80% gedehnt. Die restlichen 60% der Elementarfäden werden am Ende der Zone B mit den gestreckten Fäden zusammengeführt. Das vereinigte Band wird anschließend in der Schneidzone C zerschnitten. Die Schneidwalze SW hat eine schraubenförmige Klinge. Das zerschnittene Faserband wird direkt einer Doppelnadelstabstrecke zugeführt. Dem Tematex-Tow-Transformer können Kabel mit einem Gewicht bis zu 220 g/m (220 ktex) vorgelegt werden. Bei einer Hitze-Dampf-Behandlung schrumpfen die gestreckten Fasern und geben dem Garn einen bauschigen Charakter.

5.2.3 Das Zerschneiden mit nachträglichem Krempeln

Einige weitere Verfahren, die keine eigentlichen Kurzspinnverfahren mehr darstellen, erfordern ein Krempeln der Fasern. Hierzu gehört das Mackie-Verfahren, das in der Flachsindustrie Verwendung findet. Das Kabel wird zerschnitten und anschließend einer Wergkrempel zugeführt [4]. Ferner gibt es das Nordhorn-Verfahren. Danach wird das

Chemiefaserkabel am Kardeneingang auf eine Baumwoll-Stapellänge geschnitten [*4*]. Bekannt geworden ist weiter das Wegener-Verfahren [*3*]. Es gestattet die Verarbeitung von Seidenabfällen nach einem abgewandelten französischen Kammgarn-Spinnverfahren. Die Seidenabfälle werden geöffnet, anschließend auf eine vorbestimmte Stapellänge geschnitten und dann gekrempelt.

5.3 Die Direktspinnverfahren

Nach den Direktspinnverfahren werden Garne direkt aus endlosen Kabeln hergestellt. Es entfallen nicht nur die Karde, sondern auch die Strecken und gegebenenfalls die Kämmaschinen. Das Kabel, das der Direktspinnmaschine vorgelegt wird, hat ein Gewicht von 0,1 bis 1 g/m (0,1 bis 1 ktex). Es wird ohne Lokalisierung der Bruchstelle oder mit Lokalisierung der Bruchstelle zerrissen.

5.3.1 Das Zerreißen ohne Lokalisierung der Bruchstelle

Das Direktspinnverfahren nach Saco Lowell I (erste Ausführung) arbeitet nach dem Prinzip des Zerreißens ohne Bruchlokalisierung. Es wurde um das Jahr 1946 entwickelt und ist sehr einfach aufgebaut (Abb. 520). Die Einzugsvorrichtung besteht aus einer großen Druckwalze *2*, die auf relativ dünnen Unterwalzen läuft. Das Kabel umschlingt die Druckwalze *2* fast vollständig. Durch diese Umschlingung wird eine sichere Klemmung des Kabels erreicht. Zwischen den Eingangswalzen und den Ausgangswalzen liegt die Reißzone *A*. Die Elementarfäden können an einer beliebigen Stelle zerreißen. Sie werden von unten her durch ein endloses Unterriemchen *UR*, das die Eingangsgeschwindigkeit des Kabels besitzt, geführt. Das Vorlagegewicht beträgt 0,5 g/m (0,5 ktex) [*5*]. Der Verzug beträgt maximal 50fach [*1*]. Die günstigste Reißzonenlänge von 300 mm ergibt eine durchschnittliche Faserlänge von 170 mm [*1*].

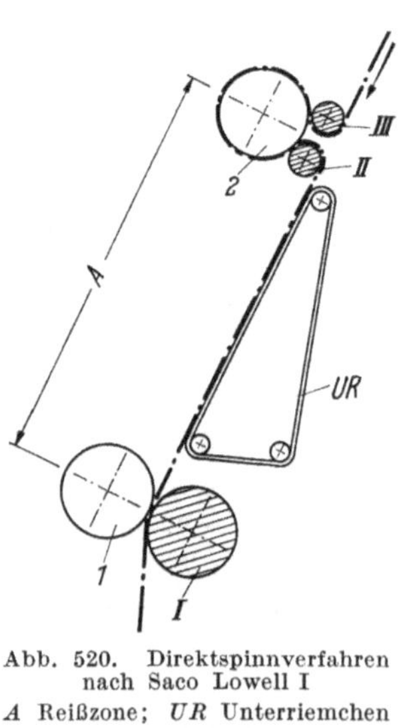

Abb. 520. Direktspinnverfahren nach Saco Lowell I
A Reißzone; *UR* Unterriemchen

Das Direktspinnverfahren nach Zinser, das von der Firma Zinser Textilmaschinen GmbH gemeinsam mit der Firma Süddeutsche Zellwolle AG. entwickelt wurde, ist in der Abb. 521 dargestellt. Es enthält in der Reißzone vor den Ausgangswalzen zusätzlich einen Verdichter *K*, der eine gute Faserführung gewährleistet. Aus dem gleichen Grund wird das Unterriemchen *UR* durch eine Wendeschiene *WS* möglichst nahe an den Verdichter *K* herangeführt. Das Kabel umschlingt die Druckwalze *2* nicht. Es wird zwischen den Unterwalzen *II* und *III* von dem Riemchen *UR* geführt. Das Vorlagegewicht beträgt 0,6 g/m (0,6 ktex) [*5*]. Die Reißzonenlänge läßt sich von 160 bis 500 mm verstellen [*1*].

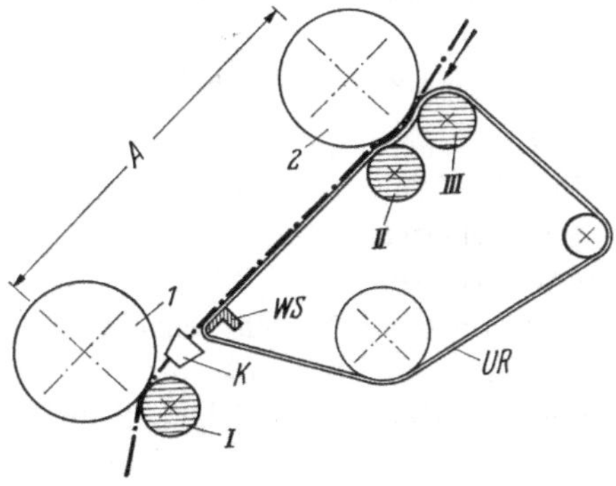

Abb. 521. Direktspinnverfahren nach ZINSER
A Reißzone; *K* Verdichter; *UR* Unterriemchen; *WS* Wendeschiene

In der Konstruktion ist das japanische Direktspinnverfahren nach TOHO I (erste Ausführung), das in der Abb. 522 wiedergegeben ist, nicht so einfach wie die Verfahren nach Saco Lowell I und nach ZINSER. Das Streckwerk ist in eine Reißzone *A* und in eine Verzugszone *B* aufgeteilt. Vor der Reißzone *A* sind mehrere Einlaufstäbe *ES* angeordnet. Die Reißzone *A* selbst enthält keine Führungselemente. Die Verzugszone *B* ist mit einem Unterriemchen *UR* ausgestattet, das von der Walze *II* angetrieben wird. Auf dem Unterriemchen *UR* laufen drei Durchzugswalzen *DW*. Zwischen dem Unterriemchen *UR* und den Ausgangswalzen *I*/*1* befindet sich ein Verdichter *K*. Die Aufteilung des Streckwerks in eine Reißzone und in eine Verzugszone ist vorteilhaft. In der Reißzone kann für alle Kabelgewichte mit optimalen Bedingungen gearbeitet werden. Die gewünschten Garnnummern lassen sich durch eine Verzugsänderung in der Verzugszone erzielen. Das Vorlagegewicht beträgt 0,3 bis 0,7 g/m (0,30 bis 0,72 ktex) [*5*]. Die

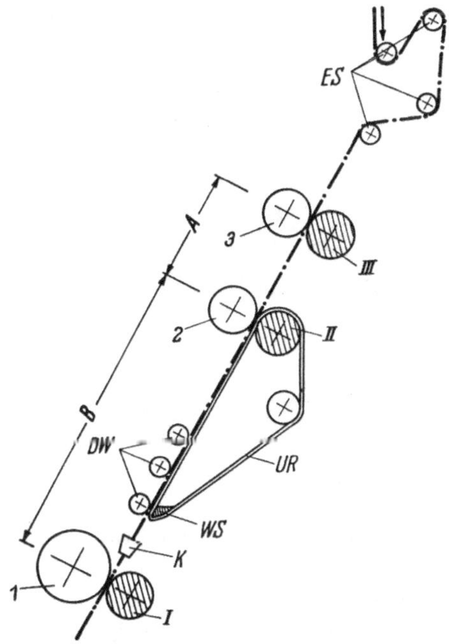

Abb. 522. Direktspinnverfahren nach TOHO I
A Reißzone; *B* Verzugszone; *DW* Durchzugswalzen; *ES* Einlaufstäbe; *K* Verdichter; *UR* Unterriemchen

Länge der Reißzone ist von 63,5 bis 127 mm einstellbar. Die Verzugszone ist 165 mm lang [*5*]. Der Reißverzug beträgt nur 2- bis 4fach [*5*]. Es ist ein 50facher Gesamtverzug möglich.

5.3.2 Das Zerreißen mit Lokalisierung der Bruchstelle

Die Bruchstelle kann auf verschiedene Weise lokalisiert werden. Das einfachste Direktspinnverfahren, das mit einer Lokalisierung der Bruchstelle arbeitet, ist das japanische Verfahren nach Toho II (zweite Ausführung) (Abb. 523) [*12*]. Die Einzugsvorrichtung besteht aus einem Eingangswalzentrio *IV*, *4a*, *4b*, dem die Reißzone *A* folgt. In ihr

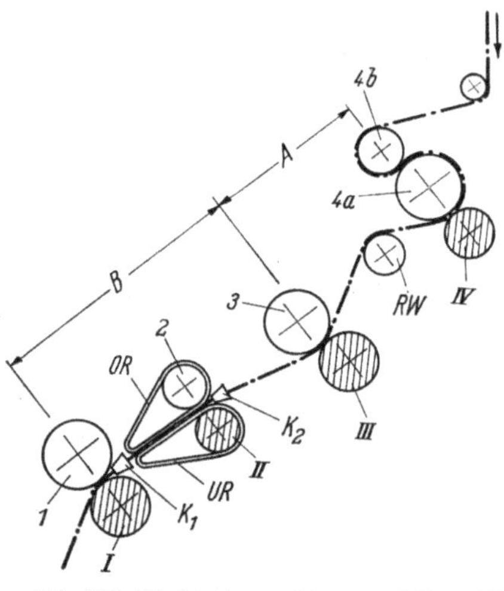

Abb. 523. Direktspinnverfahren nach Toho II
A Reißzone; *B* Verzugszone; K_1, K_2 Verdichter; *OR* Oberriemchen; *RW* Reibwalze; *UR* Unterriemchen

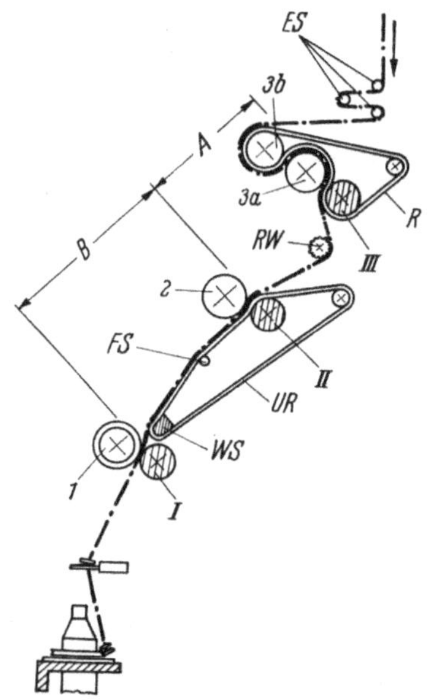

Abb. 524. Direktspinnverfahren nach T. Takagi — BP 759939 vom 5. 1. 1954
A Reißzone; *B* Verzugszone; *ES* Eingangsstäbe; *FS* Führungsstab; *R* Riemchen; *RW* Reibwalze; *UR* Unterriemchen; *WS* Wendeschiene

wird das Kabel über eine Reibwalze *RW* geführt. Die Fäden reißen bevorzugt an der Reibstelle. An die Reißzone *A* schließt sich eine Verzugszone *B* an. Sie ist mit einem Riemchenpaar *OR*/*UR* sowie mit zwei Verdichtern K_2 und K_1 zur Führung der Fasern ausgestattet.

Das Direktspinnverfahren nach Takagi arbeitet ebenfalls mit einer Lokalisierung der Bruchstelle unter Verwendung einer Reibwalze in der Reißzone (BP 759939; Abb. 524). Das Kabel wird über die Eingangsstäbe *ES* dem Eingangswalzentrio mit dem Riemchen *R* zugeführt. In der Reißzone *A* befindet sich eine geriffelte Reibwalze *RW*. Die Reißwalze *II* ist von einem Riemchen *UR* umschlungen, das die zerrissenen Fasern in der Verzugszone *B* führt. Das Riemchen wird vom Führungsstab *FS* gestützt und von der Wendeschiene *WS* umgelenkt.

Auch bei dem Verfahren nach Saco Lowell II (zweite Ausführung, Abb. 525) wird die Lokalisierung der Bruchstelle auf einfache Weise erreicht [*13*]. Das Kabel wird zwischen den Eingangswalzen und den Ausgangswalzen von dem Unterriemchen *UR*, das um die Führungswalze *FW* läuft, nach oben ausgelenkt. Das Unterriemchen *UR* bewegt sich bei dem Verfahren nach Saco Lowell II nicht mit der Umfangsgeschwindigkeit der Eingangswalzen, sondern nahezu mit der Umfangsgeschwindigkeit der Ausgangswalzen. Daher zerreißen die Fäden des Kabels in erster Linie auf der kurzen Strecke zwischen den Eingangswalzen und dem Knickpunkt des Unterriemchens *UR*. Die mittlere Faserlänge entspricht etwa der Strecke von diesem Knickpunkt bis zu den Ausgangswalzen. Mit dem Verfahren nach Saco Lowell II lassen sich gegenüber dem Verfahren nach Saco Lowell I nicht nur größere Stapellängen, sondern auch höhere Reißfestigkeiten und Dehnungen erreichen [*5*]. Der maximal anwendbare Verzug beträgt 75fach. Es können Garne bis zur metrischen Nummer Nm 150 (6,80 tex) gesponnen werden [*5*].

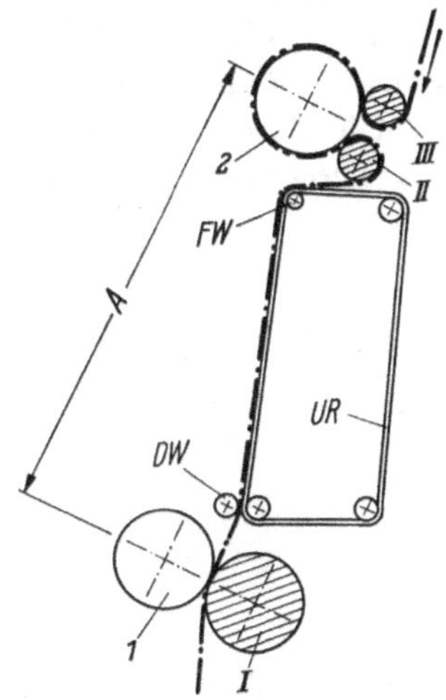

Abb. 525. Direktspinnverfahren nach Saco-Lowell II
A Reißzone; *DW* Durchzugswalze; *FW* Führungswalze; *UR* Unterriemchen

Nur geringe Abweichungen von dem zweiten Verfahren der Firma Saco-Lowell Shops Ltd. weist das Direktspinnverfahren der Firma Du Pont de Nemours & Co. auf (BP 681171; Abb. 526). Das Spinnkabel wird ebenfalls von einer Führungswalze *FW* umgelenkt. Die Fasern werden auf dem Weg durch die Reißzone *A* von einem Unterriemchen *UR* geführt, auf dem eine Durchzugswalze *DW* lagert. Das Unterriemchen wird mit einer Geschwindigkeit angetrieben, die ein Drittel der Umfangs-

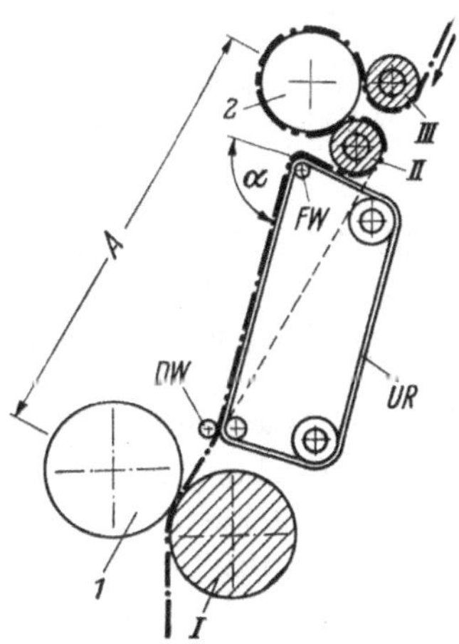

Abb. 526. Direktspinnverfahren der Firma Du Pont de Nemours & Co. – BP 681171 vom 22. 7. 1949
A Reißzone; *DW* Durchzugswalze; *FW* Führungswalze; *UR* Unterriemchen

geschwindigkeit der Ausgangswalzen beträgt. Die Lage der Führungswalze *FW* kann verändert werden. Dadurch ändert sich ebenfalls der Biegewinkel α, der zwischen 15° und 130° variiert werden kann. Die Wahl des Winkels erfolgt in Abhängigkeit vom Reibungskoeffizienten μ zwischen dem Spinnkabel und dem Unterriemchen *UR*.

Die Firma Soc. de Constructions Mécaniques de Stains entwickelte ein Direktspinnverfahren mit einem Prisma *P* in der Reißzone *A*

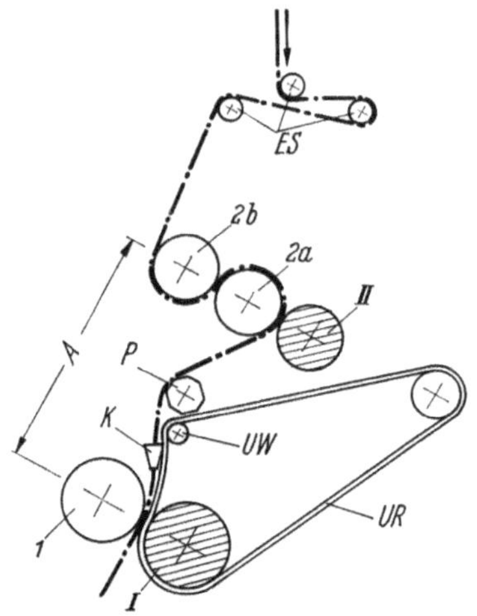

Abb. 527. Direktspinnverfahren der Firma Soc. de Constructions Mécaniques de Stains
A Reißzone; *ES* Einlaufstäbe; *K* Verdichter; *P* Prisma; *UR* Unterriemchen; *UW* Umlenkwalze

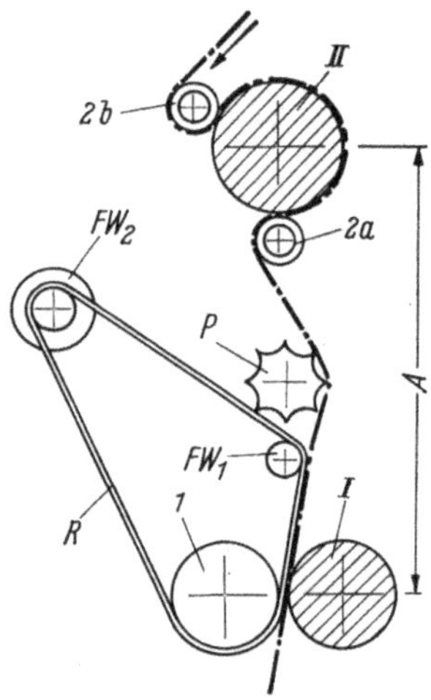

Abb. 528. Tschechisches Direktspinnverfahren
A Reißzone; FW_1, FW_2 Führungswalzen; *P* Prisma; *R* Riemchen

(Abb. 527). Mehrere Stäbe *ES* und ein Eingangswalzentrio bilden die Einzugsvorrichtung. Das Kernstück des Verfahrens ist das rotierende Prisma *P*, welches das Kabel auslenkt. Die Elementarfäden reißen vorzugsweise an den scharfen Kanten des Prismas. Die Ecken des Prismas bewirken ein Vibrieren des Kabels. Dadurch lösen sich leichte Faserverklebungen. Zwischen dem Prisma und den Ausgangswalzen werden die Fasern durch ein Unterriemchen *UR* geführt, das um die Ausgangswalze geschlungen ist. Vor den Ausgangswalzen ist ein Verdichter *K* angebracht. Nach dem Stains-Verfahren werden Elementarfäden mit einem Titer zwischen 0,5 und 5 den (56 bis 560 mtex) verarbeitet. Der Verzug ist zwischen 5- und 50fach einstellbar [*12*]. Bei den metrischen Garnnummern Nm 180 (5,6 tex) und Nm 24 (42 tex) betragen die Liefergeschwindigkeiten 10,5 bzw. 22 m/min [7].

In der Abb. 528 ist ein in der Tschechoslowakei entwickeltes Direktspinnverfahren veranschaulicht [*14*]. Das Verfahren wird bei der Verarbeitung von Viskosespinnband verwendet. Ein Eingangswalzentrio

II, *2a*, *2b* zieht das Spinnkabel in das Streckwerk. In der Reißzone ist ein scharfkantiges, rotierendes Prisma *P* angebracht, über welches das Kabel geleitet wird. Zwischen dem Prisma *P* und den Ausgangswalzen werden die Fasern von einem Riemchen *R*, das um die Führungswalzen FW_1, FW_2 und um die Walze *1* läuft, geführt.

Seit dem Jahre 1953 baut die Firma Maschinenfabrik Rieter AG. die Cutdrafil-Ringspinnmaschine [*15*]. Das Direktspinn-Streckwerk, das in der Abb. 529 im Schema veranschaulicht ist, besitzt eine Spannvorrichtung und drei Eingangswalzen, die das Kabel gut klemmen. In der Reißzone *A* befindet sich eine schraubenförmige Schneidwalze *SW*. Sie arbeitet ohne Gegenlage. Der Zerteilungsvorgang gleicht daher mehr einem Reißen als einem Schneiden. Es werden diejenigen Fäden zerrissen, die von den Ausgangswalzen erfaßt und gegen die Schneidwalze *SW* gezogen werden. Das Kabel wird von einer Umlenkschiene *US* ausgelenkt. Der Auslenkwinkel des Kabels beeinflußt die Schärfe des Schneidwalzeneingriffs. Er läßt sich durch Verstellung der Umlenkschiene *US* verändern. Vor den Ausgangswalzen werden die Fasern von einem Unterriemchen *UR* mit einer aufgesetzten Durchzugswalze *DW* und von einem Verdichter *K* geführt. Auf der Cutdrafil-Ringspinnmaschine können Elementarfäden bis zu einem Titer von 5 den (560 mtex) verarbeitet werden [*5*]. Es kann eine mittlere Faserlänge von 50 bis 150 mm erzeugt werden [*6*]. Der Verzug beträgt 4- bis 60fach. Die Liefergeschwindigkeit wird mit 10 bis 20 m/min angegeben [*5*]. Bei dem Direktspinnverfahren nach Rieter ist von Vorteil, daß die Elementarfäden durch das Reißen an den scharfen Schneiden keiner hohen Beanspruchung ausgesetzt sind. Daher verändern sich die Festigkeits- und Dehnungseigenschaften nur unwesentlich.

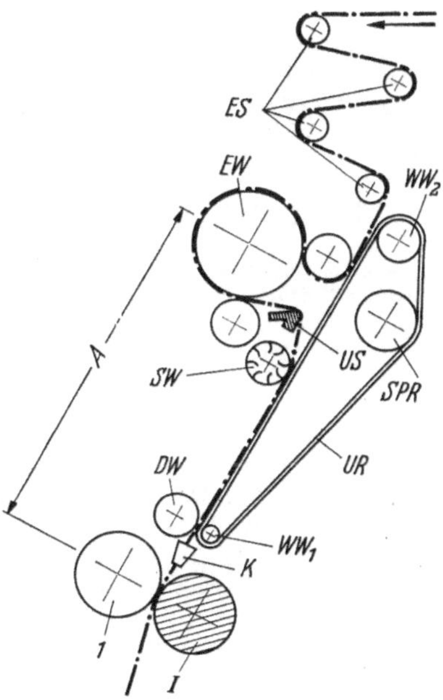

Abb. 529. Direktspinnmaschine der Firma Maschinenfabrik Rieter AG. (Cutdrafil-Ringspinnmaschine) — DBP 928578 von 1955, patent. vom 2. 8. 1952 an; DBP 1006766 von 1957, patent. vom 7. 1. 1955 an

A Reißzone; *DW* Durchzugswalze; *ES* Einlaufstäbe; *EW* Eingangswalze; *K* Verdichter; *SPR* Spannrolle; *SW* Schneidwalze; *UR* Unterriemchen; *US* Umlenkschiene; WW_1, WW_2 Wendewalzen

Das Direktspinnverfahren der Firma T. M. M. (Research) Ltd. sieht eine Schlagwalze vor der eigentlichen Reißzone vor (Abb. 530). Das Kabel wird über zwei Einlaufstäbe *ES* geführt, welche die Kabeleinstellung zur scharfkantigen Schlagwalze *SW* bestimmen und gleichzeitig das Kabel ausbreiten sollen. Der Reißvorgang findet in der Zone *A* statt. Zwischen den Eingangs- und den Ausgangsreißwalzen ist ein Blindwalzenpaar *III*/*3* mit einem Unterriemchen *UR* angebracht. Die Walze *III* bewegt sich mit einer Geschwindigkeit, die etwas größer als die Geschwindigkeit der Eingangswalze *IV* ist. Auf die Reißzone *A* folgt eine Verzugszone *B*, über deren Ausführung keine näheren Angaben gemacht werden können.

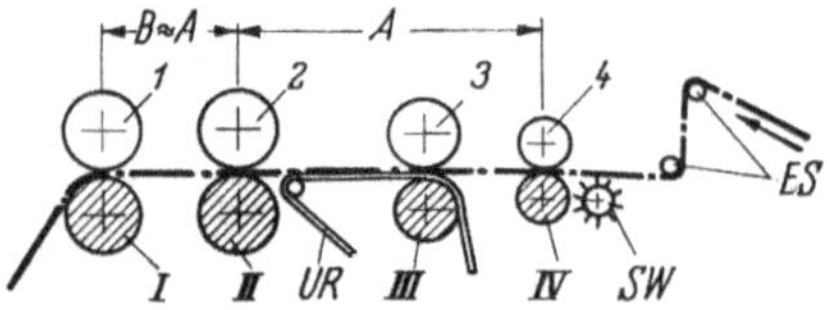

Abb. 530. Direktspinnverfahren der Firma T. M. M. (Research) Ltd. – BP 843283 vom 19. 12. 1958

A Reißzone; *B* Verzugszone; *ES* Einlaufstäbe; *SW* Schlagwalze; *UR* Unterriemchen

Literatur zu Kap. 5

[*1*] Simon, E.: Rein- und Mischverspinnung der Zellwolle. Melliand Textilber. 39 (1958) 127.

[*2*] Swatek, T.: Der Rieter-Converter. Reyon, Zellwolle und andere Chemiefasern 8 (1958) 195, 282.

[*3*] Wegener, W.: Die Verarbeitung von Seidenabfällen nach dem französischen Kammgarnverfahren. Melliand Textilber. 33 (1952) 14, 114.

[*4*] Hardacre, W.: Das Spinnbandverfahren und die dafür benötigten Maschinen. Reyon, Zellwolle und andere Chemiefasern 9 (1959) 718.

[*5*] Frenzel, W., u. H. Stöver: Direktspinnverfahren. Faserforsch. u. Textiltechn. 7 (1956) 241, 297.

[*6*] Schell, K.: Neuere Entwicklungen auf dem Gebiet der Kupferzellwolle, unter besonderer Berücksichtigung der verkürzten Spinnverfahren. Textil-Praxis 10 (1955) 140.

[*7*] Lünenschloss, J.: Verarbeitung von Chemiefasern nach dem Kabelspinnverfahren. Überblick über die Direktspinn- und Converterverfahren. Textil-Praxis 13 (1958) 249.

[*8*] Saxl, V.: Das Perlok-Spinnverfahren und der Turbo-Stapler. Textil-Praxis 12 (1957) 768.

[*9*] Furrer, A.: Kurzspinnverfahren. Melliand Textilber. 43 (1962) 667.

[*10*] Löcker, R.: Über den Stand der Verspinnung von Chemiefasern. Reyon, Zellwolle und andere Chemiefasern 6 (1956) 836.

[*11*] Mihira, K.: A New Draft-Cut Spinning System. J. Text. Mach. Soc. Japan 2 (1956) No. 2, 22.

[*12*] Schlese, G.: Kurzspinnverfahren zur Verarbeitung von Chemiefasern. Z. ges. Textilind. 61 (1959) 417.

[*13*] Cocke, A. K., P. Crowe u. R. Woodell: A Study of One-Step Conversion of Continuous Filament Rayon to Spun Yarn. Text. Res. J. 21 (1951) No. 4.

[*14*] Kasparek, J., u. P. Vorisek: Das Direktspinnen von Garnen aus Viskosespinnband. Deutsche Textiltechnik 11 (1961) 398.

[*15*] Mey, W.: Verspinnung von Chemiefasern nach dem Direkt- bzw. Converterspinnverfahren. Deutsche Textiltechnik 10 (1960) 53, 128.

[*16*] Wegener, W.: Fragen der Verspinnung von Chemiefasern zu Chemiefasergarnen. Chemiefasern 14 (1964) 647, 710.

6. Die Regulierstrecken

Selbst mit einem fehlerfrei arbeitenden Streckwerk ist es nicht möglich, Ungleichmäßigkeiten zu beseitigen, die von der Vorlage herrühren. Ein Teil der Materialschwankungen dieser Art wird zwar durch das Dublieren ausgeglichen. Soll jedoch der Faserbandquerschnitt weitgehend konstant gehalten werden, so muß eine Strecke mit einer Steuer-

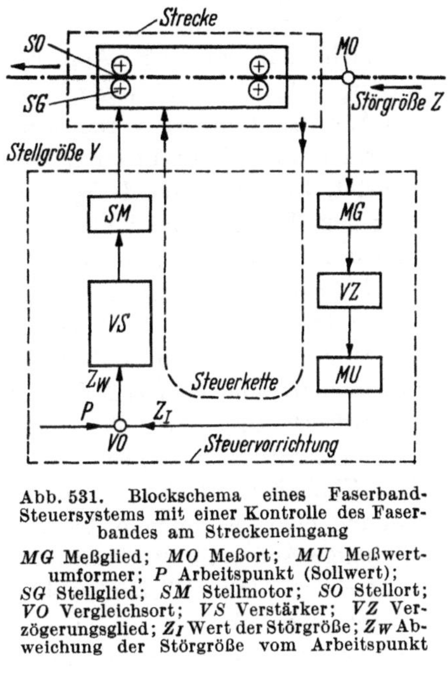

Abb. 531. Blockschema eines Faserband-Steuersystems mit einer Kontrolle des Faserbandes am Streckeneingang

MG Meßglied; *MO* Meßort; *MU* Meßwertumformer; *P* Arbeitspunkt (Sollwert); *SG* Stellglied; *SM* Stellmotor; *SO* Stellort; *VO* Vergleichsort; *VS* Verstärker; *VZ* Verzögerungsglied; Z_I Wert der Störgröße; Z_W Abweichung der Störgröße vom Arbeitspunkt

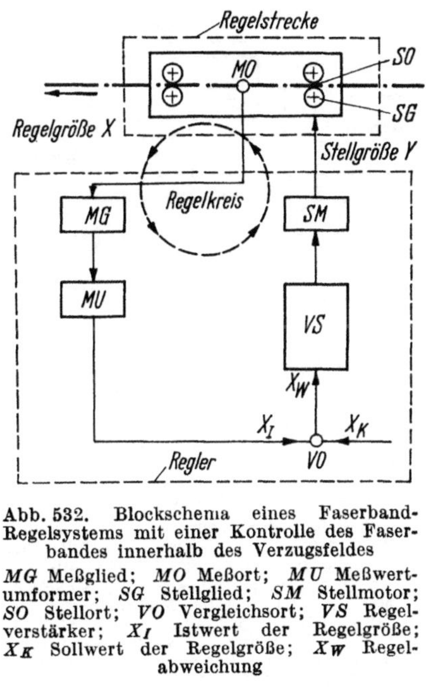

Abb. 532. Blockschema eines Faserband-Regelsystems mit einer Kontrolle des Faserbandes innerhalb des Verzugsfeldes

MG Meßglied; *MO* Meßort; *MU* Meßwertumformer; *SG* Stellglied; *SM* Stellmotor; *SO* Stellort; *VO* Vergleichsort; *VS* Regelverstärker; X_I Istwert der Regelgröße; X_K Sollwert der Regelgröße; X_W Regelabweichung

oder mit einer Regeleinrichtung Verwendung finden. Vor der Besprechung der verschiedenen Verfahren und Einrichtungen dieser Art wird kurz auf den Wirkungsablauf von Steuer- und Regelsystemen eingegangen [*1*, *2*, *13*]. In den Abb. 531, 532 und 533 sind in der oberen Hälfte die verschiedenen Möglichkeiten der Faserbandkontrolle innerhalb der Strecke veranschaulicht. Unterhalb dieser Kontrollanordnungen sind jeweils die für den betreffenden Vergleichmäßigungsprozeß allgemein erforderlichen Steuer- und Regelglieder in Form von Blockschaltbildern wiedergegeben. Bei der Anordnung nach der Abb. 531 wird das Faserband direkt am Streckeneingang abgetastet. Der Meßort stimmt nicht mit dem Ort des Eingriffes überein. Daher müssen im allgemeinen die vom Meßglied *MG* ermittelten Werte von einem Verzögerungsglied *VZ* so lange fortlaufend gespeichert werden, bis die abgetastete Faserbandstelle vom Meßort zum Eingriffsort gelangt ist. Die später vom Verzögerungsglied abgenommenen Meßwerte werden gegebenenfalls durch einen Meßwertumformer *MU* in andere Meßgrößen umgewandelt. Die Werte werden in einem Verstärker *VS* verstärkt und bewirken dann über einen Stellmotor *SM* bzw. über ein von dieser Vorrichtung angetriebenes Stellglied *SG* eine Änderung des Verzuges. Da hierbei die jeweilige Höhe des Eingriffes keinen Einfluß auf den am Eingang der Strecke ermittelten Meßwert ausübt, gleicht der Wirkungsablauf eines solchen Vergleichmäßigungssystems einem Steuervorgang.

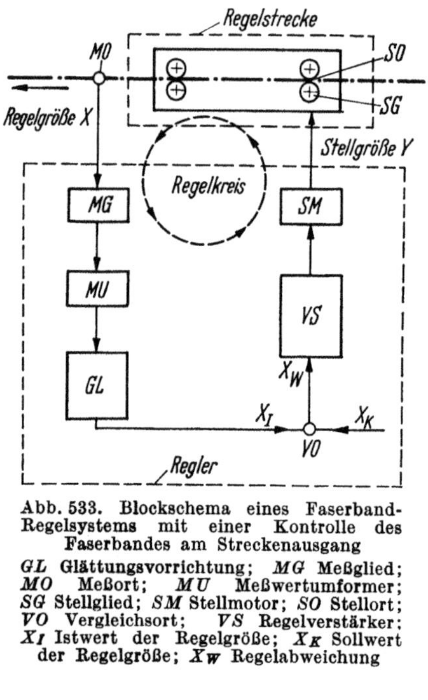

Abb. 533. Blockschema eines Faserband-Regelsystems mit einer Kontrolle des Faserbandes am Streckenausgang
GL Glättungsvorrichtung; *MG* Meßglied; *MO* Meßort; *MU* Meßwertumformer; *SG* Stellglied; *SM* Stellmotor; *SO* Stellort; *VO* Vergleichsort; *VS* Regelverstärker; X_I Istwert der Regelgröße; X_K Sollwert der Regelgröße; X_W Regelabweichung

Nach der in der Abb. 532 wiedergegebenen Anordnung wird das Faserband in der Verzugszone zwischen den Walzenpaaren abgetastet. Eine fortlaufende Speicherung der Meßwerte ist daher nicht erforderlich. Wird von einem trägheitslosen System ausgegangen, so beeinflußt die jeweilige Höhe des Eingriffes hierbei unmittelbar das Meßergebnis, da Meßort *MO* und Eingriffsort zusammenfallen. Ein gegebenenfalls zu hoher oder zu niedriger Eingriff würde bei dieser Anordnung eine fortlaufende, hiervon abhängige Änderung des Meßwertes verursachen. Der Wirkungsablauf ist bei dieser Anordnung in sich geschlossen und entspricht einem Regelvorgang.

Die in der Abb. 533 gezeigte Anordnung betrifft die Messung am bereits verstreckten Faserband unmittelbar am Ausgang der Strecke. Hier ist der Eingriff gegenüber der Messung vorverlegt, und zwar um den Abstand zwischen dem Eingriffs- und dem Meßort. Diese Anordnung verursacht eine Totzeit, da sich die jeweilige Höhe des Verzuges etwas verspätet am Meßort bemerkbar macht. Im allgemeinen läßt sich mit einem solchen System den kurzzeitigen Ungleichmäßigkeiten nur bedingt Rechnung tragen. Hier kann man praktisch nur die oberhalb eines bestimmten Längenabschnittes liegenden Merkmalsänderungen der Faserbänder im positiven Sinn beeinflussen. Für diesen Zweck ist es erforderlich, daß die sehr kurzzeitigen Meßwertschwankungen durch eine Mittelung oder Glättung unwirksam gemacht werden, um fortlaufende, kurzzeitige Fehleingriffe zu vermeiden. Bei sonst gleichen Regelkreisgliedern ist gegenüber der Anordnung nach Abb. 532 eine

Meßwert-Glättungsvorrichtung (*GL*) erforderlich, wie sie in dem Blockschema der Abb. 533 eingezeichnet ist.

Der wohl älteste, aus den internationalen Patentunterlagen bekanntgewordene Erfindungsgedanke für Faserband-Vergleichmäßigungseinrichtungen ist aus einer amerikanischen Patentschrift zu ersehen. Bei der in der Abb. 534 wiedergegebenen Einrichtung erfolgt die Faserbandkontrolle durch unterhalb der Eingangswalze *5* angeordnete Fühlplatten *FP*, die unter einem bestimmten Druck an dem Fasergut

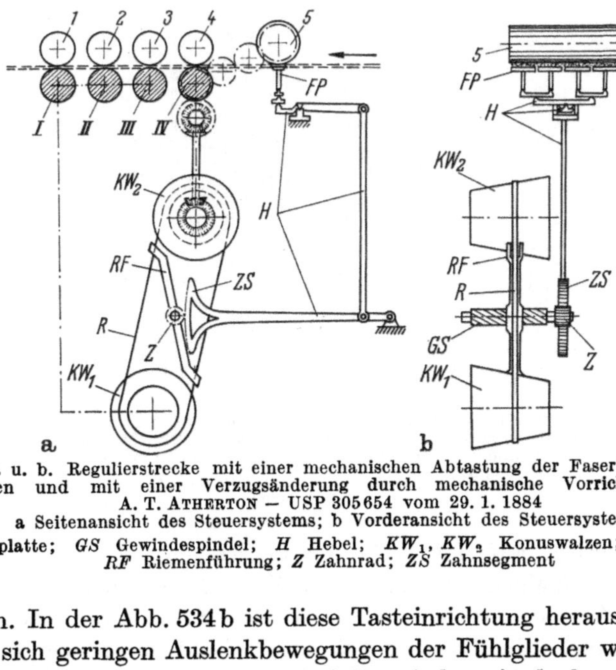

Abb. 534a u. b. Regulierstrecke mit einer mechanischen Abtastung der Faserbänder mittels Fühlplatten und mit einer Verzugsänderung durch mechanische Vorrichtungen nach A. T. ATHERTON – USP 305654 vom 29. 1. 1884
a Seitenansicht des Steuersystems; b Vorderansicht des Steuersystems
FP Fühlplatte; *GS* Gewindespindel; *H* Hebel; KW_1, KW_2 Konuswalzen; *R* Riemen; *RF* Riemenführung; *Z* Zahnrad; *ZS* Zahnsegment

anliegen. In der Abb. 534b ist diese Tasteinrichtung herausgezeichnet. Die an sich geringen Auslenkbewegungen der Fühlglieder werden über ein Hebelsystem *H* summiert, wobei die mittlere Auslenkung über eine weitere Hebelanordnung ein Schwenken eines Zahnsegmentes *ZS* bewirkt. Letzteres steht mit einem Zahnrad *Z* in Eingriff. Das Zahnrad ist auf einer Gewindespindel *GS* befestigt. Entsprechend der wechselseitigen Spindeldrehung werden eine Riemenführung *RF* bzw. ein Riemen *R* in axialer Richtung zweier Konus-Walzen KW_1 und KW_2 verschoben. Die variable Drehzahl der Konuswalze KW_2 bewirkt dabei über Kegel- und Zahnräder eine Änderung der Umfangsgeschwindigkeit der Eingangswalze *IV* bzw. der Einzugsorgane und damit eine Änderung des Verzuges. Die übrigen Walzen erhalten eine konstante Umfangsgeschwindigkeit. Diese Einrichtung entspricht im Prinzip dem in der Abb. 531 gezeigten Steuersystem. Eine Verzögerungseinrichtung, um den Eingriffszeitpunkt zu verlegen, war seinerzeit noch nicht bekannt.

Eine andere, mechanisch arbeitende Einrichtung zur Faserbandvergleichmäßigung ist in der Abb. 535 veranschaulicht. Nach der in Amerika geschützten Erfindung von Westcott und Potter werden die in das Verzugsfeld einlaufenden Faserbänder zunächst mit Hilfe einer Nutenwalze *NW* und einer Tastrolle *TR*, die durch ihr Zusammenwirken einen rechteckigen Tastquerschnitt ergeben, unter Druck abgetastet. Die geringen, den Dickenschwankungen entsprechenden Auslenkungen der beweglich angeordneten Tastrolle *TR* werden über den

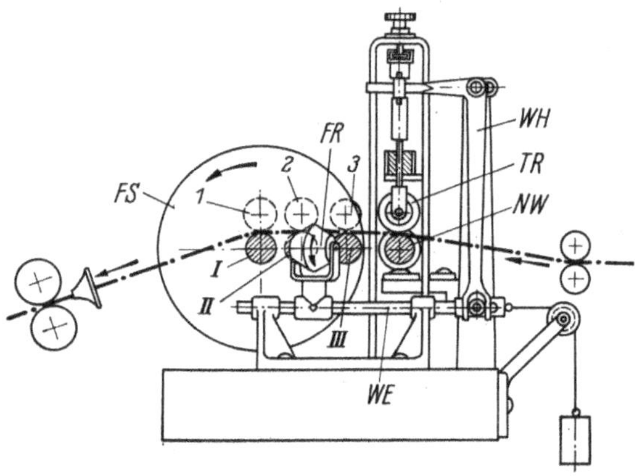

Abb. 535. Regulierstrecke mit einer mechanischen Abtastung der Faserbänder durch ein Walzenpaar und mit einer Verzugsänderung mittels mechanischer Vorrichtungen nach V. S. Westcott und F. W. Potter – USP 786242 vom 31. 5. 1904
FR Friktionsrad; *FS* Friktionsscheibe; *NW* Nutenwalze; *TR* Tastrolle; *WE* Welle; *WH* Winkelhebel

Winkelhebel *WH* auf eine Welle *WE* übertragen, die in ihrer Längsrichtung verschiebbar ist. Auf dieser Welle ist ein nach zwei Seiten kegelstumpfförmig ausgebildetes Friktionsrad *FR* befestigt. Dieses wird, den Bewegungen der Tastrolle *TR* entsprechend, in radialer Richtung zwischen zwei Friktionsscheiben, von denen nur die Scheibe *FS* eingezeichnet ist, verschoben. Bei einer Dickenschwankung wird der wirksame Radius der konstant umlaufenden Antriebsfriktionsscheibe (nicht eingezeichnet) geändert und gegenläufig dazu der wirksame Radius der über das Friktionsrad *FR* getriebenen Scheibe *FS*, die den Antrieb der Ausgangswalze *I* vornimmt. Die Ausgangswalze erhält hierdurch eine variable Drehzahl, was eine Änderung des Verzuges zur Folge hat.

Die in der Abb. 536 wiedergegebene Einrichtung stellt wiederum ein mechanisch arbeitendes Vergleichmäßigungssystem dar. Nach den amerikanischen Patenten von Smith erfolgt die Kontrolle der einzelnen Faserbänder mit Hilfe einer Mehrfachnutenwalze *NW* und mehrerer Tastrollen *TR*, die am Streckwerkseingang angeordnet sind. Die einzelnen Auslenkungen der oberen Tastorgane werden auch hier über ein

Hebelsystem *HS* summiert und auf einen die Bewegung stark vergrößernden Hebel *H* übertragen. Dieser Hebel bewirkt über eine Stange *ST* ein Anheben oder ein wechselseitiges Einrasten von zwei Schaltklinken SK_1 und SK_2, die je einem entgegengesetzt arbeitenden Klinkenrad KR_1 bzw. KR_2 zugeordnet sind. In der Abb. 536b ist diese Schaltvorrichtung wiedergegeben. Beide Schaltklinken erhalten von einem Exzentertrieb *EX* eine konstante Schwenkbewegung, so daß je nach ihrer Stellung entweder ein Stillstand oder eine Links- bzw. eine

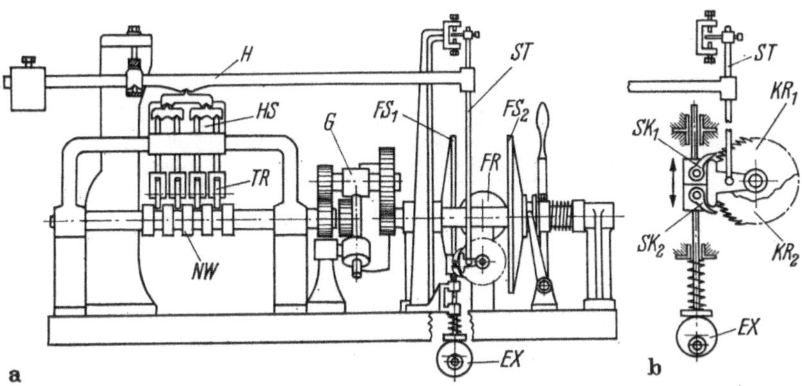

Abb. 536a u. b. Regulierstrecke mit einer mechanischen Abtastung der Faserbänder mittels einer Mehrfachnutenwalze und mehrerer Tastrollen und mit einer Verzugsänderung durch mechanische Vorrichtungen nach E. C. Smith — USP 887280 und 887281 vom 5. 1. 1907
a Schematische Darstellung der Regulierstrecke; b Wirkungsweise der Schaltklinken

EX Exzentertrieb; *FR* Friktionsrad; FS_1, FS_2 Friktionsscheiben; *G* Getriebe; *H* Hebel; *HS* Hebelsystem; KR_1, KR_2 Klinkenräder; *NW* Mehrfachnutenwalze; SK_1, SK_2 Schaltklinken; *ST* Stange; *TR* Tastrolle

Rechtsdrehung einer Welle, auf der die Klinkenräder KR_1 und KR_2 befestigt sind, erzeugt wird. Durch die Drehungen der Welle wird ein Friktionsrad *FR* verschoben, das zwischen zwei Friktionsscheiben FS_1 und FS_2 angeordnet ist. Dabei vergrößert sich der wirksame Radius der einen Friktionsscheibe, während der wirksame Radius der anderen Scheibe sich verringert. Mit der Friktionsscheibe FS_2 ist das Getriebe *G* gekoppelt, das die Mehrfachnutenwalze *NW* entsprechend der mittleren Dicke der vorgelegten Faserbänder antreibt. Dies hat verhältnisgleiche Änderungen der Materialzufuhr zur Folge. Nach einem zweiten Vorschlag erfolgt die Änderung der Schaltklinkenstellung durch ein Öffnen oder Schließen von zwei elektrischen Kontakten. Bei der hier gezeigten Einrichtung wird die schwer zu bewerkstelligende Verschiebung des zwischen den beiden Scheiben FS_1 und FS_2 angeordneten Friktionsrades *FR* nicht unmittelbar von den Tastrollen *TR* des Meßorgans vorgenommen, sondern durch eine vom Exzentertrieb *EX* hergeleitete Hilfskraft.

Eine weitere Verbesserung von mechanisch arbeitenden Vergleichmäßigungseinrichtungen ist in der Abb. 537 schematisch wiedergegeben. Bei der in Deutschland patentierten Einrichtung von Eves verursachen die Dickenschwankungen ein entsprechendes Heben und Senken der belasteten Druckwalze *3*. Durch die geringen Auslenkungen der Druckwalze *3* werden über die Hebel H_1, H_2 und über eine gabelförmige Führung F die Stifte ST, die auf einem sich drehenden Verzögerungsrad VR kreisförmig angeordnet sind, verschoben. Zu einem späteren Zeitpunkt werden die Stiftenden von einem gabelförmig ausgebildeten

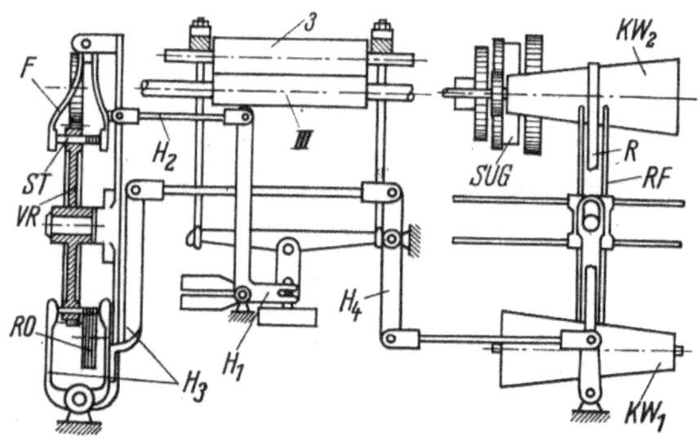

Abb. 537. Regulierstrecke mit einer mechanischen Abtastung der Faserbänder mittels einer belasteten Oberwalze und mit einer Verzugsänderung durch mechanische Vorrichtungen nach J. V. Eves – DRP 270745 von 1914, patent. vom 29. 11. 1912 an

F Führung; H_1 bis H_4 Hebel; KW_1, KW_2 Konuswalzen; R Riemen; RF Riemenführung; RO Rolle; ST Stift; SUG Summengetriebe; VR Verzögerungsrad

Hebel H_3 abgetastet. Zwei am Umfang mit feinen Längsrillen versehene Rollen RO greifen kurz vor dem Abtasten in gleiche, an einer Seite der Stifte eingearbeitete Rillen. Hierdurch wird vermieden, daß die Stifte während des Abtastvorganges ausweichen. Die zum Verzögerungszeitpunkt auf die Hebelanordnung H_3 fortlaufend übertragenen, mit der Vorlageänderung identischen Meßwerte bewirken über weitere Hebel ein Verschieben der Riemenführung RF bzw. des Riemens R. Dadurch ändern sich die wirksamen Durchmesser der treibenden Konuswalze KW_1 und der getriebenen Konuswalze KW_2. Dies wiederum beeinflußt über ein Summengetriebe SUG die Drehzahl der Ausgangswalze und damit den Verzug. Gegebenenfalls können die Verstellkräfte für die Riemenführung von einem zwischengeschalteten mechanischen Relais aufgebracht werden. Wesentlich an dem Erfindungsgedanken ist die Speicherung der Meßwerte durch das mechanische Verzögerungsglied, wodurch dem richtigen Zeitpunkt des Eingriffes Rechnung getragen werden kann. Die in den vergangenen Jahren zuerst für die Praxis realisierten Faserband-Vergleichmäßigungseinrichtungen arbeiten nach dem gleichen Verzögerungsprinzip.

Ein Vergleichmäßigungssystem mit einer photoelektrischen Meßeinrichtung ist in der Abb. 538 dargestellt. Bei diesem in Amerika bekannt gewordenen Verfahren von Lewis erfolgt die Kontrolle des Faserverbandes durch eine zwischen den beiden Walzenpaaren *I*/*1* und *II*/*2* angeordnete Photozelle *Z* und durch eine Lichtquelle *L*. Die von der Photozelle ausgehenden, den Durchmesserschwankungen entsprechenden Impulse werden elektronisch verstärkt. Sie ändern die Ankerspannung eines Gleichstrommotors *M* für den variablen Antrieb der Ausgangswalze und werden damit zur Änderung des Verzuges benutzt. Die übrigen Unterwalzen erhalten ihre konstante Drehzahl von einem zweiten, nicht eingezeichneten Motor.

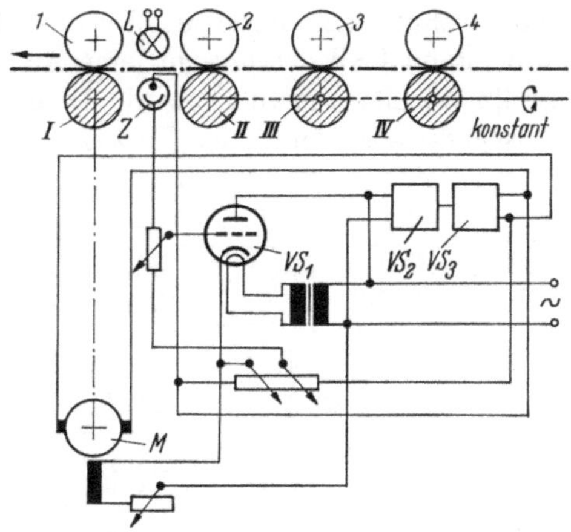

Abb. 538. Regulierstrecke mit einer photoelektrischen Kontrolle der Faserbänder und mit einer Verzugsänderung durch elektronische bzw. elektrische Vorrichtungen nach A. P. Lewis — USP 2361217 vom 2. 1. 1941 der Firma U. S. Rubber Co.

L Lichtquelle; *M* Gleichstrommotor; VS_1 bis VS_3 Verstärker; *Z* Photozelle

Die Firma AEG entwickelte eine Vergleichmäßigungseinrichtung, die in der Abb. 539 dargestellt ist. Hierbei werden sowohl der einlaufende als auch der zwischen den Walzenpaaren *I*/*1* und *II*/*2* befindliche Faserverband fortlaufend mit Hilfe von Photozellen Z_1 und Z_2 kontrolliert. Die Querschnittsschwankungen werden von den Photozellen registriert und in elektrische Meßgrößen umgewandelt. Ein Verstärker *VS* verstärkt die Impulse und verstellt über das Quecksilber-

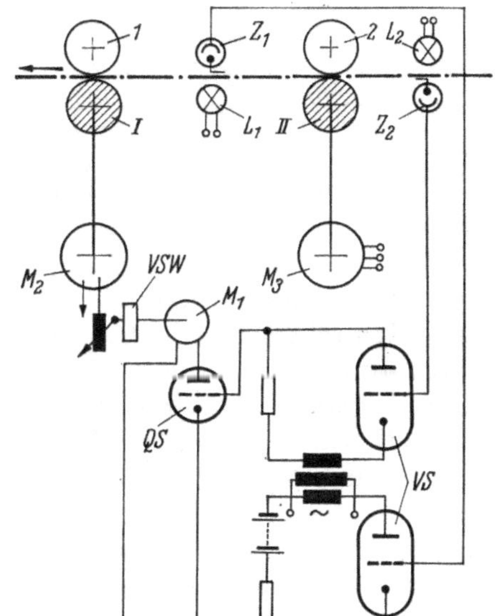

Abb. 539. Regulierstrecke mit zweifacher photoelektrischer Kontrolle der Faserbänder und mit einer Verzugsänderung durch elektronische bzw. elektrische Vorrichtungen, Firma AEG — DRP 720200 von 1942, patent. vom 1. 7. 1938 an

L_1, L_2 Lichtquellen; M_1 bis M_3 Motoren; *QS* Quecksilberdampfrohr; *VS* Verstärker; *VSW* Verstellwiderstand; Z_1, Z_2 Photozellen

dampfrohr QS den Motor M_1. Der von diesem Motor betätigte Verstellwiderstand VSW verursacht eine Änderung der Spannung, die dem Stellmotor M_2 zugeführt wird. Damit ändern sich die Drehzahl der Ausgangswalze I und der Verzug. Die Eingangswalze II erhält von dem Motor M_3 eine konstante Umfangsgeschwindigkeit.

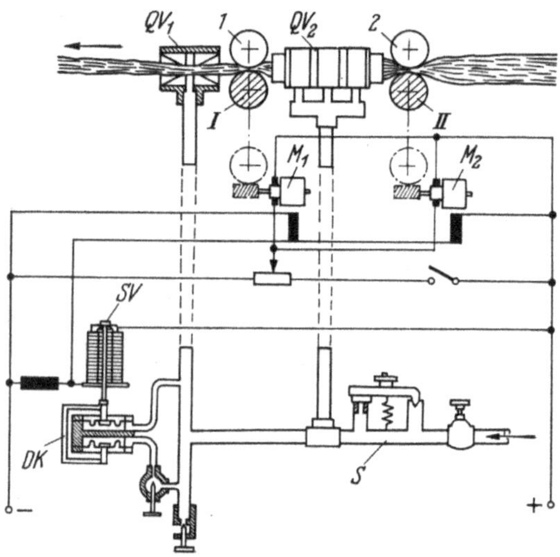

Abb. 540. Regulierstrecke mit einer hydraulischen oder pneumatischen Kontrolle der Faserbänder und mit einer Verzugsänderung durch hydraulische oder pneumatische bzw. elektrische Vorrichtungen nach E. L. RICHARDSON — USP 2407100 vom 26. 6. 1943 der Firma General Electric Co. *DK* Druckkammer; M_1, M_2 Motoren; QV_1, QV_2 Querschnittskontrollvorrichtungen; *S* hydraulisches System; *SV* Spannungsänderungsvorrichtung

Eine in Amerika bekannt gewordene Vergleichmäßigungseinrichtung von RICHARDSON ist in der Abb. 540 im Schema veranschaulicht. Hierbei finden zwei Querschnittskontrollvorrichtungen QV_2 und QV_1 für das zwischen den Walzenpaaren $I/1$ und $II/2$ befindliche bzw. für das bereits verstreckte Faserband Verwendung. Durch die beiden Kontrollorgane wird das Material leicht komprimiert, wobei die Merkmalsänderungen eine Änderung der Druckunterschiede in einem hydraulischen oder gegebenenfalls in einem pneumatischen System S bewirken. In einer Druckkammer DK, die mit den Kontrollorganen verbunden und mit zwei Stellmembranen ausgestattet ist, werden die den Querschnittsschwankungen entsprechenden Druckunterschiede über eine elektrische Spannungsänderungsvorrichtung SV zur Änderung der Felderregungen für die Gleichstrommotoren M_1 und M_2 (gegenläufig) benutzt.

Nach einem in England von HIENSCH entwickelten Verfahren (Abb. 541) erfolgt die Kontrolle der Fasermasse durch eine fortlaufende Messung des elektrischen Leitwertes. Zu diesem Zweck werden die Faserbänder unmittelbar vor dem Einlaufen in das Streckwerk in einem Behälter BE mit einer elektrisch leitenden Flüssigkeit präpariert. Der elektrische Leitwert wird hierbei zwischen einem Kontaktwalzenpaar KOW_2, KOW_3, das in der Verzugszone das Band berührt, und einer auf der Ausgangswalze I befestigten Kontaktwalze KOW_1 gemessen. Entsprechend den Masseschwankungen ändert sich das Leitvermögen des Faserbandes. Über einen Verstellwiderstand *VSW* wird dadurch die Spannung variiert. Sie beeinflußt den Stellmotor M_1. Damit ändern sich die Drehzahl der Ausgangswalze *I* bzw. der Verzug. Der Motor M_2, der mit konstanter Drehzahl läuft, treibt die Walze *II* an.

Bei dem in der Abb. 542a und b wiedergegebenen, in England geschützten Vergleichmäßigungssystem für Faserbänder und dergleichen sind für die Kontrolle des Faserverbandes im Verzugsfeld ein Ultraschallwellen-Erzeuger UEZ_1 und ein Empfänger UE_1 vorgesehen. Wie in der Abb. 542a dargestellt ist, gehen die vom Sender erzeugten Schallwellen nach dem direkten Durchdringungsverfahren durch das Material. Der Empfänger UE_1 nimmt sie auf. In der Vorrichtung *VS* erfolgt die Umwandlung in elektrische Meßwertschwankungen. Die Meßwerte werden hier gleichzeitig verstärkt und bewirken über den Verstellmotor M_1 und über den Verstellwiderstand *VSW* eine Änderung der Drehzahl des Motors M_2 bzw. der Ausgangswalze *I*. Ein weiterer Motor M_3 erteilt der Eingangswalze *II* eine konstante Umfangsgeschwindigkeit.

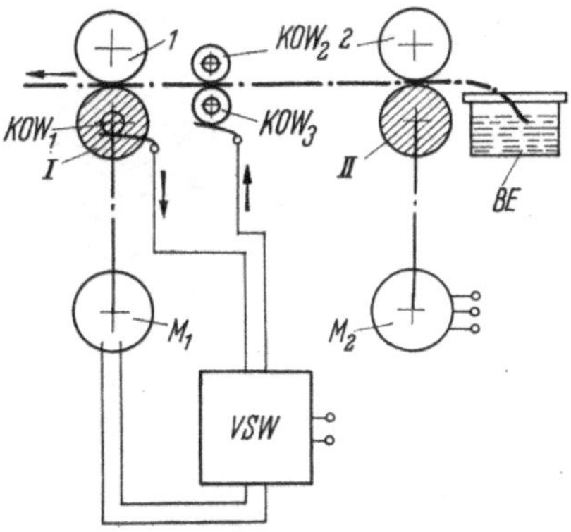

Abb. 541. Regulierstrecke mit einer Kontrolle der Faserbänder durch Messen des elektrischen Leitwertes und mit einer Verzugsänderung mit Hilfe elektrischer Vorrichtungen nach J. N. HIENSCH – BP 642942 vom 15. 12. 1948

BE Behälter; KOW_1 bis KOW_3 Kontaktwalzen; M_1, M_2 Motoren; *VSW* Verstellwiderstand

Gemäß der Abb. 542b werden die Masseschwankungen nach einem Ultraschallwellen-Reflexionsverfahren gemessen. Im Verzugsfeld ist unterhalb des Faserverbandes eine reflektierende Fläche *F*, beispielsweise eine Glasplatte, angebracht. Diese Platte reflektiert die vom Sender UEZ_1 erzeugten, durch das Material gesendeten Schallwellen unter einem bestimmten Ausfallwinkel. Die Schallwellen werden von dem Empfänger UE_1 aufgenommen. Um Störgrößen, wie beispielsweise die Feuchtigkeitsschwankungen des Faserverbandes, auszuschalten, können Sender und Empfänger in zeitlich kurzen Abständen auf ein Vergleichsmaterial *VG* gerichtet werden. Die Meßorgane werden über zwei Schleifkontakte eines Drehschalters *DS* periodisch verstellt. Dieser betätigt abwechselnd zwei Magnetspulen *MS*, in die in periodischen Abständen ein Eisenkern gezogen wird. Der Kern ist über ein Band *B* mit den beiden Meßgliedern verbunden. Es können auch ein zweiter Schallwellenerzeuger UEZ_2 und -empfänger UE_2 für den Materialvergleich vorgesehen werden. Die Differenz der am Vergleichs- und am Prüfobjekt erhaltenen Meßspannungen wird elektronisch verstärkt und über den Verstellmotor M_1 mit dem Verstellwiderstand *VSW* sowie über den Motor M_2 zur Änderung der Walzendrehzahl bzw. des Verzuges benutzt. Die Eingangswalze *II* erhält eine konstante Drehzahl von einem nicht eingezeichneten Motor. Unter Verwendung einer

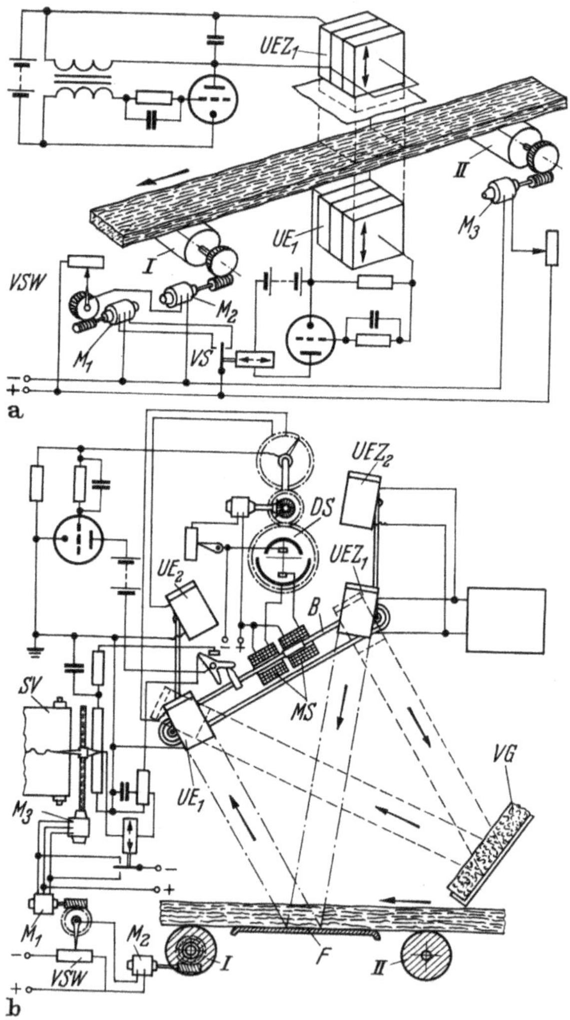

Abb. 542a u. b. Regulierstrecke mit einer Kontrolle der Faserbänder durch Ultraschallwellen und mit einer Verzugsänderung durch elektronische bzw. elektrische Vorrichtungen, Firma British Thomson-Houston Company Ltd. – BP 644983 vom 23. 7. 1945
a direktes Durchdringungsverfahren; b Reflexionsverfahren

B Band; *DS* Drehschalter; *F* reflektierende Fläche; M_1 bis M_3 Motoren; *MS* Magnetspule; *SV* Schreibvorrichtung; UE_1, UE_2 Ultraschallwellen-Empfänger; UEZ_1, UEZ_2 Ultraschallwellen-Erzeuger; *VG* Vergleichsmaterial; *VS* Verstärker; *VSW* Verstellwiderstand

Registriereinrichtung, die aus dem Verstellmotor M_3 mit einer Spindel sowie aus der Schreibvorrichtung *SV* besteht, können gegebenenfalls die Meßwertschwankungen oder die Höhe des Eingriffes fortlaufend aufgezeichnet werden.

Ein weiteres Verfahren zur fortlaufenden Änderung des Verzuges ist in der Abb. 543 schematisch dargestellt. Nach dem den Phrix-Werken patentierten Verfahren erfolgt die Faserbandkontrolle unter Verwendung eines Betastrahlers und einer Ionisationskammer. Das Meßglied ist zwischen den Walzenpaaren *I*/*1* und *II*/*2* angeordnet. Die von dem Betastrahler *BS* erzeugte und von der Faserbandmasse beeinflußte Strahlungsintensität wird in der Ionisationskammer *IK* in elektrische Spannungsschwankungen umgewandelt. Die Anzahl der Meßimpulse hängt von der Dichte des Faserbandes ab. Die Meßimpulse werden über eine Verstärkereinrichtung *VS* und den Regler *RE* zur Drehzahländerung des Motors M_1 verwendet. Dadurch variieren die Drehzahl der Ausgangswalze und der Verzug. Die Eingangswalze *II* erhält von dem Motor M_2 eine konstante Umfangsgeschwindigkeit.

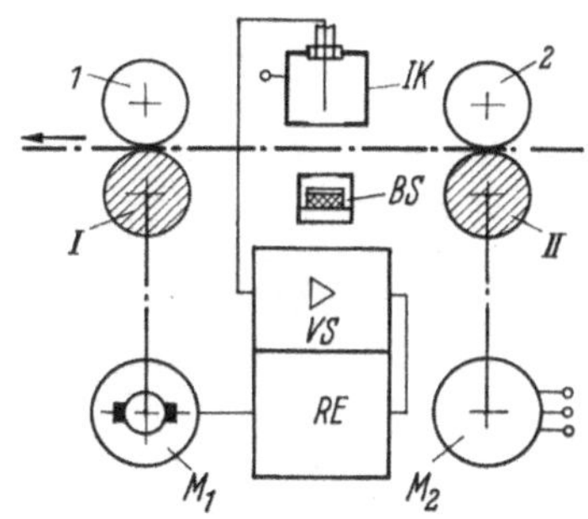

Abb. 543. Regulierstrecke mit einer Faserbandkontrolle durch einen Betastrahler und mit einer Verzugsänderung durch elektronische bzw. elektrische Vorrichtungen nach H. Krull – DBP 882819 von 1953 der Phrix-Werke AG, patent. vom 24. 6. 1950 an

BS Betastrahler; *IK* Ionisationskammer; M_1, M_2 Motoren; *RE* Reguliereinrichtung; *VS* Verstärker

D. C. Cushing und H. Cushing schlagen in ihrem amerikanischen Patent USP 2729857 vom 18. 4. 1950 eine Regulierstrecke vor, die mit einer Kardengruppe verbunden ist. Die Kardenbänder werden über Transportwalzen zur Strecke geführt. Ein Walzenpaar tastet die Faserbänder ab. Den Dickeschwankungen der Vorlage entsprechend wird über eine Hebelanordnung ein Stellgetriebe betätigt, das die Drehzahl der Ausgangswalze ändert.

Niefenecker benutzt zur Ermittlung der Faserbandmasseschwankungen einen Hochfrequenzkondensator (Abb. 544). Der Meßkondensator *MK* ist zwischen den Walzenpaaren *I*/*1* und *II*/*2* angeordnet. Die Änderungen des Dielektrikums ändern über eine Kapazitätsmeßbrücke und über eine Verstärkereinrichtung *VS* die Erregung eines Gleichstrommotors M_1. Dieser Motor erteilt der Ausgangswalze *I* die variable Umfangsgeschwindigkeit, die für die fortlaufende Verzugsänderung erforderlich ist. Die Eingangswalze *II* erhält von einem zweiten Motor M_2 eine konstante Drehzahl.

Gleichfalls aus dem Jahre 1952 stammt das Vergleichmäßigungssystem von Raper (Abb. 545). In bekannter Weise erfolgt die Messung

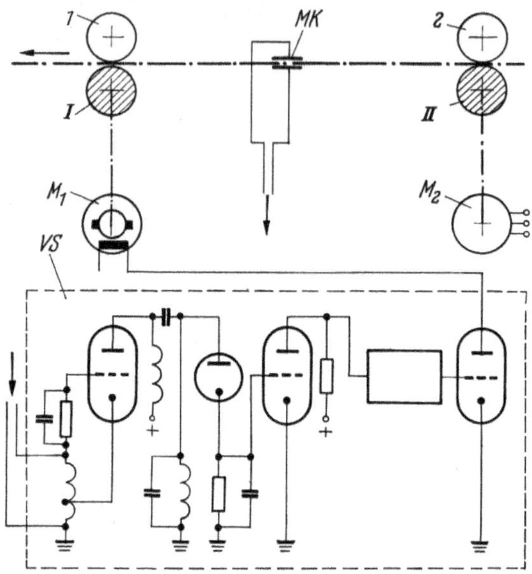

Abb. 544. Regulierstrecke mit einer Faserbandkontrolle durch einen Hochfrequenzkondensator und mit einer Verzugsänderung durch elektronische bzw. elektrische Vorrichtungen nach M. J. NIEFENECKER – FP 1012370 von 1952, patent. vom 26. 7. 1949 an

M_1*, *M_2 Motoren; *MK* Meßkondensator; *VS* Verstärker

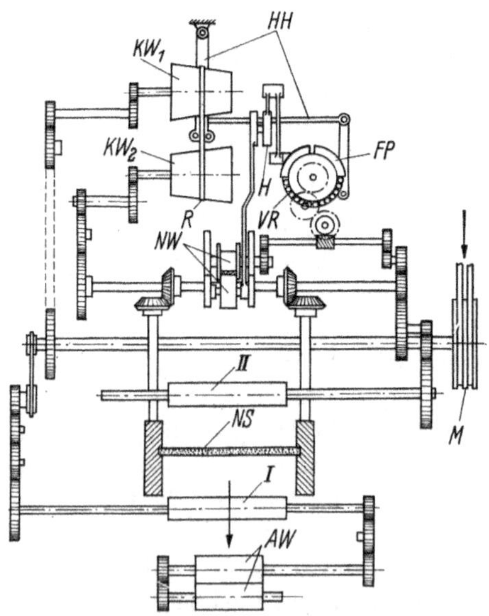

Abb. 545. Regulierstrecke mit einer mechanischen Abtastung der Faserbänder mittels eines Nutenwalzenpaares und mit einer Verzugsänderung durch mechanische Vorrichtungen – BP 711501 vom 29. 7. 1952 der Firma T. M. M. (Research) Ltd. und von G. F. Raper

AW Abzugswalzen; *FP* Fühlplatte; *H* Hebel; *HH* Hebelanordnung; ***KW_1*, *KW_2*** Konuswalzen; *M* Antrieb vom Motor; *NS* Nadelstabfeld; *NW* Walzenpaar; *R* Riemen; *VR* Verzögerungsrad

des Querschnittes der Faserbandvorlage durch ein Walzenpaar *NW*, das am Eingang der Strecke angeordnet ist. Die Auslenkungen der beweglichen Tastrolle verschieben zunächst über eine Hebelanordnung *H* die kreisförmig in einem Verzögerungsrad *VR* untergebrachten Stifte. Zu einem späteren Zeitpunkt (Verzögerungszeit) wird die von den Stäben gebildete Randkurve durch ein Übertragungselement *FP* (Fühlplatte) abgetastet. Die geringen Auslenkungen der Fühlplatte werden über ein Hebelsystem *HH* vergrößert, so daß der auf den Konuswalzen KW_1, KW_2 laufende Riemen *R* verstellt wird. Von der Konuswalze KW_2, deren Drehzahl verändert wird, erhalten über entsprechende Getriebe das Walzenpaar *NW*, das Verzögerungsrad *VR*, das Nadelstabfeld *NS* und die Eingangswalze *II* sowie die Einzugsvorrichtungen eine Drehzahländerung. Die Ausgangswalze *I* und die Abzugswalzen *AW* werden unmittelbar vom Motor angetrieben.

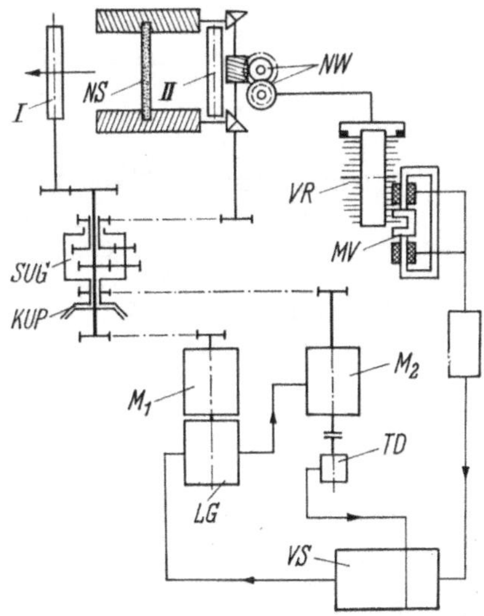

Abb. 546. Regulierstrecke mit einer mechanischen Abtastung der Faserbänder mittels eines Walzenpaares und mit einer Verzugsänderung durch elektronische bzw. elektrische Vorrichtungen nach O. v. GROSSMANN — DBP 831378 von 1952, patent. vom 22. 8. 1950 an, DBP 954223 von 1956, patent. vom 5. 10. 1954 an, der Firma Deutscher Spinnereimaschinenbau Ingolstadt

KUP Kupplung; *LG* Leonhard-Generator; M_1, M_2 Motoren; *MV* induktive Meßvorrichtung; *NS* Nadelstabfeld; *NW* Meßwalzen; *SUG* Summengetriebe; *TD* Tachodynamo; *VR* Verzögerungsrad; *VS* Verstärker

Die mechanische Kontrollvorrichtung in Form eines Walzenpaares wird auch bei der in der Abb. 546 gezeigten Vergleichmäßigungseinrichtung der Firma Deutscher Spinnereimaschinenbau Ingolstadt verwendet. Am Streckwerkseingang ist ein Meßwalzenpaar *NW* angeordnet. Die Auslenkungen der beweglichen Tastrolle bewirken gleichfalls über verschiedene Hebel eine Verschiebung der Stifte des Verzögerungsrades *VR*. Zum Verzögerungszeitpunkt verursachen die Stifte in dem Polschlitz einer induktiven Meßvorrichtung *MV* eine Änderung der elektrischen Meßspannung, die der Eintauchtiefe der Stifte entspricht. Die Meßspannung wird elektronisch verstärkt (*VS*) und der Feldspannung eines Leonard-Generators *LG* überlagert. Dieser erhält seinen Antrieb von dem Hauptmotor M_1. Der Generator erteilt dem Stellmotor M_2 eine veränderliche Ankerspannung, wodurch dessen Drehzahl sich ändert. Diese Drehzahl wird über ein Summengetriebe *SUG* auf die Meßwalzen *NW*, die Eingangswalze *II*, das Nadelstabfeld *NS* und die Einzugsvorrichtungen übertragen. Von dem Getriebeausgang, dessen

Drehzahl konstant ist, erfolgt der Antrieb der Ausgangswalze *I*. Mit dem Motor M_2 ist der Tachodynamo *TD* gekuppelt, der zum Soll-Ist-Wert-Vergleich innerhalb der Abgleich- und Verstärkereinrichtung *VS* dient. Durch die Kupplung *KUP* läßt sich die Vergleichmäßigungseinrichtung auf „ohne Steuerung" umschalten.

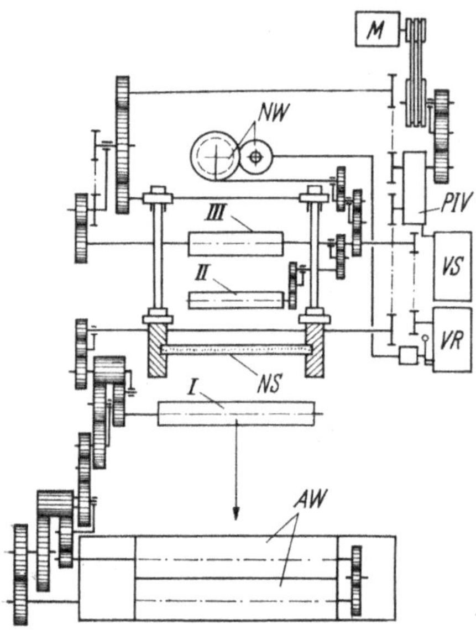

Abb. 547
Regulierstrecke mit einer mechanischen Abtastung der Faserbänder mittels eines Walzenpaares und mit einer Verzugsänderung durch hydraulische Vorrichtungen, Firma F. Bernhardt
AW Abzugswalzen; *M* Motor; *NS* Nadelstabfeld; *NW* Meßwalzen; *PIV* Getriebe; *VR* Verzögerungsrad; *VS* Verstärker- und Steuersystem

Die Firma F. Bernhardt verwendet für ihre Faserband-Vergleichmäßigungseinrichtung ebenfalls eine mechanische Dickenmeßvorrichtung (Abbildung 547). Auch hier wird die Auslenkung einer Meßwalze, die am Streckwerkseingang angebracht ist, auf das Verzögerungsrad *VR* mit Hilfe einer Hebelvorrichtung übertragen. Die Randkurve der Stiftenden wird zum Verzögerungszeitpunkt mittels einer Rolle abgetastet. Hierzu werden die Stäbe kurz vor dem Abtastvorgang arretiert. Über ein hydraulisches Verstärker- und Steuersystem *VS* bewirken die gespeicherten Meßwerte eine Verstellung des vom Motor *M* angetriebenen PIV-Getriebes. Dieses erteilt über Zahnräder der Ausgangswalze *I* und den Abzugswalzen *AW* die veränderliche Umlaufgeschwindigkeit, die für die Verzugsänderung erforderlich ist. Von dem sich konstant drehenden Getriebeteil werden die Meßwalzen *NW*, das Verzögerungsglied *VR*, die Walzen *II*, *III* und die Nadelstäbe des Nadelstabfeldes *NS* angetrieben.

Ein Vorschlag von Stein zur selbsttätigen Faserbandvergleichmäßigung ist in der Abb. 548 veranschaulicht. Die Oberwalze *2* tastet die Dicke der Faserbänder ab. Jede Masseschwankung führt zu einer Änderung des Anpreßdruckes der belasteten Ausgangsdruckwalze *1*. Dünnere Faserbandstellen erfahren dadurch einen größeren Schlupf als dickere. Bis zu einem gewissen Grade soll auf diese Weise eine Änderung des Verzuges erreicht werden. Bei einer beispielsweise über der Solldicke liegenden Faserbandstelle hebt sich die in dem Winkelhebel H_2 gelagerte, durch das Gewicht *G* belastete obere Tastrolle *2*. Dadurch wird über die Feder *F* auf die in dem Hebel H_1 gelagerte Druckwalze *1* ein größerer Anpreßdruck ausgeübt. Das Umgekehrte gilt für Faserbanddicken, die unterhalb des Sollbetrages liegen. Zur Änderung der Druckwalzenbelastung können nach anderen Ausführungsbeispielen neben verschiedenen mechanischen Vorrichtungen auch hydraulisch oder elektrisch arbeitende Einrichtungen Verwendung finden.

Loukaetis greift mit seinem Patent BP 744399 auf den Gedanken, der der Reguliereinrichtung von Atherton zugrunde lag, zurück (Abb. 549). Am Streckwerkseingang werden die Faserbänder von den Tastrollen *TR* abgetastet. Bei einer Schwankung der Faserbanddicke

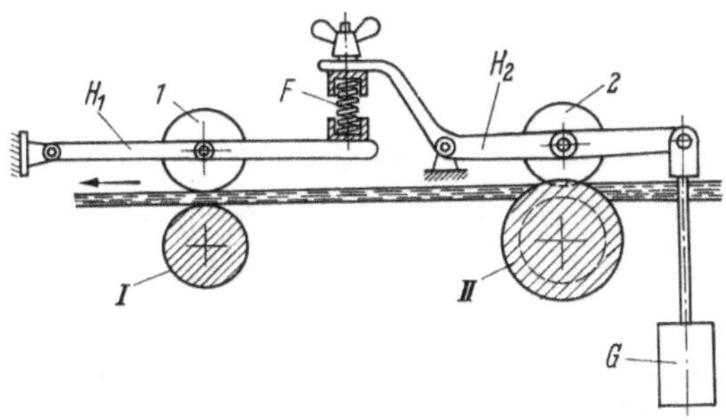

Abb. 548
Regulierstrecke mit einer mechanischen Abtastung der Faserbänder mittels eines Walzenpaares und mit einer Verzugsänderung durch Ändern des Faserdurchschlupfes nach H. Stein
F Feder; *G* Gewicht; H_1, H_2 Hebel

heben sich die Tastrollen *TR* mehr oder weniger stark von der Walze *IV* ab. Diese Auslenkungen werden gemeinsam auf einen Seilzug *SZ* übertragen, der von einem Gewicht *G* gespannt wird. Der Seilzug *SZ* verdreht die Schnecken S_1 und S_2. Das bewirkt wiederum eine gegenläufige Änderung der wirksamen Durchmesser von zwei Kegelscheibenpaaren. Gleichzeitig wird dadurch die Drehzahl der Eingangswalze *IV* variiert.

In der Abb. 550 ist eine Regulierstrecke der W.I.R.A. dargestellt. Die Faserbanddicke wird von dem Walzenpaar *NW*/*TR* ermittelt, das zwischen den Walzenpaaren *I*/*1* und *II*/*2* angebracht ist. Den Dickenschwankungen entsprechend hebt und senkt sich die Tastrolle *TR*. Hierbei betätigt der mit einer Kontaktzunge versehene Hebel *H* zeitweise einen der zwei elektrischen Kontakte *EK*. Nach Art einer Zweipunktregelung werden durch diese Kontaktgabe vorzugsweise über eine elektrische Verstellvorrichtung *VV* die Drehzahl der Ausgangswalze *I* und damit der Verzug verringert oder erhöht. Nach anderen Vorschlägen sind für die Änderung der Walzendrehzahl hydraulische oder pneumatische Vorrichtungen vorgesehen.

Hare entwickelte eine Reguliervorrichtung für Streckwerke an Ringspinnmaschinen (USP 2682144). In seinem Patent gibt er verschiedene Möglichkeiten an, die Fasermasse des Garnes zu messen und

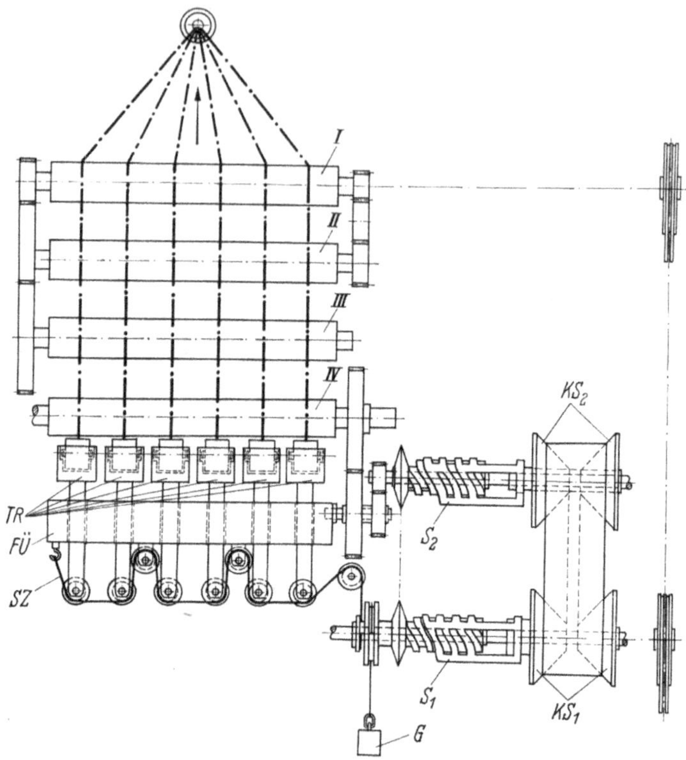

Abb. 549. Regulierstrecke mit einer mechanischen Abtastung nach B. D. LOUKAETIS – BP 744399 vom 23. 2. 1954

FÜ Führung; *G* Gewicht; KS_1, KS_2 Kegelscheibenpaare; S_1, S_2 Schnecken; *SZ* Seilzug; *TR* Tastrollen

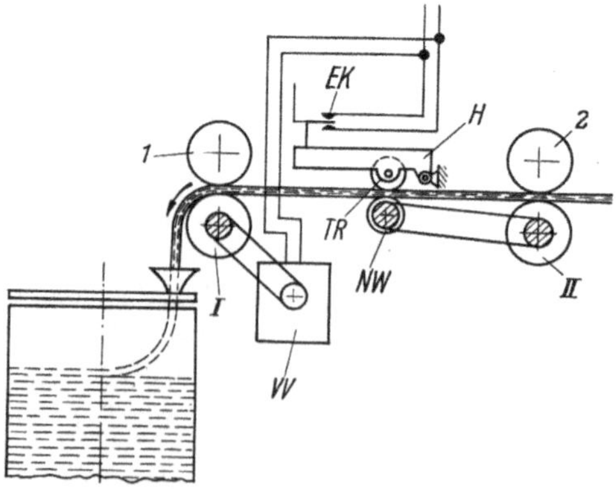

Abb. 550. Regulierstrecke mit einer mechanischen Abtastung der Faserbänder mittels eines Walzenpaares und mit einer Verzugsänderung durch elektrische Vorrichtungen, Firma W. I. R. A. – BP 750086 vom 22. 1. 1954

EK elektrischer Kontakt; *H* Hebel; *NW* Nutenwalze; *TR* Tastrolle; *VV* Verstellvorrichtung

die Schwankungen zur Verzugsänderung auszunutzen. Die Meßköpfe werden vorzugsweise zwischen den Ausgangswalzen und der Ringspindel angebracht. In der Abb. 551 ist die grundsätzliche Anordnung der Reguliervorrichtung im Schema dargestellt. Die Meßeinrichtung *ME* übermittelt die Meßimpulse einem Servomotor *M*, der seinerseits über eine Kontrolleinrichtung die Verzugshöhe beeinflußt. Im Patent wird vorgeschlagen, die Drehzahl der Eingangswalze zu ändern. Sowohl für die Ausführung der Meßeinrichtung als auch für die Verzugssteuerung werden verschiedene Vorschläge unterbreitet.

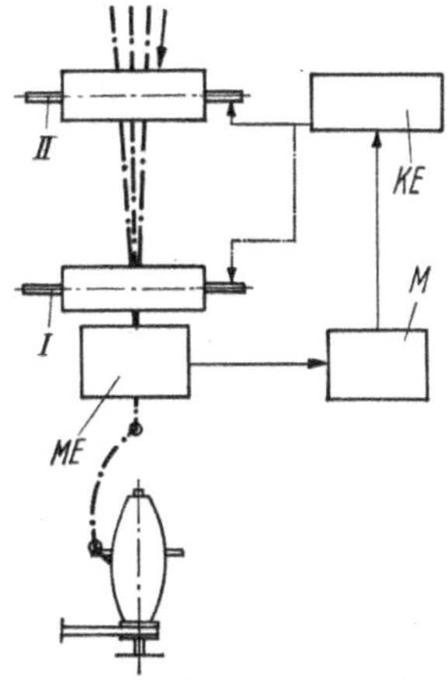

Abb. 551. Reguliervorrichtung für Streckwerke an Ringspinnmaschinen nach D. G. C. HARE — USP 2682144 vom 18. 3. 1947 der Firma Deering Milliken Research Trust

KE Kontrolleinrichtung; *M* Servomotor; *ME* Meßeinrichtung

In der Abb. 552 ist eine mechanisch-hydraulisch arbeitende Regulierstrecke aufgezeichnet. Bei dem in England geschützten System von CALZONE wird die Faserbandkontrolle ebenfalls von einem Walzenpaar *NW*/*TR* vorgenommen, das sich zwischen den Walzenpaaren *I*/*1* und *II*/*2* befindet. Die Auslenkungen der Tastrolle *TR* pressen über einen Hebel H_1, der einen Kolben in einem Hydraulikzylinder *HZ* verstellt, eine Flüssigkeit in eine zweite hydraulische Vorrichtung *HV* ein. Diese verlagert den Angriffspunkt *A* eines Hebels H_2, der durch einen Exzenter *EX* hin- und herbewegt wird. Die als Hebelarm H_3 ausgebildete Kulisse führt eine dem Hebelhin- und -hergang gemäße gleichartige Bewegung aus, und zwar um einen Schwenkpunkt, der mit dem Mittelpunkt der Einzugswalze *II* zusammenfällt. Der Antrieb der Einzugswalze *II* erfolgt durch eine Art Sperradtrieb, der die Schwenkbewegungen des Hebels H_3 in eine rotierende Bewegung umwandelt. Der Verlagerung des Hebels H_2 entsprechend werden die Schaltgröße und damit die Umfangsgeschwindigkeit der Eingangswalze *II*

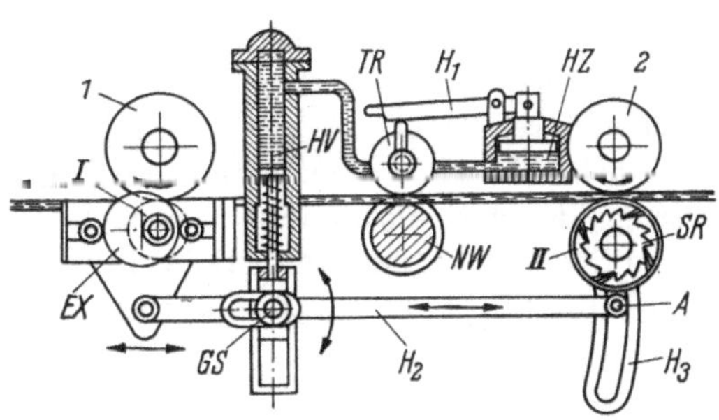

Abb. 552. Regulierstrecke mit einer mechanischen Abtastung der Faserbänder mittels eines Walzenpaares und mit einer Verzugsänderung durch hydraulische Vorrichtungen nach F. CALZONE — BP 778831 vom 14. 7. 1955

A Angriffspunkt; *EX* Exzenter; *GS* Gleitstelle; H_1 bis H_3 Hebel; *HV* hydraulische Vorrichtung; *HZ* Hydraulik-Zylinder; *NW* Nutenwalze; *SR* Schaltrad; *TR* Tastrolle

variiert. Bei einer dicken Faserbandstelle wird beispielsweise die Tastrolle *TR* nach oben ausgelenkt. Diese verlagert über die hydraulischen Vorrichtungen *HZ* und *HV* die Gleitstelle *GS*. Damit vergrößert sich die wirksame Länge des Hebels H_3. Der konstante Hin- und Hergang des Hebels H_2 verursacht somit einen kleineren Schaltweg für das Schaltrad *SR* und demnach einen geringeren Umlauf der Eingangswalze *II*, was eine Vergrößerung des Verzuges zur Folge hat.

Bei einer in England geschützten Regulierstrecke (Abb. 553) werden die Faserbänder vor dem Einlauf in das Streckwerk mittels einer

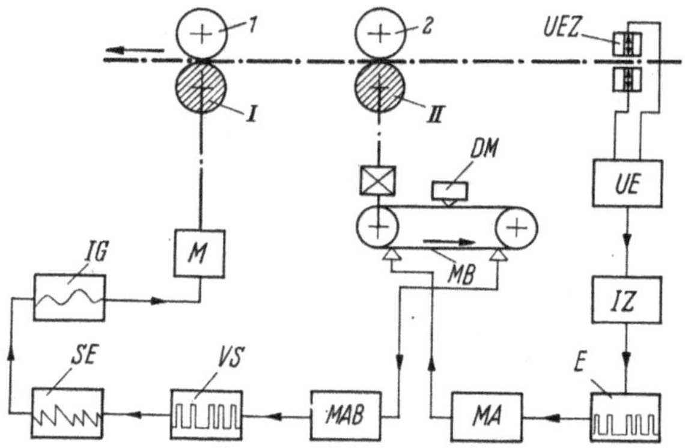

Abb. 553. Regulierstrecke mit einer Kontrolle der Faserbänder durch Ultraschallwellen und mit einer Verzugsänderung durch elektronische bzw. elektrische Vorrichtungen, Firma T. M. M. (Research) Ltd. – BP 779197 vom 25. 5. 1955

DM Dauermagnet; *E* Impulsumformer; *IG* Impulsglätter; *IZ* Impulserzeuger; *M* Motor; *MA* Aufnahmekopf; *MAB* Abnehmer; *MB* Magnetband; *SE* Stromerzeuger; *UE* Ultraschallwellen-Empfänger; *UEZ* Ultraschallwellen-Erzeuger; *VS* Verstärker

Ultraschallwellen-Meßeinrichtung (*UEZ* und *UE*) kontrolliert. In dieser Einrichtung werden durch den Ultraschallwellenerzeuger *UEZ* Signale erzeugt, deren Amplitude der ursprünglichen Masse des Faserverbandes entspricht. In einer Vorrichtung *IZ* wird eine Kette von Impulsen erzeugt, deren Frequenz im umgekehrten Verhältnis zu der ursprünglichen Signalamplitude steht. Diese Impulse werden von einer weiteren Einrichtung *E* in eine Kette von rechteckigen, gleichfalls dem Verlauf der Faserbandmasse entsprechenden Impulsen umgeformt. Über einen magnetischen Aufnahmekopf *MA* werden die Impulse auf ein sich drehendes Magnetband *MB* gegeben, das die Meßwerte bis zu einem gewünschten Zeitpunkt festhält. Ein magnetischer Abnehmer *MAB*, der mit dem Aufnahmekopf *MA* über das Magnetband gekoppelt ist, gibt die auf das Band aufgenommenen Impulse als elektrisches Signal an die Verstärkereinrichtung *VS* weiter. Durch diese wird ein Generator gesteuert, dessen sägezahnartige Impulse in ihrer Amplitude der Frequenz der ankommenden Impulse proportional sind. Die Impulse werden in der Vorrichtung *IG* geglättet. Sie ändern die Drehzahl des Motors *M* bzw. der Ausgangswalze *I*. Die Eingangswalze *II* und die Magnetbandeinrichtung werden durch einen zweiten, hier nicht eingezeichneten Motor angetrieben. Nach jeder Meßwertabnahme werden die Impulse durch einen Dauermagneten *DM* gelöscht.

Dem in der Abb. 554 wiedergegebenen Vergleichmäßigungsverfahren liegt eine Patentschrift der Firma Société Hewittic zugrunde. Die Faserbandkontrolle erfolgt hierbei unmittelbar nach dem Streckprozeß mittels der Nutenwalze *NW* und der Tastrolle *TR*. Über einen Hebel bewirken die Auslenkungen der Tastrolle *TR* in einer Brückenanordnung *B* eine Widerstands- bzw. Spannungsänderung. Diese veränderliche Brückenspannung dient zur Erregung eines Dynamos *D*, der mit der Ausgangswalze *I* und mit der Nutenwalze *NW* gekoppelt ist. Die von dem Dynamo erzeugte Gleichspannung wird von dem Drehschalter DS_1, der über das Getriebe *G* angetrieben wird, abwechselnd auf zwei mittelwertbildende elektronische Vorrichtungen EV_1 und EV_2 geleitet. Letztere arbeiten abwechselnd, d. h., während die eine Vorrichtung den Mittelwert der Meßspannungen bildet, gibt die zweite Vorrichtung den zuvor gemittelten Spannungswert weiter. Die entsprechenden Zeitintervalle sind mit der jeweils durchlaufenden Faserbandlänge *L* identisch. Am Ausgang der Vorrichtungen EV_1, EV_2 erhält man jeweils eine mittlere Spannung, die dem Mittelwert der Materialschwankungen innerhalb der Länge *L* proportional ist. Der jeweilige Spannungswert am Ausgang der Vorrichtungen wird mittels eines weiteren Drehschalters DS_2 der Spannung eines Hilfstachodynamos *HTD* gegengeschaltet. Über einen elektronischen Verstärker *VS* ändert die Differenzspannung die Drehzahl des Gleichstrommotors M_1. Dieser Motor erteilt über das Summengetriebe *SUG* allen Vorrichtungen außer der Eingangswalze *II* — die direkt vom Hauptmotor M_2 angetrieben wird — eine veränderliche Drehzahl.

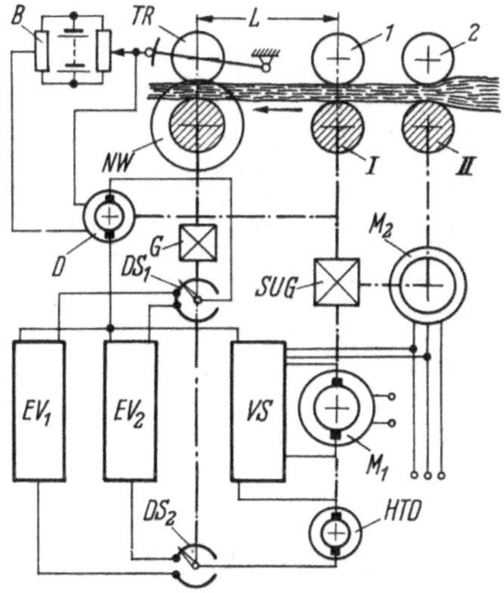

Abb. 554. Regulierstrecke mit einer mechanischen Abtastung des verstreckten Faserbandes durch ein Walzenpaar und mit einer Verzugsänderung durch elektronische bzw. elektrische Vorrichtungen, Firma Société Hewittic — FP 1106188 vom 4. 8. 1954

B Widerstandsbrücke; *D* Dynamo; DS_1, DS_2 Drehschalter; EV_1, EV_2 Mittelwertbildner; *G* Getriebe; *HTD* Hilfstachodynamo; *L* Länge; M_1, M_2 Motoren; *NW* Nutenwalze; *SUG* Summengetriebe; *TR* Tastrolle; *VS* Verstärker

Ein in der Wirkungsweise sehr ähnliches Verfahren wurde im Jahre 1956 in einer französischen Fachzeitschrift veröffentlicht [3]. Anstatt der Widerstands-Brückenanordnung wird hierbei ein induktiver Meßwertumformer benutzt. Die weiteren, zur Durchführung des Verfahrens verwendeten Vorrichtungen entsprechen im wesentlichen den in der Abb. 554 gezeigten Regelgliedern.

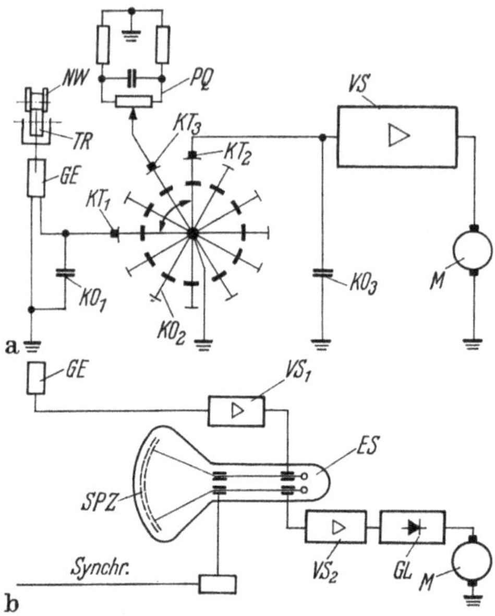

Abb. 555a u. b. Reguliereinrichtung mit mechanischer Abtastung der Faserbänder—BP 780174 vom 7. 1. 1955 der Firma Deutscher Spinnereimaschinenbau Ingolstadt a Reguliereinrichtung mit Kondensator-Speicherzelle; b Reguliereinrichtung mit Elektronenstrahlröhre

ES Elektronenstrahlröhre; *GE* Meßwertgeber; *GL* Gleichrichter; KO_1 bis KO_3 Kondensatoren; KT_1 bis KT_3 Kontakte; *M* Motor; *NW* Nutenwalze; *PQ* Potentialquelle; *SPZ* Speicherzelle; *TR* Tastrolle; *VS*, VS_1, VS_2 Verstärker

Im britischen Patent 780174 der Firma Deutscher Spinnereimaschinenbau Ingolstadt werden zwei Vorschläge für eine Regulierstrecke angegeben (Abb. 555). Eine Tastrolle *TR* tastet die Faserbanddicke ab. Die erhaltenen Dickeschwankungen werden in elektrische Werte umgeformt und nach dem Vorschlag a auf den Kondensator KO_1 gegeben. Dieser wiederum lädt über den Kontakt KT_1 nacheinander eine Reihe von rotierenden Kondensatoren KO_2 auf. Nach einer einstellbaren Zeit, die von der Rotationsgeschwindigkeit der Kondensatoren KO_2 und von der Entfernung der Kontakte KT_1 und KT_2 abhängig ist, werden die rotierenden Kondensatoren über KT_2 entladen. Die Ladung geht auf den Kondensator KO_3 über, wird vom Verstärker *VS* verstärkt und ändert die Drehzahl des Motors *M*. Dieser treibt die Ausgangswalze des Streckwerkes an. Der Kontakt KT_3 verbindet die entladenen Rotationskondensatoren mit der justierten Potentialquelle *PQ*. Bei dem Vorschlag nach b werden die Werte des Gebers *GE* verstärkt (VS_1) und auf die Elektronenstrahlröhre *ES* gegeben. Der Elektronenstrahl lädt die Speicherzellen *SPZ* auf. Ein synchroner zweiter Strahl tastet diese Zellen ab. Die verzögerten Kontrollsignale werden vom Verstärker VS_2 verstärkt und von dem Gleichrichter *GL* gleichgerichtet. Sie ändern die Drehzahl des Motors *M*.

Bei der Regulierstrecke der Firma J. Mackie & Sons Ltd. werden die Faserbänder ebenfalls von einem Walzenpaar, das vor dem Streckwerk angeordnet ist, abgetastet (BP 880871 vom 8. 4. 1958, BP 934954 vom 16. 3. 1960). In der Abb. 556 ist eine mechanisch arbeitende Reguliereinrichtung von McAngus wiedergegeben. Hierbei werden die Faserbänder vor dem Einlauf in das Streckwerk durch eine Mehrfachnutenwalze mit Tastrollen abgetastet. Die Tastvorrichtung liegt vor dem Streckfeld. Unterhalb der Nutenwalze *NW* befinden sich entsprechende Tastrollen *TR*, die in zweiarmig ausgebildeten Hebeln H_1 gelagert sind. Jedes in das Streckwerk einlaufende Faserband wird auf seine Dickeschwankungen kontrolliert. Schwankt die Dicke der Faserbänder, so bewegen sich die hinteren Enden der Hebel H_1. Über mehrere an den hinteren Hebelenden befestigte und drehbar gelagerte Rillenscheiben *RS* ist ein Seilzug *SZ* gespannt, der abwechselnd über gleichartige, in der Höhe unverstellbare Rollen *RO* läuft. Aus der unteren Darstellung der Abb. 556 ist diese Anordnung zu ersehen. Die einzelnen Auslenkbewegungen der hinteren Hebelenden H_1 bzw. der Rillenscheiben *RS* werden über den Seilzug *SZ* summiert. Dabei schwenkt der Seilzug den Hebel H_2 und verschiebt damit den Riemen *R*, der auf den Konuswalzen KW_1 und KW_2 läuft. Ein Gewicht *G* hält das Seil straff und führt den Hebel H_2 bzw. den Riemen *R* dann zurück, wenn die Fasermasse abnimmt. Der Antrieb der Konuswalzen erfolgt von der Ausgangswalze *I*, und zwar über eine Kette bzw. über Kettenräder.

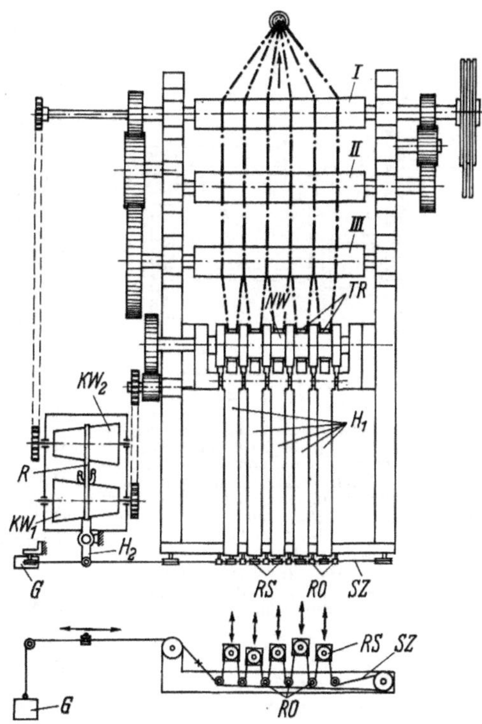

Abb. 556. Regulierstrecke mit einer mechanischen Abtastung der Faserbänder mittels einer Mehrfachnutenwalze und mehrerer Tastrollen und mit einer Verzugsänderung durch mechanische Vorrichtungen nach E. H. McAngus – USP 2749573 vom 9. 5. 1952 der Firma Westpoint Manufactory Co.

G Gewicht; H_1, H_2 Hebel; KW_1, KW_2 Konuswalzen; *NW* Nutenwalze; *R* Riemen; *RO* Rollen; *RS* Rillenscheiben; *SZ* Seilzug; *TR* Tastrollen

Reynand konstruierte eine Regulierstrecke (Abb. 557), bei der die einlaufenden Faserbänder mit Hilfe der Nutenwalze *NW* kontrolliert werden. Die Auslenkungen einer Tastrolle wirken über einen Hebel *H*

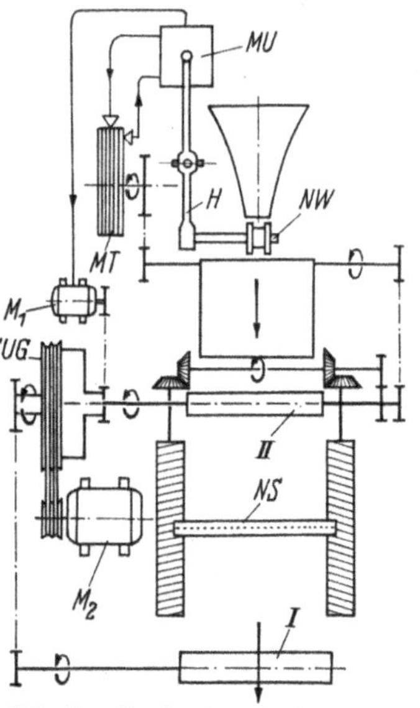

Abb. 557. Regulierstrecke mit einer mechanischen Abtastung der Faserbänder mittels eines Walzenpaares und mit einer Verzugsänderung durch elektronische bzw. elektrische Vorrichtungen nach M. E. REYNAND – FP 1141333 von 1957, patent. vom 16. 2. 1956 an

H Hebel; M_1, M_2 Motoren; *MT* Magnettrommel; *MU* Meßwertumformer; *NS* Nadelstabfeld; *NW* Nutenwalze; *SUG* Summengetriebe

auf einen Meßwertumformer *MU*. Die in elektrische Größen umgewandelten Meßwerte speichert eine Magnettrommel *MT*, von der die Werte zu einem späteren Zeitpunkt wieder abgenommen und in dem Umformer- und Verstärkerglied *MU* verstärkt werden. Dieses leitet die variable Ausgangsspannung einem Gleichstrommotor M_1 zu, wodurch über das Summengetriebe *SUG* die Drehzahl der Eingangswalze *II* und die Geschwindigkeit des hiermit gekoppelten Nadelstabfeldes *NS* geändert werden. Der zweite Eingang des Summengetriebes ist direkt mit dem Hauptmotor M_2 verbunden. Von hier aus erhalten gleichzeitig die Ausgangswalze *I* und die für die Faserbandabführung benötigten Vorrichtungen einen konstanten Antrieb.

Nach einem Vorschlag von IZAGUIRRE sind die Eingangswalzen konisch ausgebildet (DRP 588401 von 1933, Abb. 558). Vor jedem Eingangswalzenpaar ist ein Luntenführer *LF* angebracht. Er besteht aus zwei konischen Halbschalen, die mit Hilfe eines Gummiringes gegeneinander gedrückt werden. Der Luntenführer *LF* ist an dem einen Ende eines Doppelhebels *DH* befestigt, der um die Achse *A* drehbar gelagert ist. Der Faserverband lenkt beim Lauf durch den Luntenführer *LF* den Doppelhebel *DH* aus. Mittels eines Gewichtes *G* wird der Doppel-

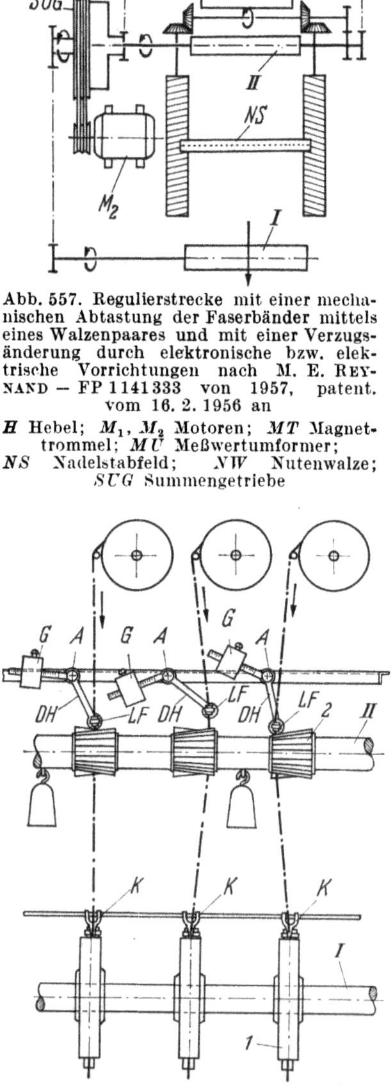

Abb. 558. Streckwerk mit selbsttätiger Regulierung des Verzuges nach F. A. IZAGUIRRE – DRP 588401 von 1933, patent. vom 23. 1. 1932 an

A Achse; *DH* Doppelhebel; *G* Ausgleichsgewicht; *K* Verdichter; *LF* Luntenführer

hebel *DH* so austariert, daß er sich bei vorgegebener Dicke des Faserverbandes in Mittelstellung befindet. Dünnere oder dickere Stellen des Faserverbandes lenken den Doppelhebel zum größeren bzw. kleineren Durchmesser des Unterwalzenkegels hin aus. Die Eingangswalzen liefern mehr oder weniger Fasermaterial an, wodurch sich der Verzug im Streckwerk verringert bzw. erhöht.

Im Jahre 1957 erhielt LAMARQUE ein Patent auf ein Vergleichmäßigungsverfahren, das dem vorhergehenden Verfahren ähnlich ist (Abb. 559). Die Faserbandvorlage wird zwischen zwei konischen, konstant umlaufenden Walzenpaaren verstreckt. In der Abb. 559a und b ist diese Einrichtung im Aufriß (Rückansicht) bzw. im Grundriß dargestellt. Vor dem Verstrecken passieren die Faserbänder ein trichterförmiges Tastglied *TG*, das in einem bestimmten einstellbaren Winkel zur Richtung der Walzenachsen auf einer Drehscheibe *T* angeordnet ist. Je nach der Größe der Kraftkomponente, die beim Durchgang der Faserbänder durch den Verdichter bzw. durch das Tastglied entsteht, wird das einlaufende Faserband zum Auflaufen auf den kleineren bzw. den größeren Durchmesser der Eingangswalze *II* und umgekehrt zum Auflaufen auf den größeren bzw. den kleineren Durchmesser der Ausgangswalze *I* veranlaßt. In der Abb. 559c sind die Kraftverhältnisse am Tastglied aufgezeichnet. Ist beispielsweise die konstante, an dem schwenkbaren Teil *T* wirkende Gegenzugkraft P_1 gleich der Kraftkomponente P_2 (P_2 = Kraftkomponente des Faserbanddurchzugs), so entspricht der gemessene Faserbandquerschnitt dem Sollquerschnitt. Das Tast- und Führungsglied *TG* befindet sich hierbei in der Mittelstellung der Konuswalzen *I* und *II*. Ist dagegen P_2 größer als P_1, so liegt eine dicke Faserbandstelle vor. Der Führungstrichter bewegt sich zum kleineren Durchmesser der Eingangswalze *II* bzw. zum größeren Durchmesser der Ausgangswalze *I* hin. Das hat einen höheren Verzug zur Folge. Wenn dagegen P_2 kleiner als P_1 ist, handelt es sich um eine unterhalb des Sollquerschnittes liegende Faserbandstelle. Der

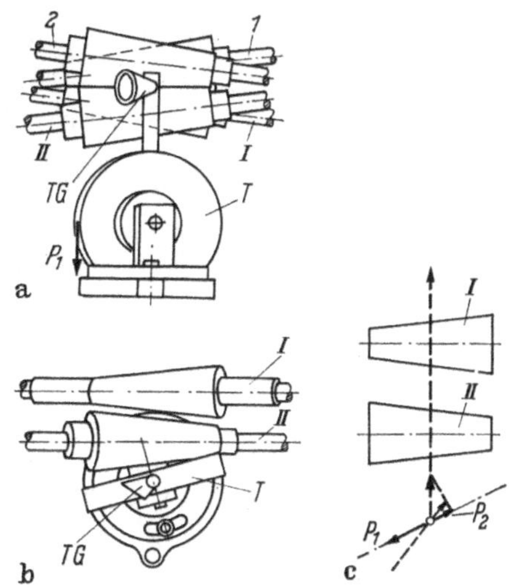

Abb. 559a–c. Regulierstrecke mit einer mechanischen Abtastung der Faserbänder mittels eines Bandverdichters und mit einer Verzugsänderung durch mechanische Vorrichtungen nach M. M. LAMARQUE – FP 1144828 von 1957, patent. vom 17. 3. 1956 an
a Aufriß (Rückansicht); b Grundriß; c Kraftverhältnisse am Tastglied
P_1 Gegenzugkraft; P_2 Kraftkomponente des Faserbanddurchzugs; *T* Drehteller; *TG* Tastglied

Verdichter bewegt sich von der Mittelstellung zum größeren Durchmesser der Walze *II* bzw. zum kleineren Durchmesser der Walze *I* hin, so daß diese Faserbandstelle einem kleineren Verzug ausgesetzt wird.

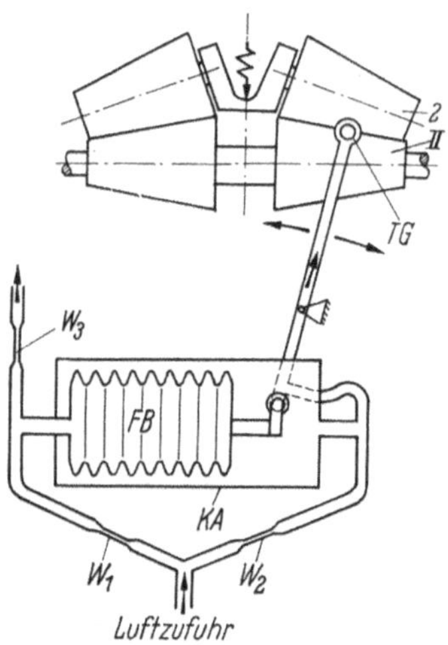

Abb. 560. Regulierstrecke mit einer mechanisch-pneumatischen Kontrolle der Faserbänder unter Verwendung eines Bandverdichters und mit einer Verzugsänderung durch pneumatische Vorrichtungen nach BROWN und GRAHAM [*4*]

FB Faltenbalg; *KA* Kammer; *TG* Tastglied; W_1 bis W_3 pneumatische Widerstände

Ein in der Wirkungsweise ähnliches Verfahren ist in der Abb. 560 dargestellt. Auch bei diesem, im Jahre 1957 in einer amerikanischen Fachzeitschrift [*4*] veröffentlichten Vorschlag für eine Faserband-Vergleichmäßigungseinrichtung werden konische Walzenpaare verwendet. Die Rückansicht zeigt nur das Eingangswalzenpaar *II*/*2*. Das Faserband passiert am Streckwerkseingang ein trichterförmiges, von Druckluft durchflossenes, schwenkbares Tastglied *TG*. Als Steuerorgan wird eine pneumatische Vorrichtung in einer Brückenanordnung benutzt. Über die pneumatischen Widerstände W_1 und W_2 wird Druckluft zugeführt. Der pneumatische Widerstand W_3 dient zum Einstellen eines mittleren Sollverzuges, entsprechend einer mittleren Stellung des schwenkbaren Tastgliedes *TG*. Bei einer dicken Faserbandstelle vergrößert sich der Luftdurchlaßwiderstand im Tastglied *TG*. Dadurch steigt der Druck in der Kammer *KA*, in der ein Faltenbalg *FB* untergebracht ist. Der Faltenbalg zieht sich zusammen und schwenkt hierdurch das Tastglied *TG* zum kleineren Durchmesser der Eingangswalzen und zum größeren Durchmesser der dahinter angeordneten, hier nicht eingezeichneten Ausgangswalzen hin. Der Verzug wird somit vergrößert. In der umgekehrten Weise verringert sich der Verzug bei zu dünnen Faserbändern.

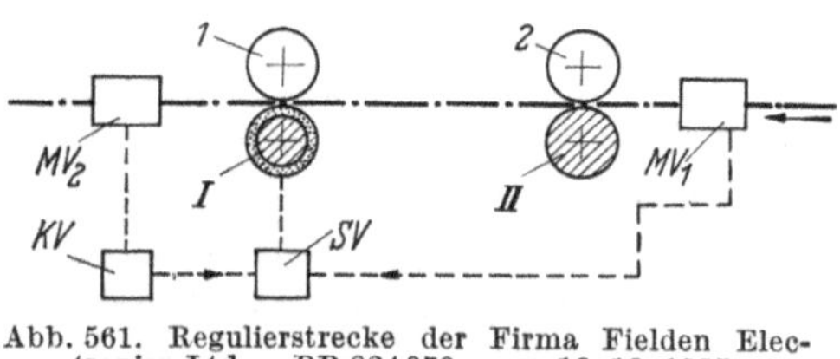

Abb. 561. Regulierstrecke der Firma Fielden Electronics Ltd. – BP 824070 vom 10. 10. 1957

KV Kontrollvorrichtung; MV_1, MV_2 Meßvorrichtung; *SV* Stellvorrichtung

Die Vergleichmäßigungseinrichtung der Firma Fielden Electronics ist in der Abb. 561 dargestellt. Eine mechanische Vorrichtung MV_1 tastet den Faserverband ab, bevor er das Walzenpaar *II*/*2* passiert. Die Ausschläge des Tastorgans sind proportional zur Faserbanddicke und werden an die Stellvorrichtung *SV* weitergegeben. Diese ändert proportional zu den Dickeschwankungen den Durchmesser der Walze *I* und damit den Verzug. Die Drehzahl der Walze *I*, die aus einem elastischen Gummischlauch bestehen soll, bleibt konstant. Durch die Meßvorrichtung MV_2 wird die Auswirkung der Durchmesseränderung überprüft. Die Werte dieser Meßvorrichtung MV_2 werden in einer Kontrollvorrichtung *KV* mit dem eingestellten Mittelwert verglichen. Falls erforderlich, wird der Stellimpuls der Vorrichtung *SV* entsprechend geändert. Der Durchmesser der Walze *I* kann mit Hilfe pneumatischer oder hydraulischer Mittel geändert werden. Ebenso lassen sich die mechanisch übermittelten Werte der Abtastvorrichtung durch elektronische Impulse ersetzen. Die Ausschläge der Vorrichtung MV_1 werden verzögert weitergeleitet, um die zeitliche Differenz zwischen dem Meß- und dem Eingriffsort zu überbrücken.

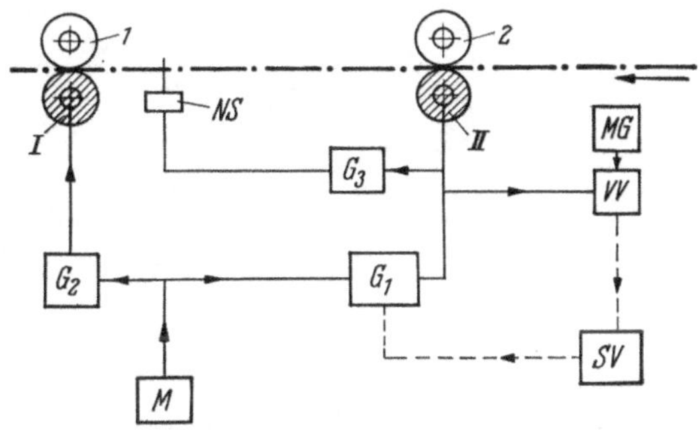

Abb. 562. Regulierstrecke nach S. W. JACKSON, S. ROBINSON und J. M. HOWDEN — BP 866491 vom 18. 7. 1957
G_1 bis G_3 Getriebe; *M* Motor; *MG* Meßwertgeber; *NS* Nadelstabfeld; *SV* Stellvorrichtung; *VV* Verzögerungsvorrichtung

Bei dem Vorschlag von JACKSON, ROBINSON und HOWDEN wird der Faserverband vor den Eingangswalzen von einem Meßwertgeber *MG* (Nutenwalzenpaar oder β-Strahlenquelle) abgetastet (Abb. 562). Die für die Banddicke bzw. für die Fasermasse erhaltenen Werte werden von einer Verzögerungsvorrichtung *VV* zeitlich verzögert abgenommen. Ein Motor *M* treibt über die Getriebe G_1 bis G_3 die Eingangs- und die Ausgangswalze sowie das Nadelstabfeld *NS* und die Verzögerungsvorrichtung *VV* an. Die vom Meßwertgeber *MG* ermittelten Werte werden auf die Stellvorrichtung *SV* übertragen, die die Ausgangsdrehzahl des Getriebes G_1 variiert. Damit ändern sich gleichzeitig die Drehzahl der Eingangswalze *II* und die Geschwindigkeit der Nadelstäbe des Nadelstabfeldes *NS*.

Die Hanseatische Motoren-Gesellschaft mbH. konstruierte eine Reguliereinrichtung, die vorzugsweise in Wollkämmereien verwendet wird (Abb. 563). Der Faserverband wird vor dem Einlauf in das Streckwerk mit Hilfe von zwei Meßwalzen *TR* und *NW* kontrolliert. Während die Walze *NW* für eine bestimmte Faserbanddicke mittels des Exzenters *EX* fest eingestellt werden kann, bewegt sich die Tastrolle *TR* den Faserbanddickenschwankungen entsprechend auf und ab. Die geringen

Auslenkungen der Tastrolle *TR* werden über die Hebel H_1 und H_2 auf den zweiseitig ausgebildeten Hebel *VH* übertragen. Der Drehpunkt des Hebels *VH* läßt sich durch eine Verschiebung der Stange *ST* mit Hilfe der Vorrichtung *V* verstellen. Hierdurch ändert sich das Verhältnis der beiden wirksamen Armlängen des Verstellhebels *VH*. Das Hebelverhältnis muß der Lage der Walze *NW* angepaßt werden. Auf diese Weise werden bei den Einstellungen der Walze *NW* auf verschiedene Sollwerte für gleiche prozentuale Abweichungen der verschiedenen

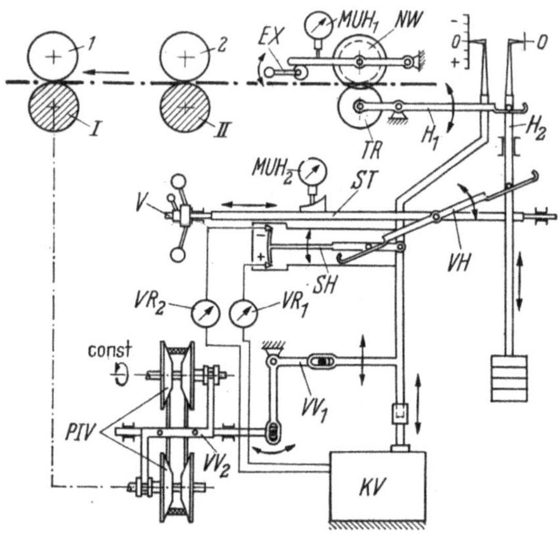

Abb. 563. Regulierstrecke mit einer mechanischen Abtastung der Faserbänder unter Verwendung eines Walzenpaares und mit einer Verzugsänderung durch hydromagnetische bzw. mechanische Vorrichtungen, Firma Hanseatische Motoren-Gesellschaft mbH. — FP 1216685 von 1960, patent. vom 12.2.1959 an

EX Exzenter; H_1, H_2 Hebel; *KV* Kraftverstärker; MUH_1, MUH_2 Meßuhren; *NW* Nutenwalze; *PIV* PIV-Getriebe; *SH* Schalthebel; *ST* Stange; *TR* Tastrolle; *V* Verstellschraube; *VH* Verstellhebel; VR_1, VR_2 Verzögerungsrelais; VV_1, VV_2 Verstellhebel

Streckvorlagen gleiche Ausschläge des Schalthebels *SH* erhalten. Das für eine bestimmte Faserbandvorlage erforderliche Hebelarmverhältnis des Verstellhebels *VH* wird an den beiden Meßuhren MUH_1 und MUH_2 ermittelt. Entsprechend den Dickeschwankungen schaltet der Hebel *SH* den (+)-Schalter oder den (—)-Schalter ein. Über zwischengeschaltete Verzögerungsrelais VR_1 und VR_2 gelangen die Stromimpulse zu dem hydromagnetischen Kraftverstärker *KV*. Der Kraftverstärker verstellt über die Hebel VV_1 und VV_2 das PIV-Getriebe *PIV*, das der Walze *I* eine veränderliche Umfangsgeschwindigkeit erteilt. Gleichzeitig wird durch den Hub des Kraftverstärkers *KV* der Schalthebel *SH* in die Nullstellung zurückgeführt. Der Kraftverstärker verstellt demnach das PIV-Getriebe jeweils nur so weit, bis der Schalthebel *SH* die Nullstellung erreicht hat und mit keinem der ihm zugeordneten zwei Schalter (+) und (—) mehr in Berührung steht.

Bei der Regulierstrecke nach dem deutschen Patent DBP 1103823 von 1961 der Firma Bremer Woll-Kämmerei wird jedes Faserband mechanisch abgetastet (Abb. 564). Die Auslenkungen jeder Tastrolle *TR* betätigen über einen Hebel die Kolben *KO* eines gemeinsamen Flüssig-

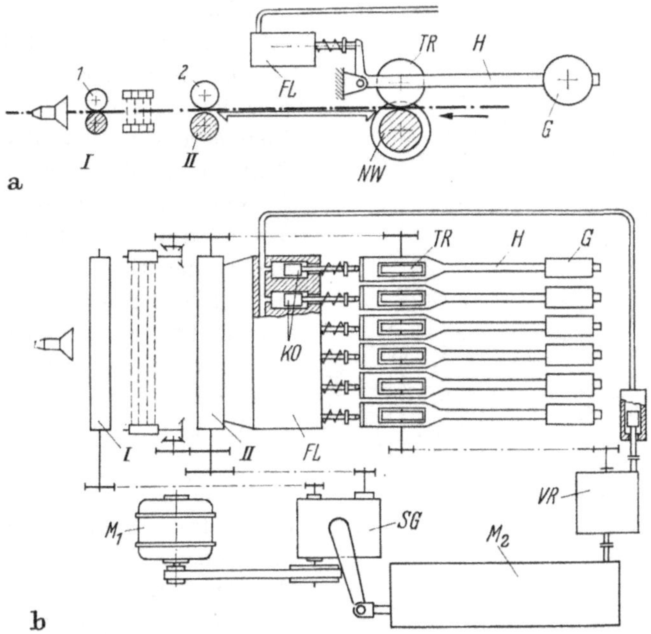

Abb. 564a u. b. Vergleichmäßigungseinrichtung nach einem Vorschlag der Firma Bremer Woll-Kämmerei — DBP 1103823 von 1961, patent. vom 5. 9. 1953 an

FL Flüssigkeitsbehälter; *G* Gewicht; *H* Hebel; *KO* Kolben; M_1, M_2 Motoren; *NW* Nutenwalze; *SG* Stellgetriebe; *TR* Tastrolle; *VR* Verzögerungseinrichtung

keitsbehälters *FL*. Der resultierende Druck dient zur Beeinflussung einer Verzögerungseinrichtung *VR*, die erfindungsgemäß aus mechanischen, elektrischen, elektronischen, hydraulischen oder pneumatischen Vorrichtungen bestehen kann. Die verzögert weitergeleiteten, den Materialschwankungen entsprechenden Impulse betätigen einen Stellmotor M_2 oder wirken auf eine Durchflußreguliervorrichtung, wodurch wiederum ein konstant angetriebenes Stellgetriebe *SG* verstellt wird. Dieses Stellgetriebe treibt die Eingangswalze und das Nadelstabfeld an. Die Ausgangswalze erhält vom Hauptmotor M_1 eine konstante Drehzahl.

Bei der AED-Regulierstrecke der Firma O-M Ltd. werden die Faserbänder mit Hilfe von drei bis vier Tastrollen abgetastet [*10*]. Die Mehrfachnutenwalze *NW* dient gleichzeitig als Eingangswalze (Abb. 565). Sie wird vom Hauptmotor M_1 mit konstanter Drehzahl angetrieben. Die maximale Liefergeschwindigkeit beträg 300 m/min. Eine Speicherung der Meßwerte ist nicht erforderlich, da die Verzugsänderung zwischen *NW*/*TR* und *III*/*3* erfolgt.

Die Regulierstrecke der Firma N. Schlumberger & Cie. ist in der Abb. 566 dargestellt. Die Auslenkungen der einer Nutenwalze *NW* zugeordneten Tastrolle *TR* verschieben über die Hebel H_1 bis H_3 in bekannter Weise Stifte eines Verzögerungsrades *VR*. Zum Verzögerungszeitpunkt wird die Stiftstellung durch zwei Taster T_1 und T_2 abgetastet, die die Veränderung der Stiftlage über die Stangen *ST* auf eine schwenkbare Riemenführung *RF* übertragen. Im Verhältnis zu der abgetasteten Faserbanddicke wird nach den bekannten Vorbildern ein Riemen *R* auf einem Konuswalzenpaar KW_1/KW_2 verschoben. Die veränderliche Drehzahl der Walze KW_2 ändert über verschiedene Übertragungsglieder die Drehzahlen der Eingangswalze *II*, der Nadelstabspindeln *NSP*, der Nutenwalze *NW*, des Verzögerungsrades *VR* und der hier nicht eingezeichneten Zuführvorrichtungen für die Faserbänder. Über die von einem Motor angetriebene Keilriemenscheibe *KR* und über entsprechende Übertragungsglieder erhalten die Ausgangswalze *I*, die Konuswalze KW_1 und die erforderlichen Faserband-Abzugsvorrichtungen eine konstante Umfangsgeschwindigkeit.

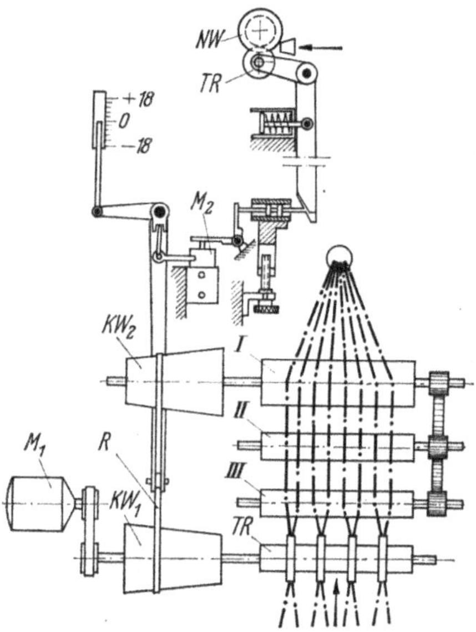

Abb. 565
AED-Regulierstrecke der Firma O-M Ltd.
KW_1, KW_2 Konuswalzen; M_1, M_2 Motoren; *NW* Nutenwalze; *R* Riemen; *TR* Tastrolle

Eine im Jahre 1959 von Perner, Schauer und Pilz entwickelte Einrichtung zur Steuerung des Verzuges ist in der Abb. 567 dargestellt [*5*]. Hierbei erfolgt die Bestimmung der Dickenschwankungen des Faserverbandes in bekannter Weise durch eine Nutenwalze *NW* und eine Tastrolle *TR*. Die Tastrolle *TR* ist in einem Hebel *H* gelagert. Das hintere Ende des Hebels *H* führt, den Rollenauslenkungen entsprechend, eine auf- und abgehende Bewegung aus. Zu beiden Seiten des Hebelendes, das als Blende wirkt, sind eine Lichtquelle *L* und ein photoelektrischer Widerstand *P* angeordnet. Letzterer liegt als variabler

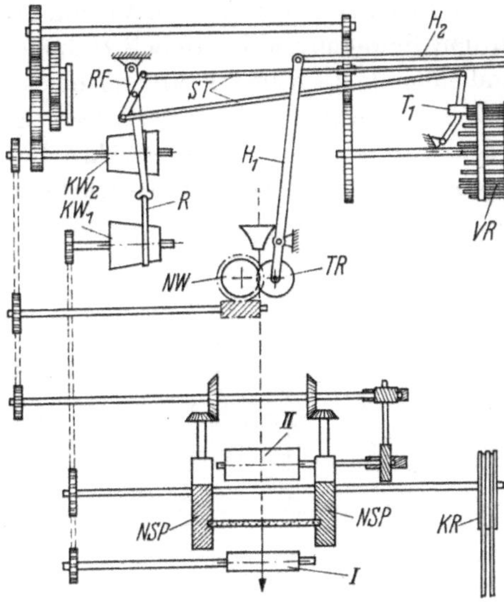

Abb. 566. Regulierstrecke mit einer mechanischen Abtastung der Faserbänder unter Verwendung eines Walzenpaares und mit einer Verzugsänderung durch mechanische Vorrichtungen der Firma N. Schlumberger & Cie. – FP 1184233 von 1959, patent. vom 11. 10. 1957 an

H_1 bis H_3 Hebel; *KR* Keilriemenscheibe; KW_1, KW_2 Konuswalzen; *NSP* Nadelstabspindel; *NW* Nutenwalze; *R* Riemen; *RF* Riemenführung; *ST* Stangen; T_1, T_2 Taster; *TR* Tastrolle; *VR* Verzögerungsrad

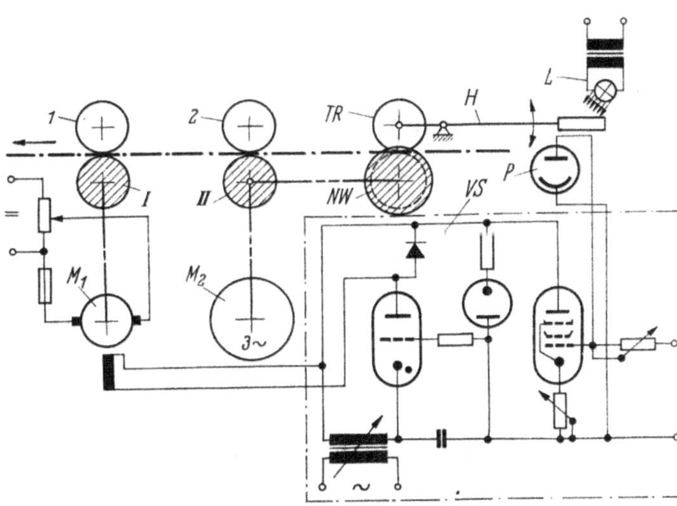

Abb. 567. Regulierstrecke mit einer mechanischen Abtastung der Faserbänder unter Verwendung eines Walzenpaares und mit einer Verzugsänderung durch elektronische bzw. elektrische Vorrichtungen nach H. Perner, G. Schauer und S. Pilz [2, 5]

H Hebel; *L* Lichtquelle; M_1, M_2 Motoren; *NW* Nutenwalze; *P* photoelektrischer Widerstand; *TR* Tastrolle; *VS* Verstärker- und Steuereinrichtung

Widerstand im Gitterkreis einer elektronischen Verstärker- und Steuereinrichtung *VS*. Mit den Bewegungen des Hebels *H* ändern sich die auf den Photowiderstand fallende Lichtintensität und dessen Widerstand. Hierdurch wird über verschiedene elektrische Glieder eine Änderung des mittleren Anodenstromes einer Thyratronröhre bewirkt, die im Steuerteil *VS* untergebracht ist. Das Thyratron ändert die Felderregung

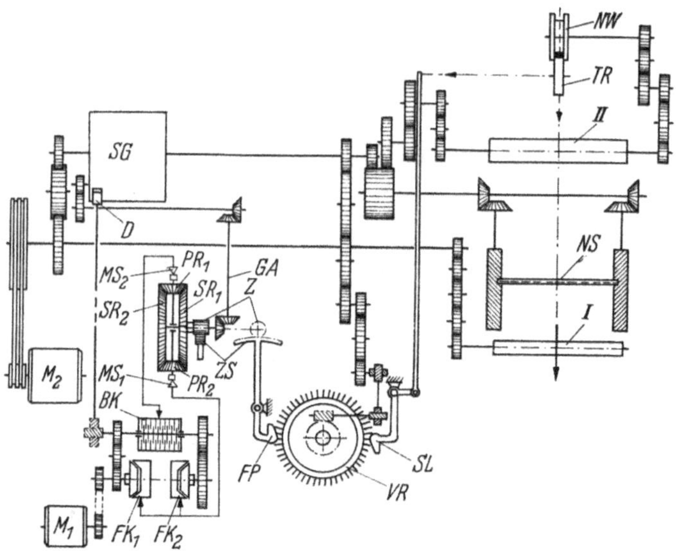

Abb. 568. Regulierstrecke mit einer mechanischen Abtastung der Faserbänder unter Verwendung eines Walzenpaares und mit einer Verzugsänderung durch mechanische und elektrische Vorrichtungen, Firma Sant'Andrea Novara

BK Bremsvorrichtung; *D* Daumen; FK_1, FK_2 Friktionskupplungen; *FP* Fühlplatte; *GA* Getriebeanordnung; M_1, M_2 Motoren; MS_1, MS_2 Mikroschalter; *NS* Nadelstabfeld; *NW* Nutenwalze; PR_1, PR_2 Planetenräder; *SG* Stellgetriebe; *SL* Stellplatte; SR_1, SR_2 Sonnenräder; *TR* Tastrolle; *VR* Verzögerungsrad; *Z* Zahnrad; *ZS* Zahnsegment

eines Gleichstrommotors M_1 für den variablen Antrieb der Ausgangswalze *I*. Die Eingangswalze *II* und die Nutenwalze erhalten ihre konstante Drehzahl von dem Motor M_2.

Bei der im Jahre 1959 bekannt gewordenen Faserband-Vergleichmäßigungseinrichtung der Firma Sant'Andrea Novara erfolgt die Faserbandkontrolle gleichfalls durch ein Walzenpaar *NW*/*TR* (Abb. 568). Die Meßvorrichtung ist dem Streckwerk vorgelagert. Über eine Hebelanordnung, an deren Ausgang eine Stellplatte *SL* angebracht ist, werden Stifte eines langsam rotierenden Verzögerungsrades *VR* verschoben. Zum Verzögerungszeitpunkt bewirkt die Stellung der arretierten Stifte über eine Fühlplatte *FP* das Schwenken eines Zahnsegmentes *ZS*. Dieses Zahnsegment steht mit einem Zahnrad *Z* in Eingriff. Hierdurch wird, entsprechend den Tast- bzw. Meßwerten, ein Sonnenrad SR_1 gedreht.

Durch diese Drehbewegung werden zwei Planetenräder PR_1 und PR_2 bewegt, die mit dem Sonnenrad SR_1 und mit dem im allgemeinen feststehenden Sonnenrad SR_2 in Eingriff stehen. Die Planetenräder sind auf einem gemeinsamen Steg drehbar gelagert. Ihre gleiche, wechselseitige Drehbewegung betätigt über zwei Nocken zwei Mikroschalter MS_1 und MS_2. Durch die beiden Schalter wird die Stromzufuhr nach einer elektromagnetischen Bremsvorrichtung *BK* und nach zwei magnetisch betätigten Friktionskupplungen FK_1 und FK_2 für die Erzeugung zweier verschiedener Drehrichtungen bestimmt. Dieser elektromechanische Servomechanismus erhält seinen Antrieb durch den Motor M_1. Das Profil des Nockens, der auf den Mikroschalter MS_1 einwirkt, ist so gestaltet, daß abwechselnd entweder die Kupplung FK_1 oder die Kupplung FK_2 eingeschaltet wird. Der Nocken für die Betätigung des Mikroschalters MS_2 ist derart geformt, daß die Magnetbremse *BK* nur dann betätigt wird, wenn von der einen Kupplung auf die andere umgeschaltet wird. Die Kupplungen und die Bremse können somit nicht gleichzeitig eingeschaltet sein. Die von der Steuereinrichtung erzeugte wechselseitige Drehbewegung verstellt über die Übertragungsglieder den Daumen *D*, der auf ein stufenloses Stellgetriebe *SG* einwirkt. Das Stellgetriebe erhält von dem sich konstant drehenden Hauptmotor M_2 seinen Antrieb. Der Daumen *D* wirkt gleichzeitig über die Getriebeanordnung *GA* — jedoch in entgegengesetzter Bewegungsrichtung — auf das sonst feststehende Sonnenrad SR_2 ein, wodurch die Planetenräder und der mit Nocken versehene Steg in ihre Ausgangsstellung zurückgeführt werden. Der in der Drehzahl veränderliche Ausgang des Stellgetriebes *SG* ist mit den hier nicht eingezeichneten Einzugsvorrichtungen sowie mit der Nutenwalze *NW*, mit der Eingangswalze *II*, mit dem Nadelstabfeld *NS* und mit dem Verzögerungsrad *VR* über formschlüssige Übertragungsglieder verbunden. Die Abzugsvorrichtungen (nicht eingezeichnet) und die Ausgangswalze *I* erhalten über eine entsprechende Getriebeanordnung vom Hauptmotor M_2 eine konstante Drehzahl.

Die in der Abb. 569 dargestellte Regulierstrecke arbeitet ebenfalls mit einer mechanischen Abtastvorrichtung (USP 2930084). Der Faserverband wird in einem rechteckigen Kanal *KA* von dem Keil *KE*, der um die Achse *A* drehbar ist, zusammengedrückt. An dem Keil *KE* ist eine Stange *ST* befestigt, die mit einem Ende in die Induktionsspule *SP* hineinragt. Schwankungen in der Faserbanddicke induzieren über die Stangenbewegung eine Spannung, die vom Verstärker VS_1 verstärkt wird. Die Ausgangswalze treibt einen Tachogenerator *TG* an. Zwischen den Meßwerten des Meßkopfes und des Tachogenerators wird ein Soll-Ist-Wert-Vergleich durchgeführt. Eine etwaige Spannungsdifferenz wird von dem Verstärker VS_2 verstärkt, wodurch über eine Magnetrutschkupplung *MRK* die Drehzahl der Ausgangswalze *I* variiert wird. Zur Dämpfung von Schwingungen, die bei der Drehzahländerung auftreten können, ist ein kurzgeschlossener Generator *G* vorgesehen. Die Eingangswalze *II* wird mit konstanter Drehzahl durch den Motor M_2 angetrieben.

Bei dem in der Abb. 570 wiedergegebenen, im Jahre 1960 in einer französischen Fachzeitschrift beschriebenen Vergleichmäßigungsverfahren [*6*] werden eine Nutenwalze *NW* und mehrere Tastrollen *TR* für

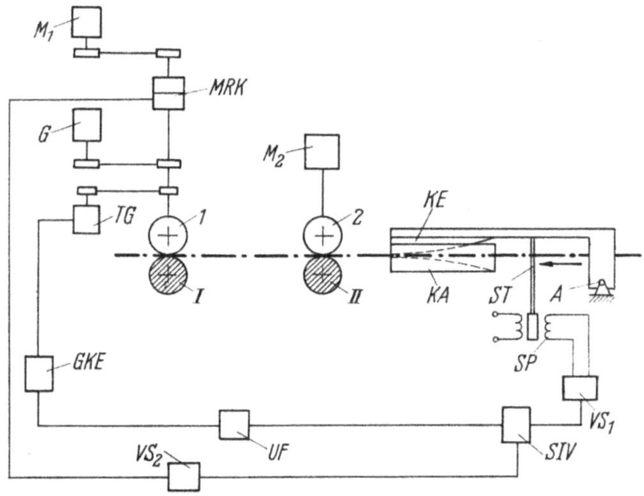

Abb. 569. Reguliereinrichtung nach M. A. SANBORN und W. G. KLEIN – USP 2930084 vom 28. 10. 1955 der Firma Bates Manufacturing Co.

A Achse; *G* Dämpfungsgenerator; *GKE* Geschwindigkeits-Kontrolleinrichtung; *KA* Kanal; *KE* Keil; M_1, M_2 Motoren; *MRK* Magnet-Rutschkupplung; *SIV* Soll-Ist-Wert-Vergleich; *SP* Induktionsspule; *ST* Stange; *TG* Tachogenerator; *UF* Umformer; VS_1, VS_2 Verstärker

die fortlaufende Kontrolle benutzt. Die Meßwalzen dienen gleichzeitig als Eingangswalzen. Die Auslenkungen der Tastrolle *TR* bewirken eine verhältnisgleiche Verlagerung eines Ankers *AN*, der zwischen zwei zusammengehörenden Magnetspulen MS_1 und MS_2 angeordnet ist. Es sind insgesamt sechs solcher induktiver Meßvorrichtungen *S* für die einlaufenden Faserbänder vorgesehen. Die Impulse der induktiven Meßvorrichtungen werden gemittelt und über einen Magnetisierungskopf *MK* auf ein gleichförmig bewegtes Magnetband *MB* gegeben. Zu dem erforderlichen Verzögerungszeitpunkt werden die Impulse durch den Magnetkopf *MKO* abgenommen. Nach jeder Impulsabgabe wird das Magnetband durch einen Permanentmagneten *PM* gelöscht, damit es für die nächste Aufnahme bereit ist. Die abgenommenen und gleichgerichteten Spannungsimpulse werden verstärkt und steuern einen Verstellmotor M_1, der mit Hilfe der schwenkbaren Riemenführung *RF* einen Riemen *R* auf den beiden Konuswalzen KW_1 und KW_2 verschiebt. Der Antrieb

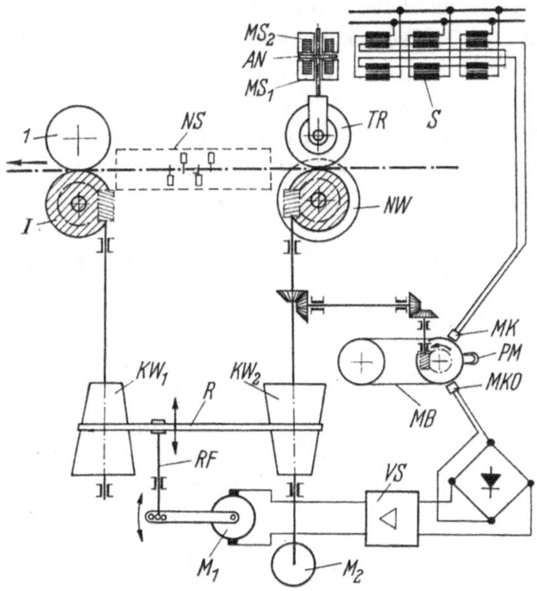

Abb. 570. Regulierstrecke mit einer mechanischen Abtastung der Faserbänder unter Verwendung einer Nutenwalze bzw. mehrerer Tastrollen und mit einer Verzugsänderung durch elektronische, elektrische und mechanische Vorrichtungen [6]

AN Anker; KW_1, KW_2 Konuswalzen; M_1, M_2 Motoren; *MB* Magnetband; *MK* Magnetisierkopf; *MKO* Magnetkopf; MS_1, MS_2 Magnetspulen; *NS* Nadelstabfeld; *NW* Nutenwalze; *PM* Permanentmagnet; *R* Riemen; *RF* Riemenführung; *S* induktive Meßvorrichtung; *TR* Tastrolle; *VS* Verstärker

der Strecke erfolgt durch den Motor M_2. Dieser erteilt der Konuswalze KW_2, dem Magnetband *MB*, der Nutenwalze *NW* sowie dem Nadelstabfeld *NS* eine konstante Geschwindigkeit. Die Ausgangswalze *I* erhält, entsprechend der Riemenstellung, über die Konuswalze KW_1 eine veränderliche Drehzahl, was eine Änderung des Verzuges zur Folge hat.

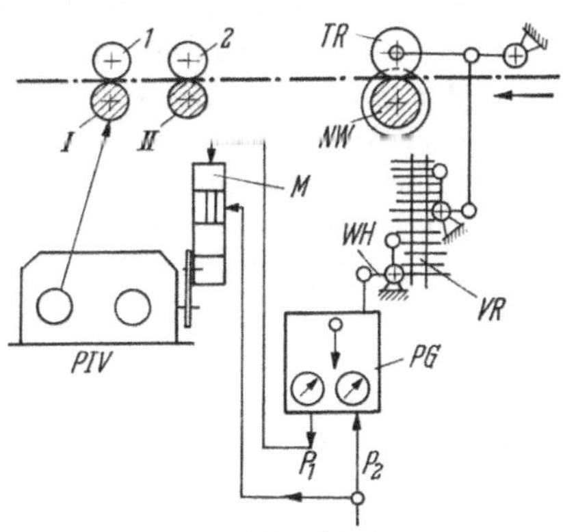

Abb. 571
Regulierstrecke der Firma Toyo Spinning Co.
M Servomotor; *NW* Nutenwalze; P_1, P_2 Preßluftleitungen; *PG* pneumatischer Geber; *PIV* PIV-Getriebe; *TR* Tastrolle; *VR* Verzögerungsrad; *WH* Winkelhebel

Die Firma Toyo Spinning Co. setzt ihre Regulierstrecke im Rahmen eines kontinuierlichen Spinnprozesses von der Flocke bis zum Garn ein. Auch bei dieser Einrichtung wird die Faserbanddicke mechanisch von dem Walzenpaar *NW*/*TR* abgetastet (Abb. 571). Die Auslenkungen der Tastrolle *TR* werden dazu benutzt, die Stifte eines Verzögerungsrades *VR* zu verschieben. Ein Winkelhebel *WH* tastet die Stiftstellungen ab und übermittelt die Meßwerte dem pneumatischen Geber *PG*. Die in Druckschwankungen umgewandelten Meßwerte dienen zur Steuerung des Servomotors *M*. Dieser ändert die Ausgangsdrehzahl des PIV-Getriebes, das die Ausgangswalze *I* des Streckwerks antreibt. Die Umfangsgeschwindigkeit der Walze kann im Verhältnis 1:4 variiert werden. Die Druckleitung P_2 versorgt den Servomotor *M* und den Geber *PG* mit einem der gewünschten Faserbandstärke entsprechenden konstanten Druck.

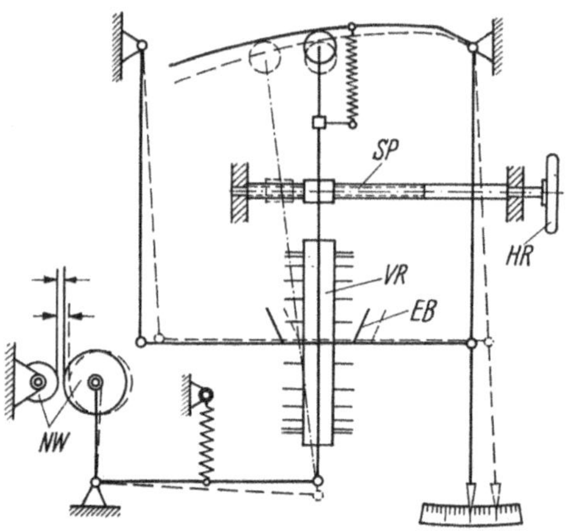

Abb. 572. Kontrolleinrichtung für eine Regulierstrecke der Firma Deutscher Spinnereimaschinenbau Ingolstadt — DBP 1086155 von 1960, patent. vom 20. 11. 1957 an
EB Eintastbacke; *HR* Handrad; *NW* Meßwalzen; *SP* Schraubenspindel; *VR* Verzögerungsrad

Eine Vergleichmäßigungseinrichtung der Firma Deutscher Spinnereimaschinenbau Ingolstadt (DBP 1086155 von 1960) arbeitet ebenfalls mit einer mechanischen Abtastvorrichtung und mit einem Verzögerungsrad (Abb. 572). Die Hebelanordnung ist mit Hilfe der Schraubenspindel *SP*, die durch das Handrad *HR* bedient werden kann, auf die jeweilige Soll-Faserbanddicke einzustellen, so daß die von der Abtastvorrichtung übermittelten Steuersignale stets prozentual die gleiche Größe haben. Die Steuersignale ändern die Drehzahl eines Motors oder eines stufenlosen Getriebes und damit die Umfangsgeschwindigkeit der Eingangs- oder der Ausgangswalze des Streckwerkes.

In der Abb. 573 ist die Regulierstrecke RDN 2 der Firma Deutscher Spinnereimaschinenbau Ingolstadt im Schema veranschaulicht. Die vorgelegten Faserbänder werden von einem Walzenpaar abgetastet. Die Ausschläge der Tastrolle *TR* verschieben in bekannter Weise die Stifte *ST* eines Verzögerungsrades *VR*. Die Stellung der Stifte bewirkt eine Induktionsänderung der Spule *SP*. Die Spule *ASP* dient zum Abgleich der induktiven Meßvorrichtung. Die Ausgangswalze *I* wird konstant angetrieben. Der Antrieb der Eingangswalze *II* erfolgt über die Konuswalzen KW_2 und KW_1. Mit der Welle der Konuswalze KW_1 ist ein elektrischer Tachometer *T* gekuppelt, dessen Spannung der Drehzahl proportional ist. Zwischen der Tachometer- und der Meßwertspannung wird ein Soll-Ist-Wert-Vergleich durchgeführt. Wenn eine Differenz zwischen den Spannungen besteht, wird dem Drehmagneten *DM* so lange ein Impuls erteilt, bis die beiden Spannungen einander wieder gleich sind. Der Drehmagnet verstellt die Riemenführung *RF* des Konustriebes und ändert damit die Drehzahl der Eingangswalze *II*. Der Arbeitsbereich beträgt $\pm 25\%$ Verzugsänderung.

Bei der Regulierstrecke, die in der Abb. 574 im Schema dargestellt ist, wird das Faserband von den Meßwalzen *NW/TR* abgetastet

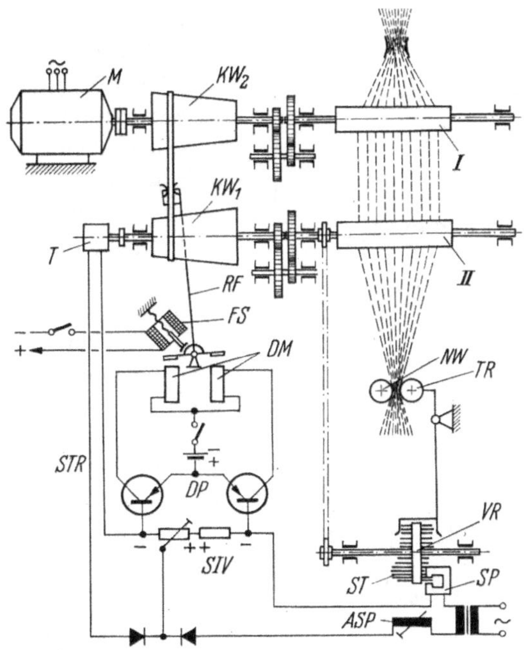

Abb. 573. Regulierstrecke RDN 2 der Firma Deutscher Spinnereimaschinenbau Ingolstadt
ASP Abgleichspule; *DM* Drehmagnet; *DP* Drehzahlpotentiometer; *FS* Feststellbremse; KW_1, KW_2 Konuswalzen; *M* Motor; *NW* Nutenwalze; *RF* Riemenführung; *SIV* Soll-Ist-Wert-Vergleich; *SP* Spule; *ST* Stifte; *STR* Schalttransistoren; *T* Tachometer; *TR* Tastrolle; *VR* Verzögerungsrad

(DWP 22229 von 1961). Die Auslenkungen der einen Meßwalze werden über einen Zahnradtrieb *Z* auf das Potentiometer P_1 übertragen. Hierdurch wird eine Brückenanordnung, die aus den Potentiometern P_1 und P_2 einerseits sowie P_3 andererseits besteht, verstimmt. In der Brücke befindet sich das Relais *RE*, das den Stellmotor M_1 über die Kontakte *KT* ein- bzw. ausschaltet. Der Stellmotor bewirkt eine Drehzahländerung der beiden Hydromotoren M_2 und M_3. Das Potentiometer P_3 ist mit dem Stellmotor M_1 gekuppelt. Dieser läuft so lange, bis über das Potentiometer P_3 das Gleichgewicht in der Brückenschaltung wieder hergestellt ist. Das Relais *RE* kehrt daraufhin in die Nullstellung zurück und schaltet den Stellmotor aus.

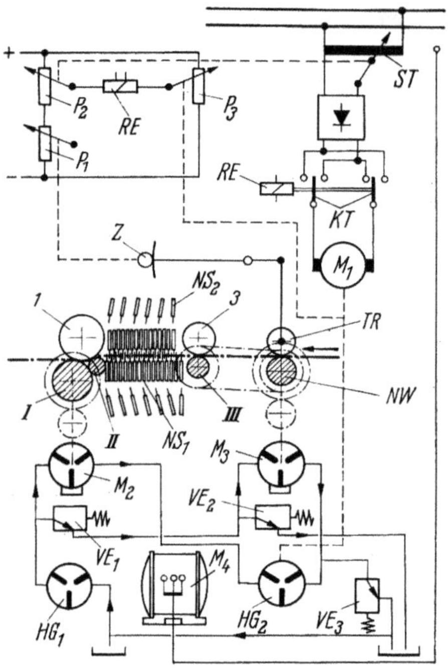

Abb. 574. Regulierstrecke nach H. NEUBAUER, F. WEGERDT, H. BLÜSCH, H.-G. HERZIG und W. BECKER – DWP 22229 von 1961, patent. vom 28. 11. 1958 an

HG_1, HG_2 Hydrogeneratoren; *KT* Kontakte; *M_1* bis *M_4* Motoren; *NS_1, NS_2* Nadelstabfelder; *NW* Nutenwalze; *P_1* bis *P_3* Potentiometer; *RE* Schaltrelais; *ST* Stelltrafo; *TR* Tastrolle; *VE_1* bis *VE_3* Ventile; *Z* Zahnradtrieb

Eine Einrichtung, die vorzugsweise dazu dient, das auf der Karde hergestellte Faserband im gleichen Arbeitsgang einem veränderlichen Verzug auszusetzen, stammt von der Firma Graf & Cie. (Abb. 575). Das zu einem Band zusammengefaßte Faservlies wird von der Tastrolle *TR* abgetastet. Die Meßvorrichtung *NW/TR* dient gleichzeitig dem Streckwerk als Eingangswalzenpaar, da der Verzug zwischen diesem und den Ausgangswalzen *I/1* vorgenommen wird. Die angetriebene Nutenwalze *NW* ist konzentrisch, die Tastrolle *TR* exzentrisch gelagert. Je nach der Dicke des Faserbandes wird durch die exzentrische Lagerung der Tastrolle *TR* die Steuerwelle *SW* verdreht. Die Schwenkbewegungen werden über einen Schwenkarm *SA*, der am Ende eine Rolle trägt, über ein Kurvenglied *KG* und über eine Stange *ST* der Riemenführung *RF* übermittelt. Diese verschiebt nach den bekannten Vorbildern den Riemen *R* auf den Konus-

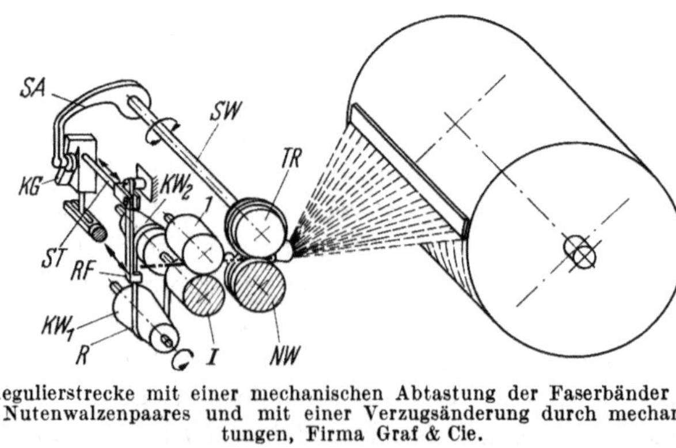

Abb. 575. Regulierstrecke mit einer mechanischen Abtastung der Faserbänder unter Verwendung eines Nutenwalzenpaares und mit einer Verzugsänderung durch mechanische Vorrichtungen, Firma Graf & Cie.

KG Kurvenglied; *KW_1, KW_2* Konuswalzen; *NW* Nutenwalze; *R* Riemen; *RF* Riemenführung; *SA* Schwenkarm; *ST* Stange; *SW* Steuerwelle; *TR* Tastrolle

walzen KW_1 und KW_2. So wird beispielsweise bei einer über dem Sollwert liegenden Faserbanddicke die Tastrolle *TR* im Uhrzeigersinn geringfügig gedreht. Die am Schwenkarm angebrachte Rolle bewegt dadurch das Kurvenglied *KG* und damit die Stange *ST* bzw. die Riemenführung *RF* in bezug auf die räumliche Achse nach links. Hierdurch werden der wirksame Durchmesser der treibenden Walze KW_1 vergrößert und der wirksame Durchmesser der getriebenen Walze KW_2 verkleinert. Damit erhält die Walze *I* eine höhere Drehzahl, was mit

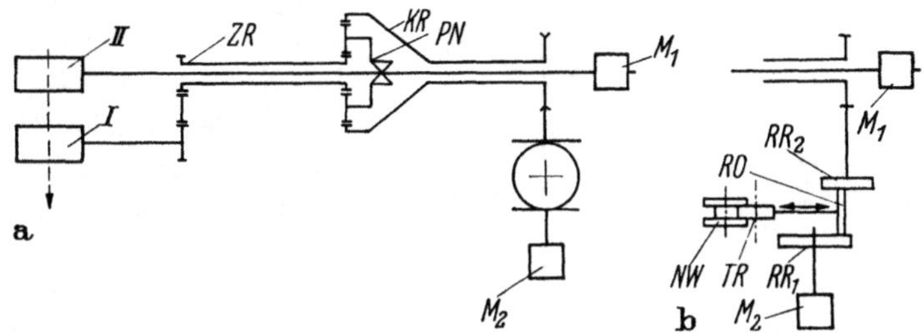

Abb. 576a u. b
Reguliervorrichtung zur Vergleichmäßigung von Kardenbändern nach ELIAŠ [7]
a Schematische Darstellung der Reguliervorrichtung; b Reibrollenantrieb
KR Kronenrad; M_1, M_2 Motoren; *NW* Nutenwalze; *PN* Planetenmitnehmer; *RO* Reibrolle; RR_1, RR_2 Reibräder; *TR* Tastrolle; *ZR* Zentralrad

einer Verzugsvergrößerung gleichbedeutend ist. In der umgekehrten Weise erfolgt die Reduzierung der Merkmalsänderungen, die unter dem Sollwert der Faserbanddicke liegen.

ELIAŠ gibt eine Vorrichtung zur Vergleichmäßigung von Kardenbändern mit Hilfe eines Reibungsvariators an (Abb. 576) [7]. Vor dem Einlauf in das Streckwerk wird das Faserband in einem Verdichter rechteckig geformt. Die Tastrolle *TR* tastet die Banddicke ab. Die gemessenen Werte werden einem Verzögerungsrad übermittelt. Die Stellung der verschobenen Stifte dieses Rades wird von einem Hebel abgegriffen, der die Reibrolle *RO* zwischen zwei Reibrädern RR_1 und RR_2 verschiebt. Dadurch ändert sich der wirksame Radius der Reibräder. Das Rad RR_2 dreht über ein Schneckengetriebe das Kronenrad *KR* eines Summengetriebes. Der Planetenmitnehmer *PN* und die Eingangswalze *II* sind auf einer gemeinsamen Welle befestigt. Der Antrieb der Ausgangswalze *I* wird vom Zentralrad *ZR* des Summengetriebes abgeleitet. Die Reibrolle *RO* ist derart angeordnet, daß sich beim Einlauf eines stärkeren Faserbandes die Umdrehungen des Kronenrades proportional zur Faserbanddicke verringern, wodurch die Drehzahl der Ausgangswalze *I* annähernd proportional ansteigt.

Auch die Regulierstrecke der Firma Tematex besitzt eine Nutenwalze und eine Tastrolle. Die Auslenkungen der Tastrolle *TR* verschieben über eine Hebelanordnung die Stifte eines Verzögerungsrades *VR*

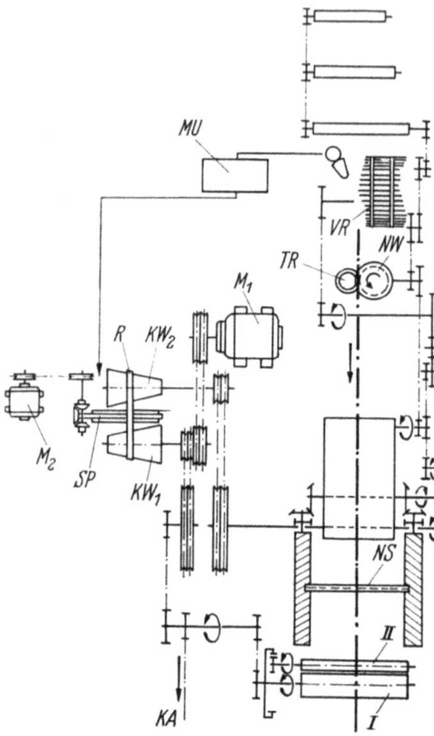

Abb. 577. Regulierstrecke der Firma Tematex
KA Antrieb für die Kanne; KW_1, KW_2 Konuswalzen; M_1, M_2 Motoren; *MU* Meßwertumformer; *NS* Nadelstabfeld; *NW* Nutenwalze; *R* Riemen; *SP* Spindel; *TR* Tastrolle; *VR* Verzögerungsrad

Abb. 578. Regulierstrecke BsR der Firma Maschinenfabrik Chr. Mann

(Abb. 577). Die Meßwerte werden in elektrische Impulse umgeformt (*MU*), die einen Servomotor M_2 betätigen. Dieser treibt eine Spindel *SP* an und ändert die Stellung des Riemens *R* auf dem Konustrieb (KW_1 und KW_2), der von dem Hauptmotor M_1 angetrieben wird. Die Konuswalze KW_2 treibt das Nadelstabfeld *NS* und die als Eingangswalzen dienenden Meßwalzen *NW*/*TR* an.

Bei der Regulierstrecke BsR der Firma Maschinenfabrik Chr. Mann (Abb. 578) wird der Faserverband ebenfalls mechanisch abgetastet. Die ermittelten Dickeschwankungen werden über einen geeigneten Hebelmechanismus an ein Verzögerungsaggregat weitergegeben. Dieses ist als Kettentrieb ausgebildet, in dem Stifte axial verschoben werden. Die Stifte betätigen elektrische Schalter, die ihrerseits auf ein Stellgetriebe einwirken. Als Stellgetriebe wird ein elektromagnetisch arbeitendes Mehrstufengetriebe verwendet. Die Schalter der Abtastvorrichtung betätigen jeweils die ihnen zugeordnete Schaltstufe.

In der Abb. 579 ist eine Regulierstrecke sowjetischer Bauart schematisch dargestellt (Sowj. Pat. 139585).

Durch eine Tastrolle *TR* werden die Dickeschwankungen des Faserbandes abgetastet. Die Auslenkungen der Tastrolle *TR* verschieben über eine Hebelanordnung *H* die Luftdüse D_1. Durch diese wird mit konstantem Druck Luft geblasen. Die ausströmende Luft ändert je nach der Stellung der Düse D_1 den Luftdruck in den Leitungssystemen L_1 bzw. L_2. Dadurch variiert die Länge der Faltenbälge FB_1 und FB_2. An den Faltenbälgen ist eine Brücke *BR* befestigt, die den Bewegungen der Faltenbälge entsprechend Stifte eines Verzögerungsrades *VR* verschiebt. Diese Stifte decken zum Teil die Düsen D_4 und D_5 der Leitungssysteme L_3 und L_4 ab, durch die ebenfalls Luft konstanten Druckes geblasen wird. Die unterschiedlichen Stellungen der Stifte haben Druckschwankungen in den Leitungssystemen L_3 und L_4 zur Folge. Hierdurch ändern sich die Längen der Faltenbälge FB_3 und FB_4, die ihrerseits beispielsweise auf ein Zahnradsystem *ZS* wirken. Mit Hilfe des Zahnsegmentes wird über eine Führung *RF* der Riemen des Konusantriebes verschoben. Dies hat eine Drehzahländerung der Ausgangswalze *I* zur Folge. Das Steuersystem kann auch hydraulisch arbeiten.

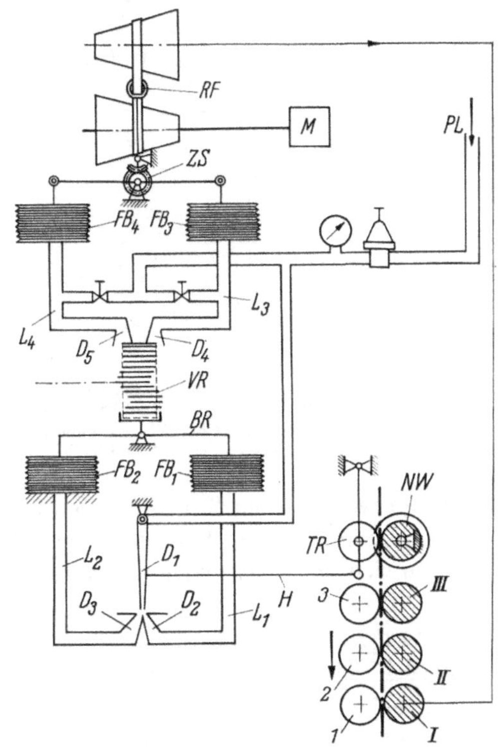

Abb. 579. Regulierstrecke nach SETLER, MAKAROVA und ZADOJA — Sowj. Pat. 139585 vom 19. 5. 1960

BR Brücke; D_1 bis D_5 Düsen; FB_1 bis FB_4 Faltenbälge; *H* Hebel; L_1 bis L_4 Leitungssysteme; *M* Motor; *NW* Nutenwalze; *PL* Preßluft; *RF* Riemenführung; *TR* Tastrolle; *VR* Verzögerungsrad; *ZS* Zahnradsystem

Nach einem Patentvorschlag von LEWIS und MACDONALD wird das Faserband im Verzugsfeld mit Hilfe eines pneumatisch arbeitenden Meßwertgebers abgetastet (USP 2843882, Abb. 580). Der Meßwertgeber ist als Düse ausgebildet und gehört zu einer pneumatischen Brückenanordnung mit zwei einander gegenüberliegenden Druckkammern.

In den Druckkammern befindet sich je ein Faltenbalg. Die Stirnseiten der beiden Faltenbälge sind durch einen Eisenstab verbunden, der gleichzeitig als Kern einer Induktionsspule dient. Der Faltenbalg FB_1 der Brückenanordnung steht unter einem konstanten Druck. Der Faltenbalg FB_2 ist mit der Meßdüse *MD* verbunden. In diesem

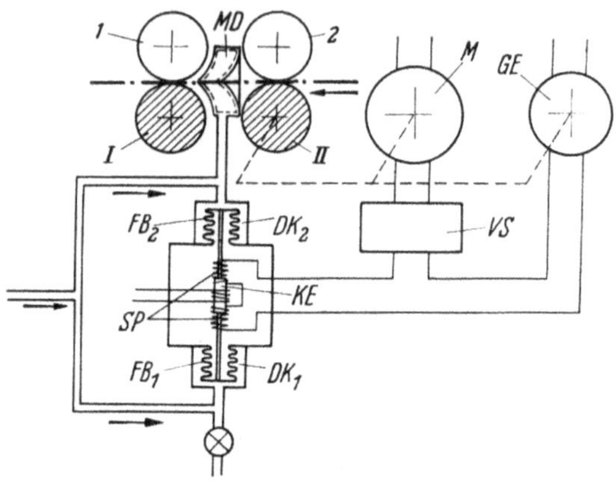

Abb. 580. Regulierstrecke mit pneumatischer Abtastung des Streckenbandes nach A. P. LEWIS und D. C. MACDONALD – USP 2843882 vom 8. 6. 1955 der Firma U. S. Rubber Co.
DK_1, DK_2 Druckkammern; FB_1, FB_2 Faltenbälge; *GE* Generator; *KE* Kern der Induktionsspulen; *M* Motor; *MD* Meßdüse; *SP* Induktionsspulen; *VS* Verstärker

Brückenzweig führen Schwankungen in der Faserbanddicke zu Druckschwankungen in der Druckkammer DK_2. Dadurch dehnen bzw. verkürzen sich die Faltenbälge und verschieben den Kern der Induktionsspulen *SP*. Die auf diese Weise induzierte Spannung kann zur Drehzahländerung der Eingangswalze *II* verwendet werden.

Im Jahre 1959 wurde von der Firma Daiwa Spinning Co. Ltd. eine Regulierstrecke vorgestellt, bei der jedes Faserband vor dem Streckwerkseingang mit Hilfe einer pneumatisch arbeitenden Meßdüse abgetastet wird [*10*] (Abb. 581). Die einzelnen Düsen sind Bestandteil einer pneumatischen Brückenanordnung.

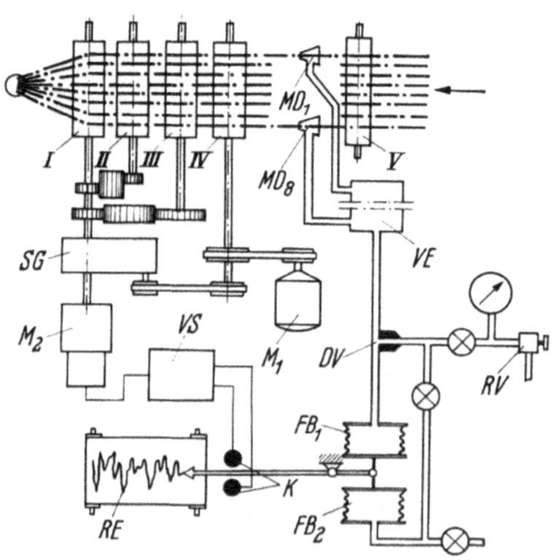

Abb. 581. Regulierstrecke der Firma Daiwa Spinning Co., Ltd. [*10*]
DV Drosselventil; FB_1, FB_2 Faltenbälge; *K* elektrische Kontakte; M_1, M_2 Motoren; MD_1 bis MD_8 Meßdüsen; *RE* Registriereinrichtung; *RV* Regelventil; *SG* Stellgetriebe; *VE* Verteiler; *VS* Verstärkungs- und Verzögerungseinrichtung

Der in dem Meß-Faltenbalg FB_1 sich einstellende resultierende Luftdruck entspricht dem Mittelwert des gemessenen Merkmals, d. h. der mittleren Dicke der Faserbänder. Dem variablen Meßdruck wirkt ein konstanter Druck entgegen. Die Änderungen der Faserbanddicke bewirken in dem pneumatischen Meßsystem eine dazu proportionale Änderung des Druckunterschiedes, der über eine Registriereinrichtung ständig zur Anzeige gebracht werden kann. Wird dabei eine obere bzw. eine untere vorgegebene Schwankungsgrenze über- bzw. unterschritten, so wird einer der beiden elektrischen Kontakte *K* geschlossen. Über ein verzögerndes Verstärkungsrelais gelangen Stromimpulse an den Stellmotor M_2, der das P.I.V.-Getriebe *SG* verstellt und die Drehzahlen der Walzen *I* bis *III* ändert. Es wird nur so lange verstellt, wie einer der Kontakte *K* eingeschaltet ist. Die Eingangswalze *IV* wird vom Motor M_1 mit konstanter Drehzahl angetrieben.

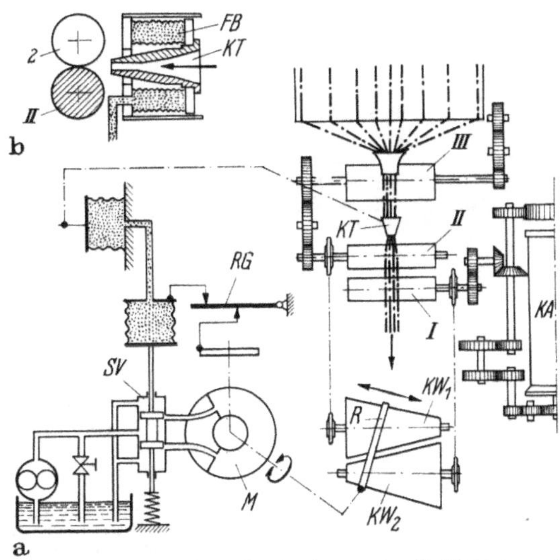

Abb. 582a u. b. Regulierstrecke nach K. Mihira und H. Takeda [*11*]
a Prinzipskizze der Regulierstrecke; b Kompressionstrichter
FB Faltenbalg; *KA* Kanne; *KT* Kompressionstrichter; KW_1, KW_2 Konuswalzen; *M* hydraulischer Servomotor; *R* Ring; *RG* Rückstellglied; *SV* Steuerventil

Mihara und Takeda [*11*] entwickelten eine Vergleichmäßigungseinrichtung, bei der das Faserband durch einen Kompressionstrichter *KT* geleitet wird (Abb. 582). Der Kompressionstrichter *KT* ist auf einem ringförmigen Faltenbalg *FB* gelagert. Schwankt die Faserbanddicke, so wird der Faltenbalg *FB* mehr oder weniger stark zusammengedrückt. Die dadurch hervorgerufenen Druckschwankungen bewirken über verschiedene Stellglieder und über ein Konuswalzen-Ringgetriebe eine Drehzahländerung der Ausgangswalze *I*.

In der Abb. 583 ist eine Regulierstrecke tschechischer Bauart veranschaulicht (Tschech. Pat. 101171 von 1961). Die Faserbänder werden vor dem Einlauf in das Streckwerk von Tastrollen *TR* abgetastet. Die Auslenkungen der Tastrollen *TR* beeinflussen das Volumen der Membrankörper *MK* eines hydraulischen Systems. Der Normaldruck des Systems kann am Regulierkörper *RK* eingestellt werden. Die resultierende Druckänderung in dem Leitungssystem wird auf die Druckkammer *DK* übertragen, die durch eine Feder vorgespannt ist. Die Druckkammer beeinflußt über eine Steuervorrichtung *SV* ein Stellgetriebe *G*, das die Drehzahl der Ausgangswalze *I* ändert. Die Eingangswalze *II* und das Getriebe werden vom Motor *M* angetrieben.

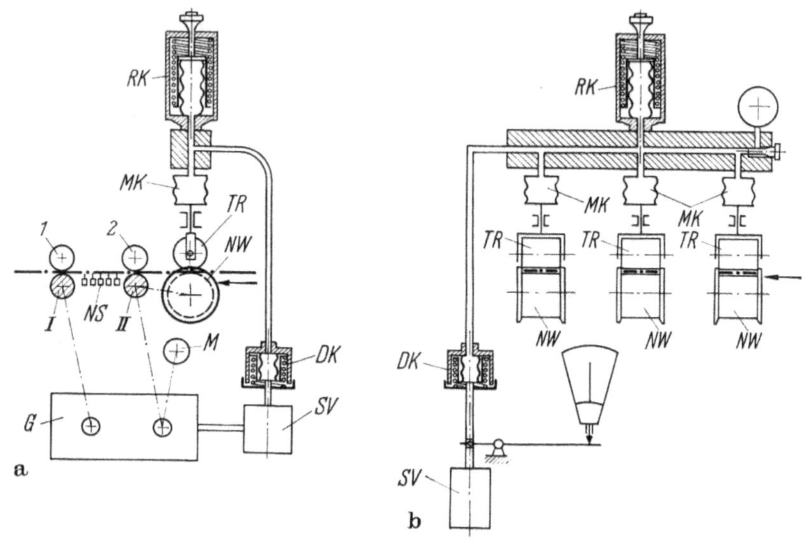

Abb. 583a u. b. Regulierstrecke nach J. STRITECKY, V. HOUDEK und J. MICANEK – Tschech. Pat. 101171 von 1961, patent. vom 21. 12. 1959 an
a Seitenansicht; b Rückansicht

DK Druckkammer; *G* Getriebe; *M* Motor; *MK* Membrankörper; *NS* Nadelstabfeld; *NW* Nutenwalzen; *RK* Regulierkörper; *SV* Steuervorrichtung; *TR* Tastrollen

Die Regulierstrecke der Firma Société Alsacienne de Constructions Mécaniques (SACM) ist mit einer Steuervorrichtung versehen, deren Kernstück ein hydraulisches Stellgetriebe ist (Abb. 584). Die Faser-

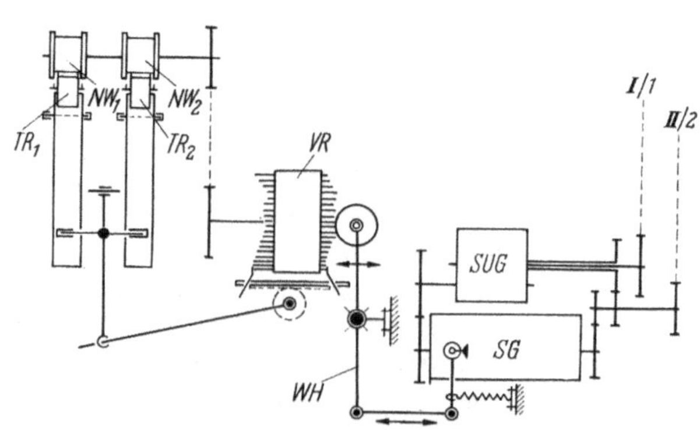

Abb. 584. Regulierstrecke der Firma Société Alsacienne de Constructions Mécaniques (SACM) – FP 1209535 von 1960, patent. vom 13. 8. 1958 an

NW_1, NW_2 Nutenwalzen; *SG* hydraulisches Stellgetriebe; *SUG* Summengetriebe; TR_1, TR_2 Tastrollen; *VR* Verzögerungsrad; *WH* Winkelhebel

bänder werden vor dem Einlauf in das Streckwerk verdichtet und von zwei Tastrollen TR_1 und TR_2 abgetastet. Die Dickeschwankungen werden dann in bekannter Weise auf ein Verzögerungsrad *VR* übertragen. Ein Winkelhebel *WH* tastet die Verschiebungen der Stifte ab und steuert das hydraulische Stellgetriebe *SG*. Die Geschwindigkeit der

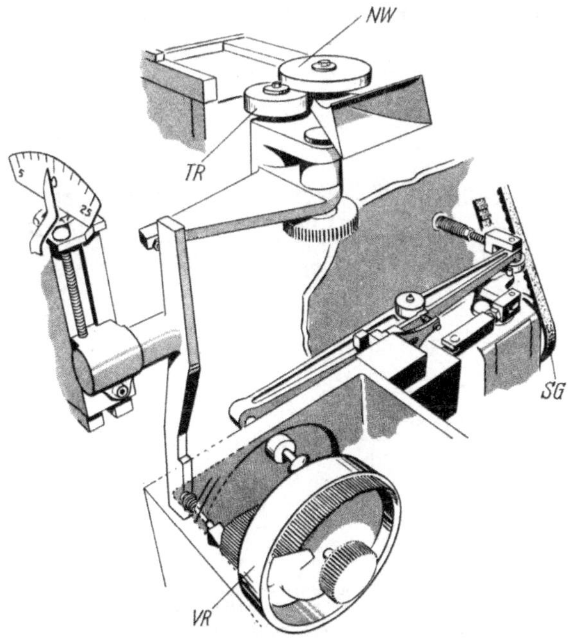

Abb. 585. Servo-Drafter der Firma The Warner & Swasey Co. — BP 928038 vom 9. 5. 1961
***NW* Nutenwalze; *SG* hydraulisches Stellgetriebe; *TR* Tastrolle; *VR* Verzögerungsrad**

Eingangswalze ist konstant. Die veränderlichen Drehzahlen des Getriebes *SG* werden auf ein Summengetriebe *SUG* übertragen, das die Umfangsgeschwindigkeit der Ausgangswalze proportional zu den Dickeschwankungen ändert.

Der Servo-Drafter der Firma The Warner & Swasey Co. arbeitet mit einer mechanischen Abtastung und mit einem Verzögerungsrad *VR* (Abb. 585). Die gemessenen Abweichungen der Faserbanddicke werden einem hydraulischen Stellgetriebe *SG* übermittelt, das die Geschwindigkeit des Nadelstabfeldes und die Drehzahl der Eingangswalze ändert. Die Umfangsgeschwindigkeit der Ausgangswalze bleibt konstant.

Eine Regulierstrecke, bei welcher die Fasermasse mit Hilfe radioaktiver Strahlung kontrolliert wird, ist in der Abb. 586 dargestellt (USP 2942303). Die Eingangswalze *II* und das Nadelstabfeld *NS* werden vom Hauptmotor M_1 konstant angetrieben. Die Ausgangswalze I, die Abzugswalze AW_1 und der Drehteller erhalten ihren Antrieb über das Stellgetriebe SG. Direkt hinter dem Streckwerksausgang wird die Fasermasse von einer Meßvorrichtung kontrolliert. Das Faserband läuft durch einen Meßkanal MK, in dem sich ein Schlitz befindet. Eine β-Strahlenquelle SQ, z. B. Strontium 90, bestrahlt das Faserband. Proportional zur Fasermasse wird ein Teil der Strahlung absorbiert. Der Rest der Strahlung wird von der Ionisationskammer IK auf-

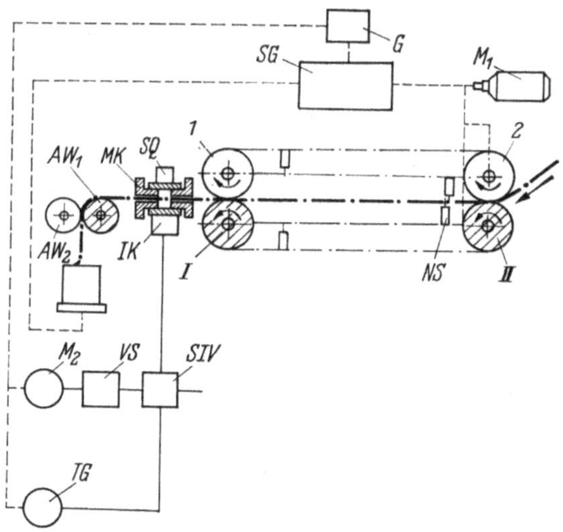

Abb. 586. Regulierstrecke nach D. A. BOSSON und G. W. BARNETT – USP 2942303 vom 20. 2. 1957 der Firma Industrial Nucleonics Corp.
AW_1, AW_2 Abzugswalzen; G Getriebe; IK Ionisationskammer; M_1, M_2 Motoren; MK Meßkanal; NS Nadelstabfeld; SG Stellgetriebe; SIV Soll-Ist-Wert-Vergleich; SQ Strahlenquelle; TG Tachogenerator; VS Verstärker

genommen. Die Impulse des Detektors werden in eine elektrische Spannung umgewandelt. Ein Tachogenerator TG liefert eine Spannung proportional zur Drehzahl der Ausgangswalze. Zwischen den beiden Spannungen wird ein Soll-Ist-Wert-Vergleich durchgeführt. Die Spannungsdifferenz wird verstärkt. Sie beeinflußt den Servomotor M_2, der über das Getriebe G und das Stellgetriebe SG die Drehzahl der Ausgangswalze variiert.

NEIL versucht mit seiner Regulierstrecke zusätzlich den Einfluß von langzeitigen Störgrößen zu beseitigen (USP 2981986; Abb. 587). Die meisten elektronischen Meßgeräte erleiden über eine längere Zeit eine gewisse Nullpunktverschiebung. NEIL sucht diese Drift auszugleichen. Als Meßvorrichtung wählt er ebenfalls eine β-Strahlenquelle SQ. Unterhalb des β-Strahlers ist eine Ionisationskammer IK_1 angebracht. Das Faserband befindet sich zwischen diesen beiden Vorrichtungen. Oberhalb des β-Strahlers ist eine zweite Ionisationskammer IK_2 angeordnet. Das Faserband absorbiert die β-Strahlen, die in Richtung der unteren Ionisationskammer IK_1 austreten, proportional zur Fasermasse. Die radioaktiven Strahlen, die in Richtung der zweiten Kammer IK_2 verlaufen, werden von dem Absorber *AB* geschwächt und von der Kammer IK_2 registriert. In der Kontrollvorrichtung *KV* findet ein Vergleich der Meßwerte aus den beiden Ionisationskammern statt. Abweichungen vom Sollwert werden dem Servomotor M_2 übermittelt, der das Stellgetriebe *SG* betätigt. Dadurch ändert sich die Drehzahl der Eingangswalze *II*. Da die Aktivität eines β-Strahlers ständig abnimmt, ist eine Kontrolle der tatsächlich vorhandenen Aktivität unerläßlich. Dies geschieht durch die zweite Ionisationskammer IK_2. Nummernschwankungen des verstreckten Bandes werden vermieden. Der Absorber *AB* besteht aus einem Kunststoffkeil. Er kann seitlich verschoben werden, wodurch die Kontrollstrahlung der mittleren Faserbandmasse angeglichen wird.

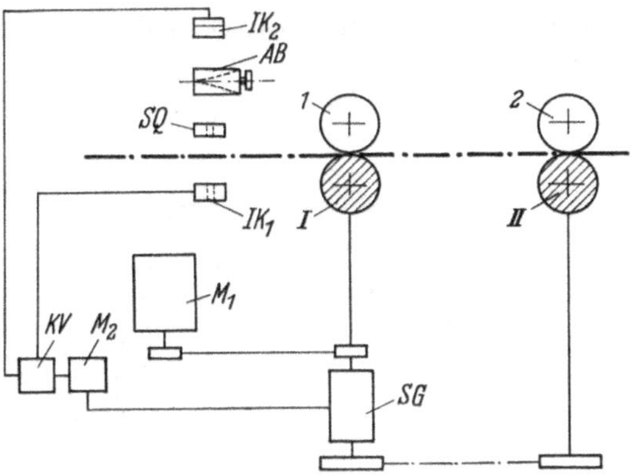

Abb. 587. Regulierstrecke nach H. G. NEIL — USP 2981986 vom 27. 12. 1955 der Firma Special Instruments Laboratory Knoxville

AB Absorber; IK_1, IK_2 Ionisationskammern; *KV* Kontrollvorrichtung; M_1, M_2 Motoren; *SG* Stellgetriebe; *SQ* β-Strahlenquelle

Eine in der Schweiz und in Amerika entwickelte Regulierstrecke ist in der Abb. 588 wiedergegeben. Zwischen den gleich schnell umlaufenden Walzenpaaren *II/2* und *III/3* ist ein Meßkondensator *KO* angeordnet. Schwankungen der Fasermasse verursachen Kapazitätsänderungen, die zur Einleitung des Vergleichmäßigungsvorganges ausgenutzt werden. Da zwischen dem Meßvorgang und dem zwischen den Walzenpaaren *II* und *I* stattfindenden Eingriff eine geringe Zeitdifferenz besteht, müssen die vom Meßkondensator ausgehenden Impulse, die den Wert für die Verzugsänderung liefern, zunächst von einer Verzögerungsvorrichtung *VR* zeitlich verzögert werden, ehe sie zu dem Vergleichsglied *VG* gelangen. Von einem Tachogenerator *TG*, der mit einem Summengetriebe *SUG* gekoppelt ist, wird ein elektrisches Signal erzeugt, das den vom Meßkondensator hergeleiteten Steuerimpulsen entgegenwirkt und dem Istwert der veränderten Drehzahl der Ausgangswalze *I* entspricht. Ein Integrator *IT*, der gleichfalls mit dem Summengetriebe *SUG* bzw. mit dem Generator *TG* verbunden ist, erzeugt ein integriertes elektrisches Signal, das in der Hauptsache die Auswirkungen von Störeinflüssen auf das Steuersystem eliminiert und gleichfalls im Vergleichsgerät dem vom Kondensator *KO* erzeugten Meßwert gegengeschaltet ist.

Die beiden Eingänge des Summengetriebes *SUG* erhalten ihren Antrieb von der konstant umlaufenden Walze *II* sowie von der in der Drehzahl variablen Walze *I*. Das Übersetzungsverhältnis der hier nicht eingezeichneten, zwischen den Walzen *II*, *I* und dem Summen-

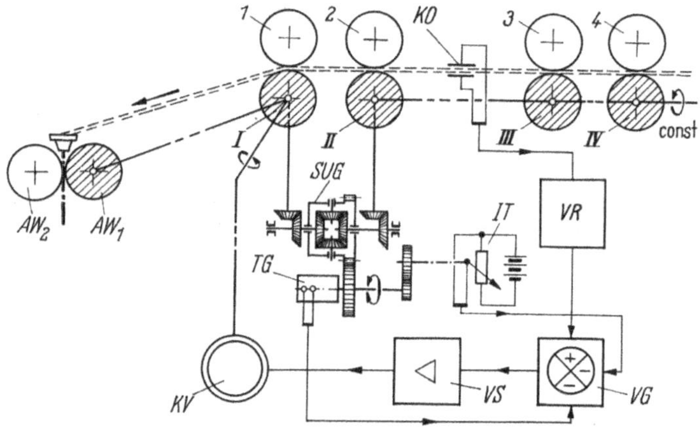

Abb. 588. Regulierstrecke mit einer Faserbandkontrolle durch einen Hochfrequenzkondensator und mit einer Verzugsänderung durch elektronische, elektrische und mechanische Vorrichtungen, Firma Zellweger AG und Firma Sacco-Lowell Shops – FP 1210083 von 1960, patent. vom 22. 8. 1958 an

AW_1, AW_2 Abzugswalzen; *IT* Integrator; *KO* Kondensator; *KV* Konverter; *SUG* Summengetriebe; *TG* Tachogenerator; *VG* Vergleichsgerät; *VR* Verzögerungseinrichtung; *VS* Verstärker

getriebe *SUG* angeordneten Zahnräder ist so gewählt, daß der Außenkranz des Getriebes, von dem aus der Tachogenerator *TG* und der Integrator *IT* (Potentiometer oder Drehkondensator) angetrieben werden, beim mittleren Sollverzug stillsteht. Nur bei einer auf den mittleren Verzug bezogenen positiven oder negativen Drehzahländerung der Ausgangswalze werden entsprechende Signaländerungen auf die Vergleichseinrichtung *VG* zurückgeführt. Die in dem Vergleichsgerät *VG* gebildete Differenz zwischen dem Istwert und dem Sollwert wird durch den Verstärker *VS* elektronisch verstärkt und einem Konverter *KV* zugeführt, der die verstärkten Steuerimpulse in ein Drehmoment für den veränderlichen Antrieb der Ausgangswalze *I* und den Antrieb der Abzugswalze AW_1 umwandelt. Die konstant umlaufenden Walzen *II*, *III* und *IV* erhalten ihren Antrieb von einem hier nicht eingezeichneten Motor.

Bei der Regulierstrecke D 7 der Firma Maschinenfabrik Rieter AG. wird das Faserband hinter den Ausgangswalzen photoelektrisch abgetastet (Abb. 589a). Das Meßergebnis beeinflußt die Drehzahl der

Ausgangswalze und damit den Hauptverzug des Streckwerks. Der Meßkopf *MK* ist zwischen den Ausgangs- und den Abzugswalzen angeordnet. Er besteht aus einer Lichtquelle *L*, zwei Kanälen und zwei Photozellen Z_1 und Z_2 (Abb. 589b). Zwei Lichtstrahlen gleicher Intensität durchdringen je einen Kanal. Ein Kanal ist durch das Faserband *FB*, der andere durch die Einstellblende *EB* verengt. Jeder Lichtstrahl trifft auf eine Photozelle. Die durch den Lichteinfall dort entstehenden elektrischen Größen werden verglichen. Die Differenz der Meßwerte, wobei der Wert der Meßeinrichtung Blende—Photozelle Z_2 als Sollwert gilt, wird an die Regeleinrichtung der Strecke weitergegeben. In einem Verstärker *VS* wird die Differenz der Meßwerte verstärkt. Sie betätigt je nach ihrem Vorzeichen eine der beiden elektromagnetischen Bremsen MB_1 und MB_2. Die positive Bremse MB_1 bewirkt über ein Planetengetriebe *PG* eine Erhöhung der Drehzahl der Ausgangswalze *I*. Die negative Bremse MB_2 verringert die Drehzahl der Ausgangswalze *I* direkt. Mit Hilfe der Regulierstrecke D 7 können kurzwellige Schwankungen nicht ausgeglichen werden.

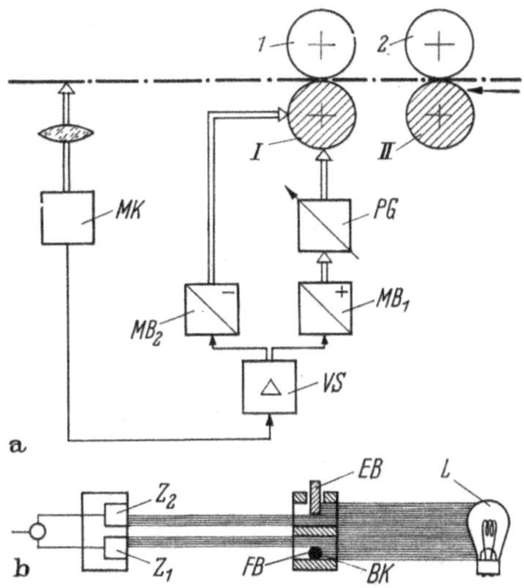

Abb. 589a u. b. Regulierstrecke D 7 der Firma Maschinenfabrik Rieter AG.
a Schema der Regulierstrecke; b Schema des Meßkopfes

BK Bandkanal; *EB* Einstellblende; *FB* Faserband; *L* Lichtquelle; MB_1, MB_2 Magnetbremsen; *MK* Meßkopf; *PG* Planetengetriebe; *VS* Verstärker; Z_1, Z_2 Photozellen

Wegener und Bechlenberg entwickelten eine Regulierstrecke, bei welcher der Faserverband durch pneumatische Mittel abgetastet wird (Abb. 590). Gegenüber anderen pneumatisch arbeitenden Meßverfahren hat diese Konstruktion den Vorteil, daß das Faservlies nicht verdichtet zu werden braucht. Der schwache Luftstrom durchströmt den Faserverband senkrecht. Der Meßwert wird aus dem Widerstand gebildet, den die Fasern dem Luftstrom entgegensetzen, der aus einer Düse *D* austritt. Die Meßdüse *D* wird zwischen den Walzenpaaren unterhalb des Faservlieses angeordnet. Ein Begrenzungsblech *B* verhindert eine Verschiebung des Faservlieses gegenüber der Meßdüse. An der Berührungsstelle besitzt die Meßdüse einen auf die Faserbandbreite bezogenen Schlitz. Durch diesen Schlitz tritt Luft aus, die über zwei Rohrstutzen mit stets gleichbleibendem Druck zugeführt wird. Für die Verzugsänderung werden zwei Möglichkeiten angegeben. Bei dem Vorschlag nach der Abb. 590a wird der Druck der Preßluft im Feindruckminderer *FM* reduziert. Die Druckluft wird über die Soll-

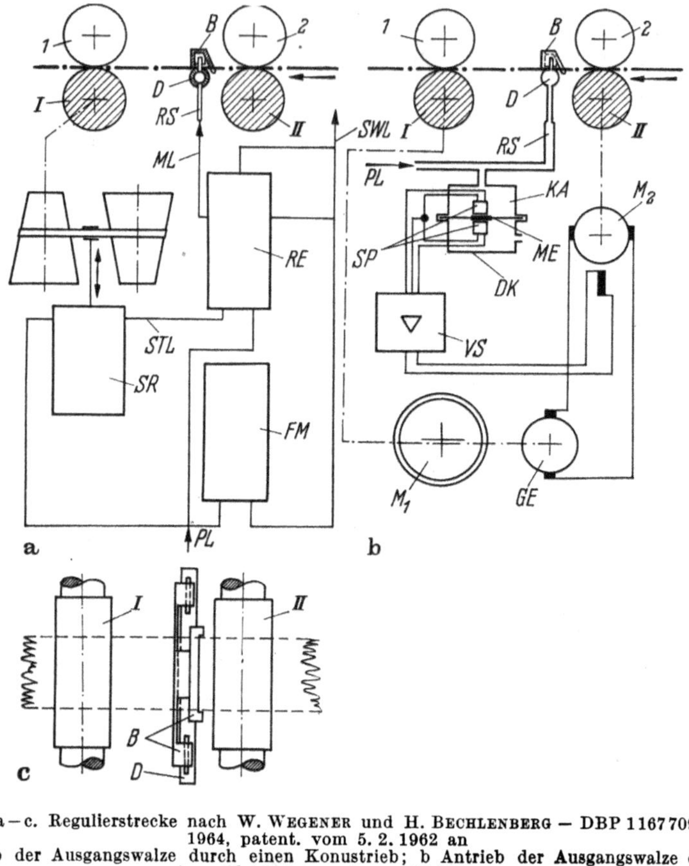

Abb. 590a–c. Regulierstrecke nach W. Wegener und H. Bechlenberg – DBP 1167709 von 1964, patent. vom 5. 2. 1962 an
a Antrieb der Ausgangswalze durch einen Konustrieb; b Antrieb der Ausgangswalze durch einen Gleichstrommotor; c Meßdüse
B Begrenzungsblech; *D* Meßdüse; *DK* Druckdose; *FM* Feindruckminderer; *GE* Generator; *KA* Druckkammer; M_1, M_2 Motoren; *ME* Membran; *ML* Meßleitung; *PL* Preßluft; *RE* Regler; *RS* Rohrstutzen; *SP* Induktionsspule; *SR* Stellrelais; *STL* Stelleitung; *SWL* Sollwertleitung; *VS* Verstärker

wertleitung *SWL*, den pneumatischen Regler *RE* und die Meßleitung *ML* der Meßdüse *D* zugeführt. Über die Sollwertleitung *SWL* können mehrere Meßdüsen an den Feindruckminderer angeschlossen werden. Die durch die Materialungleichmäßigkeit erzeugten Druckänderungen in der Meßdüse *D* wirken auf den Regler *RE* zurück. Dort werden sie mit Hilfe von Preßluft *PL* verstärkt und durch die Steuerleitung *STL* als Stellgröße an das Stellrelais *SR* weitergegeben. Den

Faserbandschwankungen entsprechend verstellt das Stellrelais *SR* den Riemen eines Konustriebes und variiert die Drehzahl der Ausgangswalze *I*.

Bei der in der Abb. 590b dargestellten Vergleichmäßigungseinrichtung bewirken die Schwankungen des Meßdruckes Druckänderungen in der oberen Druckkammer *KA* der Druckdose *DK*. Dabei werden die Membran *ME* durchgebogen und die Induktivität der Induktions-

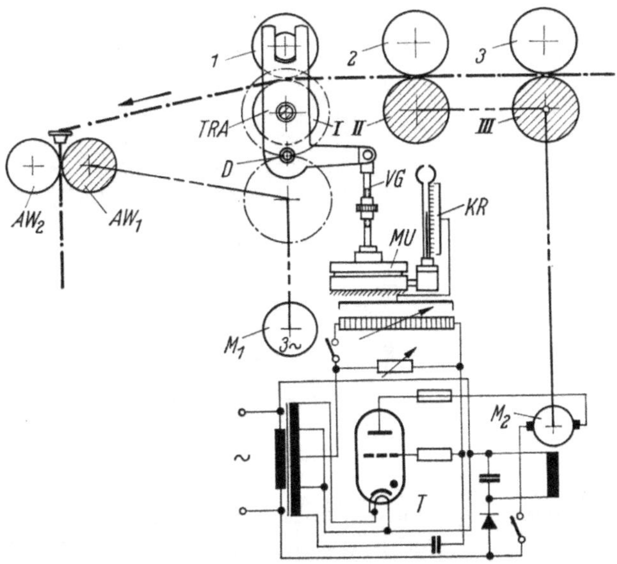

Abb. 591. Regulierstrecke mit einer mechanischen Faserbandkontrolle unter Verwendung einer Verzugskraftmeßvorrichtung und mit einer Verzugsänderung durch elektronische bzw. elektrische Vorrichtungen nach W. WEGENER und H. BECHLENBERG – DBP 1062587 von 1959, patent. vom 3. 2. 1956 an

*AW*₁, *AW*₂ Abzugswalzen; *D* Drehpunkt; *KR* Kapillarrohr; *M*₁, *M*₂ Motoren; *MU* Meßwertumformer; *T* Thyratron; *TRA* Tragrahmen; *VG* Verbindungsglied

spulen *SP* geändert. Die induzierte Spannung wird verstärkt und zur Änderung der Felderregung eines Gleichstrom-Nebenschlußmotors M_2 benutzt. Dieser treibt die Eingangswalze *II* an. Die Ausgangswalze *I* erhält einen konstanten Antrieb vom Hauptmotor M_1. Damit ein konstantes, mittleres Drehzahlverhältnis zwischen dem Hauptmotor M_1 und dem Stellmotor M_2 eingehalten werden kann, wird letzterer von einem Generator *GE* gespeist, der mit dem Hauptmotor gekuppelt ist.

Ein anderes von WEGENER und BECHLENBERG entwickeltes Vergleichmäßigungsverfahren zur weitgehenden Beseitigung der Faserbandungleichmäßigkeit ist in zwei Ausführungsbeispielen in der Abb. 591 und in der Abb. 592 schematisch dargestellt. Bei dem im Jahre 1959 patentierten Vergleichmäßigungssystem wurde hinsichtlich des Faserband-Kontrollverfahrens ein neuer Weg gegenüber den bisherigen Meßverfahren eingeschlagen. Die Kontrolle der Faserband-Merkmalsänderung besteht in der fortlaufenden Ermittlung der während des Verzuges unmittelbar im Verzugsfeld auftretenden Verzugskräfte [*8*, *9*]. Da diese Verzugskräfte den jeweils im Streckfeld vorhandenen bzw. den aus dem

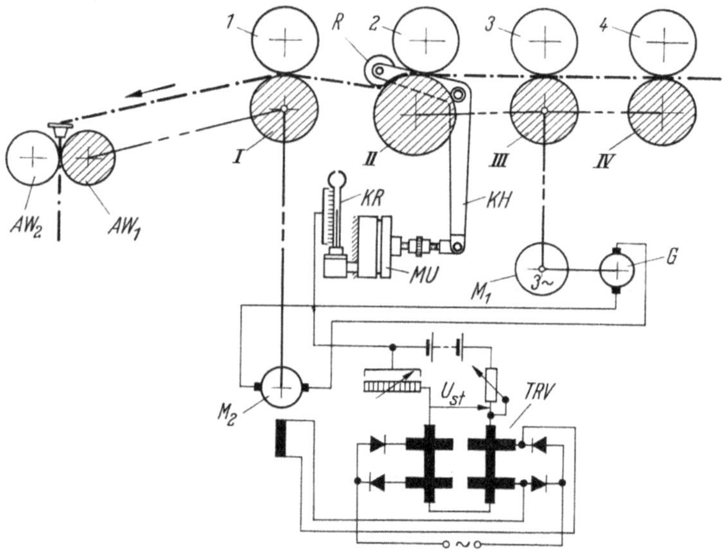

Abb. 592. Regulierstrecke mit einer mechanischen Faserbandkontrolle unter Verwendung einer Verzugskraftmeßvorrichtung und mit einer Verzugsänderung durch elektronische bzw. elektrische Vorrichtungen nach W. WEGENER und H. BECHLENBERG – DBP 1062587 von 1959, patent. vom 3. 2. 1956 an

AW_1, AW_2 Abzugswalzen; *G* Generator; *KH* Kniehebel; *KR* Kapillarrohr; M_1, M_2 Motoren; *MU* Meßwertumformer; *R* Rolle; *TRV* Transduktor-Verstärker; U_{st} Steuerspannung

Faserverband herausgezogenen Fasermassen proportional sind, läßt sich dieses Meßverfahren mit Vorteil für die Einleitung des Vergleichmäßigungsvorganges verwenden.

Bei der Einrichtung nach der Abb. 591 findet zwischen den Walzenpaaren *III*/*3* und *II*/*2* ein konstanter Vorverzug statt. Zwischen den Walzenpaaren *II*/*2* und *I*/*1* erfolgen der Hauptverzug und die Verzugsänderung bei gleichzeitiger Messung der Merkmalsänderungen. Über das Walzenpaar AW_1/AW_2 gelangt das verstreckte Faserband in eine Spinnkanne. Zwischen den Walzenpaaren *I*/*1* und *II*/*2* tritt eine Verzugskraft auf, die bei dieser Anordnung den um den Drehpunkt *D* schwenkbar angeordneten Tragrahmen *TRA* geringfügig auslenkt. Über das einstellbare Verbindungsglied *VG* lassen sich die kleinen Bewegungen auf den Meßwertumformer *MU* übertragen. Durch diesen werden bei 500facher Vergrößerung der Auslenkbewegungen eine Quecksilber- oder eine Elektrolytsäule in einem angeschlossenen Kapillarrohr *KR* proportional zu der Verzugskraft bewegt. Dies hat ein fortlaufendes Schließen bzw. Öffnen von feinstufig im Kapillarrohr angeordneten Platin-Iridium-Kontakten zur Folge. Die damit verbundene Widerstandsänderung einer im Gitterkreis des Thyratrons T liegenden Phasenbrücke ändert nach dem Prinzip der Horizontalsteuerung mit Hilfe einer überlagerten Steuerwechselspannung den Zündzeitpunkt der Röhre T und damit die dem Anker des Gleichstrom-Nebenschlußmotors M_2 zugeführte Spannung. Entsprechend der geänderten Ankerspannung erhalten der Motor M_2 und damit das Einzugssystem eine variable Drehzahl. Das Feld des Motors M_2 bekommt seine konstante Gleichspannung durch einen Trockengleichrichter. Die Anlage ist so ausgeführt, daß dicke Faserbandstellen bzw. höhere Verzugskräfte die Drehzahlen für die Walzen *II* und *III* verringern. Dies ist gleichbedeutend mit einer entsprechenden Verzugsvergrößerung. In der umgekehrten Weise vollzieht sich der Verzug der Faserbandstellen, die unter dem Sollwert liegen. Die Walze *I* und die Abzugswalze AW_1 erhalten von dem Motor M_1 eine konstante Umfangsgeschwindigkeit. Der Antrieb für die Ausgangswalze ist so ausgeführt, daß hierdurch keine störende Kraftkomponente in oder entgegen der Verzugskraftrichtung entstehen kann.

Eine zweite Ausführung der Reguliereinrichtung ist in dem Schema der Abb. 592 wiedergegeben. Der Antrieb der Walzen *IV*, *III* und *II* erfolgt von dem Hauptmotor M_1 aus, der mit konstanter Drehzahl läuft. Die Ausgangswalze *I* und die Abzugswalze AW_1 erhalten ihren Antrieb vom Stellmotor M_2. Die zwischen den Walzenpaaren *II/2* und *I/1* auftretende Verzugskraftkomponente wird durch eine kleine Rolle R gemessen, die beidseitig in Kugeln gelagert ist und auf der einen Seite von dem Kniehebel *KH*, auf der anderen Seite von einer entsprechenden Stütze getragen wird. Die sehr geringen Auslenkungen werden, ähnlich wie es bei der Abb. 591 beschrieben wurde, in dem Kapillarrohr *KR* in elektrische Spannungsänderungen umgewandelt. Diese veränderliche, niedrige Gleichspannung dient zur Steuerung eines Transduktor-Verstärkers *TRV*, der dem Feld des Stellmotors M_2 den für die fortlaufende Verzugsänderung erforderlichen variablen Erregerstrom liefert. Eventuelle Drehzahlabweichungen des Hauptmotors M_1, wodurch unter Umständen geringe Fehlverzüge entstehen könnten, werden durch den vom Hauptmotor angetriebenen Generator G, der dem Stellmotor M_2 die erforderliche Ankerspannung liefert, kompensiert. Hierdurch lassen sich auch eventuelle Fehlverzüge beim Ein- und beim Ausschalten der Maschine vermeiden.

Die Wahl der in der Drehzahl variablen Walze ist nicht an die in der Abb. 591 gezeigte Ausführungsform gebunden. In ähnlicher Weise läßt sich beispielsweise bei dem in der Abb. 591 gezeigten System auch die Ausgangswalze *I* für die Verzugsänderung verwenden. Bei der

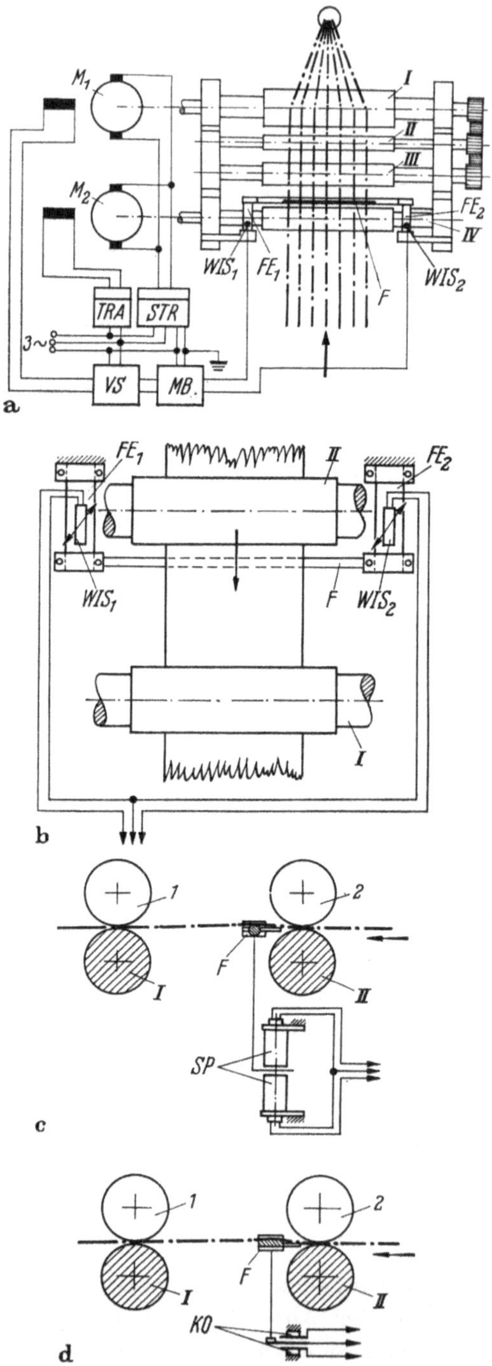

in der Abb. 592 gezeigten Anordnung können anstatt der Ausgangswalze I die übrigen Walzen in der Drehzahl geändert werden, wodurch ebenfalls eine Verzugsänderung bewirkt wird.

Eine andere Ausführungsform der Verzugskraftmeßeinrichtung und der Regulierstrecke nach WEGENER und BECHLENBERG ist in der Abb. 593 schematisch dargestellt. Ein Fühlglied F, das den Faserverband in der Nähe der Walze IV (oder zwischen den Walzen I und II, Abb. 593b—d) über die gesamte Materialbreite nur um einen Millimeter auslenkt, wird von zwei Blattfedern FE_1 und FE_2 getragen. Entsprechend der im Vorverzugsfeld jeweils vorhandenen Fasermenge bzw. der hiervon abhängigen Verzugskraft werden die den Fühler tragenden Blatt-

Abb. 593a—d. Regulierstrecke mit einer Faserbandkontrolle durch Messung der Verzugskraft und mit einer Verzugsänderung durch elektronische bzw. elektrische Vorrichtungen nach W. WEGENER und H. BECHLENBERG — DBP 1141212 von 1963, patent. vom 29. 7. 1961 an a Schemazeichnung der Regulierstrecke; b Meßvorrichtung mit Widerstandsmeßstreifen; c Meßvorrichtung mit Induktionsspulen; d Meßvorrichtung mit Kondensator

F Fühlglied; FE_1, FE_2 Blattfedern; KO Kondensator; M_1, M_2 Motoren; MB Meßbrücke; SP Induktionsspulen; STR Stelltransformator mit Gleichrichter; TRA Transformator mit Gleichrichter; VS Magnet-Verstärker; WIS_1, WIS_2 Widerstandsmeßstreifen

federn geringfügig gebogen. Mit Hilfe der auf den Blattfedern in Kompensationsschaltung aufgebrachten Widerstandsmeßstreifen WIS_1 und WIS_2 werden sehr kurzzeitige Änderungen der Fasermenge im Vorverzugsfeld in proportionale Strom- bzw. Spannungsänderungen umgewandelt. Über eine Meßbrücke *MB* und einen Magnetverstärker *VS* wird das Magnetfeld eines Gleichstrom-Nebenschlußmotors M_1 beeinflußt und damit die Drehzahl der von dem Motor M_1 angetriebenen Ausgangswalzen *I*, *II* und *III* variiert. Der konstante Antrieb der Eingangswalze *IV* erfolgt durch den Motor M_2, dessen Feld über einen Transformator *TRA* mit Gleichrichterausgang gespeist wird. Zur Einhaltung eines konstanten mittleren Drehzahlverhältnisses liegen die Motoren M_1 und M_2 in einem gemeinsamen Ankerkreis. Die Ankerspeisung der Motoren erfolgt durch einen Stelltransformator *STR* mit Gleichrichterausgang.

Gegebenenfalls kann die Verzugsänderung anstatt im Vorverzugsfeld im Hauptverzugsfeld, also zwischen den Walzen *I* und *II*, erfolgen. Gleichermaßen läßt sich die Verzugsänderung unter Umständen durch eine Drehzahländerung der Eingangswalze *IV* bewirken. Hierzu wird das Erregerfeld des Motors M_2 vom Magnetverstärker *VS* beeinflußt, wogegen das Feld des Motors M_1 durch die Vorrichtung *TRA* konstant gespeist wird. Die sehr geringen Auslenkbewegungen des Fühlgliedes *F* können nach dem Patent von Wegener und Bechlenberg auf verschiedene Weise in elektrische Meßimpulse zur Einleitung des Vergleichmäßigungsvorganges umgewandelt werden. In der Abb. **593** sind unter b, c und d einige Ausführungsbeispiele für den Meßwertwandler schematisch dargestellt. In der Fig. b ist in vereinfachter Darstellung die Ausführung mit Widerstandsmeßstreifen WIS_1, WIS_2 gezeigt. In der Fig. c ist eine Ausführung mit Induktionsspulen *SP* und in der Fig. d eine solche mit einem Kondensator *KO* dargestellt.

Nach der in der Abb. 594 gezeigten Meßeinrichtung zur selbsttätigen Variierung des Verzuges wird der zwischen den Walzenpaaren *I/1* und *II/2* zu verstreckende Faserverband mit Hilfe der Abzugswalzen W_1 und W_2 in der herkömmlichen Weise durch das Verdichterorgan *VG* hindurchgezogen und zu einer Bandform verdichtet. Der Verdichter *VG* ist auf einer Blattfeder *FE* befestigt, die in einer Halterung *HA* eingespannt ist. Auf das Verdichterorgan wird eine Durchzugskraft ausgeübt, die der Fasermenge im Faserbandquerschnitt verhältnisgleich ist. Die Durchzugskraft lenkt das Verdichterorgan *VG* geringfügig aus. Die Anordnung des Verdichters *VG* auf der Blattfeder vermeidet jegliche Reibung bei der geringfügigen Bewegung des Verdichters und ermöglicht gleichzeitig eine hohe Eigenfrequenz bzw. Empfindlichkeit der Meßvorrichtung. Die Auslenkbewegung des Verdichters ist durch zwei auf der Halterung *HA* angebrachte Stege STE_1 und STE_2 nach beiden Richtungen hin begrenzt. Hierdurch lassen sich stärkere Auslenkungen des Verdichterorgans und damit Überbeanspruchungen der Meßvorrichtung, beispielsweise bei Pfropfenbildung und dgl., vermeiden. Die der jeweiligen Durchzugskraft bzw. Fasermenge im Faserbandquerschnitt proportionale Durchbiegung der Blattfeder *FE* verursacht in den auf ihr aufgebrachten Widerstandsmeßstreifen *WIS* eine entsprechende elektrische Meßwertänderung. In der mit den Widerstandsmeßstreifen in Kompensationsschaltung verbundenen Meßbrücke *MB* werden die Impulse verstärkt und in ähnlicher Weise, wie unter der Abb. 593a beschrieben, zur Änderung der Umfangsgeschwindigkeit eines Walzenpaares und damit des Verzuges benutzt. Um eventuelle kurzzeitige Fehlverzüge bei dem in sich geschlossenen Regelsystem zu vermeiden, wird die am Ausgang der Meßbrücke *MB* abgegriffene Meßspannung elektrisch gedämpft. Die am Ausgang eines Streckwerkes angeordnete Faserbandkontrollvorrichtung läßt sich mit den in den Abb. 593a bis d beschriebenen, vorzugsweise zwischen den Streckwalzen angeordneten Meßvorrichtungen auf einfache Weise zusammenschalten. Durch eine derartige Kombination kann man den im praktischen Betrieb auftretenden Störgrößen, die unter Umständen Nummerabweichungen in der Ablage hervorrufen können, in geeigneter Weise Rechnung tragen.

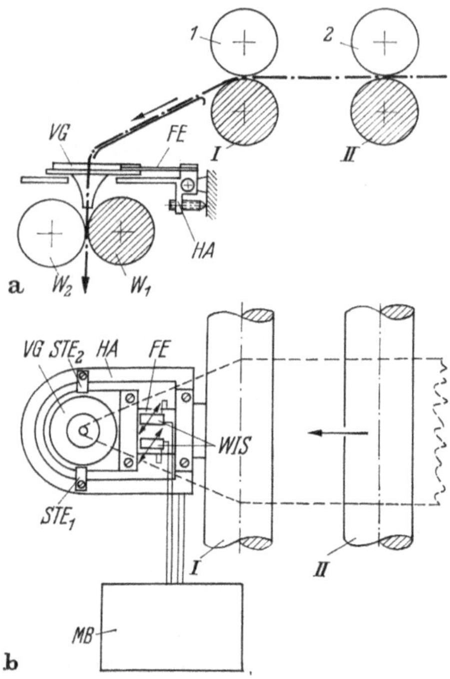

Abb. 594a u. b. Meßeinrichtung für eine Regulierstrecke nach W. Wegener und H. Bechlenberg, DBP angemeldet
a Seitenansicht der Meßeinrichtung; b Draufsicht der Meßeinrichtung
FE Blattfeder; *HA* Halterung; *MB* Meßbrücke; STE_1, STE_2 Stege; *VG* Verdichterorgan; W_1, W_2 Abzugswalzen; *WIS* Widerstandsmeßstreifen

Im britischen Patent 936178 vom 6. 10. 1959 der Firma The Cotton, Silk & Manmade Fibres Research Association werden Möglichkeiten angegeben, die Gleichmäßigkeit eines Faserverbandes zwischen zwei Produktionsmaschinen zu kontrollieren und etwaige Materialschwankungen auszugleichen.

Nach dem französischen Patent 1324756 der Firma The Cotton, Silk & Manmade Fibres Research Association werden sehr kurzzeitige

Schwankungen der Fasermasse dadurch ausgeglichen, daß die Eingangswalzen (oder ein anderes Walzenpaar) in oder entgegen der Bandlaufrichtung verschoben werden (Abb. 595). Infolge der Walzenpaarverlagerung wird der Verzug verringert oder erhöht. Das Ausgangswalzenpaar ist auf zwei Federstäben gelagert. Schwankungen in der Verzugskraft bewirken eine geringfügige Auslenkung des Ausgangswalzenlagers. Diese Auslenkungen werden mit Hilfe einer induktiv oder kapazitiv arbeitenden Meßvorrichtung registriert. Die Meßsignale werden in der oben angegebenen Weise zur Änderung der Streckfeldweite verwendet.

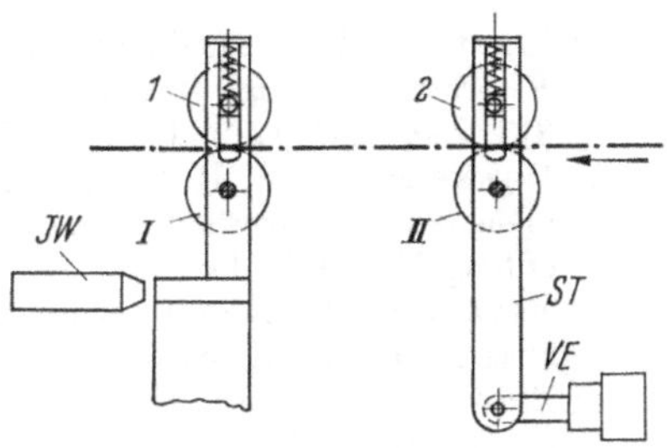

Abb. 595. Regulierstrecke der Firma The Cotton, Silk & Manmade Fibres Research Association — FP 1324756 von 1963, patent. vom 8. 6. 1962 an

IW induktiver Wegaufnehmer; *ST* Lagerstanze; *VE* hydraulische Verstelleinrichtung

PERNER [*12*] untersucht die Methoden, die eine Regulierung der Faserbandmasse durch einen sehr geringen Regulierverzug möglich machen. So können z. B. die Faserbänder vor der Dublierung einzeln abgetastet und den Masseschwankungen entsprechend verzogen werden. Das Verziehen des dublierten Faserbandes, in der Regel 6- bis 8fach, erfolgt dann auf einer nicht regulierenden Strecke. Masseschwankungen innerhalb kurzer Faserbandlängen, die nach PERNER [*12*] eine Folge des Regulierverzuges sind, sollen dadurch verringert werden. In einer Abart dieses Verfahrens wird das dublierte Faserband zunächst auf einer konventionellen, unregulierten Strecke verzogen. Anschließend wird das Einzelband einem Regulierverzug unterworfen. Der Vorteil dieser Arbeitsweise besteht darin, daß kein hoher Regulierverzug erforderlich ist [*12*].

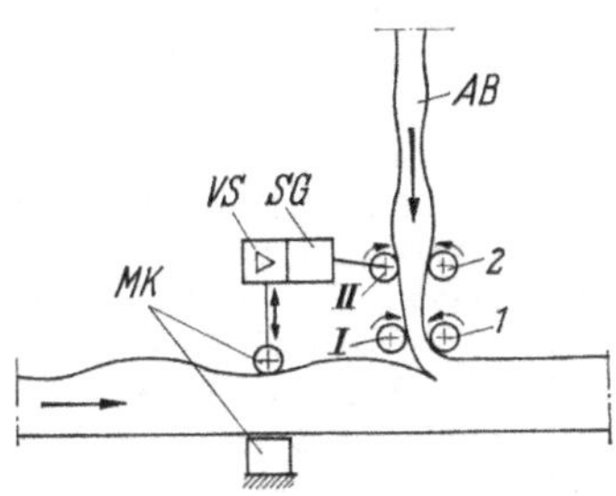

Abb. 596. Faserband-Vergleichmäßigungssystem nach H. PERNER. Prinzip der gesteuerten Dublierung. — DWP 26281 von 1963, patent. vom 17. 1. 1961 an

AB Ausgleichsfaserband; *MK* Meßkopf; *SG* Stellgetriebe; *VS* Verstärker

Bei der gesteuerten Dublierung [*12*] wird nur ein Teil des gesamten Faserbandes reguliert verzogen. Ein Vergleichmäßigungsverfahren, das nach dem Prinzip der gesteuerten Dublierung arbeitet, ist in der Abb. 596 dargestellt (DWP 26281 von 1963). Das zu vergleichmäßigende Faserband wird mit Hilfe eines Meßkopfes abgetastet. Vorzugsweise kommt ein fotoelektrisch arbeitendes Meßverfahren zur Anwendung [*12*]. Die Meßimpulse dienen dazu, die Faserbanddicke eines Ausgleichsfaserbandes *AB* so zu regulieren, daß bei der Dublierung des Faserbandes AB mit dem zu vergleichmäßigenden Faserband ein Ausgleich der Faserbanddicke stattfindet.

Literatur zu Kap. 6

[1] WEGENER, W., u. H. BECHLENBERG: Regelanlage zum Vergleichmäßigen von Faserbändern. Textil-Praxis 14 (1959) 35, 129, 245, 359, 456, 552, 672, 774, 877, 990, 1107, 1212; 15 (1960) 10, 136, 259, 378.
[2] WEGENER, W., u. H. BECHLENBERG: Die Entwicklung der Faserband-Vergleichmäßigungsverfahren und -einrichtungen. Spinner, Weber — Textilveredlung 79 (1961) 308.
[3] BOLANT, R.: Un Régulateur Électronique pour Réunisseuse de Carde. L'Industrie Textile (1956) 643.
[4] BROWN, H. M., u. J. S. GRAHAM: Sliver Evener for Roving Frames. Text. Res. J. 27 (1957) 579.
[5] PERNER, H., G. SCHAUER u. S. PILZ: Streckwerk mit Verzugssteuerung für die Baumwollspinnerei. Deutsche Textiltechnik 9 (1959) 349.
[6] Le Rapport des Vitesses entre Entrée et Sortie en filature de Laine. L'Industrie Textile (1960) 101.
[7] ELIAŠ, J.: Automatische Regulierung des Kardenbandes. Deutsche Textiltechnik 11 (1961) 11.
[8] WEGENER, W., u. H. BECHLENBERG: Die Verzugskraftmessung — ihre Anwendung und Auswertung. Reyon, Zellwolle und andere Chemiefasern 5 (1955) 14, 78, 142.
[9] WEGENER, W., u. H. BECHLENBERG: Prüfgerät zur fortlaufenden Ermittlung von Verzugskräften. Textil-Praxis 15 (1960) 693.
[10] WEGENER, W., u. H. PEUKER: Das Faserband-Spinnverfahren. Nachtrag. Z. ges. Textilind. 66 (1964) 464.
[11] MIHIRA, K., u. H. TAKEDA: Measuring and Correcting Sliver Irregularity by Frictorusing Equipment. J. Text. Mach. Soc. Japan 6 (1960) No. 1, 17.
[12] PERNER, H.: Verbesserung des Baumwoll-Spinnprozesses durch den Einsatz von Streckwerken mit geregeltem Verzug. Faserforschung und Textiltechnik 15 (1964) 415.
[13] SCHÄFER, O.: Grundlagen der selbsttätigen Regelung. München: Franzis-Verlag 1961.

7. Die Belastungsvorrichtungen für die Streckwerke

7.1 Die Entwicklung der Belastungsvorrichtungen

Die Belastungsvorrichtungen der Streckwerke haben heute ein hohes Maß an Präzision. Durch die Entwicklung der federbelasteten Pendelträger ist eine gute betriebliche Sicherheit gegeben. Bis zum Erreichen dieser Konstruktionen mußten jedoch viele Schwierigkeiten überwunden werden.

Bei den ersten Streckwerken wurde die Ausgangsdruckwalze durch ein Gewicht belastet. Die Belastung der übrigen Walzenpaare erfolgte durch die Oberwalzen, die hinsichtlich ihrer Abmessungen bzw. ihrer Gewichte den auftretenden Verzugskräften entsprachen. Sie enthielten häufig einen Bleikern. Wird die Weiterentwicklung der Belastungsvorrichtungen betrachtet, so lassen sich die im Laufe der Zeit gemachten Verbesserungen in vier Entwicklungsabschnitte unterteilen, deren Endstufe schließlich zum federbelasteten Pendelträger geführt hat. Kennzeichnend für diese vier Gruppen sind folgende Merkmale:

1. Entwicklungsstufe: Verwendung von Belastungssätteln.

2. Entwicklungsstufe: Verwendung von in der Mitte geführten Druckwalzen.

3. und 4. Entwicklungsstufe: Belastung der Druckwalzen durch Federn, pneumatische, hydraulische oder magnetische Druckmittel und die pendelnde Aufhängung der Druckwalzen.

7.2 Die Entwicklung des Belastungssattels

Für die im 19. Jahrhundert üblichen niedrigen Verzüge reichten die durch das Eigengewicht der Oberwalzen erzielten Klemmdrücke vollkommen aus. Erst als im 20. Jahrhundert der Hochverzug aufkam, wurden höhere Belastungen erforderlich. Im Zusammenhang hiermit sei auf die von den Flyern her bekannten Sattelbelastungen hingewiesen [*1*]. Über das mittlere und vordere Druckwalzenpaar wurde ein Sattel gelegt, an dem statt einer Vielzahl von kleinen Gewichten nur ein großes Gewicht hing. Das höhere Belastungsgewicht überforderte jedoch die Kräfte der Arbeiterin und führte zudem beim Aushängen der Haken oft zu Fingerverletzungen. Trotz dieser Nachteile wurde eine Anordnung, die aus einem Hauptsattel für die Ausgangsdruckwalze und einem Nebensattel für die beiden anderen Druckwalzen bestand, allgemein an den Flyern verwendet und auch für die Streckwerke der Feinspinnmaschinen übernommen.

Richter beschrieb im Jahre 1896 in dem deutschen Patent DRP 91541 einen Belastungsbügel für die Ausgangsdruckwalzen an Feinspinnmaschinen (Abb. 597). Der Bügel *S* (Sattel) ist mit dem Zapfen *Z* im

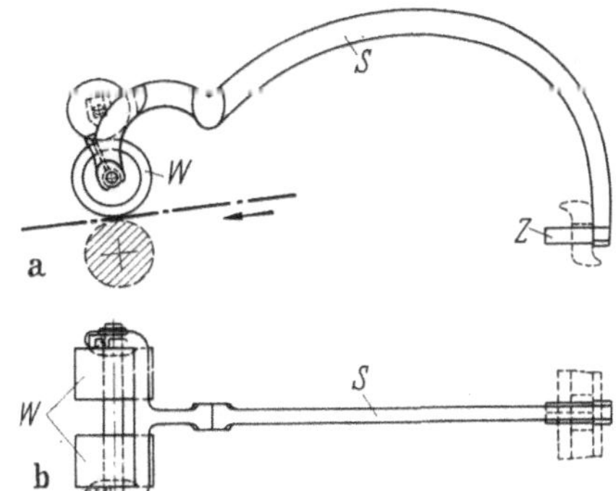

Abb. 597 a u. b
Belastungsbügel nach M. Richter – DRP 91541 von 1897, patent. vom 18. 3. 1896 an
a Seitenansicht; b Draufsicht
S Sattel; *W* Druckwalzen; *Z* Zapfen

Maschinengestell gelagert und hat in seinem Lager ein gewisses Spiel. Vor den Druckwalzen *W* ist er gegabelt. Er umschließt deren Zapfen klauenförmig. Diese Erfindung soll die Seitenführungen überflüssig machen. Der Grundgedanke der Erfindung besteht darin, ein Schrägstellen der Oberwalzen, wie es bei verrutschten Seitenführungen leicht auftritt, zu verhindern.

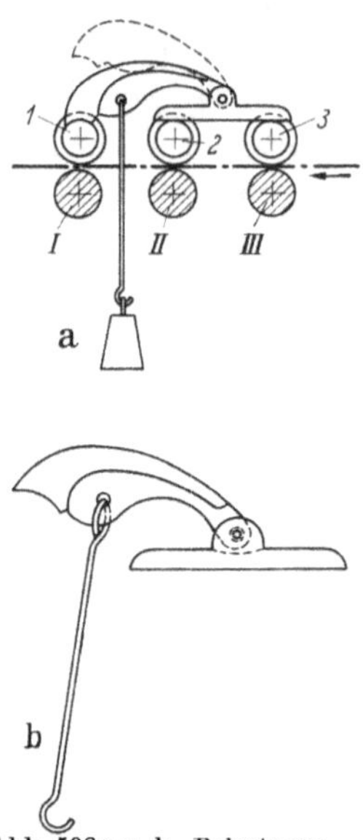

Abb. 598 a u. b. Belastungssattel nach K. NEUHOFER – DRP 114935 von 1900, patent. vom 13. 3. 1900 an
a Belastungssattel in der Arbeitsstellung;
b Belastungssattel

Diese Sattelbelastung verbesserte NEUHOFER um das Jahr 1900 durch sein Patent DRP 114935 (Abb. 598). Bei den ersten Sattelkonstruktionen lag der Hauptsattel lose auf dem Nebensattel auf. NEUHOFER verband die beiden Sättel durch ein Gelenk und erleichterte damit den Zugang nach den Druckwalzen. Das Streckwerk könnte leicht gereinigt werden. Nachteilig war jedoch das kraftaufwendige Anheben des Sattels.

Entscheidende Verbesserungen auf dem Gebiet der Walzenbelastung brachten um das Jahr 1920 die Konstruktionen von TOENNIESSEN, der mit seinen Ideen lange Zeit die Streckwerksentwicklung bestimmte. Er ist der Erfinder des Klappsattels, auf den er im Jahre 1926 ein Patent erhielt (DRP 429322; Abb. 599). Die Druckwalzen *1* und *3* werden durch einen Sattel *S* gemeinsam belastet. Der Zughaken *ZH* ist mit dem Sattel *S* gelenkig verbunden und unterteilt ihn in ungleiche Abschnitte. Dadurch ist das Belastungsverhältnis gegeben. Die Sattelbelastung ermöglicht es, auf die Druck-

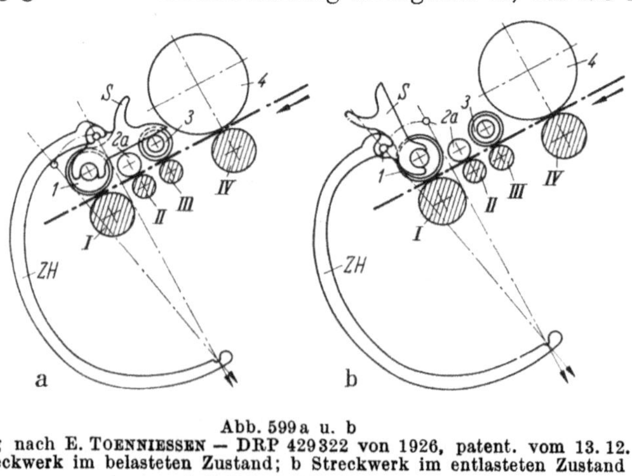

Abb. 599 a u. b
Sattelbelastung nach E. TOENNIESSEN – DRP 429322 von 1926, patent. vom 13. 12. 1924 an
a Streckwerk im belasteten Zustand; b Streckwerk im entlasteten Zustand
S Sattel; *ZH* Zughaken

walze *3* einen hohen Belastungsdruck auszuüben und Dickstellen der Lunte in der Verzugszone aufzulösen. Der Durchmesser der Druckwalze *3* und der Abstand der Walze *III* von den Walzen *II* und *IV* können verändert werden. Da der Sattel hochgeklappt werden kann, ist das Streckfeld sehr gut zugänglich. Diese Belastungseinrichtung eignet sich besonders für die Flyer. Die bis dahin umständliche Entlastung wird vereinfacht, und die Vielgewichtsanordnung entfällt.

Während TOENNIESSEN bei diesem Sattel nur eine Belastung für die Mittel- und für die Ausgangsdruckwalze vorgesehen hat, gibt er in dem deutschen Patent DRP 489811 eine Belastungseinrichtung für sämtliche Druckwalzen an (Abb. 600). Bei dieser Sattelbelastung sind alle Einzelsättel an den Hauptsattel angelenkt. Dadurch wird es möglich, die Druckwalzen mit einem Griff und ohne großen Kraftaufwand zu entlasten. Die Spinnerin greift unter die Nase *N* des Sattels S_1 und schwenkt diesen um die Achse der Druckwalze *1*. Dabei dient die Rast *R* dem Zughaken *ZH* als Anschlag. Der Zughaken *ZH* ist nicht mehr zwischen den Walzen, sondern vor dem Streckwerk angeordnet. Hierdurch wird der Raum zwischen den Unterwalzen frei. So können leicht Unterputzwalzen eingebaut werden, wodurch vor allem bei den Flyern ein besseres Säubern möglich wird.

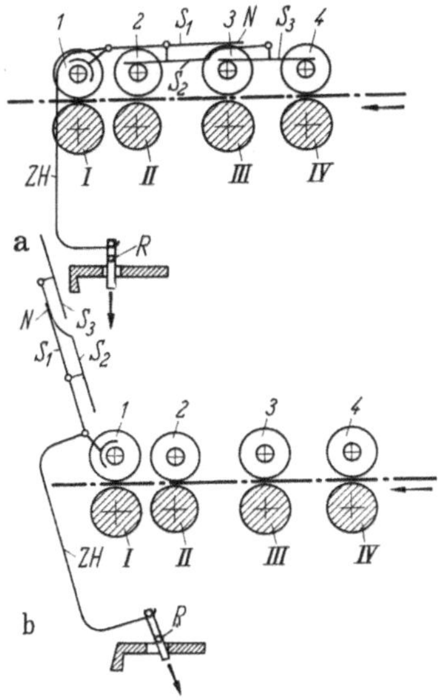

Abb. 600a u. b. Sattelbelastung nach E. TOENNIESSEN — DRP 489811 von 1929, patent. vom 10. 10. 1926 an
a Streckwerk im belasteten Zustand;
b Streckwerk im entlasteten Zustand
N Nase; *R* Rast; S_1 bis S_3 Sättel; *ZH* Zughaken

In der Abb. 601 ist eine Sattelbelastung der Firma Maschinenfabrik Rieter AG. dargestellt (DBP 932955 von 1955). Die U-förmige Belastungsschiene *BS* des Streckwerkes hat einen Quersteg *QS*, an dem die Klaue *KL* des Klapphebels *KLH* angreift. Der Zughaken *ZH* ist am Bolzen B_1 angelenkt. Das Sattelsystem wird über den Bolzen B_2 im Inneren der Belastungsschiene *BS* belastet. Schrauben *ST* verhindern, daß die Druckwalzen aus den Sätteln herausfallen. Die Belastung kann durch den Klapphebel *KLH* leicht aufgebracht und ebenso leicht wieder entfernt werden. Die Druckwalzen werden in der Mitte geführt. Dadurch fallen die Chapeaux-Stangen fort. Das Streckwerk ist leicht zugängig. Putzarbeiten und Reparaturen lassen sich schnell durchführen.

Gegenüber dem Patent DRP 932955 von der Firma Maschinenfabrik Rieter AG., bei dem das Belastungsgewicht entfernt werden muß, wenn der Sattel abgehoben werden soll, bedeutet die Konstruktion von Hess eine wesentliche Verbesserung (USP 2353338 von 1942; Abb. 602). Der Tragarm *TA* ist nicht direkt auf der Tragstange *TS*, sondern um den

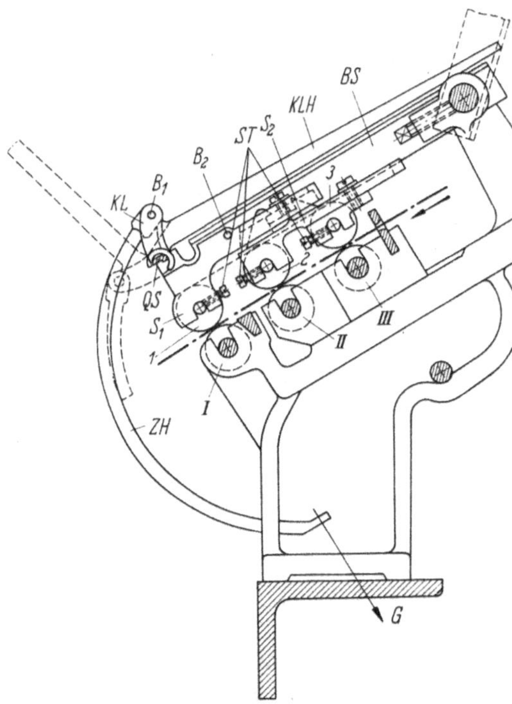

Abb. 601. Sattelbelastung der Firma Maschinenfabrik Rieter AG. – DBP 932955 von 1955, patent. vom 28. 3. 1941 an

B_1, B_2 Bolzen; *BS* Belastungsschiene; *G* Gewicht; *KL* Klaue; *KLH* Klapphebel; *QS* Quersteg; S_1, S_2 Sättel; *ST* Schrauben; *ZH* Zughaken

Bolzen B_2 drehbar in der Stütze *ST* gelagert. Der Belastungshebel *H* faßt mit seinem kurzen Ende unter die Nase *N* der Stütze *ST* und fixiert die Stellung des Tragarms *TA*. An dem Zughaken *ZH* hängt ein Gewicht, das über den Belastungshaken *BH* auf den Tragarm *TA* wirkt. Dabei drehen sich der Belastungshaken *BH* um den Bolzen B_1, der Tragarm *TA* um den Bolzen B_2. Der Druck auf die Oberwalzen wird über die Sättel S_1 und S_2 aufgebracht. Das Streckwerk wird entlastet, indem man den Hebel *H* und die Nase *N* außer Eingriff bringt. Hierbei schlägt der Belastungshaken *BH* auf die Traverse *T* der Stütze *ST* auf. Das Ende des Tragarmes *TA* legt sich auf den Vorsprung *V* des Belastungshakens *BH*.

Die Firma T. M. M. (Research) Ltd. entwickelte ein Belastungssystem für ein Vierwalzen-Flächendurchzugs-Streckwerk (BP 724285 von 1953;

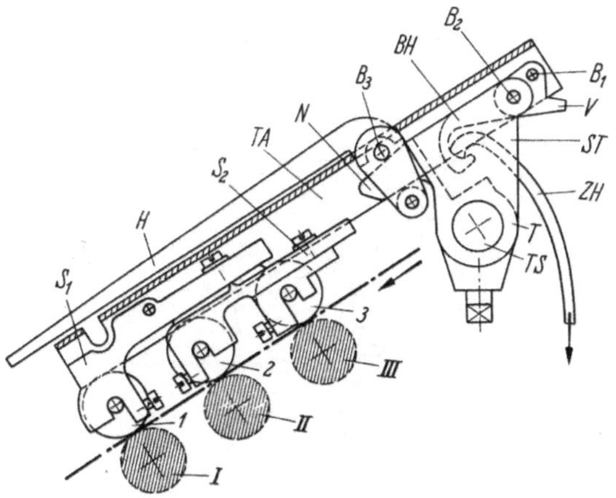

Abb. 602. Sattelbelastung nach H. O. Hess – USP 2353338 vom 17. 4. 1942 der Firma Maschinenfabrik Rieter AG.
B_1 bis B_3 Bolzen; *BH* Belastungshaken; *H* Belastungshebel; *N* Nase; S_1, S_2 Sättel; *ST* Stütze; *T* Traverse; *TA* Tragarm; *TS* Tragstange; *V* Vorsprung; *ZH* Zughaken

Abb. 603). Mit dieser Vorrichtung ist es möglich, die Druckwalzen abzuheben. Die Druckwalzen werden seitlich in Stanzen *ST* geführt, die

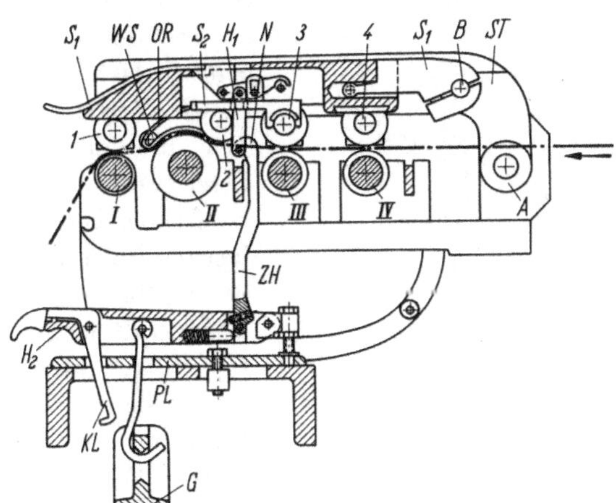

Abb. 603. Sattelbelastung der Firma T. M. M. (Research) Ltd. – BP 724285 vom 12. 10. 1953
A Achse; *B* Bolzen; *G* Gewicht; H_1, H_2 Hebel; *KL* Klinke; *N* Nase; *OR* Oberriemchen; *PL* Platte; S_1, S_2 Sättel; *ST* Stanze; *WS* Wendeschiene; *ZH* Zughaken

um die Achse *A* drehbar gelagert sind. Der Belastungssattel S_1 dreht sich um den Bolzen *B*, der die beiden Stanzen *ST* verbindet. Der Sattel S_1 besteht aus zwei Teilen. Die Belastung wird vom Gewicht *G* über verschiedene Hebel auf die Sättel ausgeübt. Wenn der Hebel H_2 angehoben wird, rastet die Klinke KL in eine Führung der Platte PL

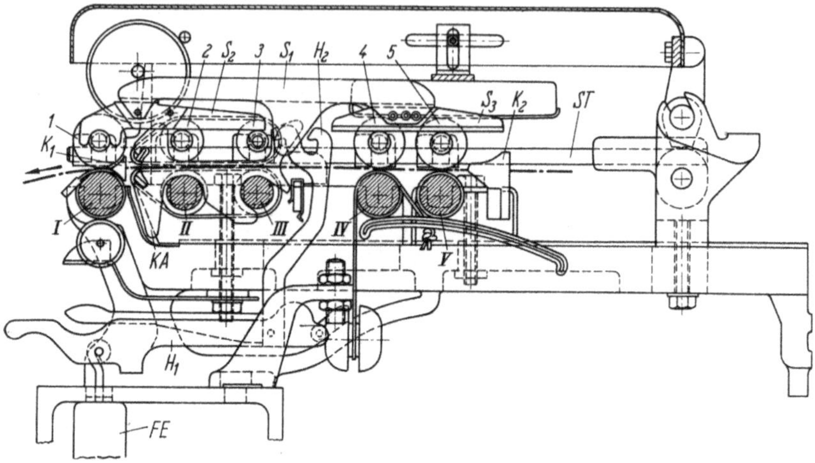

Abb. 604. U.-3-Belastungssystem der Firma Casablancas High Draft Co. Ltd. *FE* Belastungsfeder; H_1, H_2 Hebel; K_1, K_2 Verdichter; *KA* Käfig zur Führung der Riemchen; S_1 bis S_3 Sättel; *ST* Stanze

ein. Wird die Nase N des Zughakens ZH von dem Hebel H_1 gelöst, können die Oberwalzen mit ihren Stanzen abgehoben werden.

In der Abb. 604 ist die Sattelbelastung des Casablancas-U.-3-Systems wiedergegeben. Bei diesem modernen Flyer-Streckwerk wurde die Sattelbelastung beibehalten. Die Belastungskraft wird von einer Belastungsfeder FE erzeugt. Die Federkraft wirkt über die Hebel H_1, H_2 auf die Sättel S_1 bis S_3. Der Hebel H_2 besitzt zwei Nasen für unterschiedliche Belastungshöhen. Wenn der Hebel H_1 an-

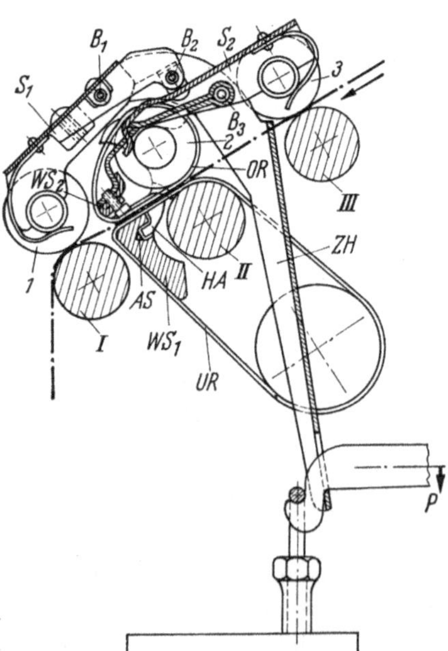

Abb. 605. Belastungsvorrichtung für ein Zweiriemchen-Streckwerk nach A. Abbey — BP 952175 vom 1. 4. 1960

AS Aussparung; B_1 bis B_3 Bolzen; *HA* Haken; *OR* Oberriemchen; *P* Belastungsrichtung; S_1, S_2 Drucksättel; *UR* Unterriemchen; WS_1, WS_2 Wendeschienen; *ZH* Zughaken

gehoben und der Hebel H_2 ausgeklinkt werden, ist das Streckwerk entlastet. Die Oberwalzen lagern in den Stanzen *ST*.

Eine Sattelbelastung für ein Zweiriemchen-Streckwerk entwickelte Abbey (BP 952175 vom 1. 4. 1960, Abb. 605). Bei der recht komplizierten Konstruktion sind je zwei nebeneinanderliegende Mitteldruckwalzen in einem gemeinsamen Käfig gelagert.

Die Wendeschiene WS_2 für das Oberriemchen *OR* ist mit Haken *HA* versehen, die in Aussparungen *AS* der unteren Wendeschiene WS_1 eingreifen. Die Belastung erfolgt über einen Zughaken *ZH*.

7.3 Die Verwendung von in der Mitte geführten Druckwalzen

Lange Zeit wurden die Druckwalzen der Streckwerke an den seitlichen Zapfen geführt. Dabei lagerten die Zapfen in den Schlitzen sogenannter Chapeaux-Stangen. Die Stangen, die zwischen zwei Walzenstanzen angebracht waren, wurden zu einem einheitlichen, starren Rahmen, auch Kappsteg genannt, zusammengefaßt (Abb. 606a). Dieser Kappsteg ließ sich bei Bedarf scharnierartig hochklappen. Zuvor mußten jedoch die Druckwalzen ausgehoben werden. Um eine Störung zu beheben, z. B. das Auswechseln eines schadhaften Unterriemchens, mußten die Chapeaux-Stangen und damit der gesamte Rahmen aufgeklappt werden. Dabei war von Nachteil, daß sich ein solcher Rahmen meist über sechs bis acht Spinnstellen erstreckte und diese ausfielen. Die Führung der Druckwalzen in Chapeaux-Stangen brachte noch weitere Mißstände mit sich [2]. Die Endzapfen der Druckwalzen verflugten sehr leicht. Sie liefen daher besonders bei Verwendung von Festwalzen oftmals unruhig oder sie liefen sich sogar fest. Es entstand ein fehlerhaftes Garn. Dieser Übelstand wurde teilweise durch die Verwendung von Loswalzen beseitigt. Ein einwandfreier Lauf konnte aber auch hiermit nicht

a

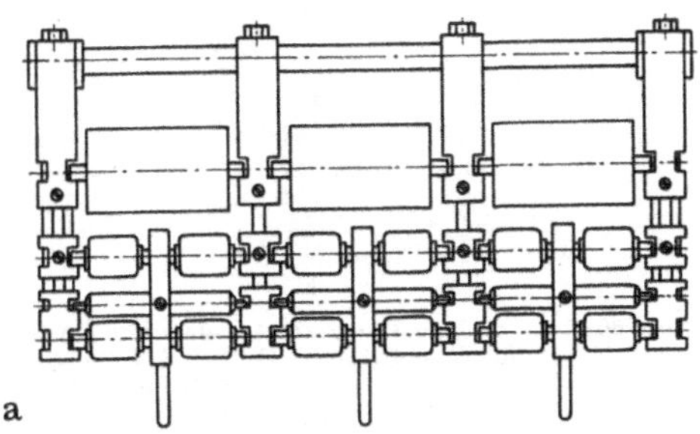

b

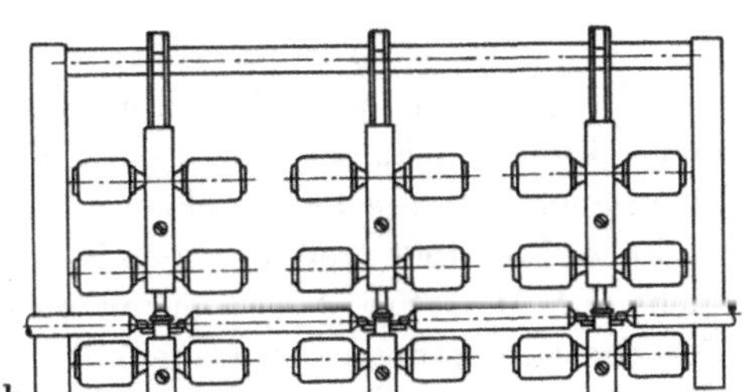

Abb. 606a u. b. Umbau eines Streckwerkes mit Seitenführung
a Streckwerk mit Druckwalzen in Chapeaux-Stangen; b Streckwerk a nach dem Umbau auf einen Arm mit Mittelführung

erzielt werden. Die Stellung der Seitenführungen, die auf den CHAPEAUX-Stangen verschoben werden konnten, bestimmte die Lage der Druckwalzen. Selbst von guten Spinnmeistern ließen sich die Seitenführungen nicht immer exakt einstellen. Die Führungen verschoben sich durch die fortwährenden Erschütterungen der Spinnmaschine schon nach kurzer

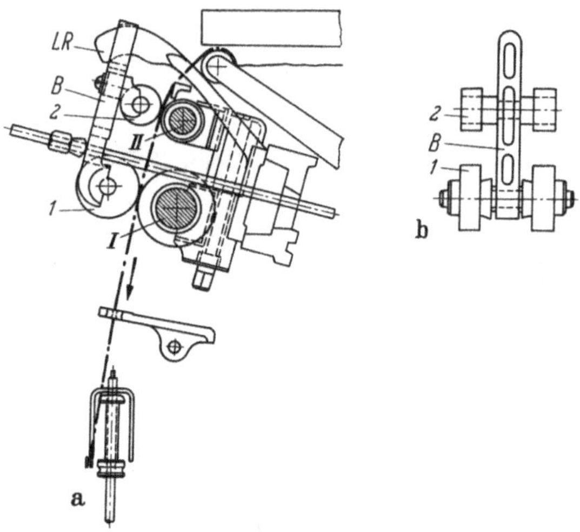

Abb. 607a u. b. Belastungsarm für das Streckwerk einer Jutespinnmaschine nach S. HUNTER und W. HUNTER – DRP 71374 von 1893, patent. vom 17. 1. 1893 an
a Seitenansicht; b Draufsicht
B Belastungsarm; *LR* Lagerrahmen

Zeit. So gab es an jeder Maschine stets eine Anzahl von Druckwalzen, deren Achsen nicht parallel zu den Unterwalzen lagen. Störend war vor allem auch, daß die Lagerstellen ausliefen.

Diese Nachteile treten bei den in den Mitten geführten Druckwalzen nicht auf. Derartige Anordnungen waren schon im 19. Jahrhundert in der Bastfaserspinnerei zu finden. Im Jahre 1893 beschrieben S. HUNTER und W. HUNTER in dem Patent DRP 71374 einen Belastungsarm *B*, der mit dem Lagerrahmen *LR* durch eine Schlitzführung verbunden ist (Abb. 607). Die Druckwalzen sind in der Mitte gehalten. Die Riffelungen der Druck- und der Unterwalze greifen ineinander. Das ergibt eine sichere Mitnahme der Druckwalze. Die Druckwalze *2* kann auf dem Arm *B* verschoben und so der jeweiligen Stellung der Unterwalze *II* angepaßt werden. Das ist der eigentliche Inhalt des Patentanspruches. Das Streckwerk ist für Naßspinnmaschinen bestimmt und dient der Verarbeitung von Bastfasern. Druckwalzen zapfenloser Bauart ließen sich in diesem Zweig der Textilindustrie ohne Bedenken verwenden, da die achsparallele Lage der Druckwalze gegenüber der

Unterwalze stets durch die Riffelverzahnung der Walzen gewährleistet war.

Eine derartige Anordnung konnte in der Baumwollspinnerei lange Zeit nicht angewendet werden. Der Belastungsbügel bildete nämlich, wenn er in der Mitte eines Druckwalzenpaars angesetzt war, mit diesem ein loses Gelenk. Es entstand eine unsichere Führung, durch die die Druckwalze willkürliche Schwenkbewegungen parallel zur Streckfeldebene ausführte. Erst durch die Erfindung des Pendelarms wurde es möglich, die in der Mitte geführte Druckwalze auch in der Baumwollspinnerei zu verwenden.

7.4 Die gewichtslose Belastung und die pendelnde Aufhängung der Druckwalzen

7.4.1 Die Belastung durch Federn

Etwa bis zum Jahre 1950 wurden die Druckwalzen fast ausschließlich durch Gewichte belastet. Die Baumwollspinner schätzen die Vorteile der Gewichtsbelastung, die sehr betriebssicher ist. Die Gewichte sind unempfindlich gegen Feuchtigkeit und rauhe Behandlung. Mit der Entwicklung von Hochverzugs-Streckwerken mußten jedoch die Gewichte durch andere Belastungsmittel ersetzt werden. Die modernen Hochverzugs-Streckwerke benötigen hohe Klemmdrücke. Die Belastungsgewichte, die an den Streckwerken Verwendung finden, können über ein bestimmtes Maß hinaus nicht mehr vergrößert werden, weil

1. der vorhandene Platz im Streckwerk nicht ausreicht,
2. die Materialkosten zu hoch werden und
3. das Maschinengewicht zu groß wird.

Der geeignete Ersatz für die Gewichte sind Federn, die jedoch sehr empfindlich sind. Schon kleine Rostansätze können im Laufe der Zeit die Federkraft verringern. Heute lassen sich jedoch die Federn durch Konservierungsmittel gegen die Feuchtigkeit schützen. Im Streckwerk werden sie so eingebaut, daß sie bei der Reinigung des Streckwerks nicht beschädigt und vor allem nicht von feuchten Fingern berührt werden können.

Beispiele für die Verwendung von Federbelastungen sind schon relativ früh in der Patentliteratur zu finden. Ein Vorschlag von Wessel stammt aus dem Jahre 1900 (DRP 113736; Abb. 608). Mit Hilfe einer Schraubenfeder läßt sich auf die Ausgangsdruckwalze ein regelbarer Federdruck ausüben. In der Mitte des Joches J ist die Druckstange D gelagert. Eine Feder FE stützt sich am Joch J ab und drückt die Druckstange D auf die Achse des Druckwalzenpaares. Die seitlichen Balken B des Joches J sind an einer Seite verzahnt. Sie werden in den Führungen *FÜ* geführt und durch einen kleinen Stift *ST* arretiert. Der auf die Oberwalzen auszuübende Druck kann durch Einrasten des Stiftes *ST*

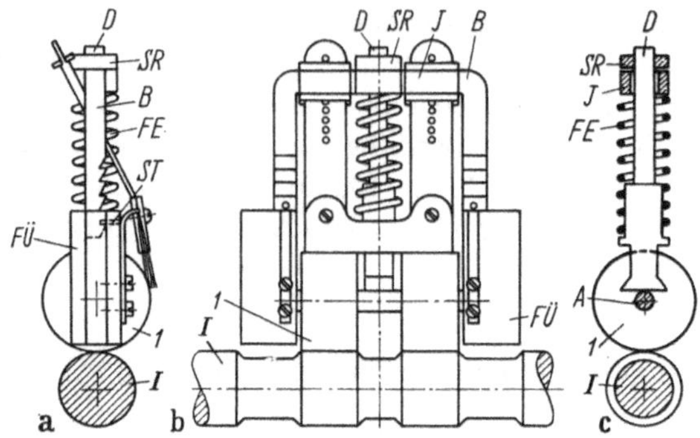

Abb. 608a–c. Streckwerk mit Federbelastung nach TH. WESSEL – DRP 113736 von 1900, patent. vom 14. 10. 1899 an
a Seitenansicht; b Vorderansicht; c Schnitt durch die Druckstange
A Achse; *B* Balken mit Zahnstange; *D* Druckstange; *FE* Feder; *FÜ* Führung; *J* Joch; *SR* Stellring; *ST* Stift

in die verschiedenen Zähne der Zahnstange *B* variiert werden. Der Stellring *SR* verhindert ein Herausfallen der Druckstange *D* aus dem Joch *J*.

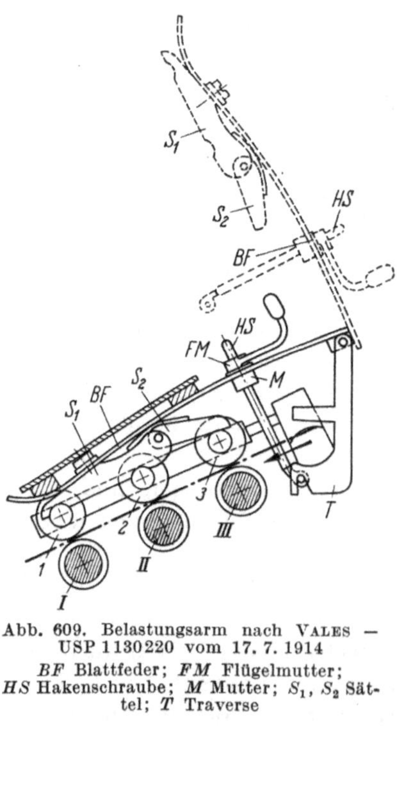

Abb. 609. Belastungsarm nach VALES – USP 1130220 vom 17. 7. 1914
BF Blattfeder; *FM* Flügelmutter; *HS* Hakenschraube; *M* Mutter; S_1, S_2 Sättel; *T* Traverse

Im Jahre 1914 erhielt VALES ein Patent auf einen Drucksattel, bei dem der Belastungsdruck auf die Oberwalzen von einer Blattfeder *BF* erzeugt wird (USP 1130220; Abb. 609). Die Druckwalzen werden seitlich geführt und über die Sättel S_1 und S_2 belastet. Die Hakenschraube *HS* wird in einer Bohrung der Blattfeder *BF* geführt. Sie faßt unter die Traverse *T* und spannt die Blattfeder. Die Belastung läßt sich durch Verstellen der Flügelmutter *FM* verändern. Der Belastungsarm kann hochgeklappt werden, wenn die Verriegelung der Hakenschraube *HS* an der Traverse *T* gelöst wird.

JOHNSON versuchte, die Entlastung des Streckwerkes zu vereinfachen (USP 1396122 von 1921; Abb. 610). Er behält die seitliche

Lagerung der Druckwalzen bei und ordnet die Walzen so in den Drucksätteln an, daß diese beim Entlasten mit den Lagerstanzen LS_1, LS_2 abgehoben werden können. Dies erreicht JOHNSON durch Brücken, die unter den Lagerzapfen angebracht sind. Die Belastung der Druckwalzen erfolgt durch eine Blattfeder *BF*, die auf die Sättel S_1 und S_2 wirkt. Mit Hilfe der Halterung *HA* kann gleichzeitig die Federspannung eingestellt werden.

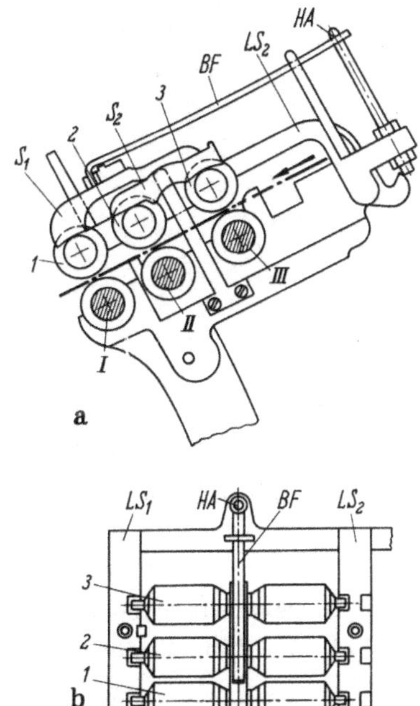

Abb. 610a u. b. Belastungsarm nach JOHNSON — USP 1396122 vom 28. 5. 1921
a Seitenansicht; b Draufsicht
BF Blattfeder; *HA* Halterung; LS_1, LS_2 Lagerstanzen; S_1, S_2 Sättel

KLUFTINGER entwickelte eine Belastungsvorrichtung für die Mitteldruckwalze eines Dreiwalzen-Durchzugsstreckwerks (DRP 452382 von 1927; Abb. 611). Die Druckwalzen sind in Stanzen LS_1, LS_2 gelagert. Die Belastung der Eingangs- und der Ausgangsdruckwalze erfolgt durch Gewichte. Ein Hebel *DH* liegt auf der Achse der Druckwalze *2* auf. Er wird durch ein Gewicht *G* belastet, das um die Achse *A* des Hebels *H* drehbar gelagert ist. Der Hebel *H* ist auf der Steuerwelle *SW* aufgekeilt. Wird die Steuerwelle *SW* verdreht, was von einer zentralen Stelle aus für alle Spinnstellen gleichzeitig geschehen kann, so verändern sich die Stellung des Gewichtes *G* auf dem Hebel *DH* und damit dessen Belastung. Nach einem anderen Vorschlag aus dem gleichen Patent wird das Gewicht *G* durch eine Feder *FE* ersetzt, die am freien Ende des Hebels *DH* angreift (Abb. 611c). Mit Hilfe einer Nockenwelle *NW*, die wiederum zentral für die ganze Maschine verdreht werden kann, wird der Belastungsdruck auf die Druckwalze *2* verändert.

Das wahrscheinlich erste mit gutem Erfolg unter Federbelastung arbeitende Streckwerk wurde von CASABLANCAS entwickelt. Bereits im Jahre 1934 erhielt er darauf das deutsche Patent DRP 599010 (Abb. 612). Über ein Hebelsystem wird der Federdruck auf den Zughaken *ZH* übertragen. Die Schraubenfeder *SF* sitzt gut gesichert in einer Kapsel. Das Streckwerk ist leicht zu entlasten. Es braucht lediglich der Zughaken *ZH* angehoben zu werden. In der Abb. 612a ist die Belastungseinrichtung in der Arbeitsstellung gezeichnet. In der Abb. 612b ist die Belastungseinrichtung in der Ruhestellung dargestellt.

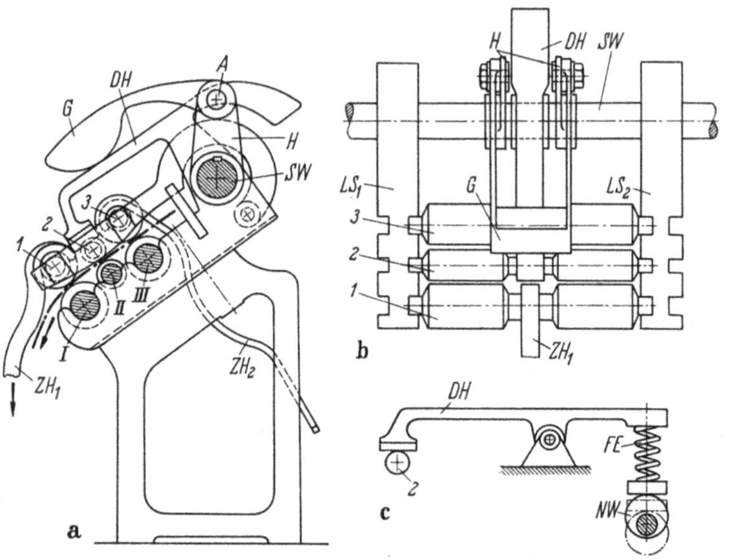

Abb. 611a–c. Belastungsvorrichtung für ein Dreiwalzen-Durchzugsstreckwerk nach H. KLUFTINGER – DRP 452382 von 1927, patent. vom 4. 8. 1926 an
a Seitenansicht (Gewichtsbelastung); b Draufsicht zu a
A Achse; *DH* Hebel; *G* Belastungsgewicht; *H* Hebel; LS_1, LS_2 Lagerstanzen; *SW* Steuerwelle; ZH_1, ZH_2 Zughaken
c Federbelastung
DH Hebel; *FE* Belastungsfeder; *NW* Nockenwelle

In dem britischen Patent BP 731191 der Firma Casablancas High Draft Co. Ltd. wurde diese Belastungseinrichtung konstruktiv ver-

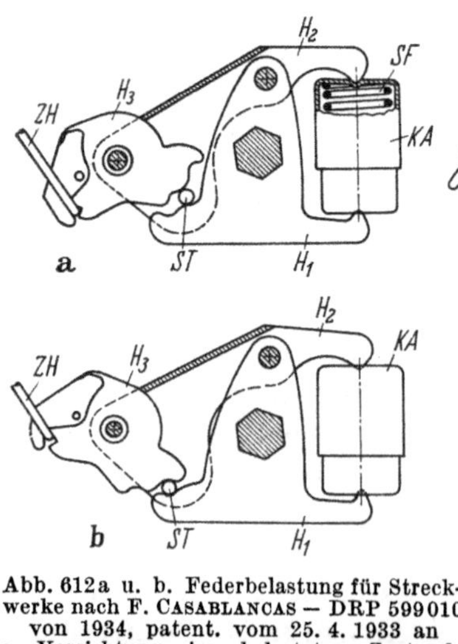

Abb. 612a u. b. Federbelastung für Streckwerke nach F. CASABLANCAS – DRP 599010 von 1934, patent. vom 25. 4. 1933 an
a Vorrichtung im belasteten Zustand; b Vorrichtung im entlasteten Zustand
H_1 bis H_3 Hebel; *KA* Kapsel; *SF* Schraubenfeder; *ST* Stift zur Arretierung; *ZH* Zughaken

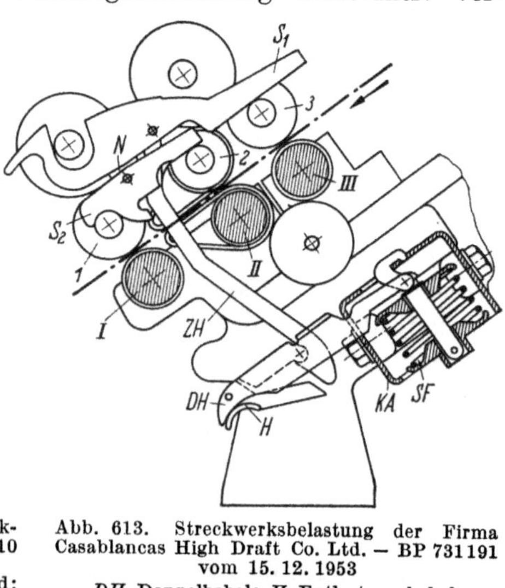

Abb. 613. Streckwerksbelastung der Firma Casablancas High Draft Co. Ltd. – BP 731191 vom 15. 12. 1953
DH Doppelhebel; *H* Entlastungshebel; *KA* Kapsel; *N* Nase; S_1, S_2 Drucksättel; *SF* Schraubenfeder; *ZH* Zughaken

bessert. Auch bei dieser Vorrichtung belastet eine einzige Feder über Drucksättel sämtliche Oberwalzen (Abb. 613). Auf den Zughaken *ZH* wirkt über den Doppelhebel *DH* die Schraubenfeder *SF*. Die Feder ist von einer Kapsel *KA* umgeben. Der Zughaken *ZH* ist mit dem Sattel S_1 gelenkig verbunden. Die Nase *N* des Sattels S_1 wiederum belastet den Sattel S_2. Wird der Hebel *H* angehoben, so kommt der Zughaken *ZH* außer Eingriff, und das Streckwerk ist entlastet.

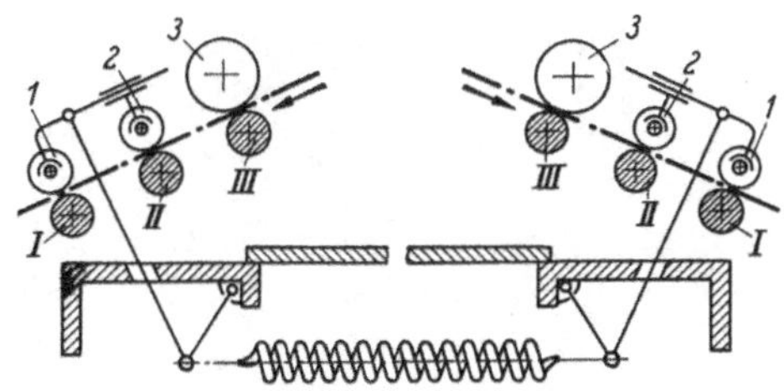

Abb. 614. Federbelastung für Streckwerke nach STAHLECKER und QUOSIG

In Deutschland wurden die Bestrebungen, die Gewichtsbelastung durch eine Federanordnung zu ersetzen, unter anderem durch den Mangel an Gußeisen während der Jahre 1939 bis 1945 eingeleitet. STAHLECKER und QUOSIG machten den Vorschlag, anstelle der Gewichte eine Feder unter den Walzenbänken anzuordnen (Abb. 614). Dieser

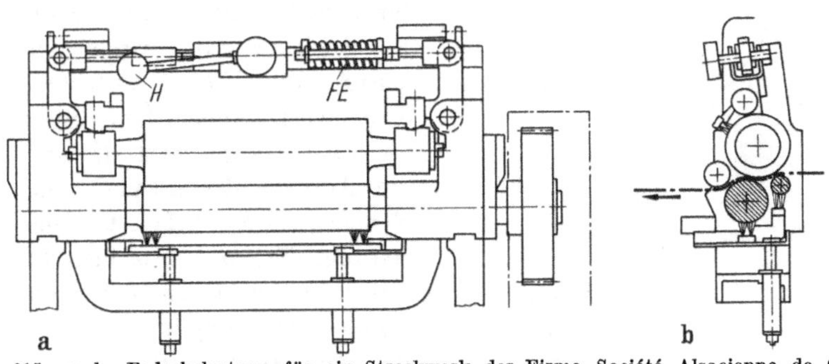

Abb. 615a u. b. Federbelastung für ein Streckwerk der Firma Société Alsacienne de Constructions Mécaniques (SACM)
a Vorderansicht; b Seitenansicht
FE Feder, *H* Hebel

Plan wurde jedoch nicht verwirklicht. Erst nach dem Jahr 1945 fanden Federbelastungen Verwendung. Heute sind fast alle Streckwerke mit Federbelastungen versehen.

In der Abb. 615 ist eine Konstruktion der Firma Société Alsacienne de Constructions Mécaniques (SACM) dargestellt, die der Belastungseinrichtung von STAHLECKER und QUOSIG ähnelt. Die Feder ist allerdings oberhalb des Streckwerks angebracht. Die Hebel wirken direkt auf die Druckwalzen des Streckwerkes. Mit Hilfe des Hebels *H* ist das Streckwerk sehr einfach zu belasten und zu entlasten.

Die Belastungseinrichtung für das WST-Zweizonen-Streckwerk (nach STAHLECKER) ist in der Abb. 616 veranschaulicht. Die über dem Vierwalzen-Streckwerk liegende Belastungseinrichtung beansprucht nicht mehr Raum als ein zu der damaligen Zeit üblicher Drucksattel eines Dreiwalzen-Streckwerkes. Das wird durch Fortfall der damals üblichen Tragstangen für die Belastungsarme erreicht. Die Funktion der Tragstangen übernimmt beim WST-Zweizonen-Streckwerk eine zwischen den Unterwalzen angeordnete schmale Belastungsschiene, die wenig Raum benötigt. So kann der Klemmpunktabstand sehr gering gehalten werden. Die Belastungsfeder ist in einer massiven Belastungsbrücke staubdicht untergebracht. Ähnlich gestaltet ist eine Belastungsvorrichtung für Ausgangsdruckwalzen nach dem britischen Patent BP 943331 vom 29. 12. 1959.

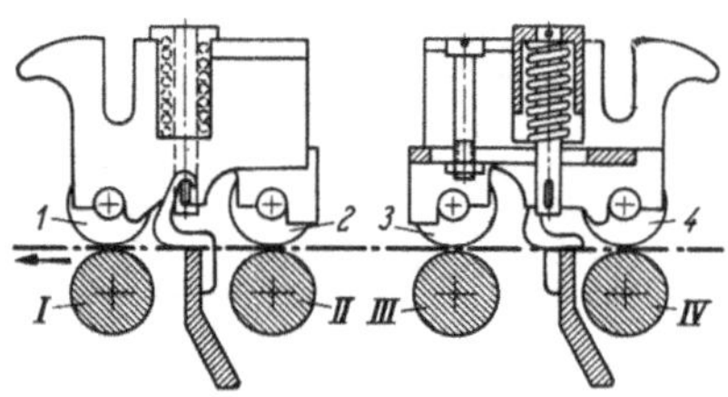

Abb. 616
WST-Belastungsarm nach W. STAHLECKER

In der Abb. 617 ist ein anderer Vorschlag STAHLECKERS für eine Federbelastung dargestellt. Die Belastungsfeder *FE* ist unterhalb des Streckwerks angeordnet. Sie greift an den Hauptsattel S_1 an, der die Ausgangsdruckwalze und den Nebensattel S_2 belastet. Die Belastungshöhe der einzelnen Druckwalzen kann durch Verlegung der beiden Angriffspunkte AP_1 und AP_2 verändert werden.

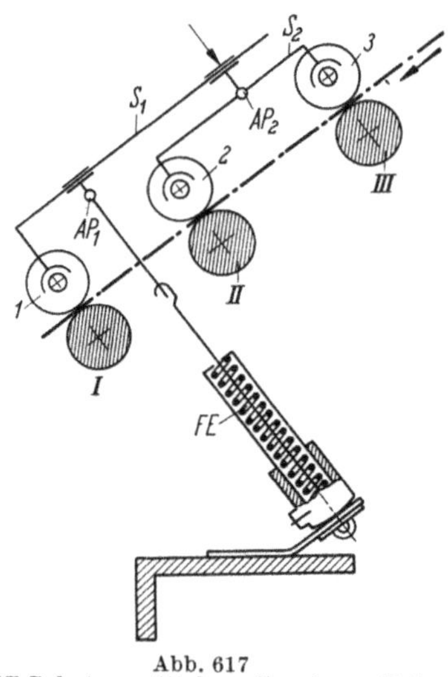

Abb. 617
WST-Belastungssättel mit einer Feder unter dem Streckwerk (W. STAHLECKER)
AP_1, AP_2 Angriffspunkte der Belastung; *FE* Belastungsfeder; S_1, S_2 Sättel

Die Firma Maschinenfabrik Chr. Mann entwickelte die in der Abb. 618 gezeigte Federbelastung. Die Druckwalzen werden einzeln durch Schraubenfedern *FE*, die in dem Gehäuse *GH* untergebracht sind, belastet. Die Gehäuse *GH* sind in einem Walzenträger *TA* gelagert. Dieser Walzenträger *TA* läßt sich mit Hilfe einer Spindel *SP* arretieren. Die Belastung der einzelnen Druckwalzen wird mittels der Ringmuttern *RM* verändert. Haltefedern *HF* verbinden die Druckwalzen mit dem Druckbolzen *DB*.

Bei einem Streckwerk der Firma Maschinenfabrik Rieter AG. (DBP 957369 von 1957; Abb. 619) wird die Belastung durch eine Blattfeder *FE* hervorgerufen. Diese ist gut geschützt in der Tragstange *TST* verankert. Die Blattfeder *FE* drückt auf die Rolle *R* des Spannhebels *SPH*. Dieser ist über den Bolzen *B* mit dem massiven Walzenträger *TA* verbunden, der die Druckwalzen in der Mitte hält. Der Angriffspunkt für die Belastung kann an diesem Streckwerk nicht verändert werden. Deshalb schwankt

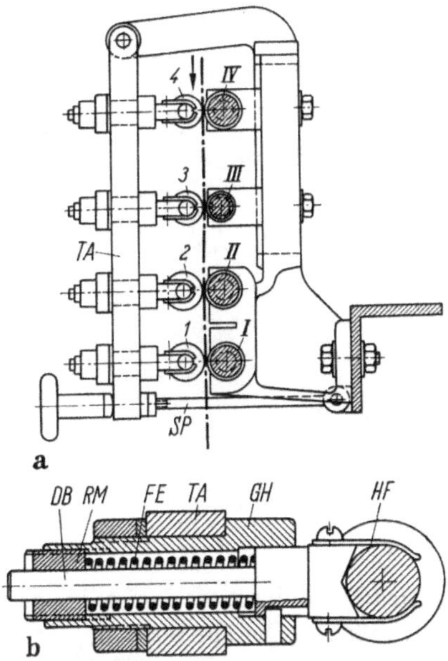

Abb. 618a u. b. Federbelastung für Streckwerke nach K. MANN-HAUSMANN — DBP 883107 von 1953 der Firma Maschinenfabrik Chr. Mann, patent. vom 1. 4. 1941 an
a Seitenansicht; b Schnitt durch das Federgehäuse

DB Druckbolzen; *FE* Schraubenfeder; *GH* Gehäuse; *HF* Haltefeder; *RM* Ringmutter; *SP* Spindel; *TA* Walzenträger

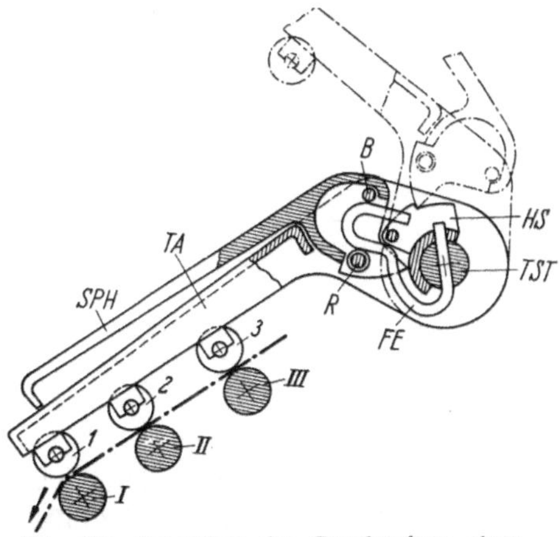

Abb. 619. Belastung der Druckwalzen eines Streckwerkes mit Hilfe einer Stabfeder — DBP 957369 von 1957 der Firma Maschinenfabrik Rieter AG., patent. vom 2. 10. 1948 an

B Achsbolzen, um den sich der Spannhebel dreht; *FE* Blattfeder; *HS* Haltescheibe, die ein Verschieben des Belastungsarms verhindert; *R* Rolle; *SPH* Spannhebel; *TA* Belastungsarm; *TST* Tragstange

die Walzenbelastung mit dem Walzenabstand. Doch sollen die Klemmdrücke in jedem Fall allen spinntechnischen Erfordernissen genügen.

NOGUERA konstruierte den in der Abb. 620 gezeigten Belastungsarm. Als Belastungselement dienen zwei Schraubenfedern *SF*, die direkt auf den Sattel S_1 und über den Hebel *DH* auf den Sattel S_2 drücken. Der

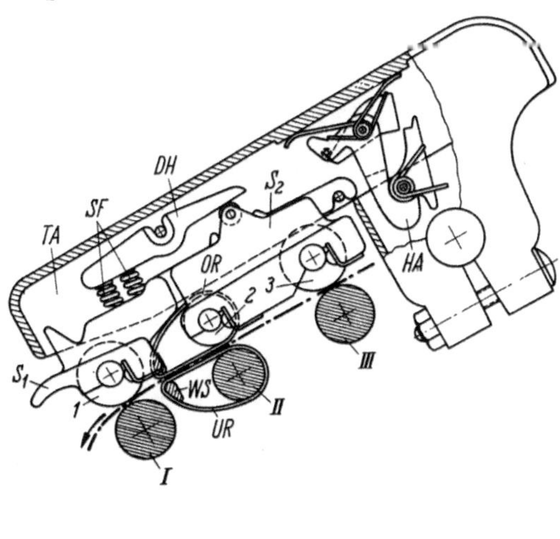

Abb. 620. Belastungsarm nach NOGUERA

DH Hebel; *HA* Haken; *OR* Oberriemchen; S_1, S_2 Sättel; *SF* Schraubenfedern; *TA* Belastungsarm; *UR* Unterriemchen; *WS* Wendeschiene

Belastungsarm TA ist um einen nicht abgebildeten Bolzen drehbar gelagert. Der Haken HA, an dem drei Torsionsfedern angreifen, verriegelt den Belastungsarm TA.

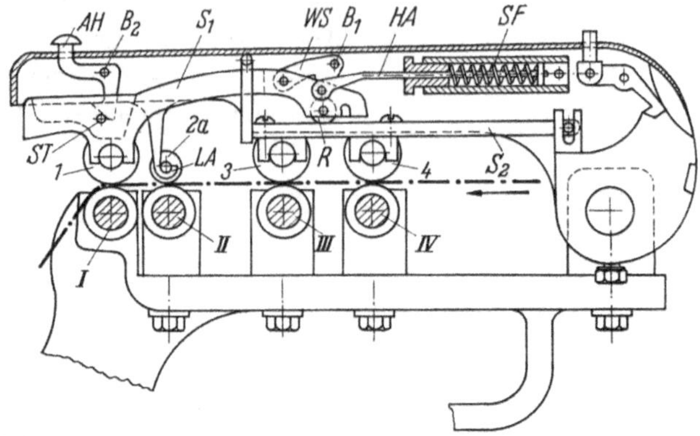

Abb. 621. Belastungsarm der Firma Estirages Balmes, S. A. — BP 730041 vom 17. 9. 1952
AH Hebel zur Arretierung der Ausgangsdruckwalze; B_1, B_2 Bolzen; *HA* Haken; *LA* Lager für die Durchzugswalze; *R* Rolle; S_1, S_2 Drucksättel; *SF* Schraubenfeder; *ST* Stift; *WS* Winkelstück

Ein Belastungsarm der Firma Estirages Balmes S. A. ist in der Abb. 621 dargestellt (BP 730041 von 1952). Die Federkraft einer Schraubenfeder SF wirkt über einen Haken HA auf das Winkelstück WS. Dieses ist im Belastungsarm um den Bolzen B_1 drehbar gelagert und drückt mit dem freien Arm auf den Hauptsattel S_1. Der Hauptsattel übt auf die Ausgangswalze *1* und über eine Rolle R auf den Sattel S_2 eine Kraft aus, durch die die Walzen *3* und *4* des Streckwerkes belastet werden. Die Durchzugswalze *2a* wird in einem hakenförmigen Lager LA geführt. Die Ausgangsdruckwalze kann separat auf einfache Weise entlastet werden. Hierzu wird der Sattel S_1 angehoben, bis der Stift ST auf der Nase des Arretierungshakens AH aufliegt.

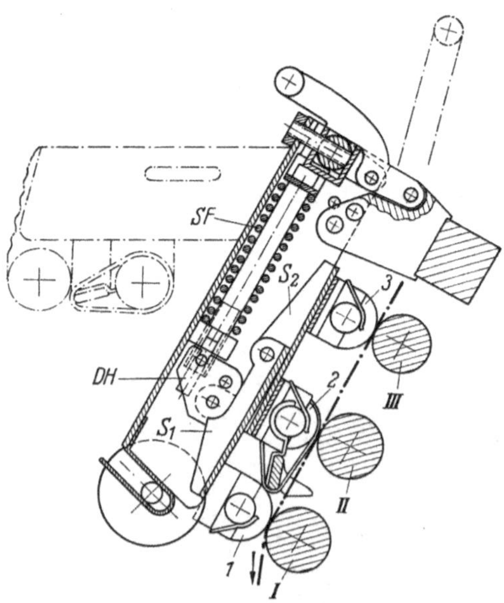

Abb. 622. Belastungsarm nach M. M. Waldrop — USP 2813308 der Firma Medley Manufacturing Comp. vom 11. 7. 1955
DH Hebel; S_1, S_2 Sättel; *SF* Schraubenfeder

Bei dem Belastungsarm von WALDROP wird die Belastung ebenfalls von einer einzigen Schraubenfeder *SF* erzeugt (USP 2813308 von 1955; Abb. 622). Die Feder *SF* wirkt über einen Hebel *DH* auf die beiden Sättel S_1 und S_2.

Für ein Jutestreckwerk ist die Belastungseinrichtung gedacht, die in der Abb. 623 dargestellt ist. Die Schraubenfeder *SF* drückt gegen den Hebel *H*, der sich am Entlastungshebel *EH* abstützt und mit dem freien Ende die Druckwalze *1* belastet. An dem Hebel *H* ist eine Stellschraube *SR* angebracht, mit deren Hilfe der Belastungsdruck verändert werden kann. Eine Schwenkung des Hebels *EH* nach rechts entlastet die Druckwalze *1*.

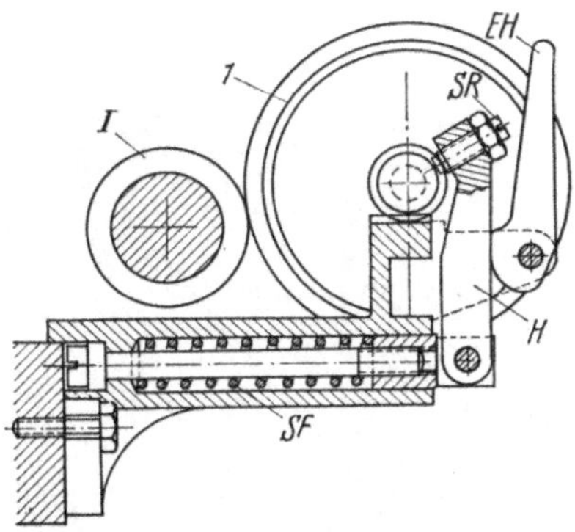

Abb. 623. Belastungseinrichtung für ein Jute-Streckwerk der Firma Heidenreich & Harbeck — BP 736498 vom 22. 4. 1952
EH Entlastungshebel; *H* Hebel; *SF* Schraubenfeder; *SR* Stellschraube

In einem Patentvorschlag der Firma Saco-Lowell Shops aus dem Jahre 1952 wird ein Belastungsarm beschrieben, der zwei Federn besitzt (Abb. 624). Die U-förmig gebogene Feder *FE* belastet über den Zughaken ZH_2 die Druckwalze *2* des Shaw-Streckwerks. Die beiden anderen Oberwalzen erhalten ihren Belastungsdruck von der Schraubenfeder *SF*, die über den Hebel *H*, der um den Bolzen *B* drehbar ist, und den Zughaken ZH_1 an dem Belastungsarm angreift. Mit Hilfe der Rolle *R*, die auf den Sattel *S* drückt, kann der Anteil der Belastung für jede der beiden Druckwalzen verändert werden. Ein Druck auf das Ende *E* des Hebels *H* entlastet die Druckwalzen *1* und *3*. Die Gesamtbelastung der Oberwalzen *1* und *3* verändert sich, wenn mittels der Schraube *SR* der Drehpunkt des Hebels *H* verlagert wird.

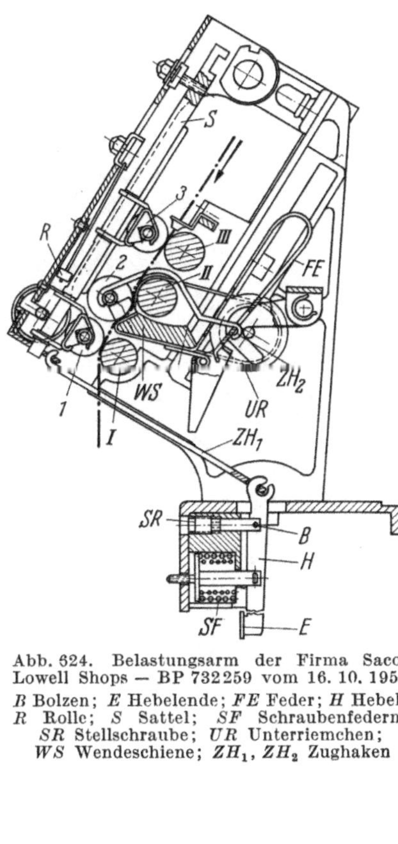

Abb. 624. Belastungsarm der Firma Saco-Lowell Shops — BP 732259 vom 16. 10. 1952
B Bolzen; *E* Hebelende; *FE* Feder; *H* Hebel; *R* Rolle; *S* Sattel; *SF* Schraubenfedern; *SR* Stellschraube; *UR* Unterriemchen; *WS* Wendeschiene; ZH_1, ZH_2 Zughaken

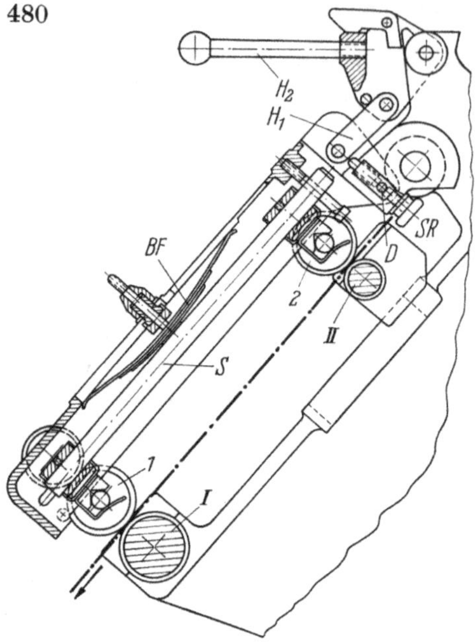

Abb. 625
Belastungsarm der Firma Fairbairn Lawson Combe Barbour Ltd. – BP 769800 vom 19. 8. 1955
BF Blattfeder; *D* Drehpunkt für den Belastungsarm; H_1, H_2 Hebel; *S* Sattel; *SR* Stellschraube

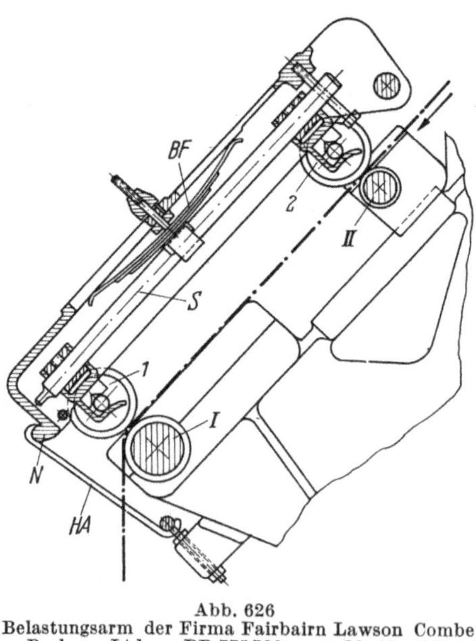

Abb. 626
Belastungsarm der Firma Fairbairn Lawson Combe Barbour Ltd. – BP 775709 vom 28. 12. 1955
BF Blattfeder; *HA* Haken; *N* Nase am Belastungsarm; *S* Sattel

Mit einer Blattfeder sind die beiden Belastungsarme der Firma Fairbairn Lawson Combe Barbour Ltd. ausgestattet (BP 769800 und BP 775709 von 1955; Abb. 625 und 626). Die gestufte Blattfeder *BF* drückt auf den Sattel *S* und belastet die Druckwalzen *1* und *2*. Nach der Abb. 625 wird der Belastungsarm mittels des Hebels H_1 in Arbeitsstellung gebracht. Die Lage des Drehpunktes *D* für den Belastungsarm kann mit Hilfe der Schraube *SR* verstellt werden. Nach der Abb. 626 wird der Belastungsarm von dem Haken *HA* arretiert, dessen Klaue hinter die Nase *N* des Belastungsarmes faßt.

Die Belastungselemente des in der Abb. 627 dargestellten Belastungsarmes der Firma T. M. M. (Research) Ltd. bestehen aus Blattfedern (BP 742317 von 1954). Für jede Druckwalze ist eine Feder *BF* vorgesehen, die an der Schiene *SCH* des Belastungsarmes befestigt ist. Die Druckwalzen lagern in dem Lagerarm *LA*. Um den Steg *ST*, der sich zwischen den Walzen *I* und *II* befindet, ist der Haken HA_1 geschlungen, der mit seiner Nase den Lagerarm *LA* arretiert. Mit Hilfe des Hakens HA_2 werden die Druckwalzen be- und entlastet. Der Haken HA_2 ist am Belastungsarm angebracht und faßt seinerseits mit einer Klaue hinter den Lagerarm *LA*. Der Lagerarm *LA* und der Belastungsarm sind um den Bolzen *B* drehbar.

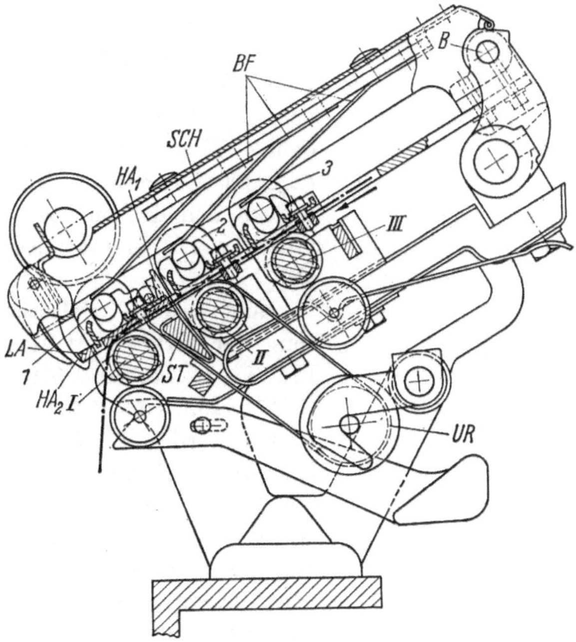

Abb. 627. Belastungsarm der Firma T. M. M. (Research) Ltd. – BP 742317 vom 16. 2. 1954
B Bolzen; *BF* Blattfedern; HA_1, HA_2 Haken zur Arretierung; *LA* Lagerarm; *SCH* Schiene; *ST* Steg; *UR* Unterriemchen

Bei dem Belastungsträger der Firma T. M. M. (Research) Ltd. aus dem folgenden Jahr wurden die Blattfedern durch Schraubenfedern ersetzt (BP 755656 von 1955; Abb. 628). Die Federn SF_1 bis SF_3

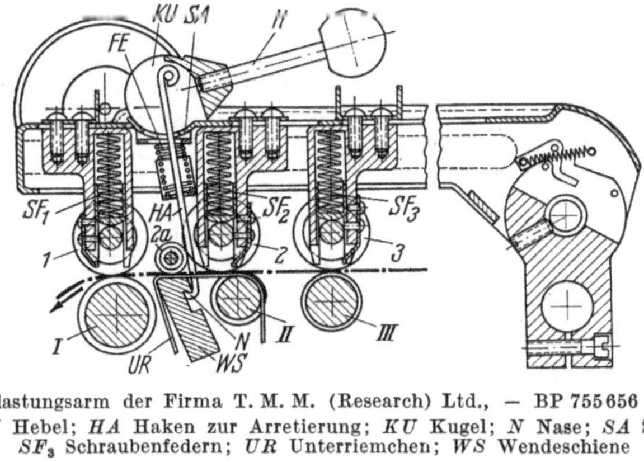

Abb. 628. Belastungsarm der Firma T. M. M. (Research) Ltd., – BP 755656 vom 9. 3. 1955
FE Feder; *H* Hebel; *HA* Haken zur Arretierung; *KU* Kugel; *N* Nase; *SA* Schale; SF_1 bis SF_3 Schraubenfedern; *UR* Unterriemchen; *WS* Wendeschiene

sind in Gehäusen gelagert, die in der Laufrichtung verschoben werden können. Zur Arretierung des Belastungsträgers greift die Nase *N* des Hakens *HA* in eine Aussparung der Wendeschiene *WS*. Sollen die Druckwalzen belastet werden, so wird der Hebel *H* nach rechts gedrückt. An der Kugel *KU* des Hebels *H*, die in der Schale *SA* gleitet, ist der Haken *HA* exzentrisch befestigt. Die Feder *FE* drückt den Haken *HA* beim Entlasten von der Wendeschiene *WS* ab.

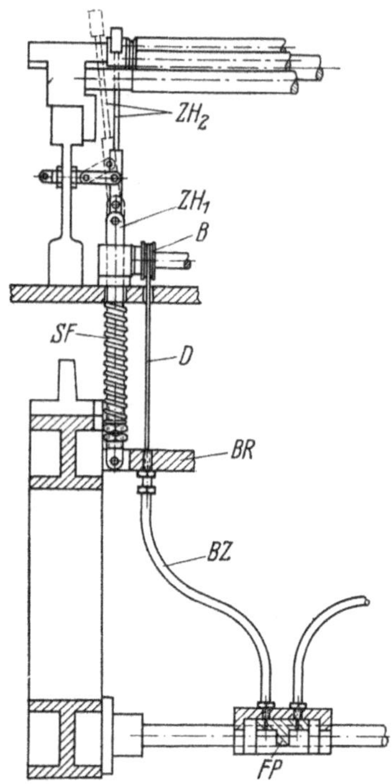

Abb. 629. Streckwerksbelastung der Firma T. M. M. (Research) Ltd. – BP 788232 vom 20. 3. 1956
B Befestigung für den Draht des Bowdenzuges; *BR* Brücke; *BZ* Bowdenzug; *D* Draht des Bowdenzuges; *FP* Fußpedal; *SF* Schraubenfeder; ZH_1, ZH_2 Zughaken

Eine weitere Belastungseinrichtung der Firma T. M. M. (Research) Ltd. ist in der Abb. 629 dargestellt (BP 788232 von 1956). Die Druckwalzen werden durch die Schraubenfeder *SF* belastet. Interessant ist die Art, in der das Streckwerk entlastet wird. Der Zughaken ZH_1, auf den die Feder *SF* wirkt, ist an der beweglichen Brücke *BR* angelenkt. Mit Hilfe des Bowdenzugs *BZ* kann die Brücke *BR* gegen den Federdruck angehoben werden. Damit ist das Streckwerk entlastet. Der Draht *D* des Bowdenzuges ist bei *B* und am Fußpedal *FP* befestigt. Der Schlauch stützt sich gegen die Brücke *BR* ab. Betätigt wird der Bowdenzug mittels des Fußpedals *FP*.

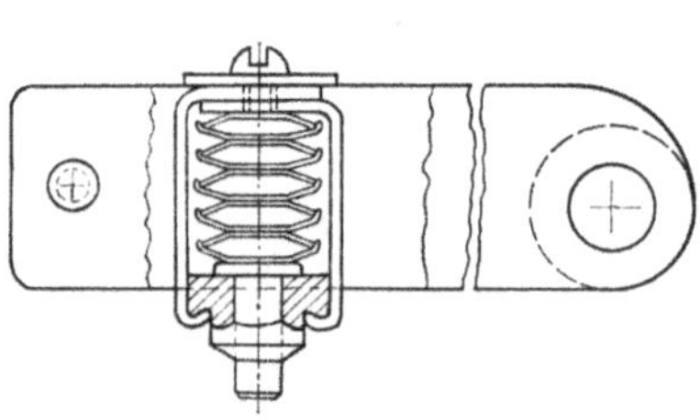

Abb. 630. Belastungsarm der Firma Spintex Spinnerei-Maschinenbau GmbH. – DBP 1026207 von 1958, patent. vom 15. 2. 1954 an

Bei einer Belastungseinrichtung der Firma Spintex Spinnerei-Maschinenbau GmbH werden mehrere Biegefedern zu einer schmalen Federsäule zusammengefügt (DBP 1026207 von 1958, Abb. 630). Die Schenkelenden jeder zweiten Feder sind derart nach oben abgebogen, daß sich die jeweils vorhergehende Feder auf der abgebogenen Feder abstützen kann.

Die Firma Deutscher Spinnereimaschinenbau Ingolstadt erhielt ein Patent auf einen Belastungsarm, bei dem alle Druckwalzen von einer gemeinsamen Druckplatte belastet werden (DBP 1022134 von 1958, patent. vom 5. 11. 1956 an). An der Unterseite der Druckplatte ist eine elastische Zwischenleiste angebracht, die sich auf den Walzenhaltern abstützt. Innerhalb des Belastungsarmes ist eine Vielzahl von gleichartigen Federn angeordnet, die gleichen Abstand voneinander haben. Die Federn drücken einmal gegen die Druckplatte, zum andern gegen eine obere Stützleiste. Die Stellung der Stützleiste kann mit Hilfe zweier Stellschrauben geändert werden, wodurch die Belastung der Druckwalzen ebenfalls geändert wird.

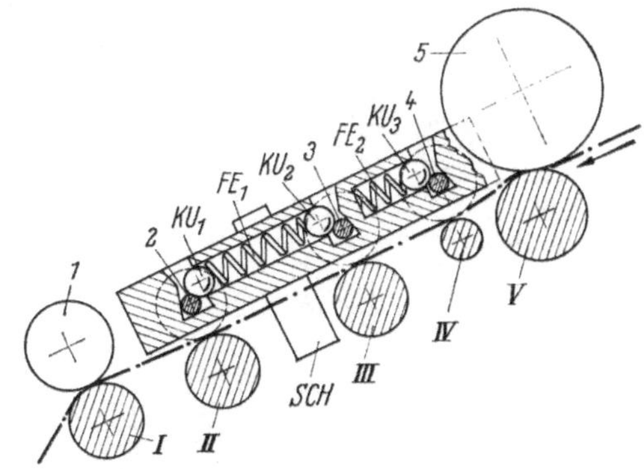

Abb. 631. Belastungseinrichtung nach A. Bettolo — DBP 1141570 von 1963 der Firma Sant' Andrea Novara, patent. vom 3. 9. 1960 an

*FE*1, *FE*2 Federn; *KU*1 bis *KU*3 Kugeln; *SCH* Befestigungsschiene für den Belastungsarm

Nach einem Vorschlag von Bettolo sind die Belastungsfedern in Aussparungen des Belastungsarmes — parallel zur Richtung des Faserdurchlaufes — gelagert (DBP 1141570 von 1963, Abb. 631). Die Federn pressen Kugeln gegen die Achsen der Druckwalzen, die in Nuten des Belastungsarmes gelagert sind. Die Nuten sind mit je einer Schrägfläche versehen. Dies hat zur Folge, daß die Druckwalzen nach unten auf die Unterwalzen gedrückt werden.

Die Firma „Nazionale Cogne" Societa per Azioni entwickelte einen Belastungsarm für Streckwerke an Spinnmaschinen (DBP 1057508 von 1959), der in der Abb. 632 im Schema veranschaulicht ist. Die Druckwalzen werden mit Hilfe des Hebels *H* be- und entlastet. Der Hebel *H* ist gelenkig mit dem Sattel *S* verbunden. An einem Stift des Hebels *H* greift ein Haken *HA* an, der an die Schiene *SCH* angelenkt ist. Sattel *S* und Schiene *SCH* sind um die Achse *A* schwenkbar gelagert. Die Belastung der Druckwalzen wird von Schraubenfedern *SF* erzeugt. Wenn der Exzenter *EX*, der an dem freien Ende der Schiene *SCH* angreift, verdreht wird, verändert sich die Grund-

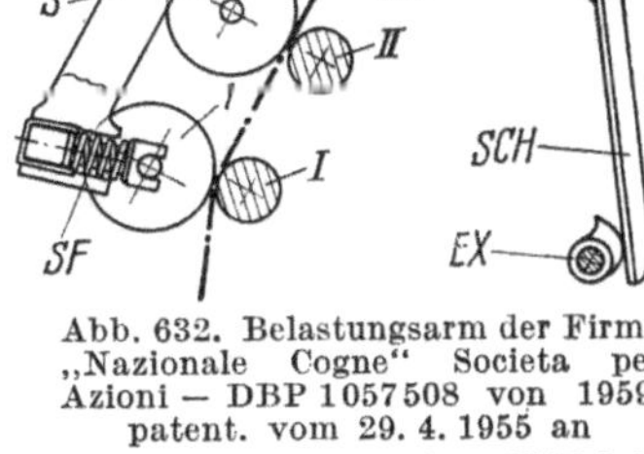

Abb. 632. Belastungsarm der Firma „Nazionale Cogne" Societa per Azioni — DBP 1057508 von 1959, patent. vom 29. 4. 1955 an

A Achse; *EX* Exzenter; *H* Hebel; *HA* Haken; *S* Sattel; *SCH* Schiene; *SF* Schraubenfeder

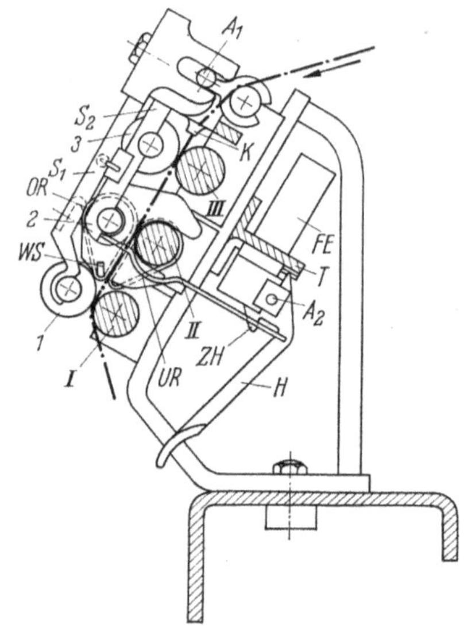

Abb. 633. Belastungseinrichtung nach R. K. BUTLER — USP 3041677 der Firma Machinecraft, Inc., Whitman vom 31. 5. 1960

A_1, A_2 Achsen; *FE* Belastungsfeder; *H* Hebel; *K* Verdichter; *OR* Oberriemchen; S_1, S_2 Sättel; *T* Traverse; *UR* Unterriemchen; *WS* Wendeschiene; *ZH* Zughaken

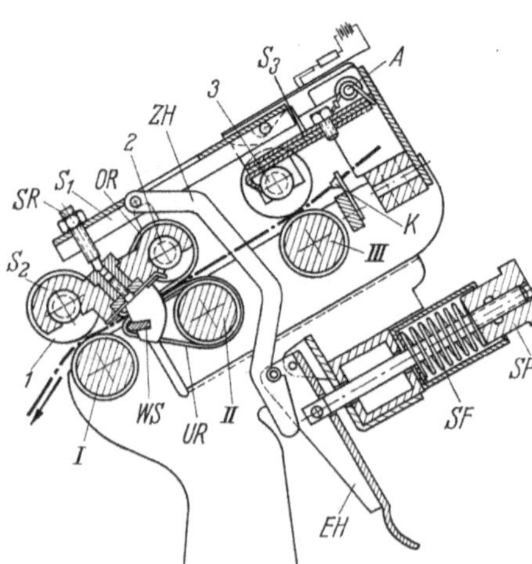

Abb. 634. Belastungseinrichtung nach B. C. COLE und E. P. WAITE — USP 3014248 vom 4. 5. 1959

A Achse; *EH* Entlastungshebel; *K* Verdichter; *OR* Oberriemchen; S_1 bis S_3 Sättel; *SF* Schraubenfeder; *SP* Spannschraube; *SR* Stellschraube; *UR* Unterriemchen; *WS* Wendeschiene; *ZH* Zughaken

belastung der Druckwalzen. Die Druckwalzen *2* und *3* können in der Bandlaufrichtung verschoben werden.

In der Abb. 633 ist eine Belastungsvorrichtung für ein Zweiriemchen-Streckwerk schematisch dargestellt (USP 3041677 von 1960). Die Belastung der Druckwalzen erfolgt über Sättel. Der Hauptsattel S_1 belastet und hält die Druckwalze *1*. An dem Hauptsattel S_1 ist ein Nebensattel S_2 für die Druckwalzen *2* und *3* angelenkt. Die beiden Sättel können um die Achse A_1 hochgeschwenkt werden. An dem Hauptsattel S_1 greift ein Zughaken *ZH* an, auf den über den Hebel *H* eine Feder *FE* wirkt. Die Feder *FE* ist in einem Gehäuse untergebracht, das an der ortsfesten Traverse *T* befestigt ist. Der Hebel *H* kann um die Achse A_2 gedreht werden. Die Entlastung des Streckwerkes erfolgt durch Anheben des Hebels *H*.

Bei der Belastungseinrichtung, die in der Abb. 634 dargestellt ist, wird der Belastungsdruck für alle Druckwalzen von einer Feder *SF* erzeugt (USP 3014248 von 1959). Die Feder *SF* greift über einen Hebel *EH* und den Zughaken *ZH* an den Hauptsattel S_1 an. Dieser drückt auf zwei Nebensättel S_2 und S_3, welche die Druckwalzen halten und belasten. Die Sättel können um die Achse *A* hochgeschwenkt werden. Während der Nebensattel S_3 am Hauptsattel S_1 angelenkt ist, besteht zwischen den Sätteln S_1 und S_2 nur eine kraftschlüssige Verbindung. Das eine Ende der Schraube *SR* lagert in einer Aussparung des Sattels S_2. Durch Verdrehen der Schraube kann der Belastungsdruck für die beiden vorderen Druckwalzen variiert werden. Der Gesamtbelastungsdruck läßt sich mit Hilfe der Spannschraube *SP* verändern. Wenn der Hebel *EH* gegen die Lagerstanze gedrückt wird, ist das Streckwerk entlastet.

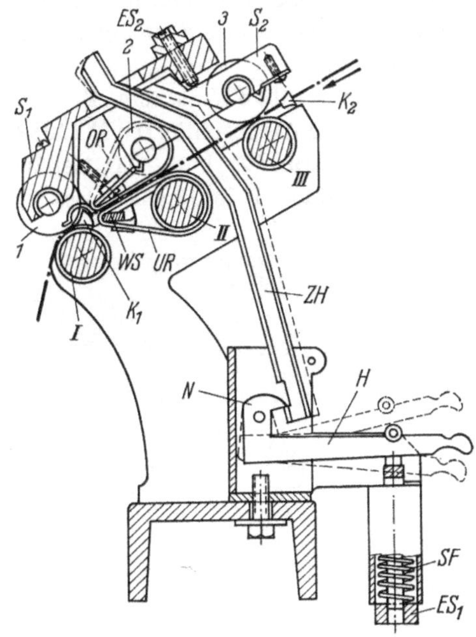

Abb. 635. Belastungsvorrichtung für ein Zweiriemchen-Streckwerk nach B. C. Cole und E. P. Waite — USP 3014249 vom 23. 5. 1960

ES_1, ES_2 Einstellschrauben; *H* Hebel; K_1, K_2 Verdichter; *N* Nase am Hebel; *OR* Oberriemchen; S_1, S_2 Sättel; *SF* Schraubenfeder; *UR* Unterriemchen; *WS* Wendeschiene; *ZH* Zughaken

Im amerikanischen Patent USP 3014249 vereinfachen Cole und Waite ihre Belastungseinrichtung (Abbildung 635). Die Druckwalzen werden von zwei massiven Sätteln S_1 und S_2 gehalten und geführt. Der Sattel S_2 dient gleichzeitig zur Riemchenführung. Der Zughaken *ZH* ist mit dem Sattel S_1, der die Ausgangsdruckwalze belastet und sich auf den Sattel S_2 abstützt, gelenkig verbunden. Die Belastung der Druckwalzen erfolgt durch eine Feder *SF*, die über den Hebel *H* an dem Zughaken *ZH* angreift. Mit Hilfe der Einstellschrauben ES_1, ES_2 kann die Höhe des Belastungsdruckes verändert werden. Zur Entlastung des Streckwerks wird der Hebel *H* angehoben. Die Nase *N* des Hebels *H* kommt dann mit dem Zughaken *ZH* außer Eingriff. Ein Ansatz des Sattels S_1 faßt hinter den Sattel S_2 und verhindert, daß der Sattel S_1 sich horizontal verschieben kann.

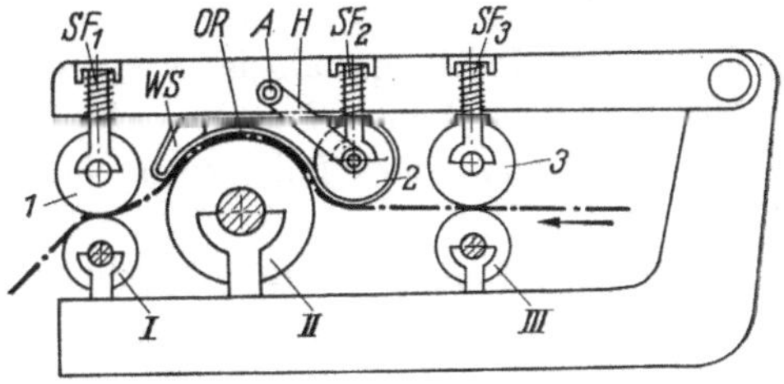

Abb. 636. Belastungsarm nach R. Kern, W. Pauen und E. Plock — DBP 1080910 von 1960, patent. vom 14. 3. 1955 an

A Achse; *H* Hebel; *OR* Oberriemchen; SF_1 bis SF_3 Schraubenfedern; *WS* Wendeschiene

Speziell für das Kepa-Streckwerk ist von KERN, PAUEN und PLOCK ein Belastungsarm entwickelt worden (DBP 1080910 von 1960; Abb. 636). Die Druckwalzen werden durch die Federn SF_1 bis SF_3 belastet. Die Riemchenspannwalze *2* ist am Hebel *H* befestigt, der um die Achse *A* drehbar ist.

In der Abb. 637 ist ein Belastungsarm von BÄSSLER für Flyer-Streckwerke dargestellt (DWP 22888 von 1962). Der hochschwenkbare Belastungsarm *TA* hat vier Gehäuse *G*, in welchen Federn *SF* angeordnet sind. Jede Druckwalze wird von einer Feder belastet. Die

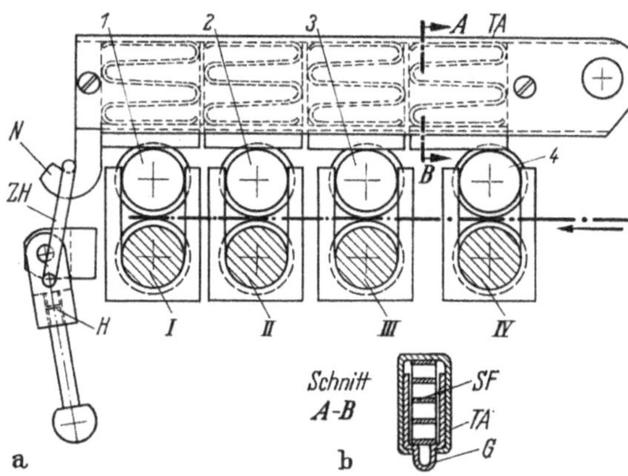

Abb. 637a u. b. Oberwalzenbelastungsarm nach W. BÄSSLER – DWP 22888 von 1962, patent. vom 20. 5. 1959 an
a Seitenansicht; b Querschnitt durch den Belastungsarm
G Federgehäuse; *H* Hebel; *N* Nase; *SF* Schlangenfeder; *TA* Belastungsarm; *ZH* Zughaken

Gehäuse *G* können senkrecht zur Streckfeldebene Bewegungen ausführen. Die Unterseite des Gehäuses liegt direkt auf dem Druckwalzenzapfen auf. Oben stützt sich die Feder *SF* am Belastungsarm ab. Die Gehäuse *G* sind länger als der Verstellweg der zugehörigen Druckwalzen. Mit Hilfe des Hebels *H* und des Zughakens *ZH*, der hinter die Nase *N* des Belastungsarmes faßt, wird der Belastungsarm in Arbeitsstellung gebracht.

In dem gleichen Patent beschreibt BÄSSLER einen Belastungsarm für die Druckwalzen eines Spinnmaschinen-Streckwerkes (Abb. 638). Die Druckwalzen sind auch bei dieser Konstruktion durch Federn *SF* belastet. Sie werden allerdings in Lagern gehalten, die auf einer Führungsschiene *FS* verschiebbar angebracht sind. Die Führungsschiene *FS* verläuft parallel zum Belastungsarm *TA*, der mit Hilfe des Winkelhebels *WH* in der Arbeitsstellung arretiert wird. Der Winkelhebel *WH* ist um den Bolzen *BO* drehbar im Belastungsarm *TA* gelagert. Er stützt sich an der Aussparung der Tragstange *TS* ab, wenn der Belastungsarm *TA* in die Arbeitsstellung gebracht worden ist.

Ein Zweiriemchen-Streckwerk der Firma Zinser Textilmaschinen GmbH aus dem Jahre 1952 weist einige Konstruktionsmerkmale auf, die bei vielen später gebauten Streckwerken wiederzufinden sind (Schweiz. Pat. 300542 von 1954; Abb. 639). Die Käfige für die beiden Oberriemchen eines Druckwalzenpaares bestehen aus einem Stück, das in seiner Mitte mit dem Belastungsarm *TA* verbunden ist. Sie sind mit seitlichen Führungen versehen, die ein Verlaufen der Riemchen verhindern sollen. Das Riemchen *OR* wird durch eine fest mit dem Käfig *KA* verbundene Wendeschiene WS_2 oder durch eine Rolle umgelenkt. Die Druckwalzen sind in Laufrichtung verstellbar am Belastungsarm *TA* gelagert. Kleine Federn halten sie in ihrer Lagerung. Jede Druckwalze wird durch eine Feder *SF* belastet. Es ist jedoch auch möglich, alle Druckwalzen gemeinsam durch eine Feder zu belasten. Mit Hilfe des Hebels *H* wird der Belastungsarm *TA* verriegelt.

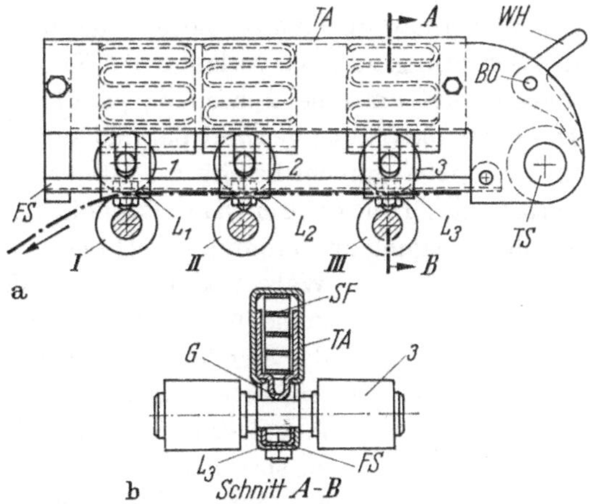

Abb. 638 a u. b. Oberwalzenbelastungsarm für Feinspinnmaschinen nach W. Bässler – DWP 22888 von 1962, patent. vom 20. 5. 1959 an
a Seitenansicht; b Querschnitt durch den Belastungsarm
BO Bolzen; *FS* Führungsschiene; *G* Federgehäuse; L_1 bis L_3 Druckwalzenlager; *SF* Schlangenfeder; *TA* Belastungsarm; *TS* Tragstange; *WH* Winkelhebel

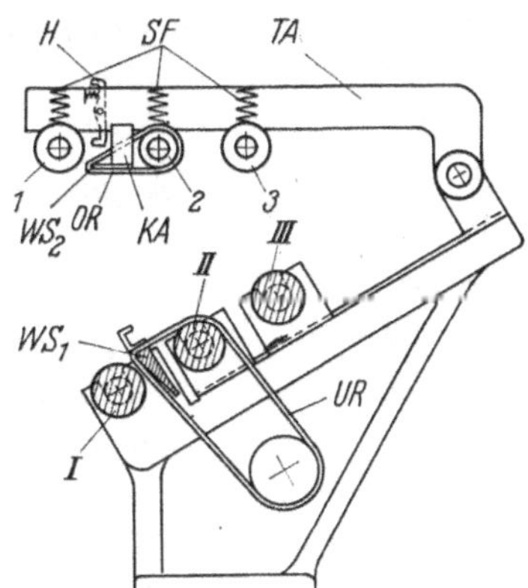

Abb. 639. Zweiriemchen-Streckwerk der Firma Zinser Textilmaschinen GmbH – Schweiz. Pat. 300542 von 1954, patent. vom 6. 3. 1952 an
H Hebel zur Verriegelung; *KA* Käfig; *OR* Oberriemchen; *SF* Schraubenfedern; *TA* Belastungsarm; *UR* Unterriemchen; WS_1, WS_2 Wendeschienen

7.4.2 Die pendelnd aufgehängten Oberwalzen

7.4.2.1 Die Wirkungsweise der Pendelwalze. Eine pendelnd aufgehängte Oberwalze vermag neben der Rotationsbewegung um ihre eigene Achse drei weitere Bewegungen auszuführen:

eine Höhenbewegung,
eine Kippbewegung und
eine Pendelbewegung.

Die Höhenbewegung verläuft in Richtung der Berührungsnormalen der

Druckwalze mit der Unterwalze. Durch diese Bewegungsmöglichkeit werden Zwängungen vermieden, die durch Wickelbildung auf einer Walze entstehen. Um der Druckwalze eine Kippbewegung zu ermöglichen, vermag der Walzenhalter eine Schwingbewegung in der durch die Berührungsnormale verlaufenden Ebene auszuführen. Diese Schwingung erfolgt um eine Achse, die parallel zur Berührungstangente ist. Die Pendelbewegung verläuft parallel zum Streckfeld. Während Höhen- und Kippbewegungen bereits bei älteren Streckwerken möglich waren, vermag das Druckwalzenpaar erstmalig bei der Pendelanordnung eine Pendelbewegung auszuführen [2]. Dieses wird dadurch erreicht, daß die Walzen an einem parallel zur Streckfeldebene pendelnden Träger aufgehängt sind. Die Wirkungsweise der Pendelwalze wird am Beispiel des einachsigen Anhängers sehr gut deutlich. Wie aus dem in der Abb. 640 dargestellten Parallelogramm zu sehen ist, entsprechen die Geschwindigkeitsverhältnisse einer aus ihrer Gleichgewichtslage gebrachten Pendelwalze genau denen eines einachsigen Anhängers nach dem Durchfahren einer Kurve. Die Pendelwalze ist stets bestrebt, ihre parallele Lage zur Unterwalze einzuhalten. Die Zeit t, in der eine aus ihrer achsparallelen Lage gebrachte Walze in die Ausgangsstellung zurückeilt, ist von drei Faktoren abhängig:

dem Ablenkwinkel φ,
der Länge l des Pendelarmes und
der Umfangsgeschwindigkeit v_u der Unterwalze.

Es gilt für diesen Fall folgende Gleichung [4]:

$$t = \frac{\varphi}{\omega} = \frac{l\,\varphi}{v_u \sin\varphi}. \tag{93}$$

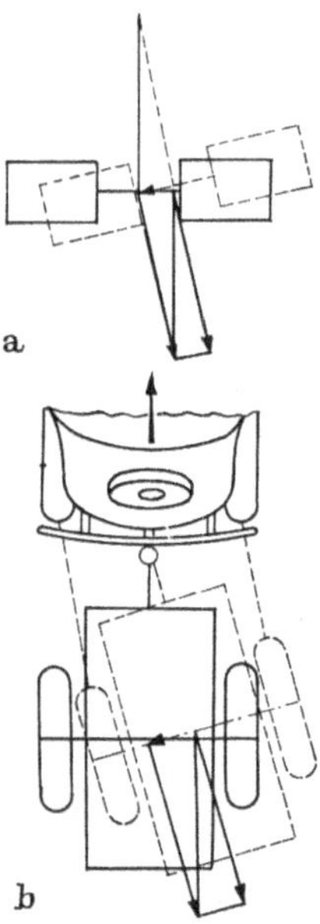

Abb. 640a u. b. Wirkungsweise der Pendelwalze
a Pendelwalze; b einachsiger Anhänger

7.4.2.2 Die Entwicklung der pendelnd aufgehängten Walzen. Das Bestreben der Druckwalzen, sich bei pendelnder Aufhängung des Belastungsarmes selbsttätig in ihrer zur Unterwalze achsparallelen Lage zu halten, wurde im Jahre 1938 von STAHLECKER erkannt. In dem Patent DRP 704055 (Abb. 641 und 642) sind zwei Vorschläge für eine pendelnde Aufhängung der Druckwalzen enthalten.

Nach dem ersten Vorschlag (Abb. 641) ist der Lenkarm LA an seinem rückwärtigen Ende mit einem Gelenkzapfen Z versehen, der sich in einer Lagerstelle um seine eigene Achse drehen kann und der parallel zur Berührungsnormalen der Ausgangswalze steht. Die Druckwalzen sind in einem Kugellager KL gelagert, das etwas Spiel hat.

Die Achse A ist am Lenkarm LA starr befestigt. Die Druckwalzen stellen sich beim Lauf selbsttätig parallel zu den Unterwalzen ein.

Während nach dem ersten Vorschlag nur ein Walzenpaar an jedem Lenkarm befestigt ist, gibt STAHLECKER in einem zweiten Vorschlag, der in der Abb. 642 veranschaulicht ist, Hinweise für die Anbringung eines zweiten Druckwalzenpaares. Der Lenkarm LA hängt mit seinem winkelförmigen Ende in

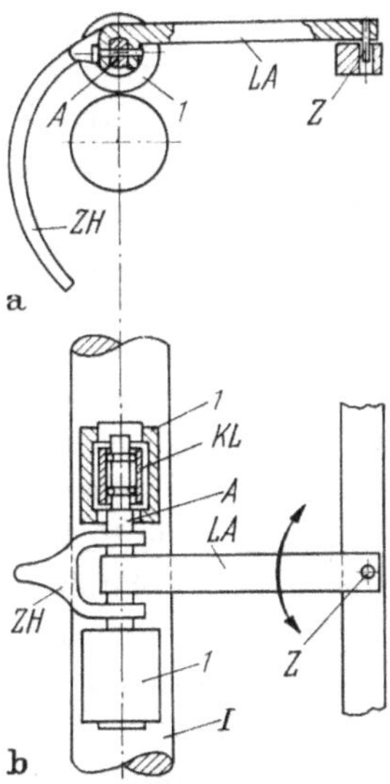

Abb. 641 a u. b. Pendelarm nach W. STAHLECKER – DRP 704055 von 1941 der Firma SKF Kugellagerfabriken GmbH, patent. vom 5. 1. 1939 an
a Seitenansicht; b Draufsicht
A Achse; KL Kugellager; LA Lenkarm; Z Gelenkzapfen; ZH Zughaken

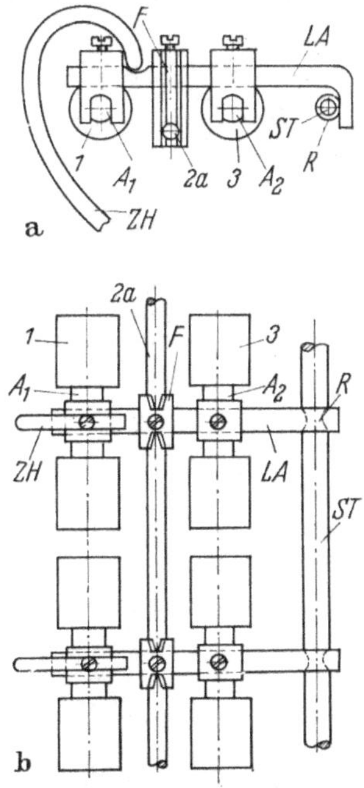

Abb. 642 a u. b. Pendelarm nach W. STAHLECKER – DRP 704055 von 1941 der Firma SKF Kugellagerfabriken GmbH, patent. vom 5. 1. 1939 an
a Seitenansicht; b Draufsicht
A_1, A_2 Achsen; F Führung; LA Lenkarm; R Rille; ST Stange; ZH Zughaken

einer Rille R der Stange ST. Die Druckwalzen sind auf dem Lenkarm verschiebbar. So kann die Streckfeldweite leicht der Stapellänge der zu verarbeitenden Fasern angepaßt werden. Die Durchzugswalze $2a$ läuft in der Führung F. Dieser Konstruktion haftete der Nachteil an, daß die Druckwalzen mit dem Lenkarm fest verbunden waren. Dadurch traten, wenn eine Walze wickelte, Zwängungen auf.

Diese und andere Fehler sucht STAHLECKER durch die in seinem Patent DRP 707060 angegebene Ausführung zu beheben. So ordnet er unter anderem eine der Walzen drehbar auf dem Lenkarm an (Abb. 643). Im Fall einer Wickelbildung an der Druckwalze *1* hoben sich bei der Konstruktion nach Abb. 642 der Lenkarm LA und damit auch die Druckwalze *2*. Bei der neuen Anordnung bildet eine geschlitzte Hülse $HÜ$

mit einer Kugel *KU* ein Schwinggelenk für den Lenkarm *LA*, wobei die Kugel mit Hilfe der Schraube *SR* auf dem Lenkarm befestigt ist. Wenn die Ausgangswalze *I* wickelt, wird die Kugel *KU* in der Hülse *HÜ* nach unten verschoben. Wickelt die Mittelwalze *II*, so wird die Kugel *KU* angehoben. Die nicht von einer Wickelbildung betroffenen Klemmstellen bleiben zunächst erhalten. Die Achse der Druckwalze *2* ist in einem Halter *H* gelagert, der sich auf dem Lenkarm verdrehen läßt. Der Halter *H* hat einen Stift *S*, der in die Nut eines festsitzenden Stellrings *ST* eingreift. Dadurch stellt sich eine Walze eines Druckwalzenpaares auch dann in der Laufrichtung parallel zur Unterwalze ein, wenn die andere wickelt.

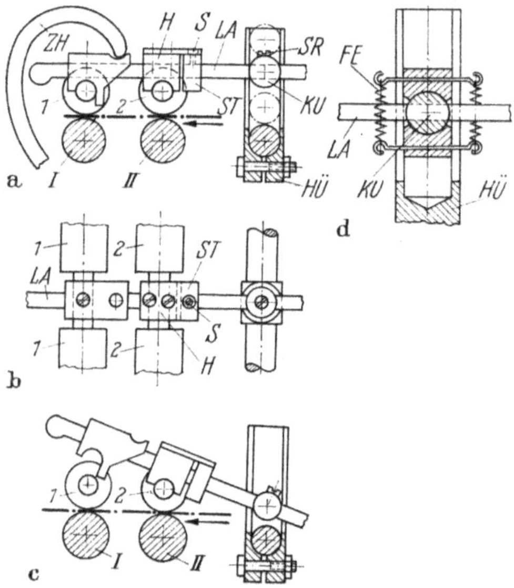

Abb. 643a—d. Pendelarm nach W. Stahlecker — DRP 707060 von 1941 der Firma SKF Kugellagerfabriken GmbH, patent. vom 19. 4. 1939 an
a Seitenansicht; b Draufsicht; c Pendelarm im entlasteten Zustand; d Lagerung des Lenkarms
FE Feder; *H* Halter; *HÜ* Hülse; *KU* Kugel; *LA* Lenkarm; *S* Stift; *SR* Stellschraube; *ST* Stellring; *ZH* Zughaken

Auch diese Konstruktion Stahleckers hat sich in der Praxis nicht bewährt, obwohl sie alle Bedingungen für eine Pendelführung erfüllte. Das Schwinggelenk arbeitete mit einer derart hohen Reibung, daß es oft klemmte. Stahlecker entwickelte daher ein neues Streckwerk. Zusammen mit Raible gestaltete er den Pendelarm zweiteilig und verbesserte dadurch dessen Führung (DRP 725691 von 1942; Abb. 644). Das Zwischengelenk *ZG* kann mit dem im Hauptgelenk *HG* befestigten Arm LA_2 leichtgehende Auf- und Abwärtsbewegungen ausführen. Die beiden Druckwalzenpaare werden wiederum von einem Lenkarm LA_1 gehalten. Die Ausgangsdruckwalze ist starr mit diesem Lenkarm verbunden.

So wertvoll die von Stahlecker erarbeiteten Erkenntnisse über das Wesen der Pendelwalze auch sein mögen, seine ersten Streckwerkskonstruktionen haben leider nicht die nötige Betriebsreife erlangt. Neben der nachteiligen Gewichtsbelastung brachte vor allem die Aufhängung mehrerer Druckwalzenpaare am gleichen Pendelarm große Schwierigkeiten mit sich. Das Streckwerk lief nicht einwandfrei. Eine Patentanmeldung aus dem Jahre 1949 (DBP 898420 von 1954; Abb. 645) zeigt, daß STAHLECKER auch zu dieser Zeit noch bei seiner Grundkonstruktion verharrte.

Erst im Jahre 1949 verleiht HOHLOCH von der Firma Zinser Textilmaschinen GmbH der Idee der Pendelwalze die letzte Klarheit und

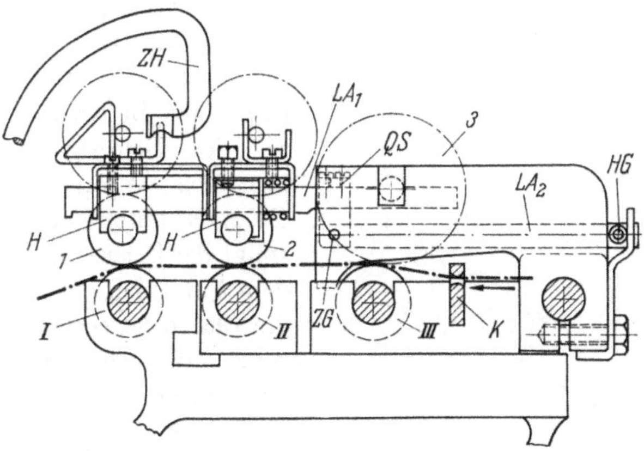

Abb. 644. Pendelarm nach W. STAHLECKER und J. RAIBLE — DRP 725691 von 1942 der Firma SKF Kugellagerfabriken GmbH, patent. vom 24. 11. 1939 an
H Walzenhalterungen; *HG* Hauptgelenk; *K* Verdichter; LA_1, LA_2 Lenkarme; *QS* Quersteg als Verbindung der beiden Lenkarme; *ZG* Zwischengelenk; *ZH* Zughaken

verhilft ihr damit zum endgültigen Durchbruch (DBP 922878 von 1955; Abb. 646). HOHLOCH gibt jedem Druckwalzenpaar einen eigenen pendelnd aufgehängten Lenkarm und ersetzt die unpraktische Gewichtsbelastung durch eine Federbelastung. Seine Konstruktion besitzt folgende charakteristische Merkmale:

Pendelnde Aufhängung jedes einzelnen Druckwalzenpaares,

eigene Federbelastung für jedes Druckwalzenpaar und

Lagerung der Druckwalzen in einem nach hinten aufklappbaren, gemeinsamen Belastungsträger.

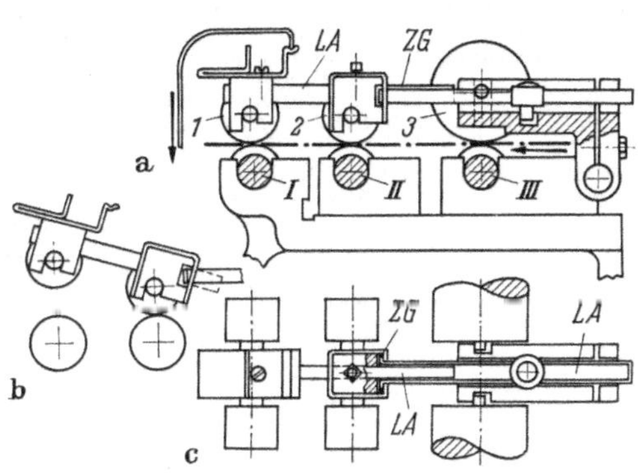

Abb. 645a—c. Pendelarm nach W. STAHLECKER — DBP 898420 von 1954 der Firma SKF Kugellagerfabriken GmbH, patent. vom 26. 2. 1949 an
a Seitenansicht; b Lenkarm bei einer Wickelbildung; c Draufsicht
LA Lenkarm; *ZG* Zwischengelenk

Die Druckwalzenpaare lassen sich mit dem zugehörigen Pendelarm und den Belastungsfedern innerhalb des U-förmig ausgeführten Klapparmes so verschieben, wie es die Einstellung des Streckwerks erfordert.

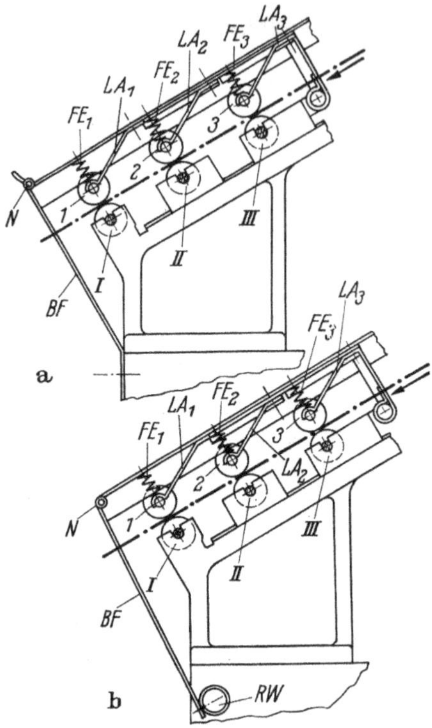

Abb. 646a u. b. Pendelträger mit Federbelastung nach K. Hohloch — DBP 922878 von 1955 der Firmen SKF Kugellagerfabriken GmbH und Zinser Textilmaschinen GmbH, patent. vom 21. 1. 1949 an

a Blattfeder *BF* durch Schrauben mit dem Gestell verbunden; b Blattfeder *BF* mit einer Rohrwelle verbunden

BF Blattfeder; FE_1 bis FE_3 Federn; LA_1 bis LA_3 Lenkarme; *N* Nase; *RW* Rohrwelle

Hohloch macht für die Arretierung des Klapparmes zwei Vorschläge. Bei der Konstruktion nach der Abb. 646a muß der Arm heruntergedrückt werden, bis die Blattfeder *BF* mit dem Klapparm verbunden werden kann. Die Blattfeder *BF* besitzt an der Befestigungsstelle ein Langloch. Wenn die Blattfeder *BF* nach unten verschoben wird, steigt der Belastungsdruck. Nach dem Vorschlag der Abb. 646b ist die Blattfeder *BF* an einer Rohrwelle *RW* befestigt. Mit Hilfe eines Handrades kann die Rohrwelle *RW* verdreht werden. Dadurch verändert sich der Belastungsdruck. Der Belastungseinrichtung von Hohloch war ein großer Erfolg beschieden. Die Pendelträger werden heute von der Firma SKF Kugellagerfabriken GmbH hergestellt.

Raible und Dausch entwarfen ein Streckwerk, bei dem jedes Druckwalzenpaar von einer Feder belastet wird und pendelnd aufgehängt ist (USP 2675587 von 1950; Abb. 647a). Die Lagerschlitten LS_1 bis LS_3 für die einzelnen Druckwalzen lassen sich in dem U-förmigen Belastungsarm *TA* verschieben. Sie werden mit Hilfe von Schrauben befestigt.

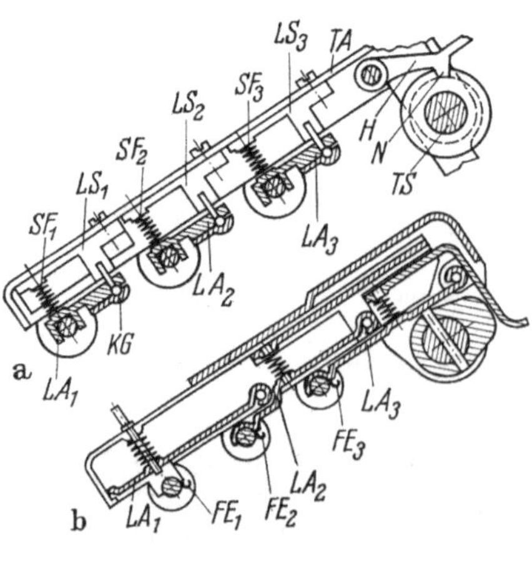

Abb. 647a u. b. Pendelarm nach J. Raible und E. Dausch — USP 2675587 vom 30. 8. 1950 der Firma SKF Kugellagerfabriken GmbH

a Pendelarm aus Stahlguß; b Pendelarm aus Stahlblech

FE_1 bis FE_3 Haltefedern; *H* Hebel; *KG* Kugelgelenk; LA_1 bis LA_3 Lenkarme; LS_1 bis LS_3 Lagerschlitten; *N* Nase; SF_1 bis SF_3 Schraubenfedern; *TA* Belastungsarm; *TS* Tragstange

Die Lager der Lenkarme LA_1 bis LA_3 sind als Kugelgelenke KG ausgebildet. Die Belastung erfolgt durch die Schraubenfedern SF_1 bis SF_3. Der Hebel H arretiert den Belastungsarm TA. Seine Nase N greift in eine Nut der Tragstange TS ein. In der Abb. 647b ist die gleiche Konstruktion in einer Blechausführung dargestellt. Der Belastungsarm besteht in diesem Fall aus drei ineinanderschiebbaren Teilstücken. Kleine Federn FE_1 bis FE_3 verhindern, daß die Druckwalzen aus den Lagern herausfallen.

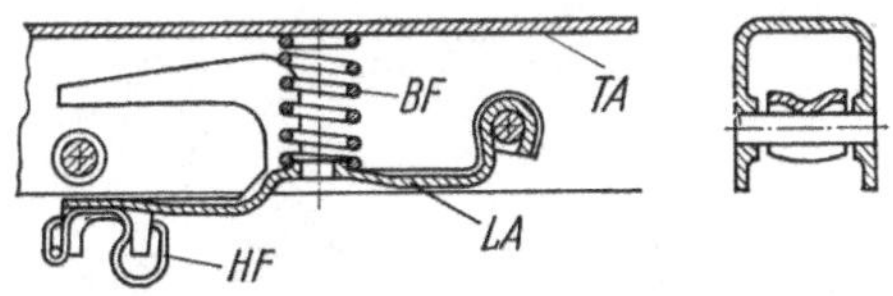

Abb. 648. Pendelwalzenträger nach E. F. DAUSCH – USP 2694230 vom 12. 12. 1951 der Firma SKF Kugellagerfabriken GmbH

BF Belastungsfeder; *HF* Haltefeder; *LA* Lenkarm; *TA* Belastungsarm

Aus der Abb. 648, die einen Pendelwalzenträger nach dem Vorschlag von DAUSCH darstellt, ist ersichtlich, wie die pendelnde Aufhängung der Lenkarme LA erreicht wird.

In der Abb. 649 ist der SKF-Norma-Pendelträger im Schnitt dargestellt. Die Oberwalzen-Lenkarme LA_1 bis LA_3 sind in einem teleskopartig ausgebildeten Belastungsarm gelagert und können samt den ineinandergreifenden Führungsschienen verstellt werden. Da die Angriffspunkte der Belastungsfedern BF_1 bis BF_4 von den Lagern der entsprechenden Lenkarme stets gleichen Abstand haben, ändern sich auch nach veränderter Streckwerkseinstellung die Belastungsdrücke für die einzelnen Druckwalzen nicht. Die Verriegelung ist sehr einfach. Der Pendelträger läßt sich leicht und schnell in Betriebsstellung bringen.

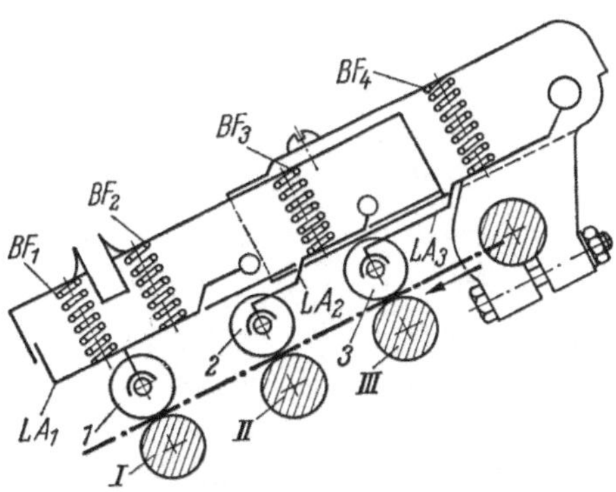

Abb. 649. SKF-Norma-Pendelträger

BF_1 bis BF_4 Belastungsfedern; LA_1 bis LA_3 Lenkarme

SCHWENK von der Firma Deutscher Spinnereimaschinenbau Ingolstadt entwickelte ein Streckwerk, bei dem die Belastung durch einen Federstab FE erfolgt (DBP 828493 von 1952; Abb. 650). Der Sattel S ist an einer Blattfeder oder an einem Federstab FE pendelnd aufgehängt. Der Federstab FE wird von dem vorderen Ende des Hebels WH geführt. Das eine Ende des Stabes FE stützt sich auf einer Brücke BR des Winkelhebels WH ab, während das andere dem Belastungssystem S den erforderlichen Druck erteilt. Beim Niederlegen des Spannhebels SPH wird der Federstab FE durch den kürzeren Schenkel des Winkelhebels *WH* gespannt. Gleichzeitig drückt die Nase *N* des Spannhebels *SPH* gegen einen Anschlag *A* des Hebels *H*. Dieser Hebel kann mittels eines Exzenters *EX* verstellt werden. Auf diese Weise läßt sich der Belastungsdruck regeln. Das Streckwerk kann mühelos aufgeklappt werden und ist gut zugänglich.

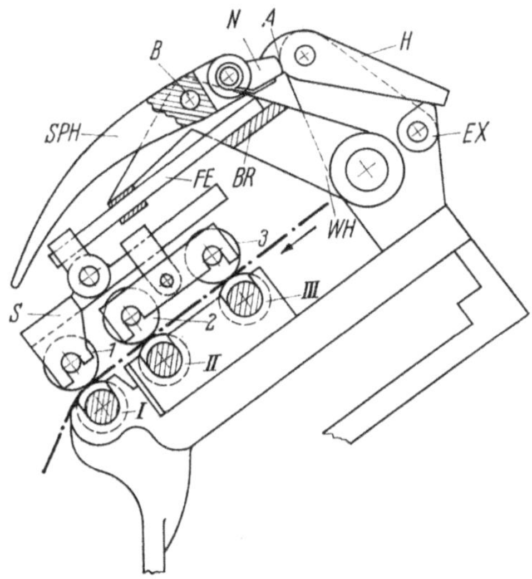

Abb. 650. Federbelastung für Streckwerke nach W. SCHWENK – DBP 828493 von 1952 der Firma Deutscher Spinnereimaschinenbau Ingolstadt, patent. vom 23. 12. 1950 an

A Anschlag; *B* Bolzen; *BR* Brücke; *EX* Exzenter; *FE* Feder; *H* Hebel; *N* Nase; *S* Sattel; *SPH* Spannhebel; *WH* Winkelhebel

Ein typisches Beispiel für die anhängerähnlich pendelnde Aufhängung einer Ausgangsdruckwalze gibt KÖNIG an (DBP 1063498 von 1960, Abb. 651). Der Lenkarm *LA* ist durch ein Kugelgelenk *KG* mit der Stange *ST* des Belastungsarmes verbunden. An jeder Stange *ST* sind zwei Lenkarme angelenkt. Jede Druckwalze wird von einer Feder *FE* belastet.

NEBICH [*3*] beschreibt einen Pendelträger, der in der Abb. 652 im Schema veranschaulicht ist. Die Druckwalzen dieses Trägers werden einzeln durch Federn FE_1 bis FE_5 belastet. Während die Druckwalze *2* ortsfest im Träger gelagert ist, können die Walzen *1* und *3* entsprechend der gewünschten Streckwerkseinstellung in Schlitzführungen SLF_1 und SLF_2 verschoben werden. Hierbei verändern die Belastungsfedern ihre Stellung im Halter nicht. Dennoch bleibt der Belastungsdruck konstant. Dies wird dadurch erreicht, daß die Lenkarme LA_1 bis LA_3 für die Druckwalzen *1* und *3* als Hebel ausgebildet sind.

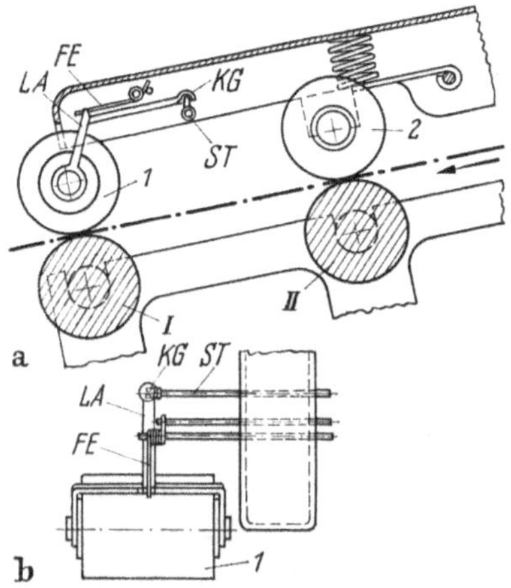

Abb. 651 a u. b. Druckwalzenlagerung nach O. KÖNIG – DBP 1063498 von 1960, patent. vom 30. 8. 1956 an
a Seitenansicht; b Draufsicht

FE Feder; *KG* Kugelgelenk; *LA* Lenkarm; *ST* Stange

Auf jeden Arm dieser Hebel wirkt eine Schraubenfeder (FE_1 bis FE_5) mit gleicher Federcharakteristik. Wenn ein Lenkarm verschoben wird, ändern sich zwar die von den Federkräften erzeugten einzelnen Momente, doch bleiben stets deren Summe und somit auch der Belastungsdruck auf die Oberwalzen konstant.

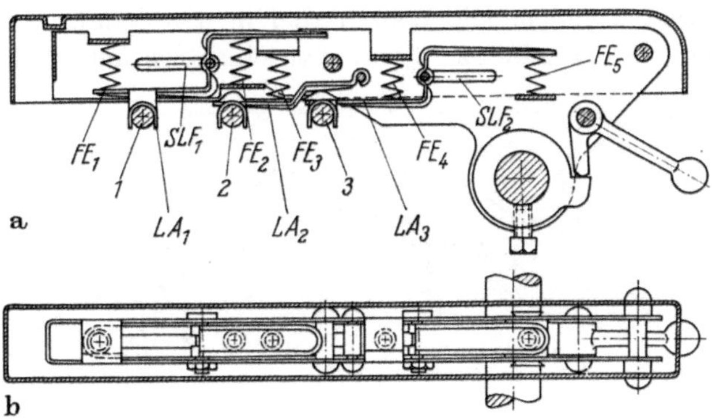

Abb. 652a u. b. Pendelträger für ein Dreiwalzen-Streckwerk [3]
a Seitenansicht; b Draufsicht
FE_1 bis FE_5 Belastungsfedern; LA_1 bis LA_3 Lenkarme; SLF_1, SLF_2 Schlitzführungen

Die Firma VEB Spinnereimaschinenbau entwickelte einen Belastungsarm, der um die Tragstange TS geschwenkt werden kann

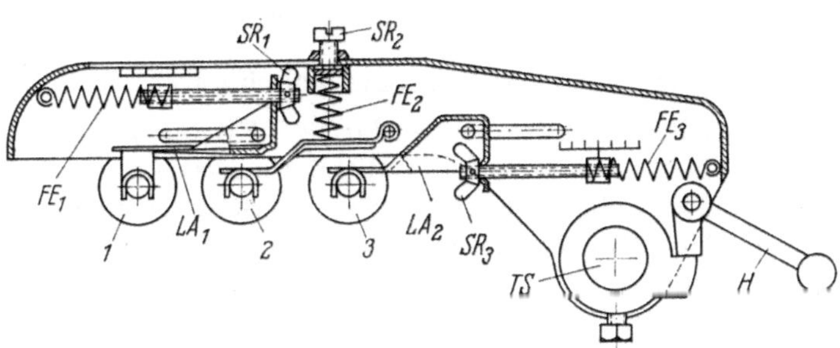

Abb. 653. Belastungsarm der Firma VEB Spinnereimaschinenbau – DBP 1070529 von 1959, patent. vom 1. 10. 1957 an
FE_1 bis FE_3 Federn; H Hebel; LA_1, LA_2 Lenkarme; SR_1 bis SR_3 Schrauben; TS Tragstange

(DBP 1070529 von 1959; Abb. 653). Bei dieser Konstruktion können die Druckwalzen *1* und *3* verschoben werden. Die Belastung der Druckwalzen *1* und *3* erfolgt durch Federn FE_1 und FE_3, die an den Lenkarmen LA_1 und LA_2 angreifen. Wenn der Abstand der Druckwalzen verändert wird, kann die Federkraft mittels der Schrauben SR_1 und SR_2 neu eingestellt werden. Mit Hilfe des Hebels H wird der Belastungsarm in Eingriff gebracht. Die Belastung der Druckwalze *2* erfolgt über die Feder FE_2, deren Federkraft mittels der Schraube SR_2 verändert werden kann.

Nach einem anderen Patentvorschlag der Firma VEB Spinnereimaschinenbau wirken die Schraubenfedern SF_2 und SF_3 auf einen Hebel *DH* (DBP 1083720 von 1960; Abb. 654). Dessen vorderes Ende ist mit dem Sattel S_2 gelenkig verbunden. Der Sattel S_2 belastet die Druckwalzen *2* und *3*. Die Walzen sind in den Schlitzen des Sattels verstellbar. Die Druckwalze *1* wird von einer Schraubenfeder SF_1 be-

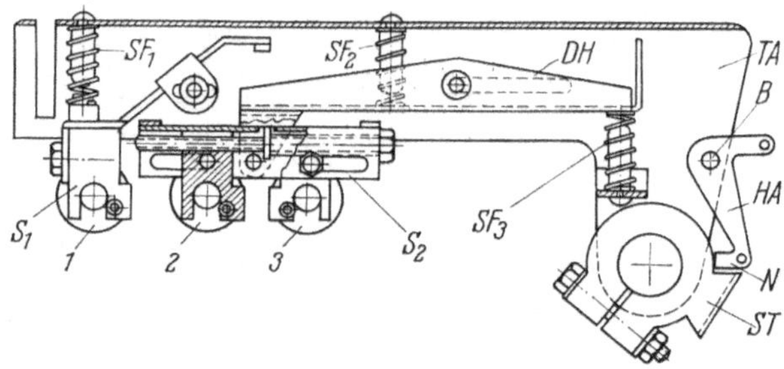

Abb. 654. Belastungsarm der Firma VEB Spinnereimaschinenbau – DBP 1083720 von 1960, patent. vom 1. 10. 1957 an

B Bolzen; *DH* Hebel; *HA* Haken; *N* Nase; S_1, S_2 Sättel; SF_1 bis SF_3 Schraubenfedern; *ST* Steg; *TA* Belastungsarm

lastet. Der Belastungsarm *TA* wird dadurch arretiert, daß sich die Nase *N* des Hakens *HA*, der am Belastungsarm *TA* um den Bolzen *B* drehbar angebracht ist, auf den Steg *ST* stützt.

7.4.3 Moderne Belastungseinrichtungen

Beim Pendelträger 2102—14 der Firma VEB Spinnereimaschinenbau werden die Ausgangs- und die Mitteldruckwalze durch einen gemeinsamen Sattel *S* belastet, auf den zwei Schraubenfedern SF_1 und SF_2 wirken (Abb. 655). Die Druckwalze *3* wird durch die Schraubenfeder SF_3 belastet.

Die Firma Whitin Machine Works bringt unter dem Namen „Unitrol-Belastungsarm" eine Belastungseinrichtung heraus, die in der Abb. 656 dargestellt ist. Die Druckwalzen *2* und *3* werden jeweils durch eine Schraubenfeder SF_3 bzw. SF_4 belastet. Auf die Druckwalze *1* wirken zwei Schraubenfedern. Mit Hilfe des Hebels *BH* und des Hakens *HA* kann der Belastungsarm einfach und schnell in die Arbeits- und in die Raststellung gebracht werden. Der Haken *HA* ist mit dem Belastungshebel *BH* gelenkig verbunden. Seine Nase greift in eine Aussparung der Schiene *SCH*. Der Belastungsarm besitzt eine Aussparung *AS*, in die eine Putzrolle eingelegt wird. Zum Reinigen des Streckwerks und beim Einlegen der Lunte wird der Belastungsarm mit den Druckwalzen hochgeklappt.

In der Abb. 657 ist der „Tru-Set“-Belastungsarm der Firma Saco-Lowell Shops veranschaulicht. Auch in diesem Arm sind Schrauben-

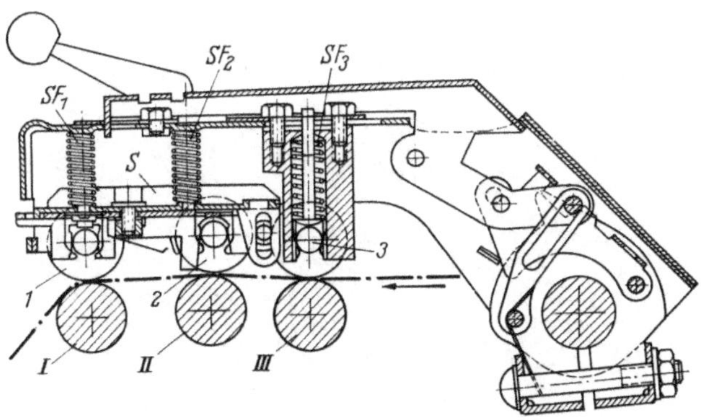

Abb. 655. Pendelträger 2102-14 der Firma VEB Spinnereimaschinenbau
S Sattel; SF_1 bis SF_3 Schraubenfedern

federn als Belastungselemente eingebaut. Die Ausgangs- und die Mitteldruckwalze werden von zwei Federn belastet, die auf den Sattel S_1 wirken. Der Sattel S_1 ist mit dem Hebel *HE*, der um den Bolzen *B* drehbar ist, gelenkig verbunden. Mit Hilfe der Schraube *SR* ist es möglich, den Druck auf die Ausgangs- und auf die Mitteldruckwalze zu variieren. Die Belastung kann durch eine Schwenkbewegung des Hebels *H* leicht aufgebracht oder entfernt werden.

Bei dem Belastungsarm des „Versatex LS“-Verzugssystems der Firma Platt Bros. (Sales) Ltd. üben die Schraubenfedern einen konstanten Druck auf die Druckwalzen aus (Abb. 658). Die Druckwalzen *2* und *3* können in dem Belastungsarm entsprechend der Streckwerkseinstellung leicht verschoben werden. Die Arretierung des Belastungsarmes geschieht mit Hilfe des Hakens *HA*, dessen Nase *N* hinter eine Aussparung der Wendeschiene *WS* faßt. Die

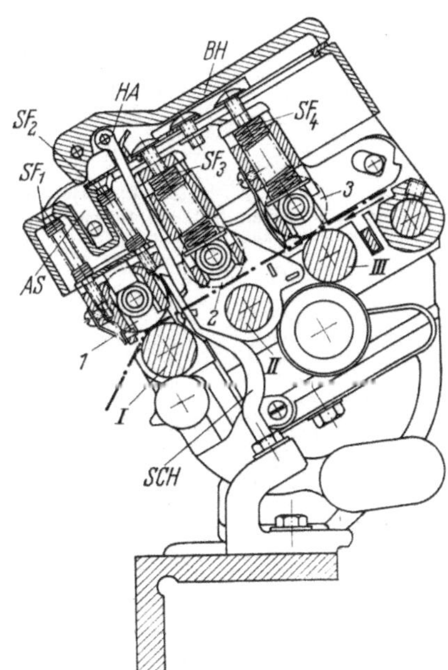

Abb. 656. Unitrol-Belastungsarm der Firma Whitin Machine Works
AS Aussparung; *BH* Belastungshebel; *HA* Haken; *SCH* Schiene; SF_1 bis SF_4 Schraubenfedern

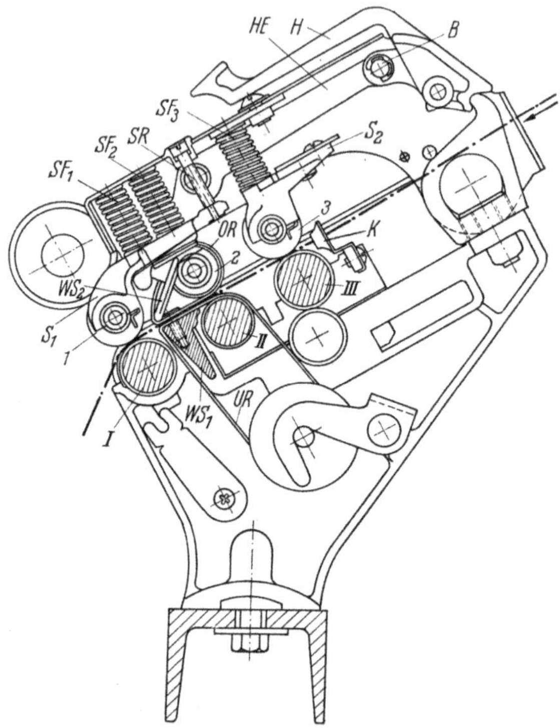

Abb. 657. „Tru-Set“-Belastungsarm der Firma Saco-Lowell Shops

B Bolzen; *H* Hebel; *HE* Belastungshebel; *K* Verdichter; *OR* Oberriemchen; S_1, S_2 Sättel; SF_1 bis SF_3 Schraubenfedern; *SR* Schraube; *UR* Unterriemchen; WS_1, WS_2 Wendeschienen

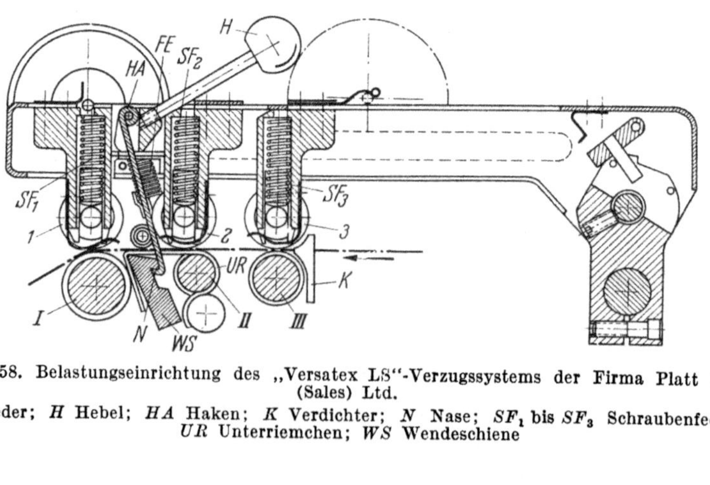

Abb. 658. Belastungseinrichtung des „Versatex LS“-Verzugssystems der Firma Platt Bros. (Sales) Ltd.

FE Feder; *H* Hebel; *HA* Haken; *K* Verdichter; *N* Nase; SF_1 bis SF_3 Schraubenfedern; *UR* Unterriemchen; *WS* Wendeschiene

Feder *FE* drückt den Haken *HA* gegen die Wendeschiene. Die Be- und Entlastung des Streckwerks erfolgt durch eine Schwenkbewegung des Hebels *H*.

Bei dem T-Druckarm der Firma Württembergische Spindelfabrik Süssen GmbH (Abb. 659) sind die Druckwalzen nicht pendelnd auf-

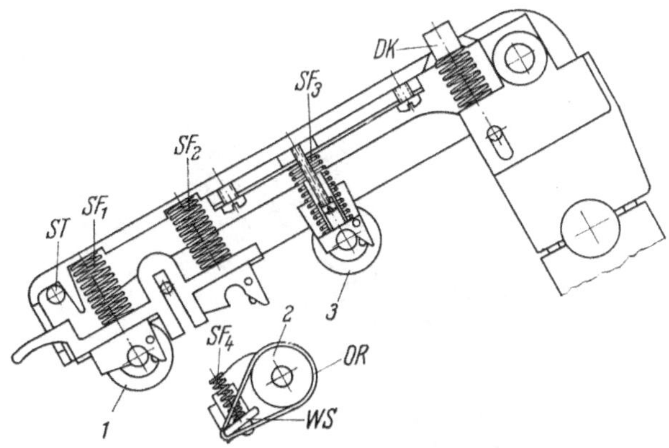

Abb. 659. T-Druckarm der Firma Württembergische Spindelfabrik Süssen GmbH
DK Druckknopf; *OR* Oberriemchen; SF_1 bis SF_4 Schraubenfedern; *ST* Rundstab zur Lagerung der Putzwalzen; *WS* Wendeschiene

gehängt. Nach Angaben des Herstellers wurde bewußt darauf verzichtet, da die geringen Umfangsgeschwindigkeiten der Walzen *II* und *III* ein selbständiges, achsparalleles Einstellen der Druckwalzen erschweren. Die Stellung der Druckwalzen *1* und *2* kann nicht verändert werden. Dagegen ist die Druckwalze *3* einfach zu verschieben. Der Federdruck auf die Druckwalzen ist konstant. Er ist nur durch ein Auswechseln der Federn zu verändern. Zur Entlastung des Streckwerkes werden der Belastungsarm herabgedrückt und der Druckknopf *DK* am Ende des Armes betätigt. Für die Lagerung der Putzwalzen sind am Gehäuse runde Stäbe *ST* angebracht.

Abb. 660. UT-Belastungsträger der Firma Württembergische Spindelfabrik Süssen GmbH
AP Abstützpunkt; B_1, B_2 Bolzen; *EH* Entlastungshebel; *FE* Blattfeder; *N* Nase; R_1, R_2 Rasten; S_1, S_2 Sättel; *SB* Stützblech; *SR* Stellschraube

Der UT-Belastungsträger der Firma Württembergische Spindelfabrik Süssen GmbH ist mit einer Blattfeder *FE* ausgestattet, welche die Druckwalzen über die beiden Sättel S_1 und S_2 belastet (Abb. 660). Das eine Ende der Blattfeder *FE* ist auf der Stellschraube *SR* gelagert, mit welcher sich der Gesamtbelastungsdruck einstellen läßt. Das andere Ende kann in zwei verschiedene Rasten R_1 und R_2 des Sattels S_1 gelegt werden. Nach oben hin stützt sich die Blattfeder gegen den Abstütz-

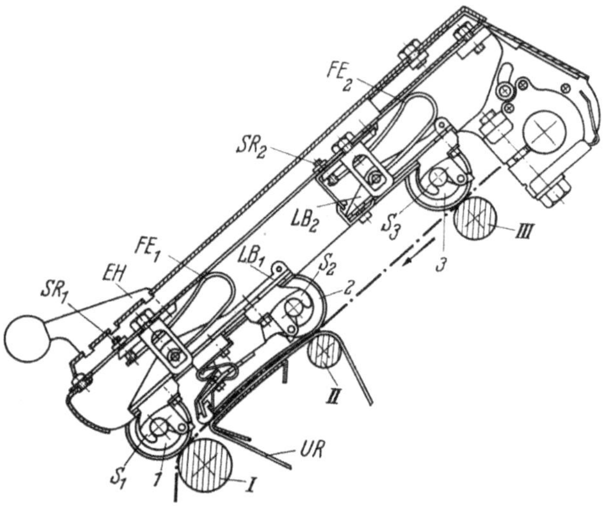

Abb. 661
Universalbelastungsträger UTS der Firma Württembergische Spindelfabrik Süssen GmbH
EH Entlastungshebel; FE_1, FE_2 Blattfedern; LB_1, LB_2 Lastbrücken; S_1 bis S_3 Sättel; SR_1, SR_2 Stellschrauben; *UR* Unterriemchen

punkt *AP* ab, der am Belastungsarm befestigt ist. Der UT-Arm wird mit Hilfe des Hebels *EH* belastet. Dabei schließen die Bolzen B_1 und B_2 die Nase *N* des Stützbleches *SB* ein.

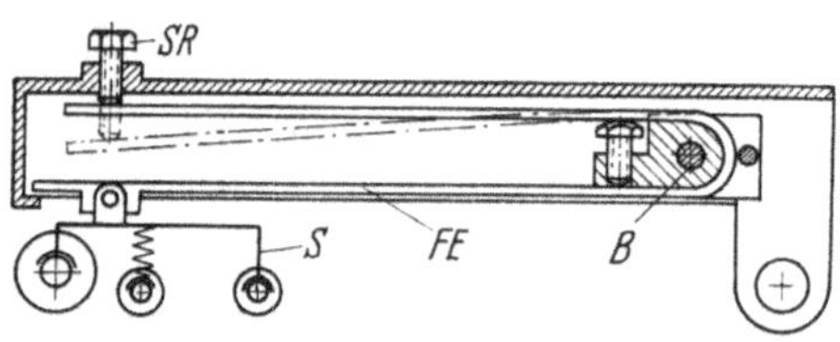

Abb. 662. Belastungsarm der Firma Deutscher Spinnereimaschinenbau Ingolstadt—DBP 1 169 342 von 1964, patent. vom 2. 6. 1962 an
B Bolzen; *FE* Feder; *S* Sattel; *SR* Stellschraube

Zur Bewältigung der hohen Belastungsdrücke, die für Kammgarn-Streckwerke erforderlich sind, entwickelte die Firma Württembergische Spindelfabrik Süssen GmbH den Universalbelastungsträger UTS (Abb. 661). Der UTS-Träger hat zwei getrennt voneinander angeordnete Blattfedern FE_1 und FE_2. Der Federdruck der Blattfedern wirkt über die Lastbrücken LB_1 und LB_2 sowie über die daran befestigten Sättel S_1, S_2 und S_3 auf die Druckwalzen. Die Belastungsdrücke, die bei jeder Blattfeder bis zu 40 kg betragen können, werden mit Hilfe der Stellschrauben SR_1 und SR_2 eingestellt. Alle Elemente zur Führung und Belastung der Druckwalzen sind an dem Belastungsarm befestigt.

Der Belastungsarm der Firma Deutscher Spinnereimaschinenbau Ingolstadt ist dadurch gekennzeichnet, daß ein Ende einer zweischenkligen Belastungsfeder *FE* mit dem Belastungssattel verbunden ist, während das andere Ende sich gegen eine Stellschraube *SR* abstützt (DBP 1169342 von 1964, Abb. 662). Die Belastungsfeder *FE* ist um den Bolzen *B* drehbar im Belastungsarm gelagert. Mit Hilfe der Stellschraube *SR* kann der Belastungsdruck variiert werden. Es ist vorgesehen, daß sowohl die Stellschraube *SR* als auch der Bolzen *B* in Längsrichtung im Belastungsarm verschoben werden können.

In der Abb. 663 ist der SER-Belastungsarm der Firma Société Alsacienne de Constructions Mécaniques (SACM) als Ganzes (Abb. 663a) und in seine Einzelteile zerlegt (Abb. 663b) dargestellt. Der Belastungsarm *TA* besteht aus Leichtmetall und hat einen U-förmigen Querschnitt. Jede Druckwalze wird von einem dreiteiligen Belastungssatz gehalten, geführt und belastet. Dieser besteht aus einem Führungsteil *FT*, das aus graphithaltigem Nylon hergestellt ist. In dem Führungsteil läuft ein Kolben *KO* aus Rilsan, der unten eine federnde Zange hat, in der die Druckwalze gehalten wird. Der Kolben *KO* wird von einer Feder *SF* belastet. Die Belastungssätze werden von

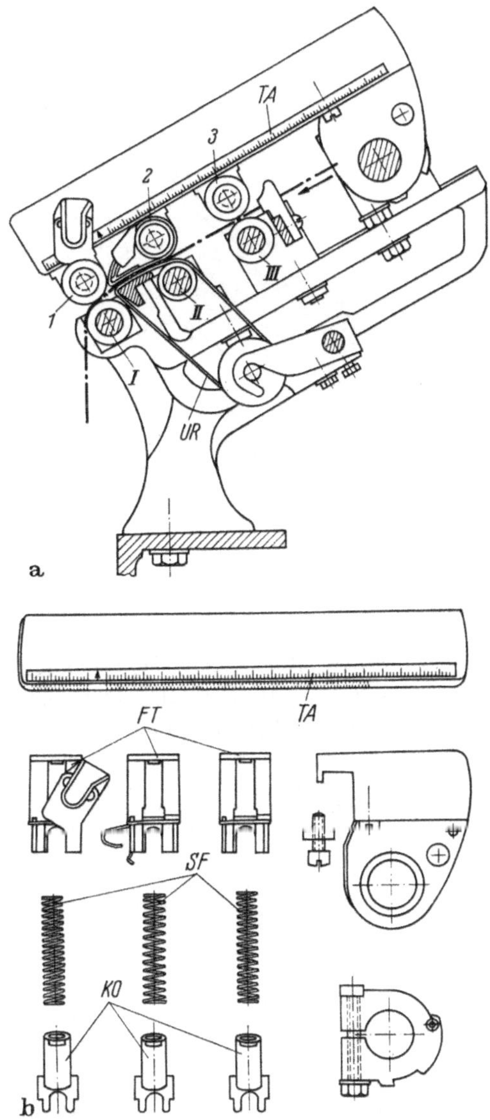

Abb. 663a. u b. SER-Belastungsarm der Firma Société Alsacienne de Constructions Mécaniques (SACM)
a Seitenansicht; b Einzelteile des SER-Belastungsarmes
FT Führungsteile; *KO* Kolben; *SF* Schraubenfedern; *TA* Belastungsarm; *UR* Unterriemchen

den Zahnstangen an der Unterseite des Belastungsarmes in der gewünschten Position gehalten. Die Entlastung erfolgt durch einen kleinen Hebel in der Nähe der Tragstange.

Die Druckwalzen des Belastungsarmes für das GX-2-Streckwerk der Firma Casablancas High Draft Co. Ltd. werden jeweils von zwei Schraubenfedern belastet (Abb. 664). Die Federgehäuse sind an einer Längsschiene *LS* befestigt.

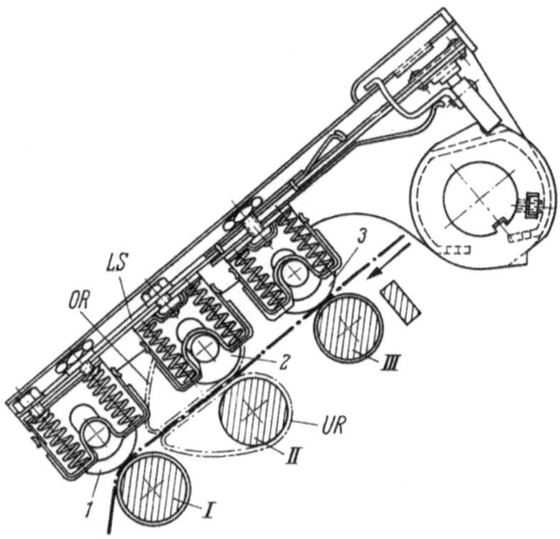

Abb. 664. Belastungsarm für das GX-2-Streckwerk der Firma Casablancas High Draft Co. Ltd.
LS Längsschiene; *OR* Oberriemchen; *UR* Unterriemchen

In der Abb. 665 ist der Belastungsarm BPR 518 dargestellt, den die Firma Sampre für Kammgarn-Streckwerke herstellt. Die Druckwalzen *1* und *5* sowie die Führungswalzen *2*, *3* und *4* werden durch Federn FE_1 und FE_5 bzw. FE_2 bis FE_4 belastet. Die Oberwalzen *2* bis *5* sind mit einer Sampre-Manschette versehen. Die Belastungssättel sind als Hebel ausgebildet, die am Gehäuse angelenkt sind. Die Arretierung des Belastungsarmes erfolgt durch den Entlastungshebel *EH*.

Im deutschen Patent DBP 1031189 schlägt die Firma SKF Kugellagerfabriken GmbH eine Verbesserung der Belastungseinrichtung des

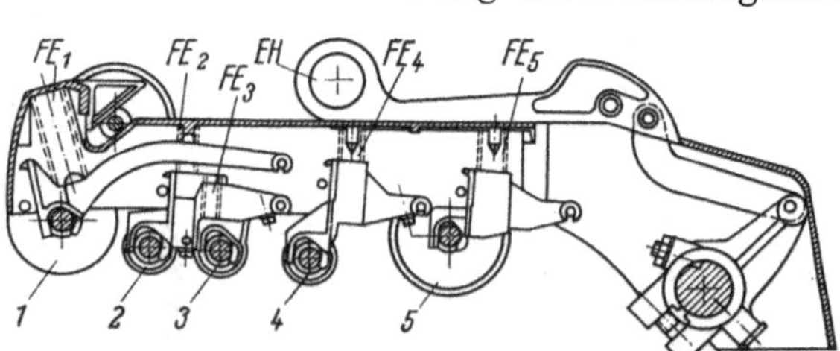

Abb. 665. Belastungsarm BPR 518 der Firma Sampre
EH Entlastungshebel; FE_1 bis FE_5 Belastungsfedern

bekannten Norma-Armes vor (Abb. 666). Die Oberwalzen des Norma-Pendelträgers werden durch Schraubenfedern belastet. Wenn der Belastungsdruck auf eine der Druckwalzen verändert werden soll, muß die Feder ausgewechselt werden. Bei dem neuen Pendelträger wird jedes Druckwalzenpaar durch eine Spiralfeder *SPF* belastet, die an einem

Tragbolzen *TB* gelagert ist. Durch Verdrehen des Tragbolzens kann die auf den Führungsarm wirkende Federkraft verändert werden.

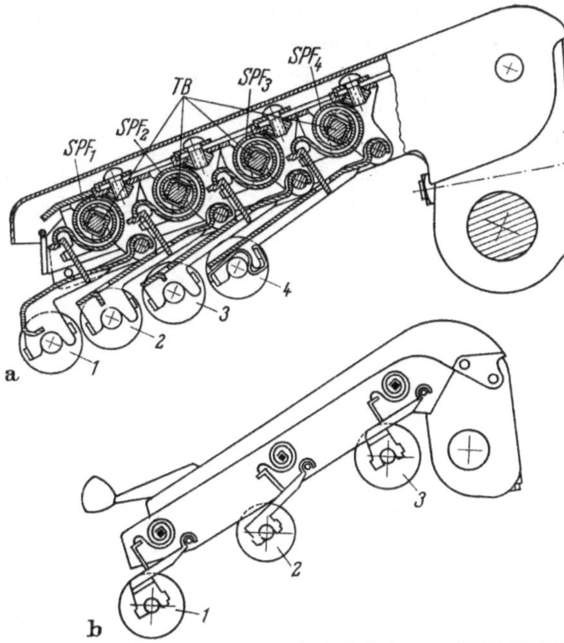

Abb. 666a u. b. SKF-Pendelträger mit Spiralfederbelastung – DBP 1031189 von 1958 der Firma SKF Kugellagerfabriken GmbH, patent. vom 23. 8. 1957 an
a Ausführung lt. Patentschrift; b praktische Ausführung als Pendelträger PK 500
SPF_1 bis SPF_4 Spiralfedern; *TB* Tragbolzen

Streckwerke, die mit dem neuen Belastungsarm ausgerüstet sind, sind für die Verarbeitung verschiedener Fasertypen geeignet, da andere Klemmdrücke sehr leicht einzustellen sind. In der Abb. 666b ist der SKF-Pendelträger der Reihe PK 500, der nach dem deutschen Patent DBP 1031189 gebaut wurde, veranschaulicht. Auf den Streckwerken, die mit diesem Pendelträger ausgerüstet sind, werden Kammgarne und synthetische Fasern versponnen.

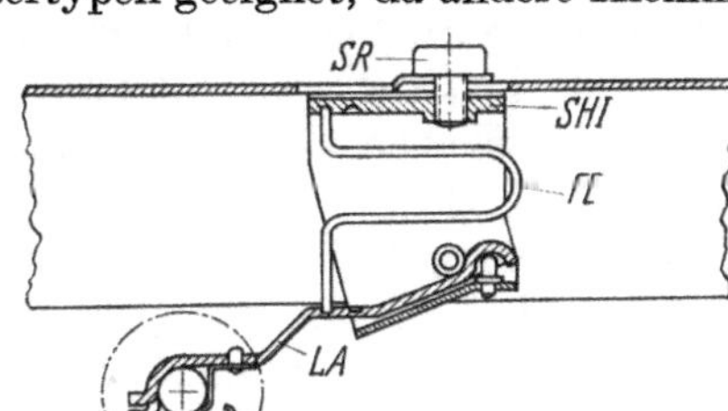

Abb. 667. Belastungsarm der Firma SKF Kugellagerfabriken GmbH – DAS 1164289 von 1964, Anmeldetag: 11. 2. 1961
FE Feder; *LA* Lenkarm; *SHI* Schieber; *SR* Stellschraube

Nach einem anderen Vorschlag der Firma SKF Kugellagerfabriken GmbH werden die Schraubenfedern durch V- oder U-förmige Belastungsfedern ersetzt (DAS 1164289 von 1964, Abb. 667). Die Enden der Belastungsfedern laufen spitz zu und lagern in entsprechend ausgebildeten Auflagestellen des Schiebers *SHI* bzw. des Lenkarmes *LA*. Hierdurch ist die Stellung der Feder auf dem Lenkarm *LA* eindeutig festgelegt. Im Schieber und im Lenkarm sind mehrere hintereinander angeordnete Aufnahmestellen angebracht. Der Belastungsdruck läßt sich folglich in mehreren Stufen ändern. Der Schieber *SHI* kann mitsamt der Belastungsfeder und dem Lenkarm im Belastungsarm verschoben werden.

Der Pendelarm PK 220 der Firma SKF Kugellagerfabriken GmbH stellt eine Weiterentwicklung des PK 211 E-Pendelträgers dar

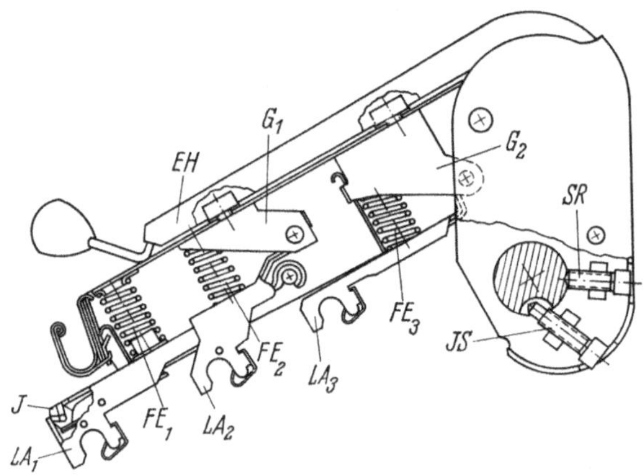

Abb. 668. Pendelarm PK 220 der Firma SKF Kugellagerfabriken GmbH
EH Entlastungshebel; FE_1 bis FE_3 Belastungsfedern; G_1, G_2 Gehäuse; *J* Justierstein; *JS* Justierschraube; LA_1 bis LA_3 Lenkarme; *SR* Feststellschraube

(Abb. 668). Der bisherige teleskopartige Aufbau des Trägers entfällt. Die Gehäuse G_1 und G_2, an denen die Belastungsfedern und die Lenkarme für die Druckwalzen *2* und *3* angebracht sind, können im Pendelträger verschoben werden. Die Belastung der Druckwalzen *2* und *3* ist konstant. Dagegen kann die Belastung der Druckwalze *1* mit Hilfe eines exzentrisch gelagerten Justiersteins *J* in drei Stufen verändert werden. Die genaue Justierung des Pendelarmes erfolgt durch die Schraube *JS*. Die Schraube *SR* fixiert den Pendelarm in der gewünschten Stellung. Der Pendelarm wird mittels des Hebels *EH* entlastet.

7.4.4 Die pneumatische und hydraulische Belastung

Die Firma Maschinenfabrik Rieter AG. gibt in dem Patent DRP 723471 von 1952 eine Möglichkeit an, die Druckwalzen pneumatisch zu belasten (Abb. 669). Die pneumatische Belastung soll die bei Gewichts- und Hebelbelastung auftretenden Schwingungen bzw. die unterschiedlichen Druckverhältnisse bei der Verwendung von Federelementen verhindern. Von einer zentralen Stelle aus kann der Druck den jeweiligen Verarbeitungsbedingungen angepaßt werden. Durch den Fortfall der im Jahre 1940 noch üblichen Belastungsgewichte sollte der Anschaffungspreis der Maschine gesenkt sowie deren Gewicht vermindert werden.

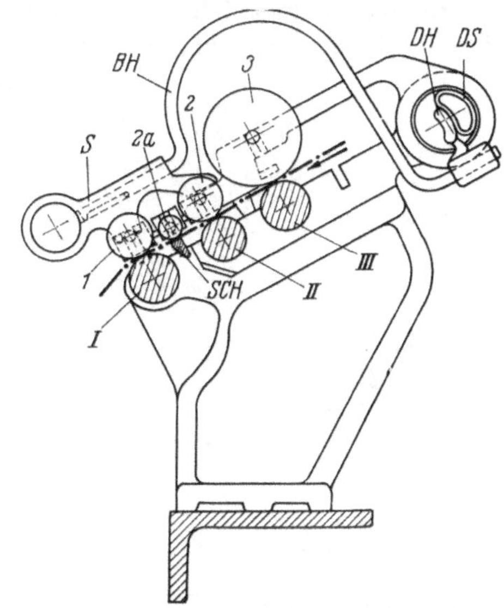

Abb. 669. Pneumatische Belastung für Streckwerke – DRP 723471 von 1952 der Firma Maschinenfabrik Rieter AG., patent. vom 16. 1. 1940 an

BH Belastungshebel; *DH* Hebel; *DS* Druckschlauch; *S* Sattel; *SCH* Laufschiene

In der Abb. 670 ist eine Variante der oben beschriebenen pneumatischen oder hydraulischen Belastungseinrichtung dargestellt (DRP 745799 von 1952). Der Druckschlauch *DS* ist im Maschinengestell direkt unter dem Spulengatter verlegt. Der Druck wirkt auf einen Hebel, an dem sonst das Belastungsgewicht hängt. Wenn sich der Schlauch dehnt, drückt er die Druckplatte *PL* nach unten. Diese Bewegung überträgt sich auf den Hebel *DH* sowie links und rechts über die Zughaken *ZH* und Sättel auf die Druckwalzen. Wenn das Streckwerk auf einer Seite entlastet werden muß, senkt sich das entsprechende Ende des Hebels *DH* nach unten, bis es auf

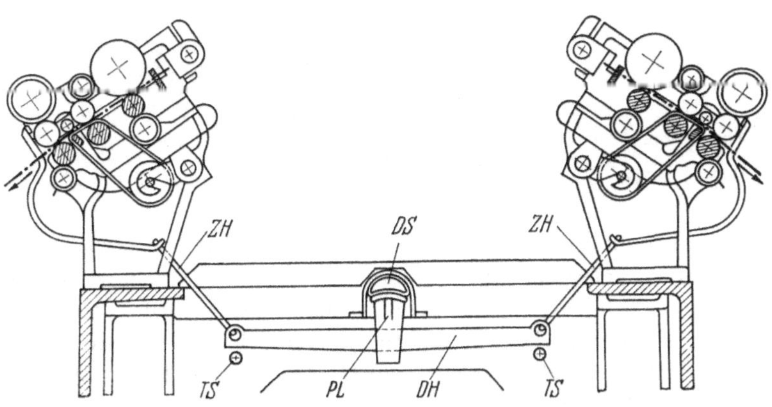

Abb. 670. Pneumatische Belastung für Streckwerke der Firma Maschinenfabrik Rieter AG. DRP 745799 von 1952, patent. vom 2. 8. 1941 an

DH Hebel; *DS* Druckschlauch; *PL* Druckplatte; *TS* Tragstange; *ZH* Zughaken der Tragstange *TS* aufliegt. Für die unbeteiligte Seite bleibt dabei der Belastungsdruck erhalten.

In dem Patent DBP 957369 schlägt die Firma Maschinenfabrik Rieter AG. zur Belastung der Druckwalzen eine Stabfeder vor. Weiterhin wird die Möglichkeit angegeben, die Stabfeder durch einen Druckschlauch *DS* zu ersetzen (Abb. 671). Bei einem Partiewechsel kann ohne Schwierigkeiten der Belastungsdruck für alle Streckwerke der Spinnmaschine gleichmäßig abgeändert werden. Die Belastungsverhältnisse zwischen den einzelnen Druckwalzen eines Streckwerks bleiben allerdings konstant.

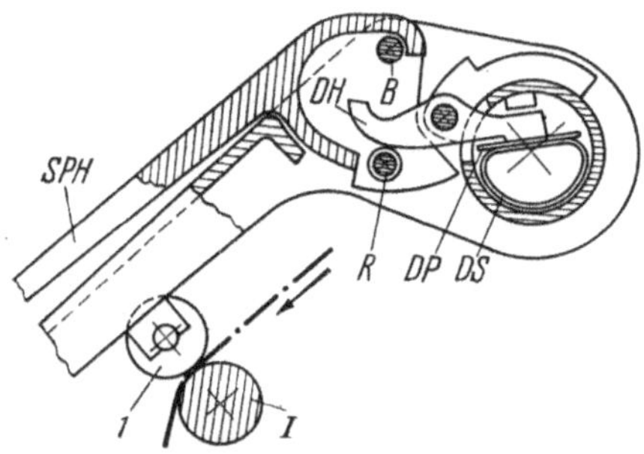

Abb. 671. Pneumatische Belastung der Druckwalzen eines Streckwerks der Firma Maschinenfabrik Rieter AG. – DBP 957369 von 1957, patent. vom 2. 10. 1948 an

B Bolzen; *DH* Hebel; *DP* Druckplatte; *DS* Druckschlauch; *R* Rolle; *SPH* Spannhebel

Im französischen Patent 1300999 von 1962 beschreibt die Firma Westinghouse Brake and Signal Company Ltd. einen Belastungsarm, bei dem der Belastungsdruck ebenfalls pneumatisch erzeugt wird (Abb. 672). Die Druckzylinder für die einzelnen Druckwalzen sind in einem Belastungsarm untergebracht. Die Achsen der Druckwalzen werden von Klauen gehalten, die mit den Kolben der Druckzylinder eine Einheit bilden. Die Preßluftzufuhr nach dem Druckkolben wird mit Hilfe eines Schiebers *SI* gesteuert. Der Schieber *SI* wird von dem Hebelende *H* des Belastungshebels *BH*, der um den Bolzen *B* drehbar gelagert ist, betätigt.

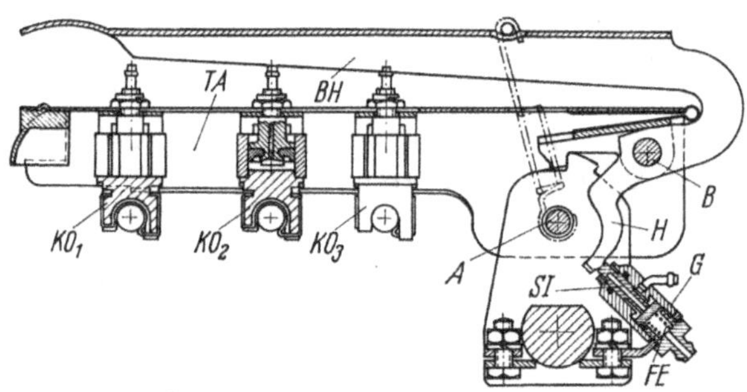

Abb. 672. Pneumatische Belastungsvorrichtung der Firma Westinghouse Brake and Signal Company Ltd. – FP 1300999 von 1962, patent. vom 11. 7. 1961 an

A Achse; *B* Bolzen; *BH* Belastungshebel; *FE* Feder; *G* Gehäuse; *H* Hebel; KO_1 bis KO_3 Druckkolben; *SI* Schieber; *TA* Belastungsarm

Die Firma Zinser Textilmaschinen GmbH entwickelte einen Belastungsträger für Zweiriemchen-Streckwerke, bei dem der Belastungsdruck für die Ausgangsdruckwalze ebenfalls pneumatisch erzeugt wird (DBP 1154381 von 1963, patent. vom 6. 5. 1961 an; FP 1325219 von 1963, patent. vom 8. 5. 1962 an). Der Druck ist für alle Spinnstellen von einer zentralen Stelle aus regelbar. Die Mittel- und die Eingangsdruckwalze werden durch Federn belastet.

Nach einem anderen Patentvorschlag der Firma Zinser Textilmaschinen GmbH ist jeder Druckwalze ein pneumatischer oder hydraulischer Kraftspeicher zugeordnet (DBP 1156686 von 1964, Abb. 673). Die Belastungskraft wird über einen Stößel auf das rückwärtige Ende des Belastungshebels übertragen. Die einzelnen Belastungshebel sind um die Bolzen B_1 bis B_3 drehbar gelagert. Bei einer Änderung der Streckfeldweite kann der Belastungsdruck von einer zentralen Stelle aus für alle Druckwalzen einer Reihe gemeinsam geändert werden, um die Belastungsunterschiede, die dabei durch eine Verlagerung der Kraftangriffspunkte entstehen, auszugleichen.

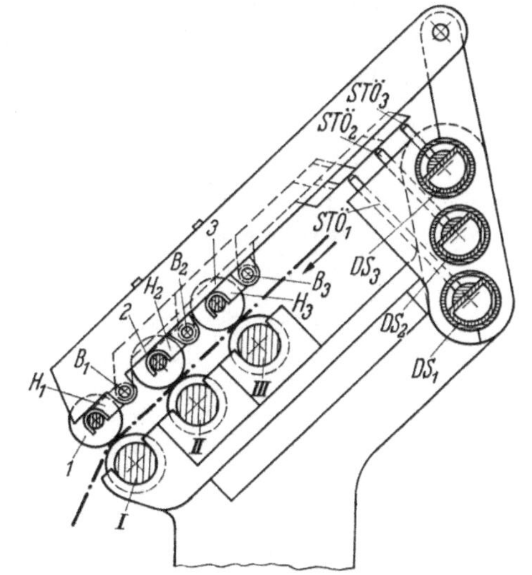

Abb. 673. Belastungsarm der Firma Zinser Textilmaschinen GmbH – DBP 1156686 von 1964, patent. vom 16. 9. 1961 an

B_1 bis B_3 Bolzen; DS_1 bis DS_3 Druckschlauch; H_1 bis H_3 Belastungshebel; $STÖ_1$ bis $STÖ_3$ Stößel

Im Jahre 1952 reichte die Firma SKF Kugellagerfabriken GmbH eine Patentschrift für einen Oberwalzentragarm ein, welche eine pneumatische oder hydraulische Aufbringung der Belastung zum Gegenstand hat (DBP 974221 von 1960; Abb. 674). Der rohrförmige Belastungsarm *TA* besitzt an der Unterseite Öffnungen für die Druckkolben *KO*. In dem Belastungsarm befindet sich ein elastischer

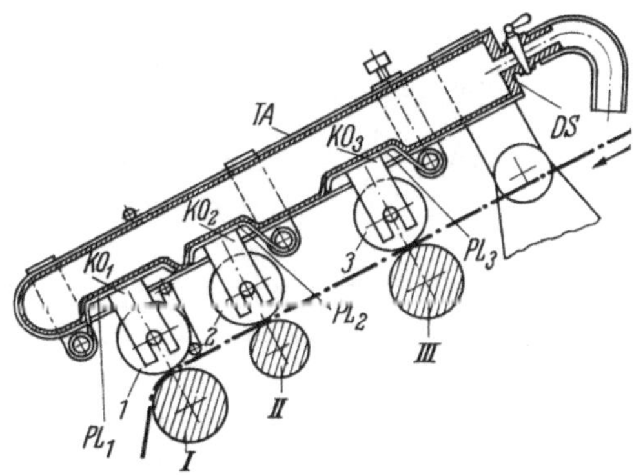

Abb. 674. Belastungsarm der Firma SKF Kugellagerfabriken GmbH – DBP 974221 von 1960, patent. vom 17. 7. 1952 an

DS elastischer Schlauch; KO_1 bis KO_3 Druckkolben; PL_1 bis PL_3 Zwischenplatten; *TA* Belastungsarm

Schlauch *DS*. Dieser drückt auf die Zwischenplatten PL_1 bis PL_3, welche die Druckkolben überdecken. Die Platten haben je nach der Höhe der geforderten Walzenbelastung unterschiedliche Größe.

Im Prinzip ähnlich ist der Vorschlag von G. FONTANA (BP 798562; Abb. 675). Der zweiteilige Belastungsarm *TA* ist unten ebenfalls mit

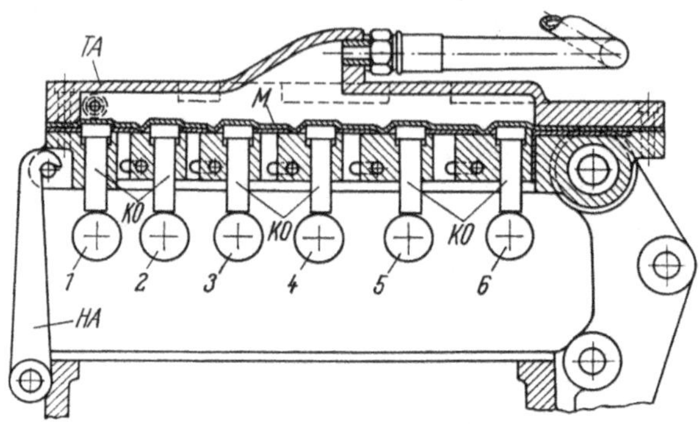

Abb. 675. Belastungsarm nach G. FONTANA – BP 798562 vom 16. 2. 1956
HA Haken; *KO* Kolben; *M* elastische Membran; *TA* Belastungsarm

Öffnungen für die Kolben *KO* der Drucksättel versehen. Zwischen dem Kolbenboden und dem Boden des Belastungsarmes ist eine elastische Membran *M* angebracht. Die Kolben *KO* lassen sich mit ihren Zylinderstücken in der Bandlaufrichtung verschieben. Sie haben allerdings

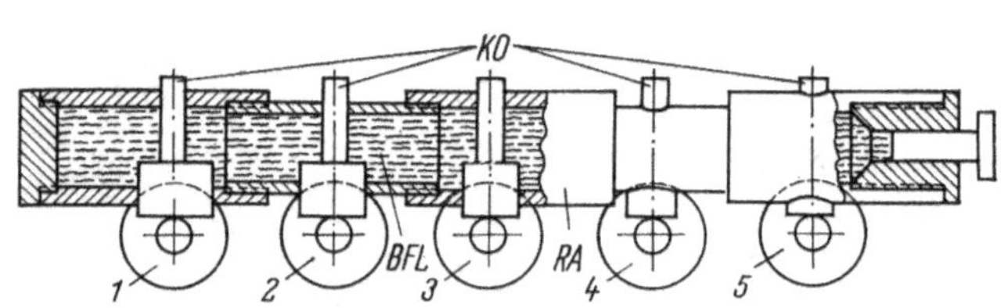

Abb. 676. Belastungsarm für Druckwalzen der Firma VEB Spinnereimaschinenbau – DBP 1056513 von 1959, patent. vom 6. 12. 1955 an
BFL Belastungsflüssigkeit; *KO* Kolben; *RA* Rohrarm

gleiche Oberflächen und üben damit gleichen Druck auf die Oberwalzen aus. Die Arretierung des Belastungsarmes geschieht mit Hilfe des Hakens *HA*.

In der Abb. 676 ist ein Belastungsarm (DBP 1056513 von 1959) der Firma VEB Spinnereimaschinenbau dargestellt. Als Belastungsmittel für die Druckwalzen wird eine zähe Flüssigkeit *BFL* vorgeschlagen. Der rohrförmige Belastungsarm *RA* ist mit Kolben *KO* ausgestattet, die unterschiedlich große Beaufschlagungsflächen haben. Dadurch ist der Druck auf die einzelnen Druckwalzen verschieden groß. Der Rohrarm *RA* besteht aus mehreren Teilstücken, die axial gegeneinander verstellt werden können. Grundsätzlich kann bei dieser Anordnung statt der zähen Flüssigkeit auch Druckluft verwendet werden.

In der Abb. 677 ist ein weiterer Belastungsarm der gleichen Firma veranschaulicht (DBP 1065307 von 1959). Als Belastungsmittel wird Preßluft vorgeschlagen. Auf die Ausgangsdruckwalze wirkt der Druck, der auf den Kolben *KO* ausgeübt wird. Die anderen Druckwalzen sind an Stegen *ST* befestigt, auf die jeweils zwei Kolben drücken. Die Sättel der Druckwalzen *2* bis *5* können in den Stegen verschoben werden.

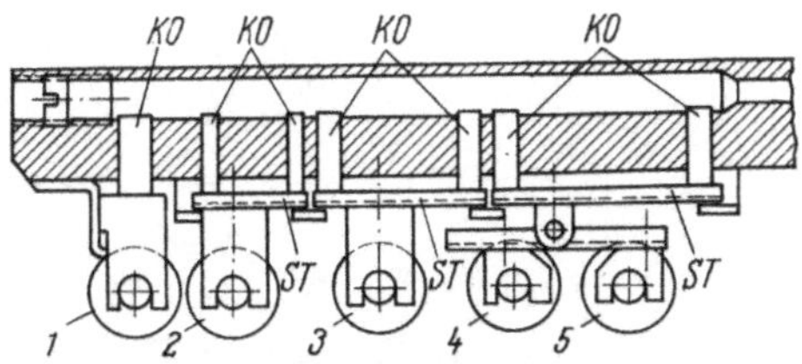

Abb. 677. Oberwalzen-Trag- und -Belastungsarm der Firma VEB Spinnereimaschinenbau — DBP 1065307 von 1959, patent. vom 15. 8. 1957 an
KO Kolben; *ST* Stege

Einen Belastungsarm des Typs PPl mit pneumatischen Belastungsmitteln beschreiben Borowicz und Laski [5]. Nach ihren Angaben soll der PPl-Belastungsarm ebenso wirksam arbeiten wie der SKF-Pendelträger.

7.4.5 Die magnetische Belastung

Für die Gwaltney-Ringspinnmaschine entwickelte die Firma Saco-Lowell Shops die MagneDraft-Belastungswalze (Abb. 678). Die bislang üblichen Belastungselemente hat die Firma Saco-Lowell Shops durch

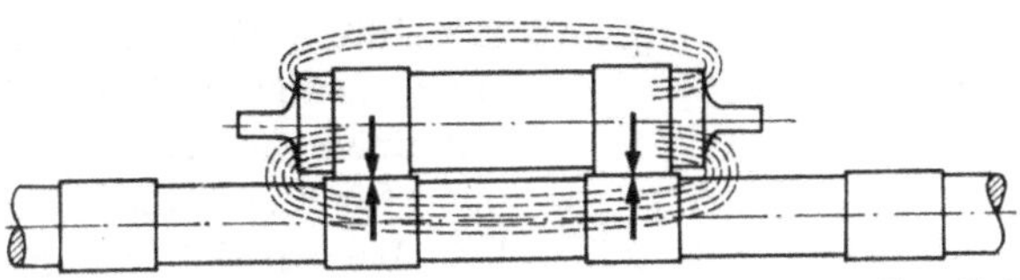
Abb. 678. Feldlinien der MagneDraft-Walze der Firma Saco-Lowell Shops

Permanentmagneten ersetzt. Der Permanentmagnet *DM* ist in einer unmagnetischen Büchse *BÜ* untergebracht (Abb. 679). Die Polspitzen PS_1, PS_2 mit den Führungszapfen ZA_1, ZA_2 werden in die Büchse *BÜ* gepreßt. Die elastischen Hülsen BZ_1, BZ_2, welche die Laufflächen der Druckwalzen bilden, lassen sich auf die Büchse *BÜ* schieben und durch die Stellringe STR_1, STR_2 sichern. Zum Austausch der elastischen Bezüge muß die Magnetwalze entmagnetisiert werden. Das Magnetisieren und Entmagnetisieren erfolgt nach Herausnahme der Druckwalzen aus dem Streckwerk in einem besonderen Gerät. Durch die Verwendung der Magnetwalze ist ein einfacher Aufbau des Streckwerkes möglich. Die Reibungsverluste sind relativ gering. Das Streckwerk ist leicht sauberzuhalten. Nachteilig ist es, daß der Belastungsdruck nicht verändert werden kann. Es müssen hohe Anforderungen an den Permanentmagneten gestellt werden. Die Firma Saco-Lowell Shops rüstet ihr Zweiriemchen-Streckwerk für Baumwoll-Ringspinnmaschinen mit ma-

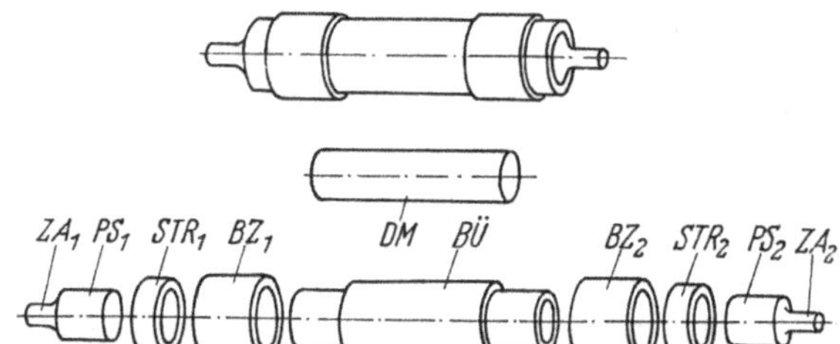

Abb. 679. Aufbau der MagneDraft-Walze der Firma Saco-Lowell Shops – DBP 1137363 von 1962, patent. vom 3. 12. 1959 an

BÜ unmagnetische Büchse; BZ_1, BZ_2 elastische Hülsen; *DM* Permanentmagnet; PS_1, PS_2 Polspitzen; STR_1, STR_2 Stellringe; ZA_1, ZA_2 Führungszapfen

gnetischen Druckwalzen aus. Sie gibt an, daß die Reinigungszeit für dieses Streckwerk um 60 bis 90% verringert werden konnte. Außerdem sollen die hergestellten Garne fester und gleichmäßiger sein als die Garne, die auf den üblichen Streckwerken gesponnen werden.

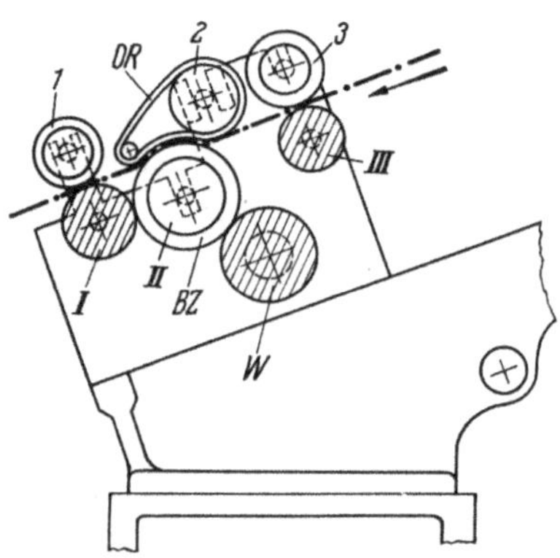

Abb. 680. Streckwerk mit magnetischer Mittelwalze der Firma Saco-Lowell Shops – DBP 1107569 von 1961, patent. vom 20. 9. 1958 an

BZ elastischer Bezug; *OR* Oberriemchen; *W* Antriebswelle

Bei dem in der Abb. 680 veranschaulichten Streckwerk ist die Mittelwalze *II* mit einem Permanentmagneten versehen (DBP 1107569 von 1961). Die Mittelwalze *II*, die einen elastischen Bezug hat, arbeitet mit einem Oberriemchen *OR* zusammen. Sie reicht über zwei Spinnstellen. Ihr Antrieb erfolgt durch die Welle *W*. Die magnetischen Kräfte pressen die Druckwalze *2* auf die Mittelwalze und erzeugen gleichzeitig den notwendigen Anpreßdruck der Mittelwalze an die Antriebswelle *W*. Die Magnetwalzen sind mit seitlichen Lagerzapfen versehen. Die mit dem Maschinengestell verbundenen Lager dieser Zapfen müssen sehr sorgfältig eingestellt werden, anderenfalls liegen die Druck- und die Unterwalze nicht parallel zueinander. Die Zapfen und die Lager müssen naturgemäß einen hohen Verschleißwiderstand haben.

Um diese Nachteile auszuschalten, entwickelte die Firma SKF Kugellagerfabriken GmbH eine Lagerung für die Magnetwalzen, die in den Abb. 681 und 682 dargestellt ist (DBP 1097868 von 1961). Die magnetische Druckwalze *1* lagert auf zwei Gegenwalzen. Eine seitliche Führung erübrigt sich. Die Gegenwalze *II* kann oberhalb oder unterhalb der Verzugsebene angeordnet sein. Im ersten Fall (Abb. 681) dient die Walze *II* lediglich als Stützwalze. Im zweiten Fall (Abb. 682) wird der Faserverband am Ausgang doppelt geklemmt. Die beiden Gegenwalzen *I* und *II* sind in einem schwenkbaren Lagerblock gelagert, der in der Faserlaufrichtung verschiebbar ist. Die mittlere Druckwalze *3*, die Mittelwalze *III*, der Riemchenkäfig *KA* und die Wendeschienen WS_1, WS_2 bilden in der Betriebsstellung eine Einheit. Ein Dauermagnet M_1 drückt den Riemchenkäfig auf die Wendeschiene WS_1 des Unterriemchens *UR*. Die seitlichen Zapfen der Eingangsdruckwalze *4* laufen in den Lagern der Führungsschienen *FS*. Wegen der geringen Drehzahl der Eingangsdruckwalze ist der Verschleiß an den Zapfen und an den Lagern gering. In die Riemchendruckwalze *3* braucht nicht unbedingt ein Dauermagnet eingearbeitet zu sein. Den erforderlichen Anpreßdruck kann auch ein Dauermagnet M_2, der am Riemchenkäfig *KA* angebracht ist, erzeugen. Die Riemchen werden von Federn FE_1 und FE_2 gespannt.

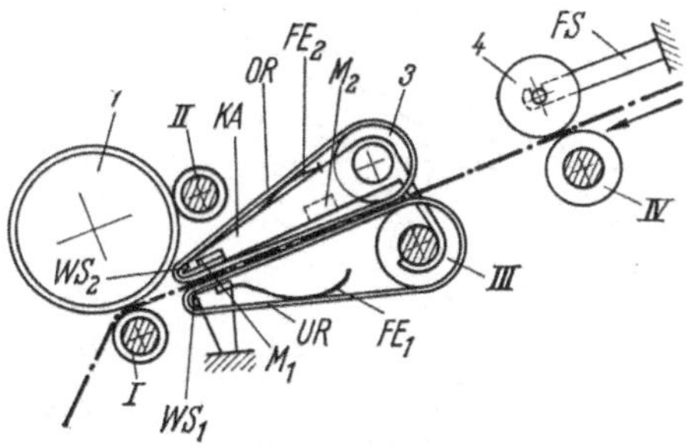

Abb. 681. Belastung der Druckwalzen mit Hilfe von Magneten, Firma SKF Kugellagerfabriken GmbH – DBP 1097868 von 1961, patent. vom 29. 11. 1958 an

FE_1, FE_2 Riemchenspannfedern; *FS* Führungsschiene; *KA* Riemchenkäfig; M_1, M_2 Dauermagneten; *OR* Oberriemchen; *UR* Unterriemchen; WS_1, WS_2 Wendeschienen

Nach einem anderen Vorschlag der Firma SKF Kugellagerfabriken wird die Welle eines Druckwalzenpaares zwischen den beiden Walzenkörpern drehbar gelagert (DAS 1107570 von 1961, Abb. 683). Zwei Stege ST_1 und ST_2, die oben mit je einer Lagerschale versehen sind, bilden eine Lagerstelle für die Druckwalzenachse. Der hintere Steg ist federnd gelagert, so daß die Druckwalzen ohne große Schwierigkeiten in die Lagerstelle eingebracht bzw. aus ihr entfernt werden können. Die Druckwalzenwelle hat zwei aufgesetzte oder angedrehte Ringe, um ein Verschieben in axialer Richtung zu verhindern. Das Führungslager kann als Gleit- oder als Rollenlager ausgebildet sein. Der Belastungsdruck wird durch Magnete erzeugt, die in der Druckwalze untergebracht sind.

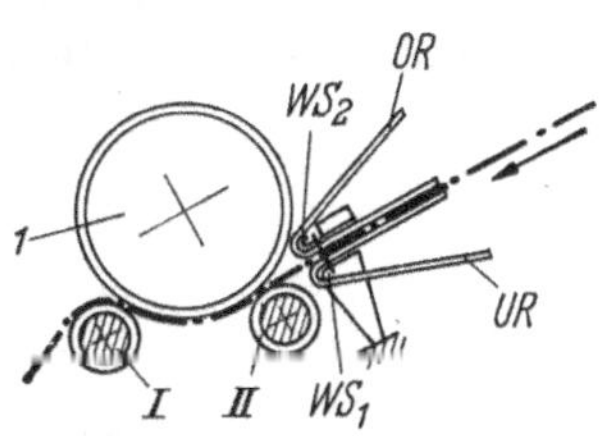

Abb. 682. Belastung der Druckwalzen mit Hilfe von Magneten, Firma SKF Kugellagerfabriken GmbH – DBP 1097868 von 1961, patent. vom 29. 11. 1958 an

OR Oberriemchen; *UR* Unterriemchen; WS_1, WS_2 Wendeschienen

In einem weiteren Patent gibt die Firma SKF Kugellagerfabriken GmbH einen Belastungsarm für Druckwalzen an, die mit Magneten versehen sind (DBP 1115625 von 1961, Abb. 684). Die Druckwalzen werden von Führungslagern *FL*, die im Belastungsarm verschiebbar sind, gehalten. In die Führungslager *FL* sind Lagerschalen *LS* mit Wälzkörpern *W* eingepreßt. Die Bunde *ST* der Druckwalzen rollen auf den Wälzkörpern *W* ab. Eine elastische Sperre, deren Rückhaltekraft größer als die magnetische Kraft der jeweiligen Druckwalze ist, verhindert ein unbeabsichtigtes Herausheben der Oberwalzen aus dem Belastungsarm. In jeder Druckwalze befindet sich ein Dauermagnet *M*, an dessen Stirnseiten die Polschuhe *N* und *S* anliegen. Der Magnet *M* ist von einer unmagnetischen Büchse *BU* umgeben. Auf die Büchse *BU* ist ein elastischer Bezug *BZ* aufgezogen.

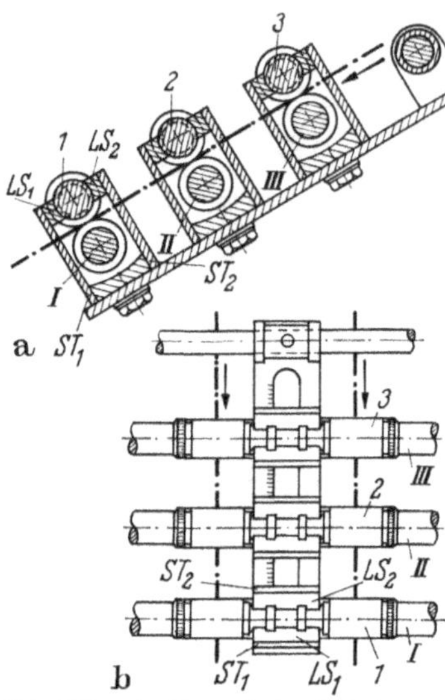

Abb. 683a u. b. Magnetischer Belastungsarm der Firma SKF Kugellagerfabriken GmbH — DAS 1107570 von 1961, Anmeldetag: 6. 12. 1958
a Seitenansicht, b Draufsicht
LS_1, LS_2 Lagerschalen; ST_1, ST_2 Stege

Die Firma Württembergische Spindelfabrik Süssen GmbH entwickelte eine magnetische Belastungseinrichtung, bei der für jeden

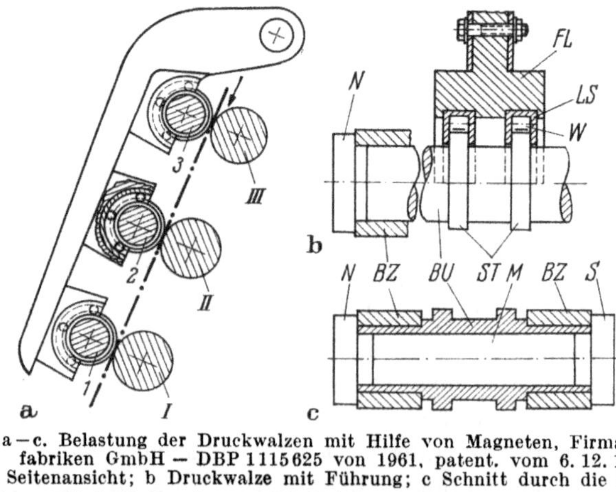

Abb. 684a—c. Belastung der Druckwalzen mit Hilfe von Magneten, Firma SKF Kugellagerfabriken GmbH — DBP 1115625 von 1961, patent. vom 6. 12. 1958 an
a Seitenansicht; b Druckwalze mit Führung; c Schnitt durch die Druckwalze
BU Büchse; *BZ* elastischer Bezug; *FL* Führungslager; *LS* Lagerschale; *M* Dauermagnet; *N*, *S* Polschuhe; *ST* Bund der Druckwalze; *W* Wälzkörper

Belastungsmagnet ein besonderer, um eine Achse drehbarer Führungsarm vorgesehen ist (DBP 1146791 von 1963, Abb. 685). Die U-förmigen Belastungsmagnete sind unten nach innen abgebogen und als Pole ausgebildet, deren Feldlinien sich auf die Achse der Unterwalze richten. Der Sattel und die Lagerstücke zwischen den Schenkeln des Magneten sind aus Kunststoff. Mit Hilfe des Keiles *KE* und der Stellschraube *SR* kann der Abstand der Magnetpole von der Unterwalze genau eingestellt

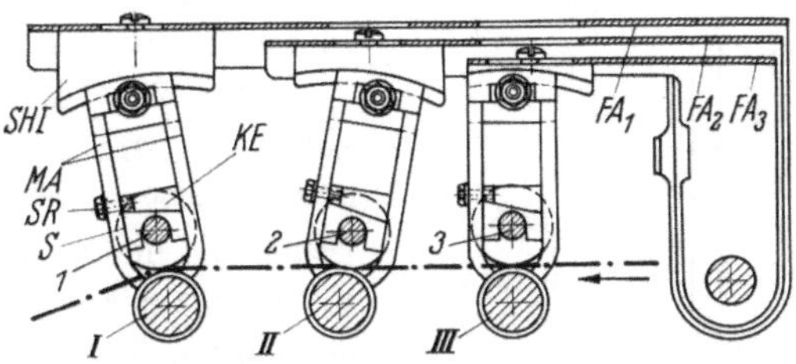

Abb. 685. Magnetischer Belastungsarm der Firma Württembergische Spindelfabrik Süssen GmbH. – DBP 1146791 von 1963, patent. vom 19. 8. 1960 an

FA_1 bis FA_3 Führungsarme; *KE* Keil; *MA* Magnet; *S* Sattel; *SHI* Schieber; *SR* Stellschraube

werden. Der Schieber *SHI* läßt sich auf dem Führungsarm verschieben. Der Magnet *MA* ist seinerseits auf dem Schieber *SHI* verschiebbar angebracht.

Literatur zu Kap. 7

[1] Johannsen, O. und F. Walz: Handbuch der Baumwollspinnerei; 5. Band; Zellwollspinnerei, Cottoninspinnerei, Rohweberei und Fabrikanlagen. Berlin: Bernh. Friedr. Voigt 1956.

[2] Krauter, G.: Neuerungen an Streckwerken. Melliand Textilber. 20 (1939) 554.

[3] Nebich, R.: Ein neuer Oberwalzen-Halter für die Streckwerke von Feinspinnmaschinen. Textil- und Faserstofftechn. 6 (1956) 229.

[4] Reinfeld, N.: Theoretische Grundlagen zur Pendelführung von Druckwalzen für Streckwerke. Melliand Textilber. 32 (1951) 827.

[5] Borowicz, J., u. J. Laski: Der pneumatische Belastungsarm des Typs PPl. Przeglad Wlok. 18 (1964) No. 3, 125 (polnisch).

8. Der Antrieb, die Walzen und die Riemchen der Streckwerke

8.1 Der Antrieb der Streckwerkswalzen

Der Motor der Spinnmaschine treibt die Ausgangswalze des Streckwerks an. Von dieser Walze aus erfolgt der Antrieb der übrigen Streckwerkswalzen. Die Ausgangswalze treibt in der Regel direkt die Eingangswalze an. Für den Antrieb der Mittelwalzen gibt es verschiedene

Möglichkeiten. In der Abb. 686 sind die beiden gebräuchlichen Antriebsarten für ein Vierwalzen-Streckwerk der Baumwollspinnerei wiedergegeben.

Nach der Darstellung in der Abb. 686a werden die Mittelwalze II von der Ausgangswalze I und die Mittelwalze III von der Eingangswalze IV angetrieben. Die Mittelwalzen II und III können jedoch auch beide von der Eingangswalze IV angetrieben werden (Abb. 686b).

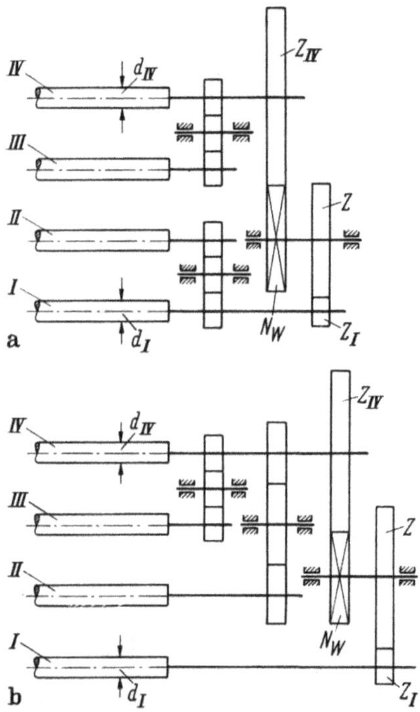

Abb. 686a u. b. Antriebsschema eines Vierwalzen-Streckwerks der Baumwollspinnerei a Die Mittelwalze II wird von der Ausgangswalze I angetrieben; b Die Mittelwalze II wird von der Eingangswalze IV angetrieben d_I, d_{IV} Durchmesser der Ausgangs- bzw. Eingangswalze; N_w Nummernwechsel; Z, Z_I, Z_{IV} Zahnräder

Die Größe des Verzuges, der auf dem Streckwerk stattfindet, läßt sich aus dem Übersetzungsverhältnis der Zahnräder und dem Verhältnis der Walzendurchmesser berechnen.

Für die in der Abb. 686 veranschaulichten Getriebe ergibt sich der Verzug V zu

$$V = \frac{Z_{IV}\, Z\, d_I}{Z_I\, N_w\, d_{IV}} \tag{94}$$

Hierin bedeuten:

Z, Z_{IV} Zähnezahlen der getriebenen Zahnräder

Z_I, N_w Zähnezahlen der treibenden Zahnräder (N_w = Nummernwechsel)

d_I, d_{IV} Durchmesser der Ausgangs- bzw. Eingangswalze

Wenn die Eingangs- und die Ausgangswalze den gleichen Durchmesser haben, vereinfacht sich die Gleichung zu

$$V = \frac{Z_{IV}\, Z}{Z_I\, N_w} \tag{95}$$

Die Zahnräder Z, Z_I und Z_{IV} werden gewöhnlich nicht ausgewechselt. Der Verzug wird nur mit Hilfe des Nummernwechsels N_w verändert. Aus diesem Grunde läßt sich die Verzugsgleichung wie folgt schreiben:

$$V = \frac{K}{N_w} \tag{96}$$

wobei K eine Getriebekonstante ist. Für einen veränderten Verzug V_1 lautet die Gleichung entsprechend

$$V_1 = \frac{K}{N_{w_1}}$$

Demnach ist

$$\frac{V}{V_1} = \frac{K}{N_w} \frac{N_{w_1}}{K} = \frac{N_{w_1}}{N_w} \tag{97}$$

Daraus folgt, daß die Verzüge sich umgekehrt wie die Zähnezahlen der Nummernwechsel verhalten. Dagegen sind die Verzüge den metrischen Nummern des abgelieferten Bandes proportional.

8.2 Die Unterwalzen der Streckwerke

8.2.1 Die Riffelung der Unterwalzen

Die Unterwalzen der Streckwerke sind meist parallel zur Walzenachse geriffelt. Die Riffelung kann durch Hobeln, Fräsen, Ziehen oder Walzen hergestellt werden. Sie hat meist die Form eines Trapezes und eine Teilung von 1,5 bis 2,2 mm (Abb. 687a).

Bis vor wenigen Jahren wurde oft eine Differentialriffelung verwendet. Diese Riffelart hat innerhalb des Rapportes keine gleichmäßige, sondern eine veränderliche Teilung, wobei entweder der Zahngrund oder die Zahnrücken gleiche Abmessungen haben. Es werden meist drei Rapporte auf dem Walzenumfang angebracht. Die Riffeln nehmen innerhalb eines Rapportes von 0,2 bis 0,6 mm zu. Durch diese Anordnung werden die Riemchen und die Druckwalzenbezüge geschont. Wegen der inzwischen erreichten Verbesserung der Riemchen und der Walzenbezüge kann heute auf die Differentialriffelung verzichtet werden. Die Riemchenunterwalzen sind in der Regel nicht geriffelt, sondern gekordelt. Die Kordelung ergibt eine bessere Mitnahme der Riemchen als die Riffelung. Die Unterwalzen der Strecken werden auch mit einer schraubenförmigen Riffelung versehen. Diese Riffelung gibt eine gute Faserklemmung, setzt die Wickelbildung herab und schont die Druckwalzenbezüge.

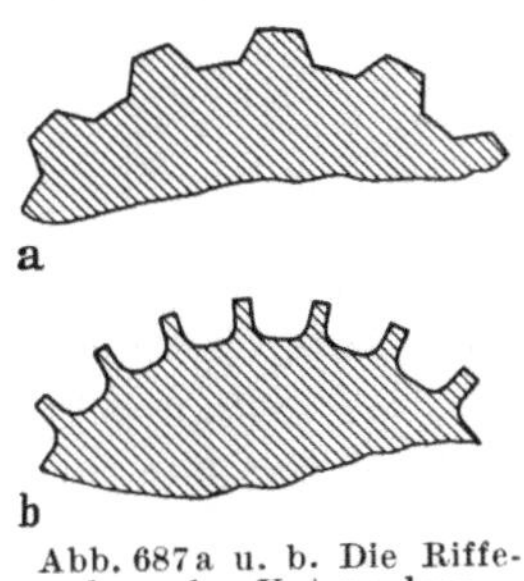

Abb. 687 a u. b. Die Riffelung der Unterwalzen
a trapezförmige Riffelung;
b Shirley-Riffelung

In der Abb. 687b ist die Shirley-Riffelung dargestellt. Sie verläuft schraubenförmig um die Walzenachse und ist nicht trapezförmig, sondern muldenartig ausgebildet.

Dakin, Foster und Locke [*1*] geben an, daß für V-förmig geriffelte Walzen nur die Hälfte der sonst bei trapezförmig geriffelten Walzen notwendigen Belastung aufzubringen ist. Valota [*2*] fand, daß schmale Riffelrücken vorteilhafter sind als breite. Haschke [*3*] untersuchte unter anderem den Einfluß der Riffelform auf die Entlüftung und auf die Belastung des Faserbandes. Er empfiehlt, die Unterwalzen mit tiefen, sich zur Walzenachse hin verbreiternden Riffelkanälen zu versehen. Eberle schlägt in dem Schweizer Patent 359634 von 1962, patent. vom 21. 4. 1958 an, vor, die Flankenwinkel unterschiedlich zu gestalten (vgl. Abb. 177). Hierdurch soll eine bessere Klemmwirkung als bei den Walzen mit symmetrisch ausgebildeten Riffelkanälen erzielt werden.

8.2.2 Die Kupplungen der Unterwalzen

Die Unterwalzen einer Ringspinnmaschine bestehen nicht aus einem Stück, sondern aus einzelnen Teilen. Die Teillängen der Unterwalzen entsprechen der Stanzenteilung. Früher erfolgte die Verbindung der Unterwalzenteile mit Hilfe von Vierkantkupplungen, mit denen jedoch

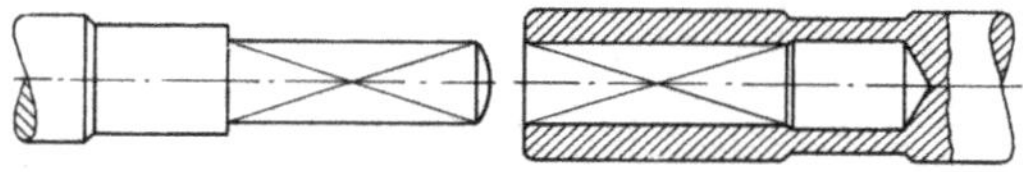

Abb. 688. Vierkantkupplung für die Unterwalzen

kein einwandfreier Rundlauf zu erzielen war (Abb. 688). Außerdem entstand infolge der Abnutzung ein Kupplungsspiel. Heute werden die einzelnen Unterwalzenteile miteinander verschraubt (Abb. 689). Um

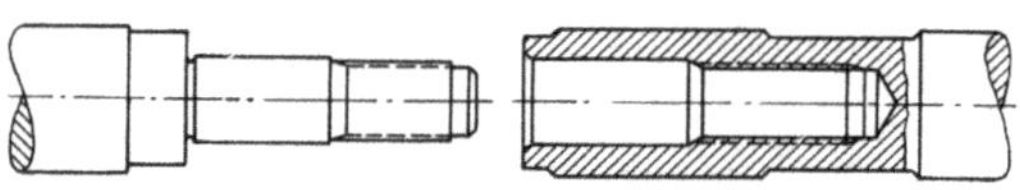

Abb. 689. Schraubkupplung für die Unterwalzen

ein Aufdrehen der Schraubverbindung zu verhindern, sind den Gegebenheiten entsprechend Rechts- und Linksgewinde vorzusehen. (Eine Maschinenseite der Ringspinnmaschine Rechtsgewinde, die gegenüber-

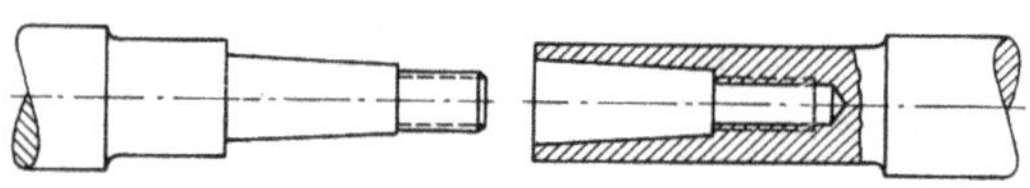

Abb. 690. Schraubkupplung mit konischem Führungsstück von Heilmann-Ducommun und Steinlen – DP 13006 von 1880, patent. vom 29. 8. 1880 an

liegende Linksgewinde.) Nach einem deutschen Patent (DP 13006) von Heilmann ist die Schraubkupplung mit einer konischen Führung versehen (Abb. 690). Heute werden meist nur zylindrische Führungsstutzen verwendet.

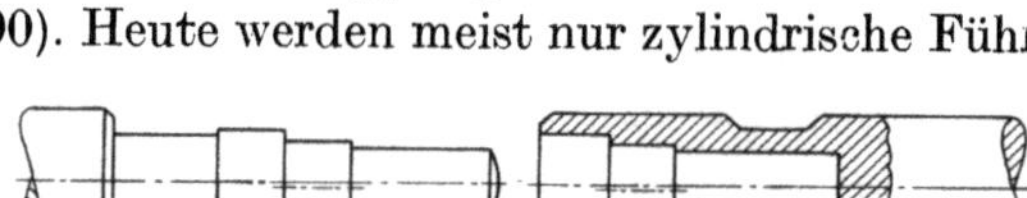

Abb. 691. Walzenkupplung von C. Peugeot u. Co. – DP 6863 von 1879, patent. vom 11. 3. 1879 an

Peugeot schlägt eine Walzenkupplung vor (Abb. 691), bei der das Führungsstück und die entsprechende Bohrung exzentrisch angeordnet sind (DP 6863 von 1879).

Eine weitere mit einem Spannschraubengewinde versehene Kupplung (Abb. 692), die relativ kompliziert ist und im Aufbau von den sonst üblichen Ausführungen abweicht, entwickelte JONES (DRP 514228 von 1930).

Eine leicht lösbare Kupplung schlägt LAUBER in seinem Patent (DBP 874574 von 1953, Abb. 693) vor. Eine Schraubenfeder *FE* ist mit

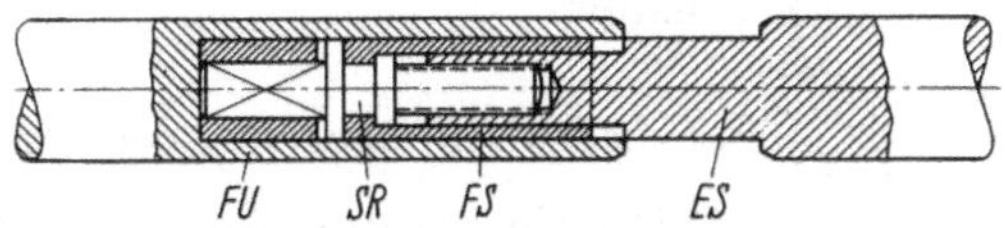

Abb. 692. Walzenkupplung nach H. JONES – DRP 514228 von 1930, patent. vom 28. 7. 1929 an

ES Einsteckkonus; *FS* Füllstück; *FU* Futter für die Spannschraube; *SR* Spannschraube

Spiel auf den Bolzen *BO* des treibenden Walzenteils aufgesteckt. Die Nase *N* der Feder *FE* wird von der Nut *NU* des Bolzens *BO* gehal-

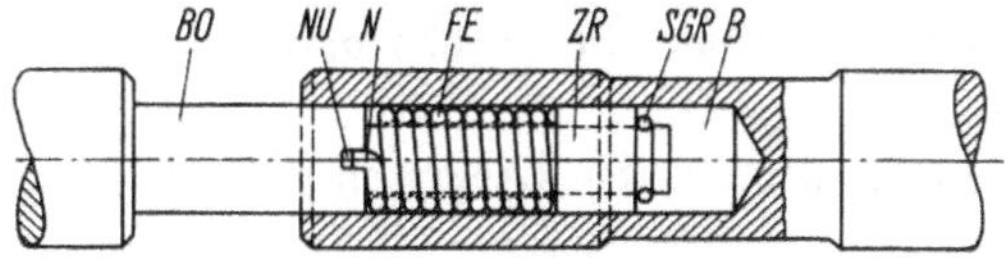

Abb. 693. Walzenkupplung nach TH. LAUBER – DBP 874574 von 1953, patent. vom 21. 2. 1951 an

B Bohrung; *BO* Bolzen; *FE* Feder; *N* Nase; *NU* Nut; *SGR* Sprengring; *ZR* Zentrierring

ten. Der Bolzen *BO* und die Feder *FE* werden unter Federspannung in die Bohrung *B* des getriebenen Walzenteils eingepaßt. Bei einer Drehung wird die Feder *FE* gegen die Wandung der Bohrung *B* gedrückt und bildet so eine formschlüssige Verbindung. Die Zentrierung des Kupplungsbolzens *BO* erfolgt mit Hilfe des Zentrierrings *ZR*.

In der Abb. 694 ist eine Walzenkupplung nach einem Patentvorschlag der Firma Schiess AG. dargestellt (DBP 1111547 von 1962). Die Walzenteile I_a und I_b sowie II_a und II_b lagern in einem Gehäuse *GH*. An den Enden der jeweils einander zugeordneten Walzenteile sind gleich große Zahnräder Z_1 und Z_2 sowie Z_4 und Z_5 angebracht. Mit Hilfe des Zahnrades Z_3, das sich um den Bolzen *BO* dreht, werden die benachbarten Teilstücke miteinander verbunden. Gleichzeitig wird eine Verbindung zwischen den beiden parallel liegenden Walzensträngen hergestellt. Es ist bei dieser Anordnung nachteilig, daß der Walzenabstand relativ groß ist und daß eine Verzugsänderung nur durch Austausch der Zahnräder möglich ist.

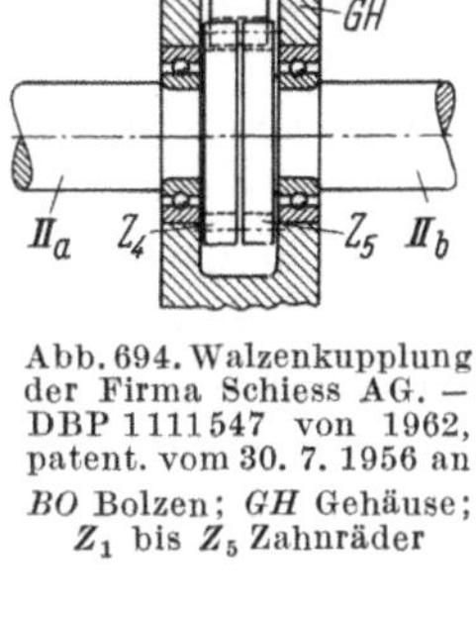

Abb. 694. Walzenkupplung der Firma Schiess AG. – DBP 1111547 von 1962, patent. vom 30. 7. 1956 an

BO Bolzen; *GH* Gehäuse; Z_1 bis Z_5 Zahnräder

Im deutschen Patent DBP 1111548 von 1962 der Firma Württembergische Spindelfabrik GmbH Süssen ist eine Walzenverbindung beschrieben, bei der die Verbindung der Walzenteile durch Klauen erfolgt (Abb. 695). Die Wellenenden werden in radialer Richtung durch federnde Ringe zusammengehalten.

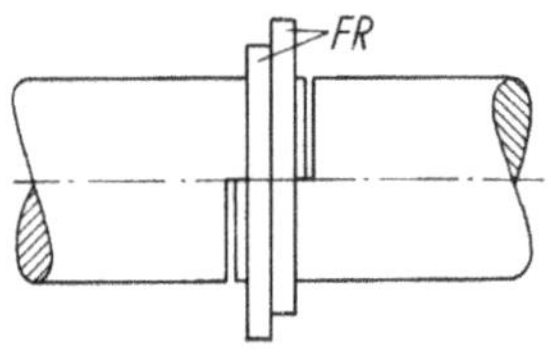

Abb. 695. Walzenverbindung der Firma Württembergische Spindelfabrik Süssen GmbH – DBP 1111548 von 1962, patent. vom 30. 5. 1960 an
FR Federringe

8.2.3 Die Lagerung der Unterwalzen

Die Unterwalzen können in Gleit- oder in Wälzlagern gelagert werden. Heute werden in zunehmendem Maße Wälzlager verwendet, die folgende Vorteile haben:

1. Sie brauchen nur selten geschmiert zu werden (ein- bis zweimal im Jahr).
2. Infolge der gegenüber Gleitlagern geringeren Reibung sinkt der Energiebedarf.
3. Keine Verschmutzung der Lagerstellen, die wirksam abgedichtet werden können.
4. Gute Rundlaufeigenschaften.

Als Wälzlager kommen in erster Linie Nadellager zur Anwendung. Diese können so klein gebaut werden, daß der Außendurchmesser des Lagers und der Durchmesser der Unterwalze an der Faserlaufstelle gleich sind. In Kammgarn-Streckwerke werden wegen der hohen Belastungen kräftigere Nadellager eingebaut als in Baumwoll-Streckwerke. Auch hinsichtlich der Lagerabdichtung werden unterschiedliche Anforderungen gestellt. Während am Baumwoll-Streckwerk das Unterwalzenlager in erster Linie vor dem Faserflug geschützt werden muß, soll am Kammgarn-Streckwerk das Eindringen eines Faserwickels in das Lager verhindert werden.

In der Baumwollspinnerei werden daher überwiegend Nadellager mit schleifender Lippendichtung *DI* verwendet (Abb. 696). Die Halteringe *HR* schützen die Dichtungsringe *DI* vor Beschädigungen. Die Nadellager der Kammgarn-Streckwerke haben eine Spaltdichtung (Abb. 697). Ein Winkelblech *WI* ist auf den Innenring des Nadellagers aufgezogen. Das Winkelblech läuft mit dem Innenring um und verhindert ein Eindringen der Wollfasern. In der Praxis haben sich beidseitig des Lagers eingearbeitete Rillen, sogenannte Fangrillen, als Schutz gegen die Wickel sehr gut bewährt. Die Außenringe der Nadellager sind im allgemeinen ballig geschliffen, um geringe Fluchtungsfehler von Stanze zu Stanze ausgleichen zu können [*16*].

Die Firma Zinser Textilmaschinen GmbH verwendet unter anderem für die Lagerung der Unterwalzen sogenannte Egberink-Nadellager

(Abb. 698). Die EGBERINK-Nadellager bestehen aus einem zweiteiligen Nadelkäfig *NK* und einer Reihe von Lagerscheiben *LS*, die in ein Gehäuse *G* geschoben werden. Die EGBERINK-Nadellager können, ohne die Unterwalze zu entfernen, ausgewechselt werden.

GÜNTHER [*4*] berichtete bereits 1957 über Ringspinnmaschinen, deren Unterwalzen seit über sieben Jahren mit Nadellagern ausgerüstet

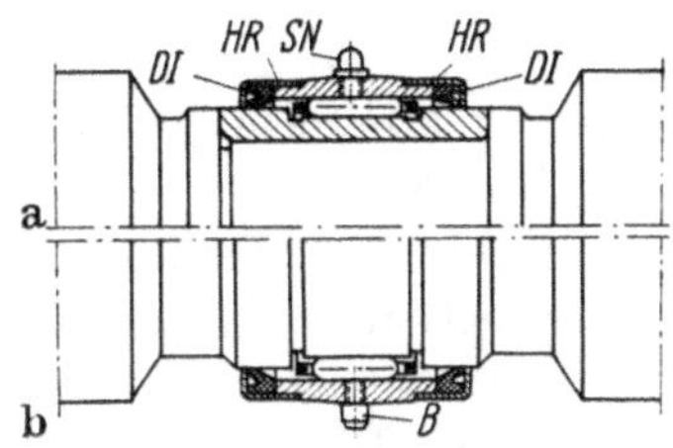

Abb. 696a u. b. Nadellager mit schleifender Lippendichtung [*16*]
a Nadellager mit Innenring; b Nadellager ohne Innenring
B Bolzen zum Arretieren des Lagers; *DI* Dichtung; *HR* Haltering; *SN* Schmiernippel

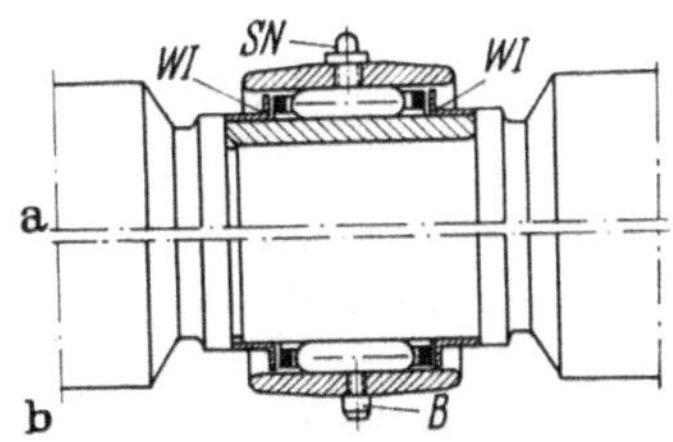

Abb. 697a u. b. Nadellager mit Spaltdichtung [*16*]
a Nadellager mit Innenring; b Nadellager ohne Innenring
B Bolzen zum Arretieren des Lagers; *SN* Schmiernippel; *WI* Winkelblech

waren. Eine Reinigung der Lager ist in der Berichtszeit nicht erforderlich gewesen. Auf Grund umfangreicher Versuche empfiehlt auch LOCKE [*5*] die Verwendung von Nadellagern. CATLING [*6*] gibt dagegen

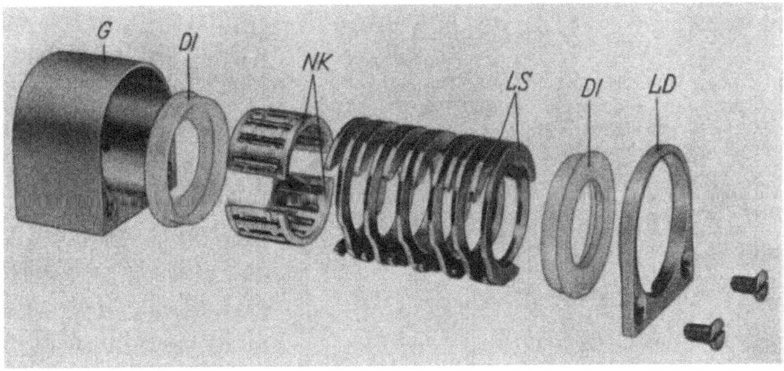

Abb. 698. EGBERINK-Nadellager für Unterwalzen der Firma Zinser Textilmaschinen GmbH
DI Dichtung; *G* Gehäuse; *LD* Lagerdeckel; *LS* Lagerscheibe; *NK* Nadelkäfig

an, daß bei Verwendung von Gleitlagern aus Bronze, Eisen oder Teflon eine höhere Laufruhe zu erzielen ist als bei dem Einsatz von Wälzlagern. Diese Untersuchungen beziehen sich besonders auf den sogenannten Haft-Gleit-Effekt.

8.3 Die Druckwalzen der Streckwerke

8.3.1 Die Konstruktion der Druckwalzen

Die Druckwalzen der Streckwerke können als Fest- oder als Loswalzen ausgebildet sein. Die Abmessungen der Druckwalzen sind genormt (DIN 64055). Der Aufbau und die Arbeitsweise einer Festwalze gehen aus der Abb. 699 hervor. Die beiden Walzenkörper *WK* sind fest mit der Achse *A* verbunden, die von den Kugellagern *KL* geführt wird. Die Lager sind in dem nicht umlaufenden Mittelstück *MS* eingebaut. Die beiden nebeneinanderliegenden, gemeinsam belasteten Walzen können sich nicht unabhängig voneinander bewegen. Dies ist bei einer Wickelbildung von Nachteil. Festwalzen werden unter anderem als Eingangsdruckwalzen an Baumwoll-Ringspinnmaschinen verwendet. Sie werden ohne seitliche Führungszapfen hergestellt und lassen sich daher nur an Belastungsarmen mit sogenannter Mittenführung anbringen. Die maximale Belastung beträgt für beide Druckwalzen 10 kg.

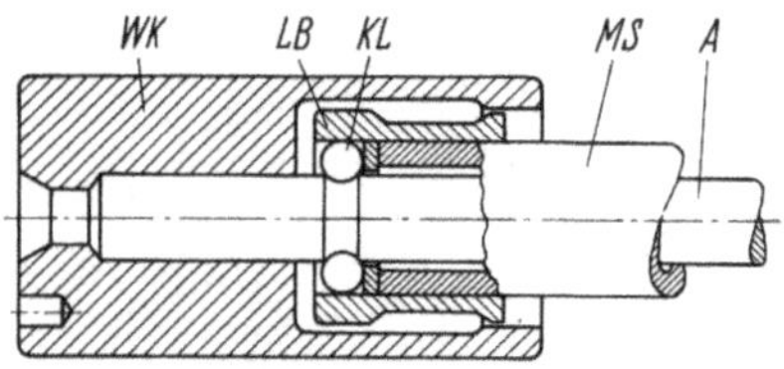

Abb. 699. Festwalze der Firma Württembergische Spindelfabrik Süssen GmbH
A Achse; *KL* Kugellager; *LB* Laufbuchse; *MS* Mittelstück; *WK* Walzenkörper

Heute werden fast ausschließlich Loswalzen verwendet. Sie können mit und ohne seitliche Lagerzapfen geliefert werden (Abb. 700 und Abb. 701). Die beiden Walzen W_1 und W_2 können sich unabhängig voneinander um die feststehende Achse *A* drehen. Dies hat den Vorteil, daß die Umfangsgeschwindigkeit der einen Walze nicht beeinflußt wird, wenn sich auf der anderen Walze ein Wickel bildet. Die Loswalzen können für alle Streckwerke der Spinnerei eingesetzt werden. Der Belastungsdruck je Klemmlinie kann bis zu 35 kg betragen. Wenn derartig extreme Belastungsdrücke notwendig sind, müssen statt der bei niedrigen bis mittleren Belastungsdrücken üblichen Kugellager

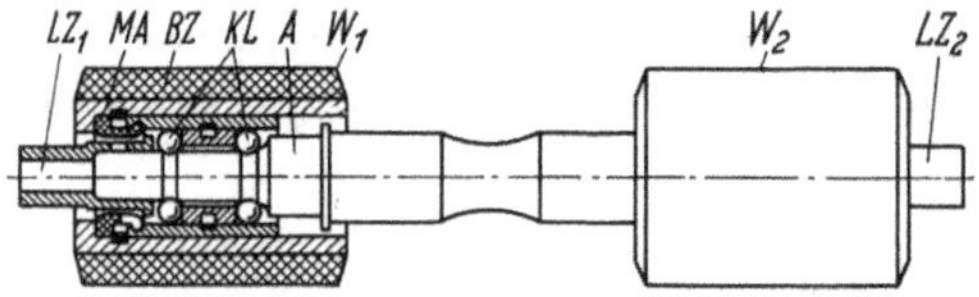

Abb. 700. Loswalze mit seitlichen Lagerzapfen der Firma SKF Kugellagerfabriken GmbH
A Achse; *BZ* Bezug; *KL* Kugellager; LZ_1, LZ_2 Lagerzapfen; *MA* Mantel; W_1, W_2 Walzen

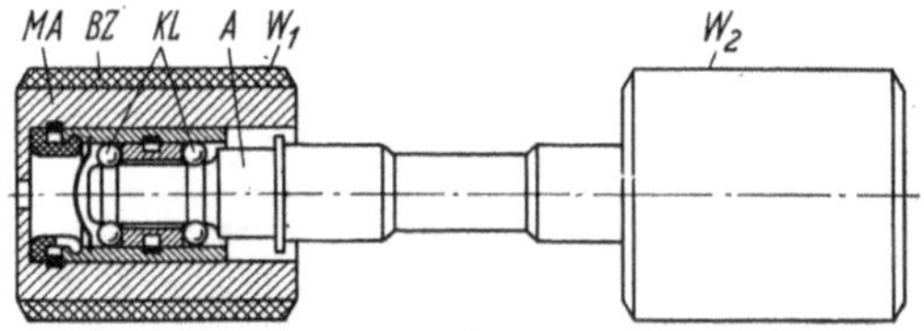

Abb. 701. Loswalze für Mittenführung der Firma SKF Kugellagerfabriken GmbH
A Achse; *BZ* Bezug; *KL* Kugellager; *MA* Mantel; W_1, W_2 Walzen

Rollenlager zur Verwendung kommen. In solchen Fällen wird die eingedrehte Sattelstelle durch einen Bund ersetzt, um die Durchbiegung der Achse zu vermindern.

8.3.2 Die Druckwalzenbezüge

Die Druckwalzen haben einen Bezug aus nachgiebigem Material. Heute werden statt der früher gebräuchlichen Bezüge (Leder mit Tuch als Unterlage, Papier, Kork) Kunststoffbezüge verwendet [*7*]. Bezüge aus Filz oder Leder sind gegenüber Druckverlagerung weniger empfindlich als Kunststoffbezüge [*8*]. Die Kunststoffbezüge werden mit Hilfe einer Aufziehmaschine auf den Stahlmantel der Druckwalze gebracht. Hierbei entstehen Spannungen, die vor dem Schleifen durch Walken beseitigt werden müssen. Um einen genauen Rundlauf zu gewährleisten, werden die Druckwalzen vor der Inbetriebnahme und anschließend in bestimmten zeitlichen Abständen geschliffen [*13*, *14*]. Die Härte der Bezüge beträgt in der Regel 60 bis 65° Shore. Nach Angaben von Kirschner [*9*] werden bei der Chemiefaserverspinnung harte Bezüge, die nur eine geringe Kontaktfläche zwischen der Fasermasse und dem Bezug ergeben, bevorzugt. Die Neigung zur Wickelbildung wird hierdurch herabgesetzt. Kirschner [*9*] fand keinen Zusammenhang zwischen den elastischen Eigenschaften der Bezüge und ihrer Härte. Lünenschloss und Helli [*17*] geben an, daß bei der Verwendung weicher Druckwalzenbezüge die Belastung niedriger sein kann als bei der Verwendung harter Druckwalzenbezüge. Wenn die erforderlichen Belastungsdrücke nicht zu hoch sind, so können mit Hilfe weicher Bezüge die Garn- und die Laufeigenschaften verbessert werden. Bei hohen Belastungsdrücken hat der weiche Bezug keinen Vorteil gegenüber dem harten Bezug. Es muß in diesem Fall sogar dem harten Bezug der Vorzug gegeben werden. Vieweg und Kern [*10*] untersuchten die Laufeigenschaften von verschiedenen Gummibezügen. Sie nennen eine Reihe von Gummiqualitäten, die in ausreichend großen Luftfeuchtigkeitsbereichen den Bezügen aus Leder mit Tuch überlegen sind.

Bei der Untersuchung der elektrostatischen Aufladung von Streckenbändern aus Baumwolle konnten Wegener und Kesting [*11*] nachweisen, daß die elektrostatische Aufladung im wesentlichen von dem Material der verwendeten Druckwalzenbezüge abhängt. Es wurden Bezüge aus Leder, Mipolam, Contex und Nivitex in verschiedenen Kombinationen verwendet. Durch eine geeignete Kombination der Druckwalzenbezüge kann die Materialaufladung sehr gering gehalten werden. Die Ergebnisse von Wegener und Kesting [*11*], den Einfluß der Druckwalzenbezüge auf die elektrostatische Aufladung betreffend, wurden im wesentlichen von KIRSCHNER [*12*] für Zellwolle bestätigt.

Im britischen Patent 940798 vom 25. 5. 1961 (G. Angus & Co. Ltd. und J. Locke) wird vorgeschlagen, den Bezug der Druckwalze innen mit etwa zwölf gleichmäßig verteilten, axial angeordneten Kanälen zu versehen. Hier verlagert sich der Walzenklemmpunkt ständig. Eine einmalige periodische Verlagerung des Klemmpunktes je Walzendrehung infolge unrund laufender Druckwalzen und die dadurch im Garn entstehenden Perioden sollen mit Hilfe der neuartigen Druckwalze vermieden werden.

8.4 Die Riemchen der Streckwerke

Die Riemchen der Streckwerke werden aus Leder oder aus Kunststoff hergestellt. Bis vor einigen Jahren wurden die Riemchen ausschließlich aus Kalbsleder gefertigt, das lohgar oder chromgar gegerbt wurde. Die Riemchenenden werden miteinander verleimt, wobei die geleimte Stelle sich weder als Stoß noch als Fuge bemerkbar machen darf. Das Riemchen muß gleichmäßig dick sein (0,7 bis 0,8 mm). Es soll eine geringe Dehnung und eine hohe Lebensdauer haben. Die Riemchenbreite ist genormt (DIN 64054). Dagegen ist die Riemchenlänge von der Streckwerkskonstruktion abhängig. Oberriemchen bestehen heute meist aus Kunststoff. Sie sind endlos und 0,9 bis 1,0 mm dick. Unterriemchen werden im allgemeinen aus Leder hergestellt, da das Zusammenkleben der Enden von Kunststoffriemchen noch schwierig ist [*9*]. KIRSCHNER [*9*] stellte fest, daß bei der Verwendung von chromgar gegerbtem Leder niedrigere Verzugskräfte auftreten als bei der Verwendung von lohgar gegerbten Riemchen und von Kunststoffriemchen. Die Verzugskraft schwankt beim Spinnen mit Kunststoffriemchen stärker als beim Spinnen mit Lederriemchen. Andererseits haben die Kunststoffriemchen eine höhere Lebensdauer. ALBRECHT, WOERNER und SIMON [*15*] empfehlen, nur solche Lederriemchen zu verwenden, die wenig schrumpfen. Die Oberfläche des Riemchens soll keine Fremdstoffe enthalten. Für die Kunststoffriemchen wird gefordert, daß der Weichmachergehalt 5 bis 8% nicht überschreitet. Die Riemchen sollen nicht zu glatt sein. „Gewisse" Unebenheiten sind spinntechnisch von Vorteil [*15*]. Die Oberfläche der Kunststoffriemchen wird daher häufig vergütet. Dies kann unter anderem durch eine Chlorierung oder durch eine Behandlung mit Ozon erfolgen.

Literatur zu Kap. 8

[*1*] DAKIN, G., G. A. R. FOSTER u. J. LOCKE: Roller Slip and the Irregularity of Cotton and Rayon-Staple Drawframe Slivers. J. Text. Inst. 44 (1953) T 544.

[2] VALOTA, A.: Le controle des fibres au laminage. L'Industrie Textile 862 (1958) 661. — Le controle des fibres au laminoir. L'Industrie Textile 863 (1958) 755.
[3] HASCHKE, A. J.: Eine Studie über die Streckwerke der Baumwollspinnerei. Deutsche Textiltechnik 7 (1957) 633; 8 (1958) 437, 580.
[4] GÜNTHER, W.: Nadellagerung für Streckwerkszylinder. Textil-Praxis 12 (1957) 446.
[5] LOCKE, J.: Common Causes of the Irregularity at the Draw Frame. Text. Recorder 75 (1958) Nr. 900, 58.
[6] CATLING, H.: Stick-Slip Friction as a Cause of Torsional Vibration in Textile Drafting Rollers. Proceedings of the Institution of Mechanical Engineers 1960, 174, No. 17.
[7] HOFMANN, H.: Druckwalzenbezüge in Kammgarnspinnereien. Textil-Praxis 7 (1952) 677.
[8] STAHLECKER, W.: Die Druckwalzen der Streckwerke. Textil-Praxis 8 (1953) 763.
[9] KIRSCHNER, E.: Erfahrungen und Erkenntnisse auf dem Gebiet der Chemiefaserverspinnung. Z. ges. Textilind. 64 (1962) 966.
[10] VIEWEG, H., u. W. KERN: Laufeigenschaften von Gummibezügen für Spinnzylinder. Textil-Praxis 8 (1953) 454.
[11] WEGENER, W., u. A. KESTING: Raumklima und elektrostatische Aufladung in Baumwollspinnereien. Melliand Textilber. 36 (1955) 873.
[12] KIRSCHNER, E.: Beitrag zum Problem der elektrostatischen Aufladung bei der Verspinnung von Chemiefasern. Melliand Textilber. 37 (1956) 892.
[13] STAHLECKER, W.: Erfahrungen mit PW-geschliffenen Druckwalzen. Textil-Praxis 9 (1954) 144.
[14] STAHLECKER, W.: Druckwalzen für Hochverzugsstreckwerke (Rundlauf, Tragfähigkeit und Wartung). Melliand Textilber. 43 (1962) 123.
[15] ALBRECHT, W., R. WOERNER u. E. SIMON: Das Problem der korkenzieherartigen Dickstellen, ihre Entstehung und Wege zu deren Beseitigung. Z. ges. Textilind. 64 (1962) 1055.
[16] MAY, D.: Moderne Streckwerkslagerungen Melliand Textilber. 45 (1964) 1100.
[17] LÜNENSCHLOSS, J., u. J. G. HELLI: Einfluß der Zylinderbelastung an der Ringspinnmaschine bei unterschiedlicher Härte des Zylinderbezuges, variierter Vorgarndrehung, Vorgarndublierung und Verzugshöhe auf den Ausfall der Garne aus verschiedenen Faserstoffen. Textil-Praxis 19 (1964) 903, 993.

9. Literaturübersicht[1]

Verzugstheorien

COX, D. R.: Fibre Movement in Drafting. J. Text. Inst. 39 (1948) P 230.
REINFELD, N.: Getriebeverzug und effektiver Verzug. Textil-Praxis 4 (1949) 547.
STEIN, H.: Die Vorgänge im Vorverzugsfeld von Feinspinnmaschinen. Textil-Praxis 4 (1949) 307.
Zellwolle-Lehrspinnerei: Das Klemmvermögen der Eingangswalzen von Streckwerken für Baumwolle und Zellwolle. Textil-Praxis 4 (1949) 255.

[1] Hier sind zusätzlich weitere, zu den verschiedenen Kapiteln gehörende Literaturstellen aufgefürt, die im Text des Buches nicht besonders erwähnt wurden. Die Literaturstellen sind innerhalb der Sachgebiete chronologisch geordnet.

AMBLER, G. H., u. M. HANNAH: Hochverzug und das Ambler-Superhochverzugstreckwerk. Textil-Praxis 5 (1950) 337.

SCHMAUDER, K.: Spinnereitechnologie und -praxis bei Zellwollen. Faserforsch. u. Textiltechn. 1 (1950) 20.

FOSTER, G. A. R.: Cotton Yarn Irregularity and High Drafting. J. Text. Inst. 42 (1951) P 945.

GREGORY, J.: Short-Wave Variations in Cotton Rovings Caused by Machinery Defects in the Speed Frames. J. Text. Inst. 42 (1951) T 489.

REINFELD, N.: Faserbewegung und Faserführung im Hauptfeld eines Streckwerkes für Baumwolle und Zellwolle. Melliand Textilber. 33 (1952) 493.

STEIN, H.: Untersuchung der Verzugsvorgänge in den Streckwerken verschiedener Spinnereimaschinen. 1. Ber.: Vergleichende Prüfung mit verschiedenen Dickenmeßgeräten. Forsch.-Ber. des Wirtschafts- und Verkehrsministeriums Nordrhein-Westfalen Nr. 17. Köln und Opladen: Westdeutscher Verlag 1952.

KÖB, H.: Ungleichmäßigkeitsfragen der Dreizylinderspinnerei (Habilitationsschr.) Textil-Praxis 7 (1952) 487, 580.

KÖB, H., u. M. RUOF: Ursachen und Erkennung periodischer Unregelmäßigkeiten in der Dreizylinderspinnerei. Textil-Praxis 8 (1953) 371.

QUAAS, K.: Konstantes oder veränderliches Hauptverzugsfeld am Streckwerk der Baumwoll-Ringspinnmaschine. Textil-Praxis 8 (1953) 304.

KÖB, H.: Das Bild der optimalen Garngleichmäßigkeit. Textil-Praxis 8 (1953) 835, 1015.

QUAAS, K.: Einfluß der Größe der Verzugsfelder und der Belastung der Druckwalzen bei der Verspinnung von Perlonfasern. Techn. Mitt. Zellwolle-Lehrspinnerei GmbH, Denkendorf ZL 522—116. 9, Dez. 1953.

GREEN, J., u. J. INGHAM: Technique for Visualising the Position of Staple Fibres in a Sliver, and its Application to Drafting Problems. J. Text. Inst. 43 (1952) T 473.

REINFELD, N.: Die Bewegung der schwimmenden Fasern im Streckfeld eines Streckwerkes. Melliand Textilber. 34 (1953) 825, 921.

TAFEL, W.: Verzugsprobleme der Bastfaserspinnerei, theoretisch gesehen. Textil-Praxis 8 (1953) 293, 949.

SIMON, E.: Einfluß der Maschinenpassagen auf die Gleichmäßigkeit der Gespinste. Textil- und Faserstofftechnik 4 (1954) 80.

QUAAS, K., u. F. KOCH: Einfluß der Art und der Einstellung des Streckwerkes auf die Verzugs- und Klemmkräfte. Textil-Praxis 9 (1954) 324.

STEIN, H.: Untersuchung der Verzugsvorgänge an den Streckwerken verschiedener Spinnereimaschinen. 2. Ber.: Ermittlung der Haft-Gleiteigenschaften von Faserbändern und Vorgarnen. Forsch.-Ber. des Wirtschafts- und Verkehrsministeriums Nordrhein-Westfalen Nr. 97. Köln und Opladen: Westdeutscher Verlag 1955.

KOCH, F.: Schlupfmessungen an Eingangsdruckwalzen des Streckwerkes der Ringspinnmaschine. Techn. Mitt. Zellwolle-Lehrspinnerei GmbH, Denkendorf ZL 522—118, 13. Juli 1954.

SATTLER, E.: Auswirkung der Faserdehnung auf Spinnbarkeit und Garnfestigkeit. Melliand Textilber. 35 (1954) 1084.

KÖB, H.: Neue Erkenntnisse aus dem Gebiet der Baumwollspinnerei. Textil-Praxis 10 (1955) 11, 324.

STEIN, H.: Untersuchung der Haftgleiteigenschaften von Faserbändern und Vorgarnen am ruhenden und am bewegten Prüfgut. Textil-Praxis 10 (1955) 335.

KÖNIG, O.: Einige Betrachtungen zum Problem des Faserverzuges. Textil-Praxis 10 (1955) 543.

WAGNER, R.: Verarbeitungstechnische Untersuchungen an der Baumwollstrecke. Textil-Praxis 10 (1955) 428.

SHIRAKASHI, K., M. YAMAGUCHI u. I. TOYOSHIMA: Studies on the Gripping of Drafted Sliver by the Top Roller of the Spinning Frame. J. Text. Mach. Soc. Japan 1 (1955) No. 1, 30.

NOZAKI, C., u. A. AINO: Methods of Measuring and Evaluating Yarn Irregularity. J. Text. Mach. Soc. Japan 1 (1955) No. 2, 24.

VANDEN ABEELE, A. M.: Betrachtungen über die Ungleichmäßigkeiten der Garne. Ann. sci. text. Belges 4 (1956) No. 1, 91.

MORTON, W. E.: The Arrangement of Fibres in Single Yarns. Ann. sci. text. Belges 4 (1956) No. 1, 29.

WAKEHAM, H.: Influence of Cotton Fiber Length Distribution on Processing and Yarn Quality. Ann. sci. text. Belges 4 (1956) No. 2, 113.

KEYSER, W. R., J. O. MIDDLETON u. J. E. DOUGHERTY: The Effect of Roll Run-Out in Spinning on Yarn Quality. Text. Res. J. 27 (1957) 466.

GRIGNET, J.: Evaluation des erreurs dans le calcul de la courbe $B(L)$ par la méthode de l'inert test. Tracé de la courbe $B(L)$ idéale d'un fil de distribution de longueur connue. Ann. sci. text. Belges 5 (1957) No. 1, 96.

BRENY, H.: Eléments d'une théorie statistique des faisceaux de fibres parallèles (I. Teil). Ann. sci. text. Belges 5 (1957) No. 4, 58.

STEIN, H.: Beobachtung und meßtechnische Erfassung der Vorgänge im Spinn- und Aufwindefeld von Ringspinn- und Ringzwirnmaschinen. Forsch.-Ber. des Wirtschafts- und Verkehrsministeriums Nordrhein-Westfalen Nr. 378. Köln und Opladen, Westdeutscher Verlag 1957.

ROHS, W., u. L. STEINMETZ: Die Massenungleichmäßigkeit von Flachsstreckenbändern in Abhängigkeit von Verzug und Dopplung. Forsch.-Ber. des Wirtschafts- und Verkehrsministeriums Nordrhein-Westfalen Nr. 435. Köln und Opladen: Westdeutscher Verlag 1957.

MAAG, F.: Die Abhängigkeit der Haftlänge von der Faserfeuchtigkeit. Melliand Textilber. 38 (1957) 130.

SCHÖN, R.: Gefahren des Hochverzugs. Textil-Praxis 12 (1957) 1198.

ROHS, W., u. L. STEINMETZ: Verteilung der Bastfasern im Verzugsfeld einer Nadelstabstrecke. Forsch.-Ber. des Wirtschafts- u. Verkehrsministeriums Nordrhein-Westfalen Nr. 609. Köln/Opladen: Westdeutscher Verlag 1958.

KÖNIG, O.: Neue Erkenntnisse auf dem Gebiet des Faserverzuges I und II. Textil-Praxis 13 (1958) 460, 551.

BALKIN, M.: Elementos de Estiraje. Fibres 115 (1958).

AUDIVERT, R., D. M. HANNAH, W. J. ONIONS u. P. P. TOWNEND: Some Properties of Worsted Yarns Spun by the Conventional and by the Ambler Superdraft Systems. J. Text. Inst. 49 (1958) T. 43.

BRAGG, L. O.: The Effect of Bottom Front Roll Run-out in Spinning on Yarn Quality and Processing Performance. Text. Res. J. 28 (1958) 520.

BRENY, H.: Eléments d'une théorie statistique des faisceaux de fibres parallèles (II. Teil). Ann. sci. text. Belges 6 (1958) No. 1, 22.

KÖNIG, O.: Neue Erkenntnisse auf dem Gebiet des Faserverzuges. Faserforsch. u. Textiltechn. 10 (1959) 97.

BANKE, K. H.: Der Einfluß unterschiedlicher Eigenschaften von Oberwalzenbezügen aus synthetischem Gummi auf die Laufverhältnisse im Streckwerk von Baumwoll-Ringspinnmaschinen. Faserforsch. u. Textiltechn. 10 (1959) 507.

NUTTER, W., u. W. SLATER: A Critical Assessment of Recent Progress in the Technology of Cotton Spinning. J. Text. Inst. 50 (1959) P 397.

GANGLI, L. A. B.: Betrachtungen über die Technologie der Baumwoll-Streckwerke. Textil-Praxis 14 (1959) 651, 787.

AUDIVERT, R.: Influencia del estiraje y del ecartamiento previo sobre las cualidades del hilo obtenido por medio del sistema Balmes de gran estirado. Investigacion e Informacion Textil 2 (1959) 89.

TALLANT, J. D., L. A. FIORI u. D. C. LEGENDRE: The Effect of the Short Fibers in a Cotton on its Processing Efficiency and Product Quality, Part I. Text. Res. J. 29 (1959) 687.

TALLANT, J. D., L. A. FIORI u. C. B. LANDSTREET: The Effect of the Short Fibers in a Cotton on its Processing Efficiency and Product Quality, Part. II. Text. Res. J. 30 (1960) 792.

TALLANT, J. D., L. A. FIORI, D. M. ALBERSON u. W. E. CHAPMAN: The Effect of the Short Fibers in a Cotton on its Processing Efficiency and Product Quality. Part III. Text. Res. J. 31 (1961) 866.

TALLANT, J. D., L. A. FIORI u. J. E. SANDS: The Effect of the Short Fibers in a Cotton on its Processing Efficiency and Product Quality. Part IV. Text. Res. J. 32 (1962) 50.

KOFMAN, D. M.: Über den Einfluß des Vorverzugs beim Einriemchen-Streckwerk auf den Verzug und die Qualität der Garne mit feiner Nummer. Technologija Tekstiljnoi Promyschlennosti 1959, H. 2, 66.

TERJUSCHNOW, A. W.: Der Einfluß der Mischung von Baumwolle mit Viskose-Zellwolle auf den Spinnprozeß. Technologija Tekstiljnoi Promyschlennosti 1959, H. 2, 95.

JABLONSKI, W., u. Z. KOZLOWSKI: Technologische Untersuchungen von Streckwerken. Deutsche Textiltechnik 10 (1960) 297.

LÜNENSCHLOSS, J.: Eine Studie über den Einfluß der Faserfeuchtigkeit auf das Verzugsverhalten und die Garngleichmäßigkeit. Textil-Praxis 14 (1959) 111.

LÜNENSCHLOSS, J., u. E. HUMMEL: Die Faserverteilung im Querschnitt von Mischgarnen aus Baumwolle und Polyester. Textil-Praxis 16 (1961) 995.

RÓŚYCKI, A.: Die zulässigen Abweichungen der Mittelwerte von Gespinstensortierung sowie der Drehung von Baumwollgarn. Konferencja Naukowo-Techniczna Nierównomierność We Włókiennictwie, Referaty. Łódź 1959, 70.

STASIAK, M.: Die Spektrumcharakteristik des Verzugsfeldes von Doppelnadelstabstrecken für Wolle. Konferencja Naukowo-Techniczna Nierównomierność We Włókiennictwie, Referaty. Łódź 1959, 85.

GAYCZAK, J.: Analyse des Einflusses der Streckwerkfehler an den Bandstrecken auf die Ungleichmäßigkeit der Zwischenprodukte. Konferencja Naukowo-Techniczna Nierównomierność We Włókiennictwie, Referaty. Łódź 1959, 122.

BALCEROWSKI, W.: Die Anwendung von Zeichenkorrelogrammen zur Prüfung der Massenverteilungsungleichmäßigkeiten von Spinnereierzeugnissen. Konferencja Naukowo-Techniczna Nierównomierność We Włókiennictwie, Referaty. Łódź 1959, 139.

RAWA, K., u. Z. JANOWSKA: Der Versuch der Anwendung der Formel von Martindale für die Erzeugnisse der Flachsstreichgarnspinnerei. Konferencja Naukowo-Techniczna Nierównomierność We Włókiennictwie, Referaty. Łódź 1959, 146.

MARCINKOWSKI, W.: Analyse der Massenverteilung im Streichgarnvorgarn bezogen auf das Ansteigen der Ungleichmäßigkeit im Riemchenflorteiler. Konferencja Naukowo-Techniczna Nierównomierność We Włókiennictwie, Referaty. Łódź 1959, 183.

VASS, G.: Vergleich des Garnungleichmäßigkeit-Messers (FEM) mit anderen Ungleichmäßigkeitsprüfapparaten. Konferencja Naukowo-Techniczna Nierównomierność We Włókiennictwie, Referaty. Łódź 1959, 295.

RUDOLPH, L.: Weiterer Beitrag zur Problematik der Fasergruppierung im Gespinstquerschnitt bei Fasermischungen. Z. ges. Textilind. 62 (1960) 405.

TERJUSCHNOW, A. W.: Die Zylindereinstellung in Streckwerken. Z. ges. Textilind. 62 (1960) 876.

AUDIVERT, R.: Estirajes en Hilatura. Investigacion e Informacion Textil 3 (1960) 115.

SEWOSTJANOW: Theoretische Grundlagen der Arbeitsweise des modernen automatischen Verzugsreglers. Tekstilnaja Promyschlennosti (1960) H. 2, 23.

BANDYOPADHYAY, S. B.: The True Index of Non-Uniformity for Jute Yarn. Text. Res. J. 30 (1960) 782.

WALKER, P. G.: A Measure of the Variation in Blend Proportions Along Blended Yarns and its Relation to the Number of Doublings Used in Processing. Text. Res. J. 30 (1960) 843.

HONEGGER, E., u. R. KARM: Einfluß der Dublierungen in der Woll-Kammgarn-Spinnerei. Textil-Praxis 16 (1961) 109.

ROHS, W., R. OTTO u. A. FUNDER: Die Ungleichmäßigkeit von Faserbändern und Gespinsten im Zusammenhang mit den Veränderungen der technischen Bastfasern während ihrer Verarbeitung. Textil-Praxis 16 (1961) 883, 983.

GROSBERG, P.: A Cause of Irregularity in Roller Drafting. J. Text. Inst. 52 (1961) T 91.

SUDARASANA RAO, J.: A Mathematical Model for the Ideal Sliver and its Applications to the Theory of Roller Drafting. J. Text. Inst. 52 (1961) T 571.

WATERS, W. T., u. J. PHILLIPS: The Effect of Blending Cottons of Dissimilar Fiber Properties upon Spinning Performance and Yarn Quality. Text. Res. J. 31 (1961) 608.

MERCHANT, V. B.: Theoretical Aspects of Hook Removal at Drafting Operations. Text. Res. J. 31 (1961) 925; 32 (1962) 805.

GARDE, A. R., V. A. WAKANKAR u. S. N. BHADURI: Fiber Configuration in Sliver and Roving and its Effect on Yarn Quality. Text. Res. J. 31 (1961) 1026.

ROZYCKI, A.: Die Einfach- und Doppelaufsteckung des Vorgarnes in der Baumwollspinnerei. Deutsche Textiltechnik 12 (1962) 295.

TERJUSCHNOW, A. W.: Die Strukturungleichmäßigkeit der Garne und Halbfabrikate und ihr Einfluß auf die Fadenbrüche. Textil-Praxis 17 (1962) 774, 895.

TALLANT, J. D., L. A. FIORI u. R. J. CHEATHAM: Der Einfluß der Kurzfasern auf den Spinnprozeß sowie auf die Garn- und Gewebeeigenschaften. Textil-Praxis 17 (1962) 991.

NUTTER, W., F. A. GREENWOOD, W. SLATER u. S. L. COLE: Automation in Staple Fibre Spinning. J. Text. Inst. 53 (1962) P 481.

SUDARASANA RAO, J.: Theory of Roller Drafting II. J. Text. Inst. 53 (1962) T 464.

GROSBERG, P., P. A. SMITH u. K. YOSHIKAWA: A Cause of Irregularity in Roller Drafting. J. Text. Inst. 53 (1962) T 533.

—: Short and Long Term Unevenness in Cotton Spun Yarns. Textile Recorder 79 (1962) No. 950, 56.

ZUREK, W.: Fiber Length Distribution as a Function on the Number of Fibers in a Cross Section of a Yarn. Text. Res. J. 32 (1962) 255.

MERCHANT, V. B.: Short Fibers in Cotton. Text. Res. J. 32 (1962) 610.

GHOSH, G. C., u. S. N. BHADURI: Dependence of Hook Removal of Drawing on Some Drafting Parameters. Text. Res. J. 32 (1962) 864.

RAES, G., F. FRANSEN, J. ALBERTS u. A. A. ROMEYN: De invloed van de vorm van het stapeldiagram van katoen en in het bijzonder van het percentage korte vezels op bepaalde gareneigenschappen. Ann. sci. text. Belges 10 (1962) No. 2, 7.

DOMES, O.: Über die Grenzungleichmäßigkeit von gekämmten Flachsbändern. Acta Technica 39 (1962) 285 (ungarisch).

BRUYNOOGHE, W.: Bijdrage tot de studie van de vezelschikking in de verschillende stadia der katoenspinnerij. Ann. sci. text. Belges 10 (1962) No. 4, 64.

—: Valeur du coefficient de variation de résistance comme critère de qualité des filés de coton. L'Institut Textile de France (1962) Nr. 99, 305.

BARELLA, A.: Influencia del numero de pasajes sobre la irregularidad de corto periodo en hilaturas de algodón. Investigacion e Informacion Textil 5 (1962) 369.

GANGLI, L. A. B.: Die Faserverteilung beim Verzugsvorgang in Bastfaser-Streckwerken. Textil-Praxis 18 (1963) 208.

—: Ein Vergleich des Aussagevermögens von Spektrogramm und Längenvariationscharakteristik. USTER-Anleitung 136173 D.

KIRSCHNER, E.: Das Verhalten der eingemischten Fasern während der Verarbeitung. Melliand Textilber. 44 (1963) 22, 125, 233.

GRIGNET, J.: Normung der Gleichmäßigkeitsmessungen auf kapazitivem Wege, ihre Gründe und Vorteile. Melliand Textilber. 44 (1963) 677.

REUMUTH, H., u. A. NEUKIRCHNER: Normale und hochfrequenz-kinematographische Analyse der Spinnvorganges. Z. ges. Textilind. 65 (1963) 435.

BARELLA, A., M. PUJAL u. A. VIAPLANA: The Measurement of Card Web Transparency and its Unevenness. Text. Res. J. 33 (1963) 411.

BALASUBRAMANIAN, N.: Contribution to the Study of the B-L Curve of Cotton Yarns. Text. Res. J. 33 (1963) 697.

BRUNKEN, E.: Vergleichförmigung von Bändern in der Vorspinnerei durch die Dublierung. Deutsche Textiltechnik 13 (1963) 180.

LINHART, H., u. A. W. G. VAN DER WESTHUYZEN: The Fibre Diameter Distribution of Raw Wool. J. Text. Inst. 54 (1963) T 123.

SHILOVA, N. I.: Eine Untersuchung der Verzugskräfte in einem Zwei-über-Drei-Streckwerk mit gekrümmter Verzugszone bei der Verarbeitung von nichthomogenen Mischungen. Technol. Tekstil. Prom. 1963, No. 3, 62 (russisch).

TRUEWZEW, N. N.: Einige Fragen über die Untersuchungen des Verzugsprozesses bei hohen Geschwindigkeiten. Technol. Tekstil. Prom. 1963 No. 3, 68 (russisch).

TARASOV, S.: Reibungskräfte der Walzenstreckwerke. Tekstil. Prom. 23 (1963) No. 6 26 (russisch).

BELOV, M. F.: Reibungskräfte und Verzugskräfte in einem Streckwerk mit gekrümmter Zone. Technol. Tekstil. Prom. 1963, No. 6, 75 (russisch).

SHILOVA, N. I.: Die Bandbreite in dem gekrümmten Verzugsfeld eines Zwei-über-Drei-Streckwerkes. Tekstil. Prom. 23 (1963) No. 11, 46 (russisch).

JACKOWSKI, T., u. B. CHYLEWSKA: Der Einfluß der physikalisch-mechanischen Fasereigenschaften auf die Qualität von Mischgarnen. Przeglad Wlok. 17 (1963) 259 (polnisch).

TANKO, J.: Eine Charakteristik des stationären Prozesses, der in der Textilindustrie verwendet wird. Acta Technica (Acad. Sci. Hungar) 42 (1963) 361 (ungarisch).

VASS, G.: Entstehungsursachen, Prüfmethoden und Geräte der Ungleichmäßigkeiten der Halbfertig- und Fertigprodukte der Baumwollspinnerei. Magyar Textil-Technika 15 (1963) 97, 150.

VASS, G., u. R. TÉRI: Über die Wirkung der synthetischen Fasermischungen auf die Qualität der gestrickten Stoffe. Magyar Textil-Technika 15 (1963) 275, 333.

FAZEKAS, J., u. L. VIDA: Die Bestimmung der Wellenlänge der periodischen Ungleichmäßigkeiten von Gespinsten mit Hilfe der Signalkorrelogramm-Methode. Magyar Textil-Technika 15 (1963) 294.

VASS, G.: Die Auswirkung der Passagenverringerung auf die Ungleichmäßigkeit von Spinnprodukten. Magyar Textil-Technika 15 (1963) 321.

Breny, H.: Introduction à l'étude de l'analyse harmonique des faisceaux de fibres. Ann. sci. text. Belges 11 (1963) No. 2, 29; No. 3, 68; No. 4, 117.

Uno, M., H. Saito, A. Shiomi, A. Koide u. Y. Yanagawa: Continous Optical Measurement of Fiber Orientation. J. Text. Mach. Soc. Japan 9 (1963) No. 3, 120; No. 4, 177.

Uno, M., H. Saito, A. Shiomi, S. Kawamura u. M. Morinishi: Continuous Optical Measurement of Fiber Orientation. Part 3: Continuous Measuring Apparatus. J. Text. Mach. Soc. Japan 10 (1964) No. 1, 12.

Gautier, D.: Analyse mathématique de l'étirage en filature. L'Industrie Textile 1964, Nr. 923, 299.

Fransen, T.: Forschungsergebnisse auf dem Gebiet der Kurzfasern. Efficience Text. 19 (1964) No. 3, 7 (französisch).

Tarasow, S. T.: Die Reibungskräfte im Walzenverzugsfeld. Textil-Praxis 19 (1964) 258.

Balasubramanian, N., u. R. L. N. Iyengar: Relationship between Yarn Irregularity, Draft, and Fibre Properties. J. Text. Inst. 55 (1964) T 377.

Valota, P.: L'humidité relative et les enroulements sur cylindres en filature. L'Industrie Textile 1964, Nr. 929, 777.

Baljasow, F. D.: Die Verwendung statischer Elektrizität und des elektromagnetischen Feldes beim Faserverzug. Textil-Praxis 19 (1964) 1091.

—: Faktoren, die die Spinnleistung auf der Ringspinnmaschine beeinflussen. Platts Bulletin, Vol. IX, Nr. 12, 374.

Barella, A., u. A. Sust: Fenómenos de cohesión en mechas e hilos de algodón. III Parte-Influencia de las caracteristicas de la fibra en la cohesión de las cintas sin torsión. Investigación e Información Textil 7 (1964) 207.

Barella, A., u. A. Sust: Cohesion Phenomena in Cotton Rovings and Yarns. Part III: Influence of Fiber Characteristics on the Cohesion of Nontwisted Slivers. Text. Res. Journ. 34 (1964) 283.

Vieth, H., u. C. Baeker: Untersuchung des Einflusses von Langfasern auf die Verarbeitung in der Drei- und Vierzylinderspinnerei und auf die Gespinstgüte. Deutsche Textiltechnik 14 (1964) 588.

Townend, P. P., u. J. Dewhirst: Fibre Migration of Viscose Rayon Staple-Fibre Yarns Processed on the Bradford Worsted System. J. Text. Inst. 55 (1964) T 485.

Baumwollstreckwerke

DIN 64050: Spinnereimaschinen, Streckwerke, Begriffe, Anordnung der Einzelteile.

Walsh, W. A.: High Drafting. J. Text. Inst. 21 (1930) P 17.

Noguera, J.: Das Hochverzugsstreckwerk in der Baumwollspinnerei. Textile Manufacturer 61 (1935) H. 724, 145.

—: Hochverzugsstreckwerk Devaux in der Baumwollspinnerei. Textile Manufacturer 63 (1937) H. 753, 362.

—: Zweizonen-Vierzylinder-Hochverzugsflyer. Textile Manufacturer 63 (1937) H. 755, 451.

Grossmann, O. von: Verziehtechnik und Streckwerk-Bauarten in der Spinnerei. VDI-Zeitschrift 82 (1938) Nr. 43, 1243.

Thiebaut: Prinzip und Anwendungsmöglichkeiten des Hochverzugsstreckwerks System „Balmes". L'Industrie Textile 65 (1948) Nr. 744, 333.

Popp, R.: Ein Beitrag zum Problem des Hochverzuges an Flyern. Textil-Praxis 4 (1949) 104.

Schäfer, E.: Neuerungen im englischen Spinnereimaschinenbau. Textil-Praxis 4 (1949) 259.

SCHÄFER, E.: Interessantes für den Baumwollspinner auf der Textilmaschinenausstellung Manchester 1949. Textil-Praxis 4 (1949) 591.

KÖSTER, H. J.: Die verschiedenartigen Streckwerke der Dreizylinderspinnerei. Das Deutsche Textilgewerbe 1 (1949) 68, 102.

—: Das Verspinnen des Garnes direkt vom Streckenband. Textile Recorder 66 (1949) H. 4, 56.

NUDING, H.: Hochverzugsverfahren im Vorwerk der Baumwollspinnerei. Textil-Praxis 5 (1950) 98.

FAHRBACH, R.: Neuzeitliches Wickelstreckverfahren in der Baumwollspinnerei. Textil-Praxis 5 (1950) 561.

PORSCHE, G.: Über den Wert verkürzter Spinnverfahren. Textil-Praxis 5 (1950) 568.

ANDREW, W.: Neuzeitliche Hochverzug-Casablancas-Systeme für Vorbereitung und Spinnen. Textile Mercury Argus 1950, 355.

LOVELESS, H.: Was geschieht, wenn man Baumwoll-Streckenbänder mehrmals verzieht? Textile World 100 (1950) H. 8, 110.

EBERT, H.: Praktische Erfahrungen beim Betrieb der Zwillingsstrecke. Melliand Textilber. 32 (1951) 502.

EBERT, H.: Der Hochverzugsflyer in der Baumwollspinnerei. Melliand Textilber. 32 (1951) 587.

QUAAS, K.: Neues Zweiriemchen-Streckwerk für Baumwolle und Zellwolle. Textil-Praxis 6 (1951) 25.

SCHLIEN, K.: Das Balmes-Hochverzugsstreckwerk. Textil-Praxis 6 (1951) 103.

EBERT, H.: Die gebräuchlichsten Streckwerke der Baumwoll-Ringspinnerei. Das Deutsche Textilgewerbe 53 (1951) 392.

MEIERHOFER, L.: Die gebräuchlichsten Streckwerke der Baumwoll-Ringspinnerei. Das Deutsche Textilgewerbe 53 (1951) 507.

MEIERHOFER, L.: Hochverzug am Flyer. Das Deutsche Textilgewerbe 53 (1951) 909.

WELIKOWSKIJ, A. S.: Über den Einsatz des Einriemchen-Streckwerks. Tekstilnaja Promyschlennost 1951, H. 1, 13 (russ.).

—: Entwicklungen an Ringspinnmaschinen. Textile Recorder 68 (1951) H. 9, 83.

FRENZEL, W., u. K. BETTERMANN: Die Verkürzung der Faserverarbeitung in der Baumwollspinnerei. Faserforsch. u. Textiltechn. 3 (1952) 270.

QUAAS, K.: Erfahrungen mit dem neuen Zweiriemchen-Streckwerk an der Ringspinnmaschine und am Flyer. Textil-Praxis 7 (1952) 342.

TOENNIESSEN, E.: Über den Hochverzug am Flyer. Textil-Praxis 7 (1952) 766.

FAHRBACH, R.: Neuausführungen an Ringspinnmaschinen. Textil-Praxis 7 (1952) 873.

SCHLIEN, K.: Kann der Flyer mit Hochverzug den Grob- und Mittelflyer mit Erfolg ersetzen? Textil-Praxis 7 (1952) 879.

EBERT, H.: Hochverzug am Flyer. Z. ges. Textilind. 54 (1952) 149.

ZIEBACH, F.: Neue Spinnverfahren für Baumwolle und Zellwolle. Z. ges. Textilind. 54 (1952) 627.

—: Neuere Streckwerke für die Baumwollspinnerei. Z. ges. Textilind. 54 (1952) 1012.

MEIERHOFER, L.: Rationalisierung durch Hochverzug. Z. ges. Textilind. 54 (1952) 1172.

JOHANNSEN, O.: Das Problem des Leistungsgrades an der Ringspinnmaschine. Textil-Praxis 7 (1952) 847, 934.

WALZ, F.: Das Bandspinnen. Textil-Praxis 8 (1953) 1025.

MARTIN, H.: Spinnen direkt vom Kardenband. L'Industrie Textile 1952, Nr. 786, 249.

PIKKEMAAT, A.: Dodd-Whitin-Hochverzugsstreckwerke. Melliand Textilber. 34 (1953) 270.

WALZ, F.: Die neuere Entwicklung der Streckwerke. Textil-Praxis 8 (1953) 208.

QUAAS, K.: Konstantes oder veränderliches Hauptverzugsfeld am Streckwerk der Baumwoll-Ringspinnmaschine. Textil-Praxis 8 (1953) 304.

REINHARDT, O.: Spinnerei- und Zwirnereimaschinen auf der Technischen Messe. Textil-Praxis 8 (1953) 535.

OESER, W.: Ein neues Streckwerk für Abfall-Ringspinnmaschinen. Textil-Praxis 8 (1953) 1019.

EBERT, H.: Abgekürzte Spinnverfahren in der Baumwoll-3-Zylinder-Spinnerei. Z. ges. Textilind. 55 (1953) 79.

HÖCK, H.: Die Entwicklung der Spinnerei und deren Vorbereitung. Z. ges. Textilind. 55 (1953) 742.

REINHARDT, O.: Die internationale Textilmaschinen-Ausstellung Manchester 1953. Z. ges. Textilind. 55 (1953) 1479; 56 (1954) 45, 87.

NUDING, H.: Abgekürztes Spinnverfahren im Vorwerk der Baumwollspinnerei mit besonderer Berücksichtigung der Chemiefasern. Reyon, Zellwolle und andere Chemiefasern 32 (1954) 750.

MEY, W.: Spinnversuche mit der Spinnturbine System „Höhle". Textil- und Faserstofftechnik 4 (1954) 259.

SIMON, E.: Durch den Hochverzug zu rationelleren Arbeitsverfahren in der Baumwollspinnerei. Faserforsch. u. Textiltechn. 5 (1954) 475.

FRIEDRICH, A.: Kurzspinnverfahren nach dem Einflyersystem (Pross-Baldus). Melliand Textilber. 35 (1954) 13.

REINHARDT, O.: Textilmaschinenausstellung in Manchester. Melliand Textilber. 35 (1954) 79.

REINHARDT, O.: Das Kannenspinnverfahren. Melliand Textilber. 35 (1954) 971.

SCHLIEN, K.: Zweizonen- oder Zweistufenflyer? Textil-Praxis 9 (1954) 227.

QUAAS, K.: Gedanken über den derzeitigen Stand der Streckwerke von Ringspinnmaschinen für Baumwolle und Chemiefasern. Textil-Praxis 9 (1954) 322.

SCHUHMACHER, C. H.: Rationalisierung in der Baumwollspinnerei unter besonderer Berücksichtigung hoher Verzüge. Textil-Praxis 9 (1954) 329.

REINHARDT, O.: Spinnerei- und Zwirnereimaschinen auf der Technischen Messe Hannover 1954. Textil-Praxis 9 (1954) 714.

KIRSCHNER, B.: Modernisierung von Ringspinnmaschinen in der Baumwollspinnerei. Textil-Praxis 9 (1954) 920.

STAHLECKER, W.: Ein Beitrag zur Entwicklung der Streckwerke. Textil-Praxis 9 (1954) 1021.

PAVEK, M.: Entwicklung neuer Streckwerke. Textil- und Faserstofftechnik 5 (1955) 357.

TOENNIESSEN, E.: Hochverzug am Flyer und an der Ringspinnmaschine. Melliand Textilber. 36 (1955) 9.

WEGENER, W.: Das Kepa-Verfahren in der Baumwollfein- und Baumwollabfallspinnerei. Melliand Textilber. 36 (1955) 11, 129.

KLINGER, S.: Untersuchungen am Kepa-Streckwerk. Melliand Textilber. 36 (1955) 132, 222.

GROSSMANN, O. VON: Teilbandstrecke. Melliand Textilber. 36 (1955) 692.

REINHARDT, O.: Das „Kepa"-Streckwerk in der Baumwollspinnerei. Textil-Praxis 10 (1955) 340.

REINHARDT, O.: Spinnerei- und Zwirnmaschinen auf der 2. Internationalen Textil-Ausstellung in Brüssel 1955. Textil-Praxis 10 (1955) 884.

MEYER, W., u. U. MACH: Das Stufen-Streckwerk am Flyer. Textil-Praxis 10 (1955) 1216.

LÖCKER, R.: Rationalisierung in der Baumwollspinnerei durch Kurzspinnverfahren. Z. ges. Textilind. 57 (1955) 721.

LÖCKER, R.: Wohin führt die Entwicklung der Streckwerke in der Baumwollspinnerei? Z. ges. Textilind. 57 (1955) 1239.

—: Single Spindle Capbarless Draft System. J. Text. Mach. Soc. Japan 1 (1955) No. 1, 64.

HONEGGER, E.: Progrès récents dans la filature de coton. Ann. sci. text. Belges 3 (1955) No. 3, 66.

TESCHLER, F.: Kurzspinnverfahren in den Drei- und Vierzylinder-Spinnereien. Textil- und Faserstofftechnik 6 (1956) 195.

DECKER, J.: Verkürzte Spinnverfahren in der Baumwollspinnerei. Deutsche Textiltechnik 6 (1956) 256, 320.

WEGENER, W., u. R. PEUKER: Einfluß der Flyerregulierung auf die Gleichmäßigkeit des Vor- und des Endgespinstes. Melliand Textilber. 37 (1956) 1133.

REINHARDT, O.: Das flyerlose Spinnen von der Spinnkanne oder vom Kreuzwinkel der Baumwollstrecke. Melliand Textilber. 37 (1956) 1367.

SWATEK, T.: Aus der Modernisierung von Baumwollringspinnern. Melliand Textilber. 37 (1956) 764.

MEIERHOFER, H.: Das Hochverzugs-Stufen-Streckwerk am Flyer. Spinner und Weber 74 (1956) 66.

MEIERHOFER, L.: Das Roberts-Streckwerk. Spinner und Weber 74 (1956) 375.

MUTSCHLER, H.: Praktische Erfahrungen mit Kepa-Streckwerken. Textil-Praxis 11 (1956) 228.

HEIMERAN, O.: Entwicklungstendenzen im Bau von Feinspinnmaschinen I. Textil-Praxis 11 (1956) 1067.

—: Drafting Devices of Japanese High-Draft Spinning Frames. J. Text. Mach. Soc. Japan 2 (1956) No. 2, 1.

RUSCA, R. A., u. R. S. BROWN: Some Historical and Technical Aspects of Spinning. Text. Res. J. 26 (1956) 460.

MOYER, R. C.: Das Spinnen grober Garne aus Streckenbändern. Text. Res. J. 26 (1956) 485.

RUDNICK, E. S.: Das Superhochverzugs-Spinnen: Vom Streckenband zum Garn. Text. Res. J. 26 (1956) 489.

QUAAS, K.: Hochverzug, Höchstverzug oder Superverzug an der Baumwoll-Ringspinnmaschine. Melliand Textilber. 37 (1956) 233.

WALZ, F., u. O. OESTERLE: Hohe Streckengeschwindigkeit in der Baumwollspinnerei. Textil-Praxis 12 (1957) 3.

SCHÖN, R., u. E. HUMMEL: Ursache und Behebung der Lötstellenschnitte in gekämmten Bändern. Textil-Praxis 12 (1957) 6.

—: Das PK-Zweiriemen-Streckwerk RD. Techn. Mitt. Denkendorf Forsch.-Ges. f. Chemiefaserverarbeitung mbH. Denkendorf ZL 522—127. Juli 1957.

FRENZEL, W.: Flyerloses Spinnen. Reyon, Zellwolle und andere Chemiefasern 7 (1957) 173.

FRENZEL, W.: Flyerloses Spinnen. Deutsche Textiltechnik 7 (1957) 17.

FRENZEL, W.: Flyerloses Spinnen. Faserforsch. u. Textiltechn. 8 (1957) 1.

SIMON, E.: Erfahrungen mit dem Kannenspinnverfahren im Ausland. Melliand Textilber. 38 (1957) 125.

PORSCHE, G.: Neuerungen in der Spinnerei. Melliand Textilber. 38 (1957) 493.

SAXL, V.: Die Textilmaschinenausstellung in Greenville 1956 (USA). Textil-Praxis 12 (1957) 129.

DELDEN, C. VAN: Die japanische Baumwollindustrie. Textil-Praxis 12 (1957) 1101.
—: Technischer Messebericht Hannover 1957. Z. ges. Textilind. 59 (1957) 511.
—: Technical progress in spinning. Textile Mercury Argus 1957, 663.
SZALOKI, Z.: Die Entwicklung der Baumwollstrecke und die neue Whitin-Hochleistungsstrecke. Melliand Textilber. 39 (1958) 10.
WEIGEL, K.: Spinnerei-Vorbereitung, Spinnereimaschinen und Zubehör auf der Deutschen Industrie-Messe Hannover 1958. Melliand Textilber. 39 (1958) 952.
—: Casablancas GX 2-Streckwerk mit Oberarm-Belastung. Melliand Textilber. 39 (1958) 1069.
BECK, A.: Über praktische Erfahrung mit verschiedenen Streckwerken der Baumwollspinnerei. Spinner und Weber 76 (1958) 279.
—: Eine amerikanische Lösung des Kurzspinnverfahrens. Spinner und Weber 76 (1958) 1244.
MEIERHOFER, L.: Das (T)-Doppelriemchen-Streckwerk. Spinner und Weber 76 (1958) 1335.
REINHARDT, O.: Spinnerei- und Zwirnereimaschinen auf der Industriemesse Hannover 1958 (I u. II). Textil-Praxis 13 (1958) 879, 1006.
—: Neue Ringspinnmaschine von Whitin. Z. ges. Textilind. 60 (1958) 849.
—: Best profit making frame is turn applied to Saco-Lowell's Gwaltney. American Textile Reporter 1958, 33, 63.
AUDIVERT, R.: Estudi os solve el sistema de estiraje Casablancas. Investigacion e Informacion Textil 1 (1958) 13.
AUDIVERT, R.: Una contribucion al estudio del estiraje en el sistema Balmes. Investigacion e Informacion Textil 1 (1958) 96.
—: Das Kannen-Spinnverfahren bei der Rockford Manufacturing Co. Saco-Lowell-Bulletin 1958, H. 6, 8.
—: Das neue Casablancas-System GX 2 für Ringspinnmaschinen. Textile-Manufacturer 84 (1958) 304.
STRIJCKMAN, J.: Etude sur la régularité de la mèche en filature de coton. Ann. sci. text. Belges 6 (1958) No. 3, 107.
MÜLLER, P.: Das Verspinnen von synthetischen Fasern auf Baumwollspinnmaschinen. Reyon, Zellwolle und andere Chemiefasern 9 (1959) 394.
—: In Mailand gesehen ... Reyon, Zellwolle und andere Chemiefasern 9 (1959) 726.
—: Die neue verbesserte „Versa-Matic"-Strecke von Saco-Lowell. Melliand Textilber. 40 (1959) 597.
SZALOKI, Z.: Die neue Whitin-„K"-Ringspinnmaschine. Melliand Textilber. 40 (1959) 1213.
GODFREY, A. I.: Fragen des Verzugs in der Baumwollspinnerei. Spinner und Weber 77 (1959) 121.
WERNER, W. E.: Modernisierung von Baumwollstrecken. Spinner und Weber 77 (1959) 208.
FUCHS, B.: Die Whitin-Ringspinnmaschine, Modell „K". Spinner und Weber 77 (1959) 365.
SCHMITZ, W.: Das amerikanische Kurzspinnverfahren. Spinner und Weber 77 (1959) 569.
RANKILOR, B. A.: Ein japanisches Höchstverzug-Verfahren. Spinner und Weber 77 (1959) 719, 825.
SCHLESE, G.: Streifzug durch das Reich der Kurzspinnverfahren. Z. ges. Textilind. 61 (1959) 249.
—: „E. J. A. T. 59", 3. Internationale Textilmaschinen-Ausstellung in Mailand. Z. ges. Textilind. 61 (1959) 871.

Hayes, A. A.: Casablancas drafting and its progress to date. J. Text. Inst. 50 (1959) P 740.

—: Spinnen direkt vom Streckenband (nach Tweedales & Smalley Ltd.). Textile Recorder 77 (1959) Nr. 920, 103.

Lünenschloss, J., u. M. Frey: Die Mischung von Polyester-Fasern mit Baumwolle. Melliand Textilber. 40 (1959) 599, 842, 967.

Walz, F.: Die Kruse-Strecke. Textil-Praxis 14 (1959) 669.

Walz, F.: Die Wirtschaftlichkeit moderner Baumwollstrecken. Textil-Praxis 15 (1960) 670.

Schenkel, E., u. E. Ott: Welche Anlaufbeschleunigungen sind für Streckenbänder noch zulässig? Textil-Praxis 15 (1960) 994.

Swatek, W. T.: Vier neue Rieter-Streckwerke. Melliand Textilber. 41 (1960) 659.

Hayes, A. A.: Das Casablancas-Verzugssystem und seine Entwicklung. Spinner und Weber 78 (1960) 232.

Reinhardt, O.: Spinnerei- und Zwirnmaschinen auf der 3. Internationalen Textilmaschinen-Ausstellung Mailand 1959. Textil-Praxis 15 (1960) 17, 126, 247, 362.

Quaas, K.: Einsparungen von Passagen in der Spinnerei. Textil-Praxis 15 (1960) 583.

Wegener, W., u. H. Peuker: Einfluß einer Kardenband-Vergleichmäßigungseinrichtung auf die Ungleichmäßigkeit der Baumwollgarne und -gewebe. Z. ges. Textilind. 62 (1960) 711, 821.

—: Drawframe drafting systems, flexibility of the 3-line-roller system on Platt Bros. MDFS Machine. Textile Mercury Argus 1960, 146.

Budnikov, V. I., u. V. V. Zochovskij: Ein neues Baumwollspinnsystem. Deutsche Textiltechnik 11 (1961) 622.

Tobisch, F.: Über das Kämmspinnverfahren. Melliand Textilber. 42 (1961) 253.

Grossmann, O. von: Was gibt es Neues im Baumwollspinnereimaschinenbau? Melliand Textilber. 42 (1961) 1087, 1221, 1333.

Budnikow, W. I., u. W. W. Shochowskii: Neues Baumwollspinnverfahren. Textil-Praxis 16 (1961) 356.

Walz, F.: Leistungssteigerung am Flyer. Textil-Praxis 17 (1962) 890.

Frenzel, W.: Die Herstellung feiner Garne — Vergleichende Spinnversuche mit dem Decordisator- und dem Flyerspinnverfahren. Textil-Praxis 16 (1961) 1087.

Trobel, R.: Entwicklungstendenzen in der Baumwollspinnerei. Z. ges. Textilind. 63 (1961) 392, 445.

Enrick, N. L., u. W. D. Hicks: Schwankungen im Gewichte des Vorgarnes, die auf den Flyer zurückzuführen sind. Z. ges. Textilind. 63 (1961) 832.

Audivert, R.: Experimentos con el estiraje Casablancas. Investigacion e Informacion Textil 4 (1961) 105.

Bocquet, F.: Versuche über das zweckmäßigste Verspinnen von Polyesterfasern. Chemiefasern 12 (1962) 716.

Raes, G.: Was ist vom Streckenband-Spinnen zu erwarten? Melliand Textilber. 43 (1962) 552.

Rubisch, H.: Streckwerke für Ringspinnmaschinen. Melliand Textilber. 43 (1962) 556.

—: Neue Hochleistungsstrecke. Melliand Textilber. 43 (1962) 690.

—: Flyerloses Spinnen. Z. ges. Textilind. 64 (1962) 165.

Klinke, R.: Das BIMAC-Streckensortiment — ein Weg zur Automatisierung in der Baumwollspinnerei. Z. ges. Textilind. 64 (1962) 575.

—: High Speed Cotton-type. Ring Spinning Frame. Textile Recorder 79 (1962) H. 4, 82.

—: High Production Draw Frame. Textile Recorder 80 (1962) Nr. 951, 89.

—: High Speed Two-delivery Draw Frame. Textile Recorder 80 (1962) Nr. 955, 73.

Svoboda, A.: Mischgarne aus Baumwolle und Zellwolle. Textilrundschau 17 (1962) 596.

Sneyd, H., u. G. Forshaw: The Conversion to Yarn of Man-Made Fibre Blends on the Cotton and Modified Cotton Systems of Spinning. Textilrundschau 17 (1962) 610.

Audivert, R., u. J. E. Vidiella: The Effect of Speed of Drafting, in Terms of Spindle Speed, on Skein Breaking Strength of Cotton Yarns Spun on the Double-Apron System. Text. Res. Journal 32 (1962) 652.

Nutter, W., F. A. Greenwood, W. Slater u. S. L. Cole: Automation in Staple Fibre Spinning. Journ. Text. Inst. 53 (1962) P 481.

Ruof, M.: Einiges zur Bandteilung in der Dreizylinderspinnerei. Textil-Praxis 7 (1952) 856.

Thomas, P. M.: Spinnereimaschinen auf der Textilmaschinenausstellung in Greenville/S. C. (U.S.A.). Textil-Praxis 18 (1963) 2.

Stein, H.: Vergleich des Bandspinnens von Baumwolle und Chemiefasern (ohne Flyerpassage) mit dem klassischen Baumwollspinnverfahren. Textil-Praxis 18 (1963) 172.

Schlese, G.: Die Baumwoll-Zweizylinderspinnerei. Z. ges. Textilind. 65 (1963) 245.

Walz, F.: Fortschritte in der Automatisierung der Spinnerei. Textil-Praxis 18 (1963) 314.

Siegl, R.: Hannover und sein Beitrag zur Baumwollspinnerei. Textil-Praxis 18 (1963) 1015.

Honegger, E.: Der heutige Stand der Automation in der Baumwollspinnerei. Melliand Textilber. 44 (1963) 117, 225.

Klinke, R.: Die Globe-Strecke. Melliand Textilber. 44 (1963) 900.

Bocquet, F.: Versuche über das zweckmäßigste Verspinnen von Mischgarnen aus Polyesterfasern und Baumwolle. Chemiefasern 13 (1963) 120.

Lorenz, G.: Neuere Entwicklungen im kontinuierlichen, automatisierten Faserband-Spinnprozeß für Zellwolle und synthetische Spinnfasern und deren Mischungen mit Baumwolle. Chemiefasern 13 (1963) 662.

Posselt, J.: Chemiefasern in der Dreizylinderspinnerei. Spinner und Weber 81 (1963) 115.

—: Das kontinuierliche und automatische japanische CAS-Baumwollspinnverfahren. Deutsche Textiltechnik 13 (1963) 396.

—: Machines modernes de préparation pour la filature des déchets. Bull. inst. text. france 107 (1963) 775.

—: High Speed Cotton type Draw Frame. Textile Recorder 81 (1963) No. 969, 67.

Delplanque, N.: Considérations sur l'emploi de l'appareil ,,CARDPEN" sur cardes coton. L'Industrie Textil 917 (1963) 751.

Dabrowski, S., u. M. Wojciechowski: Änderungen an Spinnmaschinen zur Verarbeitung von Chemiefasern. Magyar Textil-Technika 15 (1963) 212.

Valota, A.: Vers de nouveaux systèmes en filature. L'Industrie Textile 918 (1963) 822.

—: Spinnereimaschinen-Entwicklungstendenzen und Fortschritte im Spinnereimaschinenbau. Z. ges. Textilind. 65 (1963) 960.

Chylewska, B., u. T. Jackowski: Die Auswirkung der Streckpassagenanzahl und der Anzahl der Verdichter im Streckwerk auf die Faserhaftung und die Haarigkeit von Garnen aus Kuralon-Fasern. Przeglad Wlok. 17 (1963) 307 (polnisch).

Merényi, G.: Das Druckstangen-Streckwerk. Magyar Textiltechn. 15 (1963) 449 (ungarisch).

Šimunek, B.: Automation in der Baumwollspinnerei. Textil (Prag) 18 (1963) 404 (tschechisch).

Urano, S., M. Horiuchi, T. Samata u. S. Hamabata: Research on a Spinning Machine that Uses Air Flow. J. Text. Mach. Soc. Japan 9 (1963) 725 (japanisch).

—: Spinning from Hig-twist Roving. Platt's Bull. 10 (1963) No. 4, 99.

—: Modern Drafting and Quality Improvement in Spinning. I. The Drafting Process. II. Making the Most of a Good Principle. III. A Small, Streamlined Top Arm. Text. Merc. 150, (1963) October 4, 26, October 18, 16, November 1, 24.

—: Automation in Cotton Spinning. Text. Merc. 150 (1963) October 18, 24.

—: Symposium on Automated Textile Processing. Text. Res. J. 33 (1963) 1035.

Belov, M. F.: Wege zur Verbesserung der Funktion des Vorverzugsfeldes von einem Streckwerk einer Spinnmaschine. Technol. Tekstil. Prom. 1963, No. 2, 67 (russisch).

Teryushnov, A. V.: Einige Probleme bei der Herstellung von Mischungen aus Kunstfasern und Baumwolle nach dem Baumwollverfahren. Tekstil. Prom. 23 (1963) No. 10, 50 (russisch).

Bekker, L. G.: Der neue Flyer R-168-3. Tekstil. Prom. 23 (1963) No. 10, 61 (russisch).

Stepanova, A. S.: Verdichter an Flyern und Spinnmaschinen. Tekstil. Prom. 23 (1963) No. 11, 52 (russisch).

Zotikov, V. E., u. T. A. Frolova: Die Wahl der Faserlänge von Zellwollfasern für die Verarbeitung in Mischungen mit Baumwolle. Tekstil. Prom. 23 (1963) No. 12, 22 (russisch).

Cheshmedzhiev, M., u. Mitarbeiter: Nar'chnik po Pamuchno Predachestvo (Handbuch des Baumwollspinnens). Drzhavno Izdatelstvo, Sofia 1963 (bulgarisch).

Egbers, G.: Entwicklungstendenzen im Bau von Baumwoll- und Zellwollspinnereimaschinen. Z. ges. Textilind. 66 (1964) 170, 265.

Stutz, H.: Baumwollspinnerei. Textil-Praxis 18 (1963) 1024, 1123; 19 (1964) 1, 121.

Siegl, R.: Die Baumwollspinnerei auf dem Wege zur Automation. Textil-Praxis 18 (1963) 1175.

Peukert, J.: Mechanisierung der Putz- und Reinigungsarbeiten in Spinnereien. Deutsche Textiltechnik 14 (1964) 127, 178.

Schön, R.: Technologische und technische Weiterentwicklung des Zweiriemchenstreckwerkes für Baumwoll-Ringspinnmaschinen. Textil-Praxis 19 (1964) 486.

Kirschner, E., u. E. Forbriger: Erfahrungen mit der Hochleistungsstrecke bei der Verarbeitung von Chemiefasern in der Dreizylinderspinnerei. Textil-Praxis 19 (1964) 888.

Rubisch, H.: Streckwerke für Baumwollflyer. Textil-Praxis 19 (1964) 896.

Weigel, K.: Spinnerei-Maschinen auf der 4. Internationalen Textilmaschinen-Ausstellung Hannover 1963. Melliand Textilber. 45 (1964) 235, 371.

Weigel, K.: Spinnereivorbereitungs- und Spinnmaschinen auf der 4. Internationalen Textilmaschinen-Ausstellung Hannover 1963. Melliand Textilber. 45 (1964) 487.

Matsumoto, S.: Controlling Cotton Card Sliver Unevenness with Sampled-data Control System. Journ. Text. Mach. Soc. Japan 10 (1964) No. 1, 1.

Zamacois, R., u. J. M. Recasens: Un sistema muy sencillo de simplificar el proceso de hilatura. Investigación e Información Textil, 7 (1964) No. 1, 13.

Audivert, R., u. J. E. Vidiella: El efecto de la velocidad de estiraje sobre las propiedades de los hilos de algodon. Investigación e Información Textil 7 (1964) No. 2, 139.

DUDEK, A. K.: Das PT 2-Streckwerk für Ringspinnmaschinen. Przeglad Wlok. 18 (1964) No. 3, 127 (polnisch).

CALDWELL, P.: The Roberts F. C. Drafting System. Text. Weekly. 64 (1964) 172.

DAKIN, G.: Spinning: Today and Tomorrow. Text. Weekly. 64 (1964) 595.

AUDIVERT, R., u. J. E. VIDIELLA: The Effect of Drafting Speed, in Terms of Spindle Speed, on the Properties of Cotton Yarns. Text. Res. Journ. 34 (1964) 319.

BORNET, G. M.: The Rating of Yarns for Short-term Uneveness. Text. Res. Journ. 34 (1964) 381.

CATLING, H.: Spinnverfahren ohne Ring und Läufer. The Textile Institute and Industry 1 (1963) No. 3, 12.

BORNET, G. M.: Preliminary Report on International Survey of the Count Variation of all Types of Yarn Conducted by the Ontario Research Foundation. Ontario Research Foundation, Toronto, Ont.

KYAME, G. J., u. H. R. COPELAND: Ringless Spinning Updated. Textile World 114 (1964) Nr. 3, 48.

WATERS, W. T., J. PHILLIPS, L. A. FIORI u. J. E. RAMSEY: Effect of Cotton Fiber Properties and Spinning Processing Variables on Spinning Performance and Yarn Properties. Part. 4 The Relation of Spinning Variables. Textile Bull. 90, July 1964, 49.

LORD, P. R., u. A. M. I. MECH: Unconventional Methods of Spinning. Text. Rec. 82 (1964) No. 977, 44.

—: Spinning from High Twist Roving. Platt's Bull. 10 (1964) No. 7, 205.

MORIKAWA, T., u. K. AOKI: Daiwa's Automated Spinning System. Journ. Text. Mach. Soc. Japan 10 (1964) No. 3, 96.

OBATA, S., u. M. MASUDA: K. M. S. Automated Spinning System. Journ. Text. Mach. Soc. Japan 10 (1964) No. 3, 106.

NIEDERER, K.: Die Berechnung des günstigsten Ringdurchmessers an der Ringspinnmaschine. Textil-Praxis 19 (1964) 1088.

SCHNITZLER, G.: Etudes sur la carde coton. Bull. Inst. Text. France 114 (1964) 785.

—: La réalisation de hautes productions sur les cardes coton, notamment sur les anciennes cardes. Bull. Inst. Text. France 114 (1964) 819.

ZAMACOIS, R., J. M. RECASENS u. A. BARELLA: Sobre la simplificación del proceso de hilatura del algodón mediante la supresión de un paso de manuar. Investigación e Información Textil 7 (1964) 229.

WEGENER, W., u. B. WULFHORST: Einfluß von Balloneinengungsringen auf die Fadenzugkraft, auf die Fadenbruchanzahl und auf die Qualität der Garne. Melliand Textilber. 45 (1964) 1326.

WADDINGTON, J.: Cotton Spinning 1964 — In North America. Can. Textile Seminar 9 (Aug. 1964) 44.

HENGGELER, N.: Cotton Spinning 1964 — in Europe. Can. Textile Seminar 9 (Aug. 1964) 36.

NUTTER, W.: Cotton Spinning 1964 — In England. Can. Textile Seminar 9 (Aug. 1964) 25.

WILCZEK, H.: CE 10 Strecke. Przeglad Wlok. 18 (1964) Nr. 3, 121 (polnisch).

—: New-Type Flyer for Italian Roving Frame. Textile Weekly 64 (1964) Aug. 7, 220.

WILSON, F. C.: Waste At Roving — How Much is too Much? Textile World 114 (1964) Sept. 78.

—: Preparatory and Spinning Machinery of the Cotton Type. Textile Recorder 82 (1964) Nr. 980, 93.

PILLAY, K. P. R.: Study of the Hairiness of Cotton Yarns. Part 2. Effect of Processing Factors. Text. Res. Jour. 34 (1964) 783.

—: Greenville Machinery Exhibition — U. S. A. Textile Manufacturer 90 (1964) Nr. 1079, 448.

—: Textile Machinery Shown at the 6th International Trade Fair, Osaka. Journ. Text. Mach. Soc. Japan 10 (1964) No. 4, 165.

Wollstreckwerke

GROSSMANN, O. VON: Über die Entwicklung der Kammgarnstreckwerke. Textil-Praxis 5 (1950) 99.

—: Die neue Perfect-Ringspinnmaschine. Textil-Praxis 5 (1950) 276.

MORRISON, R.: Kammgarn-Ringspinnmaschine mit hebbarem Streckwerk. Textil-Praxis 5 (1950) 344.

NEWELL, W. A.: A Universal Drafting System. Textile World 100 (1950) H. 6, 89.

WEGENER, W.: Hinweis auf eine neue Streckmethode. Melliand Textilber. 32 (1951) 826.

FROTSCHER, W.: Streichgarn-Ringspinnmaschine oder Wagenspinner? Textil-Praxis 6 (1951) 123, 232.

HADWICH, F.: Neuartige Streichgarnringspinnmaschine. Textil-Praxis 6 (1951) 393.

HANNAH, M.: Developments in the Ambler Super-Draft Process for Worsted Spinning. J. Text. Inst. 42 (1951) P 246.

—: Das Ambler-Höchstverzugssystem. Textile World 101 (1951) H. 3, 159.

WEGENER, W.: Die Verarbeitung von Seidenabfällen nach dem französischen Kammgarnverfahren. Melliand Textilber. 33 (1952) 14, 114.

ZEPPELIN, H. M. VON: Amerikanisches Spinnverfahren in der Kammgarn-Spinnerei. Textil-Praxis 7 (1952) 17.

HADWICH, F.: Das Drehstreckwerk als Weiterentwicklung des Drehröhrchens in seiner Auswirkung auf Spinnerei, Weberei und Veredlung. Textil-Praxis 7 (1952) 113, 189.

OESER, W.: Die Zinser-Streichgarn-Ringspinnmaschine. Textil-Praxis 7 (1952) 867.

WEGENER, W.: Neuerungen auf der Technischen Messe Hannover 1952 auf dem Gebiete der Spinnereimaschinen. Textil-Praxis 7 (1952) 941.

WEGENER, W.: Perlonfaserverspinnung nach dem französischen Kammgarnverfahren. Melliand Textilber. 34 (1953) 183, 272.

WEGENER, W.: Das Kepa-Kurspinnverfahren für die Kammgarnspinnerei. Melliand Textilber. 34 (1953) 409, 501.

WALZ, F.: Die neuere Entwicklung der Streckwerke. Textil-Praxis 8 (1953) 208.

WEGENER, W.: Was muß der Spinner bei der Herstellung von Mischgespinsten beachten? Textil-Praxis 8 (1953) 283.

—: The Scientist Looks at the Wool Industry. Part 1: Outline of the Drawing Process. Wool. Sci. Rev. (1954) No. 12, 3.

SATTLER, E.: Der Mischungseffekt in der Streichgarnwolferei. Melliand Textilber. 35 (1954) 987.

LANG, A., u. G. SCHLESE: Textilmaschinen aus Bremen unter Berücksichtigung der Chemiefaserverarbeitung. Reyon, Zellwolle und andere Chemiefasern 32 (1954) 742.

—: Gegenwärtige Entwicklungstendenzen in Spinnereien. Textil- und Faserstofftechnik 4 (1954) 136.

KITTEL, H.: Moderne Arbeitsverfahren der Kammgarnspinnerei. Melliand Textilber. 35 (1954) 11, 133, 234, 488, 837, 1324.

REINHARDT, O.: Spinnerei- und Zwirnereimaschinen auf der Technischen Messe Hannover 1954. 2. Teil. Textil-Praxis 9 (1954) 818.

SCHMAUDER, K.: Zur Technologie und Praxis der Kammgarnspinnerei III. Faserforsch. u. Textiltechn. 6 (1955) 370.

REINHARDT, O.: Spinnerei- und Zwirnmaschinen auf der 2. Internationalen Textil-Ausstellung in Brüssel 1955. 1. Teil. Textil-Praxis 10 (1955) 764.

SATTLER, E.: Die Wahl des Verzuges und die Drehgeschwindigkeit beim Streichgarnwagenspinner. Melliand Textilber. 36 (1955) 324, 436.

SATTLER, E.: Die Vorgarnbildung in der Streichgarnspinnerei. Melliand Textilber. 36 (1955) 887.

SATTLER, E.: Der Einfluß des Wiegeapparates auf die Garngleichmäßigkeit. Melliand Textilber. 37 (1956) 776.

—: Der Record-Drafter. Melliand Textilber. 37 (1956) 357.

KAISER, H.: Die „MANN-Hochleistungsstrecke". Textil-Praxis 11 (1956) 328.

REINHARDT, O.: Der Raper-Autoleveller. Textil-Praxis 11 (1956) 1175.

PONCELET, A.: Short-Operation Processing of Worsted Yarns. J. Text. Inst. 47 (1956) P 772.

ROPER, N.: Some Aspects of Worsted Yarn Manufacture. I. und II. Textile Manufacturer 82 (1956) 619; 83 (1957) 3.

—: The Scientist Looks at the Wool Industry. Worsted Spinning. Part II. Wool Sci. Rev. 1956, No. 15, 3.

—: The Scientist Looks at the Wool Industry. Woollen Ring Frame Spinning. Wool Sci. Rev. 1957, No. 17, 3.

—: Magnaspin-Ringspinnmaschine für Kammgarne und synthetische Fasern. Melliand Textilber. 38 (1957) 499.

—: Technischer Messebericht Hannover 1957. Z. ges. Textilind. 59 (1957) 511.

BARKER, A. F.: Short-Operation Processing of Worsted Yarns. J. Text. Inst. 48 (1957) P 164.

ROPER, N.: Modern Worsted Spinning Practice. Textile Manufacturer 83 (1957) 225, 352, 397, 454, 496, 545, 621; 84 (1958) 57, [illegible], 198, 223, 395.

—: Neuerungen an Spinnmaschinen. Melliand Textilber. 39 (1958) 134.

—: Fortschritte in der Vorbereitung beim kontinentalen Kammgarnspinnverfahren. Melliand Textilber. 39 (1958) 733.

WEIGEL, K.: Spinnerei-Vorbereitung, Spinnereimaschinen und Zubehör auf der Deutschen Industrie-Messe Hannover 1958. Melliand Textilber. 39 (1958) 952.

REINHARDT, O.: Spinnerei- und Zwirnereimaschinen auf der Industriemesse Hannover 1958 (I u. II). Textil-Praxis 13 (1958) 879, 1006.

REINHARDT, O.: Erfahrungen mit dem „Raper-Verzugsystem" in der kontinentalen Kammgarnspinnerei. Textil-Praxis 13 (1958) 1111.

—: Modern Worsted Drawing and Spinning. Textile Manufacturer 84 (1958) 32.

LÜNENSCHLOSS, J., u. H. GÜTTLER: Die Verarbeitung von Chemiefasern mit Rechteck- und Trapezstapel in der Kammgarnspinnerei. Melliand Textilber. 39 (1958) 1076, 1203.

BALKIN, M.: Verzugselemente für Fasern-Walzenbezüge und Ablieferbänder. Textile Manufacturer 84 (1958) 239.

—: Short-Process Worsted Spinning. Textile Mercury Argus 1958, 415.

—: Modernes Strecken und Spinnen von Kammgarn. Textile Recorder 75 (1958) Nr. 898, 61.

—: Shorter Processing in continental worsted drawing. Textile Recorder 75 (1958) Nr. 901, 82.

HONEGGER, E.: Neue Kammgarnspinnverfahren im Lichte der Uster-Gleichmäßigkeitsprüfung. Textilrundschau 13 (1958) 1, 569.

SCHMAUDER, K., u. K.-P. MIECK: Das Kollektorstreckwerk, seine Entwicklung und Erprobung. Deutsche Textiltechnik 9 (1959) 120.

KITTEL, H.: Moderne Arbeitsverfahren in der Kammgarnspinnerei — Schnellläufer Intersekting, Modell IR. Melliand Textilber. 40 (1959) 355.

LUDWIG u. R. BOIDIN: Gesteigerte Leistung in der Spinnerei-Vorbereitung. Spinner und Weber 77 (1959) 122.

CROON, E.: Kammgarn-Hochverzug-Kurzsortiment. Spinner und Weber 77 (1959) 362.

BASLER, E.: Die HMG-Intersecting. Spinner und Weber 77 (1959) 380.

WALZ, F.: Die Spinnereimaschinen auf der Internationalen Textilmaschinenausstellung in Manchester 1958. Textil-Praxis 14 (1959) 460.

REINHARDT, O.: Entwicklungsstand der Streichgarn-Ringspinnmaschine. Textil-Praxis 14 (1959) 985, 1100, 1195.

SAXL, V.: Die Verspinnung von Hochbauschgarnen. Textil-Praxis 14 (1959) 1097.

—: Das neue Bradford-Verfahren für die Kammgarnvorbereitung. Z. ges. Textilind. 61 (1959) 165.

—: „E. I. A. T. 59", 3. Internationale Textilmaschinen-Ausstellung in Mailand. Z. ges. Textilind. 61 (1959) 871.

CAIRNS, R. G., P. H. OLIVER u. R. A. PARKER: Machinery Developments on Various Spinning Systems for the Production of Carpet Pile Yarns with Particular Reference to Tufted Carpets. J. Text. Inst. 50 (1959) P. 478

—: Ringspinnmaschine für lange Fasern. Textile Recorder 77 (1959) Nr. 921, 79.

KIRSCHNER, E.: Verarbeitung von Chemiefasern in der Kammgarnspinnerei. Chemiefasern 10 (1960) 396.

PORSCHE, G.: Zweiriemchen-Kammgarnstreckwerk mit SKF-Pendelträger. Melliand Textilber. 41 (1960) 135.

WEIGEL, K.: Spinnerei-Vorbereitungs- und Spinnmaschinen auf der 3. Internationalen Textilmaschinen-Ausstellung in Mailand. Melliand Textilber. 41 (1960) 145, 277.

SWATEK, W. T.: Vier neue Rieter-Streckwerke. Melliand Textilber. 41 (1960) 659.

WEBER, R.: Kammgarn-Spinnmaschinen mit Permaset-Streckwerk. Melliand Textilber. 41 (1960) 1313.

—: „Servo-Drafter" Intersecting-Strecke. Melliand Textilber. 41 (1960) 1470.

—: HMG-Hochleistungsstrecke. Spinner und Weber 78 (1960) 320.

REINHARDT, O.: Spinnerei- und Zwirnmaschinen auf der 3. Internationalen Textilmaschinen-Ausstellung Mailand 1959. Textil-Praxis 15 (1960) 17, 126, 247, 362.

FAHRBACH, R.: Die Hochverzugs-Nitschelstrecke im Kurzsortiment der Kammgarnvorbereitung. Textil-Praxis 15 (1960) 1124.

SCHLESE, G.: Die Tuftedgarnspinnerei. Z. ges. Textilind. 62 (1960) 144.

SCHMAUDER, K., u. P. MIECK: Un système d'étirage à collecteur sur continu à filer. L'Industrie Textile Nr. 876 (1960) 15.

—: Abgekürztes kontinentales Kammgarn-Strecksortiment. Textile Recorder 77 (1960) Nr. 924, 93.

—: Spinnverfahren für kontinentales Kammgarn. Textile Recorder 78 (1960) Nr. 928, 73.

CORMANN, L.: Rapport d'information concernant la recherche sur les critères de filabilité de la laine. Ann. sci. text. Belges 8 (1960) No. 2, 107.

MONFORT, F., u. J. GRIGNET: Étude de l'autoleveller Prince-Smith, système Raper. Ann. sci. text. Belges 8 (1960) No. 3, 56.

DROST, D.: Aufbau und Arbeitsweise einer modernen Hochverzugsnitschelstrecke. Chemiefasern 11 (1961) 310.

Bourrust, B.: Herstellen von Garnen aus Triacetat. Chemiefasern 11 (1961) 314.
Neeb, F.: Moderne Endpassagen in der Kammgarnspinnerei. Chemiefasern 11 (1961) 304.
Weigel, K.: Rückblick auf die Deutsche Industriemesse Hannover 1961. Melliand Textilber. 42 (1961) 991.
Schlese, G.: Kurzspinnverfahren zur Herstellung von Halbkammgarnen. Z. ges. Textilind. 63 (1961) 734.
Fricke, B.: Qualitätsvergleich von Ringspinn- und Selfaktorgarnen aus der Praxis der Streichgarnspinnerei. Z. ges. Textilind. 63 (1961) 836.
—: Die Spinn-Zwirn-Maschine in der Kammgarnspinnerei. Deutsche Textiltechnik 12 (1962) 103.
Boróczy, E.: Untersuchungen über den Drallverzug an einem Zweiriemen-Wagenspinner. Faserforsch. u. Textiltechn. 13 (1962) 34, 87.
—: Moderne Streichgarn-Ringspinnmaschinen. Melliand Textilber. 43 (1962) 344.
Rodehacke, K.: Von der „Selfacting Jenny" bis zum Standspinner. Melliand Textilber. 43 (1962) 435, 560.
—: „Vom Band zum Garn"-Kammgarn-Ringspinnmaschine. Melliand Textilber. 43 (1962) 447.
—: Das „Permo"-Spinnverfahren. Melliand Textilber. 43 (1962) 548.
Rubisch, H.: Streckwerke für Ringspinnmaschinen. Melliand Textilber. 43 (1962) 556.
—: Doppelriemchen-Streckwerk „LB-280". Melliand Textilber. 43 (1962) 684.
Townend, P. P.: Probleme bei der Verarbeitung von Wolle und Chemiefasern in der Kammgarnspinnerei. Textil-Praxis 17 (1962) 1197.
Wegener, W., u. H. Peuker: Die optimale Gestaltung des Selfaktor-Drehverzugs und des Ringspinnmaschinen-Falschdrahtverzuges in der Streichgarnspinnerei. Z. ges. Textilind. 64 (1962) 22, 98, 167.
Schlese, G.: Neuerungen im Spinnereimaschinenbau. Z. ges. Textilind. 64 (1962) 173, 249, 348.
Wegener, W., u. H. Peuker: Hochverzugs-Finisseure des Französischen Kammgarn-Kurzspinnverfahrens. Z. ges. Textilind. 64 (1962) 853, 952.
Schmalz, J.: Die Auswirkung der Einflußgrößen des Drehverzuges auf die Vergleichmäßigung der Fasermasse von Streichgarnen. Z. ges. Textilind. 64 (1962) 1071.
Ross, D. A., R. L. Bratt u. L. F. Story: Sliver Strength as a Measure of Fibre-Alignment in Topmaking. J. Text. Inst. 53 (1962) P 185.
Morgan, W. V., D. S. Taylor u. G. W. Walls: The Geelong Converter and Processing of High and Low Burr-Content Wools. J. Text. Inst. 53 (1962) P 512.
Murakami, F., u. Y. Isobe: Performances of HMG Etrich Type Auto-Chain Gill. J. Text. Mach. Soc. Japan 8 (1962) No. 1, 19.
—: Okuma's Modell PD-III R Super Drafter. J. Text. Mach. Soc. Japan 8 (1962) No. 1, 47.
—: Quality Control, Checking and Testing on the Raper Autoleveller Draw Box. Textile Recorder 79 (1962) Nr. 947, 49; Nr. 948, 62.
—: Sliver-to-Yarn Ring Frame for Worsted. Textile Recorder 79 (1962) Nr. 947, 65.
—: Narrow Model Worsted Ring Spinning Frame. Textile Recorder 79 (1962) Nr. 948, 69.
—: The Production of Worsted Type Yarns Without Combing. Textile Recorder 80 (1962) Nr. 950, 77.
—: Pot Spinning Frame for Worsted. Textile Recorder 80 (1962) Nr. 952, 65.

BREARLEY, A., u. E. OXTOBY: Autolevelling in New Bradford System Drawing. Textile Recorder 80 (1962) Nr. 953, 47.

—: Double Apron Drafting System for Worsted. Textile Recorder 80 (1962) Nr. 956, 126.

OTT, H.: Verarbeitung von Polyesterfaser in der Kammgarnspinnerei. Textil-Rundschau 17 (1962) 585.

SVOBODA, A.: Mischungen aus Zellwolle und Wolle. Textil-Rundschau 17 (1962) 601.

JACOB, J.-M., u. L. CORMANN: Equations de filabilité de deux métiers à filer. Ann. sci. text. Belges 10 (1962) No. 3, 7.

NEEB, F.: Das moderne Kontinentale und Amerikanische System in der Kammgarnspinnerei. Z. ges. Textilind. 65 (1963) 20.

QUAAS, K.: Neuere technische Entwicklung auf dem Gebiet der Streckwerke in der Vor- und Feinspinnerei. Melliand Textilber. 44 (1963) 132, 229, 344.

KITTEL, H.: Vom klassischen Kammgarnsortiment zum modernen Kurzsortiment. Melliand Textilber. 44 (1963) 781, 913.

KITTEL, H.: Anhaltspunkte für die Herstellung von einwandfreiem Vor- und Feingarn in der Streichgarn- und Vigognespinnerei. Z. ges. Textilind. 65 (1963) 157, 339, 425, 501, 878.

DANA, M.: Über die moderne Richtung in der Kammgarnspinnerei. Spinner und Weber 81 (1963) 328.

BORÓCZY, E.: Das Streichgarnspinnen an Ringspinnmaschinen mit Drehröhrchen-Streckwerk. Faserforsch. u. Textiltechn. 14 (1963) 73, 104.

—: Spinning System for Coarse Yarns. Textile Recorder 81 (1963) No. 966, 141.

WALLS, G. W.: Distribution of Staple Tip in Worsted Processing of some Merino Wools. J. Text. Inst. 54 (1963) T 79.

BELA, M.: Abgekürzte Vorgarnspinnverfahren in Kammgarnspinnereien, System Schlumberger. Tekstil, Zagreb 12 (1963) 245.

KRAWANY, K.: Die SIKA-Spinn- und Zwirnspindel. Melliand Textilber. 44 (1963) 912, 1088.

AMMACHER, G., u. ST. BATHELT: Mischungsschwankungen in Kammgarnmischgespinsten. Melliand Textilber. 44 (1963) 1192.

PUJOL, C.: Ein neuer Index, um die Wirksamkeit der Vorbereitung und Öffnung in der Kammgarnspinnerei abzuschätzen. Invest. Inform. Text. 6 (1963) 227 (spanisch).

STINGHE, D., T. SIMIONESCU u. H. KLIFER: Hochverzugs-Streckwerk für Feinspinnmaschinen. Industria text. 14 (1963) 512 (rumänisch).

BREARLEY, A., u. E. OXTOBY: Gill Box Feed Arrangements in Worsted Drawing. Textile Recorder 82 (1964) No. 976, 52.

—: Unit-spin for Coarse Count Yarns. Text. Weekly. 63 (1963) 762.

GESSNER, W.: Zusammenhänge zwischen Faserfeinheit, Stapeldiagramm und Spinngrenze in der Kammgarnspinnerei. Deutsches Wollforschungsinstitut an der Technischen Hochschule Aachen, Nr. 40, 1963.

GESSNER, W.: Fadenbruchursachen in der Kammgarnspinnerei. Textil-Praxis 18 (1963) 932; 19 (1964) 58, 174.

TISCHENDORFF, H.: Die Herstellung von Grobgarnen im Kurzspinnverfahren. Textil-Praxis 18 (1963) 1053.

DIRCKS, A., u. P. P. TOWNEND: Trends und Entwicklungen in der Streichgarnspinnerei. Textil-Praxis 18 (1963) 1135.

WEGENER, W., u. P. EHRLER: Gewicht und spezifischer Draht eines Faserverbandes während der Fadenbildung auf einem Standspinner. Z. ges. Textilind. 66 (1964) 50, 109.

WEGENER, W., u. W. SPRENKMANN: Betrachtungen über das unterschiedliche elektrostatische Verhalten avivierter Fasern und daraus gezogene Folgerungen für die kontinentale Kammgarnspinnerei. Textil-Praxis 19 (1964) 47, 163, 241.

DIRCKS, A., u. P. P. TOWNEND: Trends und Entwicklungen in der Kammgarnspinnerei. Textil-Praxis 19 (1964) 126.

KOCH, F.: Erfahrungen mit einem Universal-Zweiriemchenstreckwerk am Kammgarnflyer. Textil-Praxis 19 (1964) 171.

KITTEL, H.: Konstruktive Entwicklungen an Maschinen der Kammgarnspinnerei. Melliand Textilber. 45 (1964) 723, 858.

ANDERSON, S. L.: Casses de fibres au cours du cardage de laine à peigne. Ann. Sci. Text. Belges 11 (1963) No. 1, 30.

OXTOBY, E.: Developments in Worsted Spinning Drafting Zones. Wool Rev. 37 (1964) Febr., 11, March, 19, April, 15, Mai, 19.

OGDEN, A. J.: Some Future Trends in Worsted Spinning Techniques. Text. Manufacturer 90 (1964) 222.

—: Sliver-to-Yarn Ring Frame for Wool. Text. Rec. 81 (1964) No. 973, 83.

PITZ, J.: Tarifications et charges de travail. L'Industrie Textile 1964, No. 920, 33.

DOLDER, P., G. MAZINGUE u. M. VAN OVERBEKE: Einfluß des Finisseurs auf die Gleichmäßigkeit der Bänder und Kammgarne. Bull. Inst. Textile France 18 (1964) Nr. 110, 35 (französisch).

KIESER, O.: Der Umsturz in der Kammgarn-Vorbereitung. Textil-Praxis 19 (1964) 1075.

NEUBART, ST.: Récupération et traitement des Déchets en filature de laine. L'Industrie Textile (1964) Nr. 929, 755.

SCHMAUDER, K.: Verkürzte Spinnverfahren zur noppenfreien und ungekämmten Verarbeitung von Chemiefasern im Wollsektor. Deutsche Textiltechnik 14 (1964) 581.

NEEDHAM, H., u. W. PARKIN: Recent Developments in Machinery for Woollen and Worsted Yarn Manufacture. Text. Rec. 82 (1964) Nr. 980, 96.

FRENZEL, W.: Spinnversuche mit hartgedrehtem Vorgarn. Faserf. u. Textilt. 16 (1965) 128, s. a. Melliand Textilber. 46 (1965) 349.

Jute- und Flachsstreckwerke

PEARS, J. B.: Theorie und Praxis der Naßspinnerei von Flachs und Hanf. Textile Manufacturer 62 (1936) H. 733, 4.

ROHS, W.: Über die Gesichtspunkte für die Weiterentwicklung des Maschinenparks in bezug auf die Feinspinnmaschinen. Die Bastfaser 1941, 33.

ROHS, W. u. SCHROLL: Bastfasermaschinen mit Hochverzugs-Streckwerken. Die Bastfaser 1941, 129.

PAUL: Bastfaser-Spinnereimaschinen einst und jetzt. Die Bastfaser 1942, 65, 96.

ECKER, E.: Betrachtungen zu den mechanischen Einflüssen bei der Aufbereitung von Bastfasern. Allg. Textil-Ztg. 1943, 207.

ETRICH, J.: 70 Jahre Mechanisierung der Bastfaser-Aufbereitung. Allg. Textil-Ztg. 1943, 218.

HELLER, G. u. SCHROLL: Vergleichende Untersuchung der unter Verwendung von Schnelläuferstrecken, Bauart Liebscher, gefertigten Werggarne. Die Bastfaser 1943, H. 3, H. 4.

WINTER, R.: Neue Flachs-Aufbereitungsmaschinen. Faserforsch. u. Textiltechn. 2 (1951) 330.

HELLER, G.: Zur Frage der Nummernhaltung an Naß-Spinnmaschinen für Flachs- und Flachswerggarne. Textil-Praxis 6 (1951) 648.

FRENZEL, W.: Flachsnaßspinnen. Faserforsch. u. Textiltechn. 3 (1952) 214.

FRENZEL, W., u. U. LIEBSCHER: Die Herstellung von Flachsnaßgespinsten auf Spinnzentrifugen. Faserforsch. u. Textiltechn. 3 (1952) 356, 390.

FRENZEL, W., u. H. RUSCH: Streckwerke aus Kunststoff und Hartporzellan an der Bastfaser-Naßspinnmaschine. Faserforsch. u. Textiltechn. 3 (1952) 423, 490.

BLÜMCKE, A.: Naß-Spinnen von Flachsgarnen unter Herabsetzung der Spinnbadtemperatur. Textil-Praxis 7 (1952) 882.

KREBS, G.: Verspinnung, Verwebung und Ausrüstung von „Grün-Kenaf". Melliand Textilber. 33 (1952) 919.

ROHS, W., u. G. HELLER: Das Naßspinnen von Bastfasergarnen mit chemischen Zusätzen zum Spinnbad. Forsch.-Ber. des Wirtschafts- u. Verkehrsministeriums Nordrhein-Westfalen Nr. 13. Köln/Opladen: Westdeutscher Verlag 1952.

HELLER, G.: Schnelläuferstrecken in der Bastfaserspinnerei. Z. ges. Textilindustrie 55 (1953) 366, 487.

MERTZ, F.: Maschinen zur Gewinnung der Sisalfaser. Melliand Textilber. 35 (1954) 202.

HELLER, G.: Die Entwicklung der Schnelläuferstrecken in der Flachsspinnerei I. Textil-Praxis 9 (1954) 917, 1018.

ROHS, W., G. HELLER u. R. OTTO: Vergleichende Wergspinnversuche mit Schnelläuferstrecken unter besonderer Berücksichtigung der Doppelnadelzugstabstrecke. Mitt. Techn.-Wissensch. Büro f. d. Bastfaserind. Bielefeld, 1954.

BLÜMCKE, A.: Die Drehung von Bastfaserzwirnen. Textil-Praxis 9 (1954) 1133.

ROHS, W., u. R. OTTO: Die Entwicklung der neuzeitlichen Naßringspinnmaschine. Textil-Praxis 10 (1955) 650, 786, 873, 997.

ROHS, W., u. R. OTTO: Das Naßspinnen von Bastfasergarnen mit Spinnbadzusätzen unter Ausnutzung einer zentralen Spinnwasserversorgungsanlage. Forsch.-Ber. des Wirtschafts- u. Verkehrsministeriums Nordrhein-Westfalen Nr. 340. Köln/Opladen: Westdeutscher Verlag 1956; s. auch Melliand Textilber. 37 (1956) 243, 367.

LIEBSCHER, U.: Betrachtungen zur Neugestaltung der Technologie in der Flachsspinnerei. Faserforsch. u. Textiltechn. 7 (1956) 453.

LIEBSCHER, U.: Die Flachstopf-Spinnmaschine mit Hochverzugsstreckwerk, ihre Entwicklung und Erprobung. Faserforsch. u. Textiltechn. 7 (1956) 505.

LIEBSCHER, U.: Die Einsatzmöglichkeit der Flachstopfspinnmaschine mit Bandspeisung. Faserforsch. u. Textiltechn. 7 (1956) 556.

HÜNLICH, R.: Neues Jutespinnverfahren. Melliand Textilber. 37 (1956) 769.

BLÜMCKE, A.: Die heutigen Arbeitsmethoden der Bastfaserspinnerei. Melliand Textilber. 37 (1956) 885.

TAFEL, W.: Hechelstreckwerk und Durchzugstreckwerk. Textil-Praxis 11 (1956) 1183.

ROHS, W., L. STEINMETZ, R. OTTO u. W. LAUER: Untersuchungen zur Aufstellung vereinfachter Spinnpläne in der Bastfaserspinnerei. Mitt. Techn.-Wissensch. Büro f. d. Bastfaserind. Bielefeld, 1957.

ROHS, W., u. R. OTTO: Ungleichmäßigkeiten in Bändern von Bastfaserkarden, ihre Ursachen und Auswirkungen. Forsch.-Ber. des Wirtschafts- u. Verkehrsministeriums Nordrhein-Westfalen Nr. 397. Köln/Opladen, Westdeutscher Verlag 1957.

ROHS, W., R. OTTO u. W. LAUER: Erprobung von chemischen Hilfsmitteln zur Verbesserung des Naßspinnens von Bastfasern. Mitt. Techn.-Wissensch. Büro f. d. Bastfaserind. Bielefeld, 1957.

ROHS, W.: Maschinentechnische Probleme in der Flachs- und Hanfspinnerei. „die textilindustrie", S. 49 Darmstadt: O. Elsner Verlagsges. 1957.

FRENZEL, W., u. G. UHLEMANN: Das Gleitstreckwerk in der Flachsspinnerei. Faserforsch. u. Textiltechn. 8 (1957) 297.

BLÜMCKE, A.: Die Bandspinnverfahren in der Bastfaserspinnerei. Textil-Praxis 12 (1957) 1088.

BANDYOPADHYAY: Einfluß der Brustplatte auf die Qualität aus Vorgarnen gesponnener Jutegarne. Textile Manufacturer 1958, 455.

HÜNLICH, R.: Neuerungen in der Flachsfasergewinnung und -verspinnung. Melliand Textilber. 40 (1959) 1132.

FRENZEL, W.: Spinnversuche mit einem Gleitstreckwerk. Textil-Praxis 14 (1959) 118.

ROHS, W., u. R. OTTO: Messung von Verzugskräften in Nadelfeldern von Bastfaserstrecken. Forsch.-Ber. des Wirtschafts- u. Verkehrsministeriums Nordrhein-Westfalen Nr. 732. Köln/Opladen: Westdeutscher Verlag 1959.

ROHS, W., u. R. OTTO: Der Stand des Naßspinnens von Bastfasern mit Hochverzug. Mitt. Techn.-Wissensch. Büro f. d. Bastfaserind. Bielefeld, April 1959.

TARASOW, S. W.: Hochverzug in der Naßspinnerei von Werg. Technologija Tekstiljnoi Promyschlennosti 1959, H. 5, 23.

HANUS: Moderne Technologien in der Bastfaserindustrie. Mitt. Bastfaserind. 3 (1960) 1.

SIMOR, P.: Berechnungen und Versuche in bezug auf das Hecheln. Spinner und Weber 78 (1960) 613.

HUSCHKA, R.: Über das Verspinnen von Zelljute. Textil-Praxis 15 (1960) 1119.

ROHS, W., R. OTTO u. H. GRIESE: Trockenspinnverfahren für Leinengarne und Einsatz trocken gesponnener Garne in der Leinenweberei. Forsch.-Ber. des Landes Nordrhein-Westfalen Nr. 937. Köln/Opladen: Westdeutscher Verlag 1960.

RUDOLPH, L.: Über den Einfluß von Grobfasern bei der Zellwollverspinnung in der Baumwollspinnerei. Z. ges. Textilind. 62 (1960) 76.

ABBENHEIM, P.: Das Spinnen von Teppichgarn nach dem Jutesystem. Z. ges. Textilind. 62 (1960) 141.

WEGENER, W., u. H. PEUKER: Einfluß des Beimischens von Zellwolle zu Langflachs auf die Ungleichmäßigkeit der Garne und Gewebe. Z. ges. Textilind. 62 (1960) 439, 481, 508.

WEGENER, W., u. H. PEUKER: Einfluß des Beimischens von Zellwolle zu Kurzflachs (Flachswerg) auf die Ungleichmäßigkeit der Garne und Gewebe. Z. ges. Textilind. 62 (1960) 553, 596.

UHMANN, H.: Hochverzug-Streckwerk für Naß-Flachsspinnereien mit „gebrochener" Spinnlinie. Textil 1960, 289.

CALDWELL, S. A. G.: Modern Flax Spinning Practice. Textile Recorder 78 (1960) Nr. 929, 46.

HUSCHKA, R.: Verarbeitung von Viskosefaser-Spinnband und Grundlagen der Garnherstellung aus Viskose-Spinnkabel der Juteindustrie. Mitt. Bastfaserind. 4 (1961) 144.

CHATTERJEE, U., u. S. B. BANDYOPADHYAY: Reed Tapering Characteristics of Jute Fibre and Yarn Irregularity Prediction. J. Text. Inst. 52 (1961) T 430.

ROHS, W., R. OTTO u. A. FUNDER: Die Ungleichmäßigkeit von Faserbändern und Gespinsten im Zusammenhang mit den Veränderungen der technischen Bastfasern während ihrer Verarbeitung. Mitt. Techn.-Wissensch. Büro f. d. Bastfaserind. Bielefeld, 1961.

OTTO, R.: Vergleichmäßigung der Bastfaserkardenbänder durch Einsatz von Direktwiegespeisern. Z. ges. Textilind. 63 (1961) 722.

LÜNENSCHLOSS, J., u. K. W. DÖRHOLT: Die Mischung von Polyesterfasern mit Langflachs. Textil-Praxis 17 (1962) 4, 117, 320.

ROHS, W.: Bastfaseraufbereitung und -verspinnung. Textil-Praxis 7 (1952) 179.

OTTO, R., u. W. ROHS: Verbesserung der Verarbeitungseigenschaften von Bastfasergarnen durch Beigabe einer Chemiefaserkomponente. Mitt. Techn.-Wissensch. Büro f. d. Bastfaserind. Bielefeld, 1962.

GINSBURG: Resultate der Entwicklung und Einführung von Hochleistungs-Spinnmaschinen mit Hochverzugs-Streckwerken beim Verspinnen von Bastfasern. Mitt. Bastfaserind. 5 (1962) 30.

LIEBSCHER, U., u. G. SCHMIDT: Vergleich von Flachsringspinnmaschinen verschiedener Bauart. Mitt. Bastfaserind. 5 (1962) 69.

BUSCH, E.: Betriebserfahrungen mit der Totex-Naßringspinnmaschine Typ 0800 beim Verspinnen von Flachswerg. Mitt. Bastfaserind. 5 (1962) 99.

BECK, T.: Verkürzte Bastfaserspinnverfahren. Mitt. Bastfaserind. 5 (1962) 314.

KRAUS, A.: Ermittlung der Hechelfeld-Dimensionen an Bastfaser-Vorbereitungsmaschinen. Textil-Praxis 17 (1962) 1202.

MATHER, J. N.: An Analysis of the Jute Processing System. J. Text. Inst. 53 (1962) P 269.

LYCKEGARD, U., u. P. SIMOR: Das Naßspinnen von Flachs. Fasereigenschaften — Garneigenschaften. Spinner und Weber 81 (1963) 1073, 1171.

KOMAROW, V. G.: Flyerloses Flachs-Naßspinnverfahren. Text. Prom. 23 (1963) Nr. 12, 28 (russisch).

GOOSSENS, M.: Les machines ultra rapides en filature de jute. L'Industrie Textile 1964, No. 920, 19.

SIMOR, P.: Die Entwicklung des Bastfaserspinnens. Verkürzte Spinnverfahren. Spinner und Weber 82 (1964) 325.

MATHER, J. N.: Comparison of Jute Fibre and Yarn Properties. Jour. Text. Inst. 55 (1964) T 401.

CHATTERJI, K. K., u. S. B. BANDYOPADHYAY: Blending of Jute and Mesta on Jute Machinery. Text. Res. Jour. 34 (1964) 967.

BECK, T.: Studie über den Einsatz der Zentrifugenspinnmaschine in der Bastfaserspinnindustrie. Magyar Textil-Technika 16 (1964) 497 (ungarisch).

GINZBURG, L. N.: Ergebnisse der letzten sowjetischen Forschungen in der Flachsindustrie. Magyar Textil-Technika 16 (1964) 520 (ungarisch).

DOMES, O., u. A. HORÁK: Die Wirkung der Einstellung der Flachshechelmaschine im Betrieb auf die Qualität der Faser und des Werges. Magyar Textil-Technika 16 (1964) 23.

GOOSSENS, M.: Les machines ultrarapides en filature de jute. L'Industrie Textile 920 (1964) 19.

Kurzspinnverfahren

WEGENER, W.: Die Verarbeitung von Seidenabfällen nach dem Schappespinnverfahren. Melliand Textilber. 29 (1948) 259, 295, 334, 366.

BUSATH, H.: Direktverfahren zum Verspinnen von Zellwolle. Kunstseide und Zellwolle 27 (1949) 89.

TAKAGI, T.: Toho's New K. T. Spinning Frame. Rayon, Synthetic Textiles 31 (1950) Nr. 11, 31.

ZIEBACH, F.: Neue Spinnverfahren für Baumwolle und Zellwolle. Z. ges. Textilind. 54 (1952) 627.

SETTAM, M.: Neue Maschinen für die Verarbeitung von Langstapelfasern. Melliand Textilber. 34 (1953) 775.

WALZ, F.: Das Bandspinnen. Textil-Praxis 8 (1953) 1025.

Reinhardt, O.: Die Direkt-Spinnmaschine Cutdrafil. Z. ges. Textilind. 55 (1953) 1415.

Reinhardt, O.: Die internationale Textilmaschinen-Ausstellung Manchester 1953. 3. Teil. Z. ges. Textilind. 56 (1954) 87.

Reinhardt, O.: Textilmaschinenausstellung in Manchester. Melliand Textilber. 35 (1954) 79, 199.

Boutry, P.: Neue Spinnverfahren für Zellwolle und synthetische Fasern. Reyon, Zellwolle und andere Chemiefasern 32 (1954) 546.

Ashton, H.: Abgeänderte Spinnverfahren für Chemiefasern. Reyon, Zellwolle und andere Chemiefasern 33 (1955) 164.

Meyer, W.: Struktur und Verarbeitung bei Chemiefasern. Melliand Textilber. 36 (1955) 213.

Temmerman, R.: Direktes Spinnen von Acetat-Spinnkabeln hoher Festigkeit. Ann. sci. text. Belges 4 (1956) No. 1, 208.

Swatek, W. T.: Der Pacific-Converter. Z. ges. Textilind. 59 (1957) 699.

Simon, E.: Rein- und Mischverspinnung der Zellwolle. Melliand Textilber. 39 (1958) 127.

Takagi, T.: Die Entwicklung des Direktspinn- oder tow-to-yarn-Verfahrens. Melliand Textilber. 39 (1958) 1191.

Nuding, H.: Spinnereitechnische Auswirkungen der neuesten Entwicklungen auf dem Gebiet der Chemiefasern. Melliand Textilber. 39 (1958) 1309.

Ebert, H.: Die Stains-Spinnmaschine für das Direktspinnverfahren. Spinner und Weber 76 (1958) 118.

Jehle, K.: Verarbeitung von Chemiefaserkabeln. Chemiefasern 10 (1960) 226.

Sieroff, M.: Herstellung und Einsatz von Hochbauschgarnen. Chemiefasern 10 (1960) 720.

Huschka, R.: Verarbeitung von Viskosefaser-Spinnband und Grundlagen der Garnherstellung aus Viskose-Spinnkabel der Juteindustrie. Mitt. Bastfaserind. 4 (1961) 144.

Bezdudnyi, F. F.: Moderne Richtungen in der Entwicklung der Stapelfaserspinnverfahren von synthetischen Faserstoffen. Techn. of the Textile Ind. USSR 1961, Nr. 5, 3 (englisch).

Horák, J.: Die Herstellung von Kammgarn nach dem Konvertersystem. Deutsche Textiltechnik 11 (1961) 403.

Simon, E.: Spinnereiprobleme bei der Verarbeitung von Spezialzellwollen. Chemiefasern 12 (1962) 36.

Caquelin, P.: Converter-technische und ökonomische Betrachtungen. Deutsche Textiltechnik 12 (1962) 122.

Giraudi, G. N.: Entwicklungstendenzen bei der Verarbeitung und Mischung synthetischer Fasern. Man-made Text. 38 (1961) H. 448, 110.

Bürkle, F.: Direktspinnverfahren. Textil-Praxis 18 (1963) 111.

Röder, I.: Kabelspinnen der Kunstfaser, seine Möglichkeit und Lage in der Baumwollindustrie der Welt. Magyar Textil-Technika 15 (1963) 326.

Teare, J. Q.: Turbo Processing Tow of Orlon Acrylic Fiber. Can. Textile Jour. 81 (1964) Aug., 49.

Jozwicki, R.: Ein abgekürztes Converter-System für die Produktion von Garn aus Polyacrylnitril-Fasern. Przeglad Wlok. 17 (1963) 378 (polnisch).

Zamacois, R., u. J. M. Recasens: Ein sehr einfaches System zur Vereinfachung des Spinnprozesses. Invest. Inform. Text. 7 (1964) No. 1, 13 (spanisch).

Kirk, E.: Certain Aspects of Tow-to-Top Conversion Systems. The Textile Institute and Industry 2 (1964) 94, 149.

Regulierstrecken

FAHRBACH, R.: Die Regelstrecken in der Kammgarnspinnerei. Textil-Praxis 10 (1955) 425.

KITTEL, H.: Moderne Arbeitsverfahren in der Kammgarnspinnerei — Die Regelstrecke. Melliand Textilber. 37 (1956) 761.

BROWN, H. M., u. J. S. GRAHAM: Sliver Evener for Roving Frames. Text. Res. J. 27 (1957) 579.

PERNER, H., G. SCHAUER u. S. PILZ: Streckwerk mit Verzugssteuerung (Regelstreckwerk) für die Baumwollspinnerei. Deutsche Textiltechnik 9 (1959) 349.

NITSCKE, G.: Versuche mit der Regelstrecke in der Kämmerei. Spinner und Weber 78 (1960) 173.

KLEMM, L.: Versuche mit der Regelstrecke in der Kämmerei. Spinner und Weber 78 (1960) 809.

WEGENER, W., u. H. PEUKER: Einfluß einer Kardenband-Vergleichmäßigungseinrichtung auf die Ungleichmäßigkeit der Baumwollgarne und -gewebe. Z. ges. Textilind. 62 (1960) 711, 821.

SCHENKEL, E., u. A. DRESCHER: Das Optima-Lunten-Reguliergerät und seine Wirkungsweise. Textil-Praxis 15 (1960) 884.

GRUONER, S.: Ein neues Regelaggregat. Melliand Textilber. 42 (1961) 3.

STROBEL, CH.: Mechanische Differentialregelstrecke für Baumwolle. Spinner und Weber 80 (1962) 608.

STROBEL, CH.: Tasterlos-verzugskraftgesteuerte Differential-Regelstrecke für Wolle, Zellwolle, Baumwolle und Synthetics. Spinner und Weber 80 (1962) 957.

STROBEL, CH.: Soll-Istwertvergleich an der Lieferung der tasterlos verzugskraftgesteuerten Differentialregelstrecke. Spinner und Weber 80 (1962) 1179.

NEUBAUER, H.: Automatische Verzugssteuerungen für die Bandgleichmäßigkeit in der Kammgarn- und Baumwollspinnerei. Z. ges. Textilind. 64 (1962) 572.

—: Quality Control, Checking and Testing on the Raper Autoleveller Draw Box. Textile-Recorder 79 (1962) Nr. 947, 49; Nr. 948, 62.

BREARLEY, A., u. E. OXTOBY: An Appraisal of the Raper Autoleveller Gill Box. Textile Recorder 80 (1962) Nr. 950, 66.

GRUONER, S.: Aktuelle Verarbeitungsprobleme in der Kammgarnspinnerei, Möglichkeiten der Steuerung und Regelung. Melliand Textilber. 44 (1963) 791, 919, 1093.

MÜLLER, K.-H.: Untersuchung einer Steuerstrecke auf die Grenzen der Vergleichförmigung. Deutsche Textiltechnik 13 (1963) 625.

ALTENBURGER, W.: Kurzspinnprozeß mit „Graf-Optima"-Luntenregulierapparaten. Textil-Praxis 18 (1963) 927.

GRUONER, S.: Regeltechnische Betrachtungen zur Wirkungsweise von Kammgarnregelstrecken. Melliand Textilber. 45 (1964) 867.

Belastungseinrichtungen

Zellwolle-Lehrspinnerei. Neuzeitliche Hochverzugsstreckwerke für Baumwolle und Zellwolle. Textil-Praxis 4 (1949) 211.

KRAUTER, G.: Zum Problem des Pendelwalzen-Streckwerks. Textil-Praxis 5 (1950) 149.

DESCHACHT, J.: Der Einfluß der Zylinderbelastung auf die Bandgleichmäßigkeit auf der Baumwollstrecke. Rayonne 1950, 49.

REINFELD, N.: Theoretische Grundlagen zur Pendelführung von Druckwalzen für Streckwerke. Melliand Textilber. 32 (1951) 827.
STAHLECKER, H.: Das Süssen-PW-Streckwerk mit SKF-NORMA-Pendelführung. Textil-Praxis 6 (1951) 785.
QUAAS, K.: Vereinfachtes Verfahren zur Verspinnung von Zellwolle. Textil-Praxis 7 (1952) 578.
QUAAS, K.: Eingangsdruckwalze am Streckwerk der Ringspinnmaschine für Chemiefaser, Baumwolle und Wolle. Textil-Praxis 9 (1954) 808.
WIENDL, TH.: Hoch- und Höchstverzüge gezeigt am Beispiel des Pendelträger-Streckwerks PK 211 E. Textil-Praxis 10 (1955) 227, 319.
LÖCKER, R.: Rationalisierung in der Baumwollspinnerei durch Kurzspinnverfahren. Z. ges. Textilind. 57 (1955) 721.
NEBICH, R.: Ein neuer Oberwalzen-Halter für die Streckwerke von Feinspinnmaschinen. Textil- und Faserstofftechnik 6 (1956) 229.
—: The TSS drafting system on ring frames. Textile Mercury Argus 1958, 103.
WOLF, B.: Ringspinnmaschine mit magnetischer Streckwerksbelastung. Spinner und Weber 77 (1959) 565.
KÖNIG, O.: Ein Meßgerät zur Messung des Oberwalzenbelastungsdruckes. Textil-Praxis 14 (1959) 904.
WELKER, M.: Ein wesentlicher Fortschritt in der Streckwerksbelastung für Baumwollringspinnmaschinen. Deutsche Textiltechnik 10 (1960) 172.
PILZ, G.: Erfahrungen in der Vor- und Ringspinnerei für hohe Garngleichmäßigkeit mit dem Zweiriemchenstreckwerk mit Pendelträger. Melliand Textilber. 41 (1960) 1464.
KAMPER, P.: SKF-Pendelträger für neue Einsatzgebiete. Spinner und Weber 78 (1960) 323.
HEIMERAN, O.: Der Oberwalzen-Trag- und -Belastungsarm für Spinnmaschinenstreckwerke. Textil-Praxis 15 (1960) 383, 467, 596.
—: Neuer Druckarm für Ringspinnmaschinen. Z. ges. Textilind. 62 (1960) 934.
—: Der SACM-Belastungsarm. Z. ges. Textilind. 63 (1961) 841.
SIMON, L., u. H. ZIMMERMANN: Der neue Textima-Pendelträger für 3- und 4-Zylinder-Streckwerke. Deutsche Textiltechnik 12 (1962) 131.
LÜNENSCHLOSS, J., u. R. BENZ: Die Untersuchung der Belastungscharakteristika von magnet- und federbelasteten Streckwerken der Baumwoll-Ringspinnmaschine. Textil-Praxis 17 (1962) 1119.
JÜRGENS, H. F.: Der Pendelträger im Fünf-Zylinder-Streckwerk. Z. ges. Textilind. 54 (1952) 805.
KIRSCHNER, E.: Erfahrungen und Erkenntnisse auf dem Gebiet der Chemiefaserverspinnung. Z. ges. Textilind. 64 (1962) 966.
KIRSCHNER, E., u. E. FORBRIGER: Zur Frage der Walzenbelastung an Spinnereimaschinen bei der Chemiefaserverarbeitung. Textil-Praxis 18 (1963) 537.
LÜNENSCHLOSS, J., u. K. SCHNAIDT: Die Laufeigenschaften von Kunststoff-Bezügen in Abhängigkeit vom Raumklima und Fasermaterial bei einigen Chemiefasern. Melliand Textilber. 44 (1963) 1070.
GORITSKIJ, V. S.: Magnetische Druckroller für Flyerstreckwerke. Tekstil. Prom. 23 (1963) No. 8, 37 (russisch).
BOJTAR, P., u. A. SUGÁR: Instrumentale Untersuchung der Belastung der Druckwalzen. Magyar Textil-Technika 16 (1964) 220.
—: Textile Machinery Shown at the 6th International Trade Fair, Osaka. Journ. Text. Mach. Soc. Japan 10 (1964) No. 4, 165.

Der Antrieb, die Walzen und die Riemchen der Streckwerke

HOFMANN, H.: Druckwalzenbezüge in Kammgarnspinnereien. Textil-Praxis 7 (1952) 677.

STAHLECKER, W.: Die Druckwalzen der Streckwerke. Textil-Praxis 8 (1953) 763.

STAHLECKER, W.: Federbelastung für Streckwerke. Textil-Praxis 8 (1953) 845.

STAHLECKER, W.: Erfahrungen mit PW-geschliffenen Druckwalzen. Textil-Praxis 9 (1954) 144.

STAHLECKER, W.: Die Klemm- und Verzugskräfte im Streckwerk. Textil-Praxis 9 (1954) 923.

KIRSCHNER, E.: Einfluß der Oberwalzenbezüge auf die Laufverhältnisse bei der Chemiefaserverspinnung. Textil-Praxis 12 (1957) 851.

KIRSCHNER, E.: Einfluß der Oberwalzenbelastung und der Riemchenbeschaffenheit auf die Laufverhältnisse an der Ringspinnmaschine und die Garneigenschaften. Textil-Praxis 16 (1961) 468.

STAHLECKER, W.: Druckwalzen für Hochverzugsstreckwerke (Rundlauf, Tragfähigkeit und Wartung). Melliand Textilber. 43 (1962) 123.

LÜNENSCHLOSS, J., u. K. SCHNAIDT: Die Untersuchung des Zusammenhanges zwischen elektrostatischer Aufladung und der Wickelneigung an den Zylindern der Ringspinnmaschine. Melliand Textilber. 44 (1963) 1185.

SHIMOTSUMA, Y., K. SAKAGUCHI u. Y. KOMATSU: The Characteristics of the Drafting Apron Studied by Means of the Apronmeter II. The Relation between the Structure of an Apron and its Characteristic Value. J. Text. Mach. Soc. Japan 16 (1963) 871 (japanisch).

STOROZHENKO, V. N., u. N. G. KAIPORA: Druckwalzenbezug aus zwei Gummischichten. Tekstil. Prom. 23 (1963) No. 9, 52 (russisch).

BECKER, O.: Untersuchungen an lederbezogenen Druckrollen für die Streckwerke von Spinnereimaschinen. Forschungsberichte des Landes Nordrhein-Westfalen Nr. 1286. Köln/Opladen: Westdeutscher Verlag 1964.

Namenverzeichnis

Die in eckigen Klammern stehenden Ziffern verweisen auf Literaturstellen

Patentverzeichnis

Amerikanische Patente

Britische Patente

Deutsche Patente

Deutsche Wirtschaftspatente

Französische Patente

Indisches Patent

Japanisches Gebrauchsmuster

Schweizer Patente

Sowjetisches Patent

Tschechisches Patent

Sachverzeichnis